LES

CHEMINS DE FER

LES CHEMINS DE FER

APERÇU HISTORIQUE

RÉSULTATS GÉNÉRAUX DE L'OUVERTURE DES CHEMINS DE FER

CONCURRENCE DES VOIES FERRÉES ENTRE ELLES

ET AVEC LA NAVIGATION

PAR

ALFRED PICARD

MEMBRE DE L'INSTITUT

VICE-PRÉSIDENT DU CONSEIL D'ÉTAT

INSPECTEUR GÉNÉRAL DES PONTS ET CHAUSSÉES

Ouvrage publié par les soins du Ministère des Travaux Publics

PARIS

H. DUNOD et E. PINAT, ÉDITEURS

47 et 49, Quai des Grands-Augustins

1918

AVANT-PROPOS

Lorsque la mort impitoyable a soudainement saisi Alfred Picard, elle l'a frappé en plein travail : il venait d'entreprendre la revision du *Traité des chemins de fer*, dont la première édition, publiée par lui en 1887, avait été presque aussitôt épuisée : tous ceux pour lesquels ce magistral ouvrage est un conseiller quotidien le pressaient, depuis de longues années, d'en donner une seconde édition. Déjà, il avait amassé une moisson de documents, choisis avec cette hauteur de vues et cette sûreté d'analyse qui lui faisaient discerner, dans le vaste ensemble des renseignements résultant des faits, ceux les plus propres à éclairer la question étudiée et à appuyer la solution qu'il proposait d'y donner : le temps lui a manqué pour mettre en œuvre les matériaux qu'il avait ainsi patiemment assemblés.

Cependant la première partie du *Traité*, relative à l'historique du développement des voies ferrées et aux considérations économiques générales, était à bon droit regardée par lui comme terminée. C'est cette première partie dont le Ministère des travaux publics a tenu à assurer la publication, comme un juste hommage rendu à la mémoire d'Alfred Picard ; elle paraît ici telle qu'elle a été écrite par lui, et complétée seulement, sur quelques points de fait, par les indications extraites des documents les plus récents. Elle ne constitue, il est vrai, qu'un fragment détaché d'un ouvrage, qui, hélas ! ne sera point achevé ; mais, par la nature même des sujets qui y sont examinés, elle forme déjà un ensemble complet ; et surtout, par l'abondance et la précision de sa documentation, par l'ingéniosité des aperçus qu'elle renferme et la netteté des conclusions qui s'en dégagent, elle présente, en elle-même, un intérêt puissant et une utilité certaine. C'est la justification de cette publication isolée. Mais combien elle avivera le regret que ce maître incontesté de la doctrine des chemins de fer n'ait pu continuer à graver, pour ses disciples, son incomparable enseignement !

E. R.

Mai 1913 (1).

(1) L'ouvrage avait été imprimé et était prêt à paraître à la fin du mois de juillet 1914 : la guerre en a retardé la publication (Note de l'éditeur).

TABLE DES MATIÈRES

CHAPITRE PREMIER

APERÇU HISTORIQUE

CHAPITRE II

APERÇU ÉCONOMIQUE

CHAPITRE III

MESURE DE L'UTILITÉ DES CHEMINS DE FER

CHAPITRE IV

CONCURRENCE DES CHEMINS DE FER ENTRE EUX

CHAPITRE V

CONCURRENCE ENTRE LES CHEMINS DE FER ET LES VOIES DE NAVIGATION INTÉRIEURE

CHAPITRE VI

CONCURRENCE ENTRE LES CHEMINS DE FER ET LA NAVIGATION MARITIME

§ 1. — Cabotage français

LES

CHEMINS DE FER

APERÇU HISTORIQUE
RÉSULTATS GÉNÉRAUX DE L'OUVERTURE DES CHEMINS DE FER
CONCURRENCE DES VOIES FERRÉES ENTRE ELLES
ET AVEC LA NAVIGATION

CHAPITRE PREMIER

APERÇU HISTORIQUE

1. Objet de l'aperçu historique. — Le but principal de cet ouvrage est de traiter des chemins de fer dans leurs rapports avec l'Administration et avec le public. Cependant, pour bien mettre en relief la portée des principes et des faits qui y seront exposés et discutés, il m'a paru indispensable de le faire précéder d'un très court aperçu historique et économique. Rappeler à grands traits les origines, les transformations et les développements successifs de notre réseau; retracer brièvement les phases par lesquelles est passé le régime des voies ferrées, avant d'arriver à son état actuel; enfin indiquer, en quelques pages, l'influence exercée par les chemins de fer sur la fortune publique, la civilisation et la sécurité du pays : tel sera l'objet de cette très courte entrée en matière. Le lecteur à qui elle semblerait trop sommaire pourra se reporter, pour de plus amples détails, aux ouvrages spéciaux publiés sur l'histoire et sur l'utilité des chemins de fer, notamment à mon étude historique sur le réseau français.

2. Période de 1823 à 1832. — La première concession de chemin de fer, en France, remonte au 26 février 1823 : par ordonnance de cette date, MM. de Lur-Saluces, Boigues et consorts furent autorisés à établir une ligne de 23 kilomètres entre Andrézieux et Saint-Étienne, pour l'exploitation du riche bassin houiller de cette région.

De 1823 à 1832 intervinrent quelques autres concessions, peu nombreuses et ne portant que sur des lignes d'ordre secondaire, qui étaient exclusivement affectées au transport des marchandises et presque toutes destinées à mettre des centres industriels en communication avec les voies navigables (Saint-Étienne à Lyon, 1826; Andrézieux à Roanne, 1828; Épinac au canal de Bourgogne, 1830; Toulouse à Montauban, 1831). La traction se faisait par chevaux. On ne se rendait encore aucun compte du rôle économique considérable que les chemins de fer étaient appelés à jouer, ni de l'influence prépondérante qu'ils devaient exercer plus tard sur l'essor de la richesse publique.

Les caractères principaux des concessions faites pendant cette période d'enfantement étaient les suivants :

1° Perpétuité, sans aucune réserve de reprise éventuelle par l'État;

2° Concession par ordonnance royale, sans intervention du législateur;

3° Construction aux frais des concessionnaires, sans prêt, subvention ni garantie d'intérêt de l'État;

4° Simplicité extrême des tarifs, réduits à un prix unique pour toutes les marchandises, quelle qu'en fût la nature;

5° Chiffre élevé du prix des actions destinées à constituer le fonds social des Compagnies;

6° Réalisation des capitaux nécessaires au moyen d'actions, à l'exclusion de toute émission d'obligations;

7° Insuffisance des stipulations relatives au contrôle et aux pouvoirs de l'État sur la construction et l'exploitation.

3. Période de 1833 à 1841. — La période de 1833 à 1841 se caractérise surtout par une évolution profonde dans l'appréciation du rôle des chemins de fer, dont on commençait à pressentir toute l'action économique et sociale, et par l'étude approfondie des graves problèmes que soulevait l'établissement de ces nouvelles voies de communication.

Tout d'abord, un fait considérable s'était produit en 1832 : la Compagnie concessionnaire du chemin de fer de Saint-Étienne à Lyon avait organisé sur cette ligne un transport de voyageurs et y avait essayé la traction par locomotives. Dès lors, l'importance des voies ferrées apparut comme suffisante pour comporter l'intervention du législateur.

Le Pouvoir législatif se substitua au Gouvernement, à partir de 1833, en ce qui concernait la déclaration d'utilité publique et la concession de toutes les lignes de quelque étendue. Une loi du 27 juin 1833 mit à la disposition du Ministre des travaux publics un crédit de 500.000 francs pour des études de chemins de fer. Les Pouvoirs publics renoncèrent, d'ailleurs, aux concessions perpétuelles et les remplacèrent par des concessions temporaires.

En 1835, le Gouvernement présenta, mais sans en obtenir l'adoption, un projet de loi relatif à un chemin de Paris à Rouen et au Havre, projet qui impliquait tout un système se résumant ainsi :

Exécution des lignes secondaires par l'industrie privée, sans subsides du Trésor ;

Exécution des lignes maîtresses par l'industrie privée, avec concours de l'État sous forme d'achat d'actions et, par suite, intervention de l'Administration dans les Conseils des Compagnies.

L'année 1837 mérite une mention spéciale par l'allocation d'un subside, sous forme de prêt du Trésor, à la Compagnie concessionnaire des chemins de fer d'Alais à Beaucaire et d'Alais à la Grand-Combe, et surtout par le débat solennel que provoqua le dépôt de divers projets de loi tendant à la concession des lignes de Paris à la Belgique, de Paris à Tours, de Paris à Rouen et au Havre, de Lyon à Marseille. L'effort de ce débat porta principalement sur la question de savoir s'il y avait lieu de réserver à l'État la construction et l'exploitation des chemins de fer, ou, au contraire, de les abandonner à l'industrie privée. Les partisans du premier système invoquaient, à l'appui de leur thèse, un ensemble de raisons d'une force incontestable : nécessité pour l'État de conserver entre ses mains des voies de communication d'une telle importance au point de vue politique, gouvernemental, stratégique, et de ne pas aliéner ses droits sur les tarifs; périls inhérents à la constitution de féodalités, de monopoles, avec lesquels le pays ne tarderait pas à être obligé de compter; danger de l'agiotage et des crises financières que pourrait provoquer la formation de sociétés nombreuses et puissantes. De leur côté, les partisans du second système alléguaient que le devoir des Pouvoirs publics était d'encourager l'esprit d'initiative et d'association, que l'exécution par l'État entraînerait des charges écrasantes pour le budget, que l'Administration exécuterait les travaux avec une lenteur excessive, et serait ensuite incapable d'une exploitation commerciale, que le Gouvernement et les Chambres, en butte à toutes les compétitions, à toutes les rivalités, à toutes les sollicitations des diverses régions de la France, se trouveraient bientôt débordés par les demandes et les réclamations.

La discussion roula aussi, mais accessoirement, sur la convenance de faire des concessions directes ou de procéder par adjudication, sur l'opportunité de prêter le concours du Trésor aux concessionnaires et sur la forme de ce concours. Profondément hésitante, la Chambre des députés se sépara sans prendre parti.

A la suite de cet échec, le Ministre des travaux publics institua, vers la fin de 1837, une commission extraparlementaire, composée de membres du Parlement, du Conseil d'État et de l'Administration, pour l'étude des problèmes si complexes dont il importait de poursuivre la solution et de saisir à nouveau les Chambres, en leur apportant les éléments d'appréciation qui pouvaient encore leur manquer.

Eclairé par les travaux consciencieux de cette commission, le Gouvernement présenta à la Chambre des députés, en 1838, un programme, un classement et une proposition d'exécution par l'État de quatre grandes lignes, celles de Paris à la Belgique, Paris au Havre (1re partie), Paris à Bordeaux (1re partie), et Lyon à Marseille (1re partie).

La discussion engagée en 1837 sur le choix entre l'État et l'industrie privée se rouvrit, à cette occasion, et fut d'une extrême vivacité; elle aboutit, comme précédemment, à un échec pour le Gouvernement, et aussi à un ajournement des chemins de fer, pour lesquels nos rivaux nous devançaient de plus en plus.

Le Gouvernement, faisant taire ses préférences, revint alors à l'industrie privée. Diverses concessions furent accordées, mais ne tardèrent pas à péricliter sous le coup des spéculations insensées dont la Bourse était le théâtre, ainsi que des crises commerciale et politique. L'agiotage prit des proportions inouïes; des mécomptes considérables se produisirent, en même temps, sur les évaluations primitives des dépenses de construction, et les actionnaires, saisis d'une véritable panique, refusèrent d'effectuer leurs versements.

Dès 1839, il fallut venir au secours des Compagnies, en tempérant les clauses de leurs cahiers des charges et en leur donnant des facilités d'exécution.

Pendant les deux années 1840 et 1841, les Pouvoirs publics durent apporter aux concessionnaires un appui plus efficace encore, doter plusieurs d'entre eux de subsides pécuniaires. Un débat très intéressant eut lieu, à ce propos, au sujet du mode de concours qui serait le plus susceptible d'encourager l'industrie, sans compromettre les intérêts du Trésor. Quatre systèmes furent examinés : ceux de la subvention pure et simple, du prêt, de la garantie d'intérêt et de la participation à titre d'actionnaire.

De ces quatre systèmes, le dernier, vers lequel penchait le Gouvernement pour la plupart des cas, sombra devant la crainte des responsabilités que l'État eût assumées vis-à-vis des autres actionnaires, par son ingérence dans l'administration des Compagnies. Le premier subit le même sort, comme entraînant un sacrifice sans compensation. Seuls, les deux autres restèrent debout; la garantie d'intérêt, notamment, dont les principaux champions étaient Dufaure et Berryer, et qui devait être si féconde en résultats, fut accordée à la Compagnie de Paris à Orléans.

L'expérience des difficultés avec lesquelles les Compagnies venaient d'avoir à lutter détermina, d'ailleurs, le Parlement à revenir, pour certaines lignes, à la construction par l'État.

Afin de ne rien omettre des faits saillants survenus durant la période de 1833 à 1841, il convient de rappeler les travaux d'une Commission extraparlementaire, constituée à la fin de 1839; ces travaux servirent à préparer, non seulement les décisions de 1840 et 1841, mais surtout celles de 1842, auxquelles nous allons arriver.

Telle était la situation en 1841. Personne ne méconnaissait plus l'urgence de l'établissement du réseau national : l'éducation du Parlement, du public, de l'Administration s'était faite dans les longs débats des dernières années : l'épreuve des premiers chemins éclairait la question au point de vue technique, économique, politique et commercial ; les opinions les plus opposées tendaient à se rapprocher et à se mettre d'accord sur une solution mixte faisant une juste part à l'industrie et à l'État.

Les cahiers des charges avaient revêtu une forme beaucoup plus complète et plus satisfaisante. Une division rationnelle apparaissait dans les tarifs, fixés sur des bases plus certaines. Les statuts des Compagnies s'étaient perfectionnés : des garanties plus sérieuses avaient été prises pour le recouvrement des souscriptions.

Bref, tout faisait présager l'entrée prochaine dans une voie nouvelle d'activité et de résultats.

Au 31 décembre 1841, les chemins de fer concédés mesuraient 805 kilomètres, dont 573 livrés à l'exploitation. De son côté, l'État construisait directement 78 kilomètres.

Les sommes engagées s'élevaient à 274 millions de francs : dans ce chiffre, la part de l'État était de 25 millions, non compris les prêts montant ensemble à 42 millions ; une garantie d'intérêt de 4 p. 100 avait été, de plus, accordée à la Compagnie d'Orléans, sur un capital de 40 millions.

Les dépenses effectuées atteignaient 179 millions : 3 230 000 francs pour l'État, et le surplus pour les Compagnies.

Vers la même époque, la situation des chemins de fer à l'étranger était la suivante :

Les États-Unis, à la population jeune et vigoureuse, n'ayant encore sur leur immense territoire que des voies de transport tout à fait insuffisantes, devaient, plus que tout autre pays, mettre à profit un mode de communication si efficace pour la consolidation de l'unité nationale. Aussi le développement des chemins de fer livrés à la circulation ou en cours de construction y était-il de 15 000 kilomètres, dont 5 000 en exploitation.

Déjà pourvue d'un vaste ensemble de routes ou de canaux, et parvenue, grâce à son commerce maritime, à un haut degré de richesse et de prospérité, l'Angleterre s'était avancée d'un pas rapide et assuré dans la carrière nouvelle ouverte à son esprit d'entreprise. Elle avait arrêté le tracé de 3 800 kilomètres et entamé la construction de plus de 1 000 kilomètres.

Sur le continent, la Belgique était à la veille de l'achèvement d'un premier réseau; la Hollande, la Prusse, la Russie, les plus petits États de l'Allemagne suivaient ou se préparaient à suivre cet exemple; l'Autriche elle-même, si prudente et si réservée en matière d'innovations, venait de décréter l'établissement d'une série de lignes importantes.

4. Période de 1842 à 1848. — Nous venons de le voir, les pays étrangers, les petits États aussi bien que les grands, les nations riches comme celles dont les finances étaient peu prospères, abordaient résolument la construction des chemins de fer. Presque toujours placée par son génie à l'avant-garde de la civilisation, la France ne pouvait rester en dehors de ce mouvement général, ni se laisser ainsi devancer, sans compromettre ses plus grands, ses plus chers intérêts. L'opinion publique manifestait hautement ses désirs à cet égard.

A la vérité, le temps écoulé n'était pas entièrement perdu. Il avait permis de recueillir les enseignements précieux de l'expérience, et la France pouvait encore reprendre le rang qui lui appartenait, pourvu qu'elle sût se résoudre à une détermination virile, adopter un plan bien défini et poursuivre avec persévérance la réalisation de ce plan.

Le Gouvernement comprit la nécessité de soumettre un programme complet au Parlement. Suivant quelles directions les chemins de fer seraient-ils créés? A quel régime seraient-ils soumis? Par quels moyens arriverait-on à les exécuter et à mettre le pays en possession des avantages qu'ils devaient produire? Telles étaient les principales questions à résoudre.

Pour en trouver la solution, l'Administration avait dû naturellement se reporter d'abord au précédent des voies de terre.

Ces voies se divisaient en trois catégories : routes royales, routes départementales et chemins vicinaux. L'État avait retenu le domaine et assumé les dépenses des routes royales, qui présentaient un intérêt général bien caractérisé; pour les routes départementales, dont l'intérêt était plus restreint, le domaine appartenait encore à l'État, mais les dépenses incombaient aux départements; quant aux chemins vicinaux, les communes en avaient le domaine et en supportaient les frais, sauf les secours que les départements consentaient à leur accorder. La distinction ainsi établie, en concentrant les ressources du Trésor sur les communications de premier ordre et en appliquant celles des localités aux communications secondaires, avait puissamment contribué au large développement de nos voies terrestres. Pour les voies navigables, elle n'existait pas encore, mais entrait dans les vues de l'Administration.

Il parut au Gouvernement que le meilleur moyen d'imprimer une sage orientation à ses efforts et de tirer un utile parti des ressources du pays consistait à adopter, dès l'origine, pour les chemins de fer, un classement analogue à celui des voies de terre, les lignes, autres que celles qui offraient véritablement le caractère de lignes d'État, devant être exécutées par les localités intéressées ou par l'industrie privée, avec le concours des départements, des communes, et, le cas échéant, du Trésor.

Après un examen approfondi, le Ministre fut amené à envisager les chemins de Paris à la Belgique, à la Manche, à Marseille et à Cette, à Nantes et à Bordeaux, comme intéressant tout le royaume ou comme constituant des instruments nécessaires de l'autorité centrale. Le réseau ainsi formé devait, dans la pensée du Gouvernement, permettre à la France d'accomplir les destinées auxquelles l'appelait sa situation géographique, lui assurer le transit du Levant et des Indes vers l'Angleterre et les pays du Nord, faire définitivement de Paris le rendez-vous de l'Europe entière. Mais, pour qu'il remplît pleinement son rôle, les taxes devaient y être relativement modérées : aussi était-il nécessaire que l'État se chargeât, sinon de la totalité, du moins de la plus forte part des dépenses de construction.

Le système auquel s'arrêta le Gouvernement comportait les mesures suivantes :

Réalisation par l'État des acquisitions de terrains, mais avec prestation gratuite des deux tiers de ces terrains par les localités intéressées ;

Exécution par l'État des terrassements et des ouvrages d'art;

Établissement de la superstructure, fourniture du matériel roulant et exploitation par des Compagnies fermières, dont le bail serait relativement court, afin de mettre l'État à même d'introduire, en temps utile, dans les tarifs, les modifications nécessitées par les progrès et les besoins du commerce.

Ce système paraissait associer, dans une juste mesure, l'action gouvernementale et l'action industrielle ; il mettait à la charge de l'État la partie la plus considérable et la plus aléatoire des dépenses, et ne laissait au compte des Compagnies que les frais susceptibles d'être évalués avec le plus de précision.

La contribution des localités à l'acquisition des terrains se justifiait par l'intérêt que présenteraient pour elles les lignes appelées à les desservir: cette contribution devait être établie par département, le Conseil général ayant ensuite à la répartir entre les communes, d'après leur situation, les avantages dont elles jouiraient, et les autres circonstances spéciales. Il était, d'ailleurs, permis d'espérer que la participation des budgets locaux amènerait les jurys d'expropriation à maintenir leurs allocations dans de justes limites.

Le sacrifice de l'État était évalué à 150 000 francs par kilomètre, soit à 400 millions au plus pour le développement de 2500 kilomètres, alors envisagés comme un maximum; il n'avait rien d'excessif, eu égard à la fortune de la France, ainsi qu'aux avantages matériels, moraux, commerciaux, industriels et stratégiques de la grande œuvre à laquelle les Chambres allaient être conviées. Une période de dix ans étant assignée aux travaux; la dette flottante et la réserve de l'amortissement paraissaient devoir fournir sans difficulté les ressources indispensables.

Quant à la dépense à faire par l'industrie privée, elle était estimée à 125 000 francs par kilomètre, somme dont les Compagnies seraient remboursées, à dire d'experts, après l'expiration de leur bail.

Telles furent les bases du projet de loi que le Ministre des travaux publics déposa, au commencement de 1842, sur le bureau de la Chambre des députés.

A la suite d'une instruction et de discussions mémorables, auxquelles Dufaure prit une part prépondérante, comme rapporteur à la Chambre des députés, la loi fut votée avec quelques modifications. Elle prescrivait l'établissement de lignes : 1° de Paris sur la frontière de Belgique (par Lille et Valenciennes), sur le littoral de la Manche, sur la frontière d'Allemagne (par Nancy et Strasbourg), sur la Méditerranée (par Lyon, Marseille et Cette), sur la frontière d'Espagne (par Tours, Bordeaux et Bayonne), sur le centre de la France (par Bourges) ; 2° de la Méditerranée sur le Rhin (par Lyon, Dijon et Mulhouse), et de l'Océan sur la Méditerranée (par Bordeaux, Toulouse et Marseille). La combinaison financière et le système de construction et d'exploitation étaient conformes aux propositions du Gouvernement, si ce n'est que la loi prévoyait explicitement des dérogations éventuelles à ses principes par des concessions faisant l'objet d'actes législatifs spéciaux.

Sans être parfaite et irréprochable, la loi du 11 juin 1842 constituait un immense progrès. Les Pouvoirs publics avaient attesté leur ferme résolution d'exécuter notre premier réseau de chemins de fer et déterminé un programme net, précis, aussi bien pour le classement que pour la construction : l'élaboration de la loi avait provoqué des études approfondies et de brillantes discussions ; le pays allait enfin entrer dans une ère nouvelle et féconde.

Les travaux furent vigoureusement entamés ; les concessions se succédèrent rapidement. Bientôt même, l'engouement pour les voies ferrées provoqua des spéculations si ardentes qu'il fallut les enrayer par l'insertion de dispositions générales dans une loi du 15 juillet 1845, portant concession de la ligne de Paris à la frontière de Belgique. Ces dispositions, combinées de manière à empêcher l'agiotage sans enchaîner la liberté indispensable aux opérations industrielles, sans nuire à la mobilisation des capitaux et à la facilité de circulation des titres, sans éloigner des entreprises de chemins de fer les ressources financières du pays, fixaient les conditions à remplir par les concurrents qui se présenteraient aux adjudications, les règles relatives à la constitution et à la réalisation du capital social, les remboursements auxquels pourraient prétendre les fondateurs des Compagnies.

A la même date, intervint la loi organique sur la police des chemins de fer, qui édictait les mesures nécessaires à la conservation des voies ferrées et à la sûreté de la circulation, ainsi que les pénalités encourues par les concessionnaires coupables de contraventions de grande voirie. Cette loi fut complétée par l'ordonnance du 15 novembre 1846, portant règlement d'administration publique sur « la « police, la sûreté et l'exploitation des chemins de fer », en vertu de la délégation dont le Gouvernement était investi aux termes de l'article 9 de la loi du 11 juin 1842. On ne saurait trop admirer la sagesse et la science qui caractérisent la loi de police du 15 juillet 1845 et l'ordonnance du 15 novembre 1846, surtout si l'on considère que ces deux actes fondamentaux ont été préparés à une époque où les chemins de fer étaient encore peu connus : la loi de 1845 reste debout, et si l'ordonnance de 1846 a subi quelques modifications, notamment par décret du 1er mars 1901, du moins les grandes lignes et les traits essentiels en ont-ils été respectés.

Le 19 juillet 1845, fut abrogée la partie de la loi du 11 juin 1842 qui mettait à la charge des départements et des communes les deux tiers des dépenses d'acquisition des terrains et bâtiments nécessaires à l'établissement des chemins de fer construits par l'État : en effet, le recouvrement de cette contribution avait présenté les plus sérieuses difficultés et était même devenu à peu près impossible par le fait de la concession, sans subvention, d'un grand nombre de lignes appelées à desservir précisément les régions les plus riches et les plus aptes à fournir un concours financier.

En 1847, survint une crise commerciale et financière dont nos grands travaux publics éprouvèrent inévitablement le contre-coup et sur laquelle se greffa, en outre, la crise politique de 1848.

5. Période de 1848 à 1851. — La désorganisation du personnel, l'interruption momentanée du service, la diminution des produits, la dépréciation des actions compromirent la situation de plusieurs Compagnies, dont les lignes étaient déjà livrées à la circulation, et créèrent à celles qui n'étaient pas encore dans la période d'exploitation les plus graves embarras pour la réalisation des ressources nécessaires à la continuation des travaux.

D'autre part, la modification dans la forme du Gouvernement avait eu pour corollaire une transformation dans ses idées économiques. La Commission exécutive regardait l'institution des Compagnies comme trop imprégnée de l'esprit aristocratique pour survivre à la monarchie. Elle pensait que Louis-Philippe avait fait surtout une œuvre politique en concentrant entre les mains de quelques hommes dévoués toutes les richesses mobilières disponibles dans le pays ; elle estimait que le nouveau régime avait le devoir impérieux de reprendre et de garder le dépôt de la puissance publique ainsi aliéné, de ne pas laisser soustraire à son action toute une armée d'employés et de travailleurs, de ne pas s'exposer à voir administrer nos voies ferrées par des capitalistes étrangers, de remettre le règlement des tarifs à l'autorité supérieure, impartiale et fidèle gardienne de l'intérêt public, de ne plus tolérer que la production et la consommation restassent à la discrétion de sociétés investies d'un puissant monopole, de ranimer le travail, de réprimer les écarts de la spéculation et de faire refluer les capitaux du jeu vers l'agriculture, l'industrie et le commerce. La Commission présenta donc un projet de rachat général. Pour la plupart des lignes, l'État devait assurer le service des emprunts et payer, en outre, une indemnité fixée d'après le cours moyen des actions à la Bourse de Paris pendant les six derniers mois.

Ce projet de loi n'aboutit pas; mais les menaces de rachat pesant sur les Compagnies avaient encore aggravé le mal dont elles souffraient. Il fallut procéder à un véritable sauvetage : mettre sous séquestre les chemins de Paris à Orléans, de Bordeaux à La Teste, de Marseille à Avignon et de Paris à Sceaux; reprendre la ligne de Paris à Lyon ; venir en aide aux Compagnies d'Orléans à Bordeaux et de Tours à Nantes, en prolongeant leurs concessions et en les déchargeant de diverses obligations inscrites dans leurs contrats primitifs.

La constitution de compagnies nouvelles était à peu près irréalisable : aussi la seule concession faite de 1848 à 1851 fut-elle celle du chemin de Paris à Rennes. D'un autre côté, le Trésor se trouvait trop obéré et les sources des revenus publics avaient été trop atteintes pour que l'État pût engager par lui-même de grandes entreprises.

Par suite, la période du 24 février 1848 au 2 décembre 1851 fut très peu productive. Le développement du réseau d'intérêt général concédé ou réservé à l'État, qui était de 4 704 kilomètres à la fin de 1847, ne s'accrut que de 263 kilomètres ; la longueur des chemins concédés tomba de 4 042 kilomètres à 3 918 kilomètres; toutefois, l'exploitation put s'étendre de 1 832 kilomètres à 3 554 kilomètres, dont 383 kilomètres placés entre les mains de l'État.

Les dépenses de construction, au 31 décembre 1851, s'élevaient à 1 451 millions environ : 579 millions. imputés sur les fonds du budget; 871 millions, fournis par les Compagnies; un peu moins d'un million, apporté par les localités.

Au point de vue économique, les quatre années de 1848 à 1851 furent marquées par une lutte très ardente entre les partisans du maintien des voies ferrées sous l'action directe et immédiate du Gouvernement et les partisans de l'industrie privée : les Pouvoirs publics, après s'être tout d'abord montrés assez favorables au premier système, se prononcèrent finalement pour le second.

Notons encore une enquête fort intéressante du Conseil d'État sur les tarifs.

6. Période de 1852 à 1858. — Le coup d'État du 2 décembre 1851 inaugura une nouvelle période, pendant laquelle le réseau se développa rapidement : au régime des lois se substitua, sinon exclusivement, du moins pour une large part, le régime des décrets.

Dès l'origine, le Gouvernement impérial porta à quatre-vingt-dix-neuf ans la durée des concessions. A côté de ses inconvénients manifestes, cette mesure eut l'avantage de relever le crédit des Compagnies, d'asseoir leurs opérations sur une base plus large et plus solide, de réduire notablement la quote-part de leurs bénéfices absorbée par l'amortissement annuel des capitaux, de leur assurer dans l'avenir des plus-values certaines et considérables et de permettre, par suite, l'adjonction à leurs réseaux de lignes peu productives au début.

En même temps, le Gouvernement favorisa la réunion, la fusion des Compagnies, afin de constituer des sociétés fortes et puissantes, n'ayant pas à craindre de concurrence pour leurs lignes principales, maîtresses de tout le trafic susceptible d'affluer sur ces lignes, préservées du danger de voir tarir la source la plus abondante de leurs revenus et pouvant, en conséquence, consacrer leurs excédents de produit net et leurs plus-values à l'établissement de chemins secondaires, que des sociétés indépendantes eussent hésité à entreprendre, eu égard à l'insuffisance présumée de leur rendement. Cette fusion avait, en outre, aux yeux du Gouvernement, le mérite d'accroître l'unité et l'homogénéité du service, d'éviter les transbordements et de diminuer les frais généraux.

Outre ces réformes d'ensemble, quelques faits importants appellent une mention spéciale.

C'est d'abord, vers la fin de 1851, la concession du chemin de ceinture de Paris, rive droite, au syndicat des grandes Compagnies.

En 1852, furent concédés le chemin de Bordeaux à Cette et le canal latéral à la Garonne. La ligne de Bordeaux à Cette avait fait l'objet d'une première concession (loi du 17 juin 1846); mais le concessionnaire défaillant était déchu depuis 1847. Plusieurs propositions ultérieures avaient été présentées au Gouvernement pour l'exécution totale ou partielle de cette ligne; elles offraient un trait commun : la demande d'une protection efficace contre la concurrence du canal latéral à la Garonne. Parmi les Compagnies en instance, les unes réclamaient, à cet effet, la réunion simultanée, entre leurs mains, de la voie navigable et de la voie ferrée; quelques-unes allaient même jusqu'à solliciter la destruction du canal et son utilisation pour l'établissement du chemin de fer. Le Gouvernement refusa de souscrire à cette dernière combinaison; mais il crut pouvoir admettre la réunion des deux voies en une concession unique, afin de prévenir une lutte dont l'État aurait supporté les conséquences financières par l'accroissement de sa subvention à la voie ferrée ou le jeu de la garantie d'intérêt; il jugea, d'ailleurs, possible d'éviter l'exagération des tarifs du chemin de fer, en stipulant des taxes réduites pour le péage sur le canal. Son projet fut adopté, à la presque unanimité, par le Corps législatif.

Ainsi s'accomplit un acte qui, en dépit de circonstances atténuantes, devait provoquer des critiques légitimes, engendrer des réclamations violentes et peser sur la région du Midi jusqu'aux dernières années du siècle.

Le Grand Central avait été concédé en 1853 à une société distincte et accru en 1855 de diverses lignes. Il était tributaire : du réseau d'Orléans, auquel il se soudait à Coutras et à Limoges, de celui de Paris à Lyon, qu'il touchait à Saint-Germain-des-Fossés, de celui du Midi, avec lequel il entrait en contact à Agen et à Montauban. Sa participation à la ligne du Bourbonnais ne lui assurait, de ce côté, qu'une influence qui s'effaçait nécessairement devant celle des deux autres Compagnies intéressées dans l'exploitation. Par une exception inhérente à sa configuration, il n'avait pour tête de ligne ni Paris, ni même une ville de premier ordre; il n'aboutissait ni à la mer, ni aux frontières; il apparaissait, dès l'origine, comme n'ayant qu'une vitalité problématique. Sa création était surtout issue du désir de doter de voies ferrées des départements jusqu'alors à peu près déshérités, et cela, au moment où les Compagnies préexistantes se trouvaient absolument surchargées de travaux. Bientôt, la Société du Grand Central fut aux prises avec des difficultés insurmontables pour contracter les emprunts qui lui étaient nécessaires et se vit dans l'obligation de liquider son entreprise par une rétrocession aux Compagnies d'Orléans et de Lyon, sanctionnée en 1857.

Au cours de l'année 1857, un assez grand nombre de lignes furent ajoutées aux concessions antérieures. Elles ne donnaient lieu ni à subvention, ni à garantie d'intérêt.

Le Gouvernement profitait de l'occasion pour imposer aux Compagnies du Nord, de Paris à Orléans, de Paris à Lyon et à la Méditerranée et du Midi, de nouveaux cahiers des charges, rédigés suivant un type uniforme.

L'année 1857 fut encore marquée par l'achèvement des remarquables travaux d'une Commission administrative qui, à la suite de graves accidents survenus vers la fin de 1853, avait été instituée, sous la présidence du Ministre des travaux publics, pour la recherche des moyens propres à assurer la régularité et la sûreté de l'exploitation.

Dès la construction du chemin de fer de Bordeaux à Cette, la Compagnie du canal du Midi, prévoyant la concurrence qu'elle aurait à subir, s'était préparée à la lutte: elle avait contracté un emprunt pour la mise en bon état de la voie navigable et abaissé les tarifs perçus antérieurement, depuis l'ouverture du canal latéral à la Garonne. Mais le chemin de fer ayant, grâce à des abaissements analogues, attiré une notable partie du trafic, cette Compagnie vit ses recettes atteintes tout à la fois par la réduction de la circulation et par celle des prix; menacée de ruine, elle conclut avec la Société concessionnaire du chemin de fer un traité de rétrocession pour quatre-vingt-dix-neuf ans. Soumis successivement aux délibérations du Comité des chemins de fer et du Conseil d'État, le traité ainsi élaboré rencontra une opposition absolue, par le double motif qu'il ne contenait, au point de vue des tarifs, aucune stipulation éventuelle contre les abus du monopole et qu'un bail de quatre-vingt-dix-neuf ans était trop long pour permettre d'en apprécier les conséquences économiques. La lutte continua dans des conditions désastreuses pour la voie d'eau. Sur de nouvelles instances de la Compagnie du canal du Midi, l'Administration consentit à reprendre l'examen de l'affaire. Après une étude attentive, elle pensa que, si la concurrence entre deux voies latérales était désirable et possible, en présence d'une masse de transports suffisante pour les alimenter et les faire vivre simultanément, il n'en pouvait être de même quand la matière manquait à cette double circulation, ce qui paraissait être le cas dans l'espèce. D'un autre côté, la moitié environ des actions du canal appartenait à des dotataires de l'Empire, dont le Gouvernement tenait à sauvegarder les intérêts sérieusement compromis. Finalement, le traité fut approuvé en 1858, mais pour une durée de quarante années seulement. Les taxes du canal du Midi étaient abaissées et celles du canal latéral à la Garonne relevées. Cette accession du canal du Midi au chemin de fer complétait la mesure prise antérieurement pour le canal latéral à la Garonne et en aggravait les inconvénients pour les populations des départements du Midi.

Pendant les derniers mois de 1857, une crise financière, remarquable par son caractère de généralité, s'était rapidement étendue à toutes les places de commerce et y avait déterminé une crise commerciale intense. Le marché des titres des chemins de fer, qui, après 1852, inspirait tant de confiance et montrait tant de fermeté, en ressentit fatalement le contre-coup; l'atteinte portée au crédit des Compagnies fut d'autant plus grave que la diminution des transports amenait une notable dépression des recettes. Une chute profonde se produisit sur le cours des actions. Les obligations ne furent pas davantage épargnées et leur émission, devenue pénible, ne se fit qu'à des conditions fort onéreuses.

Toujours prête à aller au delà de la vérité, l'opinion publique crut voir dans la réduction temporaire des produits que fournissaient les voies ferrées le commencement d'une ère de décadence et de désastres. Elle admit que les Compagnies avaient assumé des charges au-dessus de leurs forces, en acceptant, sans subvention ni garantie d'intérêt, la concession d'un ensemble de lignes secondaires d'une grande étendue, d'un coût très élevé et d'un revenu incertain. Suivant elle, ces lignes seraient, pour les anciens réseaux, une cause irrémédiable et permanente de dépréciation; les actions continueraient à baisser indéfiniment; les obligations elles-mêmes ne trouveraient bientôt plus de placement; ainsi la propriété des Compagnies et l'achèvement des chemins de fer seraient à la fois compromis.

Alarmées du danger auquel étaient exposées leur œuvre et leur existence, les Compagnies s'adressèrent au Gouvernement et sollicitèrent la revision de leurs contrats. Une note ainsi conçue ne tarda pas à paraître au *Moniteur :* « L'opinion publique s'est préoccupée, « dans ces derniers temps, des réclamations que la réunion des « grandes Compagnies de chemins de fer a adressées au Gouverne-

« ment. Ces réclamations ont été accueillies avec le bienveillant « intérêt que l'Empereur a toujours montré et continue à porter à « ces grandes entreprises. — La principale de ces demandes avait « pour but le retrait de la loi votée l'année dernière sur les valeurs « mobilières. Cette loi, présentée conformément au vœu du Corps « législatif, n'a été votée qu'après une discussion approfondie. Elle « est d'une date trop récente pour qu'on puisse se former une opinion « définitive sur son application et sur ses résultats. Quant aux « autres demandes relatives à des points spéciaux, les réclamations « des Compagnies seront examinées avec la sollicitude qu'inspirent « au Gouvernement des entreprises dont le succès est si intimement « lié à la prospérité générale, et le Ministre des travaux publics s'est « déjà mis en rapport avec les Compagnies. »

C'est dans ces circonstances que furent élaborées les conventions de 1859, qui marquèrent une page mémorable de l'histoire des chemins de fer.

Avant d'en indiquer les dispositions, il importe de résumer les progrès accomplis de 1852 à 1858.

		SITUATION	
		A LA FIN DE 1851	A LA FIN DE 1858
Développement des chemins de fer d'intérêt général	concédés définitivement	(1) 3.918 km.	14.250 km.
	concédés éventuellement	»	1.831 —
	TOTAL	3.918 —	16.081 —
Développement des chemins de fer d'intérêt général déclarés d'utilité publique et non concédés		1.049 —	»
Développement des chemins de fer d'intérêt général classés		905 —	36 —
	TOTAL	5.872 —	16.117 —
Développement des chemins de fer industriels		77 —	90 —
	TOTAL	5.949 —	16.207 —

(1) Y compris le chemin de fer de Ceinture (rive droite), concédé le 11 décembre 1851

	SITUATION	
	A LA FIN DE 1851	A LA FIN DE 1858
Développement des chemins de fer d'intérêt général en exploitation	3.554 km.	8.681 km.
Développement des chemins de fer industriels en exploitation	73 —	86 —
Total...	3.627 —	8.767 —
Dépenses faites par l'État pour les chemins d'intérêt général	579 millions	771 millions
Dépenses faites par les Compagnies pour les chemins d'intérêt général	871 —	3.344 —
Dépenses faites par divers pour les chemins d'intérêt général	1 —	9 —
Total...	1.451 —	4.124 —
Dépenses à faire par l'État pour les chemins d'intérêt général	278 millions	457 millions
Dépenses à faire par les Compagnies pour les chemins d'intérêt général	196 —	1.900 —
Dépenses à faire par divers pour les chemins d'intérêt général	3 —	18 —
Total...	477 —	2.375 —

7. Période de 1859 à 1870. — Nous avons vu les difficultés avec lesquelles les Compagnies se trouvaient aux prises. Tout en déclarant qu'au point de vue du droit strict ces sociétés n'étaient point fondées à élever des réclamations, qu'elles avaient librement accepté leurs concessions nouvelles et que les charges résultant de leurs engagements constituaient la rançon de leur défense contre des concurrences redoutables, le Gouvernement ne crut pas devoir repousser leurs demandes. Une étroite solidarité liait, en effet, le crédit public à celui des grandes Compagnies, qui s'étaient associées avec l'État pour l'accomplissement d'une œuvre d'utilité publique et dont les titres, répartis entre une multitude d'acquéreurs et créés le plus souvent sous le régime de la garantie du Trésor, formaient une partie notable de la richesse du pays.

De nombreux précédents pouvaient justifier la détermination bienveillante du Gouvernement. En 1840, par exemple, la Compagnie du chemin de fer d'Orléans avait obtenu l'exonération d'une partie de ses charges et la garantie d'un minimum d'intérêt. Vers la même époque, était intervenu un prêt de 12 millions à la Compagnie de Strasbourg-Bâle. Deux ans plus tard, en 1847, le cautionnement des deux Compagnies de Bordeaux à Cette et de Lyon à Avignon avait été partiellement restitué à ces sociétés, qui abandonnaient leur concession. Au cours de l'année 1848, le Trésor avait remboursé, en rentes sur l'État, les sommes versées par les actionnaires de la Compagnie de Paris à Lyon, que de graves embarras rendaient impuissante à poursuivre ses travaux. En 1850, des négociations avec les Compagnies d'Orléans à Bordeaux et de Tours à Nantes s'étaient terminées par la prorogation de leurs concessions et la décharge d'une partie de leurs obligations. Puis, en 1852, l'Empire avait, d'une manière générale, reculé à quatre-vingt-dix-neuf ans le terme des contrats.

Deux systèmes furent examinés concurremment, en 1859, pour venir en aide aux Compagnies et consolider leur crédit : celui de la suppression ou de l'ajournement indéfini, dans chaque réseau, des lignes présumées les moins productives ; celui de l'attribution d'une garantie d'intérêt et, dans le cas de nécessité, de subventions en argent ou en travaux.

Il n'était guère possible de s'arrêter au premier système, étant données les promesses faites aux populations et l'impatience avec laquelle la réalisation en était attendue. Restait le second système, dont la garantie d'intérêt constituait le principal élément, et qui eut les préférences du Gouvernement : la garantie avait le mérite de substituer le paiement éventuel d'un intérêt au paiement immédiat d'un capital et de fonctionner précisément dans la mesure de l'insuffisance des produits : jusqu'alors, d'ailleurs, tout en procurant aux Compagnies un appui moral très utile à leur crédit, elle n'avait imposé aucun sacrifice au Trésor.

Le taux de la garantie, qui avait varié lors de l'institution des diverses concessions antérieures, fut fixé à 4 p. 100, et sa durée à cinquante ans. A l'intérêt s'ajouta l'amortissement, calculé au même taux et pour la même durée, ce qui le porta à 4,65 p. 100, ou plus exactement à 4,655 p. 100.

Une question délicate était celle de savoir si la garantie s'appliquerait à l'ensemble des réseaux ou seulement aux lignes récemment concédées, c'est-à-dire à la partie la moins productive de ces réseaux. La première solution n'eût pas apporté une amélioration réelle au crédit des Compagnies. Seule, la seconde était susceptible de remédier à la situation ; du reste, elle avait déjà reçu une application pour les lignes du Grand Central rétrocédées à la Compagnie d'Orléans et pour les lignes des Pyrénées concédées à la Compagnie du Midi.

Les concessions de chaque compagnie furent donc divisées, au point de vue de la garantie d'intérêt, en deux groupes désignés sous les noms d'*ancien* et de *nouveau réseau;* de ces deux réseaux, le second jouissait seul du bénéfice de la garantie.

Mais, comme les chemins du nouveau réseau étaient, en général, des affluents de ceux de l'ancien réseau et leur fournissaient des voyageurs ainsi que des marchandises, il était juste que l'ancien réseau contribuât, dans une proportion convenable, à l'établissement et à l'exploitation du nouveau. L'État et les Compagnies stipulèrent donc que toute la portion du produit net de l'ancien réseau, qui dépasserait un certain chiffre kilométrique, se *déverserait* sur le nouveau réseau et viendrait couvrir, jusqu'à due concurrence, l'intérêt garanti par l'État.

Le *revenu réservé* à l'ancien réseau était calculé de manière: 1° à assurer aux actions un dividende fixe, basé sur le revenu des dernières années; 2° à pourvoir au service des obligations entrant dans le capital de ce réseau; 3° à donner un appoint de 1,10 p. 100, nécessaire pour compléter, avec le taux garanti de 4,65 p. 100, l'intérêt et l'amortissement effectifs des emprunts contractés pour l'exécution du nouveau réseau.

Cette combinaison allégeait les risques du Trésor, neutralisait la tendance que les Compagnies pouvaient avoir à favoriser le trafic de certaines lignes de l'ancien réseau au détriment des lignes du nouveau réseau et restituait, en outre, à ce dernier une partie des bénéfices indirects résultant de sa construction.

Les sommes que l'État serait appelé à verser comme garant devaient lui être remboursées, avec les intérêts à 4 p. 100, dès que les produits du nouveau réseau, accrus des sommes déversées par l'ancien réseau, auraient dépassé le revenu garanti, et à quelque époque que cet excédent se produisit.

L'origine de la garantie était fixée au 1er janvier 1864 pour la Compagnie de l'Est et au 1er janvier 1865 pour les autres Compagnies.

Si, à l'expiration de la concession ou en cas de rachat, l'État était créancier de la Compagnie, le montant de sa créance devait « être « compensé, jusqu'à due concurrence, avec la somme due à la Compa- « gnie pour la reprise, s'il y avait lieu,... du matériel tant de l'ancien « que du nouveau réseau. »

En compensation des avantages qui leur étaient accordés, les Compagnies s'engageaient à partager avec l'État, à partir de 1872, la partie de leurs revenus qui excéderait un chiffre déterminé. Ce chiffre correspondait, en général, à 6 p. 100 des dépenses du nouveau réseau et à 8 p. 100 des dépenses de l'ancien.

Des conventions furent conclues sur ces bases avec les grandes Compagnies et ratifiées par une loi du 11 juin 1859.

La situation générale des entreprises pouvait se résumer comme le montre le tableau suivant :

COMPAGNIES	LONGUEURS					DÉPENSES				
	Ancien réseau	Nouveau réseau	TOTALES	En exploitation au 1er février 1859	En construction ou à construire	Faites au 31 décembre 1857	A faire au 1er janvier 1858	TOTALES	Ancien réseau	Nouveau réseau
	km.	km.	km.	km.	km.	millions	millions	millions	millions	millions
Nord	967	618	1.585	925	660	350	253	603	403	200
Est-Ardennes	985	1.365	2.350	1.767	583	578	254	832	310	522
Ouest	1.192	1.112	2.304	1.183	1.121	412	340	752	461	291
Orléans	1.764	2.162	3.926	1.733	2.193	517	743	1.260	445	815
P.-L. M.-Dauphiné	1.834	2.496	4.330	2.165	2 165	886	974	1.860	735	1.125
Midi	798	825	1.623	794	829	205	166,5	371,5	239,5	132
Cies diverses	234	»	234	134	100	52	19,5	71,5	71,5	»
TOTAUX	7.774	8.578	16.352	8.701	7.651	3.000	2.750	5.750	2.665	3 085
A déduire les dépenses de la campagne 1858							250			
RESTE							2.500			

Les subventions (non comprises dans les chiffres ci-dessus) étaient, avant les conventions, de 910 millions, dont 746 soldés et 164 à payer dans une période de dix années, en numéraire ou sous forme d'obligations d'Etat. Cette somme s'appliquait jusqu'à concurrence de 732 millions aux anciens réseaux et de 178 millions aux nouveaux réseaux ; elle correspondait à près de 100 000 francs par kilomètre pour les anciennes lignes et à 20 000 francs environ, pour les nouvelles lignes.

Aux termes des conventions de 1859, la subvention des nouveaux réseaux passait à 215 millions, soit 25 000 francs par kilomètre.

Quant à la dépense au compte des Compagnies, elle devait atteindre, en moyenne, 350 000 francs par kilomètre.

La Commission du Corps législatif évaluait à 28 000 francs le produit net kilométrique de l'ancien réseau et à 7 000 francs celui du nouveau réseau ; elle estimait, par suite, à 83 millions le maximum de charges annuelles que le fonctionnement de la garantie ferait peser sur l'État ; mais elle admettait que cette charge se réduirait rapidement par le fait du développement du trafic et par la réalisation d'économies dans les dépenses.

Malgré les concessions de 1859, de vastes espaces étaient encore dépourvus de chemins de fer, non seulement en exploitation, mais même en construction ou en projet. Sur certains points, les difficultés topographiques justifiaient cet état de choses ; sur d'autres, au contraire, il n'existait pas d'obstacles naturels, et les populations y attendaient avec d'autant plus d'impatience le bienfait des nouvelles voies de communication que leurs produits se trouvaient dans une infériorité incontestable vis-à-vis de ceux des contrées plus favorisées. Pour certains ports de mer, être pourvus de débouchés vers l'intérieur constituait une véritable question de vie ou de mort.

D'autre part, les lignes concédées à titre définitif rayonnaient presque toutes de Paris et de certains grands centres ; le pays manquait de communications transversales, dont la nécessité s'imposait absolument.

Enfin, la réforme économique récemment accomplie exigeait que les droits protecteurs fussent, autant que possible, compensés par un abaissement du prix de transport des matières premières et des combustibles destinés à alimenter les fabriques et les usines.

L'établissement d'un réseau complémentaire était donc indispensable à tous les points de vue.

Cependant, la construction des nouvelles lignes soulevait les difficultés financières les plus sérieuses : leurs produits directs devaient être peu rémunérateurs, et il fallait s'attendre à de grandes résistances de la part des Compagnies, qui ne voulaient pas voir diminuer le dividende assuré à leurs actionnaires. Ayant aliéné entre leurs mains, pour près d'un siècle, les meilleures lignes, l'État était à peu près complètement à leur discrétion pour l'établissement et l'exploitation de tronçons impropres à faire l'objet d'entreprises distinctes, par suite de leur sectionnement et de leur dissémination. Les prétentions des grandes Compagnies furent telles que le législateur dut déclarer d'utilité publique et autoriser l'Administration à entreprendre un grand nombre de chemins, sans attendre que la concession pût en être réalisée dans des conditions acceptables.

Néanmoins, ces chemins ne tardèrent pas à être concédés, soit aux grandes Compagnies, soit à des Compagnies nouvelles.

Le Gouvernement conclut, en 1863, des conventions avec les Compagnies de l'Est, de l'Ouest, d'Orléans, de Paris-Lyon-Méditerranée et du Midi. D'après les arrangements ainsi intervenus, une nouvelle répartition des lignes avait lieu entre l'ancien et le nouveau réseau et ce dernier recevait divers compléments. L'État s'engageait à payer des subventions considérables ; mais il se réservait de les acquitter, soit en seize termes semestriels égaux, soit en quatre-vingt-dix annuités représentant l'intérêt et l'amortissement du capital au taux de 4,50 p. 100, afin d'éviter la création de titres nouveaux, d'échelonner sur une longue période les dépenses extraordinaires afférentes à l'accroissement du réseau national et de pouvoir élargir en conséquence le cadre de ce réseau, sans surcharger les budgets annuels. Trois Compagnies, celles de l'Est, de l'Ouest et du Midi, ayant éprouvé de graves mécomptes sur leurs évaluations antérieures et ayant vu tous leurs calculs à cet égard absolument déjoués, les contrats passés avec elles revisaient les estimations et élevaient les maxima assignés soit au capital entrant en ligne de compte dans la fixation du revenu réservé, soit au capital garanti par l'Etat ; en revanche, le revenu attribué aux actionnaires avant déversement subissait une réduction, du moins pour les Compagnies de l Est et de l'Ouest. Certaines améliorations dans les conditions du partage des bénéfices étaient stipulées au profit du Trésor. Une 4e classe, à prix relativement modique et à base décroissant quand augmentait la distance de transport, s'ajoutait au tarif du cahier des charges pour les marchandises pondéreuses, notamment pour les houilles et les engrais.

En 1861, la Compagnie du Midi avait présenté des offres en vue de la construction d'une ligne directe de Cette à Marseille et soulevé ainsi une question d'autant plus grave qu'elle touchait, non seulement aux intérêts de la Compagnie de Paris à Lyon et à la Méditerranée, déjà concessionnaire d'une ligne réunissant Cette à Marseille, mais encore aux principes qui avaient, jusqu'alors, présidé à la distribution des réseaux. Sans contester qu'un moment pourrait venir où le développement de la richesse publique et les exigences nouvelles d'une production industrielle plus avancée rendraient nécessaire ou profitable l'établissement de lignes rivales, sans contester qu'il pût être indispensable de réduire, dans certains cas, le trafic des chemins préexistants par l'ouverture de lignes complémentaires donnant satisfaction à de légitimes intérêts, le Gouvernement pensa que le principe de la concurrence n'était pas susceptible de recevoir une application immédiate et utile à la construction du réseau français, qu'il jetterait l'inquiétude parmi les nombreux porteurs de titres constituant une part considérable de la fortune publique, qu'il amoindrirait le crédit des Compagnies, qu'il compromettrait l'exécution de voies ferrées décidées depuis longtemps et attendues avec une juste impatience. Le Corps législatif partagea l'appréciation du Ministre des travaux publics et ratifia la détermination à laquelle il s'était arrêté ; la Compagnie de Paris-Lyon-Méditerranée avait, d'ailleurs, afin d'éviter l'intrusion de la Compagnie du Midi dans son champ d'action, consenti divers engagements pour faciliter les communications entre Cette et Marseille.

Il y a lieu de signaler vers la même époque :

La formation des Compagnies des Dombes, des Charentes et de la Vendée ;

Une convention avec la Compagnie Victor-Emmanuel, dont la concession était partiellement englobée dans le territoire annexé à la France lors de la cession de la Savoie par l'Italie;

La rétrocession à la Compagnie de Paris-Lyon-Méditerranée des chemins algériens, précédemment concédés à une société qui se voyait dans l'impossibilité de mener à bonne fin son entreprise ;

Enfin, une grande enquête que dirigea Michel Chevalier, et dont les investigations portèrent sur la vitesse des trains, sur la sécurité de l'exploitation, sur le bien-être à assurer aux voyageurs, sur la responsabilité des Compagnies pour le transport des marchandises, sur diverses questions relatives aux tarifs, sur les frais de magasinage, sur le factage et le camionnage, sur les conditions de construction et d'exploitation des lignes d'intérêt général et des lignes d'intérêt local.

A la fin de 1863, le développement des chemins de fer d'intérêt général de la métropole s'élevait à 20 683 kilomètres, dont 19 314 kilomètres concédés définitivement, 1 358 kilomètres concédés éventuellement et 11 kilomètres déclarés d'utilité publique, mais non concédés. 12 037 kilomètres étaient livrés à l'exploitation. Les dépenses faites par l'État, les Compagnies et les localités dépassaient déjà six milliards.

En 1864, nous n'avons à noter que la constitution des Compagnies d'Orléans à Châlons-sur-Marne et de Lille à Valenciennes.

L'acte capital de l'année 1865 fut la loi du 12 juillet sur les chemins de fer d'intérêt local. Un mouvement très vif s'était produit au sein des conseils généraux pendant leur session de 1864, dans le but d'obtenir l'exécution de lignes secondaires. Or, l'État ne pouvait consentir pour ces lignes les mêmes sacrifices que pour les chemins plus importants établis ou concédés antérieurement. Il avait, en effet: 1° à pourvoir aux charges d'une garantie d'intérêt devant nécessiter l'inscription annuelle au budget d'un crédit de 40 à 50 millions; 2° à acquitter, durant une longue période, des annuités de subventions montant à plus de 18 millions : 3° à dépenser un capital de 75 millions environ pour les travaux d'infrastructure des lignes pyrénéennes et pour le concours promis aux Compagnies des Charentes, de la Vendée, des Dombes et de Perpignan à Prades. Le Gouvernement jugea opportun de revenir au principe inscrit dans divers actes législatifs concernant l'exécution des travaux publics, notamment dans la loi du 16 septembre 1807, le décret du 16 décembre 1811 sur les routes, la loi du 31 mai 1836 sur les chemins vicinaux, enfin la loi du 11 juin 1842 sur les chemins de fer, c'est-à-dire de recourir à un système qui fît converger les ressources des départements, des communes et des particuliers intéressés. D'ailleurs, il était guidé dans cette voie par l'expérience très heureuse que venait de faire le département du Bas-Rhin, en appliquant à l'exécution d'un réseau départemental les ressources de la vicinalité et les dispositions de la loi du 21 mai 1836. Il avait, en outre, l'avis de la Commission d'enquête présidée par Michel Chevalier, avis tendant à la création d'une nouvelle catégorie de chemins de fer économiques, construits et exploités dans des conditions de simplicité qui répondissent à leur rôle modeste et restreint. Sur son initiative, le législateur créa les *chemins de fer d'intérêt local*. Ces lignes devaient être de faible longueur, relier exclusivement des localités secondaires aux grands réseaux, ne traverser ni faîtes ni larges vallées, n'avoir qu'un trafic peu intense, ne comporter qu'un petit nombre de trains, épouser la forme du sol, être établies à voie étroite si le terrain présentait quelque difficulté, bénéficier d'une certaine liberté pour l'organisation du service. Elles étaient placées entre les mains des départements ou des communes, l'autorité supérieure n'intervenant que pour en prononcer la déclaration d'utilité publique et en autoriser l'exécution ; les ressources créées par la loi du 21 mai 1836 pouvaient être affectées, en partie, à la dépense. La loi du 12 juillet 1865 prévoyait l'allocation, sur les fonds du Trésor, de subventions limitées à la moitié, au tiers ou au quart du contingent des localités, suivant la valeur du centime additionnel aux quatre contributions directes dans les départements.

A côté du vote de la loi sur les chemins de fer d'intérêt local, il ne sera pas inutile de relater aussi, en 1865 : 1° des réclamations très vives, mais infructueuses, au sujet de la réunion des chemins de fer et des canaux du Midi ; 2° la concession du chemin de fer de ceinture de Paris (rive gauche) à la Compagnie de l'Ouest.

Le seul fait à noter, en 1866, est la cession du Victor-Emmanuel à la Compagnie de Paris-Lyon-Méditerranée ; ce réseau secondaire restait absolument distinct du réseau principal au point de vue des rapports financiers entre l'État et la Compagnie.

En 1868 et 1869, des remaniements furent apportés, sinon aux traits essentiels, du moins aux détails des conventions de 1859 et 1863 avec les grandes Compagnies. Ces sociétés recevaient des concessions nouvelles, avec des subventions représentant, en général, les dépenses d'infrastructure et fournies, soit en argent, soit sous forme de travaux ; ces subventions étaient payables dans les conditions précédemment indiquées à propos des conventions de 1863 ; certaines Compagnies faisaient à l'État, pour l'exécution de la plate-forme, des avances remboursables en seize termes semestriels ou en annuités à long terme, au choix du Gouvernement. La répartition des lignes entre l'ancien et le nouveau réseau subissait des modifications destinées à prévenir les détournements de l'un sur l'autre, au détriment de la garantie d'intérêt, et à mieux grouper les chemins liés par leur situation géographique. Des augmentations étaient, à nouveau, consenties sur les évaluations antérieures. Les Compagnies avaient l'autorisation d'imputer au compte de premier établissement, pour le calcul du revenu réservé et du revenu garanti, pendant une période de dix ans, des dépenses complémentaires préalablement autorisées par décret délibéré en Conseil d'État, pour augmentation de matériel roulant, extension des gares, doublement des voies, etc. Ces dépenses étaient limitées à 379 millions. La Compagnie du Nord acceptait l'addition à son tarif légal de petite vitesse d'une 4ᵉ classe de marchandises, comme l'avaient déjà fait les autres Compagnies en 1863.

La discussion de ces contrats provoqua une reprise des attaques contre l'abandon des canaux du Midi à la Compagnie du chemin de fer, dont la navigation aurait dû constituer le frein et le modérateur, ainsi que des critiques fort vives contre les abus des tarifs spéciaux.

Indépendamment des vingt-six lignes que les conventions de 1868 concédaient aux grandes Compagnies et qui atteignaient à peu près la limite des charges susceptibles de leur être imposées, il en était d'autres, très utiles, dont la longueur mesurait 1 955 kilomètres et qu'une loi du 18 juillet 1868 autorisa le Ministre des travaux publics à entreprendre. En aucun cas, la dépense ne pouvait excéder celle de l'infrastructure.

Les dispositions financières des conventions à intervenir devaient être réglées par des actes législatifs spéciaux.

La Compagnie des Charentes voyait, en même temps, son réseau considérablement augmenté par l'adjonction de chemins auxquels l'État accordait de fortes dotations.

En 1869, se forma une nouvelle Compagnie secondaire, celle du Nord-Est, qui réunit 296 kilomètres de lignes d'intérêt général, s'étendant sur le territoire des départements du Nord, du Pas-de-Calais et de l'Aisne, avec garantie solidaire de l'État et de ces départements.

Le fait le plus important de l'année 1870 fut la loi du 27 juillet sur les travaux publics, qui restreignit les pouvoirs du Gouvernement en matière de déclaration d'utilité publique et ne laissa au pouvoir exécutif que l'autorisation de construction des chemins d'embranchement ayant une longueur inférieure à 20 kilomètres. Jamais les travaux dont la dépense devait être supportée en totalité ou en partie par le Trésor ne pouvaient être entrepris qu'en vertu d'une loi créant les voies et moyens ou après inscription d'un crédit au budget. C'était le retour aux règles de la monarchie de Juillet.

A l'année 1870 se rattachent encore: une proposition de plusieurs députés, tendant à la revision de la loi de 1865 sur les chemins de fer d'intérêt local, dans le but de faciliter l'établissement de ces voies secondaires et d'accroître le concours du Trésor: une interpellation au Corps législatif, écho des craintes que le percement du Saint-Gothard inspirait à notre commerce; une grande enquête parlementaire sur le régime économique, dont le cours fut interrompu par les événements militaires; enfin, une enquête administrative sur les chemins de fer qui, pour le même motif, ne put être menée à bonne fin.

La période de 1859 à 1870, que nous venons de parcourir, fut particulièrement féconde pour le développement du réseau, comme en fait foi le tableau suivant :

	SITUATION	
	A LA FIN DE 1858	A LA FIN DE 1870
Développement des chemins de fer d'intérêt général — concédés définitivement	14.250 km.	22.623 km.
— concédés éventuellement	1.831 —	819 —
TOTAL...	16.081 —	23.442 —
Développement des chemins de fer d'intérêt général déclarés d'utilité publique et non concédés	»	987 —
Développement des chemins de fer d'intérêt général classés	36 —	»
TOTAL...	16.117 —	24.429 —
Développement des chemins de fer industriels	90 —	246 —
Développement des chemins de fer d'intérêt local	»	1.814 —
TOTAL...	16.207 —	26.489 —
Développement des chemins de fer d'intérêt général en exploitation	8.681 —	17.440 —
Développement des chemins de fer industriels en exploitation	86 —	196 —
Développement des chemins de fer d'intérêt local en exploitation	»	293 —
TOTAL...	8.767 —	17.929 —
Dépenses faites par l'État pour les chemins d'intérêt général	771 millions	1.147 millions
Dépenses faites par les Compagnies pour les chemins d'intérêt général	3.344 —	6.989 —
Dépenses faites par divers pour les chemins d'intérêt général	9 —	32 —
TOTAL...	4.124 —	8.168 —

Pour l'ensemble des six grandes Compagnies, la situation s'était ainsi modifiée, au point de vue des longueurs concédées et des longueurs ouvertes à l'exploitation :

	A LA FIN DE 1858	A LA FIN DE 1870
Longueur des lignes concédées à titre définitif	13.371 km.	20.608 km.
Longueur des lignes concédées à titre éventuel	1.715 —	492 —
Longueur des lignes ouvertes à l'exploitation	8.246 —	16.887 —

8. Période de 1870 à 1875. — Quand éclata la funeste guerre de 1870-1871, il n'existait aucune organisation sérieuse des transports militaires : le maréchal Niel avait seul tenté cette organisation, mais ses projets avaient disparu avec lui. Aussi les chemins de fer ne rendirent-ils point les services que, avec plus de prévoyance de la part du Gouvernement, il eût été possible de leur demander. Un désordre fâcheux, dû à des ordres contradictoires de l'autorité militaire, se produisit, même au début des hostilités, alors que nos armées n'avaient pas encore essuyé leurs premières défaites. Éclairé par cette triste expérience, M. de Freycinet reprit, vers la fin de la guerre, l'œuvre si malheureusement abandonnée du maréchal Niel ; mais la situation était désespérée et la patriotique initiative du Délégué à la Guerre ne pouvait plus porter ses fruits.

Toutefois, la justice commande de rendre hommage au dévouement et à l'habileté dont firent preuve les fonctionnaires et agents des Compagnies pendant ces jours de deuil ; leur amour du pays, leur discipline, leurs habitudes d'ordre ne se démentirent pas un instant. Une mention toute spéciale est due à la Compagnie de l'Est, qui se trouva la première aux prises avec l'ennemi et dont le réseau fut si rudement frappé par les événements.

A la suite du traité de Francfort, les transports subirent une crise sans précédent. Les Compagnies avaient à faire face au rapatriement des prisonniers français et à l'évacuation de l'armée allemande ; d'un autre côté, les relations commerciales, qui venaient d'être suspendues par les opérations militaires, reprenaient avec une grande intensité ; les gares se trouvaient encombrées de marchandises et cet encombrement était d'autant plus redoutable que les négociants subordonnaient leurs livraisons à un paiement immédiat ; nous étions encore privés d'une partie de notre matériel roulant, que retenait l'Allemagne, et les ateliers de construction ne pouvaient répondre aux commandes de wagons qui leur avaient été faites ; le camionnage périclitait, par suite de la perte d'un grand nombre de chevaux ; beaucoup de magasins publics et d'entrepôts, constituant en quelque sorte les déversoirs des gares, avaient été détruits. Malgré les mesures vigoureuses prises par l'Administration et par les Compagnies, cette crise fut profonde et souleva les plus vives réclamations.

L'Assemblée nationale institua une Commission d'enquête chargée de l'éclairer sur la situation de nos voies de communication, et spécialement des chemins de fer. Cette Commission se livra à une étude approfondie des graves questions dont elle était saisie et joua, pendant plusieurs années, un rôle important. Parmi ses travaux les plus remarquables, il y a lieu de signaler particulièrement un rapport de M. l'ingénieur Cézanne, concernant le projet d'une nouvelle ligne de Calais à Marseille (3 février 1873). L'auteur de ce rapport traitait magistralement de la concurrence en matière de chemins de fer et en montrait l'inanité par les enseignements de l'histoire des réseaux anglais et américain ; il faisait ressortir les funestes effets qu'aurait pour nos finances la création d'une ligne nécessairement appelée à vivre aux dépens des artères nourricières de la Compagnie du Nord et de la Compagnie de Lyon ; il concluait donc au rejet de la proposition, mais en conseillant des améliorations notables aux communications existantes entre la Manche et la Méditerranée.

Une des conséquences du démembrement de notre territoire était d'englober dans l'Empire allemand 840 kilomètres de chemins concédés à la Compagnie de l'Est ; le Gouvernement français avait dû s'engager, vis-à-vis de l'Allemagne, à désintéresser cette Compagnie, moyennant une réduction de 325 millions sur le montant de l'indemnité de guerre. La réalisation de l'engagement ainsi contracté soulevait de sérieuses difficultés, attendu que le droit de rachat inscrit au cahier des charges ne pouvait s'appliquer à une partie seulement du réseau. Ne voulant pas ajouter aux embarras avec lesquels il était aux prises ceux d'un rachat total du réseau de l'Est, le Gouvernement conclut avec la Compagnie une convention qui, en sa forme définitive, subrogeait l'Etat à cette société dans ses droits sur les lignes d'Alsace-Lorraine, ainsi que dans ses droits et obligations pour l'exploitation des chemins de fer Guillaume-Luxembourg, contre remise d'un titre inaliénable de rente de 20 500 000 francs ; ce titre, qui devait être restitué à l'État au terme de la concession, représentait, d'après un calcul basé sur le taux de l'emprunt du 2 juillet 1871, la somme de 325 millions déduite de l'indemnité de guerre. La Compagnie recevait, d'ailleurs, la concession de 308 kilomètres [1] rattachés à son nouveau réseau. Cette convention fut ratifiée, le 17 juin 1873,

[1] Déduction faite de 55 kilomètres abandonnés.

par l'Assemblée nationale, après de longs débats pendant lesquels avait été formulé, mais rejeté, un amendement tendant au rachat complet de la concession. Auparavant déjà, le 3 février 1872, Laurier, Gambetta, et quelques-uns de leurs collègues avaient déposé sur le bureau de l'Assemblée une proposition de rachat général des chemins de fer, proposition retirée d'ailleurs quelques jours plus tard.

En 1874, se place une loi importante du 23 mars, connue sous la dénomination de *Loi de Montgolfier*, du nom de son rapporteur à l'Assemblée nationale. Cette loi rendait définitives des concessions éventuelles, antérieurement faites aux Compagnies d'Orléans, de Lyon, du Midi et des Charentes, et prescrivait la mise en adjudication d'une ligne nouvelle, déclarée d'utilité publique depuis 1868, celle de Besançon à Morteau. Des subventions en travaux et des subventions en argent payables, au choix du Gouvernement, soit en seize termes semestriels égaux, soit en annuités calculées conformément aux conventions antérieures, pour les lignes concédées aux grandes Compagnies, et en trente termes semestriels, pour la ligne de Besançon à Morteau, étaient accordées par l'État aux concessionnaires. La loi, généralisant une disposition insérée dans la convention de 1873 avec la Compagnie de l'Est, portait que, en cas de rachat, les Compagnies auraient la faculté de demander le remboursement de leurs dépenses de premier établissement pour les lignes dont la concession remonterait à moins de quinze ans. Enfin, elle fixait des règles tutélaires pour la proportion du capital-obligations au capital-actions et pour les conditions d'émission des emprunts, en ce qui touchait le chemin de Besançon à Morteau.

Au cours de l'année 1873, deux groupes de députés, parmi lesquels Sadi Carnot et Gambetta, avaient proposé de mettre annuellement à la disposition du Gouvernement un crédit de 4 millions, destiné à subventionner la percée du Simplon, et à faire ainsi échec au Gothard. Cette délicate question fut l'objet d'un très intéressant rapport de M. Cézanne, du 28 mars 1874.

La Commission d'enquête instituée en 1871 par l'Assemblée nationale avait adressé aux Chambres de commerce, aux Chambres consultatives des arts et manufactures, aux Conseils généraux, aux préfets, aux maires, aux tribunaux consulaires, aux syndicats, aux commerçants et industriels, un long questionnaire portant spécialement sur l'exploitation commerciale des chemins de fer. Par deux rapports des 14 mars 1874 et 2 août 1875, M. Dietz-Monnin exposa les vœux qui paraissaient se dégager des réponses faites à ce questionnaire, et dont les principaux visaient l'uniformité à apporter dans la sérification des marchandises sur les différents réseaux, la réduction du nombre des tarifs, l'abréviation des délais de transport et de livraison, le remaniement des tarifs internationaux pour faire disparaître les inégalités de prix préjudiciables aux producteurs français.

Diverses conventions avec les grandes Compagnies, à l'exception de celle d'Orléans, furent conclues par le Gouvernement et approuvées par l'Assemblée nationale en 1875. Ces conventions portaient concession de 2 250 kilomètres environ. Elles stipulaient des subventions sous forme de travaux ou de versements dans les conditions déterminées par les précédents contrats. La distribution des lignes entre l'ancien et le nouveau réseau, ainsi que les règles du partage des bénéfices, subissaient certains remaniements. Pour deux des Compagnies, les arrangements maintenaient le système des avances au Trésor en vue de l'exécution des travaux à la charge de l'État.

Quelques chemins concédés à la Compagnie du Nord avaient été groupés par des conventions du 15 juin 1872 et du 3 août 1875 en un réseau spécial, ne bénéficiant pas de la garantie d'intérêt, mais soumis au partage ; la convention du 30 décembre 1875 supprimait ce réseau distinct.

Les contrats de 1875, et notamment celui qui avait été passé avec la Compagnie de Paris à Lyon et à la Méditerranée, ne furent votés qu'après de longues discussions. Pendant le cours des délibérations de l'Assemblée nationale, plusieurs orateurs dirigèrent de violentes attaques contre les grandes Compagnies et aussi contre le Gouvernement, que certains départements accusaient d'avoir retenu à tort dans le réseau d'intérêt général des lignes antérieurement classées par eux comme chemins de fer d'intérêt local. La controverse qui s'éleva sur ce dernier point eut l'avantage de bien mettre en lumière les droits imprescriptibles de l'autorité supérieure pour l'application de la loi du 12 juillet 1865.

Il convient de noter aussi, en 1875, des concessions à la Compagnie de Picardie-et-Flandres, celle d'un chemin de fer sous-marin entre la France et l'Angleterre, celle du chemin de grande Ceinture de Paris à un syndicat formé par les grandes Compagnies, et la constitution de la Compagnie d'Alais au Rhône.

Jugeant que les conventions avec les Compagnies n'assuraient pas l'exécution d'un nombre de lignes suffisant pour faire face à toutes les nécessités, le Gouvernement provoqua et obtint la déclaration d'utilité publique et l'autorisation d'entreprendre l'infrastructure de 1 325 kilomètres, notamment dans la région de l'Ouest, ainsi que le classement de 1 423 kilomètres.

La sollicitude des Pouvoirs publics s'était, d'ailleurs, portée, non seulement sur le côté technique et économique de la question des chemins de fer, mais aussi sur le sort du personnel des Compagnies, et en particulier des agents commissionnés. Diverses propositions d'initiative parlementaire, inspirées par des vues philanthropiques, avaient été déposées sur le bureau de l'Assemblée nationale, pour améliorer la situation de ces agents.

Voici comment se résument les progrès accomplis de 1871 à 1875, dans l'œuvre de constitution du réseau français :

	SITUATION	
	A LA FIN DE 1870	A LA FIN DE 1875
Développement des chemins de fer d'intérêt général concédés définitivement	22.623 km.	26.435 km.
Développement des chemins de fer d'intérêt général concédés éventuellement	819 —	242 —
TOTAL...	23.442 —	26.677 —
Développement des chemins de fer d'intérêt général déclarés d'utilité publique et non concédés	987 —	1.476 —
Développement des chemins de fer d'intérêt général classés	»	1.423 —
TOTAL...	24.429 —	29.576 —
Développement des chemins de fer industriels	246 —	332 —
Développement des chemins de fer d'intérêt local	1.814 —	4.366 —
TOTAL...	26.489 —	34.274 —
Développement des chemins de fer d'intérêt général en exploitation	17.440 —	19.746 —
Développement des chemins de fer industriels en exploitation	196 —	226 —
Développement des chemins de fer d'intérêt local en exploitation	293 —	1.798 —
TOTAL...	17.929 —	21.770 —
Dépenses faites par l'État pour les chemins d'intérêt général	1.147 millions	1.371 millions
Dépenses faites par les Compagnies pour les chemins d'intérêt général	6.989 —	7.991 —
Dépenses faites par divers pour les chemins d'intérêt général	32 —	41 —
TOTAL...	8.168 —	9.403 —

9. Période de 1876 à 1879. — Les Compagnies secondaires qui s'étaient formées depuis quelques années éprouvaient presque toutes des embarras.

Celles de Lille à Valenciennes, du Nord-Est et de Lille à Béthune conclurent, à la fin de 1875 et au commencement de 1876, avec la Compagnie du Nord, des traités par lesquels cette dernière se substituait à elles pour l'exploitation d'un grand nombre de lignes. Un décret du 20 mai 1876 autorisa la mise en vigueur de ces traités, sous la double condition : 1° que la Compagnie du Nord ne réclamerait pas l'application de la garantie d'intérêt antérieurement stipulée au profit de la Compagnie du Nord-Est, jusqu'à ce qu'il eût été statué par une loi sur les questions financières soulevées par ces contrats; 2° qu'il serait fait par la Compagnie un compte spécial des résultats de l'exploitation pour les réseaux secondaires ainsi placés entre ses mains.

Inquiète des pertes que les débuts de son exploitation lui permettaient de prévoir, la Compagnie des Charentes s'était mise en instance pour obtenir des concessions nouvelles, notamment celle de chemins destinés à la relier directement aux réseaux de l'Ouest, du Midi et de Paris-Lyon-Méditerranée. M. Caillaux, ministre des Travaux publics, avait conclu avec elle, en 1875, et soumis à l'Assemblée nationale une convention qui lui attribuait diverses voies ferrées et répartissait l'ensemble de ses lignes entre un ancien et un nouveau réseau, soumis à un régime financier imité de celui des grandes Compagnies. Mais la fin de la législature était venue avant que l'Assemblée pût se prononcer sur cette combinaison.

En 1876, comme la situation de la Compagnie des Charentes devenait de plus en plus critique, le Gouvernement crut pouvoir souscrire à un traité fusionnant cette Compagnie et celle d'Orléans. Des traités analogues intervinrent entre la Compagnie d'Orléans et celles de la Vendée, de Saint-Nazaire au Croisic, de Bressuire à Poitiers, d'Orléans à Rouen, de Poitiers à Saumur. Le 1er août 1876, M. Christophle, ministre des travaux publics, déposa un projet de loi qui tendait à ratifier ces traités et à ajouter au nouveau réseau d'Orléans, non seulement les 1 650 kilomètres cédés par les Compagnies secondaires, mais aussi 110 kilomètres antérieurement concédés à la Compagnie d'Orléans, à titre d'intérêt local, et 460 kilomètres de lignes nouvelles.

M. Richard Waddington, rapporteur à la Chambre des députés, présenta un rapport fort détaillé. Après un aperçu général sur la plupart des questions relatives au régime des chemins de fer, il conclut au rejet de la convention et au vote d'une résolution invitant le Ministre « à déposer, dans le plus bref délai, un projet de loi ayant « pour objet d'assurer le service des lignes comprises dans la conven-

« tion et de celles qui les complétaient, soit par la constitution de « réseaux distincts et indépendants, soit au moyen du rachat par « l'État et de l'exploitation par des Compagnies fermières, en appli- « quant, comme base du rachat, les dispositions de l'article 12 de la « loi du 23 mars 1874. » Le projet de résolution portait, en outre, que le Ministre devait tenir compte de la double nécessité « d'assurer, à « l'avenir, la construction et l'exploitation des lignes reconnues né- « cessaires, et de faire disparaître les inégalités et l'arbitraire des « tarifs ».

La discussion à la Chambre fut ardente et approfondie. Elle sortit, comme le rapport de M. Waddington, du cadre du projet de loi pour s'étendre à l'ensemble du régime des chemins de fer. Pendant le cours des débats, M. Lecesne proposa le rachat général des concessions. Finalement, à la suite d'une bataille qui ne dura pas moins de sept journées, la Chambre des députés adopta, le 22 mars 1877, un projet de résolution de M. Allain-Targé tendant :

a. — Au remaniement de la convention sur les bases suivantes :

1° Rachat d'après leur prix réel de premier établissement, subventions déduites, des lignes qui cesseraient d'être exploitées par leurs premiers concessionnaires ;

2° Concentration des lignes à grand trafic de la région entre les mains d'une même administration, de telle sorte qu'il ne pût s'établir aux dépens de l'État une concurrence ruineuse pour le Trésor, pour les exploitants et pour les populations elles-mêmes, entre des lignes subventionnées par l'État ;

3° Exercice permanent de l'autorité de l'État sur les tarifs et le trafic ;

4° Réserve absolue, pour les Pouvoirs publics, du droit d'ordonner à toute époque, sans porter atteinte à la situation financière assurée à la Compagnie par les contrats, la construction des lignes nouvelles qu'ils jugeraient nécessaire d'adjoindre au réseau de cette société ;

b. — Subsidiairement, dans le cas où la Compagnie d'Orléans refuserait de traiter sur ces bases, à la constitution d'un grand réseau de l'Ouest et du Sud-Ouest exploité par l'État.

Telle fut l'origine du réseau d'État à la formation duquel nous arriverons bientôt.

Peu de temps après, le 23 juin 1877, la Chambre des députés manifestait de nouveau son peu de sympathie pour l'extension pure et simple du système des contrats de 1859, 1863, 1868 et 1875, en ajournant sa décision sur un projet de convention intervenu avec la Compagnie du Nord en vue de la concession de deux nouvelles lignes.

Avant de clore l'année 1877, il convient de mentionner une enquête de la Commission centrale des chemins de fer au Ministère des travaux publics sur les questions suivantes :

1° Simplification des tarifs généraux par la diminution du nombre des séries ;

2° Établissement d'une classification uniforme des marchandises pour les divers réseaux ;

3° Application du même tarif kilométrique général sur les différents réseaux ;

4° Abréviation des délais de transport ;

5° Généralisation des tarifs de moyenne vitesse ;

6° Abréviation des délais et réduction de la taxe de transmission d'un réseau à un autre ;

7° Revision des tarifs spéciaux, afin d'en réduire le nombre, de les classer méthodiquement et de faire disparaître leurs anomalies ;

8° Obligation, pour les Compagnies, d'appliquer le tarif le plus réduit quand l'expéditeur le demanderait, sans que celui-ci fût tenu d'indiquer expressément un tarif déterminé ;

9° Multiplication des billets d'aller et retour.

Pour l'exécution du vote émis le 22 mars 1877 par la Chambre des députés, le Ministre des travaux publics avait passé avec les six Compagnies d'intérêt général des Charentes, de la Vendée, de Bressuire à Poitiers, de Saint-Nazaire au Croisic, d'Orléans à Châlons, de Clermont à Tulle, et avec les quatre Compagnies d'intérêt local de Poitiers à Saumur, des chemins Nantais, de Maine-et-Loire et Nantes, d'Orléans à Rouen, des conventions impliquant le rachat de 2611 kilomètres, moyennant un prix à fixer par trois arbitres, d'après les dépenses réelles de premier établissement, déduction faite des subventions.

Les arbitres procédèrent activement à leurs opérations. Aux termes de leurs sentences, le prix de rachat, en capital et intérêts, s'élevait à 266 millions environ ; d'autre part, les dépenses de construction ou d'achèvement à faire, soit par l'État lui-même, soit, pour son compte, par les Compagnies rachetées, devaient atteindre 234 millions, y compris la fourniture du matériel roulant. C'était donc un sacrifice total de 500 millions, correspondant à un peu moins de 200 000 francs par kilomètre.

M. de Freycinet, Ministre des travaux publics, déposa sur le bureau de la Chambre des députés, le 12 juin 1878, un projet de loi ayant pour objet la ratification des conventions intervenues entre l'État et les Compagnies en souffrance, remettant à une loi de finances la création des ressources nécessaires, et autorisant le Ministre à assurer l'exploitation des lignes rachetées par les moyens qu'il jugerait le moins onéreux pour le Trésor, en attendant une décision au sujet de leur régime définitif.

Ce projet de loi provoqua une opposition assez vive de la part d'une fraction de la Chambre et du Sénat, notamment en ce qui touchait le blanc-seing donné au Ministre pour assurer provisoirement l'exploitation directe des chemins compris dans le rachat. Néanmoins, il fut voté, avec l'addition d'une disposition complémentaire aux termes de laquelle des décrets en Conseil d'État devaient statuer sur les indemnités ou les dédommagements susceptibles d'être dus aux départements, à raison de l'incorporation des chemins d'intérêt local dans le réseau d'intérêt général. Pendant la discussion, M. de Freycinet avait repoussé hautement la pensée du rachat général des chemins de fer et affirmé que l'exploitation par l'État, ayant un caractère provisoire et temporaire, serait organisée de manière à pouvoir cesser à la volonté du Parlement.

Deux décrets du 25 mai 1878 réglèrent le fonctionnement administratif et financier du nouveau réseau d'État. Ces décrets donnaient à l'Administration des chemins de fer de l'État une organisation en beaucoup de points analogue à celle des grandes Compagnies, ainsi qu'une indépendance, une autonomie et une liberté d'allures suffisantes pour l'affranchir des règles trop étroites imposées aux agents directs du pouvoir central.

Il ne suffisait pas d'avoir décidé la grande opération du rachat des concessions secondaires du Sud-Ouest; il fallait encore créer l'instrument financier destiné à fournir les ressources indispensables pour le paiement des indemnités, l'achèvement des travaux, et aussi l'exécution d'un grand programme à l'étude. Une loi du 11 juin 1878 pourvut à cette nécessité en instituant un nouveau type de rente 3 p. 100 amortissable. Ce type était calqué sur celui des obligations 3 p. 100 des grandes Compagnies. Les émissions devaient se faire, au fur et à mesure des besoins, par les guichets des trésoriers généraux, des receveurs particuliers et, le cas échéant, des percepteurs, à des cours déterminés de jour en jour suivant le niveau du crédit public. Un délai de soixante-quinze ans avait paru le plus convenable pour l'amortissement. La nouvelle rente n'était pas convertible.

Le Sénat avait nommé, au commencement de l'année 1877, une Commission chargée d'étudier le programme d'un réseau complémentaire d'intérêt général, les voies et moyens les plus propres à assurer l'exécution de ce réseau, les simplifications et améliorations à apporter aux tarifs de marchandises. Après une instruction minutieuse, trois rapports furent déposés, en 1878, au nom de cette Commission : le premier, par M. le général d'Andigné, concernant les lignes à ajouter au réseau d'intérêt général; le second, par M. Foucher de Careil, sur les voies et moyens; le troisième, par M. George, sur les tarifs.

M. le général d'Andigné proposait le classement de 6 705 kilomètres et l'étude de 1 000 kilomètres, dont la construction s'imposerait dans un délai rapproché.

M. Foucher de Careil se prononçait contre l'exploitation par l'État et en faveur du système qui avait jusqu'alors prévalu pour la constitution de notre réseau. Il conseillait de poursuivre l'application de ce système, de confier autant que possible aux grandes Compagnies l'établissement des lignes nouvelles, de revenir à d'autres Compagnies si les négociations avec ces sociétés restaient infructueuses, enfin, à défaut de concessionnaires, de faire exécuter les travaux par l'État, mais de remettre ensuite l'exploitation à des Compagnies fermières.

Quant au rapport de M. George, l'un des plus remarquables qui aient été écrits sur la question, il aboutissait aux conclusions suivantes : 1° adopter dorénavant, pour tarifs légaux, des tarifs à base décroissante dans le système belge; 2° poursuivre, pour les tarifs généraux, l'unification dans la classification et les barêmes ; 3° reviser les tarifs spéciaux et supprimer, d'une part, ceux que rendrait inutiles la réforme des tarifs généraux, d'autre part, ceux qui n'auraient d'autre but que l'intérêt particulier des Compagnies et qui seraient contraires, soit à l'intérêt du Trésor, soit à l'intérêt général, soit au respect des intérêts particuliers entre lesquels l'État devait maintenir égalité de traitement et impartiale protection.

Ces trois rapports furent renvoyés le 10 juin 1879 au Ministre des travaux publics.

Vers la fin de 1878, M. de Freycinet soumit à la Chambre des députés deux projets de conventions avec la Compagnie du Nord et la Compagnie de l'Ouest. De ces deux Compagnies, la première recevait la concession de 400 kilomètres de chemins, dont l'État devait lui livrer l'infrastructure; ses lignes d'intérêt local étaient classées dans le réseau d'intérêt général et formaient, avec celles de Lille à Valenciennes, du Nord-Est et de Lille à Béthune, un réseau spécial dont les insuffisances seraient couvertes par les excédents de revenu des deux autres réseaux ou portées, le cas échéant, à un compte d'attente ; les résultats de leur exploitation se rattachaient à ceux du surplus de la concession, au point de vue du partage des bénéfices. La convention avec la Compagnie de l'Ouest reposait sur une combinaison différente et présentait plutôt les caractères d'un traité d'affermage que ceux d'un traité de concession. Cette Société acceptait la remise de 700 kilomètres, en état d'être livrés à la circulation, et se chargeait de les exploiter pour le compte du Trésor, moyennant le remboursement de ses dépenses dans la limite de maxima kilométriques déterminés. Les propositions du Ministre furent accueillies défavorablement par la Commission de la Chambre et restèrent sans suite. Cet insuccès empêcha le dépôt des contrats préparés avec les autres Compagnies.

Le 12 janvier 1878, M. de Freycinet avait institué des Commissions régionales pour l'étude d'un classement complémentaire. Dans un rapport du même jour au Président de la République, il évaluait, par aperçu, à 10 000 kilomètres le développement des lignes à ajouter au réseau d'intérêt général :

Report des lois de 1875	2.897 km.
Lignes d'intérêt local à reprendre par l'État	2.100 —
Lignes nouvelles à classer	5.000 —
TOTAL...	9.997 km, soit 10.000 km.

Éclairé par les travaux des commissions régionales, le Ministre déposa, le 4 juin 1878, un projet de loi portant classement de 6 200 kilomètres et prévoyant l'incorporation dans le réseau d'intérêt général de 2 500 kilomètres empruntés à des chemins d'intérêt local. Contrairement à son intention première, il renonçait à assigner aux nouvelles lignes un ordre de priorité que les études ultérieures, les nécessités militaires, les négociations à engager pour obtenir le concours des localités, seraient venues inévitablement déjouer dans l'avenir. Le prix de revient kilométrique des nouveaux chemins était estimé à 200 000 francs en moyenne, de telle sorte qu'en tenant compte des lignes de 1875 et des lignes concédées aux Compagnies, mais non encore terminées, l'effort total nécessaire pour compléter notre outillage de voies ferrées se mesurait par une dépense de 3 milliards 200 millions.

Ce projet de loi, légèrement modifié à deux reprises, fut reçu aux acclamations de la majorité des deux Chambres. L'infériorité de la France par rapport à plusieurs pays voisins, les concurrences menaçantes qui se dressaient à l'extérieur contre notre commerce, le besoin qui s'imposait aux Pouvoirs publics d'assurer, par le développement de nos voies de communication, la reconstitution des ressources englouties dans les désastres de 1870-1871, l'utilité d'arrêter par avance un programme bien défini, tout militait en faveur des propositions de M. de Freycinet. Aussi ces propositions furent-elles adoptées par la Chambre d'abord, par le Sénat ensuite, après une brillante passe d'armes entre MM. de Freycinet et Varroy, d'une part, MM. Krantz et Bocher, d'autre part. La loi du 17 juillet 1879 étendait même notablement, dans sa forme définitive, le cadre du programme gouvernemental : des additions opérées successivement par les deux Chambres élevaient à 8 868 kilomètres la longueur totale des nouvelles lignes classées. Toutefois, désirant ne pas aliéner sa liberté au regard des départements et réserver l'indépendance de ses décisions ultérieures, le Parlement s'était refusé à sanctionner le tableau des lignes d'intérêt local devant être incorporées dans le réseau d'intérêt général. Il restait d'ailleurs entendu que le délai de dix ou douze ans indiqué pour la réalisation du programme constituait une simple prévision et que les travaux seraient réglés suivant les disponibilités financières susceptibles d'y être affectées.

Pendant le cours des débats, la Chambre des députés et le Sénat avaient renvoyé pour étude au Ministre de nombreux amendements, dont l'adoption eût impliqué un classement supplémentaire de 4 152 kilomètres.

Une autre loi du 18 juillet 1879 classa 1 652 kilomètres en Algérie, déduction faite de 80 kilomètres déjà concédés éventuellement, mais non compris 94 kilomètres de lignes d'intérêt local à incorporer au réseau d'intérêt général.

Il importait de déterminer au plus tôt le régime des nouveaux chemins de fer décidés en principe par le législateur. Prenant acte de l'opposition soulevée au sein de la Chambre des députés par les projets de conventions avec les Compagnies du Nord et de l'Ouest, M. de Freycinet avait invité cette Assemblée à manifester nettement ses vues et ses intentions. Une proposition de M. Jean David fournit à la Chambre l'occasion de satisfaire au vœu du Ministre, en nommant une commission de trente-trois membres qui devait étudier le régime du troisième réseau.

Signalons encore :

1° Une nouvelle proposition formulée en 1877 par M. Germain Casse et quelques autres députés, au sujet des rapports entre les Compagnies et les mécaniciens ou chauffeurs ;

2° L'approbation provisoire, en 1879, d'une nouvelle classification uniforme des marchandises en six séries, pour les transports intérieurs et communs des six grandes Compagnies.

La situation s'était transformée, de 1876 à 1879, comme l'indique le tableau suivant :

	SITUATION	
	A LA FIN DE 1875	A LA FIN DE 1879
1° Métropole.		
Développement des chemins de fer d'intérêt général... concédés définitivement.....	26.435 km.	27.143 km.
Développement des chemins de fer d'intérêt général... concédés éventuellement...	242 —	149 —
TOTAL...	26.677 —	27.292 —
Développement des chemins de fer d'intérêt général déclarés d'utilité publique et non concédés..........	1.476 —	4.350 —
Développement des chemins de fer d'intérêt général classés..........	1.423 —	8.453 —
TOTAL...	29.576 —	40.095 —
Développement des chemins de fer industriels..........	332 —	369 —
Développement des chemins de fer d'intérêt local..........	4.366 —	3.872 —
TOTAL...	34.274 —	44.336 —
Développement des chemins de fer d'intérêt général en exploitation..........	19.746 —	22.756 —
Développement des chemins de fer industriels en exploitation..........	226 —	263 —
Développement des chemins de fer d'intérêt local en exploitation..........	1.798 —	2.159 —
TOTAL...	21.770 —	25.178 —
Dépenses faites par l'État pour les chemins d'intérêt général..........	1.371 millions	2.204 millions
Dépenses faites par les Compagnies pour les chemins d'intérêt général..........	7.991 —	8.380 —
Dépenses faites par divers pour les chemins d'intérêt général.	41 —	62 —
TOTAL...	9.403 —	10.646 —
Grandes Compagnies: Longueur des lignes concédées à titre définitif......	22.778 km.	22.934 km.
Grandes Compagnies: Longueur des lignes concédées à titre éventuel.....	224 —	131 —
Grandes Compagnies: Longueur des lignes ouvertes à l'exploitation..........	17.965 —	19.944 —

	SITUATION	
	A LA FIN DE 1875	A LA FIN DE 1879
2° Algérie.		
Développement des chemins de fer d'intérêt général... concédés définitivement.....	906 km.	1.164 km.
concédés éventuellement...	80 —	133 —
TOTAL...	986 —	1.294 —
Développement des chemins de fer d'intérêt général déclarés d'utilité publique et non concédés..............................	»	»
Développement des chemins de fer d'intérêt général classés.........................	»	1.652 —
TOTAL...	986 —	2.946 —
Développement des chemins de fer industriels.................................	33 —	33 —
Développement des chemins de fer d'intérêt local....................................	139 —	94 —
TOTAL...	1.158 —	3.073 —
Développement des chemins de fer d'intérêt général en exploitation..................	513 —	1.042 —
Développement des chemins de fer industriels en exploitation........................	33 —	33 —
Développement des chemins de fer d'intérêt local en exploitation...................	»	79 —
TOTAL...	546 —	1.154 —

Les chemins d'intérêt général concédés en Algérie se répartissaient entre les quatre Compagnies de Paris-Lyon-Méditerranée, de l'Est-Algérien, de Bône-Guelma et Franco-Algérienne.

10. Période de 1880 à 1882. — La loi de classement du 17 juillet 1879 imposait à l'Administration une lourde tâche : il fallait, tout à la fois, poursuivre les travaux engagés en vertu des lois de 1875 ou de lois spéciales, procéder aux études définitives des lignes nouvellement classées, engager le plus tôt possible leur construction, organiser l'exploitation sur les chemins non concédés qui seraient successivement achevés.

Le Ministère des travaux publics se montra à la hauteur de cette tâche difficile. Bien que, depuis longtemps, son personnel ne prît plus une part active à l'exécution ni même aux études des voies ferrées et manquât, par suite, d'expérience, il put, grâce au dévouement du corps des Ponts et Chaussées, entreprendre et pousser rapidement la réalisation du programme de 1879 ; il eut surtout le mérite d'apporter à cette grande œuvre un ordre et une méthode, qui furent tout à l'honneur des hommes éminents chargés alors du Département des travaux publics. A la vérité, des critiques très vives furent dirigées, en décembre 1882, pendant la discussion du budget de 1883, contre le nombre prétendu excessif des chantiers et contre leur éparpillement : jamais l'administration la plus sage n'échappera aux critiques de l'opposition. MM. Sadi Carnot et Rousseau n'eurent pas de peine à faire justice d'allégations sans fondement.

Dès la fin de 1882, le développement des chemins non concédés, déclarés d'utilité publique, s'élevait à 12 369 kilomètres, y compris le réseau d'État 2 619 kilomètres : c'était une augmentation de 5 400 kilomètres pour les trois années 1880, 1881 et 1882. Près de 3 600 kilomètres avaient été livrés à l'exploitation durant cette courte période.

Tout d'abord, les lois déclaratives d'utilité publique n'autorisaient le ministre qu'à entreprendre l'infrastructure, et des lois spéciales intervenaient ensuite pour lui conférer une autorisation complémentaire en ce qui touchait la superstructure. Mais, plus tard, ces deux autorisations furent réunies en une seule, jointe à la déclaration d'utilité publique.

L'État dut, d'ailleurs, non seulement assurer la construction des lignes nouvelles, mais encore reprendre des chemins d'intérêt général ou d'intérêt local, qui constituaient nécessairement des mailles de son réseau ou dont les concessionnaires ne pouvaient tenir leurs engagements. Quand les travaux de ces chemins étaient commencés ou terminés, le concessionnaire recevait une indemnité représentant la dépense que le Trésor aurait eu à supporter pour les amener en l'état où ils se trouvaient, sauf déduction, dans certains cas, des frais de remaniement indispensables pour les adapter à leur nouvelle destination. Le matériel roulant était racheté à dire d'experts. Jamais l'Administration n'intervenait dans la répartition du prix de cession entre les ayants droit, ni dans la liquidation des Compagnies. Des indemnités de licenciement étaient prévues au profit des employés qui satisferaient à certaines conditions de durée de services et qui ne seraient pas maintenus dans leurs fonctions.

Comme je l'ai précédemment indiqué, le Ministre devait pourvoir à l'exploitation des lignes reprises par l'État et déjà ouvertes au service public, ainsi qu'à celle des lignes nouvelles non concédées, aussitôt après leur achèvement. Diverses lois de 1880, 1881 et 1882 lui déléguèrent les pouvoirs nécessaires pour assurer temporairement cette exploitation par les moyens qu'il jugerait le moins onéreux. Les procédés auxquels il eut recours furent les suivants :

1° La plupart des chemins livrés à la circulation en vertu de cette délégation furent confiés aux grandes Compagnies dans le champ desquelles ils étaient placés. Aux termes des conventions d'affermage conclues avec elles, ces Compagnies exploitaient les lignes avec leur personnel et leur matériel, en les traitant comme les chemins dépendant de leur concession. Redevables des recettes envers le Trésor, elles avaient droit, d'autre part, au remboursement de leurs dépenses jusqu'à concurrence d'un maximum par train kilométrique et recevaient, en outre, une annuité représentant les charges des frais d'acquisition du matériel roulant. Des primes d'économie et l'allocation d'une part des bénéfices les intéressaient à une bonne gestion. Elles exécutaient pour le compte de l'État les travaux de premier établissement. L'État restait maître des tarifs. Passés pour un délai relativement court, les traités étaient approuvés par décret.

2° D'autres lignes, situées dans la région du réseau des chemins de fer de l'État, furent exploitées par l'administration préposée à ce réseau, tout en restant distinctes du groupe créé en conformité de la loi et des décrets de 1878.

3° Enfin, le Ministre fit un essai d'exploitation en régie pour le chemin de Perpignan à Prades et pour quelques chemins de la région de l'Ouest. Un ingénieur en chef des Ponts et Chaussées dirigeait cette exploitation, qui était soumise à des règles empruntées, pour partie, aux décrets de 1878, pour partie aux règlements sur les travaux publics.

Ainsi que je l'ai rappelé, une Commission de trente-trois membres avait été nommée en 1879 par la Chambre des députés, pour l'étude du régime des chemins de fer. Elle s'était divisée en trois sous-commissions ayant dans leurs attributions respectives : la première, les réformes à opérer dans la législation des tarifs ; la seconde, les bases du rachat des réseaux concédés aux grandes Compagnies ; la troisième, les divers modes d'exploitation.

Le premier travail qui sortit des délibérations de la Commission fut un rapport présenté au nom de la deuxième sous-commission. M. Wilson, auteur de ce rapport, proposait le rachat total de la concession d'Orléans, en se fondant principalement sur l'impossibilité de maintenir le *statu quo* sans voir les intérêts du Trésor gravement compromis par la lutte du réseau d'Orléans contre celui de l'État. Reproduisant les calculs auxquels s'était livrée la Commission pour évaluer l'indemnité de rachat, il affirmait l'opportunité et les avantages de la mesure, au double point de vue financier et économique.

De son côté, M. Varroy, chargé, au commencement de 1880, du portefeuille des travaux publics, s'était immédiatement préoccupé de mettre fin à la guerre de tarifs entre les réseaux d'État et d'Orléans. Il conclut avec la Compagnie et déposa sur le bureau de la Chambre, peu après la rédaction du rapport de M. Wilson, une convention portant rachat de toutes les lignes situées à l'Ouest de la grande artère de Paris à Bordeaux, moyennant une annuité de 17 100 000 francs. Accru des voies ferrées ainsi reprises, le réseau d'État devait s'étendre sur toute la région comprise entre la ligne de Paris à Bordeaux (exclusivement), le réseau de l'Ouest et la mer. La Compagnie s'engageait à construire, pour le compte de l'État, un certain nombre de chemins à l'Est de la ligne Paris-Bordeaux, puis à les exploiter en qualité de fermier, dans des conditions analogues à celles qui ont été précédemment indiquées ; le bail pouvait être résilié annuellement. Des règles de partage du trafic entre les itinéraires concurrents étaient fixées par la convention; celle-ci introduisait diverses améliorations dans le cahier des charges de la Compagnie.

M. Baïhaut, rapporteur de la Commission, émit un avis défavorable. Il soutint que la solution proposée par le Ministre était un expédient insuffisant et que des mesures plus radicales s'imposaient pour faire cesser les abus du régime en vigueur, notamment au point de vue de la tarification. D'accord avec M. Wilson, il conclut au rachat total de la concession d'Orléans.

A la même époque, MM. Richard Waddington et Lebaudy présentèrent deux autres rapports au nom de la première et de la troisième sous-commission, sur les tarifs et sur les différents modes d'exploitation.

Après un examen fort intéressant de la tarification étrangère et de la tarification française, M. Waddington formulait des desiderata dont les principaux étaient les suivants : 1° amélioration des conditions de transport des voyageurs ; 2° classification uniforme des marchandises pour tout le réseau français; 3° établissement d'un tarif général unique pour le transport des marchandises sur l'ensemble du territoire et adoption de séries, dont les premières seraient tarifées à une taxe kilométrique constante et les autres à une taxe kilométrique décroissant au fur et à mesure qu'augmenterait la distance; 4° application de la règle de la plus courte distance; 5° revision et réduction du nombre des tarifs spéciaux.

M. Lebaudy passait en revue les régimes adoptés par l'Angleterre, la Belgique, la Hollande et l'Allemagne, pour leurs chemins de fer ; il en indiquait les résultats généraux, les avantages, les défauts; il cherchait à dégager les éléments du choix que nous aurions à faire entre le système des concessions, celui de l'exploitation par des Compagnies fermières, et celui de l'exploitation directe par l'État. Bien qu'il se bornât à demander le rachat total de la concession d'Orléans, ses tendances paraissaient être favorables au rachat général.

En présence de l'irréductible opposition manifestée par la Commission des 33, M. Sadi Carnot, qui avait remplacé M. Varroy au Ministère des travaux publics, retira le projet de convention avec la Compagnie d'Orléans.

Au début de l'année 1881, un échange d'observations eut lieu entre M. Baïhaut et le Ministre des travaux publics, à l'occasion d'un projet de loi portant autorisation d'exploiter provisoirement plusieurs chemins non concédés. M. Baïhaut insistait sur l'urgence d'une solution définitive pour l'exploitation du troisième réseau et pour l'amélioration du régime des voies existantes ; il invitait le Ministre à exposer son programme, à déposer un projet de loi, à ne pas reculer, le cas échéant, devant le rachat des concessions faites aux grandes Compagnies. M. Sadi Carnot ne crut pas devoir s'engager sur le terrain d'une discussion générale et indiqua simplement les mesures prises par son administration afin d'améliorer la tarification, les résultats obtenus, ainsi que les différents systèmes d'affermage ou d'exploitation directe alors en expérimentation.

Des observations analogues furent encore échangées pendant la discussion du budget de 1882.

Appelé pour la seconde fois au Ministère des travaux publics, vers la fin de 1881, M. Varroy chercha à conclure des conventions avec les Compagnies. En effet, la situation incertaine et précaire, qui durait depuis plusieurs années, était des plus préjudiciables à l'intérêt public et au crédit. Le Gouvernement considérait comme une œuvre de sagesse de mettre un terme à cette situation, d'assurer à l'exécution du programme de travaux publics le concours des efforts et des ressources de l'industrie privée, de faire contribuer les Compagnies aux dépenses de construction du troisième réseau. Il voulait aussi obtenir de ces sociétés, en échange de la sécurité relative qui leur serait donnée, l'abaissement des tarifs de la grande vitesse, particulièrement pour les voyageurs de 3e classe et pour les denrées alimentaires, la régularisation des tarifs généraux et spéciaux de la petite vitesse, la réduction de ces tarifs, spécialement pour les marchandises de moindre valeur.

Le 22 mai 1882, M. Varroy soumit à la Chambre une première convention qu'il avait passée avec la Compagnie d'Orléans, et dont les traits essentiels étaient les suivants : concession à la Compagnie d'un petit nombre de lignes, en échange de chemins qu'elle rétrocédait pour le remaniement des réseaux voisins et notamment du réseau de l'État; affermage à la Compagnie, jusqu'au 31 décembre 1899, de 837 kilomètres de lignes nouvelles et exploitation de ces lignes dans des conditions qui laissaient au Ministre une autorité directe sur les tarifs; subvention de 160 millions environ apportée par la Compagnie pour les travaux, sous la réserve qu'à la fin du bail, s'il n'était pas renouvelé, l'État serait tenu de continuer le service des obligations ; abaissement immédiat de 7 p. 100 sur les taxes des voyageurs autres que ceux des trains rapides ; engagement de réaliser ultérieurement des réductions égales à celles que l'État consentirait sur son impôt de grande vitesse ; généralisation des billets d'aller et retour; adoption d'un nouveau tarif général commun et intérieur, précédemment élaboré par le Comité consultatif des chemins de fer; remaniement des tarifs spéciaux, dans le sens des vœux exprimés par la Commission d'enquête du Sénat, c'est-à-dire suppression des anomalies injustifiées qui s'y étaient introduites progressivement, et engagement de procéder à ce remaniement dans des vues telles que la moyenne des tarifs fût abaissée ; augmentation de la part de l'État dans les bénéfices : suspension du droit de rachat pendant la durée du bail d'affermage.

Ces dispositions, étendues avec les modalités convenables aux autres Compagnies, devaient avoir pour effet de mettre à leur compte un milliard de travaux et de procurer au public des réductions de taxes correspondant à une somme de plus de cinquante millions par an.

La Commission de la Chambre jugea que la suspension du droit de rachat était un avantage excessif accordé à la Compagnie; elle se méprit sur la portée de certains articles du contrat qui présentaient cependant d'incontestables avantages pour l'État et qui avaient le mérite de résoudre, non seulement la question de construction du 3e réseau, mais encore et surtout celle de la tarification ; par suite, elle conclut au rejet de la convention que retira plus tard M. Hérisson, successeur de M. Varroy.

En même temps qu'elle signait avec l'État la convention technique dont je viens de donner une brève analyse, la Compagnie d'Orléans prenait l'engagement de rembourser par anticipation au Trésor le montant de sa dette au titre de la garantie d'intérêt, réglée à 207 millions. Ce remboursement, qui constituait l'un des éléments du projet de budget de M. Léon Say pour l'exercice 1883, fut abandonné à la chute du Cabinet présidé par M. de Freycinet. Il apparaissait à M. Tirard, successeur de M. Léon Say, comme un expédient temporaire, ingénieux sans doute, mais laissant irrésolue la grande question des travaux publics et susceptible de gêner, le cas échéant, les négociations avec les Compagnies.

La discussion qui s'ouvrit le 11 décembre 1882 devant la Chambre, et le 19 décembre devant le Sénat, sur le nouveau projet de budget préparé par M. Tirard, fut une sorte de préface des débats solennels de 1883 sur les conventions. Des controverses ardentes se produisirent relativement à l'étendue du programme Freycinet, à la méthode suivant laquelle l'exécution en avait été engagée, aux procédés les plus convenables pour en poursuivre la réalisation technique et financière, aux résultats de l'exploitation du réseau d'État rapprochée de celle des réseaux concédés. Il fut reconnu que la situation des finances publiques commandait dorénavant une extrême prudence et qu'il importait de prendre le plus tôt possible un parti définitif au sujet du régime général des chemins de fer.

M. Hérisson, ministre des travaux publics, avait, d'ailleurs, institué récemment une Commission extraparlementaire appelée :

1° A discuter la question de l'exploitation par l'État ou par l'industrie privée et, dans le cas où elle se prononcerait pour l'industrie privée, à étudier deux combinaisons, dont l'une impliquerait des traités avec les Compagnies, la revision de leurs cahiers des charges et le prélèvement de la majeure partie de leurs plus-values au profit des lignes nouvelles, tandis que l'autre comporterait, en dehors de tout accord avec les Compagnies, des groupements distincts détournant par la concurrence les excédents de produits des lignes préexistantes ;

2° A élaborer la réforme de la tarification ;

3° A déterminer d'une manière précise les conditions de la reprise éventuelle des concessions.

Les sous-commissions auxquelles furent renvoyés ces trois ordres de questions se livrèrent à des études intéressantes et détaillées; mais leurs travaux, n'ayant pas été soumis à la Commission plénière, restèrent sans consécration.

Un acte important de la période 1880-1882 fut la loi du 11 juin 1880 sur les chemins de fer d'intérêt local et les tramways.

L'expérience ne confirmait pas les espérances qu'avait fait concevoir la loi de 1865 sur les chemins de fer d'intérêt local. Au lieu de rester dans leur rôle et dans leur sphère d'action, au lieu de se pénétrer de la nécessité d'une stricte économie, au lieu d'éviter soigneusement toute prodigalité dans la construction comme dans l'exploitation, au lieu de se considérer comme les alliés et les auxiliaires des grandes Compagnies, au lieu de comprendre qu'ils couraient inévitablement à leur perte en voulant concurrencer les lignes d'intérêt général, les concessionnaires de chemins d'intérêt local s'étaient laissé trop souvent entraîner à établir et à exploiter ces lignes avec un luxe de dépenses tout à fait excessif, à oublier qu'en toutes choses il faut proportionner l'outil au service qui lui est demandé. Trop souvent aussi, on les avait vus s'efforcer de souder entre elles les concessions obtenues sur le territoire de plusieurs départements, chercher à créer ainsi de véritables lignes de transit et même des réseaux entremêlant leurs mailles à celles des grands réseaux, engager une lutte qui ne pouvait que leur être fatale et les conduire à des catastrophes.

A côté de ce vice, exclusivement imputable aux erreurs commises dans les applications de la loi du 12 juillet 1865, il en était un autre inhérent au principe même de la loi. L'institution du système de subvention en capital constituait une faute manifeste ; le législateur avait involontairement encouragé la spéculation, en lui procurant une première mise de fonds et en lui donnant un aliment qui lui permettait de se soutenir pendant la période de construction et de faire illusion au public, sans attribuer aux capitaux engagés aucune garantie de rémunération, sans fournir aux départements intéressés aucune garantie d'exploitation. Plus d'une fois les concessionnaires s'étaient empressés de réaliser d'énormes bénéfices par l'émission des titres ou par des marchés de construction consentis avec des majorations scandaleuses, puis d'abandonner leurs entreprises, laissant les départements en face de difficultés et d'embarras inextricables. Cette situation avait été encore aggravée par la liberté que la loi du 24 juillet 1867 accordait aux sociétés anonymes.

D'autre part, la loi de 1865 visait exclusivement les chemins de fer d'intérêt local proprement dits. Or, il s'était établi des lignes d'un caractère analogue, mais spécial, empruntant le sol des voies publiques, qui échappaient à cette loi et qui tendaient à se multiplier. Ce nouveau type de voies ferrées avait été importé d'Amérique. Jusqu'en 1857, les chemins de fer utilisant ainsi des voies préexistantes furent autorisés par le chef du pouvoir exécutif, sans enquête préalable et sans intervention du Conseil d'État. A partir de 1857, l'Administration considéra les autorisations de tramways comme touchant à des intérêts généraux ou privés assez graves pour exiger certaines garanties : elle ouvrit des enquêtes, dans les formes prévues par le titre Ier de la loi du 3 mai 1841 ; le Conseil d'État fut entendu sur les projets de décrets et de cahiers des charges. Enfin, après 1873, le Gouvernement crut ne devoir accorder les concessions qu'aux départements ou aux villes, avec faculté de rétrocession à des compagnies ou à des particuliers ; il continua, d'ailleurs, à se réserver dans tous les cas le droit de concession, afin de suppléer par le cahier des charges au défaut de législation. Ainsi le régime des tramways n'avait d'autre base qu'une jurisprudence administrative ; il importait de régler la matière par voie législative.

La loi du 11 juin 1880 vint, tout à la fois, modifier celle de 1865 sur les chemins de fer d'intérêt local et donner un statut légal aux concessions de tramways.

Voici quels en étaient les traits caractéristiques.

En ce qui concernait les chemins de fer, la déclaration d'utilité publique et l'autorisation d'exécution étaient enlevées au pouvoir exécutif et transférées au pouvoir législatif ; cette mesure se justifiait par les conflits trop fréquents qui avaient surgi entre l'autorité centrale et les autorités locales, au sujet du classement des lignes. Les subventions du Trésor en capital faisaient place à des subventions annuelles servies après la mise en exploitation ; cette nouvelle forme de concours devait attirer les capitaux de l'épargne, empêcher les spéculations auxquelles avait donné naissance la législation antérieure, assurer l'exécution des engagements contractés par les concessionnaires, permettre à l'Administration d'exercer sur la gestion financière des Compagnies un contrôle permanent, donner aux concessionnaires les avantages d'un crédit solidement assis pour l'émission de leurs emprunts. Des dispositions étaient prises pour réglementer la constitution et la réalisation des capitaux nécessaires aux travaux d'établissement.

En ce qui concernait les tramways, la loi du 11 juin 1880 faisait disparaître l'ancien régime de la précarité, sous l'empire duquel les concessions pouvaient être frappées de révocation sans indemnité, comme de simples autorisations de voirie. La concession était accordée soit par le Gouvernement, soit par les Conseils généraux, soit par les Conseils municipaux, suivant que les voies de l'ordre le plus élevé, empruntées pour leur établissement, appartenaient au domaine public national, départemental ou communal. Elle pouvait être attribuée à l'État, aux départements ou aux communes, avec faculté de rétrocession. Dans tous les cas, l'utilité publique était déclarée par décret en Conseil d'État. Les concessionnaires des tramways à traction de locomotives, transportant des voyageurs et des marchandises, pouvaient être dotés de subventions analogues à celles des chemins de fer d'intérêt local.

Des règlements d'administration publique et des cahiers des charges types, approuvés par décret en Conseil d'État, complétèrent la loi du 11 juin 1880.

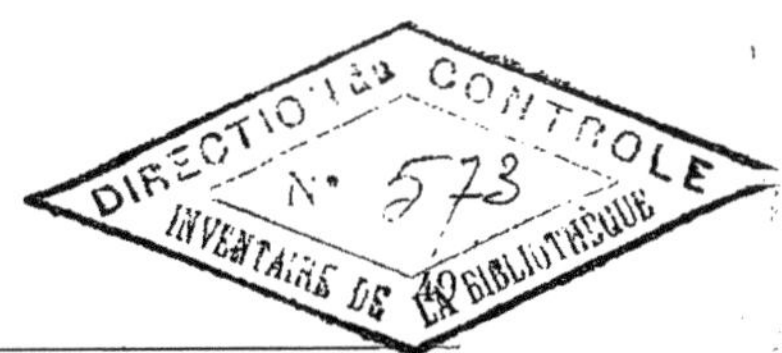

Depuis longtemps, des concessionnaires de mines avaient obtenu la déclaration d'utilité publique de chemins de fer destinés à relier leur exploitation aux lignes voisines. Pour justifier cette mesure, le Gouvernement leur imposait immédiatement, ou se réservait de leur imposer plus tard, un service public. La loi du 27 juillet 1880, modifiant celle du 21 avril 1810 sur les mines, donna une base légale aux actes de l'espèce, en les prévoyant d'une manière explicite pour les voies ferrées qui, sans sortir du périmètre de la concession, modifieraient le relief du sol et pour celles qui excéderaient les limites du périmètre ; les voies créées en dehors du périmètre pouvaient être affectées à l'usage du public, dans les conditions établies par le cahier des charges.

La réunion du Congrès international de 1874, à Berne, avait été le point de départ d'une série de conventions postales appelées à exercer la plus grande influence sur le développement du commerce et de l'industrie. Une loi du 3 mars 1881 ratifia l'une de ces conventions, dont l'objet était de faciliter autant que possible le transport des petits colis d'un poids de 3 kilogrammes au maximum, en assurant à ce transport tous les avantages d'économie, de rapidité et de sécurité des services postaux. Les grandes Compagnies s'étaient, d'ailleurs, engagées à effectuer les opérations sur le territoire français. Elles avaient, de plus, amélioré les conditions de transport des colis de moins de 5 kilogrammes en grande vitesse. Deux lois du 24 juillet 1881 ajoutèrent des facilités nouvelles à celles qui résultaient de la loi du 3 mars.

A peine amorcée à La Réunion et dans l'Inde française, l'œuvre des chemins de fer coloniaux commença à prendre quelque essor pendant la période 1880-1882. Il suffira de citer : la loi du 26 février 1881, affectant des ressources à la construction d'une ligne de Kayes à Bafoulabé (Sénégal) ; le décret du 24 août 1881, concédant la ligne de Saïgon à Mytho (Cochinchine) ; la loi du 29 juin 1882, portant concession d'une ligne de Dakar à Saint-Louis (Sénégal). Aux termes de cette dernière loi, l'État devait fournir, à l'aide d'une émission de rente 3 p. 100 amortissable, les trois quarts du capital de premier établissement ; la Compagnie pourvoyait au surplus de la différence par son capital actions, qui bénéficiait d'une garantie d'intérêt de 6 p. 100.

Les découvertes des voyageurs avaient, depuis quelques années, révélé l'existence de grandes agglomérations d'hommes, de villes importantes, dans l'Afrique centrale et notamment dans le Soudan, auquel on allait jusqu'à attribuer une population dépassant cent millions d'habitants et qui paraissait offrir tous les éléments d'un trafic international. Elles avaient établi, d'autre part, que le Sahara lui-même, loin d'être couvert de sables mouvants sur toute son étendue, présentait presque partout un sol d'une consistance comparable à celle des sols européens. Il n'était guère douteux que le Soudan pût être pratiquement atteint par des voies ferrées ayant leur origine en Algérie ou au Sénégal. Le problème tentait beaucoup d'esprits et avait déjà fixé l'attention du Parlement, dont les sympathies pour l'étude de la question s'étaient nettement affirmées lors de la discussion du classement de 1879 au Sénat et lors de la discussion du projet de budget de 1880 à la Chambre des députés.

M. de Freycinet provoqua, le 13 juillet 1879, un décret instituant une Commission supérieure, qui était appelée à formuler un programme de reconnaissances et d'explorations. Cette Commission conclut à l'étude de diverses directions se rattachant soit à la province d'Oran, soit à celle d'Alger, soit à celle de Constantine. L'étude comprenait la rédaction d'avant-projets sur le territoire de l'Algérie, des reconnaissances détaillées dans la zone intermédiaire entre l'Algérie et le désert, et des explorations au delà de cette zone. Les explorateurs étaient M. Soleillet, qui devait se rendre de Saint-Louis du Sénégal à Tombouctou, puis de Tombouctou au Touat, et le colonel Flatters, qui devait aller d'Ouargla vers Temassanin et le Haut-Igharghar, jusqu'à Idelès et au delà, si les circonstances le permettaient.

Les études entreprises conformément au programme arrêté sur l'avis de la Commission supérieure du Transsaharien furent vigoureusement menées. Dans une première campagne, le colonel Flatters poussa des reconnaissances jusqu'au lac Menkhough, à une faible distance de Rhat. Au contraire, la mission de M. Soleillet rencontra des obstacles qui la firent échouer.

Dans les derniers jours de 1880, le colonel Flatters reprit son voyage d'exploration. La mission comprenait trois ingénieurs, deux officiers, un médecin militaire. Une escorte assez nombreuse l'accompagnait. Les explorateurs étaient à la veille d'atteindre le puits d'Assiou, par 21° de latitude, quand le colonel Flatters, trompé par la trahison de plusieurs de ses guides, laissa la colonne se diviser et fut massacré, avec la plupart des membres de la mission, par un fort parti de Touaregs-Hoggar, dont les incitations venues de la Tripolitaine et peut-être aussi d'In Salah et du Touat avaient surexcité le fanatisme. On sait la terrible odyssée des survivants, obligés de battre en retraite vers l'Algérie, sans cesse harcelés par les Touaregs, devant leur livrer des combats fréquents, empoisonnés par des dattes pilées que ces bandits leur vendaient à prix d'or, dépouillés de tous leurs chameaux, manquant de vivres et d'eau, cruellement décimés et finissant par des actes d'anthropophagie. Quelques indigènes échappèrent seuls au désastre et rentrèrent successivement dans la colonie. Cet événement entraîna la suspension des études du Transsaharien.

Une crise des plus graves s'était produite dans les transports pendant l'hiver 1879-1880; des encombrements de longue durée avaient eu lieu dans plusieurs grandes gares des départements, et surtout dans les gares de Paris. Par décision du 9 mars 1880, le Ministre des travaux publics institua une Commission pour rechercher les causes de la crise et pour étudier les mesures propres à en prévenir autant que possible le retour. Cette Commission, élargissant le cadre de ses investigations, les fit porter non seulement sur le présent, mais aussi sur le passé. Elle conclut à l'utilité : 1° de prévenir, en cours de route, les destinataires du jour d'arrivée des marchandises transportées au prix de tarifs spéciaux conditionnels; 2° d'appliquer rigoureusement et sans préférence les prescriptions ministérielles relatives aux délais d'expédition et de transport; 3° d'armer les Compagnies du droit permanent de camionnage d'office, aux frais, risques et périls de qui de droit, vingt-quatre heures après l'arrivée des marchandises. De ces trois conclusions, la première et la dernière, qui tendaient à des mesures nouvelles, ne reçurent pas de suite.

A la suite d'un grave accident survenu à Flers (réseau de l'Ouest), une Commission d'enquête administrative avait été appelée à rechercher les moyens de mieux assurer la sécurité de l'exploitation. Elle proposa d'assez nombreuses dispositions, qui concernaient notamment l'emploi des enclenchements, du block-system, des cloches électriques, des freins continus. Ses avis furent adoptés et des ordres conformes donnés aux Compagnies.

Émus des dangers de l'ouverture du Gothard pour notre industrie et notre commerce, plusieurs députés présentèrent, soit en 1880, soit en 1881, des propositions relatives à de nouvelles percées des Alpes, par le Simplon, le Mont-Blanc ou le petit Saint-Bernard. La question fit l'objet d'un remarquable rapport de M. Brossard, qui, tout en exprimant sa préférence pour le Mont-Blanc, conclut à l'étude des diverses solutions par le Gouvernement.

Le 11 juin 1874, MM. de Seigneux, avocat à Genève, et Christ, avocat à Bâle, avaient adressé aux Chambres fédérales suisses une pétition tendant à la réunion d'une conférence internationale pour créer un droit uniforme des transports internationaux et faciliter ainsi les échanges entre les différents pays. Cette pétition ayant été favorablement accueillie, le Conseil fédéral fit rédiger un avant-projet de convention et le communiqua aux divers gouvernements, avec invitation de le discuter en commun. Des sessions eurent lieu à Berne en 1878 et 1881. Sans être complètement au point après la seconde réunion, l'entente était néanmoins préparée.

Désireuses de satisfaire aux vœux du Parlement et aux demandes pressantes de l'Administration, les grandes Compagnies présentèrent un projet de tarif général commun pour les relations de réseau à réseau. Mais le Ministre des travaux publics ne put agréer ce tarif, qui comportait trop de relèvements, n'était pas applicable aux transports intérieurs des réseaux, enfin laissait de côté les échanges entre les Compagnies et l'Administration des chemins de fer de l'État.

Mentionnons encore deux propositions d'initiative parlementaire, concernant les rapports entre les Compagnies et leurs agents commissionnés. La première, déposée en 1880 par M. de Janzé, député, échoua, après de longs débats. Formulée en 1882, la seconde émanait de MM. Raynal, Waldeck-Rousseau, etc., et empruntait aux projets antérieurs celles de leurs dispositions qui avaient soulevé le moins d'objections; à la suite d'une discussion approfondie, la Chambre vota un texte dont les traits essentiels étaient les suivants : 1° le contrat de louage de services passé entre les Compagnies et leurs agents commissionnés ou participant aux caisses de retraites et de secours ne pouvait être résilié sans motif légitime par l'une des parties que moyennant le paiement de dommages-intérêts ; 2° un règlement d'administration publique devait déterminer les emplois réservés aux agents commissionnés, ainsi que les causes de nature à justifier la révocation ou la descente de classe ; 3° les contestations devaient être instruites par les tribunaux comme affaires sommaires et jugées d'urgence.

Le tableau statistique ci-après résume les changements survenus, de 1880 à 1882, dans la situation des chemins de fer de la métropole et de l'Algérie :

	SITUATION	
	A LA FIN DE 1879	A LA FIN DE 1882
1° Métropole		
Développement des chemins de fer d'intérêt général... concédés définitivement.......	27.143 km	26.850 km
Développement des chemins de fer d'intérêt général... concédés éventuellement....	149 —	149 —
Total.....	27.292 —	26.999 —
Développement des chemins de fer d'intérêt général déclarés d'utilité publique et non concédés..........................	4.350 —	9.750 —
Développement des chemins de fer d'intérêt général classés.....................	8.453 —	4.129 —
Total.....	40.095 —	40.878 —
Développement des chemins de fer industriels..........................	369 —	308 —
Développement des chemins de fer d'intérêt local..........................	3.872 —	3.576 —
Total.....	44.336 —	44.762 —
Développement des chemins de fer d'intérêt général en exploitation...............	22.756 —	26.327 —
Développement des chemins de fer industriels en exploitation..................	263 —	246 —
Développement des chemins de fer d'intérêt local en exploitation..................	2.159 —	2.312 —
Total.....	25.178 —	28.885 —
Dépenses faites par l'État pour les chemins d'intérêt général.....................	2.204 millions	3.143 millions
Dépenses faites par les Compagnies pour les chemins d'intérêt général.............	8.380 —	8.971 —
Dépenses faites par divers pour les chemins d'intérêt général....................	62 —	86 —
Total.....	10.646 —	12.200 —
Grandes Compagnies — Longueur des lignes concédées à titre définitif...........	22.934 km	22.939 km
Grandes Compagnies — Longueur des lignes concédées à titre éventuel...........	131 —	131 —
Grandes Compagnies — Longueur des lignes ouvertes à l'exploitation...........	19.944 —	21.194 —

2° Algérie		Situation à la fin de 1879	Situation à la fin de 1882
Développement des chemins de fer d'intérêt général	concédés définitivement	1 161 km.	1.812 km
	concédés éventuellement	133 —	529 —
Total		1.294 —	2.341 —
Développement des chemins de fer d'intérêt général déclarés d'utilité publique et non concédés		»	»
Développement des chemins de fer d'intérêt général classés		1.652 —	732 —
Total		2.946 —	3.073 —
Développement des chemins de fer industriels		33 —	61 —
Développement des chemins de fer d'intérêt local		94 —	»
Total		3.073 —	3.134 —
Développement des chemins d'intérêt général en exploitation		1.042 —	1.531 —
Développement des chemins industriels en exploitation		33 —	40 —
Développement des chemins d'intérêt local en exploitation		79 —	»
Total		1.154 —	1.571 —

Une cinquième Compagnie d'intérêt général s'était constituée en Algérie : celle de l'Ouest-Algérien.

II. Période de 1883 à 1912. — 1. CONVENTIONS DE 1883 ET DISPOSITIONS COMPLÉMENTAIRES. — La déclaration ministérielle portée devant les Chambres, le 22 février 1883, au nom du Cabinet présidé par M. Jules Ferry, annonçait « l'ouverture de négociations avec les « grandes Compagnies de chemins de fer et le ferme espoir qu'il en « sortirait des conventions équitables, respectueuses des droits de « l'État et de nature à faciliter l'exécution des grands travaux pu- « blics sans charger à l'excès notre crédit ». Comme le faisait prévoir cette déclaration, M. Raynal, ministre des travaux publics, déposa, en juin et juillet 1883, sur le bureau de la Chambre des députés, des projets de loi tendant à approuver six conventions intervenues entre lui et les Compagnies du Nord, de l'Est, de l'Ouest, d'Orléans, de Paris-Lyon-Méditerranée, du Midi. Les accords ainsi conclus avaient pour but principal d'assurer la réalisation plus rapide du programme Freycinet.

Un grand nombre de lignes étaient concédées, à titre ferme ou éventuel, aux Compagnies. Celles-ci s'engageaient, en outre, à accepter ultérieurement la concession de lignes non encore dénommées, jusqu'à concurrence de longueurs fixées par les conventions [1]. Elles apportaient à l'établissement des chemins nouveaux une contribution représentant, pour la plupart de ces chemins, 50 000 francs par kilomètre, y compris la fourniture du matériel roulant évaluée à 25 000 francs. Le tableau suivant indique, en ce qui concerne chaque réseau, le développement des concessions et les éléments du concours financier des Compagnies :

[1] Exceptionnellement, la convention avec la Compagnie du Nord fixait, non une limite de longueur, mais une limite de dépense.

DÉSIGNATION des RÉSEAUX	LONGUEUR ANTÉRIEURE	LONGUEURS					LONGUEUR NOUVELLE DES RÉSEAUX	CONCOURS			
		CONCÉDÉES			cédées ou échangées	TOTALES		Contribution aux lignes nouvelles	Matériel roulant		TOTAL
		à titre définitif	à titre éventuel	non dénommées					des lignes concédées	des lignes cédées	
	km.	km.	km.	km.	km.	km.	km. (a)	millions	millions	millions	millions
Nord	2.172	197	62	»	174	433	2.605	90	7	4	101
Est.........	3.149	596	187	250	703	1.736	4.885	26	26	18	70
Ouest.......	3.236	1.187	216	200	877	2.480	5.716	41	41	22	104
Orléans.....	4.359	1.910	116	400	1.086	3.512	(b) 7.472	94	61	16	171
P.-L.-M	7.137	1.126	222	600	89	(c) 2.038	9.175	49	49	2	100
Midi........	3.017	838	169	200	59	1.266	4.283	30	30	1	61
TOTAUX..	23.070	5.854	973	1.650	2.988	11.465	34.136	330	214	63	607

(a) Non compris 1.108 kilomètres de lignes provenant, soit de concessions à des Compagnies secondaires, soit de concessions à la Compagnie du Nord par les départements et placées entre les mains de cette dernière Compagnie.

(b) Déduction faite de 399 kilomètres cédés à l'Etat par la Compagnie d'Orléans.

(c) Non compris 432 kilomètres provenant principalement du réseau des Dombes et annexés à la concession de Paris-Lyon-Méditerranée.

Ainsi l'État était déchargé de 11 465 kilomètres. Le réseau des grandes Compagnies s'augmentait de 11 066 kilomètres, soit de 48 p. 100 environ. Un peu plus de 2 000 kilomètres de lignes classées dans le champ d'action des Compagnies étaient laissés en dehors des conventions.

Les Compagnies se chargeaient de la presque totalité des travaux, qu'elles prenaient l'engagement d'exécuter en dix ans environ. Elles y concouraient pour une quote part de 330 millions, soit de 1/9 à 1/8 de la dépense totale afférente aux lignes réunies à leurs concessions, et de 1/7 à 1/6 de la dépense afférente à celles de ces lignes qui n'étaient pas encore achevées. De plus, elles fournissaient le matériel roulant des chemins adjoints à leur réseau : le sacrifice correspondant, estimé à 277 millions, n'avait pas le même caractère que la subvention consacrée aux travaux, puisque le matériel devait être racheté par l'État à la fin de la concession ; mais le budget public n'en était pas moins allégé d'autant pour un délai fort long.

A ces ressources venait se joindre le remboursement des dettes contractées par les Compagnies de l'Est, de l'Ouest, d'Orléans et du Midi, au titre de la garantie d'intérêt, soit 540 millions, déduction faite d'un escompte de 80 millions, stipulé en faveur de la Compagnie de l'Ouest.

En outre, les grandes Compagnies assumaient les insuffisances d'exploitation des lignes nouvelles. Elles prêtaient à l'État leur crédit pour la réalisation des emprunts destinés à couvrir ses dépenses, tout en lui laissant la faculté de contracter lui-même ces emprunts, s'il le jugeait utile.

Pour la plupart des réseaux, le dividende avant partage était abaissé. D'une manière générale, la part attribuée au Trésor passait de la moitié aux deux tiers.

Les Compagnies s'engageaient : 1° à réduire de 10 p. 100 les taxes des voyageurs de 2e classe et de 20 p. 100 celles des voyageurs de 3e classe, dans le cas où l'État renoncerait à la surtaxe de 10 p. 100, ajoutée en 1871 aux impôts de grande vitesse ; 2° à opérer ultérieurement des diminutions supplémentaires à celles que l'État consentirait au delà de cette surtaxe.

Elles promettaient aussi, par des lettres adressées au Ministre des travaux publics, d'abaisser les tarifs de petite vitesse pour certaines catégories de marchandises, de simplifier ces tarifs en diminuant le nombre des prix fermes et en adoptant autant que possible, comme règle, les barèmes à base kilométrique décroissante, d'apporter de notables réductions aux taxes des messageries en grande vitesse, de se soumettre, en ce qui concernait les tarifs d'importation, d'exportation et de transit aux dispositions jugées nécessaires dans l'intérêt de notre production et de notre commerce.

Des cessions de lignes par la Compagnie d'Orléans permettaient au réseau d'État, sinon d'acquérir toute l'importance désirée, du moins d'entrer en possession complète de la zone comprise entre la mer, la ligne de Tours à Nantes et celle de Tours à Bordeaux. Les stipulations des contrats avec les Compagnies de l'Ouest et d'Orléans assuraient à ce réseau le trafic qui devait légitimement lui appartenir et procuraient à ses transports un accès facile sur Paris.

Les comptes étaient simplifiés.

En échange de leurs engagements, les Compagnies obtenaient des avantages, tels que :

— Substitution de la garantie intégrale des dépenses de premier établissement à la garantie limitée du nouveau réseau, pour les Compagnies de l'Est, de l'Ouest, d'Orléans et du Midi ; attribution aux actionnaires de ces quatre Compagnies d'un dividende garanti supérieur au dividende réservé implicitement par les conventions antérieures ;

— Relèvement du dividende réservé pour les Compagnies du Nord et de Paris-Lyon-Méditerranée ;

— Prolongation de la garantie pour les réseaux de l'Est et de l'Ouest; suppression de la limite antérieurement assignée à la durée de la garantie pour les réseaux d'Orléans et du Midi (arrêts du Conseil d'État des 12 janvier 1895 et 26 juillet 1912);

— Suppression à peu près générale de la limitation des dépenses de premier établissement ;

— Faculté d'imputer au compte de construction, pour le jeu de la garantie d'intérêt comme pour celui du partage des bénéfices, toutes les dépenses complémentaires approuvées par le Ministre ;

— Imputation prolongée des insuffisances d'exploitation au compte d'établissement ;

— Interprétation ou plutôt modification de la loi Montgolfier, en ce sens que l'origine de la période de quinze ans, pendant laquelle les Compagnies pouvaient, dans le cas de rachat, demander la reprise des lignes nouvelles au prix de premier établissement, était fixée, non plus à la date de concession de ces lignes, mais à la date de leur mise en exploitation ;

— Paiement, dans le même cas, des travaux complémentaires exécutés durant les quinze dernières années, sauf déduction de 1/15e pour chaque année écoulée depuis la clôture de l'exercice d'exécution, ce qui, à raison de 3 millions de dépenses par million d'augmentation de recette brute, paraissait alors représenter un supplément de 675 millions sur le prix du rachat d'ensemble des réseaux concédés aux grandes Compagnies.

— Assurance, pour les réseaux de l'Est, de l'Ouest, d'Orléans et du Midi, que le prix du rachat ne correspondrait jamais à une annuité inférieure aux charges des capitaux engagés, y compris le dividende garanti aux actionnaires ;

— Enfin, et pardessus tout, consolidation, au profit des six Compagnies, d'une situation naguère menacée.

L'incorporation dans le réseau du Nord de lignes secondaires, que la Compagnie exploitait auparavant à ses risques et périls, en subissant des pertes notables, se traduisait par un relèvement sensible du dividende réservé ainsi que du dividende avant partage, et par la participation de l'État aux pertes, une fois l'ère du partage ouverte.

Des lignes secondaires étaient également incorporées au réseau de Paris-Lyon-Méditerranée. Mais leur productivité dépassait celle des lignes réunies au réseau du Nord. La fusion avait surtout pour avantage de faire disparaître du champ d'action de la Compagnie une société qui, sans exercer contre elle une concurrence redoutable, pouvait cependant lui créer quelques embarras.

Les contrats dont les principales dispositions viennent d'être brièvement rappelées provoquèrent des débats passionnés, spécialement à la Chambre des députés. Ils furent combattus avec vigueur par MM. Allain-Targé, Wilson, Waddington, députés, et Tolain, sénateur, qui leur reprochaient de sacrifier les intérêts du Trésor, de renforcer outre mesure le monopole des Compagnies, de désarmer absolument l'État pour l'avenir, de compromettre le sort du réseau d'État, de ne pas donner au public les satisfactions indispensables en matière de tarification. Néanmoins, très habilement et très éloquemment défendus par M. Raynal, ministre des travaux publics, ils rallièrent une importante majorité. (Lois du 20 novembre 1883.)

En ratifiant les conventions de 1883, les Chambres mettaient fin, pour le développement du réseau national, à un état de choses qu'il importait de faire cesser; elles signaient, sinon une paix définitive, du moins une trêve de longue durée avec les grandes Compagnies.

Ainsi que je l'ai précédemment rappelé, les Compagnies devaient, aux termes des conventions de 1883, accepter, dans des limites fixées pour chacune d'elles, la concession de lignes qui n'avaient pu être immédiatement dénommées, mais qui seraient ultérieurement désignées par l'Administration. Cette disposition laissait le temps nécessaire pour continuer des études encore insuffisamment avancées et, par suite, pour préparer des choix plus judicieux. Mais elle maintenait la porte ouverte à toutes les espérances et, dès lors, à toutes les compétitions. Aussi la détermination des chemins nouveaux à concéder fut-elle assez laborieuse, notamment en ce qui concerne le réseau d'Orléans, au sujet duquel le législateur ne statua pas avant 1893[1].

Les longueurs convenues en 1883 subirent d'ailleurs, pour plusieurs Compagnies, des augmentations motivées, soit par la substitution partielle de la voie étroite à la voie large et par l'économie kilométrique qui en résultait, soit par l'abandon de concessions antérieures. A ces augmentations « d'équivalence » s'ajoutèrent, sur certains réseaux, des accroissements acceptés ou même sollicités.

Quelques particularités des concessions faites aux grandes Compagnies après 1883 appellent seules ici de courtes indications.

Trois lignes, désignées par une loi du 10 décembre 1885 et situées en Bretagne, furent réunies à trois autres lignes bretonnes dont la Compagnie de l'Ouest était déjà concessionnaire, pour former un groupe spécial de 354 kilomètres à voie de 1 mètre. Les arrangements intervenus réduisaient à 12 500 francs la contribution kilométrique de

[1] Abstraction faite d'une ligne concédée en 1888.

la Compagnie aux dépenses de construction et habilitaient la Compagnie à conclure, sous réserve d'une approbation par décret en Conseil d'État, des traités pour l'exploitation intégrale ou partielle du groupe. Il était stipulé que les marchandises seraient transbordées gratuitement des lignes à voie étroite aux lignes à voie large faisant partie du réseau de l'Ouest et réciproquement. La Compagnie de l'Ouest traita avec la Société générale des chemins de fer économiques, régisseur intéressé, qui devait recevoir une allocation proportionnelle aux recettes brutes, le montant des dépenses effectives jusqu'à concurrence d'un maximum par train kilométrique et une prime égale à la moitié de l'économie réalisée sur ce maximum.

Le projet de désignation des lignes non dénommées du réseau d'Orléans, qui avait été soumis à la Chambre des députés en mars 1885, échoua, par suite d'un désaccord profond entre le Gouvernement et la Commission à laquelle ce projet fut renvoyé. Non contente de remanier la liste des lignes, la Commission proposait de décider l'exécution à voie étroite, ou suivant tout autre système économique, et la concession à des Compagnies spéciales, de chemins mesurant ensemble 376 kilomètres. Ses conclusions, légèrement modifiées, recueillirent les suffrages de la Chambre, mais n'eurent pas la consécration des votes du Sénat.

Un nouveau programme fut présenté au Parlement en 1891 et sanctionné par une loi du 20 mars 1893; les lignes concédées à la Compagnie d'Orléans étaient les unes à voie large, les autres à voie de 1 mètre. Ces dernières, jointes à une ligne dénommée en 1883, dont la loi de 1893 ramenait à 1 mètre la largeur de voie, constituaient un ensemble de 492 kilomètres; le concours de la Compagnie à leur superstructure était réduit à 12 500 francs par kilomètre, comme pour les lignes à voie étroite de l'Ouest.

D'une manière générale, les stipulations concernant les chemins à voie de 1 mètre du réseau d'Orléans offraient une grande analogie avec celles qui ont été indiquées à propos du groupe breton. Cependant deux clauses spéciales méritent d'être signalées : les dépenses d'établissement à rembourser par l'État pouvaient faire l'objet de forfaits, dont le montant serait fixé par le Ministre, lors de l'approbation des projets, sur l'avis du Conseil général des ponts et chaussées et la Compagnie entendue, celle-ci restant libre de ne pas accepter la décision ministérielle et de réclamer un arbitrage; d'autre part, la faculté pour la Compagnie de conclure des traités généraux était étendue à la construction. Divers traités englobant l'exécution des travaux et l'exploitation furent passés entre la Compagnie d'Orléans et des sociétés sous-traitantes, intéressées aux économies sur les frais d'établissement et à l'augmentation du produit net. Il ne sera pas inutile d'ajouter que, dans le but d'abaisser le prix des lignes maintenues à voie normale, la convention de 1893 atténuait sensiblement la rigueur du cahier des charges.

Plusieurs lignes à voie de 1 mètre ont été également concédées aux Compagnies du Nord, de Paris-Lyon-Méditerranée et du Midi.

Au nombre des chemins dont se sont accrus les réseaux des grandes Compagnies depuis 1883 figurent le prolongement jusqu'à l'Esplanade des Invalides de la ligne du pont de l'Alma à Courbevoie, celui de la ligne Paris-Sceaux-Limours jusqu'aux abords du carrefour Médicis, celui de la ligne d'Orléans jusqu'au quai d'Orsay, des lignes desservant la banlieue parisienne dans la région de l'Ouest, les trois lignes transpyrénéennes. Les prolongements ci-dessus énumérés ont permis la création de trois nouvelles gares rapprochées du centre de la capitale, celle des Invalides, celle du Luxembourg et celle du quai d'Orsay.

Un fait intéressant est l'emploi de la traction électrique sur quelques lignes appartenant soit au réseau de Paris-Lyon-Méditerranée, soit au réseau du Midi, et situées dans des régions où abondaient les forces hydrauliques.

Les conventions de 1883 prévoyaient, jusqu'au 1er janvier qui suivrait l'ouverture à l'exploitation de l'ensemble des lignes concédées par elles, l'imputation au compte d'établissement des insuffisances de produit auxquelles donneraient lieu les chemins nouveaux successivement livrés à la circulation. Cette prévision s'appliquait, pour plusieurs réseaux, non seulement aux lignes concédées en 1883, mais aussi aux lignes concédées en 1875; certaines Compagnies soutenaient même, à la faveur d'une ambiguïté des textes, qu'elle englobait des concessions antérieures à 1875. La clause était, d'ailleurs, libellée dans des termes variant d'un réseau à l'autre et parfois assez peu précis pour comporter de graves divergences d'interprétation. Stipulée dans un intérêt de dégrèvement temporaire des budgets, elle avait le défaut de fausser entièrement les comptes et de reporter sur l'avenir des charges excessives. L'incorrection devenait d'autant plus accusée et plus fâcheuse que les nécessités financières obligeaient à prolonger, bien au delà des supputations initiales, le délai d'achèvement des travaux.

Une telle situation devait appeler la vigilante attention du Parlement. Elle provoqua les justes observations des rapporteurs du budget et fit même, en 1901, l'objet d'une interpellation à la Chambre des députés pour le réseau de Paris-Lyon-Méditerranée. La Compagnie du Nord renonça *motu proprio* à la faculté que lui donnait la convention de 1883 et la clôture du compte dit d'exploitation partielle fut définitivement consacrée par la convention annexée à la loi du 20 juillet 1901. De 1890 à 1899, le Gouvernement conclut avec les autres Compagnies, et le législateur approuva, des arrangements qui assuraient, immédiatement ou par étapes, le retour à la règle normale d'imputation au compte d'ensemble de l'exploitation des résultats donnés par chaque ligne ou même par chaque section de ligne, dès le 1er janvier suivant l'ouverture à la circulation.

En 1883 ou ultérieurement, de nombreux chemins de fer d'intérêt local ont été incorporés dans le réseau d'intérêt général et annexés aux concessions des Compagnies du Nord, de l'Est, de l'Ouest, d'Orléans, de Paris-Lyon-Méditerranée, du Midi.

Depuis 1875, la Compagnie du Nord exploitait les lignes concédées à la Compagnie du Nord-Est, et ces lignes avaient été rattachées à son ancien réseau par la convention de 1883. Elle fut complètement substituée à la Société du Nord-Est par un traité de 1889, revêtu de la sanction législative le 7 février 1890.

Les conditions financières d'établissement des secondes voies, sur les grands réseaux autres que ceux d'Orléans et du Midi, avaient été déterminées par les conventions de 1883 ou par des conventions antérieures. Une loi du 14 avril 1885 a approuvé deux conventions nouvelles, l'une revisant les dispositions relatives à la Compagnie de l'Ouest, l'autre fixant le régime de la Compagnie d'Orléans. Plus récemment, les règles concernant le réseau du Nord ont subi une légère modification, consacrée par la loi du 20 juillet 1901.

Divers arrangements sont intervenus avec les Compagnies de Paris-Lyon-Méditerranée et du Midi, au sujet de leurs avances à l'État et du remboursement de ces avances.

La Compagnie de Paris-Lyon-Méditerranée, qui avait pu, jusqu'en 1883, éviter tout appel à la garantie de l'État, s'était vue dans l'obligation d'y recourir de 1884 à 1895 ; elle devait de ce chef, à la fin de 1896, 151 millions de francs environ, dont 134 millions en capital ; mais l'accroissement rapide de son produit net venait de lui fournir un excédent notable en 1896 et paraissait inaugurer une ère de plus-values à peu près certaines. De son côté, le Trésor était débiteur envers la Compagnie, pour avances en travaux ou en argent, d'une somme de 243 millions, représentée par des annuités de

10.380.000 francs à servir jusqu'en 1958. Une compensation immédiate entre les deux dettes fut jugée avantageuse pour l'État et pour la Compagnie : l'État y gagnait un amortissement de réelle importance et la substitution d'une recette assurée à un remboursement probable, mais cependant éventuel : quant à la Compagnie, elle conquérait la liberté de son dividende qui, sous le régime conventionnel de 1883, eût été limité à 55 francs pendant de longues années, pour bondir ensuite à 75 francs. Des hypothèses vraisemblables, concernant la progression des recettes de la Compagnie et ses versements successifs au titre du remboursement de la garantie, dans le cas d'une application normale de la convention en vigueur, conduisirent à réaliser la compensation au moyen d'un retranchement de 6 millions sur les annuités dues par l'État. Afin de laisser intacte la situation du Trésor pour la participation future aux bénéfices, il fut convenu que le dividende réservé aux actionnaires avant partage serait diminué de pareille somme. La Compagnie, dans les comptes de laquelle allait se produire un découvert annuel de 6 millions et qui voulait néanmoins prévenir un nouveau recours à la garantie, avait demandé et obtenait la faculté de couvrir les insuffisances par des emprunts, durant une période de quinze années. Si, à une époque quelconque, les obligations émises par la Compagnie venaient à être converties, le bénéfice de l'opération pour l'État devait être calculé aussi bien sur l'annuité compensée que sur les annuités restant dues. La tractation, dont je viens de relater les traits essentiels, fut, malgré de vives attaques à la Chambre et au Sénat, ratifiée par une loi du 24 janvier 1898.

Bien que concédé à la Compagnie de Paris-Lyon-Méditerranée, le chemin de fer du Rhône au Mont-Cenis formait un réseau spécial et indépendant, doté d'une garantie intégrale. Cette garantie portait sur les charges du prix de rachat à l'ancienne Compagnie Victor-Emmanuel et sur celle des dépenses de travaux complémentaires, dans la limite d'un maximum. A la garantie s'ajoutait le remboursement par le Trésor, sous forme d'annuités, d'une avance de la Compagnie pour la contribution de la France au percement du souterrain des Alpes. La convention de 1867 n'avait été conclue que provisoirement, en attendant l'annexion de la ligne à l'ancien ou au nouveau réseau de la Compagnie de Paris-Lyon-Méditerranée ; cependant elle vivait encore en 1897. La continuité et l'importance des appels à la garantie, sans espoir de libération, faisaient de l'exploitation une régie désintéressée ; d'autre part, la limitation des dépenses complémentaires portait obstacle à des améliorations indispensables. Depuis longtemps déjà, des protestations s'étaient fait entendre au Parlement contre le maintien d'un état de choses qui compromettait le service public, empêchait la ligne de bénéficier des plus-values de recettes du réseau principal et surchargeait indéfiniment le compte de garantie, alors que la dette avait pour seul gage un matériel de faible valeur. Après avoir déposé un premier projet de loi dont l'objet exclusif était d'assurer l'exécution de travaux complémentaires, le Gouvernement en présenta un plus complet.

La convention soumise à l'approbation des Chambres incorporait la ligne à l'ancien réseau de la Compagnie Paris-Lyon-Méditerranée, faisait à cette Compagnie remise de sa dette spéciale, lui accordait des annuités compensant la suppression du compte de garantie et représentant les arriérés restant dus sur les garanties des exercices antérieurs, maintenait les annuités correspondant à la part de la France dans les frais de percement du tunnel. Des travaux complémentaires, dont la liste était jointe au contrat, devaient être exécutés par la Compagnie, pour le compte de l'État, et remboursés au moyen d'annuités; les autres travaux de même nature suivaient le sort de ceux du réseau principal. En cas de conversion des emprunts émis pour la ligne, l'État se réservait le bénéfice des économies réalisées sur les charges des titres. Une loi du 18 février 1898 sanctionna les propositions du Gouvernement.

Une loi récente du 1er décembre 1911 a ratifié : 1° la cession par la Compagnie du Médoc de son petit réseau d'intérêt général ou local à la Compagnie du Midi; 2° la rétrocession par la Compagnie du Midi à la Société du Born et du Marensin d'une des lignes d'intérêt local ainsi cédées; 3° l'incorporation d'une autre ligne d'intérêt local dans le réseau d'intérêt général, sans indemnité pour le département. La Compagnie du Midi a pris l'engagement de remettre à la Compagnie du Médoc un nombre déterminé de ses obligations 2 1/2 p. 100; elle assure, de plus, jusqu'au terme de sa concession, le service des obligations du Médoc, ce service étant ensuite fait par l'État; enfin, elle étend au chemin de fer rétrocédé à la Société du Born et du Marensin la garantie qu'elle avait déjà accordée à cette société pour d'autres lignes d'intérêt local.

En 1911, le Ministre des finances, éprouvant les plus graves embarras pour équilibrer le budget de 1912 et ne voulant ni créer de nouveaux impôts ni recourir à un emprunt, négocia le remboursement anticipé de la dette contractée par la Compagnie des chemins de fer de l'Est au titre de la garantie d'intérêt. Cette compagnie était, en effet, entrée dans une ère de larges plus-values, grâce à l'admirable développement des exploitations minières et de l'industrie métallurgique dans le département de Meurthe-et-Moselle. Les négociations aboutirent à une convention du 6 septembre 1911. A cette époque, la dette en capital de la Compagnie était de 168 700 000 francs environ; mais il y avait lieu, comme nous le verrons plus loin, d'en déduire, par application d'une convention des 1er-9 juillet 1909, une somme de 10 millions représentant le concours que la Compagnie apportait à la formation du capital de la ligne suisse Moutiers-Granges-Longeau, afin d'améliorer ses accès au Simplon; la différence, soit 158 700 000 francs, devait être versée au Trésor par douzièmes dans le cours de l'année 1912; les intérêts à 4 p. 100 continuaient à courir au profit de l'État sur les parties non remboursées, jusqu'au jour du recouvrement, ainsi que sur la contribution à la ligne suisse, jusqu'aux dates des versements. Désireuse de ne pas concurrencer ses émissions ordinaires d'obligations, la Compagnie se procurait les 158 700 000 francs à l'aide d'une avance de la Caisse des dépôts et consignations, remboursable du 1er mai 1912 au 1er novembre 1934; la Caisse recevait, en échange de cette avance, des bons de 1 000 francs productifs d'un intérêt de 3,75 p. 100. La Compagnie était autorisée à ajouter au compte unique des dépenses d'exploitation de son réseau les charges effectives et les frais accessoires de l'emprunt (environ 10 400 000 francs). Dans le but de compenser les effets de cette surcharge au point de vue de la participation du Trésor aux bénéfices, le revenu avant partage, réservé aux actionnaires par la convention de 1883, subissait une réduction de 8 750 000 francs et se trouvait ainsi ramené de 29 500 000 francs à 20 750 000 francs, montant du revenu garanti. Outre le capital, la Compagnie était débitrice d'intérêts atteignant 28 170 000 francs au 31 décembre 1911; ces intérêts et ceux qui resteraient à courir, soit sur le capital, jusqu'à remboursement intégral, soit sur la contribution à la ligne suisse, devaient être remboursés à l'aide des excédents de produits nets afférents aux années 1911 et 1912 ou éventuellement aux années suivantes. L'accord dont les dispositions viennent d'être analysées fut adopté par la Commission du budget; il recueillit également l'approbation de la Chambre des députés, non sans avoir été vivement combattu par divers orateurs, notamment par MM. Albert Thomas et Camille Pelletan, qui lui reprochaient de constituer un emprunt sous le couvert d'un intermédiaire, de diminuer les recouvrements que le jeu naturel des arrangements de 1883 aurait assurés au Trésor, d'affaiblir l'action ultérieure de l'État sur la Compagnie, d'exposer à une réouverture de la garantie, si des années de crise économique alternaient avec les années prospères, etc. Avant de ratifier l'accord, la Chambre avait rejeté : 1° une motion préjudicielle tendant à réduire l'annuité de 20 500 000 francs stipulée en faveur de la Compagnie par la convention du 17 juin 1873, comme dédommagement de la mutilation que le traité de Francfort infligeait au réseau de l'Est;

2° un amendement ayant pour objet de porter la diminution du revenu réservé avant partage à une somme représentant toute l'annuité du nouvel emprunt de la Compagnie. Les propositions du Gouvernement furent approuvées sans discussion par le Sénat et définitivement consacrées par la loi du 24 janvier 1912. Tout en reconnaissant que l'arrangement constituait un emprunt sur les recettes futures et un simple expédient financier, M. Aimond, rapporteur devant la Haute Assemblée, avait émis, au nom de la Commission des finances, un avis favorable ; d'après ses supputations minutieuses, la convention augmentait notablement la valeur actuelle des sommes à encaisser par l'État, si l'excédent du produit net annuel continuait à être de 19 millions, et ne pouvait devenir onéreux pour le Trésor que dans le cas où cet excédent descendrait au-dessous du chiffre moyen de 12 900 000 francs, hypothèse peu vraisemblable, eu égard aux immenses réserves du bassin minier de Briey. Le rapporteur avait, d'ailleurs, indiqué les raisons pour lesquelles étaient écartés d'autres modes d'emploi des versements de la Compagnie, tels que : extinction du compte spécial des avances de garantie ouvert de 1886 à 1891 ; compensation avec le capital représentant les différentes annuités dues par l'État à la Compagnie de l'Est ; affectation à des travaux publics.

B. Rachat du canal latéral a la Garonne et du canal du Midi. — La loi de classement du 5 août 1879 avait rangé le canal latéral à la Garonne et le canal du Midi parmi les voies navigables principales. Elle réservait, d'ailleurs, à l'État l'administration des lignes principales de navigation et décidait, en principe, le rachat de celles qui étaient encore concédées, au fur et à mesure que les ressources du budget et les circonstances le permettraient. Après la promulgation de cette loi, les départements du Midi ne cessèrent plus de faire entendre les revendications les plus pressantes en faveur de la libération des canaux desservant leur région. M. Achard et un grand nombre de ses collègues déposèrent, le 7 juillet 1883, sur le bureau de la Chambre des députés, une proposition qui tendait au rachat du canal du Midi ainsi qu'à l'abaissement des tarifs sur le canal latéral à la Garonne et qui donna lieu à un rapport favorable de la Commission des voies de navigation. Plus tard, furent présentées, notamment par M. Pelletan, d'autres propositions ayant pour objet le retour pur et simple des deux canaux au « régime du droit commun ».

On approchait de la date du 1er juillet 1898, à laquelle devait prendre fin le bail consenti par la Société propriétaire du canal du Midi au profit de la Compagnie des chemins de fer du Midi et du canal latéral à la Garonne. Le Gouvernement jugea l'occasion favorable pour engager des négociations avec les deux Compagnies. Ces négociations aboutirent à des conventions du 3 novembre 1896 et à la loi approbative du 27 novembre 1897. Les deux contrats faisaient rentrer l'État en possession des canaux le 1er juillet 1898.

Pour la Compagnie du canal du Midi, l'indemnité de cession était constituée par une rente perpétuelle que devait fixer une Commission arbitrale, formée conformément à l'article 2 de la loi du 1er août 1860 sur le rachat des canaux d'Orléans et du Loing.

La Compagnie des chemins de fer du Midi et du canal latéral à la Garonne rétrocédait cette dernière voie navigable, moyennant réduction de 4 p. 100 à 3 p. 100 du taux d'intérêt des avances qui lui avaient été ou lui seraient faites au titre de la garantie (sa dette, au 31 décembre 1895, était de 140 millions en capital et 19 millions en intérêts). Elle recevait l'autorisation d'imputer au compte de son réseau les dépenses d'établissement dont la charge lui incombait pour les deux canaux. Le contrat déterminait les tarifs maxima applicables à certaines catégories de marchandises sur la ligne de Bordeaux à Cette et sur les sections de Narbonne à la Nouvelle, de Narbonne à Sallèles-d'Aude et de Moux à la Redorte : ces tarifs permettaient à la Compagnie de défendre son trafic contre la navigation et assuraient aux usagers des deux voies concurrentes le bénéfice des diminutions de prix en vue desquelles l'État procédait au rachat des canaux.

Ainsi prit fin l'erreur économique qui avait suscité tant de protestations. Pour faire apprécier de quel poids cette erreur pesait sur le pays, il suffira de rappeler que l'exposé des motifs de la loi de rachat évaluait à 0 fr. 041, en ce qui concernait le canal du Midi, et à 0 fr. 0239, en ce qui concernait le canal latéral à la Garonne, le péage kilométrique moyen par tonne de marchandises.

C. Rachat du réseau de l'Ouest. — Le 30 juillet 1883, au cours des débats sur les conventions devant la Chambre des députés, M. Allain-Targé demanda le rachat du réseau d'Orléans. Sa motion fut rejetée, et quelques années s'écoulèrent sans que se produisît aucune tentative analogue.

A partir de 1891, les assauts contre les grandes Compagnies reprirent et se multiplièrent. On vit se succéder à la Chambre de nombreuses propositions tendant à la reprise de divers réseaux : 28 avril 1891, proposition de MM. Laur, Laisant et Le Senne, pour le rachat de l'Ouest ; 7 juillet 1894, proposition de MM. André Lebon et Disleau, pour le rachat de l'Orléans ; 19 novembre 1895 et 13 mars 1899, propositions de M. Guillemet et d'autres députés, pour le rachat de l'Ouest et du Midi ; 21 mars 1899, proposition de MM. Vacher, Borie, etc., pour le rachat de l'Est, de l'Ouest, de l'Orléans et du Midi ; 18 juin 1900, proposition de M. Guillemet pour le rachat de l'Ouest ; 21 juin 1900, proposition de M. Bourrat, pour le rachat de l'Est, de l'Ouest, de l'Orléans et du Midi (reproduite comme amendement à la loi de finances de 1901).

Entre temps, M. Monestier, sénateur, soulevait la question dans une interpellation du 11 février 1897 sur les réformes à apporter aux rapports financiers entre l'État et les Compagnies, interpellation qui se termina par l'adoption de l'ordre du jour pur et simple.

Un long débat s'ouvrit à la Chambre le 2 décembre 1901, se poursuivit le 3 et le 5 décembre, reprit le 23 janvier 1902 et aboutit au vote, par quelques voix de majorité, d'une motion de MM. Bourrat et Sembat invitant le Gouvernement à racheter l'Ouest et le Midi. L'Assemblée repoussa, au contraire, une proposition de M. Holtz pour le rachat du Nord, de l'Est, de l'Orléans et du Paris-Lyon-Méditerranée.

Six mois plus tard, le 9 juillet 1902, à propos du projet de loi concernant la ligne de Montparnasse à Chartres, M. Massabuau, député, présenta un contre-projet qui comportait le rachat de l'Ouest. Ce contre-projet et un sous-amendement de M. Bourrat, ayant pour objet d'ajouter au rachat de l'Ouest celui du Midi, donnèrent lieu à deux remarquables rapports de M. Klotz, du 30 octobre 1902 et du 20 mai 1903, dont les conclusions étaient favorables à la reprise de l'Ouest et du Midi.

La Chambre consacra cinq séances, du 18 au 26 janvier 1904, à la discussion approfondie des propositions et, finalement, en décida le renvoi à la Commission des crédits, après une intervention de M. Maruéjouls, ministre des travaux publics, et de M. Rouvier, ministre des finances.

Dans son discours du 21 janvier 1904, M. Maruéjouls avait annoncé l'ouverture de négociations avec les Compagnies de l'Ouest et d'Orléans, pour arriver à une meilleure répartition des lignes de la région, pour améliorer le réseau d'État et surtout pour lui procurer un accès indépendant sur Paris. Les résultats de ces négociations se traduisirent par deux protocoles, dont le Ministre adressa le texte aux Compagnies le 11 juillet 1904. Mais les bases d'entente ainsi arrêtées suscitèrent des critiques légitimes de la part d'une Commission que le Ministre avait instituée pour l'étude de la question, et M. Gauthier, successeur de M. Maruéjouls, avisa les Compagnies, le 18 juillet 1905, de la nécessité d'assez profondes modifications.

Tandis que se prolongeaient les pourparlers, M. Lasies déposait, le 30 novembre 1905, sur le bureau de la Chambre, un projet de résolution qui tendait au rachat général des chemins de fer. Sans s'associer à ce projet de résolution, M. Bourrat insista pour le rachat de l'Ouest et du Midi. La Chambre renvoya les deux propositions de M. Lasies et de M. Bourrat à la Commission des chemins de fer. Dès le lendemain, 1er décembre 1905, M. Janet, rapporteur de cette Commission, conclut en son nom au rachat de l'Ouest. M. Bourrat ayant proposé l'insertion au budget d'un chapitre intitulé « Annuité de rachat à la Compagnie de l'Ouest », un débat nouveau s'engagea le 7 décembre, continua pendant les séances suivantes et fut clos par l'adoption d'une motion préjudicielle, aux termes de laquelle « la Chambre « décidait de surseoir au vote sur le rachat des Compagnies de che- « mins de fer jusqu'au vote définitif de la loi sur les retraites « ouvrières ».

La situation allait bientôt se modifier par l'initiative du Gouvernement. Avant d'aborder cette évolution, il reste à mentionner la reprise et le renvoi à la Commission du budget du rapport présenté par M. Klotz le 20 mai 1903 (séance du 12 juin 1906).

Durant la période 1883-1906, que nous venons de parcourir rapidement, les partisans du rachat avaient invoqué, suivant leurs tendances, les arguments les plus divers, d'ordre général ou particulier : mérites de la construction et de l'exploitation par l'État, opportunité pour le Gouvernement de reconquérir la maîtrise des tarifs, vices de la distribution actuelle des chemins de fer entre différentes compagnies inégalement partagées, exemple de l'étranger, insolvabilité de certains concessionnaires, entraves apportées à la bonne utilisation et au développement du réseau d'État, avantages d'un agrandissement de ce réseau pour en faire un véritable champ d'expériences et un instrument efficace de progrès.

La déclaration du 5 novembre 1906, dans laquelle le Cabinet présidé par M. Clemenceau exposait son programme, contenait le passage suivant : « La situation générale des Compagnies de chemins de « fer, en particulier les retards excessifs des trains et l'insuffisance du « matériel, qui lèsent si profondément les intérêts du commerce et « de l'industrie, réclament une action énergique du Gouvernement. Le « Ministre des travaux publics a ouvert une enquête à laquelle il « prend l'engagement de donner toutes les sanctions nécessaires. Il « vous demandera, dès maintenant, de procéder au rachat du réseau « de l'Ouest, dont l'exploitation, qui constitue une véritable régie « désintéressée, ne pourrait plus se poursuivre qu'au détriment de « l'intérêt général et des finances publiques. Nous vous soumettrons « également un projet de loi pour assurer au réseau de l'État, agrandi « et plus solidement constitué, les moyens de se procurer les res- « sources indispensables, par l'acquisition de la personnalité civile et « de l'autonomie nécessaire à sa bonne administration. »

Aussitôt après la lecture de la déclaration, M. Barthou, ministre des travaux publics, déposa un projet de loi ayant pour objet de l'autoriser « à ouvrir la procédure du rachat à l'égard de la Compagnie des « chemins de fer de l'Ouest ». En cas d'arbitrage ou de rachat à l'amiable, la convention à intervenir devait être soumise ultérieurement à la ratification des Chambres. Le projet réservait, d'ailleurs, pour une loi spéciale l'organisation et l'administration du réseau, ainsi que les mesures financières à prendre afin de pourvoir aux dépenses du rachat et à celles de l'exploitation du réseau racheté. Dans son exposé des motifs, le Ministre faisait valoir les difficultés au milieu desquelles se débattait le réseau d'État, le caractère de régie désintéressée qu'avait pris l'administration des chemins de fer de l'Ouest, l'instabilité qui paralysait la Compagnie sous l'influence des menaces incessantes de rachat, le trouble jeté dans le personnel, le dommage causé au service public, l'insuccès des efforts du Gouvernement pour remédier au mal par un accord.

Malgré la ferme opposition des représentants de la région, la Chambre vota le projet de loi, à une très forte majorité, le 7 décembre 1906, conformément aux conclusions de M. Aimond, rapporteur de la Commission des travaux publics, et de M. Bourrat, rapporteur de la Commission du budget. Allant au delà des propositions initiales du Gouvernement, le texte adopté autorisait le Ministre des travaux publics, non à ouvrir la procédure du rachat, mais à procéder au rachat, et supprimait la prévision explicite de l'éventualité d'un arbitrage ou d'un règlement amiable. Un paragraphe additionnel portait que, pour la période à courir du jour de la notification du rachat à celui de la promulgation de la loi sur l'organisation et l'administration du réseau racheté, les conditions provisoires d'exploitation seraient déterminées par un décret. Vainement les adversaires de la mesure avaient cherché à rétorquer les accusations lancées contre la Compagnie, à expliquer sa mauvaise situation financière par la constitution du réseau, par son développement en latitude et l'absence des échanges dont bénéficient les réseaux desservant des contrées à climat varié, par la concurrence de la navigation fluviale à l'artère maîtresse, par le défaut d'industries puissantes, par les charges écrasantes du service des voyageurs dans la banlieue parisienne, par la modicité du concours financier de l'État à la construction des premières lignes, par les écoles du début. Vainement ils s'étaient attachés à établir les avantages du régime existant au point de vue des émissions et de l'amortissement, l'incapacité industrielle de l'État, les périls de l'exagération du fonctionnarisme, les inconvénients de la reprise d'un mauvais réseau, l'aléa financier de l'opération, l'étendue excessive du futur réseau d'État, le danger d'un acte qui pourrait n'être qu'un prologue et, en tout cas, entraîner au rachat de l'Orléans. Par son éloquente démonstration, le Ministre des travaux publics avait vaincu toutes les résistances. La Compagnie succombait sous le poids des plaintes et des réclamations, sous la présomption d'insolvabilité, sous le reproche d'avoir ajourné des dépenses nécessaires d'entretien, de travaux complémentaires, de matériel, pour réaliser une augmentation factice du produit net, pour faire illusion au sujet de son avenir et pour s'assurer une indemnité de rachat plus élevée.

Devant le Sénat, la lutte fut extrêmement vive et prolongée. Au nom de la Commission des chemins de fer, M. Prevet conclut, par un rapport très étudié du 23 mai 1907, contre le rachat et pour la réouverture des négociations naguère engagées avec les Compagnies de l'Ouest et d'Orléans. Il reproduisit les principales objections déjà opposées au projet et insista sur les enseignements qui lui paraissaient se dégager des exemples de l'étranger, sur la rapide décroissance des appels de la Compagnie à la garantie, sur ses chances de libération plusieurs années avant la fin de la concession, sur les appréhensions que devait inspirer le règlement du prix de rachat, sur les travaux considérables de réfection et d'amélioration dont l'État supporterait le lourd fardeau, sur la diminution de recettes qui résulterait de l'unification des tarifs dans toute l'étendue des deux réseaux fusionnés.

La Commission des finances, de son côté, émit, le 24 mars 1908, un avis défavorable : suivant elle, le Sénat aurait dû être saisi simultanément de la question du rachat et du projet de loi relatif aux voies et moyens financiers propres à assurer le fonctionnement du réseau d'État. Son rapporteur, M. Boudenoot, s'appliqua à mettre en lumière les risques de l'opération pour le Trésor, le préjudice que l'autonomie et le budget spécial infligeraient au crédit public, l'atteinte qui serait portée à la politique financière suivie depuis un quart de siècle.

Pendant que les Commissions du Sénat examinaient le projet, M. Berteaux interpellait le Ministre des travaux publics à la Chambre des députés, au sujet des graves irrégularités dont souffrait le service des voyageurs sur le réseau de l'Ouest (17 janvier 1908). Dans sa réponse, M. Barthou affirma, une fois de plus, la fidélité du Gouvernement à la politique du rachat.

La délibération de la Haute Assemblée occupa treize séances, du 26 mai au 26 juin 1908. Elle fut coupée par un incident que souleva la Compagnie d'Orléans en se déclarant prête à reprendre les négociations sur les bases indiquées dans le discours de M. Prevet. Les deux rapporteurs, M. Richard Waddington, M. Viger, M. Rouvier combattirent le rachat avec beaucoup d'autorité et de talent. Il y eut là une lutte passionnante, d'où sortirent finalement vainqueurs le Ministre de travaux publics, le Ministre des finances et M. Clemenceau, président du Conseil, qui, d'ailleurs, posa la question de confiance. Le Sénat rejeta d'abord, par 128 voix contre 125, une motion préjudicielle de la Commission des chemins de fer, tendant à ajourner le débat au mois d'octobre, pour permettre de nouvelles conversations avec les Compagnies de l'Ouest et d'Orléans, en vue d'un rachat partiel. Puis il adopta le projet, à une majorité de près de quarante voix, après en avoir modifié le texte de manière à réserver au législateur la détermination du régime provisoire d'exploitation. Cette modification reçut, le 11 juillet, l'adhésion de la Chambre, et la loi fut signée le 13 juillet.

Aucun fait de pareille importance n'avait marqué l'histoire des chemins de fer depuis 1883. Le rachat de l'Ouest caractérisait une évolution, dont il est inutile de souligner la portée économique, sociale et politique.

Les conditions provisoires d'exploitation du réseau racheté et les mesures financières immédiates que nécessitait le rachat furent réglées par une loi du 18 décembre 1908, dont les traits essentiels étaient les suivants : incorporation du réseau racheté aux chemins de fer de l'État; application des règles administratives en vigueur sur l'ancien réseau d'État; institution d'un budget annexe où seraient notamment portées en dépenses les provisions à valoir sur l'indemnité définitive de rachat; autorisation d'effectuer des dépenses d'établissement et d'y pourvoir par le produit d'obligations à court terme, dans les limites fixées par les lois de finances ou par des lois spéciales; disposition portant que la loi d'organisation définitive devrait intervenir avant le 31 décembre 1910.

Tout en supprimant de la loi qui autorisait le rachat la prévision explicite d'un règlement amiable de l'indemnité, la Chambre n'avait nullement entendu imposer la voie contentieuse. Un arrangement sur le prix dû à la Compagnie de l'Ouest devait, en effet, offrir des avantages incontestables pour l'État, prévenir de nombreuses et graves difficultés, lors de la reprise matérielle des lignes et de la transmission des services, avancer de beaucoup l'époque à laquelle les Pouvoirs publics connaîtraient exactement le coût du rachat, donner une base plus solide aux futurs budgets des chemins de fer de l'État, soustraire le Trésor aux charges d'intérêts inévitables en cas de procès. Aussi le Gouvernement n'hésita-t-il point à engager des négociations avec la Compagnie. Ces négociations aboutirent à un accord, qui reçut ultérieurement quelques améliorations demandées par la Commission des travaux publics de la Chambre et dont les dispositions essentielles étaient les suivantes.

L'État prenait possession du réseau et des exploitations annexes le 1er janvier 1909. Outre les immeubles, la Compagnie lui remettait le matériel roulant, les approvisionnements, le mobilier des stations, l'outillage des ateliers et des gares, la réserve statutaire, la réserve pour incendie, la réserve pour le réseau à voie étroite, le fonds des engagements envers les victimes d'accidents, les fonds et les valeurs de la Caisse des retraites, les fonds libres approvisionnés au moyen d'émissions d'obligations. Le prix consistait en annuités variables, comprenant, pour chacune des années à courir du 1er janvier 1909 au 31 décembre 1956 : 1° une somme de 11 500 000 francs, revenu réservé aux actionnaires par l'article 10 de la convention du 17 juillet 1883, ladite somme étant toutefois réduite à 6 300 000 francs après l'amortissement complet des actions, c'est-à-dire du 1er janvier 1852 au 31 décembre 1956; 2° les charges effectives, y compris l'abonnement au timbre et les frais de service, fixés à 10 centimes par titre, de tous les emprunts réalisés par la Compagnie. Aucun impôt ne pouvait être ultérieurement établi sur les sommes ainsi payées à la Compagnie; le droit de timbre n'était désormais exigible que pour les obligations. La Compagnie gardait la réserve spéciale des actionnaires et s'engageait à en maintenir le capital intact jusqu'au 31 décembre 1956; elle avait à ajouter au revenu réservé l'appoint nécessaire pour l'amortissement des actions. Dans le cas de conversion des emprunts ou de modification du droit de timbre, le chiffre des paiements annuels, tel que le prévoyait l'arrangement, devait être revisé, de manière à rétablir l'égalité entre les versements et les charges. Les deux parties renonçaient l'une vis-à-vis de l'autre à toute réclamation, notamment au sujet des comptes de garantie, et abandonnaient toutes instances en cours.

M. Régnier, au nom de la Commission des travaux publics, et M. Chaigne, au nom de la Commission du budget, se prononcèrent pour la ratification de l'accord. Le rapport de M. Régnier contenait une énumération intéressante des litiges qu'aurait pu susciter le règlement contentieux de l'indemnité. Un débat assez vif s'institua devant la Chambre : les adversaires du rachat soulignaient les sacrifices infligés au Trésor; divers membres de l'Assemblée eussent voulu que l'État, très incomplètement remboursé de sa créance au titre de la garantie par la remise du matériel roulant, des objets mobiliers, des approvisionnements et de différentes réserves, recouvrât l'excédent, soit sur tout l'actif de la Compagnie, soit sur le dividende des actions à partir du terme normal de la garantie (31 décembre 1935), soit au moins sur le domaine privé; M. Jaurès exprimait ses préférences pour le règlement contentieux et allait jusqu'à demander une loi interprétative des conventions en ce qui concernait les points litigieux. Le Gouvernement, par l'organe de M. Millerand, ministre des travaux publics, de M. Barthou, son prédécesseur, alors garde des sceaux, et de M. Briand, président du Conseil, défendit vigoureusement le projet, montra que les risques d'un procès dépassaient dans une proportion très large les concessions faites à la Compagnie, fit valoir les raisons de droit et d'équité qui empêchaient de dépouiller les actionnaires, opposa les principes supérieurs de morale et de probité à toute mesure susceptible d'être regardée comme une violation des engagements antérieurs de l'État, comme une confiscation. Finalement, la Chambre adopta le projet à une énorme majorité, le 10 décembre 1909.

Devant le Sénat, les débats prirent moins d'ampleur. Ils se terminèrent également, sur le rapport de M. Aimond, par le vote du projet de loi (20 décembre 1909).

D. Régime financier et organisation administrative des chemins de fer de l'État. — Quand fut organisé le réseau d'État, en 1878, le régime des décrets sous lequel il était placé devait n'avoir qu'un caractère provisoire. Néanmoins, ce régime se prolongea et reçut même une consécration nouvelle par le décret du 10 décembre 1895, qui substituait à l'action du conseil d'administration celle du directeur, assisté d'un conseil sans pouvoirs propres.

M. Turrel, ministre des travaux publics, jugeant le moment venu de mettre fin à la situation transitoire, présenta, le 4 décembre 1897, et reprit, le 14 juin 1898, un projet de loi dont l'économie générale était conforme à celle du décret de 1895. Malgré des rapports favorables, ce projet de loi ne fut pas discuté.

Dans sa déclaration du 5 novembre 1906, le Cabinet présidé par M. Clemenceau annonça un projet de loi « pour assurer au réseau de « l'État, agrandi et plus solidement constitué, les moyens de se pro- « curer les ressources indispensables, par l'acquisition de la person- « nalité civile et de l'autonomie nécessaire à sa bonne administra- « tion ». L'exposé des motifs du projet tendant au rachat des chemins de fer de l'Ouest précisait ainsi la pensée du Gouvernement : « Le « nouvel organisme auquel sera confiée la tâche d'assurer l'exploita- « tion du réseau d'État, accru de celui de l'Ouest, devra posséder « l'autonomie et la souplesse indispensables à la bonne gestion d'une « grande industrie. Il devra, en outre, être pourvu des capacités « financières lui permettant de réaliser, par voie d'émissions d'obli- « gations, les capitaux destinés à couvrir les charges autres que les « dépenses d'exploitation proprement dites. »

En conformité des engagements pris par le Gouvernement, M. Barthou, ministre des travaux publics, et M. Caillaux, ministre des finances, déposèrent, le 28 janvier 1907, sur le bureau de la

Chambre des députés, un projet de loi relatif au régime financier et à l'organisation administrative des chemins de fer de l'État. Une commission interministérielle, constituée par décret du 6 novembre 1906, avait été chargée d'élaborer ce projet.

La Commission et le Gouvernement s'étaient attachés, avant tout, à rechercher les enseignements que pourrait fournir l'expérience des autres pays. D'une manière générale, les organisations étrangères oscillaient autour de trois types : 1° administration, sous l'autorité directe d'un ministre, par un service public n'ayant ni personnalité distincte, ni autonomie administrative, ni autonomie financière (Prusse, Autriche, Hongrie, Belgique, etc.); 2° administration remise à un conseil où l'élection jouait le principal rôle et dotée d'une complète autonomie administrative aussi bien que financière (Suisse) ; 3° administration ayant une certaine autonomie administrative et financière, mais restant soumise à l'autorité souveraine du Ministre des travaux publics (Italie). Le premier système se heurtait contre des critiques tirées, soit du danger des influences politiques au point de vue de l'effectif et de la situation des agents, soit de la dépendance trop étroite dans laquelle se trouvaient les chemins de fer par rapport au budget général et qui pouvait porter obstacle aux améliorations nécessaires, amener des fluctuations excessives dans les crédits, empêcher les abaissements de tarifs. Ni les institutions politiques de la France, ni ses traditions centralisatrices ne permettaient d'y appliquer le deuxième système. Restait le troisième type, auquel se rattachait l'organisation provisoire de notre ancien réseau d'État, dont le principe devait prévaloir, mais qui se prêtait à des modalités très diverses; il importait de lui donner une forme le mettant autant que possible à l'abri des critiques formulées contre le premier système, sans porter atteinte à l'action souveraine des Chambres ni à l'autorité supérieure du Ministre.

Voici quels étaient les traits essentiels du projet de MM. Barthou et Caillaux :

Une administration placée sous la haute autorité du Ministre des travaux publics et dotée de la personnalité civile exploitait le réseau au compte de l'État; les recettes et les dépenses faisaient l'objet d'un budget annexe rattaché pour ordre au budget général; les crédits supplémentaires, reconnus nécessaires dans le cours d'une année pour assurer l'exploitation, pouvaient, comme l'avait déjà décidé la loi de finances du 29 décembre 1882, être ouverts par décrets contresignés des Ministres des travaux publics et des finances, ces décrets devant être soumis à la sanction du pouvoir législatif dans le délai d'un mois, lorsque les Chambres seraient assemblées, ou, en cas contraire, dans la première quinzaine de leur plus prochaine réunion. L'Administration des chemins de fer de l'État construisait les lignes neuves dépendant du réseau. Pour faire face aux dépenses d'établissement de ces lignes, à celles des travaux complémentaires ou des acquisitions de matériel roulant et, s'il y avait lieu, à l'augmentation du fonds de roulement, le Ministre des finances émettait, dans les limites fixées par les lois annuelles de finances ou par des lois spéciales, des obligations exclusivement affectées aux besoins du réseau, amortissables en cinquante ans et toujours remboursables par anticipation; les charges d'intérêt et d'amortissement prenaient place parmi les dépenses du réseau. Après l'autorisation des émissions et en attendant leur réalisation, le Ministre des finances pouvait faire à l'Administration des avances au compte de la dette flottante; il fixait le taux d'intérêt de ces avances. Une réserve d'exploitation et une réserve d'incendie devaient être constituées au moyen de prélèvements sur les recettes; le Trésor recevait en compte courant ces réserves, de même que les fonds libres provenant des émissions ou des recettes de l'exploitation; les dépôts ainsi effectués portaient intérêt. Les charges du rachat des chemins de fer de l'Ouest figuraient au budget du réseau; un rapport décrivant les résultats financiers de ce rachat accompagnait le compte définitif de chaque exercice. Enfin, la gestion financière était soumise au contrôle de la Cour des comptes, de l'Inspection générale des finances et de la Commission de vérification des comptes des chemins de fer.

Reprenant en partie les dispositions du décret d'organisation de 1878, mais étendant les attributions du directeur, le projet portait que le réseau serait géré par un conseil d'administration et l'exécution des services assurée par un directeur. Le Conseil d'administration se composait de 21 membres nommés par décret (2 membres du Conseil d'Etat; 7 ingénieurs des ponts et chaussées, ingénieurs au corps des mines ou ingénieurs civils; 5 membres désignés par le Ministre des finances; 1 membre désigné par le Ministre de l'agriculture; 4 membres désignés par le Ministre du commerce et de l'industrie, dont 3 appartenant aux Chambres de commerce de la région desservie par le réseau; 1 membre désigné par le Ministre du travail et de la prévoyance sociale; 1 membre choisi dans le personnel des employés du réseau); il se renouvelait par moitié tous les deux ans. Également nommés par décret, le directeur et, éventuellement, les sous-directeurs ne pouvaient être relevés de leurs fonctions que dans la même forme et après avis du conseil d'administration. Les fonctions de membre du conseil d'administratration et celles de directeur étaient incompatibles avec le mandat de sénateur ou de député; aucun administrateur du réseau ne pouvait être, en même temps, administrateur d'une entreprise de transports garantie ou subventionnée par l'État. Tous les agents relevaient du directeur, qui statuait sur les nominations et avancements, sauf pour les emplois de début réservés au conseil d'administration et pour les emplois supérieurs réservés au Ministre des travaux publics. Outre les attributions générales dont il est investi pour les chemins de fer concédés, le Ministre exerçait des attributions spéciales définies au projet; il avait le droit de réformer les décisions du conseil d'administration, à charge de provoquer d'abord une seconde délibération du conseil et de recueillir l'adhésion du Ministre des finances, si la mesure était susceptible d'affecter la situation financière du réseau par un accroissement des dépenses ou par une diminution de recettes. Un règlement d'administration publique devait fixer le statut du personnel.

Le projet de loi prévoyait un contrôle technique et commercial simplifié, à organiser par règlement d'administration publique. Il contenait des dispositions propres à prévenir les abus dans la délivrance des cartes ou permis de circulation et des billets à prix réduit. Les règles de compétence et de procédure en vigueur pour les litiges entre les Compagnies concessionnaires et les tiers étaient déclarées applicables au réseau d'État qui, du reste, se trouvait déjà en fait ou en droit assujetti à ces règles, sauf pour les contestations relatives aux travaux, celles-ci continuant à relever de la juridiction des conseils de préfecture.

Malgré le soin apporté à la préparation du projet de MM. Barthou et Caillaux, malgré les prescriptions impératives de la loi du 13 juillet 1908 sur le rachat des chemins de fer de l'Ouest, qui assignait à l'organisation du réseau la date extrême du 31 décembre 1910, quatre ans et demi s'écoulèrent avant le vote définitif des Chambres. Encore ne fut-il possible d'aboutir qu'en incorporant dans la loi de finances de l'exercice 1911 les dispositions relatives au régime financier et administratif des chemins de fer de l'État.

Pendant ce long intervalle de temps, les propositions initiales subirent de nombreux remaniements successifs de la part des Commissions parlementaires, du Gouvernement lui-même et de la Chambre des députés ou du Sénat. Vouloir suivre le projet à travers toutes les étapes qu'il dut franchir, passer en revue toutes ses transformations, serait entreprendre une œuvre que ne comporte pas le cadre étroit de ce résumé historique. Les principaux documents à consulter sont les suivants : rapport de M. Régnier, du 22 mars 1907, au nom de la Commission des travaux publics de la Chambre; projet de loi déposé, le 30 juin 1910, par M. Millerand, ministre des travaux publics, et M. Cochery, ministre des finances; rapport général de M. Klotz, du

12 juillet 1910, sur le budget de 1911, au nom de la Commission du budget de la Chambre; débats de la Chambre des 9 et 10 février 1911 sur l'organisation financière du réseau; proposition de loi présentée, le 24 février 1911, par M. Maginot, député; rapport général supplémentaire de M. Chéron, du 31 mars 1911, sur le budget de 1911, au nom de la Commission du budget de la Chambre; rapport de M. Roy, du 3 avril 1911, au nom de la Commission des travaux publics de la Chambre; débats de la Chambre des 10 et 12 avril 1911; rapport de M. Aimond, du 16 mai 1911, au nom de la Commission des finances du Sénat; rapport général de M. Gauthier, du 30 mai 1911, sur le budget de 1911, au nom de la même Commission; débats du Sénat des 5 et 6 juillet 1911; rapport de M. Chéron, du 8 juillet 1911; débats de la Chambre du 10 juillet 1911; débats du Sénat du 11 juillet 1911; débats de la Chambre du 12 juillet 1911.

Ici, je me bornerai à quelques indications au sujet des points les plus importants.

En ce qui concerne le régime financier, la question capitale, celle de la faculté d'emprunt par l'émission de titres analogues à ceux des grandes Compagnies pour couvrir les dépenses de construction, les dépenses complémentaires d'établissement et les dépenses assimilables, était depuis longtemps résolue dans l'esprit de tous. Il y avait accord unanime sur le caractère irrationnel et sur les multiples inconvénients de la pratique antérieure consistant à demander au produit annuel de l'impôt les ressources nécessaires à des dépenses de cette nature. N'était-il pas anormal de faire peser entièrement sur la génération présente la charge d'opérations dont devaient profiter les générations futures? N'en résultait-il point, d'ailleurs, des retards inévitables dans l'exécution des travaux ou des fournitures, dans la mise en valeur ou le développement de l'outillage national? Comment justifier l'infériorité dont souffrait le réseau d'État comparativement aux réseaux concédés? La possibilité d'emprunt s'imposait comme une nécessité inéluctable, surtout après le rachat des chemins de fer de l'Ouest. Elle fut donc inscrite dans la loi de finances du 13 juillet 1911, avec une énumération détaillée des dépenses auxquelles seraient applicables les ressources procurées par les émissions; cette nomenclature comprenait les dépenses exceptionnelles de mise en état d'entretien afférentes à l'arriéré légué par la Compagnie de l'Ouest, la constitution ou la reconstitution de réserves pour le réseau racheté, la dotation initiale de la réserve d'exploitation, l'accroissement du fonds de roulement.

Deux solutions furent envisagées pour l'amortissement des obligations : fixation d'un délai maximum de 50 ans à partir de chaque émission; adoption d'un terme unique, l'année 1956, afin de placer le réseau d'État dans des conditions semblables à celles des réseaux concédés. La seconde solution n'avait point égard à la pérennité de l'État ; elle exposait, d'ores et déjà, l'Administration des chemins de fer de l'État aux difficultés insurmontables dont l'insuffisance du délai d'amortissement menace à brève échéance les Compagnies. Aussi le Parlement s'arrêta-t-il à la première solution ; il fut convenu que les termes d'amortissement seraient arrêtés, non par année d'émission, mais par groupe d'années, de manière à ne pas multiplier outre mesure les séries d'obligations et à avoir pour chaque type un marché plus étendu. Bien qu'assimilées sous certains rapports aux rentes françaises, les obligations du réseau d'État étaient soumises aux taxes de toute nature qui frappaient ou frapperaient les obligations des sociétés, compagnies et entreprises financières.

Les autres dispositions de la loi du 13 juillet 1911 relatives au régime financier et méritant d'être particulièrement signalées se résument ainsi : nécessité d'une loi pour autoriser, dans l'avenir, l'Administration des chemins de fer de l'État à assumer, vis-à-vis de l'Algérie, des colonies, des protectorats, des départements et des communes, la charge de la construction et de l'exploitation de voies ferrées (précaution prise contre l'alourdissement exagéré d'une gestion déjà très laborieuse) : institution de deux budgets annexes distincts, l'un pour l'ancien réseau d'État, l'autre pour le réseau racheté de l'Ouest ; limitation aux périodes de prorogation des Chambres de la faculté d'ouvrir par décret des crédits supplémentaires au cours de l'exercice et application à l'espèce des règles de la loi du 14 décembre 1879 ; prescription tendant à empêcher les engagements abusifs de dépenses pour les traitements, salaires ou allocations accessoires : inscription au budget général et remboursement à l'Administration des chemins de fer de l'État de l'intérêt et de l'amortissement des obligations correspondant aux dépenses qu'aurait eu à supporter le Trésor par application au réseau racheté et, par extension, à l'ancien réseau de l'État des articles 4 et 8 de la convention du 17 juillet 1883 avec la Compagnie de l'Ouest [1] ; autorisation au Ministre des finances de faire des avances à l'Administration des chemins de fer de l'État, comme l'avaient proposé MM. Barthou et Caillaux ; détermination du montant des deux réserves d'exploitation de l'ancien réseau et du réseau racheté : faculté d'emploi des différentes réserves en valeurs de l'État ou jouissant d'une garantie de l'État ; versement dans les caisses du Trésor, au compte des chemins de fer de l'État, des fonds libres

[1] La loi de finances du 27 février 1912 (art. 24) a légèrement modifié celle du 13 juillet 1911, en mentionnant, outre la convention du 17 juillet 1883, celle du 19 décembre 1883, approuvée par la loi du 14 avril 1885.

procurés par les émissions d'obligations et des fonds libres fournis par les recettes de l'exploitation, les fonds de la première catégorie recevant seuls une bonification d'intérêt; inscription au budget annexe du réseau racheté des charges imposées par le rachat, mais inscription simultanée au budget général et versement par le Trésor à l'Administration du réseau d'État des annuités qui, lors du rachat, incombaient à l'État en vertu des conventions avec la Compagnie de l'Ouest ; présentation, à l'appui du compte définitif de chaque exercice, d'un rapport décrivant les résultats financiers du rachat; évaluation et inscription au budget annexe de l'ancien réseau d'État des charges correspondant à la part des dépenses d'établissement de ce réseau qu'aurait supportée l'Administration des chemins de fer de l'État, si elle avait exécuté les travaux sous le régime fixé pour la Compagnie de l'Ouest par les articles 4 et 8 de la convention du 17 juillet 1883.

En ce qui concerne l'organisation administrative, les débats les plus prolongés et les plus vifs eurent trait aux attributions et à la composition du conseil.

S'inspirant du caractère industriel que devait affecter l'exploitation du réseau, jugeant conforme aux principes du droit moderne de remettre à une représentation collective la gestion d'intérêts collectifs divers et parfois opposés, espérant d'ailleurs avoir ainsi des garanties plus grandes et un concours plus efficace, MM. Barthou et Caillaux instituaient un conseil d'administration ayant des pouvoirs propres très étendus et les exerçant sous la haute autorité du Ministre des travaux publics, qui conservait le droit de réformer ses décisions, moyennant l'observation de certaines formes dans des cas déterminés. Peu à peu, au cours de l'instruction du projet, les Chambres restreignirent les attributions du conseil d'administration ; finalement, elles le transformèrent en un conseil de réseau purement consultatif, obligatoirement saisi des questions importantes, mais n'émettant que des avis auxquels le Ministre et le directeur pouvaient passer outre sans aucune formalité. Deux raisons paraissent avoir déterminé le Parlement. Tout d'abord, s'il est naturel que les actionnaires des compagnies, engageant leurs capitaux dans l'entreprise, délèguent la gestion à des administrateurs choisis parmi eux et élus par leur assemblée, la situation se présente sous un aspect bien différent pour les chemins de fer de l'État : ceux-ci appartiennent à la nation, à l'universalité des citoyens, dont les représentants nés sont les membres du Parlement, et les Chambres ne peuvent déléguer la gestion qu'à un Ministre responsable devant elles, gardant la plénitude des pouvoirs, ne subissant aucune entrave dans son indépendance et agissant soit par lui-même, soit par le directeur, son subordonné. D'un autre côté, même abstraction faite de cette considération, les responsabilités collectives ont le grave défaut de se traduire par une irresponsabilité effective et d'être absolument illusoires.

Des divergences se manifestèrent relativement au nombre des membres du conseil de réseau, aux catégories parmi lesquelles ils seraient recrutés, à l'importance de la représentation du personnel, au mode de désignation de certains membres et notamment des agents. Les abonnés et les voyageurs de commerce ne devaient-ils pas avoir une place dans le conseil ? Fallait-il recourir à l'élection pour une partie du conseil, en particulier pour les représentants du personnel ? Convenait-il de faire intervenir, dans les désignations, des Ministres autres que celui des travaux publics ? N'y avait-il pas lieu, au contraire, de laisser une entière liberté au chef responsable de l'Administration ? La lutte fut très ardente au sujet des représentants du personnel ; en définitive, les Chambres arrêtèrent à 4 le nombre de ces représentants et repoussèrent l'élection, mais sous la condition acceptée, et même défendue par le Gouvernement, que le Ministre choisirait parmi les délégués élus aux divers comités ou commissions du réseau. Pour les autres membres, le choix était exclusivement réservé au Ministre des travaux publics. Dans l'ensemble, le conseil comptait 21 membres : 4 agents du réseau ; 7 membres des Chambres de commerce et des associations agricoles de la région desservie par le réseau ; 10 membres pris au Conseil d'État et parmi les ingénieurs des ponts et chaussées, les ingénieurs au corps des mines, les ingénieurs civils, les inspecteurs des finances. L'incompatibilité des fonctions de membre du conseil avec le mandat de sénateur ou de député avait été admise sans grande difficulté, surtout parce que ces fonctions paraissaient devoir être assez absorbantes.

Une proposition tendant à créer des directions régionales sous l'autorité d'un directeur général fut écartée comme susceptible de compliquer l'administration, de provoquer des conflits, de compromettre l'unité de vues indispensable. Le Parlement rejeta de même une autre proposition ayant pour but la création d'un comité consultatif central et de comités consultatifs régionaux, recrutés parmi les commerçants, les industriels et les agriculteurs ; toutefois, en prescrivant la réunion de conférences entre les chefs de service locaux, il décida qu'à ces conférences assisteraient périodiquement un certain nombre de représentants des conseils généraux, des chambres de commerce, des associations agricoles, des abonnés et des voyageurs de commerce.

Pour le surplus, les dispositions les plus importantes concernant l'organisation administrative étaient les suivantes : adjonction de deux sous-directeurs au directeur, qui pouvait, sous sa responsabilité, leur déléguer une partie de ses pouvoirs ; obligation pour le Ministre des travaux publics de n'homologuer les réductions de tarifs qu'après avis conforme du Ministre des finances ; nomination et promotion des chefs de service par le Ministre des travaux publics, sur la proposition du directeur ; incompatibilité des fonctions de directeur ou de sous-directeur avec le mandat de sénateur ou de député, ainsi qu'avec toute fonction publique élective dans les départements desservis par le réseau ; interdiction aux membres du conseil de réseau d'être en même temps, soit administrateur d'une entreprise de transport garantie ou subventionnée par l'État, soit entrepreneur ou fournisseur du réseau ; institution annuelle, dans le conseil, de commissions correspondant aux divisions générales du service, et délégation par l'assemblée à ces commissions de la partie de ses pouvoirs qu'elle déterminait avec l'approbation du Ministre des travaux publics; conférences périodiques des directeurs, des sous-directeurs et des chefs de service ; conférences analogues des chefs de service locaux dans les arrondissements des chemins de fer ; identité entre le contrôle technique et commercial du réseau d'État et celui des réseaux d'intérêt général concédés ; mise en vigueur, dans le délai d'un an, d'un statut du personnel fixant les règles du recrutement, de l'avancement et de la discipline.

La Commission des travaux publics de la Chambre avait éliminé, sans commentaire, les dispositions proposées par le Gouvernement et destinées à prévenir les abus dans la délivrance des cartes de circulation, permis ou billets à prix réduit.

Cette Commission et, après elle, la Chambre s'étaient également refusées à admettre l'extension intégrale au réseau d'État des règles de compétence et de procédure applicables aux concessionnaires dans les litiges avec les tiers. En effet, la juridiction administrative leur paraissait la mieux qualifiée pour connaître des contestations entre l'Administration et les entrepreneurs de travaux. D'ailleurs, les contestations de ce genre, relevant du conseil de préfecture quand l'État construisait des lignes devant être remises à un concessionnaire, ne pouvaient avoir un autre juge lorsque l'État construisait pour lui-même.

Un arrêté du Ministre des travaux publics, en date du 24 septembre 1911, a déterminé les règles de détail relatives au fonctionnement du conseil de réseau.

Au commencement de 1912, les avances du Trésor pour les besoins des chemins de fer de l'État atteignaient déjà un chiffre assez élevé ; la Trésorerie, dont les ressources fournies par des bons ou des obligations à court terme ne peuvent dépasser un maximum légal, perdait son élasticité et risquait de se trouver au dépourvu si une situation critique venait à naître. Il importait donc de réaliser un premier emprunt, dans la limite des émissions qui avaient été antérieurement autorisées ou étaient prévues au projet de budget de 1912 et qui approchaient de 400 millions.

Mais auparavant le Ministre des finances et le Ministre des travaux publics devaient obtenir du Parlement le vote de certaines dispositions indispensables. Ils déposèrent, le 6 février 1912, un projet de loi ayant pour objet : 1° de rendre applicable aux obligations des chemins de fer de l'État la procédure spéciale d'opposition, en cas de perte ou de vol, qui a été instituée par la loi du 15 juin 1872 au profit des porteurs de titres et dont ne bénéficient, en principe, ni les rentes ni les autres valeurs émises par l'État ; 2° d'autoriser le prélèvement, sur le produit de la négociation, des frais d'émission, limités à un maximum ; 3° de doter du personnel et du matériel nécessaires l'Administration chargée du service des nouvelles valeurs. Les propostions du Gouvernement furent ratifiées par la Chambre, sur le rapport de M. Chéron, puis par le Sénat, sur le rapport de M. Aimond, et la loi prit la date du 9 mars 1912.

Bien que placée dans les attributions du pouvoir exécutif en vertu de la loi du 13 juillet 1911 (Art. 44), la fixation des modalités de l'emprunt donna lieu à des échanges d'observations devant les Chambres, soit au cours des débats relatifs à la loi du 9 mars 1912, soit pendant la discussion du budget de 1912. On peut consulter à cet égard, outre le rapport de M. le sénateur Aimond, du 5 mars 1912 sur la loi du 9 mars, le compte rendu des séances tenues par la Chambre le 27 décembre 1911 (discours de M. Sibille et de M. Bouctot) et le 4 mars 1912 (discours de M. Bouctot, de M. Chéron, du Ministre des finances et de M. Bedouce), ainsi que par le Sénat le 20 février 1912 (discours de M. Aimond, du Ministre des finances et de M. Ribot).

La question la plus discutée fut celle du taux des émissions. Personne ne défendait le taux de 2,5 p. 100, qui comportait une prime de remboursement très forte et dont les grandes Compagnies n'avaient pas recueilli les avantages attendus. Les taux de 3 p. 100, 3,5 p. 100 et 4 p. 100 avaient, au contraire, chacun des partisans. Au point de vue purement mathématique, le taux de 3,5 p. 100 paraissait préférable aux autres pour l'État. M. Klotz, ministre des finances, se prononça néanmoins en faveur du taux de 4 p. 100 avec émission au pair. Deux raisons principales dictèrent son choix : d'une part, si les établissements ayant une longue existence et achetant de nombreux titres faisaient entrer volontiers les primes de remboursement dans le calcul du revenu, les particuliers, obéissant au désir d'une amélioration certaine et immédiate de leurs moyens d'existence, envisageaient surtout l'intérêt proprement dit ; d'autre part, il était permis d'escompter une élévation assez rapide des cours des titres à 4 p. 100 et la possibilité d'une conversion plus ou moins prochaine en 3 p. 100, tandis que le type 3,5 p. 100 prendrait sans doute définitivement place dans la série des valeurs de l'État. Le Ministre faisait, d'ailleurs, remarquer qu'un affaissement de la rente n'était pas à redouter, eu égard à la faible proportion entre le montant de l'emprunt et celui de la dette publique. Un membre de la Chambre ayant indiqué une solution consistant dans la création de titres « à taux différé », émis à 4 p. 100 et transformables automatiquement en titres à 3,5 ou 3,25 p. 100 après un certain nombre d'années, M. Klotz avait repoussé cette solution comme incompatible avec le droit permanent de remboursement au pair réservé par la loi du 13 juillet 1911.

Un décret du 9 mars 1912 autorisa la négociation, par voie de souscription publique, de 600.000 obligations 4 p. 100 amortissables, d'une valeur nominale de 500 francs, émises au prix de 503 francs et remboursables en cinquante ans.

Le même jour, intervint un autre décret concernant : 1° la nature, la forme et le droit de transfert des obligations des chemins de fer de l'État ; 2° le payement des intérêts et le remboursement des titres amortis ; 3° la régie des obligations nouvelles ; 4° les règles relatives à la perception des impôts. Aux termes de ce décret, les émissions successives devaient être groupées par séries correspondant à des périodes de dix années consécutives et remboursables cinquante ans au plus après la première émission de la série.

Enfin un arrêté du Ministre des finances, également daté du 9 mars 1912, fixa au 23 mars la souscription du premier emprunt.

Les derniers actes méritant d'être cités sont trois arrêtés du 30 août 1912, par lesquels les Ministres des travaux publics et des finances ont déterminé le statut du personnel non commissionné (agents et ouvriers n'ayant pas encore statisfait aux obligations militaires, agents et ouvriers à l'essai, employées à l'essai), du personnel commissionné, du personnel classé (femmes employées préposées aux billets, aux haltes, à la salubrité ou à la garde des barrières).

E. Projet de rachat partiel du réseau d'Orléans. — Le réseau d'État, agrandi par l'incorporation des chemins de fer de l'Ouest, présentait un fâcheux enchevêtrement avec certaines lignes de la Compagnie d'Orléans, et son exploitation devait en subir de graves sujétions. Il y avait un intérêt manifeste à l'affranchir de ces sujétions, à lui donner une homogénéité assurant son fonctionnement normal et à reprendre dans ce but à la Compagnie d'Orléans les lignes de la Bretagne et de la vallée de la Loire. Mais le cahier des charges de la concession ne prévoyait que le rachat total ; d'un autre côté, l'expropriation partielle pour cause d'utilité publique, à supposer qu'elle fût légalement possible, eût entraîné un aléa redoutable et demandé de longs délais. Des négociations furent donc engagées par M. Barthou, ministre des travaux publics. Elles amenèrent un accord, comportant pour l'État des avantages supérieurs à ceux que M. Gauthier avait réclamés en 1905 sans obtenir l'adhésion de la Compagnie : le changement d'attitude de cette dernière résultait, dans une large mesure, de la situation nouvelle créée par le rachat de l'Ouest.

En même temps qu'il saisissait la Chambre de la convention relative au règlement amiable du prix de rachat dû à la Compagnie de l'Ouest, M. Barthou présenta, le 29 octobre 1908, une convention avec la Compagnie d'Orléans, dont les dispositions essentielles étaient les suivantes.

L'État reprenait à la Compagnie la ligne de Tours à Nantes et à Saint-Nazaire, celle de Tours au Mans et celles de la Bretagne ; il lui cédait, par contre, diverses petites lignes situées au Sud du chemin de Paris à Bordeaux *via* Vendôme et Tours, qui devenait la frontière des deux réseaux. Toute enclave, toute pénétration réciproque de ces réseaux disparaissait. Une annuité devait être servie par l'État à la Compagnie en représentation des pertes de produit net que celle-ci subirait par suite des cessions ou échanges précités. La Compagnie recevait de l'État le matériel roulant de grande vitesse et le matériel de traction affectés à l'exploitation des lignes dont elle obtenait la cession. De son côté, elle livrait à l'État : 1° définitivement, le matériel roulant de grande vitesse et le matériel de traction des lignes cédées par elle ; 2° temporairement, le matériel roulant de petite vitesse des mêmes lignes.

Remise était faite à la Compagnie de sa dette au titre de la garantie, évaluée à 219 millions (capital et intérêts). Cette remise compensait : 1° l'excédent de la valeur du matériel roulant cédé définitivement par la Compagnie sur la valeur du matériel roulant reçu par elle ; 2° la perte d'usage et d'amortissement du matériel roulant livré temporairement à l'État ; 3° les plus-values capitalisées dont les lignes cédées par la Compagnie paraissaient susceptibles dans l'avenir ; 4° l'attribution à l'État de 60 p. 100 des excédents du produit net sur la somme nécessaire pour faire face aux affectations indiquées par l'article 14 de la convention du 28 juin 1883, alors que, sous le régime en vigueur, ces excédents restaient entièrement acquis à la Compagnie, comme supplément de dividende réservé, jusqu'à concurrence de 9 600 000 fr. ;

au delà de ce chiffre, les règles antérieures de partage subsistaient. La liberté du dividende ainsi rendue à la Compagnie se trouvait partiellement limitée par l'obligation de constituer, avant tout accroissement de répartition aux actionnaires, une réserve de 6 millions destinée à pourvoir aux insuffisances éventuelles des exercices ultérieurs.

Tant que cette réserve n'avait pas été constituée ou si elle venait à être épuisée, la Compagnie pouvait, le cas échéant, inscrire les insuffisances à un compte d'attente productif d'intérêts et amortissable, avant partage, au moyen des futurs excédents de produit net.

Les prélèvements sur la réserve devaient être comblés, avec intérêts simples, par les excédents ultérieurs, après extinction du compte d'attente et avant partage avec l'État.

Différentes lignes d'intérêt général à voie normale ou à voie étroite étaient concédées à la Compagnie, soit définitivement, soit éventuellement.

Une annexe réglait les conditions de partage du trafic entre le réseau d'État et le réseau d'Orléans.

La Commission des travaux publics de la Chambre éleva de nombreuses objections contre le projet. Elle signala notamment l'aggravation éventuelle des conditions d'un rachat total ultérieur, l'indemnité devant se trouver, en fait, majorée de la partie des plus-values et des bénéfices qui était escomptée pour la compensation de la dette et dont l'État n'aurait pas encore profité. M. Millerand, successeur de M. Barthou au Ministère des travaux publics, rouvrit les pourparlers avec la Compagnie et présenta à la Commission, le 28 décembre 1909, un contrat nouveau apportant des améliorations notables à la précédente convention.

De ces améliorations, la plus importante consistait dans le remplacement de la remise immédiate et intégrale, antérieurement admise pour la dette, par une remise échelonnée, de manière à rétablir autant que possible, en cas de rachat total, la situation telle qu'elle fût résultée de la convention du 28 juin 1883. Un tableau fixait, à la fin de chacune des années futures, le montant des sommes, en capital et intérêts, dont la Compagnie resterait débitrice envers l'État. Les chiffres de ce tableau étaient calculés sur les bases suivantes : inscription définitive, en compensation de la dette, du prix convenu pour le matériel cédé par la Compagnie; déduction progressive des plus-values et des bénéfices acquis à l'État, d'après leur estimation contractuelle; déduction supplémentaire correspondant à la différence entre l'annuité de rachat partiel et l'annuité fictive de reprise des mêmes lignes dans l'hypothèse d'un rachat total ultérieur, en tenant compte des accroissements de produit net et du remboursement partiel des travaux complémentaires.

Tous les calculs avaient été, d'ailleurs, mis à jour et soigneusement revisés. L'État obtenait une diminution considérable de l'estimation des plus-values et l'élévation aux deux tiers de sa part des excédents du produit net sur les sommes nécessaires pour faire face aux affectations spécifiées par l'article 14 de la convention du 28 juin 1883 : c'était la suppression complète du palier réservé de 9 600 000 francs.

Malgré les avantages du nouveau contrat, la législature prit fin sans que la Commission déposât son rapport.

F. VOIES D'ACCÈS AU SIMPLON. RELATIONS PAR VOIES FERRÉES ENTRE LA FRANCE ET L'ITALIE. — Le percement du Simplon avait depuis longtemps éveillé les légitimes préoccupations des Pouvoirs publics. Comment rester indifférent aux modifications que ce percement, succédant à celui du Gothard, devait provoquer dans les transports internationaux, dans la direction et l'activité des grands courants de circulation? En 1901, une Commission fut instituée au Ministère des travaux publics, sous la présidence de M. le sénateur Labiche, pour l'étude des lignes dont l'ouverture du Simplon pourrait motiver l'établissement sur le territoire français. Cette Commission envisagea la construction d'une voie ferrée, dite de la Faucille, entre Lons-le-Saunier et Genève, la création d'une ligne de Saint-Amour à Bellegarde, un raccourci entre Vallorbe et un point à déterminer sur le chemin de fer de Mouchard à Pontarlier. Mais elle se sépara sans proposer aucune solution ferme.

Cependant, les années s'écoulaient. Les travaux du Simplon, conduits avec vigueur et habileté, s'achevaient heureusement en 1906. A la même époque, un événement capital vint encore augmenter l'urgence des décisions que la France avait jusqu'alors hésité à prendre : Berne allait être relié directement au Simplon par un souterrain creusé au travers des Alpes bernoises, sous le massif du Lœtschberg.

Les études antérieures, bien que poussées assez loin dans certaines de leurs parties, appelaient néanmoins des compléments et une coordination. Il fallait les reprendre et les poursuivre dans des voies plus larges, sortir du domaine technique, avoir égard à des considérations d'ordre diplomatique, financier et commercial. Un décret du 14 janvier 1907, contresigné par M. Barthou, ministre des travaux publics, institua à cet effet une Commission interministérielle, composée de représentants des quatre ministères intéressés (travaux publics, affaires étrangères, finances, commerce et industrie). La Commission avait à examiner les conditions dans lesquelles pourraient être améliorées nos relations par voies ferrées avec l'Europe centrale et avec le Nord de l'Italie. Après une instruction prolongée, elle donna au Gouvernement un avis verbal et lui remit les éléments nécessaires pour engager utilement des négociations diplomatiques.

Au jour même où intervenait le décret du 14 janvier 1907, plusieurs membres du Sénat entretenaient la Haute Assemblée des voies d'accès au Simplon et passaient en revue devant elle les principales questions relatives à ces accès, ainsi que les questions connexes : rectification du chemin de fer de Dijon vers Lausanne, entre Frasne et Vallorbe; percement de la Faucille; établissement d'une ligne de Saint-Amour à Bellegarde; traversée du Mont-Blanc ou du Petit-Saint-Bernard ; construction d'une ligne de Moutiers à Granges, sur le territoire suisse; amélioration de la ligne du Mont-Cenis et, en particulier, doublement de la voie sur le versant italien, etc. Les mêmes questions firent l'objet d'un nouvel échange de vues au Sénat, lors des débats d'une interpellation de M. César Duval sur la crise des transports (13 et 14 février 1908), puis lors de la discussion du budget de 1909 (18 décembre 1908).

Une conférence internationale entre la France et la Suisse avait été ouverte à Berne, le 16 mars 1908, pour l'étude commune des voies d'accès au Simplon. Elle aboutit à une convention du 18 juin 1909, dont le Gouvernement français sollicita l'approbation par un projet de loi du 9 juillet.

La ligne de Paris à Lausanne devait être rectifiée de Frasne à Vallorbe, conformément aux traités passés par la Compagnie Paris-Lyon-Méditerranée avec l'ancienne Compagnie suisse du Jura-Simplon et ensuite avec l'Administration des chemins de fer fédéraux. Cette rectification procurait une réduction de parcours de 17 kilomètres, avantage précieux au point de vue de la concurrence du Gothard pour les relations du Nord de la France et des pays limitrophes avec la Lombardie ; elle supprimait les déclivités de 25 millimètres par mètre existant sur la section de Pontarlier à Vallorbe, de telle sorte que les pentes maxima de la ligne se trouvaient ramenées à 20 millimètres; enfin, elle abaissait le point culminant de 1 012 mètres d'altitude à 896 mètres et remédiait ainsi aux perturbations trop fréquentes du service par les neiges. Un second raccourci de Vallorbe à Bussigny était prévu pour l'époque à laquelle le développement du trafic viendrait à l'exiger.

Plusieurs des dispositions de l'arrangement tendaient à améliorer la situation de la ligne française qui suit la rive Sud du lac Léman. La Suisse contractait l'engagement de doubler la voie au delà de la frontière jusqu'à Saint-Maurice, quand la France procéderait au doublement de cette ligne.

La convention assurait, avec le concours financier de la Compagnie de l'Est, l'exécution, sur la ligne de Belfort à Berne, d'un raccourci de Moutiers à Granges, permettant de revendiquer au profit des rails français jusqu'à Delle le trafic de l'Angleterre, de la Belgique et de la Hollande occidentale vers la Lombardie, rendant l'Italie du Nord plus accessible aux produits des industries de Longwy et de Briey, facilitant les voyages entre l'Est de la France et Milan. Des stipulations appropriées garantissaient la nouvelle ligne contre la concurrence du Gothard.

Si le Gouvernement français construisait la ligne de Lons-le-Saunier à Genève par la Faucille, le Gouvernement fédéral était tenu d'effectuer les travaux dans l'étendue du territoire helvétique, de raccorder les gares de Genève-Cornavin et de Genève-Eaux-Vives, de n'apporter aucun obstacle à la contribution financière du Gouvernement génevois, d'exonérer le transit des formalités et des taxes douanières. Dans la même éventualité, le trafic-marchandises franco-italien devait être partagé par moitié entre les lignes des deux rives du lac Léman.

Quelques autres clauses, auxquelles je ne puis m'arrêter ici, avaient également pris place dans l'accord international.

Le projet de loi portait approbation, non seulement de cet accord, mais de deux conventions passées par le Ministre des travaux publics avec la Compagnie de Paris-Lyon-Méditerranée et avec la Compagnie de l'Est. Déjà concessionnaire du tronçon suisse de la ligne Frasne-Vallorbe, la Compagnie de Paris-Lyon-Méditerranée recevait la concession de la section française (22 kilomètres et demi), avec une subvention de 9 millions, très inférieure à celle qui fût résultée d'une application pure et simple de la convention du 26 mai 1883. La Compagnie de l'Est s'obligeait à participer, jusqu'à concurrence de 10 millions, au capital de la ligne suisse Moutiers-Granges, en imputant la dépense sur les ressources du domaine privé ; l'État réduisait la dette de garantie d'une somme égale au montant de cette participation ; mais les titres qui seraient remis à la Compagnie de l'Est par la Société suisse devaient être immatriculés au nom du domaine public et appartenir à l'État en fin de concession ou en cas de rachat ; jusqu'à cette échéance, leurs dividendes ou intérêts se classaient parmi les recettes diverses du compte d'exploitation.

M. Marcel Régnier, rapporteur de la Commission des travaux publics, et M. François Deloncle, rapporteur de la Commission des affaires extérieures, à la Chambre des députés, formulèrent des conclusions favorables. La discussion fut jointe à celle d'interpellations de MM. Berthet, Charles Dumont, Plichon, Fernand David et Girod. De nombreux orateurs y prirent part, les uns pour donner leur adhésion au projet de loi, les autres pour formuler des critiques, pour attaquer ou défendre la ligne de la Faucille, pour exprimer leurs vues au sujet des percées du Mont-Blanc ou du Petit-Saint-Bernard, pour réclamer l'amélioration de la ligne du Mont-Cenis sur le versant italien et une exploitation plus satisfaisante, pour solliciter des compensations en faveur de Pontarlier que délaissait la rectification de Frasne à Vallorbe, etc. Les assauts contre la Faucille prirent un caractère particulier de vivacité : un des principaux motifs d'opposition était tiré de l'énormité des dépenses; certains adversaires de la ligne se bornaient à la combattre comme simple voie de communication entre Paris et Genève, mais la plupart refusaient de l'accepter, même comme annexe d'une nouvelle percée des Alpes, en invoquant le danger d'une enclave dans le territoire hélvétique et en préconisant le tracé de Saint-Amour à Bellegarde ou celui de Lons-le-Saunier à Vallery; beaucoup insistaient sur l'inconvénient de placer en quelque sorte dans l'orbite de Genève plusieurs arrondissements français. M. Millerand, ministre des travaux publics, s'attacha à bien marquer que la France gardait une liberté complète à l'égard de la Faucille et que, seule, la Suisse avait contracté un engagement éventuel. La Chambre vota le projet de loi, après avoir rejeté un ordre du jour de M. Dumont, tendant à remplacer le tracé Frasne-Vallorbe par un tracé La Joux ou Andelot-Vallorbe.

Au Sénat, la discussion n'eut pas moins d'ampleur, et le cycle parcouru par les orateurs fut à peu près le même. Suivant l'avis de M. Bérard, rapporteur, l'Assemblée ratifia les propositions du Gouvernement. Elle adopta, d'ailleurs, une motion de M. Couyba invitant le Ministre à demander aux Compagnies intéressées l'appropriation de la ligne Hirson-Chalindrey-Gray-La Barre et l'établissement du raccourci La Barre-Arc-Senans. La loi prit la date du 28 décembre 1909.

Depuis, une conférence technique internationale a été tenue à Rome, en juin 1910, pour l'étude de l'amélioration et du développement des communications par voie ferrée entre la France et l'Italie. Les délégués français et les délégués italiens ont abordé les questions suivantes : doublement intégral de la voie sur la partie italienne de la ligne du Mont-Cenis, de Modane à Turin; accélération, en Italie, des trains de voyageurs, pour la ligne de Paris à Rome passant par le Mont-Cenis ; doublement de la voie sur la ligne de Gênes à Rome; aménagement de la douane internationale de Vintimille ; correspondance dans cette gare entre les trains italiens et les trains français; situation des travaux de la ligne de Nice à Coni ; création éventuelle d'une nouvelle ligne franco-italienne à travers les Alpes, par le Mont-Blanc, par le Petit-Saint-Bernard, par le Mont-Genèvre, etc. ; doublement du tunnel du Mont-Cenis.

Il n'y avait là qu'une préface à des entretiens futurs et plus approfondis. La conversation n'a pas encore été reprise.

G. Réseaux secondaires d'intérêt général. — Aux concessions des grands réseaux se sont juxtaposées des concessions de groupes secondaires à voie de 1 mètre, réparties entre trois Compagnies qui sont également concessionnaires de chemins de fer d'intérêt local ou de tramways : Société des chemins de fer économiques (lignes dans le Cher et l'Allier); Compagnie des chemins de fer départementaux (réseaux dits des Charentes et du Vivarais); Compagnie des chemins de fer du Sud de la France (réseau du Sud). Ces petits réseaux ont un développement total de 1.061 kilomètres. Plusieurs lignes appartenant au réseau du Sud offrent cette particularité qu'elles sont munies d'un troisième rail et peuvent, le cas échéant, livrer passage aux véhicules à voie normale : il avait d'abord paru nécessaire d'avoir quatre rails symétriques par rapport à l'axe; mais, plus tard, la pose d'un troisième rail a été jugée suffisante.

Les chemins de fer d'intérêt général ainsi concédés bénéficient de la garantie d'intérêt pour la totalité du capital d'établissement. Dans les premières conventions, la garantie s'étendait aux résultats de l'exploitation; les contrats plus récents laissent, au contraire, les risques de l'exploitation à la charge des concessionnaires.

D'ailleurs, l'expérience a permis d'apporter de sérieuses améliorations aux bases adoptées dans les tractations primitives. Au forfait ou au maximum pur et simple, pour les dépenses d'établissement, s'est substitué le maximum avec prime d'économie : le taux conventionnel de la garantie a été progressivement réduit, puis remplacé par les charges réelles; les formules forfaitaires d'exploitation admises au début ont fait place à des formules maxima, avec prime d'économie, étudiées de manière à intéresser les concessionnaires aux accroissements de trafic, alors qu'auparavant la diminution de l'activité des transports était pour eux une source de bénéfices; tout en se réservant une part des excédents de recettes, l'État a abandonné la fiction du remboursement chimérique des avances de garantie.

Des trois Compagnies secondaires, il en est une, celle du Sud de la France, dont les contrats ont donné lieu à des revisions successives fort laborieuses. Elle a, en effet, traversé une période très pénible, à la suite de mécomptes sur la construction et, malheureusement aussi, à la suite d'irrégularités graves de gestion. Ces irrégularités ne pouvaient manquer d'avoir leur écho à la tribune de la Chambre, où se sont succédé trois interpellations, le 1er juin 1895, le 28 octobre 1895, le

6 mars 1897; l'interpellation du 28 octobre 1895 a eu pour épilogue la retraite du Cabinet que présidait M. Ribot.

La situation de cette Compagnie, déjà ébranlée par les difficultés de ses débuts, se trouva de nouveau, à la fin de l'année 1912, profondément compromise par les fâcheux résultats de la très onéreuse concession de tramways acceptée par elle dans les Alpes-Maritimes.

Le Gouvernement, jugeant avec raison indispensable de prévenir un désastre financier et d'éviter une dépréciation anormale de titres considérés dans le public comme garantis par l'État, a passé, d'une part, avec la Compagnie du Sud de la France, une convention réalisant le rachat de son réseau d'intérêt général, d'autre part, avec la Compagnie P.-L.-M., une seconde convention transférant à celle-ci l'exploitation du réseau racheté et accordant au nouveau concessionnaire, qui assume le service des obligations de l'ancienne Compagnie, une annuité à peu près égale aux charges de la garantie antérieure. Le projet de loi destiné à approuver ces conventions a été déposé sur le bureau de la Chambre des députés le 18 mars 1913.

Les chemins de fer de la Corse, qui devaient former un réseau de 296 kilomètres, également à voie d'un mètre, ne furent tout d'abord pas concédés. Mais une loi du 19 décembre 1883 en confia la construction partielle et en afferma l'exploitation provisoire à la Compagnie des chemins de fer départementaux. Aux termes de la convention annexée à cette loi, les dépenses de premier établissement étaient fixées à forfait et payées par le versement d'annuités ou par la remise d'un titre de rente 3 p. 100 amortissable. La Compagnie exploitait pour le compte de l'État; elle fournissait le matériel roulant, le mobilier des gares, l'outillage, moyennant une redevance annuelle représentant l'intérêt et l'amortissement de ses débours; les frais d'exploitation, y compris cette redevance, ne pouvaient entrer en compte pour une somme supérieure à un chiffre déterminé par train kilométrique; des primes d'économie et des parts de bénéfice intéressaient la Compagnie à une bonne gestion. Passé pour quinze ans, le bail était susceptible de prorogation. Des stipulations convenables réglaient les conditions de reprise du matériel, du mobilier, de l'outillage et des approvisionnements à l'expiration du contrat.

Ce régime a été profondément modifié par une loi du 1er décembre 1911 et des conventions annexes, adjoignant au réseau corse une ligne nouvelle et transformant l'affermage en une véritable concession de trente années. Les dispositions essentielles du contrat de 1911 sont les suivantes :

1° Pour l'établissement de la ligne nouvelle : acquisition des terrains nécessaires, soit directement par l'État, soit par la Compagnie contre remboursement en capital ; exécution des travaux et fourniture du matériel roulant ainsi que de tous les objets mobiliers par la Compagnie, contre remboursement de l'intérêt des obligations émises et de leur amortissement dans la période à courir jusqu'au terme de la concession, les dépenses étant limitées à un maximum et la Compagnie bénéficiant d'une prime d'économie de moitié ;

2° Pour l'exploitation de l'ensemble du réseau : exécution des travaux et fournitures complémentaires par la Compagnie ; remboursement par annuités, comme pour le premier établissement de la ligne nouvelle, dans la limite d'un maximum kilométrique de 8000 francs; au delà de ce maximum, addition de l'intérêt et de l'amortissement en trente ans au compte des dépenses d'exploitation, la partie non amortie au terme de la concession devant être versée par l'État sous forme de capital ou sous forme d'annuités représentant l'intérêt et l'amortissement dans une période de trente ans au plus; exploitation aux risques et périls de la Compagnie ; limitation des dépenses par un maximum, en fonction de la recette brute et du parcours kilométrique des trains ; allocation d'une prime d'économie de moitié, quand le maximum ne sera pas atteint; fixation du nombre journalier des trains d'après la recette kilométrique ; attribution à l'État du droit de requérir l'abaissement du tarif légal des voyageurs lorsque la recette brute dépassera un certain chiffre, la prime d'économie étant ensuite élevée aux deux tiers; affectation de la recette brute au paiement des dépenses d'exploitation, y compris les redevances dues en vertu de la convention de 1883 pour fourniture du matériel roulant et des objets mobiliers; inscription des insuffisances à un compte d'attente non productif d'intérêts; emploi des excédents à l'extinction du compte d'attente et à la constitution d'un fonds de renouvellement des voies et du matériel; partage du surplus par moitié entre l'État et la Compagnie; au terme de la concession, partage par moitié des disponibilités que laisserait le fonds de renouvellement, après remise en parfait état du réseau.

H. Réseaux algériens d'intérêt général. — En 1883, les chemins de fer algériens d'intérêt général se répartissaient entre cinq Compagnies : Compagnie de Paris-Lyon-Méditerranée, Compagnie de l'Est-Algérien, Compagnie de l'Ouest-Algérien, Compagnie de Bône-Guelma et prolongements, Compagnie franco-algérienne.

Plusieurs de ces Compagnies reçurent, après 1883, de nouvelles et assez importantes concessions. Vers 1900, les lignes dont elles étaient concessionnaires à titre définitif mesuraient près de 3 000 kilomètres, dont un peu plus de 1 000 kilomètres à voie étroite.

Sauf pour une ligne, qui n'a été dotée d'aucun subside, les conventions avaient toutes stipulé la garantie intégrale du capital de premier établissement. Tantôt ce capital ne devait pas dépasser un maximum déterminé ; tantôt, et plus souvent, il avait été arrêté à un chiffre forfaitaire. Dans certains cas, les contrats ne prévoyaient pas de dépenses complémentaires, postérieurement à la clôture du compte de premier établissement; dans d'autres cas, ces dépenses se trouvaient incorporées au maximum du capital ou faisaient l'objet d'un maximum spécial; parfois, bien que prévues et non limitées, elles ne bénéficiaient pas de la garantie et ne comptaient que pour le partage éventuel des excédents de produit net avec l'État. Le taux de la garantie, généralement fixé à forfait (6 p. 100, 5 p. 100, 4,85 p. 100, amortissement compris), ne se confondait qu'exceptionnellement avec les charges réelles.

Pour le calcul de la garantie, les frais d'exploitation admis en compte étaient, suivant les conventions, soit les frais réels sans limitation supérieure, soit ces frais dans la limite de maxima, soit enfin des frais forfaitaires dépendant de la recette brute. Des minima leur avaient été presque toujours assignés. Les formules des maxima ou des forfaits comportaient le plus fréquemment des échelons ou paliers.

A la fin de 1900, les concessions de la Compagnie franco-algérienne durent être rachetées. Cette société succombait sous le poids d'embarras financiers, principalement imputables à ses entreprises agricoles; la dissolution venait d'en être prononcée par l'autorité judiciaire. Le rachat fut autorisé par une loi du 12 décembre 1900. Un arrangement conclu avec le liquidateur pour le règlement amiable de l'indemnité due à la Compagnie reçut la sanction législative, le 9 avril 1903. L'exploitation en régie du réseau ainsi repris à son ancien concessionnaire était assurée par un service spécial.

Deux lois décentralisatrices du 19 décembre 1900 et du 23 juillet 1904 vinrent apporter de profonds changements dans le régime légal des chemins de fer algériens.

La loi du 19 décembre 1900, portant création d'un budget spécial pour l'Algérie, conférait la personnalité civile à la colonie et habilitait son représentant, le gouverneur général, à concéder des chemins de fer en exécution de délibérations conformes des délégations financières et du Conseil supérieur, approuvées par une loi ou par un décret dans la forme des règlements d'administration publique, s'il s'agissait d'embranchements d'une longueur inférieure à 20 kilomètres. En principe, toutes les dépenses civiles et, par suite, celles des chemins de fer devaient figurer au budget spécial, voté par les délégations financières, puis par le Conseil supérieur, et réglé par le Président de la République, sur le rapport du Ministre de l'intérieur; cependant les garanties d'intérêt des lignes ouvertes à l'exploitation avant le 1er janvier 1901 restaient à la charge de l'État jusqu'au 31 décembre 1925, sauf atténuation éventuelle par un prélèvement sur les excédents du fonds général de réserve à constituer aux termes de l'article 13. Un partage entre l'État et la colonie était prévu pour le cas de remboursement par les Compagnies des avances de garantie qui leur auraient été faites.

Des plaintes très vives ne cessaient de s'élever contre l'exagération des tarifs, contre leur diversité, contre les inconvénients de la multiplicité excessive des Compagnies, contre la défectuosité des conventions, qui souvent n'incitaient les exploitants ni à effectuer les dépenses complémentaires indispensables, ni surtout à rechercher les accroissements de trafic. Un courant d'opinion s'était créé et se fortifiait en faveur du rachat des concessions ou, au moins, d'une revision des contrats. Mais la colonie paraissait être en meilleure situation que l'État pour déterminer et réaliser les mesures nécessaires. D'ailleurs, ces mesures pouvant imposer des sacrifices budgétaires, n'était-il pas naturel d'en faire supporter le poids par les populations qui en recueilleraient le profit? A un autre point de vue, le régime institué en 1900 avait le double défaut de ne pas procurer aux finances métropolitaines un allègement assez rapide et de préparer, pour 1926, un ressaut brusque dans les dépenses de l'Algérie. Il y fut pourvu, après de laborieux débats devant les Chambres, par la loi du 23 juillet 1904 sur « les participations financières de l État et de l'Algérie dans la charge annuelle des chemins de fer de la colonie ».

Désormais, les charges et les produits nets des chemins de fer d'intérêt général établis ou à établir étaient inscrits au budget spécial de la colonie. L'État remplaçait ses avances aux Compagnies par une subvention annuelle à l'Algérie ; cette subvention, fixée à 18 millions pour chacune des trois premières années, décroissait ensuite progressivement et s'éteignait en 1946. Une annuité de 3 660 000 francs environ due à la Compagnie de Paris-Lyon-Méditerranée, en représentation des subsides qui lui avaient été alloués pour l'établissement de ses lignes algériennes, continuait à être servie par le Trésor métropolitain. La loi supprimait les prélèvements éventuels sur le fonds de réserve, mais prévoyait un partage des excédents de produit net entre l'État et la colonie.

A partir du 1er janvier 1905, le gouverneur général exerçait, sous l'autorité du Ministre des travaux publics, les pouvoirs appartenant à ce dernier pour la construction et l'exploitation.

Le réseau d'État (ancienne Compagnie franco-algérienne) restait géré et administré comme antérieurement.

Toutes les modifications aux conventions existantes, le rachat, l'exploitation en régie des lignes précédemment concédées devaient être délibérés par les délégations financières et le Conseil supérieur du gouvernement. L'approbation, généralement donnée par décret en Conseil d'État, était cependant réservée au législateur pour les conventions de rachat à l'amiable. Aucun affermage, ni aucune concession d'un chemin de fer d'intérêt général ayant plus de 20 kilomètres, ne pouvait devenir définitif sans une loi.

Dès le début de 1905, le gouverneur général indiqua à l'Administration des chemins de fer algériens de l'État et aux quatre Compagnies les améliorations qu'il désirait réaliser dans la tarification, notamment dans celle de la petite vitesse, et les travaux complémentaires qu'il jugeait indispensables à l'essor du pays. L'une des Compagnies, celle de l'Est-Algérien, refusa d'entrer dans la voie qui lui était ouverte, si ses conventions n'étaient revisées; elle présenta, d'ailleurs, des projets de modifications. D'accord avec le gouverneur général, les délégations financières et le Conseil supérieur, considérant ces projets comme inacceptables, décidèrent le rachat des concessions de la Compagnie et l'exploitation en régie des lignes rachetées. La résolution des assemblées algériennes fut consacrée par un décret du 25 août 1907. Il devait être statué ultérieurement sur le régime définitif du réseau, dont l'exploitation en régie n'avait qu'un caractère provisoire.

Les nécessités militaires ont conduit à prolonger fort loin vers le Sud la ligne de pénétration d'Arzew à Saïda et à Aïn-Sefra, dont la Compagnie franco-algérienne était autrefois concessionnaire. De même que la ligne d'origine, les prolongements sont exploités en régie.

D'abord entièrement distinct, le service préposé à la régie des chemins de fer algériens de l'État fut ensuite confié à la Direction des chemins de fer métropolitains de l'État par décret du 24 mars 1905; un second décret de la même date éleva de 10 à 12 le nombre des membres du Conseil de réseau, les deux membres nouveaux devant être nommés après avis du gouverneur général. L'annexion ainsi accomplie ne pouvait survivre à la loi du 13 juillet 1911, qui donnait au réseau métropolitain de l'État une organisation administrative et financière exclusivement appropriée à ce réseau. L'Administration métropolitaine des chemins de fer de l'État avait, d'ailleurs, une tâche assez lourde pour ne pas disperser ses efforts. Enfin, l'Algérie ayant la pleine responsabilité de ses voies ferrées et le gouverneur général étant investi de véritables pouvoirs ministériels, l'institution d'un organisme autonome, ayant son siège à Alger, paraissait être la conséquence logique de la loi du 23 juillet 1904. La réforme a été réalisée par un décret en Conseil d'État du 27 septembre 1912, dont les dispositions sont calquées sur celles de la loi du 13 juillet 1911, sauf adaptation au régime de la colonie et suppression de certaines dispositions inopportunes ou susceptibles d'ajournement, qui eussent exigé l'intervention du législateur.

I. Chemins de fer d'intérêt local et tramways. — Les chemins de fer d'intérêt local et les tramways se sont rapidement développés ; l'avenir leur réserve une extension plus grande encore. Déjà le législateur a cru devoir élever le maximum de 400 000 francs que l'article 14 de la loi du 11 juin 1880 avait assigné à la charge annuelle du Trésor pour l'ensemble des chemins de fer d'intérêt local et des tramways à traction mécanique destinés au transport des marchandises en même temps qu'au transport des voyageurs, dans un même département. Ce maximum a été successivement porté à 600 000 francs et à 800.000 francs par deux lois de finances du 30 décembre 1903 (Art. 27) et du 30 janvier 1907 (Art. 98).

Parfois les grandes Compagnies, tenant compte du rôle d'affluents que rempliraient à leur égard les lignes nouvelles, en ont facilité la création par le prêt de leur crédit, par des avances, par une garantie d'intérêt. Tel a été le cas pour un certain nombre de lignes dans la région du Nord et dans la région des Landes.

Au cours des années qui ont suivi immédiatement le vote de la loi du 11 juin 1880, l'inexpérience et les entraînements du début devaient fatalement amener certains départements à accorder des concessions très onéreuses pour leur budget, à admettre dans les contrats des forfaits de construction, à accepter des évaluations de travaux tout à fait excessives, à souscrire des formules défectueuses pour la détermination forfaitaire des frais d'exploitation. Mais, peu à peu, les erreurs sont apparues et les conventions ont pu être améliorées.

Si la lettre de la loi du 11 juin 1880 n'a pas cessé d'être respectée, dans les différentes modalités de ses applications, il en est autrement des intentions qu'avaient expressément manifestées les auteurs de cette loi et dont la pratique s'est progressivement écartée, au moins sur un point essentiel.

Quand le législateur de 1880 a remplacé, pour le concours financier de l'État, le système des subventions en capital par le système des subventions annuelles, son but était de garantir plus efficacement l'exploitation et de laisser à la charge des concessionnaires la totalité ou une part importante des fonds nécessaires au premier établissement. Sans doute, il n'avait pas imposé aux départements le même mode de subsides; le règlement d'administration publique du 20 mars 1882, intervenu pour l'exécution des articles 16 et 39 de la loi, prévoyait, d'une manière explicite, le cas de contributions des localités en capital, en terrains, en travaux ou sous toute autre forme que celle des annuités. Mais les départements paraissaient devoir s'attacher à suivre largement l'exemple de l'État, à ne point participer aux dépenses de construction ou à n'y participer que dans une mesure restreinte.

En fait, l'importance des capitaux à engager, l'impossibilité où étaient la plupart des concessionnaires de les fournir à l'aide de leurs propres ressources ou de les réunir par des souscriptions locales, l'obligation pour eux de recourir à des banquiers prêteurs ou émetteurs, grevaient lourdement les entreprises et pesaient sur l'exploitation. Les conseils généraux jugèrent bon de mettre à profit la supériorité du crédit des départements et de contracter des emprunts directs pour concourir aux dépenses de construction. Rien ne les limitait dans cette voie, car les subventions annuelles du Trésor ne sont pas versées aux concessionnaires, mais vont aux caisses départementales en atténuation des sacrifices locaux. Ils purent ainsi couvrir les trois quarts ou les quatre cinquièmes des frais d'établissement, quelquefois davantage. Le reliquat, apporté par les concessionnaires, ne gardait, d'ailleurs, en général, que le caractère d'un cautionnement, dont les départements servaient l'intérêt et assuraient par des annuités l'amortissement pendant la durée de la concession, ces annuités prenant fin et les sommes non encore amorties ne donnant lieu à aucune restitution dans le cas de déchéance. D'autre part, les concessionnaires assumaient ordinairement les risques de l'exploitation : la présomption de recettes suffisantes pour payer les frais de cette exploitation était regardée comme une condition essentielle de la déclaration d'utilité publique.

Aujourd'hui, les conventions relatives aux chemins de fer d'intérêt local et aux tramways à traction mécanique qui desservent un trafic de marchandises en même temps qu'un trafic de voyageurs gravitent le plus souvent autour d'un type établi sur les bases précédentes et se caractérisent, en outre, par les principaux traits suivants :

Tantôt le département procède lui-même à la construction. Tantôt, et plus fréquemment, il la confie, soit en totalité, soit en majeure partie, au concessionnaire; celui-ci exécute les travaux et fait les fournitures sur une série de prix constituant des forfaits partiels; les dépenses sont alors limitées par un maximum, et le concessionnaire est intéressé aux économies par l'allocation éventuelle de primes.

Les dépenses complémentaires reconnues nécessaires après la mise en exploitation sont à la charge du département, qui les rembourse au moyen d'annuités, comme la part des frais de construction incombant au concessionnaire.

Sur les recettes brutes sont opérés des prélèvements pour la formation d'un fonds de renouvellement ; ce fonds appartient au département en cas de déchéance.

Une formule détermine, en fonction de la recette, et parfois aussi en fonction des éléments du trafic, le chiffre que ne peuvent dépasser les frais d'exploitation admis dans les comptes ; les frais réels sont, s'il y a lieu, majorés d'une prime d'économie.

Quand les recettes n'atteignent pas les dépenses d'exploitation, l'insuffisance est portée à un compte d'attente, bonifié ou non d'intérêts, qui sera couvert par les excédents des années ultérieures. Une fois le compte d'attente éteint, les excédents de recette se distribuent entre le concessionnaire et le département ; le contingent départemental doit, d'ailleurs, être partiellement attribué à l'État.

Ces dispositions comportent des variantes, sur lesquelles il n'y a pas lieu d'insister ici.

Les progrès de l'automobilisme devaient conduire à envisager l'organisation de services publics d'automobiles suppléant les chemins de fer d'intérêt local ou les tramways, lorsque les probabilités de trafic ne justifieraient pas la construction d'une voie ferrée.

Des dispositions insérées aux lois de finances du 13 avril 1898 (Art. 86) et du 26 décembre 1908 (Art. 65) ont autorisé l'allocation de subsides du Trésor pour les services de ce genre qui seraient affectés au transport des marchandises en même temps qu'au transport des voyageurs et auxquels les départements ou les communes intéressés attribueraient des subventions.

Depuis 1882, un certain nombre de propositions d'initiative parlementaire et de projets d'initiative gouvernementale ont été présentés pour la revision de la loi du 11 juin 1880, dans son économie générale ou seulement dans quelques-uns de ses articles essentiels : proposition de MM. Chéneau et Labuze, députés (25 mars 1882) ; projet de M. Yves Guyot (16 février 1892), suivi d'un remarquable rapport de M. Georges Cochery, au nom de la Commission des chemins de fer de la Chambre (29 mars 1893) ; projet de M. Jonnart (27 février 1894) ; proposition de M. Léon Vaché et de plusieurs autres députés (11 décembre 1900) ; proposition de M. Lacombe, député (3 novembre 1905) ; proposition de M. Gauthier, sénateur, ancien ministre des travaux publics (6 juin 1907) ; proposition de M. Sénac, député (23 novembre 1907) ; projet de M. Barthou (18 juin 1908).

Ce dernier projet, comme l'indique son exposé des motifs, tendait moins à modifier profondément le régime des voies ferrées d'intérêt local qu'à sanctionner les pratiques qui s'étaient imposées en dehors du texte de la loi. Dans l'élaboration du nouveau texte, le Gouvernement avait voulu « concilier le souci des finances publiques avec le « désir de faciliter l'initiative des pouvoirs locaux, de simplifier les « procédures, d'écarter les demandeurs indignes et de contribuer au « développement rationnel des voies ferrées ».

Sans s'écarter beaucoup du projet de M. Barthou, la Commission des travaux publics de la Chambre a proposé, par l'organe de M. Lebrun, et l'Assemblée a voté sans débat, le 24 mars 1910, des dispositions quelque peu différentes, dont les plus essentielles se résument ainsi qu'il suit.

Désormais la distinction factice et souvent arbitraire entre les chemins de fer d'intérêt local et les tramways cesserait de subsister. Il n'y aurait plus que des « voies ferrées d'intérêt local ».

L'établissement et l'exploitation seraient assurés directement ou concédés par les départements ou par les communes, suivant que la voie ferrée s'étendrait sur le territoire de plusieurs communes ou ne sortirait pas des limites d'une commune unique. Dans le cas où un département renoncerait à poursuivre l'exécution d'une ligne se développant à travers plusieurs communes, celles-ci auraient la faculté d'y pourvoir par la constitution d'un syndicat, en vertu de la loi du 22 mars 1890. Pour les lignes interdépartementales, l'un des départements pourrait, faute de participation du département voisin, être autorisé à établir hors de son territoire les prolongements nécessaires; un pouvoir analogue serait attribué aux communes, pour les lignes intercommunales.

Une modification convenable de la procédure d'instruction permettrait de ne plus ouvrir d'enquête que sur des projets acceptés en principe par le Gouvernement, non seulement dans leur économie générale, mais encore au point de vue des voies et moyens, ainsi que du concours financier de l'État.

La déclaration d'utilité publique serait prononcée par une loi ou par un décret en Conseil d'État, selon que l'autorité locale ferait ou non appel aux subventions du Trésor.

Bien que la forme des annuités, pour la participation du Trésor, paraisse devoir être longtemps maintenue, l'État aurait le choix entre cette forme et celle d'une allocation en capital. Dans le système de la construction par le département ou la commune et de l'exploitation par le concessionnaire, à ses risques et périls, les subsides en capital ne présenteraient plus les mêmes inconvénients qu'autrefois ; ils procureraient, d'ailleurs, une certaine économie, grâce à la supériorité du crédit de l'État sur le crédit départemental ou communal.

Les subsides annuels de l'État seraient limités à une fraction des charges du capital de premier établissement. Cette fraction varierait avec le chiffre total des subventions accordées au département et avec la valeur du centime par kilomètre carré; elle oscillerait entre les trois quarts et le dixième, les départements pauvres bénéficiant d'un traitement de faveur et la quotité diminuant à mesure que s'élèverait la participation du Trésor pour un même département.

Dans le calcul de la subvention, les dépenses de premier établissement pourraient être augmentées des dépenses complémentaires pendant les dix premières années de l'exploitation ; les autorités locales échapperaient ainsi à la tentation d'exécuter dès le début des travaux susceptibles d'ajournement. Jamais la participation de l'État ne contribuerait à couvrir les insuffisances d'exploitation.

Pendant toute la durée de l'exploitation des lignes subventionnées par l'État, celui-ci aurait droit à une part de l'excédent des recettes sur les dépenses, y compris les charges du capital fourni par le concessionnaire.

Le capital d'établissement, servant de base au calcul de la subvention et de la part du Trésor dans les excédents de recettes, serait déterminé, soit d'après les dépenses effectives résultant des marchés passés avec publicité et concurrence, soit d'après une série de prix annexée à l'acte de concession. Une prime d'économie pourrait être ajoutée aux dépenses, si elles étaient inférieures au maximum prévu.

Deux modes de calcul seraient admis pour les dépenses annuelles d'exploitation : constatation des dépenses réelles dans la limite d'un maximum, avec prime d'économie; application d'une formule tenant compte à la fois des recettes, du nombre des trains et éventuellement de l'importance des transports ainsi que de leur nature.

La convention spécifierait si les charges d'intérêt et d'amortissement des dépenses complémentaires dûment autorisées, mais non incorporées au capital d'établissement, seraient considérées comme comprises dans les dépenses d'exploitation calculées ainsi qu'il vient d'être dit, ou si le concessionnaire pourrait les ajouter à ces dépenses pour la détermination du produit net. Elle pourrait autoriser, pendant une période et dans des limites définies, l'inscription des insuffisances de l'exploitation à un compte d'attente, dont le montant, bonifié d'intérêts simples au taux maximum de 4 0/0, serait couvert au moyen des premiers excédents de recettes avant partage.

Un fonds de réserve devrait être constitué pour les grosses réparations, le renouvellement de la voie et celui du matériel.

La somme engagée par le concessionnaire dans l'entreprise représenterait au moins le cinquième du capital de premier établissement. Il serait loisible au département ou à la commune de s'engager, soit à en servir l'intérêt, soit à la rembourser par des annuités s'échelonnant sur toute la durée de la concession. En cas de déchéance, le paiement des annuités cesserait pour la fraction de l'apport du concessionnaire correspondant au minimum obligatoire.

Aucune émission d'obligations ne serait autorisée pour subvenir, même en partie, au cinquième des dépenses d'établissement ainsi fourni par le concessionnaire. Pour le surplus, la constitution du capital continuerait à être soumise aux règles antérieures.

Un article spécial habiliterait en termes formels les départements et les communes à exploiter directement leurs voies ferrées d'intérêt local.

Actuellement, les voies ferrées établies pour le service public sur les quais des ports maritimes ou des ports de navigation intérieure sont assimilées à des tramways. Dans l'avenir, celles qui constitueraient une annexe des lignes d'intérêt général ou d'intérêt local aboutissant au port suivraient le sort de ces lignes au point de vue de la concession et du régime financier; celles qui resteraient indépendantes seraient déclarées d'utilité publique par décret en Conseil d'État et concédées ou établies par l'État, comme les autres parties de l'outillage du port. Le projet de loi réserve, d'ailleurs, le cas d'établissement des voies ferrées à titre d'embranchements particuliers.

Des dispositions relatives aux conditions du travail et à la retraite du personnel prendraient obligatoirement place dans les conventions ou les cahiers des charges.

Après avoir déposé sur le bureau du Sénat, le 31 janvier 1911, un premier rapport tendant à l'adoption pure et simple du texte voté par la Chambre des députés, M. Bérard en a présenté, le 3 décembre 1912, un second dans lequel il conclut à quelques modifications, pour tenir compte de divers amendements et de propositions nouvelles du Gouvernement.

C'est ainsi que le défaut de décision du Gouvernement, dans un délai de six mois, sur les avant-projets devant lui être soumis avant mise à l'enquête, équivaudrait à une autorisation.

Les communes ne seraient admises à assurer l'exécution de voies ferrées dans les limites de leur territoire que si le département renonçait à poursuivre lui-même cette exécution.

Un barême paraissant plus équitable et ménageant mieux les intérêts des gros départements remplacerait celui qui a été adopté par la Chambre, pour le maximum des subventions de l'État.

Les départements ayant déjà fait des sacrifices pour la construction de lignes ferrées seraient appelés à bénéficier dans une certaine mesure des avantages de la nouvelle loi.

Une disposition additionnelle habiliterait les communes qui auraient assuré l'établissement de leur réseau vicinal subventionné et l'entretien de tous les chemins classés à appliquer partiellement aux dépenses des voies ferrées les ressources créées en vertu de la loi du 21 mai 1836.

Dans un avis rédigé au nom de la Commission des finances et présenté le 7 février 1913, M. Boudenoot a conclu à l'adoption du texte proposé par la Commission des chemins de fer.

Ce texte a été, dans son ensemble et sauf quelques corrections de détail, voté par le Sénat dans sa séance du 25 février 1913.

Le projet, résultant des délibérations de la Haute Assemblée, a fait l'objet à la Chambre des députés d'un rapport déposé le 18 mars 1913 par M. Émile-Favre : ce rapport conclut à l'adoption du texte voté par le Sénat ; il propose, toutefois, l'addition d'un article nouveau spécifiant que les chemins de fer et les tramways exploités par les départements et les communes sont soumis, en ce qui concerne les droits, taxes et contributions de toute nature, au même régime que les chemins de fer concédés de même catégorie [1].

Deux règlements d'administration publique étaient intervenus, l'un le 6 août 1881 pour l'exécution de l'article 38 de la loi du 11 juin 1880 (Établissement et exploitation des voies ferrées sur le sol des voies publiques), l'autre le 20 mars 1882 pour l'exécution des articles 16 et 39 (Conditions financières imposées aux concessionnaires de chemins de fer d'intérêt local et de tramways). Conformément aux prescriptions des articles 2 et 30 de la loi, les cahiers des charges types applicables aux chemins de fer d'intérêt local et aux tramways avaient été approuvés par deux décrets en Conseil d'État du 6 août 1881.

Le règlement d'administration publique du 6 août 1881, après avoir subi plusieurs retouches, a fait place à un règlement nouveau du 16 juillet 1907, légèrement modifié le 7 juillet 1910.

Des remaniements apportés aux cahiers des charges types ont reçu la sanction d'un décret en Conseil d'État du 16 juillet 1907.

Parmi les applications les plus intéressantes de la législation sur les voies ferrées d'intérêt local, l'établissement des lignes métropolitaines de Paris mérite une mention spéciale.

(1) Le projet de loi, qui vient d'être analysé, a été définitivement adopté par le Parlement et est devenu la loi du 31 juillet 1913 (Note de l'éditeur).

Depuis longtemps, l'extension de la capitale, l'intensité croissante de la circulation urbaine, l'augmentation continue des agglomérations de la banlieue, le besoin sans cesse plus grand de transports rapides, le désir de désencombrer les quartiers du centre, la légitime préoccupation de faciliter pour la population ouvrière l'habitation vers la périphérie où elle pouvait trouver plus d'espace et des conditions hygiéniques meilleures, tout concourait à orienter l'opinion publique vers la création d'un réseau métropolitain.

A un autre point de vue, l'éloignement de la plupart des gares parisiennes et le défaut de communications entre elles par voie de fer ou, du moins, l'insuffisance de ces communications avaient suscité l'étude de pénétrations des grandes lignes et de jonctions *intra muros*.

Le Gouvernement rechercha des combinaisons satisfaisant, à la fois, aux nécessités de la circulation urbaine ainsi qu'à celles de la pénétration et de la jonction des grands réseaux. Il ne pouvait être question, à cet effet, que de chemins de fer d'intérêt général.

Divers projets de lois furent soumis aux Chambres, mais devinrent caducs ou échouèrent (projet de M. Demôle, 30 juin 1885; projets de M. Baïhaut, 3 avril et 14 octobre 1886). Un autre projet spécial et restreint de M. Jonnart (3 mars 1894) ne reçut pas de suite.

Il apparut alors que les deux genres de services, dont la réunion avait été poursuivie, gagneraient à être séparés, qu'un instrument unique les desservirait mal l'un et l'autre, que le mieux serait d'avoir deux groupes de lignes, affectées respectivement à la circulation urbaine et à la circulation générale. Le premier groupe serait du domaine municipal, tandis que le second resterait dans le domaine national.

L'Exposition universelle de 1900 approchait ; une énorme affluence de visiteurs était escomptée à juste titre; le Commissariat général réclamait instamment l'amélioration des moyens de transport. Ce fut la circonstance déterminante qui mit un terme à l'ère des tâtonnements et des hésitations.

En 1895, le Gouvernement admit le principe de la concession par la ville de Paris d'un réseau d'intérêt local. Une loi du 30 mars 1898 déclara d'utilité publique les lignes les plus urgentes et approuva la convention passée par le préfet de la Seine avec la Compagnie générale de traction, à laquelle devait bientôt se substituer la Compagnie du chemin de fer métropolitain de Paris. Aux termes du contrat, la Ville exécutait l'infrastructure ; le concessionnaire prenait à sa charge les autres dépenses d'établissement et assurait l'exploitation sans garantie d'intérêt; un prélèvement était opéré sur le prix des billets au profit du budget municipal. La loi fixait à $1^{m},44$ l'écartement des rails, afin de permettre le passage des véhicules du Métropolitain sur le chemin de fer de Ceinture, si l'utilité venait à en être reconnue; tout en élargissant le gabarit prévu, elle le maintenait dans des limites interdisant l'accès du matériel des grands réseaux : une disposition expresse portait que la construction du Métropolitain devrait laisser réalisables les pénétrations de ces réseaux et leurs raccordements dans Paris. Des lois postérieures du 22 avril 1902, du 6 avril 1903, du 26 février 1907 et du 30 mars 1910 sanctionnèrent de nouvelles concessions accordées à la même Compagnie.

Une seconde société, celle du chemin de fer Nord-Sud de Paris, s'est rendue concessionnaire de la ligne Montmartre-Montparnasse et de ses prolongements (Loi du 3 avril 1905 et lois complémentaires diverses). A la différence de la première, elle a assumé intégralement les charges de la construction. La Ville bénéficie encore d'un prélèvement sur le prix des billets; mais sa part est naturellement inférieure à celle que lui verse la première Compagnie.

Les voies ferrées ainsi établies sont à traction électrique; elles transportent exclusivement les voyageurs et leurs bagages à main. Une très grande partie du tracé est en souterrain; le système aérien, qui avait de chauds partisans et qui, à certains égards, eût offert des avantages incontestables, aurait exigé de larges percées et des dépenses exorbitantes. Les traversées de la Seine et les travaux dans un sous-sol déjà encombré constituent une œuvre absolument remarquable, honorant tous ceux qui y ont participé et faisant époque dans l'art de l'ingénieur.

J. Lois et décrets divers. — Si bref que soit cet historique, plusieurs actes législatifs ou réglementaires d'un caractère général et d'une réelle importance doivent encore y être signalés [1].

1. *Contrôle de la gestion financière des Compagnies.* — Les conventions de 1883 avaient étroitement resserré les liens financiers entre l'État et les grandes Compagnies. Celles-ci exécutaient des travaux considérables, soit en paiement de leur dette, soit contre remboursement par annuités, et faisaient de véritables dépenses publiques, atteignant des chiffres fort élevés et néanmoins soustraites aux dispositions tutélaires qui régissent les dépenses de cette nature. Un contrôle spécial s'imposait ; il fut organisé par étapes.

Tout d'abord, la loi de finances du 26 janvier 1892 (art. 76) ordonna la présentation annuelle, par le Ministre des travaux publics, d'un

(1) Les lois sont rappelées, d'après leur objet, dans l'ordre qui a été adopté pour le plan de l'ouvrage.

compte des opérations se rattachant à l'exécution des conventions de 1883. Il n'y avait là qu'une première mesure, dont M. Boulanger, rapporteur au Sénat, déclarait se contenter provisoirement, mais en indiquant la nécessité de recourir à la juridiction de la Cour des Comptes.

Peu après, le 11 avril 1892, M. Baïhaut déposait sur le bureau de la Chambre des députés une proposition qui tendait à entourer de garanties plus complètes la gestion budgétaire des Compagnies. Cette proposition n'eut pas de suite.

La loi de finances du 13 avril 1898 (art. 105) décida que les comptes d'établissement et d'exploitation des Compagnies de chemins de fer et de tramways, bénéficiant d'une garantie d'intérêt du Trésor, seraient, après règlement par le Ministre des travaux publics, soumis à la Commission d'examen des comptes ministériels, puis annexés, avec les rapports de la Commission, au compte général dont les Chambres devaient être saisies en vertu de la loi du 26 janvier 1892.

Bientôt, la loi de finances du 30 mai 1899 (art. 37 à 40) reprenait les dispositions des lois de 1892 et de 1898, les précisait, les développait, et surtout instituait un comptable d'ordre, dans le but de remettre à la Cour des comptes un résumé annuel des opérations faites par les six grandes Compagnies pour la construction de lignes aux frais de l'État, en exécution des conventions de 1883.

Un décret du 20 juin 1899 régla les détails de l'organisme nouveau ainsi créé.

2. *Impôts sur les transports.* — Avant 1870, les transports en grande vitesse sur les chemins de fer étaient assujettis, conformément aux lois du 6 prairial an VII, du 25 mars 1817 et du 14 juillet 1855, à un impôt d'un dixième, augmenté de deux décimes, soit 12 p. 100 du prix appartenant au concessionnaire. La nécessité de faire face aux charges écrasantes nées de la guerre franco-allemande conduisit le législateur à frapper ces transports, par la loi du 16 septembre 1871, d'une surtaxe de 10 p. 100 applicable, non seulement au principal, mais encore aux impôts antérieurs. Ainsi l'impôt total passait de 12 p. 100 à 23,2 p. 100.

Il y avait là un fardeau excessif, une entrave certaine pour le développement de la circulation des hommes et des choses, pour l'essor de notre production et de notre commerce, pour l'accroissement de la richesse publique. La surtaxe ne pouvait exister qu'à titre d'expédient temporaire, et l'opinion était unanime à en demander la suppression dès que l'horizon financier serait moins sombre.

En 1883, le Gouvernement et les grandes Compagnies introduisirent dans les conventions un article aux termes duquel les taxes de transport des voyageurs à plein tarif (impôts non compris) devaient subir une réduction de 10 p. 100 pour la deuxième classe et de 20 p. 100 pour la troisième classe, si l'État renonçait à l'impôt additionnel de 1871.

La loi du 26 janvier 1892, portant fixation du budget général des dépenses et des recettes de l'exercice 1892, put enfin, grâce à l'amélioration de l'état des finances nationales et aux ressources attendues du nouveau tarif douanier, réaliser la réforme si vivement et depuis si longtemps attendue. Elle faisait disparaître la surtaxe de 10 p. 100 pour les voyageurs, les excédents de bagages, les finances, les chiens, et, allant au delà des espérances premières, dégrevait de tout impôt proportionnel les messageries, denrées et bestiaux.

De leur côté, les Compagnies tenaient plus qu'elles n'avaient promis. En ce qui concerne les voyageurs, aux réductions stipulées par les conventions de 1883 pour les billets à plein tarif s'ajoutaient des diminutions sensibles pour les billets d'aller et retour, dont les porteurs bénéficiaient respectivement d'une remise de 25,20 et 20 p. 100 par rapport au double du prix, net d'impôt, des billets simples, ou de 25, 28 et 36 p. 100 par rapport au double du tarif légal de ces billets, suivant qu'ils voyageaient en première, en deuxième ou en troisième classe. Les messageries et denrées profitaient aussi d'abaissements très appréciables. C'était presque une révolution dans le régime des transports en grande vitesse.

Outre les modifications capitales précédemment rappelées, la loi du 26 janvier 1892 en édictait d'autres de moindre importance. Elle fixait notamment à 3 p. 100 l'impôt proportionnel sur le prix des places de voyageurs et des transports de bagages en grande vitesse, pour les chemins de fer d'intérêt local et les tramways à traction mécanique.

Les chemins de fer d'intérêt général, dont l'exploitation ne s'étendait pas à une longueur de plus de 10 kilomètres et qui avaient été concédés avant la loi du 12 juillet 1865 sur les chemins de fer d'intérêt local, furent assimilés à ces derniers par la loi de finances du 16 avril 1895.

A la législation des impôts frappant les transports sur rails se rattachent diverses autres lois qu'il suffit de mentionner : loi du 27 décembre 1892 (timbre des lettres de voiture internationales créées en vertu de la convention de Berne); loi du 28 avril 1893, art. 38 (timbre des récépissés délivrés par les Compagnies de tramways); loi du 29 mars 1897, art. 5 (timbre des cartes et permis de circulation); loi du 17 avril 1906, art. 14 (application de l'impôt du dixième aux recettes effectuées à titre d'enregistrement de bagages); loi du 26 décembre 1908, art. 10 (timbre des colis agricoles).

Le droit fixe perçu pour le timbre des récépissés de petite vitesse avait été transformé en un droit progressif par la loi de finances du 17 juillet 1889. Mais les dispositions nouvelles entraînaient une perte notable pour le Trésor; elles furent abrogées le 26 décembre de la même année. Depuis, plusieurs projets ou propositions de loi, tendant à remanier l'assiette du droit, ont été présentés sans succès.

3. *Clôtures des chemins de fer.* — Une loi du 27 décembre 1880 avait, par dérogation à l'article 4 de la loi du 15 juillet 1845, autorisé le Ministre des travaux publics à dispenser de poser des clôtures fixes le long des voies ferrées et des barrières mobiles à la traversée des routes de terre, sur tout ou partie des chemins de fer d'intérêt général en construction ou à construire et des lignes d'intérêt local qui avaient été ou seraient ultérieurement incorporées au réseau d'intérêt général. Il appartenait au Ministre de juger si la mesure ne pouvait compromettre ni la sûreté de l'exploitation ni la sécurité du public. La dispense avait un caractère provisoire et le Ministre conservait le droit d'y mettre fin.

Des applications nombreuses de la loi du 27 décembre 1880 ayant été faites sans inconvénient, la faculté de dispense fut étendue par une loi du 26 mars 1897 au maintien des clôtures préexistantes; le Ministre avait désormais le droit d'user de cette faculté pour tous les chemins de fer d'intérêt général, quelle que fût l'époque de leur construction. Étaient toutefois exclues les lignes ou sections sur lesquelles circulaient plus de trois trains en une heure et certaines zones dangereuses (traversée des lieux habités, abords des passages à niveau et des stations, etc.). Conformément à l'avis du Conseil d'État, la loi subordonnait les dispenses à une instruction préalable, dont elle réglait la nature et les formes générales.

4. *Conditions du travail des agents.* — Les questions concernant le travail et la rémunération du personnel ont tenu une large place dans les préoccupations des Chambres. J'aurai l'occasion d'y insister plus loin, quand nous passerons en revue les projets ou propositions n'ayant pas reçu la consécration de la loi, ainsi que certains débats législatifs importants. Il suffit de signaler ici l'article 126 de la loi de finances du 8 avril 1910, qui vise plus particulièrement les chemins de fer secondaires d'intérêt général, les chemins de fer d'intérêt local et les tramways, et aux termes duquel les conventions ou cahiers des charges annexés aux actes déclaratifs d'utilité publique des voies ferrées devront, à l'avenir, comprendre des dispositions relatives aux conditions du travail et à la retraite du personnel.

5. *Rapports des agents avec les Compagnies.* — Saisie de diverses propositions qui tendaient à consolider la situation du personnel des chemins de fer dans ses rapports avec les Compagnies, la Chambre avait voté, en 1882, un texte dont j'ai précédemment indiqué les traits essentiels. Transmis au Sénat, ce texte y suscita des discussions longues et approfondies, auxquelles MM. Cuvinot (rapporteur), Buffet, Clamageran, Hippolyte Maze, Tolain, Trarieux, etc., prirent une part active. Deux grandes écoles étaient en présence : l'une, soutenant la légitimité d'une protection spéciale pour les agents des chemins de fer et justifiant cette protection par le caractère public et monopolisé de leur service, par les intérêts supérieurs de la sécurité et de la régularité de l'exploitation, par les pouvoirs d'intervention que l'État tenait de la législation sur les voies ferrées ; l'autre, hostile à tout régime d'exception, y voyant une atteinte à la liberté des Compagnies, une violation des contrats et un danger pour la discipline. Cependant, même parmi les membres de la Haute Assemblée qui relevaient de la deuxième école, beaucoup se préoccupaient, à juste titre, de la condition particulière faite aux agents par les institutions de retraite. La crainte de perdre le bénéfice des retenues opérées sur les émoluments au profit de ces institutions ou, tout au moins, celui de l'apport des Compagnies n'était-elle pas, en effet, de nature à entraver l'indépendance du personnel ?

A la suite de débats poursuivis pendant plusieurs années, après des renvois successifs d'une Chambre à l'autre, un compromis intervint et se traduisit par la loi du 27 décembre 1890 « sur le contrat de louage et sur les rapports des agents des chemins de fer avec les Compagnies ». Cette loi comprenait deux articles, le premier d'ordre général, le second applicable seulement aux voies ferrées.

La disposition d'ordre général consistait dans une addition à l'article 1780 du Code civil, qui interdit d'engager des services autrement qu'à temps ou pour une entreprise déterminée. Elle reconnaissait expressément à chacune des parties contractantes la faculté permanente de mettre fin au louage de services sans détermination de durée, mais prévoyait l'allocation éventuelle de dommages-intérêts pour la résiliation du contrat par la volonté d'un seul des contractants. Dans la fixation de l'indemnité, il devait être tenu compte des usages, de la nature des services engagés, du temps écoulé, des retenues opérées et des recouvrements effectués en vue d'une pension de retraite, etc. Les parties ne pouvaient renoncer, à l'avance, au droit de réclamer des dommages-intérêts. Enfin, la loi décidait que les contestations portées devant les tribunaux civils et devant les cours d'appel seraient instruites comme affaires sommaires et jugées d'urgence.

Quant à la disposition spéciale aux voies ferrées, elle obligeait les Compagnies et Administrations de chemins de fer à demander, dans le délai d'un an, l'homologation ministérielle des statuts et règlements de leurs caisses de retraites et de secours.

Aucune sanction n'assurait l'efficacité de la prérogative attribuée au Ministre des travaux publics pour cette homologation. Une loi du 10 avril 1902, due à l'initiative de M. Raiberti, député, y a pourvu en décidant que, dans le cas de désaccord avec la Compagnie, le gouvernement statuerait par décret sur avis conforme du Conseil d'État.

6. *Conditions de retraite du personnel des grands réseaux.* — Tout en adoptant le texte de la loi du 27 décembre 1890, une fraction de la Chambre des députés avait manifesté l'intention de reprendre certaines dispositions des projets antérieurs qui en étaient écartées.

Parmi les nombreuses propositions soumises au Parlement, il en est une qui doit être plus particulièrement rappelée : celle de M. Descubes et de plusieurs autres députés « sur la sécurité publique dans « les exploitations de chemins de fer et sur la situation des mécani- « ciens et chauffeurs dans ces industries » (28 juillet 1894). Elle fut, en quelque sorte, le germe d'où sortit la loi des retraites votée en 1909 (1).

La proposition de M. Descubes avait trait à certaines questions de signaux (questions qui furent presque immédiatement éliminées), au travail des mécaniciens et des chauffeurs, à leurs congés, aux règles de leur admission à la retraite, à leur régime disciplinaire.

Trois ans plus tard, le 26 novembre 1897, M. Turrel, ministre des travaux publics, déposait un projet de loi contenu dans le même cadre. Ce projet fut aussitôt suivi d'une proposition de MM. Berteaux, Jaurès et Rabier (30 novembre 1897), concernant aussi la durée du travail, les congés, la retraite, les peines disciplinaires, mais visant, dans l'une de ses parties, tous les agents des trains et, dans l'autre, l'ensemble du personnel des chemins de fer.

Malgré son ampleur et ses conséquences financières, malgré les objections du Gouvernement et de la Commission, le contre-projet recueillit les suffrages de la Chambre, qui se borna à y apporter de légères modifications; il devint, dès lors, le pivot des études et des débats dans les deux assemblées. Le Sénat, dont le rapporteur était M. Godin, disjoignit d'abord les articles relatifs aux pensions de retraite, afin d'en rechercher attentivement l'incidence sur le budget des chemins de fer, et donna la priorité à la réglementation du travail. Par un nouveau vote, la Chambre affirma sa fidélité au contre-

(1) On peut consulter, comme précédents, les propositions de MM. Delattre, de Janzé et autres sur la sécurité publique, dont la dernière en date du 16 janvier 1886.

projet Berteaux. Diverses propositions surgirent ensuite devant le Sénat : contre-projet de M. Waldeck-Rousseau ; projet transactionnel préparé par la commission d'entente des syndicats d'employés et d'ouvriers de chemins de fer; contre-projet de M. Strauss; projet de M. Gauthier, ministre des travaux publics; projets successifs de M. Barthou, ministre des travaux publics, et de M. Caillaux, ministre des finances. Les derniers projets se limitaient aux conditions de retraite : pour la réglementation du travail, des arrêtés ministériels dus à M. Baudin et à M. Barthou avaient assuré de larges satisfactions au personnel. Finalement, éclairé par un savant rapport de M. Strauss, qui venait de remplacer M. Godin, et par l'avis de M. Poincaré, rapporteur général de la Commission des finances, le Sénat vota, après une très remarquable discussion, un texte restreint aux pensions de retraite, s'appliquant à tout le personnel des grands réseaux, entrant ainsi dans les vues de la proposition Berteaux, mais ramenant les sacrifices financiers à un chiffre acceptable. M. Poincaré avait fait des réserves personnelles, touchant le principe d'une législation exceptionnelle pour les chemins de fer, la modification, par la seule volonté du prince, des rapports juridiques entre le pouvoir concédant et le concessionnaire, la surcharge ajoutée au lourd fardeau budgétaire, les répercussions à craindre dans l'avenir. A l'occasion d'un amendement présenté, puis retiré par M. Touron, un débat fort intéressant s'était élevé sur l'éventualité de grèves parmi les agents. La Chambre se rallia aux décisions de la Haute Assemblée, non sans que M. Berteaux annonçât le dépôt immédiat d'une proposition plus favorable au personnel.

La loi du 21 juillet 1909, sortie des délibérations prolongées de la Chambre et du Sénat, imposait aux grandes Compagnies et à l'Administration des chemins de fer de l'État l'obligation de reviser leurs règlements de retraites, pour satisfaire à ses prescriptions et pour assurer à tous les agents, employés et ouvriers de l'un ou l'autre sexe les droits et avantages minima qui y étaient spécifiés. Elle déterminait : les conditions du droit à une pension normale, à une pension immédiate d'invalidité, à une pension différée ; les bases de la liquidation ; les remboursements et indemnités, auxquels pourraient prétendre les agents, employés et ouvriers quittant le service sans avoir droit à pension ; le délai maximum à l'expiration duquel aurait lieu l'affiliation au régime des retraites, après l'entrée en service continu ; les règles de réversibilité au profit des veuves ou des orphelins ; les retenues à opérer sur les traitements ou salaires ; etc. Une disposition expresse spécifiait le cumul des pensions avec les rentes-accidents dues par application de la loi du 9 avril 1898 et des lois subséquentes. La faculté d'option entre le régime antérieur et le régime nouveau était ouverte aux agents déjà affiliés à un règlement de retraites. Pour chacune des caisses, la situation financière et le bilan devaient être soumis périodiquement à l'approbation du Ministre des travaux publics, investi du pouvoir d'ordonner, le cas échéant, d'accord avec le Ministre des finances, les mesures nécessaires à la péréquation de l'actif et du passif. Un délai était imparti aux administrations de chemins de fer pour présenter leurs nouveaux règlements à l'homologation ministérielle, dans les conditions prévues par les lois du 27 décembre 1890 et du 10 avril 1902. Des représentants élus du personnel faisaient nécessairement partie des commissions de réforme.

Sans aborder l'analyse détaillée de la loi de 1909, je me borne à indiquer que le droit à la pension normale de retraite s'acquérait par 25 années d'affiliation et par 50 ans d'âge pour les mécaniciens et chauffeurs, 55 ans pour les autres agents du service actif, 60 ans pour les employés de bureau qui n'avaient pas passé quinze années dans le service actif, ces derniers pouvant toutefois obtenir la retraite à partir de 55 ans, si la commission de réforme les reconnaissait hors d'état de continuer leurs fonctions. L'origine du temps d'affiliation exigé pour l'ouverture du droit aux pensions à jouissance immédiate ou différée était virtuellement reportée à la fin de la première année de service continu, en ce qui concernait : 1° les agents non encore affiliés à un régime de retraites, comptant plus d'une année de service au 1er janvier 1911 ; 2° les agents déjà affiliés à cette date, mais commissionnés plus d'un an après leur entrée au service et optant pour le nouveau régime.

Comme il l'avait annoncé, lors du vote définitif de la loi par la Chambre, M. Berteaux déposa, dès le 13 juillet 1909, de concert avec MM. Rabier, Jaurès, etc., une proposition tendant à édicter des règles beaucoup plus larges pour le personnel et, notamment, à fixer une limite d'âge uniforme de cinquante ans.

Des divergences d'interprétation ne tardèrent pas à naître sur l'article 9 de la loi du 20 juillet 1909. Cet article manquait, en effet, de limpidité ; néanmoins, l'intention du législateur apparaissait nettement, surtout à la lumière des documents et des débats parlementaires. Quoi qu'il en soit, deux questions étaient soulevées. La pension des agents, employés et ouvriers déjà affiliés à un règlement de retraites, qui réclameraient le bénéfice du nouveau régime, serait-elle déterminée intégralement sur les bases de ce régime ou, au contraire, se composerait-elle de deux éléments, l'un correspondant aux services antérieurs et calculé d'après les règles anciennes, l'autre correspondant aux seuls services postérieurs et calculé d'après les règles nouvelles ? Dans le même ordre d'idées, les ouvriers qui précédemment n'acquéraient pas de droits à la retraite se verraient-ils attribuer une pension conforme aux règles nouvelles et tenant compte de tous leurs services antérieurs et postérieurs ou uniquement de ces derniers? MM. Berteaux, Rabier, Jaurès et un grand nombre de leurs collègues présentèrent à la Chambre et firent adopter, le 21 mars 1910, un projet de résolution invitant le Gouvernement à assurer aux intéressés le bénéfice de la rétroactivité, c'est-à-dire à appliquer l'interprétation la plus favorable au personnel. Vainement, M. Millerand, ministre des travaux publics, avait combattu avec beaucoup de force la proposition, tout en reconnaissant que des dispositions transitoires pouvaient s'imposer, spécialement pour les ouvriers jusqu'alors exclus de l'affiliation aux caisses de retraites.

Peu après, intervint la loi du 5 avril 1910 sur les retraites ouvrières et paysannes. Aux termes de cette loi (Art. 10), les agents, employés et ouvriers des grandes Compagnies de chemins de fer d'intérêt général et de l'Administration des chemins de fer de l'État demeuraient soumis à la législation particulière qui les régissait, législation d'une manière générale beaucoup plus avantageuse. L'exclusion ainsi prononcée pouvait, si la loi du 21 juillet 1909 recevait une application littérale et rigoureuse, placer dans une situation défavorable les vieux agents et ouvriers précédemment écartés de toute participation aux institutions de retraites des Compagnies ou tardivement affiliés.

La question de rétroactivité du régime institué par la loi du 21 juillet 1909 fut de nouveau portée, à différentes reprises, devant la Chambre, soit isolément, soit avec d'autres questions relatives aux retraites du personnel des chemins de fer. Il y a lieu de citer, notamment, une proposition de MM. Pourquery de Boisserin et Lacour, en date du 14 juin 1910.

Si la rétroactivité complète se heurtait contre des obstacles insurmontables, ne fût-ce qu'au point de vue des charges financières dont la valeur actuelle en capital avait été évaluée à 650 ou 700 millions, des mesures transitoires paraissaient du moins indispensables pour ne pas créer des inégalités trop choquantes entre les divers agents et pour ne laisser aucun d'eux dans une position misérable. Les dispositions voulues auraient pu être inscrites aux règlements élaborés en exécution de la loi du 21 juillet 1909; mais les Compagnies n'étaient entrées que très partiellement et très timidement dans cette voie. Aussi le Gouvernement déposa-t-il, le 22 décembre 1910, sur le bureau de la Chambre des députés, un projet de loi destiné à y pourvoir et dont voici les traits essentiels, d'après le texte légèrement modifié d'accord avec les Commissions des travaux publics et du budget. Désormais, les services antérieurs au 1er janvier 1911 devaient être compris dans le calcul des pensions de tous les agents sans distinction. Pour chacune des années ainsi comptées à partir du terme de la première année d'emploi continu, l'allocation minimum était fixée aux fractions suivantes du traitement ou salaire moyen des six années les plus productives : période de non-affiliation à un règlement de retraites, 1/80 (correspondant à la part contributive moyenne des Compagnies dans la constitution des retraites avant 1911) ; période d'affiliation, 1/60 (chiffre moyen des divers régimes des retraites précédemment en vigueur). Des supputations aussi précises que possible conduisaient à une estimation de 177 millions pour la valeur actuelle en capital des charges supplémentaires que les administrations de chemins de fer auraient à supporter et qui se répercuteraient inévitablement sur le budget par le jeu des conventions financières relatives à la garantie d'intérêt, au remboursement des avances de l'État et au partage des bénéfices. Sauf dispense par décisions du Ministre des travaux publics et du Ministre des finances, les fonds nécessaires ne pouvaient être réalisés qu'au moyen d'émissions successives d'obligations, amortissables, pour les Compagnies, pendant la durée des concessions et, pour l'Administration des chemins de fer de l'État, dans un délai de cinquante ans. L'exposé des motifs indiquait que le capital constitutif des rentes complémentaires accordées en vertu de la loi nouvelle serait versé lors de chaque liquidation ; cependant, comme il fallait prévoir le rachat, le projet donnait à l'État le pouvoir d'exiger des versements anticipés, de manière à constituer les réserves mathématiques, non seulement pour les pensions acquises, mais encore, dans la mesure des services faits, pour les pensions en cours d'acquisition. Enfin, le projet de loi prescrivait la présentation, par les administrations de chemins de fer, de nouveaux règlements, sur lesquels il serait statué conformément à la loi du 27 décembre 1890 et à celle du 10 avril 1902.

La Commission des travaux publics, par l'organe de M. Lebrun, et la Commission du budget, par l'organe de M. Chéron, émirent un avis favorable aux propositions du Gouvernement. Pendant le cours des débats, plusieurs orateurs, MM. Paul Beauregard, Sibille, Théodore Reinach, Jules Roche, élevèrent des objections, non contre l'amélioration du sort des agents, mais contre les nouvelles charges extra-contractuelles imposées aux Compagnies, alors surtout que ces charges présentaient un caractère rétroactif. Les opposants signalaient la dépréciation inquiétante des titres de chemins de fer, aujourd'hui disséminés entre tant de mains, et rappelaient les requêtes déjà introduites par les Compagnies devant le Conseil de préfecture, à fin de remboursement des charges résultant de la loi du 21 juillet 1909 (1) ;

(1) Charges évaluées à 25 ou 30 millions par an et devant être augmentées de 9 ou 10 millions par le projet de 1910.

ils combattaient le principe d'emprunts affectés à des frais de personnel, critiquaient le pouvoir arbitraire conféré au Gouvernement pour les émissions et envisageaient différentes combinaisons consistant, soit à mettre les dépenses au compte de l'État, soit à négocier un partage avec les Compagnies, soit à autoriser, en compensation, la création de surtaxes ou des relèvements de tarifs. MM. Lebrun et Chéron, puis les Ministres des travaux publics et des finances, répondirent en affirmant le droit de l'État, en faisant valoir que la sécurité publique était directement intéressée au bon recrutement du personnel et à l'institution d'un régime qui ne retînt pas des agents affaiblis, en invoquant le précédent de la loi sur les retraites des ouvriers mineurs, celui de la loi du 10 avril 1902, la modicité du sacrifice demandé aux Compagnies par rapport aux accroissements de recettes. Le projet fut voté le 20 mars, après le rejet ou le retrait de quelques amendements.

Devant le Sénat, M. Strauss, au nom de la Commission spéciale, rédigea un rapport tendant à sanctionner les dispositions adoptées par la Chambre ; M. Aimond, au nom de la Commission des finances, formula un avis par lequel il appelait l'attention de l'Assemblée sur des difficultés d'interprétation, sur les inégalités que laissait subsister le projet, sur le fardeau dont les finances publiques pourraient avoir à porter le poids dans la double hypothèse du succès ou de l'échec d'un recours des Compagnies. La délibération n'occupa pas moins de six séances, du 30 novembre au 22 décembre 1911. Après une protestation de M. de Lamarzelle contre les atteintes successives portées aux contrats de concession, le Sénat entendit la défense du texte de la Chambre par M. Strauss et par M. Augagneur, ministre des travaux publics, ainsi que la critique de ce texte par M. Aimond et par M. Touron. Finalement, il vota le projet, mais avec divers amendements. De ces amendements, le plus important, dû à M. Touron, remplaçait, pour la part de pension afférente aux services antérieurs à 1911, l'application séparée des deux minima à chacune des périodes de non-affiliation et d'affiliation par l'application globale de la somme des minima à l'ensemble des deux périodes ; l'économie correspondante pouvait être évaluée à 39 millions. Toutefois, conformément à une proposition de M. Honoré Leygue, le bénéfice de l'application séparée des deux minima restait acquis aux agents et ouvriers dont le traitement ou salaire moyen, défini à la loi du 21 juillet 1909, ne dépassait pas 1.500 francs. Un autre amendement, adopté sur l'initiative de M. Aimond, avait pour objet de spécifier, comme l'avait d'ailleurs fait le Gouvernement dans sa rédaction primitive, que les charges effectives des emprunts destinés à fournir les fonds nécessaires seraient prélevées sur le produit net du compte unique d'exploitation.

La Chambre se rallia, le 27 décembre, au texte ainsi amendé, qui devint la loi du 28 décembre 1911.

7. *Conditions de retraite du personnel des chemins de fer secondaires d'intérêt général, des chemins de fer d'intérêt local et des tramways.* — Dans sa forme définitive, la loi du 21 juillet 1909 sur la retraite du personnel des chemins de fer s'appliquait exclusivement aux grands réseaux. Les Compagnies secondaires d'intérêt général avaient été laissées de côté pour deux motifs principaux : elles possédaient déjà des institutions de retraite qui les obligeaient à des sacrifices en rapport avec leurs ressources et n'auraient pu supporter la surcharge de la loi nouvelle sans plier sous le fardeau et sans faire à la garantie des appels excessifs ; d'autre part, elles étaient en même temps concessionnaires de voies ferrées d'intérêt local qui devaient inévitablement suivre le sort de leurs lignes d'intérêt général, et, dès lors, les Compagnies spéciales d'intérêt local eussent été, par contre-coup, entraînées toutes à subir les mêmes charges.

Cependant, des interventions parlementaires s'étaient déjà produites à diverses reprises et allaient se renouveler, dans le but, soit de provoquer une assimilation complète du personnel des voies ferrées secondaires d'intérêt général ou local avec le personnel des grands réseaux, soit, au moins, de rendre obligatoires en sa faveur les institutions de retraites et de lui assurer des pensions convenables. Parmi les manifestations de cet ordre, il y a lieu de citer : le dépôt à la Chambre, par MM. Engerand et Ernest Flandin, d'un projet de résolution du 13 juin 1905; celui de plusieurs propositions similaires des mêmes députés, en 1909 ; la présentation par MM. Berteaux, Rabier, Jaurès, etc., de la proposition précitée du 13 juillet 1909 ; une interpellation de M. Engerand, qui fut développée le 27 janvier 1910 et aboutit au vote d'un ordre du jour tendant à faire bénéficier dans la plus large mesure possible tout le personnel des chemins de fer et tramways du régime adopté pour les grands réseaux ; les conclusions d'un rapport présenté à la Chambre, le 24 février 1910, par M. Rabier, au nom de la Commission des travaux publics.

Il était impossible de méconnaître les titres du personnel des voies ferrées secondaires à la sollicitude des Pouvoirs publics. La loi en préparation sur les retraites ouvrières devait bientôt, à la vérité, intervenir et améliorer la condition de ce personnel ; elle ne lui promettait, néanmoins, qu'une mince satisfaction et le laissait dans une situation d'extrême infériorité vis-à-vis des agents attachés aux grands réseaux et appelés à profiter de la loi du 21 juillet 1909. En l'état, d'ailleurs, le Gouvernement se trouvait désarmé ; car la loi du 27 décembre 1890, que certains membres du Parlement le pressaient d'appliquer, ne l'investissait d'aucun droit de coercition. Mais comment créer un nouveau régime légal adapté au défaut d'élasticité de la situation financière des petites Compagnies? Comment respecter les prérogatives des départements et des communes, dont les exploitants tenaient leur concession pour les chemins de fer d'intérêt local et pour la plupart des tramways? Comment ne pas grever à l'excès les budgets locaux? Des difficultés multiples rendaient singulièrement laborieuse la recherche d'une solution acceptable.

Quoi qu'il en soit, la question fut résolue de la manière suivante par la loi du 5 avril 1910, relative aux retraites ouvrières et paysannes, et par la loi de finances du 8 avril 1910.

Après avoir spécifié à l'article 10 de la loi du 5 avril 1910 que les agents, employés et ouvriers des grands réseaux resteraient soumis à la législation spéciale qui les régit, les Chambres ont ajouté, sur l'initiative de MM. les sénateurs Boudenoot et Strauss : « Il en sera de « même des agents, employés et ouvriers des chemins de fer d'intérêt « général secondaires, des chemins de fer d'intérêt local et des « tramways. Toutefois, si les dispositions établies en leur faveur par « les exploitants dans les conventions passées, s'il y a lieu, entre ces « derniers, les départements ou les communes intéressés, sous l'ap- « probation des Ministres des travaux publics et de l'intérieur donnée « après avis du Ministre du travail, ne devaient pas leur assurer une « retraite au moins égale à celle résultant de la présente loi, celle-ci « leur serait applicable dans les conditions qui seront fixées par un « arrêté concerté entre le Ministre des finances, le Ministre des tra- « vaux publics et le Ministre du travail. »

D'autre part, la loi de finances du 8 avril 1910 contient un article 126 ci-après reproduit, dont le texte est également dû à MM. Boudenoot et Strauss : « Dans le délai de dix-huit mois, les Compagnies et admi- « nistrations de chemins de fer d'intérêt général secondaires, d'in « térêt local et de tramways devront soumettre, après entente, s'il y « a lieu, avec les départements ou les communes intéressés, à l'homo- « logation ministérielle les statuts et règlements de caisses de re- « traites. Dans le cas où l'homologation n'est accordée que sous « réserve de certaines modifications ou additions, il sera statué par « un décret rendu sur avis conforme du Conseil d'État. Les conven- « tions ou cahiers des charges annexés à l'acte déclaratif d'utilité « publique d'une voie ferrée devront, à l'avenir, comprendre des dis- « positions relatives aux conditions du travail et à la retraite du per- « sonnel. »

Les défenseurs du personnel des chemins de fer secondaires d'intérêt général, des chemins de fer d'intérêt local et des tramways ne tardèrent pas à porter de nouveau devant le Parlement la question des retraites de ce personnel (Propositions de résolutions déposées, le 1er décembre 1910, par MM. Engerand, Flandin et Treignier, députés, par M. Treignier seul et par M. Ch. Dumas; proposition d'un article additionnel à la loi de finances, présentée, le 15 avril 1911, par MM. Engerand et Treignier; observations formulées au Sénat, le 16 juin 1911, par M. Boudenoot).

En effet, d'après les lois du 5 et du 8 avril 1910, le régime des pensions ne différait pas seulement des grands réseaux aux chemins de fer secondaires d'intérêt général, aux chemins de fer d'intérêt local et aux tramways; il variait aussi d'un de ces chemins de fer ou tramways à l'autre. Les agents des lignes antérieurement concédées devaient presque inévitablement se trouver dans une situation inférieure à celle du personnel des lignes nouvelles, pour lesquelles les conditions nécessaires pouvaient être imposées aux concessionnaires. Enfin l'État, tenu de bonifier les pensions dans le cas d'application de la loi sur les retraites ouvrières et paysannes, paraissait légalement dispensé de toute participation dans les autres cas, c'est-à-dire alors que des sacrifices souvent élevés étaient consentis par les compagnies, les départements, les communes, les agents eux-mêmes. Ce dernier fait, notamment, fut signalé par M. le sénateur Boudenoot comme contraire, selon lui, aux intentions du législateur.

Le Gouvernement fit remarquer que l'uniformité de régime ne s'expliquerait pas pour des voies ferrées dont le service offrait des différences profondes. Sans repousser en principe la participation de l'État, il soutint que cette participation ne découlait ni de la lettre ni de l'esprit des lois du 5 et du 8 avril 1910; il ajouta, d'ailleurs, qu'une contribution du Trésor serait injustifiable pour des lignes prospères. Toutefois, le Ministre des travaux publics et le Ministre des finances s'engagèrent à étudier un projet de loi spécifiant les cas dans lesquels l'État concourrait aux pensions et réglant par des barêmes la mesure de son intervention, suivant les ressources locales, le rendement des lignes, etc.

Conformément à sa promesse, le Gouvernement déposa sur le bureau de la Chambre, le 12 juillet 1911, un projet de loi qui plaçait le personnel des chemins de fer secondaires d'intérêt général, des chemins de fer d'intérêt local et des tramways sous un régime sinon identique, du moins analogue, à celui du personnel des grands réseaux. D'après ce projet, le droit à la retraite serait acquis à 55 ans d'âge pour les mécaniciens, chauffeurs ou wattmen, et à 60 ans pour les autres agents; néanmoins, l'entrée en jouissance de la pension pourrait être reculée jusqu'à l'âge de 65 ans, si la Compagnie jugeait possible le maintien en activité. Tous les agents du sexe masculin devraient être affiliés après une année de service continu, postérieure à l'accomplissement des obligations militaires dans l'armée active ; l'affiliation des femmes aurait lieu à leur majorité, après la même durée de stage. Les pensions seraient constituées par des versements représentant au moins 12 p. 100 des salaires, en ce qui concerne les mécaniciens, chauffeurs ou wattmen, et 10 p. 100 en ce qui concerne les autres agents. Ces versements se composeraient de trois éléments : 1° prélèvements, limités par des maxima, sur les salaires; 2° contribution des compagnies; 3° dans des limites définies, avances de l'autorité concédante, remboursables sans intérêts sur les bénéfices ultérieurs de l'exploitation au delà d'un dividende déterminé. Au cas où les avances annuelles des départements dépasseraient la moitié de la valeur du centime départemental, l'État couvrirait la moitié de l'excédent. Une particularité intéressante du projet est le recours à la Caisse nationale d'assurances en cas de décès, qui facilite l'institution de la réversibilité pour les veuves et les orphelins; cette caisse recevrait les versements et transformerait, au moment voulu, le capital constitué en rentes de jouissance directe ou en rentes réversibles servies par la Caisse nationale des retraites pour la vieillesse. Les Compagnies pourraient, à charge de ne pas réduire les avantages minima réservés par la loi au personnel, être autorisées à maintenir les caisses propres de retraites qu'elles auraient antérieurement organisées ou à créer des caisses nouvelles, soit isolément, soit en participation.

Aucune décision n'ayant encore été prise sur le projet de loi du 12 juillet 1911, MM. Bouisson et Ceccaldi, députés, sont intervenus, le 10 juin 1912, dans la discussion du budget de 1913, afin de réclamer une prompte solution.

Depuis, les Ministres des finances, des travaux publics et du travail ont pris, le 11 septembre 1912, en exécution de l'article 10 § 2 de la loi du 5 avril 1910 sur les retraites ouvrières et paysannes, un arrêté déteminant les règles à suivre pour la fixation « de l'allo-« cation viagère spéciale attribuée aux agents, employés ou ou-« vriers des chemins de fer d'intérêt général secondaires, des chemins « de fer d'intérêt local et des tramways dont la retraite liquidée ne « serait pas au moins égale à celle de la loi du 5 avril 1910, modifiée « par la loi du 27 février 1912. »

8. *Compétence pour les litiges entre l'Administration des chemins de fer de l'État et ses employés.* — Lors de l'institution des chemins de fer de l'État, l'intention des Pouvoirs publics avait été certainement d'assimiler d'une manière complète la nouvelle Administration et les Compagnies, au point de vue des règles de compétence pour le jugement des litiges avec le personnel aussi bien qu'avec le public. Cette intention se trouvait, d'ailleurs, affirmée dans les documents parle-

mentaires relatifs à la loi du 27 décembre 1890. Néanmoins, le décret organique du 25 mai 1878 portant que les agents des chemins de fer de l'État seraient considérés comme « agents temporaires de l'État », l'autorité judiciaire déclinait sa compétence, quand elle était saisie de contestations entre ces agents et leur Administration au sujet du contrat de travail. De son côté, le Conseil d'État jugeait irrecevables les recours contentieux contre les actes réguliers du conseil d'administration ou du directeur, et, par voie de conséquence, les demandes en indemnité fondées sur ces actes.

A la suite de propositions déposées par M. Lhopiteau sur le bureau de la Chambre des députés, intervint une loi du 21 mars 1905 proclamant la compétence des tribunaux ordinaires pour statuer sur les différends nés à l'occasion du contrat de travail entre l'Administration des chemins de fer de l'État et ses employés.

9. *Surtaxes locales temporaires.* — D'après la jurisprudence du Conseil d'État, le droit pour l'Administration d'imposer aux Compagnies des travaux supplémentaires reste indéfiniment ouvert en ce qui concerne le bon entretien du chemin de fer et la sécurité de l'exploitation, mais s'éteint, au contraire, pour le surplus, par les décisions prises sur les projets de construction, sauf dans le cas où des réserves auraient été inscrites au contrat de concession. Il est notamment impossible d'exiger après coup, soit la création de stations ou de haltes nouvelles, soit l'extension des services dans les stations ou haltes existantes, soit l'amélioration de leurs abords. Une entente avec les Compagnies devient nécessaire, et l'une des conditions de l'accord est généralement l'apport d'un concours financier. Bien que le règlement d'administration publique du 1er mars 1901, modifiant l'ordonnance du 15 novembre 1846, ait reconnu au Ministre des travaux publics, pour les installations des gares, certains pouvoirs qui lui étaient antérieurement contestés, la jurisprudence qui vient d'être analysée reste néanmoins applicable à la plupart des cas.

Les établissements publics qui ont à fournir des subsides peuvent être obligés de contracter des emprunts, pour lesquels leurs ressources ordinaires ne donnent pas un gage suffisant. En prévision de cette éventualité, une loi du 26 octobre 1897, modifiée et assouplie par l'article 64 de la loi de finances du 17 avril 1906, a autorisé, au profit des départements, des communes ou des chambres de commerce, la perception de surtaxes locales temporaires frappant, soit, à la fois, les marchandises et les voyageurs en provenance ou à destination de la gare ou halte créée ou améliorée, soit un seul des deux éléments de trafic. Elle s'applique aux chemins de fer d'intérêt général, aux chemins de fer d'intérêt local, aux tramways pour voyageurs et marchandises, aux voies ferrées des ports maritimes ou fluviaux. Rien, d'ailleurs, n'interdit d'y recourir lorsque l'Administration, sans être désarmée vis-à-vis des concessionnaires, juge indispensable la participation des intéressés aux dépenses.

10. *Modification de l'article* 103 *du Code de commerce.* — Aux termes de l'article 103 du Code de commerce, le voiturier est garant de la perte des objets à transporter, hors les cas de force majeure ; il l'est également des avaries autres que celles qui proviennent du vice propre de la chose ou de la force majeure.

Pour échapper à leur responsabilité, les Compagnies avaient subordonné la plupart des tarifs spéciaux à une clause portant qu'elles ne répondaient pas des déchets et avaries de route.

Après avoir, à diverses reprises, déclaré nulle pareille stipulation, la Cour de cassation donna nettement, en 1874, une nouvelle orientation à sa jurisprudence et reconnut la validité de la clause, interprétée non comme affranchissant les Compagnies des conséquences de leurs fautes ou de celles de leurs agents, mais comme détruisant la présomption que le droit commun faisait peser sur elles et comme renversant le fardeau de la preuve, qui incombait dès lors à l'expéditeur ou au destinataire.

Cette jurisprudence suscita des plaintes extrêmement vives. Les commerçants objectaient l'impossibilité pour eux de suivre la marchandise en cours de route et, par suite, d'administrer la preuve mise à leur charge, l'antinomie entre la clause incriminée et le monopole des Compagnies, le véritable encouragement donné à la négligence du transporteur et de son personnel.

Dans le rapport du 12 mars 1889, qu'il présenta sur les tarifs au nom de la Commission des chemins de fer de la Chambre, M. Pelletan condamna la clause de non-responsabilité. Néanmoins, suivant l'exemple de certains pays étrangers et s'inspirant des mêmes principes que les auteurs du projet de convention internationale sur le transport des marchandises par chemin de fer, il admit et énuméra un certain nombre de causes d'avaries dont l'existence constituerait une présomption en faveur de la Compagnie, quand le dommage aurait pu en résulter, et obligerait le demandeur à faire la preuve contraire.

Les dispositions indiquées au rapport du 12 mars 1889, et bientôt consacrées par la convention de Berne pour les transports internationaux, furent reprises par M. Pelletan à titre de proposition personnelle et inscrites dans deux projets de loi, l'un de M. Yves Guyot « sur le « transport des marchandises par les chemins de fer d'intérêt général » (17 mars 1891), l'autre de M. Jonnart « sur le transport des « voyageurs et des marchandises par les chemins de fer et les tram-

« ways » (26 avril 1894). En 1900, elles se substituèrent aux clauses antérieures des tarifs spéciaux de petite vitesse, conformément à une décision homologative de M. Pierre Baudin, ministre des travaux publics.

Cependant les intéressés ne se contentaient pas de cette satisfaction et sollicitaient le vote d'une proposition de loi, que M. Rabier avait déposée sur le bureau de la Chambre dès le 11 juillet 1895, et dont l'objet était de compléter l'article 103 du Code de commerce par un paragraphe additionnel lui attribuant, d'une manière expresse, le caractère d'ordre public et frappant de nullité toute clause contraire.

Votée sans débat à la Chambre, très discutée au contraire devant le Sénat, la proposition de M. Rabier reçut enfin la sanction de la Haute Assemblée, sur le rapport de M. Tillaye, et devint la loi du 17 mars 1905.

Postérieurement à la loi de 1905, la Cour de cassation (Chambre des requêtes, 1909; Chambre civile, 1911), ayant à prononcer au sujet d'avaries de mouille dont avaient souffert, par suite d'un bâchage défectueux, des marchandises transportées en wagon découvert sous le régime de cette loi, rendit des arrêts qui maintenaient l'assimilation complète entre la faute de l'expéditeur et la force majeure ou le vice propre, pour la libération des Compagnies, et qui posaient les règles suivantes :

1° Les Compagnies ne sont pas tenues de mettre des wagons d'un modèle déterminé à la disposition des expéditeurs; elles satisfont à leurs obligations, en livrant des wagons dont la mise en service a été régulièrement approuvée.

2° Le bâchage constitue l'une des opérations du chargement et la responsabilité en incombe à l'expéditeur, quand celui-ci doit, aux termes du tarif, charger la marchandise.

Peu importe que la bâche ait été fournie par la Compagnie et se soit trouvée en mauvais état, si la fourniture en a eu lieu à titre gracieux et si l'expéditeur l'a acceptée sans protestation ni réserve.

3° Il n'appartient pas aux agents des Compagnies de vérifier, à la gare de départ, le chargement fait par l'expéditeur et de le refuser en cas de défectuosité, leur surveillance n'ayant à s'exercer qu'au point de vue du service général et de l'observation des règlements.

Les Compagnies n'ont point, en particulier, à vérifier l'état du bâchage auquel a procédé l'expéditeur, ni à le modifier en cours de route.

Dès 1909, les décisions de la Cour suprême provoquèrent, de la part de M. Delahaye, sénateur, et de M. Bignon, député, le dépôt de propositions tendant à une nouvelle revision de l'article 103 du Code de commerce (Sénat, 30 novembre 1900; Chambre des députés, 30 décembre 1909, 10 mars 1911). Le voiturier devait, désormais, être expressément astreint à employer ou à fournir pour le transport un matériel approprié à la nature des objets et susceptible d'assurer leur arrivée à destination en bon état de conservation; par le fait de l'acceptation, sans réserve, des objets à transporter, il était répute avoir reçu ces objets en bon état et bien conditionnés.

Questionné à la Chambre, dans la séance du 14 avril 1911, le Ministre des travaux publics reconnut la valeur des réclamations et annonça l'étude d'une solution administrative ou législative.

La proposition de M. Delahaye au Sénat donna lieu à un rapport très étudié de M. Lemarié, du 10 juillet 1911, qui concluait à l'insertion, dans l'article 103, d'un paragraphe ainsi conçu : « Quelles que « soient les conditions du contrat ou du tarif revendiqué, quel que soit « le matériel affecté au transport, même quand le chargement est fait « par l'expéditeur, le voiturier est tenu, sous sa responsabilité, d'as- « surer la conservation et la bonne arrivée des objets qui lui ont été « confiés; il est présumé les avoir reçus en bon état ». Cette conclusion fut votée sans discussion par la Haute Assemblée, le 19 décembre 1911.

Peu de temps auparavant, le 28 novembre 1911, MM. Tournan, Rivière, etc., députés, avaient saisi la Chambre d'une proposition de loi dont le texte ne différait pas sensiblement de celui que le Sénat allait adopter.

11. *Convention de Berne pour les transports internationaux.* — Comme je l'ai précédemment rappelé, la Suisse avait pris l'initiative de conférences internationales pour la création d'un droit uniforme des transports internationaux de marchandises par chemin de fer. Deux sessions s'étaient tenues à Berne, en 1878 et en 1881, sans aboutir à une entente définitive. L'accord fut réalisé en 1886, dans une troisième session, et consacré par une convention diplomatique du 14 octobre 1890 entre la France, l'Allemagne, l'Autriche-Hongrie, la Belgique, l'Italie, le Luxembourg, les Pays-Bas, la Russie et la Suisse. Une loi du 29 décembre 1891 approuva, pour la France, cette convention, dont la promulgation eut lieu par décret du 25 novembre 1892.

Avec ses annexes, la convention formait un véritable code civil et commercial des transports internationaux effectués sur la base d'une lettre de voiture directe du territoire de l'un des États contractants à destination du territoire d'un autre État contractant. Elle réglait : l'obligation du transport direct; la forme et les effets légaux du contrat de transport; la responsabilité en cas d'avarie, de perte ou de retard; l'exercice des recours entre administrations ayant participé aux transports; l'extinction et la prescription des actions; la compétence en matière de réclamations, etc. Un office central devait être organisé pour servir d'intermédiaire entre les États contractants ou les administrations intéressées et de foyer d'informations, pour prononcer des sentences sur les litiges qui diviseraient les administrations de chemins de fer et que celles-ci lui déféreraient, pour instruire les demandes en revision de la convention et provoquer la réunion de nouvelles conférences, pour faciliter les relations financières des divers réseaux.

Depuis, le Danemark, la Roumanie et la Bulgarie ont adhéré à la convention. Le texte primitif a été amendé ou complété par des actes additionnels : déclaration du 20 septembre 1893 (décret de promulgation du 19 octobre 1896); arrangement du 16 juillet 1895 (décret de promulgation du 1er janvier 1896); convention du 16 juin 1898 (loi approbative du 24 mars 1899 et décret de promulgation du 31 juillet 1901); convention du 19 septembre 1906 (décret de promulgation du 17 octobre 1908).

Les services incontestables rendus par la convention relative aux transports internationaux de marchandises devaient conduire à tenter un accord analogue pour les voyageurs et les bagages. Cet accord, sans présenter une aussi haute importance que ses devanciers, était néanmoins appelé à faciliter les communications entre les divers pays. Il appartenait à la Suisse d'en poursuivre la réalisation.

Un avant-projet, élaboré par les soins de l'Office central, fut communiqué aux Gouvernements intéressés, qui l'étudièrent minutieusement. Puis des délégués de l'Allemagne, de l'Autriche, de la Hongrie, de la Belgique, du Danemark, de la France, de l'Italie, du Luxembourg, de la Norvège, des Pays-Bas, de la Roumanie, de la Russie, de la Suède et de la Suisse se réunirent en conférence à Berne, le 16 mai 1911. De leurs discussions sortit un projet définitif, du 30 mai 1911, applicable aux transports de voyageurs et de bagages, avec billets directs ou bulletins de bagages directs, non seulement sur les voies ferrées, mais aussi, le cas échéant, sur des lignes de transport par terre, par voie fluviale ou par mer.

La convention nouvelle atténuerait dans une très large mesure les difficultés souvent nombreuses que rencontrent aujourd'hui les voyageurs se rendant d'un pays dans un autre et contribuerait efficacement à développer les relations internationales. On ne peut qu'en souhaiter la prochaine consécration diplomatique.

12. *Modification des articles* 105 *et* 108 *du Code de commerce.* — En vertu de l'ancien article 105 du Code de commerce, la réception des objets transportés et le paiement du prix de transport éteignaient toute action contre le voiturier. Cette disposition exigeait la simulta-

néité de la réception et du paiement et ne régissait, par suite, que les expéditions en port dû. L'exception était opposable aux actions pour retard, pour avaries apparentes ou occultes, pour perte partielle, pour perception d'une taxe exagérée. Mais, dans ce dernier cas, il fallait que le litige portât sur les conditions du contrat de transport, sur une faute alléguée dans son exécution (mauvaise direction donnée aux marchandises; application d'un tarif autre que celui qui avait été demandé); les simples erreurs dans l'application du tarif et dans le calcul de la taxe restaient exclues par la jurisprudence.

D'autre part, l'article 108 du Code de commerce fixait à six mois, pour les expéditions faites dans l'intérieur de la France, et à un an, pour les expéditions faites à l'étranger, le délai de prescription des actions fondées sur la perte ou l'avarie des marchandises. La prescription ainsi édictée ne s'appliquait ni aux actions pour retard, ni aux actions en détaxe. En ce qui concerne la perte des marchandises, la jurisprudence, conforme d'ailleurs aux indications données lors de la discussion du Code de commerce devant le Conseil d'État, n'admettait la fin de non-recevoir que si le fait s'était produit au cours du transport et la repoussait si l'expédition n'avait pas eu lieu.

L'article 105 provoquait de nombreuses critiques. Il avait pu se justifier à une époque où les transports n'offraient que peu d'activité, où les vérifications contradictoires s'effectuaient immédiatement sans trop de difficultés, où le voiturier était souvent nomade et où l'intérêt commun des deux parties commandait de mettre fin au contrat séance tenante. Mais il convenait moins à l'état de choses créé par les chemins de fer et ne s'adaptait notamment ni à la multiplicité des opérations, ni à leur rapidité, ni à la fréquente complication des calculs relatifs aux délais ou aux taxes. Pourquoi associer le sort des actions fondées sur le retard dans la livraison ou sur une perception exagérée à celui des actions pour avarie ou perte partielle? Cette association ne conduisait-elle pas notamment à une véritable iniquité en ce qui touchait la répétition de l'indû, puisque la seule prescription opposable aux actions en rectification de taxes intentées par les Compagnies était la prescription trentenaire?

Non moins attaqué, l'article 108 avait le tort d'être incomplet, de viser exclusivement les actions pour perte en cours de transport ou avarie. Des considérations de justice devaient déterminer à soumettre les actions tardives des Compagnies en rectification de taxes au même régime que celles des expéditeurs ou des destinataires en répétition de l'indû. Un délai supplémentaire paraissait désirable pour les actions récursoires.

Dès 1881, la revision des articles 105 et 108 du Code de commerce fit l'objet d'une proposition de MM. Hugot et Dubois à la Chambre des députés (29 janvier), puis d'un projet de loi du Gouvernement (28 novembre). Repris le 26 novembre 1885, ce projet aboutit à la loi du 11 avril 1888.

L'article 105, dans sa nouvelle forme, était restreint aux actions contre le voiturier pour avarie ou perte partielle, accordait au destinataire pour sa protestation un délai de trois jours (non compris les jours fériés) après celui de la réception et du paiement, fixait la forme suivant laquelle devrait être notifiée cette protestation, déclarait nulles toutes stipulations contraires. Cependant les transports internationaux échappaient à la nullité d'ordre public, qui eût été en contradiction avec la convention de Berne.

D'après l'article 108 modifié, les actions contre le voiturier pour avaries, perte ou retard se prescrivaient dans le délai d'un an, et toutes les autres actions, soit contre le voiturier, soit contre l'expéditeur ou contre le destinataire, dans le délai de cinq ans. Les actions récursoires pouvaient être engagées pendant le mois suivant l'exercice de l'action contre le garanti.

M. Bourrat, député, jugeant insuffisante la réforme de 1888, a proposé, le 9 juillet 1907, une nouvelle revision.

13. *Embranchements particuliers. Raccordements entre les voies de fer et les voies d'eau.* — Les concessionnaires de chemins de fer d'intérêt général étaient tenus, aux termes de l'article 62 de leur cahier des charges, de s'entendre avec tout propriétaire de mine ou d'usine, qui, offrant de se soumettre aux conditions spécifiées dans cet article, demanderait un embranchement sur la voie ferrée. Pareille disposition avait été insérée à l'article 61 du cahier des charges type des chemins de fer d'intérêt local approuvé par décret du 6 août 1881. Elle figurait également, mais étendue aux carrières, dans le règlement d'administration publique de même date (art. 48), pour les tramways faisant un service de marchandises. A défaut d'accord, la décision appartenait au ministre ou au préfet, suivant les cas.

Une application plus large du droit d'embranchement était depuis longtemps réclamée. La loi de finances du 13 avril 1898 (article 87) décida que, dorénavant, ce droit serait ouvert aux propriétaires ou concessionnaires de magasins généraux et aux concessionnaires de l'outillage public des ports maritimes ou de navigation intérieure, par les décrets portant concession de chemins de fer d'intérêt général ou de tramways à marchandises. Il y avait évidemment lieu d'introduire aussi dans les contrats de concession subordonnés à la sanction législative, pour les chemins de fer d'intérêt général ou pour les chemins de fer d'intérêt local, l'addition explicitement prescrite en ce qui concernait les actes de concession par décret.

Les conventions passées avec les grandes Compagnies pour la concession de lignes nouvelles stipulèrent donc l'extension du droit d'embranchement, suivant les dispositions édictées par la loi du 13 avril 1898. Ordinairement même, la nomenclature des établissements au profit desquels intervenait cette stipulation était complétée par la mention des carrières, des exploitations agricoles et des entrepôts.

D'un autre côté, le cahier des charges type des chemins de fer d'intérêt local et le règlement d'administration publique sur les tramways furent respectivement modifiés par décrets du 31 juillet et du 3 août 1898, de manière à concorder avec la loi. Les carrières étaient comprises dans l'énumération du premier de ces textes, comme dans la nomenclature du second.

Mais les lignes antérieurement concédées restaient soustraites aux obligations supplémentaires nées de la loi du 13 avril 1898. Des intérêts dignes de la sollicitude du Gouvernement restaient en souffrance. Les grandes Compagnies opposaient notamment une grande résistance aux jonctions entre les voies ferrées et les voies navigables, dans la crainte de subir des détournements de trafic.

Pouvait-on admettre qu'en concédant un monopole d'intérêt général les Pouvoirs publics se fussent interdit, pour la longue durée des concessions, d'imposer les améliorations destinées à accroître la prospérité du pays par une utilisation plus rationnelle de son outillage économique? M. Maruéjouls, ministre des travaux publics, jugea une telle doctrine inacceptable et déposa sur le bureau de la Chambre des députés, le 26 octobre 1903, un projet de loi dont le but était de rendre applicable à tous les chemins de fer d'intérêt général ou d'intérêt local et à tous les tramways faisant un service de marchandises la faculté de raccordement des magasins généraux et des ports maritimes ou fluviaux. Ce projet n'eut pas de suite.

Guidé par les mêmes préoccupations que M. Maruéjouls au sujet de l'utilité des soudures entre les voies ferrées et les voies fluviales, mais se refusant à pratiquer une brèche dans les contrats, M. Audiffred, sénateur, présenta, le 7 février 1907, une proposition basée sur le principe d'allocation d'indemnités aux Compagnies, si les raccordements leur infligeaient un préjudice.

Le 6 février 1908, M. Barthou, ministre des travaux publics, reprit le projet de M. Maruéjouls, complété par deux dispositions importantes. De ces deux dispositions, la première permettait au Gouvernement d'imposer aux Compagnies par décret en Conseil d'État, après enquête, l'exécution des bassins et installations nécessaires pour assurer l'accès des bateaux dans les gares de chemins de fer; les dépenses de premier établissement devaient être supportées par l'État, avec le concours des intéressés, s'il y avait lieu. Quant à la seconde disposition, elle attribuait compétence au Conseil d'État pour statuer sur les indemnités que les Compagnies pourraient demander en réparation du préjudice à elles causé par l'application de la loi. Le nouveau projet fut adopté par les deux Chambres, et la loi ainsi votée prit la date du 3 décembre 1908.

14. *Service militaire des chemins de fer.* — Parmi les principaux actes législatifs de la période postérieure à 1882 se range encore la loi du 22 décembre 1888, modifiant les articles 22 à 37 (service militaire des chemins de fer) de la loi du 13 mars 1875, relative à la constitution des cadres et des effectifs de l'armée active et de l'armée territoriale.

En temps de guerre, le service des chemins de fer relève tout entier de l'autorité militaire. La loi répartit la disposition des voies ferrées entre le Ministre de la guerre et les Commandants en chef des armées ou groupes d'armées, place sous les ordres de ces Commandants en chef des sections de chemins de fer de campagne et des troupes spéciales de sapeurs, donne à chaque Administration de chemins de fer une représentation permanente auprès de l'autorité militaire, confirme l'institution de la Commission militaire supérieure des chemins de fer, en détermine la composition, renvoie à des décrets pour l'organisation de détail des services.

L'organisation des sections de chemins de fer de campagne a fait l'objet de trois décrets du 5 février 1889, du 8 décembre 1909 et du 16 juillet 1911. Nous verrons plus loin comment le Gouvernement s'est servi de cette organisation pour lutter contre la grève en octobre 1910.

15. *Modification du règlement sur la police, la sûreté et l'exploitation des chemins de fer.* — L'ordonnance du 15 novembre 1846 portant règlement d'administration publique sur la police, la sûreté et l'exploitation des chemins de fer constituait un véritable monument de science, de sagesse et de prévoyance. Elle avait pu vivre plus d'un demi-siècle sans subir d'autres modifications que des retouches de faible importance. Cependant l'expérience et les progrès accomplis commandaient certains remaniements moins secondaires et quelques additions. Une revision d'ensemble fut mise à l'étude par M. Pierre Baudin, ministre des travaux publics, et aboutit au décret du 1er mars 1901, qui, pour sept titres sur huit, substituait un texte nouveau à celui de l'ordonnance.

Comme l'explique le rapport justificatif au Président de la République, cette revision avait trois objets principaux : accentuer ou préciser les pouvoirs du Ministre; amender les dispositions techniques d'un caractère suranné et les mettre en harmonie avec la situation actuelle de l'industrie; combler une lacune du règlement en y introduisant des prescriptions au point de vue de l'hygiène publique et de la prophylaxie contre les maladies contagieuses.

Le décret du 1er mars 1901 a donné lieu, de la part des grandes Compagnies, à des recours pour excès de pouvoir. Mais ces recours ont été rejetés par le Conseil d'État statuant au contentieux; le Conseil d'État a, d'ailleurs, réservé expressément l'action éventuelle des Compagnies devant le Conseil de préfecture, si elles se croyaient fondées à soutenir que les mesures prescrites leur imposaient des charges extracontractuelles et portaient ainsi atteinte aux conventions (Arrêts du 6 décembre 1907).

Une légère modification a été apportée au règlement du 1er mars 1901 par un décret du 21 avril 1912.

K. Projets de loi, propositions d'initiative parlementaire et débats législatifs divers. — Aujourd'hui, les chemins de fer tiennent une telle place dans la vie sociale qu'ils sollicitent sans cesse l'attention des pouvoirs publics. Ainsi s'explique la multiplicité des projets de loi, des propositions d'initiative parlementaire, des interpellations, des questions, des débats de toute nature dont ils ont été l'objet pendant la période écoulée depuis 1883.

Nous venons de jeter un coup d'œil rapide sur la série des projets ou propositions qui ont reçu, avec ou sans changement, la consécration de la loi. Chemin faisant, nous avons rencontré diverses propositions ou interpellations connexes. Il nous reste à passer une revue très sommaire des autres projets, propositions ou débats de quelque importance.

Commençons par les projets et propositions de loi [1].

1. *Projet de résolution présenté le 24 janvier 1901 par M. Lhopiteau, député, et concernant les indemnités mises à la charge des Compagnies pour accidents, retards, pertes et avaries.* — Les conventions de 1883 ont autorisé l'imputation de ces indemnités au compte d'exploitation, c'est-à-dire au compte de la garantie. M. Lhopiteau, voyant dans cette imputation une véritable prime à la négligence et à l'incurie, la jugeant immorale et contraire à l'ordre public, demandait l'ouverture de négociations en vue du rachat de la faculté qui avait été à tort consentie en faveur des Compagnies. Sa proposition n'eut pas de suite.

[1] L'ordre suivi dans l'énumération est conforme à l'ordre des matières qui a été adopté pour le plan de l'ouvrage.

2. *Propositions relatives aux clôtures.* — Les clôtures établies le long des chemins de fer constituent souvent une gêne très sérieuse pour la desserte des propriétés riveraines. Désireux d'y remédier, M. Belle, sénateur, proposa, le 9 mars 1896, l'attribution aux riverains et aux communes du droit à l'établissement de passages à niveau dans des conditions déterminées. Il faisait valoir, d'une part, que l'expérience acquise par la population rendait la traversée des voies beaucoup moins dangereuse et, d'autre part, que le législateur lui-même avait admis la suppression des clôtures sur de nombreuses lignes.

En l'état actuel de la législation, l'unique but des clôtures est de concourir à la sécurité de l'exploitation ; les riverains ne sont déchargés ni du soin de veiller à ce que leur bétail ne pénètre pas sur la voie, ni de la responsabilité civile des accidents ou des dommages qui pourraient résulter de l'introduction d'animaux dans l'enceinte du chemin de fer. Une proposition de M. le sénateur Tillaye, déposée le 24 juin 1902, tendait à laisser aux Compagnies la charge du préjudice subi soit par elles, soit par des tiers autres que le propriétaire de l'animal. Elle a été prise en considération, mais non examinée au fond.

3. *Propositions et projet de loi relatifs aux administrateurs des Compagnies.* — Les règles qui président à la formation des conseils d'administration ont fourni une moisson abondante de propositions d'initiative parlementaire, les unes limitées aux Compagnies de chemins de fer, d'autres s'étendant à toutes les sociétés financières, d'autres encore englobant dans leur cadre des questions différentes. Ces propositions portaient de nombreuses signatures, telles que celles de MM. Maurice Faure, Trouillot, Pierre Richard, Ernest Roche, Marcel Habert, Gauthier (de Clagny), Guyot de Villeneuve, Congy, etc. Elles se synthétisaient dans des conclusions variées : désignation, par le Ministre des travaux publics, du président et de la moitié des administrateurs pour les Compagnies de chemins de fer jouissant d'une garantie d'intérêt ; obligation de la nationalité française ou de la naturalisation depuis dix ans au moins, soit pour toutes les Compagnies de chemins de fer, soit pour les seules Compagnies bénéficiant de la garantie ; incompatibilité entre le mandat législatif et les fonctions d'administrateur ou de directeur d'une Compagnie ayant une concession de l'État, d'un département ou d'une commune ; interdiction aux membres du Parlement de faire partie du conseil d'administration d'une société financière, de participer à un syndicat d'émission, de prêter leur nom à des appels au crédit faits par des sociétés commerciales ou financières, de soumissionner en vue de la concession de tra-

vaux ou de fournitures pour le compte de l'État ; prolongation de l'incompatibilité du mandat législatif avec les fonctions d'administrateur d'une Compagnie de chemins de fer d'intérêt général, pendant quatre années après l'expiration de ce mandat ; ratification par décret de la nomination des administrateurs pour les Compagnies de chemins de fer ; élection, par le personnel des employés et ouvriers titularisés depuis cinq ans (ou depuis un an), du quart des administrateurs de toute entreprise qu'exploiterait ou concéderait l'État, et choix des élus parmi les agents retraités.

Il ne sera pas inutile de rappeler ici que déjà, en vertu de la loi du 20 novembre 1883 approuvant la convention des 26 mai-9 juillet 1883 avec la Compagnie de Paris-Lyon-Méditerranée, tout député ou sénateur acceptant, au cours de son mandat, les fonctions d'administrateur d'une Compagnie de chemins de fer est, par ce seul fait, considéré comme démissionnaire et soumis à la réélection.

Au milieu des propositions d'initiative parlementaire s'est enchâssé un projet de loi, dont M. Pierre Baudin, ministre des travaux publics, a saisi la Chambre des députés, le 9 mars 1900, et qui exigeait la ratification ministérielle pour les nominations d'administrateurs dans les Compagnies de chemins de fer d'intérêt général. Le Ministre justifiait cette investiture en invoquant la très large participation du budget général et des budgets locaux aux dépenses des voies ferrées, la faible proportion du capital fourni par les actionnaires, le défaut d'intervention de l'État et des obligataires dans la gestion, le caractère public du service dirigé par les conseils d'administration, son rôle au point de vue de la puissance économique et de la défense du pays.

Ni les propositions ni le projet de loi n'ont subi l'épreuve des délibérations de la Chambre.

4. *Propositions ou projets de lois et débats relatifs à la réglementation du travail des agents, à leur rémunération, à leur avancement, à leur licenciement, à leur régime disciplinaire, à leurs rapports avec la direction.* — La question si grave et si complexe de la réglementation du travail des agents devait appeler toute la sollicitude du Parlement : elle avait, en effet, une importance capitale au point de vue de la condition sociale du personnel comme au point de vue de la bonne exploitation des voies ferrées.

Sans remonter bien en arrière, nous avons vu précédemment cette question soulevée avec celle des retraites par la proposition de M. le député Descubes, du 28 juillet 1894 (1). Considérant à juste titre la

(1) On peut consulter aussi les propositions de MM. Delattre, de Janzé et autres députés sur la sécurité publique, dont la dernière en date du 16 janvier 1886, celle de MM. Mége et autres (24 novembre 1890) et celle de M. Georges Berry (23 octobre 189[illegible]).

situation des mécaniciens et des chauffeurs comme particulièrement intéressante, M. Descubes ne demandait l'intervention du législateur qu'à leur profit, pour fixer le maximum de la durée du travail journalier auquel ils pourraient être astreints et les congés périodiques qu'ils auraient le droit d'obtenir.

Quelques années plus tard, le 26 novembre 1897, M. Turrel, ministre des travaux publics, déposa un projet de loi contenu dans le même cadre, mais substituant au maximum absolu de la durée du travail journalier un maximum de durée moyenne.

MM. Berteaux, Jaurès et Rabier opposèrent, dès le 30 novembre 1897, au projet du Ministre une proposition basée sur la détermination d'un maximum absolu pour la durée du travail journalier et assimilant les agents des trains à ceux de la traction. Ils firent triompher leurs vues devant la Chambre, malgré le Gouvernement et le rapporteur.

Sur le rapport de M. Godin et après de longues délibérations, du 30 mai au 7 juin 1901, le Sénat admit l'extension de la loi aux agents des trains et se rallia à un système qui comportait deux maxima : un maximum absolu de la durée du travail journalier, supérieur au chiffre voté par la Chambre; un maximum périodique, correspondant à ce dernier chiffre pris pour maximum de la durée moyenne du travail journalier pendant la période, avec un repos de 24 heures consécutives. Deux périodes différentes étaient adoptées, l'une pour les mécaniciens et chauffeurs, l'autre pour les agents des trains. La Haute Assemblée espérait, par ce compromis, laisser à la réglementation l'élasticité indispensable.

La Chambre confirma, le 14 novembre 1901, ses décisions antérieures. De son côté, la Commission sénatoriale, tout en faisant une concession de chiffre, maintenait le principe du système sanctionné par le Sénat. Bien que certaines solutions intermédiaires fussent indiquées, le désaccord menaçait de se perpétuer. Il ne s'éteignit que par la disjonction, en 1908, des deux parties du projet respectivement consacrées à la réglementation du travail et aux pensions de retraite, la seconde restant seule sur le métier.

Cette disjonction était devenue possible, grâce aux mesures successives prises par les Ministres des travaux publics, notamment par MM. Pierre Baudin et Barthou, mesures qui satisfaisaient aux principales revendications des agents.

A la réglementation du travail se rattachait le repos hebdomadaire. La loi du 13 juillet 1906 n'était pas applicable aux employés et ouvriers des chemins de fer, qui avaient été exclus en raison de la nature de leur service. Malgré les difficultés et les charges devant en résulter pour elles, les grandes Compagnies annoncèrent au Ministre des travaux publics, le 21 septembre 1906, leur intention de donner au personnel, sous une forme appropriée aux besoins de l'exploitation, des repos équivalents à ceux dont jouissaient les ouvriers et employés de l'industrie et du commerce. Néanmoins, M. le député Cornand déposa, le 5 novembre 1906, une proposition tendant à étendre aux voies ferrées la loi sur le repos hebdomadaire. La Commission du travail se montra favorable à la proposition, mais en renvoyant à un règlement d'administration publique les règles d'application (Rapport de M. Zévaès, du 12 mars 1908).

Les dispositions primitivement arrêtées pour la réglementation du travail ne régissaient que l'Administration des chemins de fer de l'État et les grandes Compagnies. Dès 1901, le Ministre des travaux publics se préoccupa de soumettre à un régime analogue les chemins de fer secondaires d'intérêt général. Il invita, en outre, les préfets à user de leurs pouvoirs pour réglementer le travail des agents sur les chemins de fer d'intérêt local et les tramways ; ces fonctionnaires devaient s'inspirer des mesures prises à l'égard des grands réseaux, sans perdre de vue la différence profonde des conditions dans lesquelles le service s'effectue ; en 1908, les résultats de l'action préfectorale étaient déjà très marqués, comme l'établissent les indications fournies par M. Barthou à la Chambre, le 20 novembre, au cours de sa réponse à une interpellation de M. Engerand.

Pour le repos hebdomadaire, le Ministre s'efforça d'obtenir que l'exemple des grandes Compagnies fût suivi par les Compagnies secondaires d'intérêt général et par les concessionnaires des chemins de fer d'intérêt local ou des tramways desservant à la fois le trafic des voyageurs et celui des marchandises (les autres tramways sont assujettis à la loi du 13 juillet 1906).

Néanmoins, de nombreuses interventions parlementaires, tendant à des améliorations nouvelles, se produisirent devant les Chambres, en particulier lors de la discussion des lois de finances annuelles et lors des interpellations sur la grève d'octobre 1910. Les débats, tantôt restreints aux lignes secondaires, tantôt étendus aux grands réseaux, portèrent non seulement sur la réglementation du travail, le repos hebdomadaire et les questions connexes, telles que la suppression du service de nuit pour les femmes et le contrôle du travail, mais encore sur la rémunération du personnel employé par les Compagnies et plus spécialement par l'Administration des Chemins de fer de l'État (échelle des traitements, indemnités de résidence, attribution d'un salaire journalier minimum de 5 francs), sur la représentation de ce personnel dans les conseils de discipline, d'avancement, etc.

Au cours des débats de 1910, M. Millerand, ministre des travaux publics, s'attacha à mettre en lumière le chemin parcouru dans la voie qu'avait tracée la Chambre. Il annonça une prochaine revision des arrêtés antérieurs concernant la réglementation du travail, rappela les dispositions en vigueur sur le réseau d'État pour la représentation du personnel auprès de la direction par des agents élus et fit connaître l'engagement des grandes Compagnies de suivre cet exemple.

Entre autres résolutions votées par la Chambre, on doit retenir celle qui intervint, le 5 avril 1910, comme conclusion de deux interpellations, l'une de M. Bussat, l'autre de M. Camille Pelletan. L'Assemblée manifestait sa volonté de voir accorder les plus larges satisfactions au personnel et organiser la collaboration des agents avec la haute administration par l'intermédiaire de délégués élus.

Trois jours plus tard, la loi de finances du 8 avril 1910 prescrivait, en son article 126, d'inscrire désormais des dispositions relatives aux conditions du travail dans les actes de concession des voies ferrées.

A la suite de la grève d'octobre 1910, qui avait désorganisé le service public des transports et troublé la vie économique de la nation, le Gouvernement jugea indispensable de prévenir par des dispositions législatives appropriées le retour de semblables conflits. MM. Briand, président du conseil, ministre de l'intérieur, et M. Puech, ministre des travaux publics, présentèrent, le 22 décembre 1910, un projet de loi « sur le statut des employés des chemins de fer d'intérêt général et « sur le règlement pacifique des différends d'ordre collectif relatifs « aux intérêts professionnels de ces agents ».

Ce projet de loi prescrivait, en son titre Ier, aux Administrations des réseaux d'intérêt général de soumettre à l'homologation du Ministre des travaux publics « des règlements relatifs aux conditions d'avan- « cement et de licenciement et au régime disciplinaire applicables aux « diverses catégories du personnel de ces réseaux ». Dans le cas où l'homologation ne serait accordée que sous réserve de modifications ou additions non acceptées par l'Administration du réseau, il devait être statué par décret rendu sur avis conforme du Conseil d'État.

Le titre II instituait, pour chaque réseau : 1° des conférences d'arrondissement ou de subdivision dans lesquelles les délégués élus du personnel de chacun des services seraient appelés à discuter périodiquement avec les représentants de l'Administration les questions relatives aux intérêts professionnels collectifs ou individuels des agents et ouvriers de ce service ; 2° des comités ou commissions d'arrondissement ou de subdivision où les délégués élus du personnel de chaque service seraient appelés, soit sur la demande des intéressés, soit sur celle du Ministre des travaux publics, à examiner avec les représentants de l'Administration les différends d'ordre collectif relatifs aux intérêts professionnels des agents et ouvriers de ce service ; 3° un comité central de conciliation qui comprendrait, outre les représentants de l'Administration, au moins deux délégués élus du personnel de chaque service et un ingénieur du contrôle technique, et qui serait saisi, soit par l'Administration du réseau, soit par la majorité des délégués du personnel d'un ou de plusieurs services intéressés, soit par le Ministre des travaux publics, des différends d'ordre collectif n'ayant pu être réglés par les comités locaux ou, directement, des différends communs à l'ensemble des agents d'un ou de plusieurs services. Ces conférences et comités devaient faire l'objet de règlements soumis à l'homologation du Ministre des travaux publics et approuvés dans les mêmes formes que les règlements sur le statut des employés.

Prévoyant l'échec des tentatives de conciliation, le titre III organisait une procédure d'arbitrage obligatoire. Les sentences des arbitres avaient pour sanction : 1° vis-à-vis des Administrations de chemins de fer, l'exécution d'office, à leurs frais, et l'application éventuelle de la loi du 15 juillet 1845 (art. 21) ainsi que des dispositions du cahier des charges; 2° vis-à-vis du personnel, la faculté de remplacement dans l'emploi sans l'accomplissement des formalités réglementaires pour la révocation, le congédiement ou la suppression d'emploi. Des compensations pouvaient être accordées aux Administrations dont les sentences arbitrales aggraveraient les charges financières. La ratification des Chambres était réservée pour les sentences engageant les finances de l'État.

Enfin, le titre IV interdisait aux associations déclarées ou non, aux syndicats, aux unions d'associations ou de syndicats, de provoquer la grève, de la préparer ou de l'organiser. Il édictait des peines sévères contre les auteurs des infractions à cette prohibition.

Quelques mois plus tard, le 11 juillet 1911, M. Jaurès proposait la création, auprès de chaque Compagnie, d'un conseil supérieur de discipline, qui serait formé pour un tiers par les représentants de l'État, pour un autre tiers par les représentants de la Compagnie, pour le dernier tiers par les représentants élus des travailleurs de la voie ferrée, et sans l'assentiment duquel aucune révocation ne pourrait être prononcée. Cette garantie était rétroactivement assurée aux agents révoqués à l'occasion de la grève d'octobre 1910. La proposition ainsi formulée donna lieu à un assez vif débat et fut renvoyée à la Commission du travail de la Chambre.

M. Augagneur, ministre des travaux publics, détachant du projet de loi présenté à la Chambre le 12 décembre 1910 les dispositions qui concernaient le statut des employés, en fit l'objet d'un projet spécial dont il élargit le cadre et qu'il déposa le 7 novembre 1911. Aux termes de ce projet, les nominations des directeurs, des sous-directeurs ainsi que des chefs de service préposés à l'exploitation, à la traction, au matériel, à la voie, devaient, pour les Compagnies de chemins de fer d'intérêt général, recevoir la ratification ministérielle; valables pendant six années seulement, elles pouvaient être renouvelées; faute d'avoir pu ratifier les choix des Compagnies avant l'expiration d'un délai déterminé, le Ministre s'attribuait le droit de procéder d'office aux nominations. Tous les changements dans l'organisation administrative des réseaux ou dans les attributions des agents précédemment énumérés étaient également subordonnés à l'approbation ministérielle. L'homologation devenait obligatoire pour les règlements relatifs à l'organisation administrative de chaque réseau, au recrutement et à l'avancement du personnel, à l'échelle des traitements, à la constitution et au fonctionnement des conseils de discipline et aux commissions de réforme; dans le cas où l'homologation ne serait accordée que sous réserve de modifications ou d'additions non acceptées par la Compagnie, il devait être statué par un décret rendu sur avis conforme du Conseil d'État. Afin de donner une sanction aux prescriptions nouvelles, le projet portait que les contraventions seraient poursuivies conformément au titre III de l'ordonnance du 15 novembre 1846.

Peu après, le 13 novembre 1911, M. Millerand effectuait, au nom de la Commission du travail, le dépôt d'un rapport sur le projet de loi du 12 décembre 1910, ainsi allégé de son titre premier. La Commission apportait au texte du Gouvernement des modifications assez profondes. De ces modifications, l'une des plus essentielles consistait à écarter toute disposition retirant aux agents des chemins de fer le droit de grève, droit qui ne se trouvait inscrit dans aucun texte de loi : la grève était un fait, et ce qu'il aurait fallu interdire, c'eût été la coalition autorisée par la loi du 25 mai 1864; mais la nécessité se fût peu à peu imposée d'étendre la mesure à de nombreuses industries, éventualité manifestement inadmissible; nul moyen pratique n'apparaissait, d'ailleurs, de faire respecter une telle prohibition; au surplus, les peines, si sévères fussent-elles, le seraient toujours moins que la sanction civile de la révocation. Cela n'empêchait pas la Commission de condamner et de déclarer inacceptable la cessation du travail dans les services publics. Parmi les autres modifications, il y a lieu de signaler les suivantes : abandon des comités locaux de conciliation, comme faisant double emploi avec les conférences régionales, et institution, pour chaque réseau, d'un comité unique, dont le lieu de réunion et la composition seraient arrêtés, dans chaque cas, suivant l'étendue du conflit et la nature des questions à débattre; suppression de toute intervention du Parlement dans la désignation des arbitres; limitation, par diverses conditions de forme et de fond, des cas de recours au tribunal arbitral; attribution d'un caractère souverain aux décisions des arbitres, celles-ci n'étant jamais soumises à la ratification des Chambres ; introduction de sanctions destinées à obtenir des parties le respect de la procédure d'arbitrage ; retranchement des sanctions que le projet du Gouvernement avait voulu donner aux sentences, mais que la Commission jugeait inutiles et inefficaces ; renvoi à un règlement d'administration publique pour déterminer les conditions et les modalités d'application de la loi aux réseaux secondaires d'intérêt général.

5. *Projet de résolution tendant à la fermeture des gares les dimanches et jours fériés pour le service de la petite vitesse.* — La question du service des marchandises dans les gares, les dimanches et jours fériés, présente une étroite connexité avec celle du repos hebdomadaire. Depuis longtemps, les Compagnies et l'Administration supérieure se sont efforcées de réduire progressivement ce service. L'arrêté ministériel du 12 juin 1866 sur les délais d'expédition, de transport et de livraison décidait que les gares de petite vitesse seraient fermées à midi les dimanches et jours fériés ; un arrêté du 9 mai 1891 ordonna la fermeture de ces gares à dix heures, en maintenant toutefois l'heure de midi pour certaines marchandises, ainsi que pour les expéditions par wagon complet dont la manutention incombait au commerce ; bientôt un troisième arrêté, du 1er août 1898, fixa à neuf heures, même pour les expéditions par wagon complet, l'heure de fermeture et se borna à prolonger jusqu'à dix heures la réception ou la livraison d'un petit nombre de marchandises.

Telle était la situation, quand M. Tournade, député, proposa, le 4 décembre 1902, l'interruption complète du service de petite vitesse dans les gares, les dimanches et jours fériés. Au nom de la Commission des chemins de fer, M. Berthelot émit un avis défavorable (17 novembre 1904).

Le vote de la loi du 13 juillet 1906 sur le repos hebdomadaire amena dans les pratiques industrielles et commerciales une modification profonde, qui devait rendre possibles des mesures jugées naguère inacceptables. Bien que non assujetties à cette loi, les grandes Compagnies prirent, nous l'avons vu, l'initiative de donner à leurs employés et ouvriers des repos équivalents à ceux que leur eût assurés l'application du droit commun ; afin de rendre leurs intentions plus facilement réalisables, elles demandèrent la fermeture complète des gares, les dimanches et jours fériés, pour les marchandises de grande vitesse comme pour les marchandises de petite vitesse. A la suite d'une instruction minutieuse, le Ministre des travaux publics accueillit leur demande, par arrêté du 17 avril 1908, en ce qui concernait la petite vitesse, réserve faite de quelques marchandises auxquelles les gares restaient ouvertes jusqu'à dix heures, et décida la fermeture du service de grande vitesse à onze heures, si ce n'est pour certaines marchandises dont les expéditeurs ou les destinataires continuaient à disposer de la journée entière. Des dérogations étaient, d'ailleurs, prévues dans le but d'atténuer les effets de la transition du régime antérieur au régime nouveau.

6. *Proposition concernant la non-application de la loi du 27 décembre* 1895 *aux caisses de retraites et de secours des Compagnies de chemins de fer.* — La loi du 27 décembre 1890 sur le contrat de louage et sur les rapports des agents des chemins de fer avec les Compagnies obligeait ces dernières à demander l'homologation des statuts et règlements de leurs caisses de retraites et de secours par le Ministre des travaux publics. D'autre part, la loi du 27 décembre 1895, concernant les caisses de retraites, de secours et de prévoyance fondées au profit des employés et ouvriers édictait, en son article 3, des dispositions étroites et rigoureuses pour l'emploi des fonds provenant de retenues sur les salaires ou de versements patronaux et subordonnait l'existence des caisses patronales à une autorisation par décret dans la forme des règlements d'administration publique ; les débats parlementaires qui avaient précédé son adoption paraissaient, d'ailleurs, établir que l'intention du législateur avait été de l'appliquer aux chemins de fer, et cette présomption se trouvait fortifiée par l'absence, dans le texte, de toute réserve au sujet des voies ferrées. Cependant, en fait, jamais les Compagnies ne se mirent en instance pour l'exécution de la loi du 27 décembre 1895 ; jamais, non plus, le Gouvernement ne leur adressa d'observations à cet égard. D'accord avec leur personnel, elles redoutaient le trouble qui eût pu être jeté dans leurs institutions de retraite et le préjudice dont les agents auraient été éventuellement exposés à souffrir. M Maurice Sibille proposa à la Chambre, le 5 avril 1897, de décider que la loi de 1895 ne serait pas applicable aux caisses de retraites et de secours des Compagnies et administrations de chemins de fer. Un article ayant le même objet fut inséré, sur un amendement de M. Strauss, dans le texte voté par le Sénat, le 7 juin 1901, pour le projet de loi réglant la situation des mécaniciens, chauffeurs et agents des trains, puis dans la rédaction soumise à la Chambre par son rapporteur, M. Rose ; mais il disparut des textes ultérieurs. La question cessa d'offrir un intérêt pratique, après le vote de la loi du 21 juillet 1909 : en effet, cette loi déterminait elle-même les bases générales du régime des retraites pour les grands réseaux et se bornait à réserver l'homologation des règlements par le Ministre des travaux publics dans les conditions de la loi des 27 décembre 1890-10 avril 1902. Depuis, l'article 42 de la loi

du 5 avril 1910 sur les retraites ouvrières et paysannes a expressément abrogé l'article 3 de la loi du 27 décembre 1895.

7. *Propositions ou projets de loi et débats relatifs aux coalitions ou aux grèves.* — Pendant de longues années, les agents des chemins de fer français, plus sages que leurs collègues d'autres pays, restèrent absolument réfractaires à toute suspension concertée du travail. Leur attitude était justement louée au Parlement ; du reste, les orateurs qui défendaient plus spécialement leur cause n'admettaient pas qu'ils pussent faire grève et reconnaissaient au Gouvernement la faculté de prendre, le cas échéant, les mesures nécessaires pour s'opposer aux abus du droit de coalition. MM. Tolain, Germain Casse et Raynal en tiraient même argument à l'appui de l'institution d'un régime particulier pour les rapports entre les Compagnies et le personnel.

Les difficultés ne commencèrent à naître que vers la fin du siècle dernier. Encore portèrent-elles tout d'abord, non sur le droit de grève, mais sur le droit d'association en syndicat. M. le député Salis questionna, le 22 mai 1894, M. Jonnart, ministre des travaux publics, au sujet des obstacles que les agents rencontraient de la part des Compagnies pour participer à un Congrès national de la fédération de leurs chambres syndicales. Le Ministre ayant déclaré, dans sa réponse, que le Gouvernement ne considérait pas les employés et ouvriers commissionnés des chemins de fer de l'État comme bénéficiant de la loi du 21 mars 1884 sur les syndicats professionnels, la question fut transformée en interpellation. Après une intervention de M. Millerand et de M. de Ramel, la Chambre vota un ordre du jour affirmant l'applicabilité de la loi aux exploitations de l'État aussi bien qu'aux industries privées, et invitant le Gouvernement à en faciliter l'exécution. Cette conclusion du débat eut pour conséquence la retraite du Cabinet présidé par M. Casimir-Périer.

Vers la fin de la même année, le 21 décembre, MM. Merlin et d'autres membres du Sénat déposèrent une proposition ayant pour objet d'interdire les coalitions formées en vue de la suspension ou de la cessation du travail dans les exploitations de l'État et dans les Compagnies de chemins de fer. Cette proposition, prise en considération le 8 février 1895, fut suivie de la présentation par M. Trarieux, garde des sceaux, ministre de la justice, d'un projet de loi en date du 4 mars 1895 : le Gouvernement concluait à une modification des articles 414 et 415 du Code pénal : il distinguait les services de simple gestion financière des services publics proprement dits, intéressant l'ordre général et la sécurité du pays ; seules, les coalitions du personnel de ces derniers services pour la cessation concertée du travail donnaient lieu à des dispositions répressives spéciales. M. Ricard.

successeur de M. Trarieux, retira le projet. Mais la proposition d'initiative parlementaire subsistait ; un contre-projet avait, d'ailleurs, été rédigé par M. Marcel Barthe. Sur le rapport de M. Demôle et à la suite d'une longue discussion, l'Assemblée, refusant de se rendre aux objections de M. Cavaignac, ministre de la guerre, et de M. Bourgeois, président du conseil, vota un texte qui modifiait les articles 414 et 415 du Code pénal dans un sens conforme au principe de l'ancien projet de loi (4 et 14 février 1896). Les services protégés contre la cessation concertée du travail étaient ceux des établissements de la Guerre et de la Marine, des Compagnies de chemins de fer et de l'Administration des chemins de fer de l'État. Transmise à la Chambre, la proposition adoptée par le Sénat ne revit plus le jour.

La question des grèves fut soulevée sous une autre forme au Sénat, le 6 juillet 1909, pendant la discussion du projet de loi sur les conditions de retraite du personnel des grands réseaux d'intérêt général. M. Touron déposa un amendement qui tendait à exclure du bénéfice des pensions différées (Art. 5 de la loi) les agents ayant plus de quinze années d'affiliation et quittant le service par suite d'une cessation concertée du travail. Le rapporteur et le Gouvernement combattirent cet amendement, que son auteur se détermina finalement à retirer. Au cours des débats, M. Barthou, ministre des travaux publics, appuyé par M. Clemenceau, président du Conseil, reconnut, non sans soulever quelques contradictions, le droit pour le personnel des chemins de fer de se mettre en grève, dans l'état actuel de la législation ; sans doute, une loi nouvelle pourrait dépouiller les agents de ce droit, mais à la condition de leur donner un statut garantissant les libertés indispensables. Développant et précisant sa pensée, le Ministre soutint, ce qui n'était guère contestable, que la grève du personnel des chemins de fer n'était réprimée par aucune disposition pénale et que sa seule conséquence éventuelle serait d'exposer les agents à des responsabilités civiles, à des sanctions disciplinaires.

Des grèves locales successives commençaient cependant à jeter le trouble dans l'exploitation de divers réseaux secondaires d'intérêt général ou d'intérêt local. Il s'en produisit une notamment sur le réseau du Sud de la France, vers la fin de mai 1910. Cette grève avait été déterminée surtout par la non-assimilation des réseaux secondaires aux grands réseaux pour le régime des retraites ; les revendications des agents portaient, d'ailleurs, non seulement sur ce régime, mais aussi sur les salaires, la réglementation du travail, le repos hebdomadaire. Un calme complet ne cessa de régner parmi les grévistes. Le service fut assuré, dans les limites nécessaires, par des sapeurs du génie et par des mécaniciens ou chauffeurs de la marine militaire. M. Millerand, ministre des travaux publics, s'interposa afin d'amener un accord et réussit à l'établir, grâce à d'assez larges concessions de la Compagnie, qui réintégra tous les agents dans leur situation antérieure, sans exercer aucune représaille. Interpellé au Sénat par M. Pélissier, le 28 juin 1910, alors que le travail était repris, M. Millerand justifia l'emploi de la main-d'œuvre militaire par la nécessité du maintien d'un service public dont le fonctionnement importait à la vie même de la nation et ne pouvait dépendre d'un conflit d'intérêts privés. Il exprima l'avis que la cessation du travail ne constituait pas pour les agents un moyen de faire prévaloir leurs revendications légitimes. Le Ministre profita de l'occasion pour rappeler les mesures prises depuis dix ans en faveur du personnel des chemins de fer et montra, en outre, l'impossibilité d'une assimilation complète des réseaux secondaires, soit avec les grands réseaux, soit même entre eux.

En octobre 1910 éclata une grève beaucoup plus grave, englobant un nombreux personnel et atteignant plusieurs des grands réseaux, notamment ceux du Nord et de l'Ouest-Etat. Depuis assez longtemps, les revendications tendant à l'augmentation des salaires, à la rétroactivité de la loi sur les retraites, à une nouvelle réglementation du travail, à une application plus complète du repos hebdomadaire, avaient revêtu un caractère particulier d'acuité. Tout y contribuait : les manifestations parlementaires réitérées, nécessairement suivies de déceptions; la propagande de l'élément agissant des groupements syndicaux d'agents et d'ouvriers; l'action de meneurs, de révolutionnaires étrangers à la profession. Le Gouvernement s'était interposé entre les Compagnies et leurs employés ; mais les questions à résoudre offraient une extrême complexité et ne se présentaient point, d'ailleurs, sous des aspects identiques pour les différents réseaux ; arguant de cette diversité, les Compagnies se refusaient à des entretiens contradictoires et collectifs avec les syndicats; d'un autre côté, les représentants des agents n'arrivaient pas à formuler leurs demandes dans des termes d'une précision suffisante. Quoi qu'il en soit, les négociations se poursuivaient et le Ministère ne désespérait pas d'amener la conciliation, quand, sans vouloir attendre la conclusion des pourparlers, quelques impatients donnèrent le signal de la cessation du travail. Dès le début, le mouvement gréviste se compliqua d'atteintes à la liberté des travailleurs et d'actes qu'un néologisme aujourd'hui consacré qualifie de « sabotage », c'est-à-dire d'attentats criminels consistant à détériorer ou à détruire le matériel, au risque de provoquer les pires catastrophes. En toute circonstance, le devoir du Gouvernement eût été de pourvoir au maintien du service public, dont la suppression aurait constitué un véritable désastre national. Ce devoir devenait encore plus étroit, eu égard à l'allure anarchique et révolutionnaire du mouvement. Il assura la garde des voies ferrées, fournit de la main-d'œuvre militaire, réprima les excitations condamnées par des dispositions pénales, mobilisa les sections de chemins de fer de campagne et les subdivisions complémentaires territoriales, en les convoquant pour une période de 21 jours. D'après l'ordre d'appel, les agents supérieurs et secondaires des unités désignées devaient continuer à assurer le service normal sur le réseau ferré auquel ils appartenaient, suivant les ordres qu'ils recevraient de leurs supérieurs hiérarchiques et dans les conditions fixées par le décret du 8 décembre 1909, modifié le 16 juillet 1910, ainsi que par l'instruction ministérielle du 10 décembre 1909, modifiée le 16 juillet 1910.

Les mesures énergiques prises par le Gouvernement et les peines disciplinaires assez nombreuses prononcées par les Compagnies éteignirent rapidement la grève. Malheureusement les actes de sabotage se perpétuèrent, certainement imputables pour la plupart, sinon tous, à des hommes ne faisant pas partie du personnel des chemins de fer; les coupables réussissaient, d'ailleurs, à échapper aux recherches, et leur impunité ne pouvait qu'accroître le danger.

Dès la rentrée du Parlement, la grève fit l'objet, à la Chambre, d'interpellations qui n'occupèrent pas moins de cinq séances, du 25 au 30 octobre. Les débats, essentiellement politiques, se caractérisèrent par une véhémence exceptionnelle; une fraction de l'Assemblée livra un furieux assaut au Cabinet et plus particulièrement à M. Briand, président du Conseil. Des critiques acerbes furent dirigées contre l'attitude du Gouvernement, contre la mobilisation des sections de chemins de fer de campagne, qui aurait été détournée de son but légal d'instruction militaire et qui aurait mis les agents dans la cruelle alternative de déserter l'action corporative ou le devoir national. Les opposants reprochaient au Ministère d'avoir violé les libertés syndicales, méconnu le droit de grève, procédé à des arrestations arbitraires, engagé des instructions judiciaires sans base sérieuse. Ils attaquaient non moins vivement les Compagnies et les accusaient d'avoir obéi, dans l'application des peines disciplinaires, à des sentiments d'hostilité envers le syndicalisme. M. Briand et M. Millerand, ministre des travaux publics, affirmèrent la parfaite légalité de leur conduite, l'obligation où eût été tout autre Gouvernement d'agir de même; ils s'efforcèrent d'établir par la production de documents irrécusables que le pays s'était trouvé en face d'un mouvement anarchiste, d'un essai de mobilisation révolutionnaire tenté dans un but politique; ils rappelèrent leur action persévérante pour amener une conciliation, pour améliorer le sort des agents; enfin, ils annoncèrent l'étude de dispositions législatives mettant le pays à l'abri de pareilles entreprises et laissant intactes les libertés essentielles de la République.

Finalement, l'ordre du jour suivant fut voté à une énorme majorité : « La Chambre, flétrissant le sabotage, la violence et l'antipatriotisme, « approuvant les actes du Gouvernement, confiante en lui pour sauvegarder, dans l'ordre et dans la loi, les intérêts légitimes des employés « et ouvriers des chemins de fer, les libertés de la République et les « intérêts vitaux du pays, et repoussant toute addition, passe à l'ordre « du jour ».

Un mois plus tard, le 1er décembre 1910, M. François Fournier déposait sur le bureau de la Chambre des députés un projet de résolution invitant le Gouvernement à étudier les moyens d'assurer la réintégration des agents révoqués lors de la grève, qui ne seraient pas sous le coup de poursuites judiciaires. Cette proposition fut discutée le 2 et le 20 décembre. Ses défenseurs, après un nouvel exposé des causes de la grève, faisaient valoir que les agents avaient cru de très bonne foi, conformément à l'opinion des hommes les plus autorisés, être en droit de cesser le travail sans commettre une mauvaise action; ils invoquaient l'arbitraire des révocations, trop souvent inspirées par des vues hostiles aux organisations syndicales, l'impossibilité pour les révoqués d'exercer une autre profession, le stigmate dont les marquait leur radiation du personnel des chemins de fer, la misère des femmes et des enfants, le désordre jeté dans les transports par le renvoi ou le changement de service des employés les meilleurs et les plus expérimentés. D'autres membres de la Chambre, au contraire, indiquant qu'à la grève apparente avait succédé une grève occulte, dite « grève perlée » (retard des expéditions : apposition sur les colis d'étiquettes inexactes; etc.), jugeaient nécessaire de défendre les intérêts trop oubliés du public et de mettre fin à des capitulations destructives de toute discipline. M. Briand, président du conseil, avait promis, lors des interpellations relatives à la grève, d'insister auprès des Compagnies pour une revision des cas de révocation, faite non seulement dans un esprit de justice, mais aussi dans un très large esprit de bienveillance et d'humanité ; il affirma que cette revision était en cours ; toutefois, il ajouta qu'une amnistie générale serait inadmissible et que l'élimination devrait être maintenue pour certains faits, comme l'exécution ou la tentative d'actes de sabotage, l'incitation aux actes de cette nature, les violences pendant la grève, le renvoi des ordres d'appel au Ministre de la guerre, etc. Le débat fut clos par un ordre du jour ainsi conçu : « La Chambre, prenant acte des déclarations du Gouvernement, confiante en lui pour procéder sur le réseau « de l'État à la revision des cas de révocation dans le plus large esprit d'équité, de bienveillance et d'humanité, et pour insister auprès « des Compagnies pour qu'elles procèdent à cette revision dans le « même esprit, et repoussant toute addition, passe à l'ordre du jour ».

Peu après (22 décembre 1910), le Gouvernement présenta à la Chambre les projets de loi dont il avait annoncé l'élaboration : 1° projet de loi ayant pour objet la répression des actes de sabotage; 2° projet de loi modifiant l'article 20 de la loi du 15 juillet 1845 sur la police des chemins de fer; 3° projet de loi sur le statut des employés des chemins de fer d'intérêt général et sur le règlement pacifique des différends d'ordre collectif relatifs aux intérêts professionnels de ces agents; 4° projet de loi tendant à compléter les dispositions de la loi du 21 juillet 1909, relative aux conditions de retraite du personnel des grands réseaux de chemins de fer d'intérêt général. Les dispositions générales des deux derniers de ces projets ont été précédemment analysées; nous retrouverons plus loin les deux premiers. Il suffira d'insister ici sur la doctrine développée dans l'exposé des motifs du troisième projet, en ce qui concerne le recours du personnel des chemins de fer à la cessation brusque et concertée du travail. Tout d'abord, le Gouvernement considérait comme difficile à expliquer l'usage de ce procédé violent par des agents qui étaient, sans conteste, privilégiés relativement aux travailleurs de l'industrie libre et dont la condition donnait lieu, sous des formes diverses, à l'intervention active de la puissance publique. La grève de ces agents lui paraissait même illicite, attendu, d'une part, qu'elle mettait au service d'intérêts particuliers la force d'un monopole constitué dans l'intérêt de la collectivité des citoyens, et, d'autre part, que le personnel des voies ferrées n'avait pas en face de lui des patrons armés du droit commun de contre-grève. En même temps qu'illégitime, la grève ne pouvait être qu'inefficace, car les nécessités inéluctables de la vie sociale et de la défense nationale obligeraient toujours à la briser indirectement, à lui ôter ses chances de durée et de succès.

L'Administration des chemins de fer de l'État était entrée très largement dans la voie des réintégrations et n'avait définitivement exclu qu'un petit nombre d'agents, dont la présence dans les rangs du personnel eût constitué un danger pour la sécurité publique. Elle témoignait de la reconnaissance, de la bonne tenue, de la discipline des employés ainsi rentrés au service. Les Compagnies s'étant montrées plus rigoureuses, M. Pourquery de Boisserin, député, interpella le Gouvernement, le 14 avril 1911, et l'invita à user de toute son autorité, sauf à demander des armes au Parlement, si ses pouvoirs ne lui semblaient pas suffisants. M. Dumont, ministre des travaux publics, et M. Monis, président du conseil, dirent leurs efforts peu fructueux pour plaider et faire prévaloir la cause de l'humanité; ils donnèrent, en termes comminatoires à l'égard des Compagnies, l'assurance que leur demandait l'interpellateur. La discussion se termina par le vote de l'ordre du jour suivant : « La Chambre, approuvant les déclara-

« tions du Gouvernement, comptant sur lui pour obtenir des Compa- « gnies les mêmes mesures de réintégration que celles qui ont été ac- « cordées par l'État aux employés de son réseau, et repoussant toute « addition, passe à l'ordre du jour ».

MM. Monis et Dumont engagèrent immédiatement de nouveaux pourparlers avec les Compagnies. Ils obtinrent quelques réintégrations sur le réseau du Nord, mais échouèrent pour les autres réseaux. Toutes les Compagnies déclinèrent une proposition du Gouvernement tendant à faire reviser les révocations, en ce qui concernait chaque réseau, par une commission de cinq membres (un conseiller à la Cour de cassation, président; deux représentants du Ministère des travaux publics; deux représentants de la Compagnie). En revanche, elles distribuèrent libéralement des compensations pécuniaires : pensions proportionnelles après quinze ans de service, par assimilation des agents congédiés aux agents atteints de blessures graves ou d'infirmités dans l'exercice de leurs fonctions; secours renouvelables ; secours une fois payés; etc.

Le 11 juillet 1911, M. Jaurès déposa sur le bureau de la Chambre, de concert avec plusieurs autres députés, une proposition que j'ai déjà citée et qui avait pour objet l'institution, auprès de chaque Compagnie, d'un conseil supérieur de discipline, à l'assentiment duquel toute révocation serait subordonnée ; les conseils ainsi créés devaient statuer sur les révocations motivées par la grève d'octobre 1910.

Sans renoncer à poursuivre la réintégration des employés et ouvriers révoqués, M. Raoul Briquet, député, et de nombreux membres du parti socialiste présentèrent, le 12 juillet, une proposition de loi, dont le but était « d'organiser le droit à la retraite » de ces agents.

Le débat relatif aux réintégrations se rouvrit devant la Chambre, le 29 décembre 1911, à la suite du dépôt par M. Colly d'un projet de résolution ainsi conçu : « La Chambre compte sur le Gouvernement « pour lui demander, sans délai et conformément à son ordre du jour « du 14 avril 1911, les armes nécessaires en vue d'obtenir des Com- « pagnies de chemins de fer la réintégration, dans les mêmes condi- « tions qu'au réseau de l'État, des cheminots révoqués ». M. Augagneur, ministre des travaux publics, et son prédécesseur, M. Dumont, prirent une part importante à ce débat; ils exposèrent les longues négociations poursuivies avec les Compagnies et les résultats de ces négociations. Le Ministre déclara que le Gouvernement avait épuisé tous ses moyens d'action et que « la question des cheminots révoqués « après la grève d'octobre était une question terminée » ; il affirma, d'ailleurs, l'impossibilité, en fait et en droit, de la grève des services publics, et annonça la ferme intention du Gouvernement de s'appliquer à prévenir le retour de conflits si redoutables par des décisions appropriées. Vers la fin de la discussion, M. Dalbiez demanda le vote de l'ordre du jour ci-après : « La Chambre, confirmant son ordre du « jour du 14 avril 1911, invite le Gouvernement à maintenir le droit de « contrôle de l'État dans les rapports des Compagnies de chemins de « fer avec leur personnel et à faire discuter d'urgence les projets dépo- « sés par le Ministre des travaux publics ». L'Assemblée adopta, à une très forte majorité, l'ordre du jour pur et simple, que M. Caillaux, président du Conseil, réclamait en y attachant la valeur d'un témoignage de confiance.

Si la question de réintégration se trouvait ainsi écartée, il en était autrement de la proposition formulée, le 12 juillet 1911, par M. Raoul Briquet. La Commission des travaux publics de la Chambre, à laquelle cette proposition avait été renvoyée, insista auprès des Compagnies pour que de nouvelles améliorations fussent apportées au sort des agents révoqués. Ses démarches aboutirent sur les points essentiels. M. Monestier en rendit compte dans un remarquable rapport du 16 février 1912. Finalement, parmi les 1835 employés ou ouvriers définitivement exclus par les Compagnies du Nord, de l'Est, d'Orléans, de Paris-Lyon-Méditerranée, du Midi, et par le Syndicat de Ceinture, 1 487 bénéficiaient d'un régime plus avantageux que celui des lois du 21 juillet 1909 et du 29 décembre 1911 relatives aux pensions de retraite, et 274 d'un régime à peu près équivalent. Seuls, 74 étaient légèrement moins bien traités, non de parti pris, mais par l'effet normal des règlements généraux pris comme base de liquidation. Conformément à l'avis de la Commission et après un court échange d'observations, la Chambre vota, le 12 juillet 1911, une résolution dont voici le texte : « La Chambre des députés, prenant acte des engage- « ments spécifiés par les grandes Compagnies de chemins de fer dans « les lettres qu'elles ont adressées au Ministre ou à la Commission « des travaux publics, compte sur le Gouvernement pour intervenir « auprès d'elles en vue d'obtenir l'amélioration de la situation des « agents révoqués, dont les allocations restent inférieures à celles qui « résulteraient de l'application des lois de 1909-1911 ».

8. *Propositions et projet de loi relatifs au contrôle.* — L'organisation du contrôle a donné lieu, devant la Chambre des députés, à un certain nombre de propositions concernant, soit l'ensemble, soit une branche particulière du service. Telle la proposition de M. Guillemet, du 16 novembre 1891, tendant à faire passer au Ministère du commerce et à réorganiser le contrôle de l'exploitation; telle aussi celle de M. Lafferre, du 7 février 1907, qui transférait au Ministère du travail et de la prévoyance sociale le contrôle du travail des agents et laissait le surplus au Ministère des travaux publics, avec une nouvelle constitution.

Il y a lieu de mentionner encore un projet de loi du 14 décembre 1903 présenté d'un commun accord par M. Maruéjouls, ministre des travaux publics, et M. Trouillot, ministre du commerce et de l'industrie, pour donner aux contrôleurs du travail des agents les attributions d'inspecteurs du travail, en ce qui concernait l'application de la loi des 12 juin 1893-11 juillet 1903 sur l'hygiène et la sécurité des travailleurs, dans les établissements des chemins de fer d'intérêt général. M. Mas, rapporteur, acceptait, non sans réserve, le projet légèrement modifié ; mais la Chambre ne fut pas appelée à statuer.

9. *Propositions relatives à la sécurité publique dans les chemins de fer.* — La réglementation du travail des agents et même les conditions de leur admission à la retraite, que nous avons déjà rencontrées dans cette revue sommaire, intéressent sans contredit la sûreté de l'exploitation. Mais il est d'autres questions, concernant le matériel, les procédés d'exploitation, etc., qui touchent peut-être plus directement encore à la sécurité publique.

Ces questions ont été abordées dans des propositions de loi, comme celles de MM. Delattre, de Janzé et autres députés, dont la dernière porte la date du 16 juin 1886.

M. Delattre et ses collègues demandaient, outre la limitation du travail et la détermination du droit à pension de certains agents, beaucoup d'autres mesures de sécurité : uniformisation de divers règlements d'exploitation, des signaux, des freins, des moyens de communication soit entre les agents des trains et le mécanicien, soit entre les voyageurs et ces agents ; adoption de dispositifs permettant aux mécaniciens de contrôler eux-mêmes la sécurité de la voie ; fixation de règles pour l'admission à la conduite des trains et à la manœuvre des aiguilles ; création d'inspecteurs de sûreté ; etc. Les propositions ainsi formulées furent examinées avec la plus scrupuleuse attention par le Comité de l'exploitation technique des chemins de fer, puis par le Conseil d'État, qui, sans contester l'utilité de certaines améliorations, ne se montra pas favorable au principe d'une loi nouvelle, le Ministre des travaux publics tenant de la législation en vigueur les pouvoirs nécessaires (Avis du 10 avril 1884). Néanmoins, M. Wickersheimer, rapporteur de la Chambre, conclut au vote d'un texte très étudié et très détaillé. L'Assemblée ratifia, en première délibération, les 1er et 11 avril 1889, la plus grande partie de ce texte et résolut le passage à une deuxième délibération, qui ne fut jamais ouverte.

Des décisions ministérielles successives ont réalisé, dans ce qu'elles avaient de pratique et de désirable, les modifications de régime envisagées par la Chambre. Parmi les réformes les plus importantes, il est juste de citer l'institution d'un code des signaux (Arrêté ministériel du 15 novembre 1885).

10. *Proposition relative à la responsabilité civile des Compagnies et Administrations de chemins de fer pour les accidents de voyageurs.* — L'article 1784 du Code civil institue contre le voiturier, en cas de perte ou d'avarie de marchandises, une présomption de faute dont il ne peut se dégager qu'en prouvant le vice propre, le cas fortuit ou la force majeure. Aucune disposition du même ordre n'a pris place dans nos lois pour les accidents de voyageurs. Suivant certains auteurs, la règle inscrite à l'article 1784, quoique non applicable aux personnes, si l'on s'en tient à la lettre, doit leur être étendue comme précepte de raison et principe de droit naturel. D'autres juristes soutiennent qu'à défaut de texte contraire le fardeau de la preuve incombe nécessairement au demandeur, selon le droit commun, et que les articles 1382 et suivants du Code civil fournissent seuls la base de l'action. Les tribunaux se sont eux-mêmes divisés ; mais la Cour de cassation a consacré la seconde doctrine, et sa jurisprudence paraît tout à fait irréprochable.

M. le député Pourquery de Boisserin, invoquant l'activité croissante de la circulation, la nécessité d'une protection efficace de la vie humaine, l'opportunité de tenir en éveil la prudence des Compagnies, enfin la difficulté pour les voyageurs victimes d'accidents, ou pour leur famille, de prouver la faute du transporteur, a proposé, le 12 novembre 1901, la revision de l'article 1784 du Code civil et son application expresse au transport des personnes. En cas d'accidents de voyageurs, les Compagnies ou Administrations de chemins de fer auraient été responsables, à moins qu'elles ne fissent la preuve du cas fortuit ou de la force majeure. La proposition n'a pas été discutée par la Chambre.

11. *Projet de loi et débats sur les actes de sabotage.* — La grève d'octobre 1910 avait montré en pleine activité des entreprises d'anarchie, qui, sous prétexte d'appuyer l'action corporative, se proposaient de rendre le matériel indisponible, de le détériorer ou même de le détruire, au risque parfois de mettre des existences en danger. Des faits du même ordre s'étaient produits pour d'autres services publics, pour des industries privées, pour des établissements commerciaux. Considérant à juste titre de tels actes comme intolérables dans une nation civilisée, le Gouvernement jugeait nécessaire d'en assurer la répression rigoureuse et de frapper, non seulement les auteurs des actes ou des tentatives coupables, mais tous les provocateurs.

Or, l'article 443 du Code pénal, dont la rédaction était déjà ancienne et ne répondait plus à la situation actuelle, avait été reconnu, en nombre de cas, inefficace et inopérant. D'autre part, si le Code pénal permettait d'atteindre les auteurs des actes de sabotage et leurs complices, tels que les définissent les articles 59 et 60, il laissait souvent échapper à la répression les individus sur lesquels pesait la principale responsabilité, ceux qui, par une propagande systématique, avaient provoqué aux attentats, sans que leurs incitations, prudemment calculées, fussent poussées assez avant pour les constituer complices au sens des articles 59 et 60.

Le Cabinet présidé par M. Briand déposa donc, le 22 décembre 1910, sur le bureau de la Chambre des députés, un projet de loi ayant pour objet la répression des actes de sabotage. Aux termes de ce projet, encourait un emprisonnement d'un mois à deux ans et une amende de 50 à 1 000 francs « quiconque, par quelque moyen que ce fût, aurait « volontairement détruit, détérioré ou rendu indisponibles des instru« ments ou autres objets, dans le but d'empêcher ou d'entraver le « fonctionnement d'un service public ou l'exploitation d'une indus« trie ou d'un commerce ». La durée de l'emprisonnement atteignait de deux à cinq ans et l'amende de 200 à 2 000 francs, quand le délit avait été commis par un ouvrier ou employé du service public, de l'industrie ou de la maison de commerce. Étaient passibles des mêmes peines : 1° ceux qui auraient tenté de commettre l'un des actes précédemment indiqués ; 2° ceux qui s'en seraient rendus complices dans les conditions déterminées par l'article 60 du Code pénal ; 3° ceux qui y auraient provoqué d'une manière directe et autrement que par les moyens énoncés en l'article 23 de la loi du 29 juillet 1881, sans que leur provocation fût suivie d'effet. Quoique punies également des peines inscrites à la loi nouvelle, les provocations non suivies d'effet, par l'un des moyens énoncés en l'article 23 de la loi du 29 juillet 1881, devaient être poursuivies conformément aux dispositions de cette dernière loi. L'article 463 du Code pénal était dans tous les cas applicable.

A la date du 4 juillet 1911, c'est-à-dire six mois environ plus tard, M. Lauraine présenta, au nom de la Commission de la réforme judiciaire et de la législation civile et criminelle, un rapport qui, tout en adoptant dans leurs traits essentiels les propositions du Gouvernement, concluait à y apporter certains changements. En ce qui concernait la forme, le texte soumis à la Chambre par la Commission donnait aux dispositions à édicter le caractère d'une modification expresse de l'article 443 du Code pénal et d'une addition à l'article 24 de la loi du 29 juillet 1881. Au point de vue du fond, elle écartait comme ambiguë la formule « par tout autre moyen que ceux énoncés en l'article 23 de la loi du 29 juillet 1881 » employée à propos des provocations individuelles; reprenant l'énumération de l'article 60, § 1er, du Code pénal, elle déclarait les peines applicables à « ceux qui, par « dons, promesses, menaces, abus d'autorité ou de pouvoir, machi- « nations ou artifices coupables, auraient provoqué aux actes (définis « par le § 1er de l'article 443 modifié) ou qui auraient donné des ins- « tructions précises pour les commettre, alors même que les provoca- « tions ou instructions n'auraient pas été suivies d'effet ».

Cependant, le temps passait et la longue série des entreprises contre les chemins de fer se poursuivait. Le 5 juillet 1911, M. Ancel, sénateur, interpella le Ministre des travaux publics sur les mesures qu'il comptait prendre « pour prévenir le renouvellement d'actes de « sabotage semblables à celui qui avait causé le déraillement du train rapide du Havre » (déboulonnement d'un rail près de Pont-de-l'Arche). Plusieurs orateurs se plaignirent vivement de l'impunité des coupables et s'attachèrent à montrer les armes que le Gouvernement tenait de la loi du 15 juillet 1845, de la loi sur la presse et du Code pénal, en attendant une législation nouvelle, si celle-ci était nécessaire. La Haute Assemblée vota l'ordre du jour suivant : « Le Sénat, pre- « nant acte des déclarations du Gouvernement et comptant sur lui « pour assurer la répression aussi rapide qu'énergique des actes cri- « minels de sabotage qui se succèdent sur les voies ferrées et pour « réclamer sans délai le vote de dispositions législatives nouvelles « qui permettent d'atteindre les provocateurs en même temps que les « auteurs, passe à l'ordre du jour ».

12. *Projet de loi modifiant l'article* 20 *de la loi du* 15 *juillet* 1845 *sur la police des chemins de fer* (*abandon de poste*). — Aux termes de l'article 20 de la loi du 15 juillet 1845, « sera puni d'un emprisonnement « de six mois à deux ans tout mécanicien ou conducteur garde-frein « qui aura abandonné son poste pendant la marche du convoi ».

Quand fut rédigé cet article, les trains étaient généralement conduits ou convoyés par le même personnel depuis la gare de départ jusqu'à la gare d'arrivée. Aujourd'hui les parcours sont plus longs, le personnel est renouvelé une ou plusieurs fois, et il faut que les agents désignés en vue de la relève se présentent pour occuper leur poste. D'un autre côté, la désertion du devoir professionnel de la part d'autres agents appartenant aux services de la voie et de l'exploitation peut être également funeste à la sécurité.

Ces considérations ont déterminé le Gouvernement à saisir la Chambre, le 22 décembre 1910, d'un projet de loi modifiant ainsi l'article 20 de la loi du 15 juillet 1845 : « Sera puni d'un emprisonne- « ment de six mois à deux ans tout mécanicien, conducteur garde- « frein ou autre agent chargé de conduire ou convoyer un train qui

« aura abandonné son poste en cours de service ainsi que tout agent « qui, régulièrement désigné pour assurer, en cours de route, la « relève d'un agent chargé de conduire ou de convoyer un train, « aura négligé ou refusé sans excuse valable de rejoindre son poste. « — La même peine est applicable à tout aiguilleur, préposé aux « signaux ou autre agent de la voie ou de l'exploitation, chargé d'un « service nécessaire à la sécurité des convois en marche, qui aura, « soit abandonné son poste, soit négligé ou refusé sans excuse « valable de le rejoindre. »

13. *Projet de loi et proposition concernant la responsabilité pénale des Compagnies.* — Actuellement, les agents des Compagnies qui se rendent coupables d'infractions aux règlements d'administration publique sur la police, la sûreté et l'exploitation des chemins de fer, ou aux décisions administratives prises pour l'exécution de ces règlements, encourent les peines édictées par l'article 21 de la loi du 15 juillet 1845. Mais les Compagnies elles-mêmes, êtres moraux, échappent à la répression, alors que la responsabilité des infractions leur incombe manifestement en certains cas. Ni la déchéance ni l'application du décret du 27 mars 1852 ne fournissent, d'ailleurs, des sanctions pratiques. Frappé de cette situation, préoccupé en particulier des retards chroniques dans la marche des trains, M. Pierre Baudin, ministre des travaux publics, déposa sur le bureau de la Chambre, le 14 novembre 1899, un projet de loi dont l'objet principal était de modifier la loi de 1845, pour rendre les Compagnies passibles d'amendes, comme auteurs directs ou comme coauteurs des contraventions. Il justifiait cette mesure par la jurisprudence du Conseil d'État statuant au contentieux en matière d'amendes et par divers textes législatifs autorisant à prononcer des amendes correctionnelles contre des êtres moraux. Le nouveau texte comprenait un article spécialement consacré aux retards des convois de voyageurs. M. Castillard, rapporteur, émit, sous quelques réserves, un avis favorable, puis, comme le projet n'avait pas subi l'épreuve de la discussion, reprit, le 5 novembre 1906, les conclusions de son rapport sous forme de proposition d'initiative parlementaire. Cette proposition ne reçut point de suite.

14. *Projet de loi pour la répression des fraudes dans les déclarations d'expéditions.* — Des expéditeurs sans scrupules pourraient présenter systématiquement leurs marchandises aux heures où le service est le plus chargé, par exemple à l'approche de la fermeture des gares, afin de se soustraire au contrôle, et faire sciemment des déclarations inexactes, accuser des poids inférieurs aux poids réels, tromper sur

la nature des marchandises, leur donner de fausses qualifications et bénéficier ainsi de tarifs réduits, etc. De telles manœuvres ne constitueraient pas seulement une fraude vis-à-vis des Compagnies et, éventuellement, vis-à-vis du Trésor; elles fausseraient les conditions normales de la concurrence, au détriment des expéditeurs consciencieux. Il n'y aurait, d'ailleurs, rien d'excessif à envisager le cas d'une complicité de certains agents des Compagnies. Jugeant la répression des fausses déclarations mal assurée ou insuffisante, M. Jonnart, ministre des travaux publics, avait voulu y pourvoir par des dispositions spéciales insérées dans un projet de loi du 26 avril 1894 sur le transport des voyageurs et des marchandises. L'un de ses successeurs, M. Turrel, disjoignit cette partie du texte antérieurement élaboré, la développa et en fit un projet de loi distinct, qu'il présenta à la Chambre, le 31 octobre 1896, mais au sujet duquel aucun rapport ne fut déposé.

15. *Proposition concernant les infractions aux clauses des tarifs.* — D'après la jurisprudence de la Cour de cassation, les infractions aux clauses des tarifs peuvent donner lieu aux poursuites judiciaires contre les Compagnies ou les expéditeurs devant les tribunaux correctionnels et à l'application des peines édictées par l'article 21 de la loi du 15 juillet 1845. Plusieurs auteurs éminents ont combattu cette jurisprudence, comme basée sur une interprétation trop extensive de la loi du 15 juillet 1845 et de l'ordonnance du 15 novembre 1846. M. Morlot, député, considérant que la non-exécution d'un contrat civil par l'une des parties ne devait jamais avoir une sanction pénale, proposa, le 10 avril 1900, de confirmer ce principe pour les tarifs dans un texte législatif formel, la partie lésée conservant, bien entendu, son action en dommages-intérêts. Cette proposition n'eut qu'une suite extraparlementaire : le Comité consultatif des chemins de fer, appelé à en délibérer, fit observer que l'intérêt pratique de la question était limité aux fausses déclarations, qu'il fallait distinguer entre les erreurs non intentionnelles et les fausses déclarations dictées par une intention frauduleuse, que ces dernières appelaient une sanction pénale et les premières une simple sanction civile, pouvant consister notamment en des majorations de taxes. L'instruction ne fut pas poussée plus loin.

16. *Propositions et projets de loi relatifs aux tarifs.* — L'ancienne tarification des chemins de fer, notamment pour le transport des marchandises en petite vitesse, avait été édifiée au jour le jour, sans vues d'ensemble. Elle soulevait, de toutes parts, les critiques les plus vives. L'extrême multiplicité des prix fermes en faisait un véritable

dédale dans lequel s'égaraient le public et, parfois même, les agents des Compagnies. Un trouble profond était jeté dans les situations naturelles des centres producteurs ou consommateurs. Trop souvent, d'habiles combinaisons de taxes concurrençaient abusivement les entreprises de navigation. Certains tarifs favorisaient outre mesure l'importation, au détriment de l'industrie et de l'agriculture nationales.

Un tel état de choses ne pouvait laisser indifférents les Pouvoirs publics. Répondant aux vœux de l'opinion et à la volonté des Chambres, l'Administration supérieure avait, nous l'avons vu, mis à l'étude et entrepris l'œuvre très complexe de la réforme devenue indispensable, quand intervinrent les conventions de 1883. Par des lettres annexées à ces conventions, les grandes Compagnies prirent des engagements dont la réalisation devait constituer un sérieux progrès, simplifier la taxation intérieure, diminuer dans une forte proportion le nombre des prix fermes, placer la plupart des relations sous le régime de barèmes du système belge, procurer dans l'ensemble un abaissement sensible du coût des transports, favoriser l'exportation, supprimer les tarifs d'importation qui mettraient en échec la législation douanière.

La revision fut poussée aussi activement que possible, avec le concours du Comité consultatif des chemins de fer qui apporta à ce rude labeur un dévouement inlassable, un soin scrupuleux, un souci constant des intérêts supérieurs du pays. Mais comment uniformiser sans se résoudre à quelques relèvements? Il aurait fallu toujours prendre pour régulateurs les prix les plus bas: c'eût été un désastre financier pour les Compagnies et pour l'État, leur garant. Les difficultés s'aggravaient alors d'une crise industrielle et commerciale, dont l'intensité et la persistance commandaient beaucoup de circonspection. Peut-être, d'ailleurs, la prudence fut-elle exagérée par certaines Compagnies. Quoi qu'il en soit, les intéressés qui voyaient leurs espérances déçues élevèrent des protestations véhémentes, alors que les autres se gardaient de témoigner leur satisfaction : la nature humaine est ainsi faite, et personne ne pouvait s'attendre à une autre attitude.

C'est surtout contre la Compagnie de Paris à Lyon et à la Méditerranée que les réclamations prirent une acuité particulière, bien que le sacrifice annuel fût évalué à 3 millions de francs. La Compagnie n'avait pas entièrement adhéré aux avis du Comité consultatif des chemins de fer, et le Ministre des travaux publics s'était trouvé dans l'obligation absolue de transiger, en ayant soin, du reste, de subordonner sa décision à de sages garanties pour l'avenir. MM. Thévenet et Jamais interpellèrent le Gouvernement. La discussion dura du 22 février au 27 mars 1886 ; elle eut un grand retentissement et appela à la tribune de nombreux orateurs, parmi lesquels MM. Wilson, Cavaignac, Richard Waddington, Félix Faure, Camille Pelletan, Raynal et Baïhaut, ministre. De brillantes passes d'armes eurent lieu entre les libéraux et les partisans d'une action plus directe de l'État, entre les défenseurs et les adversaires des conventions de 1883 ou même des conventions antérieures; les Compagnies furent l'objet d'attaques véhémentes; plusieurs membres de la Chambre demandèrent le renforcement du rôle assigné au Comité consultatif. Le Ministre annonça son intention de poursuivre les entretiens en cours avec les Compagnies, et spécialement avec celle de Paris-Lyon-Méditerranée, pour obtenir l'amélioration des tarifs, et de constituer la Commission prévue par les lettres annexées aux conventions, pour la revision des taxes d'importation. Finalement, la Chambre vota un ordre du jour par lequel, après avoir pris acte des déclarations du Ministre, elle décidait l'adjonction de membres nouveaux à sa Commission des chemins de fer et la chargeait de proposer les mesures législatives propres à fortifier les droits et l'action de l'État.

En exécution de cet ordre du jour, M. Pelletan déposa, le 12 mars 1889, au nom de la Commission des chemins de fer, un remarquable rapport sur les tarifs. Il rappelait les plaintes incessantes formulées contre la tarification française, la comparait à celle de plusieurs autres pays, montrait les abaissements progressifs réalisés au delà de nos frontières, alors que nous restions stationnaires, que nous nous laissions distancer par presque tous les peuples, que notre production et notre consommation en subissaient un grave préjudice, que la prospérité de nos ports maritimes était profondément compromise. De larges réductions devaient, suivant lui, déterminer dans la circulation une activité qui se traduirait par des augmentations de recettes et de bénéfices : l'expérience des réseaux étrangers et celle de notre propre réseau d'État lui paraissaient probantes à cet égard. Le rapporteur présentait un tableau des mesures prises dans les pays d'élection de la liberté et de l'initiative privée, aux États-Unis et en Angleterre, afin d'armer l'État vis-à-vis des Compagnies ; il mettait en lumière le développement de l'exploitation directe sur le continent européen et son heureuse influence au point de vue du dégrèvement des transports ; il indiquait, pour les nations du même continent dont les chemins de fer sont encore exploités par des Compagnies, l'étendue croissante des droits réservés au Gouvernement. Seule, la France n'avait rien changé à son régime primitif, au système de la simple homologation, arme vaine mise aux mains du Ministre. Cependant M. Pelletan ne demandait ni le rachat, ni des actes de vigueur analogues à ceux devant lesquels n'avaient pas reculé les peuples anglo-saxons ; malgré les lourdes charges assumées par le Trésor pour nos voies ferrées, il se contentait d'une œuvre plus modeste, qui ne pût, à aucun titre, être envisagée comme portant atteinte aux contrats. Ses conclusions se résumaient en un projet de loi, dont une partie, d'ailleurs, se composait de dispositions empruntées à l'ordonnance du 15 novembre 1846 et aux cahiers des charges ou consacrées par la pratique administrative. Les principales innovations avaient trait aux objets suivants : conséquence légale du retrait des homologations provisoires ; règles concernant les barèmes à paliers ; présomption de demande des tarifs spéciaux ; relations entre les tarifs de pénétration et les tarifs intérieurs ; défense des ports français dans leur concurrence avec les ports étrangers ; groupage des expéditions ; responsabilité en cas de perte, d'avarie, de retard des marchandises ; faculté de déterminer, moyennant un supplément de taxe, la valeur devant servir éventuellement au calcul du dommage subi ; tableau des taxes ; création de tarifs par wagon complet sans conditions exceptionnelles ; commission des tarifs, élue pour une large part et investie de pouvoirs propres dans des cas définis ; sanction des prescriptions ministérielles.

Le 6 février 1890, M. Pelletan reproduisit son rapport du 12 mars 1889, à titre de proposition d'initiative parlementaire.

De son côté, M. Yves Guyot, ministre des travaux publics, éclairé par un rapport de M. Richard Waddington au Comité consultatif des chemins de fer et par un avis de ce Comité, présenta, le 17 mars 1891, un projet de loi relatif au transport des marchandises par les chemins de fer d'intérêt général. Ce projet se rapprochait, dans certaines de ses parties, du texte rédigé par M. Pelletan, mais en différait profondément dans d'autres parties ; il posait des règles moins absolues, prévoyait des dérogations autorisées après une procédure spéciale, ne devait régir que les décisions à prendre sur les propositions nouvelles des Compagnies, maintenait le Comité consultatif des chemins de fer sans pouvoirs propres, en renvoyait l'organisation à un règlement d'administration publique. Accessoirement, il consacrait le principe des tarifs de saison. La Commission de la Chambre, par l'organe de M. Pelletan, écarta le projet du Gouvernement, qui ne paraissait répondre ni aux indications de l'ordre du jour voté le 27 mars 1886, ni aux nécessités économiques ; elle revint, sauf quelques additions, à son texte antérieur (31 décembre 1891).

Pas plus que le premier rapport de M. Pelletan, le second ne fut discuté par la Chambre ; son auteur, à qui se joignit M. Pourquery de Boisserin, en saisit de nouveau l'Assemblée, le 19 décembre 1893, sous forme de proposition de loi.

A son tour, M. Jonnart, ministre des travaux publics, présenta, le 26 avril 1894, un projet de loi sur le transport des voyageurs et des marchandises par les chemins de fer et les tramways, ne s'écartant que dans une faible mesure du projet de M. Yves Guyot, adapté à une application générale sur les voies ferrées de toute nature, et contenant, ainsi que nous l'avons vu précédemment, des dispositions répressives contre les auteurs de fausses déclarations d'expédition. Le nouveau projet de loi resta sans suite. Il en fut de même d'une proposition de MM. Pelletan et Bourrat, du 13 juin 1898, identique à celle du 19 décembre 1893.

Récemment, le 28 décembre 1909, M. Maurice Sibille, député, membre de la Commission parlementaire d'enquête sur la situation critique de la viticulture, a déposé un très remarquable rapport au sujet des tarifs de marchandises en grande et en petite vitesse. Ce rapport constitue un véritable traité, un monument de science, de nette précision et de sagesse; la ferme défense de l'intérêt public s'y unit à la modération. Pour montrer l'importance de l'œuvre, il suffit d'énumérer les têtes de chapitres : obligations imposées aux entrepreneurs de transport par la nature des choses; lois et règlements applicables aux transports; de l'exploitation des chemins de fer en divers pays; principes de tarification posés par l'Administration des travaux publics; les tarifs de petite vitesse; les tarifs de grande vitesse; la tarification applicable au transport des vins; améliorations et réformes.

M. Sibille demandait que le Ministre des travaux publics fût invité : 1° à engager des négociations avec les Compagnies de chemins de fer en vue de la revision des dispositions du cahier des charges relatives aux transports à grande et à petite vitesse; 2° à présenter un projet de loi sur les tarifs de chemins de fer; 3° à appeler l'attention des Compagnies sur l'intérêt qu'offriraient les mesures suivantes : application d'un même tarif général de petite vitesse au trafic intérieur sur chaque réseau et au trafic commun sur tous les réseaux; amélioration progressive des tarifs spéciaux de petite vitesse par la substitution de barèmes rigoureusement kilométriques aux prix fermes et aux barêmes à paliers, par l'établissement de la concordance entre les tarifications intérieures des réseaux, par la réalisation de l'uniformité des réglementations et des conditions particulières d'application, par la suppression des délais supplémentaires de huit ou dix jours qui, d'après les conditions particulières d'application, augmentent la durée réglementaire de quelques transports; revision de la nomenclature des denrées dans le tarif général de grande vitesse; additions diverses aux conditions générales d'application des tarifs spéciaux de grande vitesse pour les transports de messageries et de denrées ; réformes spécifiées au rapport pour la tarification des vins.

Sur la proposition de M. Emmanuel Brousse, les conclusions de M. Sibille ont été sanctionnées par un vote de la Chambre, le 2 février 1910, au cours de la discussion du budget.

Parmi les propositions soumises à la Chambre en matière de tarifs, se rangent encore celle de M. Cluseret sur les tarifs de saison (20 mars 1895) et celle de M. Mirman sur la mise en vigueur des modifications de tarifs (23 janvier 1899).

17. *Proposition relative à la responsabilité des entreprises de transport de voyageurs.* — Aux termes des tarifs d'abonnement de voyageurs, l'abonné s'engage à n'exercer aucune action et à ne réclamer aucune indemnité « pour arrêt, empêchement, retard, changement de service, « diminution du nombre des trains, ou défaut de place qui l'obli- « gerait à monter dans une voiture de classe inférieure ».

Le 14 décembre 1908, M. Féron saisissait la Chambre d'une proposition tendant à affirmer la responsabilité du transporteur, sauf le cas de force majeure, et à faire de cette responsabilité une disposition d'ordre public. Favorable à la mesure, sous réserve d'un changement de forme, la Commission a conclu, le 30 mars 1910, par l'organe de M. Félix Chautemps, à l'adoption du texte suivant : « Hors le cas de « force majeure, tout transporteur en commun est responsable du « préjudice que les voyageurs, abonnés ou non, éprouvent de son fait. « — Toute clause contraire insérée dans les tarifs, formules d'abonne- « ments ou autres pièces quelconques, à l'exception des billets de fa- « veur, est nulle de plein droit ». Les conclusions de M. Chautemps ont été reprises, le 31 janvier 1911, et renvoyées à la Commission des travaux publics.

18. *Projet de résolution concernant les délais de transport des marchandises.* — Il y a lieu de mentionner un projet de résolution de MM. Devins et Vigouroux, voté par la Chambre le 16 février 1905 et tendant à l'ouverture de négociations avec les Compagnies en vue d'une abréviation des délais de transport que prévoient les cahiers des charges pour le service de petite vitesse.

En dehors des projets ou propositions de loi et des projets de résolution que nous venons de passer rapidement en revue, quelques débats législatifs méritent d'être rappelés eu égard à leur objet ou à leur importance.

19. *Discussion relative à l'imputation des dépenses de l'hôtel terminus de la gare Saint-Lazare.* — A l'origine, l'hôtel terminus de la gare Saint-Lazare, évalué à près de 12 millions de francs, devait appartenir au domaine privé de la Compagnie de l'Ouest. L'Administration supérieure se demanda s'il ne serait pas préférable de le rattacher au domaine public et, par suite, d'en imputer la dépense au compte des travaux complémentaires, de manière à assurer le retour gratuit de l'immeuble à l'État en fin de concession et à éviter l'aléa d'une expropriation coûteuse, si les nécessités du trafic exigeaient la disparition de l'hôtel dans un avenir plus ou moins éloigné. Appelé à examiner la question, le Conseil d'État émit un avis défavorable ; le nouvel hôtel terminus, dans les conditions où il serait établi et exploité, ne lui paraissait pas constituer une dépendance proprement dite du chemin de fer. Néanmoins, l'imputation au compte des travaux complémentaires fut décidée. Lors de la discussion du budget de 1889 à la Chambre (30 novembre 1888), M. Sabatier présenta un amendement qui tendait au refus du crédit, afin de ne pas associer l'État à l'exploitation de l'hôtel et de ne point seconder la Compagnie dans une entreprise d'un caractère envahissant au regard de l'industrie libre. Après une intervention de M. Deluns-Montaud, ministre des travaux publics, et de M. Baïhaut, rapporteur du budget, la Chambre repoussa l'amendement.

20. *Débats relatifs à la durée de la garantie d'intérêt pour les Compagnies d'Orléans et du Midi.* — Aux termes des conventions du 11 juin 1859 avec les Compagnies d'Orléans et du Midi, la garantie d'intérêt accordée par l'État à ces Compagnies devait prendre fin le 31 décembre 1914. Les conventions de 1883 avaient-elles maintenu implicitement cette limitation ou, au contraire, étendu la garantie à toute la durée de la concession ? Cette grave question, indiquée dans certains ouvrages de doctrine, se posait par suite d'un défaut, au moins apparent, de précision des contrats. Elle ne présentait néanmoins aucun intérêt immédiat, quand certains journaux la soulevèrent, en 1894, d'une façon assez imprévue. Le conseil d'administration de la Compagnie du Midi s'émut de la polémique ainsi engagée ; dans son rapport à l'Assemblée générale des actionnaires du 30 avril 1894, il renouvela l'affirmation déjà produite par lui devant l'assemblée du 22 décembre 1883, lors de la ratification des conventions, que la garantie n'expirerait pas avant la fin de la concession. Une affirmation analogue avait été formulée par le conseil d'administration de la Compagnie d'Orléans, le 13 décembre 1883.

M. Camille Pelletan déposa, le 20 mai 1894, sur le bureau de la Chambre, une demande d'interpellation. Dès le 22 mai, le Conseil des ministres délibérait au sujet de la réponse que comportait cette interpellation, et, le jour même, quelques heures avant la démission du Cabinet présidé par M. Casimir-Périer, il publiait une note déclarant que le Gouvernement considérait la garantie comme cessant en 1914 pour les Compagnies d'Orléans et du Midi.

Une correspondance s'échangea aussitôt entre les deux principaux négociateurs de la convention passée en 1883 par l'État avec la Compagnie du Midi : M. d'Eichthal, ancien président de la Compagnie, et M. Raynal, ancien ministre des travaux publics. M. Raynal opposa à la protestation de la Compagnie du Midi une dénégation formelle. Tandis que M. d'Eichthal invoquait notamment l'absence de toute protestation du Ministre contre les indications données en 1883 aux actionnaires par les conseils d'administration des deux Compagnies intéressées, M. Raynal répliquait que les Compagnies n'avaient pas davantage critiqué les documents statistiques publiés par le Ministère, documents qui fixaient au 31 décembre 1914 la fin de la garantie.

Le 31 mai, quand M. Charles Dupuy eut remplacé M. Casimir-Périer à la tête du Cabinet, les présidents des Compagnies d'Orléans et du Midi demandèrent au Gouvernement de reconnaître le droit de ces sociétés ou, le cas échéant, de soumettre le différend à la juridiction compétente. M. Barthou, ministre des travaux publics, refusa d'entrer dans les vues des Compagnies; mais celles-ci ayant sollicité l'autorisation d'émettre des obligations, il prescrivit l'inscription sur les titres d'une mention spécifiant que la garantie expirerait le 31 décembre 1914. Sa décision fut déférée à la censure du Conseil d'État, le 19 juin.

Telle était la situation lorsque, le 23 juin, M. Pelletan développa son interpellation et mit le Gouvernement en demeure de faire connaître ses intentions. M. Barthou répondit qu'il défendrait fermement la thèse contraire à celle des Compagnies. Après lui, M. Raynal soutint que la prorogation de la garantie ne lui avait pas été demandée et qu'il n'y aurait jamais consenti. Puis M. Millerand critiqua non seulement l'abstention de M. Raynal en présence des rapports de 1883 aux assemblées d'actionnaires, mais aussi la décision de M. Barthou qui avait fourni l'occasion du procès. Il déposa, sans en obtenir l'adoption, un ordre du jour portant qu'aucune interprétation ne saurait prévaloir contre la volonté manifeste du Parlement en 1883. La Chambre vota un autre ordre du jour approuvant les déclarations et l'attitude du Gouvernement.

Par deux arrêts du 12 janvier 1895, le Conseil d'État annula les décisions ministérielles invitant les Compagnies à mentionner sur les titres l'expiration de la garantie au 31 décembre 1914. L'un des motifs de ces arrêts consacrait la thèse des Compagnies.

M. Barthou donna sa démission le 13 janvier, et, le lendemain, M. Millerand interpella le Gouvernement. L'orateur reproduisit ses critiques antérieures; il présenta un ordre du jour disqualifiant le Cabinet et un projet de résolution tendant à la nomination par la Chambre d'une Commission d'enquête, qui examinerait s'il y avait lieu de mettre en accusation le Ministre des travaux publics de 1883. Ainsi pris à partie, M. Raynal confirma ses précédentes déclarations, mais appuya la proposition d'enquête. Le Président du Conseil ne pouvait, dès lors, qu'adhérer lui-même à cette proposition; il exprima, d'ailleurs, l'avis que les arrêts du Conseil d'État avaient définitivement tranché la question du terme de la garantie. A la suite d'explications de M. Barthou, qui gardait sa conviction sur le sens des contrats, M. Goblet intervint pour contredire les appréciations formulées par le Président du Conseil et pour réserver l'avenir, la question n'ayant pas, suivant lui, reçu une solution définitive. La Chambre vota l'enquête et adopta un ordre du jour réservant les droits de l'État, après en avoir repoussé un autre qu'acceptait M. Charles Dupuy et avoir, de la sorte, renversé le Cabinet.

L'enquête fut menée avec beaucoup de soin et de rapidité. M. Darlan en rendit compte dans un volumineux rapport du 28 mai 1895. Il exposait la genèse et l'économie générale des conventions de 1883, rappelait le procès en diffamation intenté et gagné par M. Raynal, puis indiquait que, malgré l'importance des frais de publicité faits en 1882 et 1883 par les grandes Compagnies, rien, dans leur comptabilité commerciale ou privée, ne permettait de supposer la rémunération du concours ou de la complaisance, soit d'un ministre, soit d'un fonctionnaire ou d'un agent quelconque de l'État. Les conventions n'ayant été débattues que verbalement, la preuve écrite de l'intention des parties faisait défaut. Tout portait à croire que jamais aucun représentant des Compagnies n'avait demandé au Ministre la prorogation de la garantie, que M. Raynal n'avait eu ni à l'accorder ni à la refuser, que le directeur décédé du Midi ne pensait pas l'avoir obtenue, et que seul le désir d'alléger le texte avait conduit à une rédaction malheureusement trop sommaire et ambiguë. Sans doute, on pouvait regretter que M. Raynal n'eût pas protesté contre les déclarations aux assemblées d'actionnaires; mais le Ministre, les Compagnies et la Chambre elle-même étaient alors optimistes, et la question ne paraissait guère présenter qu'un intérêt théorique. La Commission d'enquête se prononçait donc dans un sens défavorable à la mise en accusation. Elle émettait le vœu que le Conseil d'État fût dorénavant consulté sur les projets de conventions, que les inspecteurs généraux du Contrôle, appelés à assister aux assemblées d'actionnaires où seraient discutées des conventions, reçussent des instructions précises de manière à pouvoir signaler au Ministre les malentendus, enfin que, dans les mêmes circonstances, les rapports des conseils d'administration fussent communiqués au Ministre huit jours avant les assemblées.

Des débats fort longs s'engagèrent, le 3 février 1896, au sujet des conclusions présentées par la Commission. MM. Rouanet, de la Porte, Pelletan firent le procès des conventions ; M. Darlan commenta son rapport ; M. Raynal défendit les accords de 1883 et plus généralement le régime des chemins de fer français, se justifia de ne point avoir protesté contre les assertions contenues dans les rapports aux actionnaires, déclara de nouveau que le Parlement n'avait certainement pas entendu proroger la garantie et que les Chambres auraient à aviser, en 1914, si la garantie était encore effective ; M. Guyot-Dessaigne, ministre des travaux publics, affirma, de son côté, que la chose jugée par les arrêts du Conseil d'État se bornait au dispositif et que le Parlement déciderait, en 1914, suivant les circonstances. Après six séances de discussion, la Chambre ratifia le projet de résolution qui lui était soumis par la Commission d'enquête et qui repoussait la mise en accusation, « sans se prononcer sur les conventions de 1883 et en réservant les droits de l'État ». Elle vota, en outre, la production d'un compte annuel demandé par M. de la Porte.

Quinze ans s'étaient écoulés depuis ces graves incidents, quand M. Vandame, député, rouvrit la controverse : le 10 février 1911, il posa au Ministre des travaux publics une question écrite sur l'époque à laquelle la garantie devait prendre fin pour chacune des cinq grandes Compagnies, d'après l'interprétation donnée par le Gouvernement aux conventions intervenues entre l'État et ces Compagnies. Dans sa réponse du 22 février 1911, le Ministre indiqua la date du 31 décembre 1914, en ce qui concernait les réseaux d'Orléans et du Midi, mais ajouta que les Compagnies, invoquant les motifs des arrêts de 1895 du Conseil d'État, prétendaient avoir droit à la garantie jusqu'au terme de leur concession, c'est-à-dire jusqu'en 1956 pour l'Orléans et 1960 pour le Midi. Aussitôt, les deux Compagnies demandèrent au Ministre des travaux publics de reconnaître leur droit et d'approuver un libellé nouveau d'obligations où serait mentionnée la durée de la garantie. Le Ministre s'abstint de statuer sur la première demande dans le délai de quatre mois prévu à l'article 3 de la loi du 17 juillet 1900 et rejeta la seconde le 29 juillet 1911. Saisi d'un pourvoi, le Conseil d'État rendit, le 26 juillet 1912, un arrêt qui interprétait ses décisions du 12 janvier 1895 comme ayant définitivement reconnu, pour la garantie afférente aux réseaux d'Orléans et du Midi, une durée égale à celle des concessions et qui déclarait qu'il y avait, à cet égard, chose jugée.

21. *Interpellation sur une opération d'escompte de valeurs commerciales par la Compagnie d'Orléans.* — Les Compagnies ont des fonds libres, qui proviennent notamment des recettes de l'exploitation et des émissions d'obligations. Elles placent ces fonds en valeurs à court terme. Des avances avaient été ainsi consenties, non sans quelque imprudence, par la Compagnie d'Orléans à un industriel, et une somme assez élevée était devenue irrécouvrable. MM. Berthet et Bourrat interpellèrent le Gouvernement sur cet incident, le 28 novembre 1905. M. Gauthier, ministre des travaux publics, exposa les faits et indiqua qu'il avait exigé la prise en charge de la perte par le domaine privé, conformément à l'avis de la Commission de vérification des comptes, à un précédent de 1866 (opérations du Sous-Comptoir des chemins de fer) et à des déclarations de principe du Gouvernement lors de la discussion des conventions avec les Compagnies d'Orléans et du Midi en 1868. Le Ministre ajouta que la Commission de vérification des comptes étudiait les mesures de précaution à prendre pour l'avenir. M. Bourrat et M. Klotz contestèrent l'imputation au domaine privé qui formait, suivant eux, l'un des gages de la dette contractée par la Compagnie vis-à-vis de l'État, au titre de la garantie d'intérêt; ils soutinrent que la perte devait incomber aux administrateurs. La Chambre vota un ordre du jour par lequel elle affirmait sa confiance dans le Ministre des travaux publics, mais l'invitait à prendre les dispositions nécessaires pour empêcher le retour de faits semblables et pour faire peser, en la circonstance, sur les administrateurs de la Compagnie, la responsabilité matérielle de l'opération.

22. *Débats relatifs aux crises de transports.* — Les Administrations de chemins de fer ne peuvent régler ni le nombre de leurs agents, ni la consistance de leur matériel, sur les besoins des périodes d'intensité exceptionnelle du trafic. Aussi sont-elles toujours quelque peu débordées quand surviennent ces périodes. Encore faut-il que, même alors, des expédients temporaires et des moyens de fortune suffisent à éviter les perturbations, les irrégularités du service, ou à les restreindre dans de très étroites limites et, pour cela, que les Compagnies établissent leurs prévisions sur des bases assez larges.

D'un autre côté, les Compagnies doivent, dans leur propre intérêt comme dans celui de l'industrie nationale, uniformiser autant que possible leurs commandes de locomotives, de voitures à voyageurs, de wagons, ou même, le cas échéant, profiter des époques de faible activité industrielle; cette méthode leur permet de fournir un aliment précieux aux usines et ateliers de construction, de traiter à des prix avantageux, de disposer en temps utile du matériel nécessaire. Si elles commettent l'imprudence de modeler, en quelque sorte, les commandes sur les mouvements de la circulation, de réduire les achats pendant les phases d'accalmie, d'atermoyer jusqu'aux phases de reprise, le résultat certain de telles pratiques est de les mettre à la discrétion des constructeurs, de les obliger à subir des prix élevés et des délais plus longs, de leur imposer des appels à l'industrie étrangère, et, par-dessus tout, de les laisser désarmées à l'heure des nécessités pressantes.

Ces règles n'ont pas toujours été strictement observées. Leur méconnaissance était dictée, non certes par un parti pris de principe, mais par un souci excessif des économies immédiates.

Quelle qu'ait été l'origine des erreurs commises à cet égard, on a pu y voir l'une des causes de la crise des transports qui, sous l'influence d'un afflux inattendu de voyageurs et de marchandises, s'est manifestée en 1906 et 1907, et à laquelle, d'ailleurs, les pays étrangers n'ont point échappé.

Un fâcheux concours d'autres circonstances générales, ou spéciales à certaines Compagnies, a singulièrement aggravé le désarroi. Il y a lieu de citer l'application du repos hebdomadaire, d'abord pour les ouvriers des expéditeurs et des destinataires qui ont laissé de nombreux wagons immobilisés le dimanche dans les gares, au lieu de procéder comme naguère à leur chargement ou à leur déchargement, ensuite pour le personnel des Compagnies, dont un renforcement hâtif allait nécessairement diminuer l'expérience et la valeur moyenne. Une part du mal était aussi imputable à l'insuffisance des voies de garage dans beaucoup de stations; les irrégularités introduites dans le roulement du matériel par le repos hebdomadaire devaient, du reste, accentuer cette insuffisance.

Les plaintes extrêmement vives du public au sujet du retard dont souffraient les transports de voyageurs, et surtout les transports de marchandises, eurent plusieurs fois leur écho à la tribune : interpellation de M. Leydet au Sénat sur les moyens de transport et le matériel des chemins de fer (15 novembre 1906) ; interpellation de M. Chaumet à la Chambre sur les retards des trains et l'encombrement des gares (20 et 28 décembre 1906) ; discussion du budget de 1908 au Sénat (26 novembre et 5 décembre 1907) ; interpellation de M. Berteaux à la Chambre au sujet des mesures propres à assurer le service des voyageurs sur le réseau de l'Ouest (17 janvier 1908); interpellation de M. César Duval au Sénat sur la crise des transports (13, 14 et 18 février 1908) ; question de M. Bécays, député, relative aux irrégularités des transports sur le réseau d'Orléans (13 avril 1908); interpellation de M. Sarraut et de M. Thierry-Cases à la Chambre sur la mauvaise organisation des services de la Compagnie du Midi (21 novembre et 11 décembre 1908).

Au cours des discussions, les orateurs présentèrent des observations et des conclusions d'ordres divers suivant leurs tendances, leurs vues économiques, les intérêts de leur région. Plusieurs recommandèrent l'extension du rôle assigné à la navigation, le raccordement des voies fluviales et des voies ferrées. Quelques-uns reprochèrent au Gouvernement d'avoir refusé ou ajourné des autorisations de dépenses. A tous, M. Barthou, ministre des travaux publics, répondit par des explications précises qui lui valurent des votes de confiance. Parmi ces explications, celles qui avaient trait aux commandes de matériel roulant méritent particulièrement d'être rappelées.

Préoccupé au plus haut point des irrégularités du service en 1906, M. Barthou avait chargé les directeurs du Contrôle de rechercher quelles invitations devraient être adressées aux grandes Administrations de chemins de fer pour que leurs commandes fussent établies de manière à satisfaire aux exigences du trafic et à assurer aux constructeurs français un travail suffisamment régulier. Les propositions des directeurs du Contrôle furent soumises au Comité de l'exploitation technique des chemins de fer. Celui-ci formula un avis puissamment motivé, qui fixait notamment, pour chaque réseau, l'importance du matériel roulant supplémentaire indispensable avant la fin de 1910. Les directeurs du Contrôle reçurent, d'ailleurs, des instructions pour l'avenir. Du 1er janvier 1906 au 15 juin 1908, les commandes de matériel roulant approuvées ou présentées à l'approbation ont atteint près de 500 millions.

En 1910-1911, une véritable désorganisation des transports se manifesta sur une partie des chemins de fer français, spécialement sur ceux de l'Ouest-État et du Nord. Elle s'expliquait, dans une large mesure, par une suite d'événements dont le souvenir est présent à tous les esprits : inondations d'une durée et d'une intensité exceptionnelles, qui avaient eu pour effet, non seulement de causer des dommages matériels importants, de couper certaines lignes, mais aussi d'interrompre la navigation et de rejeter vers la voie ferrée un fort afflux de trafic ; accroissement considérable des importations de céréales, dû au déficit de la récolte nationale ; grève du personnel au mois d'octobre 1910 et moindre rendement du travail de beaucoup d'agents, même après la cessation de la grève.

A ces causes s'ajoutaient, en ce qui concerne l'Ouest, la situation fâcheuse du réseau légué à l'État, les défectuosités des voies, l'insuffisance des gares de triage et, plus généralement, des installations affectées au service de la petite vitesse, celle de l'outillage, la faiblesse du matériel de traction, l'exiguïté de la gare Saint-Lazare et surtout de son débouché aux Batignolles, le trouble que devait nécessairement provoquer la réorganisation consécutive au rachat, un empressement, peut-être quelque peu hâtif, à donner des satisfactions au public par la multiplication des trains de voyageurs et l'accélération de leur vitesse, etc. Les ports du Havre et de Rouen subissaient un encombrement funeste au point de vue de ses conséquences immédiates et des détournements qui pouvaient en résulter dans l'avenir vers des ports étrangers concurrents; de puissantes industries souffraient jusque dans des régions lointaines de la France, en raison des grandes difficultés qu'elles éprouvaient à s'approvisionner de matières premières et à expédier leurs produits.

On conçoit la véhémence des récriminations qui surgirent de tous côtés. Le réveil des anciennes oppositions au rachat de l'Ouest et à l'exploitation par l'État ajoutait encore à la vivacité des attaques. M. Jenouvrier, sénateur, interpella le Gouvernement sur la manière dont était exploité le réseau de l'État; les débats occupèrent six séances, du 13 au 24 décembre 1910. De vrais réquisitoires furent prononcés contre l'Administration. Plusieurs orateurs développèrent des critiques innombrables sur le désordre dans le service des marchandises, sur les retards incessants des trains de voyageurs, sur la fréquence et la gravité des accidents. Ils blâmèrent l'organisation administrative du réseau, les procédés d'exploitation, les retards apportés aux achats de matériel et aux travaux reconnus nécessaires, l'excès de parcimonie dans la composition du personnel de traction, les germes d'indiscipline semés parmi les agents, la déviation du rôle des syndicats. Plusieurs conclurent à l'incapacité industrielle de l'État. Sans méconnaître la réalité des souffrances, le Gouvernement montra qu'elles étaient, pour la plus large part, imputables à des circonstances de force majeure et indiqua les mesures énergiques prises afin de remédier au mal. Le Sénat vota un ordre du jour ainsi libellé : « Le Sénat, confiant dans le Gouvernement pour prendre les mesures « nécessaires pour améliorer l'exploitation des chemins de fer de « l'État, pour donner une impulsion vigoureuse et méthodique à « l'exécution du programme de remise en état du réseau voté par le « Parlement et pour faire aboutir à bref délai le projet de loi relatif « à l'organisation administrative et financière du réseau, passe à « l'ordre du jour ».

Bientôt le débat se rouvrit devant la Chambre lors de la discussion générale du budget des chemins de fer de l'État pour l'exercice 1911 (2, 3, 7 et 9 février 1911). Toutes les questions soulevées au Sénat furent reprises, en particulier celles des encombrements et des accidents. Un débat rétrospectif s'institua sur le rachat de l'Ouest.

Depuis, la situation est devenue meilleure. Mais, quelle que soit l'activité déployée par l'Administration pour la remise en état du réseau de l'Ouest, une opération de pareille ampleur ne peut être qu'une opération de longue haleine.

23. *Interpellations sur les tarifs et les conditions de transport pour certaines marchandises.* — A l'occasion du budget de 1905, MM. Dauzon et Le Bail développèrent devant la Chambre, le 15 février 1905, deux interpellations relatives, l'une au transport des produits agricoles, l'autre au transport du poisson. L'Assemblée vota deux ordres du jour invitant le Ministre des travaux publics à nommer deux Commissions extraparlementaires : la première, composée de sénateurs, de députés, d'agriculteurs et d'ingénieurs des Compagnies, et appelée à étudier le remaniement des tarifs de transport applicables aux denrées, aux produits agricoles, et plus spécialement aux fruits et primeurs ; la seconde, composée d'expéditeurs de marée, de marins, d'armateurs, de représentants des Compagnies et de parlementaires, et chargée d'étudier la réduction des tarifs et des délais de transport, ainsi que l'amélioration du matériel en usage, pour la marée, la viande fraîche et les volailles. M. Gauthier, ministre des travaux publics, institua les deux Commissions par arrêté du 2 juin 1905.

24. *Interpellation sur les frais accessoires.* — Le Ministre des travaux publics qui, en matière de tarifs, n'a qu'un pouvoir d'homologation est, au contraire, investi du droit de fixer annuellement les frais accessoires. Cette fixation a fait l'objet d'une suite d'arrêtés dont le prototype remonte à 1862.

Pendant plus de trente ans, les dispositions initiales ne subirent que des changements secondaires, laissant les taxes à peu près intactes. Cependant les Compagnies se plaignaient depuis longtemps de ce que, par suite de la hausse des salaires, les perceptions ne leur procurassent plus une juste rémunération du service rendu ; la légitimité de leurs plaintes avait été, dans une certaine mesure, reconnue par le Comité consultatif des chemins de fer et par le Conseil supérieur des voies de communication. En 1894, le Ministre des finances, constatant la progression de la garantie d'intérêt, signala, dans l'exposé des motifs du budget, l'utilité d'un relèvement partiel des frais accessoires. Une instruction fut ouverte et aboutit à quelques accroissements de taxes ; mais l'avantage ainsi accordé aux Compagnies avait sa contrepartie dans l'adoption, pour les conditions générales d'application des tarifs spéciaux, d'un texte commun aux sept grands réseaux, comportant de nombreuses améliorations. Les décisions du 20 décembre 1898, par lesquelles M. Camille Krantz, ministre des travaux publics, sanctionna la réforme, ne reçurent pas un accueil favorable, et l'application en fut presque immédiatement suspendue, à la suite d'un débat devant la Chambre, où les questions de fond restèrent à peine effleurées.

M. Pierre Baudin, successeur de M. Krantz, éclairé par une étude approfondie du Comité consultatif des chemins de fer, prit de nouveaux arrêtés le 27 octobre 1900. Toute idée de relèvement pour augmenter les recettes était abandonnée; les accroissements, très peu nombreux, tendaient à prévenir les immobilisations de matériel roulant ou l'encombrement des gares, et, dès lors, à assurer la régularité de l'exploitation. Les conditions des tarifs étaient revisées dans un sens favorable aux intérêts généraux du public.

Cette fois encore, des protestations surgirent, et le Ministre en saisit le Comité consultatif des chemins de fer. L'examen attentif auquel se livra le Comité touchait à son terme quand M. Debussy, député, interpella le Gouvernement, le 7 février 1902. Malgré les explications de M. Baudin, malgré ses indications sur les retouches en cours, la Chambre vota, à une forte majorité, un ordre du jour spécifiant certaines modifications qu'elle jugeait nécessaires. Des décisions rectificatives intervinrent, notamment un arrêté du 28 février 1903 sur les frais accessoires.

Situation des chemins de fer et des tramways de la France et de l'Algérie. — Les derniers documents statistiques publiés par le Ministère des travaux publics fournissent les indications suivantes sur la situation des chemins de fer et des tramways de la métropole et de l'Algérie :

I. — MÉTROPOLE.

Développement des chemins de fer et des tramways pour voyageurs et marchandises au 31 décembre 1910.

CLASSIFICATION DES LIGNES		Lignes déclarées d'utilité publique: En exploitation	En construction	A construire	Totaux	Lignes non déclarées d'utilité publique	Ensemble
		km.	km.	km.	km.	km.	km.
1° Chemins de fer d'intérêt général :							
Réseau de l'État	Ancien réseau..	2.831	178	24	3.033	45	3.078
	Réseau racheté de l'Ouest ...	6.068	50	29	6.147	89	6.236
	Ensemble...	8.899	228	53	9.180	134	9.314
Réseaux concédés	Grands réseaux.	29.898	1.297	259	31.454	292 (1)	31.746
	Réseaux secondaires.......	1.313	26	37	1.376	79 (1)	1.455
	Ensemble...	31.211	1.323	296	32.830	371	33.201
Lignes diverses non concédées	Déclarées d'utilité publique.	328	90	52	470	»	470
	Classées.......	»	»	»	»	746	746
	Ensemble...	328	90	52	470	746	1.216
Ensemble des chemins de fer d'intérêt général........		40.438	1.641	401	42.480	1.251	43.731
2° Chemins de fer industriels et divers (2)............		234	17	26	277	»	277
3° Chemins de fer d'intérêt local..................		8.956	2.713	»	11.669	»	11.669
4° Tramways pour voyageurs et marchandises (3)......		6.391	3.007	»	9.398	»	9.398
TOTAUX GÉNÉRAUX...		56.019	7.378	427	63.824	1.251	65.075

(1) Lignes concédées à titre éventuel.
(2) Non compris : 1° 178 kilomètres de chemins miniers, dont 137 kilomètres en exploitation ; 2° 397 kilomètres de voies ferrées établies sur les quais des ports maritimes ou fluviaux, dont 300 kilomètres en exploitation.
(3) Les tramways pour voyageurs et messageries ou pour voyageurs seulement mesurent 2.571 kilomètres, dont 2.299 kilomètres en exploitation.

Dépenses d'établissement, au 31 décembre 1909, des chemins de fer d'intérêt général exploités en 1910.

DÉSIGNATION DES RÉSEAUX		ÉTAT	LOCALITÉS	COMPAGNIES	TOTAUX
		francs	francs	francs	francs
Réseau de l'État	Ancien réseau......	(1) 152.284.000	22.978.000	(2) 739.243.000	914.505.000
	Réseau racheté de l'Ouest...	879.153.000	76.967.000	1.769.913.000	2.726.033.000
Ensemble.....		1.031.437.000	99.945.000	2.509.156.000	3.640.538.000
Grands réseaux concédés......		3.787.942.000	149.990.000	10.923.112.000	14.861.044.000
Réseaux secondaires.........		111.629.000	9.090.000	251.647.000	372.366.000
TOTAUX.......		4.931.008.000	259.025.000	13.683.915.000	18.873.948.000

(1) Y compris 99.918.000 francs pour dépenses faites par la Compagnie d'Orléans sur les lignes cédées par elle à l'État, en 1883, en échange d'autres lignes et moyennant une soulte payée par l'État sous forme d'annuité.
(2) Prix de rachat et dépenses d'établissement.

Dépenses d'établissement, au 31 décembre 1909, des chemins de fer d'intérêt local et des tramways exploités en 1909.

CLASSIFICATION	LONGUEUR au 31 décembre 1909	DÉPENSES			
		ÉTAT	COMPAGNIES actuelles	DÉPARTEMENTS COMMUNES, PARTICULIERS, ETC.	ENSEMBLE
	km.	francs	francs	francs	francs
Chemins de fer d'intérêt local :					
Chemins régis par la loi du 12 juillet 1865....	1.020	11.886.000	73.544.000	53.755.000	139.185.000
Chemins régis par la loi du 11 juin 1880, non compris le Métropolitain de Paris.........	7.270	»	299.842.000	225.429.000	525 271.000
Métropolitain de Paris....................	61	»	149.561.000	242.496.000	392.057.000
Ensemble des chemins de fer d'intérêt local....	8.351	11.886.000	522.947.000	521.680.000	1.056.513.000
Tramways pour voyageurs et marchandises.....	5.628 (1)	»	160.258.000	152.303.000	312.561.000
Tramways pour voyageurs, bagages et messageries.	849	»	209.523.000	862.000	210.385.000
Tramways pour voyageurs { Département de la Seine.....	370	»	166.255.000	1.549.000	167.804.000
Tramways pour voyageurs { Autres départements........	1.433	»	366.822.000	804.000	367.626.000
Ensemble des tramways sans service de marchandises..............................	2.652	»	742.600.000	3.215.000	745.815.000

(1) Déduction faite de lignes sur lesquelles le transport des marchandises est prévu, mais non encore organisé.

II. — Algérie

Développement des chemins de fer d'intérêt général et des chemins de fer industriels au 31 décembre 1910.

CLASSIFICATION DES LIGNES	LIGNES en exploitation	LIGNES non déclarées d'utilité publique.	ENSEMBLE
1. Chemins de fer d'intérêt général :	km.	km.	km.
Réseaux de l'État — Réseau racheté de la Compagnie franco-algérienne et prolongements	968	»	968
Réseaux de l'État — Réseau racheté de la Compagnie de l'Est-Algérien	887	»	887
Ensemble	1.855	»	1.855
Réseaux concédés	1.419	»	1.419
Lignes classées	»	1.377	1.377
Ensemble des chemins de fer d'intérêt général	3.274	1.377	4.651
2. Chemins de fer industriels	28	»	28
Totaux généraux	3.302	1.377	4.679

Développement des chemins de fer d'intérêt local et des tramways au 31 décembre 1909.

CLASSIFICATION DES LIGNES	EN exploitation	EN construction ou à construire	ENSEMBLE
	km.	km.	km.
Chemins de fer d'intérêt local	150	»	150
Tramways	396	259	655

Dépenses d'établissement, au 31 *décembre* 1909, *des chemins de fer d'intérêt général exploités en* 1910.

DÉSIGNATION DES RÉSEAUX		ÉTAT	LOCALITÉS	COMPAGNIES	TOTAUX
		francs	francs	francs	francs
Réseaux de l'État	Réseau racheté de la Cie franco-algérienne et prolongements....	22.989.000	»	58.387.000 (1)	81.376.000
	Réseau racheté de la Cie de l'Est-Algérien......	»	»	201.810.000	201.810.000
Ensemble.........		22.989.000	»	260.197.000	283.186.000
Réseaux concédés.....		81.500.000	109.000	300.689.000	382.298.000
Totaux...........		104.489.000	109.000	560.886.000	665.484.000

(1) Prix de rachat, dépenses de parachèvement, dépenses complémentaires, matériel roulant.

Dépenses d'établissement, au 31 *décembre* 1909, *des chemins de fer d'intérêt local et des tramways exploités en* 1909.

CLASSIFICATION	COMPAGNIES	DÉPARTEMENTS, COMMUNES ET PARTICULIERS	ENSEMBLE
	francs	francs	francs
Chemins de fer d'intérêt local..	»	8.646.000	8.646.000
Tramways..................	26.151.000	9.281.000	35.432.000

CHAPITRE II

APERÇU ÉCONOMIQUE SUR LES RÉSULTATS GÉNÉRAUX DE L'OUVERTURE DES CHEMINS DE FER

1. Transport des voyageurs. — Un exposé complet des conséquences économiques et sociales de la création des chemins de fer sortirait du cadre que je me suis assigné ou, du moins, exigerait des développements excessifs. Cet exposé a, d'ailleurs, été présenté avec beaucoup de talent et d'autorité dans un grand nombre de cours, de mémoires, de traités spéciaux, parmi lesquels on peut signaler particulièrement :

1° les leçons faites, en 1867, à l'École nationale des ponts et chaussées, sur l'exploitation des chemins de fer, par le regretté M. Jacqmin, directeur de la Compagnie de l'Est ;

2° un très remarquable et savant ouvrage de M. de Foville, aujourd'hui conseiller-maître à la Cour des comptes, secrétaire perpétuel de l'Académie des sciences morales et politiques, sur la « transformation des moyens de transport ».

Cependant, je ne saurais laisser absolument de côté l'étude économique du rôle des voies ferrées : l'économie politique ou sociale et l'histoire sont les deux « Étoiles du berger » que l'administrateur ne doit jamais perdre de vue sous peine de s'égarer et de compromettre les intérêts dont il est le dépositaire et le gardien.

Il me paraît donc indispensable d'aborder la question, sauf à rester dans le domaine des généralités.

Les chemins de fer ont provoqué une véritable révolution dans les transports de voyageurs, au double point de vue du prix et de la vitesse.

a. Prix de transport. — Avant que l'exécution de notre réseau de voies ferrées fût sérieusement engagée, le tarif kilométrique moyen, y compris l'impôt de 10 p. 100 créé par la loi du 9 vendémiaire an VI et le décime ajouté à cet impôt par la loi du 6 prairial an VII, était le suivant, pour les voitures publiques :

Transport en chaise de poste		20 c. et au-dessus.
Transport en malle-poste		17 c. 1/2 —
Transport en diligence	coupé	16 c. —
	intérieur	14 c. —
	rotonde ou impériale	11 c. —

En admettant une proportion de cinq voyageurs par diligence contre un voyageur par chaise de poste ou par malle-poste, et en supposant, d'autre part, que les diligences fournissent trois places de coupé pour six places d'intérieur et dix places de rotonde ou d'impériale, on doit évaluer à 14 centimes par kilomètre le prix moyen des anciens procédés de locomotion, soit à 12 c. 5 environ la taxe perçue au profit du transporteur.

D'après le cahier des charges qui a servi de base aux conventions avec les grandes Compagnies de chemins de fer, il existe trois classes de voyageurs, respectivement taxées à 10 centimes, 7 c. 5 et 5 c. 5. Il résulte des tableaux statistiques officiels qu'en 1910 le nombre des kilomètres parcourus par les voyageurs sur les grands réseaux s'est réparti entre ces trois classes dans la proportion de 7,8 à 20,4 et 71,8. Si donc tous les transports s'étaient effectués à plein tarif, la taxe moyenne perçue au profit des administrations exploitantes eût été de 6 c. 26. L'impôt de 12 p. 100 (y compris le second décime ajouté par la loi du 14 juillet 1855) aurait porté à 7 c. 01 le prix kilométrique moyen.

Mais, après la suppression, par la loi de finances du 26 janvier 1892, de l'impôt additionnel de 10 p. 100 dont la loi du 16 septembre 1871 avait grevé les transports en grande vitesse, les Compagnies ont, en exécution d'un article des conventions de 1883, ramené de 7 c. 5 à 6 c. 75 et de 5 c. 5 à 4 c. 4 les taxes du cahier des charges pour la 2e et la 3e classe.

En outre, dans un grand nombre de cas, les perceptions correspondant aux taxes ainsi réduites sont diminuées, soit conformément aux stipulations des cahiers des charges, soit par suite de mesures bénévoles dues à l'initiative des administrations exploitantes ou consenties sur la demande du Gouvernement : réductions ou immunités obligatoires en faveur des militaires ou marins, de certaines catégories de fonctionnaires et des enfants en bas âge ; délivrance de billets d'aller et retour comportant, par rapport au double du prix des billets simples, une différence de 25 p. 100 pour la première classe et de 20 p. 100 pour chacune des deux dernières classes ; abonnements ; réductions permanentes ou temporaires accordées à des catégories déterminées de personnes ; facilités données aux excursionnistes, à certaines époques de l'année ; organisation de trains de plaisir ;

services de banlieue, etc. A la vérité, les places de luxe donnent lieu à des majorations; mais il n'y a là qu'une compensation d'importance secondaire.

Le nombre des kilomètres parcourus à prix complet sur l'ensemble des chemins de fer d'intérêt général n'a pas dépassé 21.1 p. 100 en 1910, alors que celui des kilomètres parcourus à prix réduit atteignait 78.9 p. 100.

Aussi la taxe kilométrique moyenne effectivement perçue s'est-elle abaissée à 3 c. 46 sans l'impôt ou à 3 c. 86 avec l'impôt.

Le rapprochement entre ces chiffres et ceux qui ont été relatés pour les transports par voie de terre suffit à montrer toute l'étendue du progrès accompli.

J'aurai, d'ailleurs, à revenir plus amplement sur les diverses causes de réduction dont je me suis contenté provisoirement de donner une énumération sommaire.

Avant d'en finir avec les taxes afférentes aux voyageurs, il y a lieu de signaler une différence essentielle entre les transports par route et les transports par chemins de fer. Pour les premiers, l'usage de la voie est gratuit; pour les derniers, au contraire, le tarif se compose de deux éléments bien distincts : 1° le *péage*, qui représente le droit d'usage de la voie ferrée et qui, en principe, est affecté à l'intérêt et à l'amortissement des frais de construction ainsi qu'aux dépenses d'entretien; 2° le *prix de transport*, proprement dit. D'après les dispositions des cahiers des charges, le péage représente les deux tiers de la taxe totale. La fixation de cette quote-part conventionnelle, restée invariable depuis l'origine du réseau, présente évidemment un caractère arbitraire et n'a qu'une valeur relative, puisqu'elle fait abstraction d'éléments d'une influence manifeste, tels que la dépense d'établissement à la charge du concessionnaire, l'intensité de la circulation, la nature du trafic, les conditions d'exploitation, les tarifs en vigueur, etc. Dans un mémoire inséré en 1883 aux *Annales des ponts et chaussées*, M. l'Inspecteur général Baume évaluait le péage à 48 p. 100, soit moitié du prix de revient réel des transports; mais il en excluait les frais d'entretien, pour ne retenir que l'intérêt et l'amortissement du capital; d'ailleurs, ses supputations ne répondent plus exactement à la situation actuelle.

Afin de rendre la comparaison équitable, il faudrait ajouter au tarif des anciennes messageries 1 centime environ, suivant une évaluation faite par M. de Foville, en admettant, pour les routes, une dépense kilométrique d'établissement de 24 000 francs, des frais annuels d'entretien de 600 francs et une circulation journalière de 200 à 210 colliers.

L'économie serait ainsi de 74 p. 100. Appliquée au nombre total de kilomètres parcourus par les voyageurs sur les chemins de fer d'intérêt général, pendant l'année 1910, la réduction unitaire ferait ressortir une économie globale de 1 milliard 697 millions environ, impôts déduits. Ce chiffre devrait encore être augmenté dans une certaine mesure pour tenir compte des transports sur les chemins de fer d'intérêt local et les tramways.

Il convient, du reste, de ne point attribuer à de tels calculs une portée et une valeur absolues, de n'y chercher qu'une simple indication ; car l'un des effets de la création des voies ferrées a été de multiplier les déplacements et d'en faire naître qui ne se seraient jamais réalisés avec les anciens modes de transport.

b. VITESSE DES TRANSPORTS. — Dans la notice historique placée en tête des « Documents statistiques sur les routes et ponts » publiés en 1873 par le Ministère des travaux publics, M. l'ingénieur en chef Nicolas a donné un très intéressant tableau des vitesses moyennes, à diverses époques, pour les messageries. Il en résulte que, temps d'arrêt compris, les voyageurs ne parcouraient pas plus de 2 kilomètres 2 à l'heure au XVIIe siècle, 3 kilomètres 4 à la fin du XVIIIe siècle, 4 kilomètres 3 en 1814, 6 kilomètres 5 en 1830 et 9 kilomètres 5 en 1848 ; encore M. Nicolas a-t-il eu soin de faire remarquer que ces vitesses officielles, indiquées par les règlements des messageries ou les almanachs royaux, étaient le plus souvent réduites par les accidents ou les incidents multiples des voyages.

Quant aux malles-postes, leur vitesse était supérieure de moitié environ à celle des messageries, en 1848.

La révolution amenée par les chemins de fer a été plus profonde encore à ce point de vue qu'à celui des prix de transport.

Dès 1856, M. Nicolas calculait que la vitesse moyenne sur les voies ferrées, arrêts compris, variait entre 35 et 72 kilomètres.

En 1863, la Commission d'enquête sur la construction et l'exploitation des chemins de fer relevait les chiffres suivants :

	NORD	EST	OUEST	ORLÉANS	LYON	MIDI
	km.	km.	km.	km.	km.	km.
Trains express ou directs.	46 à 57	38 à 49	45 à 59	40 à 50	40 à 48	40
— omnibus........	30 à 40	30 à 34 (Réduction à 26 pour les trains de banlieue).	26 à 35 (Réduction à 24 pour la ligne d'Auteuil).	27 à 33	24 à 39	26 à 27

En 1908, ces chiffres s'étaient accrus comme le montre le tableau ci-après, dressé par les bureaux du Ministère des travaux publics.

DÉSIGNATION DES CATÉGORIES DE TRAINS	ÉTAT		NORD		EST		OUEST		ORLÉANS		P.-L.-M.		MIDI	
	VITESSE MOYENNE arrêts non compris	VITESSE MOYENNE arrêts compris	VITESSE MOYENNE arrêts non compris	VITESSE MOYENNE arrêts compris	VITESSE MOYENNE arrêts non compris	VITESSE MOYENNE arrêts compris	VITESSE MOYENNE arrêts non compris	VITESSE MOYENNE arrêts compris	VITESSE MOYENNE arrêts non compris	VITESSE MOYENNE arrêts compris	VITESSE MOYENNE arrêts non compris	VITESSE MOYENNE arrêts compris	VITESSE MOYENNE arrêts non compris	VITESSE MOYENNE arrêts compris
	km.	km.	km.	km.	km.	km.	km.	km.	km.	km.	km.	km.	km.	km.
Trains rapides....	87	78	85 à 97	70 à 92	86,5 à 87,4	82,4 à 82,6	73,2 à 87,7	66,2 à 82,8	69,6 à 91,4	65,5 à 87,3	69,3 à 79,8	61,9 à 73,2	75 à 90	67
— express	70	53	70 à 89	60 à 77	72,5 à 73,6	50,9 à 60,4	62,7 à 77,6	46,8 à 67,4	61,8 à 75,3	51,1 à 69,7	59,3 à 70,1	44 à 51,3	65 à 80	55
— poste	66	54	50 à 62	38 à 51	68,4 à 68,5	53,3 à 59	57,7 à 67,2	34,7 à 56,3			66,5 à 77,1	53,1 à 59	65 à 80	53
— directs.....	62	47	60 à 74	40 à 65	55,9 à 61,2	47,2 à 50,4	63 à 67,4	37,2 à 55,1	»	»	»	»	65 à 70	40
— omnibus ...	60	38	45 à 66	25 à 46	54,5 à 56	31 à 41,6	51,7 à 69,4	29,2 à 45,8	32,1 à 60,1	25,7 à 53,6	49,1 à 58,1	26,9 à 33,4	50 à 65	35
— mixtes	48	31	37 à 63	20 à 43	39,1 à 50	22,9 à 29	44,3 à 57,9	26 à 34,8	33,6 à 46,5	24,5 à 42,6	42,6	27	45 à 55	25
— de marchandises.....	32	20	20 à 65	13 à 59	34,9 à 37,2	17,9 à 25,9	21,2 à 41,4	6,9 à 29,8	24,5 à 30,4	14,2 à 21,5	28 à 33,6	16,5 à 17,3	20 à 40	19

Nous n'avons envisagé jusqu'ici que la vitesse moyenne. Il est un autre facteur important de la durée des transports : je veux parler de la distance à parcourir. Le tracé des chemins de fer, offrant un peu moins de souplesse et d'élasticité que celui des voies de terre, comporte nécessairement un peu plus de développement; cependant la différence est moins grande qu'on ne pourrait être tenté de le croire au premier abord, surtout pour les lignes principales, qui, à l'inverse des routes, peuvent laisser de côté les localités secondaires et dont on n'a pas hésité à diminuer la longueur, au prix de sacrifices sur les terrassements et les ouvrages d'art. Des comparaisons faites suivant les principaux courants de circulation établissent que cette différence est, en moyenne, de 6 p. 100.

Si l'on passe à la durée du trajet, les constatations sont les suivantes pour les relations entre Paris et un certain nombre de grands centres de population :

DÉSIGNATION DES PARCOURS (1)	DURÉE DU TRAJET	
	Par les messageries en 1848	Par les chemins de fer en 1912
Paris au Havre	18 heures	3 h. 27 m. à 7 h. 34 m.
— à Calais	22 —	3 21 à 9 33
— à Lille........	20 —	2 54 à 8 32
— à Strasbourg ..	49 —	6 52 à 16 15
— à Bâle........	60 —	7 13 à 15 53
— à Lyon.......	55 —	6 56 à 10 43
— à Toulouse....	80 —	10 56 à 21 16
— à Bordeaux ...	60 —	6 53 à 14 15
— à Nantes	40 —	5 39 à 17 47
— à Brest.......	60 —	10 59 à 13 20
— à Genève	60 —	9 4 à 15 33

Il y a lieu de remarquer que la plupart des limites supérieures de durée inscrites au tableau précédent correspondent à des trains omnibus qui ne sont plus utilisés pour les voyages de bout en bout, depuis la création de trains express avec voitures des trois classes.

Ainsi, alors qu'en 1848 une grande journée était nécessaire, par exemple, pour aller de Paris au Havre, les voyageurs peuvent maintenant s'y rendre le matin, y disposer de l'après-midi et rentrer le soir

(1) Ces parcours sont ceux qui figurent dans les « Documents statistiques sur les routes et ponts » publiés en 1873 par le Ministère des travaux publics.

à Paris ; le voyage de Toulouse, qui exigeait trois jours et demi, s'effectue aujourd'hui en moins de onze heures. En remontant dans le passé au delà de 1848, la comparaison des vitesses attribuerait aux chemins de fer un avantage encore bien plus accusé.

Les rapprochements qui précèdent s'appliquent à des itinéraires dont les points extrêmes sont desservis actuellement par les chemins de fer et l'étaient, auparavant, par des services de voitures publiques. Pendant longtemps, notre réseau de voies ferrées en exploitation n'ayant pas l'étendue des voies de terre sur lesquelles existaient des services de cette nature, les voyageurs durent recourir souvent à des itinéraires mixtes et ne bénéficièrent que partiellement du nouveau mode de locomotion. Cette situation transitoire a disparu, grâce au développement continu des chemins de fer, qui ont même apporté leurs bienfaits à des populations jusqu'alors déshéritées de tout transport régulier.

Un calcul fort simple permet de constater que, si en l'état actuel les chemins de fer et les tramways à service complet, qui leur sont assimilables, étaient répartis suivant des méridiens et des parallèles, de manière à former une sorte de quadrillage aux mailles uniformes, les points les plus éloignés en seraient distants de moins de 10 kilomètres à vol d'oiseau et que la moyenne géométrique des distances à parcourir pour y arriver serait de 3^{k},3 seulement. Mais ce sont là des chiffres purement spéculatifs : l'inégale distribution du réseau, la nécessité de se rendre à des stations et d'y aller par des itinéraires plus ou moins tourmentés ne leur laissent de valeur qu'au point de vue théorique et mathématique.

La diminution que les chemins de fer ont réalisée sur la durée du trajet procure aux voyageurs une économie qui vient s'ajouter à la réduction du prix de transport : il est évidemment impossible de chiffrer cette économie, qui dépend de la valeur du temps pour les diverses catégories de voyageurs, ainsi que du rapport entre leurs dépenses ordinaires et leurs dépenses en cours de route, c'est-à-dire d'éléments trop divers et trop incertains pour se prêter à une estimation, même approximative. Je me borne à l'indication suivante :

En 1910, sur les seuls chemins de fer d'intérêt général, le nombre des voyageurs s'est élevé à 509 millions, ce qui correspond à 12 voyages 8 en moyenne par habitant. Le parcours moyen a été de 33 kilomètres. En se plaçant dans les conditions les plus défavorables pour les voies ferrées, on ne saurait évaluer à moins de 2 heures l'économie de temps sur chaque voyage, soit 1.018 millions d'heures ou 42 millions de journées de 24 heures pour l'ensemble des voyageurs, soit encore une journée environ par habitant.

c. Régularité, fréquence des départs, confort, sécurité, capacité de transport. — Aux avantages qui viennent d'être signalés s'en ajoutent d'autres non moins importants.

Quiconque a dû recourir aux anciens modes de locomotion sait leur peu de régularité, les mille incidents qui venaient retarder le départ et provoquer des arrêts plus ou moins prolongés en cours de route, l'influence des intempéries, la fréquence des accidents au véhicule ou à l'attelage. Aujourd'hui, abstraction faite des imperfections inhérentes aux œuvres humaines, on ne peut s'empêcher d'admirer la régularité des transports par chemin de fer, la ponctualité relative du départ et de l'arrivée des trains, le peu d'importance des retards.

Les départs étaient peu nombreux. A part quelques itinéraires privilégiés, ils n'avaient lieu, même au commencement de ce siècle, que périodiquement, à certains jours de la semaine. Maintenant, les lignes les moins bien partagées ont, au minimum, trois trains par 24 heures.

Dans ces vieilles *pataches* où l'on était serré, empilé, exposé au froid ou à la chaleur, au vent, à la poussière, souvent même à la pluie ou à la neige, les voyages constituaient un véritable supplice pour l'homme le plus robuste, et, *a fortiori*, pour les femmes et les enfants. Le malheureux qui était condamné à un trajet de quelque longueur débarquait rompu, moulu et fourbu. Les compartiments de 3e classe de nos voitures de chemins de fer sont eux-mêmes des modèles de confort, en comparaison des rotondes ou des impériales du vieux temps.

La sécurité a été également accrue. Comme le rappelle M. de Foville dans son ouvrage, le Ministère des travaux publics a publié la statistique des accidents relevés à la charge des messageries pendant la période décennale de 1846 à 1855 [1]. Cette statistique fournit les chiffres suivants :

		Messageries nationales	Messageries générales	Ensemble
Nombre de voyageurs transportés	pour un mort	334.533	381 045	355.000
	pour un blessé	29.676	30.082	30.000

Tel était le degré de sécurité offert par les services les plus perfectionnés. Or, dès 1857, des documents officiels remontant jusqu'au 7 septembre 1835 montraient que, de cette date au 31 décembre 1856,

[1] Voir le rapport de la Commission d'enquête sur les moyens d'assurer la régularité et la sûreté de l'exploitation (1858).

malgré la catastrophe survenue en 1842 sur le chemin de Versailles — rive gauche, les chiffres afférents aux voies ferrées restaient bien au-dessous des chiffres précédemment cités pour les services de messageries ; on ne comptait plus que :

	Par le fait de l'exploitation	Par imprudence ou par des causes indépendantes de l'exploitation	ENSEMBLE
Un tué sur.............	2.021.133	4.578.485	1.495.638
Un blessé sur..........	558.074	2.096.690	440.759
Un tué ou blessé sur....	437.321	1.181.704	335.345

Pour la période de 1901 à 1909 inclusivement, la proportion des victimes s'est modifiée comme le montre le tableau ci-dessous :

	Par accidents de trains ou autres faits d'exploitation	Par l'imprudence ou la faute des victimes	ENSEMBLE
Un tué sur.............	21.445.714	3.407.812	2 940.547
Un blessé sur...........	677.110	656.155	333.234
Un tué ou blessé sur.....	656.386	550.214	299.314

Ainsi la proportion des voyageurs victimes d'accidents d'exploitation aurait sensiblement diminué depuis 50 ans ; celle des voyageurs tués accuserait une très grande réduction. Un accroissement se manifesterait, au contraire, pour les voyageurs victimes de leur imprudence ou d'autres causes indépendantes de l'exploitation. Le rapporteur de la Commission d'enquête de 1853-1858 constatait déjà des faits analogues pendant la période de 1853 à 1856. On pourrait en conclure que plus les voyageurs se sont familiarisés avec les chemins de fer, moins ils ont su prendre les précautions nécessaires. Toutefois, les statistiques dressées à des époques si éloignées se prêtent mal à des comparaisons offrant quelque certitude.

Il me reste à dire deux mots de la capacité de transport des chemins de fer. Cette capacité est pour ainsi dire indéfinie. On jugera du progrès réalisé à cet égard par les chiffres suivants empruntés aux documents statistiques du Ministère des travaux publics :

Nombre annuel moyen de voyageurs transportés, de 1841 à 1855, par les messageries nationales ou générales....	710.000
Nombre de voyageurs transportés en 1910 par les chemins de fer d'intérêt général........................	508.558.000
Nombre de voyageurs kilométriques transportés en 1841 sur les voies de terre............................	520.000.000
Nombre de voyageurs kilométriques transportés en 1910 sur les chemins de fer d'intérêt général..............	16.907.000.000

2. Transport des marchandises. — *a.* Prix des transports. — Dans son traité des « Réformes à opérer dans l'exploitation des chemins de fer », Proudhon, se livrant à d'ingénieux calculs sur les transports à dos de colporteur, en estimait à 3 fr. 33 le prix de revient par tonne et par kilomètre.

M. de Foville évalue à 87 centimes le coût de la tonne kilométrique transportée à dos de mulet.

Sans insister sur ces moyens primitifs, sans remonter jusqu'au déluge, voyons quels étaient les prix du roulage accéléré et du roulage ordinaire au commencement du xixe siècle.

D'après des avis au commerce, publiés par divers commissionnaires de la région de l'Est et relatés dans les leçons de M. Jacqmin « sur l'exploitation commerciale des chemins de fer », le prix kilométrique moyen était, pendant la période de 1834 à 1846, de 0 fr. 44 pour le roulage accéléré et de 0 fr. 25 pour le roulage ordinaire.

En 1855, M. Nicolas réduisait ce dernier prix à 0 fr. 20 ; c'était également le chiffre indiqué par M. Eugène Flachat, au cours de l'enquête de 1861. Mais, en 1873, M. Nicolas complétait ses travaux statistiques et ajoutait que, si le prix de la tonne kilométrique était descendu à 0 fr. 20 en 1847, il avait atteint 0 fr. 25 en 1830, 0 fr. 36 en 1814 et 0 fr. 40 à la fin du xviiie siècle.

D'autre part, lors de la discussion de la loi de classement de 1879, MM. de Freycinet et Varroy ont cité le chiffre de 0 fr. 30 comme représentant le prix des charrois sur les voies de terre.

On ne saurait donc se tromper beaucoup, en admettant les prix calculés par M. Jacqmin pour l'époque vers laquelle a été enfanté notre réseau de voies ferrées.

Aujourd'hui, les tarifs maxima fixés par les cahiers des charges des grands réseaux sont les suivants, par tonne et par kilomètre :

Marchandises transportées à grande vitesse		0 fr. 36
Marchandises transportées à petite vitesse.	1re classe	0 — 16
	2me —	0 — 14
	3me —	0 — 10
	4me — base décroissant de 0 fr. 08 à 0 fr. 04	

En ce qui concerne les articles de messagerie autres que les denrées, le tarif général effectif des transports intérieurs ou communs sur les grands réseaux est un tarif de forme belge, dont la base kilométrique, fixée à 32 centimes pour les 100 premiers kilomètres, s'abaisse ensuite progressivement et descend à 14 centimes au delà de 1.100 kilomètres. Les denrées bénéficient d'un tarif analogue ayant une base initiale de 24 centimes seulement. De plus, les Administrations de chemins de fer ont un assez grand nombre de tarifs spéciaux comportant des réductions. La loi de finances du 26 janvier 1892 a, d'ailleurs, supprimé, non seulement l'impôt additionnel créé par la loi du 16 septembre 1871, mais aussi, pour les messageries, denrées et bestiaux, l'impôt antérieur, de telle sorte que le droit de 35 centimes afférent au timbre du récépissé subsiste seul.

Les tarifs appliqués aux transports à petite vitesse restent très notablement au-dessous des maxima déterminés par le cahier des charges. Fort sensible déjà pour les tarifs généraux, la diminution s'accentue encore dans les tarifs spéciaux, subordonnés le plus souvent à des conditions telles que minimum de tonnage et allongement des délais. Dès 1855, la taxe moyenne perçue par tonne et par kilomètre ne dépassait pas 7 c. 65. En 1883, elle n'était plus que de 5 c. 68 sur les sept grands réseaux et de 5 c. 73 sur l'ensemble des chemins de fer d'intérêt général. Les chiffres correspondants ont été, en 1910, de 4 c. 25 et de 4 c. 27. On voit le progrès réalisé par rapport aux anciens prix du roulage. Un impôt de 5 p. 100 institué le 21 mars 1874 a bientôt disparu, conformément à la loi du 26 mars 1878. Le timbre des récépissés coûte 70 centimes.

Pour la petite vitesse comme pour la grande vitesse, je me borne à mentionner les frais accessoires. Des frais de même nature grevaient le roulage.

Dans les quelques indications consacrées au transport des voyageurs, j'ai insisté sur ce fait qu'à l'inverse des prix relatifs aux messageries, les tarifs des chemins de fer comprennent, outre le prix de transport proprement dit, un *péage* représentant le droit d'usage de la voie ferrée et affecté, en principe, aux charges du capital d'établissement ainsi qu'aux frais d'entretien. Les dispositions du cahier des charges fixent le péage aux 5/9 de la taxe totale pour les messageries et aux 3/5 environ pour la petite vitesse. Cette détermination conventionnelle appelle des obervations semblables à celles qui ont été présentées au sujet des tarifs de voyageurs.

Le nombre des tonnes de marchandises en petite vitesse transportées à un kilomètre sur les chemins de fer d'intérêt général, pendant l'année 1910, s'est élevé à 21 984 millions environ. Appliquée à ce chiffre, la réduction de 20 à 25 centimes par tonne kilométrique, qu'accuse le rapprochement entre le prix du roulage et la taxe moyenne des voies ferrées, ferait ressortir une économie globale de 4 à 5 milliards de francs. Mais, comme je l'ai déjà rappelé à propos des voyageurs, de tels calculs n'ont guère qu'une valeur spéculative.

b. Vitesse des transports. — Dans cet aperçu rapide, d'où les détails doivent être écartés, je ne puis, pour les articles de messagerie, que me référer à ce qui a été dit de la vitesse des transports de voyageurs.

Pour la petite vitesse, suivant M. Nicolas, le roulage ne dépassait guère 3 à 4 kilomètres par heure, sans parler des interruptions de circulation, des stationnements, des arrêts de nuit.

Examinons quelle a été la situation nouvelle créée par les chemins de fer.

Aux termes du cahier des charges, « le maximum de durée du trajet » doit être fixé par l'Administration, « sans que ce maximum puisse « excéder 24 heures par fraction indivisible de 125 kilomètres ». Des arrêtés ministériels successifs (12 juin 1866, 15 mars 1877, 29 décembre 1886) ont, en conséquence, décidé que les délais de transport seraient calculés : 1° pour les lignes non désignées comme soumises à un autre régime, à raison de 24 heures par fraction indivisible de 125 kilomètres, sans que les excédents de distance, jusques et y compris 25 kilomètres, puissent donner lieu à un supplément de délai ; 2° pour les lignes importantes, spécialement désignées, à raison de 24 heures par fraction indivisible de 200 kilomètres. La liste des lignes désignées, et dès lors placées sous le second régime, a été progressivement accrue ; en même temps, le bénéfice de ce régime, d'abord limité aux marchandises appartenant à la 1re et à la 2e série ou payant comme telles, sur la demande des expéditeurs, était étendu à la 3e et à la 4e série.

En tenant compte de l'indivisibilité des coupures de 125 et de 200 kilomètres, de la clause afférente aux excédents de 25 kilomètres et au-dessous, de la proportion entre les transports qui profitent du parcours journalier de 200 kilomètres et ceux auxquels s'applique la règle commune du parcours de 125 kilomètres, enfin de la distance moyenne des transports, il est difficile d'évaluer à plus de 6 kilomètres par heure la vitesse moyenne imposée aux Administrations de chemins de fer. Dans cette évaluation, les heures de nuit sont ajoutées aux heures de jour sans aucune déduction.

Les Compagnies ne profitent pas toujours du plein des délais, pour les expéditions aux prix des tarifs généraux. Mais, en revanche, elles subordonnent habituellement leurs tarifs spéciaux à des allongements de délais, et les marchandises dont le transport est régi par ces tarifs constituent de beaucoup la plus forte part du trafic.

D'un autre côté, au délai de transport il faut ajouter le délai d'expédition, le délai de livraison et le délai de transmission, en cas de passage d'un réseau à un autre. Les Compagnies ne sont tenues d'expédier les marchandises que dans le jour qui suit celui de la remise, et de les tenir à la disposition du destinataire que dans le jour qui suit celui de l'arrivée effective en gare. Elles ont un jour pour la transmission entre deux réseaux.

Ces simples indications suffisent à démontrer que, même en ayant égard à l'avantage des chemins de fer sur les routes au point de vue des transports de nuit, le progrès dans le domaine de la vitesse a été bien inférieur au progrès dans le domaine des prix. On comprend donc les réclamations fréquentes du public, concernant les délais.

Néanmoins, il ne faudrait pas voir le tableau sous des couleurs trop sombres. En effet, l'amélioration, si restreinte soit-elle par rapport à celle des transports en grande vitesse, n'en est pas moins réelle. D'ailleurs, les marchandises expédiées à petite vitesse peuvent, le plus souvent, supporter sans inconvénient des délais de quelque longueur ; l'essentiel est que les taxes dont elles sont passibles soient notablement réduites; la preuve en est dans la proportion considérable des expéditions aux prix des tarifs spéciaux à délais allongés, que le commerce accepte de préférence aux tarifs généraux, et dans le trafic des voies navigables, sur lesquelles la vitesse est encore beaucoup moindre.

c. Fixité des prix et des délais. — L'un des principaux avantages qui s'attachent aux chemins de fer réside dans la fixité des prix et des délais.

Tout d'abord, il n'existait de service régulier que suivant certaines directions privilégiées. Dans les autres directions, les conditions du transport faisaient nécessairement l'objet de contrats débattus, en chaque cas, entre l'expéditeur et le transporteur, et il est à peine utile de rappeler que le faible, c'est-à-dire l'expéditeur, était forcé de subir la volonté la plus forte, c'est-à-dire celle du transporteur.

Même pour les itinéraires régulièrement desservis, les variations de prix et de délai étaient pour ainsi dire continuelles et suivaient la

« loi de l'offre et de la demande ». S'il y avait abondance de marchandises, si les transports présentaient des difficultés, si les véhicules ou les attelages faisaient défaut, les prix s'élevaient rapidement et les délais augmentaient, souvent au delà de toute mesure ; si, au contraire, la marchandise devenait rare, si les transports étaient faciles, le public recevait des offres de réduction sur les prix et sur les délais. Point de stabilité, point de fixité, point de garantie, impossibilité absolue de calculer par avance, avec quelque certitude, les frais de transport et d'évaluer, avec quelque approximation, le prix de revient des marchandises qui devaient venir de localités éloignées et faire l'objet d'opérations à longue échéance : tel était le fâcheux régime sous lequel vivaient nos pères. Il est facile de comprendre, sans y insister, que ce régime portait obstacle au développement du commerce, que les relations et les échanges entre les diverses parties du territoire restaient enfermés dans les limites les plus étroites, que le sort du consommateur n'avait rien d'enviable.

C'était surtout en temps de disette que les manœuvres des transporteurs prenaient un caractère alarmant et presque odieux. A la suite de mauvaises récoltes, les voituriers entre Paris et Marseille, par exemple, allaient jusqu'à décupler leurs prix pour les grains pris au port de Marseille et destinés à l'approvisionnement de la capitale ou du centre de la France.

La navigation n'offrait pas des conditions plus favorables. Dans son traité de l'exploitation des chemins de fer, M. Jacqmin reproduit une statistique des plus instructives, dressée par la Compagnie de Paris-Lyon-Méditerranée, au sujet des prix que réclamèrent les Compagnies de navigation du Rhône pendant le cours des années 1852 à 1854, c'est-à-dire avant l'ouverture de la ligne de Lyon à Avignon. Cette statistique révèle vingt-quatre variations du tarif en 1853 et dix-neuf en 1854 ; elle montre, à quelques mois d'intervalle, des oscillations tout à fait excessives dans les prix : c'est ainsi que, pour les marchandises de la 1re classe, qui formaient plus des neuf dixièmes du trafic, la taxe de la tonne entre Lyon et Avignon passait de 17 à 90 francs. Il n'en fallait pas davantage pour compromettre au plus haut point l'alimentation publique.

Les chemins de fer ont eu l'incomparable mérite de donner la fixité là où régnait l'instabilité et d'apporter avec eux la régularité, l'ordre, la sécurité.

Aux termes de l'ordonnance du 15 novembre 1846 et des cahiers des charges, les Compagnies sont liées par les tarifs homologués ; elles doivent appliquer ces tarifs sans aucune faveur et leur donner une large publicité ; elles ne peuvent solliciter le relèvement des taxes que trois mois après leur abaissement pour les voyageurs et un an pour les marchandises; elles sont astreintes à des délais de transport qu'on peut critiquer, mais qui n'en présentent pas moins l'immense avantage d'avoir force de loi entre les parties. Il y a là, je le répète, un bienfait inappréciable, bienfait d'autant plus précieux qu'il s'est fait sentir, non seulement sur les voies ferrées, mais encore sur les voies concurrentes, dont le trafic eût disparu si leur régime ne se fût pas, dans une large mesure, rapproché de celui des chemins de fer.

d. CAPACITÉ DE TRANSPORT. — Comme pour les voyageurs, la capacité de transport des chemins de fer pour les marchandises est à peu près indéfinie. Nous aurons plus tard à entrer dans un examen détaillé et précis de l'augmentation progressive du trafic; je me contente, en ce moment, de citer les chiffres suivants, relatifs aux chemins de fer d'intérêt général :

	1855	1910
Nombre de tonnes transportées à toute distance	10.645.000	173.241.000
Nombre de tonnes transportées à un kilomètre	1.516.000.000	21.984.000.000

3. Action sur les prix des objets livrés à la consommation. — *a.* NIVELLEMENT DES PRIX. — L'impossibilité ou, tout au moins, les difficultés et la dépense considérable des transports à grande distance constituaient autrefois un obstacle à peu près absolu aux échanges; le cercle dans lequel pouvaient s'épancher, se répandre les produits d'une localité était des plus restreints.

Dans les régions forestières, par exemple, le propriétaire ne tirait de ses biens qu'un maigre revenu; les bois étaient livrés à vil prix au consommateur. Au contraire, dans les régions dépourvues de forêts, le moindre bouquet de bois avait une valeur considérable, le chauffage était l'un des éléments les plus importants du budget des habitants.

Les départements riches en vignobles, ceux du Midi notamment, avaient le vin en telle abondance que, dans les années favorables, les cultivateurs laissaient dessécher sur pied une partie de la récolte, dont la valeur n'eût pas couvert les frais d'acquisition des futailles. En revanche, le vin était chose presque inconnue dans les départements du Nord.

Ces exemples pourraient être multipliés à l'infini.

Sur le lieu de production, la marchandise n'avait qu'une faible valeur; ailleurs, elle atteignait des prix qui croissaient dans une proportion fabuleuse avec la distance.

Aujourd'hui, la situation est bien modifiée, grâce au développement des voies de communication et, en particulier, des chemins de fer ; la rapidité et le bon marché relatif des transports ont, en quelque sorte, effacé les distances.

Dès que la marchandise abonde en un point du territoire, le trop plein est emporté au loin par les voies ferrées; quand, au contraire, elle y devient rare, quand l'offre se trouve dépassée par la demande, le courant se renverse et vient alimenter le marché.

Les chemins de fer fonctionnent, en quelque sorte, comme des pompes aspirantes et foulantes d'une extrême sensibilité, agissant tantôt dans un sens, tantôt dans l'autre, pour rétablir sans cesse, sur tous les points du pays, l'équilibre entre les besoins de la consommation et les moyens d'y satisfaire.

Aussi les fluctuations, les variations des prix et leurs différences dans les diverses régions de la France se sont-elles singulièrement atténuées.

M. de Foville cite à ce sujet, dans son ouvrage sur « la transforma-« tion des moyens de transport », des chiffres tout à fait caractéristiques, concernant les houilles, les sels, les marbres.

Mais le nivellement des prix est une conséquence, maintenant si évidente et si connue, de l'amélioration et de l'extension du réseau des voies de communication qu'il serait oiseux d'y insister davantage, surtout dans une revue sommaire sans prétention didactique.

b. Influence sur les prix. — Ce nivellement a-t-il profité exclusivement au consommateur ; le producteur en a-t-il, au contraire, seul bénéficié ; ou enfin le producteur et le consommateur y ont-ils trouvé l'un et l'autre des avantages simultanés?

Il y a là une analyse des plus délicates à faire sur les variations qu'ont subies les prix depuis l'origine du XIXe siècle. Ces variations tiennent, en effet, à des causes multiples, parmi lesquelles on ne saurait sans difficulté dégager, avec quelque précision, l'influence directe des voies perfectionnées de communication: je citerai spécialement la dépréciation du signe monétaire, l'élévation du taux des salaires, les modifications survenues dans les conditions de la vie matérielle, les transformations profondes des procédés industriels et même des procédés de culture, les changements apportés au régime douanier et au régime fiscal, l'accroissement de la population, qui a tout à la fois augmenté la production et la consommation, la concurrence étrangère, le développement des relations avec les autres pays, la découverte de contrées jusqu'alors inconnues, l'invention du télégraphe électrique. Cette nomenclature, qui pourrait être longuement étendue, suffit à mettre en lumière l'impossibilité de supputations précises et, en quelque sorte, mathématiques sur le rôle joué par les chemins de fer au point de vue des prix.

Les seuls principes incontestables et incontestés sont les suivants :

1° Considérés dans leur ensemble, les prix de toutes choses ont subi un abaissement moyen, correspondant non point à la totalité de l'économie sur les frais de transport, mais bien à une partie de cette économie, qui s'est ainsi partagée entre le producteur et le consommateur.

2° Si on envisage plus particulièrement les produits industriels, qui sont susceptibles d'une extension presque indéfinie, le prix de vente a pu le plus souvent s'abaisser, même au centre de production, par suite de la réduction sur les frais de transport et d'approvisionnement des matières premières. Le consommateur a, dès lors, bénéficié d'une double économie sur la valeur des objets pris à l'usine, puis sur la dépense nécessaire pour les porter au lieu de consommation. De son côté, le producteur a pu réaliser un bénéfice un peu plus considérable sur le prix de vente ; il a, en outre, profité de l'immense développement des affaires.

3° Pour les produits agricoles ou naturels, qui offrent moins d'élasticité, les choses se sont passées autrement. Le prix de vente s'est naturellement déprimé sur les marchés éloignés des centres de production ; mais, en revanche, il s'est relevé dans ces centres, par suite de l'extension du champ de consommation. L'économie sur les frais de transport est allée, pour une large part, grossir la bourse du producteur ; le consommateur à distance a également gagné ; le consommateur sur place a, au contraire, perdu, en payant plus cher qu'auparavant.

Comme exemple topique de ce dernier fait, on peut citer le cas des fruits qui se vendaient autrefois à vil prix dans les régions productrices et qui, aujourd'hui, y coûtent quelquefois plus cher que sur certains marchés très éloignés. Le même phénomène s'est manifesté pour le poisson de mer, qu'il était à peu près impossible de transporter à grande distance, avant la création des voies ferrées, et qu'il est parfois plus difficile de se procurer aujourd'hui dans les ports maritimes qu'à Paris. M. de Foville a donné, sur le mouvement ascensionnel du prix des huîtres à la halle de Paris, des renseignements fort curieux, d'après lesquels ce prix aurait décuplé de 1840 à 1872 ; depuis, l'ostréiculture a modéré un peu les cours exorbitants de 1872.

4. Suppression des famines et des disettes. — L'un des progrès les plus considérables, l'une des conquêtes les plus glorieuses de l'homme, dans le cours du XIXe siècle, a été la suppression des famines et des disettes.

Toutes les parties du sol n'ont pas été également dotées par la nature, au point de vue de la production des céréales : alors que telle région privilégiée les donne en abondance, telle autre est impropre à leur culture.

Les phénomènes atmosphériques sont, d'ailleurs, loin d'exercer partout la même influence sur les récoltes : ici la pluie, la grêle, la sécheresse, le vent font dépérir les blés ; là, au contraire, le sol est épargné, fécondé.

En outre, les années se suivent sans se ressembler. Après les sept vaches grasses, les sept vaches maigres ; après les années prodigues, les années de détresse. Toutefois, il est rare que la succession des périodes heureuses et des périodes malheureuses soit semblable dans les divers pays, de telle sorte que, si l'on envisage une contrée suffisamment étendue, sa production peut être considérée comme à peu près constante.

On conçoit aisément quelles variations devait subir le prix du blé, c'est-à-dire du produit essentiel à la vie humaine; on comprend quelles différences présentaient inévitablement les cours dans des centres de consommation, même peu éloignés les uns des autres ; on se rend compte des famines qui frappaient certains points du globe, amenant avec elles leur cortège de maux et de maladies, tandis que sur d'autres points les populations regorgeaient de récoltes.

Le défaut de moyens de transport était, sinon la seule cause, du moins l'une des causes les plus actives des souffrances qui se déchaînaient ainsi périodiquement sur telle ou telle partie du territoire. Deux faits venaient encore singulièrement aggraver la situation :

1° Des entraves légales de toute sorte s'opposaient à la liberté des transactions et du mouvement des grains. L'ancienne législation, irrationnelle, souvent incohérente, condamnée dans les écrits de l'illustre Vauban, sapée plus tard par Turgot, disparut en 1790 pour la circulation intérieure. Un régime de libre échange presque absolu avait été appliqué aux échanges internationaux par la loi du 15 juin 1861 ; mais, en 1885, les souffrances de l'agriculture déterminèrent un retour à la protection.

2° La hausse des prix suivait une progression beaucoup plus rapide que celle du décroissement de la récolte, et, dès lors, la disette apportait au cultivateur des avantages supérieurs à ceux qu'il pouvait recueillir de l'abondance des produits. Vers la fin du XVIIe siècle, Davenant et King constataient la relation suivante :

DÉFICIT par rapport à la consommation moyenne	HAUSSE DES PRIX par rapport au prix moyen
1/10	3/10
2/10	8/10
3/10	16/10
4/10	28/10
5/10	45/10

Il ne restait ainsi à l'agriculteur d'autre stimulant que le désir de surpasser la production de son voisin. Encore ce stimulant avait-il pour contre-partie la difficulté d'écoulement des récoltes, lorsqu'elles excédaient les besoins de la consommation locale.

Je n'entreprendrai pas de retracer le sombre tableau des famines qui ont si souvent désolé la France. Le lecteur pourra consulter utilement, à cet égard, un ouvrage de M. Pierre Clément sur « la police sous Louis XIV », les leçons de M. Jacqmin sur « l'exploitation des chemins de fer », l'ouvrage de M. de Foville sur « la transformation des moyens de transport ». Il y verra les misères effroyables dont souffraient les populations, les maladies qui les décimaient, les préjugés contre le commerce en gros des céréales, les mesures incroyables prises pour empêcher les échanges, non seulement entre les pays voisins, mais aussi de province à province.

Quelques chiffres suffiront à donner un corps aux indications générales dans lesquelles je me suis jusqu'ici renfermé.

Le rapprochement des mercuriales anciennes de Paris et de Strasbourg fait ressortir des différences, qui étaient généralement de 100 p. 100 au profit de la vallée du Rhin, mais qui ont atteint 300 p. 100, tantôt en faveur de Strasbourg, tantôt en faveur de Paris.

En juin 1692, le blé se vendait à Figeac 130 p. 100 plus cher qu'à Rodez; cependant la distance de ces deux villes ne dépasse pas 60 kilomètres.

D'après Turgot, durant les disettes de 1740 à 1744, tandis que le froment valait 45 livres les 120 kilogrammes à Paris, il n'en coûtait que 17 à Angoulême.

L'hectolitre valait, en 1801, 11 francs dans la Marne et 46 francs dans les Alpes-Maritimes; en 1817, 36 francs dans les Côtes-du-Nord et 81 francs dans le Haut-Rhin; en 1847, 29 francs dans l'Aude et l'Ariège, 49 francs dans le Bas-Rhin.

M. Jacqmin cite deux marchés d'achat conclus à Marseille, en 1847, pour le compte de la ville de Vesoul : le transport revenait à 14 fr. 75

par hectolitre, soit à 174 francs par tonne, ce qui représentait un prix kilométrique de 26 centimes.

Avec les chemins de fer, la situation s'est profondément modifiée. A ne considérer que le tarif légal, on ne s'expliquerait pas complètement cette transformation. Les cahiers des charges autorisent, en effet, les Compagnies à percevoir une taxe kilométrique de 14 centimes par tonne, soit de 1 centime 2 environ par hectolitre. Mais il convient d'observer :

D'une part, que le Gouvernement s'est réservé la faculté de réduire cette taxe de moitié, quand le prix du blé dépasserait 20 francs sur des marchés régulateurs déterminés;

D'autre part, que les tarifs généraux et surtout les tarifs spéciaux, appliqués en fait, sont notablement inférieurs aux maxima fixés par les actes de concession.

Les tarifs généraux, de forme belge, ont généralement une base initiale de 10 centimes. Au delà d'une distance assez courte, la base décroît par échelons ; elle descend à 4 centimes sur les réseaux étendus. Exceptionnellement, des lignes du Midi ont un tarif à base initiale de 5 centimes et à base finale de 1 centime.

Pour les tarifs spéciaux intérieurs, la base initiale est le plus souvent de 8 centimes et parfois de 7,6 ou même 5 centimes, en ce qui concerne les expéditions de fort tonnage; les bases suivantes offrent une dégression rapide et tombent à 1 centime 5 ou 1 centime. Un tarif commun aux sept grands réseaux comporte des barèmes dont les bases partent de 4 centimes 5 ou 4 centimes et s'abaissent ensuite progressivement jusqu'à 1 centime. Il existe, en outre, des prix fermes très bas pour divers courants de circulation.

Cette réduction considérable des prix de transport devait puissamment contribuer au développement des échanges à l'intérieur du territoire. Elle ne pouvait que faciliter aussi les relations entre le marché français et les marchés étrangers, nous permettre de recevoir plus économiquement l'appoint nécessaire pour combler, le cas échéant, les insuffisances de la récolte nationale. L'essor de la navigation à vapeur ajoutait, d'ailleurs, son action à celle de l'abaissement des taxes sur les voies ferrées.

Les relevés du Ministère des travaux publics montrent que le réseau français d'intérêt général a transporté, en 1910, 11 481 000 tonnes de céréales et farines. Pendant la période décennale 1901-1910, la moyenne annuelle a été de 10 048 000 tonnes.

D'après l'annuaire statistique publié par le Ministère du travail et de la prévoyance sociale (1911), les importations et les exportations de froment, en grains ou farines, auraient été les suivantes, pour chacune des dix années de 1902 à 1911 :

ANNÉES	IMPORTATIONS	EXPORTATIONS	EXCÉDENT DES IMPORTATIONS
	hectolitres	hectolitres	hectolitres
1902	3.928.000	244.000	3.684.000
1903	4.326.000	253.000	4.073.000
1904	3.850.000	268.000	3.584.000
1905	2.786.000	442.000	2.344.000
1906	4.511.000	472.000	4.039.000
1907	5.099.000	524.000	4.575.000
1908	1.144.000	698.000	446.000
1909	1.987.000	1.081.000	906.000
1910	8.703.000	498.000	8.205.000
1911	28.840.000	336.000	28.504.000

La part des blés étrangers dans l'alimentation française avait beaucoup augmenté, surtout à partir de 1878. Elle a subi un recul très accentué vers la fin du XIXe siècle, grâce à l'accroissement de notre production. Pour se rendre compte de la modicité relative des importations, il suffit d'en comparer le chiffre à ceux qu'enregistre la statistique agricole de la France pour la récolte du froment. De 1901 à 1910, par exemple, celle-ci a oscillé entre un minimum de 90 801 000 hectolitres et un maximum de 132 854 000; elle s'est élevée en moyenne à 115 367 000 hectolitres, ne laissant ainsi qu'un déficit de 29 p. 1 000 environ par rapport à la consommation, qui restait, bon an mal an, au-dessous de 119 millions d'hectolitres.

Jusqu'en 1877, les blés que nous devions acquérir au dehors venaient surtout de la Russie méridionale, et particulièrement du grand marché d'Odessa, par la mer Noire et la Méditerranée. Plus tard, les États-Unis devinrent pour la France un véritable grenier d'abondance. Ils avaient commencé à exporter vers 1860. Cette exportation progressa avec une rapidité extraordinaire, au point d'atteindre 81 millions d'hectolitres, ou plus de moitié de la production; elle s'expliquait par la faible valeur de la terre, par l'étendue des propriétés, par l'emploi des procédés perfectionnés de culture qui sont peu compatibles avec le morcellement du sol, par le bon marché des transports sur les lacs et les canaux du nord des États-Unis, par le taux peu élevé du fret entre New-York et l'Europe, par une habile organisation commerciale : le prix du blé ne dépassait presque jamais 17 francs l'hectolitre à New-York, et la traversée de l'Atlantique ne coûtait pas plus de 1 fr. 50 à 2 francs.

L'invasion des blés américains provoqua les craintes et les plaintes les plus vives de la part d'un grand nombre d'agriculteurs français qui y voyaient un danger redoutable, une cause de décadence pour la culture nationale que la valeur de la terre, la division de la propriété, les difficultés d'application des procédés mécaniques à un sol si morcelé, mettraient hors d'état de lutter contre la concurrence du Nouveau Monde. Comme toujours, les appréhensions étaient quelque peu exagérées. Nos cultivateurs trouvaient un élément de défense dans les frais de transport grevant les blés des États-Unis; ils avaient, d'ailleurs, beaucoup à faire pour améliorer leur mode d'utilisation de la terre et en augmenter le rendement. D'un autre côté, si l'intérêt du producteur éprouvait quelque dommage, celui du consommateur profitait, au contraire, de l'afflux des blés étrangers sur nos marchés. Néanmoins, on ne pouvait contester le péril, nier que la concurrence américaine ne fût de nature à compromettre le sort des agriculteurs français, à ajouter encore aux embarras et aux sacrifices que leur causait le recrutement si pénible des ouvriers. Les Chambres votèrent en 1885 un droit de 3 francs par 100 kilogrammes, qui fut ensuite porté à 5 et à 7 francs.

Ainsi que je l'ai déjà indiqué, les importations se sont considérablement réduites. La Russie a, d'ailleurs, repris le premier rang parmi les pays dont nous sommes tributaires, du moins pour le commerce général.

Sans insister davantage sur la question spéciale de l'apport des blés étrangers, il importe de bien constater que l'effet général du développement des moyens de transport a été de restreindre, à peu près sans discontinuité, les écarts entre les prix du blé, soit dans un centre donné, soit dans les divers centres de consommation. Nous avons vu ce qu'étaient ces écarts avant la construction des chemins de fer. D'après les statistiques du Ministère de l'agriculture, la différence des prix moyens dans les neuf régions du nord-ouest, du nord, du nord-est, de l'est, du centre, de l'ouest, du sud-ouest, du sud et du sud-est, atteignait encore 4 fr. 61 en 1859; de 1860 à 1870, elle s'est tenue entre les limites de 1 fr. 74 et 3 fr. 89, et a été, en moyenne, inférieure à 3 francs; depuis, elle a subi une diminution nouvelle et très sensible. M. Jacqmin fait observer avec raison, à ce sujet, que, si jadis un écart de quelques francs pour deux localités même peu éloignées pouvait passer inaperçu, aujourd'hui une différence de 1 franc par hectolitre, représentant plus de 12 fr. 50 par tonne, suffit pour provoquer de longs transports et qu'ainsi, à qualité égale, un équilibre presque parfait doit tendre inévitablement à s'établir sur toute la surface du territoire.

L'action bienfaisante des chemins de fer ne s'est pas bornée à faciliter les transports; elle a aussi contribué à étendre la culture, tant en ouvrant un débouché aux produits du sol qu'en permettant la transformation, la mise en valeur de terrains jusqu'alors stériles ou tout au moins impropres à la production des céréales. Comme le rendement à l'hectare augmentait en même temps dans une très notable proportion, la récolte s'est accrue beaucoup plus rapidement que la population. Le tableau suivant réunit quelques chiffres intéressants empruntés à l'annuaire statistique de la France :

ANNÉES	POPULATION	SUPERFICIE ENSEMENCÉE	RAPPORT de la superficie ensemencée à la population	PÉRIODES	RENDEMENT PAR HECTARE		PRIX MOYEN DE L'HECTOLITRE	
					Moyennes	Limites des rendements annuels *	Moyennes	Limites des prix moyens annuels
	habitants	hectares			hectol.	hectolitres	francs	francs
1821	30.450.000	4.753.000	0.156	1821 à 1830	11.90	12.79 à 10.53	18.38	22.59 à 15.49
1831	32.570.000	5.111.000	0.157	1831 à 1840	12.77	15.52 à 11.04	19.04	22 14 à 15.25
1841	34.230.000	5.563.000	0.163	1841 à 1850	13.68	16.32 à 10.23	19.74	29.01 à 14.32
1851	35.800.000	5.999.000	0.168	1851 à 1860	14.01	16.75 à 10.26	22.11	30.75 à 14.48
1861	37.390.000	6.754.000	0.181	1861 à 1869	14.28	16.83 à 11.12	21.59	26.03 à 16,94
1869	38.390.000	7.934.000	0.207					
1871	36.190.000 (1)	6.398.000	0.177	1871 à 1880	14.36	19.64 à 11.38	23.09	26.63 à 19,38
1881	37.590.000	6.958.000	0.185	1881 à 1890	15.65	17.68 à 13.91	18.84	22.28 à 16.80
1891	38.350.000	5.755.000	0.150	1891 à 1900	16.18	18.50 à 13.19	16.65	20.58 à 14.33
1901	38.980.000	6.794.000	0.175	1901 à 1910	17.56	20.20 à 13.85	17.2	18.90 à 15.16
1911	39.528 000	6.554.000	0 [illegible]					

(1) Réduction du territoire par suite de la perte de l'Alsace-Lorraine.

En examinant ce tableau, on y voit très nettement accusée l'extension de la surface emblavée jusqu'au jour où la concurrence étrangère, puis l'élévation du rendement et l'essor de certaines cultures d'une autre nature, sont venus enrayer le mouvement ; on y constate aussi l'accroissement continu de la production à l'hectare : on y remarque encore que le prix moyen de l'hectolitre, après avoir atteint son maximum pendant la période 1871-1880, a ensuite très sensiblement baissé, pour se relever un peu durant les dernières années.

Les renseignements statistiques relatifs à la consommation se résument ainsi :

PÉRIODES	CONSOMMATION ANNUELLE MOYENNE	
	TOTALE (milliers d'hectolitres)	PAR HABITANT (hectolitres)
1831 à 1840	68.932	2,06
1841 à 1850	80.564	2,29
1851 à 1860	90.302	2,49
1861 à 1869	102.118	2,69
1871 à 1880	107.865	2,93
1881 à 1890	123.042	3,23
1891 à 1900	123.297	3,19
1901 à 1910	118.786	3,04

Rappelons enfin que, suivant les supputations consignées dans le savant rapport de M. Grandeau sur l'agriculture à l'Exposition universelle de 1900, les mouvements d'importation ou d'exportation du blé pour le monde entier dépassaient 100 millions d'hectolitres à la fin du XIXe siècle.

5. Progrès généraux de l'agriculture. — Dans le paragraphe précédent, j'ai été conduit à montrer, avec quelques détails, à propos de la suppression des disettes et des famines, le rôle important des voies perfectionnées de communication au point de vue de la production du blé. Il ne me reste guère à présenter qu'une observation à cet égard. Comme le faisait si justement observer M. de Foville, la situation du cultivateur s'est absolument transformée. Autrefois, nous l'avons vu, les mauvaises récoltes lui rapportaient davantage que les récoltes abondantes; aujourd'hui, au contraire, les variations du prix de vente sont restreintes, de telle sorte que le revenu est presque proportionnel à la quantité de grains produite par le sol; l'agriculteur a, du reste, toujours la certitude de pouvoir vendre, sinon sur place, du moins sur des marchés plus ou moins éloignés, l'excédent de sa récolte; il est, par suite, intéressé à améliorer ses procédés de culture et à arracher à la terre tout ce qu'elle peut lui donner. Or, le réseau des voies ferrées compte parmi ses instruments les plus puissants, parmi ses auxiliaires les plus utiles, pour développer le rendement de sa propriété. C'est ce que je vais expliquer brièvement.

a. Transport des engrais et des amendements. — Les végétaux puisent non seulement dans l'air, mais encore et surtout dans le sol.

leurs éléments constitutifs. On comprend donc qu'à moins d'être abondamment pourvue de ces éléments, la terre s'épuise rapidement et devienne, au moins temporairement, impropre à la production d'une plante déterminée : telle est la raison des assolements, c'est-à-dire d'une sorte de roulement entre les diverses cultures auxquelles se prête le sol, et même de la mise périodique en jachère, pour permettre à la terre de « se reposer », selon l'expression un peu naïve du paysan.

D'autre part, les végétaux présentent les plus grandes différences au point de vue de leur composition : ainsi, le raisin contient une assez forte proportion de sels de potasse ; le blé renferme des phosphates en telle quantité que ses cendres fournissent souvent près de la moitié de leur poids d'acide phosphorique ; la paille a beaucoup de silice ; le foin, le trèfle ont besoin d'être copieusement nourris de chaux ; d'autres végétaux ne prospèrent qu'à la condition de s'assimiler de la soude. On conçoit, par suite, que le sol, en son état naturel, ne puisse s'approprier à toutes les cultures et que, parfois même, il soit à peu près inutilisable.

De là, une double nécessité : celle de réparer les pertes, de refaire les forces productives de la terre ; celle d'en corriger, d'en rectifier la composition.

Ces simples indications, sur lesquelles il n'y a pas lieu d'insister ici plus longuement, suffisent à mettre en lumière l'importance capitale des engrais et des amendements.

Grâce aux travaux d'illustres savants et d'éminents agronomes, grâce à la diffusion de l'enseignement, l'usage des matières fertilisantes appropriées à la nature de la terre et à la composition des végétaux s'est largement répandu, non seulement parmi les grands propriétaires, mais aussi dans la moyenne et la petite culture.

Les substances principales à fournir au sol sont l'azote, l'acide phosphorique, la potasse et la chaux.

Une des causes les plus communes d'infertilité de la terre est le défaut d'azote. Chaque année, l'exportation des récoltes et l'infiltration des eaux en enlèvent d'énormes quantités, alors que la nature ne le rend généralement qu'en faible proportion. L'apport de ce principe s'impose d'une manière absolue, sauf le cas de terres tout à fait privilégiées et de cultures, comme celle des légumineuses ou autres plantes à feuillage développé, qui puisent dans l'atmosphère beaucoup plus d'azote que les végétaux à feuillage grêle. Pour y pourvoir, l'industrie met à la disposition de l'agriculture l'azote accumulé dans des minéraux tels que les nitrates (notamment le nitrate de soude du Chili), l'azote dégagé par certaines fabrications et en particulier l'azote ammoniacal, l'azote provenant des matières animales ou végétales (sang desséché, chair, corne, poil, plume, cuir; guano naturel, guano de poisson; fucus et varechs; tourteaux de graines oléagineuses, etc.); l'azote de l'air combiné par voie électrique (nitrate de chaux; cyanamide de calcium).

Des divers engrais jugés nécessaires pour compléter l'action des fumiers de ferme, aucun n'a gagné plus de terrain que les phosphates pendant les dernières années du XIXe siècle. Un grand nombre de régions, en effet, ne contiennent pas assez d'acide phosphorique : tel est spécialement le cas des zones granitiques. Autrefois, les os étaient l'unique source connue d'engrais phosphatés : ils s'emploient encore sous forme de poudres d'os, de superphosphates d'os, de noir animal. La découverte des phosphates de chaux fossiles ou phosphates minéraux est venue fournir une réserve pour ainsi dire intarissable d'acide phosphorique; nous en possédons des gisements fort abondants; on les utilise tantôt à l'état naturel après pulvérisation, tantôt à l'état de superphosphates et de phosphates précipités. Aux phosphates de chaux fossiles se joignent les scories de déphosphoration.

A la suite de l'azote et de l'acide phosphorique se range la potasse, jadis exclusivement demandée aux cendres de bois et au granit en décomposition, fournie maintenant par le chlorure minéral de potassium et de magnésium ; les mélasses, vinasses et eaux d'osmose provenant du traitement de la betterave, ainsi que les eaux de désuintage des laines apportent aussi leur contingent de sels potassiques.

L'usage de la chaux et de la marne, comme amendements dans les pays à sol argileux ou siliceux, est sanctionné par une longue expérience; ces substances sont très communes et peu coûteuses; la transformation de la Sologne par le marnage et l'amélioration du Forez par le chaulage constituent des exemples classiques de leur efficacité. Sur le littoral breton et normand se rencontrent des sables fins, dits tangues ou trez, formés de coquilles marines et de débris granitiques ou schisteux; on en répand de grandes quantités sur les terrains granitiques de la Bretagne. Au même genre d'amendements se rattache le merl, mélange de carbonate de chaux sécrété par des algues marines ou de coquilles mortes ou vivantes. Le plâtre est devenu d'un emploi courant dans la culture des légumineuses.

Il y a lieu de citer encore l'engrais vert ou flamand, les boues de ville, les nombreuses variétés d'engrais composés que prépare l'industrie.

Le rapport de la Commission des valeurs de douane, pour l'année 1907, évalue approximativement à 2 125 000 tonnes notre consommation annuelle d'engrais minéraux (superphosphates, 1 268 000 tonnes; kaïnite, 300 000 tonnes; scories de déphosphoration, 250 000 tonnes; nitrate de soude, 250 000 tonnes; sulfate d'ammoniaque, 26 000 tonnes; chlorure de potassium, 25 000 tonnes, etc.). En y ajoutant 600 000 à

700 000 tonnes d'engrais divers, on arriverait à un total approchant de 3 000 000 tonnes. Malgré le progrès accompli, beaucoup reste à faire dans cette voie.

Avant la construction des chemins de fer, le transport à pied d'œuvre d'une telle quantité de matières fertilisantes eût été impossible. Les voies ferrées sont heureusement venues en permettre la diffusion sur tout le territoire.

D'après les cahiers des charges de 1857-1859, les engrais et amendements étaient rangés dans la troisième classe et passibles d'une taxe kilométrique de 10 centimes par 1 000 kilogrammes. Les conventions de 1863 avec les grandes Compagnies autres que celle du Nord et la convention de 1869 avec cette dernière ont créé une quatrième classe, qui les comprend et dont la tarification est la suivante : 8 centimes par kilomètre, avec maximum de 5 francs, pour les parcours de 100 kilomètres au plus; 5 centimes par kilomètre, avec maximum de 12 francs, pour les parcours de 101 à 300 kilomètres; 4 centimes par kilomètre, pour les parcours supérieurs à 300 kilomètres.

Les tarifs généraux, de forme belge, comportent une base initiale de 8 centimes, qui ne s'applique d'ailleurs que sur les 25 premiers kilomètres. Au delà, la base tombe immédiatement à 4 centimes, à 3 centimes 5, à 3 centimes, à 2 centimes 5 et même à 2 centimes sur le réseau très étendu de Paris-Lyon-Méditerranée.

En fait, les transports se font exclusivement aux conditions des tarifs spéciaux intérieurs ou communs. Les bases des barèmes belges correspondant à ces tarifs s'abaissent jusqu'à 1 centime et exceptionnellement 5 millimes. Dans l'ensemble, la taxe kilométrique moyenne résultant de leur application ou de celle des prix fermes est parfois inférieure à 1 centime 5. Aussi bien, les Administrations de chemins de fer ont intérêt à pousser les réductions très loin, à consentir au besoin certains sacrifices: elles en trouvent la légitime compensation dans l'accroissement de la production agricole et, par suite, dans l'augmentation de leur trafic.

La statistique du Ministère des travaux publics enregistre, en 1910, un mouvement de 8 704 000 tonnes de fumier, d'engrais divers et d'amendements sur les chemins de fer d'intérêt général. Elle ne comptait que 500 000 tonnes environ en 1867.

On doit attribuer pour une large part à l'emploi rationnel des amendements et à la facilité de leur transport l'élévation du rendement à l'hectare et de la production totale des cultures de froment. Cette production, qui ne dépassait guère 58 millions d'hectolitres par an pendant la période décennale 1821-1830, a doublé, malgré la perte de l'Alsace-Lorraine : la moyenne annuelle des dix années de 1901 à 1910 atteint, en effet, 115 370 000 hectolitres.

La rapide progression des récoltes de blé ne pouvait qu'amener une diminution des superficies consacrées à la culture du seigle et de l'orge. Mais les effets de cette diminution très considérable ont été atténués par l'augmentation continue du rendement, sous l'influence d'un apport méthodique de matières fertilisantes.

b. Transport des vins. — L'importance des transports pour les vins est encore beaucoup plus grande que pour les céréales. En effet, la culture de la vigne n'a pu se répandre sur tout le territoire, et certaines régions privilégiées donnent seules le raisin avec quelque abondance. Le producteur a un immense intérêt à disposer de moyens économiques pour expédier au loin le produit de sa récolte ; cette faculté d'expansion n'intéresse pas moins le consommateur, dans les contrées dépourvues de vignobles.

A l'époque de l'établissement des premiers chemins de fer, les doutes les plus sérieux s'étaient élevés sur la possibilité de recourir utilement aux nouvelles voies de communication pour le transport des vins : on redoutait les conséquences des trépidations. Bientôt l'expérience a dissipé ces craintes, prouvé que, du moins avec quelques précautions, les vins pouvaient impunément circuler sur rails, et les Compagnies n'ont pas tardé à y trouver l'un de leurs principaux éléments de trafic.

Les vins sont rangés par les cahiers des charges dans la seconde classe, taxée à raison de 14 centimes par kilomètre. Mais les tarifs généraux réduisent notablement cette taxe ; leurs bases partent de 13,12 ou 11 centimes et s'abaissent jusqu'à 4 centimes aux grandes distances ; exceptionnellement, la ligne de Bordeaux à Cette et quelques sections du Midi jouissent d'un tarif général, avec condition de tonnage, qui a une base initiale de 5 centimes et une base finale de 1 centime.

De nombreux tarifs spéciaux, intérieurs ou communs, donnent des prix très bas pour les vins en fûts ou en réservoirs : certains barèmes belges ont des bases descendant à 1 centime ; la taxe kilométrique moyenne tombe parfois à 2 centimes 5.

En 1910, les chemins de fer d'intérêt général ont transporté 9 351 000 tonnes de vins, vinaigres, esprits et boissons.

Le développement des voies ferrées et les progrès de la viticulture devaient nécessairement exercer leur influence sur la production des vins. Cette influence a été malheureusement contrebalancée par l'action néfaste des maladies cryptogamiques ou autres qui ont désolé nos vignobles, et notamment par le fléau du phylloxera.

Vers 1830, la surface cultivée en vigne était de 2 millions d'hectares ; elle atteignait 2 643 000 hectares en 1869 ; la perte de l'Alsace-

Lorraine, puis les ravages du phylloxera et du mildew, ne tardèrent pas à la restreindre au point que, pendant les premières années du xxe siècle, elle ne dépassait plus 1 700 000 hectares.

La production annuelle moyenne de la période triennale 1849-1851 pouvait être évaluée à 40 millions d'hectolitres. Survint l'oïdium, sous les ravages duquel la récolte s'effondra à 10 800 000 hectolitres en 1854. Le soufrage eut raison du mal et la production arriva à près de 84 millions d'hectolitres en 1875. Bientôt le phylloxera déterminait une chute nouvelle et rapide, dont les effets allaient être encore aggravés du mildew; la récolte descendait à 23 millions d'hectolitres environ. Toujours inférieure à l'exportation avant 1880, l'importation bondissait et dépassait 12 millions d'hectolitres. Une lutte énergique, sans rendre au vignoble son ancienne étendue, a rouvert progressivement l'ère des rendements élevés et des récoltes abondantes : la production moyenne annuelle par hectare, qui, de 1849 à 1851, était de 18 hectolitres, est passée à 31 hectolitres 9 pour la période 1901-1910; on estime à 51 760 000 hectolitres la production moyenne totale de cette dernière période. Néanmoins, les entrées restent supérieures aux sorties: de 1901 à 1910, les moyennes respectives ont été de 5 897 000 et de 2 182 000 hectolitres.

Des mouvements corrélatifs à ceux de la production se sont naturellement manifestés dans les cours. Le prix moyen de l'hectolitre était de 16 francs en 1835 ; il a baissé jusqu'à 9 francs en 1849, puis est remonté, pour atteindre à diverses reprises 40 ou 41 francs entre 1871 et 1880, enfin a éprouvé une nouvelle baisse, faisant ressortir à 20 francs 35 la moyenne des dix années de 1901 à 1910.

Après être descendue à 27 litres en 1854, la consommation annuelle moyenne par habitant a oscillé autour de 1 hectolitre 40 pendant les premières années du xxe siècle.

Même aux heures malheureuses de la dévastation du vignoble par les maladies, les chemins de fer ont rendu de grands services, en apportant au consommateur des vins étrangers et au producteur les agents chimiques de défense ainsi que les plants américains destinés à remplacer, sur beaucoup de points, les plants français.

c. TRANSPORT DES BESTIAUX. — Les facilités que procurent les voies ferrées pour le transport des bestiaux offrent de nombreux avantages aux producteurs et aux consommateurs. Elles permettent notamment d'amener dans les centres de population le bétail destiné à la consommation, d'accroître le rayon d'attraction et d'augmenter l'importance des marchés, de conduire économiquement dans les régions riches en pâturages les bestiaux maigres des régions moins favorisées, de développer les échanges internationaux.

D'après les cahiers des charges, le tarif maximum est le suivant, non compris les frais accessoires :

	GRANDE VITESSE	PETITE VITESSE
Bœufs, vaches, taureaux, chevaux, mulets, bêtes de trait..........	20 centimes	10 centimes
Veaux et porcs.................	8 —	4 —
Moutons, brebis, agneaux, chèvres.	4 —	2 —

Les tarifs généraux de grande vitesse abaissent respectivement les trois bases du tarif maximum de 20 centimes à 16, de 8 à 6 et de 4 à 3. Pour les expéditions en petite vitesse, les tarifs généraux se confondent avec le tarif des cahiers des charges, sauf sur l'ancien réseau d'État, qui a des prix un peu moindres au delà de 50 kilomètres.

A côté des tarifs généraux de grande vitesse, la plupart des Administrations de chemins de fer ont des tarifs spéciaux sensiblement plus avantageux. Ces derniers tarifs fixent la taxe tantôt par tête, tantôt par wagon d'une superficie de plancher déterminée, tantôt par mètre carré occupé. Dans le système de la fixation par tête, il existe des tarifs à base de 13 centimes, 5 centimes et 2 centimes 5 suivant la catégorie des animaux; la base reste fixe ou s'abaisse lorsque la distance augmente. Quand la taxation a lieu à la surface ou au wagon, les expéditeurs peuvent charger autant d'animaux qu'il leur convient. Sous certaines conditions, les palefreniers ou toucheurs, accompagnant les expéditions, jouissent de la gratuité du parcours. Les propriétaires d'animaux admis aux concours ou expositions publiques n'ont pas à payer le transport de retour.

La tarification de petite vitesse comprend également des tarifs intérieurs ou communs pour le transport des animaux. Ici encore, les taxes sont établies par tête, par wagon ou par mètre carré de surface occupée. Dans les tarifs à la tête, on rencontre des barêmes belges dont la base initiale varie de 8 centimes à 5 millimes et la base finale de 2 centimes à 1 millime, selon l'espèce des animaux auxquels ils s'appliquent. Certaines Administrations accordent de très fortes réductions en faveur des bœufs ou vaches maigres destinés aux pâturages ou à l'engraissement, des moutons transhumants, des bœufs et veaux hivernant en Provence. De même que pour la grande vitesse, les conditions des tarifs stipulent la libre utilisation du matériel par les expéditeurs au wagon ou à la surface occupée et la franchise du voyage des palefreniers ou toucheurs.

Une progression à peu près continue se manifeste dans le mouvement des chevaux et du bétail sur les voies ferrées. L'importance de ce mouvement ressort des chiffres statistiques suivants, qui donnent, pour les réseaux d'intérêt général, la moyenne annuelle des transports en petite vitesse pendant la période triennale 1908-1910 : 360 000 chevaux, mulets ou ânes ; 2 560 000 têtes de gros bétail (bœufs, vaches, taureaux) ; 4 395 000 têtes de moyen bétail (veaux, porcs) ; 5 708 000 têtes de petit bétail (moutons, chèvres).

Actuellement, l'exportation est, en général, très supérieure à l'importation pour les animaux des espèces chevaline, mulassière et bovine ; elle lui reste, au contraire, inférieure pour les animaux des espèces ovine et porcine. Le tableau ci-après donne les moyennes annuelles des entrées et des sorties de la période quinquennale 1907-1911 :

DÉSIGNATION DES ANIMAUX	IMPORTATION (Nombre de têtes)	EXPORTATION (Nombre de têtes)
Chevaux, juments, poulains	11.374	29.437
Mules et mulets ; ânes et ânesses	6.314	15.234
Bœufs	23.255	33.443
Vaches, taureaux, bouvillons et taurillons, génisses, veaux	19.729	61.015
Béliers, brebis, moutons, agneaux, boucs, chèvres, chevreaux	1.204.923	41.211
Porcs, cochons de lait	189.833	62.728

Les moutons nous viennent à peu près exclusivement de l'Algérie.

En 1911, le marché de la Villette a reçu 328 100 têtes de gros bétail, 168 800 veaux, 1 446 000 moutons, 403 100 porcs.

d. TRANSPORT DES DENRÉES ET DES PRODUITS HORTICOLES. — Les voies ferrées approvisionnent les centres de population en denrées de toute nature, fournies souvent par des régions très éloignées, françaises ou étrangères : viandes, gibier, poissons de mer ou d'eau douce, crustacés, huîtres, moules, lait, beurre, fromage, fruits, légumes, etc. Elles effacent dans une large mesure l'effet des saisons, en supprimant les distances entre les contrées aux climats les plus divers et en apportant les produits du sol longtemps avant ou après l'époque de la maturité au lieu de consommation.

A cet égard, l'horticulture profite des mêmes bienfaits que l'agriculture. Il n'est pas d'époque de l'année où les appartements ne puissent être ornés de fleurs, même écloses sans forcement. Le Sud-Est de la France, notamment, constitue un véritable jardin mondial.

c. État actuel de la culture. — D'après les publications du Ministère de l'agriculture, la répartition du sol de la France était approximativement la suivante en 1789, c'est-à-dire vers la fin du XVIIIe siècle :

	Hectares	p. 100
Céréales et graines diverses	13.500.000	28.36
Pommes de terre	4.300	0.01
Prairies artificielles	1.000.000	2.10
Racines et plantes fourragères	100.000	0.21
Plantes industrielles	400.000	0.84
Jardins et vergers	500.000	1.05
Jachères	10.000.000	21.01
Vignes	1.500.000	3.15
Châtaigneraies, oliviers, oseraies	1.000.000	2.10
Bois et forêts	9.000.000	18.91
Prés et herbages	3.000 000	6.30
Landes incultes	7.600.000	15.96
	47.604.300	100.00

Ainsi, la jachère couvrait plus du cinquième de la superficie recensée. Les prés et les herbages, les prairies artificielles, les cultures de racines et plantes fourragères ne représentaient que 8,61 p. 100. A peine les pommes de terre entraient-elles en ligne de compte.

La dernière statistique décennale dressée par le Département de l'agriculture indique, de 1840 à 1892, les variations consignées au tableau ci-contre (page 205).

Dans la comparaison des surfaces inscrites à ce tableau pour les diverses époques, il ne faut pas perdre de vue que le territoire français s'est accru de 1 279 000 hectares en 1860 et réduit ensuite de 1 451 000 hectares en 1871.

Les jachères ont subi une énorme réduction. Il y a là un signe caractéristique du progrès agricole. De nos jours, l'ancienne jachère nue, comprise dans l'assolement triennal et destinée au repos absolu de la terre, n'existe plus qu'à l'état d'exception; la jachère travaillée se restreint elle-même, grâce à l'intelligence des cultivateurs, grâce aussi à l'emploi rationnel des amendements et engrais.

Malgré l'extension de la propriété bâtie et le développement des voies de communication, le territoire non agricole était encore, en 1892, sensiblement au-dessous du vingtième de la superficie totale.

Des conquêtes successives sur les terrains incultes en ont réduit l'étendue de 33 p. 100, pendant les cinquante ans écoulés, de 1840 à 1890. Cette étendue reste aujourd'hui presque invariable, avec une quote-part d'un huitième.

DÉSIGNATION DES TERRES			SUPERFICIE (EN MILLIERS D'HECTARES)				PROPORTION (P. 100)			
			1840	1862	1882	1892	1840	1862	1882	1892
		1° *Territoire agricole*								
Superficie cultivée	Terres labourables	Céréales	14.532	15.621	15.096	14.827	27,44	28,77	28,56	28,06
		Cultures potagères et maraîchères	525	718	774	707	0,99	1,32	1,46	1,33
		Pommes de terre	922	1.235	1.338	1.474	1,74	2,27	2,53	2,79
		Betteraves à sucre	58	136	240	271	0,11	0,25	0,45	0,51
		Autres cultures industrielles	582	552	276	260	1,10	1,02	0,52	0,49
		Racines fourragères et fourrages annuels	250	386	1.112	1.332	0,47	0,71	2,14	2,52
		Prairies artificielles	1.577	2.773	3.538	3.532	2,97	5,11	6,69	6,68
		Jachères	6.763	5.148	3.644	3.368	12,75	9,47	6,89	6,37
		TERRES LABOURABLES	25.227	26.569	26.018	25.771	47,57	48,92	49,24	48,76
	Cultures permanentes et non assolées	Vignes	1.972	2.321	2.197	1.800	3,72	4,27	4,16	3,41
		Prés naturels et herbages	4.198	5.021	5.537	5.920	7,92	9,25	10,47	11,20
		Bois et forêts	8.805	9.317	9.455	9.522	16,60	17,16	17,88	18,01
		Autres	1.102	1.033	842	935	2,08	1,90	1,59	1,77
		CULTURES PERMANENTES ET NON ASSOLÉES	16.077	17.692	18.031	18.177	30,32	32,58	34,10	34,39
		TOTAUX DE LA SUPERFICIE CULTIVÉE	41.304	44.261	44.049	43.948	77,89	81,50	83,34	83,15
Superficie non cultivée, y compris les herbages alpestres			9.555	7.695	6.512	6.519	18,02	14,17	12,32	12,33
		TOTAUX DU TERRITOIRE AGRICOLE	50.859	51.956	50.561	50.467	95,91	95,67	95,66	95,48
		2° *Territoire non agricole*								
Propriété bâtie, voies de communication, sommets des montagnes, etc.			2.169	2.352	2.296	2.390	4,09	4,33	4,34	4,52
			53.028	54.308	52.857	52.857	100,00	100,00	100,00	100,00

L'extension de la zone cultivée a surtout profité aux cultures permanentes et non assolées, en particulier aux prés et herbages, qui occupent plus du dixième de la France.

Une augmentation appréciable due aux reboisements se manifeste aussi dans les bois et forêts, dont la part approche du cinquième.

Après avoir légèrement progressé, le domaine des céréales accuse, depuis 1860, une tendance à la diminution. Il formait, en 1892, plus du quart de la surface totale et près des trois cinquièmes de la surface arable. Le rendement par hectare s'est, d'ailleurs, considérablement élevé et les céréales de qualité supérieure se sont substituées dans une large mesure aux céréales de qualité inférieure.

Un accroissement remarquable a eu lieu dans les cultures fourragères, en même temps que grandissait, plus rapidement encore, le rendement de ces cultures. Aussi les animaux de ferme sont-ils non seulement plus nombreux, mais beaucoup mieux nourris qu'autrefois, et, dès lors, donnent davantage sous forme de viande, de lait ou de travail.

La pomme de terre, à laquelle la consommation doit un appoint si important et l'industrie une matière première si utile, n'a cessé de se propager en dépit des crises et des maladies contre lesquelles elle a eu à lutter.

Depuis 1892, il n'a pu être effectué de recensement général analogue à ceux dont les résultats sont consignés au tableau de la page 205. Mais le Ministère de l'agriculture recueille et publie annuellement quelques données statistiques, qui, sans présenter peut-être le même degré d'approximation, suffisent néanmoins pour servir de base à des aperçus d'ensemble. Ces données montrent que l'évolution constatée en 1892 s'est poursuivie. L'aire de culture du froment, par exemple, s'est abaissée de 6 987 000 hectares à 6 554 000 hectares, pendant la période 1892-1910, et, celle de la vigne, de 1 800 000 hectares à 1 620 000 environ, ce qui n'a pas empêché la production du blé et du vin de progresser. Continuant son mouvement ascensionnel, la superficie des cultures fourragères est passée de 8 137 000 hectares à près de 15 200 000 ; la production correspondante a plus que doublé.

Voici le bilan de l'agriculture, tel qu'il ressort des enquêtes décennales de 1882 et de 1892 :

1. — *Capital.*

ARTICLES		1882	1892
		millions	millions
Capital foncier. — Valeur de la propriété non bâtie		91.584	77.847
Capital d'exploitation	Valeur du cheptel vivant (animaux de ferme)	5.775	5.202
	Valeur du matériel (instruments, machines, outils)	1.395	1.500
	Valeur des semences	536	483
	Valeur du fumier	838	832
TOTAL DU CAPITAL D'EXPLOITATION		8.544	8.017
TOTAL GÉNÉRAL		100.128	85.864

2. — *Produit brut, dépenses et produit net annuels.*

ARTICLES		1882	1892
	Produit brut.	millions	millions
Céréales	Grain	4.081	3.354
	Paille	1.294	1.313
Production agricole	Grains alimentaires autres que les céréales	148	94
	Pommes de terre	648	670
	Fourrages annuels : prairies artificielles et racines	1.365	1.509
	Produits des prairies naturelles et herbages	1.036	1.237
	Produits des cultures industrielles	358	373
	— des vignes	1.137	905
	— de l'horticulture ; cultures arborescentes fruitières : vergers	1.401	867
	Produits des bois et forêts	334	289
TOTAL DE LA PRODUCTION AGRICOLE		11.502	10.611
Production animale	Animaux français vendus, abattus ou exportés	1.714	1.763
	Lait	1.457	1.251
	Laine	77	48
	Volailles, lapins, œufs, etc	319	316
	Cocons de ver à soie	41	32
	Miel et cire	20	16
	Travail des animaux de trait	3.017	2.946
	Fumier	838	832
TOTAL DE LA PRODUCTION ANIMALE		7.183	7.204
TOTAL GÉNÉRAL		18.685	17.815

2. — *Produit brut, dépenses et produit net annuels* (Suite).

ARTICLES	1882	1892
Dépenses et charges	millions	millions
Impôt foncier (principal)	119	103
Impôt foncier (centimes additionnels)	119	139
Impôt foncier (prestations)	59	60
Impôts indirects	300	300
Loyer de la terre	2.645	2.368
Intérêts à 5 0/0 du capital d'exploitation	427	400
Rémunération, gages et salaires du personnel agricole (chefs d'exploitation et salariés)	4.150	3.967
Semences (renouvelées annuellement)	536	483
Fumier (renouvelé annuellement)	838	832
Pailles, fourrages et grains consommés par les animaux des exploitations agricoles	3.850	3.952
Travail des animaux de trait	3.017	2.946
Frais généraux et autres charges non dénommées	1.470	1.465
Total	17.530	17.015
Produit net.		
Excédent du produit brut sur les dépenses et charges	1.155	800

La réduction du capital foncier, de 1882 à 1892, représente une baisse moyenne de 15 p. 100 dans la valeur de la propriété non bâtie. Celle du capital d'exploitation résulte de la diminution du prix des semences et surtout de la décroissance du nombre des animaux, dont la production s'est néanmoins maintenue grâce aux progrès de l'élevage et de l'alimentation rationnelle ; la moins-value est partiellement compensée par la majoration de l'outillage.

En ce qui concerne le produit brut, la comparaison des deux années 1882 et 1892 fait ressortir : d'un côté, une grosse perte due à l'affaissement du prix des céréales et à l'invasion du phylloxera, ainsi qu'une diminution notable sur l'horticulture, tenant pour une large part à la différence des modes d'évaluation ; d'un autre côté, une plus-value sur les fourrages, résultant d'une hausse occasionnelle des cours, et un accroissement sur le lait, correspondant à l'augmentation du nombre des vaches laitières.

Les causes principales d'abaissement des dépenses sont la chute des prix de fermage et l'économie réalisée sur les gages et salaires par suite de la réduction du nombre des ouvriers agricoles.

Si les chiffres établis en 1882 et 1892 par le Ministère de l'agriculture ont le mérite d'une précision relative, leur rapprochement ne présente néanmoins qu'un intérêt restreint au point de vue de l'étude des modifications survenues, pendant le XIXe siècle, dans la valeur des produits de l'agriculture. Ces chiffres se rapportent, en effet, à deux années très proches l'une de l'autre ; de plus, ils sont nécessairement affectés, au moins en partie, par des circonstances climatériques spéciales à chacune des deux campagnes et reflètent, non des situations moyennes, mais des cas particuliers. Il faut donc chercher ailleurs des documents relatifs à d'autres époques.

La question a été souvent abordée par les économistes. Dans son cours d'économie politique à l'École nationale des ponts et chaussées, M. Colson fournit les évaluations suivantes du produit brut de l'agriculture, en y comprenant les céréales, les autres grains alimentaires, la paille, les pommes de terre, les racines et fourrages, les cultures industrielles, les vins, l'horticulture et les vergers, les bois, la viande, le lait, la volaille, les lapins, les œufs, la laine, la soie, le miel, la cire, et en déduisant les semences, ainsi que les pailles et fourrages consommés par les animaux de ferme :

Vers la fin du XVIIIe siècle, 2 700 millions (d'après une enquête, dont l'Assemblée constituante avait chargé Lavoisier) ;

En 1815, 3 300 millions (d'après des études de Chaptal) ;

Vers le milieu du XIXe siècle, 5 milliards (d'après Léonce de Lavergne) ;

En 1882, 11 milliards (d'après l'enquête du Ministère de l'agriculture) ;

En 1892, 9 600 millions (également d'après l'enquête du Ministère).

Ainsi l'accroissement a été continu et très notable jusqu'à 1875 ou 1880. Puis est venue une diminution principalement imputable à des récoltes médiocres de céréales, à l'abaissement des cours du froment sous l'influence de l'importation étrangère, aux ravages du phylloxera. Malgré l'énorme dépression du prix des vins, la situation paraît s'être récemment améliorée, grâce à l'augmentation du rendement des cultures de céréales et de vignes.

f. VALEUR DE LA PROPRIÉTÉ RURALE. — En 1789, la valeur locative du sol était évaluée à 1 200 millions et sa valeur vénale à 30 milliards. Vingt-cinq ans plus tard, ces deux chiffres passaient respectivement à 1 500 millions et 40 milliards. Au milieu du siècle dernier, un travail des Contributions directes conduisait à 1 900 millions pour le revenu net imposable de la propriété non bâtie et à 64 milliards pour la valeur vénale de cette propriété.

D'après une estimation du même service, qui portait sur la période

1879-1881 et à laquelle se réfère l'enquête agricole de 1882, le revenu imposable atteignait 2 645 millions et la valeur vénale 91 milliards et demi. Pas plus que la précédente, cette estimation ne comprenait les bâtiments affectés à la culture (valeur locative de 191 millions et valeur vénale de 6 200 millions). Elle laissait aussi de côté les bois de l'État (revenu net de 28 millions et valeur vénale de 1 200 millions).

L'Administration des Contributions directes, revisant l'évaluation de 1879-1881, accusa une baisse de 3 p. 100.

Bientôt le mouvement rétrograde s'accentua. Les auteurs de l'enquête agricole effectuée en 1892 indiquèrent une réduction moyenne de 10 p. 100 dans la valeur locative de la terre et de 15 p. 100 dans la valeur vénale, par rapport à 1882. Ils évaluaient la propriété rurale à 78 milliards environ, non compris les bâtiments ruraux. Suivant eux, la crise résultait de la dépréciation des produits agricoles, déterminée par la concurrence internationale.

Au commencement du xxe siècle, on admettait assez généralement que, pendant les vingt dernières années, le revenu net avait subi une réduction approchant de 30 p. 100 et la valeur vénale une diminution dépassant quelque peu cette proportion. L'estimation de la propriété rurale descendait, par suite, à 68 milliards, avec les bâtiments affectés à la culture, mais sans le capital d'exploitation, qui représentait 8 milliards.

6. Progrès généraux de l'industrie. — Si les chemins de fer ont joué un grand rôle dans l'amélioration et le développement de l'agriculture, leur influence sur le progrès industriel a été plus éclatante encore : on peut dire qu'ils ont créé la grande industrie, en lui apportant les matières premières nécessaires à sa fabrication et en emportant au loin ses produits manufacturés.

Il m'est évidemment impossible de passer en revue toutes les branches de l'industrie française. Comme pour l'agriculture, je me bornerai à quelques faits essentiels et caractéristiques.

a. Industrie minérale. — 1. *Industrie houillère*. — De toutes les matières premières indispensables à l'industrie, celle qui doit être placée au premier rang est sans contredit la houille, aliment vital du travail mécanique. Les voies ferrées et les voies navigables l'ont mise, pour ainsi dire, sous la main des usiniers.

Aux termes des cahiers des charges de 1857-1859, les combustibles minéraux étaient rangés dans la troisième classe et passibles d'une taxe kilométrique de 10 centimes par 1 000 kilogrammes. Mais les conventions de 1863 avec les grandes Compagnies, autres que celles du Nord, et la convention de 1869 avec cette dernière ont créé une quatrième classe qui les comprend et dont la tarification est la suivante : 8 centimes par kilomètre, avec maximum de 5 francs, pour les parcours de 100 kilomètres au plus ; 5 centimes par kilomètre, avec maximum de 12 francs, pour les parcours de 101 à 300 kilomètres ; 4 centimes par kilomètre, pour les parcours supérieurs à 300 kilomètres.

Les tarifs généraux, de forme belge, comportent une base initiale de 8 centimes, qui ne s'applique d'ailleurs que sur les 25 premiers kilomètres. Au delà, la base tombe immédiatement à 4 centimes, puis à 3 centimes 5, à 3 centimes, à 2 centimes 5 et même à 2 centimes sur le réseau très étendu de Paris-Lyon-Méditerranée.

En fait, les transports s'effectuent exclusivement aux conditions des tarifs spéciaux intérieurs ou communs, dont l'application est subordonnée à l'envoi de wagons complets ou à des expéditions plus importantes allant jusqu'à 250 tonnes. Les bases finales des barêmes belges correspondant à ces tarifs descendent parfois au-dessous de 5 millimes. En certains cas, la taxe kilométrique moyenne, donnée soit par les barêmes, soit par les prix fermes, s'abaisse à 1 centime.

Dans l'ensemble, la perception moyenne par kilomètre et par tonne de combustibles minéraux, sur l'ensemble des chemins de fer d'intérêt général, a été de 3 centimes environ pendant l'année 1910 ; cette perception s'est progressivement abaissée de 1 centime au cours des vingt-cinq dernières années. Le parcours moyen dans les limites d'un même réseau ne s'écarte guère actuellement de 100 kilomètres ; mais le parcours moyen réel est plus élevé, car beaucoup de transports sont communs à plusieurs réseaux, et les relevés officiels comptent chaque tonne pour autant d'unités qu'elle emprunte de réseaux différents.

La statistique du Ministère des travaux publics enregistre, en 1909, pour les combustibles minéraux, un mouvement de 48 453 000 tonnes à toute distance et de 5 019 224 000 tonnes à 1 kilomètre, sur les chemins de fer d'intérêt général. En 1880, le tonnage à toute distance n'était encore que de 22 494 000 tonnes et le tonnage, ramené à 1 kilomètre, de 2 035 000 000 tonnes kilométriques.

Depuis un siècle, la production annuelle, le commerce extérieur et la consommation de la houille, de l'anthracite et du lignite ont progressé, comme le montre le tableau suivant :

PÉRIODES OU ANNÉES	PRODUCTION [1]	IMPORTATION [1]	EXPORTATION [1]	CONSOMMATION [1]
	tonnes	tonnes	tonnes	tonnes
1811-1820	895.000	214.000	27.000	1.082.000
1821-1830	1.495.000	478.000	12.000	1.961.000
1831-1840	2.571.000	925.000	26.000	3.471.000
1841-1850	4.078.500	2.103.000	52.000	6.129.000
1851-1860	6.857.000	4.666.000	106.000	11.448.000
1861-1870	11.831.000	7.104.000	348.000	18.560.000
1871-1880	16.775.000	8.053.000	609.500	24.222.000
1881-1890	21.543.000	10.847.000	629.000	31.753.000
1891-1900	29.190.000	12.283.500	944.000	40.527.000
1901-1910	35.185.000	17.120.000	1.205.000	50.998.000
1910	38.350.000	19.892.000	1.370.000	56.530.000

(1) Chiffres fournis par la statistique officielle de l'industrie minérale. — Le coke y est compté pour son équivalent en houille crue.

Voici, d'ailleurs, quelles ont été les variations des prix moyens de la tonne de houille sur les lieux d'extraction et sur les lieux de consommation :

PÉRIODES OU ANNÉES	PRIX sur les lieux d'extraction	PRIX sur les lieux de consommation	DIFFÉRENCE
	francs	francs	francs
1811-1820	10.56		
1821-1830	10.23		
1831-1840	9.83		
1841-1850	9.69		
1851-1860	11.45	23.83 (1)	12.38
1861-1870	11.61	22.87	11.26
1871-1880	14.34	25.25	10.91
1881-1890	11.55	20.74	9.19
1891-1900	11.96	20.85	8.89
1901-1910	14.46	23.32 (1)	8.86
1910	14.50	»	»

(1) Moyenne de 8 années.

Ces deux tableaux donnent lieu aux observations suivantes :

1° La production n'a cessé de croître et présente aujourd'hui une énorme augmentation relativement à ce qu'elle était au milieu du siècle dernier. Elle est néanmoins restée insuffisante pour satisfaire aux besoins de la consommation, dont le développement était encore plus rapide. De là, un large accroissement de l'importation. Nous sommes tributaires de l'Angleterre, de la Belgique et de l'Allemagne; actuellement, les parts respectives de ces trois pays dans les entrées sont de 30 0/0, 27 0/0 et 23 0/0. L'exportation, relativement minime, ne progresse que très lentement.

2° L'écart total entre le prix moyen de vente sur les lieux de consommation et le prix moyen sur les lieux d'extraction n'a pas subi, depuis la construction des chemins de fer, une réduction aussi sensible qu'on eût pu le supposer au premier abord. Ce fait s'explique par deux raisons: les houilles empruntent, pour une partie notable des transports, les voies navigables, qui mesuraient, dès avant 1850, une assez grande longueur; d'un autre côté, le rayon d'expansion s'est considérablement étendu, de telle sorte qu'au même prix total de transport correspond une base kilométrique beaucoup plus faible.

Les renseignements qui précèdent seront utilement complétés par de courtes indications sur le nombre, le salaire et la production annuelle des ouvriers de l'industrie houillère. En 1847, les mines françaises de combustibles minéraux occupaient 34 800 ouvriers, dont 26 720 à l'intérieur et 8 080 au jour; pour l'année 1910, ces chiffres sont respectivement passés à 196 800, 142 700 et 54 100. Pendant la même période de soixante-trois ans, le salaire moyen des ouvriers du fond et des ouvriers du jour est monté de 595 francs à 1 454 francs, et la production annuelle de 148 tonnes à 195 tonnes.

D'après les publications statistiques du Ministère des travaux publics concernant l'industrie minérale, l'extraction des combustibles minéraux dans les principaux pays producteurs a atteint, en 1907, 1908, 1909 ou 1910, les quantités ci-après relatées :

		tonnes
1910	Etats-Unis	441.618.000
1910	Grande-Bretagne et Irlande	268.664.000
1910	Allemagne	222.302.000
1909	Autriche	39.757.000
1907	Russie	26.000.000
1910	Belgique	23.917.000
1909	Japon	15.048.000
1909	Indes et possessions anglaises en Asie	12.061.000
1910	Canada	11.709.000
1909	Australie	8.346.000
1908	Hongrie	8.016.000
1909	Le Cap et possessions anglaises en Afrique	5.778.000

	tonnes.
1909 Espagne........................	4.126.000
1909 Nouvelle-Zélande................	1.942.000
1910 Italie........................	562.000
1909 Indes orientales néerlandaises.......	509.000
1910 Colonies françaises et Tunisie.......	499.000
1908 Suède.........................	305.000
1908 Roumanie......................	161.000

2. *Exploitation des mines de fer et des mines métalliques autres que les mines de fer.* — Aux termes des actes de concession, les minerais de fer sont rangés, comme les combustibles minéraux, dans la quatrième classe du tarif légal, et les autres minerais métalliques dans la troisième classe, qui comporte une taxe de 10 centimes par kilomètre.

La parité de traitement entre les minerais de fer et les combustibles minéraux se maintient pour les tarifs généraux. En ce qui concerne les autres minerais métalliques, les barêmes généraux, de forme belge, ont une base initiale de 8 centimes, ou exceptionnellement de 10 centimes, et une base finale descendant à 3 centimes sur certains réseaux.

En fait, de même que pour les combustibles minéraux, les transports s'effectuent exclusivement aux conditions des tarifs spéciaux intérieurs ou communs, dont l'application est subordonnée à l'envoi de wagons complets ou à des expéditions plus importantes, allant jusqu'au chiffre de 300 tonnes, et qui donnent des prix de beaucoup inférieurs à ceux des tarifs généraux. Les minerais de fer, notamment, bénéficient ainsi de barêmes belges dont la base initiale s'abaisse parfois à 2 centimes et la base finale à 1 centime. Aux barêmes s'ajoutent quelques prix fermes. Il est des cas où la taxe kilométrique moyenne ne dépasse pas 1 centime 2 quand la distance de transport atteint 500 kilomètres.

Le tableau suivant fournit les principaux renseignements relatifs à l'exploitation des mines métalliques de la France, depuis le milieu du siècle dernier :

PÉRIODES ou ANNÉES	MINES DE FER				ENSEMBLE des MINERAIS métallifères. Valeur de la production (1)
	PRODUCTION		IMPORTATION	EXPORTATION	
	Tonnage	Valeur (1)	Tonnage	Tonnage	
	tonnes	francs	tonnes	tonnes	francs
1851-1860	2.414.000	13.177.000	92.000	4.300	15.473.000
1861-1870	3.035.000	14.858.000	463.000	130.000	20.586.000
1871-1880	2.514.000	13.616.000	827.000	166.500	19.995.000
1881-1890	2.934.000	11.837.000	1.382.000	175.000	20.476.000
1891-1900	4.206.000	14.375.000	1.814.000	283.000	28.605.000
1901-1910	8.547.500	36.411.000	1.694.000	1 906.000	52.989.000
1910	12.606.000	69.511.000	1 319.000	4.894.000	89.227.000

(1) Les valeurs indiquées sont celles des minerais après les préparations qu'ils subissent sur place.

Comme le montre ce tableau, la production des minerais métalliques et spécialement des minerais de fer s'était sensiblement accrue de la période 1851-1860 à la période 1851-1870. Elle fut ensuite enrayée par la concurrence des minerais étrangers et par la perte, en 1871, de centres importants, aujourd'hui situés dans la Lorraine allemande. Vers la fin du XIXe siècle, la découverte et la mise en valeur du très riche bassin de Briey lui ont imprimé subitement un magnifique essor.

Les importations de minerais de fer se sont progressivement élevées au point d'atteindre et même de dépasser 2 millions de tonnes. Depuis quelques années, elles marquent une notable diminution. Nous faisons principalement nos achats en Allemagne ou dans le Luxembourg et en Espagne.

Pendant longtemps minimes, les exportations ont rapidement augmenté à partir de 1901. Elles approchent aujourd'hui de 5 millions de tonnes. Nous expédions des minerais de fer vers la Belgique, l'Allemagne, les Pays-Bas, l'Angleterre ; les minerais envoyés aux Pays-Bas sont ensuite réexpédiés à destination d'autres pays, surtout de l'Allemagne.

Le prix moyen de la tonne de minerai de fer sur les lieux de production avait été évalué à 8 fr. 10 en 1835. Depuis, tout en présentant de nombreuses fluctuations, tout en obéissant à l'influence variable des lois économiques, il a accusé, dans l'ensemble, une tendance caractérisée à la baisse. On peut l'estimer à 4 fr. 135 pour la période 1901-1910.

Jadis, les ouvriers ne travaillaient généralement aux mines et carrières que dans l'intervalle des travaux agricoles. Plus tard, la main-d'œuvre est devenue permanente. Ainsi s'explique, pour une large part, la diminution du personnel des mines et des minières de fer, malgré l'énorme accroissement de l'extraction. Ce personnel, qui avait compté jusqu'à 20 500 ouvriers en 1896, était seulement de 19 800 en 1910. Les salaires sont passés de 3 600 000 francs en 1850 à 31 695 000 francs en 1910.

Les pays où l'extraction des minerais de fer est particulièrement active sont les États-Unis (54 120 000 tonnes en 1910), l'Allemagne (22 446 000 tonnes en 1910), la Grande-Bretagne et l'Irlande (15 470 000 tonnes en 1910), l'Espagne (8 786 000 tonnes en 1909), le Luxembourg (6 263 000 tonnes en 1910), la Russie (5 402 000 tonnes en 1907), la Suède (4 713 000 tonnes en 1908), l'Autriche (2 490 000 tonnes en 1909), la Hongrie (1 936 000 tonnes en 1908), l'Algérie (1 065 000 tonnes en 1910), Terre-Neuve (1 020 000 tonnes en 1909).

3. *Exploitation du sel gemme et du sel marin.* — Le régime du sel gemme et du sel marin, au point de vue du tarif légal et des tarifs généraux, est identique à celui qui a été précédemment indiqué pour les minerais métalliques autres que les minerais de fer.

Il existe, sur les différents réseaux, des tarifs spéciaux pour les expéditions partielles et pour les expéditions avec condition de tonnage minimum (50 kilogrammes, 500 kilogrammes, 1 000 kilogrammes, 4 tonnes, 5 tonnes, 10 tonnes ou exceptionnellement 100 tonnes). Les barèmes belges correspondant à ces tarifs ont une base initiale variant de 10 centimes à 2 centimes 6 et une base finale variant de 2 centimes à 1 centime. Certains prix fermes donnent une base moyenne inférieure à 1 centime 6.

Les renseignements fournis par la statistique du Ministère des travaux publics sur le développement progressif de l'industrie du sel se résument ainsi :

PÉRIODES ou ANNÉES	PRODUCTION		IMPORTATION	EXPORTATION
	TONNAGE	VALEUR	TONNAGE	TONNAGE
	tonnes	francs	tonnes	tonnes
1851-1860	570.700	9.041.000		
1861-1870	672.900	12.016.500		
1871-1880	590.100	12.150.000	7.700 (1)	158.000 (1)
1881-1890	735.900	14.803.500	24.200	129.500
1891-1900	993.200	13.222.000	28.150	146.000
1901-1910	1.085.100	16.690.000	36.900	166.300
1910	1.051.000	15.320.000	49.000	169.000

(1) Moyenne de 8 années.

Tous ces chiffres englobent le sel gemme et le sel marin. Les poids et valeurs indiqués pour la production comprennent le sel des eaux saturées que donne l'exploitation du sel gemme par dissolution et qui sont employées à la fabrication de la soude.

Le sel dirigé sur Saint-Pierre pour les besoins de la pêche et celui qui en revient sans avoir été utilisé constituent une part assez notable des sorties et des entrées.

Depuis quarante ans, le prix moyen annuel du sel gemme brut a oscillé entre 5 fr. 23 et 10 francs la tonne, celui du sel gemme raffiné entre 18 fr. 16 et 47 fr. 79, celui du sel marin brut entre 9 fr. 09 et 24 fr. 15.

En 1910, le nombre des ouvriers occupés à l'extraction ou au raffinage a été de 11 500, dont 10 000 pour les marais salants. La plupart de ces derniers ne sont employés que temporairement.

La production à l'étranger est la suivante : Etats-Unis, 3 977 000 tonnes (1910) ; Allemagne, 2 094 000 tonnes (1910) ; Grande-Bretagne et Irlande, 2 083 000 tonnes (1910) ; Russie, 1 873 000 tonnes (1907) ; Indes et possessions anglaises en Asie, 1 224 000 tonnes (1909) ; Espagne, 824 000 tonnes (1909) ; Japon, 597 000 tonnes (1909) ; Italie, 503 000 tonnes (1910) ; Autriche, 360 000 tonnes (1909) ; Hongrie, 248 000 tonnes (1908) ; Tunisie, 199 700 tonnes (1910) ; Roumanie, 129 000 tonnes (1908).

4. *Ensemble de l'exploitation minière.* — Il ne sera pas sans intérêt de grouper quelques indications caractéristiques relatives à l'ensemble de l'exploitation minière française et empruntées aux statistiques officielles de 1910 :

Nombre des concessions de mines		
instituées		1.483
exploitées		557

Superficie des concessions	Concessions instituées	Concessions exploitées
	hectares	hectares
Combustibles minéraux	558.468	345.761
Minerais de fer	187.738	84.243
Autres minerais métallifères	395.539	124.558
Sel gemme	33.418	24.853
Substances diverses	31.256	15.471
TOTAUX	1.206.419	594.886

Nombre de tonnes extraites des concessions	53.822.000 tonnes.	
Valeur des produits sur les lieux d'extraction	675.198.000 francs.	
Nombre des ouvriers à l'intérieur	161.230	223.970
Nombre des ouvriers à l'extérieur	62.740	

La superficie des concessions représente plus du cinquantième de la surface totale du territoire.

Dans les chiffres cités pour la production et pour la valeur des produits sur les lieux d'extraction ne sont compris ni les minerais de fer des minières (558 600 tonnes et 2 368 000 francs), ni le sel marin (285 800 tonnes et 4 723 000 francs), ni la tourbe (48 400 tonnes et 580.000 francs).

Les accroissements successifs des redevances, auxquelles les mines sont assujetties en vertu de la loi du 21 avril 1810, donnent une idée assez exacte du progrès de l'industrie minière. Vers 1850, le montant annuel moyen de ces redevances était de 520 000 francs. En 1909, il approchait de 6 millions, y compris les centimes additionnels [1]. Le chiffre de 6 millions et demi a été exceptionnellement franchi en 1901.

5. *Exploitation des carrières.* — En 1850, le nombre des ouvriers employés à l'exploitation des carrières était de 87 000; l'Administration des mines estimait à 40 millions la valeur des produits extraits.

La statistique de 1910 fixe le nombre des ouvriers à 126 000, le tonnage extrait à 50 794 000 tonnes et la valeur correspondante à 261 151 000 francs. Ces deux derniers chiffres se décomposent ainsi :

	tonnes	francs
Matériaux de construction	29.518.000	172.864.000
— pour l'industrie	4.659.000	24.781.000
— pour l'agriculture	2.296.000	14.554.000
— de pavage et d'empierrement	14.107.000	43.099.000
— d'ornement et divers	214.000	5.853.000
TOTAUX	50.794.000	261.151.000

Les chemins de fer jouent, de même que les voies navigables, un rôle très important au point de vue du transport des produits de carrières et exercent, dès lors, une grande influence sur le développement de l'exploitation. Pour en être convaincu, il suffit de voir l'essor pris par les constructions dans les villes, notamment à Paris, et l'extension incessante de la zone dans laquelle se font les approvisionnements : c'est ainsi que Garnier, l'illustre architecte de l'Opéra, a pris sa pierre en Lorraine et en Bourgogne, ses matériaux de choix ou de luxe dans l'Isère, le Jura, les Alpes, les Vosges, le Morvan, et jusqu'en Algérie, en Italie, en Ecosse, en Suède. Il suffit encore de constater les distances auxquelles sont envoyés les matériaux de pavage et d'empierrement (grès, quartzites, trapps, etc.).

(1) La loi de finances fixant le budget des recettes et des dépenses pour l'exercice 1910 a relevé dans une forte proportion le taux des redevances.

6. *Exploitation des eaux minérales.* — Je me borne à signaler en deux mots l'action exercée par les chemins de fer sur l'exploitation des eaux minérales, grâce aux facilités qu'y trouvent les malades pour fréquenter les établissements thermaux et aux conditions favorables dans laquelle s'effectue le transport des eaux en bouteilles.

Au 31 décembre 1910, le nombre des sources autorisées était de 1 451.

La dernière statistique générale et détaillée, que le Ministère des travaux publics ait fait paraître au sujet des sources minérales, remonte à la fin de 1898. Elle évaluait à 372 000 le nombre des malades se rendant dans les stations thermales et à 70 millions et demi celui des bouteilles expédiées. Au transport des malades s'ajoute celui des personnes qui les accompagnent.

b. Industrie métallurgique. — 1. *Fontes, fers, aciers.* — Les cahiers des charges rangent : 1° les fers, les aciers et les fontes moulées dans la 2e classe, taxée à raison de 14 centimes par kilomètre ; 2° les fontes brutes dans la 3e classe, taxée à raison de 10 centimes par kilomètre.

Pour les expéditions faites aux conditions des tarifs généraux, les barêmes belges applicables ont, suivant la nature des produits et suivant les réseaux, une base initiale variant de 14 à 8 centimes et une base finale variant de 12 à 4 centimes.

De nombreux tarifs spéciaux assurent aux intéressés le bénéfice d'une taxation beaucoup moins élevée. Ces tarifs comportent notamment, en ce qui concerne les fontes brutes, expédiées par petites quantités ou par masses de 4 à 200 tonnes, des barêmes belges dont la base initiale descend jusqu'à 2 centimes environ et dont la base finale tombe à moins de 1 centime, ainsi que des prix fermes donnant une base moyenne peu supérieure à 2 centimes pour des trajets relativement courts.

Sous l'influence de causes multiples, parmi lesquelles figurent les facilités procurées aux usines pour l'approvisionnement de leurs matières premières et particulièrement du combustible, l'industrie sidérurgique a pris un admirable développement, comme le montre le tableau suivant :

PÉRIODES ou ANNÉES	PRODUCTION ANNUELLE		
	Fonte	Fer	Acier
	tonnes	tonnes	tonnes
1831-1840	299.500	196.000	6.100
1841-1850	482.000	301.000	10.300
1851-1860	780.000	479.000	22.000
1861-1870	1.191.500	784.000	57.000
1871-1880	1.391.000	857.000	239.000
1881-1890	1.796.000	873.000	501.000
1891-1900	2.267.000	793.000	893.000
1901-1903	2.545.000	599.000	1.242.000
		Fer et acier soudés	Fer et acier fondus
1904-1910	3.424.000	615.000	1.801.000
1910	4.038.000	526.000	2.324.000

Nota. — Depuis 1904, le Ministère des travaux publics a renoncé, dans sa statistique, à l'ancienne distinction entre le fer et l'acier, pour adopter le classement par métal soudé ou fondu. La nouvelle catégorie des « fer et acier soudés » s'est augmentée, relativement à la catégorie antérieure du « fer », de tous les produits jadis considérés comme acier, à raison de leur nature, mais obtenus par puddlage, affinage ou réchauffage.

En même temps qu'augmentait la production, les prix suivaient une marche dégressive très accentuée :

PÉRIODES OU ANNÉES	PRIX MOYEN DE LA TONNE				
	Fonte moulée en première fusion	Fonte d'affinage	Fers marchands et spéciaux	Tôles de fer	Aciers de toute sorte
	francs	francs	francs	francs	francs
1831-1840	284	166	421	684	
1841-1850	254	149	354	591 (1)	783 (3)
1851-1860	230	140	340	486 (2)	803
1861-1870	185	99	241	345	519
1871-1880	190	99	243	351	329
1881-1890	142,5	66	171	262	249
1891-1900	115	61	168	216	254
1901-1903	108	64	164	203	238
			Fer et acier soudés	Fer et acier fondus	
			francs	francs	
1904-1910	117	70	181	213	
1910	132	74	184	207	

(1) Moyenne des années 1841 à 1846.
(2) — 1853 à 1860.
(3) — 1847 à 1850.

D'après la statistique du Ministère des travaux publics, les mouvements annuels du commerce extérieur pour la fonte, le fer et l'acier ont été les suivants depuis 1871 :

PÉRIODES OU ANNÉES	FONTE		FER		ACIER	
	Importation	Exportation	Importation	Exportation	Importation	Exportation
	tonnes	tonnes	tonnes	tonnes	tonnes	tonnes
1871-1880	155.000	44.000	83.000	142.000	7.800	24.000
1881-1890	202.000	83.000	108.000	148.500	24.000	50.000
1891-1900	155.000	183.000	135.000	175.000	13.000	50.000
1901-1909	170.000	275.000	247.000	280.000	15.000	245.000
			FER ET ACIER			
			Importation		Exportation	
			tonnes		tonnes	
1910	267.000	259.000	378.000		673.000	

Ainsi qu'il résulte du tableau précédent, l'exportation n'a cessé d'être supérieure à l'importation en ce qui concerne le fer et l'acier. Les mouvements du commerce extérieur de la fonte, dont la balance accusait autrefois un fort excédent d'importation, sont généralement aujourd'hui dans le même cas que ceux du fer et de l'acier. Au cours des dernières années, les sorties ont bénéficié, notamment pour l'acier, d'une énorme augmentation, conséquence du développement de la métallurgie dans le département de Meurthe-et-Moselle.

Voici, pour compléter cette esquisse des progrès de la sidérurgie, un relevé spécial concernant la production et le prix des rails :

PÉRIODES OU ANNÉES	PRODUCTION ANNUELLE		PRIX MOYEN DE LA TONNE	
	Rails en fer	Rails en acier	Rails en fer	Rails en acier
	tonnes	tonnes	francs	francs
1842-1850	47.000	»	285	»
1851-1860	115.000	»	273	»
1861-1870	195.000	22.000	201	556.5 (2)
1871-1880	96.000	172.000	211	260
1881-1890	19.000 (1)	273.000	171 (1)	156
1891-1900	»	211.000	»	144
1901-1910	»	333.000 (3)	»	154.5 (3)
1910	»	498.000	»	150

(1) Moyenne des années 1881 à 1885.
(2) — 1863 à 1870.
(3) A partir de 1904, la statistique a réuni aux rails les éclisses et les traverses.

Les derniers documents statistiques publiés par le Ministère des travaux publics donnent les chiffres suivants pour la production de la fonte, du fer et de l'acier dans divers pays étrangers :

	FONTE	FER	ACIER
	tonnes	tonnes	tonnes
1910 Etats-Unis	27.507.000	»	26.512.000
1910 Allemagne	13.111.000	432.000 (1)	11.849.000 (2)
1910 Grande-Bretagne et Irlande	10.172.000	»	6.620.000
1907 Russie	2.819.000	156.000	2.676.000
1910 Belgique	1.852.000	300.000	1.535.000
1910 Luxembourg	1.683.000	»	»
1909 Autriche	1.465.000	»	»
1908 Suède	568.000	152.000	253.000
1909 Espagne	429.000	24.000	380.000
1907 Hongrie	423.000	»	»
1910 Italie	353.000	311.000	671.000
1910 Canada	136.000	»	»

(1) Fer et acier soudés.
(2) — fondus.

2. *Métaux autres que le fer.* — La production des métaux autres que le fer n'a qu'une importance secondaire. Il ne sera cependant pas inutile d'indiquer sommairement par quelles phases elle est passée depuis le milieu du XIXe siècle. Tel est l'objet du tableau suivant :

PÉRIODES OU ANNÉES	PRODUCTION ANNUELLE		IMPORTATION (1)	EXPORTATION (2)
	Quantité	Valeur	Quantité	Quantité
	tonnes	francs	tonnes	tonnes
1847-1850	1.380	3.003.000	»	»
1851-1860	25.500	35.974.000	»	»
1861-1870	43.100	63.019.000	»	»
1871-1875	54.000	84.713.000	92.000 (3)	17.000 (3)
1876-1880	28.200 (2)	29.169.000	118.000	20.000
1881-1890	26.800	24.532.000	132.000	19.000
1891-1900	48.800	43.206.000	162.000	31.000
1901-1910	83.200	67.579.000	175.000	46.000
1910	100.300	83.151.000	188.000	61.000

(1) Non compris le numéraire et les lingots destinés à la fabrication des monnaies d'or ou d'argent.
(2) Depuis 1876, la statistique des mines laisse de côté les élaborations secondaires pour s'attacher exclusivement aux produits obtenus dans les usines de gros œuvres, où s'opèrent la fusion des minerais, le traitement des mattes et celui des plombs d'œuvre dans le but d'en extraire l'argent.
(3) Moyenne des années 1873 à 1875.

Actuellement, le nombre des ouvriers employés est de 5 500 environ, sans parler du personnel beaucoup plus nombreux occupé aux élaborations secondaires.

c. APPAREILS A VAPEUR. — L'étendue de la révolution industrielle accomplie depuis moins d'un siècle peut se mesurer au développement des appareils à vapeur.

Il est impossible de fournir sur ce développement des indications d'une exactitude absolue. Les premières statistiques de l'Administration des mines présentaient des imperfections inévitables; jusqu'en 1875, la force des locomotives était estimée à 100 chevaux, évaluation notablement trop faible, surtout pour les dernières années. Néanmoins, les chiffres que voici, établis d'après les publications officielles du Ministère des travaux publics, donnent une idée assez approchée des conquêtes successives de la vapeur :

PÉRIODES OU ANNÉES	LOCOMOTIVES		MACHINES de bateaux (1)		MACHINES d'industries diverses (2)		TOTAUX	
	Nombre	Force	Nombre	Force	Nombre	Force	Nombre	Force
		chev.-vap.		chev.-vap.		chev.-vap.		chev.-vap.
1841-1850	490	49.000	430	17.000	4.200	52.000	5.120	118 000
1851-1860	2.050	205.000	670	37.000	10.000	124.000	12.720	366.000
1861-1870	4.105	410.500	825	51.000	22.200	269.000	27.130	730.500
1871-1880	6.100	1.424.000	1.360	143.000	34.500	431.000	41.960	1.998.000
1881-1890	9.085	3.300.000	3.750	516 000	53.600	730.000	66.435	4.546.000
1891-1900	12.230	4.382.000	6.420	808 000	68.900	1.299.000	87.550	6.489.000
1900-1910	13.730	7.350.000	9.700	(3) 1.140.000	82.300	2.536.000	104 640	(3) 10.462.000
1910	15.401	9.455.000	10.917	(4) 1.314.000	85.843	3.125.000	109.124	(4) 12.155.305

(1) Jusqu'en 1908, la statistique du Ministère des travaux publics comprenait toutes les machines de bateaux autres que celles de la marine militaire. Depuis 1909, elle a été limitée à la navigation intérieure ; en effet, par application de la loi du 17 avril 1907 sur la sécurité de la navigation maritime, les fonctionnaires des travaux publics ont cessé d'avoir la surveillance des appareils à vapeur installés à bord des bateaux de mer.

(2) Y compris les machines fixes employées dans l'industrie des chemins de fer.

(3) Moyenne de la période 1901-1908.

(4) Chiffres de l'année 1908.

En 1910, la force motrice utilisée par les industries diverses autres que celle des chemins de fer se répartissait ainsi :

Usines métallurgiques	18.6	p. 100
Tissus et vêtements	18.4	—
Mines et carrières	17.4	—
Production d'électricité	13.4	—
Industries alimentaires	7.9	—
A reporter	75.7	—

Report	75.7	p. 100
Bâtiments, entreprises de travaux et diverses	6.8	—
Agriculture	6.1	—
Industries chimiques et annexes	4.3	—
Papeteries et imprimeries	3.1	—
Services publics de l'État	2.5	—
Objets mobiliers et d'habitation, instruments	1.5	—
TOTAL	100 »	p. 100

A peine est-il besoin de rappeler que le travail du cheval-vapeur représente environ trois fois celui du cheval de trait et 21 fois celui du manœuvre.

d. INDUSTRIE DU BATIMENT ET DE LA CONSTRUCTION EN GÉNÉRAL. — L'art de bâtir a subi une transformation complète. Jadis l'architecte et l'ingénieur étaient le plus souvent obligés de se servir des matériaux de la région. Aussi certaines parties déshéritées du territoire ne comportaient-elles que des maisons en bois, en pisé, en craie, en moellons sans mortier. Les constructions en matériaux de choix y étaient des plus rares et constituaient des propriétés de luxe d'une valeur exceptionnelle, inaccessibles aux fortunes moyennes. Aujourd'hui, tout est changé. Déjà, à propos des carrières, j'ai cité des exemples caractéristiques, montrant la distance considérable à laquelle s'expédient actuellement certains matériaux. Il serait facile de multiplier ces exemples, d'y ajouter : celui des bois de chêne de l'Allemagne, de la Hongrie, de la Roumanie, de la Russie, des États-Unis, du Japon, qui arrivent jusqu'au cœur de la France; celui des bois de sapin de la forêt Noire, de la Scandinavie et même du Nouveau Monde, qui alimentent la plupart de nos marchés; celui des chaux du Theil et des ciments de Boulogne ou de Grenoble qui se répandent dans tout le pays. Mais pourquoi insister sur une vérité évidente, qui éclate à tous les yeux?

Grâce à cette mobilité donnée aux matériaux par l'ouverture des voies de communication perfectionnées, l'industrie du bâtiment a pris un essor et réalisé des progrès inouïs dans les villes et dans les campagnes. Pour apprécier la portée de cette révolution, il suffit d'une simple comparaison entre les quartiers neufs de la capitale et le vieux Paris. Tel hôtel particulier de nos grandes cités contient plus de pierre de taille, plus de matériaux de luxe que beaucoup de monuments célèbres des temps antiques. Dans tel village, où l'on ne voyait autrefois que d'humbles chaumières avec murs en torchis et toits en chaume ou en bardeaux, ces constructions modestes sont aujourd'hui l'exception et ont fait place à des maisons avec des murs solidement maçonnés et de belles toitures en ardoises ou en tuiles.

Les travaux publics se sont développés et transformés comme l'industrie du bâtiment. Chaque ligne livrée à la circulation a permis d'amener à pied d'œuvre les éléments nécessaires à la construction des lignes nouvelles s'embranchant avec elle ou s'y raccordant. L'un des témoignages les plus frappants de la puissance d'expansion des voies ferrées est fourni par les ouvrages métalliques, les tabliers de ponts qui s'expédient d'une extrémité de la France à l'extrémité opposée, qui vont parfois bien loin au delà de nos frontières et qui permettent d'établir des voies de transport, dont l'exécution eût été impraticable ou tout au moins très onéreuse, s'il eût fallu recourir à l'emploi de la pierre.

D'ailleurs, les facilités des communications exercent leur influence non seulement sur les matériaux, mais aussi sur le personnel ouvrier. Chaque année, on est témoin d'une véritable immigration de maçons limousins à Paris; ces habiles ouvriers viennent travailler aux bâtiments de la capitale pendant la saison favorable et retournent passer l'hiver au pays natal. La corporation des ouvriers charpentiers de Paris essaime dans les diverses parties de la France. Tout en m'excusant d'évoquer des souvenirs personnels, je rappellerai à cet égard un fait de ma carrière d'ingénieur : après la guerre de 1870-1871, le Département de la Guerre m'avait chargé de construire des baraquements d'une grande étendue à Verdun, à Etain et à Clermont-en-Argonne, pour le logement des troupes de l'armée allemande d'occupation; il s'agissait de recevoir plusieurs bataillons appelés à quitter des villes dont l'évacuation était attendue avec une légitime impatience, et les délais d'exécution devaient être réduits au strict nécessaire : de nombreux charpentiers parisiens purent être réunis sur place en deux jours, et, plus tard, à la suite d'une menace de grève, les arsenaux de la marine fournirent avec la même rapidité les contingents indispensables. Nos ouvriers d'art émigrent, du reste, vers les contrées les plus lointaines, vers l'Egypte, la Turquie, l'Indo-Chine, l'Amérique du Sud, etc.; inversement, la Belgique et l'Italie alimentent nos chantiers publics de terrassements.

Ce qui vient d'être dit de l'industrie du bâtiment s'applique également aux industries accessoires.

e. Industrie des tissus. — L'industrie des tissus a accompli des progrès particulièrement remarquables. Ces progrès sont dus, pour la plus large part, aux perfectionnements des procédés de fabrication, au remplacement de la main-d'œuvre humaine par le travail mécanique. Ici, l'action directe des chemins de fer est beaucoup moindre que pour les industries qui emploient ou produisent exclusivement des matières pondéreuses : le rôle du prix de transport devient accessoire, eu égard à la valeur de la matière première et des objets fabriqués. Quelques chiffres pris parmi beaucoup d'autres le démontreront amplement.

Dans une récente session, la Commission permanente des valeurs de douane a arrêté les estimations moyennes suivantes pour le kilogramme de divers textiles, fils ou tissus, à l'importation et à l'exportation : coton ou laine, 1 fr. 39 à 2 fr. 36; laine en masse, 1 fr. 25 à 3 fr. 67 ; laine peignée ou cardée, 5 fr. 40 ; soie grège, 34 fr. 50 à 34 fr. 75 ; fils de coton simples, écrus, 2 fr. 40 à 7 fr. 75 ; fils de coton retors, écrus, 4 fr. 25 à 13 fr. 50; fils de laine simples, 3 fr. 40 à 7 fr. 35 ; fils de laine retors, 4 fr. 10 à 7 fr. 60; tissus de coton pur unis, croisés et coutils, 3 fr. 10 à 9 fr. 41 ; bonneterie de coton, 7 fr. 25 à 38 francs; draps de laine, 10 fr. 25 à 12 fr. 50 ; bonneterie de laine, 9 francs à 27 fr. 50 ; tissus de soie noire façonnés ou brochés, 47 francs à 70 francs : bonneterie de soie, 54 francs à 185 francs.

Les frais de transport n'ont évidemment qu'une importance secondaire devant des valeurs si élevées et souvent même devant les simples variations des cours.

Est-ce à dire que les chemins de fer ne procurent pas des avantages marqués aux manufacturiers? Nullement. Les voies ferrés assurent le transport économique du combustible pour la force motrice. Grâce à elles, les fabricants peuvent, comme le faisait remarquer M. Jacqmin dans son cours, s'approvisionner sur les différents marchés, obtenir ainsi pour leurs achats des conditions plus favorables, recevoir promptement leurs matières premières, réduire par suite leur stock et leur fonds de roulement, recruter plus facilement le personnel ouvrier, placer plus aisément les produits.

La prospérité générale et le bien-être répandus par les chemins de fer ont, en outre, accru notablement la consommation et, dès lors, l'activité de la production.

f. Industrie des glaces et du verre. — Dans son livre sur « la transformation des moyens de transport », M. de Foville insiste particulièrement sur le rôle des chemins de fer, au point de vue de la fabrication des glaces et du verre.

Non seulement, en effet, cette industrie emploie des matériaux, tels que le quartz, le carbonate de potasse, le carbonate ou le sulfate de soude, etc., qu'elle est obligée de prendre fort loin; mais encore, et surtout, elle ne peut expédier avec quelque sécurité ses produits à grande distance que par des voies de communication perfectionnées.

Depuis le commencement du XIXe siècle, le prix des glaces a diminué dans une énorme proportion. En 1900, la réduction dépassait 85 p. 100 pour les glaces de 1 mètre carré, 91 pour les glaces de 2 mètres carrés, 93 pour les glaces de 3 mètres carrés, 96 pour les glaces de 4 mètres carrés. De 1873 à 1900, le prix des glaces de 10 mètres carrés avait baissé des deux tiers.

Sans remonter au delà de 1835, on constate une chute des trois quarts dans la valeur des bouteilles.

Le prix du kilogramme de verre à vitres, qui atteignait 1 fr. 25 pendant la période 1847-1860, est tombé au-dessous de 30 centimes.

g. Industrie du sucre. — Comme les précédentes, cette industrie a bénéficié, soit directement, soit indirectement, de la construction des voies ferrées.

La production annuelle en raffiné, qui, vers 1840, oscillait entre 20 et 25 000 tonnes, s'est progressivement élevée au point de dépasser 1 050 000 tonnes en 1901-1902; pour les trois campagnes 1909-1910, 1910-1911, 1911-1912, la moyenne a été de 676 300 tonnes.

A peine la consommation atteignait-elle 2 kilogrammes par habitant dans les dernières années de la Restauration. Elle est montée à 15 kilogrammes. L'allure de sa marche ascendante montre, d'ailleurs, nettement l'influence des dégrèvements d'impôts et la sensibilité de la consommation aux changements de législation fiscale.

Le développement de l'industrie sucrière ne doit être, bien entendu, attribué que pour partie aux chemins de fer. Il tient à des causes multiples, parmi lesquelles une large place appartient aux conquêtes de la chimie et de l'agriculture.

h. Observations générales sur la transformation de l'industrie. — Ces brèves considérations sur quelques-unes des branches les plus importantes de l'industrie suffisent pour un aperçu sommaire.

Ainsi que je viens encore de le faire remarquer à propos des sucres, la véritable révolution industrielle née au siècle dernier ne résulte pas exclusivement de la création des voies ferrées. Le perfectionnement des moyens de transport n'a été que l'un des facteurs, l'un des éléments, l'une des manifestations de cet immense mouvement de progrès qui s'est produit dans l'activité sociale. Mais l'influence des chemins de fer n'en reste pas moins des plus considérables : cette influence, directe et prépondérante pour les industries employant ou produisant des matières pondéreuses et de faible valeur, indirecte et secondaire pour les autres industries, a eu, dans l'ensemble, une importance que personne aujourd'hui ne chercherait à méconnaître ni à amoindrir.

L'un des traits caractéristiques de la transformation du pays a été l'éclosion de la grande industrie et sa substitution partielle à la petite industrie, l'association des capitaux et la concentration des forces productives, le remplacement de la main-d'œuvre humaine par le travail des machines. Ce phénomène économique n'est, du reste, pas spécial à la France; il devait être général, comme les causes qui l'ont déterminé.

7. Progrès généraux du commerce. — Nous avons vu les progrès généraux de l'agriculture et de l'industrie depuis l'origine des chemins de fer. Ces progrès ont eu pour corollaire un puissant essor des affaires commerciales. La production et la consommation augmentant, les transactions devaient elles-mêmes s'accroître et suivre une progression analogue.

Quelques chiffres le prouveront surabondamment.

a. Commerce extérieur. — Tout d'abord, en ce qui concerne le commerce extérieur général qui donne lieu à des statistiques minutieuses, voici un tableau dressé d'après les publications officielles de la Direction générale des douanes et indiquant, depuis 1827, les valeurs moyennes décennales ou les valeurs annuelles de l'importation, de l'exportation et du total. Les mouvements par mer y sont distingués des mouvements par terre : en effet, la répartition des échanges entre les frontières maritimes et les frontières terrestres appellera une observation intéressante :

PÉRIODES OU ANNÉES	IMPORTATION			EXPORTATION			TOTAUX		
	Par mer	Par terre	TOTAL	Par mer	Par terre	TOTAL	Par mer	Par terre	TOTAL
	millions	millions	millions	millions	millions	millions	millions	millions	millions
1827-1836	446.4	221	667.4	506	192.4	698.4	952.4	413.4	1.365.8
1837-1846	767 »	321.4	1.088.4	741.3	282.7	1.024 »	1.508.3	604.1	2.112.1
1847-1856	983.5	519.2	1.502.7	1.293 2	377.1	1.672.3	2.278.7	896.3	3.175 »
1857-1866	1.984.1 (1)	1 002.6	2.986.7	2.445 » (1)	848 »	3.293 »	4.429.1 (1)	1.850.6	6.279.7
1867-1876	2.827.5	1.434.5	4.262 »	2.902.1	1.299.7	4.201.8	5.729.6	2.734.2	8.463.8
1877-1886	3.627.8	1.820.4	5.448.2	2.951.6	1.431.8	4.383.4	6.579.4	3.252.2	9.831.6
1887-1896	3.633.3	1.523.8	5.157.1	3.074.4	1.435.2	4.509.6	6.707.7	2.959 »	9.666.7
1897-1906	4.088.1	3.595 »	7.683.1	1.793.4	1.985 »	3.778.4	5.881.5	5.580 »	11.461.5
1907	5.421.1	2.453.5	7.874.6	4.492.9	2.763.2	7.256.1	9.914 »	5.216.7	15.130.7
1908	4.889.3	2.291 1	7.180.4	4.094.4	2.525.9	6.620.3	8.983.7	4.817 »	13.800.7
1909	5.358.5	2.498 »	7.856.5	4.612.4	2.869.9	7.482.3	9.970.9	5.367.9	15.338.8
1910	6.199.6	2.903 »	9.102.6	4.942.6	3.162.3	8.104.9	11.142.2	6.065.3	17.207.5
1911	6.670.1 (1)	3.139.8	9.809.9	4.831.1 (1)	3.181.1	8.012.2	11.501.2 (1)	6.320.9	17.822.1

(1) Le poids total des marchandises ayant alimenté annuellement le commerce maritime (cabotage compris), pendant la période de 1857 à 1866, a été en moyenne de 11.130.000 tonnes, représentant 810 kilogrammes par tonneau de jauge nette des navires employés au transport. Pour l'année 1911, les statistiques donnent 38.549.000 tonnes et 654 kilogrammes par tonneau de jauge.

Si, au lieu d'envisager l'ensemble du commerce extérieur, on se borne au commerce spécial, les relevés de la douane fournissent les chiffres suivants :

1. *De* 1827 *à* 1876 [1]

PÉRIODES	IMPORTATION				EXPORTATION			TOTAUX
	Matières nécessaires à l'industrie	Objets de consommation naturels	Objets de consommation fabriqués	Total	Produits naturels	Objets manufacturés	Total	
	millions	millions	millions	millions	millions	millions	millions	millions
1827-1836	315.5	128.3	36.1	479.9	148 9	372.5	521.4	1.001 3
1837-1846	543.3	178 »	55 1	776.4	186 »	526.9	712.9	1 489.3
1847-1856	727.5	298.9	50.7	1.077 1	391 8	831.9	1.223.7	2.300.8
1857-1866	1.159.6	521.3	119.6	2.200.5	988.3	1.441.8	2.430.1	4 630.6
1867-1876	2.184.5	894 »	329 »	3.407.5	1.596.5	1.709.9	3.306.4	6.713.9

2. *De* 1877 *à* 1911 [1]

PÉRIODES OU ANNÉES	IMPORTATION				EXPORTATION				TOTAUX
	Objets d'alimentation.	Matières nécessaires à l'alimentation.	Objets fabriqués	Total	Objets d'alimentation	Matières nécessaires à l'industrie	Objets fabriqués	Total	
	millions	millions	millions	millions	millions	millions	millions	millions	millions
1877-1886	1.593.1	2.228.8	638.5	4.460.4	820 9	763 »	1.763.3	3.347 2	7.807.6
1887-1896	1.316.9	2.199.8	589.8	4.106.5	731 »	836.4	1.839.6	3.407 »	7.513.5
1897-1906	944.9	2.880.2	786 7	4.611.8	712 9	1.176.9	2.377.3	4 247.1	8.856.9
1907	1.038.2	4.013.3	1.171.5	6 223 »	746.9	1.507.6	3.341.6	5.596.1	11.819.1
1908	934.7	3.589.9	1.115 9	5.640.5	746.8	1.341.4	2.962 5	5.050 7	10.691.2
1909	952.3	4.113.1	1.180.7	6 246.1	823 6	1.693.8	3.200.7	5 718.1	11.964 2
1910	1.413 »	4.345.7	1.414.6	7.173 3	858.2	1.930.8	3.444.8	6.233.8	13.407.1
1911	2.020 »	4.525.3	1.520.5	8.063.8	736.9	1.830.1	3.509.9	6.076.9	14.142.7

L'examen des tableaux précédents met en lumière quelques faits essentiels :

1° Depuis 1830, le commerce extérieur général a plus que décuplé. Le commerce extérieur spécial présente une augmentation semblable.

[1] Les subdivisions entre lesquelles la statistique répartit les marchandises ont été modifiées en 1880.

2° Les importations et les exportations ont suivi un mouvement à peu près parallèle. Cependant l'accroissement proportionnel des entrées dépasse celui des sorties.

3° Les échanges par mer, loin de souffrir du développement des échanges par les frontières de terre, ont progressé simultanément et dans une proportion peu différente, quoique légèrement inférieure.

4° La période pendant laquelle l'accroissement a été relativement le plus rapide est celle de 1830 à 1860, qui correspond à l'achèvement des principales lignes de chemins de fer.

Cette impulsion remarquable donnée à notre commerce extérieur vers le milieu du XIXe siècle s'est maintenue à travers une suite d'oscillations, contre-coup naturel des événements, des crises industrielles ou commerciales, des variations du régime économique, des alternances d'années bonnes ou mauvaises pour la production agricole. Sans doute, elle ne résulte pas uniquement de l'amélioration des moyens de transport; ses origines sont complexes; elle est une des conséquences, en même temps qu'une des causes, de la merveilleuse évolution survenue dans l'industrie. Mais le rôle des chemins de fer a été particulièrement actif : la coïncidence entre le maximum de rapidité du développement des échanges internationaux et l'ouverture des grandes artères du réseau de voies ferrées le démontre surabondamment.

Au surplus, la même constatation se dégage de l'examen des statistiques concernant les autres pays. Dans son ouvrage sur « la transformation des moyens de transport » qui date de 1880, M. de Foville, jetant un regard sur le commerce extérieur général pour l'ensemble du monde, donnait les renseignements approximatifs suivants :

ÉPOQUES	IMPORTATION	EXPORTATION	TOTAL
	millions	millions	millions
1852-1853	»	»	30.000
1867-1868	29.143	26.125	55.2[illegible]8
1869-1870	30.407	27.518	57.925
1872-1873	38.860	33.346	72.206
1874-1875	36.257	32.242	68.499
1876	37.372	32.430	69.802

La part des nations européennes dans ces chiffres globaux était des deux tiers environ.

Ainsi, la période de 1872 à 1873 marquait alors le maximum d'intensité du commerce international ; celui-ci avait, en vingt ans, augmenté dans la proportion de 1 à 2.5.

L'accroissement était, du reste, loin d'avoir porté également sur les divers pays. M. de Foville l'établissait par les coefficients relatifs aux principaux États ou groupes d'États d'Europe :

DÉSIGNATION DES ÉTATS	COMMERCE GÉNÉRAL		ACCROISSEMENT PROPORTIONNEL
	1852-1853	1872-1873	
	millions	millions	p. 100
Grande-Bretagne	8.000	15.803	98
France	3.072	9.258	201
Allemagne	3.300	7.454	126
Belgique	1.194	4.497	277
Russie	795	2.913	267
Autriche-Hongrie	800	2.517	215
Italie	610	2.420	290
Pays-Bas	1.262	2.343	85
Suède, Norvège et Danemark	217	1.070	393
Espagne et Portugal	400	1.020	155
Turquie, Grèce, etc	350	955	173
Totaux et moyenne	20.000	50.250	151

Dans son commentaire de ce tableau, l'auteur faisait remarquer que les pays tenant la première place au point de vue de l'augmentation proportionnelle des échanges étaient ceux qui, ayant à peine commencé en 1852 la transformation de leur système circulatoire, l'avaient le plus vivement poussée depuis lors.

Postérieurement à l'étude de M. de Foville, la progression du commerce mondial a repris. Il peut être estimé aujourd'hui à 170 milliards environ, dont les deux tiers pour l'Europe. Quelle que soit l'influence de la dépréciation du signe monétaire sur les évaluations, l'aperçu qui précède suffit pour permettre de mesurer l'étendue des conquêtes réalisées.

On a pu remarquer que, dans les statistiques relatives au commerce du monde, les importations avaient toujours une valeur supérieure à celle des exportations. Cette anomalie apparente tient aux procédés d'estimation. Généralement, la valeur indiquée à l'importation est celle des marchandises à l'arrivée dans les ports ou les bureaux frontières, avant le paiement des droits de douane et des taxes intérieures ;

pour l'exportation, les marchandises sont évaluées au point de sortie, avant paiement des droits, s'il en existe. Ainsi les valeurs assignées à un même article, suivant qu'il figure dans une statistique d'entrées ou dans une statistique de sorties, présentent nécessairement un écart qui représente au moins les frais de transport du pays d'origine au pays de destination et les charges accessoires. J.-B. Say et, avant lui, Necker avaient déjà signalé le fait. Il y a, en outre, certains échanges de valeurs qui échappent forcément à la statistique. Mais insister à cet égard serait aborder la théorie de la balance du commerce et sortir du cadre dans lequel je dois me maintenir.

Pour clore les indications d'ensemble sur le commerce extérieur, il ne me reste qu'à appeler l'attention sur l'erreur qui consisterait à regarder les estimations totales du commerce mondial comme donnant la valeur effective des marchandises échangées entre les différents peuples, même quand elles sont restreintes au commerce spécial et excluent, par suite, le transit. Toute marchandise y est enregistrée deux fois : d'abord à la sortie du pays producteur, puis à l'entrée du pays consommateur.

b. Commerce intérieur. — Il est évidemment impossible de saisir et de chiffrer les innombrables opérations que comporte le commerce intérieur d'un grand pays tel que la France. On se fera une idée de la somme à laquelle doivent s'élever les transactions en considérant qu'elles intéressent une population de près de 40 millions d'habitants, que la plus grande partie du revenu annuel de cette population est consacrée à des actes de commerce et que la plupart des objets sur lesquels portent les marchés passent entre les mains de plusieurs intermédiaires avant d'arriver du producteur au consommateur.

Mais, à défaut de suppulations approximatives sur le chiffre des opérations commerciales, on peut, du moins, se rendre compte de leur accroissement progressif par certains faits économiques qui sont susceptibles d'une évaluation précise et que relève soigneusement la statistique.

Passons une revue rapide de ces faits, en nous bornant autant que possible aux constatations administratives.

1. *Mouvement postal.* — Le tableau suivant montre la progression du nombre des correspondances postales, ainsi que celle du montant des mandats et bons de poste :

ANNÉES	NOMBRE DES CORRESPONDANCES			MONTANT DES MANDATS-POSTE		MONTANT DES BONS DE POSTE (4)
	LETTRES ORDINAIRES CHARGÉES OU RECOMMANDÉES (1)	CARTES POSTALES (2)	ÉCHANTILLONS, PAPIERS D'AFFAIRES, JOURNAUX, ETC.	FRANÇAIS (3)	INTERNATIONAUX (4)	
				francs	francs	francs
1830	63.817.000	»	39.947.000	13.186.000	»	»
1840	93.747.000	»	52.964.000	10.370.000	»	»
1850	159.816.000	»	94.622.000	55.785.000	»	»
1860	265.352.000	»	179.138.000	87.297.000	»	»
1869	357.637.000	»	334.143.000	164.435.000	4.904.000	»
1871	309.284.000	»	283.938.000	139.168.000	5.175.000	»
1880	530.863.000	30.016.000	669.955.000	435.962.000	30.705.000	»
1890	747.971.000	43.654.000	971.294.000	732.706.000	40.690.000	11.815.000
1900	980.629.000	62.591.000	1.390.246.000	1.422.736.000	56.210.000	40.688.000
1910	1.541.000.000	141.000.000	1.806.000.000	2.619.448.000	104.900.000	70.228.000

(1) Depuis 1848, les lettres sont soumises à une taxe uniforme en France. Cette taxe, fixée d'abord alternativement à 20 ou 25 centimes, a été réduite à 15 centimes en 1878 et à 10 centimes en 1906.

(2) Jusqu'en 1902, les chiffres de la statistique s'appliquaient exclusivement aux cartes postales vendues par l'Administration. Aujourd'hui les cartes postales illustrées, affranchies à 5 centimes, représentent à peu près les trois quarts du chiffre total.

(3) Y compris les mandats-cartes et les mandats télégraphiques.

(4) Non compris l'Algérie et les bureaux français à l'étranger.

2. *Mouvement télégraphique et téléphonique.* — A la statistique du mouvement postal, il y a lieu de joindre celle du mouvement télégraphique et téléphonique :

ANNÉES	NOMBRE DE TÉLÉGRAMMES		MONTANT DES MANDATS TÉLÉGRAPHIQUES			NOMBRE des CONVERSATIONS TÉLÉPHONIQUES
	intérieurs	inter-nationaux	intérieurs	internationaux		
				payés en France	émis en France	
			francs	francs	francs	
1860	568.000	152.000	»	»	»	»
1869	4.085.000	669.000	»	»	»	»
1871	4.372.000	591.000	»	»	»	»
1880	15.110.000	1.582.000	37.073.000	»	»	»
1890	24.249.000	2.783.000	41.934.000	787.000	2.479.000	»
1900	36.723.000	3.374 000	102.000.000	6.145.000	6.125.000	192.956.000
1910	45.466.000	4.684.000	295.649.000	18.548.000	8.900.000	263.749.000

3. *Opérations de la Banque de France et des principaux établissements de crédit.* — Le nombre des effets escomptés par la Banque de France n'atteignait pas 140 000 avant 1820; il a dépassé un million en 1845, 2 millions en 1855, 5 millions en 1866, 10 millions en 1881, 20 millions en 1906, 25 millions en 1911; la moyenne annuelle de 1909, 1910 et 1911 est de 23 429 000.

D'autre part, les variations du montant annuel des escomptes ont été les suivantes depuis 1821 : période décennale 1821-1830, 622 millions 4; période 1831-1840, 657 millions 9; période 1841-1850, 1 milliard 295 millions; période 1851-1860, 3 milliards 636 millions; période 1861-1870, 6 milliards 45 millions; période 1871-1880, 9 milliards 667 millions; période 1881-1890, 9 milliards 721 millions; période 1891-1900, 9 milliards 933 millions; période 1901-1910, 12 milliards 245 millions; année 1911, 16 milliards 648 millions.

Il convient d'observer que la proportion des effets de commerce reçus par la Banque de France se restreint de plus en plus par suite du développement des établissements particuliers de crédit. La valeur des effets escomptés par le Crédit lyonnais, le Comptoir national d'escompte, la Société générale, le Crédit industriel et commercial, était de 6 milliards 300 millions dès 1875; elle est passée à plus de 44 milliards en 1906.

Les effets présentés à la Chambre de compensation des banquiers de Paris représentaient une valeur moyenne de 2 milliards 327 millions pendant la période 1872-1880. Pour l'exercice du 1er avril 1910 au 31 mars 1911, le chiffre de 34 milliards a presque été atteint.

4. *Opérations de la Bourse de Paris.* — A l'occasion d'un Congrès tenu lors de l'Exposition universelle de 1900, des études fort intéressantes ont été faites sur les valeurs mobilières. Pour les seules valeurs françaises de ce genre cotées à la Bourse de Paris, la progression a été la suivante :

DATES	NOMBRE DES VALEURS	CAPITAL NOMINAL	CAPITAL AU COURS DU JOUR
		millions	millions
31 décembre 1815	4	1.500	»
31 — 1830	30	4.850	»
31 — 1850	90	9.000	7.000
31 — 1869	298	25.612	21.618
1er juillet 1880	466	42.274	43.060
1er — 1890	524	55.535	56.301
31 décembre 1899	747	58.050	62.995
28 février 1900	»	59.179	64.307

L'ensemble de nos titres d'emprunts publics négociables et des actions ou obligations des sociétés anonymes françaises, cotés sur les marchés publics nationaux, représentait, au cours du 28 février 1900, 67 milliards 757 millions.

En ajoutant aux valeurs françaises les valeurs étrangères, la Bourse de Paris cotait, à la même époque, un millier de valeurs représentant un capital de 126 milliards; la cote de la coulisse comprenait, d'autre part, une dizaine de milliards de valeurs, presque toutes étrangères. Malgré l'élévation de ces chiffres, notre marché était distancé par le Stock-exchange de Londres, qui cotait un capital supérieur à 200 milliards.

M. Neymarck estimait à 452 milliards le total des valeurs mobilières négociables en Europe.

Les titres de chemins de fer, si répandus, si recherchés, surtout autrefois, par l'épargne, ont certainement contribué dans une large mesure au magnifique essor des valeurs mobilières.

5. *Circulation sur les chemins de fer.* — Le nombre des voyageurs à toute distance sur les chemins de fer d'intérêt général est passé, de

10 millions en 1846, à 20 millions en 1851, à 40 millions en 1857, à 80 millions en 1865, à 160 millions en 1880, à 320 millions en 1893, à 509 millions en 1910. Pour les chemins de fer d'intérêt local et les tramways à voyageurs et marchandises, les statistiques de 1909 accusent un chiffre de 385 millions de voyageurs; mais le Métropolitain de Paris, qui dessert exclusivement une circulation urbaine de voyageurs, a fourni 82 p. 100 du total. Les tramways affectés aux voyageurs, bagages et messageries ou aux voyageurs seuls ont transporté, pendant l'année 1909, 1 025 millions de voyageurs.

Ramené à la distance de 1 kilomètre, le nombre des voyageurs transportés par les chemins de fer d'intérêt général a atteint ou dépassé 1 milliard en 1853, 2 milliards en 1857, 4 milliards en 1867, 8 milliards en 1889, pour arriver à 16 907 000 000 en 1910. Le mouvement sur les chemins de fer d'intérêt local ou tramways à voyageurs et à marchandises approchait de 671 millions en 1909, non compris le Métropolitain, pour lequel les parcours sont inconnus.

Vers 1850, le nombre des tonnes de marchandises à toute distance sur les chemins de fer d'intérêt général était à peine de 4 millions. Il a franchi 10 millions en 1855, 20 millions en 1860, 40 millions en 1868, 80 millions en 1880, 100 millions en 1895, 173 millions en 1910 [1]. Les chemins de fer d'intérêt local et tramways donnent un appoint de 11 millions environ.

Quant au tonnage à 1 kilomètre des chemins de fer d'intérêt général, il s'est élevé, de 1 milliard en 1854, à 2 milliards en 1857, à 4 milliards en 1863, à 8 milliards en 1875, à 16 milliards en 1901 et à près de 22 milliards en 1910. D'après les statistiques de 1909, le contingent des chemins de fer d'intérêt local et des tramways était de 207 millions.

Les publications officielles des pays étrangers accusent les résultats suivants :

[1] Trafic de petite vitesse, sans les voitures ni les animaux.

DÉSIGNATION DES PAYS	ANNÉES	MILLIERS DE VOYAGEURS		MILLIERS DE TONNES	
		à toute distance	à 1 kilomètre	à toute distance	à 1 kilomètre
Allemagne	1910	1.541.278	35.418.947	(1) 575.330	(1) 56.275.998
Angleterre	1911	(2) 1.326.317	»	(3) 532.009	»
Autriche-Hongrie	1910	353.287	11.606.931	(1) 198.407	(1) 23.140.913
Belgique Etat	1910	175.313	4.351.257	(4) 58.087	(4) 4.658.562
Belgique Compagnies	1910	17.757	»	(4) 18.089	»
Italie (Etat)	1909	(5) 79.073	»	(6) 30.678	»
Russie d'Europe et d'Asie (7)	1909	175.071	21.328.048	(8) 222.580	(8) 58.021.105
Suisse	1910	110.068	2.312.932	(9) 17.024	(9) 1.248.827
Etats-Unis	1909/1910	971.683	52.042.827	1.870.447	416.989.500

(1) Transports de toute nature, y compris le trafic de grande vitesse. — (2) Sans les abonnés. — (3) *Minerais* et *general merchandise*. — (4) Grosses marchandises. — (5) Non compris les abonnements, billets circulaires, etc. — (6) Trafic de petite vitesse accélérée ou non, sans les animaux. — (7) Non compris la Finlande. — (8) Y compris les bagages et le trafic de grande vitesse. — (9) Y compris les bagages et les animaux.

NOTA. — Il n'existe pas de statistique officielle récente pour l'Espagne. Les relevés de 1905 accusaient 41.846.000 voyageurs à toute distance, 1.748.556.000 voyageurs à 1 kilomètre, 22.662.000 tonnes de marchandises à toute distance et 2.535.764.000 tonnes à 1 kilomètre.

6. *Circulation sur les autres voies de communication. Cabotage.* — Avant l'apparition de la locomotive, la France possédait un ensemble assez important de voies navigables. Elle s'en est quelque peu désintéressée du jour où a été entrepris son réseau de voies ferrées. Le Gouvernement consacrait au nouveau mode de transport la majeure partie des ressources disponibles et ne voulait lui susciter aucune concurrence susceptible de grever la garantie d'intérêt; de leur côté, les Compagnies concessionnaires de chemins de fer ne se faisaient pas faute de provoquer un courant d'opinion défavorable à l'extension des transports par eau; le public lui-même cédait sans trop de résistance à ce mouvement et considérait assez volontiers la navigation comme devant disparaître en présence des véritables prodiges accomplis par les voies de fer. Il fallut toute l'énergie de certains ingénieurs pour répandre des idées plus saines, pour combattre et vaincre les préjugés, pour rectifier des théories manifestement erronées dans leur exagération ; il fallut aussi la puissante initiative et la haute autorité

de M. de Freycinet, ministre des travaux publics, pour renouer la chaîne interrompue. Ainsi s'expliquent la longue stagnation, puis la reprise du trafic des rivières et canaux. Cette évolution est bien mise en lumière par les chiffres du tableau ci-après :

PÉRIODES OU ANNÉES	LONGUEUR DES VOIES NAVIGABLES	TONNAGE RAMENÉ AU PARCOURS de 1 kilomètre
	kilomètres	tonnes
1851-1860	10.913	1.886.100.000
1861-1870	11.174	2.016.900.000
1871-1880	10.803	1.902.200.000
1881-1890	12.387	2.723.200.000
1891-1900	12.275	4.072.500.000
1901-1910	11.906	5.031.500.000
1910	11.440	5.197.000.000

Le développement des routes nationales, qui était de près de 33 000 kilomètres dès 1825, ne s'est accru que dans une faible proportion ; il mesurait 38 199 kilomètres au 31 décembre 1909. Neuf recensements de la circulation y ont été opérés depuis le milieu du XIXe siècle, en 1851-1852, 1856-1857, 1863-1864, 1869, 1876, 1882, 1888, 1894, 1903, et ont accusé respectivement un nombre moyen diurne de colliers de 244.2, 246.4, 237.4, 239.9, 206.7, 219.8, 240.5, 231.8, 251.4. Ainsi, après une réduction qui a atteint son maximum en 1876, ce nombre est revenu à sa valeur initiale, en la dépassant même un peu. Le tonnage kilométrique brut correspondant aux trois derniers comptages a été, y compris les tramways et chemins de fer sur routes, de 3 453 762 000 tonnes en 1888, de 3 473 442 000 tonnes en 1894, de 4 315 095 000 tonnes en 1903, et le tonnage utile de 1 734 004 000 tonnes en 1888, de 1 704 923 000 tonnes en 1894, de 1 789 923 000 tonnes en 1903.

Des déclassements successifs ont notablement diminué la longueur des routes départementales ; la dernière statistique (1904) n'évaluait plus cette longueur qu'à 14 564 kilomètres. Aucun comptage n'est effectué sur les routes départementales. D'anciens recensements, datant d'une époque à laquelle le réseau était beaucoup plus étendu, avaient indiqué une circulation diurne de 160 à 180 colliers et un tonnage kilométrique annuel utile de 1 100 à 1 200 millions de tonnes.

Le réseau des chemins vicinaux de grande communication, des chemins d'intérêt commun et des chemins vicinaux ordinaires, à l'état de viabilité, ne couvrait pas moins de 532 100 kilomètres à la fin de 1909. Il ne fait l'objet d'aucun recensement de la circulation. Son tonnage kilométrique dépasse certainement celui des routes nationales et des routes départementales.

Au milieu du XIXe siècle, le poids total des marchandises expédiées par cabotage était de 2 250 000 tonnes. Ce tonnage n'a augmenté que péniblement. En 1911, il se chiffrait par 3 331 000 tonnes, dont 303 000 pour le grand cabotage et 3 028 000 pour le petit cabotage. Dans son ouvrage sur « la transformation des moyens de transport », M. de Foville attribuait aux cargaisons un parcours moyen de 500 kilomètres. Un peu plus tard, M. Cheysson (Bulletin de statistique et de législation comparée du Ministère des travaux publics) évaluait ainsi le rayon d'expansion des ports : petit cabotage de l'Océan et de la Manche, 340 kilomètres ; petit cabotage de la Méditerranée, 166 kilomètres ; grand cabotage, 3 570 kilomètres. Ces chiffres varient naturellement d'année en année ; leur détermination exige des calculs longs et laborieux. On peut, en vue de simples supputations approximatives, appliquer à l'année 1911 les données de 1882 ; un tel mode de procéder conduit vraisemblablement à des minima dans l'évaluation des tonnages kilométriques et des tonnages ramenés à la distance entière, car le développement de la navigation à vapeur a dû étendre la zone d'action des ports. Ainsi calculé, le tonnage ramené au parcours d'un kilomètre serait de 1 974 millions de tonnes kilométriques. Le petit cabotage correspondrait à un courant continu de 607 000 tonnes le long des côtes de l'Océan et de la Manche, de 323 000 tonnes le long des côtes de la Méditerranée, et le grand cabotage à un courant de 255 000 tonnes.

Reste la circulation urbaine, sur laquelle on n'a pas d'indications.

Dans l'ensemble, les transports par voie ferrée, par voie de terre ou par voie fluviale, joints au cabotage, doivent représenter un tonnage dépassant 36 milliards de tonnes kilométriques.

c. Observations générales sur la transformation du commerce. — Les observations générales déjà formulées à propos du développement de l'industrie s'appliquent incontestablement aux progrès du commerce. Il est certain que la transformation des voies de communication n'a pas été le seul facteur de ces progrès, mais qu'elle en a constitué une des causes déterminantes.

En ce qui concerne particulièrement les chemins de fer, la véritable diminution des distances réalisée par leur construction a permis : 1° au consommateur de nouer beaucoup plus souvent des rapports directs avec le producteur et d'éviter ainsi des dépenses frustratoires d'intermédiaires ; 2° au marchand d'étendre le cercle de ses opérations, d'en accroître l'importance, d'abaisser par suite la quote-part de frais généraux à prélever sur chacune d'elles et de réduire en même temps ses approvisionnements, son fonds de roulement, le tout au grand avantage du consommateur.

Les effets commerciaux de la création des voies ferrées peuvent se résumer comme il suit : extension considérable des affaires, diminution relative du champ d'action des intermédiaires, augmentation de la part du grand commerce dans les transactions ([1]), abaissement notable du prix de revient et du prix de vente des objets. Cet abaissement a trouvé sa contre-partie dans d'autres modifications de la vie sociale ; mais je n'ai pas à y insister.

8. Développement de la richesse publique et du bien-être. — *a*. Développement de la richesse publique. — Ultérieurement, nous aurons à passer en revue les diverses appréciations des profits directs procurés au pays par la réduction des frais de transport. Pour le moment, je me bornerai à indiquer d'une façon sommaire l'influence des chemins de fer sur le développement général de la richesse publique.

Les considérations qui précèdent au sujet de l'agriculture, de l'industrie et du commerce ont déjà montré le puissant essor imprimé à la production et à la consommation par l'établissement du réseau de voies ferrées.

Nous avons vu l'énorme plus-value de la propriété rurale depuis le commencement du XIXe siècle et, notamment, depuis 1850, plus-value qui subsiste pour une large part, malgré le mouvement rétrograde des dernières années.

La valeur de la propriété bâtie s'est encore élevée plus rapidement. D'après une enquête de 1851-1863 et des évaluations postérieures du fisc, la progression aurait été la suivante :

ÉPOQUES	HABITATIONS; LOCAUX DU COMMERCE ET DE LA PETITE INDUSTRIE	USINES ET LOCAUX DE LA GRANDE INDUSTRIE	TOTAUX
	millions	millions	millions
1851-1853	18.675	1.372	20.047
1887-1889	46.137	3.184	49.321
1899-1900	53.137	3.981	57.118
1909-1910	59.563	5.236	64.799

([1]) De 1852 à 1910, le nombre des patentés du commerce s'est accru seulement de 29 p. 100, alors que la valeur locative servant de base au droit proportionnel augmentait de 288 p. 100. Si, au lieu de considérer exclusivement les patentés du commerce, on envisageait l'ensemble des patentés (commerce, industrie, professions libérales), on arriverait à peu près aux mêmes constatations.

Mais, si la richesse immobilière a considérablement augmenté, il est presque permis de dire que l'éclosion de la richesse mobilière date de la naissance des chemins de fer. Les titres émis pour leur construction, la forme heureuse et la solidité de ces titres, qui forment encore aujourd'hui, avec les fonds de l'État, la pierre angulaire de notre marché, ont vulgarisé les placements mobiliers et les ont fait passer dans les habitudes, non seulement du monde financier, mais encore et surtout du public; l'épargne, tout d'abord craintive et timide, s'est peu à peu enhardie et n'a pas tardé à venir avec confiance aux placements de cette nature. En même temps que la constitution du réseau acclimatait, provoquait ces appels au crédit, elle leur fournissait un aliment par le grand mouvement industriel et commercial auquel elle donnait naissance et qu'elle favorisait ainsi doublement, d'une part, en lui assurant des débouchés et, d'autre part, en lui procurant des capitaux. Du même coup aussi, elle grossissait les sources des revenus de l'État et lui permettait d'augmenter sa dette pour faire face à des dépenses d'utilité publique. A leur tour, les chemins de fer recueillaient le bénéfice de ce développement des affaires; leur trafic et leurs recettes croissaient; le réseau s'étendait et les mêmes effets continuaient à se produire avec une intensité toujours plus grande. Il y avait là toute une chaîne non interrompue, tout un cycle de phénomènes économiques réagissant les uns sur les autres, se communiquant réciproquement la force et la vie.

Quel est aujourd'hui le résultat de cet enfantement incessant? Quelle est la valeur du capital national? Quelle en a été la progression? Il est naturellement impossible de répondre avec une rigueur mathématique à ces questions. Si certains éléments de la richesse publique peuvent faire l'objet de statistiques exactes ou très approchées, on doit rester, pour les autres, dans le domaine des supputations plus ou moins hypothétiques.

Voici, tout d'abord, une évaluation du capital national empruntée à un mémoire de M. de Foville, que publia l'*Economiste français* en 1878-1879:

Propriété non bâtie	100	milliards
Propriété bâtie	25	—
Créance nette sur l'étranger	15	—
Métaux précieux	8	—
Meubles, effets, objets d'art	10	—
Matériel agricole	4	—
Animaux de ferme et autres	5	—
Approvisionnement agricole	5	—
Autres capitaux commerciaux	5	—
Autres capitaux industriels	20	—
Marine, arsenaux, etc.	3	—
TOTAL	200	milliards

Dans une conférence faite à la Sorbonne, le 14 mars 1883, sous les auspices de la Société de statistique, M. de Foville porta ce chiffre à 210 milliards, savoir : propriété non bâtie, 100 milliards ; constructions, non compris les bâtiments consacrés aux exploitations agricoles, 30 milliards; fonds d'État français et étrangers, 25 milliards; valeurs mobilières et propriété mobilière, 55 milliards. L'estimation de 210 milliards ne comprenait ni le domaine public, ni le domaine privé de l'État, des départements et des communes.

M. Yves Guyot, député, indiquait une valeur de 250 milliards dans un rapport du 14 octobre 1886 concernant l'impôt sur le revenu.

Beaucoup plus récemment, M. Colson, conseiller d'État, membre de l'Institut, donnait, comme conclusion à une savante étude sur la fortune globale de la France, l'inventaire suivant vers la fin du XIXe siècle :

Propriété privée non bâtie et bâtiments ruraux autres que les maisons d'habitations..........	65	milliards
Mines..................................	1	—
Propriété privée bâtie......................	55	—
Mobilier, outillage et approvisionnements........	36	—
Voies de communication et matériel des chemins de fer....................................	29	—
Armement national........................	6	—
Autres propriétés publiques..................	12	—
Numéraire des particuliers et des caisses publiques (1)	5	—
Valeurs françaises représentant des créances sur les colonies ou des titres de sociétés dont les entreprises sont situées soit aux colonies, soit à l'étranger..................................	4	—
Excédent des valeurs étrangères possédées par des Français sur les valeurs françaises possédées par des étrangers..............................	16	—
TOTAL............	229	milliards

De cet inventaire sont exclus avec raison : les droits de jouissance concédés sur le domaine public et n'en modifiant pas la valeur intrinsèque, les créances ou les dettes des Français les uns vis-à-vis des autres; les brevets et clientèles. L'auteur a également laissé de côté, comme se compensant à peu près, d'une part, les propriétés extraterritoriales ainsi que les créances particulières sur l'étranger, et, d'autre part, la fraction des richesses situées en France dont certaines personnes domiciliées à l'étranger sont propriétaires ou créancières aux mêmes titres.

(1) L'argent étant compté pour sa valeur marchande.

Pour passer de l'estimation précédente à celle du montant total des fortunes privées, M. Colson retranche les biens appartenant à des personnes morales et ajoute : 1° les valeurs mobilières françaises qui représentent des participations dans l'avoir de ces personnes morales ou des créances sur elles ; 2° les divers biens incorporels, brevets, clientèles, etc., qui représentent la valeur des droits spéciaux exercés par certains citoyens à l'encontre des autres. Il arrive à 239 milliards :

Propriété non bâtie	65 milliards
Propriété bâtie	52 —
Mobilier, outillage, approvisionnements	33 —
Valeurs mobilières françaises	52 —
Valeurs mobilières étrangères	22 —
Caisses d'épargne, assurances, cautionnements	9 —
Numéraire	5 —
Clientèles et offices	3 —
TOTAL	241 milliards
A déduire : dette hypothécaire envers le Crédit Foncier	2 —
RESTE	239 milliards

L'évaluation directe du montant total des fortunes privées peut être contrôlée au moyen des constatations que fait l'Administration des finances pour la perception de l'impôt sur les donations entre vifs et sur les successions. Sans doute, certaines pratiques tendent à fausser ces constatations : le taux de capitalisation pour les immeubles ruraux est un peu faible ; le fisc ne déduit de la valeur locative des immeubles ni les impôts, ni les frais d'entretien, de réparations, d'assurances ; les déclarations sont insuffisantes en ce qui concerne la valeur des habitations rurales occupées par les propriétaires et surtout en ce qui touche les meubles, l'outillage, les approvisionnements : des dissimulations ne sauraient être évitées ; les dons manuels échappent à l'enregistrement ; avant 1902, l'Administration ne déduisait pas le passif des successions, et ses déductions actuelles restent au-dessous de la réalité, etc. Mais, d'un autre côté, le calcul d'après les relevés fiscaux est soustrait à des causes d'erreur qui entachent les supputations directes.

En 1898-1899, c'est-à-dire à l'époque pour laquelle a été établie l'évaluation directe de 239 milliards, l'annuité moyenne des donations et des successions était de 6 milliards 769 millions. La plupart des économistes fixent à 35 ans le délai moyen de transmission des biens, soit par succession, soit par donation. Ainsi, l'annuité de la fin du XIXe siècle correspondait à un capital de 237 milliards.

Les annuités actuelles ne sont pas comparables à celles du passé. Il est, en effet, survenu divers faits influant sur leur détermination; modification du taux de l'intérêt des valeurs mobilières; relèvement du taux de capitalisation pour les biens ruraux; assujettissement à la taxe de titres qui n'y étaient pas soumis autrefois; perte de l'Alsace-Lorraine; déduction du passif depuis 1902, etc. Néanmoins, le rapprochement donne une idée assez nette de la progression des fortunes. Ce rapprochement offre d'autant plus d'intérêt que la prolongation de la vie moyenne au XIXe siècle, due surtout à une réduction de la mortalité infantile, ne paraît pas avoir modifié le délai de transmission. Le tableau suivant récapitule, à partir de 1830, les variations de l'annuité et du capital correspondant:

PÉRIODES	ANNUITÉ MOYENNE	CAPITAL CORRESPONDANT
1831-1840	2.055 millions 9	71 milliards 956 millions
1841-1850	2.503 — 5	87 — 622 —
1851-1860	2.951 — 8	103 — 313 —
1861-1870	3.951 — 3	138 — 295 —
1871-1880	5.532 — 8	193 — 648 —
1881-1890	6.278 — 4	219 — 744 —
1891-1900	6.900 — 7	241 — 524 —
1901-1910	6.400 — 9 (1)	224 — 031 — (1)

(1) Passif déduit, depuis 1902.

Ainsi, pendant les périodes envisagées au tableau précédent, jusqu'à la fin du XIXe siècle, le montant total des fortunes privées aurait progressé de 22 p. 100, 18 p. 100, 34 p. 100, 40 p. 100, 13 p. 100, 10 p. 100. Une légère dépression se serait manifestée après 1900, même en considérant l'actif brut sans déduction du passif, afin de rendre comparables les chiffres relatifs aux diverses époques.

Récemment, M. Paul Leroy-Beaulieu, prenant de même pour base de ses calculs l'annuité des donations et des successions, admettait une valeur de 225 à 226 milliards.

Les recettes ordinaires du budget ont suivi une marche ascendante tout à fait comparable. En effet, les comptes définitifs accusent les résultats ci-après:

Période	1821-1830.	Recette moyenne de	959.177.000	francs.
—	1831-1840.	—	1.047.627.000	—
—	1841-1850.	—	1.280.746.000	—
—	1851-1860.	—	1.547.347.000	—
—	1861-1870.	—	1.883.498.000	—
—	1871-1880.	—	2.674.752.000	—
—	1881-1890.	—	3.044.923.000	—
—	1891-1900.	—	3.503.119.000	—
—	1901-1910.	—	3.851.808.000	—
Année	1910	Recette de	4.273.891.000	—

A la vérité, il faudrait faire ici la part des changements dans le nombre, la nature et la quotité des impôts. Mais les recettes ordinaires encaissées par le Trésor peuvent être considérées, malgré ces changements, comme donnant, jusqu'à un certain point, la mesure des forces contributives et, par suite, de la richesse du pays.

La situation des émissions faites pour la constitution des réseaux concédés aux grandes Compagnies de chemins de fer était la suivante à la fin de 1910 :

DÉSIGNATION DES RÉSEAUX	ACTIONS		OBLIGATIONS		CAPITAL TOTAL RÉALISÉ
	NOMBRE	CAPITAL RÉALISÉ	NOMBRE	CAPITAL RÉALISÉ	
		francs		francs	francs
Nord	525.000	231.875.000	4.862.154	1.762.059.513	1.993.934.513
Est	584.000	292.000.000	6.066.487	2.153.885.723	2.445.885.723
Ouest (en liquidation)	300.000	150.947.918	6.063.806	2.088.113.534	2.239.061.452
Paris à Orléans	600.000	307.784.570	7.215.010	2.549.191.025	2.856.975.595
Paris-Lyon-Méditerranée	800.000	340.968.056	14.039.138	4.831.273.328	5.172.241.384
Midi	250.000	146.319.020	4.148.611	1.392.517.683	1.538.836.703
Grande Ceinture de Paris	»	»	168.581	60.931.687	60.931.687
TOTAUX	3.059.000	1.469.894.564	42.563.787	14.837.972.493	16.307.867.057

En raison de la hausse progressive des cours et malgré la baisse des dernières années, le capital effectif représente une somme de beaucoup supérieure au capital réalisé.

A la même époque, les Compagnies secondaires d'intérêt général de la métropole avaient réalisé 248 millions, dont un tiers en capital-actions et deux tiers en capital-obligations; les Compagnies algériennes d'intérêt général, celle de Paris-Lyon-Méditerranée exceptée, 406 millions, dont un sixième environ en capital-actions et cinq sixièmes en capital-obligations.

Les émissions des Compagnies métropolitaines d'intérêt local (chemins de fer et tramways) atteignaient 1 477 millions au 31 décembre 1909 ; cette somme se répartissait dans la proportion de 3 à 2 entre le capital-actions et le capital-obligations.

b. Développement du bien-être. — Le progrès général de la richesse publique, sur lequel je viens de donner quelques explications, a profité à toutes les classes de la société et transformé la vie matérielle.

Il est inutile de reproduire ce qui a été dit précédemment des facilités de transport procurées aux voyageurs, de l'influence des voies ferrées sur le prix des objets livrés à la consommation, de la véritable révolution survenue dans les conditions d'approvisionnement des centres de population. La nourriture, le logement, le vêtement, tout s'est amélioré.

Quels ont été les accroissements successifs des salaires et du coût de la vie? Des hommes éminents par leur science et leur expérience se sont consacrés à l'étude de cette question d'un si puissant intérêt. Si les enquêtes officielles leur fournissaient pour la seconde partie du XIXe siècle des indications assez voisines de la réalité, ils manquaient, au contraire, de renseignements précis relativement à la période antérieure. De là, des divergences dans les supputations, auxquelles il serait chimérique de demander la rigueur du détail. Malgré ces divergences, les conclusions générales présentent un accord remarquable, et c'est à elles surtout qu'on doit s'attacher.

En ce qui concerne les ouvriers de l'industrie, M. Lucien March, directeur de la Statistique générale de la France, montrait, à l'Exposition universelle de 1900, un tableau graphique de la progression du salaire moyen au XIXe siècle, pour l'ensemble du territoire. Attribuant au salaire de 1900 une valeur conventionnelle de 100, il jalonnait ainsi la courbe : 1800, 44 ; 1820, 47 ; 1840, 52 ; 1850, 54 ; 1860, 69 ; 1870, 72 ; 1880, 95 ; 1890, 96 ; 1900, 100. L'examen du graphique mettait en lumière des faits importants : continuité de la hausse des salaires ; lenteur de la progression entre 1800 et 1853 (accroissement proportionnel total de 27 p. 100 et accroissement proportionnel moyen de 5 p. 1000 par an) ; rapidité de la hausse entre 1853 et 1880 (accroissement proportionnel total de 70 p. 100 et accroissement proportionnel moyen de 26 p. 1000 par an) ; reprise d'une progression très lente entre 1880 et 1900 (accroissement proportionnel total de 4 p. 100 et accroissement proportionnel moyen de 2 p. 1000 par an). Des graphiques ou des statistiques exposés par l'Angleterre et par la Belgique révélaient chez nos voisins une suite analogue de faits économiques.

L'Office du travail avait aussi dressé et exposé en 1900 un diagramme figurant les dépenses d'une famille ouvrière à Paris. M. Gide, auteur du très remarquable rapport général sur l'Économie sociale à l'Exposition, a superposé ce diagramme à celui des salaires, en admettant l'égalité entre la rémunération et le coût de la vie à l'origine du XIXe siècle. La courbe des dépenses se confondait presque avec celle du salaire, en la surmontant toutefois un peu, jusqu'à l'approche de l'année 1840; puis elle passait au-dessous et, abstraction faite d'oscillations secondaires, s'en écartait de plus en plus : un maximum apparaissait vers 1882. Dans l'hypothèse d'une cote initiale de 44 comme pour les salaires, la cote finale correspondant à l'année 1900 était de 57, ce qui représentait un écart de 43 par rapport à la courbe des salaires. Alors que l'augmentation proportionnelle des salaires, de 1800 à 1900, atteignait 127 p. 100, celle du coût de la vie ne dépassait pas 30 p. 100. Pour interpréter sainement les résultats de la comparaison, on ne doit pas perdre de vue, d'une part, que l'auteur du diagramme relatif au coût de la vie a supposé la consommation familiale constante en quantité et en qualité, et, d'autre part, qu'il a exclu le vêtement et les frais divers; ces derniers éléments, secondaires dans le budget de la famille ouvrière, réduisaient le coefficient d'augmentation proportionnelle du coût de la vie.

Un tableau exposé par la Société de statistique de Paris et embrassant la période 1803-1897 faisait ressortir : pour les dépenses d'alimentation, un accroissement de 22 p. 100 en 1880, ramené à 7 p. 100 en 1897; pour les frais de chauffage, une baisse de 4 p. 100, ayant commencé en 1840; pour les frais d'éclairage, une diminution de 19 p. 100; pour les trois catégories de dépenses réunies, une augmentation de 11 p. 100 en 1880 et de 2 p. 100 seulement en 1897. A ce tableau manquait le logement, sur lequel la hausse a été assez élevée.

Il convient de mentionner aussi un graphique de l'Office du travail, rapprochant les salaires de l'ouvrier nourri et de l'ouvrier non nourri. La différence avait plus que triplé de 1806 à 1892; cette énorme majoration s'expliquait par une amélioration de l'ordinaire et dénotait un excédent de salaire susceptible d'être affecté, au moins partiellement, à autre chose qu'à la nourriture.

Les statistiques des autres pays corroboraient en 1900 les constatations de la France et les accentuaient même pour les nations qui subissaient à un moindre degré le renchérissement de l'alimentation et du loyer.

Un volume de statistique, récemment publié par le Ministère du travail et de la prévoyance sociale, sous le titre « Salaires et coût de l'existence à diverses époques jusqu'en 1910 », caractérise ainsi les variations du salaire et celles du coût d'un genre de vie uniforme de 1806 à 1910, en adoptant un indice conventionnel de 100 pour l'année 1900 :

ANNÉES	SALAIRES	COUT de LA VIE	ANNÉES	SALAIRES	COUT de LA VIE	ANNÉES	SALAIRES	COUT de LA VIE
1806	40	»	1855	55	»	1885	87	»
1810	41	74	1860	60	95.5	1890	92	103
1820	43	80	1865	65	»	1895	96	»
1830	45	83.5	1870	71	103	1900	100	100
1840	48	84.5	1875	77	»	1905	105	100.5
1850	51	85.5	1880	82	110	1910	110	104

Sans présenter une concordance absolue avec les chiffres indiqués par l'Office du travail en 1900, les données de ce tableau n'en diffèrent pas profondément.

De tous les documents colligés par les statisticiens se dégage la certitude que le travailleur industriel, misérable au commencement du XIXe siècle, a vu sa condition matérielle très notablement améliorée. Son budget offre aujourd'hui beaucoup plus d'élasticité et lui apporte un bien-être modeste, mais jadis inconnu.

Les augmentations de salaires varient, à la vérité, avec les professions. Il y a aussi diversité suivant les régions, pour des causes qui ne sont pas toujours faciles à discerner. Cependant, si le progrès n'a pas uniformément répandu ses bienfaits, tous les travailleurs en profitent d'une manière plus ou moins large.

Importante par elle-même, la hausse des salaires industriels a d'autant plus de prix qu'elle coïncide avec une réduction du nombre des heures de travail.

En ce qui concerne l'agriculture, la hausse moyenne du salaire des journaliers pendant le XIXe siècle ne paraît pas inférieure à 300 p. 100. Certaines opérations, telles que la culture des vignobles, le fauchage, la moisson, le binage et l'arrachage des betteraves, font l'objet de marchés à la tâche et comportent une rémunération, soit en argent, soit en nature, soit à la fois en argent et en nature ; si, au premier abord, les prix de tâche semblent avoir moins augmenté que les salaires, le parallélisme se rétablit quand on a égard à la transformation des outils et à l'accroissement de travail utile qui en est la conséquence. Les domestiques de ferme ont participé dans la même mesure à l'amélioration générale de la condition du personnel agricole. Rapprochées les unes des autres, les statistiques établies à diverses époques permettent d'affirmer que la crise née aux dernières années du

XIXe siècle ne s'est pas traduite par un avilissement des salaires ou gages et que son seul effet a été d'enrayer la hausse; elles prouvent aussi que les machines n'ont pas déprécié la main-d'œuvre, dont la raréfaction coïncidait avec le développement de l'outillage. La progression des salaires ou gages, plus rapide que celle des prix de fermage jusqu'en 1880, et leur maintien durant la crise agricole attestent l'augmentation de la part faite au travailleur dans le rendement de la terre : c'est un fait heureux déjà signalé par Bastiat et Léon Say.

L'épargne s'est constituée sous les formes les plus diverses. Si on consulte spécialement les comptes des caisses d'épargne privées et ceux de la Caisse nationale d'épargne, on voit que le solde dû aux déposants en fin d'année a suivi une progression rapide, comme l'indique le tableau suivant :

PÉRIODES OU ANNÉES	CAISSES D'ÉPARGNE PRIVÉES	CAISSE NATIONALE D'ÉPARGNE
	millions	millions
1841-1850 (Moyenne)	294,3 (1)	»
1851-1860 —	281,1	»
1861-1870 —	330,5	»
1871-1880 —	791,4	»
1881-1890 —	2.198,1	202,3 (1)
1891-1900 —	3.208,3	762,2
1901-1910 —	3.486,6	1.260,2
1910	3.933,4	1.709,7

(1) Moyenne de 9 années.

Ni les événements de politique intérieure ou extérieure, ni les malheurs de 1871, ni certaines campagnes dirigées contre le crédit des caisses d'épargne, n'ont apporté au mouvement un retard de quelque durée.

9. Influence des voies ferrées sur le budget de la France. — *a*. DÉPENSES DE L'ÉTAT POUR L'ÉTABLISSEMENT DES CHEMINS DE FER. — D'après la dernière statistique publiée par le Ministère des travaux publics, les dépenses faites par l'État, avant le 1er janvier 1910, pour l'établissement des chemins de fer d'intérêt général de la métropole, y compris le capital des subventions converties en annuités, dépassait

5 milliards 700 millions de francs, savoir :

Grands réseaux	État	Ancien réseau	891.527.021	francs
		Réseau racheté de l'Ouest	909.732.530	—
	Grandes Compagnies		3.787.941.694	—
Réseaux secondaires			111.628.756	—
		Total	5.700.830.001	francs

Le chiffre de 891 527 021 francs relatif à l'ancien réseau de l'État comprend : 52 365 666 francs de subventions aux anciennes Compagnies; 99 918 000 francs dépensés par la Compagnie d'Orléans sur les lignes qu'elle a cédées à l'État, conformément à la loi du 20 novembre 1883, en échange d'autres lignes et moyennant une soulte dont le Trésor s'acquitte sous forme d'annuités; 739 243 255 francs consacrés aux indemnités de rachat, à la construction, aux parachèvements, aux travaux complémentaires, etc. Dans la somme de 909 732 530 francs afférente au réseau racheté de l'Ouest figurent 30 579 524 francs dépensés par l'Administration des chemins de fer de l'État.

Des subsides en capital, montant à 11 886 153 francs, ont été attribués, sur les fonds du budget, aux chemins de fer d'intérêt local régis par la loi du 12 juillet 1865 (Statistique des chemins de fer d'intérêt local et des tramways au 31 décembre 1909).

Au 31 décembre 1904, c'est-à-dire à la veille du jour où est entrée en vigueur la loi du 23 juillet 1904, qui met, en principe, au compte du budget spécial de l'Algérie, moyennant une contribution forfaitaire annuelle de l'État, les dépenses des chemins de fer de la colonie, la métropole avait apporté à l'établissement de ces voies ferrées un concours de 152 122 583 francs, dont 81 millions et demi pour le réseau de Paris-Lyon-Méditerranée et le surplus pour le réseau d'État.

b. Garanties d'intérêt et subventions annuelles payées par l'État aux entreprises de chemins de fer d'intérêt local et de tramways. — L'ancienne dette en capital et intérêts, contractée au titre de la garantie d'intérêt par les Compagnies de l'Est, de l'Ouest, d'Orléans et du Midi, pour les années d'exploitation antérieures à l'application des conventions de 1883, était de 635 millions et demi environ. Une petite fraction de cette dette a été remboursée en argent et la plus forte part compensée avec la valeur des travaux qui incombaient à l'État.

Sous le régime des conventions de 1883, les Compagnies de l'Est, d'Orléans et du Midi ont reçu des avances de garantie, dont le compte-courant (capital et intérêts), au 31 décembre 1911, accusait à leur charge une dette de 751 994 338 francs. En ajoutant à cette somme la dette des Compagnies secondaires d'intérêt général de la métropole, on arrive à un total de 790 618 806 francs (1).

Les subventions annuelles aux chemins de fer d'intérêt local et tramways régis par la loi du 11 juin 1880 représentaient 13 millions en 1911.

Pour les chemins de fer d'intérêt général de l'Algérie soumis au régime de la loi du 23 juillet 1904, le compte-courant, au 31 décembre 1911, des avances de garantie faites par la métropole, antérieurement au 1er janvier 1905, se soldait par une somme de 632 464 423 francs. La dette de la Compagnie de l'Ouest-Algérien, pour le chemin de fer stratégique de Tlemcen à la frontière du Maroc, auquel ne s'applique pas la loi de 1904, est de 1 885 314 francs.

Enfin, à la même date, la Compagnie de Bône-Guelma devait à l'État 119 322 569 francs pour la ligne de Tunis à la frontière et ses embranchements.

c. RÉSULTATS DE L'EXPLOITATION DES CHEMINS DE FER DE L'ÉTAT. — D'après le compte d'administration relatif à l'exercice 1911, l'ancien réseau des chemins de fer de l'État a donné, pour cet exercice, un produit net d'exploitation de 8 636 000 francs environ.

L'excédent des recettes du réseau racheté de l'Ouest sur les dépenses d'exploitation a été de 32 248 000 francs, abstraction faite des frais exceptionnels afférents à l'arriéré légué par la Compagnie de l'Ouest, frais qui figurent à la 2e section du budget annexe au même titre que les dépenses de premier établissement. Mais le produit ainsi réalisé, même joint aux annuités dues par l'État ou par des tiers, est loin de suffire à l'acquittement des charges du capital, et spécialement de l'annuité de rachat: il laisse une insuffisance, couverte par le budget du Ministère des travaux publics jusqu'à concurrence de 67 956 000 francs. L'État se trouve, à la vérité, déchargé des avances de garantie qu'il devait à la Compagnie de l'Ouest et qui avaient parfois dépassé annuellement 20 millions.

d. RECETTES ET ÉCONOMIES DIVERSES PROCURÉES AU TRÉSOR. — Le Trésor encaisse des impôts et réalise des économies, dont la statistique du Ministère des travaux publics fournit, chaque année, le tableau pour les chemins de fer d'intérêt général de la métropole. En ce qui concerne l'année 1910, les évaluations sont les suivantes :

(1) Le rachat du réseau concédé à la Compagnie de l'Ouest a fait disparaître la dette de cette Compagnie, qui était de 486 millions environ au 31 décembre 1908.

	francs	francs
I. — *Impôts sur les transports.*		
Impôts sur les voyageurs et les transports à grande vitesse	74.181.848	116.977.676
Timbre des récépissés et des lettres de voitures	42.795.828	
II. — *Impôts sur les titres.*		
Abonnement pour le timbre des actions et des obligations	10.667.277	58.149.332
Droit de transmission sur les titres, soit nominatifs, soit au porteur	18.858.637	
Impôt sur le revenu des valeurs mobilières et taxe de 4 p. 100 sur les primes de remboursement des titres amortis	28.623.418	
III. — *Autres impôts sur des matières imposables créées par l'industrie des chemins de fer.*		
Impôt sur la propriété bâtie	2.506.594	15.647.221
Patentes	3.000.539	
Droits de douane sur les houilles et cokes consommés par les Compagnies et sur diverses matières employées pour le service (acier, fer, fonte, etc.)	10.140.088	
IV. — *Économies résultant des clauses du cahier des charges.*		
Administration des postes et des télégraphes	70.015.736	112.850.815
Transport des militaires et marins	39.284.259	
Transport gratuit des agents des contributions indirectes et des douanes	3.550.820	
V. — *Économies sur les prix du commerce résultant d'engagements amiables avec l'État.*		
Transports de la Guerre	2.170.532	2.170.532
TOTAL		305.795.576

Ce total correspond à un chiffre de 7 553 francs par kilomètre. On ne saurait, même abstraction faite des frais auxquels donne lieu la perception des impôts, lui attribuer une valeur autre que celle d'une indication, y voir la mesure exacte de profits qui disparaîtraient entièrement si les chemins de fer n'existaient pas : il suffit, pour s'en rendre compte, de remarquer, par exemple, que les capitaux auraient pu avoir leur emploi dans des entreprises différentes, également imposables. Les perceptions et les économies enregistrées par la statistique sont, d'ailleurs, compensées, au moins partiellement, par une réduction des bénéfices de l'exploitation et par des charges pour les comptes de garantie ou de partage.

Parmi les produits divers du budget se rangent les versements des administrations de chemins de fer pour frais de contrôle et de surveillance. La recette de ce chef (France et Tunisie) a dépassé 4 800 000 francs en 1911. Mais elle présente le caractère d'un simple remboursement et trouve sa contre-partie dans des dépenses élevées inscrites au budget du Département des travaux publics.

Aux profits immédiats s'ajoutent les perceptions directes ou indirectes de toute nature sur l'industrie, sur le commerce, sur la consommation, par suite du développement des affaires et de la richesse publique.

Rappelons enfin que les réseaux concédés feront gratuitement retour à l'État vers le milieu du XXe siècle et que la génération d'alors pourra assister à une révolution profonde dans les conditions des transports et dans la situation budgétaire du pays.

10. Influence sur la civilisation, sur les mœurs, sur l'organisation politique et administrative. — *a.* PRÉVISIONS DE 1837 SUR LE RÔLE DES CHEMINS DE FER. — Dès l'origine des chemins de fer en France, on a compris l'importance du rôle qu'ils étaient appelés à jouer au point de vue social, politique et administratif. En 1837, l'illustre Dufaure s'exprimait en ces termes dans un rapport à la Chambre des députés sur un projet de loi tendant à la construction de la ligne de Lyon à Marseille : « ... Les chemins de fer font autre chose que de « présenter des facilités à l'industrie et des bénéfices à l'intérêt « privé... Nous nous attachons de plus en plus à cette unité nationale « qu'organisèrent, il y a cinquante ans, les travaux de l'Assemblée « constituante. Nos lois, nos mœurs, nos usages contribuent de jour « en jour à la fortifier. Les limites des anciennes provinces ont dis- « paru ; les traces de leurs vieux idiomes s'effacent ; les époques de « leur agglomération ne sont plus qu'une histoire presque oubliée. « Confondus dans les camps, dans les écoles, sous les mêmes maîtres et « sous les mêmes drapeaux, les Français du Nord sont les frères des « Français du Midi, et tout ce qui tend à resserrer les liens de notre « unité nationale est au nombre des intérêts les plus pressants du pays. « Rien ne pourrait y tendre plus activement que les grandes lignes de « fer, ces merveilleuses voies de communication, qui, par la rapidité du « voyage, engagent les populations à se mêler et à confondre les pro- « duits de leur territoire et de leur travail. Les extrémités de la « France seront plus rapprochées et plus unies... Au centre de ces « communications se trouverait la capitale du royaume et un autre « grand intérêt public serait ainsi satisfait : l'action du pouvoir cen- « tral, trop souvent dissipée dans une préoccupation trop minutieuse

« des intérêts locaux, s'exercerait plus prompte et plus puissante que « jamais pour les objets qui doivent véritablement appeler sa sollicitude. Ne serait-ce rien que cette facilité de la porter en peu d'ins« tants sur toutes les frontières du royaume, de faire arriver dans « une nuit des troupes fraîches et prêtes au combat, de Paris au bord « du Rhin, de Lyon au pied des Alpes ?... »

Dans une discussion générale, qui s'ouvrit également en 1837 devant la Chambre, au sujet de la question des chemins de fer, M. Legrand, Directeur général des ponts et chaussées et des mines, donnait la curieuse définition que voici des diverses voies de communication : « Les routes sont les voies de l'agriculture; les canaux, les « rivières sont les voies du commerce ; les chemins de fer sont les « voies de la puissance, des lumières et de la civilisation ». Un peu plus tard, en 1838, cet éminent ingénieur ajoutait : « Les che« mins de fer répondent merveilleusement au nouveau besoin de la « société d'étendre ses relations. Ils créent, pour les hommes et pour « les choses, une rapidité de circulation jusqu'alors inconnue. En « quelques instants, ils portent du centre aux extrémités le mouve« ment et la vie, et les extrémités, à leur tour, renvoient au cœur de « l'État le mouvement et la vie qu'ils ont reçus. Les chemins de fer « sont assurément, après l'imprimerie, l'instrument de civilisation le « plus puissant que le génie de l'homme ait pu créer, et il est dif« ficile de prévoir et d'assigner les conséquences qu'ils doivent un « jour produire sur la vie des nations. »

Ces prévisions ont reçu de l'expérience la plus éclatante confirmation.

Il y aurait là un thème facile pour des développements étendus, pour de longues dissertations philosophiques. Mais toute démonstration est aujourd'hui superflue; les faits parlent d'eux-mêmes. Bornons-nous donc à quelques considérations très courtes et très sommaires, à une sorte de memento, de table des matières.

b. Influence sur l'instruction, les arts et les moeurs. — Les voies perfectionnées de communication constituent l'un des instruments les plus puissants d'instruction et d'éducation.

Elles suppriment, en effet, les distances et facilitent ainsi, avec les voyages, l'étude des civilisations étrangères ; elles permettent d'aller observer *de visu* les mœurs, les conditions de la vie sociale, l'activité industrielle et commerciale, dans les régions les plus reculées de la France et même dans les autres pays ; elles donnent le moyen de visiter rapidement et sans fatigue des territoires d'une vaste étendue, de recueillir sur place les enseignements de l'histoire et de la géographie.

D'autre part, elles mettent à la portée de la moindre bourgade, du moindre hameau, les universités et les autres établissements d'instruction organisés dans les grands centres de population. L'enfant du village peut, sans perdre pour ainsi dire de vue son clocher, conquérir successivement ses grades universitaires.

Jadis, la littérature demeurait, pour chaque peuple, dans une sorte d'immobilité et d'isolement, décrivait son cycle à pas comptés et à petites journées. Depuis, la vapeur et l'électricité, en procurant aux personnes et aux choses une surprenante mobilité, en multipliant les contacts entre les hommes, entre les nations, ont, du même coup, multiplié les échanges intellectuels, soumis les littératures à la répercussion incessante des influences extérieures et créé ainsi un état de constante instabilité. La propagation de ce que j'appellerais volontiers les ondes littéraires est presque aussi immédiate que celles des ondes de la mer ou des ébranlements sismiques.

Cette facilité de communications a d'autres conséquences. Elle tend à effacer ou à estomper le caractère national de la production des divers pays, à susciter une littérature cosmopolite. L'effet est particulièrement sensible pour les contrées que traversent les courants principaux de circulation ; il se manifeste à un moindre degré en dehors de ces courants. A la vérité, certains peuples ont ressuscité des littératures locales d'une intéressante originalité ; mais le flot les submerge eux-mêmes, et, du reste, il n'y a là que des exceptions d'ordre secondaire qui fortifient la loi générale au lieu de l'infirmer.

Le savant apprend presque instantanément les travaux et les découvertes du monde civilisé ; il va aux antipodes, comme il serait allé autrefois à quelques lieues, pour faire des observations astronomiques, assister à des phénomènes volcaniques, recueillir des données sur la géologie. Au lieu d'être l'apanage d'une petite élite de privilégiés, les sciences forment un domaine commun ouvert à toutes les nations civilisées et, pour chacune d'elles, à de nombreux chercheurs. Hommes et peuples suivent des voies diverses appropriées à leur génie particulier, échangent leurs idées, se communiquent réciproquement leurs théories, leurs hypothèses, leurs espérances ; rien de plus fécond que ce concours incessant des penseurs du monde entier.

Au vieux temps, l'artiste était confiné dans un champ restreint. Maintenant, il embrasse un horizon sans bornes. Il peut aller s'inspirer des chefs-d'œuvre de l'architecture, de la peinture et de la sculpture, voir les monuments et les musées étrangers, étudier les sites, les types, les costumes qu'il aura à reproduire. L'Italie, la Grèce, les Pays-Bas sont à sa porte. On doit reconnaître, d'ailleurs, qu'à côté de ses immenses bienfaits, la multiplication des rapports internationaux présente l'inconvénient de pousser vers une architecture cosmopolite, funeste à l'originalité et aux initiatives.

Il n'est pas jusqu'au théâtre qui n'ait subi une véritable transformation. Les spectateurs, qui appartenaient à un public restreint et limité, se recrutent aujourd'hui dans un public sans cesse renouvelé. Dès lors, les directeurs de nos grandes scènes ne sont plus contraints de varier autant leur répertoire, de disposer d'une troupe nombreuse d'acteurs peu rétribués et trop souvent médiocres; ils peuvent maintenir leurs pièces pendant de longs mois sur l'affiche, les monter avec un grand luxe, avoir un petit nombre d'artistes de talent largement rémunérés. Les théâtres secondaires de province, tels que nous les voyons encore actuellement, nous donnent une image assez fidèle de ce que furent, avant la création des voies ferrées, les théâtres de nos principales villes et même, dans une large mesure, ceux de Paris.

A d'autres points de vue, la rapidité des transports exerce l'action la plus heureuse sur les mœurs et le sort des masses profondes de la nation. Les employés, les ouvriers parisiens, que le travail a retenus toute la semaine dans des locaux ou des ateliers pauvres en air et en lumière, profitent du premier rayon de soleil pour prendre leur volée le dimanche. Grâce aux chemins de fer et aux bateaux, ils se répandent dans la banlieue, y font une ample provision de santé et y cherchent, en même temps, des plaisirs honnêtes qui élèvent leur âme et les détournent des entraînements de la capitale. Cet exode hebdomadaire, auquel nous assistons à Paris, se produit également dans les autres agglomérations importantes.

Les chemins de fer permettent, en outre, à une partie de la population ouvrière des grandes villes de se loger dans les localités environnantes, d'y trouver plus d'air et d'espace, d'échapper à la promiscuité si dangereuse que comportent inévitablement les maisons des quartiers populeux.

De plus, et ce n'est pas le moindre avantage des chemins de fer et de la navigation à vapeur, le jeune ouvrier peut effectuer, sinon son tour du monde, du moins son tour d'Europe, plus aisément qu'il ne faisait jadis son tour de France. Il lui est possible de visiter les ateliers étrangers, les expositions, et d'y compléter, d'y perfectionner son instruction professionnelle. A peine ai-je besoin de rappeler que, depuis longtemps déjà, les pouvoirs publics accordent des subsides élevés pour l'envoi, aux grandes expositions européennes ou américaines, de délégations ouvrières choisies dans les différentes professions.

Ainsi, développement de l'instruction et de l'éducation dans toutes les classes, vif essor des productions du génie humain, influence bienfaisante sur les conditions de la vie sociale et sur les mœurs, tels ont été les résultats incontestables du progrès des communications.

c. Influence sur la politique intérieure, l'administration et la législation. — Personne ne saurait nier la grande part des chemins de fer dans la consolidation de l'unité nationale. En mélangeant les races des anciennes provinces, en les confondant dans des rapports de chaque jour, en faisant disparaître les dialectes locaux, en unifiant les habitudes, les mœurs, les coutumes, ils ont dissipé les vieilles rivalités, le plus souvent inconscientes, qui divisaient les populations et amené une homogénéité, une solidarité de sentiments et d'intérêts, que les anciens rois de France n'auraient certes pas entrevue, même en leurs rêves les plus optimistes.

Le rôle des voies ferrées, au point de vue de l'émancipation du peuple, n'a pas été moins actif. En permettant au pouvoir central d'entretenir des relations incessantes avec les agents locaux, de recevoir presque instantanément leurs informations, de leur transmettre sur l'heure des instructions et des ordres, et aussi de réprimer promptement les écarts des citoyens, les chemins de fer, joints au télégraphe électrique et au téléphone, devaient le conduire à abandonner en action préventive ce qu'il gagnait en action de surveillance et de répression, et à desserrer les liens sous lesquels étouffait la liberté. Les rênes gouvernementales, étant plus courtes, pouvaient se détendre sans danger et sans inconvénient.

Sans doute, à certaines époques de notre histoire, il s'est produit des faits qui, de prime abord, sembleraient infirmer cette appréciation; les moyens d'émancipation ont été transformés en moyens d'oppression et de dictature. Mais ce sont des accidents passagers, inévitables dans la vie des nations, incapables de prévaloir contre les résultats d'ensemble envisagés de haut et sans parti-pris.

Il est impossible, malgré ces faits exceptionnels, de contester que l'extension et le perfectionnement des instruments de communication n'aient contribué efficacement à développer la liberté et à combattre ses deux plus redoutables ennemis : le gouvernement absolu et l'insurrection.

En même temps que la politique intérieure, l'administration a complètement changé de face. Autrefois, les gouverneurs des provinces, isolés, abandonnés à eux-mêmes, devaient nécessairement avoir une très large initiative, des pouvoirs propres très étendus; placés loin de l'œil du maître, ils abusaient trop fréquemment de leur délégation. Aujourd'hui, les ministres étendent la main sur tous les points du territoire ; de leur cabinet, ils dirigent aussi facilement les affaires de la ville la plus reculée que celles des localités situées à la porte de Paris; ils tiennent, en quelque sorte, tous les fils conducteurs des divers organes de cette machine si compliquée que l'on appelle l'Administration française. Les préfets, au lieu d'être encore de véritables proconsuls, ne sont plus guère que des agents d'information, de transmission et d'exécution; un changement complet est survenu dans leur fonction, que je ne voudrais d'ailleurs pas amoindrir. La centralisation a été poussée à ses dernières limites. A côté d'avantages incontestables, cette transformation n'est pas sans présenter des inconvénients : en exagérant le travail du cerveau qui pense à Paris pour toute la France, on s'exposerait à le fatiguer, à le paralyser. L'accroissement des attributions dévolues aux assemblées électives locales corrige heureusement ce qu'aurait d'excessif la concentration des pouvoirs de l'État.

Notre législation ne pouvait avoir la même souplesse que l'administration. Le magnifique monument que nous ont légué nos pères était trop solide pour se laisser facilement entamer dans ses assises maîtresses, trop admirable pour ne pas inspirer un respect religieux. Cependant le respect du passé ne doit pas aller jusqu'au fétichisme. Il a fallu se résoudre à des améliorations, à des additions, notamment dans le domaine jadis inexploré des lois sociales. Au point de vue spécial du commerce et plus particulièrement des transports, certaines parties de l'ancienne législation étaient manifestement surannées, ne se trouvaient plus en harmonie avec la situation contemporaine; quelques corrections y ont été apportées.

Le progrès des voies de communication aurait dû, semble-t-il, avoir pour corollaire une revision plus ou moins profonde de la division administrative du territoire français. Comment ne pas juger excessif le morcellement actuel? Pourquoi regarder le nombre des départements comme intangible? Pourquoi reculer devant la suppression totale ou partielle des sous-préfectures? Pourquoi ne point élargir les circonscriptions judiciaires? Les réformes à cet égard, si rationnelles soient-elles, se sont heurtées jusqu'ici contre la coalition d'intérêts locaux assez puissants pour les tenir en échec. Quelle est la ville qui consentirait à déchoir du rang de chef-lieu administratif, de centre judiciaire, sans avoir épuisé tous les moyens de résistance avec lesquels le gouvernement le plus fort et le plus résolu sera impuissant à ne pas compter et à ne pas composer? N'y a-t-il même pas beaucoup d'agglomérations nourrissant l'espoir secret ou avoué de gravir tôt ou tard un échelon, au lieu de descendre? Cette fâcheuse tendance à l'émiettement s'accuse en particulier pour les communes, dont les dédoublements sont d'une fréquence regrettable, alors qu'au contraire les réunions ont un caractère absolument exceptionnel. Pourtant, que d'avantages et d'économies offrirait un régime plus conforme aux facultés actuelles de déplacement!

11. Influence sur les relations internationales. — *a.* INFLUENCE SUR LES RELATIONS POLITIQUES DES PEUPLES. — Les chemins de fer auront-ils un jour, sur l'union des peuples, l'influence décisive qu'ils ont eue sur l'union des divers éléments de la nation française? Contribueront-ils à sceller cette paix universelle et définitive qu'ont préconisée et prévue les philanthropes à l'âme généreuse? Il y aurait présomption à vouloir soulever les voiles de l'avenir, à interroger le sphinx qui ne répondrait pas. Le volcan, dont les éruptions ont tant de fois désolé le monde, n'est certes pas éteint; plus d'une convulsion peut venir encore en agiter les flancs.

Cependant, sans se laisser entraîner à des visées trop hautes et trop ambitieuses, on est en droit de constater une amélioration certaine dans les rapports politiques des peuples. Les voyages, les contacts de chaque jour, les liens commerciaux ou industriels ont fait et feront beaucoup plus que toutes les théories, que toutes les combinaisons diplomatiques, pour aplanir les difficultés et prévenir les conflits.

Il ne sera pas sans intérêt de remarquer que le rôle des ambassadeurs s'est transformé comme celui des préfets et pour les mêmes raisons. A leur action propre, à leur initiative, sujette aux faiblesses et aux imprudences, se sont substituées l'action et la pensée de leur gouvernement. Le temps est déjà loin où ils portaient dans les plis de leur manteau la destinée de toute une nation.

b. INFLUENCE SUR LES RELATIONS COMMERCIALES DES PEUPLES. — En multipliant les relations commerciales des peuples, la locomotive devait tendre à abaisser les barrières de toute nature jadis élevées au passage des frontières. Sans établir une solidarité complète entre le développement des chemins de fer et la réduction des tarifs de douane, réduction liée aux questions économiques et financières les plus complexes, on ne saurait méconnaître l'influence que les voies ferrées exercèrent à leur début sur la propagation des idées de libre échange; on ne saurait oublier que le foyer de ces idées fut précisément la cité anglaise de Manchester, où l'œuvre de Stephenson reçut sa première application; on ne saurait perdre de vue que, lors des traités de commerce de 1860, l'extension du réseau français apparut comme le corollaire indispensable de la réforme. Sir Robert Peel, Bastiat, Michel Chevalier, Joseph Garnier, ne firent pas davantage que les Stephenson et leurs disciples en faveur du libre échange.

Cette influence initiale des voies ferrées n'a été que temporaire. L'âpreté chaque jour croissante de la concurrence internationale, la pénétration réciproque des produits agricoles ou industriels, les difficultés que la production éprouvait à se défendre sur les marchés intérieurs eux-mêmes, l'augmentation rapide des charges pesant sur la main-d'œuvre dans certains pays, la nécessité de défendre des industries naissantes, tout a concouru à susciter un retour offensif des idées protectionnistes et à en assurer le succès. De là, une poussée nouvelle de droits, tantôt simplement compensateurs, tantôt nettement protecteurs. Le fisc, en quête de ressources, s'est fait parfois l'auxiliaire du mouvement; les nations, chez lesquelles la liberté est l'objet du culte le plus fervent, n'ont pas toujours été les moins ardentes à évoluer; un parti de la protection a pu se constituer, se fortifier jusqu'en Angleterre.

Un effet salutaire de l'augmentation des transports internationaux a été de contribuer à l'unification si désirable des poids, des mesures et des monnaies. Comment la véritable tour de Babel, formée par l'accumulation des systèmes divers en usage dans l'ancien et le nouveau Monde, aurait-elle opposé une résistance invincible au travail de décomposition qui la minait? Peu à peu, le système décimal s'est imposé à la plupart des nations civilisées; la Belgique, la Grèce, l'Italie et la Suisse ont même constitué avec la France une union monétaire.

Les communications postales se sont simplifiées. D'importantes conventions ont été conclues entre la France et les autres pays, notamment pour le transport des colis postaux.

Cet élan irrésistible de rapprochement a conduit à créer une législation des transports internationaux de marchandises par chemins de fer. Sur l'initiative intelligente et hardie de MM. de Seigneux, avocat à Genève, Christ, avocat à Bâle, et du Conseil fédéral suisse, des conférences ont été tenues à Berne en 1878, 1881 et 1886; de ces conférences sont sortis des accords diplomatiques qui lient aujourd'hui la France, l'Allemagne, l'Autriche-Hongrie, la Belgique, le Danemark, l'Italie, le Luxembourg, les Pays-Bas, la Roumanie, la Russie, la Suède et la Suisse. Un arrangement analogue a été récemment élaboré pour les voyageurs et les bagages; il recevra sans doute bientôt la consécration des différents États qui ont concouru à sa préparation.

12. Influence sur la répartition de la population. — Les chemins de fer exercent deux effets contraires sur le chiffre de la population. D'une part, ils développent les moyens et les facilités d'existence; ils suppriment notamment les disettes et les famines, jadis si meurtrières; ils tendent ainsi à accroître la longévité et l'importance de la population. D'autre part et en sens inverse, ils augmentent le bien-être et provoquent, par suite, une diminution de la natalité : car c'est aujourd'hui un fait à peu près incontesté que l'aisance et la richesse réduisent la fécondité humaine.

Voici, d'après les tableaux officiels de statistique, quelle a été la progression suivie depuis deux siècles par la population de la France :

ANNÉES	POPULATION	ANNÉES	POPULATION	ANNÉES	POPULATION
	habitants		habitants		habitants
1700	19.660.000	1836	33.541.000	1876	36.906.000
1762	21.769.000	1841	34.230.000	1881	37.672.000
1784	24.800.000	1846	35.402.400	1886	38.219.000
1801	27.445.000	1851	35.783.000	1891	38.343.000
1806	29.107.000	1856	36.039.000	1896	38.518.000
1816	30.024.000	1861	37.386.000	1901	38.962.000
1821	30.462.000	1866	38.067.000	1906	39.252.000
1831	32.569.000	1872	36.103.000 (1)	1911	39.602.000

(1) Perte de l'Alsace-Lorraine.

Ce tableau montre combien s'est ralentie la progression du nombre des habitants. Il y a là un phénomène des plus inquiétants, quand on le rapproche de la fécondité ou, tout au moins, de l'excédent des naissances sur les décès, chez certains peuples voisins.

Mais je n'insiste pas sur ce point ; car mon intention est de mettre surtout en lumière la modification profonde survenue dans la répartition de la population et l'influence des chemins de fer sur cette répartition.

L'un des traits caractéristiques de la période contemporaine a été l'accroissement rapide de la population urbaine au détriment des campagnes. En effet, les recensements officiels ont donné les résultats suivants :

1° *Ville de Paris*

ANNÉES	POPULATION	ACCROISSEMENT ANNUEL	ANNÉES	POPULATION	ACCROISSEMENT ANNUEL
	habitants	habitants		habitants	habitants
1810	600 000		1872	1.852.000	4.500
1817	714.000	16.300	1876	1.989.000	34.300
1831	786.000	5.100	1881	2.269.000	56.000
1836	899.000	22.600	1886	2.345.000	15.200
1841	935.000	7.200	1891	2.448.000	20.600
1846	1.054.000	23.800	1896	2.537.000	17.800
1851	1.053.000	»	1901	2.714.000	35.400
1856	1.174 000	24.200	1906	2.763.000	9.800
1861	1.696.000 (1)	104.400	1911	2.888.000	25.000
1866	1.825.000	25.800			

(1) Annexion de communes suburbaines.

2° *Villes de plus de* 100.000 *habitants* (1)
Population en milliers d'habitants.

VILLES	1789	1821	1836	1851	1866	1872	1876	1881	1886	1891	1896	1901	1906	1911
Marseille..	76	109	146	195	300	313	319	360	376	404	442	491	517	551
Lyon......	139	149	151	177	324	323	343	377	402	438	466	459	472	524
Bordeaux..	83	89	99	131	194	194	215	221	241	252	257	257	252	262
Lille	13	64	72	76	155	158	163	178	188	201	216	211	206	218
Nantes	65	68	76	96	112	119	122	124	127	123	124	133	133	171
Toulouse..	55	52	77	93	127	125	132	140	148	150	150	150	149	150
St-Etienne.	9	26	42	36	97	111	126	124	118	133	136	147	147	149
Nice.......	»	»	»	»	50	52	53	66	77	88	94	105	134	143
Le Havre..	17	21	24	29	75	87	92	106	112	116	119	130	132	136
Rouen.....	65	87	92	100	101	102	105	106	107	112	113	116	118	125
Roubaix...	»	»	»	35	75	76	84	92	100	115	125	124	121	123
Nancy.....	33	29	30	45	50	53	66	73	79	87	96	103	111	120
Reims.....	31	31	36	46	61	72	81	94	98	104	108	108	110	115
Toulon....	30	31	28	69	77	69	71	70	70	78	95	102	104	105

(1) L'étendue de certaines villes a été augmentée par l'adjonction de territoires suburbains.

3° *Proportion de la population urbaine et de la population rurale à la population totale* (1).

ANNÉES	POPULATION URBAINE		POPULATION RURALE	
	NOMBRE D'HABITANTS	Proportion à la population totale	NOMBRE D'HABITANTS	Proportion à la population totale
1846	8.751.000	24.4 p. 100	26.650.000	75.6 p. 100
1851	9.135.000	25.5 —	26.648.000	74.5 —
1856	9.845.000	27.3 —	26.195.000	72.7 —
1861	10.790.000	28.9 —	26.597.000	71.1 —
1866	11.595.000	30.5 —	26.472.000	69.5 —
1872	11.235.000	31.1 —	24.868.000	68.9 —
1876	11.977.000	32.4 —	24.928.000	67.6 —
1881	13.097.000	34.8 —	24.576.000	65.2 —
1886	13.767.000	35.9 —	24.452.000	64.1 —
1891	14.311.000	37.4 —	24.032.000	62.6 —
1896	15.026.000	39.1 —	23.492.000	60.9 —
1901	15.957.000	40.9 —	23.005.000	59.1 —
1906	16.537.000	42.1 —	22.715.000	57.9 —
1911	17.508.940	44.2 —	22.093.318	55.8 —

Le lecteur que cette étude intéresserait pourra la compléter en se reportant aux documents statistiques publiés par le Ministère de l'intérieur et par le Ministère du travail. Entreprendre ici une analyse plus détaillée serait allonger outre mesure l'entrée en matière d'un ouvrage dont l'objet est plus spécialement administratif et juridique. Je me borne donc à la brève constatation des faits que voici :

1° Depuis le commencement du XIXe siècle, la population urbaine a continuellement progressé.

Vers 1880, M. de Foville déduisait de savants calculs, et écrivait dans son magistral ouvrage sur « la transformation des moyens de transport », que « la rapidité du développement des centres de population variait en raison directe de leur importance ». D'après ses supputations, les villes de second et de troisième ordre, tout en faisant de rapides progrès, grandissaient moins vite que les villes de premier ordre. Comme la concentration a des limites, les villes qui, maintenant, croissent le plus, toutes proportions gardées, semblent être les villes moyennes. Le rapprochement entre la statistique de

(1) La population urbaine est celle des communes dont la population agglomérée au chef-lieu dépasse 2 000 habitants.

1872, par exemple, et celle de 1906, la dernière dont les détails soient actuellement publiés, fait ressortir un coefficient d'augmentation de 0,49 pour la ville de Paris, de 0,46 pour les autres villes comptant aujourd'hui plus de 100 000 habitants, de 0,62 pour les villes de 30 000 à 100 000 habitants, de 0,42 pour l'ensemble de la population urbaine.

Alors que l'accroissement de la population, entre les deux recensements de 1906 et de 1911, n'excède pas 349 264 habitants pour l'ensemble de la France, les villes de 30 000 âmes et au-dessus ont bénéficié d'une augmentation de 475 442 habitants et prélevé, par suite, 126 178 habitants sur la population des autres localités.

Ces villes absorbent, à elles seules, près du quart de la population totale (23 p. 100).

Un ralentissement sensible avait été constaté, pendant la précédente période quinquennale, dans le développement des grands centres. Ce ralentissement était attribué, d'une part, à la diminution de la natalité, et, d'autre part, à l'installation de beaucoup d'employés ou d'ouvriers dans les banlieues, grâce à l'amélioration des moyens de circulation. Le mouvement ascensionnel s'est de nouveau accéléré.

Dans plusieurs départements dont la population décroît, les centres urbains poursuivent néanmoins leur progression. Tels Clermont-Ferrand, Grenoble, le Mans, Rennes, Limoges, Orléans, Saint-Quentin, Dijon, la Rochelle, Amiens, Périgueux, le Creusot, Troyes, Poitiers, Saint-Etienne, Bourges, Chalon-sur-Saône, Roanne.

2° Ainsi que l'indiquait M. de Foville en 1880, le maximum d'intensité de l'accroissement, enregistré dans la population urbaine, a coïncidé avec l'ouverture à l'exploitation des grandes lignes de chemins de fer.

3° Ces phénomènes ne sont pas spéciaux à la France. Ils ont été également observés au delà de nos frontières.

4° Le rapport entre la population rurale, c'est-à-dire la population des communes ayant moins de 2 000 habitants, et la population totale a sans cesse décru depuis de longues années. Jusqu'à une époque assez récente, le chiffre absolu de la population des campagnes restait cependant à peu près intact. Ce chiffre est entré lui-même dans la voie de la décroissance, sous la double influence de l'attraction exercée par les grands centres et de la réduction subie par la natalité.

En 1911, le nombre des communes de 2 000 habitants au plus atteignait 33 520 et dépassait, par suite, les 11 douzièmes du nombre total des communes de France.

Le nombre des très petites communes a augmenté au cours de la période quinquennale 1906-1911.

Il convient, toutefois, de remarquer que les perfectionnements réalisés dans les méthodes de culture ont compensé les effets de la dépopulation des campagnes.

3° L'exode vers les villes s'est avant tout manifesté dans les régions montagneuses et dans quelques départements voisins de la mer.

Au recensement de 1911, 23 départements avaient gagné relativement à 1906, tandis que 64 étaient en perte. La plus forte augmentation portait sur les départements de la Seine, de Seine-et-Oise, du Nord, du Rhône, du Pas-de-Calais, de Meurthe-et-Moselle, des Bouches-du-Rhône, des Alpes-Maritimes, du Finistère, de la Seine-Inférieure ; la plus grosse réduction, sur l'Ardèche, la Nièvre, la Somme, l'Allier, la Manche, l'Yonne, la Haute-Loire, le Lot.

Ces changements dans la répartition générale des habitants tiennent à des causes multiples : développement de l'industrie et du commerce dans les villes ; avantages offerts aux ouvriers par les centres industriels, soit en ce qui concerne les salaires, soit en ce qui touche les conditions de la vie ; facilités que procurent les chemins de fer pour aller tenter la fortune loin du clocher natal (1) ; tendance bien naturelle à déserter les parties du territoire où le sol est ingrat, le climat rigoureux, l'existence pénible et laborieuse.

Il y a longtemps que les économistes et les statisticiens ont reconnu le rôle prépondérant des voies ferrées dans cette transformation ; les villes et les régions de plaine sont plus largement desservies par notre réseau et présentent plus de ressources : au contraire, les pays de montagne sont plus pauvres et moins accessibles à la locomotive. La dépopulation des massifs montagneux a même été l'une des raisons principales invoquées, lors du grand classement de 1879, pour leur attribuer des lignes dont l'établissement eût pu ne pas paraître justifié par des intérêts commerciaux.

Le déplacement des habitants ne s'est d'ailleurs pas effectué exclusivement dans les limites du territoire. Des migrations extérieures ont eu lieu. Tandis que les pays riches ou peu peuplés s'ouvraient amplement à l'afflux étranger, les pays pauvres ou surpeuplés étaient abandonnés et déversaient leur trop plein au dehors.

C'est ainsi que le dénombrement de 1851 et les recensements postérieurs ont révélé la présence de nombreux étrangers en France : 380 000 environ en 1851 ; 1 million en 1881 ; 1 115 214 en 1886 ; 1 101 798 en 1891 ; 1 027 491 en 1896 ; 1 037 778 en 1901 ; 1 009 414 en 1906 ; 1 132 696 en 1911.

Une diminution importante de la population étrangère s'était mani-

(1) En 1906, la proportion des Français nés dans le département où ils ont été recensés était de 79,9 p. 100. A Paris, elle ne dépassait pas 42,9 p. 100.

festée de 1886 à 1906. Elle pouvait être attribuée aux effets de la loi du 26 juin 1889 sur la nationalité. Cette loi imposait la qualité de Français, sans faculté d'option ou de répudiation, à des catégories d'étrangers qui, jadis, résidaient en France, parfois depuis plusieurs générations, tout en échappant aux charges du service militaire. Le contingent des nouveaux venus se trouvait masqué par les naturalisations d'office. Une reprise sensible de la progression a été enregistrée au recensement de 1911. L'augmentation correspondant à la période 1906-1911 n'est pas inférieure à 123 282; cet appoint a largement influencé l'accroissement de la population totale.

Les départements dans l'étendue desquels se rencontraient le plus grand nombre d'étrangers, lors du recensement de 1911, étaient la Seine (204 679 ou 49 p. 1000 de la population totale du département), le Nord (180 004 ou 92 p. 1 000 de la population), les Bouches-du-Rhône (137 223 ou 170 p. 1000 de la population), les Alpes-Maritimes (99 233 ou 278 p. 1 000 de la population), Meurthe-et-Moselle (66 462 ou 118 p. 1000 de la population), le Var (49 305 ou 149 p. 1 000 de la population), le Pas-de-Calais (26 382 ou 25 p. 1 000 de la population), les Basses-Pyrénées (21 862 ou 50 p. 1 000 de la population), les Ardennes (21 235 ou 67 p. 1 000 de la population), Seine-et-Oise (20 921 ou 26 p. 1 000 de la population), l'Hérault (20 255 ou 42 p. 1 000 de la population), le Rhône (19 988 ou 22 p. 1 000 de la population), les Pyrénées-Orientales (13 840 ou 65 p. 1 000 de la population), le Doubs (13 125 ou 44 p. 1 000 de la population), l'Isère (13 044 ou 23 p. 1 000 de la population), l'Oise (11 760 ou 29 p. 1 000 de la population), les Vosges (11 656 ou 27 p. 1 000 de la population), l'Aude (11 114 ou 37 p. 1 000 de la population), la Savoie (10 860 ou 44 p. 1 000 de la population), le territoire de Belfort (10 778 ou 107 p. 1 000 de la population), la Corse (10 704 ou 37 p. 1 000 de la population), la Haute-Savoie (10 686 ou 42 p. 1 000 de la population), la Gironde (10 188 ou 12 p. 1 000 de la population). Au contraire, la Lozère, le Cantal, la Creuse, le Lot, le Morbihan, la Vendée, les Deux-Sèvres, la Mayenne, la Corrèze, l'Indre, la Haute-Loire n'avaient qu'un contingent minime d'étrangers.

D'après les statistiques détaillées relatives au dénombrement de 1906, les proportions des diverses nationalités constituant la population étrangère en France étaient les suivantes : Italiens, 361 p. 1 000; Belges ou Luxembourgeois, 297 p. 1 000 ; Allemands, 84 p. 1 000; Espagnols, 77 p. 1 000; Suisses, 66 p. 1 000; Anglais, 34 p. 1000; Russes, 24 p. 1 000; Américains, 16 p. 1 000; Austro-Hongrois, 12 p. 1 000; etc.

Les Italiens se rencontraient surtout dans les Bouches-du-Rhône, les Alpes-Maritimes, le Var, la Seine, Meurthe-et-Moselle, le Rhône, l'Isère, la Corse ; les Belges ou Luxembourgeois, dans le Nord, la

Seine, les Ardennes, le Pas-de-Calais, Meurthe-et-Moselle; les Allemands, dans la Seine, Meurthe-et-Moselle, les Vosges, le territoire de Belfort, les Alpes-Maritimes; les Espagnols, dans les Basses-Pyrénées, les Pyrénées-Orientales, l'Aude, l'Hérault, la Gironde, la Seine; les Suisses, dans la Seine, le Doubs, les Alpes-Maritimes, la Haute-Savoie, le Rhône; les Anglais, les Russes, les Américains, les Austro-Hongrois, dans la Seine et les Alpes-Maritimes.

Si l'immigration en France est très accusée, l'émigration a toujours été des plus faibles. Le nombre des Français émigrant vers des régions extra-européennes s'était élevé exceptionnellement à 31 000 en 1889; depuis 1891, il oscille annuellement entre 4 000 et 8 000. C'est l'Italie qui a le plus fort contingent, 602.700 en moyenne pour toute destination et 322 600 à destination extra-européenne, pendant la période 1901-1910; ensuite viennent le Royaume-Uni (281 600 à destination extra-européenne), l'Autriche-Hongrie (231 100 se rendant de même hors d'Europe), l'Espagne (97 800 quittant également le sol européen), la Russie (91 000 allant outre-mer), le Portugal (31 700 à destination extra-européenne), l'Allemagne, la Suède, la Norvège, la Belgique, le Danemark, les Pays-Bas, la Suisse.

Les trois principaux pays d'immigration sont les Etats-Unis, la République Argentine et le Canada, pour lesquels les statistiques publiées par le Ministère du travail donnent, depuis 1901, des moyennes annuelles respectives de 880 000, 207 000 et 145 000. Ces arrivées ont une compensation partielle dans les départs, notamment dans le retour d'anciens immigrés que la fortune réalisée, les désillusions ou la nostalgie ramènent au pays natal. Néanmoins, le contingent retenu en Amérique ajoute, chaque année, à la population plusieurs centaines de milliers d'habitants. L'élément français ne forme qu'une goutte d'eau dans le torrent que l'ancien monde déverse ainsi sur le nouveau; dans notre beau pays, la reproduction de l'homme a tellement faibli et la vie est relativement si douce qu'on s'explique sans peine le peu d'attrait de l'expatriation pour nos nationaux.

Il ne me reste à présenter que de courtes observations sur le rôle des voies ferrées pour l'approvisionnement des villes, de ces puissantes agglomérations qui vont chercher les objets nécessaires à la vie jusqu'aux points les plus reculés de la France, et même à l'étranger.

La statistique, pour laquelle il n'y a plus de secrets, révèle périodiquement ce qu'exige l'existence des Parisiens. Elle donne des chiffres que Gargantua lui-même n'eût pas osé envisager dans ses rêves les plus ambitieux. On peut, du reste, se faire une idée de la capacité d'absorption atteinte par la capitale, en visitant les Halles le matin, en assistant au déchargement des trains de marchandises dans les gares, en voyant passer les files de voitures qui viennent converger avant l'aube vers les principaux marchés.

Pour ne citer qu'un certain nombre de produits alimentaires figurant aux relevés des services municipaux, la consommation annuelle moyenne par habitant serait actuellement la suivante : pain, 104 kilogrammes; viande de boucherie, 57 kilogrammes; viande de porc, 12 kilogrammes; volaille et gibier, 11 kilogrammes ; beurre, 9 kilogrammes ; fromages secs, 3 kilogrammes 2 ; œufs, 13 kilogrammes 5 [1] ; vin, 240 litres; cidres et poirés, 3 litres et demi; bière, 25 litres ; alcool et liqueurs, 4 litres; sel, 8 kilogrammes. Les chemins de fer apportent annuellement 173000 tonnes d'épicerie, 116 000 tonnes de sucre, 92000 tonnes de pommes de terre, 321000000 litres de lait.

La dépense de houille et de coke approche de 700 kilogrammes par tête.

Des quantités énormes de matériaux, d'objets, de produits divers sont introduites journellement à Paris pour les chantiers de construction, les établissements industriels et les maisons de commerce.

Comment suffire à de tels besoins sans les chemins de fer qui desservent la capitale ?

En 1911, les gares parisiennes ont reçu 7389000 tonnes, et en ont expédié 3 017000.

Les difficultés de l'approvisionnement parisien se reproduisent, dans des proportions moindres, il est vrai, mais cependant comparables, pour les centres tels que Marseille, Lyon, Bordeaux, etc. On peut donc affirmer que, si les voies ferrées ont provoqué l'extension des grandes villes, elles constituent aussi l'instrument indispensable de leur vie matérielle.

13. Trouble apporté à certaines industries. — Comme toute révolution économique et industrielle, la création des voies ferrées a préjudicié à certains intérêts et en a troublé un plus grand nombre.

Mon intention n'est pas de m'attarder à cette page de l'histoire des chemins de fer : les souvenirs s'effacent si vite qu'elle est déjà presque oubliée. Il suffira de lui consacrer quelques lignes.

a. Messageries fluviales et terrestres. — Les industries le plus profondément atteintes ont été celle des transports de voyageurs sur les fleuves ou canaux et celle des messageries fluviales ou terrestres.

Il existait sur certains fleuves, particulièrement sur la Saône et sur

[1] On compte, en général, 20 œufs au kilogramme.

le Rhône, des services de voyageurs et de marchandises à vitesse accélérée : ces services devaient nécessairement disparaître devant la locomotive, qui assurait une rapidité et une régularité plus grandes, et que n'arrêtaient ni les gelées, ni les sécheresses, ni les crues, ni les brouillards. Les bateaux à vapeur qui y étaient affectés ont pu, au moins en partie, subir une transformation les adaptant à d'autres transports, pour lesquels la navigation continuait à lutter contre les chemins de fer.

Les entreprises de messageries terrestres ne pouvaient résister davantage à la concurrence des voies ferrées. On doit cependant se garder de les plaindre outre mesure : c'est moins à la ruine qu'à une transformation qu'elles furent condamnées. Si les voies de terre ont perdu leur circulation à grande distance là où elles étaient doublées par les chemins de fer, en revanche leur fréquentation s'est accrue dans des proportions notables partout où elles constituaient des affluents pour les nouvelles voies de communication. Elles ont retrouvé, dans la multiplicité des déplacements engendrés par l'apparition de la locomotive, ce qu'elles perdaient sous une autre forme. Deux faits le prouvent surabondamment.

Tout d'abord, en effet, la circulation sur les routes nationales, après avoir subi une diminution temporaire, est revenue à sa valeur initiale, et l'a même dépassée. Dans son ensemble, la circulation sur les routes et chemins de toute nature s'est notablement accrue.

D'autre part, le nombre des chevaux a augmenté : en 1840, il était estimé à 2 800 000 ; les statistiques récentes le fixent à 3 200 000 environ, malgré la concurrence de l'automobilisme. Le prix moyen admis par la Commission permanente des valeurs de douane pour les chevaux hongres est monté, pendant la période 1847-1911, de 550 francs à 1050 francs, en ce qui concerne l'importation provenances autres que celle de l'Algérie [1], et de 500 francs à 950 francs, en ce qui concerne l'exportation.

La conséquence de l'établissement des chemins de fer a été de faire disparaître les services à grande distance et de multiplier, en revanche, les services de correspondance, de réexpédition, de camionnage. Cela fut non la mort, mais une métamorphose pour les anciennes entreprises de diligences et de roulage.

b. HÔTELIERS ET AUBERGISTES. — Autrefois, des hôtels et des auberges, échelonnés sur les itinéraires des services de transport par terre, accaparaient les voyageurs et les rouliers à leur passage. Quelques-uns de ces établissements ont perdu leur clientèle et leur

[1] Ce prix a atteint un maximum de 1.600 francs vers 1880.

raison d'être ; beaucoup d'autres, situés dans des localités d'une certaine importance, ont simplement changé de clients et bénéficié, d'ailleurs, du développement de la circulation générale et des affaires commerciales.

Pour un petit nombre qui a péri, on en a vu sortir de terre un bien plus grand nombre, soit dans les villes, soit aux abords des gares et stations.

L'activité hôtelière s'est, au surplus, ranimée le long des routes, grâce au cyclisme et surtout à l'automobilisme.

c. Industries d'entrepôt et de réexpédition. — Diverses villes de France, où devaient s'opérer, soit des changements dans le mode de transport, soit des visites en douane, comportaient une industrie spéciale pour ces opérations et pour les manutentions qui s'y rattachaient.

Cette industrie, devenue inutile, ne s'est pas laissé évincer sans une vive résistance. Je ne citerai qu'un exemple caractéristique de sa lutte pour l'existence. En 1844, le Ministre des travaux publics avait déposé sur le bureau de la Chambre des députés un projet de loi tendant à compléter la ligne de Paris à Lyon, entreprise dans une partie de sa longueur entre Paris et Chalon : plusieurs membres de l'Assemblée combattirent pour faire ajourner la section de Chalon à Dijon, qui devait enlever à la ville de Chalon les transbordements du chemin de fer à la Saône et réciproquement; ils ne succombèrent qu'après un débat prolongé.

Ici encore, les industriels atteints dans leur situation antérieure ont pu profiter du mouvement commercial déterminé par la mise en exploitation du réseau, et trouver un autre aliment pour leur intelligence, leurs capitaux et leur expérience des affaires.

d. Commissionnaires, intermédiaires, commerçants en détail. — Dans les observations générales précédemment formulées au sujet de l'action des chemins de fer sur le mouvement commercial, j'ai montré les conquêtes du grand commerce, la réduction progressive du nombre des intermédiaires, la diminution du rôle des commissionnaires : j'ai expliqué comment le consommateur avait été mis à même, dans beaucoup de cas, d'entrer en relation directe avec le producteur et d'éviter ainsi des dépenses frustratoires, comment le marchand avait pu étendre le cercle de ses opérations, en accroître l'importance, amoindrir la quote-part de frais généraux à prélever sur chacune d'elles, alléger ses approvisionnements et son fonds de roulement, livrer par suite les objets à meilleur marché.

Cette révolution a fait incontestablement quelques victimes; mais on ne saurait mettre un instant en balance les maux restreints auxquels elle a donné naissance avec les avantages incalculables qu'elle a procurés au consommateur.

e. PETITS RENTIERS. — Une catégorie de citoyens qui a souffert davantage est celle des petits rentiers, des pensionnés de l'État, retirés par économie au fond de la province. Leur revenu était fixe, alors que le signe monétaire se dépréciait et que beaucoup de prix locaux subissaient une augmentation sensible, notamment à la campagne ou dans les petites villes. Pour eux, la vie est devenue moins douce et moins facile; au bien-être a succédé fréquemment, sinon la misère, du moins la gêne au déclin de la vie.

C'était un accident inévitable et, quelque respect que mérite la souffrance partout où elle se manifeste, elle ne peut faire oublier les bienfaits inappréciables des voies ferrées pour l'ensemble de la nation.

11. Rôle militaire des chemins de fer. — Les chemins de fer sont avant tout des instruments de paix, de civilisation et de richesse. Mais ils constituent aussi, le cas échéant, des engins de guerre redoutables.

Aujourd'hui, la lutte n'est plus circonscrite entre des armées relativement peu nombreuses, marchant à petites journées; ce sont les nations entières qui se précipitent les unes contre les autres. En même temps que les armes se multipliaient, se perfectionnaient, devenaient plus meurtrières, le nombre des combattants augmentait progressivement et atteignait des chiffres sans cesse plus élevés.

Il faut, dès la rupture des relations entre deux peuples, que chacun d'eux puisse verser un torrent d'hommes sur sa frontière, que ses soldats soient rapidement amenés des points les plus reculés du territoire à la ligne d'opérations. Cet immense mouvement de mobilisation et de concentration se fait par les voies ferrées. Les hostilités commencent ainsi par une lutte de vitesse, dont le vainqueur conquiert immédiatement un avantage marqué sur son adversaire, puisqu'il peut envahir le territoire étranger, suspendre et troubler la concentration de l'ennemi, combattre hors de chez lui, mettre à profit la supériorité de l'offensive.

Ce n'est pas seulement au transport des hommes que les Administrations de chemins de fer doivent pourvoir: c'est aussi à celui des chevaux, de l'artillerie, d'un matériel abondant, des munitions, des approvisionnements. Les voies ferrées apparaissent alors comme autant de fleuves grossis par l'orage et roulant leurs eaux à flots pressés.

Les tristes événements de 1870-1871 restent vivants dans nos souvenirs; leur sombre image flotte encore devant nos yeux. Nous savons le rôle important des chemins de fer dans cet épouvantable conflit, dont nous sommes sortis sanglants et mutilés. En dix jours, la Compagnie de l'Est avait, à elle seule, jeté vers la frontière 187 000 hommes, 32 400 chevaux, 3 200 camions ou voitures, 1 000 wagons de munitions; et pourtant, nous n'avions qu'une organisation rudimentaire des transports militaires; à vrai dire, nous n'étions pas organisés. Au contraire, l'art de la guerre avait, dans cette partie comme dans les autres, fait l'objet des études approfondies de nos voisins d'Outre-Rhin, qui s'étaient préparés avec une science profonde, créant de nombreuses lignes d'invasion, établissant une réglementation méthodique, tirant très habilement parti de la double expérience faite pendant la guerre des Duchés et ensuite pendant la guerre contre l'Autriche.

Nos malheurs ont laissé après eux des enseignements cruels qui s'imposaient à la vigilance des pouvoirs publics. Suivant l'exemple de l'Allemagne, la France a entrepris l'amélioration des moyens de concentration rapide, poursuivi vaillamment cette tâche et réglementé minutieusement ses transports par chemins de fer. Les épreuves faites à l'occasion des grandes manœuvres annuelles permettent d'envisager l'avenir avec confiance.

Ce n'est point le moment d'étudier en détail l'organisation actuelle: nous y reviendrons ultérieurement. Je me borne à reproduire ici, malgré leur date déjà ancienne, quelques indications curieuses et caractéristiques d'un article inséré au *Bulletin de la Réunion des officiers* (n° du 26 juin 1884) et concernant les « Méditations sur les choses de la guerre », d'après les œuvres militaires du général von Vilisen et du colonel Blum.

Un bataillon emploie sept heures de marche pour parcourir 28 kilomètres ; cette marche épuise ses forces pour vingt-quatre heures.

Par voie ferrée, au contraire, il peut, sans grande fatigue, franchir 200 kilomètres dans le même temps.

Un corps d'armée, ayant à se déplacer de 900 kilomètres, y consacre soixante jours par les routes ordinaires, treize jours par un chemin de fer à voie unique et neuf jours par un chemin de fer à deux voies.

Une armée composée de cinq corps et de trois divisions de cavalerie, ayant à sa disposition trois lignes à double voie pour franchir 675 kilomètres, gagne trente jours sur le temps qu'elle aurait employé par les routes ordinaires.

Ces chiffres appelleraient certainement aujourd'hui une revision. Ils suffisent, néanmoins, à montrer toute l'importance des voies ferrées au point de vue stratégique, et tout le soin qui doit être apporté au développement des lignes de concentration ainsi qu'à leur bonne utilisation.

CHAPITRE III

MESURE DE L'UTILITÉ DES CHEMINS DE FER

1. Méthode de Dupuit. — *a.* EXPOSÉ DE LA MÉTHODE. — Après avoir donné un aperçu sommaire des principaux avantages procurés au pays par les chemins de fer, il convient de serrer d'un peu plus près la question de leur utilité directe.

Les théories et les appréciations les plus diverses ont été formulées à cet égard par les économistes, les ingénieurs et les hommes politiques. Des volumes seraient nécessaires pour les reproduire, pour les discuter, pour en montrer les mérites et les défauts. Je me bornerai à un examen rapide de celles qui s'imposent particulièrement à l'attention.

Une théorie très connue et presque classique est celle de Dupuit, inspecteur général des ponts et chaussées, qui l'a exposée dans deux mémoires (*Annales des Ponts et Chaussées*, 1844, 2e semestre, et 1849, 1er semestre), avec sa haute autorité d'ingénieur éminent, de savant, et sa profonde connaissance de l'économie politique. Ces mémoires sont intitulés : le premier, *De la mesure de l'utilité des travaux publics ;* le second, *De l'influence des péages sur l'utilité des voies de communication.*

Dupuit part des principes suivants: 1° l'utilité absolue d'un objet pour un consommateur se mesure par le sacrifice maximum que ce consommateur serait disposé à faire pour se le procurer ; 2° l'utilité relative de l'objet est égale à l'utilité absolue diminuée du prix d'acquisition.

Il en tire des déductions qui peuvent se résumer ainsi (1) :

1° Supposons, pour la simplicité du raisonnement, une voie de communication à tarif unique. Désignons, par N_1, le nombre d'unités de trafic correspondant à un tarif t_1 et, par N_2, le nombre moindre d'unités de trafic correspondant à un tarif supérieur t_2. La différence

(1) Les deux mémoires de Dupuit présentent un grand développement. Ils sont, pour une large part, consacrés à des considérations abstraites et scientifiques, ainsi qu'à une polémique avec des contradicteurs. J'ai cherché à en dégager les traits essentiels et caractéristiques.

$N_1 - N_2$ représente le nombre des unités de trafic pour lesquelles l'utilité absolue de la voie de communication est mesurée par un chiffre intermédiaire entre t_1 et t_2. Si les tarifs t_1 et t_2 sont assez rapprochés, on peut attribuer approximativement à l'utilité absolue de la voie de communication, pour les $N_1 - N_2$ unités de trafic envisagées, une valeur de $\frac{t_1 + t_2}{2}$;

2° Faisons varier le tarif, par échelons successifs, de 0 à la limite t_m qui supprime tout trafic. Chacune de ces augmentations amène la disparition d'un certain nombre d'unités de trafic pour lesquelles l'utilité absolue maximum était mesurée par le tarif de l'échelon inférieur, et l'utilité absolue moyenne par la demi-somme des tarifs correspondant aux deux échelons. Dès lors, t_p et t_{p+1} désignant les tarifs des deux gradins contigus, N_p et N_{p+1} les nombres d'unités de trafic transportées au prix de ces tarifs, l'utilité absolue totale de la voie de communication sera : au maximum, $\Sigma_0^m (N_p - N_{p+1}) t_{p+1}$ pour un tarif nul, et $\Sigma_k^m (N_p - N_{p+1}) t_{p+1}$ pour un tarif k ; approximativement, $\Sigma_0^m (N_p - N_{p+1}) \frac{t_p + t_{p+1}}{2}$ pour un tarif nul et $\Sigma_k^m (N_p - N_{p+1}) \frac{t_p + t_{p+1}}{2}$ pour un tarif k.

Ces formules sont faciles à traduire numériquement. Voici, à titre d'exemple, un tableau extrait du second mémoire de Dupuit ; il est dressé dans l'hypothèse d'un trafic de 100 pour un tarif nul et d'un trafic nul pour un tarif 10.

TARIF	NOMBRE des unités DE TRAFIC	DIMINUTION du nombre des unités DE TRAFIC	MAXIMUM D'UTILITÉ ABSOLUE	
			PARTIELLE	TOTALE
1	2	3	4	5
0	100	»	»	330
1	70	30	30	300
2	50	20	40	260
3	35	15	45	215
4	27	8	32	183
5	20	7	35	148
6	14	6	36	112
7	9	5	35	77
8	4	5	40	37
9	1	3	27	10
10	0	1	10	»
	TOTAUX....	100	330	

Chacun des chiffres de la colonne (4) de ce tableau s'obtient en multipliant l'un par l'autre les chiffres correspondants des colonnes (1) et (3). Quant à ceux de la colonne (5), ils ne sont autre chose que la somme des chiffres de la colonne (4) afférents aux tarifs suivants de la colonne (1).

Pour avoir, non le maximum, mais la valeur approximative de l'utilité absolue, il suffirait de multiplier chacun des chiffres de la colonne (3) par la moyenne entre le chiffre correspondant de la colonne (1) et celui qui le précède immédiatement dans cette dernière colonne.

Si, au lieu de la traduction numérique, on adopte la représentation graphique, et si, à cet effet, on porte en abscisses les valeurs du tarif et en ordonnées les nombres correspondants d'unités de trafic, on construit une courbe telle que la suivante (figure 1) :

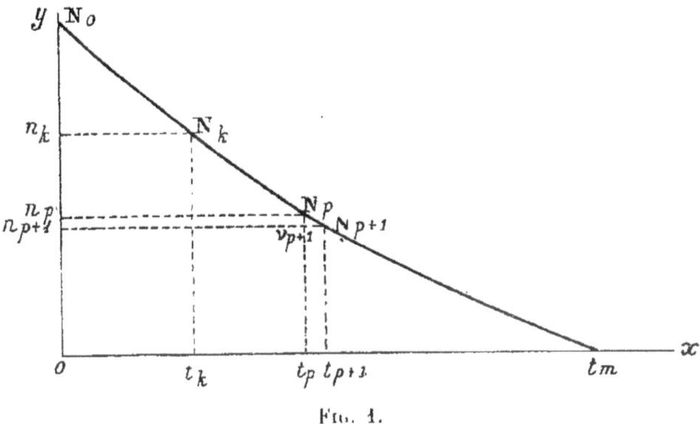

FIG. 1.

L'utilité absolue de la voie de communication est mesurée : pour les $N_p - N_{p+1}$ unités de trafic qui disparaissent quand le tarif passe de t_p à t_{p+1}, par la surface du quadrilatère, curviligne sur un de ses côtés $N_p n_p n_{p+1} N_{p+1}$; pour les N_k unités de trafic correspondant au tarif t_k, par la somme de tous les quadrilatères élémentaires afférents aux variations progressives du tarif entre les limites t_k et t_m, c'est-à-dire par le quadrilatère $N_k n_k O t_m$; pour les N_0 tonnes correspondant au tarif nul, par le triangle $N_0 O t_m$.

3° Comme nous l'avons vu, l'utilité relative est la différence entre l'utilité absolue et le prix payé par application du tarif. Son expression algébrique pour un tarif t_k se déduit donc de l'expression relative à l'utilité absolue en retranchant de cette dernière $N_k t_k$. Pour un tarif nul, l'utilité absolue et l'utilité relative ont la même valeur.

La traduction numérique des formules, avec les tarifs et les nombres d'unités de trafic précédemment admis à titre d'exemple, donne les résultats ci-après :

TARIF	NOMBRE des unités DE TRAFIC	MAXIMUM D'UTILITÉ TOTALE	
		ABSOLUE	RELATIVE
1	2	3	4
0	100	330	330
1	70	300	230
2	50	260	160
3	35	215	110
4	27	183	75
5	20	148	48
6	14	112	28
7	9	77	14
8	4	37	5
9	1	10	1
10	0	»	»

En se reportant, d'autre part, au diagramme précédent (*fig.* 1), on voit qu'il faut, pour avoir l'utilité relative totale correspondant au tarif t_k, retrancher de la surface représentant l'utilité absolue totale, c'est-à-dire du quadrilatère $N_k n_k O t_m$, la surface représentant le prix payé par application du tarif, c'est-à-dire le rectangle $N_k n_k O t_k$, ce qui laisse le triangle $N_k t_k t_m$.

Les tableaux numériques et le diagramme ont été établis dans l'hypothèse d'une diminution du rapport entre la réduction du trafic et l'augmentation du tarif, au fur et à mesure que ce tarif s'élève, ou inversement d'une augmentation du rapport entre l'accroissement du trafic et la réduction du tarif, au fur et à mesure que celui-ci s'abaisse. Cette hypothèse est conforme aux résultats de l'expérience et, d'ailleurs, parfaitement rationnelle : plus le prix d'un objet ou d'un service diminue, plus il devient accessible à des couches profondes et compactes d'acquéreurs.

4° L'accroissement d'utilité relative totale fourni par la réduction du tarif t_p à t_k est la différence entre les utilités relatives afférentes à ces tarifs, c'est-à-dire la surface du trapèze $N_k N_p t_p t_k$.

5° Si l'État frappe d'un impôt $(t_{p+1} - t_p)$ les transports assujettis au tarif t_p, tout se passe pour les usagers comme si le tarif était porté à t_{p+1}, de telle sorte que l'utilité relative est diminuée du trapèze $N_p N_{p+1} t_{p+1} t_p$; mais, le produit de l'impôt donnant aux caisses publiques une somme représentée par le rectangle $N_{p+1} v_{p+1} t_p t_{p+1}$, la perte définitive pour les usagers et pour le fisc se restreint au petit triangle $N_p N_{p+1} v_{p+1}$.

Lorsque l'impôt est doublé et porté à $t_{p+2} - t_p$), la perte pour les usagers et pour le fisc se mesure pa la surface du triangle $N_p N_{p+2} v_{p+2}$ (*voir* figure 2). Elle augmente plus que proportionnellement à l'impôt. Dans le cas où l'impôt serait faible par rapport au tarif et où, par suite, la courbe du trafic serait assimilable à une ligne droite dans les limites de la variation de taxe $t_p t_{p+2}$, l'utilité perdue croîtrait comme le carré de l'impôt. Celui-ci rend, d'ailleurs, relativement d'autant moins qu'il est plus élevé.

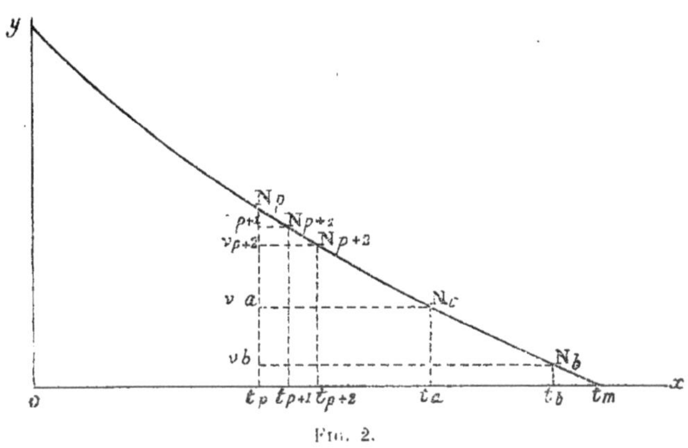

FIG. 2.

Un impôt considérable tel que $(t_b - t_p)$, faisant tomber le trafic à un chiffre minime N_b et ne donnant au fisc qu'un faible produit $N_b v_b t_p t_b$, préjudicie infiniment plus, non seulement au public, mais encore au Trésor, qu'un impôt moindre $(t_a - t_p)$, qui fournit une somme plus forte $N_a v_a t_p t_a$.

Le raisonnement s'applique sans modification aux accroissements du tarif proprement dit.

6° Quand les concordances permettent, comme pour les chemins de fer, de diviser les unités de trafic, voyageurs ou marchandises, en plusieurs classes et d'avoir plusieurs tarifs appropriés à ces classes, au lieu d'un tarif unique, il en résulte une augmentation de produit et d'utilité absolue.

Supposons, en effet, que le tarif unique t_k, jugé nécessaire pour faire face aux charges de l'entreprise, soit remplacé par un système de trois tarifs et admettons que ce système se compose du tarif t_k

d'un tarif inférieur t_i applicable aux unités de trafic qui ne pourraient supporter la taxe t_k, enfin d'un tarif supérieur t_l applicable aux unités de trafic qui, inversement, peuvent acquitter une taxe plus élevée (figure 3).

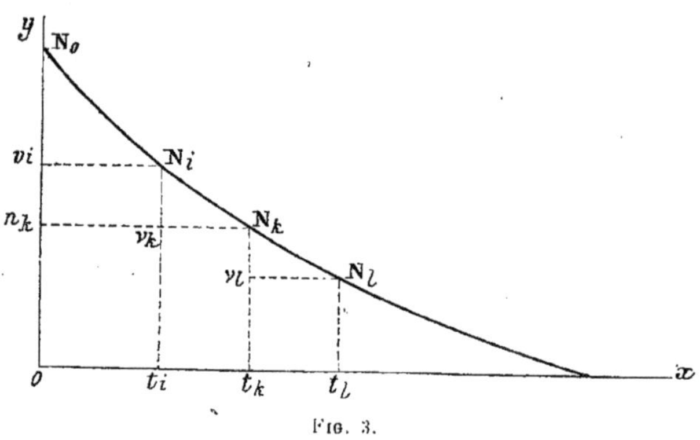

Fig. 3.

Le trafic passe de N_k à N_i, savoir : N_l unités soumises au tarif t_l ; N_k — N_l unités soumises au tarif t_k : N_i — N_k unités soumises au tarif t_i. En même temps, le produit $N_kn_kOt_k$ s'augmente des deux rectangles $N_lv_lt_kt_l$ correspondant au supplément de taxe $(t_l - t_k)$ perçu sur N_l unités de trafic et $N_in_in_kv_k$, correspondant à la taxe t_i perçue sur N_i — N_k unités de trafic. D'autre part, l'utilité absolue, qui était mesurée par le quadrilatère $N_kn_kot_m$, s'accroît du quadrilatère $N_in_in_kN_k$. Quant à l'utilité relative, différence entre l'utilité absolue et le produit des taxes, elle est, d'une part, diminuée du rectangle $N_lv_lt_kt_l$, et, d'autre part, augmentée du triangle $N_iv_kN_k$.

Tels sont, en quelques mots, les principaux théorèmes démontrés par Dupuit dans les mémoires de 1844 et de 1849. L'auteur traite ensuite fort longuement des péages et de leur influence ; cette partie de son étude abonde en vérités, en idées ingénieuses, mais contient aussi certaines déductions théoriques dont l'application serait irréalisable. Je n'en retiens qu'une observation judicieuse sur les tarifs : c'est la suivante.

Lorsque la taxe varie de 0 à la limite qui annihile la circulation, le produit de sa perception, d'abord nul, s'élève progressivement, pour atteindre un maximum et décroître ensuite jusqu'à zéro. Représentées graphiquement, les variations de la recette dessinent une courbe affectant la forme ci-dessous (figure 4) :

Il existe toujours deux tarifs qui donnent le même produit brut (si ce n'est pour le tarif particulier correspondant au maximum de perception. De ces deux tarifs, le plus faible est celui qui provoque la fréquentation la plus active et qui offre la plus grande utilité pour les usagers : au contraire, le tarif le plus fort détermine une circulation moins intense et réduit l'utilité de la voie de communication. Néanmoins, quand la voie a été concédée, c'est généralement cette dernière taxe que le concessionnaire tend à choisir, puisque, pour une même recette brute, elle donne un trafic moins actif, impose, par suite, des frais d'exploitation moins élevés et procure une recette nette supérieure.

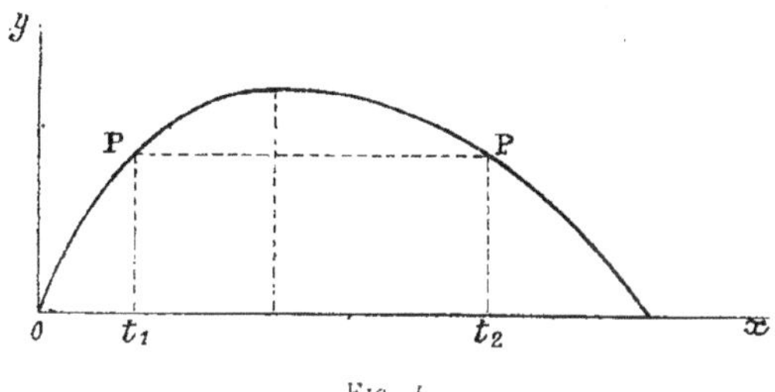

FIG. 4.

Dupuit tire de cette observation un motif de préférence pour l'exploitation par l'État, qui, à l'inverse des concessionnaires, ne manquera pas d'appliquer le tarif le plus bas, si ce tarif lui permet de couvrir ses charges, et qui pourra même consentir un certain sacrifice, pourvu qu'il en trouve la compensation sous une autre forme.

b. APPLICATION DE LA MÉTHODE DE DUPUIT. — Généralement la méthode de Dupuit est d'une application très difficile, faute d'une connaissance suffisante de la relation entre les tarifs et le trafic. Il y a là une loi de variation sur laquelle on ne possède que fort peu de données expérimentales, même pour les chemins de fer en exploitation depuis de longues années. En effet, les tarifs servant de base à la taxation n'ont varié que dans des limites relativement restreintes, et les modifications survenues dans l'importance de la circulation tenaient à des causes multiples, complexes, parmi lesquelles l'influence directe des taxes était presque impossible à dégager.

Quoi qu'il en soit, voici un exemple de calcul approximatif, donné à titre de simple indication. Il porte sur l'ensemble des chemins de fer d'intérêt général exploités en 1910.

D'après les statistiques officielles du Ministère des travaux publics, la longueur moyenne exploitée a été de 40 484 kilomètres; la dépense kilométrique de premier établissement, au 31 décembre 1909, pouvait être évaluée à 465 800 francs environ, savoir :

Dépenses des Compagnies [1]	337 700 fr.
Participation de l'État ou des localités en argent ou en travaux	128 100
Total	465 800 fr.

Les principaux éléments et résultats de l'exploitation se chiffraient ainsi :

Charge kilométrique des capitaux engagés par les Compagnies [2]			17 150 fr
Charge kilométrique approximative correspondant à la participation de l'État et des localités			6 400 fr.
Dépense kilométrique d'exploitation			27 000 fr.
Nombre des voyageurs à distance entière.	Chiffre réel	417 600	570 200
	Chiffre fictif correspondant à la transformation des accessoires en unités-voyageurs au prorata de la recette ...	152 600	
Taxe moyenne kilométrique des voyageurs			3 c. 46
Recette kilométrique de la grande vitesse			20 000 fr.
Produit kilométrique de l'impôt sur la grande vitesse			1 800 fr.
Produit par unité-voyageur de l'impôt sur la grande vitesse ...			0 c. 32
Nombre des tonnes de marchandises à distance entière.	Chiffre réel	543 000	572 700
	Chiffre fictif correspondant à la transformation des accessoires en tonnes de marchandises au prorata de la recette	29 700	
Taxe moyenne kilométrique des marchandises			4 c. 27
Recette kilométrique de la petite vitesse			24 450 fr.
Recette kilométrique totale, y compris les recettes diverses ...			45 100 fr.
Produit kilométrique des impôts et des économies réalisées par l'État sur certains services publics			7 550 fr.

Le prix moyen du transport sur les voies de terre dépassant 10 centimes par kilomètre, non compris l'impôt, pour les voyageurs, et atteignant 25 ou 30 centimes pour la tonne kilométrique de marchandises, on peut admettre, par approximation, qu'un accroissement de 10 centimes au plus annihilerait l'utilité des chemins de fer pour les voyageurs, même en ayant égard aux avantages de vitesse et de régularité offerts par ces dernières voies de transport, et qu'il en serait de

(1) Pour l'ancien réseau de l'État, prix de rachat des anciennes concessions dépenses de construction et de parachèvement; dépenses complémentaires.

(2) Charges calculées, pour l'ancien réseau de l'État, au taux fictif de 4,50 p. 100.

même d'un accroissement de 30 centimes en ce qui concerne les marchandises.

D'un autre côté, il est permis, dans un calcul n'ayant aucune prétention à la rigueur, de supposer qu'entre les taxes effectives et les taxes limites la réduction du trafic est sensiblement proportionnelle à l'accroissement du tarif. Comme nous l'avons vu, en effet, à propos des diagrammes précédents, la courbure de la ligne représentant le trafic, d'abord très prononcée, ne tarde pas à s'atténuer quand augmente la taxe.

Enfin, pour ne point aborder des supputations inextricables, on doit faire abstraction de la diversité des taxes en grande ou en petite vitesse et rester dans l'hypothèse de l'application d'un tarif moyen et unique, soit aux voyageurs, soit aux marchandises.

Ces prémisses étant acceptées, l'utilité relative, pour les usagers, du kilomètre de chemin de fer d'intérêt général exploité en 1910 aurait été :

— en ce qui touche la grande vitesse, de 1/2 × 570 200 × 0 fr. 10, ou	28 510 fr.
— en ce qui touche la petite vitesse, de 1/2 × 572 700 × 0 fr. 30, ou	85 905
Total	114 415 fr.

Le rapport entre le chiffre ainsi obtenu et le montant de la recette brute est de 2,5.

Dans l'ensemble, l'utilité relative du réseau d'intérêt général pour les usagers aurait dépassé 1 milliard et demi en 1910. Un calcul analogue, portant sur l'année 1881, m'avait conduit antérieurement à une évaluation d'un peu plus de 2 milliards. Le simple rapprochement de ces deux estimations montre l'espace franchi dans l'intervalle de 29 ans.

Les impôts perçus par le fisc et les économies réalisées sur certains services publics couvrent largement l'État des charges de sa participation aux dépenses d'établissement.

Après acquittement des charges du capital engagé par l'exploitant et paiement des dépenses d'exploitation, la recette a laissé, en 1910, un excédent kilométrique de 950 francs.

Il est à peine nécessaire de rappeler que cette analyse des résultats de l'exploitation se limite essentiellement au profit direct tiré des chemins de fer et n'envisage pas les avantages indirects de toute nature procurés à l'État et au public, le développement merveilleux de l'industrie et du commerce, l'accroissement de la richesse générale et du bien-être, l'augmentation du rendement des impôts, etc.

L'exemple des chemins de fer d'intérêt général sera utilement doublé d'un second exemple, relatif à des voies ferrées de moindre importance. Considérons donc l'ensemble des chemins de fer d'intérêt local à voie normale ou à voie étroite établis sous le régime de la loi du 11 juin 1880 et livrés à la circulation avant le 31 décembre 1909, en exceptant toutefois le Métropolitain de Paris et les lignes funiculaires ou à crémaillère.

Ici, les données statistiques sont les suivantes, pour l'année 1909 :

Longueur moyenne exploitée			7 174 km.
Dépense kilométrique d'établissement	Compagnies	38 500	69 600 fr.
	Localités	31 100	
Dépense kilométrique d'exploitation			3 100 fr.
Nombre des voyageurs à distance entière.	Chiffre réel	41 600	48 900
	Chiffre fictif correspondant à la transformation des accessoires en unités-voyageurs au prorata de la recette	7 300	
Taxe moyenne kilométrique des voyageurs			4 c. 68
Recette kilométrique de la grande vitesse			2 250 fr.
Produit kilométrique de l'impôt sur la grande vitesse			64 fr.
Nombre des tonnes de marchandises à distance entière.	Chiffre réel	14 400	15 500
	Chiffre fictif correspondant à la transformation des accessoires en tonnes de marchandises au prorata de la recette	1 100	
Taxe moyenne kilométrique des marchandises			9 c. 70
Recette kilométrique de la petite vitesse			1 540 fr.
Recette kilométrique totale, y compris les recettes diverses			3 840 fr.

On peut admettre que le trafic serait annihilé, pour les voyageurs, par une surtaxe kilométrique de 10 centimes et, pour les marchandises en petite vitesse, par une surtaxe de 25 centimes. La différence entre ce dernier chiffre et celui qui avait été appliqué aux chemins de fer d'intérêt général compense l'écart des taxes moyennes sur les deux catégories de voies ferrées.

L'utilité kilométrique relative pour les usagers, calculée sur ces bases, est de 4 500 francs. Son rapport à la recette brute ne dépasse pas 1,14.

Défalcation faite des dépenses d'exploitation, la recette ne donne qu'un excédent de 710 francs, de beaucoup inférieur aux charges du capital. Ces charges ne sont pas indiquées par la statistique, mais doivent approcher de 3 500 francs, dont la plus forte part au compte des concessionnaires. Un large concours annuel des localités et de l'État permet seul d'y pourvoir.

Les impôts perçus par le fisc et les économies réalisées sur certains services publics ne représentent, d'ailleurs, qu'une somme peu élevée.

Il y a lieu de remarquer que les chemins de fer d'intérêt local, étant presque tous des affluents du réseau d'intérêt général, contribuent à en augmenter l'utilité par le supplément de trafic qu'ils y engendrent.

Les deux exemples précédents conduisent à penser que, dans leur ensemble, les chemins de fer ont pour le pays une utilité directe supérieure au double de la recette brute.

2. Appréciation de M. Louis-Jules Michel, ingénieur des ponts et chaussées. — Un ingénieur très distingué, M. Michel, a publié dans les *Annales des ponts et chaussées* (1868, 1er semestre) un mémoire remarquable sur les moyens d'évaluer le trafic probable des chemins de fer d'intérêt local. Il a traité incidemment, dans ce mémoire, de l'utilité directe des voies ferrées pour les populations.

Suivant lui, cette utilité se compose de deux éléments : l'économie réalisée sur les frais de transport proprement dits, par suite de la substitution des voies ferrées aux routes ordinaires; la valeur du temps gagné et des autres satisfactions procurées au public par les nouvelles voies de communication [1].

En ce qui concerne le premier élément, il signale l'erreur que l'on commettrait, si on appliquait à l'ensemble des unités de trafic transportées par les lignes nouvelles la totalité de l'écart entre les anciens et les nouveaux prix : car, tandis que les voyageurs et les marchandises dont le déplacement est forcé bénéficient effectivement de cette économie tout entière, il en est beaucoup d'autres dont la modicité des tarifs sollicite seule le déplacement et pour lesquels le profit doit être évalué à une somme bien moindre. L'auteur conseille, par aperçu, de limiter l'estimation à la moitié du chiffre obtenu en considérant toutes les unités du trafic comme bénéficiant complètement de la réduction des taxes.

Quant au second élément, M. Michel l'arbitre à la moitié du premier, de telle sorte qu'en définitive, d'après ses supputations, l'avantage de la voie ferrée pour les populations se mesurerait par les trois quarts de la différence entre les produits de l'application des anciens prix de transport et de celle des nouveaux prix à l'intégralité du trafic.

Admettant des prix de 10 et de 20 centimes pour le transport des

[1] Il a été tenu compte de ce second élément dans les applications précédentes de la méthode de Dupuit, par l'adoption de chiffres relativement élevés pour les augmentations de taxes qui stériliseraient les chemins de fer.

voyageurs et des marchandises sur les voies de terre, et, d'autre part, des taxes de 5 et de 6 centimes pour le transport sur les voies de fer, il arrive à cette conclusion que l'utilité relative des chemins de fer d'ordre secondaire sans trafic industriel est assez exactement représentée par le chiffre même de la recette brute annuelle.

Malgré l'infériorité des lignes en vue desquelles elle a été formulée, cette appréciation pèche plutôt par excès de prudence que par excès d'optimisme.

3. Appréciation de M. de Freycinet. — Le 14 mars 1878, M. de Freycinet, ministre des travaux publics, prononça un discours magistral devant la Chambre des députés, à l'occasion de la constitution du réseau d'État. Ayant à apprécier l'utilité des chemins de fer, l'illustre orateur fit observer que, si pour l'exploitant le revenu d'une voie ferrée consistait exclusivement dans le produit net destiné à la rémunération du capital, pour le pays, pour la communauté, le véritable revenu était l'économie réalisée sur les transports. Il ajouta : « Savez-vous ce que coûtaient les transports avant la création des « chemins de fer, et ce qu'ils coûtent encore là où il n'y a pas de chemin de fer pour les voyageurs et les marchandises? La dépense est « de 30 centimes par kilomètre, alors que, grâce aux chemins de fer, « cette dépense est en moyenne de six centimes. La communauté « réalise donc un bénéfice de 24 centimes sur 30 ; en d'autres termes, « la communauté réalise un profit égal à quatre fois le péage du trafic, « à quatre fois la recette brute. Ainsi, là où il y a une recette brute « de 1, le pays bénéficie de 4... Donc, aujourd'hui que la recette brute « de tous les chemins de fer français est de 850 millions, le bénéfice « du pays se chiffre par quatre fois cette somme, c'est-à-dire 3 mil- « liards et demi... »

M. de Freycinet reproduisit cette appréciation, le 4 juin 1878, dans l'exposé des motifs du projet de loi relatif au classement du réseau complémentaire : « Quand même, écrivait-il, les nouvelles lignes, « conformément aux prévisions les moins optimistes, ne produiraient « que 7 000 francs par kilomètre, c'est-à-dire un peu moins du tiers « du chiffre actuel, et, en admettant d'ailleurs que les frais d'exploi- « tation absorbent la totalité de la recette, le profit du pays serait « représenté par cinq fois la recette brute, moins les frais, c'est-à-dire « par quatre fois la recette brute (puisqu'ici les frais sont égaux à la « recette), ou 28 000 francs. Tel serait, dans cette hypothèse peu favo- « rable, le produit réel du capital de 200 000 francs engagé dans le « kilomètre, soit, pour le pays, un revenu effectif qui s'élèverait encore « à 14 p. 100 des sommes dépensées. — Ce chiffre même devrait être « considérablement augmenté, si l'on tenait compte de la plus-value

« que l'ouverture des lignes nouvelles procure à l'ensemble du réseau « déjà existant. Sous l'influence des extensions kilométriques, les « produits nets des lignes antérieures n'ont cessé de s'accroître depuis « quinze ans, de telle sorte que les ressources propres de ces lignes « ont permis de faire face, chaque année, à l'immobilisation d'une « nouvelle somme de 150 millions, c'est-à-dire que, chaque année, sur « les sommes dépensées et qui se sont élevées parfois à 400 ou 500 mil- « lions, il y a une part de 150 millions qui a été rémunérée directe- « ment par les profits croissants des lignes déjà existantes. — Il n'y « a aucune raison de supposer qu'il en puisse être autrement dans « l'avenir; il est même probable que cette part sera augmentée, « puisque le réseau est plus vaste qu'il ne l'était il y a quinze ans; il « s'ensuit que, dans dix ans, 1 500 millions, soit près de la moitié du « capital dépensé, auront leur rémunération directe dans les produits « mêmes de l'industrie. »

D'après ces considérations, le revenu effectif devait, tout compte fait, s'élever à 30 p. 100 environ pour le pays.

Enfin, le 11 juillet 1879, dans un discours au Sénat, M. de Freycinet, répondant aux critiques dirigées contre son programme et à la doctrine selon laquelle un chemin de fer ne méritait d'être construit que si les recettes devaient suffire pour rémunérer le capital de premier établissement, s'exprimait dans les termes suivants : « Un pareil raisonnement « est un raisonnement privé, un raisonnement de négociant, mais ce « n'est pas un raisonnement d'homme d'État... Dans les chemins de fer « que vous établissez, il y a ce que vous voyez, c'est-à-dire le phéno- « mène direct, immédiat, ressortant, en quelque sorte, de la proportion « qui existe entre les dépenses et les recettes, entre la mise de fonds « et le revenu que ces chemins de fer sont susceptibles de lui pro- « curer. Voilà le point de vue auquel doit se placer l'industriel, le « négociant ou la société financière qui veut, de ses deniers, créer une « ligne de chemin de fer. Mais il y a aussi ce qu'on ne voit pas et qui « ne touche pas cet industriel, ce négociant, cette société, mais qui « doit toucher l'État, placé à un autre point de vue. Il y a cette éco- « nomie énorme réalisée par le public sur ses transports. Il y a cette « quantité considérable d'impôts, dont le président de la Compagnie « du Nord évaluait récemment le chiffre... L'État, au dire de M. de « Rothschild lui-même, fait donc sur les chemins de fer du Nord des « bénéfices presque équivalents à ceux des actionnaires. Et ces impôts, « dont je parlais à l'instant, ne sont pas les seuls; il ne faut pas con- « sidérer uniquement ceux qui sont établis sur les chemins de fer « eux-mêmes, considérés comme instruments de transport, mais sur « tous les objets qui viennent se faire véhiculer par lui et qui aug- « mentent dans une grande proportion. C'est ainsi que vous voyez les

« droits de douane, les contributions indirectes, directes même, « croître chaque année d'une manière étonnante, qu'on n'aurait jamais « osé prévoir... »

Bien que l'argumentation de ce discours n'ait la précision, ni du discours prononcé le 14 mars 1878, ni de l'exposé des motifs du 4 juin 1878, j'ai tenu à la citer, parce qu'elle ajoute aux avantages antérieurement invoqués celui de l'augmentation du rendement des impôts.

Par sa forme nette et saisissante, la théorie de M. de Freycinet était bien de nature à frapper les esprits d'Assemblées politiques, devant lesquelles il est toujours sage de ne développer que des idées simples et dépourvues d'appareil scientifique.

Mais elle a provoqué, de la part d'un certain nombre de publicistes, des objections dont les plus importantes ont été formulées dans les « Études économiques de M. de la Gournerie, membre de l'Institut, « inspecteur général des ponts et chaussées en retraite, sur l'exploi- « tation des chemins de fer », et dans un article de la *Nouvelle Revue*, écrit par M. Level, ingénieur civil, et intitulé « Les chemins de fer « devant le Parlement. — Les grands classements. — Construction « des lignes classées. — L'État et l'industrie privée. » Ces objections peuvent se résumer comme il suit :

1° Le calcul de M. de Freycinet repose sur une assimilation complète entre les marchandises et les voyageurs, pour lesquels cependant la réduction du prix de transport est bien moindre ;

2° Il suppose que les voies de terre auraient eu nécessairement la totalité du trafic constaté sur les chemins de fer, alors que, pour beaucoup de voyageurs et de marchandises, le déplacement est provoqué exclusivement par la modicité des frais de transport.

3° Il conduirait à cette conséquence singulière que, plus le tarif s'abaisserait, plus le profit du pays serait considérable, et devrait mener à la gratuité des transports.

Le terme de comparaison doit être non la taxe perçue, mais le prix de revient des transports, y compris les charges des capitaux engagés, les annuités de subvention, les versements au titre de la garantie d'intérêt, etc.

Sur les lignes nouvelles, les tarifs devront être plus élevés. Néanmoins, ils ne seront peut-être pas rémunérateurs.

4° Grâce à l'entretien perfectionné des routes, à l'excellence des matériaux, à l'amélioration de la main-d'œuvre, le transport d'une tonne de marchandises par voie de terre ne coûte plus 30 centimes. Ce prix a notablement diminué et, souvent, ne dépasse pas 20 centimes. En réalité, même pour les marchandises, l'écart est seulement de 8 à 10 centimes.

5° Le raisonnement néglige les modifications apportées aux itinéraires par l'établissement des chemins de fer. Or, si ces modifications peuvent être généralement considérées comme d'ordre secondaire pour les relations entre deux localités desservies par une même ligne, situées en contact immédiat avec cette ligne et pourvues de stations, il en est autrement quand les points de départ et d'arrivée sont placés sur des lignes différentes ou éloignés des stations.

6° Les agriculteurs et beaucoup d'industriels se trouvant dans la nécessité d'avoir des voitures et des chevaux, certains transports sur routes à de faibles distances n'imposeraient pas une grande augmentation de dépenses.

7° Lors même que les charges du premier établissement et de l'exploitation n'excéderaient point les prix du transport sur route, il serait irrationnel de percevoir des taxes insuffisantes pour couvrir ces charges et de faire ainsi payer par la masse des contribuables une partie des avantages recueillis par les seuls usagers.

8° Si les chemins de fer étaient supprimés, une partie des marchandises qu'ils transportent irait à la batellerie fluviale ou au cabotage, dont les prix seront toujours peu élevés.

Parmi les objections que je viens de reproduire brièvement, il en est d'une portée indéniable, notamment celles qui concernent le défaut de distinction entre les voyageurs et les marchandises, l'application du maximum d'économie unitaire à tout le trafic, les allongements de parcours. D'autres, au contraire, ont peu d'importance ou doivent même être écartées, soit qu'elles confondent l'utilité pour les usagers, l'utilité pour l'exploitant, l'utilité d'ensemble pour le pays, soit qu'elles tendent à condamner les travaux publics, dont la dépense n'a pas comme contre-partie un péage rémunérateur, par exemple les routes et les voies de navigation intérieure.

Il ne faudrait, d'ailleurs, pas se laisser impressionner outre mesure par un tel échafaudage de critiques, ni surtout par la vivacité de polémiste avec laquelle les a présentées un habile ingénieur, qui, cependant, s'était fait plus d'une fois l'apôtre de lignes secondaires. Il ne faudrait pas non plus oublier que toute œuvre mi-administrative, mi-politique, comme le classement de 1879, entraîne presque inévitablement son auteur à en montrer les avantages au travers d'un prisme grossissant.

Malgré la valeur de certains arguments opposés à la théorie de M. de Freycinet, et dût-on s'en tenir à l'appréciation déduite des études de Dupuit, le programme auquel le grand homme d'État a attaché son nom restera pour lui un titre de gloire et d'honneur.

1. Appréciation de M. Varroy. — Dès 1871, dans une note sur les chemins de fer d'intérêt local de Meurthe-et-Moselle, mon éminent ami, M. Varroy, alors chargé des fonctions d'ingénieur en chef pour ce département et depuis ministre des travaux publics, donnait son appréciation au sujet de l'utilité directe des voies ferrées.

Il faisait remarquer que cette utilité était une fonction de la recette brute, puisqu'elle augmentait avec le nombre des voyageurs et le tonnage des marchandises, mais que ni la recette brute ni la recette nette n'en donnaient la mesure exacte, qu'elle comprenait en effet deux éléments : 1° le bénéfice réalisé par la Compagnie concessionnaire et affecté à la rémunération des capitaux de spéculation engagés dans l'affaire, sous forme d'actions et d'obligations ; 2° le bénéfice réalisé par le public faisant usage de la voie ferrée. Il ajoutait que des calculs élémentaires, basés sur la méthode de Dupuit, l'avaient conduit à fixer au double de la recette brute kilométrique l'évaluation minimum de l'utilité totale des chemins de fer français, dans l'état actuel des tarifs; il en concluait que les dépenses de construction étaient promptement amorties.

Le 11 juillet 1879, M. Varroy, prenant la parole dans la discussion du classement devant le Sénat, émit une opinion analogue, en portant toutefois de 2 à 3 le coefficient par lequel il multipliait le produit brut pour en déduire l'utilité des chemins de fer. Partant de cette donnée, il défendit chaleureusement le programme de M. de Freycinet. Afin de bien faire saisir sa pensée, afin de faire passer sa conviction dans l'esprit de ses collègues, il invoqua l'exemple des lignes du second réseau concédé aux grandes Compagnies, qui ne donnaient pas un produit net supérieur à 1 1/2 p. 100 du capital engagé et qui, cependant, ne pouvaient être envisagées comme mettant la France en perte, ainsi que celui des routes et des canaux dont le produit net pour le Trésor était nul ou minime et qui, néanmoins, constituaient des instruments de richesse pour le pays. Il rappela que les chemins secondaires ne fournissaient pas seulement leur recette spéciale, mais augmentaient, en outre, le trafic des lignes principales : tel chemin, ayant une recette kilométrique propre de 6 500 francs, apparaîtrait comme en fournissant une de 9 000 ou 10 000 francs, dans le cas où on porterait à son actif le supplément de produit des artères voisines. Si l'orateur avait signalé la petite divergence d'appréciation qui le séparait de M. de Freycinet, c'était surtout pour inciter l'Administration à apporter la plus stricte économie dans la construction, à recueillir soigneusement le trafic sur le parcours des lignes, à ne pas reculer, dans ce but, devant quelques allongements de tracés, à mettre les chemins nouveaux en harmonie avec le rôle modeste qu'ils étaient appelés à jouer.

On le voit, l'appréciation de M. Varroy était fondée non sur une méthode nouvelle, mais sur celle de Dupuit. Son estimation, d'abord restreinte au double de la recette brute, s'était ensuite élevée au triple.

5. Appréciation de M. J.-B. Krantz. — Un ingénieur de très grand talent, M. J.-B. Krantz, sénateur, a publié en 1875 une brochure intitulée « Observations au sujet des chemins de fer d'intérêt général et local » et y a consacré un paragraphe intéressant à l'utilité générale des chemins de fer.

L'auteur insistait avec beaucoup de force sur l'erreur que l'on commettrait si, à l'instar de certains économistes et de certains politiques à courte vue, on mesurait l'utilité d'un chemin de fer au point de vue étroit du capitaliste et du spéculateur. Il en donnait, comme preuve irréfutable, l'exemple des voies de navigation et des voies de terre dont la construction avait coûté fort cher, dont l'entretien grevait annuellement de plus de cent millions le budget de l'État, des départements ou des communes, et dont la suppression serait un désastre sans nom [1]. Suivant lui, pour être dans le vrai, il fallait chercher la véritable utilité économique des voies ferrées dans les services qu'elles rendaient au point de vue du transport des hommes et des choses.

Prenant, à titre de spécimen, le chemin de la Vendée, M. Krantz montrait que l'exploitation avait fourni en 1874, outre la recette brute kilométrique de 5 245 francs, les produits ou économies ci-après :

[1] Récemment, les dépenses d'administration des voies de terre et des voies fluviales étaient évaluées à 300 millions environ, dont 39 millions pour les routes nationales, 160 millions pour les routes départementales et les chemins vicinaux, 33 millions pour les boulevards et rues de Paris, 19 millions pour les voies de navigation intérieure.

A la fin de 1906, le coût de premier établissement des voies de circulation et des ports maritimes dépenses constatées depuis 1820 approchait de 30 milliards, savoir :

Routes, chemins et rues			7 milliards,5
Voies de navigation intérieure			1 — ,6
Ports maritimes			1 — ,3
Chemins de fer et tramways	Chemins de fer d'intérêt général	17 milliards,7	19 — ,5
	Chemins de fer d'intérêt local	0 — ,9	
	Tramways	0 — ,9	
		Total	29 milliards,9

1° Recette du Trésor (sans parler des services en nature), plus de....................................	800 fr.
2° Économie sur les voyages, à raison de 4 centimes par voyageur et par kilomètre (différence entre le prix de 10 centimes sur les voies de terre et celui de 6 centimes sur la voie ferrée)...........................	1 310
3° Économie sur le transport des marchandises en petite vitesse, à raison de 25 centimes par tonne kilométrique (différence entre le prix ancien de 35 centimes, y compris les retours à vide, et le prix nouveau de 10 centimes).	6 820
4° Économie sur les messageries.....................	170
Total..............	9 100 fr.

Ce total de 9 100 francs représentait, à peu près, les charges du capital de premier établissement.

Les économies réalisées sur les transports avaient engendré des progrès de toute nature, constitué la semence d'abondantes récoltes de toute espèce, déterminé l'accroissement de la consommation du charbon et, par suite, celui de l'activité productrice du pays, permis le chaulage et la transformation en terres à blé de terres qui auparavant ne produisaient guère que du seigle ou du sarrasin, amené le développement du port, des pêcheries, de la station balnéaire des Sables-d'Olonne.

S'appuyant sur ces faits d'expérience, M. Krantz concluait à l'extension du réseau de voies ferrées, même dans les départements pauvres, qui, ayant contribué par l'impôt à doter de chemins de fer les départements plus favorisés, pouvaient légitimement réclamer, sinon une réparation, du moins un acte de stricte justice à leur égard.

Cette analyse, très sommaire, suffit à prouver qu'en 1875 M. Krantz était disposé à admettre, pour l'appréciation de l'utilité des chemins de fer, une méthode analogue à celle qui devait être adoptée quelques années plus tard par M. de Freycinet.

A la vérité, l'opinion de M. Krantz paraît s'être modifiée de 1875 à 1879. Car, lors de la discussion du classement de 1879 au Sénat, il critiqua vivement l'exécution de lignes ne devant pas faire leurs frais d'exploitation, et formula même des réserves sur l'opportunité de créer des lignes dont le produit net serait absorbé par les charges des capitaux de premier établissement.

6. Observations publiées en 1879 dans le *Journal des Économistes*. — Un article, sans nom d'auteur, sur la question de l'utilité des chemins de fer, a paru dans le *Journal des Economistes* du 1er novembre 1879. Il ne sera pas inutile de le mentionner, d'une part, en raison de l'importance qui y fut alors attachée, et, d'autre part, pour montrer combien l'erreur est facile en pareille matière.

D'après le rédacteur de l'article, la tonne de marchandises parcourrait environ 20 kilomètres sur les lignes nouvelles et serait frappée d'une taxe kilométrique de 10 centimes. Elle supporterait, en outre, un droit de transmission de 40 centimes au raccordement avec les lignes anciennes et des frais de camionnage de 60 centimes par kilomètre, soit 1 fr. 20 pour 2 kilomètres. Le prix kilométrique du transport serait, en définitive, de $\frac{(20 \times 0 \text{ fr. } 10) + 0 \text{ fr. } 40 + 1 \text{ fr. } 20}{20}$, ou 18 centimes, et l'économie réalisée par les usagers de (30 — 18) ou 12 centimes, c'est-à-dire des deux tiers de la recette brute. Dès lors, l'État ne devrait construire et exploiter un chemin de fer que si la recette brute, augmentée des deux tiers de sa valeur, couvrait les frais d'exploitation et les intérêts du capital de construction. Toutefois, l'auteur reconnaissait que son calcul ne tenait pas compte des bénéfices indirects procurés au pays et à l'État lui-même par la voie ferrée; à peine est-il nécessaire de faire remarquer combien sont fragiles et discutables les bases des supputations précédentes : le droit de transmission ne doit point être compté au raccordement de lignes placées dans les mains du même exploitant; l'évaluation des frais de camionnage est excessive, surtout à la campagne ; il y a également exagération dans le tarif de 10 centimes; la distinction essentielle entre le trafic des voyageurs et celui des marchandises a été omise; aucun compte n'est tenu de l'accroissement dont profite la circulation sur les lignes voisines; etc.

7. Appréciation de M. Considère. — Les *Annales des Ponts et Chaussées* ont publié, en 1892, un très savant et très remarquable mémoire de M. l'inspecteur général des ponts et chaussées Considère sur l'utilité des chemins de fer d'intérêt local. Ce mémoire, extrêmement développé, se prête peu à une analyse sommaire et doit être lu *in extenso*. Je me bornerai à en reproduire les conclusions essentielles.

Au début de son étude, l'auteur rappelle les trois éléments constitutifs de l'utilité totale des chemins de fer : bénéfice net d'exploitation, servant ou contribuant à rémunérer le capital de premier établissement; économies sur les frais de transport, acquises aux usagers; avantages indirects procurés au public, à l'État, aux départements et aux communes.

En ce qui concerne les recettes brutes d'exploitation, M. Considère fait remarquer que les chemins de fer d'intérêt local produisent deux sortes de recettes : leur recette propre et celle du trafic supplémentaire engendré par eux sur les grands réseaux dont ils sont les affluents.

D'après l'examen détaillé des comptes de diverses lignes, le rapport entre la recette supplémentaire ainsi assurée aux artères principales et la recette propre des embranchements, paraîtrait varier de 1 à 2 pour les voyageurs et de 2 à 9 pour les marchandises. Par des déductions tirées de la statistique des chemins de fer, M. Considère a été conduit à s'arrêter aux coefficients de 1 pour les voyageurs et de 2 pour les marchandises, ce qui correspondait au coefficient moyen de 1,40 pour l'ensemble du trafic. Ainsi, la recette brute totale susceptible d'être créée par les chemins de fer d'intérêt local se calculerait en multipliant leur recette propre par 2,40.

L'auteur, évaluant à 1 600 francs, plus la moitié de la recette brute, la dépense kilométrique d'exploitation des lignes d'intérêt local et admettant, d'autre part, une dépense égale à la moitié de la recette, pour le trafic supplémentaire des lignes principales, estime le bénéfice net total de l'exploitation à la différence entre les six cinquièmes de la recette propre des premières lignes et la constante de 1 000 francs. Puis, arbitrant à 50 000 francs le coût kilométrique de construction des chemins de fer d'intérêt local et constatant que les chemins de fer d'intérêt général n'ont pas un rendement supérieur à 3,90 p. 100 du capital engagé, il formule les propositions suivantes : une ligne à voie d'un mètre, desservie par trois trains journaliers, qui donne 2 400 à 2 500 francs de recette kilométrique, produit sur ou hors les rails un bénéfice net d'exploitation aussi élevé par rapport à sa dépense de premier établissement que la moyenne des chemins de fer d'intérêt général français.

M. Considère juge très exagérées la plupart des appréciations au sujet des économies de transport réalisées par les usagers. L'application de la méthode de Dupuit, dans la double hypothèse d'une courbe de trafic ne s'écartant point sensiblement de la ligne droite et d'une tarification donnant au concessionnaire le maximum de bénéfice, prouve, selon lui, que ces économies ne dépassent pas la moitié de la recette brute sur les chemins de fer d'intérêt général ; il adopte la même proportion pour les lignes d'intérêt local. Abstraction faite de tout calcul, des raisons multiples expliquent, aux yeux de l'auteur, la modicité de son évaluation : parmi les transports, la plupart sont en provenance et à destination de points situés à quelque distance des gares ; la longueur de l'itinéraire par voie de fer est en général supérieure à celle de l'itinéraire par voie de terre ; enfin, et surtout, les seuls transports auxquels soit intégralement acquis l'écart entre les prix normaux sur les deux catégories de voies sont ceux qui s'effectueraient par voiture si les chemins de fer n'existaient pas, et, dans le plus grand nombre de cas, l'économie se réduit à une fraction, souvent faible, de cet écart.

Les faits abondent pour attester la réalité des avantages indirects procurés au pays par les chemins de fer. M. Considère cite des exemples typiques : installation d'usines sidérurgiques et augmentation corrélative de la production nationale, grâce au rapprochement virtuel des houillères et des mines de fer ; développement de la culture, sous l'influence de la facilité d'écoulement des produits ; mise en valeur de nombreuses carrières et de gisements considérables d'amendements minéraux ; essor imprimé à la pêche maritime par la rapidité des relations avec les centres consommateurs ; etc. Une discussion des changements progressifs survenus dans la situation économique et financière de la France lui inspire la conviction que les avantages indirects des chemins de fer d'intérêt général représentent, au moins, deux fois et demie la recette brute de l'exploitation et que, dès lors, l'utilité totale de ces voies ferrées atteint le triple de la recette, plus le revenu encaissé par les concessionnaires. Pour les chemins de fer d'intérêt local, il ramène la proportion du triple à deux et demi, mais l'applique à la totalité de la recette brute créée, soit sur leurs rails, soit sur ceux des réseaux voisins, et arrive ainsi à six fois leur recette propre, non compris les bénéfices de l'exploitation.

En définitive, les dépenses de construction des chemins de fer économiques d'intérêt local, dont la recette couvre ou dépasse légèrement la dépense d'exploitation, seraient, à peu près, aussi utiles en moyenne aux intérêts généraux du pays que celles des grands réseaux d'intérêt général.

Recherchant comment les avantages des chemins de fer d'intérêt local se répartissent entre les divers intéressés, M. Considère indique, pour la part annuelle de l'État dans les bénéfices dus aux lignes du type défini au paragraphe précédent, une somme représentant au minimum 5 p. 100 des dépenses de premier établissement.

Le mémoire dont je viens de citer les conclusions a provoqué une longue controverse entre M. Considère et M. le Conseiller d'État Colson, ancien directeur des chemins de fer au Ministère des travaux publics. Quelques mois s'étaient à peine écoulés depuis sa publication, quand fut insérée dans les *Annales des Ponts et Chaussées* une première note de M. Colson, intitulée : « La formule d'exploitation de M. Considère. — Quelques réflexions, à ce sujet, sur l'utilité des chemins de fer secondaires et sur les tarifs ».

M. Colson ne regardait nullement comme démontré que le trafic procuré aux lignes principales par les embranchements donnât une recette supplémentaire dépassant de quatre dixièmes la recette propre de ces embranchements. En effet, pour justifier cette proportion, il fallait attribuer aux voyageurs et aux marchandises en provenance ou à destination des lignes secondaires un parcours égal à la moyenne des parcours du trafic français; or, suivant toute probabilité, le trafic créé par les embranchements n'effectuait sur les lignes principales qu'un parcours restreint; sauf certaines exceptions, ce trafic devait avoir surtout un caractère local.

L'évaluation des avantages directs du réseau d'intérêt général pour les usagers semblait à M. Colson très insuffisante; car elle supposait la perception par les concessionnaires de taxes leur permettant de réaliser le maximum de bénéfices, alors que les tarifs étaient ordinairement de beaucoup inférieurs à ces taxes théoriques. En revanche, l'estimation lui paraissait pécher par excès pour le trafic local des lignes secondaires, eu égard aux charges du camionnage, et, davantage encore, pour l'appoint de trafic fourni aux lignes principales, la plus forte part de l'économie due aux chemins de fer secondaires portant sur le seul transport en voiture antérieurement nécessaire entre les points de provenance ou de destination et le réseau voisin. « Si nous croyons, écrivait-il, que, pour le trafic propre aux grands « réseaux, les bénéfices directs du public sont très supérieurs à la « moitié de la recette réalisée par le chemin de fer et dépassent pro- « bablement le chiffre de cette recette, nous inclinons au contraire à « penser que, pour le trafic des lignes secondaires et pour le trafic « amené par celles-ci aux grandes lignes, le bénéfice réalisé par le « public est relativement minime. »

Mais les critiques de M. Colson visaient, par-dessus tout, la supputation des avantages indirects, attachés au développement industriel, agricole et commercial. Tenir ce développement pour une plus-value de la richesse sociale engendrée par le chemin de fer, c'était, suivant lui, commettre une véritable confusion. Il n'y avait là, du moins dans une large mesure, qu'un déplacement de capitaux et de main-d'œuvre. Pourrait-on, au surplus, fonder sur l'ouverture de lignes secondaires l'espoir de transformations comparables à celles qu'avaient facilitées les lignes principales?

Dans la pensée de M. Colson, une ligne n'était certainement utile, n'offrait certainement à la communauté des avantages supérieurs aux charges, que si la recette brute dépassait la moitié des dépenses annuelles, couvrait les frais d'exploitation et rémunérait même une petite partie du capital d'établissement.

Avant de répondre, M. Considère voulut se livrer à des recherches statistiques nouvelles et laborieuses, ainsi qu'à une étude minutieuse de plusieurs questions abordées dans le débat. Il en fit l'objet d'un second mémoire, publié par les *Annales des Ponts et Chaussées* au commencement de 1894. L'auteur s'attachait notamment à démontrer que ses assertions premières, concernant le parcours sur les lignes principales des voyageurs ou des marchandises en provenance ou à destination des lignes secondaires, loin de mériter le reproche d'exagération, étaient restées au-dessous de la réalité. Finalement, il se bornait à deux rectifications : accroissement de la part d'effet utile reconnue au trafic-voyageurs des chemins de fer d'intérêt local; réduction de 2.5 à 2 du rapport entre l'utilité totale de ces voies ferrées et la recette brute créée sur leurs rails ou sur ceux des réseaux voisins, non compris les bénéfices de l'exploitation. Pour le surplus, ses conclusions subsistaient intactes.

Dans une réplique immédiate, M. Colson déclara garder purement et simplement ses positions.

8. Appréciation de M. Ledru. — Par une courte note (*Annales des Ponts et Chaussées*, 1896), M. Ledru, ingénieur justement réputé, ancien directeur de la construction à la Compagnie de l'Est, s'est surtout attaché à établir que l'utilité probable d'un chemin de fer ne pouvait être cherchée dans des moyennes et que chaque cas particulier exigeait une étude spéciale.

Il classait les lignes en trois catégories : 1° les lignes *utiles*, qui, sans avoir toujours un trafic suffisant pour couvrir leurs propres charges de premier établissement et d'exploitation, formaient un affluent profitable au réseau général et développaient l'industrie de la région traversée ; 2° les lignes *nulles*, qui n'apportaient rien au réseau général et qui étaient sans influence appréciable sur le développement de l'industrie ; 3° les lignes *nuisibles*, lignes concurrentes, qui ne créaient aucune relation nouvelle de quelque importance, ne desservaient aucun intérêt nouveau appréciable, ne faisaient que détourner un trafic déjà existant, et augmentaient les charges de premier établissement et d'exploitation. Pour chacune de ces catégories, il citait un exemple caractéristique dans le réseau de l'Est.

Après avoir posé en principe que les investigations relatives aux lignes nouvelles devaient tenir compte à la fois de leur recette propre et du contingent apporté au réseau général, M. Ledru recommandait d'éliminer attentivement les simples déplacements de trafic.

M. Ledru reconnaissait la très large part des chemins de fer dans l'énorme accroissement de la fortune du pays. Mais il faisait observer que le resserrement progressif des mailles du réseau avait sans cesse diminué le nombre des centres importants non desservis et qu'un soin d'autant plus minutieux s'imposait pour les recherches concernant l'utilité des voies nouvelles.

9. Appréciation de M. Legay. — Une note de M. l'ingénieur en chef Legay, insérée aux *Annales des Ponts et Chaussées* (1896), mérite aussi d'être signalée. Elle a plus particulièrement trait à la mesure dans laquelle le concours des deniers publics peut être rationnellement accordé aux entreprises de voies ferrées.

Attribuer aux chemins de fer des subsides budgétaires, c'est, dit l'auteur, doter de primes les transports qui emprunteront leurs rails. Cette remarque constitue le point de départ des calculs et des déductions du mémoire.

M. Legay imagine que la construction d'une ligne soit remplacée par l'allocation, pour chaque élément transporté, d'une prime représentant la différence entre les prix de transport sur route et sur voie ferrée, avec la majoration voulue pour tenir compte, en ce qui concerne les voyageurs, des avantages de la vitesse. Les effets directs ou indirects attendus du chemin de fer seraient réalisés. Ainsi l'application des primes virtuelles précédemment définies aux voyageurs et aux marchandises de diverses catégories, dont se composera le trafic annuel probable, fournit une limite supérieure des subventions évaluées en annuités.

L'auteur serre la question de plus près en recourant à la méthode de Dupuit et au tracé graphique qui la traduit. Pour chaque catégorie de transports soumis à un tarif unique, il porte en abscisses les prix kilométriques sur route et sur rails, en ordonnées le trafic existant et le trafic escompté. Les sommets des deux ordonnées, N (transports sur route au prix p et N′ (transports sur rails au prix p'), appartiennent à la courbe du trafic. Pour donner à la route la circulation espérée du chemin de fer, il suffit de prendre, comme prime de chacun des éléments du trafic supplémentaire, non l'écart total entre les prix p et p', mais l'écart entre le prix p et le prix maximum que le voyageur ou la marchandise puisse supporter. La dépense totale correspondant à l'allocation des primes est, dès lors, représentée par la surface du triangle curviligne NN′N″.

Si la somme des primes virtuelles marque la limite supérieure des subventions, peut-on dire inversement que la création d'un chemin de fer soit toujours œuvre utile, quand cette limite est respectée ? M. Legay se prononce d'une manière générale dans le sens de l'affimative, tout en reconnaissant la possibilité de circonstances exceptionnelles qui rendraient les économies de transport inférieures aux primes virtuelles.

Telle est, dans sa substance, la doctrine de M. Legay. L'auteur en exprime les résultats par des formules et par des calculs reposant sur différentes hypothèses : assimilation de la courbe du trafic à une ligne droite entre les points N et N′ ; évaluation des prix kilométriques de transport sur route à 10 centimes pour les voyageurs et à 25 centimes pour la tonne de marchandises ; addition de 3 centimes au premier de ces chiffres, à titre de compensation des avantages de vitesse qu'offre la voie ferrée ; estimation des tarifs kilométriques sur rails à 5 c. 37 en moyenne et à 4 centimes au minimum pour les voyageurs, à 8 centimes en moyenne et à 4 centimes au minimum pour les marchandises ; égalité des recettes brutes du trafic-voyageurs et du trafic-marchandises ; etc. Il conclut à limiter les subventions aux 69 centièmes, aux 51 centièmes ou aux 34 centièmes de la recette brute, suivant que le chemin de fer triplera le trafic préexistant, le doublera ou l'augmentera de moitié. Sous une autre forme, faisant abstraction de la recette et rapportant les subventions aux dépenses (charges du capital et frais d'exploitation), il indique, par exemple, dans le cas de doublement probable du trafic, la limite des 34 centièmes de ces dépenses; le surplus 66 centièmes devrait être couvert par la recette.

10. Appréciation de M. Colson. — Dans ses savants ouvrages, et notamment dans son cours d'économie politique à l'École nationale des Ponts et Chaussées (livre sixième), M. le Conseiller d'État Colson, membre de l'Institut, dont la haute autorité est universellement reconnue, a traité longuement de l'utilité des voies de communication.

Il divise les bénéfices susceptibles d'être donnés par l'ouverture de voies nouvelles en deux catégories bien distinctes : bénéfices directs, acquis aux usagers et à l'exploitant ; bénéfices indirects, dus à l'accroissement de la richesse générale du pays. Les bénéfices directs doivent être, le cas échéant, diminués des pertes que les détournements de trafic causeraient aux exploitants de voies préexistantes.

Pour les transports créés par les voies nouvelles, comme pour les transports détournés, M. Colson établit que les bénéfices directs se mesurent à l'abaissement du « prix de revient partiel » de ces transports, c'est-à-dire de leur prix de revient, non compris les charges permanentes et indépendantes du trafic (intérêts et amortissement des capitaux engagés, frais minima d'administration et d'entretien, etc.). Toutefois l'application pure et simple de ce principe lui paraît appeler deux correctifs: d'une part, les usagers des voies préexistantes pouvaient ne pas en tirer complètement parti, négliger des transports qui eussent été commercialement possibles, manquer de l'initiative que suscitera, au contraire, l'instrument perfectionné mis à leur disposition ; d'autre part, les exploitants des mêmes voies reculaient peut-être à tort devant des abaissements de prix propres à développer la circulation.

Au sujet des bénéfices indirects, M. Colson est loin de se montrer optimiste. Il insiste sur cette considération que, si les entreprises nouvelles ou les extensions d'entreprises anciennes, engendrées par l'amélioration des moyens de transport, n'avaient pas été réalisées, les capitaux et le personnel eussent trouvé d'autres champs d'action. Sans doute, les bénéfices directs fournis par les voies de communication sont, à ses yeux, capables de susciter des progrès matériels et moraux; mais rien ne lui semble démontrer *a priori* que les bénéfices indirects, conséquence probable des bénéfices directs, l'emportent sur les pertes indirectes, conséquence non moins vraisemblable des charges assumées pour les travaux. Aussi conclut-il à en faire abstraction, à prendre comme unique base du bilan la comparaison des gains directs avec les frais directs, et à réputer l'opération profitable ou onéreuse selon que la balance accuse un excédent des bénéfices directs ou, au contraire, une insuffisance.

11. Observations relatives à l'influence des tarifs sur l'utilité des chemins de fer. — Le rapide aperçu qui précède suffit à montrer clairement l'influence des tarifs sur l'importance du trafic et, par suite, sur l'utilité des chemins de fer pour les usagers, sur les bénéfices susceptibles d'en être tirés par l'exploitant, sur leurs avantages généraux pour le pays.

Sans examiner ici les principes directeurs de la tarification appliquée soit en France, soit à l'étranger, il ne sera pas inutile de formuler, dès maintenant, sur la question quelques observations d'ordre général.

Comme nous l'avons vu, les intérêts du public et ceux de l'exploitant sont loin de concorder. Au fur et à mesure que s'abaissent les tarifs, la circulation tend à devenir plus active et les bénéfices directs des usagers augmentent, non seulement par la réduction des prix unitaires de transport, mais aussi par l'accroissement du nombre des unités de trafic qui bénéficient de cette réduction.

Pour l'exploitant, la situation est autre. Le développement de la circulation, dû à la diminution des tarifs, élève le nombre des unités de perception et abaisse en même temps la taxe unitaire; d'autre part, il grève le budget de l'exploitation. Selon les cas, le résultat final se chiffre par un bénéfice net ou par une perte. A chaque catégorie d'unités de trafic correspond un tarif donnant au concessionnaire le maximum de produit net. L'exploitant a intérêt à adopter ce tarif, à ne pas se tenir au-dessus, mais à ne pas descendre au-dessous, tandis que les usagers sont toujours intéressés aux abaissements et que, pour eux, n'existe aucune limitation par un minimum.

Quant aux bénéfices indirects procurés au public, ils suivent le sort des bénéfices directs pour les usagers et croissent indéfiniment lorsque des réductions successives sont apportées à la tarification.

Un autre intérêt doit être signalé : l'intérêt budgétaire de l'État, et, en ce qui concerne les chemins de fer d'intérêt local, celui des départements ou des communes. Le budget général et les budgets locaux ne peuvent que gagner à l'essor de l'agriculture, de l'industrie, du commerce, de la richesse publique. Mais les finances publiques sont directement atteintes par la diminution du bénéfice net des entreprises, quand celles-ci ont été dotées d'une garantie ou de subsides d'une autre forme, dont la quotité varie avec les résultats de l'exploitation, et davantage encore quand la concession fait place à la gestion en régie. D'un autre côté, au point de vue spécial des impôts frappant certains transports, l'État ne saurait voir avec faveur l'avilissement des recettes : il n'y a là, d'ailleurs, qu'une considération d'ordre secondaire.

Le problème de la tarification est donc d'une extrême complexité, et la solution ne saurait en être trouvée que dans des compromis.

Si tous les intérêts étaient solidaires, si les bénéfices de toute nature convergeaient vers une bourse commune, on aurait à rechercher les combinaisons portant à sa plus haute valeur l'excédent des produits directs ou indirects sur les charges. A la vérité, cette recherche comporterait des supputations nécessairement hypothétiques et n'aboutirait qu'à des approximations. Du moins serait-elle d'une simplicité relative. La multiplicité et l'antagonisme partiel des intérêts en cause la rendent beaucoup plus difficile et imposent une conciliation fatalement imparfaite. Il faut, tout en s'efforçant de satisfaire aux légitimes aspirations des usagers, ne pas sacrifier les capitaux engagés, ne point faire peser sur la masse des contribuables un fardeau hors de proportion avec les avantages indirects que leur apportera l'entreprise, ménager dans une juste mesure les deniers publics.

Dans les mémoires précédemment cités, Dupuit, se bornant à envisager les intérêts de l'exploitant et les avantages directs pour les usagers, mettait bien en lumière les effets des abaissements de tarifs : il établissait que l'abaissement maximum procurait la plus grande utilité totale absolue ; mais il montrait aussi la possibilité d'obtenir le même résultat, sans aller pour tout le trafic jusqu'à l'extrême limite du prix de revient des transports, en substituant au tarif unique une série de tarifs représentant la valeur particulière du transport pour les différentes catégories d'unités de trafic. Le revenu de l'exploitant se trouvait ainsi augmenté et la valeur relative totale diminuée d'autant. On n'a pas manqué d'objecter à ce système de tarification l'impossibilité pratique d'une division excessive des taxes, l'incertitude des estimations de la valeur à assigner aux transports, les variations de cette valeur suivant les circonstances. Néanmoins, la théorie de Dupuit reste incontestable dans son principe.

L'opinion de M. Considère est la suivante (Mémoire inséré aux *Annales des Ponts et Chaussées* en 1892) :

Tant que le tarif reste supérieur à celui qui donne le bénéfice maximum d'exploitation, son abaissement se traduit par une augmentation de l'utilité générale directe. Quand la limite est franchie, les avantages procurés aux usagers continuent à s'accroître ; au contraire, le bénéfice d'exploitation diminue. Pour le trafic qui existait déjà, la réduction des taxes et celle du bénéfice de l'exploitant se compensent exactement ; pour le trafic supplémentaire, il y a augmentation ou diminution de l'utilité générale, selon que la valeur des nouveaux transports, mesurée précisément par le tarif, est supérieure ou inférieure au supplément de dépenses d'exploitation, dont la mesure se trouve dans le prix de revient partiel précédemment défini. Ainsi on devrait, afin de faire produire aux chemins de fer le maximum d'utilité générale directe et reconnue pour les usagers, abaisser tous les tarifs au niveau des prix de revient partiels et ne pas les réduire davantage.

Mais aux avantages directs s'ajoutent des avantages indirects bien plus importants. Si donc on visait uniquement la réalisation complète des services que les chemins de fer peuvent rendre au pays considéré dans son ensemble, il faudrait pousser largement les réductions de tarifs au-dessous des prix de revient partiels.

L'auteur formule une troisième proposition, nettement spéciale aux chemins de fer d'intérêt local. D'après cette proposition, tous les Français ont intérêt, en tant que contribuables et abstraction faite des avantages dont ils pourraient bénéficier comme usagers, à ce que l'exploitant applique des tarifs voisins des prix de revient partiels.

M. Colson, avec les idées qu'il professe au sujet des bénéfices indirects, devait inévitablement, dans sa réponse à M. Considère, repousser la deuxième et la troisième conclusion de cet éminent ingénieur.

Il n'accepte pas non plus la première conclusion. Sans doute, si les nécessités de l'exploitation exigeaient un tarif unique, c'est aux environs du prix de revient partiel moyen que se trouverait le tarif répondant au maximum d'utilité. Mais, comme l'a démontré Dupuit, l'application aux diverses unités de trafic d'une série de prix, n'atteignant pour aucune d'entre elles le tarif prohibitif, permet à la voie ferrée de desservir les mêmes transports et de rendre les mêmes services, tout en laissant au concessionnaire une part du bénéfice attaché aux transports de grande valeur. Ce prélèvement légitime fournit des ressources pour couvrir tout ou partie des charges indépendantes du trafic et supprime ou restreint l'appel au concours des finances publiques. L'impossibilité pratique de suivre dans toute sa rigueur la règle indiquée par Dupuit n'empêche pas de s'en inspirer et de la mettre amplement à profit.

L'ancienne formule de M. Solacroup « Faire payer à la marchandise tout ce qu'elle peut payer », combinée avec sa contre-partie « Ne demander à aucune marchandise plus qu'elle ne peut payer », serait, aux yeux de M. Colson, celle d'une tarification parfaite. Il conviendrait seulement, dans le cas d'excédent des recettes sur les charges, d'abandonner cet excédent à la communauté ou, du moins, de ne laisser au concessionnaire que la part voulue pour l'intéresser à une bonne exploitation.

Après avoir tracé la ligne de conduite qu'il juge la meilleure, M. Colson ne méconnaît pas que certaines circonstances puissent déterminer à sacrifier le produit net au développement des transports.

Les prix de revient partiels pour les divers éléments du trafic ne présentent que des différences relativement faibles et toujours difficiles à évaluer. Dès lors, leur adoption comme régulateurs et comme base de la tarification mènerait à l'unité de tarif, irait à l'encontre de la pratique constante suivie dans tous les pays et par toutes les administrations ou compagnies de chemins de fer. Elle avilirait, en général, la taxation, ne donnerait rien, ni pour la rémunération des capitaux, ni pour le remboursement des dépenses annuelles de gestion indépendantes du trafic, obligerait à demander aux deniers publics une contribution excessive dans l'intérêt, non de la communauté, mais des usagers.

Bien supérieur paraît le système de la pluralité des tarifs préconisé par Dupuit et appliqué, sinon dans sa lettre, du moins dans son esprit. Ce système fournit une solution à la fois plus acceptable au point de vue financier, plus conforme aux principes d'une saine justice distributive, plus favorable à l'accroissement de la richesse publique. Il satisfait, à tous égards, la raison. Quoi de plus légitime, par exemple, que de sérier les marchandises d'après leur valeur, de taxer différemment les matières d'un prix élevé et les matières pondéreuses, de répartir inégalement le minimum de perception indispensable en tenant compte des facultés de paiement, de frapper davantage les objets pouvant supporter la surcharge sans dommage pour la production et le commerce, d'alléger, au contraire, le fardeau pour ceux dont le déplacement est subordonné au bon marché des transports, de consentir même en faveur de ces derniers certains sacrifices qui auront leur compensation sous une autre forme?

Ce n'est point à dire qu'il faille admettre la célèbre formule de M. Solacroup dans son sens littéral. Prise textuellement, elle aboutirait à grever beaucoup d'articles de taxes exagérées, à annihiler dans une large mesure les avantages des voies ferrées, à paralyser les initiatives que les abaissements de tarifs doivent susciter parmi les producteurs et les négociants, à amoindrir singulièrement l'utilité des chemins de fer pour le public, à modeler la tarification sur l'infinie variété de valeur des transports, à la rendre compliquée et cahotique, à en bannir irrémédiablement toute clarté et toute simplicité, à y introduire les inégalités les plus flagrantes. Sous son apparente correction économique, elle serait, en réalité, anticommerciale. On ne remédierait point, d'ailleurs, à ses vices originels par l'adjonction de la règle « Ne demander à aucune marchandise plus qu'elle ne peut payer ». Au surplus, cette règle complémentaire a-t-elle besoin d'être exprimée? Demander à des éléments de trafic une taxe dépassant leurs facultés de paiement serait en interdire la circulation, stériliser au moins partiellement le chemin de fer, préjudicier gravement à l'intérêt public, tarir l'une des sources vives de la recette, compromettre ou tuer l'entreprise.

12. Conclusion. — Pour l'appréciation de l'utilité directe des chemins de fer, comme pour le choix des principes directeurs de la tarification, les enseignements de Dupuit s'imposent particulièrement à l'esprit.

J'ai exposé la doctrine de cet illustre ingénieur, doublé d'un savant économiste ; je me suis efforcé d'en dégager, afin de les mettre en lumière, les traits caractéristiques et essentiels. Aux indications théoriques sur la méthode d'évaluation de l'utilité directe des voies ferrées, il m'a paru bon de joindre deux exemples, deux applications concernant l'ensemble des chemins de fer d'intérêt général et celui des chemins de fer d'intérêt local à voie normale ou à voie étroite. Ces applications reposent, sans doute, sur des hypothèses discutables ; mais elles ont, à défaut d'autres mérites, celui d'avoir pour base des données à la fois scientifiques et expérimentales, de tenir compte des divers éléments du problème, de garder une juste mesure entre l'enthousiasme un peu romantique auquel certaines imaginations se sont laissé entraîner et le pessimisme dont on trouve l'empreinte dans les critiques étroites d'hommes politiques ou d'économistes n'ayant vu la question que par le petit côté.

Faute de mieux, faute de solution en quelque sorte mathématique et rigoureuse pour un problème qui, par sa nature même, par sa complexité, ne saurait en être susceptible, le parti le plus sage est d'accepter, à titre d'approximation, les résultats numériques auxquels m'ont conduit les deux applications précédemment rappelées. Ces résultats peuvent se condenser et se traduire en la formule très simple que voici :

L'utilité directe, pour le pays, des chemins de fer d'intérêt général ou d'intérêt local, c'est-à-dire le bénéfice direct réalisé par les usagers, par le Trésor et par l'exploitant, après paiement des intérêts et de l'amortissement du capital ainsi que des frais d'exploitation, représente, dans l'ensemble, plus du double de la recette brute.

Pour les lignes principales, la moyenne est notablement dépassée.

Pour les lignes secondaires, envisagées au point de vue de leurs recettes propres et abstraction faite du supplément de trafic qu'elles procurent aux lignes principales, l'utilité directe reste toujours au-dessous de cette moyenne et descend même souvent à une faible fraction du produit brut.

Si l'utilité directe était la seule, l'établissement des lignes nouvelles serait, en nombre de cas, injustifiable. Car ces lignes ne naissent et ne vivent qu'au prix de subsides considérables prélevés sur les deniers publics. Le budget général et les budgets locaux ne tarderaient pas à être surchargés au delà de toute mesure. Un fardeau exagéré pèserait sur les contribuables, qui recueillent bien une partie des avantages directs grâce à l'abaissement du prix des choses, mais dont les intérêts ne se confondent cependant pas avec ceux des usagers.

Heureusement, à l'utilité directe viennent s'ajouter, je ne saurais trop le redire, des avantages indirects de toute nature, résultant de l'essor que les voies ferrées impriment à la production agricole, à l'industrie et au commerce.

On a contesté l'existence de ces bénéfices indirects, en soutenant que, si les entreprises nouvelles ou les extensions d'entreprises anciennes engendrées par l'amélioration des moyens de transport n'étaient pas réalisées, le personnel et les capitaux trouveraient d'autres champs d'action.

Cette opinion compte peu de représentants, tandis que l'opinion inverse n'a cessé de réunir l'immense majorité des suffrages. Sans doute les minorités, si faibles soient-elles, ont parfois raison; le nombre des adhérents à une doctrine n'est pas toujours une garantie de vérité; néanmoins il constitue un préjugé indéniable, qui reste debout jusqu'à ce qu'une argumentation solide l'ait détruit. Or, le seul motif invoqué suppose indéfini le champ d'activité offert à l'homme et aux capitaux, repose sur cette considération qu'à défaut des opérations industrielles, agricoles et commerciales dues aux voies ferrées, d'autres opérations, probablement aussi importantes et aussi lucratives, absorberaient le travail et les ressources disponibles. Une telle hypothèse est-elle vraisemblable? Les découvertes de la science, les inventions ne sont-elles pas manifestement des créatrices de richesse? N'ajoutent-elles rien au patrimoine de l'humanité? Comment admettre qu'en supprimant presque les distances, en faisant surgir de terre les réserves productrices qui y restaient enfouies et inexploitables depuis l'origine des temps, en provoquant un essor industriel jusqu'alors inconnu, en fécondant le sol par les amendements, en centuplant les échanges, en multipliant au delà de toute espérance les contacts entre les habitants des diverses régions, en diffusant la pensée sur toutes les parties du globe, la locomotive ait apporté comme unique bienfait le profit direct et immédiat d'une réduction des frais de transport? Comment chiffrer par ce seul profit l'admirable révolution matérielle et morale accomplie grâce aux chemins de fer? La valeur d'un progrès quelconque se mesure-t-elle exclusivement à ses effets directs et tangibles? N'éveille-t-il pas généralement des forces latentes qui, sans lui, auraient continué leur sommeil séculaire? N'a-t-il pas le plus souvent de multiples et heureuses répercussions?

Aussi bien, admettons pour un instant la base du raisonnement invoqué contre l'admission en compte des bénéfices indirects. Nous avons, d'un côté, un fait acquis, de l'autre, une éventualité. La maxime *beati possidentes* trouverait son application et devrait faire porter à l'actif des chemins de fer toutes les conquêtes dont ils ont été la cause déterminante.

Quelle est la mesure des avantages indirects? Quelle en est la quote-part entrant dans les caisses du Trésor? On est, à cet égard, en plein inconnu; ce ne sont plus des supputations approximatives, mais de simples conjectures qui peuvent être formulées.

En 1880, M. l'ingénieur en chef Olry de Labry, très versé dans les questions économiques concernant les chemins de fer, insérait aux *Annales des Ponts et Chaussées* une note intéressante sur « Le profit des travaux ». Il indiquait que la production totale annuelle de la France, c'est-à-dire la valeur approchée des revenus du public, atteignait environ 28 milliards et que les recettes budgétaires de l'État s'élevaient à 2 milliards 800 millions, somme égale au dixième de la production. Suivant lui, le déchet de la production eût été de 5 milliards au moins et, par suite, la diminution correspondante des recettes budgétaires, de 500 millions, si le réseau des voies ferrées n'avait pas existé. La dépense d'établissement du réseau étant alors de 10 milliards, M. Olry de Labry considérait les avantages directs et indirects, procurés annuellement au public par les chemins de fer, comme représentant la moitié du capital de construction.

Ainsi que je l'ai déjà rappelé, le mémoire publié en 1892 par M. Considère au sujet de l'utilité des chemins de fer d'intérêt local contient une étude détaillée des avantages totaux apportés au public par les voies ferrées, abstraction faite du bénéfice des concessionnaires. Dans la première édition du *Traité des chemins de fer*, j'avais constaté, pour les recettes ordinaires du budget, une augmentation de 1 500 millions pendant la période trentenaire 1856-1886, et dès lors, pour la production nationale, un accroissement de 15 milliards : en effet, la plupart des financiers et des économistes estimaient la production au décuple du rendement des impôts d'État. M. Considère admettait le chiffre de 15 milliards. Pour apprécier la fraction de ce chiffre susceptible d'être inscrite à l'actif des chemins de fer, il opérait plusieurs déductions successives. Il retranchait d'abord 1 milliard, montant des salaires reçus par les 2 millions d'habitants qui s'étaient ajoutés à la population de la France entre 1856 et 1886. Puis, la richesse publique étant passée de 120 à 230 milliards durant la même période, il divisait la plus-value de 110 milliards en deux parts, dont l'une, de 80 milliards, formée par les économies de capitaux, et l'autre, de 30 milliards, constituée par la majoration de valeur des capitaux existants sous l'action des progrès de toute nature, et déduisait le revenu à 4 1/2 p. 100 de la première part, soit 3 milliards 600 millions. Cette élimination, ajoutée à la précédente, laissait une différence de plus de 10 milliards, ne pouvant provenir que des avantages directs et indirects dus aux progrès dans les diverses branches de l'activité humaine et à l'usage des nouveaux instruments de production. Eu égard à la prépondérance manifeste du rôle de la vapeur dans la transformation économique du pays, à la grande supériorité de la force motrice utilisée par l'industrie des chemins de fer sur la force motrice mise en œuvre par les autres industries, à l'élévation de l'effet utile réalisé par la locomotive, M. Considère exprimait la ferme conviction que l'établissement du réseau avait été la cause dominante des progrès de l'agriculture et de l'industrie. Cependant, afin de rester certainement au-dessous de la vérité, il limitait à la proportion du tiers, ou à 3 milliards et demi, la valeur « actuelle » des avantages directs et indirects procurés au public par les voies ferrées, en dehors du revenu donné aux propriétaires des capitaux. La recette brute de l'exploitation variant entre 1 milliard et 1 200 millions, M. Considère estimait, en définitive, l'utilité totale des chemins de fer au triple de la recette, plus le revenu des concessionnaires. Comme il avait évalué, d'autre part, à la moitié de la recette brute les économies de transport, ses calculs aboutissaient à deux fois et demie cette recette pour les avantages indirects procurés au pays.

Personnellement, j'avais, vers 1887, attribué aux chemins de fer le tiers de l'augmentation accusée par la production nationale depuis trente ans et admis, en conséquence, avec M. Olry de Labry, que les avantages annuels dus à la construction du réseau pouvaient être évalués à 50 p. 100 des dépenses d'établissement. Cette appréciation doit-elle subsister?

De 1851 à 1860, la moyenne des recettes ordinaires du budget ne dépassait pas 1.547 millions; de 1901 à 1910, elle a été de 3.852 millions. L'accroissement est de 2.305 millions. Si on appliquait la règle, encore acceptée il y a vingt ans, de la proportionnalité du dixième par rapport à la production nationale, on serait amené à en conclure que cette production s'est élevée de 23 milliards. Une telle évaluation irait sans doute au-delà de la vérité, car la progression des dépenses publiques, couvertes par les impôts annuels, paraît avoir été plus rapide que celle de la production nationale. L'insuffisance des statistiques empêche certes de l'affirmer. Mais en prenant comme terme de comparaison l'annuité successorale, passif non déduit et donations comprises, on constate que le rapport des recettes budgétaires au montant de cette annuité est passé de 52 p. 100, pendant la période décennale 1851-1860, à 57 p. 100, pendant la période 1901-1910, et ce dernier chiffre, pour être comparable au premier, devrait subir une majoration sensible, en raison des lois diverses qui ont introduit de nouveaux éléments dans l'annuité. Or, l'importance des successions et des donations fournit une mesure assez exacte des forces contributives et des ressources du pays. Il est donc prudent de ne pas compter sur plus de 19 à 20 milliards. Encore l'estimation, même ainsi réduite, semblera-t-elle exagérée aux économistes qui assignent à l'ensemble des revenus privés un maximum de 30 milliards et une valeur probable de 25 milliards.

Aucune circonstance n'est survenue de nature à infirmer le coefficient du tiers auquel je m'étais arrêté, en 1887, pour l'expression du rapport entre les avantages procurés au pays par les chemins de fer et l'accroissement de la production nationale. L'utilité totale du réseau serait donc de 6 milliards et demi environ.

Les dépenses d'établissement des chemins de fer d'intérêt général ou local et des tramways faisant le service des marchandises en même temps que celui des voyageurs approchent de 20 milliards; leurs recettes brutes sont de 1.880 millions. Par suite, l'utilité totale de ces voies ferrées correspondrait à 33 p. 100 du capital engagé et à 3 fois et demie la recette brute; la part des avantages indirects ne serait pas éloignée de 1 fois et demie la recette. Ces résultats sont inférieurs à ceux qui apparaissaient en 1887 : au fur et à mesure de l'extension du réseau par l'adjonction de lignes secondaires, ses effets directs et réflexes ont relativement décru.

Il importe, d'ailleurs, de ne pas oublier que les coefficients de 33 p. 100 et de 3.5 sont des coefficients moyens et peuvent excéder de beaucoup la mesure réelle de l'utilité des nouvelles lignes.

Quoi qu'il en soit, les conclusions de cette courte étude sont des plus encourageantes, malgré leur imprécision : elles justifient amplement les sacrifices faits par l'État et les localités pour le développement du réseau; elles doivent rassurer ceux qui voient notre situation sous des couleurs trop sombres, dissiper des regrets injustifiables, inspirer quelque confiance, sans exclure la prudence et la circonspection nécessaires pour les entreprises futures.

CHAPITRE IV

CONCURRENCE DES CHEMINS DE FER ENTRE EUX

1. Droit réservé à l'autorité concédante par les cahiers des charges des concessions. — En concédant les chemins de fer d'intérêt général, l'État s'est expressément réservé le droit de créer ou d'autoriser des lignes concurrentes. Les cahiers des charges comprennent, en effet, un article ainsi conçu : « Toute exécution ou autori-« sation ultérieure de route, de canal, de chemin de fer, de travaux « de navigation, dans la contrée où est situé le chemin de fer, objet « de la présente concession, ou dans toute autre contrée voisine ou « éloignée, ne pourra donner ouverture à aucune demande d'indem-« nité de la part de la Compagnie. »

L'histoire des origines de cette clause prouve que le but des Pouvoirs publics, en l'introduisant dans les contrats, a été, non point de l'appliquer effectivement, mais de garder une arme, une menace, pour obtenir des Compagnies les légitimes satisfactions réclamées par le pays. On en trouve le témoignage frappant dans un rapport de 1845 à la Chambre des députés sur le projet de loi portant concession du chemin de Paris à la frontière de Belgique, avec embranchement sur Calais et sur Dunkerque, du chemin de Creil à Saint-Quentin, et du chemin de Fampoux à Hazebrouck. Voir *Les chemins de fer français, Étude historique*, t. I, p. 503. Voici comment s'exprimait le rapporteur, M. Muret de Bort : « Il faut entrevoir d'avance que toute « ligne très prospère, ayant doublé ou triplé la valeur créée de ses « actions, éveillera des rivalités, tentera des concurrents qui vou-« dront partager, sur une ligne parallèle, la richesse de sa circulation. « C'est une circonstance dont l'État doit habilement profiter, non pas « pour autoriser la construction d'une ligne rivale, là serait la faute, « mais pour réclamer à la ligne menacée une réduction de tarifs, un « partage de ses bénéfices avec le public. Cette circonstance, qui se « présentera avec le temps pour plus d'un chemin de fer, doit nous « rassurer contre la longueur de quelques concessions déjà accor-« dées ; avec le temps, l'article 56 (1) du cahier des charges sera

(1) Art. 60 du type actuel.

« contre ces concessions une arme plus puissante et moins coûteuse « encore que le rachat, à condition de la garder à l'état de menace, « sans consentir les lignes concurrentes là où les besoins publics ne « les réclament pas. En effet, deux lignes dont le parallélisme ne « serait pas assez écarté pour trouver dans leur sphère d'action un « aliment à elles propre, à elles spécial, qui seraient obligées de « vivre toutes deux sur le même fonds de voyageurs et de marchan- « dises, constitueraient, au point de vue économique, une désas- « treuse opération, une opération qu'il faut se garder d'encourager. « Vivant de la même vie, puisant aux mêmes sources, ne rendant, « chacune d'elles, que les services que l'autre pourrait rendre, ce sont « deux dépenses pour partager un seul et même revenu. Applaudis- « sons à la concurrence toutes les fois qu'elle améliore les produits, « qu'elle économise les frais, qu'elle développe les affaires ; déplo- « rons-la quand elle ne s'exerce que sur la même masse de tran- « sactions et en occupant infructueusement deux capitaux, deux « travailleurs, là où un seul aurait suffi à la tâche..... Que, sans né- « cessité constatée, quand on ne peut encore rien préjuger sur la « suffisance ou l'insuffisance des services à rendre par une entre- « prise, sans tenir compte des chances qu'elle affronte, des espé- « rances légitimes qu'elle a pu concevoir, l'État, au lendemain du « contrat, aille concéder une ligne rivale ou creuser, des deniers des « contribuables, côte à côte, un canal sans tarif, indépendamment « du déplorable emploi de la fortune publique qu'il fait en cette « circonstance, c'est là l'abus et non plus l'usage de l'article 56. Cet « article, votre Commission le tient pour prévoyant, pour judicieux ; « mais elle n'a pas cru, toutefois, devoir le laisser passer sans ces « réflexions qui peuvent prévenir ses dangers, sans rien affaiblir de « son autorité. »

Certes, la valeur des idées économiques, exprimées au nom de la Commission, ne saurait être contestée. Peut-être cependant y avait-il, de la part du rapporteur, quelque imprudence à condamner, dans ces termes si catégoriques, l'application éventuelle de l'article 56 du cahier des charges, et à émousser, dès l'abord, l'arme mise entre les mains de l'État.

Quoi qu'il en soit, la citation précédente n'était pas inutile, pour bien mettre en lumière la portée attribuée à l'article 56, lors de son insertion dans les premiers actes de concession.

Aux termes de la loi du 11 juin 1880 sur les chemins de fer d'intérêt local et les tramways (art. 8), « aucune concession ne pourra faire « obstacle à ce qu'il soit accordé des concessions concurrentes, à « moins de stipulation contraire dans l'acte de concession ». La liberté de l'autorité concédante reste donc la règle; toutefois, les dérogations contractuelles sont licites. Conformément au principe posé par le législateur, le cahier des charges type des chemins de fer d'intérêt local reproduit la disposition usuelle des cahiers des charges relatifs aux chemins de fer d'intérêt général; la même disposition a pris place dans le règlement d'administration publique qui détermine les conditions d'établissement et d'exploitation des tramways.

Le droit étant ainsi rappelé, passons aux faits. Interrogeons-les, non seulement en France, mais encore à l'étranger, afin d'en dégager un enseignement et des conclusions.

2. Tentatives diverses de concurrence en France. — *a.* TENTATIVE DE CONCURRENCE ENTRE LA COMPAGNIE DU MIDI ET LA COMPAGNIE DE PARIS-LYON-MÉDITERRANÉE, EN 1861. — L'histoire des chemins de fer français relate un certain nombre de tentatives de concurrence, parmi lesquelles l'une des plus connues est celle qui se produisit, en 1861, entre la Compagnie du Midi et la Compagnie de Paris-Lyon-Méditerranée. Cette dernière était déjà concessionnaire d'une ligne reliant Cette à Marseille. Néanmoins, la première sollicita la concession d'une nouvelle ligne réunissant ces deux villes par le littoral et offrant un raccourci de 45 kilomètres (160 kilomètres au lieu de 205 kilomètres) [1]. La question ainsi soulevée était des plus graves; elle ne mettait pas seulement en jeu les intérêts de la Compagnie de Lyon; d'une portée beaucoup plus large, elle touchait aux principes qui avaient jusqu'alors présidé à la distribution des réseaux.

Appelé à émettre un avis, le Conseil général des ponts et chaussées et le Comité consultatif des chemins de fer se prononcèrent, le premier à une faible majorité, le second à l'unanimité, contre la demande de la Compagnie du Midi. Le Gouvernement, cédant aux instances de cette Compagnie et des populations, crut devoir compléter l'instruction par une enquête d'utilité publique.

Préalablement à l'enquête, la Compagnie du Midi et la Compagnie de Paris-Lyon-Méditerranée furent invitées à formuler chacune des propositions définitives. La première prit l'engagement : 1° de construire et d'exploiter sans subvention ni garantie d'intérêt la nouvelle ligne de Cette à Marseille, qui eût été rattachée à son ancien réseau ; 2° d'y adjoindre des embranchements. De son côté, la seconde promit : d'établir divers chemins sans subvention : de ne compter la distance de Cette à Marseille que pour 160 kilomètres dans l'application des taxes afférentes aux voyageurs et aux marchandises en provenance ou à des-

[1] La demande de la Compagnie du Midi se rattachait à des projets du Crédit mobilier et de la Société immobilière pour l'agrandissement de Marseille.

tination de Cette ou du réseau du Midi, ainsi que dans la répartition du produit des tarifs communs avec ce réseau ; d'accepter, d'ailleurs, pour les échanges de marchandises entre le réseau du Midi et Marseille, les tarifs kilométriques, les délais d'expédition et les autres conditions que la Compagnie du Midi s'imposerait à elle-même ; enfin, de mettre en marche, à la requête de cette Compagnie, des trains directs de voyageurs et de marchandises, sans transbordement, de Marseille sur Cette, Toulouse et Bordeaux, et réciproquement.

L'enquête donna les résultats les plus contradictoires. A Marseille, notamment, le Conseil municipal vota à l'unanimité pour la Compagnie du Midi ; la Chambre de commerce, au contraire, émit un vote également unanime en faveur de la Compagnie de Paris à Lyon et à la Méditerranée ; quant à la Commission d'enquête, elle se divisa par moitié.

Saisis à nouveau de l'affaire, le Conseil général des ponts et chaussées et le Comité consultatif des chemins de fer conclurent à rejeter la proposition de la Compagnie du Midi et, subsidiairement, à ne lui accorder la concession que moyennant abandon par elle du canal du Midi et du canal latéral à la Garonne.

Puis le dossier fut soumis à l'Empereur par M. Rouher, alors ministre des travaux publics.

Dans son remarquable rapport, M. Rouher discutait à fond la délicate question des lignes concurrentes. Sans contester qu'un jour pourrait venir où le développement de la richesse publique et les exigences nouvelles d'une production industrielle plus avancée seraient susceptibles de rendre nécessaire ou profitable l'établissement de lignes rivales, le Ministre exprimait la conviction que ce jour n'était pas encore arrivé. Le principe de la concurrence, si fécond dans les œuvres spontanées de l'industrie humaine, ne comportait pas, suivant lui, une application immédiate et utile à la construction du vaste réseau des chemins de fer français. En l'état, cette application lui paraissait de nature à jeter l'inquiétude parmi les nombreux porteurs d'actions et même d'obligations, à déprécier une partie considérable de la fortune publique, à amoindrir le crédit des Compagnies, à compromettre, par suite, l'exécution de lignes attendues avec une juste et vive impatience. « Il s'agit de savoir, écrivait-il, quelle a été « la portée du principe qui a guidé le Gouvernement dans la constitution des grandes Compagnies de chemins de fer. L'organisation « du réseau a-t-elle créé pour elles des droits, que le Gouvernement « soit tenu de respecter, à la concession de toute nouvelle ligne dans « l'étendue de leur périmètre ? Ainsi posée, la question ne saurait être « douteuse, et le Gouvernement doit repousser une interprétation qui « serait incompatible avec les droits inaliénables de la puissance

« publique. Les derniers actes de l'Administration prouvent, d'ail-« leurs, qu'elle n'a pas considéré les réseaux des Compagnies comme « un domaine inviolable, puisque les chemins de fer des Charentes et « de la Vendée, qui sont compris dans le périmètre de la Compagnie « d'Orléans, ont été concédés à de nouvelles Compagnies. Mais, si le « Gouvernement n'a pas concédé des territoires, il a concédé des « lignes et le trafic de ces lignes, définies par leurs points extrêmes, « est l'objet même du contrat passé entre les Compagnies et lui. Je ne « demanderai pas si, après avoir concédé un chemin déterminé, il a « conservé la faculté de faire la même concession à une Compagnie « concurrente ; si cette faculté lui appartient, on peut du moins « affirmer que c'est là un de ces droits extrêmes, dont la prudence et « l'équité commandent de n'user qu'avec la plus grande circonspec-« tion et dans des cas tout à fait exceptionnels. Dans le cas actuel, « l'intention du Gouvernement de concéder à la Compagnie de la « Méditerranée la ligne de Cette à Marseille est exprimée, dans tous « les actes qui ont précédé cette concession, de la manière la plus « explicite... Ces énonciations se retrouvent encore dans les rapports « qui ont précédé la concession définitive faite en 1852 à la Compa-« gnie du Midi, et dans les documents relatifs à la concession des « lignes du Gard au réseau de la Méditerranée... » La conclusion de M. Rouher était de repousser la demande de la Compagnie du Midi et d'accepter les offres de la Compagnie de Lyon. Toutefois, la Compagnie du Midi devait recevoir la faculté d'établir à Marseille, pour les marchandises en provenance ou à destination de son réseau, une gare spéciale reliée par un embranchement au réseau de Paris-Lyon-Méditerranée.

L'avis de M. Rouher fut ratifié par l'Empereur et, plus tard, par le Corps législatif, lors du vote des conventions de 1863 avec les Compagnies de Lyon et du Midi.

Un délai de quatre ans avait été imparti à la Compagnie du Midi pour mettre à profit la faculté, qui lui était ouverte, de créer une gare à Marseille. Elle laissa expirer ce délai sans réclamer le bénéfice de la clause insérée aux conventions.

Depuis, la concession d'une seconde ligne de Cette à Marseille a fait l'objet de demandes nouvelles, formées par divers industriels. Le Conseil d'Etat, saisi de l'une de ces demandes en 1874, s'y est montré nettement défavorable. Il exposait ainsi la doctrine : « Si, aux termes « de l'article 59 du cahier des charges de la concession faite à la « Compagnie des chemins de fer de Paris à Lyon et à la Méditerra-« née, conforme, d'ailleurs, aux cahiers des charges des autres Compa-« gnies, le Gouvernement s'est réservé le droit de concéder d'autres « voies ferrées dans la contrée où sont situés les chemins de fer

« qu'elle exploite, ce droit ne peut être appliqué qu'avec équité et « dans le cas seulement où il serait établi que l'intérêt général et les « intérêts des localités desservies par les lignes existantes sont en « souffrance et justifient la construction d'un nouveau chemin. » Reconnaissant, d'ailleurs, l'opportunité de l'amélioration et de l'accélération des transports entre Cette et Marseille, le Conseil d'État engageait l'Administration à insister auprès de la Compagnie de Paris à Lyon et à la Méditerranée pour que les mesures nécessaires fussent prises.

b. Tentative de concurrence entre le réseau Philippart et les réseaux des grandes Compagnies. — La seconde tentative de concurrence sur laquelle je crois devoir entrer dans quelques détails est celle qu'entreprit M. Philippart et qui provoqua une si vive émotion.

Vers la fin de 1868, l'insuffisance du réseau français poussait les populations à réclamer instamment la construction de lignes nouvelles. Le département du Nord, en particulier, l'un des plus riches de France, attendait avec impatience l'extension de ses voies ferrées et reprochait à la Compagnie du Nord de ne pas marcher d'un pas assez rapide. Un certain nombre de notables, appartenant à ce département ou à ceux du Pas-de-Calais et de l'Aisne, résolurent d'agir sans le concours de la Compagnie et cherchèrent l'appui financier dont ils avaient besoin en la personne de M. Philippart, qui était alors directeur général de la Société des bassins houillers du Hainaut, et qui s'était acquis une véritable spécialité en Belgique pour la construction et l'exploitation des chemins de fer. Le système de cet industriel était de ne se rendre concessionnaire qu'après avoir conclu pour l'exécution des travaux un marché d'entreprise à forfait, puis de remettre les lignes construites à une société fermière tenue au paiement d'une rente déterminée.

A la suite de négociations et d'une entente avec le Comité qui s'était adressé à lui, M. Philippart sollicita du Ministre des travaux publics la concession d'un véritable réseau de concurrence. Il avait en vue un vaste programme d'avenir : relier Lille à Valenciennes, Somain, Boulogne, Arras, Amiens, Saint-Quentin, Paris, Rouen et le Havre ; mettre le bassin houiller du Pas-de-Calais en rapport avec la Belgique et, par Laon et le réseau de l'Est, avec les centres métallurgiques de la Champagne, de la Marne, de la Meuse ; ouvrir à Gravelines et à Dunkerque une voie nouvelle sur Paris ; rattacher tous les ports de mer, entre le Havre et Dunkerque, à Bruxelles, à Anvers, à Gand, aux autres villes importantes de la Belgique, de la Hollande et de l'Allemagne. Plan grandiose ! Perspective magnifique ! On n'entrevoyait guère le réveil cruel qui devait bientôt dissiper un si beau rêve.

Le Gouvernement ne pouvait ni renier ses principes, ni condamner sa politique antérieure. Il avait, d'ailleurs, été péniblement impressionné par un vote récent de la Chambre belge, qui interdisait les cessions d'exploitation ou de concession de voies ferrées sans autorisation de l'État et qui était dirigé contre la Compagnie de l'Est, alors en pourparlers avec celle du Grand-Luxembourg pour la reprise des lignes de cette société. Refusant d'adhérer au projet de création d'un réseau faisant concurrence à celui du Nord et de consentir aucune concession au profit de la Société des bassins houillers du Hainaut, il se borna à concéder à la Compagnie locale du Nord-Est les lignes de Lille à Comines, de Tourcoing à Menin, de Gravelines à Watten, de Boulogne à Saint-Omer, de Saint-Omer à Berguette, de Berguette à Armentières, de Dunkerque à Calais par Gravelines, de Somain à Roubaix et à Tourcoing, d'Erquelines à Fourmies ou Anor, et de Chauny à Anisy (Loi du 22 mai 1869). M. Philippart était resté dans la coulisse et avait signé avec la nouvelle Compagnie un traité par lequel la Société des bassins houillers du Hainaut s'engageait à verser le cautionnement et à entreprendre ou à garantir l'exécution des travaux pour le prix du capital garanti.

Deux mois plus tard, le 4 août 1869, ce financier obtenait, à titre d'intérêt local, un premier tronçon du chemin d'Orléans à Rouen, entre Patay et Saint-George.

Cependant les projets de M. Philippart continuaient à être entravés. L'Administration s'étant formellement opposée à l'exploitation des lignes du Nord-Est par la Société générale d'exploitation qu'il avait fondée en Belgique, il dut traiter de cette exploitation avec la Compagnie du Nord. Au surplus, sa résolution d'ouvrir les hostilités contre les grandes Compagnies n'était peut-être pas encore sérieusement arrêtée ; en s'associant aux idées de concurrence qui avaient germé au sein du département du Nord, il paraissait avoir été guidé par le désir de se concilier des sympathies dans la région, plutôt que par celui d'aborder une entreprise dont son intelligence lui faisait certainement comprendre les périls.

Les événements de 1870-1871, la crise des transports qui les suivit, le mouvement d'opinion que cette crise engendra contre le régime des grandes Compagnies, vinrent stimuler M. Philippart et le lancer dans la voie où jusqu'alors il ne s'était pas complètement engagé. En 1871-1872, il agrandit considérablement le champ d'action de la Compagnie d'Orléans à Rouen, et passa avec la Compagnie d'Orléans à Châlons un traité qui rétrocédait à la première de ces deux sociétés l'exploitation de 227 kilomètres dans l'Eure. La Compagnie du Nord elle-même rétrocéda, en octobre 1872, ses lignes de l'Oise à la Compagnie d'Orléans à Rouen, que M. Philippart présentait encore comme l'auxiliaire, l'affluent des grands réseaux. En février 1873, le Gouvernement, cédant aux représentations des députés du Nord, refusa de sanctionner le contrat par lequel la Compagnie du Nord s'était chargée d'exploiter les lignes du Nord-Est : ce refus amena M. Philippart à rechercher une autre combinaison, qu'il trouva en prenant la suite des entreprises de MM. Lebon et Ollet dans la Compagnie de Lille à Valenciennes et en confiant à cette dernière société l'exploitation d'abord destinée à la Compagnie du Nord. Dès cette époque, il était à la tête d'un ensemble de voies ferrées qui mesuraient plus de 2000 kilomètres et dont les frais de premier établissement devaient atteindre 350 millions. Il avait, d'ailleurs, franchement arboré le drapeau de la concurrence.

Les premiers résultats de l'exploitation des chemins confiés aux Compagnies d'Orléans à Rouen et de Lille à Valenciennes n'étant pas de nature à asseoir solidement le crédit dont il avait besoin, M. Philippart s'attacha à prendre la direction de sociétés financières, mit la main sur la Banque franco-autrichienne-hongroise et sur la Banque franco-hollandaise, puis fusionna ces deux établissements. Peu après, il se rendait maître du réseau de la Vendée, et préparait ainsi, sauf entente avec la Compagnie des Charentes, des relations directes entre Bordeaux et le Midi, d'une part, Rouen et la région du Nord, d'autre part.

Mais la Commission d'enquête parlementaire sur le régime des chemins de fer, instituée par l'Assemblée nationale, s'émut d'un programme qui ne tendait à rien moins qu'à doubler des artères largement suffisantes pour tous les besoins, à tarir les sources de leurs revenus, à provoquer finalement une élévation des tarifs et à compromettre gravement les intérêts du Trésor, en même temps que la fortune publique. Saisie d'un projet de concession des trois chemins de Cambrai à Douai, de Douai à Orchies et d'Aubigny-au-Bac à Somain, au profit de la Compagnie de Picardie et Flandres, elle s'opposa à ce projet pour le chemin de Cambrai à Douai, et affirma, par l'organe de M. Krantz, sa ferme volonté d'empêcher les combinaisons susceptibles de porter atteinte à la situation de la Compagnie du Nord.

Le Gouvernement se conforma à ces vues : tout ce qui pouvait constituer un acte de concurrence rencontra son veto. M. Philippart n'obtint plus une seule déclaration d'utilité publique de chemin d'intérêt local.

Aux prises avec les embarras les plus sérieux, cet ingénieux brasseur d'affaires, qui avait tiré de la Banque franco-hollandaise tout ce qu'elle pouvait fournir, s'empara du Crédit mobilier et voulut en augmenter le capital social par la création de 160000 actions de 500 francs privilégiées.

Le tribunal de commerce de la Seine et la cour de Paris ayant annulé l'émission, il essaya un artifice nouveau consistant dans la formation d'une société auxiliaire, au capital nominal de 160 millions, aux actions de laquelle le Crédit mobilier aurait garanti temporairement un revenu annuel minimum de 6 p. 100. Mais l'épargne ne répondit pas à son appel, et, le 14 juin 1875, il fut amené à donner sa démission de président du Crédit mobilier, qui avait perdu près de 27 millions en moins de quatre mois et dont le portefeuille était surchargé de titres des Compagnies de Lille à Valenciennes, du Nord-Est, de la Vendée.

C'en était fait de la puissance éphémère de M. Philippart. Ses visées ambitieuses de mainmise sur un et même, dit-on, sur deux de nos grands réseaux s'évanouissaient pour toujours. Il dut se retourner vers les grandes Compagnies, leur offrir les débris de l'édifice qui s'était écroulé sous ses pieds et que son génie inventif n'avait pu sauver de la ruine.

Par des traités des 17 et 13 décembre 1875 et du 2 février 1876, dont un décret du 20 mai 1876 autorisa la mise en vigueur, la Compagnie du Nord reprit l'exploitation de la plupart des lignes concédées aux Compagnies du Nord-Est, de Lille à Valenciennes et de Lille à Béthune, et assura à ces Compagnies des rentes déterminées ; elle racheta, en outre, le matériel roulant de la Compagnie de Lille à Valenciennes. Il serait trop long de dire par le menu toutes les opérations financières qui s'échafaudèrent sur ces traités; l'historique en a été fait dans une brochure éditée en 1877 par Dentu, sans nom d'auteur, et intitulée « L'affaire Philippart ».

La ligne de Lérouville à Sedan, bien que concédée à la Compagnie de Lille à Valenciennes, était restée en dehors du contrat passé entre cette Compagnie et celle du Nord : M. Philippart obtint un arrêté ministériel du 27 mars 1876 approuvant la cession des annuités de subvention de l'État à une société civile; il engagea, par avance, le produit possible de l'aliénation du chemin de fer dans la Société du Prince Henri, constituée pour construire et exploiter un réseau luxembourgeois de 200 kilomètres environ et substitua même la Compagnie de Lille à Valenciennes à la Banque belge du commerce et de l'industrie dans les engagements contractés par cette dernière vis-à-vis de la Société du Prince Henri. Toutefois, la Compagnie ainsi compromise put se dégager grâce à une disposition restrictive de la loi luxembourgeoise du 7 juillet 1876, qui statuait sur les arrangements précités.

M. Philippart négociait, en même temps, pour la cession de ses autres chemins de fer. Des traités intervenaient successivement, dans les premiers mois de 1876, avec la Compagnie d'Orléans, qui reprenait les lignes de Saint-Nazaire au Croisic, de la Vendée, de Bressuire à Poitiers, de Poitiers à Saumur et d'Orléans à Rouen, et avec la Compagnie du Nord, à laquelle échéaient divers chemins d'intérêt local de l'Oise, antérieurement concédés à la Compagnie d'Orléans à Rouen. Aux dates des 1er et 11 août 1876, le Gouvernement présenta deux projets de loi, dont le premier tendait à consacrer les traités passés par la Compagnie d'Orléans ainsi que la fusion de cette Compagnie avec celle des Charentes, et le second à concéder à la Compagnie du Nord les lignes de Lens à Armentières et de Valenciennes au Cateau, formant le complément des chemins rétrocédés par la Compagnie de Lille à Valenciennes... Ces deux projets de loi échouèrent devant la Chambre des députés, dans des circonstances sur lesquelles je n'insisterai pas, mais que relate en détail mon « Étude historique » (tome III, pages 354 et 415).

Voulant reprendre l'étrier, M. Philippart réalisa plusieurs emprunts au profit de la Banque franco-hollandaise, en les gageant sur les capitaux ou sur les rentes à provenir des cessions. Mais c'étaient les dernières convulsions de son agonie. Le 2 janvier 1877, un jugement du tribunal de commerce de la Seine déclara en faillite la Banque franco-hollandaise; le 6 janvier, le tribunal de commerce de Bruxelles prenait la même mesure pour la Société des bassins houillers du Hainaut ; le 13, M. Philippart était mis personnellement en faillite à Bruxelles et donnait sa démission d'administrateur de la Compagnie de la Vendée. Enfin, le 21 février, le 22 mars et le 22 juin 1877, des jugements du tribunal de commerce de la Seine prononçaient successivement la faillite des Compagnies de Lille à Valenciennes, d'Orléans à Rouen et de la Vendée.

Tel fut l'épilogue de cette tragi-comédie, unique dans les annales de la finance.

Le dénouement était fatal, car toute la trame reposait sur deux idées fausses : d'une part, la concurrence ou plutôt le désir de créer des lignes concurrentes et de les faire ensuite racheter à beaux deniers ; d'autre part, l'application abusive de la loi du 12 juillet 1865, qui avait été édictée pour permettre la création de lignes d'intérêt purement local et non l'établissement de tronçons destinés à former de grandes artères en se soudant les uns aux autres.

On sait que, depuis, l'État a ratifié définitivement, en 1883 et 1889, la reprise des réseaux du Nord-Est, de Lille à Valenciennes, de Lille à Béthune, de Picardie et Flandres, d'Abancourt au Tréport, de Frévent à Gamaches, par la Compagnie du Nord, et qu'il est rentré en possession des lignes de la Vendée, des Charentes, de Bressuire à Poitiers, de Saint-Nazaire au Croisic, d'Orléans à Châlons, de Clermont à Tulle, d'Orléans à Rouen, de Poitiers à Saumur, de Maine-et-Loire et Nantes, ainsi que des Chemins nantais, pour en exploiter lui-même une partie et pour rétrocéder le surplus aux grandes Compagnies.

Il y a eu là, pour les actionnaires et les obligataires, de véritables désastres, et, pour le Trésor, des charges que ne justifiait pas l'intérêt public. D'après un tableau statistique dressé par l'auteur de la brochure « L'affaire Philippart », la valeur des titres de Lille-Valenciennes, d'Orléans à Rouen, de la Vendée et des Chemins normands, cotés à la Bourse le 31 mai 1877, était tombée à 38 millions, alors que le capital réalisé avait dépassé 271 millions; 6000 actions de Lille à Valenciennes avaient été vendues à Bruxelles et adjugées au prix de 6 ou 7 francs l'une, en moyenne; des actions d'Orléans à Rouen n'avaient trouvé acquéreur qu'à 50 centimes. Une leçon si cruelle ne pouvait que porter ses fruits.

c. Tentative de concurrence entre Calais et Marseille. — Après la crise des transports due aux événements de 1870-1871, MM. Delahante, Donon et Gladstone sollicitèrent la concession d'une ligne directe de Calais à Marseille, sans subvention ni garantie d'intérêt. Ils faisaient valoir l'insuffisance des chemins existants, la nécessité d'une concurrence pour y remédier, le danger où nous nous trouvions de voir le transit d'Angleterre en Orient abandonner la France au profit de l'Allemagne, les avantages que la voie nouvelle pourrait offrir aux voyageurs par la rapidité du parcours, le confort du matériel roulant, la sécurité de l'exploitation, et aussi par l'application de tarifs moins élevés, inférieurs de 10 p. 100 aux tarifs en vigueur.

La Commission d'enquête parlementaire sur le régime des chemins de fer se livra à une étude approfondie de la question, et l'opinion de la majorité fut consignée dans un remarquable rapport de M. Cézanne, en date du 3 février 1873.

Tout d'abord, l'éminent rapporteur montrait ce qu'il y avait de chimérique dans l'espoir de supprimer absolument les crises industrielles par la multiplication des voies de transport : chercher à accumuler des moyens d'action, des instruments de travail permettant de faire face sans délai à des exigences exceptionnelles, serait commettre une grave erreur économique ; il en résulterait une immobilisation de capitaux plus désastreuse que les crises elles-mêmes.

M. Cézanne traitait ensuite de main de maître la question doctrinale de la concurrence. Voici, à cet égard, un extrait de son rapport : « La libre concurrence est souvent présentée au public comme le « plus puissant remède aux imperfections de notre système actuel de « chemins de fer. Toutefois, et sans parler des faits accomplis, des « engagements pris, en un mot, du passé qui pèse forcément sur nos

« délibérations actuelles, mais en supposant même que la France soit « absolument libre de choisir aujourd'hui, pour ses chemins de fer, « entre tel ou tel système, la question de la concurrence mériterait « un examen attentif.

« Qui ne se souvient de ces deux puissantes compagnies de trans- « port qui, ayant leur siège à Paris, exploitaient autrefois simultané- « nément toutes les grandes routes de France : les messageries natio- « nales et les messageries Laffitte et Gaillard ? Les actionnaires, les « employés, la raison sociale, étaient différents : les compagnies se « faisaient-elles concurrence ? Leurs voitures partaient aux mêmes « heures, relayaient aux mêmes lieux, arrivaient en même temps, « percevaient le même tarif ; elles ne différaient que par quelques « traits de la peinture extérieure. Il n'y avait donc pas concurrence ; « il y avait accord, concert, bonne harmonie, on pourrait presque « dire association, coalition permanente.

« Il en sera forcément, fatalement, de même entre deux puissantes « Compagnies de chemins de fer placées côte à côte et desservant la « même route. Le fait est si certain que M. Delahante n'a pas hésité « à le reconnaître lui-même, dans le sein de la Commission. Répon- « dant à une question de M. Arago, membre de la Commission, il « s'est exprimé en ces termes : « On ne devrait pas parler de concur- « rence en matière de chemins de fer ; on ne se bat pas à coups de « tarifs ; c'est pour cela que j'ai dit, à propos de la ligne de Calais à « Marseille, que je ne ferais que 10 p. 100 d'abaissement de tarifs ; « les tarifs ne pourraient baisser que si les Compagnies pouvaient « espérer de se débarrasser des concurrents. En Angleterre, on ne « s'est pas fait la guerre des tarifs ; ainsi nous ne ferons pas baisser « les tarifs ».

« Cette déclaration si nette est absolument conforme à la théorie « professée par les maîtres de la science économique. La concur- « rence a ses lois comme tout autre phénomène, et la première condi- « tion de son existence, c'est qu'il n'y ait pas intérêt et facilité à la « faire cesser.

« Qu'une administration convie à l'adjudication publique d'un « ouvrage ou d'une fourniture de nombreux industriels en quête « d'affaires, il y aura concurrence réelle : les candidats s'ignorant « les uns les autres, n'ayant pu se concerter, calculent aisément les « chances de l'affaire basées sur leurs procédés de fabrication ; cha- « cun se présente à l'adjudication avec un prix différent et le plus « réduit possible ; mais, que l'adjudication soit fréquemment renou- « velée en sorte que les concurrents aient la facilité de se syndiquer, « ou même que l'adjudication, sans être fréquente, soit de telle « nature que les concurrents restent forcément peu nombreux et

« connus les uns des autres, aussitôt le concert s'établit, la concur-
« rence cesse.

« La plupart des Compagnies de chemins de fer ont renoncé pour « cette cause à l'adjudication des fournitures de rails, de locomo- « tives, etc. ; elles traitent de gré à gré. Ne voit-on pas nombre « d'industries similaires se syndiquer et le même prix s'imposer au « public, pour certains objets, chez tous les marchands d'une grande « ville ?

« La concurrence que les économistes représentaient, à bon droit, « comme le régime naturel de l'industrie, comme le régulateur sou- « verain des compétitions contraires, comme la source féconde du « progrès, trouve ainsi des limites qui lui sont imposées par la force « des choses et par la liberté même laissée aux intérêts.

. . . .

« Si, au lieu d'une Compagnie de chemins de fer, il y en a deux, « établies dans le même pays pour une longue durée de temps, des- « servant côte à côte la même route, ayant tout intérêt et toute faci- « lité à s'entendre, l'entente est certaine et inévitable.

. . . .

« La seule concurrence efficace qui puisse être opposée aux che- « mins de fer est celle des routes de terre, pour les petites distances « avec de faibles charges, et, pour les grands transports, celle des « voies navigables intérieures ou maritimes... C'est ainsi que, soit « dans l'intérieur de la France, soit le long des canaux et des côtes, « toute une population de rouliers, de bateliers, de caboteurs tiennent « en échec les Compagnies de chemins de fer. C'est donc un devoir « impérieux, pour les représentants du pays, de veiller au bon entre- « tien et à l'amélioration des voies navigables, afin d'activer cette « concurrence salutaire qui résulte, pour les chemins de fer, de l'im- « possibilité d'amener un concert entre des personnes si nombreuses « et des instruments de transport si différents.

. . . .

« Tout esprit non prévenu et qui consentira, dans ces difficiles ma- « tières à interroger consciencieusement les faits, sans se payer de « mots sonores, reconnaîtra que le premier besoin de deux Compa- « gnies industrielles, placées en concurrence, c'est de vivre; or, s'il « n'y a pas de tonnage pour deux, il faudra, par une élévation de tarifs, « chercher au moins de la recette pour deux. Dans ce cas, l'élévation « du tarif ne sera limitée que par le cahier des charges, si le Gouver- « nement possède, comme en France, les moyens de le faire respec- « ter, ou par la crainte de diminuer le produit en écrasant la matière « tarifable. »

M. Cézanne invoquait, à l'appui de sa thèse, les faits survenus en

Amérique et en Angleterre, faits sur lesquels je reviendrai plus loin; il ramenait à sa juste valeur l'importance attribuée au transit entre l'Angleterre et l'Orient; il montrait le préjudice considérable que la seconde ligne de Calais à Marseille infligerait aux artères nourricières du Nord et du Paris-Lyon-Méditerranée, en drainant la moitié de leur trafic; il mettait en relief la faute lourde que l'on commettrait en détournant une somme supérieure à 600 millions de son affectation naturelle à d'autres lignes depuis longtemps reconnues nécessaires et promises aux populations. Il concluait donc à ne pas accueillir la demande de MM. Delahante, Donon et Gladstone. Néanmoins, entrant dans le détail de la répartition du trafic entre les diverses sections des chemins qui reliaient Calais à Marseille, il signalait celles de ces sections qu'une exploitation surchargée rendait sujettes aux encombrements; il conseillait certains doublements, ainsi que des travaux de navigation, notamment un canal latéral au Rhône, de Lyon à Arles, avec prolongement sur Marseille.

Malgré les résistances de la minorité, la thèse soutenue par M. Cézanne triompha devant l'Assemblée nationale. Elle était, on doit le reconnaître, à peu près irréfutable. Tout au plus pouvait-elle comporter quelques réserves en ce qui touche la concurrence des canaux, au sujet de laquelle j'entrerai, par la suite, dans les développements nécessaires [1].

Si l'ennemi avait subi une défaite, il n'était pas mort et ne demandait qu'à relever la tête.

Le 26 juillet 1882, 52 députés présentèrent une nouvelle proposition de loi tendant à la création de la seconde ligne de Calais à Marseille, avec adjonction d'embranchements sur Dijon, sur la Suisse, sur Saint-Etienne, sur Clermont-Ferrand et sur Cette. Pour justifier cette proposition, ils faisaient valoir l'encombrement des grandes artères du Nord et du Paris-Lyon-Méditerranée, et la nécessité de sauvegarder nos intérêts compromis par l'ouverture du Saint-Gothard. Ils avaient en vue une ligne magistrale, construite avec des pentes maxima de 5 millimètres par mètre, des courbes d'un rayon minimum de 1 000 mètres et des voies très robustes, de manière à permettre des vitesses de 100 à 120 kilomètres à l'heure, et une réduction notable des tarifs (50 p. 100 pour les voyageurs; 40 p. 100 pour les messageries; 20 p. 100 pour la petite vitesse). Le tracé de l'artère principale devait passer par ou près Boulogne-sur-Mer, Abbeville, Beauvais, Pontoise, Paris, Nevers, Lyon et Avignon. Dans la pensée des auteurs de la proposition, la nécessité s'imposait de prévoir dans l'ave-

(1) La même doctrine a été exposée par M. J.-B. Krantz, membre de l'Assemblée nationale, dans son rapport du 13 juin 1874 « sur les voies navigables ».

nir des mesures analogues pour tous les grands courants de trafic du territoire ; ils estimaient à 3 000 kilomètres le développement des artères préexistantes dont le produit brut kilométrique dépasserait 200 000 francs dans quinze ans et qui devraient, par suite, être doublées. Suivant eux, la dépense, évaluée à 1 500 millions ou 2 milliards, serait largement rémunérée par les recettes de l'exploitation. L'État pourrait y rattacher les lignes du troisième réseau ; il n'aurait d'ailleurs pas à redouter, au point de vue du jeu de la garantie d'intérêt, les effets de la concurrence sur la situation financière des grandes Compagnies; car, lorsque le dédoublement des artères principales serait un fait accompli, le rendement des réseaux aurait augmenté de 30 à 40 p. 100 au moins, et on ne pouvait assigner une valeur plus grande aux détournements dont souffriraient les Compagnies.

L'horizon des partisans de la concurrence s'était élargi : il n'était plus limité à la ligne Calais-Marseille, mais s'étendait à la France entière. Quoi qu'il en soit, les conventions de 1883 avec les grandes Compagnies allaient empêcher toute velléité nouvelle d'établissement d'une ligne indépendante entre la Manche et la Méditerranée.

d. Tentative de concurrence générale sur toute l'étendue du territoire français. — Le système esquissé dans la proposition de loi du 26 juillet 1882, à propos du chemin de fer de Calais à Marseille, prit corps et fit l'objet d'une proposition spéciale en date du 10 mai 1883 de M. Lesguillier et de soixante-neuf autres députés. Les auteurs de cette proposition nouvelle la motivaient par l'encombrement des 3000 kilomètres de grandes artères, par les inconvénients qui en résultaient au point de vue de la vitesse et du nombre des trains, par l'exemple des Anglais qui doublaient toutes les lignes ayant au moins 70 000 francs de recette brute kilométrique, par la nécessité d'une amélioration de notre outillage en vue de la lutte contre l'étranger, par les dangers qui menaçaient notre commerce et notre industrie. Ils concluaient à l'établissement immédiat d'artères nouvelles de Dunkerque à Calais et à Marseille, de Paris vers la Suisse, de Paris à Bordeaux et de Paris à Toulouse, avec des embranchements qui permissent d'étendre à tous les grands centres de population le bénéfice de cette œuvre de salut : le développement de ces lignes était évalué à 3 000 kilomètres, dont 1 900 pour les artères principales; elles devaient coûter 2 milliards. Chiffrant à 4 p. 100 la plus-value annuelle des recettes, M. Lesguillier et ses collègues considéraient les dépenses comme pouvant être rémunérées, à l'expiration d'une période de quinze ans, par les seuls excédents de produits du réseau.

Pendant le cours des débats relatifs aux conventions de 1883,

M. Lesguillier expliqua et développa son système ; mais il ne trouva que peu d'écho ; les adversaires les plus résolus et les plus autorisés du régime en vigueur, comme M. Allain-Targé, combattirent eux-mêmes la concurrence en matière de chemins de fer. La Chambre des députés pensa comme l'Administration et comme M. Allain-Targé.

e. Autres exemples. — Je pourrais multiplier ces exemples, rappeler la lutte des deux chemins de fer de Paris à Versailles (rive droite et rive gauche) et la fusion qui en fut la conséquence, redire les projets formés en 1856 pour intercaler, entre les réseaux de Lyon et d'Orléans, un réseau concurrent formé du Grand Central, du Midi et d'une grande partie de la ligne du Bourbonnais.

Mais ce serait allonger inutilement les quelques pages d'histoire qu'il m'a paru nécessaire de placer en tête de cette étude sur la concurrence.

Les faits que j'ai cités, soit à raison de leur importance, soit à cause des discussions ou des déclarations de principe auxquelles ils ont donné lieu, montrent que la France a eu la sagesse de ne pas céder aux entraînements ruineux de la concurrence ou, tout au moins, que, si dans certains cas sa résistance s'est affaiblie, elle n'a pas tardé à remonter la pente et à retrouver son équilibre.

3. Entente entre les Administrations françaises de chemins de fer d'intérêt général pour les itinéraires concurrents. — Bien que les tentatives de concurrence proprement dite aient été peu nombreuses en France et y aient toujours échoué, il s'est, par la force des choses, au fur et à mesure du développement de notre réseau, créé des itinéraires concurrents entre certains points déterminés. Les voyageurs devaient naturellement rester libres de choisir leur route ; cependant rien n'empêchait une entente sur des mesures susceptibles de les attirer vers un itinéraire de préférence à un autre ou, tout au moins, sur une répartition des recettes. Les ententes de ce genre offraient encore plus de facilité pour les marchandises.

Généralement, les Compagnies ont été d'accord pour admettre, à défaut de convention spéciale, les règles suivantes en ce qui concerne les marchandises :

1° Quand il existe entre deux gares deux itinéraires, l'un n'empruntant qu'un réseau, l'autre mixte, les transports appartiennent à l'Administration qui peut les effectuer par ses rails de bout en bout ;

2° Lorsque chacun des itinéraires emprunte un réseau unique ou lorsque tous deux sont mixtes, le trafic appartient à la voie la plus courte.

Mais des arrangements particuliers sont intervenus dans un certain nombre de cas.

a. ARRANGEMENTS ENTRE LES COMPAGNIES DE L'OUEST ET D'ORLÉANS. — L'un des arrangements les plus connus est celui qui a été conclu à la fin de 1863 entre les Compagnies de l'Ouest et d'Orléans pour les transports de Paris à Angers ou à Redon. L'ouverture prochaine de la ligne du Mans à Angers, concédée à la Compagnie de l'Ouest, allait constituer de Paris à Angers, par Chartres et le Mans, une voie nouvelle dont la longueur ne dépassait pas 308 kilomètres, alors que la voie par Orléans et Tours, concédée à la Compagnie d'Orléans, avait un développement de 339 kilomètres. De même, l'ouverture de la section de Rennes à Redon donnait à la Compagnie de l'Ouest une ligne de 445 kilomètres seulement entre Paris et Redon, par Chartres, Le Mans, Laval et Rennes, tandis que l'itinéraire suivant les rails de l'Orléans, par Tours, Angers et Nantes, mesurait 508 kilomètres. Voulant éviter une concurrence qui pouvait leur causer un grave préjudice et qu'elles considéraient comme devant finalement tourner au détriment du public et de l'État, les deux Compagnies signèrent, le 14 octobre 1863, une convention dont les principales dispositions étaient les suivantes :

La Compagnie de l'Ouest, en possession de la voie la plus directe, était chargée du service des voyageurs; celle de Paris à Orléans avait le service des marchandises en petite vitesse; quant à la messagerie, elle devait être répartie entre les deux Compagnies de la manière qui paraîtrait la plus avantageuse pour le public. Les prix de transport entre Paris et les au-delà d'Angers ou de Redon devaient être établis par la Compagnie d'Orléans; les prix de transport entre Paris et Angers ainsi qu'entre Paris et Redon devaient l'être par les deux Compagnies, sans excéder ceux qui seraient fixés pour les au-delà. Toutes les recettes brutes du trafic de Paris à Angers ou à Redon, et *vice versa*, étaient mises en commun; chaque Compagnie prélevait sur ces recettes les frais de transport et les frais accessoires ; le produit net se partageait dans une proportion à arbitrer par deux inspecteurs généraux des ponts et chaussées et un inspecteur général des mines.

Cette convention fut ratifiée par le Ministre des travaux publics, le 31 décembre 1863. Les arbitres décidèrent, le 4 juin 1864 : 1° que la Compagnie de l'Ouest aurait 45 p. 100 et la Compagnie d'Orléans 55 p. 100 du produit net ; 2° que les frais de transport seraient calculés à raison de 30 p. 100 du produit brut pour la grande vitesse et de 46 p. 100 pour la petite vitesse; 3° que les frais relatifs aux transports détournés de la voie normale subiraient une réduction les ramenant à 15 p. 100 pour la grande vitesse et à 23 p. 100 pour la petite vitesse.

En 1885, l'ouverture des lignes de Segré à Nantes et de Châteaubriant à Saint-Nazaire, concédées à la Compagnie de l'Ouest, vint modifier la situation respective des deux Compagnies. L'arrangement de 1863 fit, en conséquence, place à une convention nouvelle, que le Ministre des travaux publics revêtit de son approbation, le 4 décembre 1885, et dont voici les bases :

Le service des transports de toute nature entre Paris, Angers, Nantes, Saint-Nazaire, Redon et leurs au-delà devait être organisé de concert par les deux Compagnies, dans les conditions les plus commodes et les plus avantageuses pour le public.

Tous les prix de transport en grande et en petite vitesse entre Paris et les points communs d'Angers, Nantes, Montoir, Saint-Nazaire, Pont-Château, Redon, Ploërmel et Pontivy étaient établis d'accord, d'après la voie la plus courte, et, autant que possible, rendus indistinctement applicables par les lignes des deux Compagnies. La Compagnie d'Orléans arrêtait les prix de Paris aux gares de son réseau intermédiaires entre les points communs ou situées plus loin, mais sans pouvoir attaquer les prix des points de contact. Dans tous les cas, les délais de transport se calculaient par l'itinéraire le plus court. Les billets d'aller et retour étaient rendus valables pour le retour par les lignes des deux Compagnies.

Les produits bruts des transports de toute nature entre Paris ou ses au-delà et Angers, Nantes, Saint-Nazaire, Redon ou leurs au-delà, dans l'un et l'autre sens, devaient, après prélèvement des impôts et frais accessoires, être calculés au prorata kilométrique et portés à trois comptes communs : un premier compte, pour le trafic de Paris et de ses au-delà avec Redon et ses au-delà, jusque Ploërmel et Pontivy inclusivement, mais non compris Landerneau ; un second compte, pour le trafic des gares d'Angers, de Nantes, de Montoir, de Saint-Nazaire et de Pont-Château avec Paris et les au-delà, ainsi que pour la part afférente au parcours d'Angers à Paris dans le trafic des gares de la Compagnie d'Orléans situées au delà d'Angers jusqu'à Redon et Châteaubriant exclusivement, et au delà de Saint-Nazaire jusqu'au Croisic inclusivement ; enfin, un troisième compte, pour la part afférente au parcours d'Angers à Paris, dans le trafic des gares situées au delà d'Angers ou de la Maître-École, sur les lignes de l'État avec Paris et ses au-delà.

Une répartition forfaitaire du trafic inscrit aux trois comptes attribuait à la Compagnie de l'Ouest une part de 55 p. 100 pour le premier compte, de 49 p. 100 pour le second, de 230 304e pour le troisième, et à la Compagnie d'Orléans le surplus, c'est-à-dire 45 p. 100, 51 p. 100 et 74 304e.

Chacun des comptes communs se subdivisait en trois comptes partiels, savoir : 1° voyageurs ; 2° excédents de bagages, messageries, denrées et autres transports taxés en grande vitesse ; 3° marchandises, denrées et autres transports taxés en petite vitesse. La Compagnie qui avait effectué des transports pour une somme supérieure à sa part conventionnelle ne prélevait, à titre de rémunération, que 20, 25 ou 30 p. 100 de l'excédent, suivant qu'il s'agissait de transports figurant au premier, au deuxième ou au troisième compte partiel.

L'arrangement était valable pour dix années ; il pouvait être maintenu par tacite reconduction et par périodes décennales.

b. Arrangements entre l'État et les grandes Compagnies (exploitation provisoire de lignes non concédées). — On trouve un autre exemple d'arrangements de cette nature dans les conventions passées en 1880, 1881 et 1882, entre l'État et les grandes Compagnies, pour l'exploitation provisoire des lignes du troisième réseau. Ces lignes constituant en beaucoup de cas des raccourcis sur les chemins compris dans les concessions des Compagnies, il avait presque toujours été stipulé que « les marchandises seraient dirigées suivant la voie « reconnue par le Ministre des travaux publics, la Compagnie entendue, la plus économique au point de vue des dépenses d'exploitation ». Les taxes à base kilométrique étaient établies d'après la longueur de l'itinéraire le plus court. Quand l'itinéraire, déterminé conformément à la convention, empruntait à la fois les rails de l'État et ceux de la Compagnie, le montant de la perception se partageait au prorata des distances réellement parcourues sur chacune des lignes. Les voyageurs prenaient la voie à leur convenance.

Parfois, comme dans la convention du 21 février 1881 relative aux chemins de Mirecourt à Chalindrey et d'Andilly à Langres, dont l'exploitation était confiée à la Compagnie de l'Est, les parties, au lieu de laisser au Ministre la fixation de l'itinéraire le plus économique pour le transport des marchandises, avaient admis le principe de la plus courte distance, mais en majorant dans une certaine mesure la longueur des chemins de l'État, eu égard à l'infériorité de leur profil en long.

c. Projet d'arrangement de 1882 entre l'État et la Compagnie d'Orléans (exploitation temporaire de lignes non concédées). — Une règle analogue avait été inscrite dans le projet de convention de 1882 avec la Compagnie d'Orléans pour le partage du trafic entre les lignes concédées à cette Compagnie et les lignes qu'elle aurait exploitées au compte de l'État. Les marchandises devaient être dirigées par l'itinéraire présentant la moindre longueur virtuelle ;

cette longueur s'obtenait en adoptant, pour les rampes d'une certaine étendue, des majorations que fixait le cahier des charges. Lorsque la longueur virtuelle d'un itinéraire ne dépassait pas de plus de 5 p. 100 celle d'un itinéraire concurrent, il était considéré comme équivalent et avait droit à la moitié du trafic. En cas de détournement, l'Administration à laquelle le trafic eût dû appartenir exerçait la reprise des taxes perçues, sous déduction des frais de transport calculés à raison de 30 p. 100. Prévoyant l'éventualité de désaccords entre l'Administration des chemins de fer de l'État et la Compagnie au sujet de l'itinéraire légal des marchandises susceptibles d'emprunter l'un ou l'autre des réseaux, la convention donnait au Ministre le pouvoir de statuer, en tenant compte, dans une mesure équitable, de la distance à parcourir sur chaque itinéraire, de son tracé et des transmissions qu'il comportait. On sait que le contrat préparé en 1882 ne fut pas sanctionné par le Parlement.

d. ARRANGEMENTS ENTRE L'ADMINISTRATION DES CHEMINS DE FER DE L'ÉTAT, LA COMPAGNIE DE L'OUEST ET LA COMPAGNIE D'ORLÉANS. — A la suite des conventions de 1883, les relations du réseau d'État avec les réseaux d'Orléans et de l'Ouest, au point de vue du partage des transports, ont fait l'objet d'arrangements très compliqués, dont je me bornerai à indiquer le principe et les traits caractéristiques.

L'article 16 de la convention du 28 juin 1883, entre l'État et la Compagnie d'Orléans, attribuait le trafic des voyageurs et des marchandises à l'itinéraire le plus court, en tenant compte toutefois des déclivités supérieures à 15 millimètres par mètre et de la transmission d'un réseau à l'autre. Cette règle générale était déclarée également applicable pour les transports qui, ayant leur point de départ ou de destination sur le réseau d'Orléans ou sur le réseau d'État, pourraient emprunter, dans le trajet, des voies étrangères. Les deux Administrations s'interdisaient d'établir, sur un itinéraire quelconque, des tarifs dont l'effet serait un détournement du trafic de l'itinéraire légal. En cas de désaccord sur l'exécution des clauses précédentes, il devait être statué au moyen d'un arbitrage.

Des dispositions identiques figuraient à l'article 16 de la convention du 17 juillet 1883 entre l'État et la Compagnie de l'Ouest. En outre, l'article 17 de cette convention donnait à l'Administration des chemins de fer de l'État le droit de faire circuler ses trains sur la ligne de Chartres à Paris (gares Montparnasse et Vaugirard), moyennant un péage réduit à 40 p. 100 de la recette brute, et l'affranchissait de toute redevance pour loyer et frais d'exploitation dans les gares de Chartres et de Paris (Montparnasse et Vaugirard). Les dépenses du service de la traction n'étaient pas comprises dans celles des gares communes ; chaque administration devait pourvoir à ce service, en ce qui la concernait, dans des emplacements spéciaux.

Immédiatement, de nombreuses difficultés surgirent, et tout d'abord la détermination des itinéraires légaux souleva deux questions capitales : 1° quel était l'allongement de parcours à admettre comme l'équivalent d'une transmission dans la comparaison des divers itinéraires ? 2° y aurait-il lieu, dans cette comparaison, de compter une transmission pour les relations entre Paris et le réseau d'État desservies par les trains des chemins de fer de l'État venant jusqu'à Paris *viâ* Chartres ? L'Administration des chemins de fer de l'État et la Compagnie d'Orléans n'arrivant à s'entendre ni sur l'une ni sur l'autre de ces deux questions, un arbitrage fut institué.

Pour la longueur représentative d'une transmission, les deux arbitres respectivement désignés par les deux parties fixèrent le chiffre de 25 kilomètres.

La seconde question dut, à défaut d'accord entre ces deux arbitres, être résolue par un tiers arbitre que nomma le président du tribunal civil de la Seine, et dont la sentence, favorable aux prétentions de la Compagnie d'Orléans, décidait l'admission en compte d'une transmission à Chartres dans la comparaison des itinéraires.

Strictement appliquée, cette sentence aurait eu des conséquences assez graves pour l'Administration des chemins de fer de l'État, au point de vue du trafic avec Paris de la région située au sud de la Loire. Elle eût, en effet, amené à la voie de Tours une part importante de ce trafic, assuré à la Compagnie d'Orléans l'intégralité des recettes y afférentes sur tout le parcours de Tours à Paris et réduit ainsi le réseau d'État au rôle d'affluent pour une fraction considérable de ses transports. Jugeant une telle situation contraire à l'esprit des conventions de 1883, l'Administration des chemins de fer de l'État engagea avec la Compagnie d'Orléans de nouvelles négociations qui, après de longs et laborieux pourparlers, aboutirent à une transaction. En même temps, elle concluait avec la Compagnie de l'Ouest un arrangement pour l'exécution des articles 16 et 17 de la convention du 17 juillet 1883.

Dans leur essence, les arrangements tendaient vers un double but : 1° la détermination des itinéraires légaux, c'est-à-dire des itinéraires auxquels appartenait le trafic entre deux points donnés, pour celles des relations qui pouvaient être desservies concurremment par plusieurs itinéraires empruntant en tout ou en partie les voies de l'État, de l'Orléans et de l'Ouest ; 2° l'attribution aux itinéraires légaux, une fois définis, du trafic qui leur revenait.

La règle directrice de la détermination des itinéraires légaux était, conformément à l'article 16 des conventions de 1883, celle de la plus courte distance, en tenant compte des transmissions de réseau à réseau au moyen d'un allongement fictif de parcours, fixé à 25 kilomètres par l'arbitrage. Eu égard au profil des lignes, les déclivités avaient pu être laissées de côté.

Pour les rapports entre l'État et l'Ouest, la détermination des itinéraires légaux s'était faite aisément. Reconnaissant qu'aux termes de la convention du 17 juillet 1883, la ligne de Chartres à Paris constituait un véritable prolongement de la ligne de Saumur à Chartres, en ce qui concernait le trafic entre les gares de l'État et Paris, la Compagnie de l'Ouest avait admis qu'aucune transmission ne serait comptée à Chartres dans la comparaison des itinéraires concurrents susceptibles de desservir ce trafic. D'ailleurs, la configuration respective des deux réseaux, au voisinage des points de contact, était telle que la plupart des itinéraires légaux présentaient une longueur notablement inférieure à celle des itinéraires détournés et s'imposaient, dès lors, sans discussion possible. La seule difficulté concernait le trafic de Paris avec les gares des lignes de la Possonnière à Cholet et de Cholet à Clisson ; elle avait été résolue par l'admission de deux itinéraires légaux, l'un suivant toute voie État, l'autre suivant la direction La Possonnière-Angers.

La détermination des itinéraires légaux entre l'État et l'Orléans était beaucoup plus difficile, par suite de la concurrence des voies de Tours et de Saumur-Chartres pour le trafic d'un grand nombre de gares du réseau d'État avec Paris. Dans le but d'atténuer les effets de la sentence du tiers arbitre qui comptait une majoration de 25 kilomètres à Chartres, les arrangements fixaient des itinéraires légaux transactionnels. Au point de vue des relations avec Paris, le réseau de l'État était divisé en trois zones au Sud de la Loire : ces zones correspondaient, la première au transit par Saumur et Chartres, la seconde au transit par Tours, la troisième au transit par les gares de jonction, autres que Tours, de la ligne Tours-Bordeaux (Port-de-Piles, Châtellerault, Saint-Benoît, Ruffec, Angoulême et Coutras). La transaction consistait essentiellement : à comprendre dans la première zone la plus grande partie de la ligne La Rochelle-Rochefort, qui devait se trouver tout entière dans la seconde zone ; à faire passer de la troisième zone dans la seconde Cognac, dont le trafic avec Paris aurait dû transiter par Angoulême ; enfin, et surtout, à considérer la ligne de Tours à Paris, pour le trafic avec Paris des gares de la seconde zone, comme une ligne commune pouvant être empruntée par l'Administration des chemins de fer de l'État dans les mêmes conditions que celle de Chartres à Paris. Cette dernière et importante concession permettait à l'Administration du réseau d'État de conserver jusqu'à Paris le trafic de la seconde zone, en lui laissant, du reste, la faculté, soit d'effectuer elle-même les transports entre Tours et Paris, moyennant un péage fixé à 40 p. 100 de la recette brute, soit d'en confier l'exécution pour son compte à la Compagnie d'Orléans, moyennant abandon de 20 p. 100 des perceptions, en sus du péage.

Comment attribuer aux itinéraires légaux le trafic qui leur appartenait? Si les trois réseaux n'avaient eu que des tarifications kilométriques établies sur les mêmes bases ou sur des bases sensiblement égales, les itinéraires légaux, c'est-à-dire les plus courts, eussent été en général les plus économiques et n'auraient eu besoin d'aucune protection spéciale. En laissant au public le choix de l'itinéraire, on ne se fût exposé qu'à des détournements rares, purement accidentels et facilement compensables par certains reversements. Mais ce système d'un compte commun de détournement était inapplicable avec le maintien des tarifications en vigueur. Les détournements de trafic entre Paris et Bordeaux par les voies de l'État, pour ne citer que cet exemple, auraient conduit à l'alternative suivante : ou calculer les reversements à la Compagnie d'Orléans sur la recette effective (sauf déduction des frais de traction), c'est-à-dire sur la base des barèmes de l'État, et infliger à cette Compagnie une perte considérable; ou établir les calculs d'après la recette correspondant à l'itinéraire légal, c'est-à-dire d'après les tarifs de l'Orléans, et ne ménager à l'État qu'une rémunération insuffisante. Du reste, au point de vue technique, les voies de l'État n'eussent peut-être pas pu desservir convenablement les importantes relations de Paris à Bordeaux. En tout état de cause, la Compagnie n'aurait pas souscrit à une combinaison ayant pour conséquence de mettre en chômage sa ligne principale.

Il était également impossible de recourir à l'abaissement des tarifs de l'Orléans et de l'Ouest, car les recettes des deux Compagnies eussent été avilies.

Le relèvement des barèmes de l'État sur les itinéraires détournés eût détruit l'homogénéité de la tarification du réseau et amené de très nombreuses majorations inutiles à la protection des itinéraires légaux de l'Orléans et de l'Ouest. C'est ainsi que l'adoption des barêmes de l'Orléans pour la ligne de l'État Paris-Bordeaux, *vià* Chartres, aurait augmenté, non seulement les taxes entre les points extrêmes, mais encore celles des parcours intermédiaires, dont la plupart constituaient des itinéraires légaux et pouvaient, dès lors, continuer à jouir des barêmes en vigueur, sans que la Compagnie en subît aucun préjudice.

Finalement, la seule combinaison paraissant réalisable était de fermer les itinéraires de détournement par l'application d'une surtaxe aux voyageurs et du tarif maximum aux marchandises.

D'une manière générale, et sauf le cas de réversion dont il sera parlé plus loin, les taxes étaient celles des itinéraires légaux, comptés pour leur longueur réelle et abstraction faite des allongements fictifs de transmission, qui intervenaient exclusivement dans la comparaison des itinéraires.

En ce qui concernait les voyageurs, les taxes sur les itinéraires détournés, dont l'usage pouvait léser l'une des parties contractantes, devaient dépasser les taxes afférentes à l'itinéraire légal de 2 fr. 50 pour la première classe, 2 francs pour la 2e classe et 1 fr. 50 pour la 3e classe. Les voyageurs qui, afin de profiter d'un itinéraire détourné, prenaient un billet pour une gare intermédiaire, n'étaient autorisés à poursuivre leur voyage sans interruption par le même train ou par le premier train en correspondance, s'il s'agissait d'une gare de bifurcation, qu'après avoir acquitté le complément de la taxe réglementaire correspondant au parcours de bout en bout.

Les marchandises en grande ou en petite vitesse devaient être dirigées d'office par les itinéraires légaux, ne suivre les itinéraires détournés que sur un ordre écrit de l'expéditeur, qui avait alors à payer le tarif maximum du cahier des charges. Il était interdit d'opérer des détournements au moyen d'expéditions à une gare intermédiaire et de réexpéditions : quel que fût le nombre de ces réexpéditions, la taxe subissait une rectification la ramenant aux prix du tarif maximum pour le parcours total. Dans le cas où un détournement se produisait malgré ces mesures, l'Administration lésée avait droit au reversement de la recette brute faite sur l'itinéraire détourné, sous déduction d'une part représentant les frais de traction et fixée à 25 ou 30 p. 100, selon que le transport s'était accompli en grande ou en petite vitesse.

Ce système a reçu la dénomination expressive de *système du bouchon*.

Trois autres mesures complétaient la solution : les *coupures*, la *réversion* et la *surtaxe du dixième* pour le trafic de ou sur Paris.

Le *système des coupures* donnait une garantie supplémentaire à l'itinéraire légal de Paris-Bordeaux par les rails de l'Orléans, en entravant les combinaisons qui eussent permis d'éluder le système du bouchon à l'aide d'une interruption de transport dans le cours du trajet. Aux termes des arrangements, les barèmes de l'État ne s'appliquaient pas de bout en bout sur l'itinéraire détourné. Pour le transport des voyageurs entre deux gares situées l'une au nord et l'autre au sud de la Loire, le prix des billets résultait de la soudure des prix applicables aux deux parcours partiels du point de départ à Saumur et de Saumur au point d'arrivée. Pour les transports autres que ceux de voyageurs, on soudait les barèmes de l'État aux tarifs de l'Ouest sur la ligne de Paris à Chartres et aux tarifs de l'Orléans sur la section de La Grave d'Ambarès à Bordeaux, sans frais de transmission au point de jonction.

Quant au *système de la réversion*, il tendait à atténuer les relèvements, dus à l'obligation de prendre les itinéraires légaux, par la réversion sur certains itinéraires de cette catégorie des prix plus avantageux pouvant exister sur les itinéraires concurrents. Cette disposition n'était malheureusement admise que dans des limites restreintes. Si l'État l'acceptait sans restriction, la Compagnie d'Orléans avait dû, pour maintenir ses recettes, s'en tenir à la réversion, sur un itinéraire légal mixte, soit d'un prix applicable sur un itinéraire détourné toute voie Orléans, soit d'une taxe plus économique résultant de la soudure des tarifs intérieurs sur un itinéraire détourné.

Enfin le système de la *surtaxe du dixième* constituait une modération de celui du bouchon, en faveur des détournements dus à l'adoption, pour le départ ou l'arrivée des marchandises, d'une gare de Paris autre que la gare correspondant à l'itinéraire légal. Au lieu du tarif maximum, il n'était perçu dans ce cas, en sus de la taxe applicable par l'itinéraire légal, qu'une surtaxe du dixième, ne pouvant d'ailleurs excéder 8 francs par tonne pour les marchandises à grande vitesse, 4 francs pour les marchandises de détail à petite vitesse, 3 francs pour les marchandises de petite vitesse taxées par wagon complet. Le prix total perçu ne devait jamais être supérieur au maximum fixé par le cahier des charges pour le parcours réellement effectué.

Saisi des arrangements dont je viens d'esquisser l'ossature, le Comité consultatif des chemins de fer conclut à leur approbation sous quelques réserves qui n'en modifiaient pas la physionomie générale. Mais il eut soin de signaler la complication extrême des dispositions adoptées, la brèche faite dans le principe du libre choix de l'itinéraire par l'expéditeur, la rigueur de la pénalité pour les détournements de marchandises imputables à une simple erreur, le danger des applications abusives du tarif maximum en cas de fausse direction résultant d'une faute des agents ou d'un excès de zèle de leur part, l'opportunité de mettre à l'étude des combinaisons plus simples et moins rigoureuses.

Des décisions ministérielles, conformes à l'avis du Comité, intervinrent le 3 septembre 1887.

Le 13 septembre 1888, le Ministre des travaux publics approuva les propositions formulées par l'Administration des chemins de fer de l'État ainsi que par les Compagnies d'Orléans et de l'Ouest pour l'exécution des arrangements de 1886-1887. Étudiées dans un esprit libéral, les propositions particulières au réseau d'État apportèrent à l'application des règles concernant l'itinéraire légal tous les tempéraments compatibles avec l'observation loyale des conventions de 1883 et des arrangements. Elles comportaient notamment : 1° la réversion d'office sur un itinéraire légal toute voie État des taxes plus réduites que pouvaient donner, soit les tarifs de l'État soudés entre eux suivant un itinéraire allongé, soit les tarifs des réseaux voisins soudés, s'il y avait lieu, entre eux ou avec ceux de l'État, suivant un itinéraire détourné; 2° quand l'itinéraire légal des marchandises empruntait exclusivement les lignes de l'État, le droit pour l'expéditeur de prescrire un autre itinéraire n'empruntant également que lesdites lignes, sans encourir l'application du tarif maximum, et moyennant paiement du prix qui résultait de l'application des tarifs généraux ou spéciaux au parcours réellement effectué ; 3° en ce qui concernait le transport des marchandises en grande vitesse, quand l'itinéraire légal toute voie État n'offrait pas les meilleures conditions de célérité, le droit pour l'expéditeur de revendiquer sur le réseau un itinéraire allongé plus favorable au point de vue des délais de transport moyennant paiement du prix applicable sur l'itinéraire légal.

A ces propositions, concernant d'une manière spéciale le réseau d'État, s'adjoignaient deux tarifs communs aux trois Administrations pour les transports de marchandises en grande ou en petite vitesse, dont l'itinéraire légal s'établissait par voie mixte État-Orléans, État-Ouest, État-Orléans-Ouest. La clause de réversion sur les itinéraires légaux mixtes des taxes plus réduites pouvant résulter de l'application à un itinéraire allongé des tarifs de l'Orléans, de l'Ouest et de l'État soudés, s'il y avait lieu, soit entre eux, soit avec ceux des réseaux voisins, était transformée de manière à devenir la règle et à n'admettre que les exceptions stipulées dans les conditions des tarifs sur les divers réseaux. D'autre part, les expéditeurs de marchandises en grande vitesse recevaient, pour les itinéraires mixtes comme pour les itinéraires toute voie État, la faculté de revendication d'un itinéraire allongé assurant une abréviation des délais de transport.

Quand fut intervenue la loi du 26 janvier 1892, supprimant ou allégeant l'impôt sur les transports à grande vitesse, les Compagnies et l'Administration des chemins de fer de l'État apportèrent à la tarification de ces transports des modifications qui ne laissaient plus subsister que des différences relativement secondaires. Dès lors, la plupart des restrictions imposées au public par les arrangements de 1886, pour les voyages et pour le transport des messageries, perdaient leur raison d'être. Les trois Administrations intéressées conclurent un accord destiné à faire disparaître ces restrictions.

Désormais, les barêmes de grande vitesse de chaque réseau étaient applicables, dans ce réseau, aux relations de toute gare à toute gare. Cette règle ne subissait d'exception qu'en ce qui touchait les voyageurs allant d'une gare du réseau de l'État à une gare de Paris ou *vice versa*. Pour les relations dont l'itinéraire légal suivait exclusivement les voies de l'État ou qui pouvaient s'établir indifféremment, soit *viâ* Saumur-Chartres, soit *viâ* Tours, les prix des billets simples de ou pour Paris étaient calculés en appliquant le tarif de l'État *viâ* Chartres ou en soudant le tarif de l'État avec le tarif de l'Orléans ou de l'Ouest, selon l'avantage du public, sans que les prix pussent être inférieurs à ceux de l'Ouest entre Paris et le point de transit. Pour les relations appartenant à la voie mixte État-Orléans ou État-Ouest, les voyageurs bénéficiaient, dans le calcul du prix des mêmes billets, de la plus faible des taxes données, l'une par la soudure du tarif État avec le tarif Orléans ou Ouest, l'autre par le seul tarif État, sans que le prix pût descendre au-dessous de celui de l'Orléans ou de l'Ouest entre Paris et le point de transit. Pour les relations appartenant à la voie mixte État-Orléans ou État-Ouest, ainsi que pour les relations entre Paris et les points communs aux réseaux de l'État et d'Orléans ou de l'Ouest dont la plus courte distance ne s'obtenait pas par le réseau d'État, les prix des billets simples se calculaient par toute voie État, mais devaient atteindre au moins les prix correspondant à l'itinéraire légal. Exceptionnellement, la couverture de 2 fr. 50, 2 francs et 1 fr. 50, stipulée dans les arrangements de 1886, était maintenue en faveur de la Compagnie d'Orléans pour les parcours de Paris à La Grave d'Ambarès et à Bordeaux.

Dans la fixation du prix des billets d'aller et retour, chaque Administration appliquait d'une manière générale ses tarifs propres aux relations ne sortant pas de son réseau. Toutefois la réduction normale de 30 à 40 p. 100, accordée par l'Administration des chemins de fer de l'État sur le double du prix des billets simples, était réduite, pour les relations des gares, stations ou haltes de cette Administration avec Paris, à 25 p. 100 en 1re classe, et à 20 p. 100 en 2e ou en 3e classe.

Le public se trouvait affranchi de toute pénalité pour les détournements de marchandises en grande vitesse qui lui étaient imputables, à la condition de payer les taxes correspondant aux itinéraires détournés. Il échappait même à la surtaxe du dixième avec maximum de 8 francs par tonne, lorsqu'il choisissait à Paris, comme point de départ ou d'arrivée, une gare non située sur l'itinéraire légal. Mais, dans le cas où les détournements effectués *viâ* Chartres dépassaient ceux qui avaient emprunté les voies du réseau d'Orléans, l'Administration des chemins de fer de l'État devait payer à la Compagnie de l'Ouest un dixième de la recette brute afférente à l'excédent, pour le parcours de Chartres à Paris. Une réserve analogue était stipulée au profit de la Compagnie d'Orléans, pour le cas où les trains de l'État emprunteraient la ligne de Tours à Orléans. Eu égard à l'arrivée directe des trains de l'État dans la gare de Bordeaux-Saint-Jean, la disposition des arrangements de 1886-1887 qui imposait l'application des tarifs de la Compagnie d'Orléans entre la Gare d'Ambarès et Bordeaux ne pouvait plus se justifier ; elle cessait donc d'être en vigueur.

Aucun changement n'était d'ailleurs apporté aux règles de partage du trafic ni aux dispositions concernant la petite vitesse, en dehors de la modification des tarifs de La Grave d'Ambarès à Bordeaux.

Conformément à l'avis du Comité consultatif des chemins de fer, le Ministre des travaux publics approuva le nouvel accord par décision du 11 janvier 1894, en invitant les trois Administrations à étudier l'introduction, dans le régime de la petite vitesse, de simplifications analogues à celles qui venaient d'être réalisées pour la grande vitesse.

Les arrangements de 1886 prohibaient la guerre des tarifs entre les itinéraires concurrents pour le transport des voyageurs. Mais ils n'empêchaient pas la lutte des horaires; et pourtant cette dernière était susceptible de mettre en échec les règles de partage du trafic, notamment entre la Compagnie d'Orléans et l'Administration des chemins de fer de l'État. Il importait, dans l'intérêt des deux réseaux, dans l'intérêt du Trésor lui-même, d'y pourvoir, de prévenir la création frustratoire, à certaines heures préférées du public, de trains faisant double emploi et organisés dans un but exclusif de concurrence. Déférant à l'invitation du Ministre des travaux publics, l'Administration des chemins de fer de l'État et la Compagnie d'Orléans instituèrent, en 1895, un compte de détournement applicable aux relations pour lesquelles cette mesure pouvait avoir une utilité pratique ; l'Administration lésée avait droit au reversement de la recette brute du trafic détourné, sauf déduction de 25 p. 100.

Comme conséquence de cet accord, des billets directs étaient délivrés entre Paris et Cognac, *via* Angoulême-transit, ainsi qu'entre Paris et Niort ou les au-delà, *via* Poitiers-transit. Il y avait parité entre les prix de ces billets et ceux des billets de l'État. Les coupons de retour des billets d'aller et retour pouvaient, au gré des voyageurs, être indistinctement utilisés sur les divers itinéraires autorisés pour les billets simples, quel qu'eût été l'itinéraire suivi à l'aller.

Appelé en 1897 à émettre un avis sur l'opportunité de maintenir ou de supprimer le compte de détournement des voyageurs, le Comité consultatif des chemins de fer s'est prononcé pour le maintien. Il a, en même temps, exprimé le vœu que le coefficient de 25 p. 100 fût relevé, de manière à répartir plus équitablement les recettes.

Pour assurer l'exécution des conventions et des arrangements consécutifs, l'Administration des chemins de fer de l'État, la Compagnie d'Orléans et la Compagnie de l'Ouest avaient, nous l'avons vu, mis en vigueur un tarif commun applicable aux transports de toute nature à petite vitesse dont l'itinéraire empruntait, soit les deux réseaux de l'État et d'Orléans, soit les deux réseaux de l'État et de l'Ouest, soit les trois réseaux de l'État, d'Orléans et de l'Ouest. Étaient toutefois exclus les transports entre les gares du réseau de l'État et Paris, lesquels se trouvaient régis par les tarifs intérieurs du réseau d'État. L'un des articles du tarif commun en étendait l'application aux transports dont l'itinéraire légal s'établissait par voie mixte État-Orléans, État-Ouest ou État-Orléans-Ouest et empruntait, en outre, les lignes d'un quatrième réseau; ces transports, quand ils étaient détournés de l'itinéraire légal entre le point primitif de provenance et le point définitif de destination, devaient être taxés au tarif maximum du cahier des charges pour tout le parcours sur l'ensemble des trois réseaux de l'État, d'Orléans et de l'Ouest.

La disposition visant le trafic auquel participait un quatrième réseau avait provoqué de très vives réclamations du public, qui y voyait une extension abusive des stipulations de 1883. S'inspirant de ce qui avait déjà été fait pour les transports en grande vitesse, l'Administration des chemins de fer de l'Etat, la Compagnie d'Orléans et la Compagnie de l'Ouest proposèrent la suppression du tarif commun. Des modifications libérales étaient, d'ailleurs, introduites dans les tarifs intérieurs des réseaux d'État et d'Orléans.

Dorénavant, l'application de surtaxes, en cas de non-observation de l'itinéraire légal, se limitait aux relations suivantes : relations des gares du réseau d'État entre elles, quand l'itinéraire légal ne s'établissait pas exclusivement par les rails de ce réseau; relations des gares du réseau d'Orléans entre elles, lorsque l'itinéraire légal empruntait le réseau d'État ; relations de Paris avec les diverses gares des trois réseaux; relations de Bordeaux avec Le Mans et les gares du réseau de l'Ouest au delà de La Suze, quand l'itinéraire court sur Bordeaux-Saint-Jean était indiqué au tableau des distances de station en station comme s'établissant par la Suze-Saumur.

Il restait entendu que les règles définies par les arrangements de 1886-1887 pour la répartition des produits entre les trois réseaux de l'État, d'Orléans et de l'Ouest seraient maintenues comme elles l'avaient été antérieurement pour la grande vitesse.

Les propositions, ainsi soumises au Ministre des travaux publics, reçurent son approbation le 26 mai 1899.

Dix ans plus tard, la reprise par l'Etat des lignes concédées à la Compagnie de l'Ouest faisait tomber la convention passée le 17 juillet 1883 avec cette Compagnie.

Les arrangements intervenus en 1886 entre la Compagnie d'Orléans et l'Administration des chemins de fer de l'État pour le partage du trafic et l'établissement des tarifs cessaient eux-mêmes d'être applicables ; l'abrogation en avait, d'ailleurs, été décidée dans son principe, lors de la déclaration d'utilité publique du chemin de Paris à Chartres, *via* Gallardon : désormais, les rapports des deux réseaux ne devaient plus être régis que par l'article 16 de la convention du 28 juin 1883.

Le nouveau régime commandait d'assurer dans des conditions identiques, par la section de Paris à Chartres, les relations de Paris Montparnasse et Vaugirard, avec les lignes de l'État et les lignes de l'Ouest-État aboutissant à Chartres. Il y avait lieu, en conséquence, d'appliquer jusqu'à Paris-Vaugirard les barêmes intérieurs de petite vitesse du réseau d'État, toutes les fois que l'itinéraire légal n'empruntait pas le réseau d'Orléans ; pour la grande vitesse, l'application des barêmes de l'État jusqu'à Paris-Vaugirard était un fait acquis depuis 1892. Provisoirement, les sujétions de l'itinéraire légal subsistaient vis-à-vis de la Compagnie d'Orléans.

Aucune majoration de distance au passage de Chartres n'entrait plus en compte dans la détermination des itinéraires légaux vers Paris. Ces itinéraires se trouvaient, dès lors, reportées sur les voies de l'État, pour les relations avec une zone différant peu de celle qui était antérieurement tributaire de Tours-transit, ainsi que pour les relations dont l'itinéraire s'établissait précédemment par les lignes de l'Ouest sans emprunter le réseau d'Orléans.

Bien que les tarifications de l'État et de l'Ouest-État restassent distinctes, les règles de l'itinéraire légal disparaissaient dans les rapports entre ces deux réseaux ; les restrictions à l'application des tarifs de l'État, pour les transports dont l'itinéraire légal empruntait les rails de l'Ouest, ne pouvaient qu'être supprimées.

Des dispositions exceptionnelles, découlant en partie d'une convention entre la Compagnie de l'Ouest et la Compagnie d'Orléans, avaient été introduites dans la tarification de l'Ouest (grande et petite vitesse). Elles étaient à l'avantage du public, et l'Administration des chemins de fer de l'État devait les laisser en vigueur, toutes réserves faites sur la validité de la convention Ouest-Orléans après le rachat.

Telles furent les bases des propositions dont l'Administration des chemins de fer de l'État et la Compagnie d'Orléans saisirent le Ministre des travaux publics en 1909. Ces propositions reçurent la sanction ministérielle. Les deux Administrations étaient d'ailleurs invitées à s'entendre au sujet : 1° de l'acheminement, sur la demande des expéditeurs, des transports de ou pour Paris-Ivry, dont l'itinéraire partirait normalement de Paris-Vaugirard ou y aboutirait ; 2° de la répartition des taxes afférentes à ces transports.

e. Arrangement entre les Compagnies du Nord et de l'Ouest. — Cet arrangement, approuvé en 1896, portait sur le trafic, en grande et en petite vitesse, de Paris et des au-delà avec l'Angleterre et réciproquement.

Les deux Compagnies gardaient une liberté absolue pour l'organisation de leurs services. Mais les modifications ou additions aux prix directs entre Paris et Londres ou les au-delà étaient subordonnées à un accord préalable, sauf en ce qui concernait les billets d'excursionnistes. Dans le cas d'abaissement du prix des voyages entre l'un des ports du Nord et Londres, la Compagnie de l'Ouest avait le droit de poursuivre la même réduction entre Dieppe et Londres.

Il devait être tenu deux comptes communs, l'un pour les voyageurs et les bagages, l'autre pour les marchandises. Les recettes portées à ces deux comptes étaient réparties ainsi, après déduction de 25 p. 100 en atténuation des frais d'exploitation : voyageurs et bagages, 70 p. 100 au Nord et 30 p. 100 à l'Ouest ; marchandises en grande vitesse, 53 p. 100 au Nord et 47 p. 100 à l'Ouest ; marchandises en petite vitesse, 59 p. 100 au Nord et 41 p. 100 à l'Ouest.

Les excédents sur les parts conventionnelles donnaient lieu : pour les voyageurs et les bagages, à un reversement partiel, dont la proportion, fixée à 50 p. 100 pour le premier centième d'excédent, s'abaissait de 10 p. 100 pour chaque centième supplémentaire, et qui, dès lors, ne s'appliquait qu'aux cinq premiers centièmes; pour les marchandises, à un reversement intégral.

f. Arrangement entre les compagnies de l'Ouest, d'Orléans et de Paris-Lyon-Méditerranée. — Une convention est intervenue en 1897 entre les Compagnies de l'Ouest, d'Orléans et de Paris-Lyon-Méditerranée, pour la répartition du trafic, et a été approuvée par décision ministérielle du 26 mai 1899.

En principe, les transports de petite vitesse entre deux localités desservies par des réseaux différents appartenaient à l'itinéraire le plus court. Dans la comparaison des itinéraires, chaque transmission de réseau à réseau se traduisait par une majoration de 25 kilomètres; la majoration n'était comptée qu'une fois pour le transit par la Grande Ceinture, par la Petite Ceinture ou par la ligne d'Arvant à Neussargues. Ces dispositions régissaient, d'ailleurs, exclusivement les courants de trafic d'une certaine importance, définis dans un tableau; pour les autres relations, l'itinéraire normal était l'itinéraire le plus court, d'après l'état des distances de réseau à réseau.

Quel que fût l'itinéraire de taxe, les transports de petite vitesse devaient être acheminés par l'itinéraire normal et les recettes réparties suivant cet itinéraire. Si l'une des extrémités du transport se trouvait sur le réseau d'une Administration non contractante, autre que l'Administration des chemins de fer de l'État, le point de transit avec ce réseau était déterminé, pour l'acheminement du transport, par l'itinéraire de taxe, et la répartition des recettes entre les Administrations contractantes faite selon les règles qui seront indiquées ci-après. Lorsque le réseau d'État pouvait intervenir au transport, c'est-à-dire lorsque l'itinéraire légal résultant des conventions de 1883 ou l'itinéraire court du tableau des distances empruntait les rails de l'État, la répartition, quel que fût l'itinéraire réel, s'opérait conformément aux mêmes règles et suivant l'itinéraire le plus court obtenu en tenant compte, dans tous les cas, d'une majoration de 25 kilomètres par transmission, mais en ne faisant entrer dans le calcul qu'une transmission unique pour le transit par l'une des Ceintures.

Les transports de marchandises détournés de l'itinéraire normal étaient l'objet d'un décompte. Quand l'itinéraire détourné et l'itinéraire normal empruntaient exclusivement les rails des Compagnies contractantes, l'itinéraire détourné recevait 30 p. 100 de la recette, comme taxe de circulation, et l'itinéraire normal 70 p. 100 ; ces attributions se répartissaient, l'une et l'autre, au prorata des longueurs appartenant à chacun des réseaux. Lorsque l'itinéraire détourné, ou l'itinéraire normal, ou encore ces deux itinéraires, empruntaient un ou plusieurs autres réseaux, la part de ces derniers réseaux était d'abord prélevée sur la recette totale; ensuite, l'excédent devait être attribué et réparti ainsi qu'il vient d'être dit.

Chacune des Compagnies contractantes restait maîtresse des transports qu'elle pouvait effectuer de bout en bout sur ses rails, même en dehors de l'itinéraire normal, soit que la gare de départ et la gare d'arrivée fussent des gares intérieures de son réseau, soit que l'une de ces gares lui fût commune avec une autre Compagnie contractante; il n'y avait point alors lieu à décompte : la taxe à appliquer était la plus réduite des taxes correspondant aux divers itinéraires possibles. Dans le cas particulier de la communauté entre les Compagnies contractantes des deux gares de départ et d'arrivée, la Compagnie ayant l'itinéraire le plus court assurait le transport et conservait toute la recette.

Lorsque plusieurs des Compagnies contractantes possédaient, dans une même localité, des gares communes ou non, dont chacune pouvait avoir un itinéraire normal distinct pour une relation donnée, ces gares étaient considérées comme n'en formant qu'une seule au point de vue des décomptes de détournement, ainsi qu'au point de vue des transports de bout en bout par les rails d'une même Compagnie. Cette clause s'appliquait notamment aux gares de Paris.

Quelques dispositions relatives au trafic de grande vitesse intéressant les deux Compagnies d'Orléans et de Paris-Lyon-Méditerranée complétaient l'arrangement. Elles renvoyaient à des règles fixées en 1892 par le Comité de Ceinture pour les transports communs à plusieurs réseaux, étendaient aux transports intérieurs en grande vitesse les stipulations précédemment analysées et concernant, soit l'attribution du trafic de bout en bout à une même Compagnie, soit le cas de pluralité des gares dans une même localité, enfin portaient que, si le transport de bout en bout par une même Compagnie compromettait la rapidité des relations, celles-ci seraient dévolues à un itinéraire mixte concerté entre les deux Compagnies et favorable au prompt acheminement de la marchandise.

g. ARRANGEMENT ENTRE L'ADMINISTRATION DES CHEMINS DE FER DE L'ÉTAT ET LES COMPAGNIES DE L'OUEST, D'ORLÉANS ET DU MIDI. — Aux termes de cet arrangement, approuvé avec le précédent, les transports empruntant ou devant emprunter, en même temps que le réseau du Midi, l'un ou plusieurs des réseaux de l'État, de l'Ouest et d'Orléans étaient, pour l'ensemble du parcours sur ces réseaux, dirigés par l'itinéraire le plus court. Dans la comparaison des itinéraires, les longueurs s'établissaient d'après les distances réelles, majorées de 25 kilomètres par transmission de réseau à réseau.

Quand les tarifs de chaque réseau, soudés, s'il y avait lieu, soit entre eux, soit avec ceux des réseaux voisins, donnaient par une voie détournée des prix inférieurs à ceux de l'itinéraire le plus court, les transports n'en restaient pas moins acquis à ce dernier itinéraire, mais le public jouissait de la taxe la plus avantageuse. Le montant de cette taxe, après prélèvement des frais accessoires en faveur du réseau expéditeur et du réseau destinataire, était réparti au prorata du nombre de kilomètres parcourus sur chaque réseau; le décompte s'établissait d'après les distances à compter : jamais la part d'un réseau ne pouvait excéder son tarif intérieur.

Si, en vertu d'un ordre exprès de l'expéditeur ou pour toute autre cause, les transports suivaient sur les réseaux des Administrations contractantes un itinéraire différent de l'itinéraire le plus court, l'Administration expéditrice et l'Administration destinataire recevaient d'abord les frais de manutention au départ et à l'arrivée; puis, une part de 30 p. 100 du surplus de la taxe perçue était attribuée à l'itinéraire suivi et une part de 70 p. 100 à l'itinéraire le plus court; enfin ces parts donnaient lieu à une ventilation au prorata kilométrique entre les divers réseaux intéressés. Ici encore, la ventilation se faisait d'après les distances à compter.

h. ARRANGEMENT ENTRE LES COMPAGNIES DE L'EST ET DE PARIS-LYON-

Méditerranée. — Le Comité consultatif des chemins de fer avait signalé l'intérêt d'une fixation générale des règles auxquelles serait soumis, pour tous les réseaux, l'acheminement des transports. Adoptant l'avis du Comité, le Ministre des travaux publics demanda aux Compagnies une étude et des propositions.

A la suite de cette invitation, les Compagnies de l'Est et de Paris-Lyon-Méditerranée conclurent un arrangement qui fut approuvé en 1904 et qui s'appliquait à tout le trafic, voyageurs et marchandises, pouvant emprunter les rails des deux réseaux, exception faite des marchandises en petite vitesse transitant, par charges complètes, *viâ* Gothard et *viâ* Mont-Cenis, entre l'Italie, d'une part, les gares ou ports de mer belges et les ports français de la Manche, d'autre part. Depuis, sont intervenus deux avenants, revêtus de l'approbation ministérielle en 1909 et motivés notamment par l'ouverture à l'exploitation de lignes étrangères, telles que celle du Simplon.

Les voyageurs ayant le libre choix de leur itinéraire, chaque Compagnie conserve la recette afférente au parcours sur ses rails. Ni l'une ni l'autre des Administrations contractantes ne peut, sans un accord préalable, créer des billets directs desservant des relations pour lesquelles elle n'offre pas la plus courte distance.

Mais les deux Compagnies se sont entendues afin d'établir, par leurs différents points de contact, des billets directs qui permettent aux voyageurs l'utilisation d'itinéraires détournés, offrant de meilleures correspondances; dans le partage du produit de ces billets, chacune des Administrations garde intégralement la recette perçue pour l'emprunt de son réseau.

Des billets directs à prix égaux sont délivrés *viâ* Est et *viâ* Paris-Lyon-Méditerranée entre Paris, Londres, Douvres et Folkestone, d'une part, Berne et Interlaken, d'autre part. La Compagnie qui n'a pas la plus courte distance abandonne à l'autre la moitié de sa recette.

La Compagnie de l'Est a la faculté de délivrer, *viâ* Delle ou Petit-Croix, des billets directs de Paris sur Bienne ou *vice versa*; elle verse la moitié de sa recette à la Compagnie de Paris-Lyon-Méditerranée. Celle-ci, de son côté, est autorisée à délivrer des billets directs de Paris à Vieux-Soleure et Nouveau-Soleure par les Verrières, ou *vice versa*, en versant à la Compagnie de l'Est la moitié de sa recette.

Pour les relations de Paris avec l'Italie et l'Autriche-Hongrie, la Compagnie de l'Est peut délivrer, *viâ* Petit-Croix ou Delle, des billets directs de Paris sur Florence, Luino, Milan, Rome, Vérone, Venise, Circo, Fiume, Riva, Trieste, et *vice versa*. En ce qui concerne la relation Paris-Milan, chaque Compagnie verse la moitié de la recette afférente au parcours sur ses rails dans une bourse commune, dont la

Compagnie de Paris-Lyon-Méditerranée reçoit les deux tiers et la Compagnie de l'Est un tiers. En ce qui touche les autres relations, la Compagnie de l'Est abandonne la moitié de sa recette à la Compagnie de Paris-Lyon-Méditerranée.

Pour les relations de Londres avec l'Italie, l'Autriche-Hongrie et Malte, la Compagnie de l'Est a la faculté de délivrer des billets directs entre Londres et les villes suivantes : Bologne, Brindisi, Florence, Luino, Milan, Naples, Venise, Vérone, Trieste, Malte, *viâ* Dieppe-Petit-Croix ou Delle ; Naples, Rome, Malte, *viâ* Calais ou Boulogne-Petit-Croix ou Delle. De même, la Compagnie de Paris-Lyon-Méditerranée peut délivrer des billets directs entre Londres et Bologne, Brindisi, Florence, Luino, Milan, Venise, Vérone, Trieste, *viâ* Calais ou Boulogne-Brigue ou Modane. En ce qui concerne les billets de Londres à Milan, chaque Compagnie verse la moitié de la recette afférente au parcours sur ses rails dans une bourse commune, dont le contenu est réparti par moitié, si les billets sont établis *viâ* Calais ou Boulogne, ou attribué pour deux tiers à la Compagnie de Paris-Lyon-Méditerranée et pour un tiers à la Compagnie de l'Est, si les billets sont établis *viâ* Dieppe. En ce qui touche les billets de Londres à Brindisi, chacune des Compagnies garde sa recette. Les autres relations donnent lieu à l'abandon, par la Compagnie qui n'a pas la plus courte distance, de la moitié des recettes au profit de l'autre Compagnie. Des indications précises figurent à l'arrangement, au sujet des itinéraires devant servir de base pour le calcul des plus courtes distances.

Sauf pour les relations avec Berne et Interlaken, les deux Compagnies se sont interdit d'abaisser directement ou indirectement, quand elles n'ont pas la plus courte distance, leurs parts sur un point frontière au-dessous des parts que leur donnent, d'une manière générale, les billets directs pour l'ensemble des relations avec les au-delà de ce même point frontière. Elles ont, en outre, l'obligation de se signaler mutuellement les réductions que les administrations étrangères projetteraient d'apporter à leurs parts ordinaires dans ces dernières relations.

Toutefois, pour les relations Paris-Milan et Londres-Milan, les deux Compagnies ont réservé la possibilité d'une entente dans le but de réaliser la parité de prix par toutes les voies, cette parité devant être réalisée simultanément pour les deux relations.

Désirant simplifier les décomptes de partage, les deux Compagnies sont convenues d'une évaluation forfaitaire des recettes procurées par le service des bagages. Elles augmentent de 8 p. 100 le solde afférent aux voyageurs.

Les clauses relatives au transport des marchandises sont analogues à celles de l'arrangement entre les Compagnies du Nord, d'Orléans et de Paris-Lyon-Méditerranée, précédemment cité. Quelques stipulations particulières méritent seules d'être mentionnées. Dans la comparaison des itinéraires, le transit par la ligne d'Arvant à Neussargues ne comporte qu'une majoration unique de 25 kilomètres, comme le transit par l'une des Ceintures: pour le trafic entre la France et l'Italie, les itinéraires passant par la Suisse subissent une majoration de 25 kilomètres. Les deux Compagnies se sont explicitement interdit les combinaisons de tarifs tendant à détourner le trafic des itinéraires normaux; mais chacune d'elles a le droit d'établir tous tarifs d'une application générale sur son réseau et de faire des tarifs communs avec les réseaux voisins, sous la condition d'admettre l'autre Compagnie à y participer; elles ont aussi toute liberté pour les transports pouvant emprunter la voie de mer, les fleuves et les canaux.

Il est entendu que la fixation des itinéraires normaux concerne exclusivement le partage du trafic entre les Compagnies et n'influe pas sur les taxes imposées au public.

i. Arrangement entre les Compagnies d'Orléans, de Paris-Lyon-Méditerranée et du Midi. — Il existe dans le Midi toute une région viticole, limitrophe du réseau de Paris-Lyon-Méditerranée, dont les relations avec Paris peuvent être desservies, dans des conditions à peu près équivalentes, par les voies de ce réseau et par celles du réseau d'Orléans. Le trafic correspondant a une grande importance, en raison surtout des expéditions de vins de Béziers et de Narbonne vers la capitale. Depuis l'achèvement de la jonction directe entre Bédarieux et Neussargues, l'itinéraire court s'établit toujours par ce dernier point. Au delà, l'itinéraire normal n'empruntait, jusqu'à une époque récente, les rails de la Compagnie d'Orléans que sur une faible longueur, de Neussargues à Arvant, puis appartenait à la Compagnie de Paris-Lyon-Méditerranée. Mais, en 1908, l'ouverture du chemin de Neussargues à Bort, concédé à la Compagnie d'Orléans, modifia la situation, donna un avantage de quelques kilomètres à l'itinéraire toute voie Orléans et infligea ainsi une perte notable au réseau de Lyon. Voyant le danger qui la menaçait, la Compagnie de Paris-Lyon-Méditerranée s'était rendue concessionnaire d'une ligne de Bourron à Melun, destinée à lui rendre la plus courte distance; puis, en présence des difficultés que la traversée de la forêt de Fontainebleau suscitait pour la construction de cette ligne, elle avait sollicité et obtenu la concession d'un autre raccourci de Gannat à la Ferté-Hauterive, ainsi que celle d'une ligne de Brioude à Saint-Flour, en communauté avec la Compagnie du Midi. De son côté, la Compagnie d'Orléans, dans le but de défendre sa conquête, poursuivait l'attribution d'un chemin de Drugeac à Séverac-le-Château. Cette lutte risquait de se perpétuer et d'entraîner de très lourdes charges pour le Trésor : en effet, les lignes nouvelles, se développant dans des parties accidentées du territoire, coûtaient fort cher, et l'application des règles posées par les conventions de 1883 imposait à l'État des sacrifices considérables.

Le Gouvernement et la Chambre elle-même se préoccupèrent d'un tel état de choses et envisagèrent, pour y mettre un terme, deux moyens, dont l'un était de subordonner les concessions à un accroissement de la participation financière des Compagnies et l'autre de provoquer des arrangements à longue échéance en vue de la répartition du trafic. De ces deux moyens, le premier se heurtait contre les instances des populations intéressées à la prompte création des lignes nouvelles; le second parut seul pratique.

Pressées par l'Administration, les trois Compagnies conclurent un accord qui, au lieu d'avoir une durée restreinte et un caractère presque précaire, devait subsister jusqu'à la fin de la concession du réseau de Paris-Lyon-Méditerranée. Afin de mieux assurer l'avenir, la Compagnie de Lyon demandait la garantie que le rachat de l'un des réseaux participants ne ferait pas tomber l'arrangement.

Avant de statuer, notamment sur ce dernier point, le Ministre des travaux publics crut devoir s'éclairer de l'avis du Conseil d'État au sujet des questions de principe que soulevait l'affaire et qui prenaient, en la circonstance, une gravité particulière. Ces questions étaient les suivantes :

1° « Les traités de partage de trafic qui interviennent entre les Com-« pagnies concessionnaires de chemins de fer peuvent-ils être libre-« ment conclus entre ces Compagnies ou doivent-ils, pour être appli-« qués, recevoir l'approbation de l'Administration des travaux pu-« blics ? Dans ce dernier cas, sous quelle forme l'approbation doit-elle « être donnée?

2° « Ces traités constituent-ils des contrats ne liant que les Admi-« nistrations qui les ont conclus, ou, en cas d'absence de toute clause « de résiliation, règlent-ils les rapports des réseaux, quelles que soient « les Administrations appelées ultérieurement à les exploiter?

3° « Les pouvoirs généraux du Ministre des travaux publics, tant à « l'égard du réseau d'État que des Compagnies de chemins de fer « d'intérêt général, lui permettent-ils de prendre l'engagement prévu « à l'article 8 du traité passé entre les Compagnies de Paris-Lyon-« Méditerranée, d'Orléans et du Midi pour le partage du trafic entre « la région de Paris et ses au-delà ? [1]. »

[1] Il s'agissait de la garantie réclamée par la Compagnie de Paris-Lyon-Méditerranée pour le cas où l'un des réseaux participants serait racheté.

L'avis émis par le Conseil d'État, le 30 décembre 1908, a une telle portée qu'il ne sera pas inutile de le reproduire *in extenso*. En voici le texte :

« Le Conseil d'État.....

« En ce qui concerne la première question.

« Au fond :

« Considérant qu'il n'est possible d'appliquer les traités ayant pour « objet un partage de trafic qu'en établissant, suivant les circons- « tances, soit des tarifs qui déterminent une répartition des trans- « ports répondant à peu près à la proportion fixée, soit des comptes « de détournement par le jeu desquels la Compagnie qui aurait « effectué des transports attribués à une autre reverserait à celle-ci « les recettes indûment perçues, après prélèvement des sommes « nécessaires pour couvrir les frais de traction ;

« Considérant, dans le premier cas, qu'aucun tarif ne peut être « établi sans l'homologation ministérielle ;

« Considérant, dans le second cas, que, sans rechercher si l'appro- « bation du Ministre des travaux publics est ou non obligatoire, on « doit reconnaître que, quand il s'agit de traités susceptibles d'en- « traîner pendant une longue suite d'années des abandons de recette « ou des versements importants par une Compagnie ayant avec l'État « des conventions instituant une garantie d'intérêt et un partage de « bénéfices, il est de bonne administration qu'une décision ministé- « rielle constate le caractère d'utilité de la dépense avant la mise à « exécution, de manière à prévenir toute difficulté lors du règlement « des comptes ; qu'il en est notamment ainsi dans l'espèce actuelle, où « il s'agit d'assurer l'application de mesures ayant pour objet de « mettre fin à une concurrence qui a entraîné des dépenses considé- « rables pour le Trésor public ;

« En la forme :

« Considérant que les conditions dans lesquelles l'approbation mi- « nistérielle doit intervenir, s'il y a lieu, sont déterminées par l'ar- « ticle 1er du décret du 2 janvier 1907 portant organisation du Comité « consultatif des chemins de fer, aux termes duquel les traités passés « par les Administrations de chemins de fer et soumis à l'approbation « du Ministre font partie des affaires qu'il doit examiner ; qu'ainsi « c'est par une décision du Ministre, rendue après avis de ce Comité, « que l'approbation est donnée valablement aux traités de partage de « trafic, conformément d'ailleurs à la pratique à peu près constam- « ment suivie jusqu'ici ;

« En ce qui concerne la deuxième question :

« Considérant que, si le Ministre intervient pour approuver dans « divers cas les arrangements entre des Compagnies de chemins de

« fer, c'est parce que ces arrangements ne se bornent pas à constater « l'accord intervenu entre celles-ci sur leurs intérêts particuliers, « mais qu'ils déterminent aussi certaines conditions de l'exploitation « des réseaux à elles concédés, reconnus nécessaires pour assurer la « bonne marche du service public et la sauvegarde des intérêts du « Trésor ;

« Que l'on ne saurait admettre que la transmission d'un réseau « d'une Administration à une autre arrête l'application de mesures « ainsi prises dans l'intérêt général ; que, si cette transmission rendait « caducs les accords établis avec les réseaux voisins, il en résulterait « un trouble dans la marche du service, très préjudiciable au public ; « qu'en effet, non seulement les partages de trafic, mais aussi les « traités de gare commune, les arrangements relatifs à l'échange du « matériel ou des marchandises, aux correspondances par terre ou « par mer, etc., seraient mis à néant ; que, par suite, la continuité « des services à tous les points de jonction cesserait d'être convena- « blement assurée jusqu'au jour où des négociations multiples et déli- « cates auraient abouti et où, à défaut d'accord, le Ministre aurait « statué, les Compagnies entendues, sur les matières de sa compé- « tence ; qu'une interprétation de la portée des traités entre les Admi- « nistrations chargées de l'exploitation des chemins de fer qui entraî- « nerait de semblables conséquences irait à l'encontre de toutes les « règles établies pour sauvegarder les intérêts du public en cas de « transports communs ; qu'elle apporterait les obstacles les plus « sérieux à tout changement de concessionnaire ou à tout exercice du « droit que l'État s'est réservé de racheter les réseaux concédés, s'il le « juge utile, et qu'elle serait ainsi en opposition avec les principes « généraux de la législation des voies ferrées ;

« Qu'il suit de là que les accords réglant les rapports entre les « divers réseaux de chemins de fer, une fois arrêtés par les concession- « naires avec l'approbation, s'il y a lieu, du Ministre préposé au con- « trôle de leur gestion par l'autorité concédante, et lorsque aucune « clause résolutoire n'est contenue, soit dans le traité, soit dans la « décision approbative, règlent les relations des réseaux intéressés « jusqu'à l'échéance convenue, constituant ainsi des obligations dont « l'essence même est de suivre les lignes sur lesquelles elles portent « en quelques mains que ces lignes passent ;

« En ce qui concerne la troisième question :

« Considérant qu'il résulte de ce qui précède que la déclaration « spéciale demandée au Ministre par l'article 8 du traité susmentionné « en vue du cas de rachat de l'un des réseaux participants ne serait, « en réalité, qu'une constatation des principes constituant le droit « commun en la matière, droit commun qui s'applique aux réseaux

« exploités directement comme aux réseaux concédés, en vertu de « l'assimilation établie entre le régime des uns et des autres par les « décrets qui ont organisé l'administration et le contrôle des chemins « de fer de l'État ;

« Qu'il n'y a pas lieu de se préoccuper, dans l'espèce actuelle, des « difficultés qui pourraient surgir dans l'hypothèse où la situation « résultant pour l'État de ce qu'il serait substitué à une Compagnie « rachetée, dans les traités régulièrement passés par celle-ci, se trou- « verait en contradiction avec les clauses de conventions existant « entre lui et d'autres réseaux ; qu'en effet, cette éventualité ne pour- « rait se réaliser en ce qui concerne la Compagnie Paris-Lyon-Médi- « terranée, qui seule a demandé l'insertion de l'article 8 du traité, « alors que ses conventions avec l'État ne contiennent aucune stipula- « tion relative au partage du trafic ;

« Que, dans ces conditions, cette Compagnie n'a aucun intérêt réel « à demander au Ministre de prendre l'engagement sur lequel porte « la troisième des questions susmentionnées, engagement qui sem- « blerait, par sa forme, déroger au droit commun, alors qu'il n'en « serait que l'application ;

« Est d'avis qu'il y a lieu de répondre aux questions posées par le « Ministre des travaux publics, des postes et des télégraphes, dans le « sens des observations qui précèdent. »

Cet avis détermina la Compagnie de Paris à Lyon et à la Méditerranée à ne pas maintenir sa demande initiale d'une garantie pour le cas de rachat d'un des réseaux participants.

Le traité mettait en compte commun tout le trafic de grande et de petite vitesse des marchandises échangées directement ou par réexpédition entre les gares suivantes : d'une part, gares de Paris (gares têtes de ligne des grands réseaux et gares de la Petite Ceinture) et gares situées au delà de Paris, pour lesquelles l'itinéraire court s'établissait par la Grande ou la Petite Ceinture; d'autre part, gares du réseau du Midi dans une zone de largeur variable s'étendant à droite et à gauche du chemin de Saint-Flour à Port-Bou et comprenant, sur la ligne de Bordeaux à Cette, la section de Villeneuve-les-Béziers à Lézignan inclus. Dans la définition de cette zone, les parties contractantes avaient pris comme limites, à l'est, les gares extrêmes dont la distance courte sur Paris s'établissait par Neussargues et Bort, et, à l'ouest, les gares extrêmes dont la distance courte sur Paris devait s'établir par Saint-Flour, Laroche-Faugère et Arvant, après l'ouverture des lignes de Saint-Flour à Brioude, avec raccordement vers Arvant, et de Gannat à La Ferté-Hauterive. La délimitation était fixée *ne varietur* pour les lignes existantes, et les Compagnies s'engageaient à la compléter d'après les mêmes principes pour les lignes qui viendraient à être ultérieurement créées.

Chacune des Compagnies contractantes ayant participé au transport recevait 95 centimes par tonne, si elle était expéditrice ou destinataire, et 40 centimes, si elle n'était que transitaire ; exceptionnellement, la Compagnie du Midi prélevait, pour les expéditions en transit sur son réseau, 95 centimes au lieu de 40, quand il y avait transbordement (ce cas se réalisait dans les relations avec l'Espagne et avec les lignes d'intérêt local). Pour les transports taxés à l'unité, le prélèvement était égal au montant des frais accessoires payés par le public d'après le tarif. Après ces prélèvements, le produit brut du compte commun devait être réparti entre les deux itinéraires Midi-Orléans et Midi-Lyon suivant la proportion de 25 p. 100 pour le premier et de 75 p. 100 pour le second. La prépondérance de la part attribuée à la Compagnie Paris-Lyon-Méditerranée se justifiait par une double considération : en l'état des concessions accordées, cette Compagnie était certaine de reprendre prochainement l'avantage du minimum de distance; elle avait, d'ailleurs, plus de marge que la Compagnie d'Orléans pour pratiquer de nouveaux raccourcis au moyen de concessions ultérieures. Quant à la Compagnie d'Orléans, elle pouvait légitimement prétendre à une allocation, car le jeu des concessions successives lui laissait la chance d'enlever temporairement tout le trafic; de plus, en signant la convention, elle libérait la Compagnie de Paris-Lyon-Méditerranée des soucis de la lutte, et peut-être de gros sacrifices pour l'exécution des raccourcis, dans le cas où l'État se refuserait à continuer l'application du système de 1883.

Les trois Compagnies s'engageaient à diriger les transports de grande et de petite vitesse de façon à maintenir constamment la proportion de 25 p. 100 et de 75 p. 100 du tonnage sur les deux itinéraires, dans la mesure où elles disposeraient de l'acheminement des marchandises. Une observation stricte et rigoureuse de cette proportion étant impossible en fait, l'itinéraire ayant un excédent recevait par tonne supplémentaire, à titre de frais d'exécution du service, une allocation de 40 p. 100 ou de 50 p. 100 du produit moyen de la tonne, impôts et frais accessoires déduits, pour l'ensemble du trafic des deux itinéraires, selon que le transport avait eu lieu en grande ou en petite vitesse. Le taux élevé de ces attributions, dépassant celles qui sont habituellement admises dans les comptes de détournement, s'expliquait par la modicité des tarifs appliqués aux vins, principal élément du trafic.

Deux quelconques des Compagnies pouvaient librement conclure entre elles tels accords qui leur paraîtraient favorables à la bonne exécution du service, notamment pour l'itinéraire effectif des marchandises devant être acheminées par leurs réseaux. Il existait, depuis longtemps, entre les Compagnies Paris-Lyon-Méditerranée et du Midi un accord de ce genre, en vertu duquel la seconde Compagnie avait la faculté d'acheminer, par les voies ferrées à meilleur profil de la première, le trafic de ses lignes montant vers le plateau central.

Les Compagnies d'Orléans et du Midi soumettaient, à leur tour, au Ministre des travaux publics, en même temps que la convention de partage Orléans-Lyon-Midi, un accord analogue d'une durée de vingt ans au moins, dont il est intéressant de rappeler les traits essentiels.

Afin d'éviter des sections accidentées et d'exploitation coûteuse, les deux Compagnies d'Orléans et du Midi convenaient d'acheminer par Montauban le trafic de petite vitesse échangé entre la partie du réseau du Midi située au sud de Bédarieux et le réseau d'Orléans ou ses au-delà, qui eût appartenu à l'itinéraire Séverac-le-Château-Neussargues-Bort. Il n'était prévu d'exception que pour une zone du réseau d'Orléans en contact ou en relation très directe avec Neussargues ou avec Bort. Le détournement comprenait la presque totalité du trafic attribué à la voie Midi-Orléans par l'arrangement Orléans-Lyon-Midi.

Pour la répartition des taxes afférentes au trafic reporté *viâ* Montauban, il était d'abord prélevé, s'il y avait lieu, au profit de tierces Compagnies, la part leur revenant, et alloué, comme frais accessoires : à la Compagnie du Midi, 95 centimes par tonne, que cette Compagnie fût expéditrice, destinaire ou intermédiaire; à la Compagnie d'Orléans, 95 centimes par tonne, si elle était expéditrice ou destinataire et 40 centimes si elle était simple intermédiaire. En ce qui concernait les transports taxés à la pièce, l'allocation à titre de remboursement des frais accessoires devait être égale au montant de ces frais, tels que les fixaient les arrêtés ministériels. Le surplus de la recette se partageait entre les deux itinéraires *viâ* Neussargues et *viâ* Montauban, à raison de 60 p. 100 pour le premier et de 40 p. 100 pour le second. Enfin la part ainsi attribuée à chacun des itinéraires était répartie au prorata kilométrique entre les Compagnies contractantes.

Dans le cas où une tierce Compagnie intervenait au transport, la transmission à cette Compagnie se faisait au même point de transit que si la convention de détournement n'eût pas existé.

Chaque Compagnie contractante restait libre de l'itinéraire effectif des transports sur son réseau. Mais les itinéraires détournés servant de base à la répartition des taxes étaient, sur chacun des réseaux, les itinéraires les plus courts de Montauban aux gares d'expédition, de destination ou de transit.

La convention renvoyait, pour le trafic de grande vitesse, aux règles déterminées par le Comité de Ceinture. Elle portait que les transports de Bédarieux et ses au-delà à Paris et ses au-delà ou réciproquement, antérieurement déviés par Cette ou Montpellier, seraient dorénavant acheminés *viâ* Montauban.

Une décision ministérielle du 7 octobre 1909 approuva l'arrangement et la convention dont les bases viennent d'être rappelées.

Peu après (3 décembre 1910), le Ministre des travaux publics sanctionna une nouvelle convention d'acheminement intervenue entre les Compagnies du Midi et de Paris-Lyon-Méditerranée. Cette convention remplaçait l'arrangement antérieur de 1887-1894, dit de Neussargues, pour tenir compte des modifications dans le partage du trafic ainsi que de la construction du chemin de Brioude à Saint-Flour, reliant la ligne Béziers-Millau-Marvéjols au réseau de Paris-Lyon-Méditerranée, sans emprunter le réseau d'Orléans, de Neussargues à Arvant.

Le passage des marchandises de petite vitesse par la ligne Sévérac-Saint-Flour-Brioude eût entraîné des dépenses qu'il importait de réduire en détournant tout ou partie de ces marchandises par des lignes d'une plus grande capacité de transport. D'un autre côté, la convenance d'accélérer le trafic de grande vitesse commandait de l'acheminer sur des lignes plus longues que celles de Sévérac à Saint-Flour et Brioude, mais parcourues par des trains plus rapides. Tel était l'objet de l'accord.

Aux termes de la convention, les marchandises de petite vitesse échangées dans les deux sens entre la partie du réseau du Midi située au sud de la gare du Bousquet d'Orb (exclue) et ses au-delà, d'une part, la partie du réseau de Paris-Lyon-Méditerranée située au nord de la ligne Moulins-Paray-Givors (cette ligne comprise) et ses au-delà, d'autre part, pouvaient être détournées en partie de l'itinéraire Sévérac-Saint-Flour-Brioude par la Compagnie expéditrice. Les marchandises ainsi détournées devaient être acheminées : 1° par Montpellier, pour les gares des sections de Castres-Tarn à Montpellier, de Bédarieux à Graissessac-Estréchoux et à Espondeilhan, et de Paulhan à Lodève et à Florensac ; 2° par Cette, pour les autres gares du réseau du Midi et ses au-delà. Il était entendu que le détournement serait réglé de manière à établir autant que possible, chaque semaine, l'égalité entre le nombre des trains remis par la Compagnie de Paris-Lyon-Méditerranée à la Compagnie du Midi, en gare de Saint-Flour, et celui des trains remis par la Compagnie du Midi à la Compagnie de Paris-Lyon-Méditerranée, dans la même gare. Chacune des deux Compagnies s'engageait à composer ses trains, dans la mesure où elle le pourrait, avec du matériel chargé.

Pour la répartition des taxes afférentes aux marchandises détournées, il devait d'abord être prélevé, s'il y avait lieu, au profit des tierces Compagnies, la part leur revenant dans l'hypothèse du transport par Sévérac, puis alloué, comme frais accessoires, à chacune des Compagnies contractantes 0 fr. 95 par tonne, si elle était expéditrice ou destinataire, ou 0 fr. 40 par tonne, si elle était simple intermédiaire, la Compagnie du Midi recevant toutefois 0 fr. 95 même en ce dernier cas, quand un transbordement s'imposait au point de transit. En ce qui concernait les transports taxés à l'unité, le prélèvement de chaque Compagnie contractante était égal au montant des frais accessoires, tels qu'ils résultaient du tarif appliqué. Le surplus de la taxe se partageait entre les itinéraires *viâ* Saint-Flour et *viâ* Montpellier ou Cette, à raison de 40 p. 100 pour le premier et de 60 p. 100 pour le second. Enfin la part ainsi attribuée à chacun des itinéraires était répartie au prorata kilométrique entre les Compagnies contractantes.

Lorsqu'une tierce Compagnie intervenait au transport, la transmission à cette Compagnie se faisait au même point de transit que si l'expédition avait été effectuée par l'itinéraire direct *viâ* Sévérac.

Chaque Compagnie contractante restait libre de l'itinéraire effectif des transports sur son réseau. Mais les itinéraires détournés servant de base à la répartition des taxes étaient, sur chacun des réseaux, les itinéraires les plus courts qui passent s'établir de Montpellier ou de Cette, selon le cas, aux gares d'expédition, de destination ou de transit, étant entendu que, pour le réseau de Paris-Lyon-Méditerranée, ces itinéraires devraient passer par Tarascon et Lyon.

La convention prévoyait, sans restriction, le détournement du trafic de grande vitesse échangé dans les deux sens entre les zones ci-dessus définies pour les marchandises de petite vitesse et son acheminement suivant les itinéraires assignés à ces marchandises. En ce qui touchait la répartition des taxes, elle renvoyait aux règles admises par le Comité de Ceinture.

Cet arrangement était conclu pour dix années à compter du 1er novembre 1908 et devait continuer ensuite à être appliqué par tacite reconduction, chaque Compagnie ayant la faculté d'y mettre fin moyennant un préavis de cinq ans.

j. Résumé. — Bases générales des arrangements pour le partage du trafic. — Les exemples qui précèdent suffisent pour montrer la grande diversité des arrangements de partage suivant les circonstances. Malgré cette variété, il n'est pas impossible de dégager et de mettre en lumière quelques principes directeurs concernant : 1° l'attribution des transports susceptibles d'emprunter plusieurs itinéraires concurrents ; 2° les moyens mis en œuvre afin de réaliser l'acheminement effectif du trafic par les itinéraires auxquels il a été attribué ;

3° les dispositions propres à assurer une réparation pécuniaire aux Administrations qu'auraient lésées des détournements de transports.

Tantôt la répartition du trafic porte sur tous les éléments qui le composent (voyageurs, marchandises en grande vitesse, marchandises en petite vitesse); tantôt elle est limitée à une partie de ces éléments, notamment aux marchandises.

Ordinairement, les Administrations restent, comme nous l'avons vu, maîtresses des transports qu'elles peuvent effectuer de bout en bout par leurs rails, mais il est des cas où deux Administrations concurrentes satisfont à cette condition pour les mêmes transports : le fait se produit quand les gares expéditrice et destinataire sont communes aux deux réseaux. En pareille occurrence, ou lorsque les deux itinéraires sont mixtes, le trafic est attribué à la voie la plus courte en longueur absolue ou, plus souvent, en longueur virtuelle, déduite de la longueur absolue par des majorations conventionnelles pour les transmissions de réseau à réseau et parfois pour les fortes déclivités. La formule de la voie la plus courte a été exceptionnellement remplacée par celle de la voie la plus économique, qui tend à faire entrer en ligne de compte le prix de revient de l'exploitation et, dès lors, les transmissions ainsi que les déclivités, mais qui manque de précision.

Un autre mode de partage consiste dans l'attribution des transports par zone d'expédition ou de destination. Il peut se confondre en fait avec le précédent, si les limites des zones sont tracées par application de la règle des moindres distances réelles ou virtuelles; il peut aussi en différer et répondre à un compromis transactionnel.

Certains arrangements attribuent à chacun des itinéraires concurrents une part de transports, fixée d'après les longueurs relatives, les conditions d'exploitation, les situations acquises, les raccourcis possibles, etc.

Il en est encore qui, sans faire de répartition « en nature », établissent un partage « en argent ». Les recettes vont à une « bourse commune », dont le produit sera partagé dans une proportion convenue, après le prélèvement, au profit de chaque Administration pour les transports qu'elle aura effectués, d'une quote-part des recettes ou d'une allocation par unité kilométrique de trafic, représentant les frais principaux et accessoires de ces transports. Généralement, la rémunération varie suivant la nature du trafic (voyageurs, marchandises en grande vitesse, marchandises en petite vitesse).

Autrefois, les traités de partage étaient fréquemment conclus pour un très court délai. En effet, la contexture du réseau national subissait des modifications rapides, qui se répercutaient inévitablement sur les bases de la répartition. Depuis, les Administrations de chemins de fer sont entrées dans la voie des conventions à plus longue durée; elles échappent ainsi à la tentation d'engager une lutte ruineuse au moyen de raccourcis successifs, entraînant de lourdes dépenses et ne procurant pas au pays des avantages suffisants pour compenser ces dépenses.

Différents procédés sont mis en œuvre afin de donner matériellement aux itinéraires concurrents les transports qui leur ont été attribués.

Lorsqu'un itinéraire doit recevoir tout le trafic entre deux points ou deux zones déterminés et que l'autre itinéraire offre des prix moindres, il y est pourvu par l'abaissement des taxes du premier itinéraire, par la création de prix « de couverture » ou, plus rarement, par le relèvement des taxes du second itinéraire. Aujourd'hui, le Département des travaux publics refuse d'admettre la couverture par des prix fermes contre des barèmes applicables sur l'ensemble du réseau concurrent ; l'institution de tels barèmes, profitant à toutes les relations, ne saurait être considérée comme un acte de concurrence, quels qu'en puissent être les effets pour une direction donnée, et les Administrations qui consentent des réductions d'ordre général doivent en recueillir le bénéfice sans restrictions; dépouiller partiellement ces Administrations d'avantages, dans lesquels elles trouvent la légitime compensation de leurs sacrifices, serait entraver les abaissements généraux et progressifs des taxes. D'ailleurs, certaines conventions stipulent elles-mêmes la liberté de tarification par barèmes.

Une forme limite de la couverture est la « réversion », sur les itinéraires normaux, des prix moindres qu'offriraient les itinéraires détournés. Elle ne suffirait généralement pas, à elle seule, pour assurer à l'Administration qui l'applique l'intégralité du trafic. Son objet est surtout de soustraire, le cas échéant, les usagers au préjudice que pourraient leur causer les arrangements de partage.

Quand le trafic est réparti en nature dans une proportion déterminée, les deux Administrations perçoivent la même taxe et s'efforcent de diriger en fait les expéditions de manière à réaliser le partage commun.

Le système de la bourse commune appelle des mesures semblables, mais d'une façon moins impérieuse.

Quelque minutieusement qu'ait été réglé le partage, quel que soit le soin apporté par les Administrations contractantes à la stricte observation des arrangements, certains transports peuvent avoir lieu suivant des itinéraires détournés. L'impossibilité de contraindre les voyageurs à prendre une voie dont les éloigneraient leurs convenances, le dépôt des marchandises dans une gare d'expédition autre que la gare correspondant à l'itinéraire normal s'il n'y a pas de gare commune au point de départ, les erreurs des agents même en cas de communauté des gares expéditrices, la difficulté pratique de réaliser mathématiquement les proportions conventionnelles, d'autres causes encore rendent inévitables des détournements. Aussi le fait est-il toujours prévu par les arrangements. L'Administration qui a effectué un transport ne lui appartenant pas doit restituer la recette indûment perçue par elle, en retenant toutefois, pour se rembourser de ses frais, une part de cette recette, que déterminent les arrangements. Il convient de mesurer avec parcimonie le prélèvement ainsi autorisé : c'est le moyen le plus sûr d'inciter les Administrations à éviter les détournements. D'ailleurs, le trafic détourné constitue un trafic d'appoint n'entraînant que des dépenses relativement faibles.

Les comptes de détournement sont rares pour les voyageurs, qui choisissent librement leur itinéraire et auxquels les Administrations appliquent, du reste, maintenant des tarifs à peu près identiques. Au contraire, les marchandises donnent lieu fréquemment à des comptes de ce genre.

En ce qui concerne les comptes de détournement relatifs aux voyageurs, il ne sera pas sans intérêt de signaler des conventions qui limitent les reversements à une fraction du trafic détourné. Cette dérogation à la règle générale tend à encourager les efforts que peuvent faire les Administrations dans le but de développer le trafic par des améliorations du matériel et par une meilleure organisation du service.

Les arrangements de partage ne portent pas obstacle aux combinaisons sur lesquelles les Administrations se mettraient d'accord en vue d'une exploitation plus économique ou plus favorable au public et qui auraient pour effet de diriger les transports par un itinéraire différent de l'itinéraire normal. Ces combinaisons aboutissent à des détournements voulus et à des reversements. Ici encore, l'Administration qui a effectué le transport détourné se rembourse de ses frais par le prélèvement d'une quote-part conventionnelle de la recette; le taux de la retenue peut, d'ailleurs, être plus élevé que dans le cas d'un détournement proprement dit, puisqu'il ne s'agit pas de prévenir des infractions à un contrat.

A peine est-il nécessaire de dire que les Administrations contractantes doivent, pour les transports qui leur appartiennent, conserver une liberté complète d'acheminement à l'intérieur de leur réseau, sous l'unique condition de prendre et de livrer le trafic aux points convenus.

Si les conventions de partage méritent d'être favorisées comme prémunissant contre des luttes finalement préjudiciables à l'intérêt général, elles ne peuvent, en principe, obtenir l'approbation du Département des travaux publics que dans le cas où leurs stipulations ne sont point de nature à peser sur les usagers de la voie ferrée, où elles ne sont susceptibles d'entraver, dans l'avenir, ni les abaissements progressifs et raisonnables des tarifs, ni les améliorations du service.

Les taxes perçues doivent être les plus faibles de celles des itinéraires concurrents : tel est l'un des objets de la « réversion ». Aucune des majorations fictives de longueur admises pour la comparaison des itinéraires ne doit entrer dans le calcul de ces taxes. Il faut que l'organisation effective des transports soit la plus commode et la plus avantageuse pour le public ; il convient, par exemple, que les expéditeurs de marchandises en grande vitesse puissent bénéficier des abréviations de délais correspondant aux itinéraires les plus rapides; il est bon que les prix des billets de voyageurs soient les mêmes sur les diverses voies concurrentes, que les porteurs de billets d'aller et retour aient la faculté d'emprunter indifféremment l'un ou l'autre des itinéraires pour le retour.

1. Entente entre les Administrations françaises et les Administrations étrangères. — Les Administrations françaises de chemins de fer ont été amenées à conclure des arrangements de partage de trafic, non seulement entre elles, mais aussi avec les Administrations étrangères. Je me bornerai à un petit nombre d'exemples, et je n'en rappellerai que les traits essentiels.

A la suite de l'ouverture du Gothard, nous avions perdu en grande partie notre trafic de transit pour les relations de l'Italie avec l'Angleterre, la Suisse et l'Allemagne du Sud-Ouest.

Les abaissements des tarifs étrangers menaçaient même les transports à l'égard desquels nous gardions la plus courte distance, et la Compagnie de Paris-Lyon-Méditerranée devait faire des sacrifices importants pour défendre à grand'peine ce qui lui restait du trafic par Modane.

D'un autre côté, bien qu'ayant obtenu un traité de partage des transports en provenance du Gothard, grâce à la possibilité d'une lutte contre les chemins de fer d'Alsace-Lorraine, la Compagnie de l'Est était obligée de subir les réductions de prix que le consortium des Administrations étrangères consentait dans un but de concurrence au Mont-Cenis. Cette situation profitait largement à l'Angleterre, à la Belgique et surtout à l'Italie, dont l'exportation de denrées alimentaires vers le Nord se trouvait singulièrement favorisée. Mais elle avilissait sans compensation les recettes des chemins de fer intermédiaires, préjudiciait surtout aux Compagnies françaises, moins libres que les Administrations étrangères pour leur tarification, enfin compromettait gravement nos intérêts généraux.

Les Compagnies de l'Est et de Paris-Lyon-Méditerranée signèrent en 1889, avec l'Administration des chemins de fer d'Alsace-Lorraine, un traité de partage qui reçut, le 3 décembre 1890, l'approbation du Ministre des travaux publics. Ce traité mettait en commun les transports à petite vitesse par charges complètes, *viâ* Gothard et *viâ* Mont-Cenis, (y compris les denrées alimentaires à petite vitesse accélérée), entre l'Italie, d'une part, les ports de mer belges et français de la Manche, ainsi que les stations belges, d'autre part. Chaque Administration apportait à la communauté, quel que fût l'itinéraire suivi, la taxe correspondant au parcours sur les rails d'Alsace-Lorraine, de Bettingen à Bâle (359 kilomètres), sous déduction des frais de traction fixés aux chiffres suivants par tonne et par kilomètre : 3 centimes pour les denrées à destination de l'Angleterre et de la Belgique, expédiées à prix identiques par le Gothard et le Mont-Cenis; 2 c. 4 pour les envois par wagons complets de 5 000 kilogrammes à 8 000 kilogrammes exclusivement; 1 c. 5 pour les envois par wagons complets de 8 000 kilogrammes et au-dessus.

Quand il n'existait pas de prix direct, *viâ* Gothard, pour le transport d'une marchandise, l'apport des Compagnies françaises se calculait en appliquant à une distance de 359 kilomètres la base kilométrique des taxes perçues par ces Compagnies, déduction faite des frais de traction précédemment indiqués. Le montant des apports était ainsi réparti : trafic des ports de mer, 40 p. 100 pour les chemins de fer d'Alsace-Lorraine et 60 p. 100 pour les deux réseaux français; trafic des gares belges autres que les ports, 50 pour 100 pour les chemins de fer d'Alsace-Lorraine et 50 p. 100 pour les réseaux français.

Diverses stipulations du traité tendaient à assurer, autant que possible, l'égalité des prix par les différents itinéraires et la répartition matérielle des transports suivant les proportions convenues pour le partage des recettes. Le passage effectif sur les rails français de la part des transports qui leur était réservée présentait pour nous une importance considérable : il comportait, en effet, de longs parcours dans l'étendue des réseaux de l'Est, de Paris-Lyon-Méditerranée, du Nord, de l'Ouest, et intéressait d'ailleurs nos ports maritimes.

Certains avantages étant accordés par les Compagnies étrangères aux expéditeurs de denrées d'Italie qui contractaient un engagement pour un minimum annuel de tonnage; une annexe à la convention portait que les Administrations intéressées prendraient les mesures nécessaires afin de conserver sur la voie de Modane leur part de ce trafic.

Le traité dont les dispositions essentielles viennent d'être analysées ne réglait que les rapports entre le réseau d'Alsace-Lorraine et les deux réseaux français considérés comme formant un réseau unique. Aussi la Compagnie de l'Est et la Compagnie de Paris-Lyon-Méditerranée avaient-elles dû conclure un arrangement distinct, fixant leurs situations respectives. Quand une seule des deux Compagnies concourait au transport, le versement à la communauté lui incombait entièrement; dans le cas contraire, les deux Compagnies contribuaient à l'apport. au prorata des parcours effectués sur leurs rails. La part de 60 p. 100 attribuée *in globo* à la voie française dans le trafic des ports de mer se répartissait de la manière suivante : denrées pour l'Angleterre, 19 p. 100 à la Compagnie de l'Est et 41 p. 100 à la Compagnie de Paris-Lyon-Méditerranée; surplus du trafic, 15 p. 100 à la première Compagnie et 45 p. 100 à la seconde. Pour le trafic des gares belges autres que les ports, la part globale de 50 p. 100 était ainsi divisée : Est, 40 p. 100; Paris-Lyon-Méditerranée, 10 p. 100. Ces proportions avaient été déterminées d'après les transports effectifs moyens de 1886 à 1888.

Un autre traité a été signé en 1895 par diverses Compagnies anglaises, l'Administration des chemins de fer de l'État belge, les Compagnies françaises du Nord et de l'Est, la Compagnie Suisse du Jura-Simplon et l'Administration des chemins de fer d'Alsace-Lorraine, au sujet du trafic des marchandises à grande vitesse, avec lettre de voiture directe, entre la Suisse et l'Angleterre, *viâ* Bâle-Calais ou Boulogne-Douvres ou Folkestone, *viâ* Bâle-Ostende-Douvres et *viâ* Bâle-Anvers-Harwich. Tout ce trafic était mis en communauté, que les transports fussent effectués par trains express, rapides ou omnibus, qu'il s'agît d'expéditions de détail ou de wagons complets. La convention exceptait seulement les échanges, avec feuille de route directe, entre l'Italie et l'Angleterre.

L'apport à la communauté comprenait l'intégralité de la recette après déduction : 1° des frais de traction fixés à 6 centimes par tonne et par kilomètre, pour la grande vitesse accélérée comme pour la vitesse ordinaire; 2° de 6 fr. 25 par tonne pour factage à Londres, quand le prix de cette opération constituait un des éléments de la taxe.

Des décomptes mensuels servaient de base à un partage, dans lequel l'itinéraire Delle-Laon-Calais, ou Boulogne-Douvres, ou Folkestone, recevait 60 p. 100, l'itinéraire Bettingen-Ostende-Douvres, 17 p. 100, l'itinéraire Bettingen-Anvers-Harwich, 23 p. 100. La sous-répartition entre les Administrations contractantes se faisait au prorata de leurs parts des tarifs par tonne.

Ces tarifs devaient être établis d'un commun accord et différer selon que les expéditions avaient lieu par trains express ou par trains omnibus. D'ores et déjà, le traité fixait la taxe directe entre Bâle et Londres à 30 francs les 100 kilogrammes, pour la grande vitesse accélérée (délai de trois jours), par Calais ou Boulogne, Ostende et Anvers, et à 20 francs, pour la grande vitesse ordinaire (délai de six jours), par Calais ou Boulogne et Anvers. Les expéditeurs gardaient la liberté du choix de l'itinéraire. Des stipulations précises interdisaient aux Administrations contractantes de prêter la main à la création de tarifs qui pourraient annihiler l'arrangement, de transporter par trains express les marchandises expédiées en grande vitesse ordinaire, d'accorder aucune faveur rompant l'équilibre des itinéraires, de participer à aucune combinaison détournant le trafic des voies de la communauté.

Par une convention de 1901, l'Administration des chemins de fer d'Alsace-Lorraine, celle du grand-duché de Bade, celle de l'État de Prusse et du grand-duché de Hesse, celle du Palatinat, la Compagnie de l'Est et la Direction des chemins de fer du Jura-Simplon ont mis en communauté les transports de marchandises acheminés, avec lettre de voiture directe, *viâ* Delle, Bâle, Waldshut, Schaffhouse, Singen ou Constance, entre la Belgique, la Hollande et les pays au-delà, d'une part, la Suisse et les pays au delà, d'autre part.

L'arrangement déterminait les parts des différents itinéraires en ce qui concernait le trafic belge-suisse, le trafic hollandais-suisse, le trafic belge-italien, le trafic hollandais-italien, le trafic anglais-suisse, le trafic anglais-italien.

Tous les tarifs devaient être établis d'un commun accord et de telle sorte que les prix fussent les mêmes pour les divers itinéraires. Sauf convention contraire, les marchandises expédiées sans prescription d'itinéraire étaient acheminées conformément aux règles de partage du trafic.

Les Administrations ayant effectué un transport avaient droit au remboursement des frais de traction, calculés d'après les plus courtes distances entre les points de transit et sur la base de 6 centimes par tonne et par kilomètre pour les expéditions de détail en grande vitesse, de 4 centimes pour les expéditions de détail en petite vitesse, de 2 c. 4 pour les expéditions par wagon complet de 5 000 kilogrammes, de 1 c. 5 pour les expéditions par wagon complet de 10 000 kilogrammes. Après le prélèvement de ces frais, le surplus de la recette allait à la communauté et se partageait de manière à doter chaque itinéraire d'une part proportionnelle au produit des deux facteurs suivants : 1° pourcentage de trafic attribué à l'itinéraire ; 2° produit net versé par cet itinéraire. Enfin la sous-répartition entre les réseaux empruntés par un même itinéraire avait lieu en conformité des arrangements spéciaux liant les Administrations intéressées.

Par une disposition expresse, les parties contractantes s'engageaient à ne consentir de leur seul chef aucune réduction de prix ou faveur quelconque ayant pour effet d'attirer le trafic de préférence sur l'un des itinéraires. Elles s'interdisaient également toute mesure susceptible de détourner les transports vers des lignes situées en dehors de la communauté. Cette interdiction ne s'appliquait pas aux arrangements spéciaux concernant le partage du trafic des denrées alimentaires par wagon complet, d'Italie vers la Belgique, la Hollande et l'Angleterre.

Les Compagnies françaises du Nord et de l'Est ont constitué avec trente Administrations belges, suisses, allemandes, autrichiennes et hongroises une Union dite « franco-austro-hongroise ». Cette Union a pour but de développer les relations de trafic direct, en ce qui concerne les marchandises, entre les réseaux du Nord et de l'Est, d'une part, et les chemins de fer d'Autriche-Hongrie, d'autre part. Elle est chargée « du règlement de la concurrence entre les Administrations « participantes, de la création des tarifs directs nécessités par les « besoins du trafic, ainsi que de l'examen de la situation pouvant ré« sulter de la concurrence des routes étrangères à l'Union ». Ses affaires sont gérées par l'une des Administrations participantes, élue pour une période triennale à la majorité absolue des votants.

Des conférences de l'Union ont lieu tous les ans au moins. La plupart des décisions prises dans ces conférences ne sont valables qu'à la condition d'avoir réuni l'unanimité des voix.

Les tarifs doivent être établis par la voie la plus avantageuse, en tenant compte, dans la mesure du possible, des prix les plus réduits qu'offrent d'autres itinéraires situés en dehors de l'Union, afin d'éviter les réexpéditions au cours du transport et, par suite, les détournements de trafic au préjudice des lignes de l'Union. Des arrangements spéciaux fixent les règles concernant les réductions à apporter aux prix partiels pour l'établissement des tarifs directs.

Sont interdits tous les actes de concurrence propres, soit à reporter, contrairement aux traités intervenus, le trafic d'un itinéraire sur un autre dans le domaine de l'Union, soit à faire passer une partie du trafic de l'Union sur des voies concurrentes situées en dehors de l'Union. Parmi ces actes se rangent les réductions de prix supérieures à celles qui sont admises dans l'Union, la concession d'autres avantages à certaines personnes, l'influence exercée par le personnel des chemins de fer sur les expéditeurs et les destinataires en vue d'obtenir des prescriptions d'itinéraire, etc.

Le partage et l'acheminement du trafic font l'objet de conventions particulières dans chacun des groupes de l'Union (groupe des relations avec le réseau du Nord et groupe des relations avec le réseau de l'Est). A défaut d'arrangements spéciaux, les transports, présentés à la réexpédition après un séjour autorisé par les tarifs dans un entrepôt, tombent sous l'application des traités de partage du trafic entre le point de départ initial et la gare de destination définitive.

Il existe des arrangements particuliers pour la répartition des taxes, ainsi que pour le décompte des expéditions dévoyées et le règlement des détaxes.

5. Observations sur les chemins de fer d'intérêt local et les tramways. — Les anciens rêves de concurrence aux chemins de fer d'intérêt général par des chemins de fer d'intérêt local s'étendant sur plusieurs départements et réunis entre les mêmes mains ou soumis à une action commune sont depuis longtemps évanouis. Aujourd'hui, les concessionnaires de lignes départementales consacrent uniquement leur activité à la desserte des intérêts locaux. Ils peuvent ainsi exécuter les travaux et organiser l'exploitation dans des vues de stricte économie, éviter les lourdes dépenses et souvent la ruine finale auxquelles les exposerait une ambition injustifiée. Le cas échéant, l'Administration des travaux publics, le Conseil d'État et les Chambres empêcheraient la réalisation des entreprises qui ne resteraient pas dans leur cadre normal.

Quand les grandes Compagnies apportent un concours financier aux chemins de fer d'intérêt local, rien ne leur interdit de prendre elles-mêmes certaines garanties. En pareille occurrence, il est naturel que ces Compagnies se prémunissent contre des actes d'hostilité, qu'elles s'attachent à ne point forger des armes susceptibles d'être employées plus tard pour les combattre. Les stipulations qui interviennent à cet effet doivent être soumises aux Chambres avec les accords concernant la participation financière. Toute clause secrète serait illicite. Le Parlement, à l'approbation duquel les conventions de 1883 subordonnent l'admission en compte des charges de l'espèce assumées par les Compagnies, a le droit de connaître intégralement les dispositions des traités. Ne pas exiger l'observation de cette règle serait courir le risque d'abus préjudiciables à l'intérêt public.

Les cas de participation financière des grandes Compagnies à la construction ou à l'exploitation des lignes d'intérêt local sont peu nombreux. Presque toujours, au contraire, des arrangements s'imposent au sujet des gares de raccordement. Est-il loisible aux grandes Compagnies de saisir l'occasion pour s'assurer les garanties qu'elles n'obtiendraient pas autrement, de consentir, par exemple, certains avantages en échange d'engagements des Compagnies secondaires? La régularité d'un tel mode de faire se défendrait difficilecilement : en effet, les Compagnies sont tenues de recevoir les embranchements; si l'entente ne s'établit pas sur le principe ou l'exercice de l'usage commun des gares de raccordement, le Ministre statue; lorsque le dissentiment a trait aux conditions financières de la communauté, il y est pourvu par un arbitrage. Comment trouver dans cette procédure la place pour des tractations relatives à la concurrence? Comment associer ainsi deux ordres de questions essentiellement différents? La concession d'avantages pécuniaires, comme contre-partie d'une aliénation partielle de la liberté des Compagnies secondaires, n'équivaudrait-elle pas à un subside, que la loi seule peut autoriser?

Sans nous arrêter davantage à la concurrence des chemins de fer d'intérêt local contre les chemins de fer d'intérêt général, passons à la concurrence que les chemins de fer d'intérêt local pourraient se faire entre eux. Une lutte de ce genre est toujours peu probable : le trafic local n'a généralement pas une intensité suffisante pour la provoquer; d'autre part, les conseils généraux, ayant avant tout le souci de desservir les différentes parties de leur département, ne sacrifieraient pas cette œuvre à la multiplication des lignes, dans une région déjà dotée de voies ferrées; en outre, les subventions souvent très élevées qu'ils sont conduits à accorder aux concessionnaires sur le budget départemental leur imposent la réserve et la prudence. Au besoin, l'État, qui est également mis à contribution, ne manquerait pas de couper court aux dilapidations.

Cependant, en quelques circonstances, les demandeurs en concession ont réclamé et obtenu l'insertion de clauses protectrices dans leurs contrats avec les départements ou avec les villes, notamment pour les chemins de fer funiculaires ou à crémaillère, qui exigeaient des dépenses considérables et qui, sauf exception, ne recevaient aucun subside. L'engagement de l'autorité concédante a revêtu des formes diverses. Tantôt cette autorité s'est interdit d'accorder, dans une zone déterminée, soit une concession quelconque pouvant faire concurrence à la ligne objet du contrat, soit un chemin de fer du même genre, soit un chemin de fer de quelque type qu'il fût. Tantôt elle a contracté l'obligation de ne subventionner, sans accord préalable avec le concessionnaire, aucune entreprise de transport desservant les mêmes relations. Tantôt encore elle a reconnu au concessionnaire le droit d'exiger le rachat de la ligne, si elle concédait un chemin de fer ou un tramway destiné au même service. Parfois, tout en aliénant sa liberté pour les chemins de fer du même genre, elle s'est réservé expressément la faculté de concession ou d'autorisation d'un tramway ou d'un autre système de locomotion. Dans une espèce, elle a stipulé que son engagement deviendrait caduc au cas où le concessionnaire, mis en demeure d'établir un embranchement, avant une date donnée, ne se conformerait pas à cette invitation.

Exceptionnellement, le concessionnaire a été investi, sans limitation de durée, d'un droit de préférence, à conditions égales, pour les lignes d'embranchement ou de prolongement.

Les tramways à traction mécanique affectés au transport des marchandises comme au transport des voyageurs sont, en ce qui touche la concurrence, dans une situation analogue à celle des chemins de fer d'intérêt local, dont ils ne diffèrent, d'ailleurs, que par l'emprunt de voies de terre, soit sur la totalité, soit sur une partie de leur étendue, ou même par la seule proportion entre la longueur des sections ainsi empruntées et la longueur totale du tracé.

Au contraire, les tramways exclusivement ou plus particulièrement destinés au service des voyageurs, c'est-à-dire les tramways urbains ou suburbains, appellent quelques observations spéciales.

Il est rare que ces tramways puissent faire une concurrence réelle aux chemins de fer, même lorsqu'ils les suivent de près. Leur fonction bien distincte consiste à desservir les faibles parcours, à assurer des relations auxquelles les chemins de fer ne sont pas appropriés.

Le caractère de leur service rend même assez peu fréquents les cas où ils se concurrencent entre eux. Néanmoins, des clauses de garantie ont été souvent introduites dans les actes de concession.

Un exemple très connu est celui des tramways de Paris, dont la ville de Paris et le département de la Seine ont reconnu le monopole à la Compagnie générale des Omnibus jusqu'au 31 mai 1910. Cet exemple date, il est vrai, d'une époque antérieure à la loi du 11 juin 1880; mais beaucoup d'autres plus récents pourraient être cités. Ici encore, les engagements pris par les départements ou par les villes dans les traités de concession ou de rétrocession ont revêtu des formes variées : interdiction d'accorder aucune concession concurrente dans une zone ou sur une voie de terre déterminée, soit pendant un certain nombre d'années, soit pendant toute la durée de la concession, cette interdiction devenant parfois caduque si le concessionnaire, mis en demeure avant une date convenue d'établir des lignes nouvelles, refusait de déférer à l'invitation ; droit de préférence à conditions égales, durant un délai de 10, 15, 20 ans ou jusqu'au terme de la concession, soit pour les lignes d'embranchement, soit pour toutes les lignes dans une zone définie, etc.

De tels engagements ne lient, bien entendu, que l'autorité dont émane la concession ou la rétrocession. Ils laissent intacts les droits des autres autorités aptes à faire des concessions. Certaines conventions le rappellent explicitement.

Une modalité particulière de concurrence a été récemment consacrée par divers actes de concession à Paris. Ces actes imposent aux concessionnaires la servitude éventuelle d'emprunt de leurs voies, sur des sections plus ou moins étendues, par d'autres entreprises faisant, en même temps que le transit, un service local et ne leur attribuent, comme indemnité, qu'une part des intérêts du capital d'établissement ainsi que des dépenses d'entretien; la répartition a lieu au prorata des parcours totaux effectués par les voitures des deux entreprises. Il était assurément difficile d'adopter une autre solution, dès lors que la multiplication des lignes rendait inévitables les superpositions partielles; car le public n'aurait pas admis le passage de voitures présentant souvent des places libres et cependant inaccessibles sur une fraction de leur trajet. On ne saurait néanmoins méconnaître l'aléa qui en résulte pour les concessionnaires, exposés à perdre une partie de leurs bénéfices et à ne recevoir qu'une compensation insuffisante.

6. Concurrence et arrangements entre les Administrations de chemins de fer en Allemagne et en Autriche-Hongrie. — Au début des chemins de fer en Allemagne, le défaut de plan d'ensemble, la division du pays, les conflits d'intérêts entre les divers États, devaient nécessairement amener la création de lignes concurrentes. Souvent la lutte prit une véritable acuité, alors surtout que la publication des abaissements de taxes n'était pas obligatoire. Les Compagnies en état d'hostilité chargeaient des commissionnaires de rechercher les transports, de recruter les clients par l'offre de bonifications. Mais elles ne tardèrent pas à reconnaître que la plus forte part des réductions restait entre les mains des intermédiaires et ne profitait pas au public, que leurs sacrifices servaient principalement à alimenter ainsi une industrie quelque peu parasite et que, du reste, la continuation d'une guerre sans issue les mènerait à la ruine. La paix fut faite par la conclusion d'arrangements ou cartels pour le partage du trafic. Des accords de cette nature intervinrent, non seulement dans les rapports des Compagnies privées, mais aussi dans leurs relations avec les Administrations d'État et dans les rapports de ces dernières Administrations entre elles.

L'entente fut-elle générale et continue? Non certes : on en trouve notamment le témoignage dans l'argumentation par laquelle le Gouvernement prussien défendait sa politique de mainmise progressive sur les voies ferrées. Tantôt il invoquait l'utilité d'avoir certaines lignes d'État pouvant concurrencer les réseaux concédés, armant davantage la puissance publique vis-à-vis des Compagnies, lui donnant des moyens d'action plus efficaces pour la réalisation des progrès commandés par l'intérêt général. Tantôt il faisait valoir les rivalités des concessionnaires, leurs efforts en vue de s'arracher réciproquement le trafic, les doublements inutiles de lignes largement suffisantes pour les besoins de la circulation, les accroissements stériles de parcours dus aux détournements, les dépenses frustratoires d'exploitation, l'instabilité et la confusion jetées dans la tarification, les pertes considérables causées par de telles pratiques, la nécessité de poursuivre un meilleur emploi des capitaux consacrés aux chemins de fer et de remplacer le gaspillage par une gestion réellement productive.

Un fait certain est que le Gouvernement prussien, décidé à reprendre les chemins concédés, usa lui-même de la concurrence dans l'espoir secret ou avoué de déprécier ces lignes, d'en rendre l'acquisition plus facile et moins onéreuse.

Depuis, la concentration des réseaux sous l'autorité directe et immédiate du Gouvernement a profondément modifié la situation en Allemagne. Les Directions d'un même État ne peuvent plus engager de lutte proprement dite. Elles n'en ont pas moins une tendance bien naturelle à attirer sur leurs rails la plus grande somme possible de transports. Certaines règles continuent donc à être indispensables pour l'acheminement du trafic. A plus forte raison, des arrangements s'imposent-ils entre les Directions appartenant à des États différents, ainsi qu'entre les Administrations allemandes et les Administrations étrangères.

Après des variations successives dans sa ligne de conduite, l'Autriche s'est orientée vers la reprise des voies ferrées. Récemment, le domaine de l'industrie privée était restreint aux chemins de fer du sud, Aussig-Teplitz, Buschtěhrad, Kaschau-Oderberg et Graz-Köflach. La Hongrie a marqué plus rapidement une orientation analogue Mais, comme en Allemagne, les conventions de partage subsistent en Autriche-Hongrie où, d'ailleurs, la monopolisation des chemins de fer par l'État n'est pas si complète.

J'ai déjà cité diverses conventions passées entre des Administrations françaises et des Administrations allemandes, autrichiennes ou hongroises, mais sans pouvoir en dégager les bases générales admises dans les empires d'Allemagne et d'Autriche-Hongrie pour les arrangements relatifs au partage du trafic. Voici quelles sont ces bases d'après les traités récents ou d'après les traités antérieurs.

Les cartels peuvent, soit englober tous les éléments du trafic, soit être restreints à certains articles, tels que céréales, charbon, bois, etc.

A l'origine, ils appliquaient la règle de la plus courte distance, sans aucun tempérament. Dans le cas d'égalité de parcours, les taxes étaient les mêmes et les expéditeurs avaient le choix de l'itinéraire.

Ce *modus vivendi* avait un caractère trop étroit, trop rigoureux, pour subsister. Les Administrations intéressées s'entendirent bientôt, du moins en ce qui concernait les relations principales, sur un partage entre des itinéraires de longueurs différentes, dès lors que l'écart ne dépassait pas une limite déterminée, allant jusqu'à 20 p. 100 et même excédant ce chiffre dans des circonstances exceptionnelles.

La fixation des parts respectives à attribuer aux itinéraires concurrents donna lieu à des études prolongées. Fallait-il s'attacher surtout aux différences de distance, aux taxes perçues suivant chaque itinéraire avant la conclusion de l'accord, au nombre des unités de trafic effectivement transportées par les diverses voies, au bénéfice net susceptible d'être réalisé par chacune des Administrations sous le régime de la libre concurrence, etc. On ne tarda pas à reconnaître qu'il ne pouvait exister ni critérium absolu ni formule intangible, que l'unique objet des calculs théoriques devait être de fournir un point de départ aux négociations, que les arrangements de partage étaient nécessairement, comme tous les traités de paix, des compromis dictés par des raisons multiples et complexes.

Généralement, une situation privilégiée est faite aux Administrations qui possèdent entièrement l'un des itinéraires; l'avantage dont elles jouissent s'accentue encore, lorsqu'elles détiennent en outre l'une des sections de l'itinéraire concurrent. Souvent les Administrations expéditrice ou destinataire bénéficient d'un traitement de faveur, par exemple du droit exclusif au trafic, si l'allongement de parcours n'est pas supérieur à 10 p. 100.

Le spécimen suivant de partage a été cité, avec plusieurs autres, dans un rapport au Congrès international des chemins de fer : 1° au départ des stations communes à deux réseaux, répartition du trafic par moitié entre les deux itinéraires concurrents, quand l'écart des distances sur les deux parcours ne dépassait pas 10 p. 100 de la plus courte distance; attribution des deux tiers du trafic à l'itinéraire le plus court, lorsque la différence des longueurs excédait 10 p. 100, mais n'était pas supérieure à 20 p. 100, maximum au-dessus duquel l'itinéraire long se trouvait exclu de toute participation ; 2° au départ des stations ne dépendant que d'un réseau, attribution exclusive du trafic à l'itinéraire le plus avantageux pour l'administration expéditrice, tant que l'allongement ne dépassait pas 20 p. 100; répartition par moitié, pour un excédent de 20 à 25 p. 100; suppression du partage, au-dessus de 25 p. 100.

Très variables, les dispositions prises pour assurer matériellement le partage dans la proportion convenue peuvent se rattacher à trois groupes principaux : partage en nature ; attribution de la totalité du trafic à un itinéraire et d'une indemnité aux itinéraires concurrents ; partage en nature et en argent.

1° *Partage en nature.* — Il y a identité de tarifs. Les stations d'expédition délivrent à chacun des itinéraires la part qui lui est dévolue.

Tantôt la répartition s'opère au wagon, s'il s'agit de transports par wagon complet et si l'accord est limité à ce genre de trafic. Les Administrations contractantes ne peuvent procéder ainsi que pour des relations assez régulières, commandées par un petit nombre de stations expéditrices, ou pour un trafic réglé par une seule gare commune. Une application de ce système a été faite au transport de céréales de la Galicie vers la Saxe.

Tantôt le partage s'effectue par périodes, sauf rectifications de temps à autre, afin de corriger les inégalités dans l'intensité du trafic, si ces inégalités ont quelque importance. Les proportions effectives se rapprochent d'autant plus des proportions conventionnelles que les périodes sont moins longues. Deux ordres de rectifications peuvent être admis : les unes consistent à modifier temporairement les itinéraires jusqu'à ce que la compensation soit réalisée ; les autres tendent à corriger pour l'avenir, d'après les résultats de l'expérience, la durée antérieurement assignée aux périodes.

Tantôt, mais plus rarement, la répartition a lieu par sections de provenance ou de destination.

2. *Attribution de la totalité du trafic à un itinéraire et d'une indemnité aux itinéraires concurrents.* — Dans ce système, l'indemnité peut, soit représenter la différence entre le produit brut de la part du trafic fictivement attribuée aux itinéraires concurrents et le prix de revient des transports, soit, mais moins fréquemment, consister en une somme fixe, quel que soit le tonnage effectif transporté.

L'avantage est de laisser à la Compagnie qui fait les transports sa liberté de tarification. Cet avantage a pour contre-partie les discussions qu'engendre inévitablement l'évaluation du prix de revient des transports.

3. *Partage en nature et en argent.* — Les cartels de cette catégorie sont généralement préférés aux autres. Ils comportent tous l'égalité des prix.

Dans certains cas, les parties contractantes déterminent par avance la répartition du trafic en nature. Les stations d'expédition doivent réaliser autant que possible ce partage, en faisant leurs envois pendant un délai convenu sur chacun des itinéraires. A la fin du semestre ou de l'année, il est procédé à un règlement définitif et les Administrations qui ont excédé leur contingent versent aux autres la différence entre le produit brut de l'excédent et le prix de revient. Chaque voie déficitaire reçoit une fraction de cette différence, réglée de manière à rétablir sa quote-part conventionnelle ; une sous-répartition a lieu ensuite entre les diverses Administrations dont relève un même itinéraire, au prorata des longueurs placées sous le régime du cartel. Le principal mérite du système est d'assurer le règlement définitif pour l'année ou le semestre écoulé. A la vérité, la compensation en espèces donnée aux Administrations qui n'ont pas effectivement transporté toute leur quote-part de trafic s'écarte plus ou moins du bénéfice net que leur eût procuré l'observation stricte des proportions contractuelles; mais l'écart est limité à de faibles tonnages, si la circulation a quelque régularité. Ce type d'arrangement convient surtout lorsque le nombre des gares d'expédition et de destination rend difficile le partage rigoureux en nature. L'une de ses applications les plus connues a été faite aux relations entre la Hongrie et les pays du Nord, à la suite d'une guerre violente de tarifs qui avait jeté une véritable perturbation dans les régions productrices hongroises et placé les centres, pour lesquels la concurrence était impossible, en état d'extrême inégalité par rapport aux centres où s'exerçait cette concurrence.

Dans d'autres cas, le décompte périodique est remplacé par un décompte portant sur chaque expédition, bien que des dispositions soient prises, comme précédemment, pour réaliser en fait le partage conventionnel. Les stations expéditrices ont des barèmes leur indiquant le prix de revient du transport, le bénéfice net des Administrations qui ont effectué ce transport et la part revenant à chacun des itinéraires. Elles peuvent, dès lors, inscrire immédiatement dans leurs écritures la somme revenant aux diverses Administrations. Cette modalité d'arrangement a été admise pour des situations peu compliquées, quand le nombre des voies concurrentes était restreint.

Parfois, la combinaison du partage en nature et du partage en argent prend une forme différente. Ici encore, les gares expéditrices ont des instructions pour l'acheminement des marchandises suivant les divers itinéraires. Mais les recettes brutes totales sont cumulées périodiquement ; chaque itinéraire reçoit le prix de revient des transports qui l'ont effectivement emprunté; le bénéfice net total est réparti dans une proportion déterminée. Ce système permet des décomptes relativement faciles; il donne des résultats financiers plus exacts que la simple évaluation en argent des excédents ou des insuffisances de tonnage et s'adapte bien à des réseaux très enchevêtrés, à des relations multiples de concurrence.

Au lieu d'être arrêtées *ne varietur* pour un assez long délai, les bases de la répartition en nature et en argent peuvent varier par périodes. C'est ce qui a été admis notamment pour des itinéraires indépendants l'un de l'autre, ayant des gares d'expédition et de destination distinctes. Une entente intervient sur les tarifs; l'expéditeur choisit librement le lieu d'expédition et par suite l'itinéraire. Les Administrations sont remboursées du prix de revient des transports qui leur ont été effectivement confiés : elles reçoivent, à cet effet, une fraction uniforme de la recette correspondante. Puis, le surplus du produit brut de l'ensemble des itinéraires se partage suivant une proportion réglée, le plus souvent, d'après les préférences qu'a marquées le public dans le choix des itinéraires, pendant une période déterminée, par exemple pendant l'année précédente.

Il peut arriver que l'un des itinéraires soit dans des conditions manifestes d'infériorité et que néanmoins les Administrations maîtresses de l'itinéraire concurrent aient intérêt à ne pas le sacrifier. Celles-ci retiennent alors toute la recette brute, mais abandonnent à l'itinéraire qu'elles veulent ménager le transport d'une partie du trafic, moyennant allocation d'un prix supérieur au prix de revient. Si la quote-part conventionnelle ainsi abandonnée n'est pas atteinte, l'insuffisance se compense par une indemnité en espèces représentant la différence entre le prix convenu pour le transport et le prix de revient.

Dans la plupart des traités, on le voit, le prix de revient est un élément essentiel des règlements de comptes. Son évaluation approximative présente de très sérieuses difficultés. Il varie avec l'intensité du trafic, avec le profil en long de la ligne, avec beaucoup d'autres circonstances. Généralement, les Administrations contractantes le fixent, pour les expéditions de détail et pour les wagons complets, soit à une somme déterminée par tonne kilométrique, soit à une somme convenue par tonne pour tout le parcours, soit à une fraction des taxes. Lorsque prévaut le système du prix global par tonne, ce prix, uniforme pour les itinéraires concurrents, est tantôt celui de la voie la plus courte, tantôt la moyenne des prix afférents aux différentes voies.

Les divers modes de calcul qui viennent d'être énumérés pour le prix de revient ne conviennent pas indistinctement à tous les cas. Un élément essentiel du choix à faire est l'écart entre les longueurs des itinéraires concurrents ; cet écart peut s'élever à un chiffre tel que la fixation d'un prix unique et global par tonne devienne impossible.

7. Concurrence et arrangements entre les Compagnies de chemins de fer en Angleterre. — Au début, pendant la période d'essais et d'enfantement des chemins de fer, le Parlement anglais, en délivrant les bills de concession, faisait grand état de la concurrence qui, suivant lui, devait constituer un stimulant très actif, exercer sur les voies ferrées une influence considérable et salutaire. Cependant, il envisageait alors, non la concurrence telle qu'on l'entend le plus généralement, c'est-à-dire la lutte entre des lignes parallèles, mais la concurrence entre propriétaires et usagers d'une même ligne. Tous les *acts* de chemins de fer contenaient une clause obligeant le concessionnaire à laisser circuler sur ses voies les machines, voitures et wagons des autres entrepreneurs de transport, moyennant un prix déterminé. Des dispositions d'ordre général concernant cette superposition d'entreprises furent même insérées au *Railway clauses constitution act* du 8 mai 1845, dont l'article 92 notamment était ainsi conçu : «... Toute Compagnie ou toute personne aura le « droit, en payant le tarif établi, de se servir du chemin de fer avec « des machines et des wagons construits conformément à la loi, sous « les conditions et restrictions contenues dans ledit acte de la sixième « année de Sa Majesté [1], pour le règlement des chemins de fer et le « transport des troupes, et conformément aux règlements que la « Compagnie pourra faire à ce sujet, en vertu des pouvoirs que lui « donnent la présente loi et l'acte de concession ». Malheureusement ce texte ne prévoyait rien, ni pour l'usage des stations, des signaux, des voies de garage ou d'évitement, ni pour la fourniture de l'eau nécessaire à l'alimentation des machines. D'autre part, les bills de concession autorisaient la perception de péages si élevés que personne n'avait intérêt à en réclamer le bénéfice. Enfin, l'exercice du droit réservé par le législateur se heurtait contre les nécessités d'une direction unique coordonnant les mesures prises par les différentes entreprises et surtout contre les exigences inéluctables de la sécurité publique. Aussi les espérances fondées sur la concurrence par la pluralité des exploitations empruntant les mêmes rails furent-elles bientôt déçues. C'est ce que reconnut, dès 1839, un comité parlementaire dont faisait partie sir Robert Peel.

Il faut se garder d'en conclure que l'usage commun de certaines lignes ne s'est jamais réalisé dans la pratique. Les exemples en sont, au contraire, nombreux. Mais la communauté résulte, soit de dispositions spéciales imposées aux Compagnies propriétaires, comme rançon des faveurs qu'elles sollicitent du Parlement, soit d'arrangements conclus en vertu de l'article 87 du *Railway clauses constitution act* précité : « La Compagnie pourra, de temps à autre, entrer en arrange- « ment avec toute autre Compagnie propriétaire ou locataire d'un autre « chemin de fer, pour laisser passer, sur ou le long des chemins qui « lui sont concédés par une loi, les machines, wagons ou autres voi- « tures de l'autre Compagnie, ou pour faire passer ses machines, « wagons ou autres voitures sur les lignes de l'autre Compagnie, « moyennant les prix, sous les conditions et avec les restrictions

[1] *Railway regulation act*, du 30 juillet 1842.

« arrêtées d'un commun accord. Dans ce but, les Compagnies pour« ront faire des traités pour le partage et la division des recettes « perçues sur leurs lignes respectives. » Les prescriptions de la loi ou les arrangements résolvent les questions essentielles que l'article 92 de l'*act* organique du 8 mai 1845 avait laissées sans solution. Quand le législateur agit d'office, il prévoit un arbitrage à défaut d'accord, pour les détails de l'organisation du service, pour les redevances dues au concessionnaire, pour les tarifs, etc.

Tandis que s'évanouissaient les illusions relatives aux effets de la faculté d'exploitation d'une même voie ferrée par plusieurs entreprises, le réseau prenait un développement rapide, diverses lignes reliant des centres importants étaient doublées ou triplées et la concurrence apparaissait sous sa véritable forme.

Malgré les sages avis d'un Comité parlementaire présidé par M. Gladstone, en 1844, les concessions se multiplièrent au delà de toute mesure durant la période de 1845 à 1848, que nos voisins ont caractérisée en l'appelant l'époque de la manie ou de la folie des chemins de fer. En 1845, la publication des prospectus des Compagnies nouvelles rapporta aux principaux journaux une somme moyenne de 300 000 francs par semaine ; au mois de novembre de la même année, le Parlement était saisi de 1 263 demandes introduites par différentes sociétés, pour des projets entraînant une dépense de 14 milliards 75 millions de francs. Il intervint, en 1845, 1846 et 1847, 580 lois portant sur une longueur de près de 14 000 kilomètres et sur une dépense de près de 6 milliards. C'était trop : dès la fin de 1847, il fallut proroger les délais d'exécution : plus tard, le Parlement dut autoriser l'abandon de 2 500 kilomètres ; d'autres chemins furent délaissés sans autorisation législative. Les capitaux engagés subirent une dépréciation notable.

L'essor se trouva ainsi enrayé. Devant les menaces de l'avenir, les Compagnies jugèrent qu'il était de leur intérêt de s'entendre, de se concentrer, de réunir dans les mêmes mains ou de soumettre à une action commune les lignes rivales. Elles entrèrent dans la voie des fusions. Pourtant les nouveaux groupements ne se réalisaient qu'avec lenteur et la lutte continuait ardente sur certains points. La compétition des Compagnies du *London and North-Western* et du *Great-Northern*, par exemple, fit tomber la taxe des voyageurs de 1re et de 2e classe, entre Londres et Manchester (293 kilomètres), de 75 et 50 francs à 8 fr. 75 et 7 fr. 50 ; à un certain moment, le duel des Compagnies du *London and North-Western* et du *Great-Western* abaissa le tarif des voyageurs jusqu'au chiffre dérisoire de 10 centimes entre Shrewsbury et Wellington ; les Compagnies écossaises du *Caledonian* et d'*Edimbourg* à *Glasgow* réduisirent leurs taxes entre ces deux villes 64 kilomètres), de 10 francs, 7 fr. 50 et 5 francs à 1 fr. 25, 0 fr. 90 et 0 fr. 62. Ces simples chiffres, cités au hasard parmi beaucoup d'autres, suffisent à attester la vivacité de la bataille.

Une réunion de représentants des Compagnies eut lieu à Londres, le 9 septembre 1858, sous la présidence du marquis de Chandos, depuis duc de Buckingham, alors président du *London and North-Western ;* les Compagnies représentées avaient un capital de 3 milliards 800 millions de francs. Cette réunion aboutit aux quatre résolutions suivantes :

1° « Les tarifs des voyageurs et des marchandises sur les divers « chemins de fer du Royaume-Uni devront être établis de façon à « donner aux Compagnies les bénéfices les plus considérables qu'il « soit possible d'obtenir, sans pourtant sacrifier les intérêts du « public.

2° « Lorsque deux ou plusieurs Compagnies desservant les mêmes « points ne peuvent s'entendre pour établir des tarifs uniformes, elles « doivent avoir recours à un arbitrage pour fixer les questions en « litige.

3° « Lorsqu'il existe deux ou plusieurs routes pour aller d'un endroit « à un autre, les tarifs doivent être égaux pour toutes ces routes.

4° « L'assemblée recommande vivement aux Compagnies de faire « trancher leurs différends par des arbitres, au lieu d'avoir recours à « des procès ruineux. »

De telles résolutions devaient être fatales à la concurrence. Les fusions, les traités d'exploitation ou, tout au moins, les arrangements se succédèrent dès lors avec rapidité.

La tendance s'accusa même au point de provoquer une industrie parasite, consistant à exploiter la facilité de délivrance des concessions par le Parlement, à construire des chemins nouveaux près de lignes appartenant aux grandes Compagnies et, de préférence, entre deux lignes possédées par ces sociétés puissantes, puis, une fois les travaux terminés, à négocier la vente des voies nouvelles et à les céder au plus offrant. Les procès-verbaux des enquêtes parlementaires et l'ouvrage de M. Herbert Spencer, intitulé *Railway morals and railway policy*, abondent en renseignements des plus curieux à cet égard.

Quoi qu'il en soit, voici quelques chiffres indiquant dans quelle proportion se groupèrent les divers réseaux. De 1846 à 1870, la Compagnie du *London and North-Western* engloba successivement 60 Compagnies diverses; de 1836 à 1872, celle du *Great-Western* en absorba 38 et, de plus, loua les chemins concédés à 14 sociétés secondaires; vers 1874, celle du *North-Eastern* en avait réuni 28 ; celle du *Great-Eastern*, 39 ; celle du *Lancashire and Yorkshire*, 18 ; celle du *London and South-Western*, 22, etc.

Aux fusions s'ajoutèrent des associations, dont un Comité parlementaire de 1872 énumérait ainsi les formes principales :

a. « Arrangements aux termes desquels les tarifs étaient égaux et « les vitesses semblables, partout où deux Compagnies desservaient « les mêmes points (¹).

b. « Contrats par lesquels les Compagnies convenaient de trans-« porter voyageurs et marchandises par leurs lignes réciproques, cha-« cune d'elles conservant tout le produit du trafic de son réseau.

c. « Conventions en vertu desquelles les Compagnies faisaient cir-« culer leurs trains sur les deux réseaux et partageaient les produits « dans une proportion déterminée.

d. « Bourse commune, c'est-à-dire partage des recettes de tout le « trafic dans une proportion convenue, quelle que fût la Compagnie « ayant effectué réellement les transports.

e. « Traités de location, remettant à une Compagnie l'exploitation « du réseau d'une autre Compagnie, moyennant le payement d'une « certaine somme. »

Le Comité faisait observer que les traités de location pouvaient conduire à une exploitation plus fructueuse et plus avantageuse pour le public par des Compagnies puissantes, mais permettaient, en revanche, à ces Compagnies de déprécier les lignes, avec l'arrière-pensée de les acquérir ensuite pour un moindre prix.

De très nombreux accords des types ci-dessus définis existaient en 1872. Ils avaient été généralement conclus sans l'autorisation du Parlement ni du Board of Trade. C'est ainsi que la Compagnie du *London and North-Western* s'était liée à celles du *Great-Western*, du

(¹) Dans son rapport de mission sur les chemins de fer anglais en 1873, M. l'inspecteur général des ponts et chaussées Malezieux donnait les exemples suivants d'égalité de prix pour des itinéraires comportant des longueurs différentes :

DE LONDRES A	GREAT WESTERN	LONDON and NORTH WESTERN	MIDLAND	GREAT NORTHERN	GREAT EASTERN
	kilom.	kilom.	kilom.	kilom.	kilom.
Birmingham....	209	179	»	»	»
Leeds..........	420	352	312	299	349
Liverpool......	402	323	352	281	431
Manchester	360	293	301	327	377
Newark.........	»	235	230	193	231
Nottingham	»	208	203	204	245
Lincoln	»	261	256	209	141
Wolverhampton.	227	201	248	»	»

Midland, du *Lancashire and Yorkshire*, du *North-Staffordshire*, du *Caledonian*, du *Manchester-Sheffield and Lincolnshire* et du *Great-Northern*, notamment pour la fixation des tarifs, la répartition du trafic et le partage des recettes. On trouvera des indications détaillées au sujet de ces traités dans le magistral ouvrage de M. Charles de Franqueville sur le « Régime des travaux publics en Angleterre » (1874).

Que restait-il dès lors de la concurrence primitive? Peu de chose, si ce n'est un gaspillage de la fortune publique et tous les inconvénients, tous les dangers d'un monopole de fait, sans les tempéraments, sans les correctifs que la France a eu soin de se ménager. M. Stewart, secrétaire de la Compagnie du *London and North-Western*, appelé à déposer devant la Commission royale des chemins de fer, évaluait à cent millions sterling (2 525 000 000 francs) la somme qu'avait coûtée la lutte ardente entre les Compagnies rivales. Presque toutes les personnes compétentes s'accordaient à reconnaître que les tarifs avaient, en définitive, subi un relèvement et que, partout où existaient deux lignes, quand une seule aurait suffi, les concessionnaires avaient dû chercher dans un accroissement des taxes, dans des arrangements réciproques, le double du dividende dont un seul se serait contenté. M. Malézieux citait le relèvement de 6 fr. 25 et 8 fr. 25 à 8 fr. 10 et 9 fr. 80 pour le transport vers Londres des houilles du Nottinghamshire et du South-Yorkshire ; M. Ch. de Franqueville indiquait, de son côté, que le tarif de la quincaillerie entre Birmingham et Liverpool avait été porté de 16 fr. 75 à 25 fr. 25.

De plus, et ce n'était pas la conséquence la moins fâcheuse du régime anglais, les grandes Compagnies, au lieu d'appliquer une partie de leurs bénéfices à la construction de chemins nouveaux, avaient dû les dissiper en dépenses stériles.

A la vérité, beaucoup d'Anglais estimaient avec le Comité d'enquête parlementaire de 1872 que, si la concurrence était restée impuissante au point de vue des taxes, elle avait porté ses fruits pour l'exploitation technique et pour certaines parties de l'exploitation commerciale. La lutte, bien que circonscrite et restreinte, avait, d'après eux, procuré au public les avantages suivants :

— Multiplicité des trains rapides de voyageurs;

— Célérité du service des marchandises, dont la livraison à domicile se faisait le lendemain matin de l'enlèvement chez l'expéditeur, pour les relations entre deux gares situées sur une même ligne principale, jusqu'à la frontière d'Ecosse, ou, au plus tard, dans les 48 heures, pour les relations entre deux gares situées, soit sur des lignes secondaires d'un même réseau, soit sur des lignes de réseaux éloignés ;

— Prévenances pour le public dans le règlement des comptes ; crédit d'un mois en général, et quelquefois de deux, trois ou quatre mois;

— Tendance à la conciliation dans l'examen des réclamations.

En ce qui concernait le service des voyageurs, on citait volontiers l'exemple des Compagnies du *Great-Western*, du *London and North-Western*, du *Midland*, du *Great-Northern* et du *Great-Eastern* pour les transports entre Londres et Liverpool. Le *London and North-Western* et le *Midland* faisaient par jour : l'un 14 trains vers Liverpool et 10 en sens inverse, dont la plupart ne mettaient que 5 heures à 5 h. 10, et le second 8 trains vers Liverpool et 9 en sens inverse, qui n'exigeaient généralement que 5 h. 35 ou 5 h. 45 [1].

Mais le concert de louanges n'était pas unanime. Dès cette époque, les illusions premières des Pouvoirs publics semblaient bien s'être complètement évanouies. C'était un fait officiellement reconnu que le Parlement se montrait de moins en moins disposé à autoriser des lignes concurrentes, qu'il reculait devant la création de chemins nouveaux, dans lesquels seraient engloutis des capitaux à rémunérer en définitive par une augmentation des taxes, qu'en un mot il jugeait la concurrence à peu près impossible en matière de chemins de fer : le rapport de 1872 du Comité de la Chambre des Communes ne peut laisser aucun doute à cet égard. C'était un fait non moins incontesté que les tarifs des lignes concurrencées ne descendaient pas au-dessous de ceux des autres lignes et que, par suite de la liberté d'allures dont jouissaient les concessionnaires, la faillite de la concurrence avait engendré un monopole redoutable.

De leur côté, les Compagnies ne se lançaient plus comme auparavant dans la construction de chemins rivaux : elles subordonnaient l'engagement de leurs capitaux à la certitude d'une rémunération assez élevée et tenaient, en outre, à garder les unes envers les autres d'extrêmes ménagements.

Nos voisins étaient revenus à l'appréciation si nettement formulée, à l'origine des chemins de fer, par l'illustre Robert Stephenson : « Là où la coalition est possible, la concurrence est impossible ». Suivant la formule pittoresque dont se servait, en 1872, le Ministre du commerce du Royaume-Uni, les luttes temporaires entre Compagnies rivales apparaissaient comme des querelles d'amoureux, soudant la chaîne au lieu de la rompre.

Depuis, la situation ne s'est pas sensiblement modifiée. En feuilletant l'histoire des chemins de fer pendant les quarante dernières

[1] Aujourd'hui, le *London and North-Western* et le *Midland* font par jour : l'un 18 trains de voyageurs vers Liverpool et 15 en sens inverse, dont la plupart ne mettent que 4 à 5 heures, et le second 19 trains dans les deux sens, qui n'exigent généralement que 4 heures 1/2 à 5 heures 1/2.

années, on voit le Parlement accorder des concessions créant une concurrence à leurs devancières et autoriser, d'autre part, des fusions, non seulement dans le cas où les lignes réunies à un réseau plus puissant avaient le caractère de prolongements ou d'embranchements, mais aussi dans des cas où le groupement s'appliquait, soit à des chemins indépendants, soit à des chemins en état de concurrence. Parmi les fusions récentes figurent, par exemple, celle du *Great Southern and Western* d'Irlande avec le *Waterford and Central Ireland* et avec le *Waterford Limerick and Western* (1900), ainsi que celle du *Great Central* avec le *Lancashire, Derbyshire and East-Coast*. Divers projets de fusion ont toutefois échoué, moins parce qu'ils devaient mettre fin à une concurrence regardée comme avantageuse au public qu'en raison des lourdes obligations dont le Parlement entendait grever l'entreprise; l'approbation a été ainsi refusée à un projet de fusion entre le *Lancashire and Yorkshire* et le *London and North-Western*.

Les arrangements se sont aussi multipliés, tantôt avec la sanction de l'autorité compétente, tantôt sans aucune intervention de la puissance publique. Au nombre des plus importants se rangent ceux du *South-Eastern* avec le *London Chatham and Dover* (1899), du *London and North-Western* avec le *Lancashire and Yorkshire* (1904), du *London and North-Western* avec le *Midland* (1908), du *London and North-Western* et du *Midland* avec le *Lancashire and Yorkshire* (1909), du *North-Eastern* avec le *Hull and Barnsley*, etc. La plus grande Compagnie anglaise, celle du *Great-Western*, paraît être entrée moins résolument dans la voie des conventions; cependant elle a conclu un traité avec le *London and North-Western* pour les services maritimes vers les îles de la Manche par les ports de Weymouth (*Great-Western*) et de Southampton (*London and North-Western*) : à la concurrence s'est substituée une combinaison de départs alternatifs et de bourse commune, économique en même temps qu'avantageuse pour le public.

Très nombreux en Angleterre et en Ecosse, les traités de fusion et les arrangements d'exploitation semblent n'avoir pas progressé au même degré en Irlande. Néanmoins, outre la fusion du *Great Southern and Western* avec le *Waterford and Central* et avec le *Waterford Limerick and Western*, il y a lieu de signaler l'acquisition par le *Midland* du contrôle de diverses lignes (*Belfast and Northern Counties*, *Donegal*).

A propos de l'Irlande, deux faits intéressants méritent d'être mentionnés. Le *Midland*, afin de concurrencer le service maritime de la Compagnie du *Lincolnshire and Yorkshire* entre Fleetwood et Belfast, a transféré au port de Heysham le service de navigation qu'il exploitait auparavant entre Barrow-on-Furness et Belfast. D'autre part, la Compagnie du *Great-Western* s'est attachée à développer le port de

Fishguard, pour y établir d'excellentes relations avec l'Irlande par le port de Rosslare que dessert le réseau irlandais du *Great Southern and Western*, ainsi que pour attirer le trafic américain dont bénéficiait le port de Holyhead (*London and North-Western*).

Une conférence a été ouverte en février 1908 entre le Board of Trade et les principales Compagnies de chemins de fer, dans le but de procéder à une étude générale des arrangements de toute nature. Bien que cette conférence ne soit pas close, ses opérations ont déjà fait l'objet de nombreux rapports spéciaux et d'un rapport général du plus haut intérêt. Les directeurs généraux des Compagnies se sont montrés presque unanimes à préconiser l'extension des arrangements. Cette tendance s'explique par l'élévation des salaires, les charges sociales, le renchérissement des charbons, l'accroissement des frais généraux.

L'augmentation des dépenses a, d'ailleurs, eu pour effet d'élargir le cadre des accords. Comme je l'ai précédemment indiqué, si la concurrence par la tarification avait généralement disparu, la lutte subsistait au point de vue des conditions du service et contribuait à la rapidité des transports, au confort des voitures, à l'amélioration du camionnage, à la multiplication des hôtels dans les gares, etc. Mais le budget des Compagnies n'y suffisait qu'au prix de sacrifices pesant sur leur situation financière et empêchant la réduction des taxes. Aussi les Compagnies devaient-elles être amenées à tenter de s'entendre pour réaliser des économies, pour éviter par exemple le départ simultané de trains vers une destination commune. Les tentatives de ce genre n'ont encore que partiellement abouti. M. Colson relate dans son ouvrage « Transports et Tarifs » un accord relatif à l'application plus stricte des clauses de non-responsabilité que contiennent la plupart des tarifs.

En sauvegardant leurs intérêts par la conclusion d'arrangements, les Compagnies affirment servir également ceux du public : soustraites à l'obsession de la lutte aux points de contact avec les réseaux concurrents, elles peuvent reporter une large part de leur activité sur des sections antérieurement négligées. Elles invoquent de nombreux avantages procurés aux voyageurs, aux expéditeurs, aux villes desservies : validité des billets par plusieurs itinéraires, extension des services directs et suppression des changements de train aux gares de jonction, expédition des marchandises par la voie la plus courte, développement des trains directs de petite vitesse et accélération des transports, communauté des bureaux de ville et des gares de marchandises, concentration du camionnage et réduction corrélative de l'encombrement des voies urbaines, etc.

Au rapport sur la conférence récente entre le Board of Trade et les principales Compagnies de chemins de fer est annexé un long et savant mémoire de M. W. Temple Franks, avocat (précédemment secrétaire de la *Railway Association*), au sujet de la légalité des arrangements par lesquels les Compagnies se lient les unes aux autres. L'auteur classe les traités en douze catégories : 1° fusions ; 2° affermages ; 3° délégation de droits et de privilèges ; 4° abandon et non-usage de droits et privilèges ; 5° contrats de société ; 6° extension de droits ; 7° concours direct ou indirect prêté à d'autres sociétés ; 8° conventions et combinaisons d'exploitation ; 9° bourse commune, répartition des péages ; 10° emprunt de lignes ; 11° conventions d'égalité de tarifs ; 12° soudure de tarifs.

Il est facile de trouver dans les publications anglaises le texte ou l'analyse de conventions se rattachant à plusieurs des types énumérés par M. Temple, notamment de traités concernant des fusions, de traités d'exploitation, d'ententes pour certains transports sur des lignes concurrentes sans bourse commune, d'arrangements de bourse commune pour les recettes de lignes concurrentes. A ce dernier groupe appartiennent les traités du *London and North-Western* avec le *Midland* (1908), du *London and North-Western* et du *Midland* avec le *Lancashire and Yorkshire* (1909), du *North-Eastern* avec le *Hull and Barnsley* (1909). L'arrangement du *London and North-Western* et du *Midland*, par exemple, définit les recettes qui seront versées à la bourse commune, en stipule le partage sur la base des transports effectués à l'époque de la signature du contrat et remet à des experts comptables le soin de fixer les quote-parts exactes des deux Compagnies ; il contient des dispositions relatives à l'entretien des lignes, aux conventions de partage existant avec d'autres Compagnies, aux règlements de comptes, à la revision éventuelle du contrat par arbitrage ; les mesures nécessaires doivent être prises afin d'assurer l'exploitation la plus économique en donnant les plus grandes commodités au public ; un délai de préavis de 10 ans est exigé pour la dénonciation, qui ne peut être signifiée avant le 1er janvier 1998. Des clauses analogues ont pris place à l'arrangement du *London and North-Western* et du *Midland* avec le *Lancashire and Yorkshire*. Tout en posant le principe du partage proportionnel aux recettes antérieures, l'arrangement du *North-Eastern* et du *Hull and Barnsley* ajoute que, si la part de la seconde Compagnie était inférieure à un million, les trois quarts de la différence lui seraient attribués.

Le traité d'exploitation du *South-Eastern* et du *London, Chatham and Dover* (1899) donne 59 p. 100 des bénéfices au *South-Eastern* et 41 pour 100 au *London, Chatham and Dover*.

Dans son ouvrage « Transports et Tarifs », M. Colson mentionne, en y insistant, les arrangements en vertu desquels des prix égaux sont perçus entre un centre déterminé et divers ports maritimes, quand il n'y a pas d'inégalité excessive des distances. Une émulation salutaire s'établit; les Compagnies apportent leur concours à l'amélioration des ports et à l'organisation des services de bateaux à vapeur; malgré l'inquiétude que peut éveiller cette extension de leur rôle, personne ne méconnaît la valeur des facilités ainsi procurées au commerce.

Quelles sont les conditions requises pour la validité des arrangements? La question est assez complexe.

Parfois les arrangements sont spécialement autorisés par les lois d'institution des Compagnies. A ce sujet, il convient de remarquer que les *Standing orders* de la Chambre des Lords renferment la disposition suivante : « Aucune loi qui incorpore une Compagnie de « chemins de fer ne devra contenir l'autorisation d'acheter, louer, « vendre, fusionner ou conclure un traité d'exploitation d'une durée « supérieure à dix ans après le vote de l'acte, ou le pouvoir de con- « clure un traité d'exploitation, autrement que dans les conditions « de la 3e partie du *Railway clauses act* de 1863 (modifié par les « lois sur l'exploitation des chemins de fer et canaux de 1873 et « de 1888). »

Quant aux lois générales, voici leurs textes essentiels:

1° Loi du 8 mai 1845 (article 87, déjà cité), autorisant les Compagnies à traiter pour des emprunts de lignes, ainsi que pour le partage des recettes sur les sections empruntées.

2° Loi du 21 juillet 1863 (3e partie, articles 22 à 29), édictant des prescriptions détaillées sur les traités d'exploitation, mais uniquement applicable sous la double condition qu'il s'agisse de traités autorisés en principe par une loi spéciale et que cette loi ait incorporé celle de 1863. Aux termes de l'article 26, les traités doivent être approuvés par le Board of Trade, qui peut en exiger la revision tous les dix ans.

3° Loi du 29 juillet 1864, ayant pour objet de faciliter l'obtention par les Compagnies de pouvoirs plus étendus et réglant spécialement le cas où elles demandent l'autorisation de s'entendre relativement à l'entretien et à l'administration de tout ou partie de leurs réseaux, à l'exploitation de ces réseaux, etc. Cette loi détermine les formalités d'instruction de la demande, les conditions dans lesquelles le Board of Trade délivre le certificat sollicité, après avoir mis les deux Chambres à même d'opposer leur veto. Le certificat incorpore la 3e partie de la loi du 21 juillet 1863 et a lui-même force de loi.

4° Loi du 21 juillet 1873 (art. 10), transférant aux commissaires des chemins de fer les pouvoirs attribués au Board of Trade par la loi de 1863 relativement à l'approbation des traités d'exploitation.

Il y a lieu de citer encore la loi du 10 juillet 1854 (article 2), celle du 21 juillet 1873 (art. 11) et celle du 10 août 1888 (art. 25), pour la continuité des transports et l'institution de tarifs communs. Ces lois entraînent implicitement la légalité des ententes conclues en vue de leur exécution.

Enfin, on ne doit pas perdre de vue les règles inscrites aux *Standing orders* des deux Chambres, au sujet de la constitution et de la réalisation du capital des Compagnies en cause dans les demandes tendant à l'autorisation d'achats, de ventes, de locations ou de fusions.

Le mémoire de M. Temple Francks, auquel je me suis déjà référé, donne un exposé de doctrine complet et fort intéressant sur les diverses formes d'arrangements envisagées au point de vue de leur légalité. Je ne saurais analyser même sommairement cet exposé. Ce qu'il convient de retenir, c'est que les conventions sont, tantôt subordonnées à la ratification spéciale du législateur, tantôt soumises à l'approbation des commissaires, tantôt librement conclues sous le régime du droit commun. En aucun cas, les arrangements ne peuvent constituer des privilèges iniques, ni violer les lois de 1854 et de 1888 sur les transports, ni prévoir des tarifs non raisonnables ; ils doivent accorder toutes les facilités voulues pour le trafic.

Sauf circonstances exceptionnelles, les Compagnies cherchent à élargir autant que possible le domaine des traités conclus sans autorisation du Parlement ni de l'autorité administrative. Au surplus, le Gouvernement paraît animé de vues très larges à cet égard.

La tendance des Compagnies à s'émanciper est, d'ailleurs, aisément explicable, car les Pouvoirs publics ne négligent pas de tirer une rançon des avantages conférés à ces sociétés et se montrent maintenant très accessibles aux exigences des associations ouvrières ou des groupements industriels et commerciaux. Aujourd'hui, les difficultés auxquelles se heurtent les bills de chemins de fer devant le Parlement sont telles que le développement des voies ferrées est presque complètement arrêté. M. Winston Churchill, président du Board of Trade n'hésitait pas à le reconnaître dans un discours du 31 mars 1909.

Malgré les fusions réitérées que j'ai signalées, le Royaume-Uni comptait encore un grand nombre de Compagnies, à la fin de 1911 :

DÉSIGNATION DES PARTIES DU ROYAUME-UNI	LONGUEUR DES LIGNES exploitées au 31 décembre 1911	NOMBRE DES COMPAGNIES	
		NOMBRE TOTAL	NOMBRE des Compagnies exploitantes
	kilomètres		
Angleterre et Pays de Galles.	26.071	195	102
Écosse	6.139	30	11
Irlande	5.475	48 (1)	26 (2)
TOTAUX	37.685	272 (3)	138 (3)

(1) Dont 17 Compagnies concessionnaires de *light railways.*
(2) Dont 10 Compagnies exploitant des *light railways.*
(3) Déduction faite d'une unité pour tenir compte de ce qu'une Compagnie est commune à l'Angleterre et à l'Irlande.

Si les Compagnies sont nombreuses, la plus grande partie du réseau est néanmoins concentrée dans un petit nombre de mains. En Angleterre, notamment, les neuf Compagnies les plus importantes exploitent à elles seules 20.228 kilomètres, c'est-à-dire 78 p. 100 de la longueur totale, savoir :

Great-Western	4.838	kilomètres
London and North-Western	3.164	—
North-Eastern	2.781	—
Midland (1)	2.465	—
Great-Eastern	1.823	—
London and South-Western	1.551	—
Great-Northern	1.376	—
Great-Central	1.218	—
South-Eastern and Chatham Committee.	1.012	—
TOTAL	20.228	kilomètres

En Ecosse, deux Compagnies, celles du *Caledonian* et du *North British* exploitent 3.880 kilomètres.

En Irlande, la Compagnie *Great Southern and Western* exploite 1.804 kilomètres.

Le capital total engagé dans les chemins de fer du Royaume-Uni s'élevait, au 31 décembre 1911, à 33.392 millions, comme le montre le tableau suivant :

(1) La Compagnie *Midland* exploite, en outre, 423 kilomètres de chemins de fer irlandais.

		ANGLETERRE et PAYS DE GALLES	ÉCOSSE	IRLANDE	TOTAL
		Millions de francs			
Capital autorisé	Actions	21.041	3.305	929	25.275
	Obligations	8.564	1.100	402	10.066
	TOTAL	29.605	4.405	1.331	35.341
Capital réalisé	Actions	19.868	3.708	800	24.376
	Obligations	7.704	977	335	9.016
	TOTAL	27.572	4.685	1.135	33.392
Concours à d'autres Compagnies		1.088	75	20	1.183

Il ressort du tableau précédent que la dépense kilométrique de premier établissement atteint le chiffre considérable de 886 000 francs. Ce chiffre dépasse de beaucoup le prix de revient des chemins de fer français, bien que les conditions d'établissement soient au moins aussi favorables et que les prix élémentaires des diverses natures d'ouvrages ne soient pas supérieurs. La différence tient, dans une large mesure, à l'importance du matériel roulant, aux travaux onéreux des chemins de fer métropolitains, à l'ampleur des installations commandées par les progrès du trafic, à la construction de nombreux et grands hôtels dans les gares, aux sacrifices des Compagnies pour les ports et les services maritimes, aux frais parlementaires qui, dès 1874, étaient évalués à près de 100.000 francs par kilomètre. Mais une fraction des capitaux paraît avoir été employée, au début, avec trop peu de parcimonie.

Remarquons, en passant, la différence entre le régime français et le régime anglais, au point de vue de la proportion du capital-actions et du capital-obligations : dans le Royaume-Uni, le capital-actions forme plus de 70 p. 100 du capital total.

La statistique officielle donne les chiffres ci-après pour l'intérêt ou le dividende servi en 1911 aux porteurs de titres :

TAUX DES INTÉRÊTS ou du dividende	ACTIONS (1)						OBLIGATIONS simples ou consolidées	
	ORDINAIRES		PRIVILÉGIÉES		GARANTIES			
	Montant du capital	Pour cent	Montant du capital	Pour cent	Montant du capital	Pour cent	Montant du capital	Pour cent
	millions de fr.		millions de fr.		millions de fr.		millions de fr.	
Nul............	1.674.024	13.5	296.930	3.4	»	»	14.092	0.2
Jusqu'à 1 p. 100.	325.490	2.6	131.194	1 5	»	»	17.069	0.2
De 1 à 2 p. —	986 624	7.9	1.670	0.0	2.552	0.1	118	0.0
De 2 à 3 p. —	2.214.474	17.8	2.594.966	29.6	588.099	18.6	4.791.199	53.2
De 3 à 4 p. —	2.688.796	21.6	4.215.464	48.0	1.581.342	50.0	3.060.138	33.9
De 4 à 5 p. —	887.969	7.1	1.488.574	17.0	922.323	29.2	1.101.794	12.2
De 5 à 6 p. —	1.688.279	13.6	41.961	0.5	65.779	2 1	30.761	0.3
De 6 à 7 p. —	1.945.520	15.6	»	»	50	0.0	»	»
De 7 à 8 p. —	16.795	0.1	»	»	»	»	»	»
De 8 à 9 p. —	17.699	0.2	»	»	»	»	»	»
TOTAUX...	12.445.670	100.0	8.770.759	100.0	3.160.145	100.0	9.015.168	100.0

(1) Les actions se divisent en trois catégories :
a. Actions simples, recevant une part proportionnelle des bénéfices nets, après déduction de toutes les autres charges ; — *b*. Actions privilégiées, recevant un dividende fixe garanti par les profits nets de l'année ou du semestre, sans recours possible sur les années ou les semestres postérieurs en cas d'insuffisance ; — *c*. Actions garanties, recevant un dividende fixe garanti par les profits net de l'année, avec recours sur les exercices ultérieurs en cas d'insuffisance.
Les obligations sont ou consolidées, c'est-à-dire non remboursables, ou simples, c'est-à-dire remboursables. Elles priment les actions. A leur tour, les actions garanties et les actions privilégiées priment les actions simples

Ce tableau montre que la proportion du capital recevant une rémunération de plus de 5 p. 100 dépassera à peine 10 p. 100. Encore a-t-il fallu la puissance de production industrielle et la mobilité de la population du Royaume-Uni pour arriver à ce résultat.

Le rapport entre la recette nette et le capital engagé s'est sensiblement réduit depuis quarante ans. Il a varié de 4,15 p. 100 à 4,74 p. 100 pendant la période décennale 1871-1880, de 3,99 p. 100 à 4,32 p. 100 pendant la période 1881-1890, de 3,41 p. 100 à 4 p. 100 pendant la période 1891-1900, de 3,27 p. 100 à 3,59 p. 109 pendant la période 1901-1910 ; la statistique de 1911 accuse 3,67 p. 100. Cette diminution, que l'augmentation à peu près continue des recettes brutes est restée impuissante à empêcher, résulte de l'augmentation considérable des dépenses : le coefficient d'exploitation, inférieur à 50 p. 100 jusqu'en 1880, a oscillé entre 62 et 64 p. 100 au cours des dernières années.

8. Concurrence et arrangements entre les Compagnies de chemins de fer aux États-Unis d'Amérique. — Aux États-Unis d'Amérique, les Compagnies de chemins de fer sont constituées par les États sur le territoire desquels doivent se développer les lignes nouvelles ; le Congrès fédéral n'est intervenu qu'exceptionnellement pour des régions non encore admises au rang d'État. Quand une même ligne traverse plusieurs États, une charte spéciale est demandée dans chacun d'eux, et le chemin appartient ainsi à des Compagnies distinctes en droit, bien qu'unies en fait ; parfois, cependant, il suffit que la charte originaire délivrée par l'un des États reçoive le visa du secrétaire d'État de chacun des autres États, puis soit soumise aux formalités légales de publicité. Les modalités de l'investiture varient, d'ailleurs, avec les législations locales : tantôt elle résulte d'un acte spécial du législateur ; tantôt elle a lieu, en vertu de lois générales d'incorporation, par un enregistrement au Secrétariat d'État, lorsque certaines conditions relatives à la formation du capital ont été remplies.

Dans la plupart des cas, la délivrance de la charte n'est même pas précédée d'un simulacre d'enquête d'utilité publique. L'acte a bien plutôt le caractère d'une permission que celui d'une concession. Il laisse habituellement au bénéficiaire une entière liberté pour le tracé, la construction et l'exploitation. La Compagnie, rangée parmi les *quasi public corporations*, est investie de divers droits, notamment celui d'exproprier les terrains nécessaires : elle possède le chemin de fer en propriété perpétuelle.

L'extrême facilité avec laquelle sont nées les Compagnies s'explique par le génie de la nation américaine et par les circonstances particulières de son épanouissement. Cette facilité, jointe à l'indépendance des États et à un remarquable esprit d'initiative, ne pouvait que multiplier les entreprises, les faire surgir partout sans plan d'ensemble bien arrêté, et souvent sans mesure, engendrer à la fois des merveilles et des désastres. Le bon grain et l'ivraie ont poussé côte à côte avec une abondance inouïe.

Des résultats donnés par le régime américain, l'un des plus frappants est la rapidité prodigieuse de l'extension du réseau. Quelques chiffres extraits du manuel de Poor permettent d'en juger [1].

[1] Le manuel de Poor ne concorde pas entièrement avec les rapports annuels de l'*Interstate commerce Commission*, mais il permet seul de remonter à l'origine du réseau.

Tableau des longueurs en exploitation à diverses époques.

DATES	LONGUEURS	DATES	LONGUEURS	DATES	LONGUEURS
31 décembre	kilomètres	31 décembre	kilomètres	31 décembre	kilomètres
1830	38	1890	268.275	1905	349.767
1840	4.535	1895	291.468	1906	358.497
1850	14.517	1900	312.626	1907	367.126
1860	49.286	1901	319.837	1908	373.432
1870	85.167	1902	326.588	1909	383.586
1880	150.087	1903	333.664	1910	391.232
1885	206.505	1904	341.806	1911	396.810

Tableau de la progression annuelle du réseau.

PÉRIODES OU ANNÉES	PROGRESSION annuelle	ANNÉES	PROGRESSION annuelle	ANNÉES	PROGRESSION annuelle
	kilomètres		kilomètres		kilomètres
1831 à 1840	450	1882	18.618	1897	2.932
1841 à 1850	998	1883	10.855	1898	3.571
1851 à 1860	3.477	1884	6.313	1899	6.450
1861 à 1870	3.588	1885	4.788	1900	5.542
1871	11.875	1886	12.903	1901	7.211
1872	9.447	1887	20.721	1902	6.751
1873	6.593	1888	11.104	1903	7.076
1874	3.407	1880	8.307	1904	8.142
1875	2.754	1890	8.734	1905	7.961
1876	4.364	1891	6.479	1906	8.730
1877	3.660	1892	7.147	1907	8.629
1878	4.289	1893	3.775	1908	6 306
1879	7.739	1894	3.056	1909	10.154
1880	10.792	1895	2.736	1910	7.646
1881	15.845	1896	2.662	1911	5.578

Ainsi que le montrent les tableaux précédents, l'accroissement du réseau a été loin de suivre une marche régulière et s'est produit par poussées. L'une de ces poussées remonte à la fin de la guerre civile. Ce fut surtout dans les États de l'Est, de l'Ouest et du Pacifique, peu éprouvés par les événements, que l'industrie des chemins de fer prit alors une activité fébrile. L'immigration sans cesse croissante, en offrant à cette industrie des perspectives presque indéfinies, et les nouveaux tarifs douaniers, en provoquant la création d'usines métallurgiques pour la fabrication des rails, aidèrent singulièrement à l'essor de la construction.

Mais l'exagération inconsidérée des entreprises ne tarda pas à troubler l'équilibre économique du pays; la concurrence effrénée à laquelle se livrèrent les Compagnies, coïncidant avec une crise commerciale prolongée, amena de nombreuses faillites ; les tarifs ultra-protecteurs de l'Union, dont l'effet était de fermer les ports à l'importation et, par voie de conséquence, à une partie de l'exportation, contribuèrent à aggraver la situation pour les chemins de fer.

De 1873 à 1878, les paiements durent être suspendus pour un grand nombre de Compagnies, ayant ensemble un capital-obligations de 4 milliards 450 millions, c'est-à-dire près de la moitié du capital-obligations total des chemins de fer. Il y eut arrangement entre les actionnaires et les obligataires, en ce qui concernait 50 p. 100 environ du capital ainsi compromis ; pour le surplus, la suspension des paiements aboutit à la vente par autorité de justice. Voici le relevé statistique des lignes vendues pendant les quatre années 1876, 1877, 1878 et 1879 :

ANNÉES	NOMBRE DES LIGNES vendues	LONGUEUR TOTALE	CAPITAL (Actions et obligations)
		kilomètres	millions
1876	30	6.192	1.089
1877	54	6.238	945
1878	48	6.282	1.558
1879	65	8.000	1.246

Le chemin de l'Atlantic et Pacific, par exemple, qui était exploité sur 528 kilomètres, qui avait coûté 187 millions, dont les dépendances comprenaient 465.000 hectares de terres, fut aliéné au prix dérisoire de 2 millions et demi.

En 1880, survint une autre faillite retentissante, celle de la Compagnie de Philadelphia and Reading, principalement imputable à des spéculations malheureuses sur les charbons.

Il ne faut, d'ailleurs, pas s'étonner de la multiplicité de ces faillites, qui ne frappent pas en Amérique, comme en France, d'une déconsidération indélébile et sont bien plutôt envisagées comme des accidents naturels dans les opérations commerciales ou industrielles. Elles eurent, au surplus, pour résultat de déblayer le terrain des plus mauvaises affaires. Après ce nettoyage des écuries d'Augias, des ententes se nouèrent entre beaucoup de Compagnies : les arrangements conclus de la sorte et la fin de la crise commerciale permirent à l'industrie des chemins de fer de reprendre son élan.

Cette fois encore, le départ fut trop précipité. De 1880 à 1888, une véritable fièvre de construction s'empara des Américains. Une appréciation trop optimiste des progrès du trafic, l'ambition et les rivalités des Compagnies, la témérité d'une spéculation insatiable, l'exploitation de la naïve confiance des prêteurs, l'exécution de lignes nouvelles dans l'unique but de drainer les transports d'artères rémunératrices ou simplement d'imposer un rachat, poussèrent à une immobilisation funeste de capitaux improductifs, à un gaspillage manifeste de la fortune publique.

Le flot des faillites reprit et accentua ses ravages. D'après M. Paul-Dubois (*Les chemins de fer aux États-Unis*), la seule année 1893 fut marquée par une hécatombe de 52 000 kilomètres. M. Colson (*Transports et tarifs*) évalue à 6 000 kilomètres la longueur annuelle moyenne des lignes mises, de 1876 à 1890, entre les mains de *receivers* (syndics ou liquidateurs) pour cause d'insolvabilité et à 1200 millions le capital correspondant ; il indique qu'à la suite de la crise profonde survenue en 1893, les *receivers* exploitaient 66 000 kilomètres sur un réseau total de 28 000 kilomètres.

Quelle a été la part de la concurrence dans les catastrophes qui se sont ainsi succédé sur le sol du Nouveau Monde? A quoi cette concurrence a-t-elle abouti ? C'est ce qu'il importe maintenant d'examiner.

Avant 1865, c'est-à-dire avant l'époque à laquelle se termina la guerre de Sécession, et même depuis 1865 jusqu'à 1873, origine de l'une des crises commerciales les plus graves dont aient souffert les États-Unis, les Compagnies, n'ayant encore que peu de contacts, disposant d'un trafic abondant, maîtresses de la zone dans laquelle elles étaient établies, n'eurent point à entrer en compétition. Leurs tarifs n'avaient d'autres limites que celles qui ne pouvaient être dépassées sans nuire au développement de la circulation ou sans contrevenir trop ouvertement aux statuts. En 1873, l'affaissement de la production industrielle et la jonction des *Trunk-lines* [1] avec les lignes des États de l'Ouest donnèrent le signal de la bataille pour le transport des produits de ces États vers les ports de la côte orientale. Les écarts de longueur des divers itinéraires avaient, eu égard à l'immense étendue des parcours, trop peu d'action pour s'opposer à la concurrence. D'ailleurs, en ce qui concernait les relations avec l'Europe, la

[1] La dénomination de Trunk-lines est habituellement attribuée aux grandes lignes ferrées qui mettent les deux centres importants de Chicago et de Saint-Louis en communication avec les ports de l'Atlantique.

lutte s'engageait non seulement entre les réseaux convergeant vers un même port, mais aussi entre ceux qui desservaient des ports différents. Elle prit, par suite, une extrême ampleur.

Ce fut une véritable guerre au couteau. Les Compagnies déployèrent une ardeur incomparable à dépouiller leurs rivales. Elles ajoutaient à la lutte ouverte de tarifs tout un ensemble de manœuvres et d'expédients. Des agents spéciaux (*soliciting agents*) allaient quêter le trafic à domicile et s'efforçaient de le conquérir en proposant des réductions de taxes (*rebates*). Les avantages secrets ou *discriminations* accordés aux gros expéditeurs, aux syndicats, aux trusts, affectaient les formes les plus variées, se dissimulaient sous des fictions ; M. Paul-Dubois cite le cas de la Standard oil Company, qui obtint, en quinze mois, des remises dépassant 10 millions de dollars, pour les transports de Cleveland ou de Pittsburg vers les ports de l'Atlantique, et qui acquit, en 1873, grâce à l'habileté de ses négociations avec les Compagnies de chemins de fer, le monopole absolu du pétrole aux États-Unis. Souvent des cartes de libre circulation étaient offertes en prime aux puissants industriels et à leurs commis : les billets de voyageurs donnaient, du reste, lieu à un commerce irrégulier (*ticket brokerage*).

Sans doute, le public y gagnait la diminution temporaire des taxes moyennes. Les perceptions afférentes aux parcours en concurrence étaient réduites jusqu'aux environs des prix de revient partiel ; quelquefois même, les Compagnies faisaient momentanément les transports à perte, dans l'espoir de ruiner ou de décourager leurs adversaires.

Mais les abaissements avaient comme contre-partie des inégalités flagrantes. Tandis que les avantages se concentraient sur les *competitive points*, les Compagnies cherchaient une compensation dans les recettes du trafic local ; loin de décroître comme la distance, les taxes suivaient fréquemment une progression inverse, frappant les relations intermédiaires beaucoup plus lourdement que les relations de bout en bout ; des régions entières se trouvaient sacrifiées. D'un autre côté, le gros commerce jouissait d'un traitement auquel le petit commerce ne pouvait prétendre. Les *discriminations* exerçaient une influence démoralisatrice, plaçaient dans un état d'infériorité manifeste les producteurs, les négociants, que la faible importance de leurs affaires tenait à l'écart des faveurs.

Durant les périodes de trêve, les tarifs étaient relevés ; à des abaissements ayant atteint neuf dixièmes et davantage succédaient des augmentations portant les taxes au-dessus de leur niveau antérieur. Il en résultait une instabilité redoutable, des risques particulièrement dangereux pour les transactions, l'insécurité permanente du lendemain, l'impossibilité d'entreprendre avec quelque certitude des opérations à long terme, l'obligation de vivre au jour le jour.

Les Compagnies, exposées à des fluctuations considérables de recettes, couraient elles-mêmes les plus grands périls, n'avaient plus la rémunération de leurs capitaux assurée ; nombre d'entre elles ne possédaient pas la solidité voulue pour résister et se voyaient entraînées dans une irrémédiable débâcle.

MM. Lavoinne et Pontzen donnent, dans le tome II de leur excellent ouvrage sur les « *Les chemins de fer en Amérique* », des renseignements circonstanciés au sujet d'un des épisodes les plus néfastes de la guerre qui suivit les événements de 1873 ; je veux parler de la lutte engagée entre les *Trunk-lines* après une conférence tenue à Saratoga (New-York), au mois de juillet 1874. Cette conférence avait pour objet la détermination de tarifs généraux applicables aux voyageurs et aux marchandises : les Compagnies du New-York Central and Hudson River, de l'Érié et du Pennsylvania arrivèrent à se mettre d'accord ; mais les négociations furent rompues par le refus de la Compagnie de Baltimore and Ohio, qui venait de s'ouvrir un accès direct sur Chicago. Ce furent surtout cette deuxième société et celle du Pennsylvania dont les forces eurent à entrer en ligne. Les tarifs des entrepôts de l'Ouest aux ports de l'Est tombèrent à 1 centime 2 par tonne kilométrique pour les marchandises et à 4 centimes 5 par kilomètre pour les voyageurs. Bientôt, la Compagnie du Michigan Central, l'une des plus solides, dut supprimer toute distribution de dividende ; celles de l'Érié et de l'Atlantic and Great Western suspendirent le service de leurs obligations. Voyant le gouffre béant sous leurs pieds, les *Trunk-lines* conclurent un arrangement basé sur l'adoption de tarifs déterminés entre Chicago et les différents ports de l'Est ; cet arrangement ne suffit pas pour sauvegarder leurs intérêts ; elles furent contraintes à de nouveaux abaissements par la concurrence du Grand Trunk canadien, qui, pendant plusieurs mois, porta des céréales à Boston moyennant des prix inférieurs de plus de moitié à ceux de l'itinéraire Chicago-New-York. L'entente cessa à la suite des compétitions du port de New-York et des autres ports; du 3 mai au 14 juin 1876, les taxes de Chicago à New-York par le New-York Central s'affaissèrent de 130 francs à 70 francs la tonne ; le Grand Trunk descendit à 62 fr. 50 ; pendant près de six mois, des marchandises furent transportées à plus de 1 600 kilomètres, au prix de 1 centime 1 par tonne dans la direction de l'Ouest vers l'Est, et de 0 centime 9 dans la direction inverse. Enfin l'accord se rétablit en 1876.

L'ouvrage de MM. Lavoinne et Pontzen relate d'autres exemples de concurrence d'une plus longue durée entre quelques lignes de l'Ouest, permettant de diriger les courants de transit, soit vers Chicago, soit vers la Nouvelle-Orléans : du 1er au 15 avril 1879, les tarifs de Kansas City à Saint-Louis baissèrent de 42 fr. 50 à 2 fr. 50 pour les voyageurs et de 27 fr. 50 à 5 fr. 50 pour les marchandises; ces simples chiffres disent avec éloquence le trouble économique provoqué par les alternatives de coalition et de concurrence.

Rappelant les « combats de géants » des *Trunk-lines*, M. Paul-Dubois indique qu'à une certaine époque les voyageurs purent aller de New-York à Saint-Louis par le Pennsylvania sans débourser plus d'un dollar. Il montre le Northern Pacific acculé à la faillite en août 1893, sous l'influence d'une concurrence incessante du Great Northern, son rival septentrional.

Les excès de la concurrence devaient facilement engendrer des tentatives d'union. Ainsi naquirent des associations connues sous le nom de *pools*. Ces associations, moins étroites que celles de l'Angleterre, avaient surtout pour but le partage du trafic, soit sous forme de répartition en nature suivant une proportion convenue et assurée par un groupe d'expéditeurs, soit sous forme d'attribution à chaque Compagnie d'une part déterminée dans les produits des transports mis en commun : le dernier des deux systèmes est de beaucoup le plus usité.

Plusieurs spécimens d'arrangements de cette nature sont décrits dans le livre de MM. Lavoinne et Pontzen. Au premier rang par ordre chronologique, se rencontrent des conventions limitées à certains transports et à certaines lignes :

1° Arrangement de 1870, relatif à trois lignes reliant Omaha, terminus de l'Union Pacific, et Chicago (488, 493 et 503 kilomètres). Les trois Compagnies intéressées appliquaient les mêmes taxes aux transports en transit et avaient droit à des parts égales de la recette, après déduction des frais d'exploitation arbitrés à 45 p. 100 pour les voyageurs et 50 p. 100 pour les marchandises. Afin de simplifier les comptes, elles recevaient alternativement les marchandises de leurs voisines des États de l'Est, aboutissant à Chicago. De nouveaux copartageants ont dû plus tard être admis dans l'association ; mais l'économie générale du contrat n'a pas varié.

2° Arrangement de 1875, concernant le transport des bestiaux sur les lignes de l'Est desservant Chicago. Le partage des transports avait lieu en nature, d'accord avec les plus gros expéditeurs, qui avaient contracté l'engagement d'assurer à chaque Compagnie sa quote-part, en parfaisant au besoin les chargements des autres expéditeurs.

3° Arrangement pour le transport en commun des pétroles de la Standard oil Company vers les raffineries de Cleveland (lac Érié) et de Philadelphie.

En 1875, apparut un système d'association permanente imaginé par M. Albert Fink. Ce système, analogue à l'organisation syndicale des grandes Compagnies anglaises, reposait sur le partage du trafic entre les lignes rivales, sur l'établissement de tarifs uniformes et sur le règlement par voie d'arbitrage des différends entre les Compagnies. Toutes les questions générales d'intérêt commun étaient réglées dans des conférences périodiques, réunissant les délégués des sociétés contractantes. Les relations des Compagnies se centralisaient dans un bureau dirigé par un commissaire général, agent d'exécution, à qui incombait la charge de prendre les décisions de détail et de trancher les différends, sauf appel à une commission d'arbitrage. Enfin, une chambre de liquidation (*clearing house*) arrêtait les comptes de l'association.

L'organisation dont je viens d'esquisser les traits essentiels reçut une première application, en 1875, dans une association dénommée Southern R.R. and Steamship Association, qui embrassait plusieurs lignes de chemins de fer dans les deux Carolines, le Kentucky, la Géorgie, le Tennessee, ainsi que différentes lignes de navigation à vapeur, et qui avait pour objet principal la répartition des transports de coton à destination des États du Nord et du trafic de retour vers le Sud. Malgré le grand nombre des Compagnies participantes et le caractère mixte des parcours, empruntant à la fois des lignes de navigation et des voies ferrées, les résultats furent satisfaisants. Le partage portait sur les recettes nettes ; mais les transports étaient autant que possible distribués dans la proportion voulue ; quand cette proportion ne se trouvait pas observée, la Compagnie qui avait eu un excédent de trafic gardait seulement 1 centime 5 par tonne kilométrique, somme inférieure au prix de revient. En 1879, l'association groupait 36 lignes de fer ou d'eau.

Une seconde application du système Fink fut réalisée, en 1877, sous la désignation de Trunk-lines Committee, par les Trunk-lines américaines et le Grand Trunk canadien, pour le partage de toutes les expéditions des grands ports de l'Est vers l'Ouest, entre les lignes qui aboutissaient à ces ports ou qui y reliaient, soit d'autres chemins de fer, soit des services de navigation. C'est ainsi que le Comité attribua, en 1880, des parts proportionnelles déterminées : 1° au New-York Central and Hudson River, au Grand Trunk, au New-York, Lake Érié and Western, au Pennsylvania, au Baltimore and Ohio, pour les expéditions de Boston ; 2° à la première et aux trois dernières de ces Compagnies pour les expéditions de New-York et de Philadelphie ; 3° aux deux dernières, pour les expéditions de Baltimore.

Il convient de mentionner encore une troisième application, de forme un peu différente, faite en 1878 sous le titre de Joint executive Committee. Ce groupement réunissait les Trunk-lines et les Western-lines qui les prolongent dans la direction de Chicago et du Mississipi. Son but était la répartition du transit des marchandises de l'Ouest vers l'Est, notamment du trafic au départ de Chicago, de Saint-Louis, d'Indianapolis, de Louisville, de Cincinnati et des au-delà de cette ville. Le partage portait sur le tonnage ; quand une Compagnie avait dépassé sa part, elle suspendait ses transports de transit jusqu'à ce que l'équilibre fût rétabli. A la fin de 1879, ce syndicat comprenait 37 lignes : le cercle de son action atteignait, au Sud, Montgomery dans l'Alabama. L'année suivante, le nombre des participants s'élevait à 40. Après une rupture de six mois, due à des abaissements irréguliers qui avaient été consentis sur les prix officiels et qui entraînaient des anomalies injustifiables, l'accord fut renoué avec quelques modifications.

A ces trois applications, on pourrait en ajouter beaucoup d'autres. Mais il suffira de dire que MM. Lavoinne et Pontzen indiquaient, en 1882, les autorisations de tarifs de transit comme embrassant la plus grande partie du réseau des États-Unis.

L'ère des *pools* dura dix ans. Ces arrangements avaient un défaut capital, leur instabilité : ils appelaient des remaniements trop fréquents. Souvent, lorsqu'une entente s'était établie non sans peine entre les Compagnies existantes, des Compagnies nouvelles surgissaient et tout était remis en question. D'autre part, les accords manquaient de sanction légale, car les tribunaux n'admettaient pas la validité des conventions relatives au partage du trafic ou à la fixation des prix : ils tenaient ces conventions pour nulles et non avenues en vertu du droit commun, comme tendant à restreindre la concurrence commerciale ; dès lors, les associés pouvaient se dégager librement ou enfreindre les contrats et rendre inévitable la reprise des hostilités. Ainsi les périodes de bonne harmonie et les périodes de lutte se succédaient, plus ou moins longues selon les circonstances. Les *pools* furent, d'ailleurs, condamnés, nous le verrons plus loin, par la législation de la plupart des États, puis par une loi fédérale du 5 février 1887 qui donna à leur formation le caractère d'un délit. Est-ce à dire qu'ils disparurent complètement ? Non : en 1896, M. Paul-Dubois signalait deux *pools* fonctionnant encore au grand jour, celui des Trunk-lines et celui des chemins de fer charbonniers (chemins de fer dont les propriétaires exploitaient des mines de houille sur le territoire pensylvanien).

A défaut des *pools*, les Compagnies disposaient d'autres moyens de solidariser leurs intérêts. Le procédé le plus radical était la réunion, et les États-Unis ne pouvaient échapper à la loi générale de concentration, au moins partielle, des voies ferrées en grands réseaux. Cette loi devait même s'imposer avec une force particulière sur le sol américain, par suite de l'existence de courants commerciaux d'une puissance exceptionnelle, notamment entre les États occidentaux et les ports de l'Atlantique. Elle détermina la constitution des *Trunk-lines*, qui allaient de l'Est à l'Ouest en franchissant la chaîne des Alleghanys et en lançant des rameaux sur leurs flancs, celle des lignes de transit reliant Chicago à Omaha, terminus de l'*Union-Pacific*, ainsi que celle des réseaux du Nord-Ouest, de l'Ouest, de la vallée du Mississipi, etc. L'unification a eu lieu quelquefois par la fusion proprement dite, plus généralement soit par un affermage dont la durée allait jusqu'à 999 ans et qui était conclu moyennant une redevance fixe ou variable, soit par l'acquisition totale ou partielle des titres représentant le capital des Compagnies à incorporer, soit par l'achat des lignes tombées en faillite. Dans la plupart des États, il est vrai, le désir de favoriser le commerce avait d'abord fait prohiber la fusion des Compagnies exploitant des lignes parallèles ; mais cette prohibition restait illusoire, puisque les Compagnies gardaient la faculté de l'éluder par la passation de baux à long terme ou par des achats d'actions ; aussi a-t-elle été abandonnée dans les lois plus récentes.

En 1911, les États-Unis comptaient 37 Compagnies exploitant ainsi de 2 800 à 16 700 kilomètres ; le tableau suivant donne la liste de ces Compagnies, avec les longueurs respectives des lignes qu'elles exploitent en qualité de propriétaires ou à des titres divers :

COMPAGNIES	LONGUEURS EXPLOITÉES		
	appartenant en propre aux Compagnies	affermées ou exploitées à divers titres	TOTAUX
	kilomètres	kilomètres	kilomètres
Atchison, Topeka et Santa Fe [1]	16.631	106	16.737
Chicago, Barlington et Quincy	14.174	430	14.604
Chicago, Rock Island et Pacific	11.523	1.395	12.918
Chicago et North-Western	12.142	320	12.462
Chicago, Milwaukee et Saint-Paul	11.693	395	12.088
Great Northern	10.435	1.304	11.739
Southern	6.831	4.496	11.327
Union Pacific [2]	10.501	725	11.226
Southern Pacific [3]	»	10.454	10.454
Northern Pacific	9.432	653	10.085
Saint-Louis et San Francisco [4]	8.133	278	8.411
Louisville et Nashville	5.645	1.792	7.437
Illinois central	3.369	3.995	7.364
Atlantic Coast Line [5]	7.041	199	7.240
Baltimore et Ohio	842	6.283	7.135
Pennsylvania [6]	3.424	3.042	6.466
Missouri Pacific [7]	6.081	221	6.302
New-York Central et Hudson River [8]	1.296	4.804	6.100
Missouri, Kansas et Texas	5.024	440	5.464
Saint-Louis, Iron Mountain et Southern [7]	5.038	294	5.332
Seabord Air Line	4.591	311	4.902
Denver et Rio Grande	4.081	99	4.180
Wabash	3.208	739	4.047
Pere Marquette	2.845	907	3.752
Boston et Maine	1.167	2.541	3.708
Erié	2.723	922	3.645
Chesapeake et Ohio	2.769	865	3.634
Chicago, Milwaukee et Puget Sound	3.088	225	3.313
New-York, New-Haven et Hartford	1.994	1.292	3.286
Cleveland, Cincinnati, Chicago et Saint-Louis [8]	3.022	215	3.237
Colorado et Southern	»	»	3.232
Norfolk et Western	3.203	23	3.226
Central of Georgia	2.284	799	3.083
Texas et Pacific	2.885	148	3.033
Michigan Central [8]	435	2.489	2.924
Lake Shore et Michigan Southern [8]	1.402	1.455	2.857
Chicago, Saint-Paul, Minneapolis et Omaha	2.694	112	2.806

(1) Appartient à un *system* de 18.117 kilomètres. — (2) Groupement de l'Union Pacific, de l'Oregon Short Line et de l'Oregon-Wash. — (3) Commande un *system* de 16.007 kilomètres. — (4) Groupement de Compagnies. — Commande un *system* de 11.538 kilomètres. — (5) Dépend d'un *system* de 19.639 kilomètres. — (6) Il existe deux *system Pennsylvania* de 8.215 et 18.513 kilomètres. — (7) Appartient à un *system* de 11.635 kilomètres. — (8) Appartient à un *system* de 20.570 kilomètres.

Les chiffres de ce tableau ne donnent, d'ailleurs, qu'une idée insuffisante du degré de concentration effective des voies ferrées. Beaucoup de Compagnies sont, en effet, liées par une communauté d'intérêts. Des financiers disposant de ressources colossales détiennent directement ou par intermédiaire un nombre suffisant d'actions de ces Compagnies pour les « contrôler », pour être maîtres de leur administration, et réalisent souvent, sous une forme échappant à toute intervention légale, l'unité de vues dans la gestion de sociétés en apparence indépendantes. M. Henry-Gréard, ingénieur au corps national des mines, exposait récemment, dans une note sur la législation fédérale des chemins de fer aux États-Unis (*Annales des mines*, 1907), que, dès 1904, 95 p. 100 des lignes dépendaient des six groupes financiers dominant le marché. Ainsi le territoire des États-Unis était presque complètement partagé entre six « systèmes », généralement désignés du nom des « rois » qui les dirigent :

	kilomètres	dollars
Système Morgan	75.520	2.265.000.000
— Pennsylvania	30.880	1.822.000.000
— Gould-Rockefeller	45.000	1.368.000.000
— Harriman	36.720	1.321.000.000
— Vanderbilt	35.000	1.169.000.000
— Moore (Rock-Island)	40.000	1.070.000.000

Vers la fin de 1906, le système Harriman avait encore acquis un appoint de 7 000 kilomètres par l'absorption de l'Illinois central. La concurrence n'existait plus qu'au contact de deux ou trois systèmes, et uniquement pour le trafic à longue distance. Certains produits donnaient, néanmoins, lieu à des luttes très vives.

Il est permis de concevoir des doutes sur la pérennité de groupements personnels. On ne doit pas perdre de vue, cependant, que la durée de ces groupements trouve une garantie dans la nature des intérêts commerciaux qui les ont créés. Aussi bien l'esprit ingénieux des Américains saurait, le cas échéant, inventer d'autres combinaisons répondant au même but.

Après la condamnation légale des *pools* et avant la formation des gigantesques fédérations dont je viens de parler, les Compagnies, désireuses de remédier aux excès de la concurrence, ont pu recourir à l'expédient des conférences périodiques, tenues pour amener une entente dans la fixation des tarifs.

Deux faits relatés, l'un au compte rendu de la quatrième session du Congrès international des chemins de fer (Saint-Pétersbourg, 1892), l'autre au Bulletin de ce Congrès (février 1898), caractérisent bien la persistance des efforts qui se sont imposés en faveur d'une politique de conciliation et d'accord. Voici ces faits brièvement rappelés.

Le 15 décembre 1890, M. Pierpont Morgan prenait l'initiative d'une conférence entre les Administrations des chemins de fer situés à l'ouest de Chicago, dans le but de provoquer des arrangements qui missent fin à la concurrence. Quatorze Administrations, c'est-à-dire toutes celles qui avaient été invitées, sauf une, se rendirent à son appel. Elles prirent les résolutions suivantes : 1° appliquer sur les itinéraires concurrents des tarifs égaux, rationnels, suffisamment rémunérateurs pour les Compagnies, tout en étant conformes aux intérêts du public ; 2° assurer à chaque itinéraire la part du trafic total qui lui revenait, eu égard à sa situation naturelle ; 3° éviter les détournements de transports inutiles et coûteux ; 4° introduire des simplifications dans le service des marchandises et des voyageurs, en conciliant les intérêts des Compagnies avec les convenances du public sans élever les tarifs, mais de manière à réduire le plus possible les frais d'exploitation : 5° établir, dans chaque ville formant tête de ligne à l'Est, une agence préposée à la répartition entre les voies concurrentes des marchandises destinées aux contrées de l'Ouest ; 6° élire, pour la gestion des affaires de l'association, un comité qui serait chargé de fixer les tarifs de l'Union, de régler les questions relatives au trafic de concurrence et de veiller à la stricte application des arrangements intervenus ; 7° soumettre les litiges à un tribunal arbitral élu. Ce programme ne tendait à rien moins qu'à la résurrection, à la consécration des *pools*.

Peu à peu, les lignes concurrentes et les trains entre les grandes villes de l'Ouest et New-York s'étaient multipliés au point d'être hors de toute proportion avec le mouvement des voyageurs. Afin d'attribuer une part équitable aux divers itinéraires, les Compagnies intéressées appliquèrent d'abord, sous l'administration de M. Fink, le principe des taxes réduites (*differential fares*) sur les lignes n'offrant au public que des facilités manifestement moindres ; puis fut adoptée une autre disposition consistant dans la perception de taxes supplémentaires (*excess fares*) pour les trains à nombre de places limité. Entre temps, le nombre des concurrents avait encore augmenté : le service de Chicago-New-York pouvait emprunter dix-huit itinéraires formés par la combinaison de neuf lignes aboutissant à Chicago et de huit *trunk-lines* pénétrant dans New-York : il comportait, dans chaque sens, quarante-quatre trains, dont vingt-deux pourvus de wagons-lits directs, les autres n'exigeant qu'un changement de voiture ; trente-cinq trains de chacune des deux directions avaient des wagons-restaurants ; cinq itinéraires seulement étaient assujettis aux taxes pleines (*standard rates*) : les treize autres constitueraient des *differential routes*.

En présence des plaintes formulées contre les résultats des tarifs différentiels, la *Trunk line association* eut l'idée d'un supplément de taxe correspondant à la rapidité du voyage ; cette mesure fut ratifiée par le conseil d'arbitrage de la *Joint traffic Association* (1897) ; elle provoqua, à son tour, de vives réclamations. Mais il me paraît inutile de poursuivre cet historique, dont l'unique objet était de mettre en lumière la suite des tentatives de juste répartition des transports, poursuivies sous l'irrésistible pression de lois économiques supérieures.

Quelle fut l'attitude du législateur vis-à-vis des Compagnies, pendant les périodes d'indépendance respective, de concurrence et d'entente qui marquèrent les étapes successives de leur vie ? Pour répondre d'une manière précise à cette question, il faudrait parcourir le cycle entier des législations locales, dont les dispositions présentent une si grande variété et auxquelles est venue, du reste, se superposer la législation fédérale en ce qui concerne les transports sortant des limites d'un même État. Mais un aperçu sommaire peut seul trouver place dans cette courte étude.

L'absence de tout contrôle administratif, la latitude laissée aux exploitants par leurs chartes, le laconisme de ces actes, qui, pour certains États, n'assignaient même pas aux tarifs un maximum légal, devaient singulièrement faciliter les abus de la taxation et leur permettre de prendre une gravité exceptionnelle. Des colères très vives se firent jour vers 1870, en particulier dans les régions de l'Ouest. La spéculation, devançant la colonisation, y avait créé de nombreuses lignes ayant pour unique élément de trafic les céréales des fermes échelonnées sur leur parcours. Partout où ne s'exerçait ni la concurrence d'autres voies ferrées, ni celle des voies navigables, les expéditeurs subissaient des tarifs extrêmement lourds. Les Compagnies étaient, d'ailleurs, propriétaires des *elevators* (entrepôts de blé) et d'immenses concessions de terres, ce qui rendait leur domination presque absolue. Un avilissement du cours des céréales s'étant manifesté sur les marchés de l'Est, les *grangers* (fermiers) imputèrent à l'exagération ainsi qu'à l'inégale répartition des taxes la difficulté d'écoulement de leurs produits et se livrèrent à une violente agitation. Plusieurs États édictèrent des lois (*grangers laws*), dont quelques-unes vraiment draconiennes durent être ultérieurement abrogées ou transformées, car les Compagnies, menacées de ruine, avaient arrêté la construction des lignes nouvelles et réduit leur service au minimum.

Les législations locales, nées dans ces circonstances, créaient des commissions de contrôle et leur donnaient des attributions qui variaient suivant les États. Dans l'Est, les commissions étaient chargées d'une surveillance générale, recevaient les plaintes des particuliers et des municipalités, recommandaient aux Compagnies les mesures qu'elles jugeaient utiles, en référaient au ministère public quand elles relevaient une violation des statuts, présentaient des rapports annuels aux Chambres ; leur action avait pour base fondamentale la publicité, l'appel à l'opinion. Ailleurs, elles pouvaient adresser des injonctions aux Compagnies et demander aux tribunaux un *exequatur*. Ailleurs encore, elles avaient le droit d'imposer des prescriptions exécutoires par provision. Quelques-unes étaient investies du pouvoir de déterminer des tarifs maxima, de reviser et de réduire ceux qui existaient auparavant, tandis que, dans d'autres États, le législateur se réservait cette prérogative. Des différentes organisations admises pour les commissions de contrôle, la première, celle qui reposait sur la publicité, sur la méthode *advisory*, paraît avoir été la plus efficace. La plupart des commissions ont su, d'ailleurs, après une série de conflits, agir avec sagesse et user de modération : en même temps, les Compagnies témoignaient de tendances conciliantes, l'opinion publique s'éclairait sur la situation réelle des chemins de fer, le marché commercial reprenait son équilibre, les populations tempéraient leurs exigences et leur rigoureuse âpreté; un certain nombre de réseaux n'en avaient pas moins traversé une crise désastreuse.

Si la question des tarifs maxima occupait une large place dans les législations locales, elle n'était pas la seule. Contre les *discriminations*, il existait tout un arsenal de dispositions défensives. Favorables à la concurrence, les États prohibaient les *pools*, accusés d'être un instrument de hausse des taxes et de fournir une arme à la spéculation.

Les Compagnies ne manquèrent pas d'opposer d'abord une résistance énergique aux entreprises des États sur leur liberté. Elles recoururent à l'autorité judiciaire. La Constitution fédérale garantit, en effet, la propriété et les tribunaux doivent refuser leur sanction aux lois inconstitutionnelles, ainsi qu'aux actes administratifs accomplis en vertu de ces lois; il appartient à la Cour suprême d'apprécier souverainement la validité des textes législatifs fédéraux ou locaux. Ce contrôle judiciaire est une sauvegarde précieuse contre l'arbitraire du législateur dans un pays où les concessions de chemins de fer ne font pas l'objet de contrats. Les recours des Compagnies ont eu des fortunes diverses: elle ne sont pas parvenues à obtenir que la limitation des tarifs fût déclarée, en principe, inconstitutionnelle; la haute juridiction fédérale a considéré cette limitation comme rentrant dans les droits de la puissance publique, aux termes de la *common law*, mais décidé, d'autre part, que la fixation de maxima assez bas pour priver les Compagnies de leur revenu légitime équivaudrait, le cas échéant, à une confiscation. M. Colson cite des arrêts récents du juge fédéral reconnaissant le caractère confiscatoire à des lois par lesquelles de nombreux États avaient interdit les tarifs supérieurs à 6 c. 44 par kilomètre pour les voyageurs, en édictant de très sévères pénalités contre les Compagnies et les agents de perception convaincus d'avoir enfreint cette interdiction. Certes, la supputation du taux de rémunération auquel un transporteur est légitimement fondé à prétendre oblige à scruter l'entreprise dans ses origines, dans sa condition financière, dans son fonctionnement ; néanmoins, on ne peut que reconnaître l'équité de la doctrine appliquée par la Cour suprême.

Dès 1878, des projets de législation fédérale avaient été mis à l'étude en ce qui concernait les communications entre États. Ils s'étaient heurtés contre des obstacles tenant à l'organisation politique de l'Union, à l'indépendance complète des États en matière de réglementation des chemins de fer dans l'étendue de leur territoire, à la constitution du réseau, aux doutes qui subsistaient sur l'opportunité d'une ingérence du Gouvernement central dans les affaires des Compagnies. Un arrêt rendu par la Cour suprême en 1886 (*Wabash, Saint-Louis and Pacific Railway Company* c. l'État de l'Illinois) mit fin aux hésitations. Des décisions antérieures avaient reconnu aux États le droit de réglementer les transports accomplis sur leur territoire, quelle qu'en fût l'origine ou la destination ; cette fois, la Cour plaçait dans le domaine exclusif de la réglementation fédérale le trafic sortant des limites d'un même État, aucun des États dont le territoire était emprunté n'ayant le droit de légiférer pour la partie du parcours dépendant de ce territoire. Telle fut l'origine de l'*Interstate Commerce Act* du 5 février 1887, où se retrouvaient accentués les principaux traits caractéristiques des législations locales.

Cet acte mémorable régissait les transports de voyageurs ou de marchandises, soit par voie ferrée, soit par voie de fer et voie d'eau relevant d'une administration unique, entre deux États différents, entre les États-Unis et un pays étranger limitrophe, entre deux points des États-Unis avec transit par un pays étranger. Il s'appliquait également aux transports de marchandises empruntant un chemin de fer des États-Unis, avant embarquement pour une destination étrangère ou après débarquement en provenance d'un autre pays.

Les dispositions à en retenir, au point de vue spécial de la concurrence, se résument ainsi :

Étaient interdites la perception de taxes injustes et exagérées, les inégalités de traitement pour la même nature de services rendus dans les mêmes circonstances, les préférences indues (c'est-à-dire les *rebates*, ristournes plus ou moins déguisées, et les *discriminations*, remises de taxes) (art. 1, 2 et 3).

Les Compagnies devaient faciliter les échanges avec les autres réseaux et n'établir aucune distinction entre ces réseaux pour la taxation. Mais elles n'avaient l'obligation d'accorder aux entreprises concurrentes ni le passage sur leurs voies, ni l'usage de leurs installations (art. 3).

Sauf autorisation délivrée après enquête par la Commission dont il sera parlé plus loin, les taxes des transports effectués dans des circonstances et des conditions essentiellement semblables, sur une même ligne et suivant une même direction, ne pouvaient, pour les parcours intermédiaires, être supérieures ni égales à celles des parcours plus longs. Les commissaires avaient le droit d'apporter des tempéraments à cette disposition pendant des périodes limitées (art. 4).

La loi prohibait les *pools* relatifs à la fixation des tarifs et au partage du produit brut ou du bénéfice net (art. 5).

Elle ordonnait la publication des tarifs et leur communication aux commissaires, exigeait pour leur relèvement un préavis de dix jours au public, défendait de percevoir des taxes supérieures à celles qui figuraient dans les recueils publiés (art. 6).

Tous les traités et contrats passés avec d'autres entreprises relativement à des questions d'exploitation visées par la loi de 1887 devaient être portés à la connaissance de la Commission (art. 6).

Des personnes se prétendant lésées par un entrepreneur de transports avaient la faculté de porter leur plainte soit devant la Commission, soit devant le tribunal compétent de la région (art. 9).

Une Commission, dite *Interstate Commerce Commission*, était instituée. Elle comprenait cinq membres nommés par le Président, sur l'avis conforme du Sénat. Les Commissaires exerçaient normalement leurs pouvoirs pendant six années ; trois d'entre eux au plus pouvaient appartenir au même parti politique ; la loi leur interdisait de posséder des actions d'entreprises de transports, d'être au service de ces entreprises, d'y avoir des intérêts quelconques, de cumuler d'autres emplois avec leurs fonctions (art. 11).

La Commission ainsi créée suivait la gestion des Compagnies. Elle avait le droit d'enquête judiciaire et requérait, au besoin, l'assistance des cours de justice (art. 12).

Quand une plainte lui était adressée par un particulier, une corporation, une association, une société, un corps politique ou municipal, elle la communiquait à l'entreprise incriminée et impartissait à cette entreprise un délai raisonnable pour donner les satisfactions voulues ou pour se justifier par écrit. L'entreprise se déchargeait de toute responsabilité en accueillant la réclamation. Dans le cas de refus opposé par l'entreprise ou lorsque la plainte semblait devoir être l'objet d'une étude spéciale, la Commission procédait à une enquête; elle devait agir de même, si elle en était requise par le commissaire ou la Commission des Chemins de fer d'un État. La loi lui reconnaissait, d'ailleurs, expressément le pouvoir d'ouvrir des enquêtes *motu proprio*, sans qu'une plainte fût nécessaire pour la mettre en mouvement (art. 13).

Un rapport devait clore chaque enquête et contenir, s'il y avait lieu, des propositions d'indemnité en faveur des parties lésées. Ce rapport constituait dans la procédure à intervenir un document *prima facie*. Le plaignant et l'entreprise en recevaient copie (art. 14).

Lorsque l'enquête établissait le bien-fondé de la réclamation et la réalité du dommage, la Commission invitait l'entreprise à rentrer dans la légalité et à indemniser le plaignant dans un délai déterminé. Si l'entreprise obtempérait à l'invitation, sa responsabilité civile et pénale était dégagée. Au cas contraire, la Commission devait, et les personnes ou Compagnies lésées pouvaient, saisir le tribunal (art. 15 et 16).

Bien qu'ayant son siège à Washington, la Commission pouvait tenir des sessions spéciales en d'autres localités des États-Unis (art. 19).

Elle était autorisée à demander aux Compagnies la production de rapports annuels donnant, outre un compte rendu financier, des renseignements sur les tarifs et les conventions passées avec d'autres entreprises similaires. La loi l'habilitait aussi à arrêter pour les entreprises placées sous son contrôle un mode de comptabilité uniforme (art. 20).

Avant le 1er décembre de chaque année, la Commission présentait un rapport destiné au Congrès et y consignait les indications propres à faciliter l'étude des questions commerciales ou des réformes législatives qu'elle croyait devoir proposer (art. 21).

Des sanctions rigoureuses étaient édictées par la loi. La Commission pouvait notamment, en cas d'infraction à la règle de publicité des tarifs, provoquer une décision des tribunaux suspendant le trafic des marchandises entre les États ou avec l'étranger (art. 6).

Le 2 mars 1889, intervint un acte complémentaire relatif aux sanctions. Plus tard, un amendement de 1901 ajouta aux productions périodiques des Compagnies un bulletin trimestriel des accidents. D'autres lois suivirent, beaucoup plus importantes. Mais, avant de les aborder, il y a lieu de jeter un rapide coup d'œil sur les résultats donnés par l'acte de 1887.

Cet acte ne produisit pas, dans la pratique, tous les effets attendus. L'interdiction des *pools* resta à peu près lettre morte. Aux unions dissoutes se substituèrent des *associations* qui, à défaut de partage du trafic ou des bénéfices, assuraient l'uniformité des tarifs, organisaient une surveillance réciproque, sanctionnaient les accords par des amendes; ces groupements nouveaux échappaient aux prohibitions de l'*Interstate Commerce Act;* pour tenter de les briser, il fallut que la Cour suprême appliquât en 1897 (Trans-Missouri Freight Association) la loi Sherman, dite *antitrust*, de 1890, aux termes de laquelle est illicite toute combinaison de nature à restreindre la liberté du commerce.

En ce qui touchait les tarifs, l'*Interstate Commerce Commission* n'avait que des pouvoirs assez restreints. Comme le constate M. Henry-Gréard, dans son article des *Annales des mines*, elle pouvait dire ce qui était injuste, non ce qui était juste; elle condamnait une taxe sans être investie du droit de déterminer le prix à percevoir; la Cour suprême lui refusait ce droit et même celui de faire une classification des marchandises (Cincinnati, New-Orleans and Texas Pacific, 1897).

D'une manière générale, d'ailleurs, la jurisprudence fédérale tendait à enfermer l'action de la Commission dans d'étroites limites. En 1887, l'intention apparente du Congrès avait été de voir les tribunaux prendre comme base de leurs décisions les enquêtes de la Commission et se borner, autant que possible, à en tirer des déductions juridiques. Or, souvent, les Cours reprenaient toute l'instruction et prononçaient des jugements qui contredisaient les appréciations de fait des commissaires. La Commission en était venue à demander que ses travaux eussent au moins la valeur de rapports d'experts, pussent être infirmés seulement dans des cas spéciaux et limitassent, pour chaque affaire, la compétence des Cours de justice au cadre des faits exposés devant elles.

On ne saurait cependant méconnaître l'influence exercée par l'*Interstate Commerce Commission* sur l'opinion, grâce à la publicité de ses séances, à la sagesse de ses enquêtes, à la valeur de ses rapports, aux progrès réalisés sous son impulsion dans les statistiques.

Tout en remplissant sa mission avec conscience et fermeté, elle ne s'est pas départie d'une prudente modération; elle s'est attachée à sérier les réformes et à en assurer la réalisation progressive. Un exemple suffira à attester la largeur de ses vues; pour l'application de la règle concernant les taxes des parcours intermédiaires, elle a considéré comme des causes légitimes d'exception la concurrence de la navigation intérieure, celle du cabotage, celle d'une Compagnie étrangère. La Cour suprême est, du reste, allée plus loin encore, en jugeant que la concurrence d'un autre chemin de fer des États-Unis pouvait créer la différence de circonstances qui rend la disposition inapplicable. Les réclamations contre les tarifs de pénétration ont également reçu un accueil très réservé de la juridiction souveraine; cette juridiction a admis, pour le transport des produits d'importation entre la Nouvelle-Orléans et San-Francisco, des prix inférieurs à ceux que supportent les produits indigènes, la possibilité d'une importation directe par mer à San-Francisco justifiant, suivant elle, la différence de traitement.

Malheureusement les *rebates* et les *discriminations* n'avaient pas disparu ; les *trusts*, vivant en excellente harmonie avec les Compagnies de chemins de fer, jouissaient de faveurs qui suscitaient un vif mécontentement. Le Congrès vota la loi *Elkins* du 19 février 1903, dirigée contre les tarifs de privilège et précisant ou complétant l'*Act* de 1887. Désormais, les procureurs généraux avaient nettement le pouvoir de poursuivre les auteurs des *discriminations*, d'office ou à la requête de l'*Interstate Commerce Commission*, en l'absence de plainte d'un intéressé. La loi nouvelle simplifiait la procédure, frappait les Compagnies en même temps que leurs agents, les rendait passibles des mêmes peines, élevait de 25 000 francs à 100 000 francs le maximum de l'amende, mais supprimait l'emprisonnement réputé trop rigoureux pour être prononcé.

Ce n'était qu'une étape. L'habileté avec laquelle les Compagnies savaient se soustraire à la répression, l'extension de la campagne menée pour la destruction des trusts, l'intervention du Président Roosevelt à l'appui des projets de renforcement du contrôle (message du 8 décembre 1905) engendrèrent la loi *Hepburn* du 29 juin 1906, après des débats parlementaires de près d'une année.

Élargissant le cadre antérieur de l'*Act* du 5 février 1887, la loi *Hepburn* y englobait : 1° les *pipe-lines*, canalisations établies par le trust de la Standard Oil et destinées à conduire le pétrole des puits d'extraction aux centres de raffinage ou de consommation ; 2° les entreprises d'*express*, organisées pour le service des messageries et des petits colis, au moyen de wagons admis dans les trains de voyageurs ; 3° les entreprises de wagons-lits (Compagnie Pullmann) ; 4° tout le matériel roulant, qu'il fût la propriété de tiers ou des Compagnies ; 5° les embranchements particuliers, les installations affectées à la manutention et à l'entrepôt des marchandises, etc.

Les permis de circulation gratuite étaient supprimés, sauf exception au profit de personnes appartenant à des catégories déterminées (agents des compagnies, ministres de la religion, indigents, pensionnaires des asiles pour soldats et marins, toucheurs de bestiaux, employés des wagons-express et des wagons-lits, agents du service postal, vendeurs de journaux dans les trains, etc.).

Certaines Compagnies de chemins de fer, propriétaires de mines ou d'établissements industriels, avaient fait bénéficier leurs exploitations annexes de taxes réduites et s'étaient ainsi attribué un monopole redoutable. Afin de couper court à de tels abus, la loi interdisait aux Compagnies la possession d'aucun des produits transportés par elles, en dehors des objets nécessaires à leur entreprise de transports. Restaient toutefois affranchies de la prohibition les *pipe-lines*, qui n'auraient pu être soumises à la règle sans que l'industrie de la Standard Oil subit une véritable confiscation.

Désormais, les Compagnies étaient tenues d'établir, d'entretenir et d'exploiter des raccordements avec les lignes secondaires ou les voies privées, lorsque la sécurité ne s'y opposait pas et que l'apport du trafic devait être suffisant. Si elles s'y refusaient, la Commission pouvait leur délivrer les ordres nécessaires.

Le nouveau texte contenait des prescriptions très étroites, concernant la publicité des taxes et leur notification à l'*Interstate Commerce Commission*. Toute modification était subordonnée à un préavis de trente jours, sauf autorisation contraire de la Commission.

Précédemment effacée par la loi *Elkins*, la peine de l'emprisonnement devenait applicable. L'*Act* édictait, au sujet des *rebates*, de sévères dispositions répressives, atteignant ceux qui les accordaient et ceux qui en bénéficiaient.

A l'avenir, la responsabilité des Compagnies en matière de transports ne pouvait plus être atténuée par des stipulations contractuelles. Pour les transports communs, la Compagnie expéditrice servait de caution aux autres, contre lesquelles un recours lui était d'ailleurs ouvert.

Des récépissés ou des connaissements devaient être délivrés aux expéditeurs.

L'*Interstate Commerce Commission* recevait des attributions complémentaires et voyait son autorité fortifiée. Aussi le nombre de ses membres était-il porté de cinq à sept, dont quatre au plus choisis dans le même parti politique. Les commissaires exerçaient normalement leur pouvoir pendant sept ans.

Presque transformée en un corps de contrôle financier, la Commission devait arrêter un modèle de comptabilité et l'imposer aux Compagnies, qui avaient, sous des sanctions sévères, l'obligation de lui remettre annuellement, avant le 30 septembre, leur bilan arrêté au 30 juin et d'ouvrir leurs livres ainsi que leurs archives aux commissaires ou aux experts désignés.

Le champ d'action de la Commission pour les tarifs était étendu aux taxes de toute nature perçues par les Compagnies ou par les industriels concourant, à un titre quelconque, aux opérations des transports. D'autre part, quand une personne, même non directement intéressée, lui adressait une plainte contre un tarif, elle devait non plus se borner à émettre un avis sur l'équité de ce tarif, mais fixer un maximum juste et raisonnable; sa décision avait un caractère général, régissait tous les transports effectués sur le parcours en cause était exécutoire dans un délai minimum de trente jours et liait la Compagnie pour une durée pouvant aller à deux années. Faute d'entente entre les Compagnies sur l'institution des tarifs communs demandés par les expéditeurs, elle avait le droit d'ordonner la création de ces tarifs, d'en déterminer le maximum, de statuer au sujet des parts respectives que les divers réseaux participants auraient dans les recettes correspondantes.

En 1887, la Commission n'avait été investie que d'attributions consultatives, ses avis étant par eux-mêmes dépourvus de force exécutoire et ses rapports constituant de simples documents *prima facie* devant l'autorité judiciaire. Dans le système de la loi *Hepburn*, la Commission gardait son caractère consultatif, quand elle constatait, par exemple, et évaluait les dommages causés par des tarifs injustes; mais elle acquérait le droit de délivrer des ordres pour prévenir le retour des abus et de prendre des décisions d'une portée réglementaire. Ces décisions pouvaient, d'ailleurs, être déférées aux *Circuit Courts* et, en appel, à la Cour suprême, soit par le défendeur, soit par le plaignant, soit par le ministère public chargé de veiller au paiement des amendes légales.

Dirigée surtout contre les *trusts*, la loi *Hepburn* donna lieu à des polémiques ardentes. Une partie de ses dispositions n'était-elle pas inconstitutionnelle ? Quelle serait l'étendue du contrôle réservé à l'autorité judiciaire ? Les tribunaux se borneraient-ils à apprécier si les décisions de la Commission respectaient les libertés constitutionnelles ou jugeraient-ils au fond ?

Quoi qu'il en soit, l'*Act* de 1906 montrait bien la voie de rigueur dans laquelle était entré délibérément le Pouvoir fédéral vis-à-vis des Compagnies de chemins de fer et où il marquait l'intention de s'engager encore davantage. Les États suivaient, du reste, cet exemple : plusieurs d'entre eux s'en inspirèrent dans des lois récentes.

Un fait caractéristique mérite d'être signalé : la Standard Oil Company fut condamnée, il y a peu de temps, à 148 millions de francs d'amendes pour avoir bénéficié de remises illégales ; elle restait, en outre, sous le coup d'autres poursuites à raison de remises analogues et beaucoup plus nombreuses. A peine est-il besoin d'ajouter que ce trust puissant interjeta appel de la sentence qui l'atteignait si cruellement. Son recours aboutit à une décision de relaxe.

Après quelques mois d'expérience, le Gouvernement reconnut que la loi *Hepburn* ne produisait pas tous les effets attendus. Des inégalités subsistaient encore. L'autorité publique restait impuissante vis-à-vis des fusions ; une enquête de l'*Interstate Commerce Commission* sur les opérations Harriman n'aboutissait qu'à des observations et à des vœux en faveur de mesures restrictives contre les *consolidations*. Des critiques très vives surgissaient à propos de la faculté laissée aux tribunaux d'annuler les décisions de la Commission concernant les tarifs.

De graves difficultés relatives à la tarification accentuèrent encore le mouvement d'opinion qui poussait vers une réglementation nouvelle. L'accroissement inéluctable des salaires, les réductions apportées à la durée du travail par la législation ouvrière et le renchérissement des matières ayant imposé de lourdes charges aux Compagnies, celles-ci crurent pouvoir chercher une compensation dans le relèvement des taxes. Poursuivies d'abord en vertu de l'*Anti-trust Law*, elles se réclamèrent de l'*Interstate Commerce Commission* et consentirent à suspendre les relèvements jusqu'au jour où cette Commission serait investie de nouveaux pouvoirs.

C'est dans ces circonstances qu'intervint l'*Act* du 18 juin 1910, voté en moins de quinze jours par la Chambre et le Sénat.

La loi de 1910 développait et précisait diverses dispositions de l'*Interstate Commerce Act*. Je me borne à citer les modifications les plus importantes.

A l'article 4 était ajouté un paragraphe ainsi conçu : « Quand un « transporteur par voie ferrée, en concurrence avec une ou plusieurs « voies d'eau, aura réduit ses tarifs pour le transport de certaines « classes de marchandises à destination ou en provenance des points « où s'établit la concurrence, il ne lui sera pas permis de relever ces « tarifs par la suite, à moins que, après enquête de l'*Interstate Commerce Commission*, il ne soit démontré que le relèvement de tarifs « proposé est fondé sur des modifications dans la situation autres que « l'élimination de la concurrence par voie d'eau. »

L'article 15 donnait à la Commission le droit de suspendre, pendant un délai déterminé, l'application des nouveaux tarifs ou règlements qu'elle jugerait, soit à la suite d'une plainte, soit de sa propre initiative, comporter une enquête de sa part. Dans le cas de pluralité d'itinéraires directs établis par la Commission, l'expéditeur était libre de choisir celui qui lui convenait. Le même article 15 interdisait de livrer à des tiers, au détriment de l'expéditeur ou du destinataire, aucun renseignement susceptible de faire connaître leurs affaires et leurs transactions à un concurrent.

Une disposition expresse de l'article 16 autorisait l'ouverture d'une enquête, confiée à une Commission spéciale, sur les questions d'émission d'actions et d'obligations par les Compagnies de chemins de fer soumises à l'*Interstate Commerce Act* et sur les pouvoirs du Congrès pour réglementer ces émissions.

Les attributions de l'*Interstate Commerce Commission*, concernant les rapports que les Compagnies avaient à lui remettre, étaient revisées et fortifiées par l'article 20.

Des différentes innovations réalisées en 1910, l'une des plus essentielles consistait dans la création d'un tribunal de commerce fédéral, *Commerce Court*, exerçant la juridiction précédemment dévolue aux *Circuit Courts* : 1° pour les recours contre les ordres de la Commission ne touchant ni à des pénalités et sanctions d'ordre criminel, ni à des paiements d'argent ; 2° pour les actions intentées par la Commission en vue de corriger des pratiques illégales.

Bien que tenant ses sessions régulières à Washington, la *Commerce Court* peut siéger en un point quelconque du territoire. Les jugements de la *Commerce Court* sont susceptibles d'appel devant la Cour suprême. Ni les recours devant la *Commerce Court*, ni les appels devant la Cour suprême n'ont d'effet suspensif, sauf décision contraire de ces cours. L'institution de la *Commerce Court* permettra de mieux assurer l'unité de jurisprudence et d'accélérer les procédures.

Saisie de la question des relèvements de tarifs sur un certain nombre de réseaux depuis la promulgation de la loi du 18 juin 1910, la Commission a condamné ces relèvements en février 1912.

En résumé, le législateur des États-Unis a, d'abord et pendant longtemps, laissé les entreprises de chemins de fer sous un régime de liberté presque absolue. Des excès incontestables commis dans l'usage de cette liberté l'ont ensuite conduit à prendre des mesures de contrôle, de réglementation et de répression, dont la rigueur s'est peu à peu accentuée. Il a gardé une foi robuste et irréductible dans les bienfaits de la concurrence ; ses efforts se sont concentrés à la fois sur la lutte contre les coalitions et sur la proscription des abus auxquels avaient donné naissance soit les compétitions entre les entreprises rivales, soit leurs ententes trop étroites.

Si les successions de guerre et d'alliance entre les Compagnies se sont traduites par des alternatives de baisse et de hausse des tarifs, les taxes kilométriques moyennes ont subi, dans leur ensemble, une diminution progressive remarquable. Dès 1882, MM. Lavoinne et Pontzen (*Les chemins de fer en Amérique*) mettaient en lumière ce mouvement de décroissance. En ce qui concerne les voyageurs, ils indiquaient, pour la période de 1872 ou 1873 à 1878 ou 1879, un abaissement de 7 centimes à 6 c. 5 sur les lignes du Massachussets, de 7 c. 7 à 7 c. 2 sur le Pennsylvania, de 10 c. 3 à 9 c. 8 sur l'Illinois central, de 11 c. 3 à 10 c. 4 sur le Louisville-Nashville. En ce qui touche les marchandises, ils constataient une dégression beaucoup plus accusée : dans l'Est, pour la période de 1864 ou 1865 à 1880, le prix de la tonne kilométrique était tombé de 8 c. 4 à 2 c. 5 ou 2 c. 7 [1] sur le New-York Central and Hudson-River, de 7 c. 2 à 2 c. 4 ou 2 c. 6 sur l'Érié

(1) Les chiffres indiqués sont ceux de 1879 et de 1880.

(New-York, Lake Érié and Western), de 10 c. 2 à 2 c. ou 2 c. 3 sur le Lake Shore and Michigan, de 7 c. 6 à 2 c. 5 ou 2 c. 7 sur le Pennsylvania, de 7 c. 6 à 3 c. 4 ou 3 c. 7 sur le Boston and Albany; dans l'Ouest, pour la période de 1868 à 1880, ce prix était descendu de chiffres dépassant 9 c. 3 et atteignant 12 centimes à des chiffres compris entre 3 c. 2 et 5 centimes; durant la même période de 1868 à 1880, le coût du transport d'un hectolitre de blé, de Chicago à New-York, avait baissé de 5 fr. 96 à 2 fr. 42 en 1879 et à 2 fr. 74 en 1880, ces chiffres moyens étant encore réduits dans la saison favorable à la navigation.

En 1896, M. Paul-Dubois faisait des constatations analogues.

Depuis, la décroissance, sans pouvoir être si caractérisée, s'est néanmoins poursuivie, notamment pour le trafic marchandises. Le prix moyen du transport de la tonne à 1 kilomètre, qu'on avait évalué à 6 c. 50 en 1872, n'était plus que de 2 c. 31 vers la fin du siècle dernier. Une légère hausse a ensuite relevé ce prix à 2 c. 47 en 1904, après la consolidation des ententes entre les Compagnies; mais elle ne s'est pas maintenue et, en 1909-1910, la moyenne était ramenée à 2 c. 39.

La baisse a été assez forte pour triompher de la navigation intérieure, sans que les Compagnies eussent à combattre la batellerie par des mesures spéciales. Au contraire, la concurrence de la navigation des grands lacs, plutôt maritime que fluviale, subsiste comme celle du cabotage.

Tous les ingénieurs et les économistes qui se sont livrés à une étude attentive de la tarification américaine ont été unamines, quelles que fussent leurs tendances doctrinales, à voir dans la concurrence des chemins de fer entre eux un facteur particulièrement efficace de la diminution des taxes, à reconnaître au moins son influence dominante sur la rapidité de cette diminution.

Plusieurs autres causes ont largement contribué à l'abaissement des tarifs de petite vitesse. Au premier rang, il convient de mentionner la merveilleuse intensité du trafic, surtout pour les marchandises transportées par grandes masses et à longue distance. Cette intensité est incomparablement supérieure à celle des réseaux du continent européen. Elle tient à l'immensité d'un territoire que ne coupe aucune barrière de douanes; elle résulte aussi de la division du travail de production entre les différents États, dont chacun consacre son activité aux cultures et aux industries le mieux appropriées à son sol, à son climat, à ses ressources naturelles, et qui, ne se suffisant pas à eux-mêmes, ont des échanges incessants; elle est entretenue par l'esprit d'initiative des Américains du Nord et par le développement de leurs exploitations industrielles. Les matières pondéreuses, combustibles, minerais, etc., entrent, d'ailleurs, pour une large part dans les transports. En outre, les États-Unis ont pu, grâce à l'activité même et à l'étendue de ces transports, employer des wagons à gros chargement, mettre en circulation des trains extrêmement lourds et traînés par de puissantes locomotives, restreindre ainsi au minimum les prix unitaires. Ajoutons enfin que, sur nombre de lignes, il s'est effectué une sorte de spécialisation du trafic, circonstance éminemment favorable pour simplifier le service et le rendre moins coûteux.

Sans doute, les taxes varient notablement suivant les marchandises, suivant les parcours; elles se modifient selon que la concurrence existe ou non, selon que la lutte s'avive ou s'apaise. Mais, en définitive, les États-Unis ont surpassé les autres pays pour le bas prix du transport des marchandises; c'est une inappréciable conquête.

La circulation des voyageurs a une activité bien moindre et ne présente qu'une importance relativement secondaire. Aussi la baisse des tarifs correspondants n'a-t-elle pu atteindre la même proportion : en 1909-1910, la taxe kilométrique moyenne était de 6 c. 12.

Quel chiffre les capitaux engagés dans les chemins de fer ont-ils atteint? Quelle a été la rémunération de ces capitaux ?

D'après la statistique officielle dressée par l'*Interstate Commerce Commission*, le développement des lignes en exploitation, à la fin de juin 1910, était de 386 947 kilomètres. Il correspondait à 42 kilomètres par 10 000 habitants (presque deux tiers de plus que la proportion de la Suède, c'est-à-dire du pays d'Europe le mieux doté sous ce rapport, et cinq fois et demie la proportion générale en Europe) et à 5 kilomètres par myriamètre carré de superficie continentale (une fois et demie la proportion moyenne en Europe, malgré la densité beaucoup plus faible de la population aux États-Unis).

A la même époque, le capital émis, évalué au pair, atteignait 95 milliards 401 millions de francs, ce qui représentait 247.000 francs environ par kilomètre et un peu plus de 1000 francs par habitant. En France, la dépense par habitant, à la fin de 1908, n'était que de 474 francs pour les chemins de fer d'intérêt général et de 499 francs pour l'ensemble des voies ferrées affectées au transport des marchandises en même temps qu'à celui des voyageurs (chemins de fer d'intérêt général ou local et tramways).

Si intéressante qu'elle soit à connaître, la valeur au pair ne donne qu'une notion insuffisante des dépenses vraies. Malheureusement, les statistiques ne permettent pas de supputer avec quelque précision le montant des capitaux réellement consacrés à l'œuvre des voies ferrées sur le territoire des États-Unis. Il faudrait pouvoir tenir compte, non seulement de l'écart entre le taux nominal et le taux effectif des appels au crédit, ainsi que des subventions fournies par les États, les localités et, exceptionnellement, l'autorité fédérale, mais encore, et surtout, de nombreuses circonstances, au sujet desquelles je crois devoir présenter quelques explications sommaires.

Tout d'abord, les statistiques englobent dans leur évaluation des titres qui sont restés provisoirement aux mains des Compagnies ou de leurs fidéicommissaires, pour être ultérieurement lancés sur le marché au fur et à mesure des besoins.

Elles comprennent également des titres remis à certaines sociétés de construction, comme avance sur des travaux dont l'exécution n'aura lieu que plus tard et offre même parfois un caractère problématique.

Un facteur contribuant dans une large mesure à grossir les frais apparents de premier établissement est la proportion considérable de titres de chemins de fer possédés par d'autres Compagnies qui, pour les acquérir, ont elles-mêmes procédé à des émissions. De là résulte un double emploi.

Dès l'origine du réseau, l'absence de contrôle légal et la liberté excessive d'allures laissée aux administrateurs ont engendré un abus, une calamité dans le régime financier des Compagnies, l'émission de capitaux fictifs, le *watering* (arrosage ou coupage du capital). L'opération connue sous ce nom significatif a affecté deux formes principales : celle de la remise gratuite d'actions soit aux premiers obligataires, soit à des entrepreneurs ; celle de la distribution d'actions de dividende (*Stock dividende*). Aux premiers temps de la colonisation, les Compagnies de l'Ouest répartissaient souvent des actions, véritables parts de fondateurs, entre les premiers obligataires ; tantôt elles prenaient l'initiative de cette distribution, afin de faciliter leurs emprunts ; tantôt elles subissaient, en y procédant, les exigences des souscripteurs, qui entendaient s'assurer ainsi le droit de participer à la direction de l'entreprise. Non moins fréquent fut l' « arrosage » des entrepreneurs au moyen d'actions, devant constituer une majoration du prix des travaux. Mais la source la plus abondante d'inflation du capital a été la compensation de dividendes impayés par des actions ou parts d'actions ; la pratique pouvait à la rigueur se défendre, quand les dividendes étaient employés à des améliorations augmentant la valeur des lignes, puisqu'elle équivalait à une sorte d'emprunt aux actionnaires ; dans un trop grand nombre de cas, il s'agissait de servir indirectement des dividendes purement fictifs, de concéder une faveur aux actionnaires et spécialement aux administrateurs, d'influencer les cours pour des spéculations de bourse. Pendant longtemps, beaucoup de *railroad men* admirent que les lignes devaient se construire, en principe, avec le produit des obligations. Depuis un quart de siècle, le *watering* a progressivement diminué ; ses dangers avaient été mis en lumière par des scandales éhontés, par des désastres retentissants, et l'opinion publique se serait opposée au retour des errements du passé. Vers 1896, M. Paul-Dubois estimait à la moitié ou aux trois quarts la fraction non versée du capital social.

Il y a eu là tout un faisceau de faits concourant à élever en apparence les frais de construction.

D'autres faits ont exercé une influence inverse.

La longue série des faillites et des liquidations a éliminé de nombreux titres, qui ne figurent plus aux statistiques, et retranché des comptes un ensemble important de dépenses.

D'autre part, les Compagnies dont la situation était satisfaisante et la gestion empreinte d'une sage prudence ont opéré sur leurs recettes d'exploitation des prélèvements considérables destinés soit à l'exécution de travaux complémentaires, soit à l'acquisition de matériel roulant, et allégé d'autant leur capital.

Enfin, les dépenses d'établissement de certaines lignes ont été partiellement couvertes par le produit de l'aliénation des terrains concédés aux Compagnies.

Ni les publications officielles, ni les publications particulières, ne contiennent d'indications suffisantes pour le calcul des effets qu'ont pu déterminer tant de causes diverses. Elles sont même absolument muettes en ce qui concerne plusieurs des éléments d'inflation ou de réduction du capital.

Dans la dernière édition de son livre « Transports et Tarifs » (1908), M. Colson s'est référé à une évaluation récente de M. Thompson, d'après laquelle le réseau aurait coûté 68 milliards 300 millions. Cette évaluation devrait être sensiblement augmentée, eu égard au temps écoulé entre sa date et l'année 1910; d'un autre côté, il y aurait lieu de déduire la part correspondant aux lignes en construction. Si on s'arrêtait à la somme de 82 milliards, le coût kilométrique ressortirait à 212.000 francs. A priori, un chiffre si modique peut éveiller des doutes, pour un réseau dont le trafic a une grande intensité et dans un pays où la main-d'œuvre est chère. Cependant, il convient de ne pas perdre de vue que généralement les charges des premières acquisitions de terrains ont été minimes, que les Compagnies se sont astreintes à une extrême simplicité dans les installations initiales, que l'élément noir de la population a fourni des travailleurs se contentant d'un faible salaire.

La répartition du capital en actions et en obligations s'est faite à peu près par parties égales, avec une légère prédominance de la dette obligataire qui, en 1910, représentait 53.95 p. 100 du total. Ordinairement, le taux d'émission des obligations a oscillé entre 4 et 6 p. 100.

On peut juger des résultats financiers de l'année 1909-1910 par le tableau suivant, extrait de la statistique officielle et donnant un aperçu d'ensemble sur la rémunération des capitaux :

TAUX DE RÉMUNÉRATION	PROPORTION DU CAPITAL-ACTIONS RÉMUNÉRÉ	PROPORTION DU CAPITAL-OBLIGATIONS RÉMUNÉRÉ
	p. 100	p. 100
Néant	33.29	7.94
Au-dessous de 2 p. 100	0.37	0.01
De 2 à 3 p. 100	2.50	0.18
De 3 à 4 —	3.12	11.48
De 4 à 5 —	6.51	53.87
De 5 à 6 —	9.39	18.16
De 6 à 7 —	18.05	6.84
De 7 à 8 —	14.18	1.50
De 8 à 9 —	5.00	0.02
De 9 à 10 —	0.68	»
10 p. 100 et au-dessus	6.91	»
TOTAUX	100.00	100.00

D'après la même statistique, la proportion du capital-actions rémunéré et le taux moyen des dividendes déclarés auraient subi les variations suivantes depuis 1888 :

ANNÉES	PROPORTION du capital rémunéré	TAUX MOYEN du dividende déclaré	ANNÉES	PROPORTION du capital rémunéré	TAUX MOYEN du dividende déclaré	ANNÉES	PROPORTION du capital rémunéré	TAUX MOYEN du dividende déclaré
	p. 100	p. 100		p. 100	p. 100		p. 100	p. 100
1888	38.56	5.38	1896	29.83	5.62	1904	57.47	6.09
1889	38.33	5.04	1897	29.90	5.43	1905	62.84	5.78
1890	36.24	5.45	1898	33.74	5.29	1906	66.54	6.03
1891	40.36	5.07	1899	40.61	4.96	1907	67.27	6.23
1892	39.40	5.35	1900	45.66	5.23	1908	65.69	8.07
1893	38.76	5.58	1901	51.26	5.26	1909	64.01	6.53
1894	36.57	5.40	1902	55.55	5.55	1910	66.71	7.50
1895	29.94	5.74	1903	56.06	5.70			

Comme le montrent les chiffres consignés au tableau précédent, la situation financière s'est singulièrement améliorée depuis la fin du siècle dernier. En même temps que s'élevait la proportion du capital-actions rémunéré, le taux moyen des dividendes suivait également une marche ascendante.

Le réseau américain a, nous l'avons vu, traversé à diverses reprises des périodes fort critiques au point de vue financier. Pour ne citer qu'un exemple, en 1873, la privation de dividende a frappé les Compagnies les plus solides, telles que celles de *Baltimore and Ohio* et de *Pennsylvania*.

A peine est-il besoin de dire quelles fluctuations se sont manifestées dans le cours des titres. Vers la fin de 1873, quelques mois ont suffi pour infliger une dépréciation d'un tiers au capital-actions de l'ensemble des quarante meilleures Compagnies.

En résumé, la concurrence des voies ferrées aux États-Unis a pris un essor extraordinaire, accumulé les catastrophes et les ruines, provoqué des abus intolérables dans la taxation, amené une profonde instabilité des prix de transport. Puis, la loi générale d'entente entre les industries rivales dont le nombre est limité s'est imposée dans le domaine des chemins de fer comme dans les autres branches de l'activité humaine. Après des alternatives de guerre et de paix, la concentration a pu finalement s'accomplir par la mainmise de quelques puissants financiers sur la haute direction des réseaux. Des lois locales ou générales sont intervenues dans le double but d'empêcher les manœuvres abusives auxquelles avait conduit l'ardeur de la concurrence et d'obvier aux excès du monopole. A travers ses évolutions successives, le régime américain a finalement procuré au pays le bénéfice d'un abaissement exceptionnel des tarifs, du moins pour le transport des marchandises. Cet abaissement ne s'est, à la vérité, produit qu'au milieu de saccades et de soubresauts; mais il est acquis et constitue un fait capital, éminemment propre au développement de la production et de la richesse. Personne ne conteste aujourd'hui que la concurrence n'en ait été un des principaux facteurs. L'immensité du territoire, l'abondance des ressources naturelles, l'ampleur des champs ouverts au progrès ont permis à la lutte de s'exercer dans des conditions spéciales et d'avoir des effets qui, ailleurs, eussent été sans doute irréalisables.

9. Concurrence et arrangements entre les Administrations de chemins de fer dans divers pays. — Nous venons de parcourir des pays dotés de régimes légaux très différents. Les exemples fournis par ces pays éclairent d'une assez vive lumière la question de la concurrence des chemins de fer pour qu'il soit à peine nécessaire de chercher ailleurs d'autres enseignements. Aussi serai-je très bref dans l'exposé des quelques faits qu'il me paraît encore utile de rappeler.

En *Belgique*, les lignes concédées n'ont plus aujourd'hui qu'une longueur minime et sont enserrées dans les mailles du réseau d'État. L'attribution des transports se fait d'après la règle de la plus courte distance ; il ne peut être dérogé à cette règle que sur la demande expresse de l'expéditeur, et le cas est fort rare, car la taxe, calculée pour le parcours effectif, subit alors une majoration. Mais, autrefois, les concessions étaient beaucoup plus nombreuses, et il y a eu, à diverses reprises, des guerres de tarifs, qui se sont généralement terminées par une entente entre les Administrations intéressées. Plusieurs arrangements ainsi intervenus sont relatés dans les comptes rendus annuels du Gouvernement aux Chambres. L'un des derniers avait été conclu entre l'État et la Compagnie du Grand Central Belge pour le transport des marchandises ; il consacrait les résultats d'une longue expérience. Ses dispositions principales étaient les suivantes :

a. *Trafic intérieur.* — Chacune des Administrations contractantes avait droit à l'intégralité des transports entre deux stations exclusivement desservies par elle ou desservies l'une par elle seule et l'autre par les deux Administrations. Elle pouvait diriger ces transports suivant un itinéraire à son choix, en empruntant au besoin des lignes de l'autre Administration contractante ou de Compagnies tierces.

L'acheminement par la voie la plus courte était convenu pour les transports : 1° entre deux stations exclusivement desservies, la première par l'une des Administrations contractantes et la seconde par l'autre Administration contractante ; 2° entre deux stations dont l'une desservie exclusivement par une des administrations contractantes et l'autre desservie par la seconde Administration contractante en même temps que par une Compagnie tierce ; 3° entre deux stations desservies, l'une exclusivement par une des Administrations contractantes et l'autre par une ou plusieurs Compagnies tierces, quand les rails de la seconde Administration contractante devaient être empruntés en transit.

Deux itinéraires, au choix respectif des deux Administrations contractantes, pouvaient être adoptés pour les relations ci-après, sous la réserve que ni l'un ni l'autre de ces itinéraires n'aurait une longueur dépassant de plus de 25 p. 100 celle de la voie la plus courte : 1° relations d'une station commune aux deux Administrations, soit avec une station également commune à ces Administrations, soit avec une station commune à l'une d'elles et à une Compagnie tierce, soit avec une station desservie par une ou plusieurs Compagnies tierces; 2° relations d'une station commune à l'une des Administrations contractantes et à une Compagnie tierce avec une station commune à la seconde Administration et à une Compagnie tierce. L'itinéraire choisi par l'une des Administrations contractantes devait être tout entier en dehors du réseau de la seconde. Au cas où un seul itinéraire restait dans la limite d'excédent de longueur précédemment définie, le trafic lui était acquis. A défaut d'itinéraire remplissant les conditions requises, la règle de la voie la plus courte redevenait applicable.

Pour la taxation, les lignes belges étaient considérées comme appartenant à une seule Administration. Les taxes se calculaient suivant la voie la plus courte et, sauf exception, d'après les barêmes de l'État.

Lorsque l'itinéraire était unique et empruntait les rails des deux Administrations contractantes ou ceux d'autres Administrations, le produit du transport se répartissait conformément aux règles en usage entre l'État et les Compagnies belges avec lesquelles il se trouvait en relation. Quand il y avait ou quand il pouvait y avoir deux itinéraires, la voie effectivement suivie recevait les frais accessoires et 50 p. 100 de la taxe proprement dite : le surplus était partagé entre les deux itinéraires par moitié, s'ils avaient la même longueur, et dans une proportion variant avec leurs longueurs respectives, s'ils avaient un inégal développement; lorsque les itinéraires empruntaient les rails de plusieurs Administrations, la répartition se faisait, pour les frais accessoires et 50 p. 100 du prix de transport, conformément aux règles usuelles des services mixtes, et, pour le surplus, au prorata kilométrique.

b. Trafic international. — Chacune des Administrations contractantes avait droit aux transports entre une station exclusivement desservie par elle et une station étrangère. Elle pouvait diriger ces transports suivant un itinéraire à son choix, en empruntant au besoin les rails de l'autre Administration ou de tierces Compagnies belges.

Deux itinéraires, au choix respectif des deux Administrations contractantes, pouvaient être adoptés pour les relations avec l'étranger des stations belges communes aux deux Administrations contractantes, communes à l'une de ces Administrations et à une Compagnie tierce, communes à plusieurs Compagnies tierces, ou enfin desservies exclusivement par une Compagnie tierce. L'itinéraire choisi par l'une des Administrations contractantes devait rester tout entier en dehors du réseau de la seconde. Ni l'un ni l'autre des itinéraires ne devait présenter, de la station belge à leur point de rencontre sur territoire étranger, une longueur dépassant de plus de 25 p. 100 celle de la voie ayant servi à la détermination de la taxe. Quand un seul itinéraire restait dans cette limite d'excédent de longueur, le trafic lui était acquis. A défaut d'itinéraire remplissant les conditions requises, les transports prenaient la voie ayant servi pour la détermination du prix.

Les tarifs internationaux se calculaient par la frontière donnant les prix les plus bas. Pour la comparaison des prix, les taxes des parcours étrangers étaient ajoutées à celles des parcours belges, qui devaient être établies par la voie la plus courte et, sauf exception, d'après lès barèmes de l'État.

Dans le cas d'un itinéraire unique empruntant les lignes des deux Administrations contractantes ou d'autres Administrations, la fraction du prix de transport afférente au parcours belge se partageait conformément aux règles en usage entre l'État et les Compagnies belges avec lesquelles il se trouvait en relation. Toutefois, si l'itinéraire effectif différait de l'itinéraire ayant servi de base à la fixation de la taxe, ce dernier était réputé existant et les sections belges qu'il empruntait avaient droit à une part du prix de transport.

Lorsqu'il y avait ou lorsqu'il pouvait y avoir deux itinéraires, le partage de la fraction du prix de transport afférente au parcours belge se faisait selon des règles identiques à celles qui régissaient le cas similaire en trafic intérieur. Pour la comparaison des longueurs, celles-ci étaient mesurées de la station belge au point de rencontre des deux itinéraires à l'étranger.

En *Espagne*, la presse spéciale des chemins de fer signalait, il y a quelques années, une convention de partage intervenue entre deux grandes Compagnies et conclue pour une durée de 25 ans. Aux termes de cet arrangement, les Compagnies mettaient en commun les produits de leur exploitation; celle qui avait effectué le transport prélevait 30 p. 100 de la recette brute, pour se couvrir de ses dépenses; le surplus était réparti dans une proportion calculée d'après les résultats des cinq années ayant précédé la signature de l'accord, ce qui attribuait à l'une des Compagnies 47 centièmes et à l'autre 53 centièmes des 70 p. 100 du produit brut, considérés comme représentant la recette nette.

Le « Bulletin des transports internationaux par chemins de fer » (Office central de Berne) a publié, dans son numéro d'octobre 1894, un règlement « destiné à empêcher la concurrence des chemins de fer *russes* entre eux, en matière de transport de marchandises ». Ce règlement, auquel étaient soumises l'Administration des chemins de fer de l'État, les Compagnies et les unions, prévoyait trois ordres de dispositions :

établissement de tarifs identiques ou analogues pour les différents itinéraires; répartition du trafic entre ces itinéraires ; répartition du bénéfice procuré par les transports. La modalité d'application dépendait de l'ensemble des circonstances influant sur le trafic de chacun des itinéraires (capacité de trafic, longueur, avantages assurés au public et au fisc, rapport du tonnage en cause au nombre des itinéraires, etc.).

Il était interdit d'accorder aux entreprises de transport, aux sociétés privées ou aux particuliers aucune faveur altérant les effets des tarifs approuvés, en vue d'attirer le trafic sur un itinéraire au détriment d'un autre itinéraire.

Le partage des expéditions entre les divers itinéraires, était effectué, soit par l'attribution à chacun d'eux d'une quote-part déterminée du tonnage, soit par l'acheminement alternatif des marchandises suivant chaque itinéraire pendant une période de temps définie, soit par la combinaison des deux systèmes.

Quand la part de trafic ou les périodes réservées à un itinéraire avaient été dépassées, l'itinéraire lésé devait recevoir, à titre de remboursement, une somme égale au bénéfice qu'il eût réalisé en effectuant les transports détournés. Le règlement prescrivait d'évaluer, dans ce cas, au plus juste prix les frais d'exploitation.

Les arrangements entre les Administrations étaient subordonnés à l'approbation du Ministère des finances (département des chemins de fer).

A défaut d'accord, des décisions pouvaient être prises par les autorités gouvernementales chargées des tarifs; ces décisions étaient exécutoires dans des conditions que fixait le règlement.

Après la ratification de la Convention internationale de Berne sur le transport des marchandises par chemins de fer, les Administrations placées sous le régime de la convention ont institué un Comité international, ayant notamment pour mission de régler d'une manière uniforme diverses dispositions relatives au service des transports. Le Comité ainsi institué a élaboré en 1906, et les administrations intéressées ont revêtu de leur sanction, un accord « pour le règlement du dévoyé des transports internationaux par chemins de fer ». Bien que n'ayant pas pour objet direct des questions de concurrence, cet accord y touche néanmoins de près. Il ne sera pas inutile d'en rappeler ici quelques traits essentiels.

D'après l'arrangement, sont considérées, sauf exception, comme dévoyées : 1° les marchandises ayant suivi sur la totalité ou sur une fraction du parcours un itinéraire autre que celui par lequel elles auraient dû passer, conformément aux prescriptions de l'expéditeur, aux indications du tarif, aux conventions d'acheminement, etc.; 2° les marchandises ayant dépassé la gare d'arrivée.

En cas de dévoyé, la taxe revient à l'itinéraire normal. Les Administrations, qui ont effectué le transport détourné, ne sont pas indemnisées s'il s'agit de colis dont le poids total inscrit sur une même feuille de route est au plus de 500 kilogrammes. Pour les expéditions d'un poids supérieur, elles reçoivent des Administrations qui avaient droit au transport une indemnité kilométrique de 15 centimes par wagon complet ou de 25 centimes par 50 kilogrammes d'expédition partielle; à cette indemnité s'ajoutent éventuellement les frais de transmission évités à ces dernières Administrations. La somme remboursée est, après prélèvement, s'il y a lieu, des frais de transmission occasionnés par le détournement, répartie au prorata kilométrique.

L'arrangement contient des règles détaillées sur les mesures à prendre pour l'envoi des marchandises détournées vers leur destination, sur les avis que doivent se donner les Administrations, sur la responsabilité des Administrations dont relève l'itinéraire normal et de celles dont relève l'itinéraire détourné, etc.

10. Observations générales et conclusions. — Si l'on récapitule les données fournies par l'étranger, si l'on cherche à en dégager un enseignement, on arrive aux conclusions suivantes.

Après avoir été effective et souvent très âpre dans divers pays, la concurrence s'y est peu à peu atténuée ou même a complètement disparu pour faire place à des fusions, à des ententes, à des associations.

En Angleterre et surtout aux États-Unis, les batailles que se sont livrées les Compagnies ont engendré des désastres financiers.

Tant qu'elle subsistait, la concurrence ne pouvait que pousser à l'abaissement des tarifs. Mais cette action, très avantageuse pour le public, a eu sa contre-partie dans l'instabilité des taxes, dans des inégalités déplorables entre les centres desservis par plusieurs Compagnies rivales et les centres desservis par une Compagnie unique, dans des dépenses frustratoires de premier établissement dont la charge devait fatalement peser sur l'exploitation, enfin dans la constitution de monopoles écrasants contre lesquels les gouvernements ont été conduits à se forger tardivement des armes.

Aux États-Unis, malgré les causes de relèvement ultérieur que la concurrence apportait à sa suite, l'ardeur et la durée de la lutte ont certainement hâté la réduction définitive des prix de transport; mais, pour les raisons précédemment exposées, le Nouveau Monde offrait des facilités exceptionnelles à ce mouvement de dégression. Il ne semble pas en avoir été de même dans les pays d'Europe, où la diminution progressive des taxes s'est d'ailleurs réalisée grâce aux progrès de l'exploitation et à l'accroissement du trafic.

L'opinion du Royaume-Uni, d'abord confiante dans les bienfaits de la concurrence, n'a pas tardé à subir un revirement profond. En Amérique, les pouvoirs publics ont montré plus de fidélité aux conventions du début ; on ne saurait affirmer cependant que ces conventions soient restées intactes; en effet, même par delà l'Atlantique, les obstacles aux ententes ont été emportés et la force irrésistible des faits a, sans aucun doute, agi sur l'esprit éminemment pratique de la population américaine.

Aussi bien les principes ordinaires de l'économie politique sont-ils inapplicables en la matière. Il est certain qu'en thèse générale, dans l'industrie, dans le commerce, la concurrence, c'est-à-dire la compétition entre les producteurs ou les négociants, contribue puissamment à aviver l'activité sociale, qu'elle en constitue « l'âme et l'aiguillon », suivant l'expression de Montesquieu, qu'elle stimule le progrès, qu'elle ramène le prix des choses ou des services à sa juste valeur. Mais, pour que la concurrence existe, la condition primordiale est que les producteurs ou les négociants soient nombreux, qu'ils ne puissent se concerter ou que ce concert soit nuisible à leurs intérêts. Toutes les fois que le nombre des producteurs diminue, la tendance à une lutte durable perd de son intensité ; s'il est très faible, l'association devient presque inévitable. Sans parler des chemins de fer, on pourrait en citer maints exemples, familiers à quiconque a observé de près ou de loin les phénomènes de la vie industrielle. Bornons-nous à prendre au hasard et à rappeler un de ces exemples : le sous-sol du département de Meurthe-et-Moselle renferme, le long de la Meurthe et du Sanon, des gisements magnifiques de sel gemme, les plus beaux et les plus riches de toute la France ; diverses concessions ont été instituées pour l'exploitation des masses salines ; après une lutte de quelques années, les concessionnaires qui se sentaient maîtres du marché, qui étaient investis d'un monopole de fait, se sont réunis en association, se sont syndiqués afin de faire la loi au consommateur. Les faits du même ordre abondent, non moins caractéristiques, dans d'autres branches de la production et jusque dans l'ancienne industrie des transports par terre. Je me reprocherais d'insister davantage sur une vérité aujourd'hui évidente et indiscutée. Maintenant, les économistes les plus orthodoxes n'hésitent pas à reconnaître l'exagération des théories développées par leurs devanciers. Ceux-ci, véritables apôtres, obéissant à une foi et à des convictions ardentes, avaient cru pouvoir ériger en principes absolus, en dogmes, des règles ne comportant pas une pareille rigidité ; dépassant la mesure, ils s'étaient laissé entraîner à faire d'une science essentiellement expérimentale une science pour ainsi dire mathématique. Le catéchisme de la concurrence a eu le sort de celui du libre échange, qu'une certaine école prétendait imposer sans aucune restriction, sans aucun tempérament, quels que fussent le régime des peuples voisins et les nécessités financières. Il ne saurait rien y avoir d'absolu dans la vie sociale, non plus qu'en politique ou en administration.

Si, même dans l'industrie ordinaire, la concurrence s'évanouit fréquemment, comment subsisterait-elle dans la grande industrie des chemins de fer?

Le nombre des lignes reliant deux centres déterminés est toujours restreint : on en construira deux, rarement davantage; jamais on ne les multipliera dans une large mesure. Au début, la lutte s'engagera, comme nous l'avons vu pour le Royaume-Uni et pour l'Amérique du Nord; les taxes subiront des abaissements excessifs, et les recettes fléchiront en même temps qu'augmenteront les dépenses d'exploitation; des ruines, des désastres surviendront, ou, si les concessionnaires savent s'arrêter, s'ils comprennent que la continuation des hostilités les mène tout droit à des catastrophes, la bataille se terminera par des accords; les tarifs seront relevés et, en fin de compte, le public risquera fort de payer les frais de la guerre, car, s'il n'y a pas de trafic pour deux, il faudra nécessairement trouver de la recette pour deux par un accroissement des taxes. Cette argumentation ne porte, bien entendu, que sur les courants de circulation qu'une ligne suffirait matériellement à desservir ; dans le cas contraire, l'établissement de lignes nouvelles répondrait à des besoins nouveaux et ne constituerait plus, à proprement parler, un acte de concurrence pour les mêmes services à rendre au public.

Au premier résultat fâcheux de la concurrence qui vient d'être indiqué s'en ajoute un autre, relatif à la distribution du réseau. La lutte ne naîtra évidemment que suivant quelques directions privilégiées, ayant un trafic d'une certaine intensité : en France, par exemple, elle se serait concentrée sur les lignes du Nord ou du Havre à Paris, de Paris à Lyon et à Marseille, de Paris à Bordeaux, de Marseille à Cette. Des capitaux considérables iront s'engloutir dans les entreprises concurrentes, délaissant les courants de circulation moins accusés; un petit nombre de centres importants seront réunis par plusieurs chemins, tandis que le surplus du pays restera déshérité. Tout ou presque tout pour les régions riches, rien ou peu pour les régions moins favorisées de la nature : tel sera le mot d'ordre des financiers, qui sont inévitablement réalistes et peu enclins au sentiment.

Que serait devenu le réseau français, si dès l'abord la concurrence y avait été admise? La France n'aurait-elle pas souffert de longs retards, même dans l'exécution du second réseau des grandes Compagnies, qui a coûté plus de quatre milliards, dont le produit net annuel, à la veille des conventions de 1883, n'atteignait pas 78 millions, qui rendait ainsi sensiblement moins de 2 p. 100 des dépenses de premier établissement et sur lequel l'ancien réseau avait déjà déversé plus d'un milliard?

D'un autre côté, la concurrence est à peu près inséparable du régime de liberté pour les Compagnies : c'est ainsi que l'ont entendu primitivement les Anglais et les Américains. Or, il est permis de se demander si les nations du continent européen, qui concédaient leurs chemins de fer, n'ont pas mieux compris l'intérêt public en se réservant une autorité plus ou moins étendue sur la gestion des concessionnaires, en ne lâchant pas complètement la bride à des industriels fatalement passionnés pour « les beaux yeux de leur cassette », en n'oubliant pas que les voies ferrées sont avant tout des instruments d'intérêt général, que la voirie est l'un des attributs les plus essentiels de la puissance publique, qu'à elle seule la délégation du droit d'expropriation suffirait pour justifier l'intervention administrative dans l'organisation et l'utilisation des chemins de fer. Au surplus, la concurrence menant par une pente irrésistible à des fusions ou à des associations, les monopoles de fait qu'elle engendre ne sont-ils pas plus redoutables que ceux dont l'institution résulte de la volonté des Pouvoirs publics, puisqu'ils naissent sans avoir ni contrepoids, ni frein, ni modérateur?

A toutes ces considérations d'ordre général s'en joint une autre, spéciale à la France. Nous n'avions ni l'activité industrielle de l'Angleterre, ni sa richesse inouïe, ni son commerce maritime, ni, par suite, sa circulation intérieure; nous n'avions pas davantage la force d'expansion de la jeune nation américaine, le champ indéfini ouvert à son travail et à sa production; l'État a dû contribuer généreusement aux dépenses de construction des voies ferrées, garantir aux capitaux fournis par les entreprises un revenu déterminé, devenir ainsi l'associé des Compagnies. Cette association, soit au point de vue des frais de premier établissement, soit au point de vue de la garantie d'intérêt, soit au point de vue du partage des bénéfices stipulé en échange des sacrifices du Trésor, s'est resserrée à mesure que se développait le réseau ; en se succédant les unes aux autres, les concessions n'ont cessé de porter sur des lignes de moins en moins productives, d'exiger un concours croissant des finances publiques, de grossir le montant du revenu garanti. Le souvenir des conventions de 1883 est trop présent à tous les esprits pour qu'il soit utile de redire combien elles ont solidarisé les intérêts de l'État et ceux des Compagnies. A beaucoup d'égards, le Trésor et la caisse des concessionnaires ne sont plus qu'une sorte de bourse commune. Examiner et discuter ici la ligne de conduite suivie par les divers gouvernements, depuis l'origine des chemins de fer, serait œuvre stérile. On ne peut qu'enregistrer les actes de ces gouvernements, constater les faits accomplis, en déduire que, même à défaut de toute autre raison, l'union intime de l'État et des Compagnies eût rendu la concurrence impraticable, car la lutte se fût traduite par un affaissement de la recette kilométrique, par une aggravation des charges du Trésor, par une perte éventuelle de bénéfices.

Les auteurs des cahiers des charges ont sagement agi en réservant à l'État la faculté de concéder ou de construire des lignes concurrentes, sans ouvrir un droit à indemnité au profit des Compagnies qui argueraient et justifieraient d'un préjudice : c'était le seul moyen de couper court aux réclamations et d'éviter des résistances trop tenaces à l'extension progressive du réseau. Il y avait là une mesure de précaution, de prudence, de prévoyance, mais non un moyen usuel de lutte à l'égard des Compagnies récalcitrantes.

L'Administration dispose, d'ailleurs, de ressources variées pour empêcher les concessionnaires de tenir en échec l'intérêt public; elle a son action de chaque jour ; elle détient une arme singulièrement puissante, l'*ultima ratio* du droit de rachat, la reprise des réseaux par l'État. A la vérité, le rachat constitue un acte d'une gravité exceptionnelle, qui doit se fonder sur les motifs les plus sérieux, s'appuyer sur un programme bien étudié et bien arrêté pour l'exploitation ultérieure; cependant, préparé avec soin, provoqué par des nécessités générales indiscutables, il n'a nullement le caractère révolutionnaire que ses adversaires lui ont souvent attribué, n'expose pas aux funestes conséquences dont on a parfois trop agité le spectre.

Point n'est donc besoin de chercher dans la concurrence ce qui ne saurait s'y trouver. Les Pouvoirs publics ont une large autorité sur les Compagnies ; il est de leur devoir de ne pas laisser amoindrir cette autorité, d'en user avec une équitable fermeté, de couvrir d'une protection incessante les intérêts généraux dont ils sont les gardiens et les tuteurs ; leur influence sera d'autant mieux assurée et produira des effets d'autant plus rapides qu'ils ne se serviront pas d'armes émoussées par avance et trop fragiles pour ne pas se rompre entre leurs mains.

Jusqu'ici j'ai raisonné surtout en envisageant le côté financier de la question. Les partisans fidèles du principe de la concurrence ne discutent plus guère sur ce terrain ; ils reconnaissent même volontiers l'inanité ou les inconvénients des guerres de tarifs; mais, choisissant un autre champ de controverse, ils proclament l'efficacité de la lutte au point de vue des progrès de l'exploitation technique. Certes, l'émulation entre les Compagnies rivales les porte à s'ingénier pour améliorer leur matériel roulant, pour accroître la régularité du service, pour l'adapter plus complètement aux désirs et aux convenances du public, pour hâter l'expédition, le transport et la livraison des marchandises, pour rechercher les économies, pour éliminer les dépenses frustratoires, pour éviter les formalités inutiles. Il y aurait pourtant beaucoup à dire sur les perfectionnements susceptibles d'imposer des charges aux Compagnies, sur la durée de cette émulation à laquelle les ententes, les traités de partage du trafic ne manquent pas de couper les ailes. En passant outre à ces observations, en supposant que tout aille au gré des défenseurs de la concurrence, il resterait à compter le prix auquel seraient achetées les améliorations du service ; il resterait à examiner si l'intérêt du concessionnaire de la ligne unique à développer son trafic et l'autorité de l'Administration sur ce concessionnaire n'auraient pu assurer les mêmes résultats. Avec une volonté énergique et éclairée, le Ministre des travaux publics et ses collaborateurs sont en situation d'exercer une grande influence, de pousser efficacement à l'amélioration du service ; ils tiennent de la législation des pouvoirs suffisants, et l'une des parties capitales de leur mission consiste précisément à inciter les Compagnies au progrès, à coordonner leurs efforts quelquefois divergents, à ranimer leur activité et leur courage aux heures de défaillance, à agir vis-à-vis d'elles par contrainte, le cas échéant.

Ainsi, à quelque point de vue qu'on se place, la concurrence apparaît comme devant être écartée, soit pour des raisons d'intérêt général, soit pour des raisons spéciales au régime du réseau français.

Les considérations générales qui viennent d'être présentées sous une forme concise et abstraite gagneront à être appuyées par quelques chiffres. Examinons rapidement, à cet effet, les conséquences financières qu'aurait eues la construction prématurée d'une grande ligne nouvelle de Calais à Marseille et, *a fortiori*, celle de 3 000 kilomètres de chemins concurrents, proposée en 1883 par un certain nombre de députés.

Dans l'état actuel du réseau, la ligne de Calais à Marseille a un développement de 1 187 kilomètres, mesuré suivant l'itinéraire Creil-Epluches-Paris qu'empruntent la plupart des trains. Le tableau ci-après indique la longueur de ses diverses sections, leurs dépenses de premier établissement au 31 décembre 1909, leur recette brute et leur recette nette en 1910 :

DÉSIGNATION DES SECTIONS	LONGUEURS	DÉPENSES de premier établissement au 31 décembre 1909	RECETTE kilométrique en 1910		RECETTE TOTALE en 1910	
			brute	nette	brute	nette
	km.	fr.	fr.	fr.	fr.	fr.
Calais à Boulogne	41	27.763.675	61.000	10.000	2.501.000	410.000
Boulogne à Amiens	123	85.371.579	119.333	50.268	14.678.000	6.183.000
Amiens à Paris — Amiens à Creil	80	71.922.014	204.850	107.887	16.388.000	8.631.000
Amiens à Paris — Creil à Paris par Epluches	71	192.942.938	243.761	18.592	17.307.000	1.320.000
Paris à Lyon	512	626.895.450	251.140	143.947	128 583.661	73.700.818
Lyon à Marseille (1)	360	386.335.346	229.046	139.954	82.914.807	50.663.436
Totaux et moyennes	1.187	1.391.231.002	221.038	118.709	262.372.468	140.908.254

(1) Y compris des embranchements ou raccordements de très faible longueur.

Comme le montre ce tableau, la ligne actuelle de Calais à Marseille a coûté 1 172 000 francs par kilomètre et près de 1 400 millions au total ; les résultats de son exploitation se sont chiffrés, en 1910, par un produit brut légèrement supérieur à 262 millions et une recette nette approchant de 141 millions. Elle entre pour 7 centièmes 6 dans la dépense totale d'établissement des grands réseaux (État et Compagnies); son rendement atteint presque 15 p. 100 du produit brut et 20 p. 100 du produit net de ces réseaux. La recette brute et la recette nette de la section Calais-Paris représentent respectivement 17 p. 100 de la recette brute donnée par l'ensemble du réseau du Nord et 14 p. 100 de la recette nette du même réseau ; la section de Paris à Marseille fournit les deux cinquièmes de la recette brute et la moitié de la recette nette du réseau Paris-Lyon-Méditerranée ; pour les deux sections de Calais à Paris et de Paris à Marseille réunies, le produit net excède de 83 750 000 francs les charges d'intérêt et d'amortissement des capitaux engagés par les Compagnies.

Les chiffres qui précèdent sont extraits ou déduits des publications officielles. Mais il convient d'observer que le rendement attribué à la section Calais-Paris est beaucoup trop faible : les statistiques chargent, en effet, cette section de toutes les dépenses d'exploitation relatives au tronçon de Saint-Denis à Paris et notamment des dépenses afférentes à la gare de Paris, c'est-à-dire de dépenses communes dont une partie aurait dû être distraite, si les écritures l'avaient permis.

A ces renseignements sur la situation des réseaux du Nord et de Paris-Lyon-Méditerranée, il est utile d'ajouter les suivants :

Réseau du Nord.

Nombre d'actions		525.000
Revenu réservé aux actionnaires.	1° Intérêts à 4 p. 100 des actions (16 francs par titre) et charges d'amortissement.	
	2° En cas d'appel à la garantie	20.000.000 fr.
	2° En cas de partage des bénéfices	38.062.500
Résultats de l'exploitation en 1910 (ni garantie ni partage des bénéfices).	Excédent de produit net affecté à la garantie du nouveau réseau (après déduction du revenu réservé aux actionnaires en cas d'appel à la garantie)	21.072.044 fr. 40
	Charges garanties du nouveau réseau (déduction faite des annuités reçues ou à recevoir)	13.215.381 90
	Supplément de revenu des actionnaires s'ajoutant aux 20 millions réservés	7.856.662 fr. 50

Réseau de Paris à Lyon et à la Méditerranée.

Nombre d'actions		800 000
Revenu réservé aux actionnaires	En cas d'appel à la garantie	44 000.000 fr.
	En cas de partage des bénéfices	54.000.000
Résultats de l'exploitation en 1910 (ni garantie ni partage des bénéfices).	Excédent du produit net affecté à la garantie du nouveau réseau (après déduction : 1° de 6 millions pour remboursement d'avances de garantie, conformément à la convention du 17 mai 1897, approuvée par la loi du 24 janvier 1898 ; 2° du revenu réservé aux actionnaires en cas d'appel à la garantie)	40.462.319 fr. 75
	Charges garanties du nouveau réseau (déduction faite des annuités reçues ou à recevoir)	31.805.401 10
	Supplément de revenu des actionnaires s'ajoutant aux 44 millions réservés	8.656.918 fr. 65

Supposons que les Pouvoirs publics aient consenti à la construction d'une ligne concurrente entre Calais et Marseille. Que serait-il advenu ?

Même en tenant un large compte de l'essor imprimé au trafic général par l'ouverture de la nouvelle artère et en admettant que les tarifs eussent été maintenus ou que leur réduction n'eût pas provoqué un affaissement des produits, les voies préexistantes auraient certainement perdu un tiers de leur recette brute, soit 17 millions en 1910 pour le réseau du Nord et 70 millions pour le réseau de Paris-Lyon-Méditerranée. Une conséquence inévitable de cette perte eût été d'accroître un peu le coefficient d'exploitation, d'autant plus fort que la circulation est moindre. On ne saurait évaluer la diminution de recette nette à moins de 11 millions en ce qui concerne la section de Calais à Paris ni à moins de 47 millions en ce qui concerne la section de Paris à Marseille. Les Compagnies du Nord et de Lyon, bien qu'ayant un trafic réduit à desservir, ne seraient sans doute pas parvenues à trouver une compensation dans des économies sur les dépenses complémentaires d'établissement, car la lutte leur eût imposé de lourds sacrifices.

Ainsi, pour l'année 1910, la Compagnie du Nord aurait vu baisser de 15 francs environ le dividende disponible par action et demandé un peu plus de 3 millions à la garantie. De son côté, la Compagnie de Paris-Lyon-Méditerranée eût été contrainte de fixer le dividende à un chiffre inférieur au minimum réservé, tout en réclamant la totalité de la garantie afférente au nouveau réseau et en couvrant par une émission d'obligations, comme l'y autorise la convention de 1897, l'annuité de 6 millions due par elle au Trésor.

Quant à la nouvelle ligne de Calais-Marseille, voici quelle aurait été sa situation. Les promoteurs de l'affaire manifestaient l'intention de créer une voie magistrale, dépassant au point de vue du confort tout ce qui avait été réalisé jusqu'alors en France, de l'approprier à des vitesses horaires de 100 ou 120 kilomètres, de la pourvoir d'un matériel perfectionné ; ils voulaient, d'ailleurs, la tracer par Boulogne, Abbeville, Beauvais, Pontoise, Paris, Nevers, Lyon et Avignon. Établie dans ces conditions, la ligne n'aurait pas présenté un raccourci considérable. Les difficultés du terrain, notamment entre Abbeville et Beauvais ainsi qu'entre Paris et Lyon, eussent conduit à des frais énormes de construction, pour éviter les rampes incompatibles avec de grandes vitesses. Il aurait fallu traverser des propriétés auxquelles la progression du prix des immeubles près des villes et l'ouverture des chemins de fer préexistants ont donné une valeur considérable. Sur certains points, particulièrement dans les parties étroites de la vallée du Rhône, la ligne nouvelle eût trouvé, sinon la seule place favorable, du moins la meilleure, déjà occupée. La dépense d'établissement ne serait pas descendue de beaucoup au-dessous du chiffre d'un milliard. Alors même que la seconde artère de Calais à Marseille se fût seulement emparée de la moitié du trafic actuel, sa recette brute eût atteint 131 millions environ, et sa recette nette 65 ou 66 millions, dans l'hypothèse d'un coefficient d'exploitation de 0.50 ; le rendement du du capital engagé aurait dépassé 6 p. 100.

On le voit, la spéculation eût été bonne en elle-même pour les financiers qui l'eusssent entreprise, et il ne pouvait en être autrement, puisque cette spéculation reposait sur le drainage du courant de circulation le plus puissant de toute la France. Mais, en revanche, le réseau du Nord aurait été profondément atteint et le réseau de Paris-Lyon-Méditerranée frappé dans ses œuvres vives, dans son artère nourricière.

Les avantages directs ou indirects procurés au public, les conditions plus larges et plus grandiosesde l'exploitation, les progrès dus à l'émulation entre les Compagnies anciennes et nouvelles auraient-ils justifié un tel bouleversement dans les situations acquises, une pareille menace pour le Trésor? Envisagée isolément et abstraction faite de ses répercussions diverses, l'opération pouvait apparaître comme susceptible de profiter aux voyageurs, aux expéditeurs de marchandises et même, dans une certaine mesure, à l'ensemble du public. Néanmoins, les supputations les plus optimistes restaient impuissantes à démontrer qu'il y eût là une contre-partie suffisante du retard dont aurait souffert le développement du réseau national dans d'autres régions et des charges qui auraient pesé sur le budget.

Une œuvre si colossale n'était, d'ailleurs, nullement commandée par l'insuffisance des voies existantes.

Dans la suite de cet ouvrage, un article spécial sera consacré à l'étude de la capacité de transport des voies ferrées. Le lecteur y trouvera des indications sur l'influence du nombre des voies, de la vitesse des trains, de leur distribution aux diverses heures du jour, de la distance des stations, de la nature du trafic, des moyens de sécurité; il y verra les résultats de l'expérience des chemins de fer anglais [1]. Pour l'heure, je me borne à relater les faits suivants :

1° La recette brute moyenne par kilomètre des lignes à double voie de la Grande-Bretagne, pour lesquelles sa valeur peut être dégagée des statistiques officielles, atteignait récemment 135 000 francs. C'est donc à tort que les promoteurs des lignes concurrentes en France ont invoqué la prétendue limite de 70 000 francs, au delà de laquelle nos voisins d'Outre-Manche considéreraient l'établissement de chemins nouveaux et parallèles comme nécessaire, ou tout au moins utile.

2° Plusieurs Compagnies principales d'Angleterre, interrogées au

(1) La mort n'a point permis à Alfred Picard d'écrire la partie de l'ouvrage à laquelle il est fait ici allusion (Note de l'éditeur).

sujet du nombre journalier des trains que peuvent débiter leurs lignes à double ou à quadruple voie, ont, tout en insistant sur la multiplicité des circonstances dont dépend ce nombre, fourni des réponses se résumant ainsi :

1re Compagnie. —	Nombre journalier de trains circulant dans les deux directions sur des lignes à double voie	543
	Nombre journalier de trains pouvant circuler dans les deux directions sur des lignes à quadruple voie	1.080
2e Compagnie. —	Nombre maximum des trains lancés en une heure, dans la même direction, sur une ligne à double voie faisant un service mixte de grande et de petite vitesse	10
	Nombre journalier de trains circulant dans chaque direction sur la même ligne...	140
	Nombre correspondant pour les deux directions	280
3e Compagnie. —	Nombre journalier de trains circulant dans les deux directions sur des lignes à double voie, y compris les machines haut-le-pied	324
	Nombre analogue pour les lignes à quadruple voie	607
4e Compagnie. —	Nombre journalier de trains circulant dans les deux directions sur des sections à double voie	265 à 590
	Nombre analogue pour les lignes à quadruple voie	667 à 1.051
5e Compagnie. —	Nombre journalier de trains pouvant circuler dans les deux directions sur une ligne à double voie et à courtes sections de block	300 à 400
	Nombre analogue pour les lignes à quadruple voie	700 à 800
6e Compagnie. —	Nombre journalier de trains pouvant circuler dans chaque direction sur une ligne à double voie, présentant des conditions moyennes d'exploitation	90
	Nombre correspondant pour les deux directions	180
	Nombre analogue en ce qui concerne les lignes à quadruple voie	180 et 360
7e Compagnie. —	Nombre journalier de trains circulant dans les deux directions sur des lignes à double voie	192
	Nombre analogue pour des lignes à quadruple voie	612
8e Compagnie. —	Nombre journalier de trains pouvant circuler dans les deux directions sur des lignes à double voie	400
	Nombre journalier de trains circulant sur de courtes sections à quadruple voie	485 et 650

9e Compagnie. — Nombre journalier de trains circulant dans les deux directions sur une section à double voie.................... 262
Nombre analogue pour une section à quadruple voie...................... 517

Or, d'après le tableau de la marche des trains et d'après les statistiques des deux Compagnies du Nord et de Paris-Lyon-Méditerranée, les nombres maximum et moyen des trains circulant en vingt-quatre heures sur les divers tronçons de la ligne Calais-Paris-Marseille étaient, il y a peu de temps, les suivants :

Section de Calais à Paris.

PARTIES DE LA LIGNE	LONGUEURS		NOMBRE MOYEN des trains (1)				NOMBRE MAXIMUM des trains (2)			
	Voyageurs	Marchandises	Voyageurs	Messageries	Marchandises	Totaux	Voyageurs	Messageries	Marchandises	Totaux
	km (3)	km (4)								
Calais à Boulogne..........	44.5	40.6	30	2	13	45	39	7	27	73
Boulogne à Amiens........	123 »	124.1	44	10	20	74	79	13	36	128
Amiens à Creil............	80.3	79.2	52	14	31	97	99	18	46	163
Creil à Chantilly (5)........	9.3	9.3	100	19	16	135	153	24	23	200
Chantilly à Saint-Denis.....	34.9	34.9	114	18	13	145	169	22	19	210
St-Denis à Paris { Chantilly..	6.1	6.1	120	18	13	152	173	21	19	213
St-Denis à Paris { Pontoise ..			190	8	30	128	226	8	41	275

(1) Quotient du parcours kilométrique moyen des trains circulant en 24 heures sur le tronçon et dans les deux sens par la longueur de ce tronçon. — (2) Circulation dans les deux sens pour la journée la plus chargée (1re semaine d'août). — (3) Au départ de Calais-Maritime. — (4) Au départ de Calais-Triage. — (5) Itinéraire ordinaire des trains de Calais.

Section de Paris à Marseille.

PARTIES DE LA LIGNE	LONGUEURS	NOMBRE MOYEN des trains			NOMBRE MAXIMUM des trains		
		Voyageurs	Marchandises	Totaux	Voyageurs	Marchandises	Totaux
	km.						
Paris à Villeneuve-St-Georges..	14	211	33	244	236	91	327
Villeneuve-St-Georges à Melun.	30	132	21	153	152	29	181
Melun à Montereau par Moret..	35	72	16	88	76	27	103
Melun à Montereau par Héricy.	36	31	18	49	40	29	69
Montereau à Laroche.........	76	63	34	97	77	37	114
Laroche à Dijon.............	159	61	34	95	75	46	121
Dijon à Mâcon..............	126	46	49	95	49	70	119
Mâcon à Saint-Germain-au-Mont-d'Or................	51	56	38	94	60	52	112
Saint-Germain à Lyon-Vaise...	15	85	49	134	92	92	184
Lyon-Vaise à Lyon-Perrache...	5	54	28	82	56	59	115
Lyon-Perrache à Valence.....	106	61	58	119	67	100	167
Valence à Tarascon..........	146	61	39	100	66	85	151
Tarascon à Marseille.........	99	53	69	122	59	123	182

Comme le montrent ces tableaux, la circulation ne prend une intensité vraiment exceptionnelle qu'aux abords de Paris. Les Compagnies du Nord et de Lyon sont, d'ailleurs, en situation de parer à toutes les éventualités, non seulement dans cette région, mais encore sur l'ensemble de la ligne.

En effet, la Compagnie du Nord dispose : 1° entre Calais et Amiens, d'un second itinéraire par Watten, Saint-Omer, Hazebrouck et Arras; 2° entre Amiens et Paris, d'un deuxième chemin par Beauvais, Monsoult, Epernay et d'un troisième par Montdidier, Estrées-Saint-Denis, Ormoy et Le Bourget, point de soudure avec la Grande Ceinture. Ces deux derniers chemins sont dotés d'entrées distinctes à Paris et présentent des conditions techniques très favorables; ils n'ont qu'un trafic propre fort restreint. L'itinéraire Calais-Arras-Amiens emprunte, au contraire, les voies relativement chargées de la grande artère Lille-Amiens; mais, nous l'avons vu, le mouvement entre la Manche et Amiens reste contenu dans des limites assez étroites.

Pour ne rien omettre, il y a lieu de mentionner aussi, près de Paris, l'itinéraire Pontoise-Enghien, avec le raccourci de Valmondois à Ermont-Eaubonne. Une nouvelle voie projetée entre Aulnay et Rivecourt, par Senlis, pourrait encore fournir, au besoin, un exutoire à la circulation de Paris vers Amiens ou inversement.

Les voies ont été sextuplées entre Paris et Saint-Denis, quadruplées entre Saint-Denis et Survilliers.

Grâce aux dégagements qu'elle possède entre Amiens et Paris, la Compagnie du Nord se trouve en mesure d'alléger la circulation sur l'itinéraire Creil-Chantilly et d'opérer un triage, un groupement de ses trains par catégories de vitesse, ce qui contribue puissamment à accroître la capacité de débit. La multiplication des voies de Survilliers à Paris concourt au même résultat.

Quant à la Compagnie de Paris-Lyon-Méditerranée, ses voies principales sont sextuplées de Paris à Villeneuve-Saint-Georges, quadruplées de Villeneuve-Saint-Georges à Brunoy et de Saint-Germain-au-Mont-d'Or à Collonges. Entre Villeneuve-Saint-Georges et Lyon, elle peut dégager son artère maîtresse par divers itinéraires, qui n'allongent pas sensiblement le parcours et dont le tracé ainsi que le profil sont satisfaisants : itinéraire Corbeil, Montargis, Gien, Nevers, Moulins, Saint-Germain-des-Fossés et Roanne, ayant son origine à Villeneuve-Saint-Georges; itinéraire Moret, Montargis, Nevers, partant de Moret et se confondant avec le précédent à partir de Montargis ; itinéraire Corbeil, Héricy, Montereau. Même en laissant de côté la branche de Montargis au delà de Corbeil, la Compagnie dispose de quatre voies entre Paris et Montereau. De Dijon à Lyon, elle a un chemin auxiliaire par Saint-Jean-de-Losne, Louhans et Bourg, qui offre le précieux avantage de conduire directement vers l'Ain, la Savoie et l'Italie (*viâ* Mont-Cenis). Elle dispose aussi du chemin de Chagny à Paray-le-Monial, Roanne et Saint-Etienne, qui enlève à la ligne principale le transport des houilles de Saint-Étienne à destination du Creusot et de la région située au nord-est de Chalon-sur-Saône. Notons encore l'itinéraire Clamecy, Cercy-la-Tour, Gilly-sur-Loire, Paray-le-Monial et Lozanne, dont le prolongement jusqu'à Givors permet de tourner Lyon, comme le permet aussi le raccordement de 4 kilomètres reliant Collonges et Lyon-Saint-Clair.

Au delà de Lyon, la Compagnie a une seconde ligne qui court presque côte à côte avec la première, mais sur la rive opposée du Rhône, jusqu'à la hauteur d'Avignon et même de Tarascon. Les lignes des deux rives du fleuve sont réunies à Avignon. Il existe entre cette ville et Miramas un second itinéraire passant par Cavaillon. Dès qu'aura été achevé le chemin de Miramas à Lestaque, tournant l'étang de Berre à l'ouest et au sud, pour aboutir près des bassins du port de Marseille, le doublement de la section Lyon-Marseille sera complet.

La ligne magistrale de Calais à Marseille est donc sur le point d'être au moins doublée dans toute son étendue.

....

Ajoutons à cela les perfectionnements qui ont été apportés aux moyens de sécurité, notamment par l'emploi du block-system, et qui ont augmenté la puissance de débit de la ligne; ajoutons-y encore la ressource qu'offre le chemin de Grande Ceinture pour dégager les abords immédiats de la capitale du trafic des marchandises en transit.

D'ailleurs, ainsi que je l'ai déjà rappelé, la Commission d'enquête instituée par l'Assemblée nationale après la guerre de 1870-1871 s'était livrée à une étude approfondie de la question. Elle avait formulé les desiderata suivants par l'organe autorisé de M. Cézanne :

1° Construction, entre le Pouzin et Nîmes, d'une ligne à double voie à pentes douces et à grands rayons, suivant la rive droite du Rhône et indépendante de celle qui existait par Alais;

2° Construction d'un chemin à double voie, établi dans les meilleures conditions de tracé qu'il serait possible et partant du Rhône, près de Givors, pour desservir la rive gauche du Gier jusqu'à Saint-Étienne;

3° Prompt achèvement du chemin de Marseille à Grenoble, avec embranchements sur Briançon et la frontière italienne, d'une part, et sur Digne, d'autre part ;

4° Construction d'un chemin de Grande Ceinture autour de Paris, afin de mettre les réseaux en relations faciles et de dégager du transit les gares parisiennes ainsi que le chemin de Petite-Ceinture;

5° Construction d'une ligne directe d'Amiens à Dijon, avec un profil aussi favorable que possible;

6° Construction, dans les mêmes conditions, d'un chemin d'Avallon vers Mâcon;

7° Établissement d'un embranchement qui partirait de Marseille par le littoral, serait indépendant du tunnel de la Nerthe et se relierait aux chemins des deux rives du Rhône, de telle sorte qu'il y eût deux lignes distinctes de Lyon à Marseille (rive gauche et rive droite), de Paris à Marseille par Lyon et par Saint-Etienne, et de Marseille au Languedoc;

8° Travaux divers d'amélioration des voies navigables dans les bassins de la Saône et du Rhône; jonction de la Saône avec la Moselle et la Marne; construction d'un canal latéral du Rhône à partir de Lyon jusqu'à Arles, avec prolongement sur Marseille.

Il a été satisfait à la plupart de ces vœux. En effet :

1° Une nouvelle ligne à double voie de Givors à Nîmes par Villeneuve-lès-Avignon est en exploitation sur toute sa longueur depuis 1880;

2° Aux termes de la convention du 3 juillet 1875, approuvée par la loi du même jour, la Compagnie de Paris-Lyon-Méditerranée a contracté l'engagement de construire le deuxième chemin de Lyon à

Saint-Étienne, lorsque le tonnage des marchandises expédiées en une année des gares de Saint-Étienne inclusivement à Lyon-Perrache exclusivement se serait accru de 50 p. 100. Cette condition ne se trouve pas encore remplie, et, dès lors, le décret en Conseil d'État, nécessaire pour ordonner les travaux, n'est pas intervenu ;

3° La ligne de Grenoble à Marseille a été achevée en 1878, l'embranchement de Peyrins à Digne en 1876 et l'embranchement de Veynes à Briançon en 1884 ;

4° Depuis 1886, le chemin de Grande Ceinture et ses annexes sont ouverts à la circulation ;

5° Une communication directe d'Amiens à Dijon était établie dès 1883. Toutefois, on doit reconnaître que, par suite de considérations diverses, la section comprise entre les lignes de Paris à Soissons et de Paris à Avricourt n'a pas reçu une direction très favorable aux relations envisagées ;

6° La ligne d'Avallon à Mâcon par Dracy-Saint-Loup, Montchanin et Saint-Gengoux a été complètement livrée à l'exploitation avant la fin de 1889 ;

7° Aussitôt après l'achèvement du chemin de Miramas à Lestaque par le littoral, l'itinéraire Paris-Marseille sera doublé dans toute son étendue ;

8° Les travaux de navigation indiqués par la Commission sont terminés, sauf le canal latéral au Rhône, de Lyon à Arles, et son prolongement vers Marseille. Pour des raisons qu'il est inutile de discuter et même d'énumérer ici, les Pouvoirs publics ont cru devoir renoncer à la création d'un canal de navigation le long du Rhône. Quant au canal de jonction du Rhône à Marseille, il est en cours d'exécution : la nouvelle voie navigable comportera l'élargissement du canal d'Arles à Bouc et du chenal de Port-de-Bouc à Martigues, le passage de l'étang de Berre entre deux digues, la traversée par un souterrain à grand profil de la presqu'île séparant l'étang de Berre et la rade de Marseille, l'établissement à l'extrémité de ce souterrain d'une puissante digue de protection.

L'établissement d'une ligne supplémentaire de Calais à Marseille n'eût point empêché le mal qui était, en partie, inévitable et qui, pour le surplus, appelait d'autres remèdes. Nous avions mieux à faire que d'engloutir un milliard dans une œuvre presque stérile. L'objet de notre sollicitude incessante devait, doit encore, être de développer les installations et l'outillage des ports maritimes, de rendre la vie à notre marine marchande, de prévenir certains conflits sociaux qui lui sont si funestes et qui se reproduisent trop fréquemment, d'améliorer le service sur les voies ferrées existantes, de réaliser tous les progrès que peuvent comporter notre agriculture et notre industrie, de nous appliquer à l'accroissement du commerce extérieur, d'assurer l'harmonie des forces vives du pays, de les réunir dans un commun effort pour le rayonnement de la France au dehors. Il y a là une grande et noble tâche, autrement féconde que l'extension du réseau national des chemins de fer par l'addition d'une ligne d'utilité douteuse.

Dans cette lutte pour la vie, que les peuples ont à soutenir comme les hommes, une large part est réservée aux Compagnies. Elles ne sauraient trop s'ingénier à perfectionner sans relâche leur exploitation, à poursuivre l'abaissement des taxes, à augmenter le confort de leurs voitures, à accélérer la vitesse de leurs trains pour les voyageurs et les marchandises, à réduire les délais d'expédition et de livraison. Leur intérêt et le bon renom de leurs administrateurs et de leurs directeurs le leur commandent. Détenant l'un des instruments les plus puissants de la richesse publique, préposées à la garde d'un des organes les plus actifs de la grandeur nationale, elles doivent déployer une habileté digne de leur mission.

Mais je me reprocherais de prolonger une étude, peut-être déjà trop développée, sur le Calais-Marseille. Je crois avoir surabondamment démontré, et par des considérations théoriques et par des faits recueillis sans parti pris, soit en France, soit à l'étranger, qu'une concurrence durable est généralement impossible en matière de chemins de fer, qu'en tout cas elle était incompatible avec le régime du réseau français, qu'elle eût compromis au plus haut point les intérêts du Trésor, qu'elle eût exagéré les dépenses des lignes principales, retardé l'expansion des voies ferrées, porté obstacle à l'abaissement des tarifs et, par suite, causé au pays un préjudice incalculable.

Pour clore ce chapitre, il ne me reste qu'à reproduire un avis formulé par le Congrès international des chemins de fer, dans sa séance du 25 août 1892 (Session de Saint-Pétersbourg) :

« 1° Il est désirable que la répartition du trafic de concurrence fasse « l'objet d'arrangements entre les divers chemins de fer qui peuvent « y participer. — Dans les arrangements de ce genre, pourvu que les « chemins de fer contractants conservent le droit d'établir leurs tarifs « à leur gré, les intérêts des chemins de fer peuvent être sauvegardés « sans aucun inconvénient pour les intérêts du commerce et du « pays ;

« 2° Il n'existe pas de règles générales pour la répartition du trafic « entre divers réseaux concurrents, et, lors de la conclusion d'un « arrangement, les bases d'après lesquelles le trafic sera réparti « doivent être arrêtées par les chemins de fer intéressés, d'une façon « spéciale et d'après des considérations d'équité.

« 3° L'attribution d'une certaine proportion du trafic à l'un des iti- « néraires concurrents n'implique pas nécessairement le transport

« effectif par cet itinéraire du trafic qui lui est assigné. — Il est « rationnel et désirable qu'en fait le transport se fasse par l'itinéraire « le plus économique. — Les recettes forment le plus souvent une « bourse commune, avec décompte, à intervalles réguliers, de la com- « pensation en espèces stipulée dans l'arrangement. »

CHAPITRE V

CONCURRENCE ENTRE LES CHEMINS DE FER ET LES VOIES DE NAVIGATION INTÉRIEURE

1. Exposé des principales opinions émises sur le rôle respectif des chemins de fer et des voies navigables. — Dès l'origine des chemins de fer, l'attention s'est fixée sur la concurrence entre ces nouvelles voies de communication et les voies navigables.

Les voies ferrées devaient-elles enlever aux rivières et aux canaux la totalité ou une partie de leur trafic ?

Devaient-elles, par suite, porter un préjudice grave aux concessionnaires des canaux et à l'industrie de la batellerie ?

Devaient-elles tarir une des sources du budget, en diminuant la matière imposable des transports par eau, alors assujettis à des droits relativement élevés au profit du Trésor ?

Était-ce une bonne opération économique que de construire des chemins de fer dans les vallées déjà desservies par des canaux ?

Inversement, ne fallait-il pas suspendre l'établissement des canaux, instruments d'un autre âge, appelés à perdre toute leur utilité en présence de la locomotive ?

On comprend la légitime émotion des concessionnaires de canaux et des entrepreneurs de transports par eau, quand ils virent le danger auquel allait les exposer la lutte de cet ennemi redoutable, mis au monde par le génie de Stephenson.

On comprend également les débats que provoqua la question au sein des assemblées politiques, les polémiques qu'elle engendra entre les publicistes, les études approfondies auxquelles elle donna lieu de la part de l'Administration, des ingénieurs, des économistes.

L'examen rétrospectif des discours, des écrits que nous ont laissés à cet égard nos devanciers serait une œuvre, sinon stérile, du moins fort laborieuse : je me bornerai donc à quelques indications sommaires.

En 1833, à l'occasion de la demande d'un crédit de 500 000 francs pour des études de chemins de fer, la Commission de la Chambre des députés, à laquelle avait été renvoyé le projet de loi, fut saisie de l'expression des craintes qu'éveillait déjà dans certains esprits la concurrence des voies ferrées et des voies navigables. Au cours de son rapport, M. de Bérigny discuta ces appréhensions et s'efforça de les dissiper, en faisant valoir que chacune des deux catégories de voies de communication aurait son domaine spécial et distinct, que les canaux conserveraient l'avantage de l'économie et garderaient, en conséquence, le trafic des marchandises, que les chemins de fer, supérieurs au point de vue de la rapidité des transports, prendraient le trafic des voyageurs, peu important pour la navigation fluviale.

Onze ans plus tard, en 1844, une discussion relative à la ligne de Paris vers Lille et la frontière belge, devant la Chambre des pairs, conduisit M. Dumon, ministre des travaux publics, à formuler un avis analogue et à affirmer que les canaux auraient toujours le transport des matières encombrantes, « pour lesquelles la rapidité n'était pas grand'chose, mais le bon marché chose essentielle ».

Cependant l'accord sur cette doctrine ne pouvait être considéré comme entier : à la même époque, en effet, M. Philippe Dupin, député, rapporteur d'un projet de loi concernant le chemin de fer de Paris à Strasbourg, crut devoir appeler l'attention de l'Administration sur l'opportunité de ne pas achever les travaux du canal de la Marne au Rhin, au moins dans une partie de son étendue, et même d'utiliser ces travaux, au delà de Nancy, pour l'assiette des rails.

A la suggestion de M. Philippe Dupin et à d'autres manifestations du même ordre, un éminent ingénieur en chef, M. Collignon, répondit, en 1845, par un livre fort remarquable intitulé : *Du concours des canaux et des chemins de fer et de l'achèvement du canal de la Marne au Rhin*. L'auteur était particulièrement qualifié pour traiter le sujet, car il avait à la fois dans ses attributions une importante section du canal de la Marne au Rhin et la section contiguë du chemin de fer de Paris à la frontière d'Allemagne. M. Collignon analysait minutieusement les résultats de l'expérience en Belgique, pays où le gouvernement exploitait les chemins de fer sans se laisser dominer par aucune préoccupation fiscale, dirigeait tous ses efforts vers l'accroissement du transit, l'essor de l'exportation et le développement des facilités offertes à l'importation des matières premières, et avait entre les mains la plus grande partie des voies navigables du royaume. Cette analyse mettait nettement en lumière la progression simultanée du trafic sur les voies ferrées et sur les canaux, la tendance invariable des Pouvoirs publics à encourager, à étendre une rivalité qu'ils envisageaient comme féconde et salutaire, loin de la redouter et d'y porter obstacle. Passant à l'Angleterre, où les canaux et les chemins de fer se trouvaient sous le régime de la concession, le savant ingénieur constatait que les entreprises de navigation avaient jusqu'alors donné un revenu supérieur à celui des entreprises de voies ferrées et que la concurrence avait procuré d'immenses avantages au public. En France même, la lutte, sur les quelques points où elle existait déjà, paraissait bien avoir tourné au grand profit des usagers, sans enlever aux voies navigables leur part de transports.

M. Collignon estimait à plus de six centimes par tonne kilométrique (tout péage exclu) l'économie du coût des transports fluviaux comparé à celui des transports sur rails : il ne reconnaissait aux chemins de fer qu'une puissance de débit trop restreinte pour suffire aux besoins de la grande industrie ; il pensait que, sagement entendue, leur rivalité avec les canaux et les rivières aboutirait, en définitive, à augmenter la prospérité des uns et des autres, et constituerait, en même temps, le modérateur le plus efficace contre les prétentions d'envahissement et de monopole des Compagnies de chemins de fer. Aussi concluait-il à mener de front l'achèvement du réseau de navigation et l'établissement du réseau de voies ferrées.

Le solide et habile plaidoyer de M. Collignon sauva le canal de la Marne au Rhin, qui fut continué jusqu'à Strasbourg et qui ne tarda pas à conquérir une situation florissante.

Peu de temps après, M. Lambrecht, ingénieur, insérait aux *Annales des Ponts et Chaussées* (1846, 2e semestre) un mémoire dans lequel il étudiait à son tour l'influence de l'ouverture des chemins de fer sur les transports par eau en Belgique et montrait :

1° Que le tonnage des voies navigables n'avait cessé de croître ;

2° Que les frais de transport par la navigation pouvaient être évalués, sur les canaux, au sixième et, sur les rivières, au tiers ou à la moitié des frais de transport par rails ;

3° Que les canaux et rivières, malgré leur excédent de longueur sur les lignes parallèles de chemins de fer, seraient capables, par un abaissement convenable des péages, de faire encore une concurrence utile aux voies ferrées, quand même les exploitants de ces dernières voies se contenteraient d'un très minime bénéfice et réduiraient leurs frais d'un tiers ou même de moitié.

En 1850, M. Minard, inspecteur général des ponts et chaussées, qui jouissait d'une très grande autorité professionnelle et qui avait déjà publié une étude sur les « Conséquences du voisinage des chemins de fer et des voies navigables », reprit ce grave problème et le traita à nouveau dans un beau mémoire, intitulé : *Notions élémen-*

taires d'économie politique appliquées aux travaux publics (Annales des Ponts et Chaussées, 1850, 1er semestre). Il y passa soigneusement en revue les faits constatés en Belgique et en Angleterre; il confirma, pour la Belgique, les appréciations de MM. Collignon et Lambrecht; il prouva qu'en Angleterre les canaux, frappés dans une certaine mesure par la concurrence des chemins de fer, n'en avaient pas moins conservé le transport des marchandises lourdes et de peu de valeur, et qu'en tout cas le public avait bénéficié d'un large abaissement des tarifs. Son sentiment paraissait être favorable à la juxtaposition des voies ferrées aux voies navigables, lorsque la région desservie offrait des éléments de trafic suffisamment nombreux et abondants pour justifier une double dépense de premier établissement.

Néanmoins, l'opinion publique, fascinée par les effets merveilleux de la locomotive et par le désir d'avoir le plus tôt possible des chemins de fer, s'orientait dans un sens contraire à la coexistence des deux catégories de voies de communication et se montrait prête à sacrifier, au besoin, la navigation, dont elle avait l'ingratitude de méconnaître les services passés. Cette disposition à brûler ce qu'elle avait adoré la veille se trahit à propos de la concession du chemin de Bordeaux à Cette. Le premier concessionnaire n'ayant pas satisfait à ses engagements et ayant été, par suite, frappé de déchéance, en 1847, les Compagnies qui prétendaient à lui succéder demandaient, soit la remise simultanée, entre leurs mains, de la voie ferrée et du canal latéral à la Garonne, soit même la destruction de la voie navigable et son utilisation pour l'établissement du chemin de fer. Cinquante-trois députés, représentant douze départements du Midi et porteurs de quatre cents délibérations prises par des conseils municipaux ou des chambres de commerce, vinrent appuyer cette dernière combinaison auprès du Gouvernement. Le Ministre des travaux publics eut la sagesse de ne pas se prêter à un tel acte de vandalisme; mais il se résigna à admettre la réunion des deux voies en une concession unique. Entre deux maux, il avait choisi le moindre; il eût certainement mieux fait de les éviter l'un et l'autre. Quoi qu'il en soit, le Corps législatif ratifia sa détermination en 1852.

Après s'être ainsi rendue maîtresse du canal latéral à la Garonne, la Compagnie des chemins de fer du Midi ne tarda pas à mettre également la main sur le canal du Midi. La société concessionnaire de cette grande voie de navigation, qui a immortalisé le nom de Riquet, ne put, en effet, supporter la concurrence de la voie ferrée; l'insuccès de ses efforts pour retenir le trafic par des réductions de taxes et l'avilissement de ses recettes l'amenèrent à déposer les armes et à conclure avec sa rivale un traité d'affermage pour une durée de 99 ans.

A la suite d'une résistance assez vive, le Gouvernement crut devoir ratifier ce traité par décret du 20 mai 1858, mais en réduisant la durée à 40 années et en subordonnant l'approbation à un abaissement des taxes sur le canal du Midi, abaissement compensé d'ailleurs, pour la Compagnie du chemin de fer, par un relèvement des tarifs du canal latéral à la Garonne. Cette regrettable décision fut inspirée par le désir de sauvegarder les intérêts des dotataires de l'Empire, auxquels appartenait la moitié des actions du canal du Midi, et aussi par la pensée que la région n'offrait pas une masse de transports suffisante pour alimenter isolément et faire vivre simultanément les deux voies de communication. La région du Midi allait en souffrir jusqu'aux dernières années du siècle.

Des réclamations très vives surgirent bientôt contre le monopole institué au profit de la Compagnie des chemins de fer du Midi ; des pétitions revêtues d'innombrables signatures furent présentées au Sénat en 1863, 1864 et 1865 ; ces pétitions donnèrent lieu, devant la haute assemblée, à une discussion d'où se dégagea l'affirmation très nette et très formelle de l'utilité de la concurrence entre les voies navigables et les voies ferrées.

Les ingénieurs les plus éminents continuaient, d'ailleurs, à soutenir la cause de la navigation. M. Graeff, qui avait été, comme M. Collignon, un artisan du chemin de fer de Paris à Strasbourg et du canal de la Marne au Rhin, écrivait, en 1861, dans son livre *Construction des canaux et des chemins de fer* : « On peut toujours dire hardiment « que la dépense d'un chemin de fer est à la dépense d'un canal construit dans les mêmes conditions dans le rapport de 3 à 2 au moins... « Les dépenses du matériel sont énormes sur les chemins de fer, « minimes sur les canaux ;... on peut admettre que la dépense du « matériel et des frais d'exploitation d'un canal est à peine le dixième « de la dépense correspondante d'un chemin de fer, ce qui se comprend aisément si l'on fait cette seule réflexion qu'un grand bateau « de canal charge 180 tonnes, c'est-à-dire à peu près autant que vingt « des plus grands wagons de marchandises d'un chemin de fer. Quant « à ce qui concerne l'entretien, celui des canaux est moins cher que « celui des chemins de fer, en tant qu'il ne s'agit que de la voie, et, si « l'on y comprend le matériel d'exploitation, il est incomparablement « moindre. Ainsi, en résumé, les canaux les plus perfectionnés « coûtent moins à établir que les chemins de fer dans la proportion « de 2 à 3 au moins ; avec des frais d'exploitation et de matériel infiniment moindres, les canaux peuvent transporter des poids beaucoup plus considérables que les chemins de fer, tout en coûtant « moins d'entretien.

. . . .

« Peut-on raisonnablement soutenir que, dans de pareilles conditions, un chemin de fer puisse lutter contre un canal pour le transport des grosses marchandises qui n'exigent pas de grandes vitesses? « Si jusqu'ici la question est restée à l'état de controverse, et que les « chemins de fer paraissent l'emporter dans l'opinion de bien des « gens, cela ne peut tenir qu'à une cause étrangère à la qualité de « canal ou de chemin de fer, et cette cause ne peut être que l'état « d'imperfection des canaux. Si tous les canaux étaient bien alimentés, « si l'on exécutait pour les grands canaux les embranchements que « l'on exécute pour les grands chemins de fer, afin d'y attirer le mou- « vement et provoquer la production, la concurrence se ferait à armes « égales, et son résultat ne serait pas longtemps douteux ; elle se « fait aujourd'hui dans des conditions si peu comparables qu'il est « encore très étonnant qu'à ces conditions elle puisse se soutenir « comme elle le fait...

« Lorsque nous comparons un canal à un chemin de fer, nous ne « parlons que d'un canal à l'état normal, c'est-à-dire où l'on peut « continuellement tenir le mouillage réglementaire, où l'on ne chôme « jamais faute d'eau et où les ouvrages sont bien exécutés. Tant « qu'un canal ne se trouve pas dans ces conditions, il est parfaitement « inutile de le comparer à un chemin de fer ; mais, quand il les rem- « plira, il pourra toujours hardiment aborder la concurrence et aucune « Compagnie de chemin de fer ne luttera longtemps avec lui...

« La question de prépondérance des canaux sur les chemins de fer « comme véhicules pour les grosses marchandises a été si controversée « dans ces derniers temps qu'on ne sait trop, à l'heure qu'il est, à qui « donner la préférence. Or nous pensons que, chaque fois qu'une « expérience pourra se faire entre un bon canal et un chemin de fer, « le résultat ne sera plus douteux. »

Je ne m'attarderai pas aux dernières années de l'Empire et j'aborderai immédiatement les rapports dont l'Assemblée nationale fut saisie, en 1872, par sa Commission d'enquête sur les voies de transport. L'un des rapporteurs de cette Commission, M. J.-B. Krantz, spécialement chargé de formuler un avis et des propositions relativement au régime et au rôle du réseau de navigation intérieure, ainsi qu'aux améliorations et aux compléments à y apporter, traita son sujet de main de maître, avec l'autorité de sa haute expérience et de son indiscutable compétence. Il s'attacha à démontrer que, si les voies navigables avaient contre elles le défaut de célérité, on ne pouvait, en revanche, leur refuser de sérieux avantages sur les voies ferrées à d'autres égards, grâce au bas prix de leurs transports, à leur puissance pour le déplacement des grandes masses, au bon marché de leur matériel, à la faculté pour les bateaux de stationner et de prendre ou de laisser du fret en un point quelconque du parcours. Il s'efforça de prouver que la navigation avait encore un rôle capital à jouer dans le développement de notre agriculture et de notre industrie, qu'elle devait faire une concurrence efficace aux chemins de fer, suivant un certain nombre de directions. Dans l'argumentation produite à l'appui de son opinion, M. Krantz, envisageant plus particulièrement les transports de la région du Nord, estimait à 0 fr. 0193, soit à 0 fr. 02, le fret par eau, y compris les droits de navigation, pour la houille expédiée de Mons à Paris. Ce prix lui paraissait susceptible d'être réduit à 0 fr. 013 ou, tout au moins, à 0 fr. 015 :

1° par une bonne organisation du halage ;

2° par l'augmentation du mouillage, de la longueur utile des écluses et, en conséquence, du tonnage des bateaux;

3° par l'institution d'agences procurant aux mariniers du fret de retour vers le Nord.

Ajoutant aux frais de transport proprement dits les charges à 5,65 p. 100 du capital de premier établissement, évalué à 180 000 francs par kilomètre, et les frais d'entretien, qui s'élevaient à 1 450 francs en moyenne, M. Krantz fixait aux chiffres suivants, en fonction du tonnage, le coût réel de la tonne kilométrique par canaux ou rivières:

TONNAGE kilométrique ANNUEL	FRET	CHARGES des CAPITAUX	FRAIS D'ENTRETIEN	COUT TOTAL des TRANSPORTS
tonnes	centimes	centimes	centimes	centimes
50.000	1,50	20,34	2,90	24,74
100.000	1,50	10,17	1,45	13,12
200.000	1,50	5,08	0,72	7,30
300.000	1,50	3,39	0,48	5,37
400.000	1,50	2,54	0,36	4,40
500.000	1,50	2,04	0,29	3,83
600 000	1,50	1,69	0,25	3,44
700.000	1,50	1,45	0,21	3,16
800.000	1,50	1,27	0,18	2,95
900.000	1,50	1,13	0,16	2,79
1.000.000	1,50	1,02	0,14	2,66
1.500.000	1,50	0,68	0,10	2,28
2.000.000	1,50	0,51	0,07	2,08

D'autre part, il regardait le prix de 3 c. 5 comme la limite inférieure de la taxe par chemin de fer pour les marchandises encombrantes et de faible valeur. Il en déduisait qu'une voie navigable, assurée d'un trafic de 600.000 tonnes, pouvait pénétrer utilement dans la zone d'activité d'un chemin de fer, même abstraction faite des profits indirects procurés au pays.

M. Krantz faisait observer, d'ailleurs, que la lutte ne serait pas de nature à compromettre l'avenir financier des chemins de fer ; qu'en effet elle porterait exclusivement sur certaines catégories de marchandises, comme les houilles, les minerais, les matériaux de construction, c'est-à-dire sur un trafic peu rémunérateur et peu recherché des Compagnies; qu'elle se limiterait aux seuls transports qui suscitassent les réclamations du public.

Accessoirement, il invoquait divers avantages attachés à la création des voies fluviales : réduction des quantités de combustible dépensées par les locomotives et, dès lors, économie sur nos faibles ressources houillères ; création de chutes hydrauliques et de forces motrices éminemment utiles à l'industrie; possibilité d'aménagement de réservoirs pourvoyant aux besoins de l'agriculture en même temps qu'à ceux de l'alimentation des canaux ; ouverture de communications économiques reliant les ports maritimes au centre du pays et pouvant ainsi contribuer au progrès de la marine marchande.

Bref, il concluait à l'amélioration et à l'extension des voies de navigation intérieure.

De son côté, M. Cézanne, dans son rapport sur le projet d'une nouvelle ligne de Calais à Marseille, que j'ai déjà cité à propos de la concurrence des chemins de fer entre eux, s'exprimait ainsi : « La seule « concurrence qui puisse être opposée aux chemins de fer est celle des « routes de terre, pour les petites distances, avec les faibles charges, « et, pour les grandes distances, celle des voies navigables intérieures « ou maritimes. C'est ainsi que, soit dans l'intérieur de la France, « soit le long des canaux et des côtes, toute une population de rouliers, de bateliers, de caboteurs, tiennent en échec les Compagnies « de chemins de fer. C'est donc un devoir impérieux, pour les représentants du pays, de veiller au bon entretien et à l'amélioration des « voies navigables, afin d'activer cette concurrence salutaire qui « résulte, pour les chemins de fer, de l'impossibilité d'amener un « concert entre des personnes si nombreuses et des instruments de « transport si différents. »

Quelques années plus tard, en 1878, lorsque M. de Freycinet entreprit l'élaboration de son grand programme de travaux publics, il invoqua des considérations analogues dans son rapport au Président de la République : « Les voies navigables, disait-il, jouent un rôle im-

« portant dans la production de la richesse du pays. Si l'on a pu « croire un instant que leur utilité allait disparaître et qu'elles céde- « raient bientôt entièrement la place aux chemins de fer, cette im- « pression, un peu superficielle, n'a pas tardé à se modifier devant un « examen plus attentif des faits. On a reconnu que les voies navi- « gables et les chemins de fer sont destinés, non à se supplanter, mais « à se compléter. Entre les uns et les autres, s'effectue un partage « naturel d'attributions. Aux chemins de fer va le trafic le moins en- « combrant, celui qui réclame la vitesse et la régularité, qui supporte « le mieux les frais de transport ; aux voies navigables reviennent les « marchandises lourdes et de peu de valeur, qui ne sauraient se dé- « placer qu'à peu de frais, qui ne donnent aux chemins de fer qu'une « rémunération illusoire et qui les encombrent plutôt qu'elles ne les « alimentent.

« Les voies navigables remplissent encore une autre destination. « Par leur seule présence elles contiennent, elles modèrent les taxes « des marchandises qui préfèrent la voie ferrée ; elles sont, pour « l'exploitant du railway, un avertissement de ne pas dépasser la limite « au delà de laquelle le commerce n'hésiterait pas à sacrifier la régu- « larité à l'économie. A cet égard, les voies navigables sont bien plus « efficaces que les voies ferrées concurrentes ; car celles-ci, par cela « même qu'elles luttent entre elles à armes égales, finissent généra- « lement par s'entendre plutôt que de s'entraîner dans une ruine « inévitable, tandis que la batellerie et le railway se distribuent « naturellement le trafic qui leur est le mieux approprié.

« Il y a donc, pour le pays, un intérêt évident à ne pas négliger ses « moyens de transport par eau, pendant qu'il s'occupe de développer « les chemins de fer. L'opinion publique l'a ainsi compris, et les « Chambres, depuis plusieurs années, ont donné des preuves réitérées « de leur sollicitude pour cet objet. »

Dans son exposé des motifs du 4 novembre 1878, à l'appui du projet sur le classement et l'amélioration des voies navigables, M. de Freycinet ajoutait : « Certaines personnes estiment que le retour de faveur « qui se manifeste dans l'opinion à l'égard des voies navigables pro- « cède d'une idée inexacte et que, si les transports sur ces voies « étaient, comme sur les chemins de fer, grevés des intérêts du capi- « tal de premier établissement, on n'obtiendrait pas d'économie réelle. « On fournit même, à l'appui de cette thèse, des calculs qui, au pre- « mier abord, semblent la confirmer, car ils sont fondés sur les dé- « penses véritables de construction et sur le trafic constaté de nos « voies navigables.

« Mais ces calculs pèchent par la base, hâtons-nous de le dire.

« En comparant, en effet, dans l'ensemble de leurs résultats, le ré-
« seau actuel de nos voies navigables et celui de nos chemins de fer,
« on compare deux choses absolument dissemblables.

« Les chemins de fer ont accompli, jusqu'à ce jour, la partie la plus
« fructueuse de leur œuvre; ils sont en pleine prospérité. Leur fréquen-
« tation moyenne s'élève à 800 000 tonnes par an (en assimilant un
« voyageur à une tonne).

« Les voies navigables, au contraire, malgré leur grande puissance
« de transport, ne dessèrvent qu'une fréquentation moyenne de
« 300 000 tonnes. Nous en avons indiqué les raisons. Les défectuosités
« du réseau, ses solutions de continuité, ses diversités de types et
« toutes les autres imperfections tenant aux conditions dans lesquelles
« il a été successivement établi, sont autant d'obstacles presque insur-
« montables au développement du trafic.

« Comparer ces deux situations, c'est, qu'on nous passe le mot,
« comparer un homme malade à un homme bien portant, c'est vouloir
« tirer d'un état de choses anormal les mêmes conclusions que d'un
« état de choses régulier.

« Pour que le rapprochement entre les chemins de fer et les canaux
« fût juste, il faudrait les envisager là où ils se trouvent dans des
« conditions analogues.

« C'est ce qu'il nous est, jusqu'à un certain point, possible de faire
« dans la région du Nord. Là, le meilleur état des lignes navigables et
« la nature du pays desservi ont permis aux canaux d'atteindre un
« trafic comparable à celui des chemins de fer. La fréquentation an-
« nuelle moyenne est, de part et d'autre, très sensiblement de
« 1 200 000 tonnes.

« Si l'on tient compte pour l'un et l'autre moyens de transport :
« 1° de l'intérêt et de l'amortissement des capitaux de premier éta-
« blissement; 2° de l'entretien et des grosses réparations; 3° des dé-
« penses d'administration, d'exploitation et de traction, on trouve que
« le prix de transport d'une tonne sur le réseau des chemins de fer du
« Nord est un peu plus du double de ce qu'il est sur les canaux.

« Cette conclusion n'a rien qui doive surprendre. Le prix de cons-
« truction des canaux est, en général, inférieur par kilomètre à celui
« des chemins de fer; le prix du matériel l'est également, ainsi que le
« prix de la traction. Il est évident, dès lors, qu'à trafic égal le prix de
« transport doit être aussi inférieur.

« Est-il nécessaire d'ajouter que les voies navigables offrent, en
« outre, l'avantage d'être ouvertes à tous, de permettre sur tout leur
« parcours le chargement et le déchargement des marchandises et de
« faire, dans une juste mesure, contrepoids au monopole des chemins
« de fer? »

M. Sarrien confirma l'appréciation du Ministre dans son rapport à la Chambre des députés. Il en fut de même de M. Cuvinot, rapporteur au Sénat. Les deux assemblées se rangèrent à l'avis du Gouvernement.

A une époque plus récente, le débat se rouvrit lors de la présentation par M. Baudin, ministre des travaux publics, d'un programme « tendant à compléter l'outillage national par l'exécution d'un certain « nombre de voies navigables nouvelles, l'amélioration des canaux, « des rivières et des ports maritimes » (Loi du 22 décembre 1903 et « lois spéciales connexes).

M. Aimond, rapporteur général à la Chambre des députés, examina la question de concurrence des voies ferrées et des voies navigables dans un long et remarquable chapitre, dont il suffira d'extraire les lignes suivantes : « Si on étudie de près la répartition du tonnage sur « les voies navigables, on trouve nettement caractérisé le rôle de ces « dernières ; dans la répartition des transports, elles conviennent par-« ticulièrement aux matières pondéreuses qui circulent à grande dis-« tance ; et, à ce point de vue, les voies navigables peuvent être consi-« dérées comme d'utiles auxiliaires du réseau ferré, parce qu'elles se « plient mieux que lui aux fluctuations du trafic. Nous pourrions en « donner de nombreuses preuves : nous nous bornerons à montrer, par « des exemples pris, d abord, en France et, ensuite, en Allemagne, quel « a été leur rôle respectif dans ces dernières années, et comment « leur concurrence peut être féconde pour tous sans être nuisible ni à « l'un ni à l'autre... De plus en plus, l'idée de concurrence entre les « chemins de fer et les voies navigables fait place à l'idée d'une « coopération. »

De son côté, M. Audiffred, chargé d'un rapport spécial sur le canal de la Loire au Rhône, écrivait en 1901 : « Certains esprits ont cru, vers le « milieu du XIXe siècle, en présence de la prodigieuse transformation « opérée par les chemins de fer, que la navigation n'avait plus de « raison d'être. On est revenu de cette erreur; mais elle a eu cette « conséquence fâcheuse de retarder l'exécution des voies navigables.

« Le chemin de fer ne remplace pas le canal parce qu'il ne peut « transporter aux mêmes conditions de bon marché. Il a un matériel « coûteux à entretenir et à amortir; les frais de personnel et de trac-« tion sont considérables.

. . . .

« Tous les moyens de transport ont leur rôle bien déterminé, et « l'expérience assigne à chacun d'eux sa place, dans le développement « de la richesse publique.

« La route de grande communication et le chemin vicinal ordinaire

« rendent d'incontestables services ; mais, seuls, ils ne sauraient per-
« mettre ni la construction de nombreuses usines, ni la culture inten-
« sive du sol. Il leur faut l'aide de la voie ferrée qui met en commu-
« nication rapide les personnes, et qui transporte, à de grandes
« distances, des charges considérables, à prix réduit. Mais, lorsque
« le tonnage atteint des proportions plus grandes, la voie ferrée à son
« tour se montre impuissante à suffire au trafic auquel elle a donné
« naissance, et si le canal ne lui vient pas en aide, non seulement l'in-
« dustrie périclite, sous le poids de la concurrence ruineuse que lui
« font subir les régions plus favorisées, mais des richesses naturelles,
« qui pourraient être utilisées et qui fourniraient à l'industrie et à
« l'agriculture un aliment indispensable, restent enfouies dans le sol,
« complètement inutilisées.

« La route de terre crée un certain trafic; la voie ferrée fait naître
« un trafic beaucoup plus élevé et augmente la circulation des voies
« vicinales. La voie navigable, à son tour, crée un trafic beaucoup
« plus important que la voie ferrée, et développe, dans de très grandes
« proportions, le trafic des deux premières.

« Il n'y a pas antagonisme entre ces divers moyens de transport; ils
« ne sont pas destinés à se faire concurrence et à se nuire; ils consti-
« tuent des organes différents, mais également utiles, d'un être
« unique, d'autant plus puissant qu'il est pourvu de moyens d'action
« moins rudimentaires et plus nombreux.

. . . .

« Quand bien même l'État serait maître absolu des tarifs, il aurait
« encore intérêt à créer la voie navigable, parce qu'il est en effet,
« nous ne saurions trop le répéter, des limites au-dessous desquelles
« les tarifs des chemins de fer ne peuvent descendre, sans qu'il de-
« vienne nécessaire de faire appel à la garantie d'intérêt, qui grève le
« budget. Ces limites peuvent, au contraire, être très facilement fran-
« chies par la voie navigable.

« Dans tous les pays où l'importance du trafic justifie la création
« d'un canal, celui-ci, loin d'amener une diminution dans les trans-
« ports par chemins de fer, favorise leur développement. »

Au Sénat, le rapporteur général, en 1903, de la Commission chargée d'examiner le programme Baudin, M. Monestier, mettait prudemment en garde contre les formules absolues, contre les doctrines extrêmes, dont l'une condamnait absolument les canaux, tandis que l'autre y voyait une panacée. Il insistait sur la nécessité d'une étude particulière dans chaque cas, sur la réserve imposée par le régime financier de nos chemins de fer. Sa pensée se résumait ainsi : « Là « où existent de grands courants de transport, la voie ferrée et la voie

« d'eau sont simultanément utiles pour se compléter et se suppléer « l'une l'autre, celle-ci transportant surtout les matières pondéreuses « (combustibles, minerais, matériaux de construction,...), dont le « bas prix est indispensable à la vitalité des industries qui alimentent « ensuite, par leurs produits, le principal trafic des voies ferrées. — « Les grandes facilités résultant des deux moyens de transport réunis « permettent de développer dans ces régions favorisées de la nature « les foyers de grande activité industrielle dont les bienfaisants effets « rayonnent sur les autres parties de la France. »

Les mêmes vues furent développées pendant la discussion devant la haute assemblée. Elles prévalurent, non sans soulever toutefois certaines contradictions.

Rien ne serait plus facile que de multiplier ces citations et ces indications historiques. Elles suffisent à bien établir le principe directeur dont, en dépit de quelques variations, les Pouvoirs publics se sont généralement inspirés. Ce principe est que les chemins de fer n'ont point enlevé aux voies navigables leur utilité, que les uns et les autres ont une part à prendre dans les transports et peuvent contribuer parallèlement à la prospérité nationale, qu'aux voies fluviales doivent toujours aller les matières pondéreuses nécessaires à l'industrie, que la navigation donne, d'ailleurs, des garanties salutaires contre le monopole des Compagnies.

Sur la question d'établissement de nouvelles voies fluviales, se greffait celle du raccordement des rivières ou canaux avec les voies ferrées, afin de permettre les transports mixtes toutes les fois qu'ils seraient plus avantageux. Les Compagnies de chemins de fer, craignant des détournements de trafic, opposaient une vive résistance aux jonctions quand la voie navigable n'avait pas le caractère exclusif d'un affluent. Depuis longtemps, les intéressés et leurs mandataires demandaient que cette résistance prît fin. Comme je l'ai rappelé page 126, il y fut pourvu par des dispositions législatives, notamment par la loi du 3 décembre 1908. Est désormais étendu aux concessionnaires d'un outillage public et aux propriétaires d'un outillage privé dûment autorisé, sur les ports de navigation intérieure, le droit d'embranchement reconnu aux propriétaires de mines ou d'usines, dans les conditions stipulées par l'article 62 du cahier des charges des concessions de chemins de fer d'intérêt général, par l'article 61 du cahier des charges des concessions de chemins de fer d'intérêt local et par l'article 70 du décret du 16 juillet 1907, relatif aux tramways. Des décrets rendus en Conseil d'État, les Compagnies entendues, peuvent, lorsque l'utilité en a été reconnue après enquête, prescrire l'exécution des bassins et installations nécessaires pour assurer l'accès des bateaux dans les gares de chemins de fer; les travaux sont exécutés par les Compagnies conformément aux projets revêtus de l'approbation ministérielle; l'État supporte les dépenses de premier établissement, avec le concours des intéressés, s'il y a lieu; il est statué par le Conseil d'État sur les indemnités que réclameraient les Compagnies, en réparation du préjudice dont elles auraient à souffrir.

Si longues et si approfondies qu'aient été les discussions dont il s'est dégagé, si nombreuses et si hautes que soient les autorités qui l'ont affirmé, le principe du concours des voies navigables et des voies ferrées ne saurait être accepté comme un dogme. Au surplus, les principes ne valent en pratique que par leur application. Il importe donc de rechercher dans quelle mesure et dans quelles limites peut s'imposer l'opinion admise par les Pouvoirs publics. Les intérêts en jeu sont trop graves pour ne pas exiger l'étude la plus attentive, pour ne point appeler les plus sérieuses méditations.

Parmi les raisons commandant un examen minutieux, il en est deux au moins qui présentent un caractère déterminant :

D'une part, l'essor de la circulation et les progrès accomplis soit dans les conditions d'établissement, soit dans l'exploitation des voies de transport, ont modifié les éléments d'appréciation sur lesquels s'était étayée la doctrine, non seulement à l'origine des chemins de fer, mais aussi à une époque beaucoup moins lointaine.

D'autre part, les opinions dissidentes n'ont pas cessé de compter nombre d'adeptes, souvent fort qualifiés. C'est ainsi qu'au lendemain du classement de 1879 paraissait, sous le titre *Canaux et Chemins de fer* (Bordeaux, 1884), un livre anonyme puissamment documenté et condamnant l'ouverture de voies navigables nouvelles, sauf dans les régions du Nord et du Rhône. Suivant l'auteur, les canaux en projet devaient entraîner une dépense de construction supérieure à celle des voies ferrées et ne comporter que des transports d'un prix de revient plus élevé; il conseillait à l'État de renoncer au développement du réseau de navigation fluviale et de traiter avec les Compagnies de chemins de fer pour l'abaissement des taxes applicables à certaines matières premières, moyennant une subvention, telle que le remboursement du péage correspondant, combinée avec une garantie de recette.

Entre autres publications récentes, il y a lieu de citer particulièrement le « *Cours d'économie politique* » et le traité des « *Transports et Tarifs* » de M. le conseiller d'État Colson, à la science et au talent de qui j'ai déjà rendu si souvent hommage. Voici, résumée aussi fidèlement et aussi sincèrement que possible, la thèse soutenue dans ces deux ouvrages :

Au point de vue des frais d'établissement, la voie d'eau ne constitue pas un instrument moins coûteux que la voie ferrée. Pour un canal et pour un chemin de fer à double voie, desservant une même région, la dépense kilométrique de construction, avec les types actuellement usités en France, est de 400 000, 500 000 ou 600 000 francs. Moyennant cette dépense, l'un et l'autre ont une égale capacité de transport, en ce qui concerne le trafic de petite vitesse ; mais le chemin de fer, transportant de plus les voyageurs et les messageries, rend des services doubles. Le seul cas où la voie fluviale puisse être plus économique est celui de l'emprunt d'un cours d'eau naturellement navigable, qui ne demande que des travaux de régularisation relativement peu dispendieux ; si le Rhin et l'Elbe en fournissent des exemples, la France a dû, au contraire, affecter des sommes considérables à l'appropriation de ses fleuves, et notamment dépenser plus de 500 000 francs par kilomètre de parcours utile sur la Seine entre Paris et Rouen.

Personne ne conteste au chemin de fer la priorité dans les régions où toute voie perfectionnée de transport fait encore défaut. Une fois le chemin de fer établi, lui juxtaposer un canal avant que sa capacité de trafic ait été dépassée, c'est dépenser un second capital pour assurer moins bien un service auquel il suffit. Quand le chemin de fer devient insuffisant, sa puissance de transport peut être généralement augmentée dans une énorme proportion par le triplement ou le quadruplement des voies, au prix de dépenses très inférieures à celles de l'établissement d'un canal. Dans l'hypothèse d'obstacles locaux rendant irréalisable une telle transformation, l'unique solution rationnelle consisterait à créer une ligne de dégagement, qui aurait sur un canal l'avantage de doter d'un service de grande vitesse les nouvelles régions traversées.

Au point de vue de l'exploitation, on ne peut faire un parallèle équitable qu'à la condition d'écarter les moyennes et de comparer des choses comparables. Il y a lieu d'envisager exclusivement des chemins de fer à profil excellent, car ce sont les seuls pour lesquels s'exerce la concurrence avec la navigation. Il convient de rapprocher : 1° du prix des bateaux complets, chargés et déchargés par les expéditeurs et les destinataires, le coût des trains complets sans manutention de marchandises par la Compagnie ni au départ, ni à l'arrivée ; 2° des prix du fret dit de détail, celui des wagons complets. Il faut encore avoir égard à l'étendue des parcours, presque toujours plus longs par la voie fluviale. Ainsi dirigée, la comparaison montre que les prix de revient kilométrique des transports par les deux catégories de voies sont ordinairement assez rapprochés, que l'écart est le plus fréquemment en faveur du chemin de fer, qu'à cet avantage s'ajoute celui d'un parcours moindre, que la supériorité du chemin de fer, pour les gros chargements, s'accentue beaucoup pour le trafic de détail.

Le prix du transport proprement dit n'est pas seul à considérer. On doit y joindre les frais de chargement et de déchargement. A cet égard, l'insuffisance de l'outillage des ports y rend habituellement les opérations plus onéreuses que dans les gares. En revanche, les marchandises sans emploi immédiat trouvent parfois des facilités précieuses pour un séjour prolongé, soit dans les bateaux transformés en magasins, soit sur les quais des ports fluviaux.

Un élément de réelle importance est le camionnage. Les marchandises n'accèdent au chemin de fer que dans les gares, ou, exceptionnellement, par des embranchements particuliers ; ces embranchements sont assez coûteux et ne peuvent, sans inconvénients, être multipliés outre mesure. Sur les voies navigables, les bateaux ont la faculté d'arrêt en un point quelconque; il y a là un avantage incontestable pour les établissements riverains. Aussi les Compagnies de chemins de fer considèrent-elles la lutte contre la navigation comme plus difficile sur les petits parcours que sur les grands. La cause d'infériorité qui affecte de ce chef la voie de fer s'efface au fur et à mesure que le trajet s'allonge et que le prix du transport proprement dit acquiert une influence dominante; elle disparaît, même pour les petits parcours, lorsqu'il s'agit de transports en provenance ou à destination d'établissements raccordés au chemin de fer.

Les transports par la voie ferrée ont le mérite d'être plus rapides et surtout plus réguliers que les transports par la navigation. Celle-ci est souvent arrêtée par les encombrements, les gelées. les chômages, etc. ; les négociants qui en font usage doivent avoir un stock de marchandises plus considérable, immobiliser des capitaux parfois élevés, disposer de locaux représentant un loyer coûteux; la charge que leur impose la nécessité de gros approvisionnements augmente avec la valeur des marchandises. On conçoit donc que le chemin de fer soit préféré, non seulement à égalité de prix, mais encore quand ses tarifs dépassent dans une mesure limitée les prix du fret; la différence admissible varie, d'ailleurs, suivant la nature du trafic, la valeur des marchandises, l'urgence des transactions, la qualité du service sur la voie fluviale, etc.

A la vérité, les chemins de fer sont grevés d'un péage auquel échappent les transports par voie d'eau. Tandis que, pour les rivières et les canaux, l'État garde à son compte l'intérêt et l'amortissement des sommes consacrées à l'établissement, ainsi que les frais d'entretien, les Compagnies de chemins de fer doivent percevoir un péage les rémunérant de l'entretien et des charges du capital engagé par elles dans l'entreprise. De là, une inégalité manifeste, faussant les conditions de la concurrence. Vainement alléguerait-on que l'État a largement subventionné le réseau des voies ferrées et consenti, en faveur de ce réseau, des sacrifices comparables à ceux dont bénéficient les voies navigables : les subventions aux chemins de fer sont compensées par des impôts et par des économies sur certains services publics; elles ont, du reste, été attribuées aux lignes secondaires et non aux grandes lignes que concurrence la navigation.

Quoi qu'il en soit, les Compagnies pourraient se borner à retenir une faible partie du péage afférent au trafic concurrencé et soutenir ainsi la lutte sans trop de peine, si elles avaient une liberté d'allure plus grande. Mais elles en sont empêchées par la législation, et davantage encore par l'orientation imprimée au contrôle. Des entraves de toutes sortes les enserrent : règles de publicité et d'égalité de traitement, par suite desquelles les réductions du péage sur les transports concurrencés se répercutent inévitablement sur beaucoup d'autres transports ; extension des prix fermes aux gares intermédiaires; obligation de soudure entre ces prix et ceux des relations avec des points plus éloignés : refus fréquents d'homologuer les diminutions de taxes, si elles ne résultent pas de barèmes applicables à l'ensemble du réseau ou, du moins, si des diminutions analogues ne sont pas accordées dans d'autres directions; subordination des abaissements pour les grosses expéditions à des abaissements corrélatifs pour les expéditions de détail; applicabilité des mêmes taxes durant les diverses saisons ; impossibilité presque absolue d'opérer des relèvements; maintien d'un écart arbitraire de 20 p. 100 entre les prix fermes par rails et les prix de concurrence des voies fluviales. Emprisonnées dans ces liens, les Compagnies de chemins de fer sont incapables de suivre, comme la navigation, les variations du marché, d'abaisser ou d'élever leurs tarifs, quand elles auraient intérêt à attirer les marchandises ou à en prévenir l'afflux excessif; les oscillations dans l'importance du trafic pèsent entièrement sur elles, ainsi que l'attestent les statistiques de la circulation pendant les périodes d'extrême activité ou de dépression du trafic.

Les entraves au milieu desquelles se débattent les Compagnies sont d'autant plus gênantes qu'il s'agit de marchandises d'une plus grande valeur. C'est pour ces marchandises que le péage normal, étant le plus élevé, appellerait les plus fortes réductions, et les Compagnies reculent devant la gravité de l'atteinte indirecte qu'elles seraient contraintes de subir pour le trafic non concurrencé. Ainsi, contrairement à l'opinion courante, les chemins de fer disputent plus facilement aux voies navigables le transport des matières pondéreuses que celui des marchandises chères.

En ce qui touche spécialement la résistance aux raccordements avec les voies navigables, le grief articulé contre les Compagnies ne serait fondé que si la voie mixte offrait le prix de revient le plus bas. Mais, dans la plupart des cas, le transport de bout en bout par chemin de fer peut s'effectuer à moins de frais.

Les conclusions de M. Colson sont les suivantes : « En France et en « presque tout pays, la voie d'eau est un instrument de transport infé- « rieur aux chemins de fer établis dans les régions accessibles à la « navigation intérieure, et les faveurs de l'État permettent seules à « celle-ci de soutenir la concurrence pour la plupart des transports. « Si la concurrence n'est nullement impossible pour le chemin de fer « contre une voie exempte de péage, sa supériorité devient écrasante « quand il se trouve en présence d'un canal dont l'entretien et l'amé- « lioration doivent être payés par les usagers. »

Il ne sera pas sans intérêt de rappeler encore les avis émis en 1889 et en 1910 par le Congrès international des chemins de fer.

Le Congrès avait inscrit à son ordre du jour, pour la session de 1889 (Paris), l'étude de la situation respective des chemins de fer et des voies navigables au point de vue des impôts et des charges diverses qui, dans les différents pays de l'Europe, pesaient sur les transports effectués par l'un ou l'autre de ces modes de communication. Après avoir entendu le rapport de M. Colson et s'être livré à une longue discussion, il a voté les conclusions ci-dessous reproduites :

« L'assemblée reconnaît le rôle important que doivent nécessaire- « ment jouer les voies navigables dans les transports. Elle admet « que, dans certains cas, leur développement peut constituer pour « les chemins de fer un avantage en même temps ou plutôt qu'une « concurrence, et que, dans d'autres cas, il peut agir utilement, par « l'effet même de cette concurrence, sur l'établissement des prix de « transport, lorsqu'il existe un trafic suffisant pour alimenter à la fois « la voie de fer et la voie d'eau.

« Mais, en même temps, elle constate que, dans l'Europe continen- « tale, la navigation reçoit la jouissance gratuite ou presque gratuite « de la voie d'eau établie et améliorée, surveillée et entretenue au « moyen de ressources budgétaires, et n'est grevée que de péages ou « d'impôts insignifiants.

« Les transports par chemins de fer, au contraire, ont non seule- « ment à payer les frais d'exploitation et d'entretien des voies, mais « encore à rémunérer la totalité ou la presque totalité du capital con- « sacré à leur établissement : ils sont grevés, en sus des prix de trans-

« port et des péages, de lourds impôts et d'obligations très oné-
« reuses, dans l'intérêt des services publics (notamment des services
« postaux et télégraphiques et des services militaires), en sorte que
« souvent les chemins de fer donnent au budget autant et même plus
« qu'ils n'en reçoivent, lors même que l'État paraît leur accorder dans
« une large mesure des subventions et des garanties.

« L'assemblée appelle l'attention sur l'inégalité de traitement ainsi
« établie, d'une part, entre les chemins de fer et les entreprises con-
« currentes, d'autre part, entre les diverses parties d'un même terri-
« toire, dont quelques-unes sont desservies par des voies de transport
« créées et entretenues aux frais de l'État, tandis que la plupart ne
« jouissent pas de cet avantage. Elle signale également les erreurs
« que cette différence de traitement peut entraîner dans l'appréciation
« de l'utilité de certains travaux qui paraissent abaisser les prix géné-
« raux de transport, alors qu'en réalité ils n'ont d'autre conséquence
« que d'exonérer d'une fraction de ce prix ceux qui profitent du
« transport, en faisant supporter cette fraction par la masse des con-
« tribuables.

« En résumé, le sentiment de l'assemblée est :

« 1° Que ces inégalités, notamment en ce qui concerne les impôts
« proprement dits (récépissés, timbres, etc.), devraient être suppri-
« mées ou tout au moins atténuées dans la mesure du possible par
« telles mesures qu'il appartiendrait aux divers gouvernements de
« prendre à cet effet et qui seraient compatibles avec les intérêts du
« commerce et de l'industrie ;

« 2° Et surtout qu'il conviendrait à l'avenir d'éviter, à moins de
« raisons spéciales, l'ouverture de voies navigables nouvelles dans
« les régions où la voie ferrée suffit pour desservir le trafic. »

Le Congrès a repris la question des chemins de fer et des voies navigables dans sa session de 1910 (Berne). Cette fois, il se proposait d'étudier l'influence des voies navigables sur le trafic des chemins de fer comme affluents et comme concurrents. Trois rapports étaient présentés : l'un, par M. Jebb, pour la Grande-Bretagne ; un second, par M. Hoyt, pour l'Amérique ; le troisième, par MM. Colson et Marlio, pour les autres pays. Voici le texte des résolutions auxquelles ont abouti les débats :

« Le Congrès constate que les voies navigables jouent, en général,
« un rôle beaucoup plus important comme concurrents du chemin
« de fer que comme affluents ; toutefois, en Amérique, l'expérience
« prouve que la concurrence des canaux ne peut être sérieuse. Les
« éléments qui influent sur le partage du trafic entre les deux voies
« sont les suivants :

« 1° *Le prix du transport*, qui est généralement plus bas par eau « que par fer, par suite surtout du fait que les tarifs de chemins de « fer sont établis en vue de rémunérer autant que possible le capital « d'établissement, tandis que, pour les voies navigables, les États « tantôt fournissent le capital et assurent l'entretien sans exiger « aucune rémunération, tantôt se contentent de péages ne couvrant « qu'exceptionnellement les frais d'entretien ; il n'en est autrement « qu'en Angleterre, où les transports par navigation intérieure à « grande distance sont devenus très rares. Malgré les faveurs faites « partout ailleurs aux voies rivales, les chemins de fer, quand ils « sont libres de modifier leurs tarifs pour les transports concurrencés « sans étendre à d'autres transports des réductions incompatibles « avec les charges qui leur incombent, peuvent aisément descendre, « sans abandonner tout bénéfice, à des prix plus bas que ceux qui « sont réalisables sur les voies navigables de petites dimensions, « ayant de nombreuses écluses ou un tracé très sinueux ; ils abaissent « difficilement leurs taxes jusqu'aux frets pratiqués sur les grands « fleuves à faible pente, régularisés et bien outillés, comme le Rhin « ou le Volga ; enfin, leurs prix restent toujours très supérieurs au fret « des grands lacs analogues à des mers intérieures.

« 2° *Les charges terminales*, qui ont une influence notable sur le « choix entre les deux voies, lorsqu'une seule d'entre elles dessert « directement les établissements expéditeurs ou destinataires, soit « parce qu'ils sont riverains de la voie d'eau, soit parce qu'un em- « branchement particulier les relie au chemin de fer. Cette influence « est absolument prépondérante pour les petits parcours ; la concur- « rence naît pour les parcours moyens, et le chemin de fer gagne ou « perd du terrain à mesure que le trajet s'allonge, selon que sa tari- « fication est établie d'après des bases kilométriques rapidement « décroissantes ou qu'elle reste, au contraire, sensiblement propor- « tionnelle à la distance.

« 3° *La durée des trajets*, qui est bien moindre par chemin de « fer, sauf sur les parcours où la situation économique et géographique « de la voie navigable permet l'emploi régulier de puissants moteurs « à vapeur ; la navigation reste, d'ailleurs, presque partout sujette à « des causes d'interruption auxquelles échappe le chemin de fer.

« 4° *La nature des marchandises*, qui supportent plus ou moins bien « les sujétions du transport par eau. Il n'est nullement exact que le « partage se fasse, comme on le dit souvent, d'après leur valeur : la « navigation prend des marchandises d'un prix même assez élevé par « tonne, quand les conditions techniques et commerciales lui per- « mettent de faire un service régulier, ses inconvénients étant alors « contrebalancés par le péage relativement important que com-

« portent pour ces produits les tarifs normaux des chemins de fer ;
« ceux-ci peuvent, d'autre part, transporter les produits pondéreux
« expédiés par grandes masses à aussi bas prix que la navigation, sur
« les lignes à bon profil desservant les mêmes relations. Les incon-
« vénients de la durée du trajet et de l'humidité peuvent d'ailleurs
« être aussi grands pour les produits à bas prix (houille) que pour les
« denrées de plus de valeur.

« 5° *Le sens du mouvement dans les ports maritimes*. La voie navi-
« gable prend au chemin de fer une part du trafic plus grande à
« l'entrée qu'à la sortie, d'abord et surtout parce que les règlements
« et l'opinion mettent obstacle à ce que les chemins de fer réalisent
« à l'importation les mêmes abaissements qu'à l'exportation, et aussi
« parce que le transbordement direct entre le bateau de mer et le
« chaland est plus facile pour les marchandises exotiques, amenées
« en masse par mer, que pour les produits indigènes, qui arrivent
« généralement par fractions de points divers du territoire pour être
« embarqués quand le navire sera disponible.

« 6° *Les variations d'activité du trafic*, résultant des saisons ou des
« crises économiques. Le chemin de fer offre beaucoup plus d'élas-
« ticité pour faire face aux à-coups. Les oscillations dans l'intensité
« du mouvement des affaires se traduisent pour lui par des différences
« considérables dans l'abondance des transports, n'entraînant que
« très exceptionnellement des variations dans les prix, tandis que la
« batellerie retient, dans le trafic concurrencé, un tonnage moins
« variable, en élevant ou en abaissant ses prix suivant la situation
« du marché.

« Si maintenant l'on envisage le rôle des voies navigables comme
« affluents des chemins de fer, on reconnaît que ceux-ci pourraient
« presque toujours, s'ils étaient maîtres de leur tarification, effectuer
« les transports de bout en bout en assurant au public des conditions
« aussi avantageuses que la voie mixte, tout en réalisant, pour rému-
« nérer le capital, des bénéfices plus élevés.

« Une Administration de chemin de fer n'a guère intérêt à colla-
« borer avec des services de navigation intérieure (en dehors des cas
« où celle-ci a un caractère quasi-maritime) que dans trois cas :

« 1° Quand il lui est interdit de réaliser les abaissements de prix
« nécessaires pour retenir le trafic sur tout le parcours, comme cela
« a généralement lieu à l'importation ;

« 2° Quand ses lignes peuvent recevoir de la voie d'eau ou lui con-
« duire un trafic dont le transport de bout en bout serait assuré par
« des voies ferrées dépendant d'une Administration rivale ;

« 3° Quand, dans un pays où le réseau ferré ne dessert pas encore
« tous les courants importants, comme la Russie, le gouvernement

« a eu la sagesse de relier d'abord par des chemins de fer les centres « entre lesquels il n'y a pas de voie navigable, de telle sorte que la « voie mixte est la seule possible pour beaucoup de transports.

« Lorsqu'il est nécessaire de créer une voie nouvelle pour desservir « un courant de trafic considérable auquel les voies existantes ne suf- « fisent pas et que la situation géographique et économique permet- « trait d'y pourvoir par une voie d'eau créée de main d'homme, le « même résultat peut être obtenu par l'établissement d'un chemin de « fer au prix d'une moindre dépense de construction et d'exploita- « tion, réserve étant faite des circonstances particulières à chaque « espèce. »

Suivait un vœu, tendant à une étude systématique dont le programme serait concerté entre la Commission permanente du Congrès des chemins de fer et la Commission permanente du Congrès de navigation.

Je viens de citer le Congrès international de navigation. A peine est-il besoin de dire que ses délibérations donnent une note plus favorable aux voies fluviales.

En 1892, par exemple, au cours d'une session tenue à Manchester, ce Congrès se prononçait dans les termes suivants :

« L'existence et le développement simultanés des chemins de fer « et des voies navigables sont désirables : 1° parce que ces deux « moyens de transport sont le complément l'un de l'autre et doivent « concourir, chacun suivant ses mérites spéciaux, au bien général ; « 2° parce que, en voyant les choses dans leur ensemble, le dévelop- « pement industriel et commercial, qui est le résultat certain du per- « fectionnement des voies de communication, finit par profiter à la « fois aux chemins de fer et aux voies navigables.

« La grande valeur des voies navigables pour le pays en général et « le fait que ces voies alimentent et complètent les chemins de fer « justifient l'intervention de l'État et des corps constitués pour aider « la construction et l'entretien de voies navigables de dimensions « uniformes, de manière à encourager le trafic à longue distance à « bon marché. »

Deux ans plus tard (session de Paris 1892), le Congrès confirmait la première partie de cette déclaration et y ajoutait : « Le rôle res- « pectif des voies navigables et des voies ferrées dans un pays déter- « miné dépend surtout des conditions naturelles existant pour la « navigation ainsi que du caractère de la politique économique qui « préside au mouvement des marchandises. »

Ces controverses, ces divergences de doctrine, ces conflits d'adhé- sion et d'opposition à la ligne de conduite suivie par les Pouvoirs publics montrent bien l'utilité de l'étude que je vais entreprendre, en m'efforçant de ne pas lui donner trop d'ampleur et, cependant, de ne négliger aucun élément essentiel de décision.

2. Variations de la longueur et progression du tonnage des voies navigables. — Avant tout, il importe de rappeler en quelques lignes les modifications progressives survenues dans la longueur ainsi que dans le tonnage des canaux et des rivières navigables ou flottables en trains depuis 1847, date de la première publication des contributions indirectes et époque antérieurement à laquelle les chemins de fer étaient trop peu nombreux en France pour porter une atteinte sérieuse à la navigation. Tel est l'objet du tableau suivant et des commentaires qui l'accompagnent :

ANNÉES	CANAUX			RIVIÈRES			CANAUX ET RIVIÈRES RÉUNIS		
	LONGUEUR fréquentée	TONNAGE RAMENÉ AU PARCOURS		LONGUEUR fréquentée	TONNAGE RAMENÉ AU PARCOURS		LONGUEUR fréquentée	TONNAGE RAMENÉ AU PARCOURS	
		d'un kilomètre	total		d'un kilomètre	total		d'un kilomètre	total
	kilomètres	tonnes kilom.	tonnes	kilomètres	tonnes kilom.	tonnes	kilomètres	tonnes kilom.	tonnes
1847.....	3.750	837 millions	223.000	6.700	976 millions	146.000	10.450	1.813 millions	174.000
1850.....	3.880	738 —	188.000	6.700	938 —	140.000	10.580	1.666 —	157.000
1855.....	4.290	988 —	230.000	6.700	1.052 —	157.000	10.990	2.040 —	186.000
1860.....	4.400	1.043 —	237.000	6.700	858 —	128.000	11.110	1.901 —	172.000
1865.....	4.410	1.222 —	277.000	6.700	837 —	125.000	11.110	2.059 —	185.000
1869.....	4.560	1.195 —	262.000	6.700	804 —	120.000	11.260	1.999 —	178.000
1872.....	4.160	967 —	232.000	6.590	869 —	132.000	10.750	1.836 —	171.000
1875.....	4.180	1.054 —	252.000	6.590	910 —	138.000	10.770	1.964 —	182.000
1880.....	4.350	1.104 —	254.000	6.590	903 —	137.000	10.940	2.007 —	183.000
1885.....	4.660	1.330 —	285.000	7.718	1.123 —	145.000	12.378	2.453 —	198.000
1890.....	4.809	1.801 —	374.000	7.563	1.415 —	187.000	12.372	3.216 —	260.000
1895.....	4.779	2.158 —	452.000	7.502	1.608 —	214.000	12.281	3.766 —	307.000
1900.....	4.851	2.689 —	554.000	7.302	1.986 —	272.000	12.153	4.675 —	385.000
1901.....	4.851	2.496 —	515.000	7.243	1.884 —	260.000	12.094	4.380 —	362.000
1902.....	4.849	2.544 —	525.000	7.427	1.921 —	259.000	12.276	4.465 —	364.000
1903.....	4.847	2.879 —	594.000	7.396	2.076 —	281.000	12.243	4.955 —	405.000
1904.....	4.846	2.884 —	595.000	7.230	2.084 —	288.000	12.076	4.968 —	411.000
1905.....	4.852	2.909 —	600.000	7.218	2.176 —	301.000	12.070	5.085 —	421.000
1906.....	4.857	2.847 —	586.000	7.225	2.255 —	312.000	12.082	5.102 —	422.000
1907.....	4.884	3.027 —	620.000	6.986	2.344 —	336.000	11.870	5.371 —	452.000
1908.....	4.886	2.937 —	601.000	6.662	2.385 —	358.000	11.548	5.322 —	461.000
1909.....	4.882	3.016 —	618.000	6.517	2.455 —	377.000	11.399	5.471 —	480.000
1910.....	4.882	2.997 —	614.000	6.563	2.201 —	335.000	11.445	5.197 —	454.000

A l'examen de ce tableau, on voit apparaître les faits suivants :

1° Même en tenant compte de la perte de territoire que nous ont infligée les événements de 1870-1871, le réseau des voies navigables de France s'est fort peu développé depuis 1847 ;

2° Pendant les trois années 1908, 1909 et 1910, le tonnage des canaux et des rivières, ramené au parcours d'un kilomètre, a oscillé annuellement autour d'une moyenne de 5 milliards 330 millions de tonnes kilométriques.

D'après la dernière statistique publiée par le Ministère des travaux publics, les chemins de fer d'intérêt général ont eu, au cours de 1910, environ 21 milliards 980 millions de tonnes kilométriques en petite vitesse (1), chiffre plus que quadruple de celui des canaux et rivières. En même temps, ils livraient passage à près de 17 milliards de voyageurs kilométriques et assuraient un important service de messageries. Leur longueur exploitée était de 40 484 kilomètres ;

3° Durant la période déjà considérée de 1908 à 1910, le tonnage annuel moyen ramené à la distance entière a été de 465 000 tonnes pour l'ensemble des voies navigables.

Le tonnage de petite vitesse des chemins de fer d'intérêt général, également ramené à la distance entière, s'est élevé à 543 000 tonnes en 1910. D'autre part, le nombre des voyageurs rapporté au parcours total a dépassé 417 000 ;

4° Jusqu'en 1880, le trafic des voies navigables s'est à peine accru ; plusieurs fois même, il a marqué une tendance au fléchissement. Mais, à partir de 1880, la suppression des droits de navigation et surtout les améliorations dont les rivières ou canaux ont été l'objet, notamment l'augmentation du mouillage et l'unification du gabarit, sont venues lui imprimer un vif essor. La proportion entre les moyennes annuelles de 1908, 1909, 1910 et les chiffres constatés au milieu du XIXe siècle ressort à 2,9, en ce qui concerne le tonnage ramené au parcours d'un kilomètre, et à 2,7, en ce qui concerne le tonnage ramené à la distance entière ;

5° Vers 1850, le trafic des canaux ne fournissait pas la moitié du tonnage ramené au parcours d'un kilomètre pour l'ensemble des voies navigables ; leur tonnage ramené à la distance entière dépassait seulement de 45 p. 100 celui des rivières.

Aujourd'hui, la part des canaux dans le tonnage ramené au parcours d'un kilomètre est de 56 p. 100 ; ils ont un tonnage, ramené au parcours total, supérieur de 70 p. 100 à celui des rivières. Ce sont eux qui ont le plus bénéficié des progrès de la circulation.

Il convient, d'ailleurs, de remarquer que leur longueur a augmenté

(1) Non compris les voitures et animaux.

de 26 p. 100, et qu'au contraire une légère diminution s'est manifestée dans l'étendue des sections fréquentées sur les rivières.

Les résultats obtenus ne l'ont pas été sans des sacrifices budgétaires considérables en faveur des voies fluviales. Énumérons brièvement ces sacrifices :

a. Au premier rang se classent les importants travaux engagés par l'État pour améliorer ou compléter le réseau de navigation intérieure. Le tableau suivant récapitule les dépenses extraordinaires faites depuis 1814 et imputées sur les fonds du Trésor, sur des fonds d'avances ou sur des fonds de concours :

PÉRIODES	DÉPENSE TOTALE			DÉPENSE annuelle MOYENNE
	Canaux	Rivières	Total	
	francs	francs	francs	francs
1814-1830	142.591.000	6.588.000	149.179.000	8.775.000
1831-1847	248.461.000	92.785.000	341.246.000	20.073.000
1848-1851	17.572.000	20.220.000	37.792.000	9.448.000
1852-1870	76.372.000	162.420.000	238.792.000	12.568.000
1871-1878	28.684.000	98.958.000	127.642.000	15.955.000
1879-1900	365.190.000	280.240.000	645.430.000	29.338.000
1901-1910	117.193.000	29.890.000	147.083.000	14.708.000
Totaux et moyenne.	996.063.000	691.101.000	1.687.164.000	17.393.000

Comme l'indique ce tableau, les dépenses extraordinaires faites de 1814 à 1910 inclusivement ont atteint 1.687 millions, dont 996 consacrés aux canaux et 691 aux rivières. La période de 1848 à 1910 entre dans le total pour 1.198 millions, partagés à peu près également entre les canaux et les rivières.

Pour être strictement conformes à la réalité, les chiffres précédents devraient subir une certaine réduction, correspondant à divers travaux qui n'intéressaient pas exclusivement la navigation intérieure ou qui ne l'intéressaient que d'une manière indirecte. A la vérité, il faudrait, en revanche, y ajouter des dépenses imputées sur les crédits des ports maritimes ; mais cette augmentation ne compenserait pas les déductions opérées d'autre part.

On peut évaluer à 65 millions les dépenses comprises au tableau et afférentes aux voies navigables que nous avons perdues en 1871.

Je me borne à mentionner pour mémoire les remboursements d'avances, exclus afin d'éviter un double emploi, et en particulier un prélèvement de 73 368 000 francs sur le crédit de 135 109 000 francs que la loi du 9 juillet 1881 a ouvert au Ministre des travaux publics, pour rembourser les avances des départements, villes, chambres de commerce ou établissements de crédit, destinées aux travaux de navigation maritime et de navigation intérieure.

b. En 1847, sur 4 170 kilomètres de canaux ouverts à la navigation, 1 357 kilomètres étaient concédés soit à titre temporaire, soit à perpétuité.

Plus de 2 200 kilomètres se trouvaient placés sous le régime des lois du 5 août 1821 et du 14 août 1822. Aux termes de ces lois, l'État avait retenu la construction et l'exploitation, mais emprunté les sommes nécessaires pour l'exécution des travaux, en gageant les emprunts par le produit des péages à percevoir sur les voies nouvelles. Outre l'intérêt et l'amortissement de leurs avances, les prêteurs recevaient, depuis l'achèvement des travaux jusqu'au complet remboursement du capital, une prime plus ou moins élevée. En cas d'insuffisance des péages pour faire face aux charges d'administration, d'entretien et de réparations, ainsi qu'au service des intérêts, de la prime et de l'amortissement, le Trésor comblait le déficit ; quand, au contraire, le produit des perceptions dépassait les besoins, l'excédent était, suivant les contrats, acquis aux soumissionnaires ou ajouté au fond d'amortissement. Une fois le capital amorti, le produit net se partageait entre l'État et les prêteurs pendant un délai à l'expiration duquel le Gouvernement reprenait pleine et entière possession du canal. Les soumissionnaires, ainsi admis à participer aux bénéfices, étaient souvent investis d'un droit de regard sur les travaux et sur la comptabilité : toute modification du tarif des péages demeurait subordonnée à leur consentement.

Le second Empire entra délibérément dans la voie de la libération des canaux, surtout après la conclusion du traité de commerce avec l'Angleterre. Il racheta de nombreuses concessions et reprit en 1863 les droits aliénés au profit des sociétés qui avaient fait des avances à l'État. Les indemnités d'éviction, évaluées en capital, dépassèrent 80 millions de francs; elles furent généralement transformées en annuités trentenaires. Alors que de si lourds sacrifices étaient imposés au Trésor pour dégrever les transports par eau, les pouvoirs publics se fussent déjugés en multipliant les concessions nouvelles : la seule concession importante fut celle du canal latéral à la Garonne, accordée à la Compagnie des chemins de fer du Midi dans les circonstances que j'ai précédemment rappelées ; encore est-elle historiquement antérieure, sinon au coup d'État de décembre 1851, du moins à la proclamation officielle de l'Empire.

Sous la troisième République, l'œuvre libératrice s'est poursuivie. L'acte capital a été le rachat du canal latéral à la Garonne et du canal du Midi, réalisé conformément à une loi du 27 novembre 1897. Pour le canal latéral à la Garonne, le dédommagement a consisté en une réduction du taux d'intérêt des avances que la Compagnie des chemins de fer du Midi avait reçues ou recevrait dans l'avenir au titre de la garantie. La société concessionnaire du canal du Midi devait être indemnisée par la remise d'un titre de rente perpétuelle 3 p. 100 ; une Commission arbitrale fixa le montant de cette rente à 750 000 francs, avec jouissance du 1er juillet 1898 : le capital nécessaire pour l'achat du titre fut avancé par la Caisse des dépôts et consignations, contre remise d'obligations productives d'un intérêt de 3 p. 100 et amortissables au moyen de 44 demi-annuités (art 41 de la loi de finances du 30 mars 1902).

Abstraction faite de l'indemnité afférente au canal du Midi, les dépenses de rachat, acquittées tant en capital qu'en annuités, approchaient de 140 millions à la fin de 1911 ; le Trésor avait encore à verser, pour les canaux d'Orléans et du Loing, des annuités formant un total de 6 571 000 francs environ. Il ne subsistait que 255 kilomètres de voies concédées.

c. Pendant la période 1814-1830, les sommes consacrées annuellement à l'entretien et aux grosses réparations atteignirent à peine une moyenne de 2 millions. Elles se sont rapidement élevées, pour osciller, à partir de 1840, entre 9 600 000 francs et 14 millions. Actuellement, elles dépassent un peu 12 millions, non compris les dépenses de personnel et frais généraux divers.

d. Après avoir subi des réductions successives, les droits de navigation perçus au profit du Trésor ont été finalement supprimés en 1880.

L'établissement de ces droits, du moins dans leur forme moderne, remonte au commencement du XIXe siècle. Une loi du 30 floréal an X posa le principe de leur perception, afin de pourvoir à l'entretien des voies navigables, et, durant un certain temps, le produit en fut spécialisé à cet objet.

Au début, les taxes étaient très élevées; elles variaient pour ainsi dire sur chaque voie, présentaient une extrême complication, reposaient sur les bases les plus diverses, n'avaient souvent aucune relation ni avec l'importance, ni avec la nature des chargements.

Plus tard, des mesures d'unification furent prises par les Pouvoirs publics.

Aux termes de la loi du 9 juillet 1836, combinée avec les ordonnances du 27 octobre 1837, du 30 novembre 1839 et du 2 mars 1845, le tarif, sur la plupart des rivières et sur les canaux construits par l'État latéralement aux cours d'eaux navigables, était le suivant vers 1847, non compris le décime créé par les lois du 6 prairial an VII et du 25 mars 1817 :

Marchandises par tonne	1re classe		0 fr. 0035	par km.
	2e classe	bois indigènes, combustibles, minéraux, pierres, minerais, sable, chaux, engrais, amendements, etc.	0 fr. 0015	—
Trains de bois (par décastère)	sur la partie navigable	chargés	0 fr. 08	—
		non chargés	0 fr. 04	—
	sur la partie non navigable	chargés	0 fr. 04	—
		non chargés	0 fr. 02	—

Sur la partie maritime des fleuves, la perception se faisait encore conformément à d'anciens tarifs arrêtés en exécution de la loi du 30 floréal an X et continuait à varier dans des limites fort étendues; elle était le plus fréquemment opérée pour toute la longueur de la section maritime, quelle que fût la distance réellement parcourue.

En outre, certaines rivières et un grand nombre de canaux demeuraient régis par des tarifs particuliers, soit qu'ils fussent placés sous le régime des lois de 1821 et de 1822, soit même que l'État en eût la libre disposition. C'est ainsi, par exemple, que, sur l'Oise canalisée, la taxe par tonne, pour les bateaux chargés, était de 3 millimes 5 environ par kilomètre, les bateaux vides payant 2 centimes 5 par tonneau de jauge au passage de chaque écluse (il en existait 7 pour une longueur de 100 kilomètres). Sur le canal de Saint-Quentin, le droit par tonne de marchandises ou par mètre cube de bois en trains avait été fixé à 1 centime, les bateaux vides payant 1 millime par tonne de capacité, le tout non compris le décime. Sur le canal de Manicamp, d'une très faible longueur à la vérité, le tarif, beaucoup plus élevé, atteignait 5 centimes par kilomètre pour la houille, qui cependant bénéficiait d'un traitement privilégié.

Le lecteur pourra, s'il désire pénétrer dans le détail de cette vieille tarification, consulter utilement un ouvrage de M. Grangez, intitulé *Précis historique et statistique sur les voies navigables de la France*.

En somme, la taxe kilométrique moyenne de 1847 était, décime compris, de 8 millimes 94, pour l'ensemble des canaux et cours d'eau non concédés. Elle varia peu au cours des dix années suivantes.

Un décret du 22 août 1860, intervenu à la suite des traités de commerce, vint améliorer notablement la condition de la batellerie. Le tarif fut abaissé :

30

1° Sur les fleuves et rivières dénommés au tableau annexé à la loi du 9 juillet 1836 : à 2 millimes par tonne et par kilomètre, pour les marchandises de 1re classe ; à 1 millime par tonne et par kilomètre, pour les marchandises de 2e classe (marchandises de peu de valeur, telles que houille, coke, minerais, métaux non ouvrés, bois, pierres, engrais, sable, etc.); à 0 millime 2 ou 0 millime 1 par mètre cube et par kilomètre, pour les trains de bois, selon que la rivière était ou non accessible aux bateaux;

2° Sur le canal de Saint-Quentin, à 1 centime, 3 millimes et 2 millimes 5, pour les trois classes de marchandises, et à 2 millimes 5 pour les trains de bois (la houille, le coke, les métaux non ouvrés étant rangés dans la deuxième classe et les autres matières ci-dessus indiquées dans la 3e classe) ;

3° Sur l'Oise canalisée, à 2 millimes 5 pour toutes marchandises ;

4° Sur la plupart des canaux, à 2 centimes, 1 centime, 5 millimes, 2 millimes 5 pour les quatre classes de marchandises, et à 2 millimes 5 pour les trains de bois (les métaux non ouvrés étant rangés dans la 3e classe et les autres matières pondéreuses dans la 4e).

Les droits précités étaient frappés du double décime.

En 1867, le Gouvernement fit un nouveau pas et, par décret du 9 février, abaissa le tarif aux chiffres suivants, non compris le double décime :

	RIVIÈRES	CANAUX
Marchandises à la tonne — de 1re classe	2 millimes 2	5 millimes
Marchandises à la tonne — de 2e classe (comprenant toutes les matières pondéreuses)	1 —	2 —
Bois en trains, au mètre cube d'assemblage. (Le droit étant réduit de moitié sur les parties de rivières où la navigation ne pouvait avoir lieu avec des bateaux.)	0 — 2	2 —

Enfin, une loi du 19 février 1880 prononça la suppression complète des droits.

Sous l'influence des réductions successives, le tarif moyen était tombé à moins de 3 millimes par tonne kilométrique en 1861 et à 2 millimes 25 en 1868 ; l'imposition d'un demi-décime supplémentaire, créé par la loi du 30 décembre 1873, l'avait légèrement relevé en 1874 et porté à 2 millimes 4.

Le produit total des droits était de 4 289 000 francs en 1830. A partir de 1840, il oscilla entre les maxima et minima ci-après :

Période de	1840 à 1849......	5 287 000 fr. à 9 675 000 fr.
—	1850 à 1859......	7 071 000 fr. à 11 008 000 fr.
—	1860 à 1869......	3 722 000 fr. à 6 597 000 fr.
—	1870 à 1879......	2 973 000 fr. à 4 402 000 fr.

Il ne suffisait même pas à couvrir les frais d'entretien ; le Ministre des finances évaluait d'ailleurs, en 1878, les frais de recouvrement à 400 000 francs par an.

e. Le rachat progressif des concessions a soustrait la navigation à l'acquittement de péages fort onéreux pour elle.

Vers 1859, en effet, les charges qui pesaient de ce chef sur la batellerie étaient très lourdes. Quelques exemples le prouvent surabondamment :

Sur le canal de l'Aire à la Bassée, la taxe kilométrique moyenne était de 2 centimes 5 environ pour la plupart des marchandises et particulièrement pour les combustibles minéraux.

Sur le canal de la Deule, elle avait été fixée à 8 millimes seulement, mais frappait l'intégralité de la jauge, quel que fût le chargement.

Sur le canal du Midi, elle pouvait être évaluée à 3 centimes 5.

Sur le canal de l'Ourcq, elle était de 4 centimes à la remonte, pour toutes les marchandises, et variait à la descente suivant le parcours et la nature des matières.

Sur le canal de la Sambre à l'Oise, elle dépassait 3 centimes ; la houille, en particulier, payait 3 centimes, avec remise du quart pour le transit.

Sur la Scarpe inférieure, la taxe kilométrique moyenne était d'un peu plus de 1 centime.

Sur le canal de la Sensée, elle atteignait 3 centimes pour la houille.

De plus, sur plusieurs de ces voies navigables, les bateaux vides se trouvaient grevés de droits relativement élevés.

M. Grangez a donné, dans les notes annexées à son ouvrage, des renseignements détaillés concernant les frais de transport suivant un certain nombre d'itinéraires. J'extrais de ces renseignements, qui paraissent se rapporter à l'année 1854, les chiffres que voici :

DÉSIGNATION DES PARCOURS	NATURE DES MARCHANDISES	Frais généraux et frais de traction (par tonne)	DROITS de navigation ou péage (par tonne)
		francs	francs
Mons à Paris (350 kil.)	Houille (bateau de 200 t.)	5,51	4,12
Charleroi à Paris (360 kil.)	— — —	6,23	5,16
Mons à Lille (128 kil.)	Houille (bateau de 180 t.)	2,65	1,26
Dunkerque à Lille (125 k.)	Denrées coloniales (bateau de 190 tonnes)	2,34	1,06
Cambrai à Dunkerque (174 kil.)	Farine (bateau de 130 t.)	3,62	3,21
Lyon à Paris, par le canal de Bourgogne (647 kil.). — Service accéléré	Vins (bateau de 135 t.)	17,30	6,88
Lyon à Paris, par les canaux du Centre (650 kil.) — Service accéléré	Vins (bateau de 120 t.)	14,68	23,97
Andrézieux à Paris, par la Loire (273 kil.)	March. div. en 4 couplages de 2 bateaux, soit 8 bat., portant 365 tonnes	5,36	0,41
Andrézieux à Paris, par le canal de Roanne à Digoin et par le canal latéral à la Loire (252 kil.)	March. div. (bat. de 98 t.)	3,10	3,05
Lyon à Mulhouse (441 kil.). — Service accéléré	March. div. (bat. de 120 t.)	23,42	13,28
Beaucaire à Cette (98 kil.)	Marchandises de 1re classe	2,50	5,75
	Houilles, plâtre, minerais, pierres de taille	2 »	1,85
Cette à Toulouse (260 kil.)	Marchandises de 1re classe	4 »	16,80
	— 2e classe	3,50	9,60
	— 3e classe	3,50	4,80
	— 4e classe	3,50	2,40
Toulouse à Bordeaux (257 kil.)	March. de grosse expéd.	3,87	2,63
	Vins, spiritueux, huiles, savons, etc	4,80	3,20
Bordeaux à Toulouse (257 kil.)	March. de grosse expéd.	6,15	3,85
	Vins, spiritueux, huiles, savons, etc	7,44	4,56

D'autre part, une étude faite en 1878 par le Ministère des travaux publics sur les canaux concédés fournit les indications suivantes :

DÉSIGNATION des CANAUX CONCÉDÉS	LONGUEUR	TONNAGE kilométrique en 1868	PÉAGE PAR TONNE KILOMÉTRIQUE — Limites	PÉAGE PAR TONNE KILOMÉTRIQUE — Moyenne	PRODUIT du PÉAGE
	kilom.	tonnes kil.		cent.	francs
Embranchement de Nœux, sur le canal d'Aire à la Bassée	2.4	158.600	Affecté exclusivement aux transports de la Cie des mines de Nœux.		
Arcachon	50,3		Impropre à la navigation		
Beaucaire	77,8	4.300 000	6 centimes à 2 centimes	4, »	172.000. »
Dives et Thouet	42,8	1.200.000	»	1,5	18.000. »
Dunkerque à la frontière	13.3	1.300.000	Pour la distance entière : Bateaux chargés, 10c ; vides, 5c	0,75	9 930. »
Latéral à la Garonne	210,6	16.500.000	Remonte (1re cl., 4c ; 2e cl., 3c) descente (1re cl., 3c ; 2e cl., 2c) Houilles et matières minérales, 1c	2,6	429.000. »
Givors	18,5	1.448.000	Descente, 2c. — Remonte, 6c.	4. »	57.920. »
De Grave (Lez)	9.6	180.000	»	12.5	22.500. »
Lunel	8.7	150.000	»	8. »	12.000. »
Midi	240,3	24.500.000 (Midi et Narbonne)	1re classe, 6c ; 2e —, 5c ; 3e —, 4c ; 4e classe, 3c ; 5e —, 2c	3,8	931.000. »
Narbonne	36,9				
Ourcq	107,9	28.821.000	»	0,385	110.960. »
Saint-Denis	6,6	8.420.000 (Saint-Denis et Saint-Martin)	4c à 7c par écluse (8 écluses) ; 26c à forfait pour la traversée des marchandises en transit de la haute et de la basse Seine	4c,9 par écluse	366.950. »
Saint-Martin	4,5		3c à 10c par écluse (10 écluses)	6c,6 par écluse	
Du Plessis	»	»	Pas de navigation		
Roubaix	19. »	571.500	6 cent. à 3 cent.	4,5	25 617.50
Sambre canalisée	51,7	33.165.000	3c,2 à 0c,8	1,67	552.860. »
Sambre à l'Oise	69.7	46.700.000	4 cent. à 1 cent.	2,24	1.046.080. »
Scarpe inférieure	36.1	10.364.000	1c par tonne et par 880m	1.2	124.368. »
Vire et Taute	32.7	800.000	2c,4 à 1c,2	2.37	18.960. »
TOTAUX	1.039,4	178.578.100			4.098.165.50

Ces tableaux montrent combien la part des droits de navigation ou des péages dans le prix du fret était considérable, lors de la création des voies ferrées, et jusqu'à quel point les Pouvoirs publics sont venus en aide à la navigation fluviale par leur suppression presque complète.

3. Variations dans la répartition du tonnage entre les diverses voies navigables. — Si, au lieu de se borner à envisager l'ensemble des voies de navigation intérieure, on examine d'un peu plus près les tableaux de la fréquentation depuis 1847, on ne tarde pas à constater que la répartition du mouvement s'est profondément modifiée. Certains fleuves, certaines rivières, certains canaux même, ont perdu successivement une partie de leurs transports, alors que, sur les autres, le trafic grossissait et atteignait parfois une intensité inattendue.

Voici quelques chiffres caractéristiques relatifs à des voies fluviales qui avaient en 1850, ou qui ont actuellement, un tonnage moyen de 100 000 tonnes au moins :

DÉSIGNATION des CANAUX OU RIVIÈRES	TONNAGE MOYEN En 1850	En 1910	DÉSIGNATION des CANAUX OU RIVIÈRES	TONNAGE MOYEN En 1850	En 1910
I. CANAUX					
a. ACCROISSEMENTS DE TRAFIC					
Aire à la Bassée	255.800	2.532.000	Garonne (latéral à la)	79.200	182.300
Aisne (latéral à l')	93.500	1.173.100	Loire (latéral à la)	132.700	728.400
Ardennes	72.900	305.500	Marne (lat. à la)	73.100	1.536.800
Bergues à Dunkerque	59.700	291.800	Neuffossé	354.500	1.862.100
Berry	95.200	223.400	Oise (latéral à l')	1.003.300	4.190.800
Bourbourg	213.400	1.230.100	Roanne à Digoin	78.500	402.900
Bourgogne	155.200	197.000	Roubaix	44.600	417.200
Briare	143.000	788.100	Saint-Denis	757.500	1.592.900
Calais	94.600	247.500	Saint-Martin	400.000	581.000
Centre	190.400	531.700	Saint-Quentin	841.500	5.220.800
Colme	34.000	203.200	Sambre à l'Oise	457.900	711.600
Deule	441.500	2.138.100	Sensée	224.000	4.504.400
Dunkerque à Furnes	92.800	117.900	Somme	69.300	201.600
b. DIMINUTIONS DE TRAFIC					
Arles à Bouc	102.600	12.100	Mons à Condé	1.079.400	584.400
Beaucaire	115.600	110.600	Ourcq	182.500	114.600
Givors	273.800	»	Rhône au Rhin	164.800	50.300
Midi	181.800	138.700			
II. RIVIÈRES					
a. ACCROISSEMENTS DE TRAFIC					
Aa	104.900	1.333.700	Oise	8.700	3.880.500
Aisne	222.200	299.600	Scarpe	307.800	722.600
Escaut	749.500	2.139.400	Seine (à l'amont de Paris)	413.700	807.200
Lys	34.700	270.500	Seine (de Paris à Rouen)	521.500	1.332.200
Marne	113.800	462.100			
Moselle	56.400	205.000			
b. DIMINUTIONS DE TRAFIC					
Garonne	100.000	82.900	Saône	432.500	423.200
Loire	125.700	21.500	Yonne	407.500	289.600
Rhône	226.300	167.200			

Les variations qu'accuse le tableau précédent tiennent à des causes multiples. D'une manière générale, l'essor de la production et des échanges a donné une vive impulsion aux transports par eau ; mais l'inégal développement de l'industrie dans les diverses parties du territoire et les changements survenus dans l'importance relative des centres producteurs ou consommateurs devaient nécessairement se répercuter sur le trafic respectif des différentes voies, amener même quelques déchéances. A ce facteur primordial, il y a lieu d'ajouter les rachats de concessions, les conditions de navigabilité, les travaux d'amélioration des rivières ou des canaux, l'ouverture d'artères nouvelles. Sans être contestable, l'influence des chemins de fer ne paraît pas avoir été dominante.

Un fait essentiel à dégager est la prépondérance acquise par les voies navigables de la région du Nord et de l'Est, prépondérance due principalement au transport des combustibles minéraux. La zone située au nord du parallèle de Paris fournit à elle seule près des deux tiers du tonnage kilométrique.

4. **Eléments du trafic des voies navigables.** — Quels sont les éléments dont se compose le trafic des voies navigables ? La statistique dressée par le Ministère des travaux publics pour l'année 1910 fournit à ce sujet les renseignements que je résume ci-après :

DÉSIGNATION DES GROUPES DE MARCHANDISES	PROPORTION P. 100					
	CANAUX		RIVIÈRES		ENSEMBLE	
	Tonnage effectif	Tonnage kilométrique	Tonnage effectif	Tonnage kilométrique	Tonnage effectif	Tonnage kilométrique
1. Combustibles minéraux...	41.4	49.7	22 »	44.3	32.8	47.4
2. Matériaux de construction, minéraux...............	23.7	16.9	48.1	18.8	34,5	17,7
3. Engrais et amendements..	3.7	1.9	4.2	2.2	4 »	2,1
4. Bois à brûler et bois de service (par bateau).........	4.6	4.7	4.3	5.4	4.4	5,»
5. Métaux et machines......	2.3	5.3	2.1	3,3	2.2	4,4
6. Matières premières de l'industrie métallurgique.....	6.9	7.»	2,4	3.1	5 »	5,3
7. Produits industriels......	3.3	5.6	3.8	7.7	3.5	6,5
8. Produits agricoles, denrées alimentaires.............	13.3	8.5	11.1	13.7	12.3	10,7
9. Divers.................	0.7	0.4	1.4	1.3	1 »	0,8
10. Bois flottés de toute espèce.	0.1	»	0.6	0.2	0.3	0,1
TOTAUX.......	100 »	100 »	100 »	100 »	100 »	100 »

Ainsi, les combustibles minéraux donnent près de la moitié du tonnage kilométrique; les matériaux de construction et minéraux, un peu plus du sixième; les produits agricoles et denrées alimentaires, un neuvième environ. La part globale des autres groupes de marchandises n'atteint pas un quart.

Le mouvement des houilles et des cokes se concentre presque entièrement sur les voies navigables du Nord et de l'Est. En effet, le contingent de cette région dans le tonnage kilométrique total de la France est de 85 p. 100 pour les canaux, de 90 p. 100 pour les rivières et de 87 p. 100 pour l'ensemble. Quand on examine la carte figurative du trafic des combustibles minéraux, on y voit de larges courants, qui viennent des bassins houillers du Nord et du Pas-de-Calais, ainsi que de la Belgique, de l'Allemagne, de l'Angleterre par Rouen, et convergent en partie vers Paris, en partie vers les grands centres industriels de l'Est.

Ce sont naturellement les voies navigables aboutissant aux villes importantes et, surtout à Paris, qu'alimentent d'une manière plus spéciale les matériaux de construction. La Seine et ses affluents donnent, pour cette catégorie de marchandises, près des trois quarts du tonnage kilométrique des rivières et plus du tiers du tonnage kilométrique afférent à l'ensemble du réseau de navigation intérieure. En 1910, le trafic moyen de la Seine, aux abords de Paris, a été le suivant : 488 000 tonnes, de Montereau à la limite des départements de Seine-et-Marne et de Seine-et-Oise; 2 209 000 tonnes, entre cette limite et Paris; 2 365 000 tonnes, à la traversée de Paris; 458 000 tonnes, de Paris à la Briche; 478 000 tonnes, de la Briche au confluent de l'Oise. Pendant la même année, le tonnage moyen sur l'Oise, au-dessous de Janville, s'est élevé à 448 000 tonnes.

Une étude détaillée de la distribution des transports pour les autres articles de la classification serait, sans contredit, intéressante, mais nécessiterait des développements excessifs. Ces transports se divisent plus ou moins suivant la nature des marchandises. Leur direction et leur activité sont intimement liées à la répartition des centres de vente et d'achat, à l'intensité de la production agricole ou industrielle, aux besoins de la consommation. Dans la plupart des branches du trafic, la Seine tient la première place ou l'une des premières; quelques chiffres suffisent à le démontrer :

	PROPORTION ENTRE LE TONNAGE KILOMÉTRIQUE DE LA SEINE ET CELUI	
	de l'ensemble des rivières	de l'ensemble des rivières et canaux
Engrais et amendements	Plus de moitié	Près du quart
Bois à brûler et bois de service	Près des 3 cinquièmes	Environ 30 p. 100
Métaux et machines	Environ 30 p. 100	Près du dixième
Matières premières de l'industrie métallurgique	Plus de moitié	Un septième
Produits industriels	Plus des 3 cinquièmes	Près du tiers
Produits agricoles et denrées alimentaires	Plus de moitié	Près du tiers

L'insuffisance des anciens documents statistiques ne permet pas de mesurer les changements qu'a subis, depuis le milieu du siècle dernier, la proportion relative des divers éléments constitutifs du trafic sur notre réseau de navigation fluviale. Un fait certain est l'augmentation notable de la quote-part des combustibles minéraux : il était déjà signalé dans la première édition du « Traité des chemins de fer » (1887), alors que les houilles et le coke fournissaient seulement, d'après la statistique de 1884, 25.3 p. 100 du tonnage effectif et 36.8 p. 100 du tonnage kilométrique ; or, les chiffres actuels sont 32.8 p. 100 et 47.4 p. 100. En revanche, le contingent des produits agricoles et denrées alimentaires ainsi que celui des bois ont éprouvé une sensible diminution.

Un rapprochement, même limité au tonnage effectif, entre la composition du trafic des voies navigables et celle du trafic des voies ferrées offre aussi les plus sérieuses difficultés. En effet, les systèmes de classification des marchandises sont différents ; d'un autre côté, les statistiques officielles des chemins de fer ne distinguent pas le trafic né sur le réseau du trafic né à l'extérieur, de telle sorte qu'une tonne empruntant deux ou trois réseaux est comptée deux ou trois fois dans le tonnage effectif, à l'inverse de la pratique suivie par le Ministère des travaux publics pour les comptages sur les canaux et les rivières depuis la suppression des droits de navigation. Quoi qu'il en soit, voici quelques renseignements d'une précision absolue, ou tout au moins suffisante, en ce qui concerne les combustibles minéraux, c'est-à-dire l'élément principal du trafic des voies navigables :

1° Sur l'ensemble des chemins de fer d'intérêt général, les combustibles minéraux forment, comme sur les voies navigables, l'élément prédominant du trafic ; ils ont fourni, en 1910, plus de 5 milliards de tonnes kilométriques, soit le quart environ du tonnage kilométrique total.

Pendant la même année, le chiffre correspondant pour les canaux et rivières a été de 2 464 millions de tonnes kilométriques, c'est-à-dire moitié environ du tonnage des voies ferrées.

2° Si, au lieu d'envisager l'ensemble des chemins de fer d'intérêt général, on considère séparément les réseaux, on voit la prépondérance des combustibles minéraux s'accuser bien davantage encore sur certains d'entre eux.

Pour le réseau du Nord, par exemple, la houille et le coke donnent près de la moitié du tonnage kilométrique : 2 098 millions de tonnes kilométriques en 1910, sur un total de 4 401 millions.

3° Le tableau ci-après, déduit des statistiques officielles de 1910, met en parallèle les transports de combustibles minéraux par chacun des grands réseaux des chemins de fer et par les voies navigables desservant la même région :

DÉSIGNATION DES RÉSEAUX	CHEMINS DE FER		CANAUX et RIVIÈRES		ENSEMBLE	
	TONNAGE TOTAL	Proportion	TONNAGE TOTAL	Proportion	TONNAGE TOTAL	Proportion
	tonnes kilom.	(a)	tonnes kilom.	(a)	tonnes kilom.	(b)
État } Anc. réseau	77.858.000	98 °/°	1.694.000	2 °/°	79.552.000	1 °/°
État } Ouest	181.434.000	49	191.912.000	51	373.346.000	5
Nord	2.097.761.000	58	1.503.494.000	42	3.601.255.000	49
Est	997.554.000	67	497.281.000	33	1.494.835.000	20
Paris à Orléans	517.423.000	96	24.235.000	4	541.658.000	7
Paris-Lyon-Méditerranée	874.435.000	79	230.978.000	21	1.105.413.000	15
Midi	175.207.000	92	14.329.000	8	189.536.000	3
Ensemble	4.921.672.000	67 (b)	2.463.923.000	33 (b)	7.385.595.000	100

(a) Proportion du tonnage des chemins de fer et du tonnage des voies navigables dans le tonnage total de chaque région.

(b) Proportion dans le tonnage total de la France (chemins de fer et voies navigables réunis).

Ainsi, dans la région du Nord, malgré sa faible étendue, le tonnage kilométrique des combustibles minéraux par toutes voies de transport représente environ la moitié du chiffre total de la France. Les chemins de fer prennent à ce mouvement une part dépassant de plus du tiers celle des canaux et rivières.

Dans la région desservie par le réseau de l'Ouest, la Seine assure un faible avantage à la navigation. Ailleurs, les voies ferrées priment de beaucoup les voies fluviales.

4° L'augmentation des transports de combustibles minéraux due au développement de la production et de la consommation [1] a été plus forte, en valeur absolue, sur les chemins de fer que sur les canaux et rivières. Mais la part proportionnelle de la navigation s'est élevée sous l'influence des améliorations apportées depuis 1880 aux voies fluviales; elle ne dépassait pas 29 p. 100 en 1880 et atteint aujourd'hui 33 p. 100.

5. Distance moyenne de transport. — Après avoir établi un parallèle entre les chemins de fer et les canaux ou rivières au point de vue du tonnage kilométrique, il est intéressant d'examiner aussi quelles sont les distances moyennes de transport sur l'une et l'autre des deux catégories de voies de communication.

Les statistiques du Ministère des travaux publics permettent de trouver exactement ces distances pour les voies navigables. En voici le tableau, tel qu'il se dégage des relevés de 1910 :

DÉSIGNATION DES GROUPES DE MARCHANDISES	DISTANCE MOYENNE DE TRANSPORT
1. Combustibles minéraux	217 kilomètres
2. Matériaux de construction, minéraux	77 —
3. Engrais et amendements	79 —
4. Bois à brûler et bois de service (par bateau)	169 —
5. Métaux et machines	306 —
6. Matières premières de l'industrie métallurgique	161 —
7. Produits industriels	277 —
8. Produits agricoles et denrées alimentaires	130 —
9. Divers	125 —
10. Flottage. Bois flottés de toute espèce	43 —
ENSEMBLE DES MARCHANDISES	150 kilomètres

Grâce à l'extension du réseau de navigation intérieure et aux améliorations dont il a été l'objet, les parcours s'y sont notablement accrus. Il y a vingt-cinq ans, la distance moyenne de transport était de 171 kilomètres pour les combustibles minéraux et de 117 kilomètres

(1) La production des bassins du Nord et du Pas-de-Calais est passée de 1 021 000 tonnes, en 1850, à 25 493 000 tonnes, en 1910. Pendant la même période, la consommation du département de la Seine montait de 654 000 tonnes à 4 806 000. En 1850, les départements de la Meurthe et de la Moselle ne consommaient que 214 000 tonnes; maintenant la statistique indique 5 956 000 tonnes pour Meurthe-et-Moselle.

pour l'ensemble des marchandises. L'augmentation est donc du tiers.

A l'inverse des statistiques relatives aux voies navigables, les statistiques concernant les chemins de fer n'établissent pas, je l'ai déjà fait remarquer, la distinction entre le trafic né sur chacun des réseaux et le trafic provenant du dehors; aussi ne peut-on calculer les distances moyennes que pour les divers réseaux considérés isolément. Les chiffres ainsi obtenus sont nécessairement inférieurs aux parcours moyens réels. D'autre part, les bases du calcul ne se trouvent dans les publications officielles que pour l'ensemble des marchandises et pour les combustibles minéraux. Cette double observation limite la portée et explique le caractère incomplet du tableau suivant, dressé d'après les documents de 1910 :

DÉSIGNATION DES RÉSEAUX	DISTANCE MOYENNE DE TRANSPORT	
	Combustibles minéraux	Ensemble des marchandises
	kilomètres	kilomètres
État { Ancien réseau	93	109
État { Ouest	65	119
Nord	124	105
Est	143	112
Paris à Orléans	141	167
Paris-Lyon-Méditerranée	96	199
Midi	106	135
MOYENNES pour l'ensemble des réseaux ou lignes d'intérêt général	104	127

En fait, les distances moyennes de transport pour l'ensemble des marchandises doivent être sensiblement les mêmes sur les chemins de fer et sur les voies navigables.

Mais il ne paraît pas douteux que les combustibles minéraux ne soient portés plus loin par les canaux et les rivières que par les voies ferrées. La proportion plus grande des produits de valeur qui empruntent les chemins de fer et qui y effectuent de longs parcours rétablit la parité des moyennes générales afférentes à l'ensemble des marchandises.

6. Longueur des parcours. — Le cours des rivières offre presque toujours des sinuosités assez nombreuses. D'autre part, le tracé des canaux a moins de souplesse et d'élasticité que celui des chemins de fer. Dès lors, quand deux localités sont réunies à la fois par une voie ferrée et par une voie navigable, le parcours par eau est généralement plus long que le parcours sur rails.

En 1881, l'auteur du livre anonyme *Canaux et chemins de fer*, précédemment cité, évaluait l'écart moyen à 20 p. 100 ou à 29 p. 100 de la longueur du chemin de fer, suivant que cette longueur était inférieure ou supérieure à 600 kilomètres. J'avais moi-même, dans le « Traité des chemins de fer » (1887), indiqué la moyenne de 25 p. 100, comme ordinairement admise, 1 000 mètres de voies navigables correspondant ainsi à 800 mètres de voies ferrées. Ce chiffre est plutôt au-dessous de la réalité, du moins pour la France. Il convient de remarquer, d'ailleurs, que le développement continu des voies de fer a créé progressivement de nouveaux raccourcis et augmenté l'avantage des transports par rails sur les transports par eau, au point de vue de la distance à parcourir.

Le tableau suivant donne les longueurs comparées des deux catégories d'itinéraires pour des relations prises au hasard :

DÉSIGNATION DES PARCOURS	DISTANCES		RAPPORT à la LONGUEUR DE LA VOIE FERRÉE des excédents de distance	
	PAR EAU	PAR RAILS	PAR EAU	PAR RAILS
	kilomètres	kilomètres	p. 100	p. 100
Charleroi à Paris	382	270	41	»
Charleroi à Rouen	481	313	54	»
Mons à Lille	98	70	40	»
Mons à Paris	376	283	33	»
Mons à Nancy	507	335	52	»
Anzin à Reims	226	177	28	»
Anzin à Paris	341	228	50	»
Anzin à Nancy	472	338	40	»
Lens à Paris	370	210	76	»
Lens à Elbeuf	446	221	101	»
Denain à Dunkerque	168	135	24	»
Denain à Janville	460	345	33	»
Sarrebrück à St-Dizier	342	225	52	»
Lérouville à Reims	210	170	24	»
Frouard à Creil	392	355	10	»
Gray à Lyon	274	224	22	»
Montceau à Paris	438	370	18	»
Cette à Paris	1005	780	29	»
Bordeaux à Toulouse	247	257	»	4
Paris à Rouen	243	134	81	»
Rouen à Varangéville	668	500	34	»
Nantes à Rennes	184	125	47	»

Si on additionne les 22 parcours désignés à ce tableau, on trouve, pour les voies navigables, 8 330 kilomètres et, pour les voies ferrées, 6 063 kilomètres. La différence proportionnelle est de 37 p. 100, soit de plus du tiers.

Dans leur rapport au Congrès des chemins de fer (session de 1910, sur le rôle des voies navigables comme affluents et comme concurrents des voies ferrées, MM. Colson et Marlio ont cité quelques exemples qui conduiraient au même chiffre moyen.

7. Vitesse des transports. — Il est très difficile d'apprécier la vitesse moyenne des transports de marchandises par eau. Le cheminement journalier varie, en effet, dans des limites assez étendues avec la nature de la voie navigable, avec le sens suivant lequel s'effectue la navigation, avec le mode de propulsion (halage à col d'homme ou par des animaux de trait ; halage funiculaire ; halage par des tracteurs ; propulsion par des moteurs installés sur les bateaux ; touage ; remorquage ; navigation à la faveur des courants ; usage de la voile, de l'aviron, de la gaffe), avec la forme des bateaux, avec leur chargement, avec la section de la rivière ou du canal, avec l'importance de la circulation, avec les obstacles à franchir (écluses, ponts tournants, souterrains, passages rétrécis divers), avec l'état des eaux, avec les circonstances climatériques, etc. Ici, comme en beaucoup d'autres matières, les moyennes sont trompeuses ; on ne doit y voir que ce qu'elles peuvent montrer, c'est-à-dire des aperçus ne dispensant pas d'une étude dans chaque cas particulier.

Le « Traité des chemins de fer » donnait quelques chiffres extraits de différentes publications. Je rappellerai brièvement ces chiffres, me réservant de les compléter par des indications plus récentes.

D'après un mémoire de MM. Chanoine et de Lagrené, inséré aux *Annales des ponts et chaussées* (2e semestre 1863), une série d'observations faites sur les canaux du Loing, de Briare, d'Orléans et du Centre, ainsi que sur le canal latéral à la Loire, sur la Seine entre Nogent et Paris, sur l'Yonne entre Auxerre et Montereau, avait conduit aux valeurs suivantes du cheminement moyen par jour :

1° Traction à bras d'hommes sur les canaux, pour des bateaux portant de 80 à 115 tonnes : 8 km. 710 à 13 km. 980, soit en moyenne 11 km 345 ;

2° Traction par chevaux sur les canaux, pour des bateaux portant 60 tonnes : 20 km. 900, 21 km. 150, 25 km. 420, soit en moyenne 21 km. 150 ;

3° Traction par chevaux sur les rivières, pour des trains ou des bateaux portant 220 tonnes : 16 kilomètres, 20 kilomètres, 25 kilomètres et 36 kilomètres, soit en moyenne 24 km 250 ;

4° Touage sur les rivières, 33 km. 33.

En 1876-1877, M. Malézieux formulait les appréciations générales ci-après :

1° Halage à bras d'un bateau portant de 80 à 150 tonnes. — Vitesse à la seconde en pleine marche de 0 m. 50 et cheminement journalier de 8 à 12 kilomètres ;

2° Halage par chevaux d'un bateau portant de 100 à 275 tonnes. — Vitesse à la seconde en pleine marche de 1 mètre et cheminement journalier de 20 à 30 kilomètres ;

3° Navigation à vapeur sur les canaux. — Maximum de vitesse pour les bateaux chargés, 6 kilomètres à l'heure ; vitesse moyenne de parcours, 4 kilomètres.

A ces évaluations générales, il ajoutait les renseignements particuliers que voici :

a. Canal de Bourgogne. — Cheminement journalier :

De 10 à 12 kilomètres pour le halage à bras ;

De 15 à 16 kilomètres pour le halage par un cheval sans relais ;

De 24 à 27 kilomètres pour le halage par deux chevaux avec relais de jour ;

De 35 à 40 kilomètres pour le halage accéléré par deux chevaux avec relais de jour et de nuit ;

De 48 à 60 kilomètres pour les services à vapeur de jour et de nuit.

b. Oise et Basse-Seine. — Vitesse de marche par heure, pour le touage à vapeur :

Entre 3 km. 6 et 4 kilomètres à la remonte ;

Entre 6 kilomètres et 8 kilomètres à la descente.

Vers la même époque (1876), M. Brunfaut, ingénieur civil, estimait ainsi, dans une étude relative aux voies de transport en France, le cheminement journalier moyen : traction à bras d'hommes, 11 km. 340 ; traction par chevaux sur les canaux, 22 km. 940 ; traction par chevaux sur les rivières, 21 km. 670 ; touage à vapeur, 33 km. 330.

Peu après, en 1880, M. Flamant, auteur de l'avant-projet du canal du Nord, écrivait : « Les bateliers considèrent que la durée nor- « male du trajet, entre le bassin houiller du Nord et Paris, devrait être « de 25 jours environ par le canal actuel. La distance étant de 350 ki- « lomètres, cela ferait un parcours de 14 kilomètres par jour. Mais la « durée normale est toujours dépassée, et il n'est pas rare de voir un « bateau mettre, au lieu de 25 jours, 40, 50, 60 jours [1], et même

(1) Six fois le temps alors nécessaire aux transatlantiques pour la traversée de l'Océan entre New-York et le Havre ; deux fois la durée du trajet de Marseille en Cochinchine.

« davantage pour arriver à Paris. Les causes de retard sont mul-« tiples[1]..... La durée ordinaire du trajet, au lieu d'être de 25 jours, « est en moyenne au moins de 40. » Ces indications portaient, à la vérité, sur une voie navigable exceptionnellement chargée ; elles ne s'en référaient pas moins à une part considérable des transports par eau. Pour le futur canal, M. Flamant escomptait un cheminement journalier moyen de 16 kilomètres.

Ayant à justifier avec plus de précision l'utilité de la section du canal du Nord comprise entre Noyon et Paris, M. Flamant produisit un relevé très intéressant et fort complet de la durée du voyage pour les bateaux expédiés, pendant les deux années 1880 et 1881, de Denain à Paris et de Douai à La Briche. Ce relevé, établi par mois, accusait des moyennes de 19 à 70 jours et une moyenne générale de 36 jours ; le cheminement journalier avait donc oscillé, selon les circonstances, entre 4 km. 5 et 16 ou 17 kilomètres, sans atteindre en moyenne 9 kilomètres.

De son côté, M. Holleaux, dans un rapport à l'appui d'un avant-projet tendant à améliorer la ligne navigable déjà ouverte entre la région du Nord et Paris, au lieu de créer un nouveau canal de toutes pièces, exprimait l'avis que la construction d'un canal latéral à l'Oise de Janville à Méry, celle d'un canal à point de partage entre Méry et le canal Saint-Denis, et l'allongement des écluses en service de Valenciennes à Janville, permettraient aux bateaux de parcourir en moyenne 15 kilomètres par jour.

J'avais moi-même, avant 1880, constaté sur le canal de la Marne au Rhin une moyenne de 20 kilomètres pour des bateaux portant de 180 à 200 tonnes et halés par deux chevaux.

Le savant ouvrage *Rivières et Canaux* de M. Guillemain (Encyclopédie des travaux publics, 1885) enseignait : 1° que la vitesse des bateaux halés à bras atteignait rarement 1 kilomètre par heure et que le cheminement journalier n'allait pas au delà de 8 ou 10 kilomètres ; 2° que le halage mixte par un homme et par un âne logé à bord, en usage pour de petits bateaux sur le canal du Berry, augmentait ce cheminement de 2 ou 3 kilomètres ; 3° que le halage par chevaux permettait de réaliser dans la journée un parcours de 14 à 18 kilomètres ou même de 25 à 30 kilomètres, moyennant l'organisation de relais.

[1] Passage de ponts tournants ; encombrements en divers points ; perte de plusieurs jours à l'embouchure de l'Oise dans la Seine, en attendant que le toueur soit libre pour effectuer la remonte jusqu'à Paris.

M. Derome présenta, en 1889, au Congrès international d'utilisation des eaux fluviales, un très remarquable rapport concernant les meilleurs modes de locomotion des bateaux sur les canaux et les rivières canalisées assimilables aux canaux. Les données ci-dessous sont empruntées à ce rapport :

1° Halage à bras d'homme, peu usité dans la région du Nord et de l'Est, où circulaient surtout des péniches d'une jauge de 250 à 300 tonnes, mais pratiqué au contraire dans la région du Centre, que fréquentaient généralement de grands bateaux de 120 à 160 tonnes et de petits bateaux, dits berrichons, d'environ 60 tonnes. — Cheminement journalier moyen de 10 à 15 kilomètres, pour les grands bateaux traînés par deux hommes, et de 18 à 25 kilomètres, pour les berrichons également halés par deux hommes, le chiffre réel se rapprochant plus ou moins de l'une ou l'autre des limites selon l'espacement des écluses ;

2° Halage mixte par un homme de l'équipage et un âne ou un mulet logé à bord, mode de traction particulièrement approprié aux berrichons. — Augmentation de 2 à 3 kilomètres dans le parcours journalier ;

3° Halage par chevaux, appliqué d'une manière générale sur les canaux du Nord et de l'Est, sauf en quelques points où des circonstances exceptionnelles ont conduit à recourir au touage. — Cheminement journalier de 15 à 30 kilomètres, suivant l'enfoncement et le temps perdu aux écluses, pour des bateaux chargés ou pour des bateaux vides accouplés avec attelage de deux chevaux ;

4° Propulsion par la vapeur. — Vitesse moyenne de marche de 7 à 12 kilomètres sur la Seine, mais ne dépassant pas 6 kilomètres sur les canaux et réduite à 2 kilomètres au passage des ponts ainsi qu'à la rencontre d'autres bateaux.

Le troisième volume (*Canaux*, 1904) du cours de navigation intérieure professé par M. Barlatier de Mas à l'Ecole nationale des ponts et chaussées reproduit, en ce qui concerne le halage à bras ou à col d'homme, les chiffres cités par M. Guillemain. Il admet que, pour les berrichons, la vitesse du halage à bras peut être plus que doublée par le halage mixte. A propos de la traction mécanique, il assigne à la vitesse horaire de marche sur les canaux un maximum pratique de 2 km. 700. Enfin, au cours d'un parallèle entre les voies navigables et les voies ferrées, il rappelle que la Compagnie générale de navigation H. P. L. M. est parvenue à organiser, de Paris à Lyon, un service accéléré, pour lequel la durée du parcours est seulement de 11 à 12 jours, ce qui correspond à un parcours journalier de 55 kilomètres.

Quelle est la situation actuelle? On peut s'en rendre un compte exact en compulsant les rapports des ingénieurs au sujet de l'exploitation des voies navigables, pendant l'année 1909, par exemple.

De même que précédemment, les systèmes de locomotion, pour le transport des marchandises, se rattachent à deux groupes principaux : 1° le halage par des hommes ou par des animaux de trait ; 2° la propulsion ou la traction mécanique. La navigation à la voile, au fil de l'eau et à la dérive, la marche à l'aviron et la marche à la gaffe ne sont usitées que pour de faibles parcours ou, accidentellement, comme auxiliaires du halage.

Sur les canaux et sur les rivières canalisées assimilables aux canaux en raison de leur régime et de leurs conditions de navigabilité, le mode dominant, presque exclusif, de locomotion est le halage, surtout le halage par chevaux. Tantôt les chevaux appartiennent aux bateliers et sont logés à bord ; tantôt ils sont au service de haleurs *aux longs jours* et font avec le même bateau un certain nombre d'étapes ; tantôt ils sont groupés en relais, dont l'organisation est assurée, soit par l'État ou ses ayants droit, soit par des entrepreneurs libres, l'emploi de ces relais étant obligatoire dans le premier cas pour les bateaux chargés, sauf les porteurs à propulsion mécanique et les bateaux toués ou remorqués. Les relais donnent des garanties particulières de régularité et de vitesse, notamment quand ils ont un caractère obligatoire, ce qui est le cas pour l'Escaut, de Condé à Cambrai, pour le canal de Saint-Quentin (à l'exception du bief de partage) et pour le canal de la Sensée.

Les porteurs munis de machines à vapeur ou d'autres moteurs ne se multiplient pas. Ils marquaient même, lors du dernier recensement (1907), une tendance à la dégression, non seulement au point de vue du nombre, mais encore au point de vue de la force totale. Ce fait tient à deux causes : d'une part, à l'impossibilité pratique de réaliser sur les canaux les vitesses qui seraient nécessaires pour une bonne utilisation d'un matériel coûteux ; d'autre part, à l'élévation des charges qu'imposent l'intérêt du capital de l'outillage et les salaires du personnel spécial pendant la durée des stationnements. Au dénombrement de 1907, l'Administration a compté 103 porteurs, dont 41 sur la Seine, 31 sur d'autres rivières et 31 également sur divers canaux.

La statistique de la navigation intérieure en 1910 montre la faiblesse du contingent des bateaux à propulsion mécanique dans les transports fluviaux : 1,8 p. 100 du poids des marchandises embarquées et 1,4 p. 100 du tonnage kilométrique ; elle accuse aussi, pour ces bateaux, un parcours moyen peu différent de celui des bateaux ordinaires.

En 1907, il existait sur notre réseau de navigation fluviale 284 remorqueurs (rivières, 250 ; canaux, 34). Les seuls services importants étaient ceux de la Seine (en aval de Montereau), de la Saône, de l'Oise canalisée, de la Meuse ardennaise, de la Basse-Garonne, de la Basse-Loire, du Rhône au-dessous de Lyon. A peine y a-t-il lieu de rappeler que l'emploi utile du remorquage est limité, sauf des cas exceptionnels, aux rivières à courant libre ou aux rivières à longs biefs, comportant des écluses de grande capacité : quand les biefs sont courts, le temps perdu, pour les opérations successives de sassement des bateaux qui composent les trains, enlève aux remorqueurs la plus grande partie de leurs avantages.

Préférables aux remorqueurs sous le rapport de la puissance mécanique, les toueurs sur châssis moyen exigent, en revanche, une première mise de fonds assez considérable ; ils ne conviennent qu'aux sections à trafic intense, présentant de longs biefs et de vastes écluses. Cependant le touage est parvenu à rendre d'excellents services dans des passages étroits, de faible longueur, où la navigation offrait des difficultés exceptionnelles ; il a fourni le moyen d'y accélérer et d'y régulariser la circulation. Un touage, exploité en régie et obligatoire pour les bateaux autres que les porteurs à propulsion mécanique, fonctionne ainsi dans divers biefs de partage (canal de Bourgogne ; canal de la Marne au Rhin, bief de Mauvages ; canal du Nivernais ; canal de Saint-Quentin), ainsi qu'au souterrain de Ham, sur la branche Nord du canal de l'Est, et sous la voûte Richard-Lenoir du canal Saint-Martin. Des entreprises particulières de touage ont été organisées sur quelques rivières, notamment sur le Rhône et sur la Seine.

A la traction mécanique on doit rattacher le halage funiculaire et le halage par des tracteurs circulant sur les berges. Le halage funiculaire consiste dans l'emploi d'un câble sans fin qu'actionne un moteur fixe et auquel s'amarrent individuellement les bateaux ; il est entré dans la pratique, grâce aux savantes dispositions imaginées par M. Maurice Lévy. Les expériences concluantes et prolongées, faites sur les canaux Saint-Maur et Saint-Maurice, ont conduit l'Administration à appliquer le système sur le canal de l'Aisne à la Marne, pour la traversée du souterrain du Mont-de-Billy et pour le passage des abords de ce souterrain. Quant au halage par tracteur sur berge, il a donné lieu à nombre de tentatives plus ou moins heureuses : récemment est intervenu un décret autorisant une entreprise de halage électrique, desservant la grande ligne de l'Escaut à la mer du Nord entre Étrun et Béthune, avec embranchements vers Don et vers Beuvry (canal de la Sensée, dérivation de la Scarpe autour de Douai, canal de la Haute-Deûle entre la dérivation de la Scarpe et Don, canal d'Aire entre Bauvin et Béthune, canal de Beuvry) ; l'autorisation ne constitue, d'ailleurs, aucun monopole en faveur du concessionnaire.

Sur les canaux et rivières canalisées assimilables, la vitesse de halage en plein bief, même avec d'excellents attelages, ne dépasse pas 3 kilomètres par heure et reste, en moyenne, sensiblement au-dessous de ce chiffre; les bateaux vides peuvent ordinairement avoir une marche un peu plus rapide que les bateaux chargés; lorsque les rivières ont un courant sensible, ce courant active la descente et retarde la montée. Le cheminement journalier oscille entre 9 et 33 kilomètres: sa valeur moyenne ne s'écarte pas beaucoup de 19 ou 20 kilomètres.

Une augmentation notable du parcours en 24 heures est toutefois possible pour les bateaux qui font de la navigation dite « accélérée ». Aux termes du règlement de police des voies navigables, ces bateaux sont astreints à un minimum de vitesse de marche, doivent partir et arriver à jour fixe, ne s'arrêtent qu'à des postes déterminés; ils jouissent de privilèges en ce qui concerne le trématage ainsi que la priorité au passage des écluses et des ponts mobiles. Grâce à ces avantages et à la continuité de la marche ou à l'abréviation des repos, le cheminement journalier s'élève aisément à 40 kilomètres et même davantage.

Il est intéressant de rappeler ici que l'article 3 du cahier des charges, annexé au décret du 19 juin 1875 sur l'organisation d'un service de halage par chevaux dans la région du Nord, oblige les entrepreneurs à réaliser une vitesse de 2 kilomètres à l'heure en service ordinaire et de 3 kilomètres en service accéléré.

Les conditions de marche des porteurs à propulsion mécanique sur les canaux et rivières assimilables sont restées celles qu'indiquait M. Derome en 1889. Souvent même la vitesse de 6 kilomètres en plein bief est loin d'être atteinte. Des vitesses plus grandes sont, au contraire, réalisables sur les rivières à courant libre ou les rivières canalisées à large section, pour lesquelles ne se font sentir au même degré ni les résistances dues au frottement des filets liquides contre la cuvette, ni l'action destructrice des berges : les porteurs fréquentant la Seine, notamment entre Rouen et le Havre, font sans difficulté 12 kilomètres à l'heure; ceux qui parcourent le Rhône entre Lyon et Arles, 19 kilomètres à la descente, 6,5 ou 7 à la remonte.

Pour le remorquage, la vitesse de marche varie naturellement avec le régime des rivières, avec la puissance des remorqueurs, avec la composition des trains. On a constaté sur le Rhône des vitesses de 20 kilomètres à la descente et de 5 ou 6 kilomètres à la remonte, entre Lyon et Arles; sur la Basse-Seine, le chiffre atteint à la descente est de 8 ou 10 kilomètres.

Les toueurs ont des vitesses moindres.

En vertu du cahier des charges annexé au décret du 19 juillet 1907, qui a autorisé le halage par tracteurs électriques sur la ligne de l'Escaut à la mer du Nord, deux minima de 3 et de 25 kilomètres sont respectivement assignés à la vitesse horaire des bateaux tractionnés isolément ou en convois et à la distance parcourue dans une journée de douze heures.

DÉSIGNATION DES PARCOURS	DISTANCE	DURÉE DU PARCOURS	CHEMINEMENT JOURNALIER
	kilomètres	jours	kilomètres
Charleroi à Paris	382	18 à 28	21 à 14
Clamecy à Paris	269	9	30
Denain à Neuves-Maisons	448	28	16
Dombasle à Paris	428	20	21
Dunkerque à Nancy	603	40	15
Dunkerque à Paris	474	25 à 34	19 à 14
Frouard à Montataire	393	20	20
Givet (frontière belge) à Nancy	324	15	22
Givet à Xures (frontière allemande)	367	18	20
Gué à Nancy	200	11	18
Harmes à Dombasle	510	30	17
Jarville à Trith-Saint-Léger	465	29	16
Jeumont (frontière belge) à Xures	517	30	17
Lens à Paris	370	17 à 26	22 à 15
Lille à Paris	392	21 à 30	20 à 13
Marles à Nancy	528	32	16.5
Marseille-les-Aubigny à Saint-Mammès	179	9 à 14	20 à 13
Maxéville au Creusot	422	23	18
Messein à Denain	451	29	16
Mons à Paris	376	20 à 30	19 à 13
Nemours à Varangéville	525	28	19
Neuves-Maisons à Fraisans	323	17	13
Neuves-Maisons à Marseille-les-Aubigny	590	31	19
Pont-à-Mousson à Paris	425	20	21
Rouen à Nancy (viâ Paris)	657	25	26
Rouen à Xures (viâ Paris)	700	34	21
Rouen à Xures (viâ Reims)	673	28	24
Saint-Valéry-sur-Somme à Xures	564	30	19
Sarrebrück à Nancy	149	8	19
Sexey-aux-Forges à Hautmont	442	25	18
Valenciennes à Paris	338	14 à 22	24 à 15
Varangéville à Givet	333	16	21
Varangéville au Havre	789	30	26
Varangéville à Lille	520	33	16
Xures (frontière allemande) à Dijon	360	18	20
Xures (frontière allemande) à Paris	458	20	23

Cet exposé sera utilement complété par un tableau donnant, pour des transports qui empruntent plusieurs voies fluviales, la durée du trajet et le cheminement journalier relevés en 1909.

Les chiffres portés au tableau ci-dessus accusent, pour le cheminement journalier, un minimum de 13 kilomètres, un maximum de 30 et une moyenne de 19.1. Parmi les itinéraires correspondants, beaucoup passent par des voies à trafic intensif ; d'autre part, plusieurs comportent, sur une fraction du trajet, le remorquage ou le touage. La moyenne qui s'en dégage doit donc être considérée comme très approchée. On peut dire, sans commettre d'erreur notable, que, dans les circonstances ordinaires, le cheminement journalier moyen des marchandises est de 19 à 20 kilomètres

Il ne paraît pas résulter du rapprochement entre les constatations actuelles et celles du passé que la situation se soit grandement modifiée au point de vue des vitesses et du parcours journalier. Cependant des travaux considérables ont été exécutés depuis trente ans pour faciliter les transports par eau, pour augmenter le mouillage, pour hâter les opérations de sassement aux écluses, pour réduire les sujétions des passages rétrécis, pour faciliter les mouvements dans les souterrains et aux abords. Mais, en même temps, la circulation se développait dans une forte proportion, et, avec elle, s'accroissaient les chances d'encombrement. L'unification du gabarit et l'augmentation du mouillage déterminaient, d'ailleurs, une augmentation corrélative du tonnage des bateaux et, par suite, de l'effort nécessaire à la traction : pendant les vingt années qui ont séparé les recensements de 1887 et de 1907, le nombre des bateaux d'une longueur de $38^{m},50$ s'est élevé dans le rapport de 1 à 8 (7 521 au lieu de 933) ; aujourd'hui les bateaux de plus de 300 tonnes forment 51 p. 100 de l'effectif et 72 p. 100 de la capacité totale du matériel ordinaire; les bateaux de 300 à 200 tonnes, 16 p. 100 de l'effectif et 17 p. 100 de la capacité; les bateaux de 200 à 100 tonnes, 10 p. 100 de l'effectif et 6 p. 100 de la capacité; les bateaux de 100 à 3 tonnes, 23 p. 100 de l'effectif et 5 p. 100 de la capacité. Avoir réussi à compenser les efforts de l'essor imprimé à la fréquentation et ceux de la transformation progressive du matériel, constitue un véritable succès. D'ailleurs, les accroissements de vitesse seront toujours restreints: ils se traduisent par une majoration considérable de la résistance que l'eau oppose au mouvement des bateaux ; de plus, une marche trop rapide dans les canaux soulèverait des ondes susceptibles de compromettre gravement la conservation des berges; enfin, l'extension des services accélérés, soit avec propulsion mécanique, soit avec halage de jour et de nuit, donnerait lieu à des dépenses que supporteraient difficilement des marchandises pondéreuses.

Sur les chemins de fer, aux termes des arrêtés ministériels en vigueur, les délais d'expédition, de transport et de livraison des marchandises en petite vitesse taxées aux prix du tarif général sont fixés comme il suit :

1° Expédition dans le jour qui suit celui de la remise;

2° Transport dans un délai calculé à raison de 24 heures par fraction indivisible de 125 kilomètres, les excédents de distance jusques et y compris 25 kilomètres n'étant pas comptés;

3° Accélération sur les lignes les plus importantes pour les marchandises des quatre premières séries du tarif général, le délai relatif aux parties de ces lignes qu'emprunte l'itinéraire étant calculé à raison de 24 heures par fraction indivisible de 200 kilomètres;

4° Addition d'un jour pour la transmission d'un réseau à un autre par une gare commune, ou de deux jours quand les deux réseaux aboutissent à deux gares distinctes de la même localité en communication par rails, le délai supplémentaire de deux jours comprenant, à Paris, le trajet par le chemin de fer de Ceinture.

Seul, le délai total obtenu en additionnant les délais partiels est obligatoire pour les Administrations de chemins de fer.

Il convient de remarquer que la plupart des marchandises pour lesquelles la navigation se trouve en concurrence avec les voies ferrées, appartenant à la cinquième et à la sixième série, ne bénéficient pas de l'accélération prévue pour les lignes importantes.

Ces marchandises sont, d'ailleurs, transportées, non aux prix du tarif général, mais aux prix de tarifs spéciaux, dont l'une des conditions essentielles est l'allongement du délai imparti au transporteur.

Voici quelques chiffres indiquant les suppléments de délais auxquels les Administrations de chemins de fer subordonnent généralement leurs tarifs réduits :

DÉSIGNATION DES RÉSEAUX	HOUILLE ET COKE	MINERAIS DE FER	FONTE BRUTE	PIERRE DE TAILLE brute Moellons Pierre à macadam
	jours	jours	jours	jours
État	5	5	5	5
Nord	10	5	5	5
Est	5	8	5	10
Ouest (Etat)	5	5	5	5
Orléans	8 et 10	8	5 et 10	8
Paris-Lyon-Méditerranée	5	10	5	5
Midi	5	5	5	8
État, Ouest	»	»	»	5
État, Orléans	8	»	5	5
État, Midi	»	»	»	5
Nord, Est	10	5	»	»
Nord, Ouest	»	5	»	»
Nord, Ceintures	10	»	»	10
Est, Paris-Lyon-Médit	10	5	»	»
Est, Ceintures	»	»	»	8
Ouest, Orléans	5	»	»	5
Ouest, Ceintures	10	»	5	5 et 8
Orléans, Paris-Lyon-Médit	8	»	5	10
Orléans, Midi	10	5	»	»
Orléans, Ceintures	»	»	5	5 et 8
Paris-Lyon-Médit., Midi	10	5	»	5
Paris-Lyon-Médit., Ceintures	»	»	»	5
État, Orléans, Paris-Lyon-Méd.	»	»	5	»
État, Orléans, Midi	»	»	»	5
Nord, Est, Ceintures	10	5	5	5
Nord, Ouest, Ceintures	10	»	»	»
Nord, Orléans, Ceintures	10	»	»	»
Est, Paris-Lyon-Médit., Ceint.	»	»	»	5
Orléans, Paris-Lyon-Méd., Midi	10	»	5	»
État, Ouest, Orléans, Ceintures	»	»	»	5
Nord, Est, Ouest, Ceintures	»	»	5	»
Nord, Est, P.-L.-M., Ceintures	10	»	»	»
Nord, Ouest, Orléans, Ceintures	»	»	5	»
État, Nord, Ouest, Orléans, Ceintures	10	»	»	»
Nord, Est, Ouest, Orléans, Ceintures	»	5	»	»
État, Nord, Est, Ouest, Orléans, P.-L.-M., Ceintures	»	»	5	5
État, Nord, Est, Ouest, Orléans, P.-L.-M., Midi, Ceintures	»	10	5	»

S'il était complètement fait usage de ces délais supplémentaires, la durée des transports serait à peu près la même, aux distances moyennes, sur les voies navigables et sur les voies ferrées ; celles-ci ne prendraient l'avantage qu'aux grandes distances. Mais, en fait, les Administrations de chemins de fer épuisent rarement leurs droits à cet égard, surtout pour les transports réguliers par grandes masses, et leur résistance aux demandes de réduction des délais légaux a toujours eu pour mobile principal un souci naturel de défense contre les réclamations, dans le cas où des circonstances exceptionnelles retarderaient les livraisons. Elles ont un intérêt manifeste à éviter l'immobilisation de leur matériel, à en assurer la « rotation » aussi rapide que possible. Dans le remarquable rapport présenté par MM. Colson et Marlio au Congrès international des chemins de fer session de 1910) sur la question de la concurrence des voies ferrées et des voies navigables, on trouve cité l'exemple de wagons de houille qui sont acheminés en huit heures du Nord et du Pas-de-Calais vers Paris, les trains ne subissant ni remaniement ni garage en cours de route.

La lenteur relative des transports sur les rivières et les canaux a l'inconvénient de contraindre les intéressés à prévoir leurs besoins et à faire leurs commandes plus longtemps à l'avance ; cet inconvénient n'est pas sans gravité pour certains produits dont les cours sont variables et qui ne se prêtent point aux transactions à échéance éloignée.

En outre, les marchandises subissent des charges d'intérêt dont ne les grève pas l'emploi des chemins de fer. Pour les matières pondéreuses, la valeur absolue de ces charges est, il est vrai, minime; mais leur valeur relative ne saurait être considérée comme absolument négligeable.

Aux pertes d'intérêt s'ajoute parfois une dépréciation résultant de l'action prolongée de l'air, de l'humidité, du soleil, de la gelée. C'est ainsi que la houille peut subir une désagrégation qui augmente, dans une mesure appréciable, la proportion du menu ; les céréales humides, transportées en vrac, sont exposées à la fermentation.

Il ne sera pas inutile de rappeler encore que les bateaux ne sont jamais assimilés à des magasins, au point de vue du prêt sur marchandises. La loi ne permet pas de délivrer, sur leur cargaison, des récépissés et des « warrants » ou bulletins de gages transmissibles par endossement. Or, on sait combien la circulation des capitaux contribue à féconder le commerce et à développer la richesse.

8. Régularité des transports. — A la question de la vitesse des transports se lie intimement celle de leur régularité. Sur ce point, malheureusement, les voies navigables sont dans un état d'infériorité que personne ne saurait contester. Des causes nombreuses contribuent à les placer en cette fâcheuse situation :

a. — Sur les rivières, les crues accroissent la vitesse des courants, noient les chemins de halage, réduisent la hauteur disponible sur les ponts et rendent la circulation d'abord difficile, puis impossible surtout à la remonte.

La fréquence et la durée des interruptions varient avec les années, avec la région, avec la pente de la vallée, avec le caractère plus ou moins torrentiel de la rivière, avec le débouché assuré aux hautes eaux, avec le niveau des chemins de halage, avec le gabarit des ponts, avec les moyens de traction.

Ces interruptions étendent, d'ailleurs, leur effet à la totalité des lignes de navigation, dont les rivières constituent des tronçons, et même aux lignes avec lesquelles existent des échanges de trafic.

D'après les rapports déjà cités de M. Flamant sur le canal du Nord, la Seine, entre Paris et le confluent de l'Oise, aurait eu, en moyenne, trois mois de navigation défectueuse, chaque année, pendant la période décennale 1872-1881 ; la navigation de l'Oise se serait trouvée en souffrance deux mois par an et aurait même été totalement interrompue 17 jours en moyenne, de 1872 à 1879. Une statistique, dressée vers la même époque par M. Holleaux et indiquant les chômages causés par les crues sur les voies navigables qui relient Mons à la capitale, attribuait à ces chômages, en 1875, 1876, 1877 et 1878, une durée annuelle de 6 à 26 jours pour l'Escaut et de 5 à 31 jours pour l'Oise canalisée.

Les comptes rendus relatifs à l'année 1909 constatent, pour un grand nombre de voies fluviales, des interruptions de circulation imputables aux crues et enregistrent des chiffres allant jusqu'à 68 jours en ce qui concerne la Sambre.

b. — Trop souvent les gelées apportent leur contingent aux chômages des rivières et surtout des canaux.

M. Graeff (*Construction des canaux et des chemins de fer*, 1861) estimait à un mois ou six semaines le maximum ordinaire de durée des chômages dus aux glaces.

En 1873 et 1874, la Commission parlementaire d'enquête sur les chemins de fer et les voies de transport citait, à titre d'exemples, des moyennes annuelles de 20 jours pour la Deule, de 20 jours également pour la Scarpe, d'un mois pour le canal du Centre (Rapports de M. J.-B. Krantz).

Après avoir rappelé ces indications, l'auteur du livre anonyme

Canaux et chemins de fer (Bordeaux, 1881) ajoutait que, dans le Midi de la France, c'est-à-dire dans une région favorisée à cet égard, il y avait eu, en 1876, 15 jours d'interruption sur la grande ligne du Languedoc, 5 jours sur le canal latéral à la Garonne, et, en 1879, 52 jours sur chacune de ces deux voies navigables.

M. Holleaux relevait, pour la ligne de Mons à Paris, en 1875, 1876, 1877 et 1878, des chômages sensiblement moins prolongés, ne dépassant pas 21 jours sur la section la plus atteinte.

Dans la région de l'Est, j'ai vu moi-même la navigation interceptée pendant six semaines.

Au Congrès des chemins de fer (session de Berne, 1910), MM. Colson et Marlio admettaient, pour l'Est de la France, une durée d'un mois.

Voici quelques chiffres relatifs à l'année 1909 et empruntés aux comptes-rendus des chefs de service : canal de la Marne au Rhin, 71 jours; canal de Bourgogne, près de deux mois et demi; canal de la Marne à la Saône, plus de deux mois; canal de l'Est, branche Sud, 50 à 65 jours; canal du Rhône au Rhin, 18 à 48 jours; canal de l'Est, branche Nord, 24 à 44 jours; canal de Saint-Dizier à Vassy, 37 jours; canal des Ardennes, 30 à 32 jours; canal du Centre, 30 à 32 jours; canal d'Orléans, 31 jours; canal de l'Aisne à la Marne, 26 jours; canal du Berry, 15 à 23 jours; Saône, 14 à 23 jours; canal latéral à l'Aisne, 21; canal latéral à la Marne, 19; canal de l'Oise à l'Aisne, 19; canal du Midi, 15; etc.

Les ingénieurs cherchent à remédier au mal, sur les canaux, en cassant la glace au moyen de bateaux dits « brise-glace », halés par des chevaux, et en entretenant, autant que possible, des courants par un surcroît d'alimentation; mais il n'y a là que des expédients, dont l'efficacité se borne à retarder un peu la congélation, à empêcher l'action des gelées d'une faible intensité et à hâter la reprise de la navigation. Dans le cas d'emploi de brise-glace, l'évacuation des glaçons présente fréquemment de sérieuses difficultés.

Sur les rivières, les gelées n'ont pas le seul inconvénient d'interrompre la navigation. Elles peuvent créer de très graves dangers, provoquer des débâcles, comme celles dont les Parisiens ont été plusieurs fois témoins, notamment en janvier 1880, et engendrer par suite de nombreux sinistres.

c. — Parfois, les sécheresses prolongées nuisent à la circulation sur les rivières, en réduisant le débit au-dessous du volume nécessaire pour le maintien du mouillage réglementaire. Elles sont ainsi susceptibles de tarir les ressources alimentaires des canaux et de conduire, soit à une diminution plus ou moins accusée du tirant d'eau des bateaux, soit même à une suspension complète de la navigation.

L'Administration a multiplié ses efforts pour y pourvoir. Elle s'est spécialement attachée à développer les moyens d'alimentation des canaux, à augmenter la capacité des réservoirs, à en créer de nouveaux, à installer, au prix de grosses dépenses, des machines élévatoires mues par des forces hydrauliques ou par la vapeur. Les sacrifices indispensables ont été d'autant plus élevés que le relèvement du plan d'eau sur la plupart des canaux et l'allongement des écluses devaient accroître dans une large mesure la consommation.

d. — Au nombre des intempéries entravant la navigation se rangent encore les brouillards et les vents violents. La navigation sur les fleuves en souffre particulièrement.

e. — Parmi les travaux d'amélioration et d'entretien que comportent les voies navigables, il en est beaucoup qui ne peuvent s'exécuter sans un abaissement de la retenue ou une vidange complète des biefs, c'est-à-dire sans une diminution des facultés de circulation ou même une interruption totale de la navigation. Aussi des chômages sont-ils périodiquement autorisés par le Ministre des travaux publics.

Ces chômages constituent une gêne considérable pour l'industrie et le commerce.

Au point de vue technique, ils ont l'inconvénient d'accélérer la déformation du profil des canaux ou des dérivations, d'amener des effets de dessiccation compromettants pour l'étanchéité de la cuvette.

Les intérêts en cause dans la fixation des dates qui leur sont assignées présentent d'extrêmes divergences. Il faut, à la fois, avoir égard aux nécessités commerciales, sauvegarder la salubrité publique, s'assurer des journées de travail d'une longueur suffisante, choisir une saison assez clémente, tenir compte des difficultés plus ou moins grandes de recrutement du personnel ouvrier, être sûr de disposer des ressources alimentaires voulues pour le remplissage des biefs lors de la remise en eau. La situation se complique de ce fait que les convenances des diverses branches de la production ou du négoce peuvent différer profondément ; en outre, elles varient avec les régions; et cependant la simultanéité s'impose, sous peine de paralyser les relations n'ayant pas un caractère purement local.

Tout concourt donc à expliquer le mouvement d'opinion qui s'est peu à peu accentué en faveur de la suppression des chômages ou de leur réduction au minimum. La vivacité des réclamations a naturellement augmenté, au fur et à mesure que croissait le trafic, sous l'influence des améliorations réalisées conformément à la loi du 5 août 1879.

L'Administration devait ne rien négliger en vue de satisfaire aux demandes légitimes des intéressés, ne pas reculer devant un supplément de charges budgétaires, chercher à espacer le plus possible les chômages, à les rendre biennaux ou triennaux, à les limiter aux longueurs les plus réduites, à en restreindre la durée, à ne les autoriser que pour des opérations exigeant d'une manière impérieuse la vidange des biefs.

Dans ce but, elle a poursuivi la mise en parfait état d'entretien des ouvrages plus spécialement exposés aux dégradations, pris des dispositions propres à faciliter et à abréger les réparations, étendu l'application des procédés de travail sous l'eau.

Quels que fussent son bon vouloir et son ingéniosité, elle était impuissante à supprimer entièrement les chômages et ne pouvait arriver qu'à de larges atténuations.

f. — Aux chômages périodiques et prévus viennent s'ajouter parfois des chômages accidentels et imprévus, dus à des incidents, tels que l'échouage d'un bateau dans un sas ou dans un passage rétréci, une avarie aux portes d'une écluse ou à un barrage, une rupture de digue, etc. Mais je ne les note que pour mémoire : en général, leur durée est peu considérable.

g. — Les diverses interruptions de navigation qui viennent d'être mentionnées sont éminemment préjudiciables sur les lignes à fort tonnage, non seulement par elles-mêmes, mais encore et surtout par les encombrements inévitables lorsque reprend la circulation.

Pendant les crues de l'Oise, par exemple, on a vu les bateaux s'accumuler dans le canal latéral à l'Oise sur une longueur de 20 kilomètres. Ce stationnement obligeait, au moment de la reprise du trafic, à organiser des croisements dans des gares ou des parties libres, ménagées de distance en distance, et réduisait la capacité de transport du canal, précisément alors qu'il eût fallu pouvoir la porter à son maximum. Des constatations embrassant une période décennale ont accusé, pour ce canal, une moyenne annuelle de 46 jours d'encombrement à la suite des crues, et certains chiffres annuels allant jusqu'à 151 jours. Au cours de la campagne la plus défavorable, la durée du parcours en descente, qui était habituellement de 1 jour 1/2, avait atteint 35 jours, d'où un retard moyen de 17 jours frappant plus de 2 200 bateaux; la perte pour les propriétaires de ces bateaux pouvait être évaluée à 350 000 francs, sans parler du dommage causé aux destinataires.

Dans un rapport sur le choix entre le système de la simultanéité et celui de l'échelonnement pour les chômages, M. Derome, alors ingénieur en chef du service de la navigation entre la Belgique et Paris, indiquait que la durée du trajet de la frontière à la Seine ou réciproquement, estimée en général à 20 jours, avait souvent dépassé 25 ou 30 jours à la descente et 35 ou 40 jours à la remonte, après les chômages de réparation et d'entretien.

Telles sont les principales causes d'irrégularité dont souffre la navigation. Elles grèvent lourdement les transports. Une de leurs conséquences les plus onéreuses est de contraindre les industriels ou commerçants à grossir leur stock d'approvisionnements, à immobiliser ainsi leurs capitaux, à disposer de vastes magasins, à subir en certains cas un préjudice sensible par suite de la détérioration des marchandises accumulées dans ces magasins.

Sur les chemins de fer, le service n'est pas non plus complètement à l'abri des perturbations; les neiges, les incidents dans la marche des trains, les avaries causées à la voie par des trombes d'eau, les inondations, l'intensité exceptionnelle des transports à certaines époques de l'année, peuvent entraîner des retards préjudiciables au commerce. Toutefois, ces perturbations sont moins fréquentes et moins prolongées.

Quelques crises, assez violentes pour laisser un souvenir durable, se sont produites depuis 1870. La première, survenue immédiatement après les préliminaires de paix, était due à des causes de force majeure. Une partie du matériel roulant se trouvait en Allemagne; il fallait pourvoir aussitôt que possible au rapatriement des prisonniers français; de plus, les relations commerciales, interrompues par les événements de guerre, avaient pris une activité extrême dès le rétablissement des communications; l'encombrement des gares s'aggravait de ce fait que les commerçants subordonnaient leurs livraisons au paiement de la marchandise par le destinataire; enfin, le camionnage faisait défaut par suite de la perte d'un grand nombre de chevaux. Le Ministre dut, pendant plusieurs mois, soustraire les Compagnies à l'observation des délais réglementaires.

Une seconde crise prit naissance durant l'hiver de 1879-1880, après des chutes abondantes de neiges sur presque toute l'étendue de la France et plus particulièrement dans la région du Nord. Ces neiges rendant les voies de terre impraticables, les destinataires cessèrent de prendre livraison de leurs marchandises et immobilisèrent ainsi dans les gares une fraction notable du matériel roulant.

A une époque beaucoup plus récente, en 1906 et 1907, s'est manifestée une autre crise, sous l'influence d'un afflux inattendu de voyageurs et de marchandises. Différentes circonstances générales, ou spéciales à certaines Compagnies, ont concouru à augmenter le désarroi.

Il y a lieu de citer l'application du repos hebdomadaire : d'abord pour les ouvriers des expéditeurs et des destinataires, qui laissaient de nombreux wagons immobilisés dans les gares, le dimanche, au lieu de procéder, comme par le passé, à leur chargement ou à leur déchargement, ensuite pour le personnel des compagnies, dont un renforcement hâtif allait inévitablement diminuer l'expérience et la valeur moyenne. Une part du mal était aussi imputable à l'insuffisance des voies de garage pour beaucoup de stations, insuffisance qu'accentuaient les irrégularités introduites dans le roulement du matériel par le repos hebdomadaire. Des erreurs commises dans l'aménagement des commandes de locomotives, de voitures à voyageurs et de wagons, apparaissaient également comme l'un des facteurs de la crise.

Mais, je le répète, les faits de cette nature sont heureusement fort rares, et l'on ne peut nier qu'au point de vue de la régularité des transports, les voies ferrées ne l'emportent de beaucoup sur les voies navigables.

9. Capacité de transport. — Certains auteurs ont invoqué en faveur des chemins de fer la grande supériorité qu'ils attribuaient à leur capacité de trafic.

A la vérité, la puissance de transport des chemins de fer est presque indéfinie. Si une foule d'éléments, tels que le nombre des voies, la vitesse des divers trains, leur distribution aux différentes heures de la journée, la distance des stations, la nature du trafic, l'organisation des moyens de sécurité, font varier cette puissance dans des limites étendues, elle reste toujours considérable, même pour les lignes n'ayant pas plus de deux voies, et l'addition de voies supplémentaires l'augmente dans une énorme proportion.

Vers la fin du précédent chapitre « Concurrence des chemins de fer entre eux », nous avons vu, d'abord, les appréciations de plusieurs Compagnies anglaises sur le nombre des trains auxquels les chemins de fer à double ou à quadruple voie peuvent livrer passage, puis les chiffres réellement atteints pour quelques tronçons très chargés de l'itinéraire Calais-Paris-Marseille. Ces derniers chiffres sont largement dépassés sur d'autres parties du réseau français, approchant de 280 trains pour des sections à double voie et de 620 pour des sections à quadruple voie.

Les statistiques montrent, d'autre part, que le tonnage utile moyen des trains de marchandises oscille, selon les réseaux, entre 87 et 200 tonnes. Mais les trains circulant sur les lignes principales et portant des matières pondéreuses expédiées par grandes masses, comme celles qui constituent la plus forte part du trafic fluvial, ont un tonnage de beaucoup supérieur à la moyenne, surtout quand ils desservent des relations régulières et importantes. Dès aujourd'hui, nous avons des trains de 680 tonnes utiles : toutefois, le matériel revenant à vide, ce chiffre doit être réduit de moitié.

Dût-on se borner à 200 trains par jour, dont moitié pour la petite vitesse, et à un tonnage utile moyen de 175 tonnes, le débit serait encore de 17 500 tonnes en 24 heures et de 6 400 000 tonnes en un an.

Sur les rivières et les canaux, l'écoulement n'est limité en pratique que par le délai de sassement aux écluses et, subsidiairement, par les sujétions inhérentes à la traversée des passages rétrécis. Il varie suivant les dimensions des sas, les procédés plus ou moins rapides de remplissage et de vidange, la durée des manœuvres d'entrée et de sortie, la longueur des passages rétrécis et notamment des souterrains, les systèmes de traction employés pour franchir ces passages, les dimensions des garages aux abords, etc. Actuellement, sur les canaux perfectionnés, le sassement exige en moyenne un quart d'heure, lorsque les bateaux se suivent dans le même sens, ou onze minutes, lorsque les bateaux sont alternativement éclusés dans un sens et dans l'autre, combinaison que l'on s'efforce de réaliser et qui conduit à un débit horaire de 5 ou 6 bateaux. Les échelles d'écluses superposées s'opposent pratiquement à cette alternance; il faut alors opérer les sassements dans la même direction pendant des périodes déterminées et imposer ainsi aux bateaux une attente fâcheuse, ou disposer de deux échelles jumelées et affectées l'une à la montée, l'autre à la descente. Abstraction faite de ce cas particulier, le nombre des bateaux éclusés dans une journée de 24 heures serait de 130, en supposant des sassements ininterrompus.

Le tonnage utile moyen des bateaux chargés qui fréquentent, par exemple, la ligne de la frontière nord à Paris est approximativement de 270 tonnes. On peut, d'ailleurs, sans s'écarter sensiblement de la vérité, admettre que le nombre des bateaux vides et celui des bateaux chargés sont dans le rapport de 1 à 2.

Par suite, le débit journalier possible atteindrait 23 400 tonnes, et le débit annuel, pour 330 jours de navigation, 7 700 000 tonnes.

Mais l'exploitation ne saurait se faire avec la précision, la permanence et la régularité indispensables pour la réalisation d'un pareil débit. Le maximum effectif est bien moindre. Un moyen permet de le relever, de le doubler : il consiste à établir des écluses jumelées ; l'Administration y a eu recours sur la Basse-Seine, sur la dérivation de la Scarpe autour de Douai, sur le canal de Saint-Quentin, etc., et l'application au nouveau canal du Nord en a été également décidée.

Les souterrains des canaux à fort trafic sont maintenant pourvus de toueurs. Rien n'empêcherait, le cas échéant, de les élargir ou plutôt de leur juxtaposer un second tunnel.

Enfin si, malgré toutes les améliorations apportées aux canaux existants, la circulation présentait des difficultés excessives, on aurait la ressource d'ouvrir une voie navigable, ainsi que l'ont résolu les Pouvoirs publics pour la grande ligne du Nord.

Ces simples indications suffisent à prouver que les considérations relatives à la capacité de trafic ne peuvent fournir d'argument solide, ni pour, ni contre les voies navigables dans leur concurrence avec les chemins de fer.

Voici, à titre de renseignement, le tonnage des sections ou voies les plus chargées sur le réseau des chemins de fer et sur le réseau des voies navigables, pendant l'une des dernières années (1908) :

I. — *Chemins de fer* (Petite vitesse)

RÉSEAUX	LIGNES OU SECTIONS	TONNAGE
		Tonnes
État	Taillebourg à Beillant	886.000
	Beillant à Cavignac	629.200
Nord	Amiens à la frontière belge	4.127 200
	Rivecourt à Ormoy-Villers et à Crépy	3.718.700
	Busigny à Somain	3.494.500
	Douai à la frontière belge	3.403.400
Est	Mézières à la ligne de Soissons à la frontière belge	3.695.800
	Mézières à Sedan et à la ligne de Metz à Thionville	3.686.300
	Frouard à la frontière allemande	3.331.400
	Longuyon à Pagny-sur-Moselle	2.583.900
Ouest	Paris à Mantes	1.824.500
	Rouen au Havre	1.572.900
	Serquigny à Rouen	1.187.600
	Paris à Rennes	1.004.750
Orléans	Paris à Orléans et Bordeaux	1.472.400
	Orléans à Limoges	1.256.300
	Coutras à Périgueux	1.009.600
	Tours à Nantes et à Saint-Nazaire	1.006.400
Paris-Lyon-Méditerranée	Lyon à Marseille	2 814.500
	Nîmes au Teil	2.728.300
	Paris à Lyon par la Bourgogne	2.261.550
	Roanne à Lyon	2.190.650
Midi	Bordeaux à Cette	1.562.400
	Narbonne à Perpignan	998.800
	Castres à Albi	643.000
	Carmaux à Albi	640.400

II. — *Canaux et rivières*

VOIES NAVIGABLES OU SECTIONS		TONNAGE
1. Canaux		tonnes
Canal d'Aire et embranchement de Nœux		2.532.000
Canal latéral à l'Aisne		1.173.100
Canal de l'Aisne à la Marne		1.847.000
Canal de Bourbourg		1.230.100
Canal de Briare et du Loing		788.100
Canal du Centre		531.700
Canal Saint-Denis		1.592.900
Canal de la Haute-Deûle	de Fort-de-Scarpe à Bauvin	3.822.200
	de Bauvin à Marquette et embranchement de Séclin	1.307.100
Canal de la Basse-Deûle		541.500
Canal de l'Est	de la frontière belge à Troussey	1.002.300
	de Toul à Messein	628.000
Canal de Lens		759.000
Canal latéral à la Loire		728.400
Canal latéral à la Marne		1.536.800
Canal de la Marne au Rhin		1.542.600
Canal Saint-Martin		581.000
Canal de Mons à Condé		584.400
Canal de Neuffossé		1.862.100
Canal latéral à l'Oise		4.190.800
Canal de l'Oise à l'Aisne		2.174.400
Canal de Saint-Quentin		5.645.200
Canal de la Sambre à l'Oise		711.600
Canal de la Sensée		4.504.400
2. Rivières		
Aa		1.333.700
Escaut	de Cambrai à Étrun	5.683.300
	d'Étrun à Condé	1.524.400
	de Condé à la frontière belge	780.400
Oise		3.880.500
Sambre		717.100
Scarpe	dérivation autour de Douai	4.286.400
	de Fort-de-Scarpe à Mortagne	593.000
Seine	de Montereau à la limite des départements de Seine-et-Marne et de Seine-et-Oise	1.363.700
	de la limite précédente à Paris (amont)	3.532.300
	traversée de Paris	4.593.500
	de Paris (aval) à la Briche	3.105.400
	de la Briche au confluent de l'Oise	5.459.100
	du confluent de l'Oise à Rouen	2.408.700

10. Liberté de circulation. — Facilités d'accès. — Théoriquement, la Compagnie concessionnaire d'un chemin de fer n'a pas le monopole de la circulation sur ses rails. En effet, pour les chemins de fer d'intérêt général, par exemple, l'article 42 du cahier des charges divise les taxes en deux éléments, droit de péage et prix de transport, ce dernier prix n'étant dû à la Compagnie que si elle effectue elle-même le transport par ses propres moyens, et la rémunération se trouvant réduite au péage dans le cas contraire. D'autre part, l'article 61 autorise expressément les Compagnies concessionnaires de lignes d'embranchement ou de prolongement à faire circuler leurs machines, voitures et wagons sur le chemin de fer, objet de la concession, sous la réserve qu'elles acquitteront le droit de péage et qu'elles se conformeront aux règlements de police ainsi qu'aux règlements de service établis ou à établir. Mais la faculté ainsi ouverte est strictement limitée à l'usage des voies principales et des voies d'évitement : elle ne s'étend pas au service local dans l'étendue de la section empruntée et laisse même à la charge du bénéficiaire les installations qui peuvent lui être indispensables sur le parcours. Si, dans la pratique, certains tronçons ont fait exceptionnellement l'objet d'une communauté proprement dite, c'est en vertu de conventions spéciales. Au surplus, la nature même des choses, les nécessités de l'exploitation, celles de la sécurité, empêchaient qu'il en fût autrement.

Sur les rivières et les canaux, la situation est toute différente. Comme les routes, les voies navigables sont ouvertes à tous. De même qu'une voiture quelconque peut user des voies de terre, un bateau quelconque ne dépassant pas le gabarit réglementaire peut user des voies navigables. Suivant l'heureuse expression de M. J.-B. Krantz, la voie de navigation « appartient aux riverains, aux expéditeurs grands ou petits, à l'ouvrier, au paysan, comme au grand industriel ». Chacun jouit du droit d'y introduire son matériel et d'y effectuer ses transports : il y a là, pour la batellerie, une cause particulièrement active de vitalité.

A cet avantage s'en ajoute un autre fort important. Les Compagnies de chemin de fer sont tenues, aux termes de leur cahier des charges (art. 62), de s'entendre avec tout propriétaire de mine ou d'usine qui demande un embranchement. Diverses extensions ont été apportées au droit d'embranchement, dont peuvent notamment se prévaloir, en conformité de la loi du 3 décembre 1908, les propriétaires ou concessionnaires de magasins généraux, ainsi que les concessionnaires d'un outillage public et les propriétaires d'un outillage privé dûment autorisé sur les ports maritimes ou de navigation intérieure. Enfin, rien n'interdit aux Compagnies de conclure, sous réserve de l'approbation ministérielle, des accords relatifs à la création de raccordements en dehors des cas pour lesquels elles sont liées par une obligation légale. Mais le nombre des embranchements particuliers est restreint; ils coûtent fort cher; du reste, l'intérêt supérieur de la sécurité empêcherait de les multiplier. Les chemins de fer ne sont donc, en réalité, accessibles que sur certains points déterminés et souvent éloignés les uns des autres.

Au contraire, l'accès des rivières et des canaux est ouvert sur presque tout leur parcours. Un bateau peut s'arrêter en un point quelconque pour y prendre ou y laisser des marchandises; les voies navigables constituent de véritables ports continus. Ici, ce sont des moellons, de la castine, du sable, de la pierre de taille, que le bateau embarquera au droit de la carrière; là, ce sont des amendements qu'il déposera en face de la terre destinée à les recevoir; plus loin, ce sont des betteraves qu'il recueillera pour les porter à la sucrerie. Rien ne serait plus facile que d'accumuler les exemples; je me garderai de le faire. Comment, en effet, contester les facilités qu'offrent à cet égard les voies fluviales? Les défenseurs les plus convaincus des chemins de fer bornent leur effort à atténuer la valeur d'un avantage si manifeste, en citant des Compagnies qui ont largement encouragé la construction d'embranchements particuliers et en invoquant la souplesse des voies ferrées, pour pénétrer dans les usines, pour y détacher au besoin plusieurs rameaux.

11. Matériel de transport et traction. — Le matériel d'exploitation des rivières et des canaux diffère profondément de celui des chemins de fer, au point de vue du prix de revient, du poids mort, de l'utilisation, de la traction.

a. Prix de revient. — Quand a paru le « Traité des chemins de fer » (1887), on considérait assez généralement la tonne de capacité comme coûtant, en moyenne, dix fois moins pour la batellerie que pour le matériel roulant des voies ferrées : le prix d'un bateau susceptible de porter 200 tonnes, par exemple, était évalué à 6 000 francs et celui d'un wagon de 10 tonnes à 3 000 francs, ce qui donnait des prix unitaires respectifs de 30 et de 300 francs. Tout en adoptant ces chiffres à titre d'indications approximatives, j'avais formulé quelques réserves, notamment sur l'évaluation probablement insuffisante du matériel de navigation ; mes doutes se trouvaient corroborés par l'appréciation d'un ingénieur de grande expérience, M. Holleaux, qui estimait à 10 800 francs le prix de revient des bateaux portant 265 tonnes, appelés, il est vrai, à fréquenter la ligne de Mons à Paris, c'est-à-dire à faire une navigation mixte en rivière et en canal.

Aujourd'hui, on assigne une valeur de 12 000 à 15 000 francs aux péniches flamandes d'une longueur de $38^m,50$, d'une largeur de 5 mètres et d'une profondeur de $2^m,30$. Ces bateaux forment une part très importante du matériel de batellerie. Ils peuvent porter 300 tonnes pour $1^m,80$ d'enfoncement et 375 tonnes à pleine charge. Leur coût à la tonne est donc de 32 à 40 francs, soit 36 francs en moyenne.

D'après les statistiques des Administrations de chemins de fer, la dépense de construction des wagons-tombereaux de 10 tonnes dépasserait légèrement 300 francs par tonne. Pour les wagons de 20 tonnes, qui prennent maintenant une large place dans la composition du matériel roulant des voies ferrées, diverses estimations, fournies par l'Administration des chemins de fer de l'État, par la Compagnie du Nord et par la Compagnie de l'Est, accusent une dépense unitaire moyenne de 225 francs environ.

Ainsi, la proportion du dixième antérieurement admise devrait être élevée dans une certaine mesure et fixée à 0,12 ou même 0,16.

Mais il ne suffit pas de rapprocher les prix de construction; il faut, en outre, supputer le nombre de tonnes qui remplissent effectivement, chaque année, la capacité des véhicules et se rendre compte du tonnage kilométrique correspondant.

En 1907, lors du dernier recensement de la batellerie, l'Administration a constaté, sur notre réseau fluvial, l'existence de 15 310 bateaux ordinaires, sans moyens de propulsion mécanique, ayant une capacité utile totale de 3 841 645 tonnes et, par suite, une capacité moyenne de 251 tonnes; le nombre des bateaux en cours de route était de 8 020, dont 5 527 (69 p. 100) chargés et 2 493 (31 p. 100) vides. Or, au cours de la même année, le tonnage effectif s'est élevé à 34 055 000 tonnes et le tonnage kilométrique à 5 281 039 000 tonnes kilométriques, abstraction faite des transports par bateaux à propulsion mécanique. La part moyenne de chaque bateau dans le mouvement de 1907 a été de 2 224 tonnes effectives et de 344 941 tonnes kilométriques; celle d'une tonne de capacité disponible ressortait à 8 tonnes effectives 86 et à 1 375 tonnes kilométriques. Ce dernier chiffre donnerait précisément la mesure du parcours annuel moyen des bateaux, s'ils avaient constamment circulé à pleine charge; en fait, 31 p. 100 des voyages ont eu lieu à vide et, d'autre part, les relevés établis dans les ports de Paris montrent que, pour les bateaux chargés, la cargaison occupe seulement 79 p. 100 de la capacité maximum; le parcours réel atteint, en conséquence, 2 522 kilomètres, soit 2 500, en chiffres ronds.

Sur l'ensemble des grands réseaux de chemins de fer, les wagons à marchandises parcourent en moyenne 15 300 kilomètres par an, transportent 460 tonnes et fournissent 66 250 tonnes kilométriques. Le coefficient d'utilisation de leur capacité maximum, calculé pour l'ensemble des wagons chargés ou vides, est de 40 p. 100. Chaque tonne de capacité se remplit environ 40 ou 45 fois pendant l'année et donne un tonnage kilométrique de 6 100 tonnes kilométriques.

Dès lors, tout compte fait, et à égalité de tonnage kilométrique, la valeur en capital du matériel des chemins de fer ne dépasse pas celle du matériel des voies fluviales de plus de 90 p. 100 ou de 40 p. 100, suivant que l'on prend pour terme de comparaison l'un ou l'autre des deux prix ci-dessus indiqués en ce qui concerne la tonne de capacité des wagons.

A l'intérêt du capital il y a lieu d'ajouter l'amortissement et l'entretien. Ce sont des éléments au sujet desquels les renseignements statistiques présentent beaucoup d'incertitude pour la batellerie. On peut néanmoins affirmer que la péniche flamande est facile à réparer et dure une trentaine d'années.

En admettant que les charges d'intérêt, d'amortissement et d'entretien représentent ensemble 10 p. 100, la dépense de matériel par tonne kilométrique serait de 2 millimes 6 sur les rivières et canaux, de 4 millimes 9 ou de 3 millimes 7 sur les chemins de fer. L'avantage des voies navigables se chiffrerait à 2 millimes 3 ou à 1 millime 1.

Mais les bases de ces calculs sont, en ce qui touche les chemins de fer, des moyennes certainement inexactes pour les marchandises dont se compose le trafic des voies fluviales, spécialement pour les combustibles minéraux. Le matériel roulant, affecté au transport sur rails de ces marchandises, reçoit son chargement intégral et peut fournir un nombre annuel de tonnes kilométriques bien plus élevé. Souvent les Compagnies organisent des trains complets faisant très rapidement la navette entre les lieux de production et les centres de consommation. Une note de la Compagnie de l'Est, produite par MM. Colson et Marlio au Congrès international des chemins de fer, décrit des transports réguliers de minerais entre Hussigny ou Homécourt et Lourches, pour lesquels le tonnage kilométrique par tonne de capacité des wagons est sextuplé. L'étude des trains complets de houille que la Compagnie du Nord met en circulation entre Lens et Paris amènerait à une constatation analogue. En pareil cas, la navigation perd sa supériorité et se trouve primée par le chemin de fer.

Les déductions précédentes seraient profondément modifiées, si on avait égard à la dépense du matériel de traction, très coûteux sur les voies ferrées. C'est ainsi que, dans l'organisation des transports réguliers de minerais par la Compagnie de l'Est, à laquelle j'ai fait allusion, le prix des locomotives est à peu près exactement double de celui des wagons. Mais les frais d'acquisition et d'entretien des machines ont été laissés de côté, parce qu'ils se rattachent à la traction.

b. Poids mort. — Le poids mort des bateaux est, en moyenne, de 15 p. 100 du poids utile maximum qu'ils peuvent porter. Son rapport au poids utile effectivement transporté peut être évalué à 28 p. 100, si l'on tient compte de ce que 31 p. 100 des voyages ont lieu à vide et de ce que, pour les bateaux chargés, le poids réel de la cargaison représente seulement 79 p. 100 du tonnage au maximum d'enfoncement.

Sur les chemins de fer, le poids mort des wagons, y compris la part à y ajouter pour la locomotive, représente environ les 4/5 du poids utile à pleine charge. Comme nous l'avons vu, le coefficient moyen d'utilisation de la capacité maximum des véhicules ne dépasse pas 40 p. 100. La proportion du poids mort au poids utile effectif approche donc de 2, chiffre septuple de celui auquel conduisent les statistiques pour la batellerie.

A la vérité, les expéditions de matières pondéreuses se font par wagon complet. Néanmoins, l'augmentation du coefficient d'utilisation reste assez faible dans la plupart des cas. Il ne s'élève, par exemple, qu'à 50 centièmes pour les trains réguliers en navette affectés aux transports de houille ou de minerais, car le matériel revient à vide.

Les bateaux ont donc toujours, au point de vue du poids mort, un incontestable avantage sur les wagons.

c. Traction. — Autrefois, on considérait la résistance de l'eau au mouvement d'un bateau comme assez exactement représentée par la formule :

$$R = CSV^2$$

dans laquelle S désignait la surface de la section immergée du maître-couple ;

V, la vitesse relative de translation du bateau par rapport à l'eau ;

C, un coefficient variant avec la forme de la coque, avec le débouché offert aux eaux sur les flancs et au-dessous du bateau, et avec le rapport entre la section immergée et ce débouché.

Un éminent ingénieur, M. Malézieux, professeur de navigation intérieure à l'École des ponts et chaussées, évaluant à 1 mètre par seconde ou 3.600 mètres par heure la vitesse normale sur les canaux, donnait le chiffre de 1 kilogramme pour l'effort moyen de traction par tonne.

M. de Lagrené, auteur d'un ouvrage important sur la navigation, estimait, d'après M. Labrousse (Traité de touage), le coefficient C :

A 9, pour les bateaux de rivière prismatiques, d'une longueur égale à 5 ou 6 fois leur largeur, avec extrémités cylindriques à axe vertical ou avec pans droits, le plan inférieur étant incliné à 42 degrés ;

A 21,58, pour les bateaux de rivières prismatiques, d'une longueur égale à 4 ou 5 fois la largeur, avec bouts carrés;

A 33, pour les péniches de 300 tonnes naviguant sur les canaux du Nord.

Il n'évaluait, d'ailleurs, qu'à 0 m. 40 la vitesse ordinaire du halage.

Des observations auxquelles j'ai eu moi-même l'occasion de procéder sur le canal des houillères de la Sarre et sur le canal de la Marne au Rhin m'avaient conduit aux résultats suivants, pour les bateaux flamands chargés de 180 à 200 tonnes :

Vitesse de marche en plein bief.....	0m,55 à 0m,60 par seconde;
Effort de traction de deux chevaux..	environ 75 kilogrammes;
Coefficient de résistance...........................	25;
Effort par tonne utile...........................	0kg,4;

Il y a quelques années, M. l'inspecteur général Barlatier de Mas s'est livré à de longues recherches expérimentales, remarquables par l'esprit d'analyse et la méthode scientifique qui y ont présidé. Les expériences ont été divisées en deux séries, dont la première sur des cours d'eau assimilables à une nappe d'eau indéfinie, la seconde sur des canaux.

Dans la première série de recherches, les bateaux expérimentés étaient des péniches, des toues, des flûtes, un margotat, un chaland en fer, un bateau prussien. Voici quelques chiffres extraits des comptes rendus de M. Barlatier de Mas et relatifs à sept bateaux ayant les caractéristiques ci-après :

1. — *Caractéristiques*

DÉSIGNATION	PÉNICHE (2)	TOUE (1)	FLUTE (3)	BATEAU PRUSSIEN (1)
Longueur............	38m,19 et 38m	36m,08	37m,44 à 28m,73	34m,10
Largeur au maître-couple............	5m et 4m,97	5m,02	5m,02 et 5m,93	4m,91
Enfoncement.........	1m,81	1m,36	1m,43 à 1m,65	1m,30
Coefficient de déplacement (a).........	0,99	0,97	0,94 et 0,95	0,935
Déplacement.........	342 t. et 338 t.	240 t.	279 à 226 t.	203 t.

(a) Le coefficient de déplacement est le rapport entre le déplacement et le volume du parallélipipède rectangle circonscrit à la partie immergée.

2. — *Résistance par tonne de déplacement*

VITESSE PAR SECONDE	PÉNICHE	TOUE	FLUTE	BATEAU PRUSSIEN
mètres	kilogrammes	kilogrammes	kilogrammes	kilogrammes
0.50	0,336 à 0,356	0.145	0,292 à 0,358	0,108
1. »	0,994 à 1,023	0.416	0.761 à 0,883	0,394
2,50	2,257 à 2,329	0,979	1,384 à 1,880	0.911
2. »	4,275 (a	1,979	2,595 à 3,662	1,719
2,50	»	3,312	4,269 à 5,951	2,867

(a) Une seule des péniches a été expérimentée à la vitesse de 2 mètres.

Les principales conclusions déduites par M. Barlatier de Mas des expériences de la première série se résument ainsi :

1° La résistance est indépendante de la longueur des bateaux. A ce point de vue, l'allongement des écluses, pour en porter la longueur à 38m,50, a été une mesure fort heureuse, puisque la capacité était accrue sans augmentation des frais de traction ;

2° Au contraire, la résistance par mètre cube de déplacement ou par tonne de poids mort et de poids utile varie avec l'enfoncement et avec l'état de la surface du bateau :

3° Elle varie aussi, et dans des limites étendues, avec les formes de la coque, bien que le coefficient de déplacement reste voisin de l'unité. Il serait possible, sans gros sacrifices sur ce coefficient qui demeurerait compris entre 90 et 95 p. 100, de ramener l'effort de traction au quart de sa valeur actuelle pour les péniches ;

4° A l'ancienne formule $R = CSV^2$, reconnue inexacte, on pourrait substituer avantageusement la formule nouvelle $R = (a + bt)V^{2.25}$. Dans cette expression, t désigne l'enfoncement ; a et b sont des constantes caractéristiques de chaque bateau ou de chaque type, en supposant que les bateaux d'un même type aient les mêmes formes et que l'état de leur surface soit le même. Le calcul par la méthode des moindres carrés a donné : pour une péniche, $a = 21,3$ et $b = 123,6$: pour une flûte, $a = 21,5$ et $b = 78,1$; pour un bateau en fer, $a = 15,4$ et $b = 63,9$; pour une toue, $a = 14,2$ et $b = 52,4$. Aux vitesses atteignant ou dépassant 1 mètre, les résistances calculées par la nouvelle formule concordent bien avec les résistances observées ; mais, aux vitesses moindres, elles sont inférieures aux résistances effectives.

5° Pour les convois de bateaux, la résistance totale diffère peu de la somme des résistances individuelles, quand les bateaux sont attelés à longues remorques et, par suite, distants d'une longueur de bateau ou davantage. L'attelage à remorques croisées, qui réduit l'espacement à 12 mètres, procure une diminution de résistance assez sensible et d'autant plus marquée que la vitesse augmente. Enfin, la mise en contact des bateaux, démunis de leur gouvernail, accentue la diminution ; celle-ci peut aller de 15 à 24 p. 100, pour des vitesses de 0 m. 50 à 2 mètres.

A la série des recherches concernant la traction dans une nappe d'eau indéfinie, a succédé la série des recherches concernant la traction dans les canaux ou dans les rivières d'une section restreinte. Ici, la résistance augmente en raison de la difficulté que l'eau déplacée par le bateau trouve à s'écouler de l'avant vers l'arrière, à travers la section réduite comprise entre la coque et les parois de la voie navigable. Elle est égale au produit de la résistance en eau indéfinie, ou résistance propre du bateau, par un coefficient particulier à la voie considérée.

Les expériences ont d'abord porté sur une partie du canal de Bourgogne où la profondeur allait jusqu'à 2 m. 50. M. Barlatier de Mas a trouvé, pour divers bateaux à l'enfoncement de 1 m. 30, les résistances suivantes par mètre cube de déplacement.

VITESSES	PÉNICHE	TOUE	FLUTE	MARGOTAT	BATEAU PRUSSIEN
mètres	kilogr.	kilogr.	kilogr.	kilogr.	kilogr.
0,25	0,134	0,090	0,092	0,076	0,074
0,50	0,462	0,279	0,294	0,236	0,235
0,75	1,036	0,615	0,655	0,498	0,517
1 »	1,899	1,115	1,193	0,876	0,935
1,25	3,267	1,922	2,063	1,489	1.609

Pour le même canal, le rapprochement entre les résistances effectives et les résistances en eau indéfinie fait ressortir les coefficients ci-après, spéciaux à cette voie navigable :

VITESSES	PÉNICHE	TOUE	FLUTE	MARGOTAT	BATEAU PRUSSIEN
mètres					
		ENFONCEMENT DE 1 M. 40			
0,50	1.69	2,48	2,07	»	»
1 »	2,86	3,67	2,97	»	»
		ENFONCEMENT DE 1 M. 30			
0,50	»	»	1,59	2,52	2,45
1 »	»	»	1.99	2,94	2,69
		ENFONCEMENT DE 1 MÈTRE			
0,50	»	»	1,23	»	»
1 »	»	»	1,48	»	»

Les recherches se sont poursuivies sur la dérivation de Joigny, sur le canal de la Cure et sur le canal du Nivernais, c'est-à-dire sur des voies de dimensions supérieures ou inférieures à celles du canal de Bourgogne. Ne pouvant en reproduire les résultats complets, je me borne à mentionner les constatations faites sur le canal de la Cure pour une flûte de 1 m. 60 d'enfoncement. Le rapport de la section immergée du maître-couple à la section mouillée du canal était sensiblement le même que pour les bateaux de 1 m. 80 d'enfoncement et 5 mètres de largeur, circulant sur les canaux du type normal défini par la loi du 5 août 1879, et la valeur observée du coefficient de résistance particulier à la voie a été de 2,56 à la vitesse de 0 m. 25, de 2,93 à la vitesse de 0 m. 50, de 3,67 à la vitesse de 0 m. 75, de 4,79 à la vitesse de 1 mètre, de 5,80 à la vitesse de 1 m. 25.

Des études de M. Barlatier de Mas se dégagent plusieurs conclusions intéressantes :

1° Comme en eau indéfinie, la résistance est indépendante de la longueur des bateaux.

2° Le bénéfice des formes est moins important qu'en rivière.

Pour un canal déterminé, le coefficient de résistance augmente quand diminue la résistance propre du bateau, toutes choses égales d'ailleurs.

Cependant, l'adoption des formes de moindre résistance pour la coque permettrait de donner aux bateaux halés par deux chevaux une vitesse supérieure de 30 p. 100 à celle que réalisent aujourd'hui les péniches.

3° Pour un même canal et un même bateau, le coefficient croît avec la vitesse et marque une élévation rapide avec l'enfoncement.

Une augmentation d'un mètre dans le mouillage réglementaire de 2 mètres réduirait à près de moitié la résistance des bateaux ayant un enfoncement de 1 m. 80.

4° L'influence de la forme du profil mouillé, à égalité de surface, n'est nullement négligeable. Une supériorité manifeste existe pour le profil rectangulaire comparativement au profil trapézoïdal.

5° Bien qu'aucune expérience n'ait été effectuée à ce sujet, il paraît certain que la résistance est également influencée par la nature et l'état de la surface des parois du canal.

6° Le coefficient de résistance de la voie serait, sans doute, convenablement représenté par une expression telle que $1 + aV^x$. Dans cette expression, la constante a dépendrait à la fois du bateau et du canal ; l'exposant x devrait être déterminé d'après un ensemble d'observations complétant celles de M. Barlatier de Mas.

Ce simple aperçu montre surabondamment quelle réserve s'impose lorsqu'on veut évaluer l'effort moyen de traction par tonne pour les transports fluviaux. Tantôt les itinéraires empruntent exclusivement des rivières ; tantôt ils ne comprennent que des canaux ou des rivières canalisées assimilables ; tantôt, au contraire, ils ont un caractère mixte. Les types de bateaux présentent une extrême variété. Malgré les mesures d'unification prises en vertu de la loi du 5 août 1879, les voies navigables offrent encore une grande diversité de profils. De nombreux parcours se font, soit à vide, soit à charge incomplète et avec un enfoncement n'atteignant pas la limite réglementaire.

Quoi qu'il en soit, le chiffre de 0 kg. 5 par tonne brute est assez généralement admis pour les péniches flamandes portant le maximum ordinaire de chargement et circulant sur les canaux du Nord à la vitesse de 2.000 ou 2.400 mètres par heure (0 m. 55 ou 0 m. 67 par seconde). Cette évaluation, même prise comme moyenne générale, semble plutôt insuffisante qu'excessive, mais ne doit pas s'écarter beaucoup de la réalité.

L'évaluation de la résistance à la traction en palier et en alignement droit, sur les chemins de fer, a fait l'objet d'un assez grand nombre de formules, dont les résultats sont loin de concorder. D'après la formule des ingénieurs de l'Est, l'effort par tonne, pour les trains de marchandises non accélérés, avec graissage à l'huile, serait de 1 kg. 65 + (0 kg. 05 × V^2), V étant la vitesse horaire en kilomètres, arrêts non déduits. Il pourrait donc être estimé à 3 kg. 25, dans l'hypothèse d'une vitesse moyenne de 32 kilomètres, ou à 3 kg. 15, dans l'hypothèse d'une vitesse de 30 kilomètres. Une autre formule, donnée par M. Desdouits, conduirait à un chiffre notablement moindre.

Quand la ligne est en rampe, chaque millimètre d'inclinaison ajoute 1 kilogramme à la résistance par tonne. Il y a lieu de remarquer que les lignes en concurrence avec les rivières ou canaux ne présentent généralement pas de rampes très accusées.

Les courbes, dès qu'elles s'accentuent, augmentent aussi la résistance. Sur les chemins de fer à voie normale et pour le matériel ordinaire sans bogies, l'appoint peut, suivant M. Desdouits, être chiffré au quotient de 750 par le rayon de la courbe, soit à 1 kilogramme si le rayon est de 750 mètres, à 1 kg. 50 si le rayon est de 500 mètres, à 2 kilogrammes si le rayon est de 375 mètres, etc. Les courbes des lignes principales ont, d'ailleurs, rarement un rayon inférieur à 500 mètres.

Pour avoir la résistance totale d'un train, il faut compter non seulement la résistance des wagons remorqués, mais encore celle de la machine et du tender (frottement des fusées, résistance du mécanisme, résistance de l'air, supplément dû à la gravité et aux courbes). L'effort par tonne en palier a été évalué à 2 kilogrammes + 0,17 V^2, soit à 5 kilogrammes et demi, environ, lorsque la vitesse est de 32 kilomètres. Certaines formules donnent des chiffres beaucoup plus élevés. En rampe, la résistance s'accroît, comme pour les wagons, de 1 kilogramme par millimètre d'inclinaison. L'expression 750/R du supplément d'effort exigé par les courbes, précédemment indiquée en ce qui concerne les wagons, peut être étendue aux locomotives et tenders.

Ainsi, la résistance par tonne de poids brut sur les voies ferrées dépasse dans une très large proportion la résistance correspondante sur les voies fluviales. Si on rapporte l'effort à la tonne de poids utile, l'avantage de la navigation devient encore plus marqué, puisque la proportion du poids mort des bateaux est fort inférieure à celle du matériel des chemins de fer.

d. Transport par petites masses. — Par suite de la capacité considérable des bateaux, la navigation se prête mal au transport de détail et ne rend le plus souvent de réels services qu'aux industries ou aux entreprises commerciales qui ont besoin de gros approvisionnements. A la vérité, il existe en France, par exemple sur la Seine, des services réguliers comme ceux de la compagnie Havre-Paris-Lyon-Méditerranée, transportant des marchandises de valeur moyenne et recevant des expéditions fractionnées. Mais les services de cette nature sont peu nombreux; ils donnent, d'ailleurs, lieu à la perception de prix relativement élevés.

L'infériorité des voies navigables par rapport aux voies ferrées, en ce qui concerne le fractionnement des expéditions, est particulièrement sensible pour les agglomérations où les terrains sont d'un prix élevé et où l'on ne dispose pas, sans difficulté sérieuse, de vastes emplacements. Elle constitue un obstacle à l'emploi de bateaux d'un fort tonnage; aussi les pouvoirs publics paraissent-ils avoir sagement agi en assignant au matériel de la batellerie les limites générales fixées par la loi du 5 août 1879.

La mise en circulation de bateaux ayant des dimensions supérieures ne se justifie que dans des circonstances spéciales, sur des rivières telles que la Seine, aujourd'hui fréquentées par des chalands capables de porter plus de 1 000 tonnes.

e. Utilisation des bateaux comme magasins. — La modicité de la valeur des bateaux et celle des frais du personnel préposé à leur conduite permettent aux destinataires de les utiliser temporairement comme magasins, en attendant soit le moment propice pour le déchargement, soit la vente de la marchandise. Il n'en résulte, le cas échéant, d'autre charge que le payement de faibles surtaxes, ordinairement fixées à 8 francs par jour pour les péniches.

Pareille utilisation du matériel des chemins de fer est, au contraire, impossible. Elle doit même être combattue par les Compagnies et par l'Administration, eu égard aux crises qu'une immobilisation prolongée des wagons déterminerait inévitablement dans les transports.

12. Considérations spéciales à la nature ou à l'origine de certaines marchandises. — La navigation offre des facilités exceptionnelles pour certaines marchandises, comme les produits de l'industrie métallurgique, constituant des masses indivisibles, que leur volume ou leur poids ne permettrait pas de transporter sur wagon.

Elle se prête au transport en vrac des céréales, ce qui évite les frais et les pertes inséparables de l'ensachement. Les céréales humides risquent, à la vérité, d'en souffrir, ainsi que nous l'avons vu précédemment. Mais le danger n'existe pas pour les céréales sèches, chargées dans des bateaux bien étanches.

D'autres marchandises sont toujours, en raison de leur nature, exposées à une altération plus ou moins accusée quand elles empruntent la voie d'eau. Cette altération, due à l'action prolongée des intempéries pendant le transport et pendant le séjour en stock avant la consommation, parfois aussi à des manutentions plus nombreuses et plus rudes, est particulièrement à craindre pour les combustibles minéraux.

La houille s'échauffe et abandonne une fraction de sa puissance calorique. Elle éprouve, en outre, une désagrégation qui accroît la proportion des menus. Des ingénieurs de grande expérience ont estimé la moins-value par tonne à 3 ou 4 francs. Ces chiffres paraissent exagérés. Il convient, d'ailleurs, de remarquer que les industriels ont ordinairement besoin de stocks, que les menus sont souvent utilisés pour la fabrication de briquettes, qu'un léger amoindrissement des qualités de la houille reste, en fait, sans répercussion sur le prix de vente à la clientèle de détail.

Principalement physique, l'altération du coke est, en général, plus sensible encore. Il faut, pour que la voie d'eau soit préférée à la voie de fer, une économie notable sur les frais de transport.

Dans la plupart des cas, la navigation présente des avantages pour les marchandises importées par les frontières maritimes et débarquées en des points que dessert le réseau fluvial. Elle permet, en effet, le transbordement direct et économique du bâtiment de mer au bateau de rivière ou de canal. Le fait s'observe surtout dans les ports des estuaires, notamment sur la Seine, pour les houilles, les vins, les blés, dont les arrivages ont lieu par quantités importantes et assurent aux chalands des cargaisons complètes. A la sortie, la situation est différente : d'une part, les expéditions sont plus divisées ; d'autre part, les Administrations de chemins de fer peuvent consentir en faveur de l'exportation des abaissements de tarifs que la politique économique leur interdit dans le sens inverse.

13. Dépenses de premier établissement et d'entretien. — Nous arrivons maintenant à l'un des éléments les plus importants de la question : les dépenses de premier établissement et d'entretien.

Dans son très remarquable ouvrage sur le chemin de fer de Paris à Strasbourg et le canal de la Marne au Rhin, M. Graeff, alors ingénieur en chef, depuis inspecteur général et vice-président du Conseil général des Ponts et Chaussées, n'avait pas hésité à affirmer, avec sa haute autorité, que « la dépense de construction d'un chemin de fer « était, à la dépense d'un canal construit dans les mêmes conditions, « dans le rapport de 3 à 2 au moins ».

M. J.-B. Krantz, dans son rapport du 13 juin 1874 à l'Assemblée nationale sur les voies navigables de la France, évaluait à 180 000 francs la dépense kilométrique moyenne de premier établissement des canaux et à 443 000 francs celle des chemins de fer au 31 décembre 1867.

Plus tard, M. de Freycinet, en présentant, le 4 novembre 1878, à la Chambre des députés son projet de classement pour les travaux de navigation intérieure, faisait valoir l'infériorité du prix de construction des canaux sur celui des chemins de fer.

En 1904, M. Barlatier de Mas, auteur d'un cours magistral de navigation, reprenait la comparaison entre les voies ferrées et les voies fluviales. Après avoir cité l'opinion de M. Graeff, ce savant ingénieur rappelait que la réalisation du gabarit fixé par la loi du 5 août 1879, l'allongement des écluses, l'exhaussement des ponts, l'augmentation du mouillage, l'accroissement de la consommation d'eau et, par suite, des ressources alimentaires indispensables, avaient inévitablement élevé le coût d'établissement des canaux. Il indiquait les dépenses faites pour un certain nombre de canaux récemment ouverts (canal de l'Aisne à la Marne ; canal des Ardennes ; canal de l'Est, branche Sud ; canal de la Haute-Marne ; canal de la Marne à la Saône ; canal de l'Oise à l'Aisne) et montrait que le prix de revient kilométrique de ces canaux avait été au minimum de 210 000 francs environ, au maximum de 725 000 francs, en moyenne de 404 000 francs. Suivant lui, un canal pouvant livrer passage aux bateaux de 300 tonnes coûtait au moins autant qu'un chemin de fer à double voie, établi dans les mêmes conditions de relief et de nature du sol.

M. Colson (*Economie politique*, 1907) a formulé un avis semblable à celui de M. Barlatier de Mas et admis, pour les canaux et les chemins de fer à double voie desservant la même région, des prix kilométriques sensiblement égaux, variant de 400 000 à 600 000 francs.

Que valent ces diverses appréciations? C'est ce que nous allons examiner.

a. Chemins de fer. — Voici tout d'abord quelques données sur le prix de revient des chemins de fer d'intérêt général exploités en 1910 :

1 — *Dépenses d'établissement des grands réseaux autres que l'ancien réseau d'État* (31 décembre 1909).

RÉSEAUX	LONGUEUR	PARTICIPATION DE L'ÉTAT ET DES LOCALITÉS				PARTICIPATION DES COMPAGNIES				ENSEMBLE	
		État	Localités	Ensemble	par kilom.	Dépenses sans le matériel roulant	Matériel roulant	Ensemble	par kilom.	Totaux	par kilom.
	kilom.	francs	francs	francs	francs	francs	francs	francs	francs	francs	francs
État (Ouest)......	6.064	879.153.006	76.966.748	956.119.754	159.101	1.417.534.349 (1)	352.378.673 (2)	1.769.913.022	291.872	2.726.032.776	450.973
Nord............	3.761	77.963.109	23.906.225	101.869.334	27.086	1.294.625.000	549.774.000	1.844.399.000	490.401	1.946.268.334	517.487
Est (3)...........	4.939	808.357.546	29.001.231	837.358.777	169.540	1.192.399.933	479.420.700	1.671.820.633	338.494	2.509.179.410	508.034
Orléans..........	7.741	1.099.606.305	27.323.741	1.126.930.046	145.579	1.595.760.400	414.597.000	2.010.357.400	259.702	3.137.287.446	405.282
Paris-Lyon-Médit.	9.580	1.173.805.517	45.282.071	1.219.087.588	127.253	3.255.091.923	889.976.984	4.145.068.907	432.679	5.364.156.49[illegible]	559.932
Midi............	3.919	609.354.435	7.272.029	616.626.464	157.343	871.244.435	245.984.302	1.117.228.737	285.080	1.733.855.201	442.423
TOTAUX et MOYENNES	36.004	4.648.239.918	209.752.045	4.857.991.963	134.929	9.626.656.040	2.932.131.659	12.558.787.699	348.816	17.416.779.662	483.745

(1) Y compris 9.361.019 francs dépensés postérieurement au rachat.
(2) Y compris 21.218.505 francs dépensés postérieurement au rachat.
(3) Y compris 181 kilomètres de lignes exploitées pour le compte de tiers. — Voir les observations du tableau 3 ci-après.

2. — *Dépenses d'établissement de l'ancien réseau d'État (31 décembre 1909).*

DÉSIGNATION DES DÉPENSES	DÉPENSES
	francs
Subvention de l'État aux anciennes Compagnies.........	52.365.666
Dépenses de la Compagnie d'Orléans pour les lignes cédées par elle à l'État..............................	99.918.000
Concours des localités...............................	22.978.264
Prix de rachat et dépenses d'établissement faites par l'État, sans le matériel roulant............................	595.588.533
Matériel roulant....................................	143.654.822
TOTAL DES DÉPENSES pour une longueur de 2.831 kilomètres.	914.505.285
DÉPENSES PAR KILOMÈTRE..............................	323.033

3. — *Dépenses kilométriques d'établissement de l'ensemble des chemins de fer d'intérêt général* (31 décembre 1909).

RÉSEAUX OU LIGNES	LONGUEUR	SUBVENTIONS	DÉPENSES D'ÉTABLISSEMENT faites par l'État ou les Compagnies		DÉPENSES TOTALES	
			sans le matériel roulant	matériel roulant	sans le matériel roulant	avec le matériel roulant
	km	francs	francs	francs	francs	francs
État, Anc. rés.	2.831	61.908 (1)	210.381 (2)	50.743	272.289	323.033
État, Ouest...	6.064	159.101	233.762	58.110	392 863	450.973
Nord.........	3.761	27.086	344.223	146.178	371.309	517.487
Est (3)	4.939	169.540	241.425	97.068	410.965	508.034
Orléans.......	7.741	145.579	206.144	53.559	351.723	405.282
Paris-Lyon-Méditerranée...	9.580	127.253	338.875	90.699	466.956	557.655
Midi..........	3.919	157.342	222.313	62.767	379.656	442.423
Lignes secondaires (4)	1.769	89.383	175.559	20.307	264.942	285.249
TOTAUX et MOY.	40.423(5)	128.393	261.539	76.978	389.932	466.910

(1) Subventions de l'État aux anciennes Compagnies ; dépenses de la Compagnie d'Orléans pour les lignes cédées par elle à l'État ; concours des localités.

(2) Prix de rachat et dépenses d'achèvement.

(3) Y compris 181 kilomètres de lignes secondaires exploitées par la Compagnie de l'Est pour le compte de tiers. Les chiffres inscrits au tableau en ce qui concerne cette Compagnie englobent les dépenses faites par elle sur lesdites lignes ainsi que les subventions de l'État et des localités.

(4) Y compris les 181 kilomètres exploitées par la Compagnie de l'Est. Seules, les dépenses des Compagnies concessionnaires sont englobées dans les chiffres inscrits au tableau pour les lignes secondaires.

(5) Les 181 kilomètres de lignes secondaires exploitées par la Compagnie de l'Est ne sont comptés qu'une fois dans le total.

Ainsi, le prix de premier établissement des lignes d'intérêt général concédées ou non concédées est, en moyenne, de 467 000 francs par kilomètre, y compris les subventions. Mais, au point de vue spécial de la comparaison avec les voies navigables, ces subventions peuvent être éliminées : d'une part, en effet, les subsides du Trésor trouvent une large rémunération dans les économies réalisées sur les transports pour le compte des services publics et dans le produit des impôts dont la perception est exclusivement due à la création des chemins de fer ; d'autre part, le concours des localités ne représente qu'une fraction minime des dépenses totales. Il y a lieu aussi d'exclure le matériel de transport, qui n'entre pas dans le prix des canaux et des améliorations ou canalisations de rivières. Par suite, le coût kilométrique à considérer est seulement de 262 000 francs. Encore ce chiffre comprend-il des éléments qui ne grèvent pas le budget de la navigation : intérêt et amortissement des capitaux pendant la période de construction et même pendant un délai plus ou moins long, consécutif à l'ouverture des lignes ; insuffisances d'exploitation, pendant ce dernier délai ; frais généraux divers.

La charge annuelle, calculée au taux de 5 p. 100, est de 13 100 fr.

Or, abstraction faite des accessoires de la grande vitesse, dont les statistiques ne donnent pas le tonnage kilométrique, le nombre des unités de trafic à distance entière (voyageurs, tonnes de marchandises en petite vitesse taxées au poids, accessoires de la petite vitesse convertis en tonnes) a été de 969 766 au cours de l'année 1910.

Dès lors, on peut évaluer à 1 c. 35 au maximum, par unité de trafic et par kilomètre, la part moyenne des frais de transport incombant à la construction.

Si, au lieu de se borner à des moyennes, on envisage spécialement les lignes à grand trafic, les résultats apparaissent beaucoup plus favorables pour les chemins de fer, car l'accroissement du nombre des unités de trafic est très supérieur à celui des dépenses d'établissement. Un calcul approximatif conduit, par exemple, aux chiffres suivants : ligne de Paris à Rouen et embranchements, 7 millimes 5 ; ligne d'Amiens à la frontière de Belgique par Lille, 7 millimes 3 ; ligne de Mézières-Sedan-Thionville, 4 millimes 3 ; ligne de Paris à Lyon par la Bourgogne, 7 millimes 4.

En ce qui concerne l'entretien et la surveillance de la voie et des bâtiments, les relevés officiels accusent, en 1910, une dépense kilométrique de 2 899 francs sur l'ancien réseau de l'État, de 4 793 francs sur le réseau racheté de l'Ouest, de 6 376 francs sur le réseau du Nord, de 5 281 francs sur le réseau de l'Est, de 3 689 francs sur le réseau d'Orléans, de 6 376 francs sur le réseau de Paris à Lyon et à la Méditerranée, de 3 201 francs sur le réseau du Midi, de 2 315 francs sur les lignes secondaires d'intérêt général (y compris les Ceintures). La moyenne est de 4 773 francs ; elle correspond, avec les frais généraux, à 5 millimes 4 par unité de trafic et par kilomètre. Pour les artères maîtresses, les frais d'entretien rapportés à l'unité kilométrique de trafic ne dépassent certainement pas 2 millimes 5.

Il est donc permis d'admettre que les charges d'établissement et d'entretien réunies sont au plus de 2 centimes en moyenne, par voyageur ou par tonne de marchandises et par kilomètre, sur l'ensemble des chemins de fer d'intérêt général, et de 1 centime, sur les lignes à circulation active, comme celles qui subissent la concurrence directe de la navigation intérieure.

Personne ne conteste, d'ailleurs, l'opportunité de faire peser inégalement ces charges sur les diverses catégories d'unités de trafic et notamment de marchandises, d'augmenter la part des matières rangées dans les séries supérieures et de réduire celle des matières pondéreuses rangées dans les séries inférieures. Les chiffres à adopter, pour une comparaison raisonnée entre les chemins de fer et les voies navigables, sont, en conséquence, non ceux de 2 centimes et de 1 centime, mais des chiffres moindres.

b. Canaux et rivières. — Le tableau suivant, dressé par l'Administration centrale des travaux publics, donne pour les canaux et rivières, constituant notre réseau de navigation intérieure : les dépenses kilométriques de premier établissement; les charges correspondantes, au taux de 5 p. 100; les frais annuels d'entretien ; le rapport des charges et des frais d'entretien au tonnage moyen. Il est relatif à l'année 1908, pendant laquelle nos voies fluviales ont eu un tonnage kilométrique représentant la moyenne de la période triennale 1908-1910.

DÉSIGNATION DES CANAUX OU RIVIÈRES	LONGUEURS FRÉQUENTÉES	DÉPENSES KILOMÉTRIQUES				TONNAGE MOYEN	RAPPORT des DÉPENSES au TONNAGE		
		Dépenses d'établissement	Charges à 5 0/0 des dépenses d'établissement	Frais annuels d'entretien (1)	Charges des capitaux et frais d'entretien réunis		Charges des dépenses d'établissement	Frais annuels d'entretien	Charges des capitaux et frais d'entretien réunis
	km.	fr.	fr.	fr.	fr.	tonnes			
1. CANAUX									
Aire	44	201.231	10.062	1.162	11.224	2.000.198	0,0050	0,0006	0,0056
Aisne (latér. à l')	51	142.496	7.125	627	7.752	1.154.455	0,0062	0,0005	0,0067
Aisne à la Marne	58	434.037	21.702	1.015	22.717	1.641.084	0,0132	0,0006	0,01387
Ardennes	100	210.433	10.522	720	11.242	448.689	0,0235	0,0016	0,0251
Arles à Bouc	47	251.908	12.590	936	13.526	15.951	0,7893	0,p	
Bergues	8	127.777	6.389	553	6.942	139.451	0,0458	0,0040	0,0498
Berry et Cher canalisé	261 62	91.690	4.584	721	5.305	197.478	0,0232	0,0037	0,0269
Blavet	60	99.579	4.979	1.660	6.639	45.139	0,1103	0,0368	0,1471
Bourbourg	21	255.582	12.779	1.042	13.821	1.143.120	0,0112	0,0009	0,0121
Bourgogne	242	328.163	16.408	781	17.189	193.268	0,0849	0,0040	0,0889
Briare et Loing	107	397.253	19.863	1.242	21.105	1.138.960	0,0174	0,0011	0,0185
Calais	43	142.719	7.136	894	8.030	214.690	0,0332	0,0042	0,0374
Centre	130	242.230	12.111	1.077	13.188	568.601	0,0213	0,0019	0,0232
Charente à la Seudre	26	73.671	3.684	577	4.261	1.702	2,1645	0,3390	2,5035
Colme	38	143.336	7.167	538	7.705	125.536	0,0571	0.0043	0,0614
Deûle	68	510.869	25.543	1.464	27.007	1.980.239	0,0129	0,0007	0,0136
Dive (2)	15	»	»	715	»	7.889	»	0,0906	»
Est	432	232.196	11.610	1.116	12.726	814.898	0,0142	0,0014	0,0156
Furnes	13	152.995	7.650	873	8.523	14.534	0,5263	0,0601	0,5864
Garonne (latéral à la)	213	293.912	14.696	915	15.611	195.374	0,0752	0,0047	0,0799
Givors	20	26.827	1.341	490	1.831	15	89,4000	32,6667	122,0667
Havre à Tancarville	25	227.812	61.391	3.556	64.947	360.357	0,1703	0,0099	0,1802
Hazebrouck	25	16.000	800	697	1.497	9.762	0,0819	0,0714	0,1533
Ille et Rance	85	176.148	8.807	437	9.244	40.668	0,2166	0,0107	0,2273

(1) Ces frais sont calculés d'après les écritures de 1907.
(2) Canal abandonné à l'État par l'ancien concessionnaire (Loi du 28 juillet 1895).

DÉSIGNATION DES CANAUX OU RIVIÈRES	LONGUEURS FRÉQUENTÉES	DÉPENSES KILOMÉTRIQUES				TONNAGE MOYEN	RAPPORT des DÉPENSES au TONNAGE		
		Dépenses d'établissement	Charges à 5 0/0 des dépenses d'établissement	Frais annuels d'entretien	Charges des capitaux et frais d'entretien réunis		Charges des dépenses d'établissement	Frais annuels d'entretien	Charges des capitaux et frais d'entretien réunis
	km.	fr.	fr.	fr.	fr.	tonnes			
1. CANAUX (suite)									
Lens	11	199.783	9.989	1.359	11.348	691.097	0,0144	0,0020	0,0164
Loire (latér. à la)	219	249.138	12.457	779	13.236	938.888	0,0133	0,0008	0,0141
Luçon	14	126.353	6.318	400	6.718	2.591	2,4384	0,1544	2,5928
Marans à la Rochelle	24	569.358	28.468	302	28.770	3.781	0,5292	0,0799	7,6091
Marne (lat. à la)	67	145.551	7.278	56	7.844	1.361.624	0,0053	0,0004	0,0057
Marne au Rhin	210	434.701	21.735	1.457	23.192	1.449.500	0,0150	0,0010	0,0160
Marne à la Saône	224	462.251	23.113	749	23.862	198.953	0,1162	0,0037	0,1199
Midi (1)	279	»	»	1.355	»	124.651	» 1	0,0109	»
Mons à Condé	5	192.855	9.643	1.400	11.043	581.649	0,0166	0,0024	0,0190
Nantes à Brest	360	141.925	7.096	1.749	8.845	61.332	0,1157	0,0285	0,1442
Neuffossé	18	272.146	13.607	2.111	15.718	1.631.199	0,0083	0,0013	0,0096
Nivernais	178	208.715	10.436	960	11.396	85.620	0,1219	0,0112	0,1331
Oise (latér. à l') et Oise canalisée	34 104	103.745	5.187	1.918	7.105	4.063.329	0,0013	0,0004	0,0017
Oise à l'Aisne	48	725.370	36.269	853	37.122	1.861.411	0,0195	0,0004	0,0199
Orléans	74	163.448	8.172	723	8.895	45.409	0,1800	0,0159	0,1959
Pont de Vaux	3	135.028	6.751	1.100	7.851	4.704	1,4352	0,2338	1,6690
Saint-Quentin	93	300.492	15.025	4.913	19.938	5.375.841	0,0028	0,0009	0,0037
Rhône à Cette	98	140.717	7.036	1.163	8.199	131.156	0,0536	0,0089	0,0625
Rhône au Rhin	186	137.007	6.850	816	7.666	54.691	0,1252	0,0149	0,1401
Roanne à Digoin	56	319.194	15.960	841	16.801	493.937	0,0323	0,0017	0,0340
Roubaix	24	567.416	28.371	3.349	31.720	294.700	0,0963	0,0113	0,1076
Sauldre	47	37.963	1.898	581	2.479	15.068	0,1260	0,0385	0,1645
Seine (Haute)	44	247.675	12.384	571	12.955	15.504	0,7988	0,0368	0,8356
Sensée	25	274.292	13.715	1.215	14.930	4.162.408	0,0033	0,0003	0,0036
Somme	156	108.296	5.415	736	6.151	170.440	0,0318	0,0043	0,0361
Vire-et-Taute (2)	12	»	»	392	»	8.495	»	0,0461	»

(1) Canal racheté moyennant une rente perpétuelle de 750.000 francs (Loi du 27 novembre 1897).
(2) Canal racheté au prix de 2.132.000 francs (Loi du 13 juillet 1880).

DÉSIGNATION DES CANAUX OU RIVIÈRES	LONGUEURS FRÉQUENTÉES	DÉPENSES KILOMÉTRIQUES				TONNAGE MOYEN	RAPPORT des DÉPENSES au TONNAGE		
		Dépenses d'établissement	Charges à 5 0/0 des dépenses d'établissement	Frais annuels d'entretien	Charges des capitaux et frais d'entretien réunis		Charges des dépenses d'établissement	Frais annuels d'entretien	Charges des capitaux et frais d'entretien réunis
	km.	fr.	fr.	fr.	fr.	tonnes			
2. RIVIÈRES									
Aa	29	84.049	4.202	1.007	5.209	1.203.921	0,0035	0,0008	0,0043
Acheneau	61	22.396	1.120	»	1.120	3.602	0,3109	»	0,3109
Adour et Midouze	139	24.764	1.238	459	1.697	58.354	0,0212	0,0079	0,0291
Ain	92	»	»	8	8	1.521	»	0,0053	0,0053
Aisne	57	84.877	4.244	843	5.087	366.328	0,0116	0,0023	0,0139
Annecy (lac d')	18	2.656	133	106	239	1.037	0,1283	0,1022	0,2305
Aran	6	»	»	26	26	7.736	»	0,0034	0,0034
Ardanavy	3	»	»	20	20	592	»	0,0338	0,0338
Ariège	38	»	»	34	34	346	»	0,0983	0,0983
Aube	106	586	29	12	41	1.178	0,0246	0,0102	0,0348
Authion	29	»	»	172	172	245	»	0,7020	0,7020
Autise	10	»	»	20	20	8.482	»	0,0024	0,0024
Baïse	84	39.128	1.956	292	2.248	34.235	0,0571	0,0085	0,0656
Bidouze	17	»	»	203	203	62.910	»	0,0032	0,0032
Bienne	18	»	»	100	100	898	»	0,1114	0,1114
Bourget (lac du)	22	»	»	128	128	335	»	0,3821	0,3821
Brivet	9	»	»	305	305	4.156	»	0,0734	0,0734
Charente	169	38.267	1.913	132	2.045	34.428	0,0556	0,0038	0,0594
Ciron	28	»	»	69	69	20.938	»	0,0033	0,0033
Dordogne	414	5.804	290	319	609	32.145	0,0090	0,0099	0,0189
Doubs	37	1.766	88	»	88	328	0,2683	»	0,2683
Douves	29	7.307	365	257	622	10.481	0,0348	0,0245	0,0593
Dropt	64	163	8	68	76	1.219	0,0065	0,0558	0,0623
Escaut	63	42.776	2.139	2.060	4.199	1.899.210	0,0011	0,0011	0,0022
Eure	14	14.117	706	383	1.089	2.111	0,3344	0,1814	0,5158
Garonne et Gironde	461	86.701	4.335	308	4.643	86.497	0,0501	0,0036	0,0537
Gaves réunis	9	21.727	1.086	521	1.607	26.698	0,0407	0,0195	0,0602
Houlle	4	46.948	2.347	1.250	3.597	45.097	0,0520	0,0277	0,0797
Isère	154	10.465	523	111	634	1.159	0,4512	0,0958	0,5470

DÉSIGNATION DES CANAUX OU RIVIÈRES	LONGUEURS FRÉQUENTÉES	DÉPENSES KILOMÉTRIQUES: Dépenses d'établissement	Charges à 5 0/0 des dépenses d'établissement	Frais annuels d'entretien	Charges des capitaux et frais d'entretien réunis	TONNAGE MOYEN	RAPPORT des DÉPENSES au TONNAGE: Charges des dépenses d'établissement	Frais annuels d'entretien	Charges des capitaux et frais d'entretien réunis
	km.	fr.	fr.	fr.	fr.	tonnes			
2. RIVIÈRES (suite)									
Isle	143	37.707	1.885	297	2.182	31.328	0,0602	0,0095	0,0697
Laire	18	821	41	1.020	1.061	4.855	0,0084	0,2101	0,2185
Layon	6	»	»	4	4	184	»	0,0217	0,0217
Léman (lac)	54	23.988	1.199	167	1.366	70.065	0,0171	0,0024	0,0195
Leyre	96	33	2	41	43	15.810	0,0001	0,0026	0,0027
Loir	51	288	14	135	149	1.423	0,0098	0,0949	0,1047
Loire	729	58.618	2.931	351	3.282	30.814	0,0951	0,0114	0,1065
Lot	256	82.977	4.149	447	4.596	2.558	1,6219	0,1747	1,7967
Luy	14	»	»	21	21	310	»	0,0677	0,0677
Lys	72	38.515	1.926	575	2.501	411.973	0,0047	0,0014	0,0061
Marne	183	158.657	7.933	584	8.517	457.068	0,0173	0,0013	0,0186
Mayenne, Maine, Oudon	154	133.161	6.658	157	6.815	29.733	0,2239	0,0053	0,2292
Mignon	17	24.131	1.207	135	1.342	7.380	0,1635	0,0183	0,1818
Morin (Grand)	16	»	»	»	»	1.340	»	»	»
Moselle	34	316.320	15.816	891	16.707	161.787	0,0978	0,0055	0,1033
Nive	15	»	»	101	101	18.508	»	0,0055	0,0055
Nivelle	7	»	»	186	186	2.292	»	0,0812	0,0812
Rance	16	»	»	»	»	39.798	»	»	»
Rhône	547	159.872	7.994	1.821	9.815	162.072	0,0493	0,0112	0,0605
Sambre	54	»	»	1.339	1.339	690.103	»	0,0019	0,0019
Saône	374	117.446	5.872	677	6.549	342.244	0,0171	0,0020	0,0191
Sarthe	134	67.349	3.367	161	3.528	18.318	0,1838	0,0088	0,1926
Scarpe	74	154.897	7.745	1.389	9.134	741.907	0,0104	0,0019	0,0123
Seille	39	»	»	122	122	15.467	»	0,0079	0,0079
Seine	412	392.745	19.637	1.832	21.469	2.845.491	0,0069	0,0006	0,0075
Seine Maritime	125	323.481	16.174	1.427	17.601	289.550	0,0559	0,0049	0,0608
Sèvre-Nantaise	28	»	»	171	171	15.071	»	0,0113	0,0113
Sèvre-Niortaise	54	20.190	1.009	385	1.394	9.026	0,1118	0,0426	0,1544
Tarn	147	35.291	1.765	343	2.108	420	4,2024	0,8166	5,0190

DÉSIGNATION DES CANAUX OU RIVIÈRES	LONGUEURS FRÉQUENTÉES	DÉPENSES KILOMÉTRIQUES				TONNAGE MOYEN	RAPPORT des DÉPENSES au TONNAGE		
		Dépenses d'établissement	Charges à 5 0/0 des dépenses d'établissement	Frais annuels d'entretien	Charges des capitaux et frais d'entretien réunis		Charges des dépenses d'établissement	Frais annuels d'entretien	Charges des capitaux et frais d'entretien réunis
	km.	fr.	fr.	fr.	fr.	tonnes			
2. RIVIÈRES (suite)									
Taute	15	6.667	333	437	770	13.279	0,0251	0,0329	0,0580
Thouet	12	»	»	75	75	108	»	0,6944	0,6944
Vendée	25	9.669	483	126	609	841	0,5743	0,1498	0,7241
Vézère	47	»	»	12	12	162	»	0,0741	0,0741
Vilaine	142	24.439	1.222	322	1.544	36.751	0,332	0,0088	0,0420
Vire	69	40.277	2.014	352	2.366	7.931	0,2539	0,0444	0,2983
Yonne	108	278.665	13.933	1.167	15.100	312.042	0,0447	0,0037	0,0484

Quelles conclusions est-il possible de dégager du tableau précédent ?

Pour les dépenses d'établissement, ce tableau accuse des moyennes générales de 256 000 francs par kilomètre de canal et de 46 800 francs par kilomètre de rivière.

Si, au lieu d'envisager l'ensemble des voies fluviales, on élimine les canaux et les rivières d'ordre tout à fait secondaire, ayant un trafic inférieur à 100 000 tonnes, les moyennes passent respectivement à 306 000 et 166 000 francs. Les dépenses varient, d'ailleurs, dans une très large mesure ; elles vont de 92 000 à 725 000 francs, en ce qui concerne les canaux abstraction faite du canal maritime de Tancarville, et de 38 500 à 393 000 francs, en ce qui concerne les rivières.

Mais ces chiffres ne sauraient être acceptés sans réserves.

D'une part, en effet, ils englobent pour certaines voies, notamment pour les rivières, des travaux devenus inutiles par suite de transformations successives, ainsi que des opérations entièrement ou partiellement étrangères à la navigation, réalisées dans l'intérêt du libre écoulement des eaux, de la protection des propriétés riveraines, etc.

D'autre part, une fraction notable des dépenses remonte à des dates déjà lointaines, à des périodes pendant lesquelles l'argent avait beaucoup plus de valeur qu'aujourd'hui. Un examen attentif du tableau montre bien la progression du coût de construction des canaux.

Les voies dont se compose notre réseau de navigation intérieure se trouvent dans des conditions fort dissemblables ; quelques-unes sont des plus imparfaites.

En outre, les calculs laissent de côté des frais généraux considérables, imputés sur les crédits du personnel. Ils négligent aussi l'intérêt et l'amortissement des capitaux durant la construction, alors que, pour les chemins de fer, les charges correspondantes, ajoutées aux insuffisances de recettes des sections ouvertes avant l'entrée au compte d'exploitation, constituent un élément très important des frais de premier établissement, pouvant atteindre 20 p. 100 du total.

A un autre point de vue, même en admettant tels quels les prix de construction indiqués au tableau, il est permis, non seulement de contester l'application aux voies navigables du même taux qu'aux voies ferrées pour la supputation des charges d'intérêt et d'amortissement, mais encore de se demander si ces charges ne devraient pas être au moins partiellement écartées, comme afférentes à des dépenses actuellement amorties ou ne comportant pas d'amortissement. La question sera examinée plus loin.

Les données du tableau concernant les dépenses kilométriques d'entretien se résument ainsi :

Ensemble des canaux : moyenne de 1 120 francs;

Canaux ayant un trafic de 100 000 tonnes ou davantage : moyenne de 1 320 francs ; minimum de 540 francs; maximum de 4 910 francs ;

Ensemble des rivières : moyenne de 407 francs ;

Rivières ayant un trafic de 100 000 tonnes ou davantage : moyenne de 1 200 francs; minimum de 375 francs ; maximum de 2 060 francs.

Ces dépenses sont celles de l'entretien proprement dit. Il faut y ajouter les dépenses dites de seconde catégorie, imputées sur les mêmes chapitres du budget, et plus particulièrement affectées aux grosses réparations ou à de menus travaux neufs. La majoration moyenne résultant de cette addition est de 20 p. 100.

Il convient aussi de compter les frais généraux et les dépenses locales de personnel (ingénieurs, conducteurs, commis, gardes, barragistes, éclusiers, mécaniciens, etc.), sans perdre de vue cependant que, sur les rivières, les fonctionnaires et agents ont des attributions administratives et un service de police indépendants de la navigation. L'augmentation de ce chef peut être arbitrée à 55 ou 60 p. 100.

Pour avoir la mesure de ce que coûte par tonne transportée à un kilomètre l'usage d'une voie navigable, il suffit de calculer le rapport entre les charges kilométriques annuelles et le tonnage moyen de cette voie. Les charges annuelles comprennent les frais d'entretien et de grosses réparations, les frais généraux et les dépenses locales de personnel, ainsi que l'intérêt et l'amortissement du capital engagé (si on les admet en compte).

Ici, des moyennes arithmétiques portant soit sur l'ensemble des canaux ou des rivières, soit sur des groupes déterminés de ces voies fluviales, seraient dépourvues de toute signification et conduiraient fatalement à de lourdes erreurs d'appréciation, car elles feraient part égale aux artères à circulation intense et aux voies à fréquentation presque nulle. Seules, les moyennes géométriques importent; seules, elles combinent rationnellement deux facteurs inséparables, le nombre de tonnes kilométriques et la charge unitaire. Ce sont, d'ailleurs, des moyennes de cette nature qui ont été citées pour les chemins de fer.

Voici quel serait, d'après le précédent tableau, le coût moyen par tonne kilométrique, d'abord sur l'ensemble des canaux et sur l'ensemble des rivières, puis sur les seules voies navigables ayant un tonnage moyen de 500 000 tonnes au moins, dans la double hypothèse de l'élimination ou de l'admission en compte des charges d'intérêt et d'amortissement.

1. — Ensemble des canaux

Sans l'intérêt ni l'amortissement du capital......	2 millimes 95
Avec l'intérêt et l'amortissement du capital.......	2 centimes 16

2. — Ensemble des rivières

Sans l'intérêt ni l'amortissement du capital.......	3 millimes 04
Avec l'intérêt et l'amortissement du capital.......	1 centime 52

3. — Canaux ayant un tonnage moyen de 500 000 tonnes au moins

Sans l'intérêt ni l'amortissement du capital.......	1 millime 62
Avec l'intérêt et l'amortissement du capital......	1 centime 17

4. — Rivières ayant un tonnage moyen de 500 000 tonnes au moins

Sans l'intérêt ni l'amortissement du capital.......	1 millime 26
Avec l'intérêt et l'amortissement du capital.......	6 millimes 42

Il ne sera pas inutile de rappeler que le tonnage kilométrique des voies navigables ayant un tonnage moyen de 500 000 tonnes ou davantage forme 86 p. 100 du tonnage kilométrique total des canaux et 77 p. 100 de celui des rivières.

Souvent les chiffres spéciaux aux voies navigables dont la fréquentation présente une activité exceptionnelle sont notablement inférieurs aux plus faibles des moyennes qui viennent d'être indiquées. Je citerai les exemples suivants :

1° Coût par tonne kilométrique, sans l'intérêt ni l'amortissement du capital. — Canal d'Aire (tonnage moyen de 2 millions de tonnes environ), 1 millime 05 ; canal latéral à l'Aisne (1 154 000 tonnes), 0 millime 98 ; canal de l'Aisne à la Marne (1 641 000 tonnes), 1 millime 11 ; canal de la Deûle (1 980 000 tonnes), 1 millime 33 ; canal latéral à la Marne (1 362 000 tonnes), 0 millime 75 ; canal latéral à l'Oise (4 063 000 tonnes), 0 millime 84 ; canal de l'Oise à l'Aisne (1 861 000 tonnes), 0 millime 82 ; canal de la Sensée (4 162 000 tonnes), 0 millime 53. — Seine (2 845 000 tonnes), 1 millime 16.

2° Coût par tonne kilométrique, avec l'intérêt et l'amortissement du capital. — Canal d'Aire (2 millions de tonnes), 6 millimes 07 ; canal latéral à l'Aisne (1 154 000 tonnes), 7 millimes 15 ; canal latéral à la Marne (1 362 000 tonnes), 6 millimes 09 ; canal de Saint-Quentin (5 376 000 tonnes), 4 millimes 44 ; canal de la Sensée (4 162 000 tonnes), 3 millimes 82. — Aa (1 204 000 tonnes), 5 millimes ; Escaut (1 899 000 t.), 3 millimes 08.

c. Comparaison entre les voies navigables et les voies ferrées. — La comparaison des voies navigables et des voies ferrées, en ce qui concerne le coût d'usage de la voie, donne, malgré la plus grande longueur du parcours par eau entre deux points déterminés, des résultats manifestement favorables aux voies de navigation, si on élimine pour elles les charges d'intérêt et d'amortissement du capital. Dans le cas contraire, elle tourne à l'avantage des chemins de fer ou, du moins, ne laisse la supériorité qu'à un petit nombre de voies navigables, spécialement de rivières privilégiées au point de vue des conditions naturelles de navigabilité et du trafic ; les autres rivières et *a fortiori* les canaux artificiels se trouvent en infériorité certaine par rapport aux voies ferrées qui occupent un rang analogue dans l'échelle de la fréquentation. Le fait s'explique aisément : d'un côté, en effet, l'économie relative de construction, autrefois portée à l'actif des canaux, paraît avoir disparu ou s'être singulièrement atténuée ; d'un autre côté, la plupart des voies navigables à mouvement intense n'ont pas une circulation dépassant celle des marchandises en petite vitesse sur les grandes artères de notre réseau ferré, et les chemins de fer desservent, de plus, un trafic considérable de grande vitesse.

Entre les deux systèmes de comparaison, quel est celui qu'il convient de choisir ?

Les défenseurs de la navigation invoquent des arguments d'ordres divers pour écarter tout ou partie des charges d'intérêt et d'amortissement.

Ils font valoir qu'une fraction importante des dépenses d'établissement remonte à une époque déjà ancienne et doit être considérée comme amortie par les bénéfices directs ou indirects procurés au pays depuis une longue suite d'années.

Subsidiairement, ils ajoutent que ces dépenses ont été fréquemment couvertes non par des ressources d'emprunt, comme pour les chemins de fer, mais par les ressources annuelles ordinaires, qui ne comportent pas d'amortissement.

Quelques-uns, sans méconnaître l'opportunité d'avoir égard à l'intérêt des capitaux, se refusent à admettre l'amortissement, parce que l'État, à l'inverse des Compagnies de chemin de fer, conserve indéfiniment ses travaux.

D'autres, enfin, ne veulent chercher la compensation des sacrifices du Trésor que dans le développement général de la production, du commerce et de la richesse publique. La suppression des péages a, suivant eux, consacré cette manière d'envisager les choses.

Certes, les dépenses de date ancienne doivent incontestablement être tenues pour amorties. Il y a là une considération qui ne saurait être négligée, quand on veut comparer les deux réseaux de voies navigables et de voies ferrées en leur état actuel. Mais le but à poursuivre est moins de faire une telle comparaison, ayant surtout un caractère didactique, que de recueillir des enseignements pour les œuvres de l'avenir.

La question étant ainsi limitée aux extensions ultérieures des réseaux navigable et ferré, comment ne pas traiter de même les deux catégories de voies à mettre en parallèle? Comment baser une distinction sur la nature et la provenance des ressources consacrées aux travaux? Que ces ressources soient fournies par l'impôt, par des emprunts d'État, par des émissions privées d'actions et d'obligations, elles sont, dans tous les cas, demandées à la nation. Sans doute, la forme de la rémunération varie : tandis que l'État se contente des profits directs ou indirects apportés au pays, les Compagnies de chemins de fer perçoivent des taxes correspondant aux charges des capitaux. Cette différence ne peut cependant influer sur la solution du problème, posé à un point de vue en quelque sorte philosophique.

Vainement excipe-t-on de ce que l'État conserve indéfiniment les travaux, à l'inverse des Compagnies de chemins de fer, dont les concessions sont temporaires. Les dépenses ne doivent pas moins être amorties. En décider autrement serait appliquer la doctrine soutenue par certains financiers éminents, mais heureusement repoussée jusqu'ici, de l'inutilité du remboursement des emprunts contractés par l'État pour la réalisation d'entreprises profitables aux générations futures comme à la génération actuelle. Ce serait ainsi attribuer aux travaux une utilité perpétuelle, alors que l'évolution et les progrès de la science amèneront fatalement des modifications successives dans les conditions des transports, obligeront à transformer les voies de communication, stériliseront les ouvrages antérieurs ou y exigeront des remaniements profonds.

d. Observations sur des voies navigables en construction. — Après avoir consulté le passé et recueilli ses enseignements, examinons la situation probable des voies navigables les plus importantes comprises au programme de 1903 : le canal du Nord et le canal de Marseille au Rhône. Ces deux canaux ont été respectivement déclarés d'utilité publique par les lois du 23 et du 24 décembre 1903.

1. *Canal du Nord*. — Le canal du Nord doit remédier à l'insuffisance du canal de Saint-Quentin pour les relations des houillères du Nord et du Pas-de-Calais avec Paris, le Centre et l'Est de la France. Son tracé part d'Arleux, sur le canal de la Sensée, se dirige vers le canal de la Somme, qu'il emprunte entre Péronne et Ham, puis est orienté dans la direction de Noyon, où il rejoint le canal latéral à l'Oise.

D'Arleux à Noyon, la nouvelle voie navigable aura une longueur totale de 94 km. 550. Elle présentera un mouillage normal de 2 m. 50, porté à 3 mètres dans le grand bief de partage, et une largeur de 12 mètres à 2 mètres en contre-bas du niveau de navigation. Ses écluses seront formées de deux sas accolés, ayant une longueur utile de 40 m. 50, une largeur de 6 mètres et un mouillage de 2 m. 50 sur les buses. Ainsi constituée, elle se prêtera facilement au passage des bateaux d'une longueur de 38 m. 50, d'une largeur de 5 m. et d'un tirant d'eau de 1 m. 80.

La distance de Lens à Paris-La Villette sera ramenée de 341 à 299 kilomètres, et le nombre des écluses entre ces deux points de 62 à 38. Au départ de Pont-à-Vendin, la batellerie gagnera 42 kilomètres et 24 écluses pour la destination de Paris-La Villette, 87 kilomètres et 24 écluses pour Amiens, 11 kilomètres et 29 écluses pour Reims. D'Anzin à Paris-La-Villette, l'abréviation se mesurera par 10 kilomètres et 24 écluses. Grâce à la diminution du parcours, à la grande section du canal, aux dispositions des ouvrages et notamment des écluses, enfin à l'organisation de la traction, la durée ordinaire du trajet sur Paris pourra être réduite de trois jours ; le doublement de la voie de Saint-Quentin permettra d'éviter les interruptions périodiques de la navigation entre le Nord ou le Pas-de-Calais et Paris ; les mariniers auront la possibilité de faire annuellement 5 ou 6 voyages, au lieu de 3 ou 4. Suivant les ingénieurs, le fret Pont-à-Vendin à Paris, qui, de 1878 à 1900, a oscillé entre 5 fr. 10 et 7 fr. 25, descendra, sans doute, à 3 fr. 50 ou 4 fr.

D'après l'avant-projet qui a servi de base à la loi, les dépenses seront de 60 millions. La Chambre de commerce de Douai versera, à titre de concours, moitié de cette somme, soit 30 millions. Elle a été autorisée à emprunter la capital nécessaire au paiement de ce subside ainsi que des intérêts pendant la période de construction et les premières années d'exploitation. Les Compagnies houillères du Nord et du Pas-de-Calais se sont engagées à couvrir les émissions jusqu'à concurrence d'un total dépassant 34 millions et ont consenti un taux d'intérêt de 3.40 p. 100.

En compensation de son concours, la Chambre de commerce de Douai percevra des péages (6 millimes par tonne et par kilomètre, pour les combustibles minéraux, les matériaux de construction, les engrais et amendements, les bois à brûler et de commerce, les produits de l'industrie métallurgique, les céréales en gerbes ou en grains non moulus, le foin, la paille; 10 millimes par tonne et par kilomètre, pour les machines, les produits industriels, les produits agricoles non dénommés ci-dessus et les denrées alimentaires, les marchandises diverses; 10 ou 20 centimes par kilomètre pour les bateaux vides selon leur jauge). La durée normale de la perception sera de 50 ans.

De plus, la Chambre de commerce aura le monopole du halage, et le produit net de l'entreprise s'ajoutera aux recettes des péages.

Les charges kilométriques du capital, y compris les intérêts pendant la construction, peuvent être estimées à 38 000 francs. Si on y ajoute 7 000 francs pour entretien, grosses réparations, frais généraux et dépenses localisées de personnel, les frais annuels ressortent à 40 000 francs par kilomètre.

Dans l'hypothèse d'un trafic moyen atteignant 6 millions de tonnes, le coût de l'usage de la voie par tonne kilométrique serait un peu inférieur à 7 millimes.

Il est difficile de prévoir l'époque à laquelle se réalisera un trafic si intense. Au début, d'ailleurs, la circulation de la voie nouvelle sera partiellement prélevée sur celle des voies préexistantes, dont les charges unitaires subiront un relèvement et qui éprouveront une dépréciation. Mais on est fondé à escompter l'élasticité de la production minière et le développement de la consommation.

2. *Canal de Marseille au Rhône.* — Le canal de Marseille au Rhône donnera à notre grand port méditerranéen une communication fluviale avec l'intérieur de la France. Il supprimera, pour les marchandises empruntant le Rhône en provenance ou à destination de ce port, la traversée du golfe de Fos, inaccessible aux chalands dès que la mer est un peu agitée.

Sa longueur de Marseille à Arles, point d'aboutissement sur le Rhône, sera de 79 kilomètres. Le mouillage atteindra 3 mètres entre Marseille et Port-de-Bouc, afin de permettre le passage des petits bâtiments marins propres à la navigation dans l'étang de Berre, puis se réduira à 2 m. 50 entre Port-de-Bouc et Arles. A l'origine, le long de la côte, ainsi que dans l'étang de Berre, le chenal aura 30 mètres ; le souterrain du Rove, long de 7 kilomètres, et construit en vue d'une navigation à simple voie, mais pourvu d'un ou de plusieurs garages, présentera une ouverture de 18 mètres aux naissances et comportera une passerelle; au delà de Port-de-Bouc, le profil offrira une largeur de 25 mètres à 2 mètres au-dessous du plan d'eau. Des écluses à têtes indépendantes ménageront des passes de 16 mètres et auront une longueur de 160 mètres.

Marseille se trouvera à 378 kilomètres de Lyon par voie d'eau; la distance par voie de fer est de 351 kilomètres. Le prix du fret sera ramené de 14 ou 15 francs à 6 ou 7 francs par tonne, pour les marchandises pondéreuses.

Les dépenses d'établissement ont été évaluées à 71 millions. Moitié de cette somme restera au compte de l'État. La Chambre de commerce de Marseille, avec l'aide de la ville et du département, fournira l'autre moitié et couvrira, le cas échéant, tous les dépassements auxquels conduirait la réalisation de l'entreprise. Ses emprunts devront être amortis en 70 ans au maximum. Elle se récupérera par la perception de péages dans le port de Marseille.

On peut, sans s'écarter beaucoup de la vérité, admettre que les charges kilométriques annuelles (intérêt et amortissement des capitaux, entretien, grosses réparations, frais généraux, dépenses localisées de personnel) oscilleront autour de 50 000 francs. D'autre part, le tonnage moyen probable a été estimé à 1 million de tonnes. Le coût de l'usage de la voie serait, dès lors, de 5 centimes environ par tonne kilométrique. Ce chiffre est élevé ; mais il y a lieu de remarquer que l'ouverture de la nouvelle voie navigable ne saurait être appréciée isolément, séparée de sa répercussion sur le trafic du port de Marseille et sur celui du Rhône.

14. Prix de transport payé par les usagers. — Après avoir comparé les voies navigables aux voies ferrées, en ce qui touche les dépenses de construction et d'entretien, établissons un parallèle entre ces deux catégories de voie de communication, au point de vue du prix de transport payé par les usagers. Pour apprécier à leur juste valeur les renseignements et les chiffres qui suivent, il importe de ne pas perdre de vue la différence capitale du régime sous lequel sont placés les chemins de fer et les rivières ou canaux : tandis que les Compagnies concessionnaires des voies ferrées sont obligées de percevoir des taxes, les rémunérant non seulement des frais de transport proprement dits, mais encore des charges afférentes aux dépenses d'établissement et d'entretien, le public reçoit la jouissance gratuite de la plupart des voies navigables, de telle sorte que l'un des éléments qui constituent les taxes pour les transports sur rails disparaît pour les transports par eau.

a. Canaux et rivières. — En 1855, dans son *Précis historique et statistique des voies navigables de la France*, M. Grangez a fourni des indications intéressantes sur le taux du fret pour les principales lignes de navigation. J'en extrais les données suivantes :

1. — Transport de la houille de Mons à Paris 350 kilomètres, bateau chargé de 200 tonnes.

Frais généraux. — Patentes belge et française, supposant deux voyages par an........	39 fr.	
Chargement au rivage belge.............	18 »	
Commission d'affrètement..............	15 »	
Assurance à 0 fr. 10 par tonne..........	20 »	
Droits de visite de douane à Condé.......	6 10	
Déchargement à Paris, à la charge du destinataire..........................	»	
Intérêts des avances..................	25 »	
Gages, nourriture et faux frais..........	251 50	
Usure et entretien du bateau............	80 »	
Usure des cordages et agrès.............	120 »	
	574 60	574 fr. 60
Droits de navigation y compris 118 fr. 77 pour retour à vide................................		823 43
Frais de traction. — Halage y compris 112 fr. 18 pour retour à vide)......................	432 60	
Pilotage sur divers points du parcours....	78 »	
Aide — — —	17 »	
	527 60	527 60
Total..............		1 925 fr. 63
Soit, par tonne et pour le parcours...............		9 fr. 63
et par tonne kilométrique....................		2c 75

Avec le bénéfice de l'entrepreneur, ces deux derniers chiffres s'élevaient à 10 fr. 65 et 3c 04.

En déduisant les droits de navigation, il restait 6 fr. 50 et 1c 87.

Le prix d'abonnement par le chemin de fer était de 10 fr. 80 pour 308 kilomètres.

2. — Transport de la houille ou d'autres matières suivant diverses directions.

Les indications numériques sont consignées dans le tableau ci-après.

2. — *Transport de la houille ou d'autres matières suivant diverses directions*

DÉSIGNATION DES PARCOURS	DISTANCES	NATURE DES MARCHANDISES ET CHARGEMENT DES BATEAUX	PRIX DE REVIENT DU TRANSPORT par tonne POUR TOUT LE PARCOURS				Taux effectif du fret par tonne, pour tout le parcours	TAUX DU FRET par tonne kilométrique	
			Frais généraux	Droits de navigation et de péage	Frais de traction	Total		Y compris les droits de navigation	Sans les droits de navigation
	km		francs	francs	francs	francs	francs	centimes	centimes
Charleroi à Paris	360	Houille. Chargement de 200 tonnes.	3,43	5,16	2,79	11,38	15 »	4,17	2,73
Mons à Lille	128	— — 180 —	1,48	1,26	0,96	3,91	4,38	3,42	2,44
Dunkerque à Lille	125	Denrées colon. Ch^{t} de 190 —	1,49	1,06	0,85	3,40	5 »	4, »	3,15
Cambrai à Dunkerque	174	Farine. Chargement de 130 —	2,30	3,21	1,33	6,83	8 »	4,60	2,75
Lyon à Paris par le canal de Bourgogne	647	Vins. Ch^{t} de 135 tonnes (accéléré)	5,96	6,88	11,34	24,18	35 »	5,41	4,35
Lyon à Paris par les canaux du Centre	650	— — 120 — —	6,31	23,97	8,38	38,66	»	»	»
Andrézieux à Paris (section de Roanne à Briare). par la Loire	273	Houille. Ch^{t} de 365 t. (8 bateaux)	»	0,41	»	»	5,77	2,11	1,96
Andrézieux à Paris (section de Roanne à Briare). par les canaux de Roanne à Digoin et latéral à la Loire	232	Houille. Chargement de 98 tonnes.	»	3,05	»	»	6,15	2,44	1,23
Lyon à Mulhouse	441	Marchandises diverses. Chargement de 120 tonnes (accéléré)	12,42	13,28	11 »	36,70	50 »	11,34	8,33

Près de vingt ans plus tard, dans le magistral rapport du 8 juin 1872 qu'il présenta à l'Assemblée nationale au nom de la Commission d'enquête sur les voies de transport, M. J.-B Krantz évaluait à 2 centimes environ par tonne kilométrique le fret de la houille entre Mons et Paris-La Villette (324 kilomètres). Il décomposait ainsi le prix total pour un bateau chargé de 240 tonnes et, par suite, le prix unitaire :

	PRIX	
	TOTAL	PAR TONNE kilométrique
	francs	centimes
Traction, touage, pilotage	440	0,57
Intérêt et amortissement du matériel	300	0,38
Entretien du matériel	85	0,11
Patente et assurance	49	0,06
Droits de navigation	360	0,46
Retour à vide	250	0,33
Salaire du marinier	16	0,02
TOTAUX	1.500	1,93

Ce calcul supposait trois voyages par an. M. Krantz faisait, d'ailleurs, remarquer que le marinier vivait exclusivement de ses journées de manœuvre aux différentes escales.

Pour l'ensemble des canaux, M. Krantz admettait le même chiffre, soit 1 c. 47 par tonne kilométrique, déduction faite des droits de navigation. Sur les rivières, il portait le taux du fret à 2 centimes, non compris ces droits.

Peu de temps après, M. Lucas, ingénieur des ponts et chaussées, attaché à l'Administration centrale des travaux publics, écrivait ce qui suit dans son *Étude historique et statistique sur les voies de communication de la France* : « On peut regarder comme un minimum le prix de 2 centimes par tonne kilométrique et comme « un maximum celui de 4 à 5 centimes. En moyenne, les transports « s'effectuent sur nos voies navigables au prix de 3 centimes par « tonne kilométrique. »

Le rapport, en date du 26 juin 1879, de M. Sarrien, député, sur le projet de loi relatif au classement et à l'amélioration des voies navigables, n'estimait qu'à un centime et demi le prix kilométrique du transport d'une tonne de houille par la batellerie.

J'emprunte à M. l'inspecteur général Flamant le tableau ci-dess afférent aux transports de houille par les canaux du Nord, pendant les années 1876, 1877, 1878 et 1879 :

DÉSIGNATION des PARCOURS	DISTANCES	PRIX MOYEN DU FRET PAR TONNE					PRIX MOYEN de la tonne kilométrique
		1876	en 1877	en 1878	en 1879	pendant les quatre années	
	kilom.	francs	francs	francs	francs	francs	centimes
Lens à La Villette...	344	6,57	5,92	6,12	6,11	6,18	1,8
— Rouen......	467	7,66	6,82	6,80	6,71	7,00	1,5
— Amiens.....	227	4,25	3,79	3,85	3,83	3,93	1,7
— Arras.......	51	1,75	1,50	1,53	1,63	1,60	3,1
— Douai.......	23	0,80	0,80	0,83	0,83	0,82	3,6
— Cambrai.....	64	1,92	1,70	1,70	1,79	1,78	2,8
— Péronne.....	166	»	3,06	3,26	3,14	3,15	1,9
— Saint-Quentin	117	2,97	2,43	2,41	2,52	2,58	2,2
— Compiègne ..	199	3,93	3,54	3,50	3,54	3,63	1,8
— Lille........	25	0,82	0,80	0,81	0,80	0,81	3,2
— Béthune.....	23	0,80	0,76	0,79	0,80	0,79	3,4
— Saint-Ouen ..	64	1,20	1,20	1,24	1,21	1,21	1,9
— Dunkerque ..	108	1,60	1,55	1,58	1,61	1,58	1,5
— Calais.......	109	1,60	1,55	1,58	1,61	1,58	1,5
Anzin à La Villette...	302	5,99	5,37	5,52	5,65	5,63	1,9
— Rouen......	425	6,79	6,32	6,32	6,45	6,47	1,5
— Amiens.....	185	4,21	3,68	3,45	3,34	3,67	2,0
— Arras.......	59	2,51	2,01	2,00	1,92	2,11	3,6
— Douai.......	40	1,71	1,21	1,20	1,12	1,31	3,3
— Cambrai.....	23	1,47	0,99	0,93	1,02	1,10	4,8
— Péronne.....	125	3,51	3,03	2,80	2,69	3,01	2,4
— Saint-Quentin	76	2,47	1,99	1,93	2,02	2,10	2,8
— Compiègne ..	158	3,50	3,03	3,36	3,35	3,34	2,1
— Lille........	89	2,07	1,56	1,69	1,62	1,73	1,9
— Béthune.....	87	2,22	1,71	1,92	1,92	1,94	2,2
— Saint-Omer..	128	2,62	2,11	2,51	2,61	2,46	1,9
— Dunkerque ..	172	3,37	2,85	3,03	3,11	3,09	1,8
— Calais.......	173	2,99	2,51	3,01	3,16	2,91	1,7
				MOYENNE			2,35

La première édition du « Traité des Chemins de fer » (1887) contenait un long tableau de prix payés pendant la période 1879-1883 pour les marchandises et les itinéraires les plus divers. Ce tableau se synthétisait comme il suit :

DÉSIGNATIONS DES MARCHANDISES	PRIX MOYEN PAR TONNE KILOMÉTRIQUE	
	pour les transports à toute distance	pour les transports à plus de 200 kilom.
	centimes	centimes
Combustibles minéraux	2,80	2,00
Matériaux de construction. Minéraux	4,20	2,40
Engrais. Amendements	3,00	1,90
Bois à brûler et bois de service	3,90	2,80
Industrie métallurgique (minerais, fontes, fers et autres métaux bruts	3,10	2,25
Produits agricoles et denrées alimentaires	4,70	3,20

En négligeant les autres éléments de trafic, dont l'importance était tout à fait secondaire, et en affectant chacun des chiffres qui précèdent d'un coefficient proportionnel à la part de l'élément correspondant dans le tonnage kilométrique de notre réseau de navigation, on constatait que le taux moyen du fret, pendant la période 1879-1883, avait été de : 3 c. 60 pour les transports de toute nature et à toute distance, de 2 c. 25 pour les transports à plus de 200 kilomètres.

Les droits de navigation venaient d'être supprimés par une loi du 19 février 1880. D'un autre côté, l'Administration poursuivait vigoureusement la transformation des lignes principales, conformément à la loi de classement du 5 août 1879, qui assignait à ces artères maîtresses les dimensions minima suivantes : profondeur d'eau, 2 mètres ; largeur des écluses, 5 m. 20 ; longueur des écluses entre la corde du mur de chute et l'enclave des portes d'aval, 38 m. 50 ; hauteur libre sous les ponts pour les canaux, 3 m. 70. Les bateaux de 300 tonnes devaient pouvoir circuler désormais d'un bout à l'autre du territoire.

Auparavant, l'unité n'existait ni dans le mouillage, ni dans la largeur du chenal, ni dans les dimensions des écluses, ni dans la hauteur disponible sous les passages supérieurs. Les canaux et les canalisations de rivières, au lieu d'être établis, comme les chemins de fer, dans des vues d'ensemble, l'avaient été sous l'empire d'idées fort diverses, sous l'impulsion de nécessités locales, en vue de besoins souvent circonscrits dans d'étroites limites. De là, une variété de principes, une incohérence, dont souffraient profondément les relations entre les différentes voies navigables.

C'est ainsi, par exemple, que le rapport du 8 juin 1872 de M. J.-B. Krantz à l'Assemblée nationale avait signalé, sur la ligne de Paris à la frontière vers Strasbourg, une section où le mouillage était seulement de 1 m. 20, chiffre inférieur de 0 m. 40 à celui du canal de la

Marne au Rhin. Le même rapport montrait l'extrême diversité de gabarit des écluses sur le réseau du Nord :

	Largeur	Longueur
Scarpe...............	4m,50 à 5m,20	33m,20 à 42 mètres
Sambre...............	5m,10 à 5m,20	41m,50 à 42 —
Oise canalisée.........	8m »	51m »
Canal latéral à l'Oise...	6m,50	40m »
— de la Somme.....	6m,50	36m,40
— Saint-Denis......	7m »	42m »

Grâce à la loi du 5 août 1879, un peu d'ordre, d'harmonie, d'homogénéité, allait enfin être introduit dans le chaos du passé.

L'Administration se préoccupait aussi d'améliorer l'alimentation, souvent insuffisante, des canaux et d'éviter les chômages dus à la pénurie des ressources alimentaires. Elle s'efforçait de réduire et de coordonner les interruptions de circulation nécessitées par l'entretien périodique et les réparations. Des voies nouvelles étaient en cours d'exécution.

Quelle a été, au point de vue du fret, la conséquence des lourds sacrifices faits par l'État depuis trente ans?

Dans son « Cours de navigation intérieure » (1899-1904), M. l'Inspecteur général Barlatier de Mas n'estimait plus qu'à 1 centime le taux moyen par tonne kilométrique pour les transports sur canaux par bateau chargé de 300 tonnes. Il admettait, pour les parcours mixtes (canaux et rivières), une moyenne de 15 millimes et ajoutait que le prix pouvait exceptionnellement descendre à 8 millimes.

Sur ma demande, le Département des travaux publics a bien voulu réunir des renseignements très complets, relatifs aux années 1907, 1908 et 1909. Ces renseignements sont groupés dans le tableau ci-après :

PRIX DE FRET POUR DIVERS PARCOURS ET POUR DIFFÉRENTES CATÉGORIES DE MARCHANDISES. (Années 1907, 1908 et 1909.)

DÉSIGNATION DES PARCOURS	DISTANCES	PRIX TOTAL PAR TONNE			PRIX PAR TONNE KILOMÉTRIQUE		
		1907	1908	1909	1907	1908	1909
	km.	fr.	fr.	fr.	c.	c.	c.
I. — Combustibles minéraux (*Houille et coke*)							
Angers à Nantes	92	4,25	4,25	4,25	4,62	4,62	4,62
Anvers à Frise	305	»	4 »	4 »	»	1,31	»
Anvers à Paris	496	»	»	6,90	»	»	1,39
Anzin à Amiens	191	3,75	»	2 »	1,96	»	1,05
Anzin à Nancy	472	6 »	»	4 65	1,27	»	0,99
Anzin à Paris	341	4,425	4,10	4,125	1,30	1,20	1,21
Anzin à Reims	226	3,775	3,725	3,275	1,67	1,65	1,45
Arles à Bouc	47	3 »	3 »	3 »	6,38	6,38	6,38
Aubigny à Paris	224	5 »	5 »	5 »	2,23	2,23	2,23
Béthune à Rethel	293	4,50	4,75	4,25	1,54	1,62	1,45
Beuvry à Auby	37	»	0,80	0,70	»	2,16	1,89
Beuvry à Brie	181	3,20	3 »	»	1,77	1,66	»
Beuvry à Cappy	203	3,20	»	»	1 58	»	»
Beuvry à Dunkerque	91	1,50	1,40	1,20	1,65	1,54	1,32
Beuvry à Elbeuf	463	5,53	5,34	5,03	1,19	1,15	1,09
Beuvry à Frise	196	»	2,90	»	»	1,48	»
Beuvry à Froissy	205	3,35	2,85	1 75	1 63	1,39	0,85
Beuvry à Ham	159	»	2,60	»	»	1,64	»
Beuvry à la Bassée	9	1 »	1 »	0,75	11,11	11,11	8,33
Beuvry à Laneuveville	523	»	6,50	»	»	1,24	»
Beuvry à Lescure	483	5,55	5,36	5 »	1 15	1 11	1,04
Beuvry à Péronne	185	3,15	3 »	2,25	1.70	1,62	1,22
Beuvry à Reims	272	4 »	3,70	3,50	1.47	1,36	1,29
Beuvry à Roubaix	55	1,65	1,40	1,25	3 »	2,55	2,27
Beuvry à Rouen	486	5,63	5,43	5,13	1.16	1,12	1,06
Beuvry à Saint-Christ	178	3,15	3,05	»	1,77	1,71	»
Beuvry à Saint-Dizier	385	5 »	4,70	4,50	1,30	1,22	1,17
Beuvry à Saint-Omer	49	1,30	1,20	1 »	2,65	2,45	2,04
Beuvry à Voyennes	167	2,85	2,85	1,80	1,71	1,71	1,08
Blanzy à Roanne	111	1,60	1,60	1,63	1,44	1,44	1,47
Bordeaux à Béziers	456	8 »	8 50	9 »	1,75	1,86	1,97
Bordeaux à Condom	157	6 »	6 »	6 »	3,82	3,82	3,82
Bordeaux à Nérac	132	6 »	6 »	6 »	4,55	4,55	4,55
Bordeaux à Saint-Jean-Poutge	190	7 »	7 »	7 »	3,68	3,68	3,68
Bordeaux à Toulouse	247	5 »	5 »	5 »	2,02	2,02	2,02
Bouquiès à Larroque-Bouillon	5	0,84	1,04	1,10	16,80	20,80	22 »
Bruay à Besançon	690	10,75	11,50	10,75	1,56	1,67	1,56
Bruay à Biaches	191	»	»	2,25	»	»	1,18
Bruay à Brie	184	3,70	»	2,10	2,01	»	1,14
Bruay à Chalon	690	10,50	»	»	1,52	»	»

DÉSIGNATION DES PARCOURS	DISTANCES	PRIX TOTAL PAR TONNE			PRIX PAR TONNE KILOMÉTRIQUE		
		1907	1908	1909	1907	1908	1909
	km.	fr.	fr.	fr.	c.	c.	c.
Bruay à Epénancourt	177	3,40	»	»	1,75	»	»
Bruay à Epinal	572	7,25	»	6,75	1,27	»	1,18
Bruay à Feuillères	196	3,60	»	»	1,84	»	»
Bruay à Frise	199	»	3,15	»	»	1,58	»
Bruay à Ham	162	3 »	2,90	1,90	1,85	1,79	1,17
Bruay à Laneuveville	526	»	6,50	»	»	1,24	»
Bruay à Liverdun	506	»	»	6,25	»	»	1,24
Bruay à Maixe	545	»	6,60	»	»	1,21	»
Bruay à Marcq	48	1,50	1,50	1,10	3,12	3,12	2,29
Bruay à Paris	297	»	»	4,50	»	»	1,52
Bruay à Tronville	416	»	5,90	»	»	1,42	»
Bruay à Varangéville	535	6,75	6,80	6,55	1,26	1,27	1,22
Bruay à Voyennes	170	3,10	»	»	1,82	»	»
Cette à Beaucaire	98	2,55	2,75	2,75	2,60	2,81	2,81
Cette à Béziers	53	2,50	2 »	2 »	4,72	3,77	3,77
Chalon à Lyon	134	2,50	2,50	2,50	1,87	1,87	1,87
Chalon à Saint-Symphorien	74	1,50	1,50	1,50	2,03	2,03	2,03
Charleroi à Amiens	274	6,50	6,12	5,70	2,37	2,23	2,08
Charleroi à Biaches	217	5,50	5,35	5,75	2,53	2,47	2,65
Charleroi à Chalon	682	»	10,25	9,25	»	1,50	1,36
Charleroi à Colmar	640	8,85	»	8,40	1,38	»	1,31
Charleroi à Compiègne	212	5,90	5,31	4,98	2,59	2,50	2,35
Charleroi à Corbeil	416	7,75	7,56	7,24	1,86	1,82	1,74
Charleroi à Dombasle	439	6,55	6,18	5,35	1,49	1,41	1,22
Charleroi à Elbeuf	458	7,13	7,03	7,87	1,56	1,53	1,72
Charleroi à Feuillères	222	5,35	5,55	5 »	2,41	2,50	2,25
Charleroi à Girancourt	489	7,10	6,85	6,80	1,45	1,40	1,39
Charleroi à Ham	188	5,35	5,40	4,95	2,85	2,87	2,63
Charleroi à Huningue	695	10,55	10,85	»	1,52	1,56	»
Charleroi à Lyon	820	11,65	11,90	10,60	1,42	1,45	1,29
Charleroi à Montargis	522	8,50	8,30	7,95	1,63	1,59	1,52
Charleroi à Mulhouse	672	9,10	9,25	9 »	1,35	1,38	1,34
Charleroi à Nancy (1)	514	7,80	7,60	6,93	1,52	1,48	1,35
Charleroi à Nancy (2)	424	6,40	6,15	5,40	1,51	1,45	1,27
Charleroi à Paris	382	7,13	7,30	6,87	1,87	1,84	1,80
Charleroi à Reims	267	6,67	6,70	6,07	2,50	2,51	2,27
Charleroi à Rouen	481	7,25	7,06	6,74	1,51	1,47	1,40
Charleroi à Saint-Jean-de-Losne	612	9,40	8,85	»	1,54	1,45	»
Charleroi à Strasbourg	573	8,08	8,27	7,45	1,41	1,44	1,30
Charleroi à Torpes (3)	755	11,25	11,50	11 »	1,49	1,52	1,46

(1) Par Vitry-le-François; — (2) Par Givet; (3) Par Givet et Toul.

DÉSIGNATION DES PARCOURS	DISTANCES	PRIX TOTAL PAR TONNE			PRIX PAR TONNE KILOMÉTRIQUE		
		1907	1908	1909	1907	1908	1909
	km.	fr.	fr.	fr.	c.	c.	c.
Charleroi à Torpes (1)	665	9,70	9,70	9,70	1,46	1,46	1,46
Charleroi à Voyennes	196	5,15	4,60	5,45	2,63	2,35	2,78
Châteaulin à Châteauneuf	43	2 »	2 »	2 »	4,65	4,65	4,65
Châtelet à Dôle (2)	711	11 »	10,75	10,25	1,55	1,51	1,44
Châtelet à Epinal	472	7,20	6,95	6,20	1,53	1,47	1,31
Châtelet à Mulhouse	666	9,40	9,60	8,75	1,41	1,44	1,31
Châtelet à Nancy	418	6,35	6,30	5,80	1,52	1,51	1,39
Châtelet à Strasbourg	567	8,35	8,20	7,50	1,47	1,45	1,32
Châtelet à Varangéville	432	6,57	6,50	5,82	1,52	1,51	1,35
Châtelineau à Chalon	688	8,90	10 »	9,15	1,29	1,45	1,33
Châtelineau à Colmar	634	8,85	9,35	8,55	1,40	1,47	1,35
Châtelineau à Dijon	647	10,15	10,10	8,90	1,57	1,56	1,38
Châtelineau à Dôle (1)	711	10,17	10,47	9,45	1,43	1,47	1,33
Châtelineau à Dombasle	433	6,60	6,60	6,20	1,52	1,52	1,43
Châtelineau à Epinal	472	6,95	6,85	6,20	1,47	1,45	1,31
Châtelineau à Girancourt	483	7,20	7,15	6,40	1,49	1,48	1,33
Châtelineau à Laneuveville	423	6,30	6,30	6,10	1,49	1,49	1,44
Châtelineau à Lyon	826	11,80	11,97	11,37	1,43	1,45	1,38
Châtelineau à Mulhouse	666	9,20	9,35	8,85	1,38	1,40	1,33
Châtelineau à Nancy	418	6,40	6,40	5,75	1,53	1,53	1,38
Châtelineau à Pont-à-Mousson	428	6,80	6,40	6,60	1,59	1,50	1,54
Châtelineau à Saint-Jean-de-Losne	618	9,15	9,15	8,15	1,48	1,48	1,32
Châtelineau à Strasbourg	567	8,10	8,25	7,35	1,43	1,46	1,30
Châtelineau à Thaon	463	6,85	6,65	5,65	1,48	1,44	1,22
Châtelineau à Varangéville	432	6,48	6,05	5,60	1,50	1,40	1,30
Châtelineau à Vincey	451	6,90	6,75	5,90	1,53	1,50	1,31
Copine (La) au Creusot	130	1,60	1,60	1,60	1,23	1,23	1,23
Copine (La) à Montargis	184	2,50	2,50	2,50	1,36	1,36	1,36
Couillet à Nancy	412	6,10	6,45	6,10	1,48	1,57	1,48
Courcelle à Ham	125	»	»	4,65	»	»	3,72
Courrières à Saint-Dizier	359	5 »	4,70	4,25	1,39	1,31	1,18
Creusot (Le) à Dammarie	326	3,40	3,40	3,40	1,04	1,04	1,04
Dampierre à Roanne	82	1,50	1,50	1,50	1,83	1,83	1,83
Decize à Auxerre	174	3 »	3 »	3 »	1,72	1,72	1,72
Decize à Montargis	181	2,50	2,50	2,50	1,38	1,38	1,38
Decize à Paris	323	3,75	3,75	3,75	1,16	1,16	1,16
Denain à Amiens	184	2,82	2,47	2,02	1,53	1,34	1,10
Denain à Bar-le-Duc	341	»	4,60	»	»	1,35	»
Denain à Chauny	116	2,35	2,10	2,10	2,03	1,81	1,81
Denain à Dombasle	472	6,65	6,67	5,73	1,41	1,41	1,21

(1) Par Chauny et Chaumont ; — (2) Par Givet et Toul.

DÉSIGNATION DES PARCOURS	DISTANCES	PRIX TOTAL PAR TONNE			PRIX PAR TONNE KILOMÉTRIQUE		
		1907	1908	1909	1907	1908	1909
	km.	fr.	fr.	fr.	c.	c.	c.
Denain à Dunkerque	168	1,95	1,80	1,80	1,16	1,07	1,07
Denain à Ham	98	2,10	1,70	1,05	2,14	1,73	1,07
Denain à Jarville	460	2,55	2,70	»	0,51	0,59	»
Denain à Nancy	457	»	5,55	»	»	1,21	»
Denain à Paris	326	4,92	4,57	4,43	1,51	1,40	1,36
Denain à Roubaix	106	»	1,60	»	»	1,51	»
Denain à Saint-Dizier	324	4,70	4,50	3,50	1,45	1,39	1,08
Dorignies à Arleux	15	1 »	0,90	0,85	6,67	6 »	5,67
Dorignies à Auby	4		0,45	0,45	»	11,25	11,25
Douai à Jarville	483	6,25	6,23	6,25	1,29	1,29	1,29
Douai à Maxéville	474	6,25	6,23	5,25	1,32	1,31	1,11
Douai à Roubaix	64	1,60	1,45	1,20	2,50	2,27	1,87
Douai à Saint-Dizier	344	4,75	4,55	4 »	1,38	1,32	1,16
Duisburg à Paris	458	»	»	9 »	»	»	1,97
Dunkerque à Ham	244	»	4,40	4,40	»	1,80	1,80
Dunkerque à Reims	357	6,40	»	»	1,79	»	»
Eleu à Besançon	672	10,25	10,25	10,25	1,53	1,53	1,53
Eleu à Ham	144	2,75	»	»	1,91	»	»
Eleu à Paris	372	»	»	4,35	»	»	1,17
Eleu à Villefranche	799	11 »	11 »	10,80	1,38	1,38	1,35
Escarpelle à Ham	120	»	3 »	»	»	2,50	»
Escarpelle à Paris	348	»	»	4,25	»	»	1,22
Escarpelle à Péronne	146	»	3,75	»	»	2,57	»
Evron à Rennes	66	2,50	2,50	2,50	3,79	3,79	3,79
Fosse-Thiers à Dijon	605	9,15	»	9,10	1,51	»	1,50
Fosse-Thiers à Strasbourg	626	8,15	»	»	1,30	»	»
Gand à Ham	251	»	»	4,05	»	»	1,61
Gand à Vitry-le-François	446	4,80	»	»	1,08	»	»
Gargant à Paris	346	»	»	3,40	»	»	0,98
Harnes à Deulemont	44	1,40	1,35	1,10	3,18	3,07	2,50
Harnes à Douai	20	1,25	1,10	0,70	6,25	5,50	3,50
Harnes à Lille	28	1,20	1,15	0,90	4,29	4,11	3,21
Harnes à Mâcon	724	»	10,50	10,50	»	1,45	1,45
Harnes à Paris	363	»	»	4,40	»	»	1,21
Hennebont à Nantes	266	4,50	4,50	4,50	1,69	1,69	1,69
Jemeppe à Dombasle	441	6,45	6,25	5,95	1,46	1,42	1,35
Jemeppe à Epinal	480	7,25	7 »	6,15	1,51	1,46	1,28
Jemeppe à Nancy	426	6,45	6,22	5,82	1,51	1,46	1,37
Josselin à Rennes	152	3,50	3,50	3,50	2,30	2,30	2,30
Jumet à Dôle (1)	717	11,50	11,50	10,75	1,60	1,60	1,50

(1) Par Givet et Toul.

DÉSIGNATION DES PARCOURS	DISTANCES	PRIX TOTAL PAR TONNE			PRIX PAR TONNE KILOMÉTRIQUE		
		1907	1908	1909	1907	1908	1909
	km.	fr.	fr.	fr.	c.	c.	c.
Jumet à Dombasle	439	6,40	6,50	6,10	1,46	1,48	1,39
Lens (Pont-à-Vendin) à Auby	22	»	0,60	0,55	»	2,73	2,50
Lens à Elbeuf	446	5,57	5,38	5,16	1,25	1,21	1,16
Lens à Paris	370	5,67	5,29	4,96	1,53	1,43	1,34
Liége à Colmar	651	9,55	8,85	8,60	1,47	1,36	1,32
Liége à Commercy	373	6,70	6,75	7 »	1,80	1,81	1,88
Liége à Dôle [1]	728	12,25	12 »	10,50	1,68	1,65	1,44
Liége à Dombasle	450	6,75	6,35	5,60	1,50	1,41	1,24
Liége à Epinal	489	7,35	7,10	6,25	1,50	1,45	1,28
Liége à Giraucourt	500	7,65	7,15	6,40	1,53	1,43	1,28
Liége à Huningue	706	11,65	11,60	11,10	1,65	1,64	1,57
Liége à Lyon	843	11,50	12,15	11,90	1,36	1,44	1,41
Liége à Mulhouse	683	9,60	9,35	8,85	1,41	1,37	1,30
Liége à Nancy	435	7,07	7,05	6,55	1,63	1,62	1,51
Liége à Paris	501	»	»	7,25	»	»	1,44
Liége à Reims	336	»	6,50	»	»	1,93	»
Liége à Saint-Jean-de-Losne	681	10,15	»	8,90	1,49	»	1,31
Liége à Stenay	260	5,15	5,15	5,15	1,98	1,98	1,98
Liége à Strasbourg	584	8,30	8,10	7,65	1,42	1,39	1,31
Liége à Verdun	314	5,50	5,50	5,50	1,75	1,75	1,75
Liévin à Epinal	558	»	7,85	»	»	1,41	»
Liévin à Nancy	504	»	»	6 »	»	»	1,19
Liévin à Paris	372	»	»	4,35	»	»	1,17
Liévin à Roubaix	60	1,55	1,50	1,30	2,58	2,50	2,17
Lille à Dijon	650	8,50	8,25	8,25	1,31	1,27	1,27
Lille à Saint-Jean-de-Losne	621	8 »	7,75	7,75	1,29	1,25	1,25
Lorient (Hennebont) à Josselin	108	3,50	3,50	3,50	3,24	3,24	3,24
Lorient (Hennebont) à Pontivy	60	3 »	2,60	2,50	5 »	4,33	4,17
Lorient (Hennebont) à Rohan	85	3,50	3 »	3,50	4,12	3,53	4,12
Lourches à Neuves-Maisons	449	6,50	»	»	1,45	»	»
Lourches à Paris	324	4,75	4,60	4,25	1,47	1,42	1,31
Lourches à Reims	209	»	3,10	3,40	»	1,48	1,63
Maestricht à Paris	527	»	»	9,25	»	»	1,76
Marcinelle à Colmar	640	»	9,10	8,40	»	1,42	1,31
Marcinelle à Epinal	478	6,95	6,85	5,90	1,45	1,43	1,23
Marcinelle à Giraucourt	489	7,20	7,20	7 »	1,47	1,47	1,43
Marcinelle à Huningue	695	10,65	10,85	9,85	1,53	1,56	1,42
Marcinelle à Igney	467	6,65	6,55	5,65	1,42	1,40	1,20
Marcinelle à Laneuveville	429	6,30	6,25	5,15	1,47	1,46	1,20
Marcinelle à Lyon	820	»	»	11,30	»	»	1,38

(1) Par Givet et Toul.

DÉSIGNATION DES PARCOURS	DISTANCES	PRIX TOTAL PAR TONNE			PRIX PAR TONNE KILOMÉTRIQUE		
		1907	1908	1909	1907	1908	1909
	km.	fr.	fr.	fr.	c.	c.	c.
Marcinelle à Mulhouse	672	9,20	9,35	8,60	1,37	1,39	1,28
Marcinelle à Nancy	424	6,45	6,25	5,40	1,52	1,47	1,27
Marcinelle à Neuves-Maisons	417	»	5,90	5,20	»	1,41	1,25
Marcinelle à Strasbourg	578	8,10	8,20	8,10	1,41	1,43	1,41
Marcinelle à Thaon	469	6,95	»	6,10	1,48	»	1,30
Marcinelle à Torpes (1)	753	9,40	»	9,30	1,25	»	1,24
Marcinelle à Varangéville	438	6,35	6,20	5,50	1,45	1,42	1,26
Marcinelle à Vincey	457	6,95	6,85	6,05	1,52	1,50	1,32
Marles à Belvoye	628	8,50	8,50	8,50	1,35	1,35	1,35
Marles à Dombasle	537	»	»	6,10	»	»	1,14
Marles à Liverdun	506	»	7 »	»	»	1,38	»
Marles à Paris	391	»	»	4,75	»	»	1,21
Marles à Pompey	515	»	7 »	6,25	»	1,36	1,21
Marseille à Avignon	122	4 »	4 »	4 »	3,28	3,28	3,28
Marseille à Barcarin	55	1,80	1,80	2,20	3,27	3,27	4 »
Marseille à Lyon	365	8 »	8 »	8 »	2,19	2,19	2,19
Marseille-les-Aubigny à Bourges	105	2,20	2 »	2,30	2,10	1,90	2,19
Marseille-les-Aubigny à Montrichard	212	»	»	3,75	»	»	1,77
Meurchin à Amiens	227	3,33	3,13	2,53	1,47	1,38	1,11
Meurchin à Ham	141	2,95	»	1,65	2,09	»	1,17
Meurchin à Lille	23	1,20	1,25	0,90	5,22	5,43	3,91
Meurchin à Roubaix	40	1,40	1,35	1,10	3,50	3,37	2,75
Mons à Chauny	165	3,10	»	2,50	1,88	»	1,52
Mons à Compiègne	206	3,75	3,75	3,75	1,82	1,82	1,82
Mons à Dijon	634	11,90	10,60	10,40	1,88	1,67	1,64
Mons à Feuillères	182	3,80	»	»	2,09	»	»
Mons à Frise	185	»	»	2,65	»	»	1,43
Mons à Ham	148	2,80	3,75	1,75	1,89	2,53	1,18
Mons à Lille	137	2,25	»	»	1,64	»	»
Mons à Offoy	153	2,90	»	»	1,90	»	»
Mons à Paris	376	5,50	5,23	4,82	1,46	1,39	1,28
Mons à Saint-Jean-de-Losne	605	11,45	10,10	9,85	1,89	1,67	1,63
Mons à Voyennes	156	3,15	2,75	1,70	2,19	1,76	1,09
Montargis à Noyers	315	3,50	3,50	3,50	1,11	1,11	1,11
Montceau à Ancy-le-Franc	303	5 »	5 »	5 »	1,65	1,65	1,65
Montceau à Avignon	467	6,75	6,75	6,75	1,45	1,45	1,45
Montceau à Besançon	213	3,50	3,50	3,50	1,64	1,64	1,64
Montceau à Bourges	275	3 »	3 »	3 »	1,09	1,09	1,09
Montceau à Briare	243	2,53	2,53	2,53	1,04	1,04	1,04
Montceau à Chalon	65	1 »	1 »	1 »	1,54	1,54	1,54

(1) Par Givet et Toul.

DÉSIGNATION DES PARCOURS	DISTANCES	PRIX TOTAL PAR TONNE			PRIX PAR TONNE KILOMÉTRIQUE		
		1907	1908	1909	1907	1908	1909
	km.	fr.	fr.	fr.	c.	c.	c.
Monteeau à Dijon	164	3,50	3,50	3,50	2,13	2,13	2,13
Monteeau à Fraisans	181	2,88	2,88	2,75	1,59	1,59	1,52
Monteeau à Frangey	311	5,25	5,25	5,25	1,69	1,69	1,69
Monteeau à Lyon	203	3,50	3,50	3,50	1,72	1,72	1,72
Monteeau à Mazières	273	3 »	3 »	3 »	1,10	1,10	1,10
Monteeau à Montargis	295	2,90	2,90	2,90	0,98	0,98	0,98
Monteeau à Montereau	363	4,25	4,25	4,25	1,17	1,17	1,17
Monteeau à Noyers	361	4 »	4 »	4 »	1,11	1,11	1,11
Monteeau à Orléans	328	4,13	4,13	4,13	1,26	1,26	1,26
Monteeau à Paris	438	4,25	4,25	4,25	0,97	0,97	0,97
Monteeau à Pont-Vert	281	3 »	3 »	3,10	1,07	1,07	1,10
Monteeau à Roanne	107	1,53	1,53	1,58	1,43	1,43	1,48
Monteeau à Rouen	679	6,50	6,50	6,50	0,96	0,96	0,96
Monteeau à Saint-Amand	240	2,75	2,75	2,75	1,15	1,15	1,15
Monteeau à Saint-Léger	32	1 »	1 »	1 »	3,12	3,12	3,12
Monteeau à Torpes	196	3,75	3,75	3,75	1,91	1,91	1,91
Monteeau à Venarey	262	4,50	4,50	4,50	1,72	1,72	1,72
Monteeau à Vierzon	306	3,25	3,50	3,50	1,06	1,14	1,14
Monteeau à Villefranche	181	2,50	2,50	2,50	1,38	1,38	1,38
Mulhouse à Besançon	145	4 »	4 »	4 »	2,76	2,76	2,76
Nantes à Blain	50	2,25	2,25	2,25	4,50	4,50	4,50
Nantes à Josselin	158	3,50	3,50	3,50	2,22	2,22	2,22
Nantes à Nort	28	1,50	1,50	1,50	5,36	5,36	5,36
Nantes à Redon	95	2,75	2,75	2,75	2,89	2,89	2,89
Nantes à Rennes	184	4,13	4,13	4,13	2,24	2,24	2,24
Nantes à Rohan	181	3,75	3,75	3,75	2,07	2,07	2,07
Nœux à Reims	272	4 »	3,90	4 »	1,47	1,43	1,47
Nœux à Roubaix	55	1,25	1,35	1,20	2,27	2,45	2,18
Noviant à Bar-le-Duc	142	2,50	»	2,50	1,76	»	1,76
Noviant à Jarville	48	»	»	1,65	»	»	3,44
Noviant à Laneuveville	50	»	»	1,60	»	»	3,20
Noviant à Nancy	45	1,45	1,50	1,55	3,22	3,33	3,44
Noviant à Toul	60	1,75	2 »	1,80	2,92	3,33	3 »
Noviant à Trouville	132	2,50	»	»	1,89	»	»
Noviant à Varangéville	59	2,50	»	»	4,24	»	»
Noyelles à Paris	299	»	»	4,15	»	»	1,39
Oignies à Chalon	659	»	»	9,50	»	»	1,44
Paris à Ancy-le-Franc	260	4,50	4,50	4,50	1,73	1,73	1,79
Paris à Frangey	252	4,50	4,50	4,50	1,79	1,79	1,73
Paris à Montereau	101	2 »	2 »	2 »	1,98	1,98	1,98
Paris à Pont-à-Mousson	425	6,50	6,50	6,50	1,53	1,53	1,53

DÉSIGNATION DES PARCOURS	DISTANCES	PRIX TOTAL PAR TONNE			PRIX PAR TONNE KILOMÉTRIQUE		
		1907	1908	1909	1907	1908	1909
	km.	fr.	fr.	fr.	c.	c.	c.
Paris à Venazey	302	5 »	5 »	5 »	1,66	1,66	1,66
Pas-de-Calais à Rouen	495	5,70	5,30	4,60	1,15	1,07	0,93
Pont-à-Vendin à Biache	34	1,40	1,30	1,15	4,12	3,82	3,38
Pont-à-Vendin à Corbeheux	25	1,25	1,15	1 »	5 »	4,60	4 »
Pont-à-Vendin à Croix	41	1,70	1,40	1,25	4,15	3,41	3,05
Pont-à-Vendin à Ivry	370	5,75	5,37	4,93	1,55	1,45	1,33
Pont-à-Vendin à Lille	26	1,20	1,15	0,90	4,62	4,42	3,46
Pont à-Vendin à Loos	22	1,10	1,10	0,85	5 »	5 »	3,86
Pont-à-Vendin à Paris	367	5,58	5,15	4,70	1,52	1,40	1,28
Pont-à-Vendin à Quesnoy	38	1,35	1,30	1,35	3,55	3,42	3,55
Redon à Rennes	89	3 »	3 »	3 »	3,37	3,37	3,37
Roanne à Bois-Bretoux	120	1,53	1,53	1,57	1,27	1,27	1,31
Roanne à Bourges	280	3,25	3,25	3,25	1,16	1,16	1,16
Roanne à Digoin	56	1,20	1,20	1,20	2,14	2,14	2,14
Roanne à Montluçon	294	2,60	2,60	2,60	0,88	0,88	0,88
Roanne à Moulin-Prunier	180	2,40	2,50	2,50	1,33	1,39	1,39
Rochefort à Saint-Jean-d'Angély	44	2,50	2,50	2,50	5,68	5,68	5,68
Rouen à Bonnières	102	2,75	2,75	2,75	2,70	2,70	2,70
Rouen à Elbeuf	23	1 »	1 »	1 »	4,35	4,35	4,35
Rouen à Paris	243	3,12	3,12	3,12	1,28	1,28	1,28
Rouen à Roanne	685	9 »	9 »	9 »	1,31	1,31	1,31
Ruhrort à Chalon	1140	13,90	»	14,15	1,22	»	1,24
Ruhrort à Dijon	1100	14,65	»	»	1,33	»	»
Ruhrort à Dombasle	807	10 »	9,15	8,05	1,24	1,13	1 »
Ruhrort à Einville	822	»	»	8,30	»	»	1,01
Ruhrort à Epinal	846	11,50	9,75	8,30	1,36	1,15	0,98
Ruhrort à Girancourt	858	9,80	11,65	»	1,14	1,36	»
Ruhrort à Jarville	795	10,50	8,90	»	1,32	1,12	»
Ruhrort à Les Clamées	797	»	8,65	»	»	1,09	»
Ruhrort à Lyon	1280	19,15	16,65	15 »	1,50	1,30	1,17
Ruhrort à Mâcon	1201	16,65	»	12,65	1,39	»	1,05
Ruhrort à Nancy	792	9,30	9 »	8,30	1,17	1,14	1,05
Ruhrort à Neuves-Maisons	785	9,75	9,50	8,15	1,24	1,21	1,04
Ruhrort à Pagny-sur-Meuse	750	»	8,40	7,80	»	1,12	1,04
Ruhrort à Pompey	785	9,10	»	7,60	1,16	»	0,97
Ruhrort à Saint-Phlin	801	11,65	[illegible]	»	1,45	1,12	»
Ruhrort à Sommerviller	810	11,85	»	»	1,46	»	»
Ruhrort à Thaon	838	»	9,25	8 »	»	1,10	0,95
Ruhrort à Toul	763	»	8,75	»	»	1,55	»
Sablé à Châteauneuf-sur-Sarthe	32	2 »	2 »	2 »	6,25	6,25	6,25
Saint-Malo à Rennes	113	3,50	3,50	3,50	3,10	3,10	3,10

DÉSIGNATION DES PARCOURS	DISTANCES	PRIX TOTAL PAR TONNE			PRIX PAR TONNE KILOMÉTRIQUE		
		1907	1908	1909	1907	1908	1909
	km.	fr.	fr.	fr.	c.	c.	c.
Saint-Nazaire à Nantes	56	1,75	1,75	1,75	3,12	3,12	3,12
Saint-Satur à Bourges	140	2,17	2,35	2,65	1,55	1,68	1,89
Sarrebrück à Bar-le-Duc	264	»	4,75	»	»	1,80	»
Sarrebrück à Besançon (1)	504	7,10	6,47	6,30	1,41	1,29	1,25
Sarrebrück à Besançon (2)	412	6,50	6,50	6,50	1,58	1,58	1,58
Sarrebrück à Champigneulles	153	3 »	»	2,45	1,96	»	1,60
Sarrebrück à Dijon	466	7,45	6,75	5,60	1,60	1,45	1,20
Sarrebrück à Dôle	449	6,50	6,25	5 »	1,45	1,39	1,11
Sarrebrück à Dombasle	132	2,80	2,65	2,25	2,12	2,01	1,61
Sarrebrück à Epernay	381	4,25	4 »	3,80	1,12	1,05	1 »
Sarrebrück à Epinal	210	4,25	3,80	3,35	2,02	1,81	1,60
Sarrebrück à Exincourt	316	7,65	7 »	7,30	2,42	2,22	2,31
Sarrebrück à Foug	188	3,90	3,30	3,30	2,07	1,76	1,76
Sarrebrück à Fraisans (3)	472	7,62	6,70	5,37	1,61	1,42	1,14
Sarrebrück à Frouard	156	3,30	»	»	2,12	»	»
Sarrebrück à Laneuveville	142	2,75	»	2,60	1,94	»	1,83
Sarrebrück à Lyon	642	8,80	8,30	8,30	1,37	1,29	1,29
Sarrebrück à Mâcon	567	8,15	8 »	7,20	1,44	1,41	1,27
Sarrebrück à Méziré	310	7,45	6,80	7,15	2,40	2,19	2,31
Sarrebrück à Montbéliard	319	7,70	7,05	7,40	2,41	2,21	2,32
Sarrebrück à Moulin-Rouge	456	6,50	6,25	4,85	1,43	1,37	1,06
Sarrebrück à Nancy	147	3 »	2,95	2,65	2,04	2,01	1,80
Sarrebrück à Neuves-Maisons	156	3,05	2,75	2,55	1,96	1,76	1,26
Sarrebrück à Pargny-sur-Saulx	291	4,25	4 »	3,70	1,46	1,37	1,27
Sarrebrück à Paris	561	7,55	7,30	7,10	1,35	1,30	1,27
Sarrebrück à Pompey	158	3,15	3,05	2,60	1,99	1,93	1,65
Sarrebrück à Reims	393	4,30	4,05	4,60	1,09	1,03	1,17
Sarrebrück à Toul	180	3,70	3,15	2,80	2,06	1,75	1,56
Sarrebrück à Varangéville	133	2,75	2,55	»	2,07	1,92	»
Sarrebrück à Verdun	268	4,25	4 »	4,50	1,59	1,49	»
Sarrebrück à Vitry-le-François	310	4,25	3,85	3,80	1,37	1,24	»
Sarreguemines à Foug	171	»	3,30	»	»	1,93	»
Sarreguemines à Vitry-le-François	293	4 »	3,95	»	1,37	1,35	»
Seclin à Paris	384	»	»	6,25	»	»	1,63
Statte à Besançon	750	11,75	11,75	11,75	1,57	1,57	1,57
Strasbourg à Besançon (2)	506	5,92	6 »	5,72	1,17	1,19	1,13
Strasbourg à Dombasle	133	2,10	2 »	»	1,58	1,50	»
Strasbourg à Einville	121	»	1,75	»	»	1,45	»
Strasbourg à Epinal	212	»	»	2,30	»	»	1,08
Strasbourg à Giraucourt	224	2,50	»	2,50	1,12	»	1 12

(1) Par le canal de l'Est ; — (2) Par Strasbourg ; — (3) Par le canal de la Marne au Rhin.

DÉSIGNATION DES PARCOURS	DISTANCES	PRIX TOTAL PAR TONNE			PRIX PAR TONNE KILOMÉTRIQUE		
		1907	1908	1909	1907	1908	1909
	km.	fr.	fr.	fr.	c.	c.	c.
Strasbourg à Laneuveville	144	»	1,90	»	»	1,32	»
Strasbourg à Nancy	149	2,05	»	»	1,38	»	»
Strasbourg à Neuves-Maisons	157	3 »	»	»	1,91	»	»
Strasbourg à Pagny-sur-Meuse	196	1,75	2,45	»	0,89	1,25	»
Strasbourg à Pompey	160	»	2,15	2 »	»	1,34	1,25
Strasbourg à Saint-Phlin	140	»	»	1,75	»	»	1,25
Strasbourg à Torpes (1)	489	6 »	5,50	5,25	1,23	1,12	1,07
Strasbourg à Varangéville	135	1,75	1,55	1,85	1,30	1,15	1,37
Thiers à Ham	162	1,85	1,70	2,10	1,14	1,05	1,30
Thiers à Paris	390	»	»	3,80	»	»	0,97
Tonnay-Charente à St-Jean-d'Angély	33	2,50	2,50	2,50	7,58	7,58	7,58
Troyes à Saint-Oulph	32	1,90	1,90	1,90	5,94	5,94	5,94
Troyes à Payns	14	1,30	1,30	1,30	9,29	9,29	9,29
Troyes à Vallant	24	1,75	1,75	1,75	7,29	7,29	7,29
Valteuse à Torteron	163	1,50	1,75	2,10	0,92	1,07	1,29
Vendin à Nancy	497	6,50	»	»	1,31	»	»
Violaines à Art-sur-Meurthe	522	6,50	»	»	1,25	»	»
Violaines à Brie	174	2,90	2,60	2,15	1,67	1,49	1,24
Violaines à Contrisson	377	5,25	5,50	3,95	1,39	1,46	1,05
Violaines à Croix	44	1,40	1,35	1,15	3,18	3,07	2,61
Violaines à Einville	539	»	7,10	6,30	»	1,32	1,17
Violaines à Épénancourt	167	3,20	2,50	2 »	1,92	1,50	1,20
Violaines à Eurville	389	5,70	5,50	4,50	1,47	1,41	1,16
Violaines à Feuillères	186	3,95	»	»	2,12	»	»
Violaines à Frise	189	3,55	3 »	2,10	1,88	1,59	1,11
Violaines à Ham	152	3,25	2,80	2,30	2,14	1,84	1,51
Violaines à Lyon	822	»	11,75	11,50	»	1,43	1,40
Violaines à Marnaval	381	5,55	5,65	4,55	1,46	1,48	1,19
Violaines à Nancy	511	»	»	6 »	»	»	1,17
Violaines à Neuves-Maisons	504	6,80	»	»	1,35	»	»
Violaines à Saint-Phlin	520	7 »	6,65	»	1,35	1,28	»
Violaines à Sermaize	373	5,80	5,55	3,90	1,55	1,49	1,05
Violaines à Thaon	556	7,30	6,75	»	1,31	1,21	»
Violaines à Varangéville	525	»	6,80	6,60	»	1,30	1,26
Violaines à Vitry	348	5,20	5,10	5,40	1,49	1,46	1,55
Xures à Dijon	359	7,10	6,25	5,45	1,97	1,74	1,52

(1) Par le canal de la Marne au Rhin.

DÉSIGNATION DES PARCOURS	DISTANCES	PRIX TOTAL PAR TONNE			PRIX PAR TONNE KILOMÉTRIQUE		
		1907	1908	1909	1907	1908	1909
	km.	fr.	fr.	fr.	c.	c.	c.
2. — Matériaux de construction (*Minéraux*)							
Agen à Condom	71	2,20	2,20	2,20	3,10	3,10	3,10
Aingeray à Dombasle	36	»	»	0,70	»	»	1,94
Anseremmes à Vailly	252	3,90	4,25	4,35	1,55	1,69	1,73
Antoing à Saint-Quentin	125	3,20	3,15	2,80	2,56	2,52	2,24
Anvers à Vitry	472	»	8,75	»	»	1,85	»
Arles à Bouc	47	3,25	3,25	3,25	6,91	6,91	6,91
Arques à Bergues	38	1,30	1,30	1,30	3,42	3,42	3,42
Arques à Millam	18	1,30	1,25	1,30	7,22	6,94	7,22
Arques à Tourcoing	92	1,20	1,50	1,30	1,30	1,63	1,41
Attigny à Reims	84	1,25	1,40	1,25	1,49	1,67	1,49
Auxonne à Dôle	33	2,25	2 »	2,25	6,82	6,06	6,82
Beaucaire à Bordeaux	603	»	»	12 »	»	»	1,99
Beaucaire à Cette	98	4 »	4 »	4 »	4,08	4,98	4,08
Beaucaire à Montauban	410	8,50	8,50	8,50	2,07	2,07	2,07
Beaucaire à Toulouse	363	7,50	7,75	7,75	2,07	2,13	2,13
Beffes à La Guerche	19	1,15	1,15	1,15	6,05	6,05	6,05
Beffes à Saint-Mammès	176	4 »	4 »	4 »	2,27	2,27	2,27
Beffes à Vierzon	139	2,50	2,60	2,75	1,80	1,87	1,98
Boël à Rennes	21	0,75	0,75	0,75	3,57	3,57	3,57
Boncourt à Nancy	66	»	1,90	1,60	»	2,88	2,42
Carlot à Rochefort	9	1,50	1,50	1,50	16,67	16,67	16,67
Cassis à Barcarin	77	1,45	1,45	1,70	1,88	1,88	2,21
Castelnaudary à Toulouse	64	2 »	2 »	2 »	3,12	3,12	3,12
Cette à Béziers	53	2,75	3 »	2,50	5,19	5,66	4,72
Cette à Carcassonne	157	4 »	4 »	3,75	2,55	2,55	2,39
Cette à Toulouse	260	6 »	6 »	5,37	2,31	2,31	2,07
Chagny à Chalon	20	0,75	0,75	0,75	3,75	3,75	3,75
Chalèze à Besançon	9	1,50	1,50	1,50	16,67	16,67	16,67
Chalon à Chagny	20	0,75	0,75	0,75	3,75	3,75	3,75
Chalon à Lyon	134	3 »	3 »	3 »	2,24	2,24	2,24
Chalon à Paris	498	»	»	6,75	»	»	1,36
Chalon à la Seille	36	1,50	1,50	1,50	4,17	4,17	4,17
Chalon à Verdun	25	1,25	1,25	1,25	5 »	5 »	5 »
Chassignelles au Havre	630	7,50	7,50	7,50	1,19	1,19	1,19
Chassignelles à Paris	262	4,50	4,50	4,50	1,72	1,72	1,72
Châteaulin à Châteauneuf	43	2 »	2 »	2 »	4,65	4,65	4,65
Chaudeney à Nancy	38	1 »	»	»	2,63	»	»
Chépy à Mulhouse	435	6,25	6,25	6 »	1,44	1,44	1,38
Chépy à Sarrebrück	334	»	4,25	3,75	»	1,27	1,12

DÉSIGNATION DE PARCOURS	DISTANCES	PRIX TOTAL PAR TONNE			PRIX PAR TONNE KILOMÉTRIQUE		
		1907	1908	1909	1907	1908	1909
	km.	fr.	fr.	fr.	c.	c.	c.
Chépy à Strasbourg	336	5 »	5,20	4,85	1,49	1,55	1,44
Chevillon à Gand	497	»	5 »	4,75	»	1,01	0,96
Chevillon à Namur	404	»	4 »	3,75	»	0,99	0,93
Clamecy à Paris	269	5 »	5 »	5 »	1,86	1,86	1,86
Commercy à Anvers	486	6,50	6,50	6 »	1,34	1,34	1,23
Commercy à Dombasle	77	»	1,25	»	»	1,62	»
Commercy à Namur	308	3,90	3,70	3,60	1,27	1,20	1,17
Commercy à Nancy	62	1,70	»	1,70	2,74	»	2,74
Condé-sur-Aisne à Amiens	182	2 »	2 »	2 »	1,10	1,10	1,10
Condé-sur-Aisne à Corbie	163	1,80	1,90	1,80	1,10	1,17	1,10
Condé-sur-Aisne à Dunkerque	326	2,30	2,30	2,30	0,71	0,71	0,71
Condé-sur-Escaut à Froissy	169	»	»	1,80	»	»	1,07
Condé-sur-Escaut à Ham	123	»	»	1,05	»	»	0,85
Condé-sur-Escaut à Péronne	149	»	»	1,25	»	»	0,84
Condom à Saint-Jean-Poutge	33	1,70	1,70	1,70	5,15	5,15	5,15
Couillets (les) à Montluçon	67	1,54	1,70	1,65	2,30	2,30	2,30
Couvailles à Paris	230	4,25	4 »	3,75	1,85	1,74	1,63
Creil à Rouen	229	5 »	5 »	5 »	2,18	2,18	2,18
Croix-Saint-Ouen (La) à Péronne	107	1,40	1,40	1,40	1,31	1,31	1,31
Dampierre à Montreux-Vieux	31	2,15	1,75	1,50	6,94	5,65	4,84
Dannemarie à Baume-les-Dames	86	2,70	2,50	2,50	3,14	3,14	3,14
Dannemarie à Chalon	274	3,80	3,80	3,80	1,39	1,39	1,39
Dannemarie à Charleroi	695	6 »	5,75	6 »	0,86	0,83	0,86
Dannemarie à Dijon	233	5 »	5 »	5 »	2,15	2,15	2,15
Dannemarie à Dôle	181	4,50	4,25	4,50	2,49	2,35	2,49
Dannemarie à l'Isle-sur-le-Doubs	55	2,20	2 »	2 »	4 »	3,64	3,64
Dannemarie à Montbéliard	32	2 »	1,60	1,50	6,25	5 »	4,69
Dannemarie à Saint-Jean-de-Losne	204	4,50	4,50	4,50	2,21	2,21	2,21
Dannemarie à Torpes	143	3,25	3,25	3,25	2,27	2,27	2,27
Decize à Clamecy	114	3 »	3 »	3 »	2,63	2,63	2,63
Deulémont à Comines	9	1,10	1,05	1,10	12,22	11,67	11,22
Dijon à Chassignelles	137	2,50	2,50	2,50	1,82	1,82	1,82
Dijon à Paris	399	5,50	5,50	5,50	1,38	1,38	1,38
Dijon à Roffey	177	2,70	2,70	2,70	1,53	1,53	1,53
Dinan au Châtelier	6	0,50	0,50	0,50	8,33	8,33	8,33
Drevan à Dun-sur-Auron	48	1,11	1,23	1,14	2,31	2,56	2,37
Drevan à Vierzon	113	1,77	1,83	1,78	1,57	1,62	1,58
Dunkerque à Oignies	113	3 »	2,65	2,45	2,65	2,35	2,17
Epinay à Paris	33	0,55	0,55	0,50	1,67	1,67	1,52
Epizy à Paris	95	»	»	2,70	»	»	2,84
Eurville à Anvers	513	6,50	6,30	6,50	1,27	1,23	1,27

DÉSIGNATION DES PARCOURS	DISTANCES	PRIX TOTAL PAR TONNE			PRIX PAR TONNE KILOMÉTRIQUE		
		1907	1908	1909	1907	1908	1909
	km.	fr.	fr.	fr.	c.	c.	c.
Eurville à Bruxelles	462	7,50	7 »	6,85	1,62	1,52	1,48
Euville à Champigneulles	51	1,50	1,65	1,55	2,94	3,24	3,04
Euville à Nancy	57	1,50	1,65	1,55	2,63	2,89	2,72
Euville à Paris	367	5 »	4,75	4,80	1,36	1,29	1,31
Euville à Reims	199	2,75	»	2,40	1,38	»	1,21
Euville à Varangéville	70	»	1,75	»	»	2,50	»
Fleury à Dijon	15	1,25	1,30	1,40	8,33	8,67	9,33
Forges (Les) à Nancy	76	1,60	1,50	1,50	2,11	1,97	1,97
Fosse (La) à Angers	71	3 75	3,75	3,75	5,28	5,28	5,28
Fosse (La) à Château-Gontier	17	2,50	2,50	2,50	14,71	14,71	14,71
Fosse (La) à Laval	19	2,50	2,50	2,50	13,16	13,16	13,16
Frette (La) à Compiègne	107	2 »	1,75	1,75	1,87	1,64	1,64
Frignicourt à Paris	253	»	3,50	3,40	»	1,38	1,34
Frignicourt à Rouen	496	»	4,75	4,50	»	0,96	0,91
Froidefontaine à Dôle	161	4,25	4,25	4,50	2,64	2,64	2,80
Génelard à Bois-Bretoux	30	1,10	1,10	1,10	3,67	3,67	3,67
Génelard à Paris	420	3,75	3,75	3,75	0,89	0,89	0,89
Giraucourt à Ham	438	»	»	4 »	»	»	0,91
Grève (La) à La Rochelle	51	3,50	3,50	3,50	6,86	6,86	6,86
Guë à Lille	396	3,75	3,65	3,25	0,95	0,92	0,82
Guë à Nancy	200	2,37	2,75	2,40	1,18	1,37	1,20
Guë à Roubaix	418	3,50	3,75	3,45	0,84	0,90	0,83
Guë à Rouen	530	5,50	5 »	5 »	1,04	0,94	0,94
Hamel-Bazire à Carentan	20	2 »	»	»	10 »	»	»
Hamel-Bazire à Saint-Lô	15	1,50	»	»	10 »	»	»
Hières à Lyon	42	2 »	2 »	2,25	4,76	4,76	5,36
Heulles à Gand	143	2,25	2,10	2,25	1,57	1,47	1,57
Juigné à Châteauneuf	36	2,50	2,50	2,50	6,94	6,94	6,94
Juigné à Malicorne	22	1,50	1,50	1,50	6,82	6,82	6,82
Kembs à Exincourt	74	2,75	2,75	2,75	3,72	3,72	3,72
Lafarge à Cette	204	5 »	5 »	5 »	2,45	2,45	2,45
Lafarge à Saint-Louis	161	4,50	4,50	4,50	2,80	2,80	2,80
Lamotte à Reims	99	2 »	2 »	2 »	2,02	2,02	2,02
Laroque à Isigny	23	1,80	»	»	7,83	»	»
Laroque-Bouillac à Bouillac	4	0,80	0,90	0,95	20 »	22,50	23,75
Latey à Saint-Jean-de-Losne	31	1,15	1,20	1,25	3,71	3,87	4,03
Lusville à Saint-Sauveur	17	0,55	»	»	3,24	»	»
Lehon au Châtelier	8	0,62	0,62	0,62	7,75	7,75	7,75
Lérouville à Bougival	427	6,50	6,50	6,50	1,52	1,52	1,52
Lérouville à Charleroi	356	4 »	4,25	3,75	1,12	1,19	1,05
Lérouville à Nancy	68	1,60	1,60	1,80	2,35	2,35	2,65

DÉSIGNATION DES PARCOURS	DISTANCES	PRIX TOTAL PAR TONNE			PRIX PAR TONNE KILOMÉTRIQUE		
		1907	1908	1909	1907	1908	1909
	km.	fr.	fr.	fr.	c.	c.	c.
Lérouville à Paris	374	5,50	5,58	5,58	1,47	1,49	1,49
Lérouville à Pont-à-Mousson	79	1,75	»	»	2,22	»	»
Lérouville à Reims	210	2,80	2,55	2,50	1,33	1,21	1,19
Lérouville à Voyennes	345	»	»	4,50	»	»	1,30
Lessines à Béthencourt	182	3,90	4,25	3,90	2,14	2,34	2,14
Lessines à Brie	193	4,35	4,25	4,05	2,25	2,20	2,10
Lessines à Cappy	215	4,05	4,40	4,15	1,88	2,05	1,93
Lessines à Dury	166	»	»	3,60	»	»	2,17
Lessines à Épénancourt	186	»	4,25	3,75	»	2,28	2,02
Lessines à Feuillères	205	4,50	4,30	4,35	2,20	2,10	2,12
Lessines à Froissy	217	4,40	4,40	4,25	2,03	2,03	1,96
Lessines à Ham	171	3,90	4,05	3,70	2,28	2,37	2,16
Lessines à Offoy	176	4,25	4,05	3,85	2,41	2,30	2,19
Lessines à Pargny	185	»	»	3,95	»	»	2,14
Lessines à Péronne	197	4,25	4,25	4,25	2,16	2,16	2,16
Lessines à Sailly	229	4,55	4,45	4,15	1,99	1,94	1,81
Lessines à Voyennes	178	4,25	4,05	3,90	2,39	2,28	2,19
Longeaux à Nancy	95	1,90	2,30	1,85	2 »	2,42	1,95
Longecourt à Saint-Jean-de-Losne	14	0,50	0,50	0,50	3,57	3,57	3,57
Louvières (Les) à Paris	248	3,10	3 »	3 »	1,25	1,21	1,21
Marcilly à Troyes	44	4 »	4 »	4 »	9,09	9,09	9,09
Marie (La) à Bourges	19	1,07	1,06	1,07	5,63	5,58	5,63
Marie (La) à Vierzon	12	1,12	1,15	1,17	9,33	9,58	9,75
Marie (La) à Villefranche	36	1,33	1,32	1,33	3,69	3,67	3,69
Marseille-les-Aubigny à Montluçon	119	2,50	2,50	2,50	2,10	2,10	2,10
Maxéville à Bois-Bretoux	422	5,20	5,40	5 »	1,23	1,28	1,18
Maxéville à Pont-Sainte-Maxence	385	4,50	4,50	4,50	1,17	1,17	1,17
Mehun à Bourges	17	1 »	1 »	1 »	5,88	5,88	5,88
Mehun à Vierzon	14	1,14	1,16	1,19	8,14	8,29	8,50
Mériel à Charleroi	287	3,50	3,25	3,25	1,22	1,13	1,13
Mériel à Rouen	194	2,75	2,50	2,50	1,42	1,29	1,29
Mériel à Saint-Quentin	156	2,80	2,25	2,60	1,80	1,44	1,67
Montbard à Paris	288	5 »	5 »	5 »	1,74	1,74	1,74
Montereau à Paris	438	4,50	4,50	4,50	1,03	1,03	1,03
Montceau à Rouen	681	9,25	9,25	9,25	1,36	1,36	1,36
Montceau à Paris	101	2,50	2,50	2,50	2,48	2,48	2,48
Monthermé à Vic-sur-Aisne	209	2,85	2,85	2,85	1,36	1,36	1,36
Monthermé à Vouziers	88	1,50	1,50	1,50	1,70	1,70	1,70
Montjean à Blain	112	3,50	3,50	3,50	3,12	3,12	3,12
Montjean à Hennebont	328	5,50	5,62	5,50	1,68	1,71	1,68
Montjean à Pontivy	268	5,50	5,50	5,50	2,05	2,05	2,05

DÉSIGNATION DES PARCOURS	DISTANCES	PRIX TOTAL PAR TONNE			PRIX PAR TONNE KILOMÉTRIQUE		
		1907	1908	1909	1907	1908	1909
	km.	fr.	fr.	fr.	c.	c.	c.
Montjean à Redon	157	4 »	4 »	4 »	2,55	2,55	2,55
Montjean à Rennes	246	5,50	5,50	5,50	2,24	2,24	2,24
Montjean à La Roche-Bernard	190	5 »	5 »	5 »	2,63	2,63	2,63
Moriante (La) à Montluçon	91	1,20	1,20	1,20	1,32	1,32	1,32
Moulin-d'Ivray à Sablé	38	2 »	2 »	2 »	5,26	5,26	5,26
Moulin-Prunier à Montluçon	114	2,50	2,50	2,50	2,19	2,19	2,19
Mussy à Pompey	117	1,60	»	»	1,37	»	»
Nantes à Blain	50	2,25	2,25	2,25	4,50	4,50	4,50
Nantes à Châteaulin	360	6 »	6 »	6 »	1,67	1,67	1,67
Nantes à Châteauneuf	317	5,50	5,50	5,50	1,74	1,74	1,74
Nantes à Josselin	158	3 »	3 »	3 »	1,90	1,90	1,90
Nantes à Nort	28	1,50	1,50	1,50	5,36	5,36	5,36
Nantes à Pontivy	206	4 »	4 »	4 »	1,94	1,94	1,94
Nantes à Redon	95	2,50	2,50	2,50	2,63	2,63	2,63
Nantes à Rennes	184	4 »	4 »	4 »	2,17	2,17	2,17
Narbonne à Bordeaux	432	8 »	8 »	8 »	1,85	1,85	1,85
Nemours à Dijon	327	»	5,50	5,50	»	1,68	1,68
Nemours à Paris	107	2,25	2,25	2,25	2,10	2,10	2,10
Nemours à Roanne	334	3 »	3 »	2,25	0,90	0,90	0,67
Nérac à Condom	25	1,30	1,30	1,30	5,20	5,20	5,20
Neuves-Maisons à Champigneulles	24	0,75	0,75	0,75	3,12	3,12	3,12
Neuves-Maisons à Paris	407	5,80	5,60	5,40	1,43	1,38	1,33
Novient à Pont-Sainte-Maxence	417	4,50	4,50	4,50	1,08	1,08	1,08
Omey à Bruxelles	407	5,75	6 »	5,50	1,41	1,47	1,35
Omey à Dunkerque	423	»	4 »	»	»	0,95	»
Omey à Strasbourg	329	4,45	5,05	4,67	1,35	1,53	1,42
Palinges à Paris	417	»	»	5,10	»	»	1,22
Pargny-sur-Saulx à Nancy	144	1,90	2 »	2 »	1,32	1,39	1,39
Pargny-sur-Saulx à Reims	102	1,60	1,60	1,60	1,57	1,57	1,57
Paris à Bauvin	371	»	»	2,55	»	»	0,69
Paris à Escarpelle	349	»	»	2,40	»	»	0,69
Paris à Gayant	345	»	»	2,40	»	»	0,70
Paris à Isbergues	365	»	»	2,50	»	»	0,61
Paris à Meurchin	369	»	»	2,25	»	»	0,61
Paris à Mons	376	3,75	3,75	3,75	1 »	1 »	1 »
Paris à Montereau	101	3 »	3 »	3 »	2,97	2,97	2,97
Paris à Noyelles	299	»	»	2,45	»	»	0,82
Paris à Rouen	243	4 »	4 »	4 »	1,65	1,65	1,65
Pointe (La) à Château-Gontier	62	3,50	3,50	3,50	5,65	5,65	5,65
Pointe (La) à Laval	98	4,25	4,25	4,25	4,34	4,34	4,34
Pointe (La) à Mayenne	132	5 »	5 »	5 »	3,79	3,79	3,79

DÉSIGNATION DES PARCOURS	DISTANCES	PRIX TOTAL PAR TONNE			PRIX PAR TONNE KILOMÉTRIQUE		
		1907	1908	1909	1907	1908	1909
	km.	fr.	fr.	fr.	c.	c.	c.
Pointe (La) à Segré	51	3,25	3,25	3,25	6,37	6,37	6,37
Pontarcy à Corbie	150	»	»	1,55	»	»	1,03
Pontarcy à Voyennes	90	»	»	1 »	»	»	1,11
Pont-du-Coucy à Chalon	261	2,50	2,75	2,75	0,96	1,05	1,05
Pont-du-Coucy à Châlons-sur-Marne	283	2,75	2,70	2,75	0,97	0,95	0,97
Pont-du-Coucy à Sept-Saulx	313	2,75	3 »	3 »	0,88	0,96	0,96
Pont-Hébert à Saint-Lô	10	1,50	»	»	15 »	»	»
Pont-à-Mousson à Frignicourt	176	2,45	2,55	2,35	1,39	1,45	1,34
Pont-d'Ouche à Besançon	147	4 »	4 »	4 »	2,72	2,72	2,72
Pont-Réan à Redon	71	2,50	2,50	2,50	3,52	3,52	3,52
Pont-Sainte-Maxence à Chauny	67	1 »	1 »	1 »	1,49	1,49	1,49
Pont-Sainte-Maxence à Valenciennes	195	1,40	1,40	1,35	0,72	0,72	0,69
Pont-Sainte-Maxence à Varangéville	402	3,75	»	»	0,93	»	»
Presles à Voyennes	95	»	»	1,10	»	»	1,16
Ravières au Havre	633	7,50	7,50	7,50	1,18	1,18	1,18
Ravières à Paris	269	4,50	4,50	4,50	1,67	1,67	1,67
Ravières à Sens	127	2,25	2,25	2,25	1,77	1,77	1,77
Redon à Rennes	89	3 »	3 »	3 »	3,37	3,37	3,37
Remigny à Bois-Bretoux	29	0,80	0,80	0,80	2,76	2,76	2,76
Rhimbé à Bourges	58	1,65	1,75	1,77	2,84	3,02	3,05
Rhimbé à Montluçon	72	1,70	1,98	2 »	2,36	2,75	2,78
Rhimbé à Nevers	71	1,48	1,56	1,59	2,08	2,20	2,24
Rix à Givors	99	3 »	3 »	3,50	3,09	3,09	3,54
Roches de Ham à Saint-Lô	18	2 »	»	»	1,11	»	»
Roquelongue à Panchot	2	0,80	0,90	0,95	40 »	45 »	47,50
Rouen à Torpes	737	8 »	8,25	1,09	1,09	1,09	1,12
Sablé à Angers	63	3,50	3,50	3,50	5,56	5,56	5,56
Sablé à Châteauneuf	32	2,50	2,50	2,50	7,81	7,81	7,81
Saint-Germain-sur-Ille à Rennes	24	0,85	0,85	0,85	3,54	3,54	3,54
Saint-Germain-la-Ville à Sarrebrück	332	3,25	»	4 »	0,98	»	1,20
Saint-Gilles à Roanne	143	2 »	2 »	2 »	1,40	1,40	1,40
Saint-Jean-de-Losne à Chassignelles	166	3 »	3 »	3 »	1,81	1,81	1,81
Saint-Jean-de-Losne à Paris	428	6 »	6 »	6 »	1,40	1,40	1,40
Saint-Léger à Condom	51	2,20	2,20	2,20	4,31	4,31	4,31
Saint-Léger-sur-Dheune à Montargis	328	3,75	3,87	3,62	1,14	1,18	1,10
Saint-Léger-sur-Dheune à Paris	428	6 »	6 »	6 »	1,40	1,40	1,40
Saint-Léger-des-Vignes à Bourges	161	3 »	3 »	3 »	1,86	1,86	1,86
Saint-Léger-des-Vignes à Roanne	11[illegible]	1,75	2 »	1,75	1,47	1,68	1,47
Saint-Leu à Saint-Denis	95	3 »	3 »	3 »	3,16	3,16	3,16
Saint-Maximin à Saint-Denis	96	1,[illegible]0	1,50	1,50	1,56	1,56	1,56
St-Pierre-les-Étieux à Châtillon-s-Loire	127	[illegible],10	2 »	2,10	1,65	1,57	1,65

DÉSIGNATION DES PARCOURS	DISTANCES	PRIX TOTAL PAR TONNE			PRIX PAR TONNE KILOMÉTRIQUE		
		1907	1908	1909	1907	1908	1909
	km.	fr.	fr.	fr.	c.	c.	c.
Saint-Pierre-les-Étieux à Vierzon	98	1,50	1,50	1,50	1,53	1,53	1,53
Saint-Quentin à Voyennes	30	»	1 »	»	»	3,33	»
Saint-Sauveur à Carentan	30	0,93	0,93	0,93	3,10	3,10	3,10
Saint-Valery à Amiens	63	2,75	2,75	2,75	4,37	4,37	4,37
Saint-Valery à Sarreguemines	651	7,50	7,50	8 »	1,15	1,15	1,23
Sancoins à Montluçon	87	1,23	1,23	1,23	1,41	1,41	1,41
Sancoins à Villefranche	128	2 »	2 »	2 »	1,56	1,56	1,56
Sarreguemines à Dijon	446	7,50	7,75	7,50	1,68	1,74	1,68
Sorey à Pont-à-Mousson	65	»	»	1,75	»	»	2,69
Soulanges à Rouen	485	4,25	4,25	4 »	0,88	0,88	0,82
Souppes à Paris	118	2,50	2,50	2,50	2,12	2,12	2,12
Torteron à Montluçon	113	1,42	1,38	1,31	1,26	1,22	1,16
Toulouse à Bordeaux	247	5 »	5 »	5 »	2,02	2,02	2,02
Tours à Noyers	62	4 »	4 »	4 »	6,45	6,45	6,45
Tronville à Liverdun	89	2 »	»	»	2,24	»	»
Tronville à Nancy	105	2 »	»	»	1,90	»	»
Troyes à Paris	213	6,25	6,25	6,25	2,93	2,93	2,93
Vailly à Corbie	158	1,75	»	»	1,11	»	»
Vailly à Voyennes	99	»	1,20	1,10	»	1,21	1,11
Venarey à Paris	302	5,50	5,50	5,50	1,82	1,82	1,82
Vénizel à Saint-Christ	121	1,40	»	»	1,16	»	»
Verdun à Lyon	165	3,50	3,50	3,50	2,12	2,12	2,12
Vierzon à Bourges	31	0,95	1,10	1,17	3,06	3,55	3,66
Villebois à Givors	83	3 »	3 »	3 »	3,61	3,61	3,61
Villebois à Lyon	61	2,25	2,25	2,25	3,69	3,69	3,69
Villey-Saint-Etienne à Nancy	24	0,85	0,95	»	3,54	3,96	»
3.° — Engrais et amendements							
Aubervilliers à Gièvres	442	6 »	6 »	6 »	1,35	1,35	1,35
Baie de Carentan à Beuzeville	22	0,60	0,60	0,60	2,73	2,73	2,73
Baie de Carentan au port de Carentan	6	0,50	0,50	0,50	8,33	8,33	8,33
Baie de Carentan à Liesville	19	0,55	0,55	0,55	2,89	2,89	2,89
Baie de Carentan à Pont-l'Abbé	26	0,80	0,80	0,80	3,08	3,08	3,08
Baie de Carentan à Saint-Hilaire	6	0,50	0,50	0,50	8,33	8,33	8,33
Baie de Carentan à Saint-Lô	34	0,90	0,90	0,90	2,65	2,65	2,65
Baie de Carentan à Saint-Sauveur	36	0,82	0,82	0,82	2,28	2,28	2,28
Baie de Carentan à Tribehou	18	0,57	0,57	0,57	3,17	3,17	3,17
Baie de Carentan à La Tringale	16	0,57	0,57	0,57	3,56	3,56	3,56
Baie d'Isigny à Saint-Fromond	19	1 »	1 »	1 »	5,26	5,26	5,26
Baie d'Isigny à Saint-Lô	38	1,50	1,50	1,50	3,95	3,95	3,95
Beaucaire à Cette	98	3 »	3 »	3 »	3,06	3,06	3,06

DÉSIGNATION DES PARCOURS	DISTANCES	PRIX TOTAL PAR TONNE			PRIX PAR TONNE KILOMÉTRIQUE		
		1907	1908	1909	1907	1908	1909
	km.	fr.	fr.	fr.	c.	c.	c.
Berry-au-Bac à Béthencourt	114	1,25	»	»	1,10	»	»
Besançon à Auxonne	88	2 »	2 »	2 »	2,27	2,27	2,27
Bordeaux à Condom	157	5 »	5 »	5 »	3,18	3,18	3,18
Bordeaux à Nérac	132	6 »	6 »	6 »	4,55	4,55	4,55
Bordeaux à Saint-Jean-Poutge	190	6 »	6 »	6 »	3,16	3,16	3,16
Chalon à Saint-Mammès	411	5 »	5 »	5 »	1,22	1,22	1,22
Châteaulin à Châteauneuf	43	2 »	2,50	2,50	4,65	5,81	5,81
Châtelier (Le) à Dinan	6	0,62	0,62	0,62	10,33	10,33	10,33
Châtelier (Le) à Hédé	42	1,12	1,12	1,12	2,67	2,67	2,67
Châtelineau à Girancourt	483	7,80	8,10	8,30	1,61	1,68	1,72
Charité (La) à Lyon	388	6,10	6,10	6,10	1,57	1,57	1,57
Charité (La) à Paris	255	4,10	4,10	4,10	1,61	1,61	1,61
Charité (La) à Roanne	188	3,10	3,10	3,10	1,65	1,65	1,65
Chauny à Aire	201	2,75	2,75	2,50	1,37	1,37	1,24
Chauny à Anvers	294	2,75	3 »	3 »	1,02	1,02	1,02
Chauny à Biermes	251	3,25	3 »	2 »	1,29	1,20	0,80
Chauny à Dunkerque	261	3 »	2,75	2,75	1,15	1,05	1,05
Contrisson à Dunkerque	469	»	»	3,60	»	»	0,77
Croix à Cambrais	104	4,75	»	»	4,57	»	»
Dunkerque à Auby	12	3,10	3,10	2,85	2,52	2,52	2,32
Dunkerque à Guny	275	5,75	5,75	5,75	2,09	2,09	2,09
Dunkerque à Loos	117	2,90	2,30	3 »	2,48	1,97	2,56
Dunkerque à Sainte-Marie	29	3,15	»	»	10,86	»	»
Eclusier à Gand	291	2,35	3,25	2,80	0,81	1,12	0,96
Eclusier à Jarville	415	5,50	5 »	»	1,33	1,20	»
Feuillères à Anvers	302	3,55	4,25	»	1,18	1,41	»
Feuillères à Aubervilliers	251	3,70	3,45	»	1,47	1,37	»
Feuillères à Chauny	65	1,50	1,60	»	2,31	2,46	»
Feuillères à Dunkerque	278	2,70	»	»	0,97	»	»
Feuillères à Isbergues	214	1,50	»	»	0,70	»	»
Feuillères à Jarville	409	4,70	»	»	1,15	»	»
Feuillères à Lille	197	1,40	»	»	0,71	»	»
Feuillères à Loos	193	1,90	»	»	0,98	»	»
Feuillères à Montargis	416	6,05	»	»	1,45	»	»
Frouard à Dunkerque	594	4,90	4,90	4,60	0,82	0,82	0,77
Frouard à Sarreguemines	139	2,25	2,35	2,50	1,62	1,69	1,80
Frise à Anvers	305	»	3,55	3 »	»	1,16	0,98
Frise à Chauny	68	1,45	1,50	1 »	2,13	2,21	1,47
Frise à Dunkerque	281	»	2,60	»	»	0,93	»
Frise à Gand	288	»	3,15	2,75	»	1,09	0,95
Frise à Isbergues	217	»	1,50	»	»	0,69	»

DÉSIGNATION DES PARCOURS	DISTANCES	PRIX TOTAL PAR TONNE			PRIX PAR TONNE KILOMÉTRIQUE		
		1907	1908	1909	1907	1908	1909
	km.	fr.	fr.	fr.	c.	c.	c.
Frise à Jarville	412	»	4,75	»	»	1,15	»
Frise à Loos	196	»	1,50	1,50	»	0,77	0,77
Frise à Montargis	419	5,95	5,60	4,55	1,42	1,34	1,09
Ham à Croix	180	»	»	2,35	»	»	1,31
Hamel-Bazin à Pont-Farcy	46	3 »	3 »	3 »	6,52	6,52	6,52
Hamel-Bazin à Saint-Lô	15	1,50	1,50	1,50	10 »	10 »	10 »
Hamel-Bazin à Tessy	40	3 »	3 »	3 »	7,50	7,50	7,50
Hédé à Rennes	43	1,50	1,50	1,50	3,49	3,49	3,49
Jaille-Yvon (La) à Angers	37	3 »	3 »	3 »	8,11	8,11	8,11
Jumet à Epinal	475	8,50	8,45	8 »	1,79	1,78	1,68
Liège à Epinal	489	8,75	8,70	8 »	1,79	1,78	1,64
Lyon à Chalon	138	3 »	3 »	3 »	2,17	2,17	2,17
Lyon à Gray	272	3,75	3,75	3,75	1,38	1,38	1,38
Lyon à Paris	635	6,50	6,50	6,50	1,03	1,03	1,03
Lyon à Saint-Jean-de-Losne	208	3,50	3,50	3,50	1,68	1,68	1,68
Montargis à Pont-Vert	235	3,25	3,25	3,25	1,38	1,38	1,38
Montluçon à Pont-Vert	132	2,18	2,10	2,10	1,65	1,59	1,59
Nantes à Blain	50	2,25	2,25	2,25	4,50	4,50	4,50
Nantes à Bout-de-Bois	38	1,75	1,75	1,75	4,61	4,61	4,61
Nantes à Châteaulin	360	6,50	6,50	6,50	1,81	1,81	1,81
Nantes à Gouarec	244	4 »	4 »	5 »	1,64	1,64	2,05
Nantes à Guipry	136	3,50	3,50	3,50	2,57	2,57	2,57
Nantes à Josselin	158	3 »	3 »	3 »	1,90	1,90	1,90
Nantes à Nort	28	1,50	1,50	1,50	5,36	5,36	5,36
Nantes à Pontivy	206	4 »	4 »	4 »	1,94	1,94	1,94
Nantes à Redon	95	3 »	3 »	3 »	3,16	3,16	3,16
Nantes à Rennes	184	4 »	4 »	4 »	2,17	2,17	2,17
Nantes à Rohan	181	4 »	4 »	4 »	2,21	2,21	2,21
Niort à Marans	54	4 »	4 »	4 »	7,41	7, 1	7,41
Paris à Roanne	442	7 »	7 »	7 »	1,58	1,58	1,58
Paris à Rouen	243	»	»	3 »	»	»	1,23
Paris-Javel à Rouen	236	3,75	3,75	3,75	1,59	1,59	1,59
Péronne à Aubervilliers	243	3,90	3,80	2,80	1,60	1,56	1,15
Péronne à Auby	148	1,40	»	1,40	0,95	»	0,95
Péronne à Chauny	57	1,80	1,70	1,10	3,16	2,98	1,93
Péronne à Dunkerque	270	2,65	2,25	2 »	0,98	0,83	0,74
Péronne à Gand	277	3,60	2,95	3 »	1,30	1,06	1,08
Péronne à Parville	401	5,50	4,75	»	1,37	1,18	»
Péronne à Montargis	408	5,70	5,70	4,80	1,40	1,40	1,18
Péronne à Paris	268	»	»	2,40	»	»	0,90
Pompey à Saint-Jean-de-Losne	308	»	4,20	4,25	»	1,36	1,38

DÉSIGNATION DES PARCOURS	DISTANCES	PRIX TOTAL PAR TONNE			PRIX PAR TONNE KILOMÉTRIQUE		
		1907	1908	1909	1907	1908	1909
	km.	fr.	fr.	fr.	c.	c.	c.
Redon à Rennes	89	3 »	3 »	3 »	3,37	3,37	3,37
Roussière (La) à Nantes	109	3,75	3,75	3,75	3,44	3,44	3,44
Saint-Louis à Saint-Fons	319	6,50	6,50	6,50	2,04	2,04	2,04
Saint-Louis à Sorgues	89	3,40	3,40	3,40	3,82	3,82	3,82
Saint-Nazaire à Nantes	56	2,25	2,25	2,25	4,02	4,02	4,02
Sarrebrück à Dijon	463	7,60	6 »	5,25	1,64	1,30	1,13
Strasbourg à Besançon	246	5,85	5,70	5,80	2,38	2,32	2,36
Toulouse à Capestang	186	5 »	5 »	5 »	2,69	2,69	2,69
Toulouse à Homps	144	4,50	4,50	4,50	3,12	3,12	3,12
Toulouse à Somail	164	5 »	5 »	5 »	3,05	3,05	3,05
Troyes à Barberey	6	»	»	0,95	»	»	15,83
Valenciennes à Paris	338	»	»	3,75	»	»	1,11
Vouziers à Dunkerque	413	»	6,40	»	»	1,55	»
Voyennes à Dunkerque	252	2,25	»	»	0,89	»	»
Voyennes à Loos	167	»	1,30	»	»	0,78	»
4. — Bois à brûler et bois de service							
Agen à Bordeaux	140	6 »	6 »	6 »	4,28	4,28	4,28
Ambly à Charleroi	323	3,60	3,60	3,70	1,11	1,11	1,15
Ambly à Nancy	101	4,50	5 »	5 »	4,46	4,95	4,95
Angers à Laval	90	4 »	4 »	4 »	4,44	4,44	4,44
Anvers à Mulhouse	796	»	»	12,75	»	»	1,60
Baye à Paris (1)	388	7 »	7 »	7 »	1,80	1,80	1,80
Baye à Paris (2)	317	6 »	6 »	6 »	1,89	1,89	1,89
Beaucaire à Cette	98	4 »	4 »	4 »	4,08	4,08	4,08
Baume-les-Dames à Besançon	35	2 »	2,50	2,50	5,71	7,14	7,14
Belleray à Nancy	117	»	2,25	»	»	1,92	»
Besançon à Paris	506	6 »	6 »	6 »	1,19	1,19	1,19
Betton à Rennes	14	0,50	0,50	0,50	3,57	3,57	3,57
Béziers à Bordeaux	456	9 »	10 »	10 »	1,97	2,19	2,19
Blain à Nantes	50	2 »	2 »	2 »	4 »	4 »	4 »
Bordeaux à Beaucaire	603	»	»	12 »	»	»	1,99
Bordeaux à Condom	157	10 »	10 »	10 »	6,37	6,37	6,37
Bordeaux à Nérac	132	8 »	8 »	8 »	6,06	6,06	6,06
Boterneau à Hennebont	35	2,25	2,25	2,25	6,43	6,43	6,43
Bourogne à Hyèvre	60	2,20	2,20	2,20	3,67	3,67	3,67
Bourogne à Mulhouse	41	1,70	1,45	1,45	4,15	3,54	3,54
Bout-de-Bois à Nantes	38	1,75	1,15	1,75	4,61	4,61	4,61
Bray-sur-Seine à Paris	125	5 »	5 »	5 »	4 »	4 »	4 »
Briare à Paris	195	5,25	5,25	5,25	2,69	2,69	2,69
Calais à Cambrai	172	4 »	4 »	4 »	2,33	2,33	2,33

(1) Par le canal latéral à la Loire ; — (2) Par l'Yonne.

DÉSIGNATION DES PARCOURS	DISTANCES	PRIX TOTAL PAR TONNE			PRIX PAR TONNE KILOMÉTRIQUE		
		1907	1908	1909	1907	1908	1909
	km.	fr.	fr.	fr.	c.	c.	c.
Calais à Lille	124	3 »	3 »	3 »	2,42	2,42	2,42
Calais à Roubaix	143	3,50	3,90	3,25	2,45	2,73	2,27
Calais à Varangéville	620	8,50	»	»	1,37	»	»
Carcassonne à Beaucaire	251	15 »	15 »	15 »	5,98	5,98	5,98
Corcy-la-Tour à Paris	338	6,50	6,50	6,50	1,92	1,92	1,92
Charbonnière (La) à Paris	325	5,50	5,50	5,50	1,69	1,69	1,69
Charité (La) à Paris	254	4 »	4 »	4 »	1,57	1,57	1,57
Châtelier (Le) à Rennes	84	3,50	3,50	3,50	4,17	4,17	4,17
Châtillon-Coligny à Paris	165	5 »	5 »	5 »	3,03	3,03	3,03
Chaumont à Pont-à-Vendin	446	»	3,75	3,50	»	0,84	0,78
Chevillon à Nancy	213	2,75	2,75	3 »	1,29	1,29	1,41
Chevillon à Strasbourg	362	»	5,50	»	»	1,52	»
Clamecy à Paris	269	4,50	4,50	5 »	1,67	1,67	1,86
Condom à Saint-Jean-Poutge	33	5 »	5 »	5 »	15,15	15,15	15,15
Contrisson à Nancy	134	2,50	2,75	2,10	1,86	2,05	1,57
Damazan à Reyniès	123	8 »	8 »	8 »	6,50	6,50	6,50
Daours à Cambrai	147	»	2,50	2,35	»	1,70	1,60
Decize à Paris	323	5,50	5,50	5,50	1,70	1,70	1,70
Dieue à Frouard	97	2,25	»	»	2,32	»	»
Dijon à Paris	399	4,25	4,25	4,25	1,07	1,07	1,07
Dôle à Saint-Satur	363	4,50	4 »	4,50	1,24	1,10	1,24
Donjeux à Thourette	276	3 »	3 »	3 »	1,09	1,09	1,09
Dun à Béthune	423	4,75	4,75	4,75	1,12	1,12	1,12
Dun à Paris	434	6 »	6 »	6 »	1,38	1,38	1,38
Dunkerque à Anzin	184	4,20	4,60	4 »	2,28	2,50	2,17
Dunkerque à Béthune	83	2,10	1,65	1,95	2,53	1,99	2,35
Dunkerque à Condé	174	5,35	4,45	4,50	3,07	2,56	2,59
Dunkerque à Ham	244	»	»	5,50	»	»	2,25
Dunkerque à Hesse	680	»	12 »	»	»	1,76	»
Dunkerque à La Bassée	95	4 »	3,75	3,40	4,21	3,95	3,58
Dunkerque à Marchiennes	145	4,20	3,50	3,30	2,90	2,41	2,28
Dunkerque à Merville	79	2,90	2,80	2,15	3,67	3,54	2,72
Dunkerque à Roubaix	141	4,20	3,50	3,30	2,98	2,48	2,34
Dunkerque à Saint-Quentin	222	5,25	5,30	4,85	2,36	2,39	2,18
Dunkerque à Valenciennes	183	4,25	4,40	3,75	2,32	2,40	2,05
Durtal à Angers	50	4 »	4 »	4 »	8 »	8 »	8 »
Dury à Fresnes	116	»	»	1,50	»	»	1,29
Évran au Châtelier	19	0,70	0,70	0,70	3,68	3,68	3,68
Évran à Rennes	66	2,50	2,50	2,50	3,79	3,79	3,79
Fains à Nancy	119	2 »	2 »	»	1,68	»	»
Forges de Lanouë à Nantes	171	3,75	3,75	3,75	2,19	2,19	2,19

DÉSIGNATION DES PARCOURS	DISTANCES	PRIX TOTAL PAR TONNE			PRIX PAR TONNE KILOMÉTRIQUE		
		1907	1908	1909	1907	1908	1909
	km.	fr.	fr.	fr.	c.	c.	c.
Froissy à Courcy	163	»	»	2,50	»	»	1,53
Froissy à Lens	189	3,50	»	»	1,85	»	»
Gacilly (La) à Nantes	114	3,50	3,50	3,50	3,07	3,07	3,07
Gacilly (La) à Redon	19	1,50	1,50	1,50	7,89	7,89	7,89
Gièvres à Montceau-les-Mines	338	3,35	3,35	3,35	0,99	0,99	0,99
Gravelines à Ham	231	»	»	5,80	»	»	2,51
Gray à Lyon	272	3,75	3,75	3,75	1,38	1,38	1,38
Grossouvre à Mehun	96	2,25	2,50	2,30	2,34	2,60	2,40
Grossouvre à Montluçon	93	2 »	2,25	»	2,15	2,42	»
Gudmont à Paris	327	»	»	3,75	»	»	1,15
Guerche (La) à Montluçon	103	2,70	2,75	2,70	2,62	2,67	2,62
Guipry à Nantes	136	3,50	3,50	3,50	2,57	2,57	2,57
Ham à Pont-à-Vendin	137	»	»	2 »	»	»	1,46
Ham à Roubaix	184	»	3 »	»	»	1,63	»
Havre (Le) à Corbeil	373	7,50	7,50	7,50	2,01	2,01	2,01
Hièvre à Lyon	330	8,65	8,65	8,65	2,62	2,62	2,62
Josselin à Nantes	158	3,50	4,50	3 »	2,22	2,85	1,90
Kœurs (Les) à Nancy	74	»	2 »	»	»	2,70	»
Laroche à Mons	562	7,50	7,50	7,50	1,33	1,33	1,33
Larroque-Bouillac à Bouquiès	5	1,25	1,25	1,25	25 »	25 »	25 »
Lavardac à Condom	33	3 »	3 »	3 »	9,09	9,09	9,09
Lehon au Châtelier	8	0,50	0,50	0,50	6,25	6,25	9,25
Lengager à Rennes	32	1 »	1 »	1 »	3,12	3,12	3,12
Lérouville à Thourotte	329	3 »	»	3 »	0,91	»	0,91
Létanne à Nancy	189	3,25	»	4,40	1,72	»	2,33
Létanne à Strasbourg	338	5,85	»	6,50	1,73	»	1,92
Ligny à Nancy	100	»	»	2,75	»	»	2,75
Lion-d'Angers (Le) à Nantes	118	4,50	4,50	4,50	3,81	3,81	3,81
Longeaux à Nancy	95	»	»	2,15	»	»	2,26
Lyon à Arles	285	8,20	8,20	8,20	2,88	2,88	2,88
Lyon à Beaucaire	270	8,20	8,20	8,20	3,04	3,04	3,04
Lyon à Saint-Louis	325	9,20	9,20	9,20	2,83	2,83	2,83
Lyon à Valence	112	4,60	4,60	4,60	4,11	4,11	4,11
Malestroit à Lorient	145	5 »	5 »	5 »	3,45	3,45	3,45
Malestroit à Nantes	132	4 »	4 »	4 »	3,03	3,03	3,03
Malestroit au Roc Saint-André	9	1,50	1,50	1,50	16,67	16,67	16,67
Marcilly à Paris	169	6 »	6 »	6 »	3,55	3,55	3,55
Marseille à Lyon	365	10,40	10,40	10,40	2,85	2,85	2,85
Mehun à Montluçon	143	2,50	2,75	2,60	1,75	1,92	1,82
Méry à Paris	195	6,50	6,50	6,50	3,33	3,33	3,33
Méry à Troyes	29	4 »	4 »	4 »	13,79	13,79	13,79

DÉSIGNATION DES PARCOURS	DISTANCES	PRIX TOTAL PAR TONNE			PRIX PAR TONNE KILOMÉTRIQUE		
		1907	1908	1909	1907	1908	1909
	km.	fr.	fr.	fr.	c.	c.	c.
Montbéliard à Besançon	91	3,50	3,75	3,75	3,85	4,12	4,12
Moulin-Rouge à Chalon	104	3,50	3,25	3,50	3,37	3,12	3,37
Mouzay à Paris	423	6 »	6 »	6 »	1,42	1,42	1,42
Mulhouse à Charleroi	672	»	»	5 »	»	»	0,74
Mulhouse à Namur	618	»	6 »	5 »	»	0,97	0,81
Mussey à Nancy	124	»	2,85	2,25	»	2,30	1,81
Nemours à Paris	107	2,50	2,50	2,50	2,34	2,34	2,34
Nérac à Bordeaux	132	5 »	5 »	5 »	3,79	3,79	3,79
Nevers à Paris	291	5,50	5,50	5,50	1,89	1,89	1,89
Niort à Marans	54	4,60	4,60	4,60	8,52	8,52	8,52
Nort à Nantes	28	1,60	1,60	1,60	5,71	5,71	,571
Noyers à Bois-Bretoux	374	4,25	4,15	4,15	1,14	1,11	1,11
Noyers à Montceau-les-Mines	361	3,55	3,55	3,55	0,98	0,98	0,98
Noyers à Montluçon	212	3,75	3,50	3,60	1,77	1,65	1,70
Noyers à Tours	62	2,10	1,90	2 »	3,39	3,06	3,23
Noyers à Vierzon	55	1,50	1,50	1,50	2,73	2,73	2,73
Parcé à Angers	78	3 »	3 »	3 »	3,85	3,85	3,85
Pargny-sur-Saulx à Nancy	144	2,10	»	2,75	1,46	»	1,91
Porage (Le) à Angers	34	2 »	2 »	2 »	5,88	5,88	5,88
Pontivy à Nantes	206	4,35	4,25	4,25	2,06	2,06	2,06
Pontivy à Saint-Nicolas	18	1 »	1 »	1 »	5,56	5,56	5,56
Pont-Vert à Montceau-les-Mines	281	3,30	3,30	3,30	1,17	1,17	1,15
Pont-Vert à Nevers	135	2,50	3 »	2,25	1,85	2,22	1,67
Pouillenay à Mouzay	572	8 »	8 »	8 »	1,40	1,40	1,40
Ravières à Paris	269	4,50	4,50	4,50	1,67	1,67	1,67
Redon à Nantes	95	3 »	3 »	3 »	3,16	3,16	3,16
Redon à Rennes	89	3 »	3 »	3 »	3,37	3,37	3,37
Rennes à Nantes	184	4 »	4 »	4 »	2,17	2,17	2,17
Rennes à Redon	89	3 »	3 »	3 »	3,37	3,37	3,37
Rochefort à Saint-Jean-d'Angély	44	2,85	2,85	2,85	6,48	6,48	6,48
Rogny à Paris	175	3 »	3 »	3 »	1,71	1,71	1,71
Rouen à Billancourt	233	4,40	4,40	4,40	1,89	1,89	1,89
Rouen à Paris	243	4,40	4,40	4,40	1,81	1,81	1,81
Rouvray à Nancy	236	3 »	»	»	1,27	»	»
Sablé à Angers	63	3,50	3,50	3,50	5,56	5,56	5,56
Saint-Amand à Gimouille	85	3,24	2,20	3,50	3,81	2,59	4,12
Saint-Amand à Montceau-les-Mines	240	3,50	1,80	4,50	1,46	0,75	1,87
Saint-Amand à Montluçon	49	2 »	2,29	2, »	4,08	4,67	4,08
Saint-Amand à Nevers	94	3,34	2,66	2,78	3,55	2,83	2,96
Saint-Amand à Roanne	245	4 »	4 »	4 »	1,63	1,63	1,63
Saint-Clair à Nantes	73	2,50	2,50	2,50	3,42	3,42	3,42

DÉSIGNATION DES PARCOURS	DISTANCES	PRIX TOTAL PAR TONNE			PRIX PAR TONNE KILOMÉTRIQUE		
		1907	1908	1909	1907	1908	1909
	km.	fr.	fr.	fr.	c.	c.	c.
Saint-Dizier à Paris	281	8 »	8 »	8 »	2,85	2,85	2,85
Saint-Florentin à Paris	205	4 »	4 »	4 »	1,95	1,95	1,95
Saint-Germain à Rennes	24	0,85	0,85	0,85	3,54	3,54	3,54
Saint-Jean-de-Losne à Lyon	208	3,50	3,50	3,50	1,68	1,68	1,68
Saint-Jean-de-Losne à Paris	428	5,75	5,75	5,75	1,34	1,34	1,34
Saint-Joire à Nancy	84	»	3 »	1,75	»	3,57	2,08
Saint-Joire à Varangéville	97	»	2,75	»	»	2,84	»
Saint-Just à Paris	175	6,25	6,25	6,25	3,57	3,57	3,57
Saint-Léger-des-Vignes à Paris	323	5 »	5 »	5 »	1,55	1,55	1,55
Saint-Louis à Avignon	82	4,60	4,60	4,60	5,61	5,61	5,61
Saint-Louis à Beaucaire	55	4,60	4,60	4,60	8,36	8,36	8,36
Saint-Louis à Lyon	325	9,60	9,60	9,60	2,95	2,95	2,95
Saint-Louis à Valence	213	6,80	6,80	6,80	3,19	3,19	3,19
Saint-Mammès à Montceau	349	4,15	4,15	4,15	1,19	1,19	1,19
Saint-Menges à Charleroi	203	3,25	3,25	3,50	1,60	1,60	1,72
Saint-Mesmin à Paris	193	6,50	6,50	6,50	3,37	3,37	3,37
Saint-Mihiel à Frouard	73	1,50	»	»	2,05	»	»
Saint-Nazaire à Nantes	56	2,65	2,65	2,65	4,73	4,73	4,73
Saint-Nicolas à Hennebont	42	2 »	2,30	2 »	4,76	5,48	4,76
Saint-Symphorien à Chalon	74	1,75	1,75	1,75	2,36	2,36	2,36
Saint-Valery à Amiens	63	2,50	2,50	2,50	3,97	3,97	3,97
Saint-Valery à Picquigny	48	2 »	2 »	2 »	4,17	4,17	4,17
Sancoins à Montluçon	87	2 »	2,25	2,25	2,30	2,59	2,59
Savoyeux à Malzéville	208	»	3 »	2,60	»	1,44	1,25
Selles à Montceau-les-Mines	348	3,45	3,45	3,45	0,99	0,99	0,99
Sermaize à Nancy	138	»	»	2,50	»	»	1,81
Seurre à Lyon	180	3,50	3,50	3,50	1,94	1,94	1,94
Soing à Malzéville	195	»	3 »	2,60	»	1,54	1,33
Soing à Thourotte	491	»	»	3,50	»	»	0,71
Stenay à Nancy	175	3,25	»	»	1,86	»	»
Stenay à Paris	421	6 »	6 »	6 »	1,43	1,43	1,43
Strasbourg à Paris	563	»	6,50	10,05	»	1,15	1,79
Thonnance-les-Joinville à Anzin	371	»	»	3,25	»	»	0,88
Toul à Nancy	34	»	1,35	»	»	3,97	»
Toulouse à Bordeaux	247	6 »	6 »	6 »	2,43	2,43	2,43
Tronville à Nancy	105	»	2,50	»	»	2,38	»
Troyes à Paris	213	7 »	7 »	7 »	3,29	3,29	3,29
Valence à Lyon	112	4,60	4,60	4,60	4,11	4,11	4,11
Vallant à Paris	189	7 »	7 »	7 »	3,70	3,70	3,70
Vallon à Vierzon	135	2,25	2 »	2,10	1,67	1,48	1,56
Varney à Nancy	122	»	»	2,50	»	2,05	»

DÉSIGNATION DES PARCOURS	DISTANCES	PRIX TOTAL PAR TONNE			PRIX PAR TONNE KILOMÉTRIQUE		
		1907	1908	1909	1907	1908	1909
	km.	fr.	fr.	fr.	c.	c.	c.
Villefranche à Bois	343	3,75	3,75	3,75	1,09	1,09	1,09
Villefranche à Montceau	330	3,75	3,75	3,75	1,14	1,14	1,14
Villefranche à Montluçon	181	2,40	2,40	2,40	1,33	1,33	1,33
Villeneuve à Bordeaux	175	8 »	8 »	8 »	4,57	4,57	4,57
Vierzon à Montceau-les-Mines	306	3,50	3,50	3,60	1,14	1,14	1,18
Vierzon à Noyers	55	2,40	2,40	2,55	4,36	4,36	4,64
Vierzon à Saint-Aignan	57	2,75	2,75	2,75	4,82	4,82	4,82
5. — INDUSTRIE MÉTALLURGIQUE (*Minerais, fontes, fers, aciers, autres métaux bruts, etc.*							
Anvers à Lamotte	346	6,65	5,85	5,75	1,92	1,69	1,66
Anzin à Paris	341	5,85	5,35	4,55	1,72	1,57	1,33
Aubrives à Paris	452	5,75	5,75	5,75	1,27	1,27	1,27
Auxerre à Mazières	333	5 »	5 »	5 »	1,50	1,50	1,50
Balham à Pont-sur-Saône	443	6,50	6 »	6,25	1,47	1,35	1,41
Bois-Bretoux à Chalon	52	1 »	1 »	1 »	1,92	1,92	1,92
Bois-Bretoux à Montargis	309	2,88	2,88	2,88	0,93	0,93	0,93
Bois-Bretoux à Noyers	374	»	4,50	»	»	1,20	»
Bordeaux à Condom	157	7 »	7 »	7 »	4,46	4,46	4,46
Bordeaux à La Réole	65	4,25	4,50	4,50	6,54	6,92	6,92
Bordeaux à Lavardac	124	6 »	6 »	6 »	4,84	4,84	4,84
Bordeaux à Marmande	83	8 »	8 »	8 »	9,64	9,64	9,64
Bordeaux à Toulouse	247	8 »	8 »	8 »	3,24	3,24	3,24
Bouc au Creusot	523	10 »	10 »	10 »	1,91	1,91	1,91
Chalon à Lyon	138	2,50	2,50	2,50	1,81	1,81	1,81
Chamouilley à Pont-à-Mousson	212	2 »	2,60	2,25	0,94	1,23	1,06
Champigneulles à Burback	158	2,25	2,25	2,25	1,42	1,42	1,42
Champigneulles à Denain	451	3,75	3,80	3,80	0,83	0,84	0,84
Champigneulles à Ruhrort	786	6,75	6,50	6,50	0,86	0,83	0,83
Champigneulles à Wolklingen	303	»	3,25	»	»	1,07	»
Charenton à Messein	404	6,50	6,50	6,50	1,61	1,61	1,61
Charleville à Paris	383	6 »	6 »	6 »	1,57	1,57	1,57
Chasse à Marseille	342	6,75	6,75	6,75	1,97	1,97	1,97
Châteaulin à Basse-Indre	370	7 »	7 »	7 »	1,89	1,89	1,89
Châteaulin à Hennebont	214	6,30	6,30	6,30	2,94	2,94	2,94
Chauny à Denain	116	1,30	1,30	1,30	1,12	1,12	1,12
Chauny à Isbergues	198	1,40	1,40	1,25	0,71	0,71	0,63
Chauny à Liège	291	2,90	2,90	2,70	1 »	1 »	0,93
Commercy à Sarrebrück	209	2,75	2,85	»	1,32	1,36	»
Commercy à Wolklingen	231	2,65	2,85	»	1,15	1,23	»
Contrisson à Wolklingen	303	»	3,25	»	»	1,07	»

DÉSIGNATION DES PARCOURS	DISTANCES	PRIX TOTAL PAR TONNE			PRIX PAR TONNE KILOMÉTRIQUE		
		1907	1908	1909	1907	1908	1909
	km.	fr.	fr.	fr.	c.	c.	c.
Creusot (Le) à Chalon	52	1 »	1 »	1 »	1,92	1,92	1,92
Custines à Fraisans	347	4,10	4,25	4,25	1,18	1,22	1,22
Denain à Dunkerque	168	2,45	»	»	1,46	»	»
Dieulouard à Sarrebrück	169	2,50	»	»	1,48	»	»
Dombasle à Amsterdam	786	7,55	6 »	6,50	0,73	0,76	0,83
Dombasle à Anvers	563	5,85	6,50	6 »	1,04	1,15	1,07
Eurville à Novéant	233	»	2,75	2,60	»	1,19	1,12
Fraisans à Mantoche	95	»	»	12,50	»	»	13,16
Fraisans à Sarrebrück	445	3,50	3,75	3,75	0,79	0,84	0,84
Fraisans à Wolklingen	483	3,50	3,50	3 »	0,72	0,72	0,62
Frouard à Besançon	376	6 »	6 »	6 »	1,60	1,60	1,60
Frouard à Creil	392	3,90	3,80	3,85	0,99	0,97	0,98
Frouard à Fraisans	344	4,25	4,25	4,25	1,24	1,24	1,24
Frouard à Montataire	394	4,05	4,05	3,90	1,03	1,03	0,99
Frouard à Sarreguemines	137	2,25	2,40	»	1,64	1,75	»
Girard à Fumel	17	1,30	1,30	1,30	7,65	7,65	7,65
Hennebont à Lochrist	6	1 »	1 »	1 »	16,67	16,67	16,67
Isbergues à Eurville	417	»	6,30	5,40	»	1,51	1,29
Jaille-Yvon (La) à Nantes	129	4,50	4,50	4,50	3,49	3,49	3,49
Jarville au Creusot	416	5,25	5,15	5 »	1,26	1,24	1,20
Jarville à Trith-Saint-Léger	468	4,05	4,10	4,10	0,87	0,88	0,88
Lyon à Avignon	243	8,80	8,80	8,80	3,62	3,62	3,62
Lyon à Beaucaire	270	9,40	9,40	9,40	3,48	3,48	3,48
Lyon à Saint-Louis	325	10 »	10 »	10 »	3,08	3,08	3,08
Lyon à Valence	112	5,20	5,20	5,20	4,64	4,64	4,64
Marnaval à Commercy	155	3,25	3,25	3,25	2,10	2,10	2,10
Marnaval à Gand	480	4,25	4,25	4 »	0,89	0,89	0,83
Marnaval à Rouen	527	8 »	8 »	8 »	1,52	1,52	1,52
Marseille à Lyon	365	9 »	9 »	9 »	2,47	2,47	2,47
Maxéville à Bayard	206	2,75	2,75	2,60	1,33	1,33	1,26
Maxéville à Burback	154	2,10	2,20	2,20	1,36	1,43	1,43
Maxéville à Chamouilley	194	»	2,65	2,40	»	1,37	1,24
Maxéville au Creusot	422	5 »	4,90	5 »	1,18	1,16	1,18
Maxéville à Eurville	201	»	3 »	2,50	»	1,49	1,24
Maxéville à Fraisans	338	4,25	4,25	4,25	1,26	1,26	1,26
Maxéville à Marnaval	193	»	2,50	2,50	»	1,30	1,30
Mehun à Montluçon	143	2,35	2,30	2,35	1,64	1,61	1,64
Mexin à Denain	452	3,75	3,75	3,75	0,83	0,83	0,83
Méziré à Wolklingen	320	7,70	7,05	7,35	2,41	2,20	2,30
Montjean à Hennebont	328	5 »	»	»	1,52	»	»
Montluçon à Bois-Bretoux	302	2,85	2,58	2,85	0,94	0,94	0,94

DÉSIGNATION DES PARCOURS	DISTANCES	PRIX TOTAL PAR TONNE			PRIX PAR TONNE KILOMÉTRIQUE		
		1907	1908	1909	1907	1908	1909
	km.	fr.	fr.	fr.	c.	c.	c.
Montluçon à Chagny	334	3,20	3,20	3,20	0,96	0,96	0,96
Montluçon à Fourchambault	126	1,90	1,90	2 »	1,51	1,51	1,59
Montluçon à Nevers	143	2,25	2,25	»	1,57	1,57	»
Montluçon à Roanne	294	3 »	3 »	3 »	1,02	1,02	1,02
Montluçon à Vierzon	157	2,30	2,30	2,30	1,46	1,46	1,46
Moriante (La) à Gimouille	85	1,20	1,20	1,20	1,41	1,41	1,41
Moriante (La) à Montluçon	91	1,20	1,20	1,20	1,32	1,32	1,32
Nancy à Lamotte	345	3,70	3,65	3,55	1,07	1,06	1,03
Nantes à Angers	92	3,75	3,75	3,75	4,08	4,08	4,08
Nantes à Hennebont	266	4,65	4 »	4,55	1,75	1,50	1,71
Neuves-Maisons à Anvers	541	6,25	6,60	6 »	1,16	1,12	1,11
Neuves-Maisons à Besançon	355	4,75	4,75	5 »	1,34	1,34	1,34
Neuves-Maisons à Champigneulles	24	0,75	0,75	0,75	3,12	3,12	3,12
Neuves-Maisons à Fraisans	323	4 »	4 »	4 »	1,24	1,24	1,24
Neuves-Maisons à Marcinelle	417	3,40	3,35	3 »	0,82	0,80	0,72
Neuves-Maisons à Montigny	414	3 »	3,50	3 »	0,72	0,85	0,72
Neuves-Maisons à Paris	407	5,60	5,50	5 »	1,28	1,35	1,23
Neuves-Maisons à Ruhrort	785	»	6,75	6,50	»	0,86	0,83
Pompey à Besançon	378	4,25	4,50	5 »	1,12	1,19	1,32
Pompey à Clos-Mortier	187	2,75	2,80	2,95	1,47	1,50	1,58
Pompey à Fraisans	346	»	»	4 »	»	»	1,16
Pompey à Gray	245	»	4,25	4,75	»	1,73	1,94
Pompey à Paris	407	6 »	6 »	6 »	1,47	1,47	1,47
Pompey à Wolklingen	180	»	»	2,40	»	»	1,33
Pont-à-Mousson à Anvers	559	5,10	5,50	5,17	0,91	0,98	0,92
Pont-à-Mousson à Don	517	4 »	4,50	4,25	0,77	0,87	0,82
Pont-à-Mousson à Dunkerque	614	»	4,50	5 »	»	0,73	0,81
Pont-à-Mousson à Paris	425	5,40	5,55	5 »	1,27	1,31	1,18
Pont-à-Mousson à Strasbourg	178	3,90	»	4,25	2,19	»	2,39
Pont-Saint-Vincent à Marnaval	188	»	2,30	2,30	»	1,22	1,22
Pont-Saint-Vincent à Ougrée	421	3,50	3 »	2,80	0,83	0,71	0,67
Pont-Vert à Mazières	8	0,50	0,50	0,50	6,25	6,25	6,25
Puy-l'Evêque à Fumel	20	1,50	1,50	1,50	7,50	7,50	7,50
Rennes à Hennebont	260	5 »	5,50	5,50	1,92	2,12	2,12
Rennes à Nantes	184	4 »	4 »	4 »	2,17	2,17	2,17
Roanne à Montluçon	294	3,75	3,50	3,25	1,28	1,19	1,10
Roanne à Paris	441	4 »	4 »	4 »	0,91	0,91	0,91
Rochefort à Saint-Jean-d'Angély	44	2,8»	2,85	2,85	6,48	6,48	6,48
Saint-Dizier à Paris	281	7 »	7 »	5,25	2,49	2,49	1,87
St-Germain-au-Mont-d'Or à Foulon	220	4 »	4 »	4 »	1,82	1,82	1,28
Saint-Jean-de-Losne à Lyon	208	3 5	3 »	3 »	1,44	1,44	1,44

DÉSIGNATION DES PARCOURS	DISTANCES	PRIX TOTAL PAR TONNE			PRIX PAR TONNE KILOMÉTRIQUE		
		1907	1908	1909	1970	1908	1909
	km.	fr.	fr.	fr.	c.	c.	c.
Saint-Louis à Sorgues	89	3,40	3,40	3,40	3,82	3,82	3,82
Saint-Mammès à Gueugnon	316	4 »	4 »	4 »	1,27	1,27	1,27
Saint-Nazaire à Hennebont	322	5,70	5,70	5,70	1,77	1,77	1,77
Saint-Nazaire à Nantes	56	1,60	1,60	1,60	2,86	2,86	2,86
Saint-Nazaire à Rennes	240	6 »	6 »	6 »	2,50	2,50	2,50
Saint-Symphorien à Chalon	74	1,75	1,75	1,75	2,36	2,36	2,36
Sarralbe à Anvers	654	7 »	7,50	7 »	1,07	1,14	1,07
Sarrebrück à Méziré	310	7,45	6,80	7,15	2,40	2,19	2,31
Segré à Nantes	135	3,85	3,85	3,85	2,85	2,85	2,85
Sexey-aux-Forges à Hautmont	444	3,85	3,75	»	0,87	0,84	»
Sexey-aux-Forges à Isbergues	528	3,90	4,35	4,30	0,74	0,82	0,81
Sexey-aux-Forges à Montceau-sur-Sambre	420	3 »	2,85	»	0,71	0,68	»
Sexey-aux-Forges à Ougrée	418	3,25	3,75	»	0,78	0,89	»
Sexey-aux-Forges à Ruhrort	780	6,50	6,75	6,50	0,83	0,87	0,83
Sexey-aux-Forges à Wolklingen	187	2,35	2,40	2,30	1,26	1,28	1,23
Stenay à Wolklingen	344	4,50	»	4,50	1,31	»	1,31
Trith à Dunkerque	177	2,05	2 »	2,05	1,16	1,13	1,16
Trith à Paris	334	4,95	4,20	5,50	1,48	1,26	1,65
6. — Produits agricoles et alimentaires							
Agen à Bordeaux	139	4,50	4,50	4,50	3,24	3,24	3,24
Angers à Mayenne	124	4,50	4,50	4,50	3,63	3,63	3,63
Angers à Nantes	92	4,25	4,25	4,25	4,62	4,62	4,62
Anvers à Corbeil	538	»	»	8,90	»	»	1,65
Anvers à Metz	592	9,75	9,60	9 »	1,65	1,62	1,52
Anvers à Nancy	548	»	8,50	9 »	»	1,55	1,64
Anvers à Paris	504	8 »	8 »	8 »	1,59	1,59	1,59
Anvers à Sarreguemines	676	10,60	10,85	8,50	1,57	1,61	1,26
Anvers à Strasbourg	697	12,12	12,32	»	1,74	1,77	»
Anvers à Toul	515	9,10	9,10	9,10	1,77	1,77	1.77
Arles à Marseille	88	5 »	5 »	5 »	5,68	5,68	5,68
Arras à La Villette	340	»	»	3,90	»	»	1,15
Auxerre à Paris	209	»	»	7 »	»	»	3,35
Balham à Einville	323	»	4,75	»	»	1,47	»
Balham à Nancy	295	»	»	4,25	»	»	1,44
Bar-le-Duc à Einville	143	»	3 »	»	»	2,10	»
Bar-le-Duc à Nancy	115	2,75	2,75	2,95	2,39	2,39	2,57
Bassée (La) à Deulémont	42	1,85	1,90	1,70	4,40	4,52	4,05
Beaucaire à Lyon	270	11 »	11 »	11 »	4,07	4,07	4,07
Béthencourt à Cambrai	86	1,95	2 »	2,20	2,27	2,33	2,56

DÉSIGNATION DES PARCOURS	DISTANCES	PRIX TOTAL PAR TONNE			PRIX PAR TONNE KILOMÉTRIQUE		
		1907	1908	1909	1907	1908	1909
	km.	fr.	fr.	fr.	c.	c.	c.
Béziers à Bordeaux	456	8 »	8,50	9 »	1,75	1,86	1,97
Béziers à Cette	47	2,37	2,50	2,50	5,04	5,32	5,32
Blain à Nantes	50	2,25	2,25	2,25	4,50	4,50	4,50
Bon-Repos à Aiseray	27	2 »	2 »	2 »	7,41	7,41	7,41
Bordeaux à Béziers	456	8,50	9 »	10 »	1,86	1,97	2,19
Bordeaux à Condom	157	6 »	6 »	6 »	3,82	3,82	3,82
Bordeaux à Lavardac	124	9 »	9 »	9 »	7,26	7,26	7,26
Bordeaux à Marmande	83	4 »	4 »	4 »	4,82	4,82	4,82
Bordeaux à La Réole	65	3,50	3,50	3,50	5,38	5,38	5,38
Bordeaux à Tonneins	99	4 »	4 »	4 »	4,04	4,04	4,04
Bordeaux à Toulouse	247	10 »	10 »	10 »	4,05	4,05	4,05
Bout-de-Bois à Nantes	38	2 »	2 »	2 »	5,26	5,26	5,26
Bray à Paris	125	6 »	6 »	6 »	4,80	4,80	4,80
Brie à Noyelles	150	»	1,90	»	»	1,27	»
Cappy à Paris	286	4,10	4 »	»	1,43	1,43	»
Carcassonne à Beaucaire	251	5 »	5 »	5 »	1,99	1,99	1,99
Carcassonne à Bordeaux	352	6,50	6,50	6,50	1,85	1,85	1,85
Cette à Beaucaire	98	3,50	3,50	3,50	3,57	3,57	3,57
Cette à Carcassonne	153	4,25	4,25	4,25	2,78	2,78	2,78
Cette à Gray	640	15,50	15,50	15,50	2,42	2,42	2,42
Cette à Lyon	368	13 »	13 »	13 »	3,53	3,53	3,53
Cette à Montauban	310	6,50	6,50	6,50	2,10	2,10	2,10
Cette à Narbonne	102	3,50	3,50	3,50	3,43	3,43	3,43
Cette à Paris	1005	21 »	21 »	21 »	2,09	2,09	2,09
Cette à Toulouse	256	5 »	5,25	5,50	1,95	2,05	2,15
Chalon à Saint-Mammès	411	4 »	4 »	4 »	0,97	0,97	0,97
Châlons-sur-Marne à Pont-à-Mousson	207	3,75	4 »	»	1,81	1,93	»
Châlons-sur-Marne à Wambrechies	332	3,50	3,75	3,75	1,05	1,13	1,13
Chambon à Roanne	260	4,50	4,50	4,50	1,73	1,73	1,73
Château-Gontier à Châteauneuf	81	3 »	3 »	3 »	3,70	3,70	3,70
Château-Gontier au Mans	184	5 »	5 »	5 »	2,76	2,76	2,76
Château-Gontier au Moulin de Saint-Georges	175	4 »	4 »	4 »	2,29	2,29	2,29
Châteaulin à Châteauneuf	43	2 »	1,50	2 »	4,65	3,49	4,65
Châtelier (Le) à Rennes	85	3,50	3,50	3,50	4,12	4,12	4,12
Chauny à Ham	31	2,10	1,80	1,65	6,77	5,81	5,32
Chesne (Le) à Charleroi	225	4,50	4,50	4,50	2 »	2 »	2 »
Chesne (Le) à Lens	310	4,50	4,50	4,75	1,45	1,45	1,53
Choisy à Ham	68	2 10	1 80	1 65	3,09	2,65	2,43
Compiègne à Ham	72	»	1,70	»	»	2,36	»
Condom à Bordeaux	157	6 »	6 »	6 »	3,82	3,82	3,82

DÉSIGNATION DES PARCOURS	DISTANCES	PRIX TOTAL PAR TONNE			PRIX PAR TONNE KILOMÉTRIQUE		
		1907	1908	1909	1907	1908	1909
	km.	fr.	fr.	fr.	c.	c.	c.
Condom à Pont-de-Bordes	32	3 »	3 »	3 »	9,37	9,37	9,37
Dizy à Paris	184	4,75	4,75	»	2,58	2,58	2,58
Dombasle à Anvers	563	6,35	6,40	6,10	1,13	1,14	1,08
Dombasle à Charleroi	439	4,15	4 »	3,75	0,94	0,91	0,85
Dombasle à Couillet	437	4,25	4 »	3,60	0,97	0,92	0,82
Dombasle à Gand	625	6,75	6,50	6,80	1,08	1,04	1,09
Dombasle à Lille	537	5 »	4,75	4,75	0,93	0,88	0,88
Dombasle à Maestricht	470	4,25	4,45	»	0,90	0,95	»
Dombasle à Paris	428	5,50	5,45	5 »	1,29	1,27	1,17
Dorignies à Arques	79	1,75	1,60	1,50	2,22	2,03	1,90
Dun à Nevers	95	4,50	4,50	4,50	4,74	4,74	4,74
Dun à Roanne	246	4,50	4,50	4,50	1,83	1,83	1,83
Dunkerque à Béthune	83	3,65	2,75	2,40	4,40	3,31	2,89
Dunkerque à Bourbourg	17	1,90	2 »	»	1,18	11,76	»
Dunkerque à Bruges	61	»	3,50	2,50	»	5,73	4,10
Dunkerque à Cambrai	169	4,75	5 »	3,70	2,81	2,96	2,19
Dunkerque à Chauny	262	5,85	5,35	5 »	2,23	2,04	1,91
Dunkerque à Ham	244	5,35	6,10	»	2,19	2,50	»
Dunkerque à Haubourdin	114	2,60	2,55	2,50	2,28	2,24	2,19
Dunkerque à Houlle	36	2 »	2,15	2,20	5,56	5,97	6,12
Dunkerque à Lille	121	3,75	3 »	2,50	3,10	2,48	2,07
Dunkerque à Marcq	130	3,20	4 »	3 »	2,46	3,08	2,31
Dunkerque à Marquette	126	3,50	3,25	3,85	2,78	2,58	3,06
Dunkerque à Nancy	603	8,75	8,75	8,70	1,45	1,45	1,44
Dunkerque à Pont-à-Mousson	614	11,10	10 »	8,85	1,81	1,63	1,44
Dunkerque à Quesnoy-sur-Deûle	118	3,15	2,90	2,70	2,67	2,46	2,29
Dunkerque à Reims	356	7,15	»	»	2,01	»	»
Dunkerque à Roubaix	142	3,25	3 »	2,50	2,29	2,11	1,76
Dunkerque à Sailly-Saurette	302	6,10	6,10	7,75	2,02	2,02	2,57
Dunkerque à Saint-Omer	42	1,75	2 »	1,65	4,17	4,76	3,93
Dunkerque à Valenciennes	181	3,25	3,90	3,75	1,80	2,15	2,07
Einville à Liège	463	5,60	5,60	5,60	1,21	1,21	1,21
Einville à Namur	398	5,10	5,10	5,10	1,28	1,28	1,28
Épénancourt à Paris	257	»	»	4,50	»	»	1,75
Epernay à Charleroi	326	4,50	4,50	»	1,38	1,38	»
Etang (L') à Toulouse	240	5,50	6 »	6 »	2,29	2,50	2,50
Feuillères à Marquette	202	»	»	2,75	»	»	1,36
Fos à Arles	42	5,50	5,50	5,50	13,10	13,10	13,10
Froissy à Dunkerque	290	»	»	3,50	»	»	1,21
Froissy à Paris	288	4,50	4,50	»	1,56	1,56	»
Gacilly (La) à Nantes	114	3,75	3,75	3,75	3,29	3,29	3,29

DÉSIGNATION DES PARCOURS	DISTANCES	PRIX TOTAL PAR TONNE			PRIX PAR TONNE KILOMÉTRIQUE		
		1907	1908	1909	1907	1908	1909
	km.	fr.	fr.	fr.	c.	c.	c.
Gacilly (La) à Redon	19	2 »	2 »	2 »	10,53	10,53	1,50
Gray à Lyon	272	3,75	3,75	3,75	1,38	1,38	1,38
Guines à Marcq	666	»	»	7,85	»	»	1,18
Ham à Chalon	542	»	9,50	»	»	1,75	»
Ham à Dunkerque	244	3,20	2,35	2,15	1,31	0,96	0,88
Ham à Mons	148	»	»	1,25	»	»	0,84
Ham à Mortagne	137	»	3 »	»	»	2,19	»
Ham à Nancy	373	»	»	5 »	»	»	1,34
Ham à Noyelles	140	»	1,60	»	»	1,14	»
Ham à Paris	242	5 »	4,05	2,50	2,07	1,67	1,03
Havre (Le) à Corbeil	398	6,25	6,25	6,25	1,57	1,57	1,57
Havre (Le) à Montereau	465	»	»	7,50	»	»	1,61
Homps à Bordeaux	393	7 »	7 »	7 »	1,78	1,78	1,78
Homps à Cette	110	4 »	4 »	4 »	3,64	3,64	3,64
Homps à Toulouse	146	4,50	4,50	4,50	3,08	3,08	3,08
Janville à Ham	66	2 »	1,80	»	3,03	2,73	»
Jaux à Ham	78	2,30	2,20	1,85	2,94	2,82	2,37
Josselin à Nantes	158	5,15	4,40	4,40	3,26	2,78	2,78
Larey à Dampierre	243	5 »	5 »	5 »	2,06	2,06	2,06
Laval au Mans	220	5 »	5 »	5 »	2,27	2,27	2,27
Lyon à Paris	639	»	»	22,50	»	»	3,52
Lyon à La Roye	258	»	10 »	10 »	»	3,88	3,88
Malestroit à Nantes	132	3,50	3,50	3,50	2,65	2,65	2,65
Malestroit à Redon	37	2 »	2 »	3,50	5,41	5,41	9,46
Marseille à Avignon	122	5,75	5,75	5,75	4,71	4,71	4,71
Marseille à Gray	643	9,50	9,50	9,50	1,48	1,48	1,48
Marseille à Lyon	365	10 »	10 »	10 »	2,74	2,74	2,74
Marseille au Teil	205	7,25	7,25	7,25	3,54	3,54	3,54
Marseille à Valence	253	8 »	8 »	8 »	3,16	3,16	3,16
Marseille-les-Aubigny à Montluçon	119	1,75	1,75	2 »	1,47	1,47	1,68
Mérignac à Rochefort	26	4,10	4,10	4,10	1,58	1,58	1,58
Montauban à Cette	310	6,50	6,50	6,50	2,10	2,10	2,10
Montereau à Paris	101	»	»	4 »	»	»	3,96
Mortagne à Rouen	464	5,75	5,25	4,75	1,24	1,13	1,02
Mulhouse à Charleroi	672	»	5,50	5,25	»	0,82	0,78
Nancy à Lamotte	345	3,75	3,75	3,50	1,09	1,09	1,10
Nantes à Châteaulin	360	5 »	6 »	6 »	1,39	1,67	1,67
Nantes à Gouarec	244	4 »	4 »	4 »	1,64	1,64	1,64
Nantes à Nort	28	1,75	1,75	1,75	6,25	6,25	6,25
Narbonne à Bordeaux	431	8 »	8 »	8 »	1,86	1,86	1,86
Narbonne à Cette	102	3,50	3,50	3,50	3,43	3,43	3,43

DÉSIGNATION DES PARCOURS	DISTANCES	PRIX TOTAL PAR TONNE			PRIX PAR TONNE KILOMÉTRIQUE		
		1907	1908	1909	1907	1908	1909
	km.	fr.	fr.	fr.	c.	c.	c.
Nérac à Bordeaux	132	5 »	5 »	5 »	3,79	3,79	3,79
Nérac à Vienne	11	2 »	2 »	2 »	18,18	1,818	18,18
Neufchâtel à Courrières	236	3,25	3,25	3 »	1,48	1,38	1,27
Neuves-Maisons à Epinal	61	1,40	1,40	1,50	2,30	2,30	2,46
Niort à Marans	54	4 »	4 »	4 »	7,41	7,41	7,41
Noyant à Paris	149	6 »	6 »	6 »	4,03	4,03	4,03
Noyers à Roanne	366	4,20	4,20	4,20	1,15	1,15	1,15
Noyers à Tours	62	4 »	4 »	4 »	6,45	6,45	6,45
Noyon à Ham	48	1,70	1,60	1,50	3,54	3,33	3,12
Ourscamps à Ham	54	1,70	1,60	1,50	3,15	2,96	2,78
Paris à Bourges	372	8,50	8,50	8,50	2,28	2,28	2,28
Paris à Méry	198	11 »	11 »	11 »	5,56	5,56	5,56
Paris à Montereau	101	10 »	10 »	10 »	9,90	9,90	9,90
Paris à Roanne	442	22,50	22,50	22,50	5,09	5,09	5,09
Paris à Rouen	243	3,50	3,50	4,50	1,44	1,44	1,85
Paris à Troyes	213	13 »	13 »	13 »	6,10	6,10	6,10
Péronne à Calais	273	2,75	»	»	1,01	»	»
Péronne à Dunkerque	270	2,75	»	»	1,02	»	»
Péronne à Paris	268	»	4,05	2,50	»	1,51	0,93
Péronne à Roubaix	210	»	»	2,75	»	»	1,31
Pont-du-Coucy à Châlons-sur-Marne	283	2,80	2,75	2,75	0,99	0,97	0,97
Pont-Lévêque à Ham	50	1,60	1,60	1,50	3,20	3,20	3,20
Pont-à-Mousson à Épinal	102	2,50	2,50	2,50	2,45	2,45	2,45
Pont-Royal à Dôle	128	4 »	3,75	4 »	3,12	2,93	3,12
Pontivy à Nantes	206	4,50	4,50	4,50	2,18	2,18	2,18
Pouilly à Dôle	110	4 »	3,75	4 »	3,64	3,41	3,64
Rebai (Le) à Bouc	16	1,15	1,15	1,15	7,19	7,19	7,19
Rebai (Le) à Mas-Thibert	13	0,60	0,60	0,60	4,62	4,62	4,62
Reims à Nancy	246	3,50	»	»	1,42	»	»
Rethel à Nancy	292	4,25	»	»	1,46	»	»
Revigny à Einville	159	2,75	3 »	3 »	2,10	2,29	2,29
Revigny à Nancy	131	2,75	3 »	3 »	2,10	2,29	2,29
Roche-Bernard (La) à Nort	112	4,50	4,50	4,50	4,02	4,02	4,02
Rohan à Nantes	181	4 »	4 »	4 »	2,21	2,21	2,21
Rohan à Redon	86	4 »	4 »	4 »	4,65	4,65	4,65
Rotterdam à Nancy	658	»	9,15	8,60	»	1,39	1,31
Rotterdam à Strasbourg	807	13,15	13,60	10 »	1,63	1,69	1,24
Roubaix à Dunkerque	141	3,10	3,25	3,50	2,20	2,30	2,48
Roubaix à Nancy	543	»	»	7,85	»	»	1,45
Rouen à Châlons-sur-Marne	461	9,50	9,50	9,50	2,06	2,06	2,06
Rouen à Charenton	248	4,50	4,50	5 »	1,81	1,81	2,02

DÉSIGNATION DES PARCOURS	DISTANCES	PRIX TOTAL PAR TONNE			PRIX PAR TONNE KILOMÉTRIQUE		
		1907	1908	1909	1907	1908	1909
	km.	fr.	fr.	fr.	c.	c.	c.
Rouen à Corbeil	277	5,25	5,25	5,25	1,90	1,90	1,90
Rouen à Nancy	657	15 »	15 »	15 »	2,28	2,28	2,28
Rouen à Paris	243	4,50	4,50	4,50	1,85	1,85	1,85
Roussière (La) à Angers	17	2,50	2,50	2,50	14,71	14,71	14,71
Roussière (La) à Nantes	109	4 »	4 »	4 »	3,67	3,67	3,67
Sablé au Moulin-de-Saint-Georges	69	2,50	2,50	2,50	3,62	3,62	3,62
Saint-Amand à Chagny	285	3,44	3,54	3,08	1,21	1,24	1,08
Saint-Amand à Chalon	305	3,50	3,50	3,50	1,15	1,15	1,15
Saint-Amand à Roanne	245	3,51	3,18	3,07	1,43	1,30	1,25
Saint-Christ à Dunkerque	263	2,75	»	»	1,05	»	»
Saint-Christ à Noyelles	159	1,70	»	»	1,07	»	»
Saint-Jean-d'Angély à Rochefort	44	6,70	6,70	6,70	1,52	1,52	1,52
Saint-Jean-de-Losne à Dôle	23	2 »	2 »	2 »	8,70	8,70	8,70
Saint-Jean-de-Losne à Roche	89	1,50	1,50	1,50	1,69	1,69	1,69
Saint-Jean-Poutge à Condom	33	2,50	2,50	2,50	7,58	7,58	7,58
Saint-Nazaire à Nantes	56	2,25	2,25	2,25	4,02	4,02	4,02
Saint-Nicolas à Lille	535	4,80	5 »	4,75	0,90	0,93	0,89
Saint-Ouen à Ham	82	2,10	»	»	2,56	»	»
Sancoins à Roanne	207	3,20	3,20	3,20	1,55	1,55	1,55
Saralbe à Anvers	654	7,50	7,50	7 »	1,15	1,15	1,07
Segré à Angers	43	3,25	3,25	3,25	7,56	7,56	7,56
Segré à Châteauneuf	70	3 »	3 »	3 »	4,29	4,29	4,29
Segré au Mans	173	5 »	5 »	5 »	2,89	2,89	2,89
Segré au Moulin de Saint-Georges	164	4 »	4 »	4 »	2,47	2,47	2,47
Seurre à Voujaucourt	190	6,85	6,85	6,85	3,61	3,61	3,61
Soissons à Lille	259	4,50	4,50	4,50	1,74	1,74	1,74
Soissons à Nancy	317	5,50	5,50	5,50	1,74	1,74	1,74
Soissons à Paris	214	4 »	4 »	4 »	1,87	1,87	1,87
Thau à Beaucaire	98	3,50	3,50	3,50	3,57	3,57	3,57
Thourotte à Ham	64	2,50	1,80	1,60	3,91	2,81	2,50
Tonnay-Charente à Saint-Jean-d'Angély	38	5,25	5,25	5,25	13,82	13,82	13,82
Toulouse à Bordeaux	247	6 »	6 »	6 »	2,43	2,43	2,43
Trillers (Les) à Montluçon	8	1,25	1,25	1,25	15,62	15,62	15,62
Varangéville-St-Nicolas à Chauny	354	4,15	4,15	4,15	1,17	1,17	1,17
Varangéville-Saint-Nicolas à Rouen	668	9 »	9 »	9 »	1,35	1,35	1,35
Venette à Ham	74	2,05	1,90	1,80	2,77	2,57	2,43
Vic-sur-Aisne à Paris	195	5,25	5,25	5,25	2,69	2,69	2,69
Villefranche à Corbeil	392	5,50	5,50	5,50	1,40	1,40	1,40
Villeneuve à Bordeaux	176	6 »	6 »	6 »	3,41	3,41	3,41
Villeneuve-sur-Yonne à Voujaucourt	433	14,70	14,70	14,70	3,39	3,39	3,39

DÉSIGNATION DES PARCOURS	DISTANCES	PRIX TOTAL PAR TONNE			PRIX PAR TONNE KILOMÉTRIQUE		
		1907	1908	1909	1907	1908	1909
	km.	fr.	fr.	fr.	c.	c.	c.
Villette (La) à Ham	219	»	»	4 »	»	»	1,83
Vincelles-Vermenton à Paris	223	4 »	4 »	4 »	1,79	1,79	1,79
Vouziers à Rouen	440	8,50	8,60	8,50	1,93	1,93	1,93
Voyennes à Paris	250	»	»	3,60	»	»	1,44

Les prix de fret très nombreux qui viennent d'être cités pour la période de 1907 à 1909 présentent, sans doute, des inexactitudes. On sait quelle difficulté les ingénieurs éprouvent souvent à recueillir auprès du personnel de la batellerie des renseignements précis et même véridiques à cet égard. On sait aussi quelles fluctuations subit parfois le coût des transports sur les voies navigables.

Cependant, comme les indications du tableau précédent résultent de très nombreuses constatations, comme elles se réfèrent aux itinéraires les plus divers, il y a quelque chance pour qu'envisagées dans leur ensemble, elles se rapprochent de la réalité, autant qu'on peut le désirer en pareille matière.

Les moyennes arithmétiques des prix par tonne et par kilomètre, pour les grandes divisions du tableau, sont les suivantes :

DÉSIGNATION DES GROUPES DE MARCHANDISES	TRANSPORTS	
	à toute distance	à plus de 200 k.
	centimes	centimes
Combustibles minéraux	2,015	1,451
Matériaux de construction. Minéraux	3,163	1,451
Engrais. Amendements	2,815	1,421
Bois à brûler et bois de service	3,308	1,773
Industrie métallurgique (minerais, fontes, fers et autres métaux bruts)	2,052	1,418
Produits agricoles et denrées alimentaires	3,240	1,840

Ces moyennes pèchent certainement par excès, puisqu'elles font abstraction de la longueur des parcours et que les prix forts, applicables sur de petites distances, entrent dans leur calcul au même titre que les prix moindres, applicables sur de grandes distances.

Mieux vaut prendre les moyennes géométriques obtenues en divisant la somme des prix totaux par la somme des distances :

DÉSIGNATION DES GROUPES DE MARCHANDISES	TRANSPORTS	
	à toute distance	à plus de 200 k.
	centimes	centimes
Combustibles minéraux	1,493	1,398
Matériaux de construction. Minéraux	1,732	1.376
Engrais. Amendements	1,746	1,367
Bois à brûler et bois de service	2,234	1.709
Industrie métallurgique minerais, fontes, fers et autres métaux bruts	1.447	1.315
Produits agricoles et denrées alimentaires	2.159	1,731

Si l'on néglige les autres éléments de trafic, dont l'importance est secondaire, et si on affecte chacune des moyennes géométriques ci-dessus d'un coefficient proportionnel à la part de l'élément correspondant dans le tonnage kilométrique du réseau de navigation intérieure, on en déduit que le taux moyen du fret, pour les transports de toute nature et à toute distance, est actuellement de 1 centime 67.

La comparaison avec les prix relatés dans le « Traité des Chemins de fer » (1887) montre que l'abaissement du fret depuis 25 ans a dépassé 30 p. 100.

Il importe de ne pas perdre de vue que la moyenne générale de 1 c. 67 englobe les lignes secondaires et imparfaites avec les lignes perfectionnées, les courants secondaires de circulation avec les courants principaux, les marchandises de densité ou de valeur moyenne avec les marchandises pondéreuses ou de faible valeur. Néanmoins, certaines des estimations données par les auteurs de traités didactiques ou de rapports au Parlement, fussent-elles considérées comme restreintes aux transports les moins coûteux, paraissent manifestement optimistes.

Les prix actuels sont-ils encore susceptibles de réductions? Sans aucun doute, car notre réseau de navigation, bien que largement amélioré, appelle de nouveaux perfectionnements.

Ces perfectionnements doivent porter non seulement sur la structure du réseau, sur ses conditions de navigabilité, mais aussi sur le matériel et les procédés d'exploitation, dont la charge incombe plus spécialement à l'industrie.

Les constructeurs de bateaux adopteront vraisemblablement des coupes offrant moins de résistance au mouvement, dussent-ils sacrifier un peu de la capacité. Des progrès s'accompliront dans les moyens de traction, trop souvent primitifs et rudimentaires. Les ports seront dotés de l'outillage qui leur fait défaut (engins de chargement et de déchargement, abris et magasins, installations de radoub, etc.). D'une manière générale, l'utilisation des rivières et des canaux prendra un caractère plus commercial.

Est-ce à dire qu'il soit permis d'espérer une diminution considérable du fret? Une grande prudence s'impose dans les prévisions d'avenir : pour la navigation, comme pour les autres formes des transports, ont doit compter avec l'élévation progressive des frais de personnel, avec le renchérissement inévitable de la main-d'œuvre.

b. Chemins de fer. — En regard des prix qui viennent d'être donnés pour les transports par eau, mettons ceux des transports par rails.

Si l'on divise la recette des chemins de fer d'intérêt général pour le trafic de petite vitesse, taxé à la tonne, par le tonnage kilométrique correspondant, on trouve que la taxe moyenne, qui atteignait 7 c. 65 en 1855, est tombée à moins de 7 centimes dès 1860, s'est approchée de 6 centimes à partir de 1864, puis a poursuivi sa dégression au point de ne pas dépasser 4 c. 27 en 1910.

Mais ces chiffres ne sont pas ceux qu'on doit envisager pour une comparaison équitable des deux catégories de voies de communication. Ils font, en effet, un bloc des marchandises pondéreuses, pour lesquelles la batellerie est en concurrence avec les Administrations et Compagnies de chemins de fer, et des marchandises de valeur, qui sont frappées de taxes plus élevées; ils comprennent, tout à la fois, le trafic par wagon complet et le trafic de détail auquel s'appliquent, fréquemment, les tarifs généraux, au lieu des tarifs spéciaux.

Il est donc indispensable d'entrer plus avant dans l'analyse des tarifs, de restreindre le parallèle aux marchandises qui empruntent, selon les circonstances, les voies ferrées ou les voies navigables, de ne considérer sur les chemins de fer que les transports par grosses expéditions et au moins par wagon complet.

C'est ce que vais faire, en suivant l'ordre des divisions du tableau relatif aux prix du fret.

1. — *Combustibles minéraux* (*houille et coke*).

Le tonnage kilométrique des houilles et cokes, sur l'ensemble des chemins de fer d'intérêt général, s'est élevé à 3 milliards 19 millions de tonnes kilométriques pendant l'année 1910; la recette brute correspondante a été de 154 418 000 francs environ; ainsi, la taxe kilométrique moyenne n'a pas excédé 3 c. 08, bien que la distance moyenne de transport par réseau ait à peine atteint 104 kilomètres.

Voici, d'ailleurs, quelques renseignements sommaires concernant les bases des tarifs spéciaux en vigueur sur les divers réseaux (1) :

RÉSEAUX	BASES DES TARIFS SPÉCIAUX
ÉTAT.	Barème applicable à toutes les relations, pour le transport de la houille, du coke et des agglomérés par wagon de 4 tonnes au minimum, et comportant les prix ci-après par tonne : 20 kilomètres... 1 fr. » 50 kilomètres... 2 fr. 25 75 kilomètres... 3 fr. 15 100 kilomètres... 3 fr. 80 150 kilomètres... 5 fr. 25 200 kilomètres... 6 fr. » 300 kilomètres... 7 fr. 50 400 kilomètres... 8 fr. 75 500 kilomètres... 10 fr. » 600 kilomètres... 11 fr. 25 Pour chaque kilomètre en sus... 1 c. 25
	Barème applicable à toutes les relations, pour le transport de la houille, du coke et des agglomérés par rame de 5 wagons au moins chargés de 20 tonnes chacun, et établi sur les bases suivantes par tonne : 8 centimes par kilomètre, jusqu'à 25 kilomètres; 4 centimes par kilomètre en sus, jusqu'à 34 kilomètres; 2 centimes 5 par kilomètre en sus, jusqu'à 100 kilomètres; 1 centime 5 par kilomètre en sus, jusqu'à 200 kilomètres; 1 centime 25 par kilomètre en sus, jusqu'à 300 kilomètres; 0 centime 75 par kilomètre en sus.
	Barème applicable à la houille, au coke et aux agglomérés par expédition de 10 tonnes au minimum, en provenance directe des houillères françaises desservies par quatre gares, et présentant une base constante de 2 centimes par tonne et par kilomètre, frais de gare compris, sous condition d'un parcours de 100 kilomètres au moins.
	Barème applicable à toutes les relations, pour le transport des agglomérés de fabrication française par expédition de

(1) Aucun des prix indiqués ne comprend les frais de chargement et de déchargement, qui doivent être laissés de côté pour les chemins de fer comme pour la navigation.

Ont été également éliminés, autant que possible, les frais de gare, qui s'élèvent normalement à 40 centimes par tonne.

RÉSEAUX	BASES DES TARIFS SPÉCIAUX
NORD.	200 tonnes au minimum, et présentant une base constante de 2 centimes 5 par tonne et par kilomètre, frais de gare compris, sous condition d'un parcours de 120 kilomètres au moins. Prix fermes divers pour le transport de la houille, du coke et des agglomérés par wagon de 4 tonnes au minimum : base globale variant de 4 centimes à 1 centime 1 environ. Barème applicable à toutes les relations, pour le transport de la houille, du coke et des agglomérés par wagon de 5 tonnes au minimum, et établi sur les bases suivantes par tonne : 6 centimes par kilomètre, jusqu'à 50 kilomètres (avec minimum de 40 c. par tonne) ; 4 centimes par kilomètre en sus, jusqu'à 100 kilomètres ; 3 centimes par kilomètre en sus, jusqu'à 200 kilomètres ; 2 centimes par kilomètre en sus, jusqu'à 300 kilomètres. Barème applicable au départ de diverses gares (centres de production, points frontières, ports maritimes), pour le transport de la houille, du coke et des agglomérés par wagon de 10 tonnes, et établi sur les bases suivantes par tonne : 4 centimes par kilomètre, jusqu'à 75 kilomètres ; 3 centimes 5 par kilomètre en sus, jusqu'à 125 kilomètres ; 2 centimes par kilomètre en sus, jusqu'à 200 kilomètres ; 5 millimes par kilomètre en sus. Nombreux prix fermes pour le transport de la houille, du coke et des agglomérés par wagon de 10 tonnes : base globale s'abaissant jusqu'à 2 centimes. Prix fermes pour le transport de la houille, du coke et des agglomérés à des distances ne dépassant pas 69 kilomètres, par expédition de 100 tonnes au minimum dans des wagons utilisés à leur capacité complète : base globale s'abaissant jusqu'à 2 centimes 2. Réduction sur les prix des trois paragraphes précédents, lorsque les transports sont effectués dans des wagons de 40 tonnes pour la houille et de 30 tonnes pour le coke fournis par les expéditeurs ou les destinataires. Réduction de moitié sur les prix du barême applicable aux wagons de 10 tonnes, pour les trains de 12 wagons chargés à 20 tonnes chacun et portant de la houille, du coke ou des agglomérés destinés à l'exportation par les ports de Calais ou de Dunkerque.

RÉSEAUX	BASES DES TARIFS SPÉCIAUX
Est....	Réduction de 10 p. 100 et de 15 p. 100 sur les prix du barème applicable aux wagons de 10 tonnes, pour les expéditions de 100 tonnes et de 200 tonnes, au départ de centres producteurs et à destination de certaines gares. Barème applicable aux expéditions de 120 tonnes, entre deux concessions houillères ou d'une concession houillère à une usine de fabrication de coke, des houilles destinées à la carbonisation, aux mélanges ou à la fabrication des briquettes, sur wagons fournis par les expéditeurs ou les destinataires : base constante de 1 centime par tonne et par kilomètre. Barème applicable à toutes les relations, pour le transport de la houille ou des agglomérés par wagon de 10 tonnes au moins et pour le transport du coke par wagon de 6 tonnes, et établi sur les bases suivantes par tonne : 7 centimes par kilomètre, jusqu'à 25 kilomètres ; 4 centimes par kilomètre en sus, jusqu'à 75 kilomètres ; 2 centimes 5 par kilomètre en sus, jusqu'à 150 kilomètres ; 2 centimes par kilomètre en sus, jusqu'à 300 kilomètres ; 1 centime 5 par kilomètre en sus. Prix fermes pour le transport de la houille ou des agglomérés par wagon de 10 tonnes au moins et du coke par wagon de 6 tonnes : base globale descendant à 3 centimes environ. Prix fermes pour le transport du coke par wagon de 10 tonnes au moins : base globale de 3 centimes 8 à 3 centimes 9. Prix fermes pour le transport de la houille, du coke et des agglomérés par expédition de 100 tonnes au minimum dans des wagons chargés à leur capacité complète : base globale descendant à 2 centimes 8. Prix fermes pour le transport du coke par expédition de 100 tonnes au minimum dans des wagons chargés à leur capacité complète : base globale de 2 centimes 2 environ. Barème applicable au départ de certaines gares, pour le transport de la houille, du coke et des agglomérés par wagon de 20 tonnes au moins, et établi sur les bases suivantes : 6 centimes 65 par kilomètre, jusqu'à 25 kilomètres ; 3 centimes 8 par kilomètre en sus, jusqu'à 75 kilomètres ; 2 centimes 375 par kilomètre en sus, jusqu'à 150 kilomètres ;

RÉSEAUX	BASES DES TARIFS SPÉCIAUX
	1 centime 9 par kilomètre en sus, jusqu'à 300 kilomètres; 1 centime 425 par kilomètre en sus.
	Barème applicable aux mêmes transports par expédition de 250 tonnes, dans des wagons chargés à leur capacité totale, et établi sur les bases suivantes : 5 centimes 6 par kilomètre, jusqu'à 25 kilomètres; 3 centimes 2 par kilomètre en sus, jusqu'à 75 kilomètres; 2 centimes par kilomètre en sus, jusqu'à 150 kilomètres; 1 centime 6 par kilomètre en sus, jusqu'à 300 kilomètres; 1 centime 2 par kilomètre en sus.
OUEST-ÉTAT.	Barême applicable à toutes les relations, pour le transport de la houille et des agglomérés par wagon de 5 tonnes au moins, et établi sur les bases suivantes par tonne : 8 centimes par kilomètre, jusqu'à 25 kilomètres; 4 centimes par kilomètre en sus, jusqu'à 100 kilomètres; 3 centimes 5 par kilomètre en sus, jusqu'à 300 kilomètres; 3 centimes par kilomètre en sus, jusqu'à 600 kilomètres; 2 centimes 5 par kilomètre en sus.
	Barême applicable à toutes les relations, pour le transport de la houille et des agglomérés par wagon de 10 tonnes au moins ou du coke par wagon de 5 tonnes, et établi sur les bases suivantes : 7 centimes par kilomètre, jusqu'à 25 kilomètres; 5 centimes par kilomètre en sus, jusqu'à 50 kilomètres; 3 centimes par kilomètre en sus, jusqu'à 100 kilomètres; 2 centimes par kilomètre en sus, jusqu'à 400 kilomètres; 1 centime par kilomètre en sus.
	Barême applicable à toutes les relations, pour le transport de la houille, des agglomérés et du coke par expédition de 60 tonnes au moins dans des wagons utilisés à leur limite de chargement, ledit barême établi sur les bases suivantes : 6 centimes par kilomètre, jusqu'à 25 kilomètres; 4 centimes par kilomètre en sus, jusqu'à 50 kilomètres; 3 centimes par kilomètre en sus, jusqu'à 100 kilomètres; 2 centimes par kilomètre en sus, jusqu'à 250 kilomètres; 1 centime 5 par kilomètre en sus, jusqu'à 400 kilomètres; 1 centime par kilomètre en sus.

RÉSEAUX	BASES DES TARIFS SPÉCIAUX
ORLÉANS	Prix fermes pour le transport de la houille ou des agglomérés par wagon de 10 tonnes au moins ou du coke par wagon de 5 tonnes : base globale descendant à 2 centimes 8 environ. Barême applicable au départ des gares desservant des mines de charbon, pour le transport de la houille et des agglomérés par expédition de 20 tonnes au moins : réduction de 15 p. 100 sur le barême applicable aux wagons de 10 tonnes. Barême applicable au départ des gares desservant des mines de charbon pour le transport de la houille et des agglomérés par expédition de 40 tonnes : réduction de 25 p. 100 sur le barême applicable aux wagons de 10 tonnes. Réduction sur les prix des barêmes précédents et sur les prix fermes, lorsque les transports sont effectués dans des wagons de 40 tonnes pour la houille ou les agglomérés et de 30 tonnes pour le coke, fournis par les expéditeurs ou les destinataires. Barême applicable à toutes les relations, pour le transport de la houille, du coke ou des agglomérés par wagon complet, et établi sur les bases suivantes, par tonne : 8 centimes par kilomètre, jusqu'à 25 kilomètres; 4 centimes par kilomètre en sus, jusqu'à 100 kilomètres; 2 centimes par kilomètre en sus, jusqu'à 200 kilomètres; 1 centime 25 par kilomètre en sus. Barême applicable à toutes les relations, pour le transport de la houille ou des agglomérés par rame de 5 wagons au moins chargés chacun de 20 tonnes au minimum et pour le transport du coke par rame de 8 wagons chargés chacun de 13 tonnes, et établi sur les bases suivantes : 8 centimes par kilomètre, jusqu'à 25 kilomètres; 4 centimes par kilomètres en sus, jusqu'à 34 kilomètres : 2 centimes 5 par kilomètre en sus, jusqu'à 100 kilomètres; 1 centime 5 par kilomètre en sus, jusqu'à 200 kilomètres; 1 centime 25 par kilomètre en sus, jusqu'à 300 kilomètres ; 7 millimes 5 par kilomètre en sus. (La condition de tonnage est réduite pour des relations déterminées.) Prix fermes pour le transport de la houille, du coke et des agglomérés par wagon complet : base globale descendant à 2 centimes environ.

RÉSEAUX	BASES DES TARIFS SPÉCIAUX
P.-L.-M.	Prix fermes pour le transport de la houille, du coke et des agglomérés par expédition de 50 tonnes : base globale descendant à 2 centimes 7. Prix fermes pour le transport de la houille ou des agglomérés par groupe de 2 wagons au moins chargés chacun de 20 tonnes au minimum et pour le transport du coke par groupe de 3 wagons chargés chacun de 13 tonnes : base globale de 1 centime 6. Barême applicable au départ de toutes les gares et à destination de quelques localités, pour le transport du coke par expédition de 50 tonnes des mines et usines à gaz aux hauts fourneaux, et établi sur les bases suivantes : 2 francs 25 jusqu'à 50 kilomètres; 2 centimes 5 par kilomètre en sus, jusqu'à 100 kilomètres; 1 centime 5 par kilomètre en sus, jusqu'à 200 kilomètres; 1 centime 25 par kilomètre en sus, jusqu'à 400 kilomètres; 7 millimes 5 par kilomètre en sus. Barême applicable à toutes les relations, pour le transport de la houille et des agglomérés par wagon de 10 tonnes au moins ou du coke par wagon de 8 tonnes, et établi sur les bases suivantes par tonne : 8 centimes par kilomètre, jusqu'à 25 kilomètres; 4 centimes par kilomètre en sus, jusqu'à 100 kilomètres; 3 centimes 5 par kilomètre en sus, jusqu'à 270 kilomètres; 1 centime 66 par kilomètre en sus, jusqu'à 360 kilomètres; 1 centime 25 par kilomètre en sus, jusqu'à 400 kilomètres; 1 centime par kilomètre en sus, jusqu'à 500 kilomètres; 5 millimes par kilomètre en sus. (Les frais de gare sont réduits à 25 centimes et même supprimés pour une partie des transports.) Barême applicable à toutes les relations, pour le transport de la houille et des agglomérés par expédition de 3 wagons chargés de 20 tonnes chacun ou du coke par expédition de 3 wagons chargés de 16 tonnes chacun : réduction de 5 p. 100 sur le barême précédent. (Mêmes dispositions que ci-dessus pour les frais de gare.) Barême applicable au départ des mines, ateliers de carbonisation ou de lavage et fabriques d'agglomérés, pour le transport de la

RÉSEAUX	BASES DES TARIFS SPÉCIAUX
	houille et des agglomérés par wagon de 10 tonnes ou du coke de four par wagon de 8 tonnes, ainsi qu'au départ des usines à gaz, pour le transport du coke de gaz par wagon de 8 tonnes, et établi sur les bases suivantes : 8 centimes par kilomètre, jusqu'à 25 kilomètres ; 3 centimes par kilomètre en sus, jusqu'à 150 kilomètres ; 2 centimes 5 par kilomètre en sus, jusqu'à 200 kilomètres ; 1 centime 5 par kilomètre en sus, jusqu'à 400 kilomètres ; 1 centime par kilomètre en sus, jusqu'à 1.000 kilomètres : 7 millimes 5 par kilomètre en sus. Mêmes dispositions que ci-dessus pour les frais de gare.)
	Barème applicable aux mêmes transports par expédition de 3 wagons chargés de 20 tonnes chacun pour la houille et les agglomérés ou de 16 tonnes pour le coke : réduction de 5 p. 100 sur le barême précédent. Mêmes dispositions que ci-dessus pour les frais de gare.
	Prix fermes pour le transport de la houille ou des agglomérés par wagon de 10 tonnes et pour le transport du coke par wagon de 8 tonnes : base globale descendant à 2 centimes environ.
	Prix fermes pour les mêmes relations et les mêmes transports par expédition de 3 wagons chargés de 20 tonnes chacun en ce qui concerne la houille et les agglomérés ou de 16 tonnes en ce qui concerne le coke : réduction de 5 p. 100 sur les prix fermes précédents.
	Prix fermes pour le transport de la houille et des agglomérés par expédition de 6 wagons chargés de 20 tonnes chacun : base globale descendant à 1 centime 8 environ.
	Barême applicable au départ des mines et à destination des hauts fourneaux, pour le transport par wagon de 10 tonnes de la houille devant être transformée en coke à l'usage de ces hauts fourneaux, ainsi qu'au départ des usines ou ateliers de carbonisation et à destination des hauts fourneaux, pour le transport du coke par wagon de 8 tonnes, et établi sur les bases suivantes : 8 centimes 5 par kilomètre, jusqu'à 15 kilomètres ; 5 centimes par kilomètre en sus, jusqu'à 25 kilomètres ; 3 centimes par kilomètre en sus, jusqu'à 50 kilomètres ; 2 centimes 5 par kilomètre en sus, jusqu'à 150 kilomètres ;

RÉSEAUX	BASES DES TARIFS SPÉCIAUX
Midi...	2 centimes par kilomètre en sus, jusqu'à 200 kilomètres; 1 centime 5 par kilomètre en sus, jusqu'à 400 kilomètres; 1 centime par kilomètre en sus. Barême applicable aux mêmes transports par expédition de 3 wagons chargés de 20 tonnes chacun pour la houille ou de 16 tonnes pour le coke : réduction de 5 p. 100 sur le barême précédent. Prix fermes pour les mêmes transports par wagon de 10 ou de 8 tonnes : base globale descendant à 2 centimes 3 environ. Prix fermes pour les mêmes transports par expédition de 3 wagons chargés de 20 tonnes ou de 16 tonnes chacun : réduction de 5 p. 100 sur les prix fermes précédents. Barême applicable à toutes les relations, pour le transport de la houille, du coke et des agglomérés par wagon complet, et établi sur les bases suivantes par tonne : 8 centimes par kilomètre, jusqu'à 25 kilomètres; 4 centimes par kilomètre en sus, jusqu'à 100 kilomètres; 3 centimes 5 par kilomètre en sus, jusqu'à 217 kilomètres; 2 centimes 5 par kilomètre en sus, jusqu'à 290 kilomètres; 2 centimes par kilomètre en sus. Barême applicable pour le transport des combustibles minéraux expédiés directement des houillères françaises ou du coke expédié directement des usines à gaz aux usines métallurgiques, et établi sur les bases suivantes : 5 centimes par kilomètre, jusqu'à 50 kilomètres; 3 centimes par kilomètre en sus, jusqu'à 100 kilomètres; 2 centimes par kilomètre en sus. Prix fermes pour le transport de la houille, du coke et des agglomérés par wagon complet : base globale descendant à 1 centime 9. Prix fermes pour le transport de la houille, du coke et des agglomérés par expédition de 100 tonnes : base globale descendant à 1 centime 5.

En dehors des tarifs précédemment énumérés, il en existe d'autres que je dois, eu égard à leur variété et à leur nombre, me contenter de signaler :

1° Tarifs particuliers à divers réseaux pour les combustibles destinés à l'exportation ou à la consommation de la marine. Ces tarifs sont établis soit sous forme de barèmes belges, dont la base descend jusqu'à 5 millimes, soit sous forme de réduction sur les prix du trafic intérieur, soit sous forme de prix fermes, dont la base globale s'abaisse jusqu'à 1 centime 3 environ ;

2° Tarifs communs à plusieurs réseaux et comportant des barêmes ainsi que des prix fermes. — La base initiale des barêmes varie de 8 centimes à 2 centimes 5, et la base finale de 2 centimes à 5 millimes, ce dernier chiffre s'appliquant parfois dès le 201e kilomètre; quelques-uns ont d'assez longs paliers de début. Pour les prix fermes, la base globale descend à 1 centime 7.

3° Tarif commun au réseau de l'Est et aux chemins de fer allemands, pour le transport, par expédition, de 100 tonnes, de la houille et du coke en provenance du bassin de la Sarre. — Ce tarif est constitué par de nombreux prix fermes.

4° Tarifs d'exportation communs à divers réseaux français et comportant : 1° des barêmes belges, dont la base initiale varie de 4 centimes 5 à 2 centimes 28, et la base finale de 1 centime 5 à 5 millimes, quelques-uns de ces barêmes ayant des paliers de début; 2° des prix fermes dont la base globale s'abaisse à 1 centime 25.

5° Tarif d'exportation commun au Nord, à l'Est, aux chemins de fer allemands et aux chemins de fer fédéraux suisses. — Ce tarif est constitué par des prix fermes dont la base globale descend à 1 centime 6.

Si, au lieu de se borner à envisager les bases des tarifs, on considère les taxes elles-mêmes, qui tiennent compte tout à la fois de ces bases et des distances, et si on les rapproche des prix du fret, on arrive aux résultats suivants pour un certain nombre de relations citées à titre d'exemples :

DÉSIGNATION DES PARCOURS	PRIX du FRET	TAXES PAR CHEMIN DE FER — PRIX (frais de gare compris)	TAXES PAR CHEMIN DE FER — DÉSIGNATION DES MARCHANDISES ET CONDITIONS DE TONNAGE
	fr.	fr.	
Bordeaux à Condom	6 »	6 »	Houille, coke et agglomérés par wagon complet.
Bordeaux à Nérac	6 »	5 »	
Bruay à Paris	4,50	6,80	Houille, coke et agglomérés par wagon de 10 tonnes.
Courrières à Saint-Dizier	4,65	7,30	Houille, coke et agglomérés par expédition de 60 tonnes.
		6,90	Houille, coke et agglomérés par expédition de 250 tonnes.
Denain à Paris	4,64	6,75	Houille, coke et agglomérés par wagon de 10 tonnes.
Douai à Jarville	6,24	8,20	Houille, coke et agglomérés par expédition de 60 tonnes.
Douai à Roubaix	1,42	4,50	Houille, coke et agglomérés par expédition de 100 tonnes.
Douai à Saint-Dizier	4,43	6,85	Houille, coke et agglomérés par expédition de 60 tonnes.
		6,45	Houille, coke et agglomérés par expédition de 250 tonnes.
Montceau à Bourges	3 »	6,05	Houille, coke et agglomérés par 3 wagons de 20 tonnes chacun.
Montceau à Chalon	1 »	2,50	Houille et agglomérés par wagon de 10 tonnes; coke par wagon de 8 t.
		2,40	Houille et agglomérés par 3 wagons de 20 t.; coke par 3 wagons de 16 t.
Montceau à Orléans	4,13	7,25	Houille, coke et agglomérés par 3 wagons de 20 tonnes chacun.
Montceau à Vierzon	3,42	4,50	
Nantes à Redon	2,75	2,10	Houille, coke et agglomérés par wagon complet.
Nœux à Roubaix	1,27	1,75	Houille, coke et agglomérés par expédition de 100 tonnes.
Paris à Pont-à-Mousson	6,50	8,45	Coke par expédition de 100 tonnes.
Pont-à-Vendin à Lille	1,08	1,35	Houille, coke et agglomérés par expédition de 100 tonnes.
Pont-à-Vendin à Paris	5,11	6,75	Houille, coke et agglomérés par wagon de 10 tonnes.
Redon à Rennes	3 »	3 »	
Rochefort à Saint-Jean-d'Angely	2,50	2,50	Houille, coke et agglomérés par wagon de 4 tonnes.
Rouen à Elbeuf	1 »	1,55	Houille, coke et agglomérés par wagon de 10 tonnes.
Rouen à Paris	3,12	5,25	
Saint-Nazaire à Nantes	1,75	2 »	Houille, coke et agglomérés par wagon complet.
Sarrebrück à Bar-le-Duc	4,75	7,65	Houille et coke par expédition de 100 tonnes.
Sarrebrück à Champigneulles	2,72	5,10	
Sarrebrück à Epernay	4,02	9,30	
Sarrebrück à Epinal	3,80	6,90	
Sarrebrück à Frouard	3,30	5,20	
Sarrebrück à Nancy	2,87	5,25	
Sarrebrück à Neuves-Maisons	2,78	5,70	
Sarrebrück à Paris	7,32	12,10	Houille et coke par expédition de 100 tonnes.
Sarrebrück à Pompey	2,93	5,25	
Sarrebrück à Reims	4,32	9,25	
Sarrebrück à Toul	3,22	5,95	
Sarrebrück à Varangéville	2,65	5,65	
Sarrebrück à Vitry-le-François	5,23	7,65	
Violaines à Eurville	5,23	7,85	Houille, coke et agglomérés par expédition de 60 tonnes.
Violaines à Nancy	6 »	8,90	
Violaines à Sermaize	5,08	7,30	
		6,90	Houille, coke et agglomérés par expédition de 250 tonnes.
Violaines à Varangéville	6,70	9,15	Houille, coke et agglomérés par expédition de 60 tonnes.

Sauf dans des cas exceptionnels et pour de courtes distances, les taxes par rails restent, d'une manière générale, sensiblement supérieures aux prix du fret, malgré l'avantage des chemins de fer au point de vue de la longueur du parcours..

2. — *Matériaux de construction. Minéraux.*

Les principaux tarifs spéciaux applicables au transport des matériaux de construction sont les suivants [1] :

RÉSEAUX	BASES DES TARIFS SPÉCIAUX
ÉTAT...	A. — *Cailloux, gravier, pierres à macadam, sable.* — Barême applicable à toutes les relations, par wagon complet de 4 tonnes, et comportant les prix ci-après par tonne :
	20 kilomètres... 1 fr. » — 50 kilomètres... 2 fr. 25 — 75 kilomètres... 3 fr. 15 — 100 kilomètres... 3 fr. 80 — 150 kilomètres... 5 fr. 25 — 200 kilomètres... 6 fr. » — 300 kilomètres... 7 fr. 50 — Pour chaque kilomètre en sus... 2 c. 5
	Barême applicable à toutes les relations, par wagon complet de 8 tonnes, et comportant les prix ci-après par tonne :
	20 kilomètres... 1 fr. » — 50 kilomètres... 1 fr. 50 — 75 kilomètres... 2 fr. 25 — 100 kilomètres... 3 fr. » — 150 kilomètres... 4 fr. 15 — 200 kilomètres... 5 fr. » — 300 kilomètres... 6 fr. » — 400 kilomètres... 8 fr. » — 500 kilomètres... 10 fr. » — 600 kilomètres... 12 fr. » — Pour chaque kilomètre en sus... 1 c.
	B. — *Moellons.* — Barême applicable à toutes les relations, par wagon complet de 4 tonnes, et comportant les prix ci-après par tonne :
	20 kilomètres... 1 fr. » — 50 kilomètres... 2 fr. 40 — 75 kilomètres... 3 fr. 30 — 100 kilomètres... 4 fr. » — 150 kilomètres... 5 fr. 65 — 200 kilomètres... 7 fr. » — 300 kilomètres... 9 fr. » — Pour chaque kilomètre en sus... 3 c.

[1] Ont été éliminés autant que possible les frais de chargement, de déchargement et de gare.

RÉSEAUX	BASES DES TARIFS SPÉCIAUX

Barême applicable à toutes les relations, par wagon complet de 8 tonnes, et comportant les prix ci-après par tonne :

20 kilomètres...	1 fr. »	200 kilomètres...	6 fr. »
50 kilomètres...	2 fr. 25	300 kilomètres...	7 fr. 50
75 kilomètres...	3 fr. 15	Pour chaque kilomètre en sus...	1 c. 25
100 kilomètres...	3 fr. 80		
150 kilomètres...	5 fr. 25		

Barême applicable à toutes les relations, par wagon complet de 10 tonnes, et comportant les prix ci-après par tonne :

20 kilomètres...	1 fr. »	300 kilomètres...	6 fr. »
50 kilomètres...	1 fr. 50	400 kilomètres...	8 fr. »
75 kilomètres...	2 fr. 25	500 kilomètres...	10 fr. »
100 kilomètres...	3 fr. »	600 kilomètres...	12 fr. »
150 kilomètres...	4 fr. 15	Pour chaque kilomètre en sus...	1 c.
200 kilomètres...	5 fr. »		

C. — *Briques, pavés, ardoises, tuiles.* — Mêmes barêmes que pour les moellons, en ce qui concerne les transports par wagon de 4 tonnes et par wagon de 8 tonnes.

D. — *Pierres de taille brutes ou légèrement ébauchées.* — Mêmes barêmes que pour les moellons, en ce qui concerne les transports par wagon de 4 tonnes et par wagon de 8 tonnes.

Barême applicable à tous les transports vers Paris, par expédition de 16 tonnes, et établi sur les bases suivantes par tonne :

4 francs 40 jusqu'à 146 kilomètres;
1 centime 8 par kilomètre en sus, jusqu'à 350 kilomètres;
9 millimes par kilomètre en sus.

E. — *Pierres de taille façonnées.* — Barême applicable à toutes les relations, par wagon complet de 4 tonnes, et comportant les prix ci-après par tonne :

20 kilomètres...	1 fr. 80	200 kilomètres...	11 fr. »
50 kilomètres...	4 fr. »	300 kilomètres...	15 fr. »
75 kilomètres...	5 fr. 25	Pour chaque kilomètre en sus...	5 c.
100 kilomètres...	6 fr. »		
150 kilomètres...	8 fr. 65		

RÉSEAUX	BASES DES TARIFS SPÉCIAUX
	Barême applicable à tous les transports vers Paris, par expédition de 16 tonnes, et établi sur les bases suivantes par tonne : 6 francs 90 jusqu'à 200 kilomètres ; 2 centimes 2 par kilomètre en sus, jusqu'à 350 kilomètres ; 1 centime 1 par kilomètre en sus.
NORD . .	A. — *Cailloux, gravier, pierres à macadam, sable.* — Barême applicable à toutes les relations, par wagon de 5 tonnes, et établi sur les bases suivantes par tonne : 5 centimes par kilomètre, jusqu'à 50 kilomètres ; 4 centimes par kilomètre en sus, jusqu'à 100 kilomètres ; 2 centimes 5 par kilomètre en sus, jusqu'à 150 kilomètres ; 2 centimes par kilomètre en sus, jusqu'à 200 kilomètres ; 1 centime par kilomètre en sus.
	Barême applicable à toutes les relations, par wagon de 10 tonnes, et établi sur les bases suivantes : 3 centimes par kilomètre, jusqu'à 100 kilomètres ; 2 centimes 5 par kilomètre en sus, jusqu'à 150 kilomètres ; 2 centimes par kilomètre en sus, jusqu'à 200 kilomètres ; 1 centime par kilomètre en sus.
	Barême applicable à toutes les relations, par wagon de 20 tonnes, et établi sur les bases suivantes : 2 centimes par kilomètre, jusqu'à 50 kilomètres ; 1 centime 75 par kilomètre en sus, jusqu'à 100 kilomètres ; 1 centime 5 par kilomètre en sus, jusqu'à 150 kilomètres ; 1 centime 25 par kilomètre en sus, jusqu'à 200 kilomètres ; 1 centime par kilomètre en sus, jusqu'à 250 kilomètres ; 5 millimes par kilomètre en sus.
	B. — *Moellons bruts ou ébauchés, pavés, ardoises.* — Mêmes barêmes que pour les cailloux, en ce qui concerne les transports par 5 tonnes et par 10 tonnes.
	Barême applicable à toutes les relations, par wagon de 20 tonnes, et établi sur les bases suivantes : 3 centimes par kilomètre, jusqu'à 50 kilomètres ; 2 centimes 5 par kilomètre en sus, jusqu'à 100 kilomètres ; 2 centimes par kilomètre en sus, jusqu'à 150 kilomètres ; 1 centime 5 par kilomètre en sus, jusqu'à 200 kilomètres ; 1 centime par kilomètre en sus.

RÉSEAUX	BASES DES TARIFS SPÉCIAUX
	C. — *Briques, tuiles.* — Barème applicable à toutes les relations, par wagon de 5 tonnes, et établi sur les bases suivantes : 6 centimes par kilomètre, jusqu'à 50 kilomètres ; 4 centimes par kilomètre en sus, jusqu'à 100 kilomètres ; 3 centimes par kilomètre en sus, jusqu'à 200 kilomètres ; 2 centimes par kilomètre en sus. Barème applicable à toutes les relations, par wagon de 10 tonnes, et établi sur les bases suivantes : 5 centimes par kilomètre, jusqu'à 50 kilomètres ; 3 centimes par kilomètre en sus, jusqu'à 100 kilomètres ; 2 centimes par kilomètre en sus, jusqu'à 200 kilomètres ; 1 centime par kilomètre en sus. Barème applicable à toutes les relations, par wagon de 20 tonnes : même barème que pour les cailloux expédiés par wagon de 10 tonnes.
	D. — *Pierres de taille brutes ou légèrement ébauchées.* — Mêmes barèmes que pour les briques, mais : 1° avec limitation du prix à 7 francs (frais de gare compris) en ce qui concerne les expéditions par wagon de 5 tonnes ; 2° avec abaissement de 10 tonnes à 8 tonnes et de 20 tonnes à 16 tonnes du chargement des wagons, lorsque les pierres ne pèsent pas 2.500 kilogrammes au mètre cube.
	E. — *Moellons ouvrés, pierres de taille façonnées.* — Barème applicable à toutes les relations, par wagon de 5 tonnes, et établi sur les bases suivantes : 7 centimes par kilomètre, jusqu'à 50 kilomètres ; 5 centimes par kilomètre en sus, jusqu'à 100 kilomètres ; 3 centimes 5 par kilomètre en sus, jusqu'à 200 kilomètres ; 2 centimes 25 par kilomètre en sus. Barème applicable à toutes les relations, par wagon de 10 tonnes : même barème que pour les briques expédiées par wagon de 5 tonnes. Barème applicable à toutes les relations, par wagon de 20 tonnes : même barème que pour les cailloux expédiés par wagon de 5 tonnes.

RÉSEAUX	BASES DES TARIFS SPÉCIAUX
Est.....	A. — *Cailloux, gravier, sable, moellons, briques, ardoises, tuiles, pierres de taille brutes ou légèrement ébauchées.* — Barème applicable à toutes les relations, par wagon de 5 tonnes, et établi sur les bases suivantes : 6 centimes par kilomètre, jusqu'à 35 kilomètres; 3 centimes par kilomètre en sus, jusqu'à 100 kilomètres ; 2 centimes 25 par kilomètre en sus, jusqu'à 200 kilomètres ; 2 centimes par kilomètre en sus.
	B. — *Pierres à macadam.* — Barème applicable à toutes les relations, par wagon de 5 tonnes : même barème que pour les cailloux.
	Barème applicable à toutes les relations, par expédition de 50 tonnes, et établi sur les bases suivantes : 4 centimes par kilomètre, jusqu'à 25 kilomètres; 3 centimes par kilomètre en sus, jusqu'à 50 kilomètres; 2 centimes 5 par kilomètre en sus, jusqu'à 100 kilomètres; 2 centimes par kilomètre en sus, jusqu'à 200 kilomètres; 1 centime 75 par kilomètre en sus, jusqu'à 300 kilomètres; 1 centime 5 par kilomètre en sus, jusqu'à 400 kilomètres; 1 centime par kilomètre en sus.
	C. — *Pavés.* — Barème applicable à toutes les relations, par wagon de 5 tonnes : même barème que pour les cailloux.
	Barème applicable à toutes les relations, par expédition de 50 tonnes, et établi sur les bases suivantes : 6 centimes par kilomètre, jusqu'à 25 kilomètres; 3 centimes par kilomètre, jusqu'à 100 kilomètres : 2 centimes par kilomètre, jusqu'à 200 kilomètres : 1 centime 5 par kilomètre, jusqu'à 300 kilomètres ; 1 centime par kilomètre en sus.
	D. — *Pierres de taille façonnées.* — Barème applicable à toutes les relations, par wagon de 5 tonnes, et établi sur les bases suivantes : 7 centimes par kilomètre, jusqu'à 25 kilomètres ; 4 centimes par kilomètre en sus, jusqu'à 100 kilomètres; 2 centimes 25 par kilomètre en sus, jusqu'à 200 kilomètres ; 2 centimes par kilomètre en sus.

RÉSEAUX	BASES DES TARIFS SPÉCIAUX
OUEST-ÉTAT..	A. — *Cailloux, gravier, pierres à macadam, sable.* — Barême applicable à toutes les relations, pour le transport des cailloux et des pierres à macadam par expédition de 10 tonnes ainsi que pour le transport du gravier et du sable par wagon de 5 tonnes, et établi sur les bases suivantes : 5 centimes par kilomètre, jusqu'à 25 kilomètres; 4 centimes par kilomètre en sus, jusqu'à 50 kilomètres; 3 centimes par kilomètre en sus, jusqu'à 75 kilomètres; 2 centimes par kilomètre en sus, jusqu'à 100 kilomètres; 1 centime 75 par kilomètre en sus, jusqu'à 500 kilomètres; 1 centime 5 par kilomètre en sus. Barêmes applicables à toutes les relations, pour le transport à 25 kilomètres au moins, par expédition de 20 tonnes ou de 60 tonnes : 1° du gravier et du sable; 2° des cailloux provenant de carrières de sable ou de gravier et expédiés sans cassage : réduction de 15 0/0 sur le barême précédent, en ce qui concerne les expéditions par 20 tonnes, et de 25 0/0, en ce qui concerne les expéditions par 60 tonnes. B. — *Moellons bruts ou ébauchés.* — Barême applicable à toutes les relations, par expédition de 10 tonnes, et établi sur les bases suivantes : 6 centimes par kilomètre, jusqu'à 25 kilomètres; 4 centimes par kilomètre en sus, jusqu'à 50 kilomètres; 3 centimes par kilomètre en sus, jusqu'à 100 kilomètres; 2 centimes par kilomètre en sus, jusqu'à 200 kilomètres; 1 centime 5 par kilomètre en sus. Barême applicable à tous les transports sur Paris, par expédition de 50 tonnes, et établi sur les bases suivantes : 3 francs jusqu'à 60 kilomètres; 3 centimes par kilomètre en sus. C. — *Briques.* — Barême applicable à toutes les relations, par wagon de 5 tonnes, et établi sur les bases suivantes : 7 centimes par kilomètre, jusqu'à 25 kilomètres; 5 centimes par kilomètre en sus, jusqu'à 45 kilomètres; 4 centimes par kilomètre en sus, jusqu'à 105 kilomètres; 3 centimes par kilomètre en sus, jusqu'à 117 kilomètres; palier de 5 francs 50, de 117 à 175 kilomètres ;

RÉSEAUX	BASES DES TARIFS SPÉCIAUX
	2 centimes par kilomètre en sus, jusqu'à 200 kilomètres ; 1 centime 5 par kilomètre en sus. Barème applicable à tous les transports vers Paris, par wagon de 5 tonnes, et établi sur les bases suivantes : 2 francs 60 jusqu'à 60 kilomètres; 3 centimes par kilomètre en sus, jusqu'à 75 kilomètres ; 2 centimes par kilomètre en sus, jusqu'à 100 kilomètres; 1 centime 75 par kilomètre en sus, jusqu'à 500 kilomètres ; 1 centime 5 par kilomètre en sus. Barème applicable à tous les transports vers Paris, par 60 tonnes, et établi sur les bases suivantes : 5 centimes par kilomètre, jusqu'à 25 kilomètres; 4 centimes par kilomètre en sus, jusqu'à 50 kilomètres ; 3 centimes par kilomètre en sus, jusqu'à 75 kilomètres ; 2 centimes par kilomètre en sus, jusqu'à 100 kilomètres; 1 centime 75 par kilomètre en sus, jusqu'à 500 kilomètres ; 1 centime 5 par kilomètre en sus. D. — *Pavés.* — Barème applicable à toutes les relations, par expédition de 10 tonnes, et établi sur les bases suivantes : 7 centimes par kilomètre, jusqu'à 25 kilomètres; 4 centimes par kilomètre en sus, jusqu'à 60 kilomètres; 3 centimes 5 par kilomètre en sus, jusqu'à 84 kilomètres; palier de 4 francs, jusqu'à 100 kilomètres; 2 centimes par kilomètre en sus, jusqu'à 200 kilomètres; 1 centime 5 par kilomètre en sus, jusqu'à 250 kilomètres; 1 centime par kilomètre en sus. E. — *Ardoises.* — Barème applicable à toutes les relations, par wagon de 5 tonnes, et établi sur les bases suivantes : 7 centimes par kilomètre, jusqu'à 25 kilomètres; 5 centimes par kilomètre en sus, jusqu'à 45 kilomètres; 4 centimes par kilomètre en sus, jusqu'à 105 kilomètres; 3 centimes par kilomètre en sus, jusqu'à 127 kilomètres ; palier de 5 francs 80, jusqu'à 150 kilomètres ; 2 centimes 5 par kilomètre en sus, jusqu'à 200 kilomètres ; 2 centimes par kilomètre en sus, jusqu'à 500 kilomètres ; 1 centime 75 par kilomètre en sus.

RÉSEAUX	BASES DES TARIFS SPÉCIAUX
	F. — *Tuiles.* — Barème applicable à toutes les relations, par wagon de 5 tonnes : même barème que pour les briques.
	G. — *Pierres de taille.* — Barème applicable à toutes les relations par wagon de 5 tonnes, et établi sur les bases suivantes : 8 centimes par kilomètre, jusqu'à 25 kilomètres; 5 centimes par kilomètre en sus, jusqu'à 50 kilomètres; 4 centimes 5 par kilomètre en sus, jusqu'à 100 kilomètres; 3 centimes 5 par kilomètre en sus, jusqu'à 200 kilomètres; 3 centimes par kilomètre en sus, jusqu'à 500 kilomètres; 2 centimes par kilomètre en sus.
	Barème applicable à toutes les relations, par expédition de 10 tonnes, et établi sur les bases suivantes : 7 centimes par kilomètre, jusqu'à 25 kilomètres; 5 centimes par kilomètre en sus, jusqu'à 45 kilomètres; 4 centimes par kilomètre en sus, jusqu'à 91 kilomètres; palier de 4 fr. 60, jusqu'à 130 kilomètres; 2 centimes par kilomètre en sus, jusqu'à 200 kilomètres; 1 centime 5 par kilomètre en sus.
ORLÉANS.	A. — *Cailloux, gravier, pierres à macadam, sable.* — Barème applicable à toutes les relations, par wagon de 10 tonnes, et établi sur les bases suivantes : 4 centimes 5 par kilomètre, jusqu'à 47 kilomètres; palier de 2 francs 10, jusqu'à 75 kilomètres; palier de 2 francs 60, jusqu'à 125 kilomètres; palier de 3 francs 10, jusqu'à 175 kilomètres; 2 centimes par kilomètre en sus.
	Barème de saison applicable à toutes les relations, pour le transport des cailloux, des pierres à macadam et du sable, par wagon de 10 tonnes, et établi sur les bases suivantes : 4 centimes 5 par kilomètre, jusqu'à 35 kilomètres; palier de 1 franc 60, jusqu'à 100 kilomètres; 2 centimes par kilomètre en sus.
	Réduction à 1 centime 75 de la base au delà de 175 kilomètres, pour le transport du sable expédié par 20 tonnes d'une gare quelconque du réseau aux verreries ou glaceries.

RÉSEAUX	BASES DES TARIFS SPÉCIAUX
	Barème temporaire réduit applicable aux expéditions par wagon de 10 tonnes des cailloux, du gravier, des pierres à macadam et du sable, d'une gare quelconque du réseau à Saint-Nazaire. B. — *Moellons.* — Barème applicable à toutes les relations, par wagon de 5 tonnes, et établi sur les bases suivantes : 8 centimes par kilomètre, jusqu'à 25 kilomètres ; 3 centimes par kilomètre en sus, jusqu'à 50 kilomètres ; 2 centimes 5 par kilomètre en sus, jusqu'à 100 kilomètres ; 2 centimes par kilomètre en sus. Barème applicable à toutes les relations, par wagon de 10 tonnes, et établi sur les bases suivantes : 8 centimes par kilomètre, jusqu'à 25 kilomètres ; 3 centimes par kilomètre en sus, jusqu'à 50 kilomètres ; 2 centimes 5 par kilomètre en sus, jusqu'à 60 kilomètres ; palier de 3 francs, jusqu'à 150 kilomètres ; 2 centimes par kilomètre en sus. Barème applicable à un groupe de relations déterminées, par wagon de 10 tonnes, et établi sur la base de 4 centimes, frais de gare compris, avec minimum de 1 franc 25. Barème temporaire réduit applicable aux expéditions par wagon de 10 tonnes vers Saint-Nazaire. C. — *Briques.* — Barème applicable à toutes les relations, par wagon de 5 tonnes, et établi sur les bases suivantes : 8 centimes par kilomètre, jusqu'à 25 kilomètres ; 4 centimes par kilomètre en sus, jusqu'à 100 kilomètres ; 3 centimes 5 par kilomètre en sus, jusqu'à 215 kilomètres ; 2 centimes par kilomètre en sus. Barème applicable à toutes les relations, par wagon de 10 tonnes, et établi sur les bases suivantes, frais de gare compris : 8 centimes par kilomètre, jusqu'à 25 kilomètres ; 3 centimes par kilomètre en sus, jusqu'à 50 kilomètres ; 2 centimes 5 par kilomètre en sus, jusqu'à 100 kilomètres ; 2 centimes par kilomètre en sus, jusqu'à 350 kilomètres ; 1 centime par kilomètre en sus, avec minimum de 7 fr. 50, sauf pour la destination de Paris.

RÉSEAUX	BASES DES TARIFS SPÉCIAUX
	Barème applicable aux transports par wagon de 10 tonnes d'une gare quelconque à destination de certaines lignes, et établi sur les bases suivantes : 4 centimes par kilomètre, jusqu'à 75 kilomètres ; 2 centimes par kilomètre en sus, avec minimum de 1 fr. 25.
	D. — *Pavés*. — Barème applicable à toutes les relations, par wagons de 5 tonnes, et établi sur les bases suivantes : 8 centimes par kilomètre, jusqu'à 25 kilomètres ; 4 centimes par kilomètre en sus, jusqu'à 100 kilomètres ; 3 centimes 5 par kilomètre en sus, jusqu'à 188 kilomètres ; palier de 8 fr. 10, jusqu'à 305 kilomètres ; 2 centimes par kilomètre en sus.
	Barème applicable à toutes les relations, par wagon de 10 tonnes, et établi sur les bases suivantes : 8 centimes par kilomètre, jusqu'à 25 kilomètres ; 4 centimes par kilomètre en sus, jusqu'à 50 kilomètres ; 2 centimes par kilomètre en sus, jusqu'à 100 kilomètres ; 1 centime 75 par kilomètre en sus, jusqu'à 200 kilomètres ; 1 centime 5 par kilomètre en sus, jusqu'à 300 kilomètres ; 1 centime par kilomètre en sus. (Diminution de 20 p. 100 jusqu'à 300 kilomètres, au profit des expéditions d'une gare quelconque vers Bordeaux.)
	Barème temporaire réduit applicable aux expéditions, par wagon de 10 tonnes, vers Saint-Nazaire.
	E. — *Ardoises*. — Barème applicable à toutes les relations, par wagon de 5 tonnes, et établi sur les bases suivantes : 8 centimes par kilomètre, jusqu'à 25 kilomètres ; 5 centimes par kilomètre en sus, jusqu'à 100 kilomètres ; 3 centimes par kilomètre en sus, jusqu'à 200 kilomètres ; 2 centimes par kilomètre en sus, jusqu'à 300 kilomètres ; 1 centime 5 par kilomètre en sus.
	Barème applicable à toutes les relations, par wagon de 10 tonnes, et établi sur les bases suivantes : 8 centimes par kilomètre, jusqu'à 25 kilomètres ; 4 centimes par kilomètre en sus, jusqu'à 100 kilomètres ;

RÉSEAUX	BASES DES TARIFS SPÉCIAUX
	3 centimes 5 par kilomètre en sus, jusqu'à 150 kilomètres; 2 centimes par kilomètre en sus, jusqu'à 300 kilomètres; 1 centime par kilomètre en sus.
	Barème applicable à tous les transports, par wagon de 10 tonnes, des ardoises ayant plus de 8 millimètres d'épaisseur, et établi sur les bases suivantes : 8 centimes par kilomètre, jusqu'à 25 kilomètres; 5 centimes par kilomètre en sus, jusqu'à 100 kilomètres; 3 centimes par kilomètre en sus, jusqu'à 200 kilomètres; 2 centimes par kilomètre en sus.
	F. — *Tuiles.* — Barème applicable à toutes les relations, par wagon de 5 tonnes, et établi sur les bases suivantes : 8 centimes par kilomètre jusqu'à 25 kilomètres; 5 centimes par kilomètre en sus, jusqu'à 100 kilomètres; 3 centimes par kilomètre en sus, jusqu'à 200 kilomètres; 2 centimes par kilomètre en sus.
	Barèmes applicables aux transports par wagon de 10 tonnes : mêmes barèmes que pour les briques.
	G. — *Pierres de taille brutes ou légèrement ébauchées.* — Barème applicable à toutes les relations, par wagon de 8 tonnes, et établi sur les bases suivantes : 8 centimes par kilomètre, jusqu'à 25 kilomètres; 4 centimes par kilomètre en sus, jusqu'à 65 kilomètres; 2 centimes 5 par kilomètre en sus, jusqu'à 125 kilomètres; palier de 5 fr. 10, jusqu'à 155 kilomètres; 2 centimes par kilomètre en sus, jusqu'à 350 kilomètres; 1 centime par kilomètre en sus. (Ce barème s'applique, avec une majoration de 10 p. 100, aux transports par wagon de 5 tonnes.)
	Barème applicable à un groupe de relations déterminées, par wagon de 10 tonnes, et établi sur la base de 4 centimes, frais de gare compris, avec minimum de 1 fr. 25.
	Barème applicable aux expéditions de 10 tonnes d'une gare quelconque du réseau à Paris et à Toulouse : même barème que pour les transports par wagon de 8 tonnes, avec réduction de 10 p. 100.

RÉSEAUX	BASES DES TARIFS SPÉCIAUX
	Barême temporaire réduit applicable aux expéditions par wagon de 10 tonnes vers Saint-Nazaire.
	B. — *Pierres de taille façonnées.* — Barême applicable à toutes les relations, par wagon de 5 tonnes, et établi sur les bases suivantes : 8 centimes par kilomètre, jusqu'à 50 kilomètres; 5 centimes par kilomètre en sus, jusqu'à 100 kilomètres; 4 centimes par kilomètre en sus, jusqu'à 200 kilomètres; 3 centimes par kilomètre en sus, jusqu'à 300 kilomètres; 2 centimes par kilomètre en sus.
	Barême applicable aux expéditions de 16 tonnes d'une gare quelconque du réseau à Paris et à Toulouse : même barême que pour les expéditions similaires de pierres de taille brutes, avec majoration de 25 p. 100.
	Barême temporaire réduit applicable aux expéditions par wagon de 10 tonnes vers Saint-Nazaire.
	NOTA. — Aux barêmes précédents s'ajoutent, pour les diverses espèces de matériaux, un assez grand nombre de prix fermes à base globale réduite.
P.-L.-M.	A. — *Cailloux, gravier, pierres à macadam, sable.* — Barême applicable à toutes les relations, par expédition de 5 tonnes, et établi sur les bases suivantes (frais de manutention et de gare compris, à partir du minimum de 2 francs par tonne) : 8 centimes par kilomètre, jusqu'à 25 kilomètres; 4 centimes par kilomètre en sus, jusqu'à 50 kilomètres; 3 centimes par kilomètre en sus, jusqu'à 100 kilomètres; 2 centimes 5 par kilomètre en sus, jusqu'à 800 kilomètres; 2 centimes par kilomètre en sus.
	Barême applicable à toutes les relations, pour le transport du gravier et du sable par wagon de 10 tonnes, et établi sur les bases suivantes, frais de gare compris : 6 centimes par kilomètre, jusqu'à 200 kilomètres ; 2 centimes par kilomètre en sus, jusqu'à 300 kilomètres ; 1 centime 66 par kilomètre en sus, jusqu'à 330 kilomètres; 1 centime 42 par kilomètre en sus, jusqu'à 400 kilomètres; 1 centime 66 par kilomètre en sus, jusqu'à 430 kilomètres; 1 centime 42 par kilomètre en sus, jusqu'à 500 kilomètres; 1 centime par kilomètre en sus.

RÉSEAUX	BASES DES TARIFS SPÉCIAUX
	B. — *Moellons*. — Barème applicable à toutes les relations, par expédition de 5 tonnes, et établi sur les bases suivantes (frais de manutention et de gare compris, à partir du minimum de 2 francs par tonne : 8 centimes par kilomètre, jusqu'à 25 kilomètres; 4 centimes par kilomètre en sus, jusqu'à 50 kilomètres; 3 centimes par kilomètre en sus, jusqu'à 100 kilomètres; 2 centimes 5 par kilomètre en sus, jusqu'à 320 kilomètres; palier de 10 francs, jusqu'à 400 kilomètres : 2 centimes par kilomètre en sus.
	C. — *Briques, tuiles*. — Barème applicable à toutes les relations, par wagon de 4 tonnes ou par expédition de 5 tonnes : même barème que pour les cailloux, non compris les frais de manutention et de gare.
	D. — *Pavés*. — Barème applicable à toutes les relations, par expédition de 5 tonnes : même barème que pour les cailloux.
	E. — *Ardoises*. — Barème applicable à toutes les relations, par expédition de 5 tonnes, et établi sur les bases suivantes : 8 centimes par kilomètre, jusqu'à 25 kilomètres; 4 centimes par kilomètre en sus, jusqu'à 100 kilomètres ; 3 centimes 5 par kilomètre en sus, jusqu'à 300 kilomètres ; 3 centimes par kilomètre en sus, jusqu'à 600 kilomètres; 2 centimes.5 par kilomètre en sus, jusqu'à 900 kilomètres; 2 centimes par kilomètre en sus.
	Barème applicable aux transports d'une gare quelconque du réseau vers Paris, par wagon de 10 tonnes : même barème que pour les briques, avec minimum de 12 francs.
	Barème applicable à toutes les relations, par wagon de 10 tonnes, et établi sur les bases suivantes : 8 centimes par kilomètre, jusqu'à 25 kilomètres; 4 centimes par kilomètre en sus, jusqu'à 100 kilomètres; 3 centimes 5 par kilomètre en sus, jusqu'à 200 kilomètres; 2 centimes par kilomètre en sus, jusqu'à 300 kilomètres; 1 centime 5 par kilomètre en sus.
	Barème applicable à toutes les relations, par wagon de 15 tonnes : pour les 10 premières tonnes, barème applicable par 5 ou

RÉSEAUX	BASES DES TARIFS SPÉCIAUX
	10 tonnes ; pour l'excédent, prix du même barème avec réduction de 10 p. 100.
	F. — *Pierres de taille brutes.* — Barème applicable à toutes les relations, par expédition de 5 tonnes : même barème que pour les moellons.
	G. — *Pierres de tailles légèrement ébauchées ou façonnées.* — Barème applicable à toutes les relations, pour expédition de 5 tonnes : même barème que pour les cailloux.
MIDI...	A. — *Cailloux, pierres à macadam, moellons bruts ou ébauchés, pavés.* — Barème applicable à toutes les relations, par wagon de 10 tonnes, et établi sur les bases suivantes : 4 centimes par kilomètre, jusqu'à 25 kilomètres ; 3 centimes par kilomètre en sus, jusqu'à 50 kilomètres ; 2 centimes par kilomètre en sus, jusqu'à 150 kilomètres ; 1 centime 5 par kilomètre en sus, jusqu'à 200 kilomètres ; 1 centime par kilomètre en sus.
	B. — *Gravier, sable.* — Barème applicable à toutes les relations, par wagon de 10 tonnes, et établi sur les bases suivantes : 4 centimes par kilomètre, jusqu'à 25 kilomètres ; 3 centimes par kilomètre en sus, jusqu'à 50 kilomètres ; 2 centimes par kilomètre en sus, jusqu'à 200 kilomètres ; 1 centime 5 par kilomètre en sus.
	C. — *Briques, tuiles.* — Barème applicable à toutes les relations, par wagon de 5 tonnes, et établi sur les bases suivantes : 8 centimes par kilomètre, jusqu'à 25 kilomètres ; 4 centimes par kilomètre en sus, jusqu'à 100 kilomètres ; 3 centimes 5 par kilomètre en sus, jusqu'à 217 kilomètres ; 2 centimes 5 par kilomètre en sus, jusqu'à 290 kilomètres ; 2 centimes par kilomètre en sus.
	D. — *Ardoises.* — Barème applicable à toutes les relations, par wagon de 5 tonnes, et établi sur les bases suivantes : 8 centimes par kilomètre, jusqu'à 50 kilomètres ; 4 centimes par kilomètre en sus, jusqu'à 65 kilomètres ; 3 centimes par kilomètre en sus, jusqu'à 200 kilomètres ; 2 centimes 5 par kilomètre en sus, jusqu'à 290 kilomètres ; 2 centimes par kilomètre en sus.

RÉSEAUX	BASES DES TARIFS SPÉCIAUX
	Barème applicable à tous les transports, par wagon de 5 tonnes, des ardoises d'une épaisseur supérieure à 8 millimètres, et établi sur les bases suivantes : 8 centimes par kilomètre, jusqu'à 25 kilomètres ; 4 centimes par kilomètre en sus, jusqu'à 50 kilomètres ; 3 centimes par kilomètre en sus, jusqu'à 150 kilomètres ; 2 centimes par kilomètre en sus.
	E. — *Pierres de taille brutes ou légèrement ébauchées.* — Barème applicable à toutes les relations, par wagon de 5 tonnes : premier des deux barèmes ci-dessus indiqués pour les ardoises.
	F. — *Pierres de taille façonnées.* — Barème applicable à toutes les relations, par wagon de 5 tonnes, et établi sur les bases suivantes : 10 centimes par kilomètre, jusqu'à 40 kilomètres ; 5 centimes par kilomètre en sus, jusqu'à 100 kilomètres ; 3 centimes par kilomètre en sus, jusqu'à 200 kilomètres ; 2 centimes 5 par kilomètre en sus, jusqu'à 300 kilomètres ; 2 centimes par kilomètre en sus.

Pour les matériaux de construction, comme pour les combustibles minéraux, il existe, outre les tarifs spéciaux intérieurs précédemment énumérés, des prix fermes à base globale réduite, des tarifs d'exportation particuliers aux divers réseaux, des tarifs communs de trafic intérieur, des tarifs communs internationaux.

Les tarifs les plus nombreux et les plus importants, ceux du trafic intérieur commun, consistent généralement en barèmes belges, dont la base initiale varie de 9 centimes 5 à 2 centimes 5, la base finale de 3 centimes à 1 centime et la condition de tonnage de 5 à 50 tonnes. Beaucoup d'entre eux comportent un palier de début plus ou moins long.

Vouloir établir ici des comparaisons détaillées entre les prix de transport par chemin de fer et les prix par eau, serait se lancer dans des développements excessifs, d'autant plus inabordables que les courants de circulation sont moins concentrés et moins nettement déterminés. Le lecteur pourra facilement y suppléer lui-même.

3. — *Engrais et amendements.*

Voici, pour les engrais et amendements, quelques indications analogues à celles qui viennent d'être données pour les matériaux de construction.

<table>
<tr><th>RÉSEAUX</th><th>BASES DES TARIFS SPÉCIAUX</th></tr>
<tr><td>ÉTAT...</td><td>A. — Boues, fumier, gadoues, marne. — Barème applicable à toutes les relations, par wagon chargé de 4 tonnes au moins, et comportant les prix suivants par tonne :
20 kilomètres... 1 fr. » | 200 kilomètres... 6 fr. »
50 kilomètres... 2 fr. 25 | 300 kilomètres... 7 fr. 50
75 kilomètres... 3 fr. 15 | Pour chaque kilomètre en sus... 1 c. 25
100 kilomètres... 3 fr. 80
150 kilomètres... 5 fr. 25

Barème applicable à toutes les relations, par wagon de 8 tonnes, et comportant les prix suivants par tonne :
20 kilomètres... 1 fr. » | 150 kilomètres... 4 fr. 15
50 kilomètres... 1 fr. 50 | 200 kilomètres... 5 fr. »
75 kilomètres... 2 fr. 25 | Pour chaque kilomètre en sus... 1 c.
100 kilomètres... 3 fr. »

Barème applicable à toutes les relations, par wagon de 10 tonnes, et établi sur les bases suivantes, avec minimum de 1 fr. 10 :
2 centimes par kilomètre, jusqu'à 100 kilomètres (avec minimum de 1 fr. 10) ;
1 centime par kilomètre en sus.

B. — Cendres, engrais de mer, scories de déphosphoration, tangues. — Barèmes applicables à toutes les relations, par wagon de 4 tonnes et par wagon de 8 tonnes : mêmes barèmes que pour les transports similaires de boues, fumier, etc.

C. — Chaux. — Barème applicable à toutes les relations, par wagon de 4 tonnes et comportant les prix suivants :
20 kilomètres, 1 franc ;
34 kilomètres, 1 fr. 25 ;
palier de 1 fr. 25, jusqu'à 40 kilomètres ;
3 centimes 5 par kilomètre en sus, jusqu'à 200 kilomètres ;
3 centimes par kilomètres en sus.</td></tr>
</table>

RÉSEAUX	BASES DES TARIFS SPÉCIAUX
	Barème applicable à toutes les relations, par wagon de 8 tonnes, et comportant les prix suivants : 20 kilomètres, 1 franc. 50 kilomètres, 1 fr. 50 ; 75 kilomètres, 2 fr. 25 ; 100 kilomètres, 3 francs ; palier de 3 fr., jusqu'à 170 kilomètres : 2 centimes par kilomètre en sus.
	D. — *Os en poudre.* — Barème applicable à toutes les relations, par wagon de 4 tonnes : même barème que pour les transports similaires de boues, fumier, etc.
	E. — *Plâtre, phosphates de chaux.* — Barèmes applicables à toutes les relations, par wagon de 4 tonnes et par wagon de 8 tonnes : mêmes barèmes que pour les transports similaires de boues, fumier, etc.
	Barème applicable aux expéditions directes vers les fabriques d'engrais chimiques, par 5 wagons de 10 tonnes, et établi sur les bases suivantes, frais de gare compris : Palier de 1 fr. 20, jusqu'à 40 kilomètres ; Au delà, même barème que pour les transports de boues, fumier, etc., par wagon de 8 tonnes.
	F. — *Superphosphates de chaux.* — Barème applicable à toutes les relations, par wagon de 4 tonnes : même barème que pour les transports similaires de boues, fumier, etc.
	Barème de saison applicable à toutes les relations, par wagon de 10 tonnes : même barème que pour les transports de boues, fumier, etc., par wagon de 8 tonnes.
	Barème de saison applicable aux expéditions directes vers les fabriques d'engrais chimiques, par 5 wagons de 10 tonnes : même barème, mais frais de gare non compris, que pour les transports similaires de plâtre et de phosphates, avec déduction de 40 centimes.
NORD...	Les amendements et engrais sont répartis en deux catégories, dont la première comprend les matières les plus coûteuses chlorure de potassium, cyanamide calcique, nitrates et

RÉSEAUX	BASES DES TARIFS SPÉCIAUX
	nitrites, noir animal, os en poudre, divers phosphates de chaux, poudrettes, scories de déphosphoration, sulfate d'ammoniaque, superphosphates de chaux, tourteaux, etc.; et la seconde, les matières de moindre valeur (boues, cendres, déchets de chaux, drèches, engrais de mer, fumier, gadoues, marne, phosphates naturels de chaux tels que coprolithes en nodules ou craie et sable phosphatés, plâtre, pulpes, tangue, tourbe, vinasses, etc.).
	A. — *Amendements et engrais de la première catégorie.* — Barème applicable à toutes les relations, par wagon de 5 tonnes, et établi sur les bases suivantes par tonne, avec minimum de 40 centimes : 6 centimes par kilomètre, jusqu'à 50 kilomètres ; 3 centimes 5 par kilomètre en sus, jusqu'à 100 kilomètres ; 2 centimes 5 par kilomètre en sus, jusqu'à 200 kilomètres ; 1 centime 5 par kilomètre en sus.
	Barème applicable à toutes les relations, par wagon de 10 tonnes, et établi sur les bases suivantes, avec minimum de 40 centimes par tonne : 5 centimes par kilomètre, jusqu'à 50 kilomètres ; 3 centimes 5 par kilomètre en sus, jusqu'à 100 kilomètres ; 2 centimes 25 par kilomètre en sus, jusqu'à 200 kilomètres ; 1 centime 25 par kilomètre en sus.
	Barème applicable à toutes les relations, par wagon de 20 tonnes, et établi sur les bases suivantes, avec minimum de 40 centimes par tonne : 4 centimes 5 par kilomètre, jusqu'à 50 kilomètres ; 3 centimes par kilomètre en sus, jusqu'à 100 kilomètres ; 2 centimes par kilomètre en sus, jusqu'à 200 kilomètres ; 1 centime par kilomètre en sus.
	Barème applicable à toutes les relations, par 10 wagons de 20 tonnes, et établi sur les bases suivantes, avec minimum de 40 centimes par tonne : 4 centimes par kilomètre, jusqu'à 25 kilomètres ; 3 centimes par kilomètre en sus, jusqu'à 50 kilomètres ; 2 centimes 5 par kilomètre en sus, jusqu'à 100 kilomètres ; 2 centimes par kilomètre en sus, jusqu'à 200 kilomètres ; 1 centime par kilomètre en sus.

RÉSEAUX	BASES DES TARIFS SPÉCIAUX
	B. — *Amendements et engrais de la seconde catégorie.* — Barème applicable à toutes les relations, par wagon de 5 tonnes : même barème que pour le transport par 10 tonnes des amendements et engrais de la première catégorie. Barème applicable à toutes les relations, par wagon de 8 ou de 10 tonnes suivant les matières : même barème que pour le transport, par 10 wagons de 20 tonnes, des amendements et engrais de la première catégorie. Barème applicable à toutes les relations, par wagon de 16 ou de 20 tonnes suivant les matières, et établi sur les bases suivantes, avec minimum de 40 centimes par tonne : 4 centimes par kilomètre jusqu'à 25 kilomètres ; 3 centimes par kilomètre en sus, jusqu'à 50 kilomètres : 2 centimes 25 par kilomètre en sus, jusqu'à 100 kilomètres ; 1 centime 75 par kilomètre en sus, jusqu'à 200 kilomètres ; 7 millimes 5 par kilomètre en sus. Barème applicable à toutes les relations, par 10 wagons de 16 ou de 20 tonnes suivant les matières, et établi sur les bases suivantes, avec minimum de 40 centimes par tonne : 3 centimes par kilomètre, jusqu'à 50 kilomètres : 2 centimes par kilomètre en sus, jusqu'à 100 kilomètres ; 1 centime 5 par kilomètre en sus, jusqu'à 200 kilomètres ; 5 millimes par kilomètre en sus. C. — *Amendements et engrais des deux catégories.* — Pour la plupart des amendements et engrais de l'une ou l'autre catégorie, expédiés par wagon de 5 tonnes de diverses gares, dont Paris, vers un point quelconque du réseau, la taxe par tonne est limitée à 7 francs, frais de gare compris. D. — *Craie phosphatée moulue en sacs, d'une teneur inférieure à 58 p. 100, destinée à l'amendement des terres ou à des fabriques de superphosphates de chaux pour engrais.* — Barème applicable aux expéditions par wagon de 20 tonnes, avec réduction supplémentaire de 1 p. 100 par wagon de 20 tonnes en sus du premier, et établi sur les bases suivantes : 4 centimes 5 par kilomètre, jusqu'à 50 kilomètres : 2 centimes 5 par kilomètre en sus, jusqu'à 100 kilomètres ;

RÉSEAUX	BASES DES TARIFS SPÉCIAUX
	1 centime 5 par kilomètre en sus, jusqu'à 150 kilomètres ; 1 centime par kilomètre en sus, jusqu'à 200 kilomètres ; 5 millimes par kilomètre en sus.
	Barème applicable aux transports entre embranchements particuliers, par wagon de 10 tonnes appartenant aux expéditeurs ou aux destinataires : même barème réduit de 5 p. 100, avec déduction supplémentaire d'autant de fois 1 p. 100 que l'expédition comprend de wagons de 10 tonnes.
	E. — *Phosphates de chaux emballés.* — Barème d'exportation applicable par wagon de 10 tonnes, et établi sur les bases suivantes :
	4 centimes 5 par kilomètre, jusqu'à 25 kilomètres ; 4 centimes par kilomètre en sus, jusqu'à 50 kilomètres ; 3 centimes par kilomètre en sus, jusqu'à 100 kilomètres ; 2 centimes 5 par kilomètre en sus, jusqu'à 150 kilomètres ; 2 centimes 25 par kilomètre en sus, jusqu'à 200 kilomètres ; 1 centime 5 par kilomètre en sus.
	Barème d'exportation applicable par 5 wagons de 10 tonnes, et établi sur les bases suivantes :
	4 centimes par kilomètre, jusqu'à 25 kilomètres ; 3 centimes par kilomètre en sus, jusqu'à 50 kilomètres ; 2 centimes 75 par kilomètre en sus, jusqu'à 100 kilomètres ; 2 centimes 5 par kilomètre en sus, jusqu'à 150 kilomètres ; 2 centimes 25 par kilomètre en sus, jusqu'à 200 kilomètres ; 1 centime 5 par kilomètre en sus.
	Barème d'exportation applicable par train de 20 wagons de 10 tonnes, et établi sur les bases suivantes :
	3 centimes 6 par kilomètre, jusqu'à 25 kilomètres ; 2 centimes 7 par kilomètre en sus, jusqu'à 50 kilomètres ; 2 centimes 475 par kilomètre en sus, jusqu'à 100 kilomètres ; 2 centimes 25 par kilomètre en sus, jusqu'à 150 kilomètres ; 2 centimes 025 par kilomètre en sus, jusqu'à 200 kilomètres ; 1 centime 25 par kilomètre en sus.

RÉSEAUX	BASES DES TARIFS SPÉCIAUX
Est....	A. — *Chlorure de potassium, guano, nitrate de soude, noir animal, os en poudre, phospho-guano, poudrette, sulfate d'ammoniaque, superphosphate de chaux, etc.* — Barème applicable à toutes les relations, par expédition de 1 tonne, et établi sur les bases suivantes par tonne : 6 centimes par kilomètre, jusqu'à 25 kilomètres ; 3 centimes par kilomètre en sus, jusqu'à 100 kilomètres ; 2 centimes 25 par kilomètre en sus, jusqu'à 200 kilomètres ; 2 centimes par kilomètre en sus.
	B. — *Cyanamide calcique, déchets de chaux, nitrate et nitrite de chaux, os bruts ou concassés, phosphates divers, plâtre, sablons calcaires, scories de déphosphoration moulues, tourbe, etc.* — Barème applicable à toutes les relations, par wagon de 5 tonnes : même barème que ci-dessus.
	C. — *Boues, cendres, engrais de mer, fumier, gadoues, marne, phosphates divers coprolithes en nodules; craie, sable et terre phosphatés, scories de déphosphoration brutes, tangue, etc.* — Barème applicable à toutes les relations, par wagon de 5 tonnes, et établi sur les bases suivantes : 4 centimes par kilomètre, jusqu'à 25 kilomètres ; 3 centimes par kilomètre en sus, jusqu'à 50 kilomètres ; 2 centimes 5 par kilomètre en sus, jusqu'à 100 kilomètres ; 2 centimes par kilomètre en sus.
Ouest-État..	A. — *Boues, cendres, déchets de chaux, drêches, engrais de mer, fumier, gadoues, phosphates divers de chaux (coprolithes en nodules; craie, sable et terre phosphatés), scories de déphosphoration, tourbe, etc.* — Barème applicable à toutes les relations, par wagon de 5 tonnes, et établi sur les bases suivantes par tonne : 5 centimes par kilomètre, jusqu'à 25 kilomètres ; 4 centimes par kilomètre en sus, jusqu'à 50 kilomètres ; 3 centimes par kilomètre en sus, jusqu'à 75 kilomètres ; 2 centimes par kilomètre en sus, jusqu'à 100 kilomètres ; 1 centime 75 par kilomètre en sus, jusqu'à 500 kilomètres ; 1 centime 5 par kilomètre en sus.
	B. — *Chaux, kaïnite, noir animal, os bruts ou concassés, os en poudre, phosphates divers, plâtre, poudrette, pulpes de pommes de*

RÉSEAUX	BASES DES TARIFS SPÉCIAUX
	terre, résidus de betteraves, superphosphates de chaux, vinasse, etc. — Barème applicable à toutes les relations, par wagon de 5 tonnes ou par expédition de 1 tonne pour certaines matières emballées, et établi sur les bases suivantes: 6 centimes par kilomètre, jusqu'à 25 kilomètres; 4 centimes par kilomètre en sus, jusqu'à 50 kilomètres; 3 centimes par kilomètre en sus, jusqu'à 100 kilomètres; 2 centimes par kilomètre en sus, jusqu'à 200 kilomètres; 1 centime 5 par kilomètre en sus.
	C. — *Chlorure de potassium, guano, nitrate de soude, nitrate et nitrite de chaux, sulfate d'ammoniaque, sulfate de potasse.* — Barème applicable à toutes les relations, par wagon de 5 tonnes ou par expédition de 1 tonne pour certaines matières emballées, et établi sur les bases suivantes: 7 centimes par kilomètre, jusqu'à 25 kilomètres; 5 centimes par kilomètre en sus, jusqu'à 45 kilomètres; 4 centimes par kilomètre en sus, jusqu'à 105 kilomètres; 3 centimes par kilomètre en sus, jusqu'à 200 kilomètres; 2 centimes 5 par kilomètre en sus, jusqu'à 500 kilomètres; 2 centimes par kilomètre en sus, jusqu'à 700 kilomètres; 1 centime 75 par kilomètre en sus.
	Barème applicable à toutes les relations, par wagon de 10 tonnes: même barème que pour les transports de chaux, de kaïnite, etc., par wagon de 5 tonnes.
	D. — *Marne.* — Barème applicable à toutes les relations, par wagon de 5 tonnes: même barème que pour les transports similaires de boues, de cendres, etc.
	Réduction: 1° de 5 p. 100, pour les expéditions par wagon de 10 tonnes: 2° de 20 p. 100, pour les expéditions de 20 tonnes par wagons complets.
	E. — *Phospho-guano.* — Barème applicable à toutes les relations, par wagon de 5 tonnes ou par expédition de 1 tonne si la marchandise est emballée: même barème que pour les transports similaires de chlorure de potassium, de guano, etc.
	F. — *Sablons calcaires, tangues.* — Barème applicable à toutes les relations, par wagon de 5 tonnes: même barème que pour les transports similaires de boues, de cendres, etc.

RÉSEAUX	BASES DES TARIFS SPÉCIAUX
	Barème applicable aux transports par wagon de 10 tonnes du littoral vers une gare quelconque située à 100 kilomètres au plus : base constante de 3 centimes par kilomètre.
	G. — *Tourteaux.* — Barème applicable à toutes les relations, par wagon de 5 tonnes, et établi sur les bases suivantes : 7 centimes par kilomètre, jusqu'à 25 kilomètres ; 5 centimes par kilomètre en sus, jusqu'à 45 kilomètres ; 4 centimes par kilomètre en sus, jusqu'à 105 kilomètres ; 3 centimes par kilomètre en sus, jusqu'à 185 kilomètres ; palier de 7 fr. 55, de 185 à 225 kilomètres ; 2 centimes par kilomètre en sus, jusqu'à 500 kilomètres ; 1 centime 75 par kilomètre en sus.
ORLÉANS	A. — *Boues, fumier, gadoues, marne.* — Barème applicable à toutes les relations, par wagon de 5 tonnes, et établi sur les bases suivantes par tonne : 4 centimes 5 par kilomètre, jusqu'à 50 kilomètres ; 3 centimes par kilomètre en sus, jusqu'à 85 kilomètres ; 2 centimes par kilomètre en sus, jusqu'à 100 kilomètres ; 1 centime 5 par kilomètre en sus, jusqu'à 250 kilomètres ; 1 centime par kilomètre en sus.
	Barème applicable à toutes les relations, par wagon de 10 tonnes découvert et non bâché : base constante de 2 centimes, avec minimum de 1 fr. 35 par tonne réduit à 0 fr. 35 pendant une partie de l'année, en ce qui concerne la marne.
	B. — *Cendres, craie phosphatée naturelle, drèches, engrais de mer, plâtre, pulpes de betteraves ou de pommes de terre, résidus de betteraves, sables phosphatés naturels, sablons calcaires, scories de déphosphoration brutes, terres phosphatées naturelles, tourbe.* — Barème applicable à toutes les relations, par wagon de 5 tonnes : même barème que pour les transports similaires de boues, de fumier, etc.
	C. — *Chaux, déchets de chaux.* — Barème applicable à toutes les relations, par wagon de 8 tonnes, et établi sur les bases suivantes : 8 centimes par kilomètre, jusqu'à 25 kilomètres ; 3 centimes par kilomètre en sus, jusqu'à 50 kilomètres ;

RÉSEAUX	BASES DES TARIFS SPÉCIAUX
	2 centimes 5 par kilomètre en sus, jusqu'à 59 kilomètres ; palier de 3 francs, jusqu'à 170 kilomètres; 2 centimes par kilomètre en sus.
	D. — *Chlorure de potassium, craie phosphatée, kaïnite, noir animal, os bruts ou concassés, os en poudre, phosphate de chaux pour engrais, poudrette, sables phosphatés, scories de déphosphoration moulues, tangues dures phosphatées, tourteaux, vinasse.* — Barême applicable à toutes les relations, par wagon de 5 tonnes, et établi sur les bases suivantes : 4 centimes 5 par kilomètre, jusqu'à 100 kilomètres ; 1 centime 5 par kilomètre en sus.
	E. — *Coprolithes en nodules, phosphate de chaux naturel en roche.* — Barême applicable à toutes les relations, par wagon de 5 tonnes : même barême que pour les transports similaires de boues, de cendres, etc.
	Barême applicable à toutes les relations, par 5 wagons de 10 tonnes, et établi sur les bases suivantes : 2 fr. 30 jusqu'à 100 kilomètres ; 2 centimes par kilomètre en sus, jusqu'à 150 kilomètres ; 1 centime 5 par kilomètre en sus, jusqu'à 300 kilomètres ; 1 centime 25 par kilomètre en sus, jusqu'à 500 kilomètres ; 1 centime par kilomètre en sus.
	F. — *Phosphate de chaux pour engrais.* — Barême applicable à toutes les relations, par wagon de 5 tonnes : même barême que pour les transports similaires de chlorure de potassium, de craie phosphatée, etc.
	Barême applicable à toutes les relations, par 5 wagons de 10 tonnes : même barême que pour les transports similaires de coprolithes en nodules.
	G. — *Guano, nitrate et nitrite de chaux, nitrate de soude, phosphoguano, sulfate d'ammoniaque, sulfate de potasse.* — Barême applicable à toutes les relations, par wagon de 5 tonnes, et établi sur les bases suivantes : 8 centimes par kilomètre, jusqu'à 25 kilomètres ; 4 centimes par kilomètre en sus, jusqu'à 100 kilomètres; 3 centimes 5 par kilomètre en sus, jusqu'à 215 kilomètres ; 2 centimes par kilomètre en sus.

RÉSEAUX	BASES DES TARIFS SPÉCIAUX
	H. — *Superphosphate de chaux.* — Barème applicable à toutes les relations, par wagon de 5 tonnes : même barême que pour les transports similaires de chlorure de potassium, de craie phosphatée, etc.
	Pendant quatre mois de l'année, réduction : 1° de 1 fr. 50 sur les prix du barème précédent, avec minimum de 1 fr. 25, pour les expéditions par wagon de 10 tonnes ; 2° de 1 fr. 75, avec minimum de 1 fr. 25, pour les expéditions par 60 tonnes.
P.-L.-M.	A. — *Boues, gadoues.* — Barème applicable à toutes les relations, par expédition de 9 tonnes, et établi sur les bases suivantes par tonne, frais de gare compris, avec minimum de 1 franc par tonne : 8 centimes par kilomètre, jusqu'à 25 kilomètres ; 4 centimes par kilomètre en sus, jusqu'à 50 kilomètres ; 2 centimes par kilomètre en sus.
	Barême applicable aux expéditions de Marseille vers une gare quelconque, par train complet, et établi sur les bases suivantes : 3 francs par kilomètre pour 200 tonnes au maximum, avec minimum de 200 francs. 2 centimes par tonne supplémentaire et par kilomètre, avec minimum de 80 centimes par tonne.
	B. — *Cendres, chaux et déchets de chaux, marne, plâtre, sablons calcaires, scories de déphosphoration brutes ou moulues, tangue, tourbe.* — Barème applicable à toutes les relations, par expédition de 5 tonnes : même barème que pour les transports similaires de boues et de gadoues.
	C. — *Chlorure de potassium, cyanamide calcique brute, engrais de mer, kaïnite, nitrate de potasse, nitrate de soude, nitrate et nitrite de chaux, noir animal, sulfate d'ammoniaque, sulfate de potasse, vinasse.* — Barème applicable à toutes les relations, par expédition de 5 tonnes, et établi sur les bases suivantes : 8 centimes par kilomètre, jusqu'à 25 kilomètres ; 4 centimes par kilomètre en sus, jusqu'à 100 kilomètres ; 3 centimes 5 par kilomètre en sus, jusqu'à 300 kilomètres ; 3 centimes par kilomètre en sus, jusqu'à 600 kilomètres ; 2 centimes 5 par kilomètre en sus, jusqu'à 900 kilomètres ; 2 centimes par kilomètre en sus.

RÉSEAUX	BASES DES TARIFS SPÉCIAUX

D. — *Fumier.* — Barème applicable à toutes les relations, par expédition de 5 tonnes : même barème que pour les transports similaires de boues et de gadoues.

Barème applicable à toutes les relations, par wagon de 10 tonnes, et établi sur les bases suivantes, frais de gare compris :

2 francs par tonne, jusqu'à 25 kilomètres ;
3 centimes par kilomètre en sus, jusqu'à 50 kilomètres ;
2 centimes par kilomètre en sus, jusqu'à 100 kilomètres ;
1 centime 5 par kilomètre en sus, jusqu'à 300 kilomètres ;
1 centime par kilomètre en sus.

E. — *Os bruts ou concassés, dégélatinés ou non.* — Barème applicable à toutes les relations, par expédition de 5 tonnes : même barème que pour les transports similaires de chlorure de potassium.

Barème applicable à toutes les relations, par wagon chargé à sa limite de capacité ou de charge, sans que l'expéditeur ait à charger plus de 10 tonnes dans le même wagon (l'expédition pouvant d'ailleurs être destinée à une fabrique d'engrais), et établi sur les bases suivantes, frais de gare compris, avec minimum de 1 franc par tonne :

8 centimes par kilomètre, jusqu'à 25 kilomètres ;
4 centimes par kilomètre en sus, jusqu'à 50 kilomètres ;
3 centimes par kilomètre en sus, jusqu'à 100 kilomètres ;
2 centimes 5 par kilomètre en sus, jusqu'à 300 kilomètres ;
2 centimes par kilomètre en sus.

F. — *Os en poudre, poudrette.* — Barème applicable à toutes les relations, par expédition de 5 tonnes : même barème que pour le transport des os bruts ou concassés par wagon chargé à sa limite de capacité ou de charge.

G. — *Phosphate de chaux.* — Barème applicable à toutes les relations, par expédition de 5 tonnes : même barème que pour les expéditions similaires de chlorure de potassium.

Barème applicable aux expéditions de 10 tonnes d'une gare quelconque vers une fabrique de superphosphate de chaux pour engrais : même barème que pour les os bruts ou concassés par wagon chargé à sa limite de capacité ou de charge.

RÉSEAUX	BASES DES TARIFS SPÉCIAUX
	Barème applicable aux expéditions de 60 tonnes d'une gare quelconque vers une fabrique de superphosphate de chaux pour engrais ou vers une usine de trituration : même barème que pour les transports de boues et de gadoues par 5 tonnes.
	H. — *Phosphate de chaux pour engrais, superphosphate de chaux.* — Barème applicable à toutes les relations, par expédition de 5 tonnes : même barème que pour les transports similaires de chlorure de potassium, ou même barème que pour les os bruts ou concassés par wagon chargé à sa limite de capacité ou de charge, mais avec minimum de 4 francs par tonne.
	I. — *Tourteaux.* — Barème applicable à toutes les relations, par wagon de 5 tonnes, et établi sur les bases suivantes : 8 centimes par kilomètre, jusqu'à 25 kilomètres; 4 centimes par kilomètre en sus, jusqu'à 100 kilomètres; 3 centimes 1 par kilomètre en sus, jusqu'à 200 kilomètres; 3 centimes par kilomètre en sus, jusqu'à 300 kilomètres; 2 centimes 5 par kilomètre en sus, jusqu'à 400 kilomètres; 2 centimes par kilomètre en sus, jusqu'à 500 kilomètres; 1 centime 5 par kilomètre en sus, jusqu'à 900 kilomètres; 1 centime par kilomètres en sus.
	Barème applicable à toutes les relations, par wagon de 10 tonnes : barème précédent, réduit de 5 p. 100.
MIDI...	A. — *Boues.* — Barème applicable à toutes les relations, par wagon de 5 tonnes, et établi sur les bases suivantes : 5 centimes par kilomètre, jusqu'à 50 kilomètres ; 3 centimes par kilomètre en sus, jusqu'à 100 kilomètres; 2 centimes par kilomètre en sus.
	Barème applicable à toutes les relations, par expédition de 50 tonnes : base kilométrique constante de 20 centimes par plate-forme, y compris les frais de gare, avec minimum de 8 fr.
	B. — *Cendres, chaux et déchets de chaux, engrais de mer, fumier, guano, marne, noir animal, os bruts ou concassés, os en poudre, phosphate de chaux, phospho-guano, plâtre, poudrette, scories de déphosphoration, superphosphate de chaux, tangue, vinasse.* — Barème applicable à toutes les relations, par wagon de 5 tonnes : même barème que pour les transports similaires de boues.

RÉSEAUX	BASES DES TARIFS SPÉCIAUX
	C. — *Chlorure de potassium, cyanamide calcique, kaïnite, nitrate de potasse, nitrate de soude, nitrate et nitrite de chaux, sulfate d'ammoniaque, sulfate de potasse.* — Barème applicable à toutes les relations, par wagon de 5 tonnes, et établi sur les bases suivantes : 7 centimes par kilomètre, jusqu'à 25 kilomètres; 4 centimes par kilomètre en sus, jusqu'à 90 kilomètres; 3 centimes par kilomètre en sus, jusqu'à 210 kilomètres; 2 centimes par kilomètre en sus.
	D. — *Gadoues.* — Barème applicable à toutes les relations, par expédition de 50 tonnes : même barème que pour les transports similaires de boues.
	Barème applicable aux expéditions par plate-forme et établi sur les bases suivantes, y compris les frais de gare : 40 centimes par plate-forme et par kilomètre, jusqu'à 50 kilomètres; 20 centimes par kilomètre en sus, jusqu'à 200 kilomètres; 10 centimes par kilomètre en sus.
	E. — *Phosphate de chaux naturel en roches, phosphate de chaux pour engrais.* — Barème applicable à toutes les relations, par groupe de wagons utilisés à leur capacité totale (égale au moins à 10 tonnes) et représentant un tonnage total de 50 tonnes au moins, ledit barème établi sur les bases suivantes : 5 centimes par kilomètre, jusqu'à 20 kilomètres; 3 centimes par kilomètre en sus, jusqu'à 50 kilomètres; 2 centimes par kilomètre en sus, jusqu'à 100 kilomètres; 1 centime 5 par kilomètre en sus.

Il existe, en outre, des tarifs communs, dont la base initiale descend à 2 centimes par kilomètre et la base finale à 1 centime. Plusieurs de ces tarifs ont des paliers de début.

4. — *Bois à brûler et bois de service.*

Les Administrations de chemins de fer ont également, pour le transport des bois à brûler et des bois de service, des tarifs spéciaux qui peuvent se résumer ainsi :

RÉSEAUX	BASES DES TARIFS SPÉCIAUX
État . . .	A. — *Bois à brûler, bois de charpente, bois en frises ou en lames, bois en planches brutes de sciage, bois non dénommés en grume, bois pour les mines, bois triturés, échalas, feuillards, madriers, merrains, pavés en bois, perches, planches, poteaux, poutres, traverses pour voies ferrées.* — Barème applicable à toutes les relations, par wagon de 4 tonnes, et comportant les prix ci-après par tonne :

20 kilomètres. . .	1 fr. »	200 kilomètres. . .	7 fr. »
50 kilomètres. . .	2 fr. 40	300 kilomètres. . .	9 fr. »
75 kilomètres. . .	3 fr. 30	Pour chaque kilomètre en sus. . .	3 c.
100 kilomètres. . .	4 fr. »		
150 kilomètres. . .	5 fr. 65		

B. — *Bois destinés à la trituration ou au défibrage.* — Barème applicable à toutes les relations, par wagon de 4 tonnes, et comportant jusqu'à 300 kilomètres les mêmes prix que le précédent, puis, pour chaque kilomètre en sus, un supplément de 1 centime 5.

Barème applicable à toutes les relations, par wagon de 8 tonnes, et comportant les prix ci-après par tonne :

20 kilomètres. . .	1 fr. »	200 kilomètres. . .	6 fr. »
50 kilomètres. . .	2 fr. 25	300 kilomètres. . .	7 fr. 50
75 kilomètres. . .	3 fr. 15	Pour chaque kilomètre en sus. . .	1 c. 25
100 kilomètres. . .	3 fr. 80		
150 kilomètres. . .	5 fr. 25		

Nord . . A. — *Bois à brûler.* — Barème applicable à toutes les relations, par wagon de 5 tonnes, et établi sur les bases suivantes par tonne :

5 centimes par kilomètre, jusqu'à 50 kilomètres;
4 centimes par kilomètre en sus, jusqu'à 100 kilomètres;
2 centimes 5 par kilomètre en sus, jusqu'à 200 kilomètres;
1 centime 5 par kilomètre en sus.

B. — *Bois de charpente, bois en frises ou en lames (peuplier, pin ou sapin), bois en planches brutes de sciage, bois non dénommés en grume, échalas, madriers, merrains, perches, poteaux, poutres.* — Barème applicable à toutes les relations, par wagon de 5 tonnes, et établi sur les bases suivantes :

6 centimes par kilomètre, jusqu'à 50 kilomètres;
4 centimes par kilomètre en sus, jusqu'à 100 kilomètres;

RÉSEAUX	BASES DES TARIFS SPÉCIAUX
	3 centimes par kilomètre en sus, jusqu'à 200 kilomètres; 2 centimes par kilomètre en sus.
	C. — *Bois bruts pour pavage, traverses pour voies ferrées.* — Barême applicable à toutes les relations, par wagon de 5 tonnes : même barême que pour les transports similaires de bois de charpente.
	Barême applicable à toutes les relations, par wagon de 10 tonnes : même barême que pour les transports de bois à brûler par 5 tonnes.
	D. — *Bois destiné à la trituration ou au défibrage.* — Barême applicable à toutes les relations, par wagon de 5 tonnes : même barême que pour les transports similaires de bois de charpente.
	Barême applicable à toutes les relations, par wagon de 8 tonnes : même barême que pour les transports de bois à brûler par 5 tonnes.
	E. *Bois en frises ou en lames (autres que de peuplier, de pin ou de sapin), bois triturés.* — Barême applicable à toutes les relations, par wagon de 5 tonnes, et établi sur les bases suivantes : 7 centimes par kilomètre, jusqu'à 50 kilomètres; 5 centimes par kilomètre en sus, jusqu'à 100 kilomètres; 3 centimes 5 par kilomètre en sus, jusqu'à 200 kilomètres; 2 centimes 25 par kilomètre en sus.
	F. — *Bois feuillards.* — Barême applicable à toutes les relations, par wagon de 4 tonnes : même barême que pour les bois en frises ou en lames (autres que de peuplier, de pin ou de sapin) par 5 tonnes.
	G. — *Bois pour les mines.* — Barême applicable à toutes les relations, par wagons de 5 tonnes : même barême que pour les transports similaires de bois à brûler.
	Barême applicable à toutes les relations, par expédition de 20 tonnes en deux wagons, et établi sur les bases suivantes : 4 centimes par kilomètre, jusqu'à 25 kilomètres; 3 centimes par kilomètre en sus, jusqu'à 75 kilomètres;

RÉSEAUX	BASES DES TARIFS SPÉCIAUX
	2 centimes 5 par kilomètre en sus, jusqu'à 200 kilomètres ; 2 centimes par kilomètre en sus, jusqu'à 250 kilomètres ; 1 centime 5 par kilomètre en sus.
	H. — *Pavés en bois* — Barême applicable à toutes les relations, par wagon de 5 tonnes : même barême que pour les transports similaires de bois en frises ou en lames (autres que de peuplier, de pin ou de sapin).
	Barême applicable à toutes les relations, par wagon de 10 tonnes : même barême que pour les transports de bois de charpente par 5 tonnes.
EST....	A. — *Bois à brûler, bois de charpente, bois destinés à la trituration ou au défibrage, bois en frises ou en lames, bois en planches brutes de sciage, bois feuillards, bois non dénommés en grume, bois pour les mines, échalas, madriers, merrains, pavés en bois, perches, poteaux, poutres, traverses pour voies ferrées.* — Barême applicable à toutes les relations, par wagon de 5 tonnes, et établi sur les bases suivantes par tonne : 7 centimes par kilomètre, jusqu'à 25 kilomètres ; 4 centimes par kilomètre en sus, jusqu'à 100 kilomètres ; 2 centimes 25 par kilom. en sus, jusqu'à 200 kilomètres ; 2 centimes par kilomètres en sus.
	B. — *Bois triturés.* — Barême applicable à toutes les relations, par wagon de 5 tonnes, et établi sur les bases suivantes : 8 centimes par kilomètre, jusqu'à 25 kilomètres ; 5 centimes par kilomètre en sus, jusqu'à 50 kilomètres ; 4 centimes par kilomètre en sus, jusqu'à 200 kilomètres ; 2 centimes 5 par kilomètre en sus, jusqu'à 400 kilomètres ; 2 centimes par kilomètre en sus.
OUEST-ETAT.	A. — *Bois à brûler.* — Barême applicable à toutes les relations, par wagon de 4 tonnes, et établi sur les bases suivantes par tonne : 7 centimes par kilomètre, jusqu'à 25 kilomètres ; 5 centimes par kilomètre en sus, jusqu'à 45 kilomètres ; 4 centimes par kilomètre en sus, jusqu'à 105 kilomètres ; 3 centimes par kilomètre en sus, jusqu'à 200 kilomètres ; 2 centimes 5 par kilomètre en sus, jusqu'à 500 kilomètres ; 2 centimes par kilomètre en sus, jusqu'à 700 kilomètres ; 1 centime 75 par kilomètre en sus.

RÉSEAUX	BASES DES TARIFS SPÉCIAUX

Barème applicable à toutes les relations, par wagon de 5 tonnes, et établi sur les bases suivantes :

7 centimes par kilomètre, jusqu'à 25 kilomètres;
4 centimes par kilomètre en sus, jusqu'à 60 kilomètres;
3 centimes 5 par kilomètre en sus, jusqu'à 100 kilomètres;
2 centimes 5 par kilomètre en sus, jusqu'à 175 kilomètres;
2 centimes par kilomètre en sus, jusqu'à 100 kilomètres;
1 centime 5 par kilomètre en sus.

B. — *Bois de charpente, bois de frises ou en lames, bois en planches brutes de sciage, bois feuillards, bois non dénommés en grume, échalas, madriers, merrains, perches, poteaux, poutres.* — Barème applicable à toutes les relations, par wagon de 5 tonnes, et établi sur les bases suivantes :

8 centimes par kilomètre, jusqu'à 25 kilomètres ;
6 centimes par kilomètre en sus, jusqu'à 50 kilomètres ;
5 centimes par kilomètre en sus, jusqu'à 100 kilomètres ;
4 centimes 5 par kilomètre en sus, jusqu'à 150 kilomètres;
3 centimes 5 par kilomètre en sus, jusqu'à 400 kilomètres;
3 centimes par kilomètre en sus, jusqu'à 500 kilomètres;
2 centimes 5 par kilomètre en sus.

Barème applicable aux expéditions d'une gare quelconque du réseau vers Paris, par wagon de 5 tonnes, et établi sur les bases suivantes :

8 centimes par kilomètre, jusqu'à 25 kilomètres;
6 centimes par kilomètre en sus, jusqu'à 50 kilomètres ;
5 centimes par kilomètre en sus, jusqu'à 100 kilomètres;
2 centimes 5 par kilomètre en sus, jusqu'à 200 kilomètres.
1 centime 5 par kilomètre en sus.

C. — *Bois bruts pour pavage, parés, traverses pour voies ferrées.* — Barème applicable à toutes les relations, par wagon de 5 tonnes, et établi sur les bases suivantes :

8 centimes par kilomètre, jusqu'à 25 kilomètres ;
4 centimes par kilomètre en sus, jusqu'à 100 kilomètres;
3 centimes 5 par kilomètre en sus, jusqu'à 300 kilomètres;
3 centimes par kilomètre en sus, jusqu'à 600 kilomètres;
2 centimes 5 par kilomètre en sus.

Barème applicable aux expéditions d'une gare quelconque du réseau vers Paris, par wagon de 5 tonnes : même barème que pour les transports similaires de bois de charpente.

RÉSEAUX	BASES DES TARIFS SPÉCIAUX
	D. — *Bois destinés à la trituration ou au défibrage.* — Barème applicable à toutes les relations, par wagon de 5 tonnes : même barème que pour les transports de bois à brûler par wagon de 4 tonnes. Barème applicable à toutes les relations, par wagon de 8 tonnes : même barème que pour les transports de bois à brûler par wagon de 5 tonnes. Barème applicable aux expéditions de 20 tonnes, d'une gare quelconque vers les gares desservant les usines, et établi sur les bases suivantes : 6 centimes par kilomètre, jusqu'à 25 kilomètres ; 4 centimes par kilomètre en sus, jusqu'à 50 kilomètres ; 3 centimes par kilomètre en sus, jusqu'à 100 kilomètres ; 2 centimes par kilomètre en sus, jusqu'à 200 kilomètres ; 1 centime 5 par kilomètre en sus.
	E. — *Bois pour les mines.* — Prix applicables aux transports par wagon de 5 tonnes, d'une gare quelconque du réseau aux points de provenance de la houille : mêmes prix que pour le transport de la houille en sens inverse. Barème applicable aux transports par wagon de 5 tonnes, d'une gare quelconque du réseau aux gares desservant des mines, et établi sur les bases suivantes : 7 centimes par kilomètre, jusqu'à 25 kilomètres ; 5 centimes par kilomètre en sus, jusqu'à 45 kilomètres; 4 centimes par kilomètre en sus, jusqu'à 105 kilomètres; 3 centimes par kilomètre en sus, jusqu'à 150 kilomètres; 2 centimes par kilomètre en sus, jusqu'à 500 kilomètres; 1 centime 5 par kilomètre en sus.
ORLÉANS	A. — *Bois de chauffage.* — Barème applicable à toutes les relations, pour les transports, par wagon de 5 tonnes, des bois autres que les bourrées, fagots et faissonnats, et établi sur les bases suivantes par tonne : 8 centimes par kilomètre, jusqu'à 50 kilomètres; 2 centimes 5 par kilomètre en sus.

RÉSEAUX	BASES DES TARIFS SPÉCIAUX
	Barème applicable aux transports des mêmes bois, par wagon de 10 tonnes (condition de tonnage réduite à 5 tonnes pour les expéditions vers Toulouse), et établi sur les bases suivantes : 8 centimes par kilomètre, jusqu'à 25 kilomètres ; 3 centimes par kilomètre en sus, jusqu'à 50 kilomètres ; 2 centimes 5 par kilomètre en sus, jusqu'à 100 kilomètres ; 2 centimes par kilomètre en sus.
	Barème applicable à toutes les relations, pour le transport des bourrées autres que celles d'essence résineuse et pour celui des fagots (sous condition d'un chargement de 575 kg. au moins par mètre carré de superficie intérieure du wagon), et comportant une base kilométrique constante de 3 centimes 5 par tonne, frais de gare compris, avec minimum de perception de 1 franc.
	Barème applicable aux transports sur certaines lignes des bourrées autres que celles d'essence résineuse et des fagots (sous la même condition de chargement), et comportant une base constante de 2 centimes 5, frais de gare compris, avec minimum de perception de 1 franc.
	Barème applicable à toutes les relations, pour le transport des bourrées d'essence résineuse (sous la même condition de chargement), et comportant une base constante de 2 centimes 5, frais de gare compris, avec minimum de perception de 75 centimes.
	Barème applicable au transport des bois à brûler par wagon de 5 tonnes, sur certaines lignes, et établi sur les bases suivantes, frais de gare compris, avec minimum de perception de 1 fr. 60 : 4 centimes par kilomètre, jusqu'à 210 kilomètres ; 2 centimes 5 par kilomètre en sus.
	B. — *Bois de charpente, bois en frises ou en lames (autres que de noyer), bois en planches brutes de sciage, madriers, perches, poteaux, poutres, traverses pour voies ferrées.*
	Barème applicable à toutes les relations, par wagon de 5 tonnes, et établi sur les bases suivantes : 8 centimes par kilomètre, jusqu'à 50 kilomètres ; 5 centimes par kilomètre en sus, jusqu'à 100 kilomètres ;

RÉSEAUX	BASES DES TARIFS SPÉCIAUX
	4 centimes par kilomètre en sus, jusqu'à 200 kilomètres; 3 centimes par kilomètre en sus, jusqu'à 300 kilomètres; 2 centimes par kilomètre en sus.
	Barème applicable aux transports sur certaines lignes, par wagon de 5 tonnes, et comportant une base kilométrique de 4 centimes, frais de gare compris, avec minimum de perception de 1 fr. 60.
	Barême applicable aux expéditions d'une gare quelconque vers certaines sections, par wagon de 5 tonnes, et établi sur les bases suivantes, frais de gare compris : 8 francs jusqu'à 225 kilomètres; 3 centimes par kilomètre en sus.
	c. — *Bois destinés à la trituration et au défibrage.* — Barème applicable à toutes les relations, par wagon de 5 tonnes, et établi sur les bases suivantes : 8 centimes par kilomètre, jusqu'à 50 kilomètres; 2 centimes 5 par kilomètre en sus.
	Barème applicable sur certaines lignes, par wagon de 5 tonnes, et comportant une base constante de 4 centimes, frais de gare compris, avec minimum de perception de 1 fr. 60.
	Barême applicable aux expéditions d'une gare quelconque vers certaines sections, par wagon de 5 tonnes, et établi sur les bases suivantes, frais de gare compris : 8 francs, jusqu'à 225 kilomètres; 3 centimes par kilomètres en sus.
	Barème applicable aux expéditions d'une gare quelconque vers les gares du réseau desservant des usine de défibrage ou de trituration, par wagon de 5 tonnes, et comportant une base constante de 3 centimes, frais de gare compris, avec minimum de perception de 3 fr. 85.
	D. — *Bois feuillards, échalas.* — Mêmes barèmes que pour les bois de charpente, sauf extension du dernier à toutes les relations.
	E. — *Bois non dénommés en grume.* — Trois premiers barèmes précédemment indiqués pour les bois destinés à la trituration ou au défibrage.

RÉSEAUX	BASES DES TARIFS SPÉCIAUX
	F. — *Bois pour les mines*. — Barème applicable à toutes les relations, par wagon de 5 tonnes ou de 4 tonnes dans certains cas, et établi sur les bases suivantes : 8 centimes par kilomètre, jusqu'à 25 kilomètres; 5 centimes par kilomètre en sus, jusqu'à 100 kilomètres; 3 centimes par kilomètre en sus, jusqu'à 200 kilomètres; 2 centimes par kilomètre en sus.
	Autre barème applicable à toutes les relations, par wagon de 5 tonnes ou de 4 tonnes dans certains cas, et établi sur les bases suivantes : 8 francs jusqu'à 300 kilomètres; 1 centime 5 par kilomètre en sus, jusqu'à 350 kilomètres; 1 centime par kilomètre en sus.
	Deuxième barème précédemment indiqué pour les bois de charpente.
	G. — *Merrains*. — Barème applicable à toutes les relations, par wagon de 5 tonnes, et établi sur les bases suivantes : 8 centimes par kilomètre, jusqu'à 100 kilomètres; 5 centimes par kilomètre en sus, jusqu'à 200 kilomètres; 3 centimes par kilomètre en sus, jusqu'à 300 kilomètres; 2 centimes 5 par kilomètre en sus.
	H. — *Pavés en bois*. — Barème applicable à toutes les relations, par wagon de 5 tonnes : premier des barèmes précédemment indiqués pour les bois de charpente.
P.-L.-M.	A. — *Bois à brûler*. — Barème applicable à toutes les relations, par expédition de 5 tonnes, et établi sur les bases suivantes : 8 centimes par kilomètre, jusqu'à 25 kilomètres; 4 centimes par kilomètre en sus, jusqu'à 50 kilomètres; 2 centimes par kilomètre en sus.
	Autre barème applicable aux mêmes transports et établi sur les bases suivantes, frais de gare compris : 4 francs jusqu'à 100 kilomètres; 1 centime 5 par kilomètre en sus, jusqu'à 500 kilomètres; 1 centime par kilomètre en sus.

RÉSEAUX	BASES DES TARIFS SPÉCIAUX
	B. — *Bois à défibrer.* — Barème applicable à toutes les relations, par wagon chargé à sa limite de charge ou de capacité, sans que l'expéditeur soit tenu de charger plus de 8 tonnes dans le même wagon : mêmes barèmes que pour les bois à brûler, les frais de gare étant toutefois distraits du second et son palier initial réduit à 3 fr. 60.
	C. — *Bois divers de charpente, bois en frises ou en lames (autres que de noyer), bois feuillards, bois en planches brutes de sciage (autres que de noyer), bois non dénommés en grume, madriers, pavés en bois, perches, poteaux, poutres.* — Barème applicable à toutes les relations, par expédition de 5 tonnes, et établi sur les bases suivantes : 8 centimes par kilomètre, jusqu'à 25 kilomètres ; 4 centimes par kilomètre en sus, jusqu'à 100 kilomètres ; 3 centimes 5 par kilomètre en sus, jusqu'à 300 kilomètres ; 3 centimes par kilomètre en sus, jusqu'à 600 kilomètres ; 2 centimes 5 par kilomètre en sus, jusqu'à 800 kilomètres ; 2 centimes par kilomètre en sus.
	D. — *Bois pour les mines.* — Barèmes applicables à toutes les relations, par expédition de 5 tonnes : suivant la longueur des bois, même barème que pour les bois de charpente ou premier des deux barèmes précédemment indiqués pour les bois de chauffage.
	E. — *Échalas, traverses pour voies ferrées.* — Barèmes applicables à toutes les relations, par expédition de 5 tonnes : jusqu'à 250 kilomètres, même barème que pour les bois de charpente, avec maximum de 10 francs ; Au delà de 250 kilomètres, barème suivant, avec minimum de 10 francs : 8 centimes par kilomètre, jusqu'à 25 kilomètres ; 4 centimes par kilomètre en sus, jusqu'à 50 kilomètres ; 3 centimes par kilomètre en sus, jusqu'à 100 kilomètres ; 2 centimes par kilomètre en sus, jusqu'à 800 kilomètres ; 2 centimes par kilomètre en sus.
	F. — *Merrains.* — Barèmes applicables à toutes les relations, par expédition de 5 tonnes : suivant la nature des merrains, même barème que pour les bois de charpente ou second barème précédemment indiqué pour les échalas.

RÉSEAUX	BASES DES TARIFS SPÉCIAUX
Midi....	A. — *Bois à brûler.* — Barême applicable à toutes les relations, par wagon de 5 tonnes, et établi sur les bases suivantes : 5 centimes par kilomètre, jusqu'à 50 kilomètres; 3 centimes par kilomètre en sus, jusqu'à 100 kilomètres; 2 centimes par kilomètre en sus.
	B. — *Bois de charpente, bois en planches brutes de sciage, madriers, pavés, perches, poteaux, poutres.* — Barême applicable à toutes les relations, par wagon de 8 tonnes, et établi sur les bases suivantes : 8 centimes par kilomètre, jusqu'à 50 kilomètres; 4 centimes par kilomètre en sus, jusqu'à 65 kilomètres; 3 centimes par kilomètre en sus, jusqu'à 200 kilomètres; 2 centimes 5 par kilomètre en sus. jusqu'à 290 kilomètres; 2 centimes par kilomètre en sus.
	C. — *Bois destinés à la trituration ou au défibrage.* — Barême applicable à toutes les relations, par wagon de 8 tonnes, et établi sur les bases suivantes : 7 centimes par kilomètre, jusqu'à 25 kilomètres; 5 centimes par kilomètre en sus, jusqu'à 90 kilomètres; 3 centimes par kilomètre en sus, jusqu'à 210 kilomètres; 2 centimes par kilomètre en sus.
	Barême applicable à toutes les relations, par expédition de 100 tonnes, et établi sur les bases suivantes : 5 centimes par kilomètre, jusqu'à 50 kilomètres; 3 centimes par kilomètre en sus, jusqu'à 100 kilomètres; 2 centimes 5 par kilomètre en sus, jusqu'à 250 kilomètres; 1 centime par kilomètre en sus.
	D. — *Bois en frises ou en lames de chêne* — Barême applicable à toutes les relations, par wagon de 5 tonnes, et établi sur les bases suivantes : 13 centimes par kilomètre, jusqu'à 70 kilomètres; 5 centimes par kilomètre en sus, jusqu'à 120 kilomètres; 3 centimes par kilomètre en sus, jusqu'à 200 kilomètres; 2 centimes 5 par kilomètre en sus, jusqu'à 300 kilomètres; 2 centimes par kilomètre en sus.

RÉSEAUX	BASES DES TARIFS SPÉCIAUX
	E. — *Bois en frises ou en lames de peuplier, de pin ou de sapin.* — Barème applicable à toutes les relations, par wagon de 5 tonnes, et établi sur les bases suivantes : 10 centimes par kilomètre, jusqu'à 60 kilomètres ; 5 centimes par kilomètre en sus, jusqu'à 150 kilomètres ; 3 centimes par kilomètre en sus, jusqu'à 200 kilomètres ; 2 centimes 5 par kilomètre en sus, jusqu'à 300 kilomètres ; 2 centimes par kilomètre en sus.
	Barème applicable à toutes les relations, par wagon de 8 tonnes : même barème que pour les transports similaires de bois de charpente.
	F. — *Bois feuillards ; merrains en châtaignier, en hêtre, en peuplier, en pin, en sapin.* — Barème applicable à toutes les relations, par wagon de 5 tonnes : même barème que pour les transports de bois de charpente par wagon de 8 tonnes.
	G. — *Bois non dénommés en grume.* — Barème applicable à toutes les relations, par wagon de 5 tonnes : même barème que pour les transports de bois de charpente par wagon de 8 tonnes.
	Barème applicable à toutes les relations, par wagon de 8 tonnes : même barème que pour les transports similaires de bois destinés à la trituration.
	H. — *Bois pour les mines.* — Barème applicable à toutes les relations, par wagon de 8 tonnes : même barème que pour les transports similaires de bois destinés à la trituration.
	I. — *Bois triturés.* — Barème applicable à toutes les relations, par wagon de 5 tonnes, et établi sur les bases suivantes : 10 centimes par kilomètre, jusqu'à 40 kilomètres ; 5 centimes par kilomètre en sus, jusqu'à 100 kilomètres ; 3 centimes par kilomètre en sus, jusqu'à 200 kilomètres ; 2 centimes 5 par kilomètre en sus, jusqu'à 300 kilomètres ; 2 centimes par kilomètre en sus.
	J. — *Échalas.* — Barème applicable à toutes les relations, par wagon de 8 tonnes, et établi sur les bases suivantes : 8 centimes par kilomètre, jusqu'à 25 kilomètres ; 4 centimes par kilomètre en sus, jusqu'à 100 kilomètres ; 1 centime par kilomètre en sus.

RÉSEAUX	BASES DES TARIFS SPÉCIAUX
	K. — *Merrains en chêne.* — Barème applicable à toutes les relations, par wagon de 5 tonnes, et établi sur les bases suivantes : 10 centimes par kilomètre, jusqu'à 90 kilomètres ; 5 centimes par kilomètre en sus, jusqu'à 120 kilomètres ; 3 centimes par kilomètre en sus, jusqu'à 200 kilomètres ; 2 centimes 5 par kilomètre en sus, jusqu'à 300 kilomètres ; 2 centimes par kilomètre en sus.
	L. — *Traverses pour voies ferrées.* — Barème applicable à toutes les relations, par wagon de 8 tonnes : même barème que pour les transports similaires de bois de charpente.
	Barème applicable à toutes les relations, par wagon de 10 tonnes : 25 centimes par wagon et par kilomètre, frais de gare compris, avec minimum de 125 francs par wagon.

Aux barèmes s'ajoutent, pour le trafic intérieur, des prix fermes dont la base globale s'abaisse au-dessous de 2 centimes 3.

Le trafic commun fait aussi l'objet d'un certain nombre de barèmes et de prix fermes. Plusieurs des barèmes ont de longs paliers initiaux ; la base de début descend à 2 centimes 7 et la base finale à 1 centime. Exceptionnellement, les prix fermes font ressortir une taxe moyenne kilométrique ne dépassant pas 2 centimes.

5. — *Minerais de fer, acier, fer et fonte bruts*

RÉSEAUX	BASES DES TARIFS SPÉCIAUX					
ÉTAT...	A. — *Minerais de fer.* — Barème applicable à toutes les relations, par wagon de 4 tonnes, et comportant les prix ci-après par tonne :					
	20 kilomètres...	1 fr. »		200 kilomètres...	6 fr. »	
	50 kilomètres...	2 fr. 25		300 kilomètres...	7 fr. 50	
	75 kilomètres...	3 fr. 15		Pour chaque kilomètre en sus...	2 c. 5	
	100 kilomètres...	3 fr. 80				
	150 kilomètres...	5 fr. 25				

RÉSEAUX	BASES DES TARIFS SPÉCIAUX
	Barème applicable à toutes les relations, par wagon de 8 tonnes, et comportant les prix ci-après : 20 kilomètres... 1 fr. » — 200 kilomètres... 5 fr. » 50 kilomètres... 1 fr. 50 — 300 kilomètres... 6 fr. » 75 kilomètres... 2 fr. 25 — Pour chaque kilomètre en sus... 2 c. 100 kilomètres... 3 fr. » 150 kilomètres... 4 fr. 15
	B. — *Acier ou fer brut en lingots ou en massiaux, fonte brute en lingots ou en morceaux.* — Barème applicable à toutes les relations, par wagon de 4 tonnes, et comportant les prix ci-après : 20 kilomètres... 1 fr. » — 200 kilomètres... 7 fr. » 50 kilomètres... 2 fr. 40 — 300 kilomètres... 9 fr. » 75 kilomètres... 3 fr. 30 — Pour chaque kilomètre en sus... 3 c. 100 kilomètres... 4 fr. » 150 kilomètres... 5 fr. 65
NORD ..	A. — *Minerais de fer.* — Barème applicable à toutes les relations, par wagon de 5 tonnes, et établi sur les bases suivantes : 6 centimes par kilomètre, jusqu'à 50 kilomètres ; 4 centimes par kilomètre en sus, jusqu'à 100 kilomètres ; 3 centimes par kilomètre en sus, jusqu'à 200 kilomètres ; 2 centimes par kilomètre en sus.
	Barème applicable à toutes les relations, par wagon de 10 tonnes, et établi sur les bases suivantes : 4 centimes par kilomètre, jusqu'à 25 kilomètres ; 3 centimes par kilomètre en sus, jusqu'à 75 kilomètres ; 2 centimes 5 par kilomètre en sus, jusqu'à 200 kilomètres ; 2 centimes par kilomètre en sus, jusqu'à 250 kilomètres ; 1 centime 5 par kilomètre en sus.
	Barème applicable à toutes les relations, par wagon de 20 tonnes, et établi sur les bases suivantes, avec minimum de 20 centimes par tonne : 2 centimes par tonne, jusqu'à 200 kilomètres ; 1 centime 25 par kilomètre en sus.
	Barème applicable aux expéditions vers les embranchements particuliers reliés au réseau du Nord, dans des wagons de 40 tonnes fournis par les expéditeurs ou les destinataires : ba-

RÉSEAUX	BASES DES TARIFS SPÉCIAUX
	rême précédent réduit de 5 p. 100, plus autant de fois 1 p. 100 que l'expédition comprend de wagons de 40 tonnes, avec maximum de 16 wagons; allocation de redevances par la Compagnie pour l'usage du matériel. B. — *Acier ou fer brut en lingots ou en massiaux; fonte brute en lingots ou en morceaux.* — Barème applicable à toutes les relations, par wagon de 5 tonnes, et établi sur les bases suivantes, avec maximum de 6 fr. 60 pour la fonte : 5 centimes par kilomètre, jusqu'à 50 kilomètres ; 4 centimes par kilomètre en sus, jusqu'à 100 kilomètres; 2 centimes 5 par kilomètre en sus, jusqu'à 200 kilomètres; 1 centime 5 par kilomètre en sus. Barème applicable à toutes les relations, par wagon de 10 tonnes, et établi sur les bases suivantes : 4 centimes par kilomètre, jusqu'à 50 kilomètres ; 3 centimes par kilomètre en sus, jusqu'à 100 kilomètres; 2 centimes 5 par kilomètre en sus, jusqu'à 150 kilomètres; 2 centimes par kilomètre en sus, jusqu'à 200 kilomètres; 1 centime 5 par kilomètre en sus, jusqu'à 250 kilomètres; 1 centime par kilomètre en sus. Barème applicable à toutes les relations, par wagon de 10 tonnes : même barème réduit de 5 p. 100.
Est....	A. — *Minerais de fer.* — Barème applicable à toutes les relations, par wagon de 5 tonnes, et établi sur les bases suivantes par tonne : 4 centimes par kilomètre, jusqu'à 25 kilomètres ; 3 centimes par kilomètre en sus, jusqu'à 50 kilomètres ; 2 centimes 5 par kilomètre en sus, jusqu'à 100 kilomètres; 2 centimes par kilomètre en sus. Barème applicable à toutes les relations, par groupe de wagons chargés à leur limite de charge et formant une expédition de 100 tonnes au moins, ledit barème établi sur les bases suivantes : 4 centimes par kilomètre, jusqu'à 25 kilomètres ; 3 centimes par kilomètre en sus, jusqu'à 50 kilomètres; 2 centimes par kilomètre en sus, jusqu'à 125 kilomètres; 1 centime 5 par kilomètre en sus.

RÉSEAUX	BASES DES TARIFS SPÉCIAUX
	Barème applicable à toutes les relations, par groupe de wagons chargés à leur limite de charge et formant une expédition de 240 tonnes au moins, ledit barème établi sur les bases suivantes : 4 centimes par kilomètre, jusqu'à 25 kilomètres; 2 centimes par kilomètre en sus, jusqu'à 125 kilomètres; 1 centime par kilomètre en sus.
	Exonération des frais de gare, sans que la perception par tonne puisse être inférieure à 40 centimes, pour les transports par train de 120 tonnes au moins dans des wagons fournis par les expéditeurs ou les destinataires.
	Même exonération et réduction de 2 p. 100 sur le barême précédent, pour les transports analogues de 240 tonnes d'un embranchement particulier de mine à un embranchement particulier d'usine ou à une gare d'un autre réseau, à la condition que la charge des wagons atteigne 15 tonnes.
	Réduction supplémentaire de 1 p. 100 par 40 tonnes d'excédent au delà de 240 tonnes, sans que la charge totale des wagons, tare comprise, dépasse 830 tonnes.
	Autre réduction de 2 p. 100, quand le train est entièrement composé de wagons de 40 tonnes.
	B. — *Acier ou fer brut en lingots ou en massiaux ; fonte brute en lingots ou en morceaux.* — Barème applicable à toutes les relations, par wagon de 10 tonnes, et établi sur les bases suivantes : 6 centimes par kilomètre, jusqu'à 25 kilomètres; 4 centimes par kilomètre en sus, jusqu'à 50 kilomètres; 3 centimes par kilomètre en sus, jusqu'à 100 kilomètres; 2 centimes par kilomètre en sus, jusqu'à 200 kilomètres: 1 centime 5 par kilomètre en sus.
	Barème applicable à toutes les relations, par wagon de 20 tonnes: même barème réduit de 5 p. 100.
OUEST-ETAT..	A. — *Minerais de fer.* — Barème applicable à toutes les relations, par wagon de 10 tonnes, et établi sur les bases suivantes par tonne : 5 centimes par kilomètre, jusqu'à 25 kilomètres; 4 centimes par kilomètre en sus, jusqu'à 50 kilomètres;

RÉSEAUX	BASES DES TARIFS SPÉCIAUX
	3 centimes par kilomètre en sus, jusqu'à 75 kilomètres; 2 centimes par kilomètre en sus, jusqu'à 100 kilomètres; 1 centime 75 par kilomètre en sus, jusqu'à 500 kilomètres; 1 centime 5 par kilomètre en sus.
	Barême applicable à toutes les relations, par expédition de 60 tonnes, et établi sur les bases suivantes : 1 franc 60, jusqu'à 60 kilomètres; 1 centime 75 par kilomètre en sus.
	Pour les expéditions par train complet de 200 tonnes utiles venant des embranchements particuliers : exonération des taxes de fourniture et d'envoi du matériel sur ces embranchements.
	Pour les expéditions dans des wagons de 40 tonnes fournis par les expéditeurs ou les destinataires, en provenance d'une gare de l'Ouest desservant une mine ou une minière et à destination d'un port maritime ou d'un embranchement particulier desservi par le réseau : réduction de 5 p. 100 sur le second des deux barêmes précédents, plus autant de fois 1 p. 100 que l'expédition comprend de wagons de 40 tonnes, avec maximum de 16 wagons; allocation de redevances par la Compagnie pour l'usage du matériel.
	B. — *Acier ou fer brut en lingots ou en massiaux.* — Barême applicable à toutes les relations, par wagon de 5 tonnes, et établi sur les bases suivantes : 6 centimes par kilomètre, jusqu'à 50 kilomètres; 5 centimes 5 par kilomètre en sus, jusqu'à 100 kilomètres; 5 centimes par kilomètre en sus, jusqu'à 150 kilomètres; 3 centimes 5 par kilomètre en sus, jusqu'à 350 kilomètres; 2 centimes 5 par kilomètre en sus, jusqu'à 600 kilomètres; 2 centimes par kilomètre en sus.
	Barême applicable à toutes les relations, par wagon de 10 tonnes, et établi sur les bases suivantes : 7 centimes par kilomètre, jusqu'à 25 kilomètres; 5 centimes par kilomètre en sus, jusqu'à 45 kilomètres; 4 centimes par kilomètre en sus, jusqu'à 105 kilomètres; 3 centimes par kilomètre en sus, jusqu'à 200 kilomètres; 2 centimes 5 par kilomètre en sus, jusqu'à 500 kilomètres; 2 centimes par kilomètre en sus, jusqu'à 700 kilomètres; 1 centime 75 par kilomètre en sus.

RÉSEAUX	BASES DES TARIFS SPÉCIAUX
	C. — *Fonte brute en lingots ou en morceaux.* — Barème applicable à toutes les relations, par wagon de 5 tonnes, et établi sur les bases suivantes : 8 centimes par kilomètre, jusqu'à 25 kilomètres; 4 centimes par kilomètre en sus, jusqu'à 100 kilomètres; 3 centimes 5 par kilomètre en sus, jusqu'à 300 kilomètres; 3 centimes par kilomètre en sus, jusqu'à 500 kilomètres; 2 centimes 5 par kilomètre en sus.
	Barème applicable à toutes les relations, par wagon de 10 tonnes, et établi sur les bases suivantes : 6 centimes par kilomètre, jusqu'à 25 kilomètres; 4 centimes par kilomètre en sus, jusqu'à 50 kilomètres; 3 centimes par kilomètre en sus, jusqu'à 100 kilomètres; 2 centimes par kilomètre en sus.
ORLÉANS	A. — *Minerais de fer.* — Barème applicable à toutes les relations, par wagon de 10 tonnes, et établi sur les bases suivantes : 85 centimes jusqu'à 34 kilomètres; 2 centimes 5 par kilomètre en sus, jusqu'à 50 kilomètres; 2 centimes par kilomètre en sus, jusqu'à 250 kilomètres; 1 centime 75 par kilomètre en sus.
	Barème applicable aux expéditions par wagon de 10 tonnes d'une gare du réseau desservant immédiatement des mines ou minières vers une gare quelconque du réseau, ledit barème établi sur les bases suivantes : 85 centimes jusqu'à 34 kilomètres; 2 centimes 5 par kilomètre en sus, jusqu'à 50 kilomètres; 2 centimes par kilomètre en sus, jusqu'à 100 kilomètres; 1 centime 5 par kilomètre en sus, jusqu'à 200 kilomètres; 1 centime par kilomètre en sus.
	B. — *Acier ou fer brut en lingots ou en massiaux.* — Barème applicable à toutes les relations, par wagon de 8 tonnes, et établi sur les bases suivantes : 8 centimes par kilomètre, jusqu'à 25 kilomètres; 5 centimes par kilomètre en sus, jusqu'à 100 kilomètres; 3 centimes par kilomètre en sus, jusqu'à 200 kilomètres; 2 centimes par kilomètre en sus.

RÉSEAUX	BASES DES TARIFS SPÉCIAUX
	Barême applicable à toutes les relations, par wagon de 20 tonnes, et établi sur les bases suivantes : 8 centimes par kilomètre, jusqu'à 25 kilomètres; 3 centimes par kilomètre en sus, jusqu'à 50 kilomètres; 2 centimes 5 par kilomètre en sus, jusqu'à 100 kilomètres; 2 centimes par kilomètre en sus.
	C. — *Fonte brute en lingots ou en morceaux.* — Barême applicable à toutes les relations, par wagon de 10 tonnes : même barême que pour les expéditions d'acier ou de fer brut par wagon de 20 tonnes.
	Réduction : 1° de 10 p. 100, pour les expéditions par wagons utilisés à leur limite de charge et représentant un tonnage de 100 tonnes; 2° de 20 p. 100 pour les expéditions analogues représentant un tonnage de 200 tonnes. (Sont exclus de ces réductions les envois en provenance ou à destination des points de transit Orléans — P.-L.-M.
P.-L.-M.	A. — *Minerais de fer.* — Barême applicable à toutes les relations, par wagon complet, et établi sur les bases suivantes par tonne : 8 centimes par kilomètre, jusqu'à 25 kilomètres; 4 centimes par kilomètre en sus, jusqu'à 50 kilomètres; 2 centimes par kilomètre en sus.
	Barême applicable aux envois directs, par wagon de 10 tonnes, à destination des usines métallurgiques du réseau qui produisent à l'état brut la fonte, le fer, l'acier et les alliages ferro-métalliques en lingots ou en mitraille, et établi sur les bases suivantes : 85 centimes jusqu'à 15 kilomètres; 5 centimes par kilomètre en sus, jusqu'à 25 kilomètres; 2 centimes par kilomètre en sus, jusqu'à 50 kilomètres; 1 centime 5 par kilomètre en sus, jusqu'à 300 kilomètres; 1 centime par kilomètre en sus.
	B. — *Acier ou fer brut en lingots ou en massiaux; fonte brute en lingots ou en morceaux.* — Barême applicable à toutes les relations, par expédition de 5 tonnes, et établi sur les bases suivantes : 8 centimes par kilomètre, jusqu'à 25 kilomètres; 5 centimes par kilomètre en sus, jusqu'à 30 kilomètres;

RÉSEAUX	BASES DES TARIFS SPÉCIAUX
	4 centimes 25 par kilomètre en sus, jusqu'à 200 kilomètres; 4 centimes par kilomètre en sus, jusqu'à 300 kilomètres; 3 centimes 25 par kilomètre en sus, jusqu'à 700 kilomètres; 3 centimes par kilomètre en sus, jusqu'à 800 kilomètres; 2 centimes 5 par kilomètre en sus. La taxe ne peut être inférieure à 2 francs par tonne, ni dépasser celle du barème suivant, frais de chargement, de déchargement et de gare compris : 8 centimes par kilomètre, jusqu'à 50 kilomètres; 4 centimes 5 par kilomètre en sus, jusqu'à 200 kilomètres; 3 centimes 75 par kilomètre en sus, jusqu'à 300 kilomètres; 3 centimes 25 par kilomètre en sus, jusqu'à 700 kilomètres; 3 centimes par kilomètre en sus, jusqu'à 800 kilomètres; 2 centimes 5 par kilomètre en sus. Autre barème applicable aux expéditions de 5 tonnes : 7 francs jusqu'à 200 kilomètres; 2 centimes par kilomètre en sus, jusqu'à 600 kilomètres; 1 centime 5 par kilomètre en sus. Barème applicable à toutes les relations, par wagon de 8 tonnes, et établi sur les bases suivantes, frais de gare compris : 8 centimes par kilomètre, jusqu'à 25 kilomètres; 4 centimes par kilomètre en sus, jusqu'à 100 kilomètres; 3 centimes 5 par kilomètre en sus, jusqu'à 300 kilomètres; 3 centimes par kilomètre en sus, jusqu'à 600 kilomètres; 2 centimes 5 par kilomètre en sus, jusqu'à 900 kilomètres; 2 centimes par kilomètre en sus. La taxe ne peut ni être inférieure à 1 franc par tonne, ni dépasser celle du barème-limite précédemment indiqué pour les expéditions par 5 tonnes, frais de chargement, de déchargement et de gare compris.
MIDI . . .	A. — *Minerais de fer.* — Barème applicable à toutes les relations, par wagon complet, et établi sur les bases suivantes par tonne : 4 centimes par kilomètre, jusqu'à 25 kilomètres; 3 centimes par kilomètre en sus, jusqu'à 50 kilomètres; 2 centimes par kilomètre en sus, jusqu'à 200 kilomètres; 1 centime 5 par kilomètre en sus.

RÉSEAUX	BASES DES TARIFS SPÉCIAUX
	B. — *Acier ou fer brut en lingots ou en massiaux; fonte brute en lingots ou en morceaux.* — Barème applicable à toutes les relations, par wagon de 8 tonnes, et établi sur les bases suivantes: 7 centimes par kilomètre, jusqu'à 25 kilomètres; 4 centimes par kilomètre en sus, jusqu'à 90 kilomètres; 3 centimes par kilomètre en sus, jusqu'à 210 kilomètres; 2 centimes par kilomètre en sus.

Ici encore, les Compagnies ont, à côté des barèmes, pour le trafic intérieur, un certain nombre de prix fermes, dont la base descend au-dessous de 1 centime 2. en ce qui concerne les minerais, et de 2 centimes 3, en ce qui concerne l'acier ou le fer brut en lingots ou en massiaux ainsi que la fonte brute en lingots ou en morceaux.

Elles offrent aux exportateurs des prix très réduits.

Le trafic commun à deux ou à plusieurs réseaux fait l'objet de barêmes et de prix fermes. Généralement, les barêmes débutent par un palier; la base initiale s'abaisse à 1 centime 6 pour les minerais de fer, à 1 centime 9 pour l'acier, le fer ou la fonte, et la base finale à 1 centime. Certains prix fermes correspondent à une taxe kilométrique de 2 centimes 1 environ.

6. *Sels. Produits agricoles*

Les produits agricoles sont beaucoup trop nombreux pour être tous passés en revue; quelques-uns d'entre eux seulement pourront être cités à titre d'exemples.

Bien que séparés avec raison par la classification actuelle des marchandises, les sels et les produits agricoles seront réunis, afin de faciliter les rapprochements avec la première édition du « Traité des Chemins de fer » :

RÉSEAUX	BASES DES TARIFS SPÉCIAUX
	I. — SELS
ÉTAT...	A. — *Sel gemme ou marin dénaturé.* — Barème applicable à toutes les relations, par wagon de 4 tonnes, et comportant les prix suivants par tonne :

RÉSEAUX	BASES DES TARIFS SPÉCIAUX

20 kilomètres...	1 fr. »	200 kilomètres...	6 fr. »
50 kilomètres...	2 fr. 25	300 kilomètres...	7 fr. 50
75 kilomètres...	3 fr. 15	Pour chaque kilomètre en sus...	1 c. 25
100 kilomètres...	3 fr. 80		
150 kilomètres...	5 fr. 25		

Barème applicable aux transports, par 100 tonnes, de divers points du littoral vers Paris, et établi sur les bases suivantes:

7 francs 75 jusqu'à 300 kilomètres;
1 centime 5 par kilomètre en sus, jusqu'à 400 kilomètres;
1 centime 25 par kilomètre en sus.

B. — *Sel gemme ou marin non dénaturé.* — Barème applicable à toutes les relations, par wagon de 4 tonnes, et comportant les prix ci-après :

20 kilomètres...	1 fr. »	200 kilomètres...	7 fr. »
50 kilomètres...	2 fr. 40	300 kilomètres...	9 fr. »
75 kilomètres...	3 fr. 30	Pour chaque kilomètre en sus...	1 c. 5
100 kilomètres...	4 fr. »		
150 kilomètres...	5 fr. 65		

Barème applicable aux transports, par 100 tonnes, de divers points du littoral sur Paris : même barème que pour les transports similaires de sel non dénaturé.

NORD . . *Sel gemme ou marin dénaturé ou non.* — Barème applicable à toutes les relations, par wagon de 5 tonnes, et établi sur les bases suivantes :

6 centimes par kilomètre, jusqu'à 50 kilomètres;
4 centimes par kilomètre en sus, jusqu'à 100 kilomètres;
3 centimes par kilomètre en sus, jusqu'à 200 kilomètres;
2 centimes par kilomètre en sus :

Barème applicable à toutes les relations, par wagon de 10 tonnes, et établi sur les bases suivantes :

5 centimes par kilomètre, jusqu'à 50 kilomètres ;
4 centimes par kilomètre en sus, jusqu'à 100 kilomètres;
2 centimes 5 par kilomètre en sus, jusqu'à 200 kilomètres;
1 centime 5 par kilomètre en sus.

RÉSEAUX	BASES DES TARIFS SPÉCIAUX
EST....	*Sel gemme ou marin dénaturé ou non.* — Barême applicable à toutes les relations, par expédition de 50 kilogrammes, et établi sur les bases suivantes : 7 centimes par kilomètre, jusqu'à 25 kilomètres; 4 centimes par kilomètre en sus, jusqu'à 100 kilomètres; 2 centimes 25 par kilomètre en sus, jusqu'à 200 kilomètres; 2 centimes par kilomètre en sus.
OUEST-ÉTAT.	A. — *Sel gemme ou marin dénaturé.* — Barême applicable à toutes les relations, par expédition de 500 kilogrammes, et établi sur les bases suivantes : 7 centimes par kilomètre, jusqu'à 25 kilomètres; 5 centimes par kilomètre en sus, jusqu'à 50 kilomètres; 4 centimes 5 par kilomètre en sus, jusqu'à 100 kilomètres; 3 centimes par kilomètre en sus, jusqu'à 500 kilomètres; 2 centimes par kilomètre en sus. Barême applicable à toutes les relations, par wagon de 5 tonnes, et établi sur les bases suivantes : 5 centimes par kilomètre, jusqu'à 25 kilomètres; 4 centimes par kilomètre en sus, jusqu'à 50 kilomètres; 3 centimes par kilomètre en sus, jusqu'à 75 kilomètres; 2 centimes par kilomètre en sus, jusqu'à 100 kilomètres; 1 centime 75 par kilomètre en sus, jusqu'à 500 kilomètres; 1 centime 5 par kilomètre en sus. B. — *Sel gemme ou marin non dénaturé.* — Barême applicable à toutes les relations, par expédition de 500 kilogrammes : même barême que pour les transports similaires de sel dénaturé.
ORLÉANS	A. — *Sel gemme ou marin dénaturé.* — Barême applicable à toutes les relations, par expédition de 50 kilogrammes, et établi sur les bases suivantes : 8 centimes par kilomètre, jusqu'à 100 kilomètres; 5 centimes par kilomètre en sus, jusqu'à 200 kilomètres; 3 centimes par kilomètre en sus, jusqu'à 300 kilomètres; 2 centimes 5 par kilomètre en sus. Barême applicable à toutes les relations, par wagon de 10 tonnes, et établi sur les bases suivantes : 4 centimes 5 par kilomètre, jusqu'à 50 kilomètres; 3 centimes par kilomètre en sus, jusqu'à 100 kilomètres; 2 centimes par kilomètre en sus, jusqu'à 250 kilomètres; 1 centime 5 par kilomètre en sus.

RÉSEAUX	BASES DES TARIFS SPÉCIAUX
	B. — *Sel gemme ou marin non dénaturé.* — Barème applicable à toutes les relations, par expédition de 50 kilogrammes : même barème que pour les transports similaires de sel dénaturé.
P.-L.-M.	*Sel gemme ou marin dénaturé ou non.* — Barème applicable à toutes les relations, par expédition de 1.000 kilogrammes, et établi sur les bases suivantes : 8 centimes par kilomètre, jusqu'à 25 kilomètres ; 4 centimes par kilomètre en sus, jusqu'à 100 kilomètres ; 3 centimes 5 par kilomètre en sus, jusqu'à 300 kilomètres ; 3 centimes par kilomètre en sus, jusqu'à 600 kilomètres ; 2 centimes 5 par kilomètre en sus, jusqu'à 900 kilomètres ; 2 centimes par kilomètre en sus.
MIDI...	*Sel gemme ou marin dénaturé ou non.* — Barème applicable à toutes les relations, par wagon de 5 tonnes, et établi sur les bases suivantes : 10 centimes par kilomètre, jusqu'à 60 kilomètres ; 5 centimes par kilomètre en sus, jusqu'à 150 kilomètres ; 3 centimes par kilomètre en sus, jusqu'à 200 kilomètres ; 2 centimes 5 par kilomètre en sus, jusqu'à 300 kilomètres ; 2 centimes par kilomètre en sus.
	2. — CÉRÉALES. — POMMES DE TERRE. — BETTERAVES
ÉTAT...	A. — *Grains. Pommes de terre.* — Barème applicable à toutes les relations, par wagon de 4 tonnes, et comportant les prix suivants par tonne : 20 kilomètres.... 1 fr. » — 200 kilomètres.... 7 fr. » 50 kilomètres.... 2 fr. 40 — 300 kilomètres.... 9 fr. 75 kilomètres.... 3 fr. 30 — Pour chaque kilomètre en sus... 1 c. 25 100 kilomètres.... 4 fr. » 150 kilomètres.... 5 fr. 65 Barème applicable aux expéditions, par wagon de 5 tonnes, d'une gare quelconque vers Paris, et établi sur les bases suivantes : 6 francs jusqu'à 100 kilomètres ; 2 centimes par kilomètre en sus, jusqu'à 250 kilomètres ; 1 centime 5 par kilomètre en sus, jusqu'à 400 kilomètres ; 1 centime par kilomètre en sus.
	B. — *Betteraves.* — Barème applicable à toutes les relations, par wagon de 4 tonnes : même barème que pour les transports similaires de grains et de pommes de terre, sauf relèvement à 3 centimes de la taxe kilométrique supplémentaire au delà de 300 kilomètres.

RÉSEAUX	BASES DES TARIFS SPÉCIAUX
NORD...	A. — *Grains. Pommes de terre.* — Barême applicable à toutes les relations, par wagon de 5 tonnes, et établi sur les bases suivantes : 7 centimes par kilomètre, jusqu'à 50 kilomètres ; 5 centimes par kilomètre en sus, jusqu'à 100 kilomètres ; 3 centimes 5 par kilomètre en sus, jusqu'à 150 kilomètres ; 3 centimes par kilomètre en sus, jusqu'à 200 kilomètres ; 2 centimes par kilomètre en sus. Barême applicable à toutes les relations, par wagon de 10 tonnes, et établi sur les bases suivantes : 6 centimes par kilomètre, jusqu'à 50 kilomètres ; 4 centimes par kilomètre en sus, jusqu'à 100 kilomètres ; 3 centimes par kilomètre en sus, jusqu'à 200 kilomètres ; 2 centimes par kilomètre en sus. Barême applicable à toutes les relations, par wagon de 20 tonnes, et établi sur les bases suivantes : 5 centimes par kilomètre, jusqu'à 50 kilomètres ; 4 centimes par kilomètre en sus, jusqu'à 100 kilomètres ; 2 centimes 5 par kilomètre en sus, jusqu'à 200 kilomètres ; 1 centime 5 par kilomètre en sus. B. — *Betteraves.* — Barême applicable à toutes les relations, par wagon de 5 tonnes, et établi sur les bases suivantes : 6 centimes par kilomètre, jusqu'à 50 kilomètres ; 4 centimes par kilomètre en sus, jusqu'à 100 kilomètres ; 3 centimes par kilomètre en sus, jusqu'à 200 kilomètres ; 2 centimes par kilomètre en sus. Barêmes applicables à toutes les relations, par wagon complet, le premier quand la manutention a lieu dans les délais ordinaires, le second quand la manutention est faite dans le délai de six heures, le troisième quand l'expédition comprend 10 wagons de 20 tonnes également manutentionnés dans le délai de six heures, lesdits barêmes établis sur les bases suivantes par mètre cube de capacité des wagons : Jusqu'à 25 kilomètres............ 3c.9 — 3c.5 — 3c.1 Par kilom. en sus, jusqu'à 50 kil... 3 5 — 2 8 — 2 5 Par kilom. en sus, jusqu'à 100 kil.. 2 8 — 1 7 — 1 5 Par kilom. en sus, jusqu'à 200 kil.. 2 1 — 1 3 — 1 1 Par kilomètre en sus............ 1 2 — 0 7 — 0 6

RÉSEAUX	BASES DES TARIFS SPÉCIAUX
EST. . . .	A. — *Grains*. — Barème applicable à toutes les relations, par expédition de 5 tonnes, et établi sur les bases suivantes : 8 centimes par kilomètre, jusqu'à 25 kilomètres ; 5 centimes par kilomètre en sus, jusqu'à 50 kilomètres; 4 centimes par kilomètre en sus, jusqu'à 200 kilomètres; 2 centimes par kilomètre en sus, jusqu'à 300 kilomètres; 1 centime 5 par kilomètre en sus.
	B. — *Pommes de terre*. — Barème applicable à toutes les relations, par expédition de 50 kilogrammes, et établi sur les bases suivantes : 8 centimes par kilomètre, jusqu'à 25 kilomètres ; 5 centimes par kilomètre en sus, jusqu'à 50 kilomètres: 4 centimes par kilomètre en sus, jusqu'à 200 kilomètres; 2 centimes 5 par kilomètre en sus, jusqu'à 400 kilomètres; 2 centimes par kilomètre en sus.
	C. — *Betteraves*. — Barème applicable à toutes les relations, par wagon de 5 tonnes, et établi sur les bases suivantes : 6 centimes par kilomètre, jusqu'à 25 kilomètres ; 3 centimes par kilomètre en sus, jusqu'à 100 kilomètres; 2 centimes 25 par kilomètre en sus, jusqu'à 200 kilomètres; 2 centimes par kilomètre en sus.
OUEST-ÉTAT.	A. — *Grains*. — Barème applicable à toutes les relations, par expédition de 4 tonnes, et établi sur les bases suivantes : 7 centimes par kilomètre, jusqu'à 75 kilomètres; 5 centimes 5 par kilomètre en sus, jusqu'à 100 kilomètres; 3 centimes par kilomètre en sus, jusqu'à 160 kilomètres; 2 centimes par kilomètre en sus, jusqu'à 500 kilomètres ; 1 centime 5 par kilomètre en sus.
	Barème applicable à toutes les relations, par expédition de 20 tonnes, et établi sur les bases suivantes : 8 francs 50 jusqu'à 200 kilomètres ; 1 centime 5 par kilomètre en sus.
	B. — *Pommes de terre*. — Barème applicable à toutes les relations, par expédition de 4 tonnes, et établi sur les bases suivantes: 8 centimes par kilomètre, jusqu'à 25 kilomètres; 5 centimes par kilomètre en sus, jusqu'à 50 kilomètres ; 4 centimes 5 par kilomètre en sus, jusqu'à 100 kilomètres ;

RÉSEAUX	BASES DES TARIFS SPÉCIAUX
	3 centimes 5 par kilomètre en sus, jusqu'à 160 kilomètres; 2 centimes par kilomètre en sus, usqu'à 300 kilomètres; 1 centime par kilomètre en sus.
	C. — *Betteraves.* — Barême applicable à toutes les relations, par wagon de 5 tonnes, et établi sur les bases suivantes : 6 centimes par kilomètre, jusqu'à 25 kilomètres; 4 centimes par kilomètre en sus, jusqu'à 50 kilomètres; 1 centime par kilomètre en sus.
ORLÉANS.	A. — *Grains. Pommes de terre.* — Barême applicable à toutes les relations, par expédition de 50 kilogrammes, et établi sur les bases suivantes : 8 centimes par kilomètre, jusqu'à 60 kilomètres; 5 centimes par kilomètre en sus, jusqu'à 200 kilomètres; 4 centimes par kilomètre en sus, jusqu'à 314 kilomètres; 2 centimes 5 par kilomètre en sus.
	Barême applicable à toutes les relations, par expédition de 5 tonnes, et établi sur les bases suivantes : 4 francs 80 jusqu'à 60 kilomètres; 3 centimes par kilomètre en sus, jusqu'à 100 kilomètres ; 2 centimes par kilomètre en sus, jusqu'à 250 kilomètres ; 1 centime 5 par kilomètre en sus, jusqu'à 400 kilomètres; 1 centime par kilomètre en sus.
	Barême applicable aux transports de blé sur certaines sections, par expédition de 4 tonnes, et établi sur les bases suivantes, avec minimum de 1 franc par tonne : 5 centimes par kilomètre, jusqu'à 20 kilomètres; 3 centimes 75 par kilomètre en sus.
	B. — *Pommes de terre.* — Barêmes applicables à toutes les relations, par expédition de 50 kilogrammes et par expédition de 5 tonnes : mêmes barêmes que pour les transports similaires de grains.
	C. — *Betteraves.* — Barême applicable à toutes les relations, par wagon de 8 tonnes, et établi sur les bases suivantes : 8 centimes par kilomètre, jusqu'à 25 kilomètres ; 3 centimes par kilomètre en sus, jusqu'à 50 kilomètres; 2 centimes 5 par kilomètre en sus, jusqu'à 100 kilomètres; 2 centimes par kilomètre en sus.

RÉSEAUX	BASES DES TARIFS SPÉCIAUX
	Barême applicable à toutes les relations, par wagon de 8 tonnes, les opérations de chargement et de déchargement devant être faites dans un délai de six heures : même barême, frais de gare compris, avec minimum de 90 centimes et maximum de 2 francs jusqu'à 100 kilomètres.
P.-L.-M.	A. — *Grains.* — Barême applicable à toutes les relations, par expédition de 1.000 kilogrammes, et établi sur les bases suivantes : 8 centimes par kilomètre, jusqu'à 25 kilomètres ; 5 centimes par kilomètre en sus, jusqu'à 30 kilomètres ; 4 centimes 25 par kilomètre en sus, jusqu'à 200 kilomètres ; 4 centimes par kilomètre en sus, jusqu'à 300 kilomètres ; 3 centimes 25 par kilomètre en sus, jusqu'à 700 kilomètres ; 3 centimes par kilomètre en sus, jusqu'à 800 kilomètres ; 2 centimes 5 par kilomètre en sus.
	Autre barême applicable à toutes les relations, par expédition de 1.000 kilogrammes, et établi sur les bases suivantes : 13 francs 75 jusqu'à 310 kilomètres ; 2 centimes 5 par kilomètre en sus, jusqu'à 400 kilomètres ; 2 centimes par kilomètre en sus, jusqu'à 600 kilomètres ; 1 centime par kilomètre en sus.
	Barême applicable à toutes les relations, par expédition de 5 tonnes, et établi sur les bases suivantes : 9 francs jusqu'à 200 kilomètres ; 3 centimes par kilomètre en sus, jusqu'à 300 kilomètres ; 2 centimes par kilomètre en sus, jusqu'à 400 kilomètres ; 1 centime 5 par kilomètre en sus, jusqu'à 600 kilomètres ; 1 centime par kilomètre en sus.
	Barême applicable à toutes les relations, par expédition de 10 tonnes, et établi sur les bases suivantes : 8 francs 50 jusqu'à 200 kilomètres ; 2 centimes 5 par kilomètre en sus, jusqu'à 300 kilomètres ; 2 centimes par kilomètre en sus, jusqu'à 400 kilomètres ; 1 centime 25 par kilomètre en sus, jusqu'à 600 kilomètres ; 1 centime par kilomètre en sus.

RÉSEAUX	BASES DES TARIFS SPÉCIAUX
	Barème applicable à toutes les relations, par expédition de 20 tonnes, et établi sur les bases suivantes : 7 francs 50 jusqu'à 200 kilomètres ; 2 centimes par kilomètre en sus, jusqu'à 400 kilomètres ; 1 centime 5 par kilomètre en sus, jusqu'à 500 kilomètres ; 1 centime par kilomètre en sus.
	B. — *Pommes de terre.* — Mêmes barêmes que pour les grains, le minimum de tonnage étant de 5 tonnes pour les pommes de terre en vrac. Exonération des frais de gare pour les pommes de terre expédiées par 5 tonnes aux féculeries et aux distilleries et taxées aux prix du premier des barêmes précédents, sans que la taxe puisse être inférieure à 1 franc par tonne.
	C. — *Betteraves.* — Barème applicable à toutes les relations, par expédition de 5 tonnes, et comportant une base de 8 centimes, frais accessoires non compris, jusqu'à 12 kilomètres, puis les bases suivantes, frais accessoires compris, avec minimum de 2 francs par tonne : 8 centimes par kilomètre, jusqu'à 25 kilomètres ; 4 centimes par kilomètre en sus, jusqu'à 50 kilomètres ; 2 centimes par kilomètre en sus.
MIDI. . .	A. — *Grains.* — Barême applicable à toutes les relations, par expédition de 50 kilogrammes, et établi sur les bases suivantes : 8 centimes par kilomètre, jusqu'à 75 kilomètres ; 4 centimes par kilomètre en sus, jusqu'à 200 kilomètres ; 2 centimes par kilomètre en sus, jusqu'à 250 kilomètres ; 1 centime 5 par kilomètre en sus.
	B. — *Pommes de terre.* — Barême applicable à toutes les relations, par expédition de 50 kilogrammes, et établi sur les bases suivantes : 8 centimes par kilomètre, jusqu'à 140 kilomètres ; 3 centimes par kilomètre en sus, jusqu'à 200 kilomètres ; 2 centimes 5 par kilomètre en sus, jusqu'à 300 kilomètres ; 2 centimes par kilomètre en sus.

RÉSEAUX — BASES DES TARIFS SPÉCIAUX

c. — *Betteraves*. — Barème applicable à toutes les relations, par wagon de 8 tonnes, et établi sur les bases suivantes :

7 centimes par kilomètre, jusqu'à 25 kilomètres;
4 centimes par kilomètre en sus, jusqu'à 90 kilomètres;
3 centimes par kilomètre en sus, jusqu'à 200 kilomètres;
2 centimes par kilomètre en sus.

3. — VINS EN FÛTS

ÉTAT... Barème applicable à toutes les relations, par wagon de 4 tonnes, et comportant les prix suivants par tonne :

20 kilomètres...	1 fr. 80	200 kilomètres...	11 fr. »
50 kilomètres...	4 fr. »	300 kilomètres...	15 fr. »
75 kilomètres...	5 fr. 25	Pour chaque kilomètre en sus...	5 c. »
100 kilomètres...	6 fr. »		
150 kilomètres...	8 fr. 65		

Barème applicable aux expéditions d'une gare quelconque du réseau vers Paris et comportant les prix suivants, frais accessoires compris : 1° par bordelaise ou pièce de 250 litres ; 2° par sixain ou feuillette de 125 litres :

kilomètres	Bordelaise	Sixain	kilomètres	Bordelaise	Sixain
Jusqu'à 300..	7fr »	3fr 60	De 431 à 460.	8fr 50	4fr 35
De 301 à 325.	7 25	3 75	De 461 à 490.	8 75	4 50
De 326 à 350.	7 50	3 85	De 491 à 520.	9 »	4 60
De 351 à 375.	7 75	4 »	De 521 à 550.	9 25	4 75
De 376 à 400.	8 »	4 10	De 551 à 585.	9 50	4 85
De 401 à 430.	8 25	4 25			

Barème applicable aux transports d'une gare quelconque du réseau vers Paris, par expédition de 5 tonnes, et établi sur les bases suivantes par tonne :

18 francs 50, jusqu'à 400 kilomètres;
3 centimes par kilomètre en sus.

Barème applicable aux transports d'une gare quelconque du réseau vers Paris, par expédition de 20 tonnes, et établi sur les bases suivantes par tonne :

13 francs jusqu'à 200 kilomètres;
2 centimes par kilomètre en sus, jusqu'à 400 kilomètres;
17 francs au delà de 400 kilomètres.

RÉSEAUX	BASES DES TARIFS SPÉCIAUX
Nord...	Barème applicable à toutes les relations, par expédition de 1.000 kilogrammes en fûts, et établi sur les bases suivantes : 8 centimes par kilomètre, jusqu'à 100 kilomètres; 6 centimes par kilomètre en sus, jusqu'à 200 kilomètres; 4 centimes par kilomètre en sus.
	Barème applicable à toutes les relations, par wagon de 4 tonnes, et établi sur les bases suivantes : 8 centimes par kilomètre, jusqu'à 100 kilomètres ; 5 centimes par kilomètre en sus, jusqu'à 200 kilomètres ; 3 centimes par kilomètre en sus.
	Barème applicable à toutes les relations, par wagon de 6 tonnes en fûts, ou par wagon-réservoir de 10 tonnes, et établi sur les bases suivantes : 5 centimes par kilomètre, jusqu'à 50 kilomètres ; 3 centimes 6 par kilomètre en sus, jusqu'à 100 kilomètres ; 2 centimes 25 par kilomètre en sus, jusqu'à 200 kilomètres ; 1 centime 35 par kilomètre en sus.
Est....	Barème applicable à toutes les relations, par expédition de 50 kilogrammes, et établi sur les bases suivantes : 10 centimes par kilomètre, jusqu'à 100 kilomètres; 9 centimes par kilomètre en sus, jusqu'à 300 kilomètres ; 8 centimes par kilomètre en sus.
	Barème applicable aux transports de Paris vers les gares du réseau situées à une distance minimum de 150 kilomètres ou *vice versa*, par expédition de 50 kilogrammes, et comportant une base constante de 6 centimes.
Ouest-État.	Barème applicable à toutes les relations, par expédition de 250 kilogrammes, et établi sur les bases suivantes : 8 centimes par kilomètre, jusqu'à 100 kilomètres; 7 centimes par kilomètre en sus, jusqu'à 300 kilomètres ; 6 centimes par kilomètre en sus, jusqu'à 400 kilomètres; 5 centimes par kilomètre en sus, jusqu'à 500 kilomètres; 4 centimes par kilomètre en sus, jusqu'à 600 kilomètres; 3 centimes par kilomètre en sus.

RÉSEAUX	BASES DES TARIFS SPÉCIAUX
ORLÉANS	Barème applicable à toutes les relations, par expédition de 50 kilogrammes, et établi sur les bases suivantes : 12 centimes par kilomètre, jusqu'à 100 kilomètres; 8 centimes par kilomètre en sus, jusqu'à 300 kilomètres; 4 centimes par kilomètre en sus, jusqu'à 400 kilomètres; 3 centimes par kilomètre en sus.
	Barème applicable aux expéditions d'une gare quelconque du réseau vers Paris et comportant les mêmes prix que le barème similaire du réseau d'État jusqu'à 585 kilomètres, puis les prix suivants, frais accessoires compris : 1° par bordelaise ou pièce de 250 litres ; 2° par sixain ou feuillette de 125 litres :

kilomètres	Bordelaise	Sixain	kilomètres	Bordelaise	Sixain
De 586 à 620.	9fr 75	5fr »	De 691 à 725..	10fr 50	5fr 35
De 621 à 655.	10 »	5 10	Au delà de 725.	10 75	5 50
De 656 à 690.	10 25	5 25			

RÉSEAUX	BASES DES TARIFS SPÉCIAUX
	Barème applicable aux transports vers Paris, par expédition de 5 tonnes, et établi sur les bases suivantes : 18 francs 50 jusqu'à 400 kilomètres; 3 centimes par kilomètre en sus, jusqu'à 600 kilomètres; 2 centimes par kilomètre en sus, jusqu'à 700 kilomètres; 1 centime par kilomètre en sus.
P.-L.-M.	Barème applicable à toutes les relations, par expédition de 5 tonnes en fûts ou par expédition de 10 tonnes en wagon-réservoir, et établi sur les bases suivantes : 8 centimes par kilomètre, jusqu'à 150 kilomètres; 7 centimes par kilomètre en sus, jusqu'à 200 kilomètres; 4 centimes par kilomètre en sus.
	Barème applicable aux transports d'une gare quelconque vers Paris, par expédition de 7 tonnes en fûts ou de 10 tonnes en wagon-réservoir, et établi sur les bases suivantes : 10 francs 40 jusqu'à 130 kilomètres ; 3 centimes par kilomètre en sus, jusqu'à 600 kilomètres; 2 centimes par kilomètre en sus, jusqu'à 700 kilomètres; 1 centime par kilomètre en sus.

RÉSEAUX	BASES DES TARIFS SPÉCIAUX
MIDI...	Barème applicable à toutes les relations, par expédition de 5 tonnes, et établi sur les bases suivantes : 12 centimes par kilomètre, jusqu'à 100 kilomètres; 7 centimes 5 par kilomètre en sus, jusqu'à 330 kilomètres; 4 centimes par kilomètre en sus, jusqu'à 400 kilomètres; 3 centimes par kilomètre en sus. Barème à paliers applicable aux transports d'une gare quelconque vers Bordeaux, par expédition de 7 tonnes, et comportant les prix ci-après, frais accessoires déduits :

kilomètres		kilomètres		kilomètres		kilomètres	
450...	17fr »	490..	17fr 40	560..	18fr 10	640..	18fr 90
460...	17 10	500..	17 50	580..	18 30	660..	19 10
470...	17 20	520..	17 70	600..	18 50	680..	19 30
480...	17 30	540..	17 90	620..	18 70	700..	19 50

Certains prix fermes de la tarification intérieure des différents réseaux font ressortir des bases globales descendant à 1 centime 9 pour le sel, à 3 centimes pour les grains et pour les vins en fûts.

Les tarifs communs à deux ou à plusieurs réseaux comportent : 1° des barèmes dont la base initiale s'abaisse à 2 centimes 5 pour le sel, à 4 centimes pour les grains, à 2 centimes 7 pour les pommes de terre, à 5 centimes pour les betteraves, à 4 centimes pour les vins, et la base finale uniformément à 1 centime (plusieurs de ces barèmes débutent par d'assez longs paliers) ; 2° des prix fermes dont la base globale descend à 1 centime 6 pour le sel, 2 centimes 7 pour les grains et les pommes de terre, 2 centimes 9 pour les betteraves, 3 centimes 2 pour les vins en fûts.

Si l'on cherche à tirer de tous ces chiffres quelques conclusions d'ensemble, en les rapprochant les uns des autres et en empruntant aux statistiques officielles certaines données sur le tonnage kilométrique ainsi que sur les recettes correspondant aux diverses catégories de marchandises, on arrive aux résultats suivants :

1° La taxe kilométrique moyenne afférente aux transports susceptibles d'emprunter les voies navigables ne doit pas s'écarter très sensiblement de trois centimes et demi ;

2° Pour les combustibles minéraux, elle dépasse sans doute de fort peu deux centimes et demi ;

3° Extrêmement faible pour les minerais, modique aussi pour les engrais et les amendements, la base des tarifs s'élève ensuite progressivement pour les métaux bruts, les matériaux de construction, les grains, les pommes de terre, les betteraves, le bois, le sel, les vins ;

4° En général, la taxe kilométrique subit une décroissance prononcée au fur et à mesure que la distance de transport augmente.

Telles sont les seules indications d'ensemble qu'il soit possible de donner. Dans l'état actuel, les statistiques ne fournissent pas les éléments d'une analyse plus détaillée.

Souvent on s'est demandé si les prix perçus pour les transports par chemins de fer pourraient être réduits dans une mesure appréciable, et, chaque fois qu'a été soulevée la question, des publicistes ont soutenu la négative. M. Jacqmin, directeur de la Compagnie de l'Est, prévoyait même l'éventualité d'un relèvement, lors de sa déposition devant la Commission d'enquête du Sénat, en 1877. A l'appui de son opinion, il invoquait les charges que l'adjonction de lignes nouvelles peu productives ferait peser sur les concessionnaires et l'augmentation dont seraient grevés les frais d'exploitation par la hausse des salaires, par la dépréciation du signe monétaire, par les exigences toujours croissantes du public pour le nombre, la vitesse et le confort des trains, par les dépenses de réfection ou de remplacement du matériel fixe et du matériel roulant. Certes, les causes de relèvement signalées par M. Jacqmin et, après lui, par d'autres personnes d'une haute compétence étaient indéniables ; cependant, l'essor incessant de la circulation et les perfectionnements apportés chaque jour aux procédés d'exploitation sont venus heureusement en contre-balancer l'influence et en compenser les effets. Depuis l'origine des voies ferrées, la taxe kilométrique moyenne a subi une décroissance continue ; sa dégression est résultée non seulement de la part plus grande prise dans le trafic par les matières pondéreuses, qui bénéficient des tarifs les plus bas, mais encore, et surtout, d'un abaissement général et ininterrompu de la tarification. Cela n'a pas empêché la situation financière des Compagnies de s'améliorer, leurs appels à la garantie de décroître et de faire place à des remboursements, l'ère du partage des bénéfices de s'ouvrir pour l'une d'entre elles. En 1887, dans la première édition du « Traité des chemins de fer », je pouvais affirmer, sans craindre un démenti de l'expérience, que le phénomène économique de l'abaissement progressif des taxes était loin d'avoir pris tout son développement et que la génération d'alors avait, à cet égard, le droit d'envisager l'avenir avec espoir.

Au point de vue spécial du transport des marchandises encombrantes, sur lesquelles s'exerce la concurrence des rivières et des canaux, la tâche des Compagnies paraissait d'autant plus facile que, le service de l'intérêt et de l'amortissement des capitaux étant à peu près assuré par le trafic préexistant, elles n'avaient point à rechercher dans le trafic supplémentaire un appoint notable de bénéfices. Partout où existaient des courants de circulation bien accusés de matières pondéreuses, se prêtant à l'organisation de trains complets et d'un service régulier, les chemins de fer se trouvaient en état d'engager la lutte contre la navigation par des taxes réduites. Le seul obstacle réel, susceptible d'entraver les efforts des Compagnies en ce sens, était la tendance à l'uniformité de taxation pour un même réseau et l'obligation corrélative de ne pas pousser trop loin des abaissements devant se répercuter sur les recettes acquises.

Des renseignements très précis et tout à fait indiscutables, recueillis vers 1885, au sujet des transports de houille entre le Nord ou le Pas-de-Calais et Paris, m'avaient conduit à une évaluation de 1 centime 5 environ par tonne kilométrique, pour les frais de traction, d'entretien des locomotives et wagons, d'usure de la voie, de personnel des stations et des trains, ainsi que pour les charges des capitaux affectés aux gares de classement, de chargement ou de déchargement et au matériel roulant. J'en déduisais que la Compagnie du Nord pourrait, le cas échéant, se rapprocher du tarif de 2 centimes.

Récemment, dans leur rapport au Congrès international des chemins de fer (session de Berne, 1910) concernant « l'influence des voies navigables sur le trafic des chemins de fer comme affluents et comme concurrents », MM. Colson et Marlio se sont livrés à des supputations minutieuses, relativement au prix de revient des transports de houille ou de minerais, effectués par trains d'une charge utile de 700 tonnes et empruntant des lignes préexistantes à très bon profil. Suivant eux, ce prix, calculé en y comprenant tous les frais relatifs à l'administration générale, à l'exploitation, à la traction et au matériel, à l'entretien de la voie et des bâtiments, aux charges des travaux complémentaires, serait, par tonne kilométrique : 1° de 1 centime 10 à 1 centime 20, si les trains revenaient à vide ; 2° de 0 centime 90 à 1 centime, si le trafic de retour représentait un cinquième du trafic principal.

MM. Colson et Marlio ont, d'autre part, reproduit et déclaré acceptable une estimation de 1 centime, charges du capital comprises, établie par la Compagnie du Nord dans l'hypothèse où les 3 millions de tonnes de houille et de coke, expédiés annuellement des gares houillères du Pas-de-Calais vers Paris, seraient transportés par une ligne nouvelle, spécialement construite à cet effet.

La modicité des chiffres qui précèdent semble laisser encore une marge assez étendue pour les diminutions de taxes. Cependant il faut se garder de toute illusion. Depuis l'époque à laquelle paraissait le « Traité des Chemins de fer » la situation s'est bien modifiée; les vastes horizons d'alors se sont singulièrement rétrécis.

Tout d'abord, en effet, les abaissements successifs réalisés jusqu'ici ont naturellement restreint le champ des abaissements futurs, qui ne pourraient suivre la même progression sans compromettre bientôt l'équilibre financier des Compagnies.

D'un autre côté, les résistances de l'opinion publique et du Gouvernement aux réductions de tarifs dont ne bénéficieraient que certains courants de transport, à l'exclusion des autres, se sont affirmées et accentuées. Les Compagnies seraient, par suite, exposées à de graves aléas, si elles ne mesuraient avec prudence des dégrèvements devant, en général, s'appliquer à l'ensemble de leur réseau.

Aujourd'hui, les améliorations apportées à la condition des employés, la limitation plus étroite du travail journalier, le repos hebdomadaire, l'élévation des traitements et des salaires, l'accroissement des pensions de retraite, en un mot toutes les charges nouvelles relatives au personnel et imposées aux Administrations de chemins de fer par les Pouvoirs publics, ou librement assumées par elles sous l'influence de l'évolution sociale, absorbent, et au delà, les disponibilités qu'en d'autres temps ces Administrations pouvaient sacrifier ou risquer pour les progrès de la tarification. Un fait bien caractéristique à cet égard est le changement d'attitude du Parlement : jadis les réclamations et les doléances concernant les tarifs y donnaient lieu à des interventions nombreuses et parfois véhémentes : maintenant les débats se concentrent sur d'autres objets, spécialement sur le sort des agents.

Aux lourdes charges du personnel s'ajoutent celles des transformations coûteuses que les progrès incessants de la science, les nécessités industrielles et les exigences du public rendent inévitables pour l'outillage fixe ou mobile des chemins de fer. Les voies ferrées constituent à divers points de vue des instruments quelque peu arriérés, ne pouvant remplir leur rôle d'une manière suffisante sans des remaniements onéreux, qui pèsent d'un poids très lourd sur le budget de l'exploitation et sur celui des travaux complémentaires. Pour ces derniers travaux, l'amortissement devient d'autant plus difficile que s'abrège le délai à courir jusqu'au terme des concessions, délai pendant lequel doivent être remboursés les emprunts correspondants. On peut même entrevoir le jour où les Compagnies seront impuissantes à engager de nouvelles dépenses complémentaires et où se posera le problème délicat, soit d'une résiliation, soit d'une prolongation de concession, soit d'une entente reportant, en partie, l'amortissement sur les futurs exploitants.

Il y a lieu d'ajouter enfin que le développement atteint par la production nationale, l'âpreté de la concurrence étrangère, les barrières grandissantes dressées autour des marchés étrangers et le défaut de natalité commandent une circonspection extrême dans les prévisions relatives à l'augmentation du trafic.

Ainsi s'explique la décroissance actuelle, si marquée, des propositions d'abaissements soumises par les Compagnies à l'homologation du Ministre des travaux publics. L'éventualité de relèvements est même envisagée de nouveau, et avec beaucoup plus de raison qu'il y a trente ans. Ce serait une aventure redoutable pour le pays, dont la prospérité est intimement liée à l'essor de la circulation, et non moins dangereuse pour les chemins de fer, qui pourraient être atteints dans les sources vives de leurs recettes. Mais, s'il est permis de juger très improbable la réalisation d'une semblable éventualité, les circonstances commandent du moins de ne pas se laisser entraîner aux espérances trop optimistes.

e. — Comparaison entre les voies ferrées et les voies navigables. — A ces longues indications sur les prix de transport par rails et par eau, il ne me reste que peu de chose à ajouter pour en finir avec la comparaison des voies ferrées et des voies navigables, en ce qui concerne les taxes ou le fret à payer par les usagers. Je me borne à quelques courtes observations.

1° Un rapprochement pur et simple entre les prix kilométriques de transport afférents aux deux catégories de voies de communication conduirait à des appréciations inexactes, car il ne tiendrait pas compte de ce que les longueurs à parcourir par eau sont supérieures d'un tiers, en moyenne, aux longueurs à parcourir par rails (*voir* ci-dessus page 478). On doit, pour rendre le parallèle équitable et rationnel, soit réduire d'un quart les taxes des chemins de fer, soit augmenter d'un tiers les prix sur les rivières et les canaux.

2° Même en ayant égard à cette rectification, la voie navigable conserve un avantage indéniable sur la voie ferrée, sauf dans des cas tout à fait spéciaux.

La différence est faible pour les matières de valeur minime ou modique, comme les minerais, les combustibles minéraux, les engrais et amendements. En particulier, pour les houilles et cokes, le rapport moyen du tarif par rails au fret ne s'écarte pas sensiblement de 1,5. Cet écart suffit, mais est nécessaire au maintien d'une part importante du trafic sur le réseau fluvial. En effet, les industriels évaluent à 20 p. 100 environ des prix de transport par eau le montant moyen des faux frais que leur font supporter les lenteurs de la navigation, les pertes et déchets de la houille durant les longs trajets, l'obligation d'avoir des magasins plus vastes et plus coûteux : c'est, bien entendu, une estimation purement empirique, exagérée pour les grands établissements commerciaux et les usines installées en dehors des centres importants de population, insuffisante au contraire pour les établissements secondaires et les usines des grandes villes, notamment de Paris, où les terrains sont d'un prix si élevé. Dans la situation actuelle, on peut dire qu'il y a parité entre les chemins de fer et les voies navigables du Nord : la meilleure preuve en est, du reste, fournie par la proportion suivant laquelle se partage le trafic.

Pour les matières d'une valeur plus grande, telles que métaux bruts, bois de service, céréales, vins en fûts, la différence augmente. Mais le prix de transport constitue une fraction moindre du prix de vente sur les marchés ou du prix de revient à pied d'œuvre. En outre, les pertes résultant de l'immobilisation des capitaux pendant le trajet sont relativement plus lourdes. Souvent, enfin, les variation des cours se prêtent moins aux transactions à échéance éloignée. Aussi les Administrations de chemins de fer n'ont-elles pas à redouter autant la concurrence de la navigation pour ces marchandises que pour les matières pondéreuses, malgré l'économie en apparence plus accusée du transport par eau.

3° Depuis longtemps, la plupart des ingénieurs et des économistes admettent presque comme un axiome que la navigation est avantageuse surtout aux grandes distances. M. l'inspecteur général Bertin, qui a dirigé un important service de canaux desservant la région du Nord et qui y a déployé un remarquable talent, affirmait le fait avec sa haute autorité dans un opuscule du 1er juillet 1879, tout au moins pour les transports de houille. Diverses publications postérieures ont reproduit la même affirmation.

Elle n'est cependant pas unanimement acceptée. M. Colson écrivait, par exemple, en 1908, dans son savant traité des *Transports et Tarifs :* « ...Contrairement à une opinion souvent admise, les Compagnies de « chemins de fer considèrent la lutte contre la navigation comme « plus difficile sur les petits parcours que sur les grands, pour le tra- « fic des établissements qu'elle dessert bien. Dès qu'il s'agit de trajets « assez longs, en effet, les avantages du chemin de fer au point de vue « du prix de revient du transport en lui-même suffisent à compenser « les avantages spéciaux que les usines ou les magasins les mieux « situés par rapport à la voie d'eau tirent de cette situation. » Il ajoutait, d'ailleurs : « La supériorité de la voie ferrée devient indiscutable, « même pour les petits parcours, quand il s'agit de transports en « provenance ou à destination d'établissements auxquels un embran- « chement particulier donne, vis-à-vis du chemin de fer, une situation « analogue à celle qui résulte de la riveraineté pour la voie d'eau. »

Les statistiques de la navigation et des chemins de fer ne fournissent pas d'indication décisive à ce sujet. Elles sont mal appropriées aux rapprochements. D'une part, tandis que celles de la navigation donnent les distances moyennes totales de transport par groupe de marchandises, celles des chemins de fer donnent seulement les distances moyennes par réseaux pour les combustibles minéraux et pour l'ensemble des marchandises, sans permettre de calculer ni les distances moyennes totales en tenant compte des transports communs à plusieurs réseaux, ni les distances moyennes spéciales aux différentes catégories de marchandises (les combustibles minéraux exceptés). D'autre part, les voies ferrées se ramifient en tous sens, ont un champ d'action incomparablement plus vaste et un trafic beaucoup plus varié. Néanmoins, comme nous l'avons vu page 478, il semble bien que, pour le trafic de concurrence, la distance moyenne des transports sur rails soit généralement inférieure à celle des transports par eau; l'infériorité paraît certaine en ce qui concerne les combustibles minéraux, même si l'on a égard à la différence des parcours sur les voies fluviales et sur les chemins de fer entre deux points déterminés de provenance et de destination.

Rien de plus compréhensible, du reste. Il faut une économie notable et, dès lors, un trajet assez long pour commander l'abandon d'un mode de communication perfectionné au profit d'un autre plus primitif et moins rapide. En outre, les canaux et les rivières navigables ne pénètrent pas autant dans le cœur du pays ; les marchandises qui les empruntent ont fréquemment à subir, soit au départ, soit à l'arrivée, des transports sur rails ou sur routes et des transbordements, pour aller du point d'origine au point d'embarquement ou du point de débarquement au point de destination; de là, des sujétions et des frais incompatibles avec les faibles parcours par eau. Ces considérations suffisent à expliquer que la batellerie ait ordinairement besoin de longues distances.

Le principe ainsi posé est-il absolu? Non, certes. Tout d'abord, la diminution de la base kilométrique, au fur et à mesure que s'allonge le parcours, est habituellement plus accentuée pour les chemins de fer que pour les rivières et les canaux. Les frais généraux de gare, de formation des trains, de personnel, etc., grèvent, en effet, lourdement les premiers kilomètres; mais la charge correspondante s'atténue d'une manière sensible, quand elle se répartit sur un trajet de quelque étendue. On conçoit que la dégression de la taxe par kilomètre supplémentaire puisse être suffisante pour favoriser la voie ferrée dans la concurrence relative aux longs transports.

D'un autre côté, l'infériorité des voies navigables au point de vue de la vitesse disparaît à peu près complètement pour les faibles parcours, par suite des prolongations de délais auxquelles sont subordonnés les tarifs spéciaux des chemins de fer.

Aussi la supériorité de la batellerie atteint-elle parfois son apogée, dans les relations entre les centres desservis directement par les voies navigables, sinon pour les très petites distances, qui ne procurent qu'une économie insignifiante, du moins pour les distances moyennes, qui donnent une économie appréciable sans immobiliser outre mesure les marchandises et sans les exposer à trop de déchets.

Les observations précédentes tendent, non à infirmer la doctrine le plus généralement admise et en quelque sorte classique, mais à la dépouiller de son caractère trop rigide.

Comme toujours, la vérité est entre les opinions extrêmes ; ce qui paraît incontestable dans des circonstances déterminées peut devenir douteux et même inexact dans d'autres circonstances.

4° L'avenir augmentera-t-il l'écart entre les prix de transport par rails et les prix de transport par eau ?

Au cours de ce chapitre, j'ai eu déjà à examiner l'éventualité d'un abaissement des taux de fret, ainsi que des taxes perçues par les Administrations de chemins de fer.

Il suffira de rappeler brièvement ici mes conclusions antérieures.

Notre réseau de navigation intérieure, bien que largement amélioré, appelle des perfectionnements nouveaux. Ces perfectionnements porteront sur la structure du réseau, sur ses conditions de navigabilité, sur le matériel et les procédés d'exploitation. Ils tendront à provoquer une réduction du fret. Cependant les prévisions d'avenir ne sauraient être empreintes d'une trop grande circonspection, eu égard au renchérissement continu de la main-d'œuvre, à l'accroissement du coût des constructions, à l'élévation progressive des frais de personnel. Il y a lieu de remarquer, en outre, que l'exécution des voies navigables récemment décidées ou étudiées sera subordonnée à un large concours des intéressés et que ce concours aura pour contre-partie l'institution de péages assez lourds.

Pour les voies ferrées, la tarification appliquée aux matières pondéreuses semble ménager encore une marge assez étendue aux diminutions de taxes. Mais, de même que pour les voies fluviales, des raisons multiples conseillent de se prémunir contre les illusions et de ne pas concevoir des espérances trop optimistes.

L'écart des prix sur les deux catégories de voies de communication ne paraît donc plus susceptible de variations profondes. Selon toute probabilité, les efforts à accomplir auront surtout pour effet de ne pas laisser nos instruments de circulation en dehors du mouvement dû aux progrès incessants de la science, de prévenir leur transformation en instruments arriérés et leur déchéance, de compenser les causes qui poussent vers un relèvement des prix et dont le danger est inéluctable.

d. — OBSERVATIONS SUR LES VARIATIONS DES PRIX DE TRANSPORT. — On a quelquefois invoqué, comme l'une des qualités maîtresses des voies navigables, la fixité des prix du fret, et cette opinion a trouvé un écho dans l'un des remarquables rapports de M. Krantz à l'Assemblée nationale (13 juin 1874), dont j'extrais le passage suivant : « Les « canaux et rivières canalisées peuvent faire office, non seulement de « modérateur (vis-à-vis des chemins de fer) par le bon marché, mais « encore de régulateur par la fixité de leurs prix... Avec un canal laissé « entre les mains du public, le relèvement subit des prix n'est pas à « craindre. Alors même que tous les mariniers d'une ligne se mettraient « en grève, ils ne pourraient pas opprimer leur clientèle ; la voie, en « effet, est libre, le matériel flottant peu coûteux à acheter ou à cons- « truire et l'éducation technique d'un marinier de canal facile à faire. « Personnel et matériel seraient donc aisément remplacés et la coali- « tion rompue. Il n'en va pas de même avec les chemins de fer : la « Compagnie qui exploite un réseau est, par le fait, maîtresse abso- « lue des prix, dans la zone qu'elle occupe. Elle abaisse ses tarifs, s'il « lui plaît de le faire ; mais aussi elle les relève, si elle le juge conve- « nable. Personne ne peut l'en empêcher et, tant qu'elle ne sort pas des « limites très larges du tarif légal et qu'elle observe les délais régle- « mentaires, l'Administration est sans droit pour s'y opposer. Les bas « prix, promis ou accordés par les chemins de fer, sont donc précaires « et aléatoires, dépendent absolument du bon vouloir des Compagnies « et n'ont pas cette fixité qui est nécessaire à l'établissement ou au « fonctionnement de la grande industrie... » M. Krantz était un ingénieur trop éminent et jouissait d'une trop légitime autorité pour qu'il soit possible de laisser passer son appréciation sans s'y arrêter un instant et sans formuler les observations auxquelles elle donne lieu.

Loin de présenter de la fixité, le taux du fret est essentiellement variable ; il obéit à la loi « de l'offre et de la demande ». Quand le trafic est peu abondant, il s'abaisse et s'avilit. Lorsque, au contraire, la circulation est active, il se relève dans des proportions souvent considérables : tel est, par exemple, le cas d'une reprise de navigation, après un chômage prolongé qui a épuisé les approvisionnements des usines et qui force à les reconstituer ; tel aussi le cas de l'approche d'une interruption de transports, qui oblige les industriels à accumuler un stock de matières premières ; tel encore le cas d'une recrudescence d'activité dans la vie commerciale. Ces phénomènes économiques de baisse et de hausse peuvent souffrir quelques exceptions ; ils n'en sont pas moins incontestables et, d'ailleurs, bien connus des ingénieurs qui ont une longue pratique des services de navigation. Je me rappelle avoir vu le prix du transport des houilles, entre le bassin houiller de la Sarre et la région de Nancy, varier du simple au double dans le courant d'une même année. Des fluctuations du même ordre se sont produites en 1910, à l'occasion de la grève partielle des chemins de fer. Il ne peut, du reste, en être autrement : la circulation atteint son maximum d'intensité presque simultanément, sinon sur tout le réseau fluvial, du moins sur des groupes importants de voies navigables; au surplus, en fût-il différemment, le matériel de la batellerie ne serait pas assez mobile pour affluer rapidement aux points où le trafic aurait une activité exceptionnelle.

Sur les chemins de fer, les taxes n'ont pas non plus une immobilité absolue. Cependant, leurs modifications sont beaucoup moins fréquentes. Les causes principales de cette fixité relative résident dans la tutelle étroite en laquelle sont tenues les Compagnies.

Aux termes de l'article 44 de l'ordonnance du 15 novembre 1846, maintenu par le décret du 1er mars 1901 portant règlement d'administration publique sur la police, la sûreté et l'exploitation des chemins de fer, aucune taxe ne peut être perçue sans l'homologation du Ministre des travaux publics, qui saurait, le cas échéant, couper court aux variations incompatibles avec les intérêts du commerce.

Les propositions des Compagnies donnent lieu, d'abord, à une étude généralement fort longue de leur part, puis à un affichage d'un mois, à une consultation des Chambres de commerce, à des rapports du Contrôle de l'exploitation commerciale aux divers degrés, enfin à un examen par le Comité consultatif des chemins de fer. En admettant même qu'il ne surgisse pas d'objections nécessitant une étude supplémentaire de l'affaire, les délais de cette procédure suffiraient à donner les garanties voulues.

D'après l'article 48 du cahier des charges, les taxes ne peuvent être relevées avant l'expiration d'un délai de trois mois au moins pour les voyageurs et d'un an pour les marchandises. Cette règle ne souffre qu'un petit nombre d'exceptions, au sujet desquelles il n'y a pas lieu d'insister ici. L'Administration s'est, d'ailleurs, généralement montrée rebelle aux relèvements. Aussi les variations ont-elles été presque toujours restreintes à des abaissements, qui ne pouvaient être réalisés qu'avec une extrême prudence, sous peine de compromettre la situation financière des Compagnies, et dont le pays n'avait pas à se plaindre.

C'est donc à tort qu'on a attribué aux voies navigables une supériorité sur les chemins de fer, en ce qui concerne la fixité des prix de transport.

15. Prix de revient réel des transports. — Je viens de donner des indications détaillées sur le prix payé par les usagers pour le transport des marchandises par eau ou par rails. Mais j'ai signalé, à diverses reprises, l'inégalité de situation des voies navigables et des voies ferrées, les unes étant mises gratuitement à la disposition des intéressés, alors que, pour les autres, l'exploitant doit se rémunérer des frais d'entretien et de la totalité ou, au moins, d'une large part des dépenses d'établissement. Sur les canaux et rivières, les charges de construction et d'entretien sont supportées par l'ensemble des contribuables ; sur les chemins de fer, au contraire, elles le sont, en grande partie, par ceux qui utilisent ces voies de communication.

Si l'on veut apprécier le prix de revient des transports, non plus pour les usagers, mais pour le pays, il faut, en ce qui concerne la navigation fluviale, ajouter au taux du fret les charges d'entretien et une fraction des charges d'établissement, dont la quotité dépend de la mesure dans laquelle on considère les dépenses de construction comme amorties. En ce qui concerne le réseau des voies ferrées, les taxes perçues par les Compagnies peuvent être maintenues telles quelles; car la différence entre les recettes nettes, d'une part, les charges des obligations et le revenu garanti ou réservé aux actions, d'autre part, est très faible et ne représente, par unité kilométrique de trafic, qu'une somme tout à fait négligeable, surtout pour les marchandises pondéreuses, dont la contribution aux bénéfices est relativement inférieure à celle des marchandises de valeur. L'erreur à laquelle on peut être conduit en ne tenant pas compte de cette différence reste, sans aucun doute, fort au-dessous des autres erreurs susceptibles de se glisser dans des appréciations si délicates et si rebelles à la précision.

Les prix kilométriques à rapprocher les uns des autres sont, dès lors, les suivants pour l'ensemble des rivières ou canaux et des chemins de fer :

	COMBUSTIBLES minéraux	MARCHANDISES de toute nature
A. — *Voies navigables*		
Limite minimum	centimes	centimes
Prix du fret	1,49	1,67
Charges d'entretien	0,30	0,30
Totaux	1,79	1,97
Majoration correspondant à la plus grande longueur des parcours par eau	0,60	0,66
Totaux	2,39	2,63
Limite maximum		
Prix du fret et charges d'entretien (comme ci-dessus	1,79	1,97
Charges d'établissement	1,57	1,57
Totaux	3,36	3,54
Majoration correspondant à la plus grande longueur des parcours par eau	1,12	1,18
Totaux	4,48	4,72
B. — *Chemins de fer*		
Taxe moyenne	2,50	3,50

Il y a lieu, toutefois, de remarquer que les taxes kilométriques moyennes indiquées pour les transports par chemins de fer ne tiennent pas compte des frais de gare. Ces frais, répartis sur des parcours correspondant aux distances moyennes des transports par eau, représentent 2 millimes à 2 millimes et demi, en ce qui concerne les combustibles minéraux, et 3 millimes et demi, en ce qui concerne les marchandises de toute nature. Les taxes kilométriques moyennes doivent, dès lors, être respectivement portées de 2 centimes et demi à 2 centimes 70 ou 2 centimes 75 et de 3 centimes à 3 centimes 85.

Ainsi, lorsqu'on laisse de côté les charges du capital de construction et qu'on a égard aux seules dépenses d'entretien, les voies navigables ont un avantage marqué. Quand, au contraire, on fait entrer dans le calcul des prix de transport sur le réseau fluvial, la totalité des dépenses d'établissement, l'avantage passe à la voie ferrée.

Le premier mode de calcul favorise outre mesure les voies fluviales, dont certains travaux sont d'origine récente et ne peuvent être raisonnablement considérés comme amortis; le second leur est trop défavorable et ne saurait convenir à un ensemble de canaux ou de canalisations dont beaucoup d'éléments remontent à une date ancienne.

Bien entendu, les résultats fournis par les supputations précédentes sont de simples résultats moyens. Il peut être intéressant de serrer davantage la question et de se livrer à des rapprochements spéciaux pour des relations déterminées.

Envisageons, par exemple, les transports de combustibles minéraux entre Lens et Paris (distance par eau, 370 kilomètres; distance par rails, 210 kilomètres). La comparaison s'établit ainsi qu'il suit :

A. — Navigation

	Limite minimum	
Prix total par tonne	Fret	5f,31
	Charges d'entretien	0 ,44
	Total	5 ,75
	Limite maximum	
	Fret et charges d'entretien comme ci-dessus	5f,75
	Charges d'établissement	1 ,41
	Total	7 ,16
	Limite minimum	
Prix kilométrique par tonne	Fret	1c,44
	Charges d'entretien	0 ,12
	Total	1 ,56
	Majoration correspondant à la plus grande longueur du parcours par eau	1 ,18
	Total	2 ,74
	Limite maximum	
	Fret et charges d'entretien comme ci-dessus	1c,56
	Charges d'établissement	0 ,38
	Total	1 ,94
	Majoration correspondant à la plus grande longueur du parcours par eau	1 ,47
	Total	3 ,41

B. — Chemin de fer

Expéditions par wagon de 10 tonnes.

Prix total par tonne, frais de gare compris	6f,70
Prix kilométrique par tonne, frais de gare compris	3c,19

Pour les transports de houille entre Rouen et Paris (243 kilomètres par eau et 139 kilomètres par rails), on aurait les chiffres ci-après :

A. — Navigation

	Limite minimum	
Prix total par tonne	Fret	$3^f,12$
	Charges d'entretien	0,28
	Total	3,40
	Limite maximum	
	Fret et charges d'entretien comme ci-dessus	$3^f,40$
	Charges d'établissement	1,68
	Total	5,08
	Limite minimum	
Prix kilométrique par tonne	Fret	$1^c,28$
	Charges d'entretien	0,12
	Total	1,40
	Majoration correspondant à la plus grande longueur du parcours par eau	1,05
	Total	2,45
	Limite maximum	
	Fret et charges d'entretien comme ci-dessus	$1^c,40$
	Charges d'établissement	0,69
	Total	2,09
	Majoration correspondant à la plus grande longueur du parcours par eau	1,56
	Total	3,65

B. — Chemin de fer

Expéditions de 60 tonnes.

Prix total par tonne, frais de gare compris	$5^f,20$
Prix kilométrique par tonne, frais de gare compris	$3^c,74$

Voici maintenant une évaluation approchée des prix kilométriques, pour les transports de pierres de taille brutes, aux distances moyennes, dans la région de l'Est, selon que ces transports empruntent le canal de la Marne au Rhin, c'est-à-dire un canal contemporain du chemin de fer de Paris à Strasbourg, et accessoirement des voies navigables avoisinantes, ou qu'ils sont effectués sur rails :

A. — Navigation

Limite minimum

Fret	2c,26
Charges d'entretien	0 ,25
Total	2 ,51
Majoration correspondant à la plus grande longueur des parcours par eau	0 ,20
Total	2 ,71

Limite maximum

Fret et charges d'entretien (comme ci-dessus)	2c,51
Charges d'établissement	2 ,07
Total	4 ,58
Majoration correspondant à la plus grande longueur des parcours par eau	0 ,38
Total	4 ,96

B. — Chemin de fer

(Expéditions par wagon de 5 tonnes)

Taxe moyenne, frais de gare compris	4c,75

Les exemples cités jusqu'ici ne mettent en parallèle avec la voie de fer que des voies navigables dont le trafic présente une activité exceptionnelle. Au fur et à mesure que la circulation diminue d'intensité, la situation devient naturellement moins bonne pour la voie d'eau, quand on tient compte des charges d'entretien et surtout des charges d'établissement; ces charges sont, en effet, dans une large mesure, indépendantes du mouvement des marchandises et leur valeur unitaire varie en raison inverse du nombre de tonnes kilométriques. Pour synthétiser le fait par des chiffres, considérons des transports de pierres de taille brutes à assez longues distances, empruntant le canal de Bourgogne, dont la fréquentation moyenne est de 200 000 tonnes environ, ou le réseau de Paris-Lyon-Méditerranée :

A. — Navigation

Limite minimum

Fret	1c,67
Charges d'entretien	0 ,72
Total	2 ,39

Majoration correspondant à la plus grande longueur des parcours par eau	0 ,88
Total	3, 27

Limite maximum

Fret et charges d'entretien comme ci-dessus	2f,39
Charges d'établissement	8 ,49
Total	10 ,88
Majoration correspondant à la plus grande longueur des parcours par eau	4 ,03
Total	14 ,91

B. — Chemin de fer

Expéditions de 5 tonnes)

Taxe moyenne, frais de gare compris	3f,64

Bornons-nous à ces rapprochements spéciaux, afin de ne pas nous égarer dans trop de détails. Le lecteur pourra aisément les multiplier, se livrer à des calculs analogues pour des courants de circulation différents, pour d'autres parcours et pour d'autres marchandises; il en trouvera les éléments dans ce qui précède.

En définitive, la situation comparée du réseau de voies navigables et du réseau de voies ferrées se résume ainsi, au point de vue du prix de revient réel des transports, pour le trafic de concurrence :

1° Si l'on élimine les dépenses d'établissement du réseau de navigation et si l'on se contente d'ajouter au fret les charges d'entretien, le prix moyen général des transports par eau est sensiblement inférieur à celui des transports par rails. Très appréciable pour l'ensemble des marchandises, la différence s'atténue beaucoup pour les éléments de trafic, tels que les combustibles minéraux, jouissant de tarifs très bas sur les chemins de fer ;

2° Si, au contraire, on fait entrer en compte la totalité des charges de construction du réseau navigable, les chemins de fer prennent une supériorité incontestable, notamment pour les marchandises bénéficiant de tarifs particulièrement réduits ;

3° La vérité doit être cherchée entre les deux modes extrêmes de supputation. On ne saurait ni considérer comme entièrement amorties des dépenses dont une partie est d'origine récente, ni, par une exagération inverse, négliger l'amortissement des dépenses anciennes. Suivant toute vraisemblance, la parité n'est pas loin d'exister pour l'ensemble du trafic ; mais les chemins de fer ont l'avantage pour les marchandises en faveur desquelles les Compagnies abaissent le plus leur tarification;

4° Ces données générales n'ont d'autre valeur que celle qui s'attache à des moyennes.

Lorsque le trafic de concurrence présente une grande activité, les charges d'établissement et d'entretien des canaux ou canalisations, par tonne kilométrique, descendent à des chiffres modiques, et le prix de revient sur la voie d'eau devient sans conteste inférieur au prix sur rails. Des circonstances topographiques favorables, diminuant l'écart entre les longueurs de parcours par les deux voies concurrentes, peuvent également concourir à la supériorité économique de la navigation.

Quand la circulation a peu d'intensité, les frais de construction et d'entretien grèvent lourdement chaque unité de trafic de la voie navigable. Celle-ci est indubitablement plus coûteuse, quelque large que l'on soit dans l'appréciation de la part des dépenses d'établissement susceptible d'être réputée amortie. Son infériorité s'accentue encore dans le cas où la topographie de la région élève l'écart entre les distances à parcourir sur les deux voies.

Dans les conditions ordinaires, il faut aux voies navigables un tonnage de 500 000 tonnes environ pour que le prix de revient moyen des transports ne dépasse pas celui des chemins de fer.

Malgré le soin et la conscience qui y ont été apportés, les déductions précédentes laissent place aux controverses. Je me reprocherais de ne pas rappeler à nouveau l'incertitude des évaluations relatives aux frais d'établissement des voies navigables. D'une part, ces évaluations englobent des travaux devenus inutiles par suite de transformations successives et, pour les rivières, des opérations complètement ou partiellement étrangères à la navigation, réalisées dans l'intérêt du libre écoulement des eaux, de la protection des propriétés riveraines, etc. D'autre part, une fraction notable des dépenses remonte à une époque où l'argent avait plus de valeur qu'aujourd'hui : les calculs laissent, en outre, de côté des frais généraux considérables imputés sur les crédits du personnel et les charges des capitaux pendant la construction, alors que ces éléments et les insuffisances de recettes des sections, ouvertes avant l'entrée au compte d'exploitation, figurent dans les estimations du coût des chemins de fer.

En 1887 date à laquelle a paru le « Traité des Chemins de fer », mes conclusions étaient un peu plus favorables aux chemins de fer qu'elles ne le sont aujourd'hui. Deux considérations principales suffisent à l'expliquer : la taxe kilométrique moyenne applicable sur les voies ferrées au trafic de concurrence s'est beaucoup moins abaissée que le prix moyen du fret ; d'un autre côté, l'intensité de la circulation sur le réseau fluvial a augmenté dans une très forte proportion, et cet accroissement devait nécessairement alléger pour chaque unité de trafic les charges du capital ainsi que les frais d'entretien.

La situation relative des voies navigables et des chemins de fer se modifiera-t-elle profondément dans l'avenir ? Certes les perfectionnements qu'appelle encore le réseau fluvial dans sa structure, dans ses conditions de navigabilité, dans son exploitation, permettent d'escompter une nouvelle diminution du fret ; le développement probable du trafic répartira sur un tonnage plus élevé les dépenses d'établissement et d'entretien. Néanmoins, le renchérissement progressif de la main-d'œuvre et du matériel, ainsi que le lourd fardeau de l'amortissement intégral des dépenses futures, s'opposent aux espérances trop optimistes.

Pour les chemins de fer, la circonspection n'est pas moins indispensable, en présence non seulement des sacrifices que l'évolution sociale a déjà imposés et continuera à imposer aux Compagnies dans l'intérêt du personnel, mais aussi des transformations coûteuses dont les progrès incessants de la science, les besoins industriels et les exigences du public doivent faire prévoir la nécessité.

On a souvent affirmé que, vers le milieu du XXe siècle, les chemins de fer étant délestés de leur capital de construction alors amorti, il serait possible de réduire largement les tarifs et de rendre par suite les voies navigables impuissantes à soutenir la lutte. Cette affirmation, d'apparence presque irréfutable, appelle, à la réflexion, quelques réserves. L'État, maître des chemins de fer à l'expiration des concessions, ne renoncera sans doute pas entièrement aux ressources financières qui lui seraient assurées par le maintien de la tarification antérieure. Du reste, j'ai déjà montré que les concessions ne pourraient arriver à leur terme normal en l'état actuel des contrats, que l'abréviation du délai d'amortissement des dépenses complémentaires susciterait les plus graves difficultés et que les Pouvoirs publics auraient inévitablement à envisager des problèmes délicats comme ceux d'une résiliation, d'une prolongation de concession ou d'une entente reportant, en partie, l'amortissement sur les futurs exploitants.

Au cours des observations qui viennent d'être développées sur le prix réel de revient des transports, je me suis surtout attaché à des rapprochements entre le réseau fluvial et le réseau des chemins de fer tels qu'ils existent actuellement. Il ne serait pas sans intérêt de tenter la comparaison pour les diverses voies navigables en construction ou en projet, c'est-à-dire pour des voies dont les charges de capital doivent entrer tout entières dans les supputations. Obligé de me restreindre, j'examinerai seulement la question en ce qui concerne le canal du Nord.

Comme nous l'avons vu antérieurement, l'objet de ce canal est de remédier à l'insuffisance du canal de Saint-Quentin pour les relations des houillères du Nord et du Pas-de-Calais avec Paris, le Centre et l'Est de la France. Son tracé part d'Arleux sur le canal de la Sensée, se dirige vers le canal de la Somme, qu'il emprunte de Péronne à Ham, puis est orienté dans la direction de Noyon, où il rejoint le canal latéral à l'Oise. La longueur de la nouvelle voie, mesurée d'Arleux à Noyon, sera de 95 kilomètres environ.

Entre Lens et Paris-La Villette, la distance s'abaissera de 341 à 299 kilomètres. Suivant les ingénieurs, le fret de Pont-à-Vendin à Paris descendra vraisemblablement à 4 francs ou 3 fr. 50.

Les dépenses de construction sont évaluées à 60 millions de francs, dont 30 millions fournis, à titre de concours, par la chambre de commerce de Douai. Celle-ci se rémunérera au moyen de la perception d'un péage fixé, pour la plupart des marchandises, à 6 millimes par tonne et par kilomètre. On peut estimer à 40.000 francs les charges kilométriques d'établissement et d'entretien. Les prévisions de trafic oscillent autour de 6 millions de tonnes.

Des calculs, dont il est inutile de reproduire les détails, conduisent aux résultats approximatifs suivants, pour le prix du transport d'une tonne de combustible :

1. — Transport de Pont-à-Vendin a Paris-La Villette

Prix total...	Prix réel de revient...	Fret moyen	3f,75	
		Charges d'établissement et d'entretien	1 »	
		Total	4 ,75	soit 4f,75
	Prix payé par les usagers	Fret moyen	3f,75	
		Péage	0 ,57	
		Total	4 ,32	soit 4f,30
Prix kilométrique.	Prix réel de revient		1c,59	soit 1c,60
	Prix payé par les usagers		1 ,44	soit 1 ,45

2. — Part du transport correspondant au parcours d'Arleux a Noyon

Prix total...	Prix réel de revient	1f,82	soit 1f,80
	Prix payé par les usagers	1 ,76	soit 1 ,75
Prix kilométrique....	Prix réel de revient	1c,92	soit 1c,90
	Prix payé par les usagers	1 ,85	soit 1 ,85

Le prix total par voie ferrée de Pont-à-Vendin à Paris est de 6 fr. 75, frais de gare compris : donc, la voie fluviale offre un avantage marqué. Sa supériorité s'explique par l'activité exceptionnelle de la circulation présumée. Toutefois, l'avantage attendu de l'œuvre nouvelle ne se réalisera pas immédiatement.

Je dois, d'ailleurs, rappeler que MM. Colson et Marlio ont publié, à l'appui de leur rapport au Congrès international des chemins de fer (session de 1910), une note de la Compagnie du Nord tendant à établir la possibilité de tarifs beaucoup moins élevés. D'après la Compagnie, une ligne, spécialement affectée au transport des combustibles du Nord et du Pas-de-Calais vers Paris et appropriée à un trafic de 3 millions de tonnes, ne comporterait pas un prix de revient dépassant 2 fr. 50 par tonne, y compris les charges du capital et l'entretien. Tout en admettant cette estimation, on ne saurait perdre de vue les obstacles que le principe d'uniformité de la tarification sur l'ensemble de chaque réseau oppose aux abaissements particuliers dans certaines directions.

Si les Administrations de chemins de fer n'étaient pas astreintes à généraliser les réductions des taxes, l'exécution des travaux complémentaires voulus, la multiplication des voies et, au besoin, l'ouverture d'artères nouvelles leur permettraient souvent, il faut le reconnaître, de lutter avec succès contre la navigation, même pour des courants de circulation exceptionnellement actifs, à l'écoulement desquels ne peuvent suffire les lignes préexistantes. Mais les entraves dans lesquelles elles sont enserrées affaiblissent singulièrement leur capacité de concurrence. Une grande force leur reste, c'est de joindre au trafic concurrencé, au trafic des matières pondéreuses transportées par gros chargements, celui des autres marchandises, des messageries, des voyageurs, et d'utiliser ainsi plus largement leur outillage.

16. Observations sur les voies navigables concédées et les voies non concédées, mais comportant un péage. — Il n'existe plus qu'un très petit nombre de voies navigables concédées. En voici la nomenclature :

1. — Canaux

		kilom.
Canal de Beuvry (Embranchement du canal d'Aire)		3
Canal de Bourgidou (Embranchement du canal du Rhône à Cette)		11
Canal de Lunel		9
Canaux de la Ville de Paris	Canal Saint-Denis	7
	Canal Saint-Martin	5
	Canal de l'Ourcq	108
Canal de la Sambre à l'Oise		67
Canal de la Souchez (section du canal de Lens à la Deûle)		3
Canal de Sylvéréal (Embranchement du canal du Rhône à Cette)		9
Canal de Vassy à Saint-Dizier (Embranchement du canal de la Marne à la Saône)		23
	Total	245

2. — Rivières

	kilom.
Lez canalisé	10
Total	255

Ainsi la longueur des voies navigables concédées représente seulement 1,5 p. 100 du développement des voies classées et 2,2 p. 100 du développement des voies ou sections fréquentées pendant l'année 1910.

Leur tonnage kilométrique ne dépasse pas 1,6 p. 100 du tonnage général. Il est principalement fourni par le canal de la Sambre à l'Oise et par les canaux de la Ville de Paris.

Au point de vue de la concurrence avec les chemins de fer, les voies navigables concédées sont naturellement dans une situation inférieure à celle des voies non concédées. Seules, des circonstances spéciales peuvent assurer encore à quelques-unes d'entre elles un trafic relativement élevé.

Le péage auquel y sont assujettis les transports est le plus souvent fort lourd, comme le montre le tableau suivant dressé d'après le dernier guide de la navigation intérieure :

Canal de Beuvry	Marchandises de 1re classe : 3 centimes par tonne et par kilomètre. Marchandises de 2e classe : 2 centimes par tonne et par kilomètre. Bateaux vides : exempts.
Canaux de Bourgidou et de Sylvéréal	Marchandises de toute nature : 3 centimes par 100 kilogrammes et par 5 kilomètres.
Canal de Lunel	Péage légal : 2 fr. 75 par tonne pour le parcours entier. Péage effectif limité à 55 centimes, soit 6 centimes par kilomètre.

Canal Saint-Denis	Marchandises : Suivant leur nature, 2 à 7 centimes par tonne et par écluse-chute. (Le nombre des écluses servant de base à la perception est celui des anciennes écluses, soit 12. Bateaux vides : suivant leur capacité, 18 à 45 francs pour le parcours entier. Tarifs particuliers divers.
Canal Saint-Martin	Marchandises : Suivant leur nature, 4 à 20 centimes par tonne et par écluse. (Le nombre des écluses est de 9. — Pour les marchandises taxées à 20 centimes, la perception ne dépasse pas 1 franc. Bateaux vides : Suivant leur capacité, 18 à 45 francs pour le parcours entier. Tarifs particuliers divers. Droits de stationnement et de garage.
Canal de l'Ourcq	Marchandises à la descente : Suivant leur nature et, pour certaines d'entre elles, suivant le point d'embarquement, la destination, etc., 1 centime 5 à 15 centimes par tonne et par 5 kilomètres, avec maximum allant de 8 à 70 centimes ; pour les chargements complets en transit par les canaux Saint-Denis et Saint-Martin, prix de 8 à 30 centimes par tonne. Marchandises à la remonte : Suivant leur nature et, pour certaines d'entre elles, suivant le point d'embarquement : 5 millimes à 2 centimes par tonne et par 5 kilomètres, avec maximum de 30 centimes. Tarifs particuliers divers. Droits de stationnement.
Canal de la Sambre à l'Oise	Marchandises : Suivant leur nature, 1 à 4 centimes par tonne et par kilomètre, halage compris ; prix total en transit, 70 centimes à 2 fr. 68, halage compris. Bateaux vides : 40 centimes par kilomètre. En cas de transit complet, remise aux mariniers se servant de leurs chevaux. Droits de stationnement.
Canal de la Souchez	Marchandises de 1re classe : 3 centimes par tonne et par kilomètre. Marchandises de 2e classe : 2 centimes par tonne et par kilomètre. Bateaux vides exempts.
Canal de Vassy à Saint-Dizier	Marchandises : Suivant leur nature, 3 centimes 5 à 6 centimes par tonne et par kilomètre. Bateaux vides : 50 centimes par kilomètre.
Lez canalisé	Taxe légale s'élevant jusqu'à 2 fr. 50 par tonne pour le parcours entier, soit 25 centimes par tonne et par kilomètre. Péages effectifs réduits.

Sans rouvrir l'ère des concessions, les Pouvoirs publics ont admis l'institution de péages temporaires sur des voies nouvelles. Les taxes sont perçues non plus au profit de l'État ou de concessionnaires, mais en compensation de subsides fournis pour la construction par les intéressés ou leurs représentants, notamment par les chambres de commerce.

On en trouve un exemple dans la loi du 5 juillet 1900, relative à l'achèvement du canal de la Marne à la Saône (canal entièrement livré à la navigation le 1er février 1907). Aux termes de cette loi, la chambre de commerce de Saint-Dizier, qui apportait à l'œuvre un concours de 5 millions de francs, a été autorisée à percevoir, pendant un délai maximum de 50 ans, des péages sur les marchandises et les bateaux vides empruntant, en tout ou en partie, la section de Licey-sur-Vingeanne à Heuilley-Cotton. Les péages sont calculés sur le nombre de kilomètres parcourus entre Rouvroy et la Saône (152 kilomètres).

Le tarif est le suivant :

1° Combustibles minéraux, matériaux de construction, engrais et amendements, bois à brûler et bois du commerce, matières premières et produits de l'industrie métallurgique, céréales en gerbes ou en grains non moulus, foin, paille, en lots dépassant 5 tonnes : 6 millimes par tonne et par kilomètre ;

2° Machines, produits industriels, produits agricoles et denrées alimentaires (moins les céréales en gerbes ou en grains non moulus, le foin, la paille), marchandises diverses, en lots dépassant 5 tonnes : 10 millimes par tonne et par kilomètre ;

3° Marchandises quelconques, en lots inférieurs à 5 tonnes pour chaque espèce de marchandises : 12 millimes par tonne et par kilomètre ;

4° Bateaux vides : 10 ou 20 centimes par kilomètre, suivant que la jauge est ou non inférieure à 100 tonnes.

Toute perception cessera dès que le capital emprunté par la chambre de commerce sera amorti ou, s'il a été constitué un fonds de réserve, dès que ce fonds permettra le remboursement de la partie non encore amortie.

Comme nous l'avons vu précédemment, une autorisation semblable a été donnée par la loi du 23 décembre 1903 à la chambre de commerce de Douai, en compensation d'un subside de 30 millions pour l'établissement du canal du Nord. Les péages, dont la durée maximum et le tarif sont les mêmes que pour le canal de la Marne à la Saône, frapperont toutes les marchandises ainsi que les bateaux vides empruntant en tout ou en partie les voies nouvelles entre Arleux et

Noyon (95 kilomètres). Seront, toutefois, exempts les bateaux et les marchandises qui suivront la partie améliorée du canal de la Somme sans être en provenance ou à destination des sections nouvellement créées.

17. Observations sur le transport des voyageurs. — Dans tout ce qui précède j'ai absolument laissé de côté le transport des voyageurs. C'est qu'en effet, si cet élément du trafic de la navigation fluviale avait autrefois une réelle importance, il a à peu près complètement disparu dès l'origine des voies ferrées. Le temps a une telle valeur pour les voyageurs qu'ils ont presque partout abandonné les rivières et les canaux. Un examen rétrospectif du rôle ancien de la navigation fluviale à cet égard offrirait un intérêt purement historique et ne saurait utilement trouver place dans un traité pratique des chemins de fer.

Tout au plus peut-il être opportun de donner des indications sommaires au sujet de la circulation parisienne sur la Seine.

Le service des bateaux-mouches de la Seine remonte à l'Exposition universelle de 1867, époque à laquelle il a été installé par une Compagnie qui exploitait un service semblable à Lyon. En 1868, le nombre des voyageurs transportés était seulement de 3 millions et demi ; il s'est progressivement élevé et a atteint 42 200 000 environ pendant l'année 1900. Depuis, des concurrences, notamment celle des tramways et du chemin de fer métropolitain, ont enrayé l'essor de l'entreprise et lui ont même infligé une dégression sensible.

D'après l'annuaire statistique de la Ville, les bateaux parisiens (services de Charenton à Auteuil, de l'Hôtel-de-Ville à Auteuil et des Tuileries à Suresnes) ont transporté 13 158 644 personnes en 1910. Au cours de la même année, le mouvement des voyageurs a été le suivant pour les tramways de Paris et de la banlieue, pour les omnibus, pour le chemin de fer de Ceinture (rive droite et rive gauche), pour la ligne d'Auteuil, pour le chemin de fer métropolitain, pour le chemin de fer électrique souterrain Nord-Sud de Paris :

Tramways de Paris et de la banlieue	437 635 533
Omnibus	128 490 918
Chemin de fer de Ceinture	23 851 577
Ligne d'Auteuil	19 307 234
Chemin de fer Métropolitain	251 701 253
Chemin de fer Nord-Sud de Paris	4 648 499

On voit, même en négligeant certains tronçons de voies ferrées dépendant des grands réseaux et desservant Paris ainsi que la banlieue, combien est faible la participation du fleuve à la circulation locale.

18. Résumé et conclusions. — Les faits principaux mis en lumière par l'étude à laquelle nous venons de nous livrer se résument ainsi :

1° Depuis le milieu du siècle dernier, le réseau de voies navigables de France n'a reçu que peu d'extension.

Jusqu'en 1880, leur trafic s'est à peine accru ; plusieurs fois même, il a marqué une tendance au fléchissement. Mais, à partir de 1880, la suppression des droits de navigation et surtout les améliorations dont les rivières ou canaux ont été l'objet, spécialement l'augmentation du mouillage et l'unification du gabarit, sont venues lui donner une vive impulsion. La proportion entre les moyennes annuelles de 1908, 1909, 1910, et les chiffres constatés au milieu du XIXe siècle ressort à 2,9, en ce qui concerne le tonnage ramené au parcours d'un kilomètre, et à 2,7, en ce qui concerne le tonnage ramené à la distance entière.

Actuellement, le tonnage des canaux et rivières, ramené au parcours d'un kilomètre, dépasse un peu le quart du tonnage kilométrique de petite vitesse accusé par les statistiques pour l'ensemble des chemins de fer d'intérêt général. Il y a trente ans, la proportion correspondante était d'un cinquième.

Le magnifique développement de la production et des échanges auquel ont assisté les dernières générations, tout en profitant pour la plus large part aux chemins de fer, a cependant exercé une influence favorable sur les transports par eau.

Des sacrifices budgétaires considérables ont d'ailleurs été faits pour les voies fluviales : travaux coûteux destinés à améliorer le réseau et à y ajouter quelques artères nouvelles ; rachat de la plupart des concessions ; élévation notable des crédits d'entretien et de grosses réparations ; exonération des anciens droits de navigation.

2° La répartition du trafic entre les diverses voies navigables a subi de profondes modifications. Un fait essentiel à retenir est la prépondérance acquise par les voies du Nord et de l'Est, prépondérance due principalement au transport des combustibles minéraux. A elle seule, la région située au Nord du parallèle de Paris fournit près des deux tiers du tonnage kilométrique.

3° Une analyse détaillée des éléments dont se compose le trafic des voies navigables montre que les combustibles minéraux donnent près de la moitié du tonnage kilométrique total ; les matériaux de construction et minéraux, un peu plus du sixième ; les produits agricoles et denrées alimentaires, un neuvième environ. La part globale des autres groupes de marchandises n'atteint pas un quart.

Le mouvement des houilles et des cokes se concentre presque entièrement sur les voies navigables du Nord et de l'Est. Ce sont les voies aboutissant aux villes importantes, et surtout à Paris, qu'alimentent d'une manière plus spéciale les matériaux de construction. Pour les autres articles de la classification, la Seine tient la première place ou l'une des premières.

Si l'insuffisance des anciens documents statistiques ne permet pas de mesurer les changements survenus depuis le milieu du siècle dernier dans la proportion des divers éléments constitutifs du trafic, on peut, du moins, affirmer l'augmentation notable de la quote-part des combustibles minéraux.

D'ailleurs, la houille et le coke prédominent aussi sur les chemins de fer, auxquels ils fournissent un tonnage kilométrique double environ de celui des mêmes marchandises sur le réseau navigable.

Actuellement, dans la région du Nord, les voies ferrées prennent au mouvement des combustibles minéraux une part supérieure d'un tiers à celle des canaux et rivières.

Pour l'ensemble de la France, le contingent proportionnel de la navigation dans les transports de combustibles minéraux s'est sensiblement accru.

4° Les moyennes générales des distances de transport doivent être à peu près les mêmes sur les chemins de fer et sur les voies navigables. Mais les moyennes spéciales aux combustibles minéraux paraissent indubitablement plus élevées pour les canaux et rivières que pour les voies ferrées.

5° Entre deux points déterminés, la longueur du parcours sur les voies navigables dépasse de plus d'un tiers celle du parcours sur rails. Tel est, du moins, le résultat moyen de nombreux rapprochements. A peine y a-t-il lieu d'ajouter que l'écart peut varier dans des limites étendues.

6° Le cheminement journalier moyen des marchandises transportées par la voie d'eau est de 19 ou 20 kilomètres. Il ne semble pas découler de la comparaison entre les constatations actuelles et celles du passé que la situation se soit grandement modifiée au point de vue des vitesses et du trajet quotidien. Cependant, de grosses dépenses ont été engagées depuis trente ans pour faciliter les transports par eau, pour augmenter le mouillage, pour hâter les opérations de sassement aux écluses, pour réduire les sujétions des passages rétrécis, pour faciliter les mouvements dans les souterrains et aux abords. Mais, en même temps, la circulation se développait et, avec elle, augmentaient les chances d'encombrement. L'unification du gabarit et l'accroissement du mouillage déterminaient, du reste, un relèvement corrélatif du tonnage des bateaux et, par suite, de l'effort nécessaire à la traction. Au surplus, les accélérations de la vitesse seront toujours restreintes : elles se traduisent par une majoration considérable de la résistance que l'eau oppose au déplacement des bateaux : de plus, une marche trop rapide dans les canaux soulèverait des ondes susceptibles de compromettre gravement la conservation des berges ; enfin, l'extension des services accélérés, soit avec propulsion mécanique, soit avec halage de jour et de nuit, donnerait lieu à des dépenses que supporteraient difficilement les marchandises pondéreuses.

Sur les chemins de fer, la plupart des marchandises pour lesquelles peut s'exercer la concurrence des voies fluviales sont transportées aux prix de tarifs spéciaux comportant des délais supplémentaires. Ces délais, s'il en était fait complètement usage, donneraient, aux distances moyennes, une durée de transport peu différente de celle des canaux et rivières ; la voie de fer ne prendrait l'avantage qu'aux longues distances. Mais, en fait, les Administrations de chemins de fer épuisent rarement leur droit, surtout pour les transports réguliers par grandes masses, et leur résistance aux demandes de réduction des délais réglementaires a toujours eu pour mobile principal un souci naturel de défense contre les réclamations, dans le cas où des circonstances exceptionnelles retarderaient les livraisons. Elles ont un intérêt manifeste à éviter l'immobilisation de leur matériel, à en assurer la rotation aussi rapide que possible.

La lenteur relative des transports par eau a l'inconvénient de contraindre les intéressés à prévoir leurs besoins et à faire leurs commandes plus longtemps à l'avance. En outre, les marchandises subissent des charges d'intérêt dont ne les grève pas l'emploi des chemins de fer ; si la valeur absolue de ces charges est minime pour les matières pondéreuses, leur valeur proportionnelle ne saurait cependant être considérée comme absolument négligeable. Aux pertes d'intérêt s'ajoute parfois une dépréciation imputable à l'action prolongée de l'air, de l'humidité, du soleil, de la gelée.

7° Une question intimement liée à la vitesse des transports est celle de leur régularité. Sur ce point, les voies navigables sont malheureusement dans un état que personne ne peut contester. Des causes nombreuses contribuent à les placer en cette fâcheuse situation : crues des rivières, gelées, sécheresses prolongées réduisant le mouillage des cours d'eau ou tarissant les ressources alimentaires des canaux, brouillards et vents violents, chômages pour les travaux d'amélioration et d'entretien, incidents divers, tels qu'échouage d'un bateau dans un passage rétréci ou avarie aux ouvrages, encombrements consécutifs aux interruptions de la navigation. Malgré les efforts incessants faits par le Département des travaux publics dans les limites de son champ d'action, ces causes ne disparaîtront jamais complètement. Une de leurs conséquences les plus onéreuses est d'obliger les industriels et commerçants à grossir leurs stocks d'approvisionnements, à immobiliser ainsi leurs capitaux, à disposer de vastes magasins, à subir en certains cas un préjudice sensible par suite de la détérioration des marchandises accumulées dans ces magasins.

Certes, le service des chemins de fer n'est pas non plus entièrement à l'abri des perturbations : les neiges, les incidents dans la marche des trains, les inondations, l'intensité exceptionnelle du trafic à certaines époques de l'année, d'autres circonstances encore peuvent entraîner de fâcheux retards. Toutefois, ces perturbations sont moins fréquentes et moins prolongées.

8° En ce qui concerne la capacité de trafic, les faits d'expérience ne fournissent d'argument solide ni pour ni contre les voies navigables dans leur concurrence avec les voies ferrées.

9° Pratiquement, les Compagnies de chemins de fer ont le monopole de la circulation sur leurs rails. Au contraire, les voies navigables sont ouvertes à tous : chacun jouit du droit d'y introduire son matériel et d'y effectuer ses transports. Il y a là, pour la batellerie, une cause particulièrement active de vitalité.

A cet avantage s'en ajoute un autre. Le nombre des embranchements particuliers, raccordant aux chemins de fer les établissements voisins, est nécessairement restreint : ils coûtent fort cher ; du reste, l'intérêt supérieur de la sécurité empêcherait de les multiplier. Dès lors, les voies ferrées ne sont accessibles qu'en certains points déterminés et souvent fort éloignés les uns des autres. Il en est différemment des rivières et des canaux dont l'accès reste constamment ouvert sur presque tout leur parcours : un bateau peut s'arrêter en un point quelconque pour y prendre ou y laisser des marchandises ; les voies navigables constituent de véritables ports continus.

10° Rapporté à la tonne de capacité, le prix de revient des bateaux n'est pas supérieur à 12 ou 16 p. 100 de celui du matériel des chemins de fer, suivant qu'on prend pour terme de comparaison des wagons de 10 tonnes ou des wagons de 20 tonnes. Mais les véhicules des voies ferrées se remplissent beaucoup plus souvent ; par suite, à égalité de tonnage kilométrique, la valeur en capital du matériel des chemins de fer ne dépasse pas de plus de 90 p. 100 ou de 40 p. 100 celle du matériel des voies fluviales, selon le terme de comparaison adopté. En tenant compte des charges d'amortissement et d'entretien, on peut dire que la dépense moyenne par tonne kilométrique est de 2 millimes 6 sur les rivières ou canaux et de 5 millimes 1 ou 3 millimes 7 sur les chemins de fer. Pour le trafic spécial de concurrence, qui se prête à une utilisation intensive des wagons, la navigation semble bien perdre sa supériorité et même être primée par le transport sur rails.

Au point de vue du poids mort, les bateaux ont toujours un avantage incontestable sur les wagons.

En ce qui concerne la traction, l'effort par tonne de poids brut, et *a fortiori* par tonne de poids utile, sur les voies ferrées dépasse, dans une très large proportion, l'effort correspondant sur les voies fluviales.

Par suite de la capacité considérable des bateaux, la navigation se prête mal au transport de détail et ne rend le plus souvent de réels services qu'aux entreprises industrielles ou commerciales ayant besoin de gros approvisionnements. L'infériorité des voies navigables, en ce qui touche le fractionnement des expéditions, est particulièrement sensible pour les agglomérations où les terrains sont d'un prix élevé et où l'on ne dispose pas, sans difficulté sérieuse, de vastes emplacements.

La modicité de la valeur des bateaux et celle des frais du personnel préposé à leur conduite permettent aux destinataires de les utiliser temporairement comme magasins. Pareille utilisation du matériel des chemins de fer est, au contraire, impossible.

11° La navigation offre des facilités exceptionnelles pour certaines marchandises, comme les produits de l'industrie métallurgique, constituant des masses indivisibles que leur volume ou leur poids ne permettent pas de transporter sur wagon. Elle se prête au transport en vrac des céréales.

D'autres marchandises sont, en raison de leur nature, exposées à une altération plus ou moins accusée, quand elles empruntent la voie d'eau. Cette altération, due à l'action prolongée des intempéries pendant le trajet et pendant le séjour en stock, parfois aussi à des manutentions plus nombreuses et plus rudes, est particulièrement à craindre pour les combustibles minéraux.

Généralement, la navigation présente des avantages pour les marchandises importées par les frontières maritimes et débarquées en des points que dessert le réseau fluvial.

12° Pour les chemins de fer, le montant des charges d'établissement et des charges d'entretien réunies est au plus de 2 centimes en moyenne par unité kilométrique de trafic sur l'ensemble du réseau et de 1 centime sur les lignes à circulation active, comme celles qui subissent la concurrence directe de la navigation intérieure. On peut, d'ailleurs, admettre un chiffre moindre en ce qui concerne spécialement les marchandises de la nature de celles qui forment le trafic fluvial.

Pour les voies navigables, les charges d'établissement sont de 1 centime 57 en moyenne par tonne kilométrique et les charges d'entretien de 3 millimes.

Même en tenant compte de la différence des parcours, la comparaison, en ce qui concerne le coût d'usage de la voie, donne des résultats manifestement favorables à la navigation, si on élimine pour celle-ci les charges d'intérêt et d'amortissement du capital. Dans le cas contraire, elle tourne à l'avantage des chemins de fer ou, du moins, ne laisse la supériorité qu'à un petit nombre de voies navigables, spécialement de rivières privilégiées au point de vue du trafic et des conditions naturelles de navigabilité.

13° Le prix moyen payé par les usagers pour le transport par eau d'une tonne à 1 kilomètre varie de 1 centime 45 à 2 centimes 25 suivant la nature des marchandises; il est de 1 centime 49 pour les combustibles minéraux et de 1 centime 67 pour l'ensemble du trafic. Une réduction supérieure à 30 p. 100 a été constatée depuis 25 ans. Des prix sensiblement inférieurs aux moyennes sont réalisés sur les voies à grande circulation. Les perfectionnements qu'appellent encore la structure du réseau, ses conditions de navigabilité ainsi que le matériel et les procédés d'exploitation permettent d'escompter de nouveaux abaissements; toutefois, une extrême prudence s'impose dans les prévisions d'avenir.

Sur les chemins de fer, la taxe kilométrique moyenne, afférente aux transports susceptibles d'emprunter les voies navigables, ne doit pas s'écarter très sensiblement de 3 centimes 5. Pour les combustibles minéraux, elle dépasse sans doute de fort peu 2 centimes et demi. Au premier abord, il semble que le champ des réductions possibles soit encore assez étendu. Mais les obstacles contre lesquels se heurte tout abaissement de taxes limité aux directions de concurrence, les charges relatives au personnel et imposées aux Compagnies par les Pouvoirs publics ou librement assumées par elles sous l'influence de l'évolution sociale, celles des transformations inévitables et coûteuses de l'outillage fixe ou mobile, enfin le lourd fardeau de l'amortissement des dépenses complémentaires exigent une sage circonspection.

Dans le rapprochement entre les prix kilométriques relatifs aux deux modes de transport, il convient d'avoir égard aux différences des parcours et de diminuer d'un quart les taxes des chemins de fer ou d'augmenter d'un tiers le fret des voies navigables. Malgré cette rectification, les canaux et rivières conservent un avantage indéniable, sauf dans des cas tout à fait particuliers. Pour les houilles et cokes, le rapport moyen du tarif par rails au fret ne s'écarte pas sensiblement de 1,5; l'écart suffit, mais est nécessaire pour compenser les inconvénients de la navigation. En l'état, on peut dire qu'il y a parité entre les voies ferrées et les voies navigables du Nord.

La navigation convient surtout aux transports à longue distance.

Cependant, quand les tarifs des chemins de fer ont une base rapidement décroissante, la supériorité de la batellerie peut atteindre son apogée aux distances moyennes.

Il ne paraît pas que la différence des prix soit encore susceptible de variations profondes. Selon toute probabilité, les efforts à accomplir auront principalement pour effet de ne pas laisser nos instruments de circulation en dehors du mouvement dû aux progrès incessants de la science, de prévenir leur déchéance, de contrebalancer les causes inéluctables de relèvement.

14° Si l'on veut apprécier le prix de revient des transports, non plus pour les usagers, mais pour le pays, il faut, en ce qui concerne la navigation fluviale, ajouter au fret les charges d'entretien et une fraction des charges d'établissement dont la quotité dépend de la mesure dans laquelle on considère les dépenses de construction comme amorties. En ce qui touche le réseau des voies ferrées, les taxes perçues peuvent être maintenues telles quelles.

Lorsqu'on laisse de côté les charges d'établissement et qu'on tient compte des seules dépenses d'entretien pour les voies navigables, celles-ci présentent un avantage marqué. Au contraire, lorsqu'on fait entrer dans le calcul des prix de transport par eau la totalité des dépenses d'établissement, l'avantage passe aux chemins de fer. Le premier procédé de calcul favorise outre mesure les voies fluviales; le second leur est trop défavorable. Suivant toute vraisemblance, la parité n'est pas loin d'exister pour l'ensemble du trafic ; mais les chemins de fer ont la supériorité pour les marchandises au profit desquelles les Compagnies abaissent le plus leurs tarifs.

Ces données générales n'ont d'autre valeur que celle qui s'attache à des moyennes. Quand le trafic de concurrence a une grande activité, les charges d'établissement et d'entretien des canaux ou canalisations par tonne kilométrique descendent à des chiffres très modiques, et le prix de revient sur la voie d'eau devient, sans conteste, inférieur au prix sur rails; des circonstances topographiques favorables, diminuant l'écart entre les longueurs des parcours pour les deux voies concurrentes, peuvent aussi concourir à la supériorité économique de la navigation. Quand la circulation présente peu d'intensité, les frais de construction et d'entretien grèvent lourdement chaque unité de trafic de la voie navigable; celle-ci est indubitablement plus coûteuse, quelque large que l'on soit dans l'appréciation de la part des dépenses d'établissement susceptible d'être réputée amortie. Dans les conditions ordinaires, il faut aux voies navigables un tonnage de 500 000 tonnes environ pour que le prix de revient moyen des transports ne dépasse pas celui des chemins de fer. Pour les voies navigables nouvelles, les charges du capital doivent entrer tout entières dans les supputations.

Si les Administrations de chemins de fer n'étaient pas astreintes à généraliser les abaissements de taxes, elles pourraient souvent, il est juste de le reconnaître, par l'exécution des travaux complémentaires voulus, par la multiplication des voies et, au besoin, par l'ouverture de lignes auxiliaires, lutter avec succès contre la navigation, même pour des courants de circulation exceptionnellement actifs, à l'écoulement desquels ne suffisent pas les lignes préexistantes. Mais les entraves qui les enserrent affaiblissent singulièrement leur capacité de concurrence. Une grande force leur reste, c'est de joindre au trafic concurrencé, au trafic des matières pondéreuses transportées par gros chargements, celui des autres marchandises, des messageries, des voyageurs, et d'utiliser ainsi plus largement leur outillage.

15° Il n'existe plus qu'un très petit nombre de voies navigables concédées. Ces voies sont naturellement, au point de vue de la concurrence avec les chemins de fer, dans une situation inférieure à celle des voies non concédées. Des circonstances spéciales peuvent seules assurer encore à quelques-unes d'entre elles une vitalité réelle.

Sans rouvrir l'ère des concessions, les Pouvoirs publics ont admis, sur des voies nouvelles, l'institution de péages temporaires, perçus non plus au profit de l'État ou de concessionnaires, mais en compensation de subsides fournis pour la construction par les intéressés ou leurs représentants, notamment par les chambres de commerce. Ces péages ne sont compatibles qu'avec une circulation très active et doivent rester dans des limites modérées.

Quelles conclusions peut-on et doit-on déduire de ce trop long exposé ?

Une distinction s'impose entre les voies navigables existantes et les voies navigables à établir.

Pour les premières, toute discussion rétrospective sur les erreurs qui ont pu être commises dans la mesure de leur utilité serait à peu près stérile, manquerait d'intérêt pratique et n'aurait guère qu'un caractère doctrinal. En économie politique et en administration, comme en politique, il faut prendre les faits accomplis, tels qu'ils sont, et chercher à tirer de ces faits le meilleur parti possible.

Les canalisations et les canaux que les générations précédentes nous ont légués ou que notre génération a ajoutés à l'héritage du passé sont des instruments pour lesquels le pays a consenti des sacrifices considérables. Ce serait une faute impardonnable que de laisser péricliter une partie si importante de l'outillage national, que de ne point veiller sans relâche à sa conservation et à son amélioration. Les

Pouvoirs publics failliraient à leur devoir, s'ils ne faisaient pas bonne garde à cet égard, s'ils n'employaient pas leur activité et leurs ressources à perfectionner nos voies navigables et à aider aux progrès de la batellerie, qui vit encore dans des conditions quelque peu primitives Certes, la troisième République n'a pas ménagé ses efforts : outre la transformation d'artères anciennes et la création d'artères nouvelles, son œuvre comprend l'unification du gabarit des voies principales, de manière à éviter les ruptures de charge et à augmenter le tonnage des bateaux, la réduction des chômages au strict minimum par le développement des procédés de réparation sans vidange ni abaissement des biefs, l'accroissement des moyens d'alimentation là où ils étaient insuffisants, la libération des canaux concédés, etc. Mais, si vaste que soit la carrière parcourue, s'arrêter serait reculer. L'œuvre d'hier appelle l'œuvre de demain; la loi d'airain de l'évolution incessante que subissent toutes choses n'autorise ni trêve ni répit.

De son côté, l'industrie privée, entre les mains de laquelle a été remise et doit rester l'exploitation des voies navigables, marcherait à une déchéance véritable si elle ne se tenait pas à la hauteur de sa tâche, si elle ne savait pas profiter des conquêtes de la science. L'Administration, sans sortir de son rôle, a le devoir de la pousser, de la stimuler, de lui prêter tout son concours, de ne lui refuser aucune des facilités compatibles avec l'intérêt public, de prendre elle-même une certaine initiative, d'encourager les expériences utiles et de leur donner au besoin l'appui des deniers publics.

C'est un devoir supérieur pour le pays, comme pour ses mandataires et ses agents, de ne rien négliger afin de mettre en valeur le patrimoine national; c'est de plus une nécessité du combat pour la vie que la France soutient contre les peuples rivaux sur le terrain commercial. Les sommes consacrées aux améliorations seront bien placées, puisqu'avec un faible appoint aux dépenses primitives d'établissement, elles rendront ces dépenses beaucoup plus productives.

En ce qui concerne les voies navigables nouvelles, la question est plus délicate et plus complexe. A ne considérer que le prix de revient réel des transports, y compris les charges d'intérêt et d'amortissement du capital de construction, il faudrait, pour justifier leur établissement, un ensemble de circonstances presque exceptionnelles, notamment la perspective d'un trafic d'extrême activité. Mais cette considération n'est pas la seule dont aient à s'inspirer les Pouvoirs publics.

Par les facilités d'ordres divers qu'ils offrent au transport des marchandises pondéreuses, les canaux peuvent contribuer puissamment à développer le mouvement industriel et la richesse du pays. Les exemples de leur influence abondent. En 1887 (Traité des chemins de fer), je citais dans les termes suivants l'un de ces exemples, celui du canal de la Marne au Rhin, que ma carrière d'ingénieur m'avait conduit à étudier de très près : « Cette belle voie navi-« gable, juxtaposée sur une grande partie de sa longueur au chemin « de fer de Paris à Strasbourg, a donné un essor véritablement pro-« digieux à l'industrie minière, salicole et sidérurgique, dans notre « beau pays de Lorraine. Les minerais qui dormaient sous terre « depuis des siècles ont été arrachés à leur sommeil séculaire ; les « usines sont comme sorties de terre, s'amoncelant les unes contre « les autres, entre le canal qui leur apporte les matières premières et « le chemin de fer qui emporte leurs produits. Ce ne sont que mines, « forges, hauts fourneaux, salines et carrières, se succédant presque « sans interruption dans la banlieue de Nancy. A elle seule, la voie « ferrée eût difficilement engendré cette situation merveilleuse. Il y a « eu là, comme il y a sur d'autre points du territoire, une transforma-« tion radicale de la face du pays, un développement d'activité et, « par suite, de richesse, dont la France profite largement, dont le Trésor « lui-même recueille le bénéfice sous mille formes diverses et qui doit « fournir une ample compensation des charges de premier établisse-« ment et d'entretien. » Ce tableau remonte à vingt-cinq ans bientôt, mais le temps, loin d'en affaiblir les couleurs, n'a fait que les aviver. Des faits semblables se sont, d'ailleurs, produits et se produiront encore ailleurs.

Sans doute, si les voies ferrées étaient restées entre les mains de l'État, les Pouvoirs publics auraient pu, en employant l'épargne à leur amélioration et à l'amortissement de leurs dépenses de premier établissement, au lieu de construire des voies navigables parallèles, obtenir des résultats sinon identiques, du moins comparables, et ce n'est pas l'un des moindres motifs pour lesquels certaines personnes regrettent l'aliénation des chemins de fer. Mais on ne saurait faire abstraction du régime existant : le réseau ferré a été remis pour de longues années à des Sociétés, qui doivent chercher dans les produits de l'exploitation la rémunération de leurs capitaux, qui ne peuvent point trouver, comme l'État, une compensation indirecte de leurs sacrifices dans le développement de la richesse publique, et dont la tendance inévitable est de ne point consentir aux réductions de taxes quand leurs recettes nettes risquent d'en être compromises, même à titre purement temporaire. La différence entre la condition légale des chemins de fer et celle des canaux rend ceux-ci aptes à remplir un rôle dont les premiers sont incapables. En outre, la concurrence de la navigation constitue un modérateur, un stimulant pour les Compagnies, les tient en haleine, les incite à améliorer leur service et à abaisser leurs tarifs, leur apporte, comme contre-partie, le bénéfice d'un accroissement général de la circulation et peut finalement déterminer une augmentation de leur produit net. A un point de vue théorique et abstrait, cette concurrence n'échappe ni aux controverses ni aux critiques ; elle se comprendrait peu, je le répète, dans le cas où le réseau des chemins de fer serait exploité par l'État; mais elle s'explique davantage, si, au lieu de la juger de trop haut, on ne la sépare pas des circonstances et des conditions dans lesquelles elle s'exerce.

Cependant je me hâte d'ajouter qu'il ne faut pas aller trop loin et qu'il importe de se garder contre les entraînements. Si les règles doctrinales de la science économique comportent des tempéraments dans l'application, ce serait risquer de cruels mécomptes que de vouloir les méconnaître complètement. A défaut d'autre raison, la solidarité intime qui existe, surtout depuis les conventions de 1883, entre les intérêts du Trésor et ceux des Compagnies, la très large place que les titres de chemins de fer occupent sur le marché des valeurs et l'atteinte que leur dépression porte fatalement au crédit public, suffiraient pour commander une grande réserve et une sage modération. L'ouverture de voies navigables nouvelles, dans les régions qui n'offrent pas d'éléments puissants de trafic et où les lignes de chemins de fer sont peu chargées, serait une faute administrative, économique et financière; elle ferait peser sur la nation un fardeau excessif au profit d'un nombre trop restreint d'intéressés. Mieux vaudrait alors, si la nécessité en apparaissait, s'efforcer d'obtenir par d'autres moyens un abaissement convenable du prix des transports sur rails, et rechercher à cet effet, par exemple, une entente avec les Compagnies de chemins de fer; on ne limiterait point ainsi le bénéfice des réductions à des localités et à des industries qui auraient été reconnues incapables de fournir un mouvement actif de circulation.

Pour me résumer, je formule en deux mots la ligne de conduite qui me paraît s'imposer aux Pouvoirs publics. Ne rien négliger en vue d'améliorer le réseau actuel de navigation et de perfectionner son exploitation, se montrer sobre et prudent dans l'ouverture de voies navigables nouvelles, tel doit être, à mon avis, le programme du Gouvernement et des Chambres.

19. Les chemins de fer et les voies navigables en Allemagne. — Dans beaucoup de pays étrangers, le régime des voies de transport diffère profondément du nôtre. Tandis que nos voies ferrées sont pour la plupart concédées et nos voies navigables administrées par l'État, nous voyons prévaloir, ailleurs, tantôt l'abandon des chemins de fer et des voies de navigation ou tout au moins des canaux à l'industrie privée, tantôt au contraire l'administration des uns et des autres par l'État, tantôt des systèmes mixtes divers. Alors que nous mettons gratuitement la voie d'eau à la disposition de la batellerie, d'autres nations, même parmi celles qui administrent directement leurs fleuves et leurs canaux, perçoivent des péages plus ou moins élevés.

La comparaison entre les résultats de l'expérience à l'étranger et ceux de l'expérience française offre donc un intérêt plutôt scientifique que pratique.

Cependant, on a si souvent reproché à la France de se confiner outre mesure dans ses frontières et de ne pas chercher assez d'enseignements au dehors qu'il me paraît impossible de ne point examiner rapidement, pour quelques pays, comme l'Allemagne, l'Angleterre, la Belgique, les États-Unis d'Amérique et la Russie, la situation relative de la navigation et des transports sur rails.

L'Allemagne a été singulièrement favorisée par la nature au point de vue des communications fluviales. Dans ses vastes plaines coulent, du Sud vers le Nord, trois grands fleuves à faible pente, le Rhin, l'Elbe et l'Oder, qui, avec quelques autres et avec les affluents, la couvrent d'un véritable réseau. Ces fleuves, d'allure relativement paisible, offrent, sinon beaucoup de profondeur, du moins une nappe d'eau dont l'étendue permet d'employer des bateaux longs et larges, ainsi que de puissants moteurs mécaniques. Tous trois se prêtaient, d'ailleurs, à des travaux de régularisation peu coûteux. Chacun d'eux trouve, soit dans l'importation des produits qui font défaut au sol allemand, soit dans l'exportation ou le transport intérieur des produits nationaux, les éléments d'un trafic abondant. En ce qui concerne ces derniers produits, il suffira de citer : pour le Rhin, les houilles de Westphalie; pour l'Elbe, les lignites de Bohême; pour l'Oder, les houilles de Silésie; pour le Rhin et l'Oder, les minerais.

Quand fut constitué l'Empire, à la suite des événements de 1870, les voies navigables de l'Allemagne avaient déjà un mouvement d'une certaine activité. Cependant, elles se trouvaient dans un état rudimentaire et présentaient des conditions déplorables d'exploitation[1]. Il

[1]) Voir un rapport de M. l'ingénieur Aron, inséré aux *Annales des Ponts et Chaussées*, 1904.

semblait que l'opinion les considérât comme des instruments surannés. Les faibles tonnages constituaient la règle : sur le Rhin, la jauge des bateaux était en moyenne de 130 tonnes et n'allait guère au delà de 400, même pour des parcours limités à la région inférieure du fleuve ; la situation de l'Elbe différait peu de celle du Rhin ; presque inaccessible en amont de Breslau, l'Oder ne fournissait aux bateaux de 125 tonnes, en aval de cette ville, qu'un chenal étroit et dangereux. Que dire des fleuves secondaires? Les seuls canaux intéressants à signaler étaient ceux de la Marche de Brandebourg, qui reliaient Berlin à l'Elbe, d'une part, à l'Oder, d'autre part, et dont les lignes principales livraient passage à des bateaux d'une jauge maximum de 225 tonnes.

Depuis, des transformations profondes se sont accomplies. Un aménagement méthodique du lit moyen des fleuves ou rivières, et partiellement aussi de leur lit mineur, a procuré des mouillages assurant aux gros bateaux, non seulement la sécurité et la rapidité de la circulation en eaux normales, mais encore la possibilité d'un chargement rémunérateur en basses eaux. Les sections de cours d'eau qu'une simple régularisation n'aurait pu approprier à la navigation moderne ont été canalisées et pourvues d'écluses de grandes dimensions. En même temps, les jonctions artificielles entre des rivières ayant un trafic important faisaient place à des canaux d'un profil plus ample ; des voies nouvelles étaient ouvertes dans certaines parties du territoire qui en avaient été jusqu'alors dépourvues. Le but poursuivi par les Pouvoirs publics était de créer un réseau hydraulique accessible aux bateaux d'une capacité minimum de 400 tonnes à l'Est de Berlin et de 600 tonnes à l'Ouest.

Parmi les œuvres principales se rangent : 1° la canalisation du Main, d'Offenbach à Mayence ; 2° celle de la Sprée inférieure; 3° le canal de l'Oder à la Sprée ; 4° la canalisation de la Fulda, de Cassel à Münden ; 5° celle de l'Oder supérieur (faite pour l'écoulement des houilles de la Silésie) ; 6° le canal de Dortmund à l'Ems (mettant les centres industriels de la Westphalie en relation avec le port d'Emden sur la mer du Nord) ; 7° le canal de l'Elbe à la Trave (établissant une communication directe entre Lubeck et Hambourg).

Il y a lieu de mentionner, en outre, le canal de la Baltique (Kaiser-Wilhelm-Canal), le canal de Königsberg et la correction du Weser inférieur, qui répondent surtout aux besoins de la navigation maritime.

Le canal de Dortmund à l'Ems mérite de fixer particulièrement l'attention. Son profil normal comporte une largeur de 18 mètres au plafond et un mouillage de $2^{m},50$; ses écluses ont 3 mètres d'eau sur les buses ; les bateaux admis à y circuler peuvent avoir 67 mètres de longueur, $8^{m},20$ de largeur et 2 mètres d'enfoncement. Cette belle voie ne constitue qu'un tronçon de l'artère transversale par laquelle le Gouvernement s'est depuis longtemps proposé de réunir le Rhin, l'Ems et l'Elbe; le lien entre le Rhin et l'Ems, notamment, devait reporter sur le port allemand d'Emden une fraction du trafic passant par le port néerlandais de Rotterdam. La crainte de voir les blés venant des ports de l'Ouest et les houilles de la Westphalie envahir les régions qu'alimentent les blés des provinces orientales et les houilles de la Silésie a suscité, de la part des représentants de l'Est, une vive opposition au Mittelland-Canal. Finalement, le Landtag s'est refusé à l'adoption intégrale du projet; il a exigé que le canal s'arrêtât à Hanovre, au lieu d'aller jusqu'à l'Oder, et que de grands travaux d'amélioration fussent exécutés sur la plupart des autres voies navigables.

Dans l'établissement des canaux, l'Administration allemande s'est moins attachée à construire économiquement qu'à faciliter l'exploitation, par exemple en allongeant les biefs. Elle n'a reculé, ni devant l'accroissement de la chute des écluses, ni devant l'augmentation de la hauteur des remblais. Le soin apporté aux études est attesté par des ouvrages d'art remarquables.

Un fait saillant est l'organisation des ports fluviaux, dont beaucoup rivalisent avec les ports maritimes par l'ampleur de leurs installations et la puissance de leur outillage.

Aux efforts de l'Administration se sont intimement unis ceux des intéressés, qui suivaient pas à pas les améliorations de la voie afin d'en tirer un parti immédiat, en perfectionnant sans relâche le matériel de la batellerie, les procédés de traction et, d'une manière générale, tous les moyens d'utilisation.

Suivant les documents officiels exposés à Bruxelles en 1910, la longueur des voies navigables proprement dites (rivières, lacs ou canaux) ne s'était élevée que de 12.319 à 12.620 kilomètres pendant la période de 1875 à 1905. L'Annuaire statistique de l'Empire allemand pour 1907 évaluait cette longueur à 13.800 kilomètres, d'après le *Guide des voies hydrauliques*. MM. Colson et Marlio ont, d'ailleurs, indiqué, dans leur rapport au Congrès des chemins de fer (session de Berne, 1910), que le chiffre global de 13.000 kilomètres environ comprenait 2.400 kilomètres de rivières canalisées et 2.400 kilomètres de canaux.

Abstraction faite des voies à trafic nul ou insignifiant et des sections maritimes de rivières pour lesquelles la navigation fluviale n'a pas été l'objet d'une statistique régulière, il reste seulement 10.000 kilomètres. La situation ne s'est pour ainsi dire pas modifiée de 1875 à 1905 : en effet, la déchéance de voies anciennes à dimensions transversales restreintes a compensé l'appoint de quelques centaines de kilomètres. dû à l'ouverture de nouveaux canaux.

Mais des résultats admirables ont été obtenus au point de vue de ce que nos voisins appellent la capacité de rendement.

Le rôle prépondérant appartient au Rhin, à l'Elbe et à l'Oder, qui donnent plus des trois quarts du tonnage ramené au parcours d'un kilomètre. Ces trois fleuves sont à courant libre, sauf la partie amont de l'Oder, canalisée sur 80 kilomètres.

Au premier rang, et bien loin à l'avant, se place le Rhin. Il sert de véhicule pour les blés étrangers destinés, non seulement aux populations si denses de la vallée qu'il baigne de ses eaux, mais aussi à celles de l'immense territoire qu'il dessert par Mannheim ou Francfort, ainsi que pour les produits industriels exportés ou consommés à l'intérieur, surtout pour les houilles de Westphalie. Son trafic, supérieur à celui de tous les autres fleuves européens, est comparable à celui des grands lacs de l'Amérique du Nord. Un de ses affluents, le Main, qui permet aux gros bateaux l'accès de Francfort, a une réelle importance: le Neckar, autre affluent, en présente moins.

L'Elbe traverse la Saxe et la Prusse, puis aboutit à un port allemand magnifique, celui de Hambourg. Ce fleuve se divise, de l'amont à l'aval, en deux sections bien distinctes : l'une, d'Aussig à Magdebourg, qu'alimentent les lignites de Bohême, les sucres, les céréales, les fruits ; la seconde, de Magdebourg et de la Havel à Hambourg, dont le trafic est fourni principalement par les échanges entre ce dernier port et Berlin. Le réseau du Brandebourg relie intimement l'Elbe à la capitale prussienne, à l'Oder et au bassin houiller de la Silésie. Son tributaire, la Saale, n'a que le caractère d'un affluent secondaire.

Quant à l'Oder, dont les ingénieurs ont su dompter les révoltes, il reçoit à Kosel les houilles de Silésie, concourt à approvisionner Berlin, entretient des rapports avec l'Elbe et avec Hambourg (plus facilement accessible que le port de Stettin où il débouche), enfin se rattache par la Warthe et la Netze à l'Allemagne de l'Est, à la Vistule et au port de Dantzig.

Au nombre des cours d'eau naturels, il convient de signaler encore: le Weser, sur lequel se trouve le port de Brême, et son affluent, la Fulda : a Vistule, qui aboutit à Dantzig; la Pregel; la Memel ; le Danube, entre Ulm et la frontière autrichienne.

Le réseau mixte de rivières et de canaux, dit réseau du Brandebourg, relie Berlin à Hambourg, à la Saxe et à la Bohême, vers l'Ouest, à Stettin et à la Silésie, vers l'Est.

Des canaux récents et également remarquables sont le canal de l'Elbe à la Trave et celui de Dortmund à l'Ems. Le premier a été construit par la ville de Lubeck, avec le concours de l'Etat prussien, pour rattacher à l'Elbe le port de Lubeck, centre du trafic germano-suédois, et soutenir la lutte contre Hambourg. J'ai déjà donné, au sujet du canal de Dortmund à l'Ems, des indications sur lesquelles il est inutile de revenir.

A l'occasion de récents débats parlementaires, l'Administration a récapitulé les dépenses faites, de 1816 à 1905, pour la construction et l'amélioration des voies navigables allemandes, par l'État prussien, dont le territoire comprend la plus grande partie du réseau. Ces dépenses atteignaient les chiffres suivants : 1° Rhin, Weser, Elbe, Oder et leurs affluents non canalisés, 180 millions de francs, somme englobant quelques travaux d'intérêt surtout agricole ; 2° Vistule et fleuves situés plus à l'Est, 180 millions de francs, somme dans laquelle entraient pour une part prépondérante des opérations intéressant d'une manière presque exclusive l'agriculture ; 3° canaux et rivières canalisées, 230 millions. La réalisation du nouveau programme devait y ajouter 417 millions, employés à construire 300 kilomètres de voies nouvelles et à améliorer 700 kilomètres de voies existantes.

M. Colson (*Transports et Tarifs*, 1908) évalue à 20 millions de francs environ les frais annuels d'entretien et d'administration.

Restent en dehors des chiffres précédents les dépenses d'établissement et d'outillage des ports, généralement créés et administrés par les villes. Ces dépenses dépassent 200 millions ; les droits d'usage donnent au capital une rémunération de 2 à 3 p. 100.

Suivant le rapport précité de MM. Colson et Marlio au Congrès international des chemins de fer (session de Berne, 1910), la moitié du réseau est accessible à des bateaux ayant un tirant d'eau de plus d'un mètre cinquante. Le Rhin a, en basses eaux normales, un mouillage de 2 mètres entre Mannheim et Saint-Goar, de 2 m. 50 entre Saint-Goar et Cologne, de 3 mètres au-dessous de Cologne.

Les glaces interrompent la navigation sur les fleuves allemands pendant des périodes variant d'un à trois mois selon les régions et les années. C'est la Prusse orientale qui en souffre le plus. D'autre part, les sécheresses obligent souvent la batellerie à réduire ses chargements.

Des droits de circulation et d'éclusage sont perçus en Allemagne sur les rivières canalisées et les canaux.

En ce qui concerne les voies navigables naturelles, les Pouvoirs publics ont longtemps respecté le vieux principe de « l'Eau libre », admis comme une protestation contre des exactions anciennes. La gratuité était, d'ailleurs, garantie pour tous les fleuves par la constitution de l'Empire et, pour les deux principaux, par des conventions internationales. Mais le Parlement prussien a introduit, dans la loi récente approuvant le programme d'extension et d'amélioration du réseau, une disposition en vertu de laquelle des péages doivent être créés, même sur les rivières à courant libre, afin de pourvoir aux charges d'intérêts des travaux neufs ; les taxes ainsi instituées lui ont paru conciliables avec la règle ancienne, un fleuve ne pouvant être réputé naturellement navigable que dans la mesure où il n'a pas été transformé. Le Gouvernement a, du reste, proposé de reviser la constitution à cet égard.

Tous les tarifs divisent les marchandises, d'après leur valeur, en deux, trois ou quatre classes. Ils diffèrent d'une voie navigable à l'autre. En 1910, MM. Colson et Marlio citaient des chiffres oscillant entre 6 dixièmes de millime et 9 millimes par tonne kilométrique.

Les perceptions ne suffisent pas à couvrir les frais d'entretien, sauf sur les canaux du Brandebourg, pour lesquels le gouvernement prussien a relevé les droits, dans le but de faire face aux dépenses d'entretien et de rémunérer à 4 p. 100 les dépenses des travaux d'amélioration exécutés depuis 20 ans. Dans l'ensemble, les recettes de 1905, y compris celles des ports appartenant à l'État, n'ont été que de 14 300 000 francs environ, alors que les frais d'entretien et d'administration s'élevaient à 26 300 000 francs.

A la même époque, pour les ports communaux ou privés, les recettes (9 500 000 francs) laissaient un produit net représentant 2,5 p. 100 du capital d'établissement.

La ligne de conduite financière suivie par l'Allemagne, ou tout au moins par la Prusse, pour le développement des voies navigables, consiste à garder au compte de l'État les opérations d'une utilité générale incontestable et à doter simplement de subventions, distribuées sans aucune prodigalité, les opérations dont l'utilité locale semble prédominante. Parmi les opérations de cette dernière catégorie, nous avons déjà rencontré le canal de l'Elbe à la Trave, aux dépenses duquel l'État prussien a concouru dans la proportion du tiers.

Ordinairement, l'Administration centrale ne participe à l'établissement des ports fluviaux que par la création des bassins de refuge destinés à préserver la batellerie des hautes eaux et des débâcles de glaces. La construction des quais de transit, des voies d'accès, des raccordements avec les chemins de fer est abandonnée à l'initiative des communes et des particuliers. Néanmoins, le cas échéant, l'État supplée au défaut d'action des intéressés. On peut citer, à titre d'exemple de ports payés par l'État : sur le Rhin, Ruhrort, port des charbons westphaliens : sur l'Oder, Kosel, nouveau port des charbons silésiens ; sur l'Ems, Emden, qui, à la vérité, est un port de mer, mais dont le sort se lie étroitement à celui du canal de Dortmund à l'Ems. Un cas particulier, digne de retenir l'attention, est celui de Mannheim, tête de ligne du Rhin et des voies ferrées de l'État badois, véritable capitale industrielle du grand-duché : abstraction faite d'une partie récente, dite *industriehafen*, affectée aux concessions d'emplacements pour des industries fixes et construite par la ville, l'État de Bade a établi lui-même le port, qui comporte des installations immenses, et en a confié l'exploitation à l'Administration des chemins de fer de l'État.

L'autorité qui construit est aussi l'autorité qui exploite. Pour ne relater qu'un exemple, emprunté aux voies navigables établies par les localités, la ville de Lubeck administre le canal de l'Elbe à la Trave ; une commission spéciale la représente et agit sous le contrôle de l'État prussien ; celui-ci contribue aux frais d'entretien et d'exploitation, dans la même proportion qu'aux dépenses de construction, et se borne à exercer une surveillance générale, notamment à homologuer les tarifs.

Un des traits essentiels qui caractérisent l'administration des ports municipaux est l'unité de direction. Tous les services relèvent d'un directeur, agent de la municipalité. Seule, la douane conserve son indépendance.

Il convient de mentionner aussi la facilité avec laquelle les industriels obtiennent sur les quais des emplacements loués à l'année et réservés à leur trafic.

La flotte de navigation intérieure a bénéficié d'une énorme augmentation, sinon dans le nombre des bateaux, du moins dans leur tonnage, comme l'attestent les recensements de 1877 et de 1902, dont les résultats figuraient à l'Exposition de Bruxelles (1910) et se résument ainsi :

1. — BATEAUX A VOILES ET CHALANDS

		1877	1902
Nombre des bateaux de	10 à 50 tonnes.	7.140	5.607
—	50 à 100 —	5.570	3.299
—	100 à 150 —	2.247	1.537
—	150 à 200 —	832	2.370
—	200 à 250 —	461	3.231
—	250 à 300 —	239	1.067
—	300 à 400 —	267	1.505
—	400 à 500 —	87	772
—	500 à 600 —	30	637
—	600 à 700 —	18	414
—	700 à 800 —	2	278
—	800 à 900 —	»	213
—	900 à 1.000 —	»	200
—	1.000 à 1.200 —	»	204
—	1.200 à 1.400 —	»	118
—	1.400 et plus —	»	234
Totaux		16.893	21.686
Nombre de bateaux dont le tonnage n'a pas été déterminé		190	549
Totaux		17.083	22.235
Tonnage moyen approximatif		80 t.	220 t.

2. — BATEAUX A VAPEUR

	1877	1902
Nombre des bateaux pour passagers	269	1.192
Nombre des bateaux pour le trafic des marchandises	301	1.412
Totaux	570	2.604

3. — BATEAUX DE TOUTE NATURE

	1877	1902
Nombre	17.653	24.839
Tonnage total approximatif	1.400.000 t.	5.000.000 t.

Au 1er janvier 1903, les bâtiments de mer allemands ne jaugeaient ensemble que 2 200 000 tonnes-registre et n'avaient, dès lors, qu'une capacité de chargement d'environ 3 300 000 tonnes métriques, très inférieure à celle des bateaux de navigation fluviale.

L'accroissement du nombre des bateaux à vapeur et surtout de leur puissance (360 000 chevaux, au lieu de 35 000) est particulièrement remarquable. Il montre les progrès accomplis dans l'emploi de la traction mécanique, qui, au point de vue de la vitesse et de la régularité du trafic, rapproche les conditions des transports par eau de celles des transports par chemin de fer.

Comme je l'ai déjà rappelé, le but poursuivi par les Pouvoirs publics a été de créer un réseau hydraulique accessible aux bateaux d'une capacité minimum de 400 tonnes à l'Est de Berlin et de 600 tonnes à l'Ouest.

Sur le Rhin, le tonnage des chalands atteint normalement 1 000, 1 200, 1 500 tonnes et exceptionnellement 2 000 ou même 2 800. L'augmentation de la jauge a coïncidé avec la substitution du fer au bois dans la construction.

D'Aussig à l'embouchure, l'Elbe porte des bateaux dont les plus nombreux ont encore 550 ou 600 tonnes, mais dont beaucoup vont à 1 000 et 1 200 tonnes.

Les bateaux de 450 tonnes pénètrent par l'Oder jusqu'au centre des charbonnages silésiens.

Pour les voies les plus importantes du réseau de Brandebourg, le tonnage est de 600 tonnes.

Le canal de Dortmund à l'Ems livre passage à des bateaux de types variés, parmi lesquels des chalands en fer de 950 tonnes.

Presque partout, même sur les canaux, le remorquage à vapeur a remplacé l'ancien halage par des chevaux et la navigation à voiles, autrefois très usitée. Le canal Teltow est doté de la traction électrique par locomotives sur berges.

La possibilité du remorquage ne constitue pas l'un des moindres avantages attachés à l'emploi des grandes sections. Elle procure une économie notable, accélère les transports et permet une moindre immobilisation des capitaux.

Usant de la faculté que lui laissaient ses accords avec l'État prussien, la ville de Lubeck s'est attribué le monopole de la traction mécanique sur le canal de l'Elbe à la Trave, sans exclure d'ailleurs le halage par chevaux. La loi du 1er avril 1901 a décidé que, sur le grand canal du Rhin à Hanovre, un monopole d'État serait établi pour la traction. Tous les modes de traction autres que le halage électrique sont interdits sur le canal Teltow; l'Administration du canal a le monopole de ce halage et perçoit 5 millimes par tonne kilométrique.

Établissons maintenant un parallèle entre les taxes des chemins de fer et les prix du fret.

La tarification des chemins de fer comprend : 1° trois tarifs généraux, dont un pour les expéditions de détail, un autre (A_1) pour les expéditions par wagon complet de 5 tonnes, le dernier (B) pour les expéditions par wagon complet de 10 tonnes ; 2° cinq tarifs spéciaux applicables à des marchandises dénommées, le premier pour les expéditions de détail et les quatre autres (A_2, I, II, III) pour les expéditions par wagon complet de 5 tonnes ou de 10 tonnes : 3° des tarifs exceptionnels, dont bénéficient la plupart des marchandises pondéreuses et qui régissent les deux tiers du trafic de petite vitesse.

En ce qui concerne les tarifs spéciaux par wagon complet, les marchandises ont été divisées en trois catégories : 1° céréales, laines, cotons, machines, etc. ; 2° fer en barres, acier, lin, chanvre, bois, pierres de taille ; 3° houilles, minerais, sels, pommes de terre, etc. Les quatre tarifs s'appliquent respectivement : le tarif A_2 aux expéditions des marchandises de la première et de la deuxième catégorie par wagon de 5 tonnes ; le tarif I aux expéditions des marchandises de la première catégorie par wagon de 10 tonnes ; le tarif II aux expéditions des marchandises de la deuxième catégorie par wagon de 10 tonnes ou des marchandises de la troisième catégorie par wagon de 5 tonnes ; le tarif III aux expéditions des marchandises de la troisième catégorie par wagon de 10 tonnes.

Nous pouvons, dans l'étude comparative des voies ferrées et des voies navigables, laisser de côté les tarifs des expéditions de détail. Les autres tarifs généraux ou spéciaux, sauf le tarif spécial III, ont des bases constantes : 8 c. 375 pour le tarif A_2; 7 c. 5 pour le tarif B ; 6 c. 25 pour le tarif A_2 ; 5 c. 625 pour le tarif I ; 4 c. 375 pour le tarif II; quant au tarif III, sa base est au début de 3 c. 25 et s'abaisse à 2 c. 75 au delà de 100 kilomètres.

Les tarifs exceptionnels, plus réduits, sont souvent à base décroissante. Cependant les régions de l'Est et du Sud ont parfois entravé la décroissance, afin de se protéger contre l'invasion des produits venant d'autres parties de l'Empire. Aux barêmes s'étendant à toutes les relations s'ajoutent des barêmes particuliers à certains parcours et des prix fermes. Parmi les tarifs exceptionnels les plus bas se rangent ceux des ports de mer, institués dans l'intérêt de l'exportation allemande ou de l'importation des marchandises que le pays ne produit pas.

Il ne sera pas inutile de remarquer que la France est bien moins timide pour la décroissance des bases et que l'élévation relative du chiffre initial trouve une large compensation dans l'abaissement aux grandes distances.

D'un autre côté, les frais accessoires pèsent lourdement sur les transports allemands. C'est ainsi que les frais de gare sont de 2 fr. 50 pour le tarif A et de 1 fr. 50 pour les autres tarifs; à la vérité, ils subissent une diminution quand le parcours reste inférieur à 100 kilomètres, mais sans descendre au-dessous de 1 fr. 25 ou de 0 fr. 75, suivant les tarifs. Tous les wagons complets doivent être chargés par les expéditeurs et déchargés par les destinataires; si l'Administration du chemin de fer effectue les opérations de chargement et de déchargement, chacune de ces opérations est taxée 50 et même 75 centimes par tonne. Enfin, les marchandises non désignées comme craignant la mouille, et transportées aux conditions des tarifs spéciaux ou exceptionnels, sont normalement expédiées en wagon découvert ; la fourniture de bâche donne lieu à une assez forte surtaxe.

Aussi notre tarification n'a-t-elle pas à redouter, dans l'ensemble, la comparaison avec celle de l'Allemagne. L'infériorité de la perception kilométrique moyenne chez nos voisins tient à diverses causes, notamment à la proportion pour laquelle les matières pondéreuses entrent dans le trafic.

Le prix du fret varie d'une voie fluviale à l'autre suivant les conditions de navigabilité et l'importance de la circulation ; pour une même voie, il dépend de la nature des marchandises, de la saison, du rapport entre l'offre et la demande. Ses fluctuations sont fort étendues.

Grâce à la topographie favorable des immenses plaines de l'Allemagne du Nord, à la faible pente des vallées, à la longueur des biefs des canaux, au tonnage élevé des bateaux qui fréquentent une partie du réseau, les prix sur les voies principales sont sensiblement moindres en Allemagne qu'en France.

Dans son traité des *Transports et Tarifs*, M. Colson évalue le taux moyen du fret par tonne kilométrique sur le Rhin à 1 centime ou 1 centime 2, pour les blés, et à 7 ou 8 millimes, pour les houilles. Il considère ce taux comme inférieur à 1 centime, en nombre de cas, sur l'Elbe et les nouveaux canaux, et ajoute que les auteurs des projets récents comptent arriver à 7 ou 8 millimes.

Le rapport de MM. Colson et Marlio au Congrès des chemins de fer (session de Berne 1910), cite les exemples suivants de frets moyens par tonne et par kilomètre :

VOIES NAVIGABLES	MARCHANDISES	PARCOURS	DISTANCE	FRET	OBSERVATIONS
			kil.	cent.	
Rhin	Céréales	Rotterdam-Mannheim	543	0,66	Moyenne de 1901 à 1905
	Charbon	Duisburg-Mannheim	326	0,92	
	Charbon	Duisburg-Rotterdam	217	0,60	Moyenne de 1896 à 1905
	Divers	Ludwigshafen-Rotterdam.	559	0,35	Fret de retour
Canal de Dortmund à l'Ems	Charbon	Dortmund-Emden	270	0,75	Non compris le péage
Weser	Céréales	Brême-Hameln	244	2,25	
	Sucre	Hameln-Brême	244	0,90	Fret de retour
Elbe	Charbon	Aussig-Magdebourg	366	0,90	
	Céréales	Hambourg-Dresde	581	1,21	
Oder	Charbon	Breslau-Berlin	567	1,22	Moyenne de 1897 à 1906

Depuis trente ans, on a constaté dans les cours moyens du fret une baisse de 40 à 60 p. 100 sur le Rhin, de 30 à 50 p. 100 sur le Weser, de 30 p. 100 sur les canaux du Brandebourg. Pendant la même période, la réduction des tarifs de chemins de fer était de 16 p. 100 en Prusse et de 19 p. 100 dans l'ensemble de l'Allemagne.

Les tableaux ci-après, dressés d'après les statistiques de M. le Conseiller supérieur intime Sympher, témoignent du magnifique essor pris par la navigation intérieure.

TRAFIC SUR L'ENSEMBLE DES VOIES NAVIGABLES

(non compris les régions des embouchures également fréquentées par des bâtiments de mer)

ANNÉES	LONGUEUR	TONNAGE EFFECTIF		TONNAGE RAMENÉ AU PARCOURS		DISTANCE MOYENNE de transport
		ARRIVAGES	EXPÉDITIONS	D'UN KILOM.	TOTAL.	
	kilomètres	tonnes	tonnes	tonnes kilom. (millions)	tonnes	kilomètres
1875	10.000	11.000.000	9.800.000	2.900	290.000	280
1905	10.000	56.400.000	47.000.000	15.000	1.500.000	290

TRAFIC DES SEPT GRANDS FLEUVES, SANS LEURS AFFLUENTS

FLEUVES	LONGUEURS		TONNAGE RAMENÉ AU PARCOURS			
			D'UN KILOMÈTRE		TOTAL	
	1875	1905	1875	1905	1875	1905
	km.	km.	t. kilom. (millions)	t. kilom. (millions)	tonnes	tonnes
Memel, de la frontière russe à Memel	185	150	82	103	443.000	644.000
Vistule, de la frontière russe à Dantzig	247	239	137	170	636.000	711 000
Oder, de Kosel à Stettin	656	641	154	1.433	235.000	2.236.000
Elbe, de la frontière autrichienne à Hambourg	615	621	435	3.584	707.000	5.771 000
Weser, de Münden à Brême	366	367	29	176	79.000	480.000
Rhin, de Kehl à la frontière des Pays-Bas	566	570	882	6.493	1.558.000	11.391.000
Danube, d'Ulm à la frontière autrichienne	384	387	24	46	62 000	119 000
TOTAUX OU MOYENNES	3.019	2.985	1.763	12.005	584.000	4.022.000

MOUVEMENT LOCAL DANS LES PRINCIPAUX PORTS

PORTS	1873			1905		
	Arrivages	Expéditions	Totaux	Arrivages	Expéditions	Totaux
	tonnes	tonnes	tonnes	tonnes	tonnes	tonnes
Memel	309.000	65.000	374.000	391.000	71.000	462.000
Kœnigsberg	74.000	14 000	88.000	563 000	59 000	622.000
Dantzig	408.000	174.000	582 000	503.000	246.000	749.000
Stettin	210 000	304.000	514.000	793.000	1.678.000	2.471.000
Breslau	111.000	16.000	127.000	456 000	651.000	1.107.000
Kosel	5.000	»	5.000	181 000	1.382.000	1.563.000
Lübeck	26.000	3.000	29.000	217.000	165.000	382.000
Berlin et Charlottenbourg	2.992.000	247.000	3.239.000	9.414.000	700.000	10.114.000
Rüdersdorf	4.000	679 000	683.000	174.000	832.000	996.000
Hambourg	336.000	463.000	799.000	3.113.000	4.740.000	7.853.000
Magdebourg	418.000	258.000	676.000	1.301.000	707.000	2.008.000
Dresde	179.000	17 000	196 000	826.000	147.000	973.000
Brême	201.000	76 000	277.000	550.000	306.000	856.000
Emden	1.000	1.000	2.000	224.000	475.000	699.000
Ruhrort, Duisbourg et environs	761.000	2.174.000	2.935.000	7.930.000	1.532.000	19.462.000
Düsseldorf	104.000	36.000	140.000	880.000	139.000	1.019.000
Cologne	160.000	98.000	258.000	845.000	250.000	1.095.000
Oberlahnstein	15.000	136.000	151.000	137.000	193.000	330.000
Mayence	116.000	16.000	132.000	828.000	247.000	1.075.000
Gustevsbourg	112.000	9.000	121.000	851.000	17.000	868.000
Ludwigshafen	103.000	26.000	129.000	1.306.000	515.000	1.821.000
Mannheim	569.000	167 000	736.000	4.309.000	987.000	5.296.000
Francfort-sur-le-Main	197.000	4.000	201.000	1.311.000	269.000	1.580.000
Nüremberg	64.000	30.000	94.000	40.000	3.000	43.000
Passau	75.000	68.000	143.000	102.000	14.000	116.000
Ratisbonne	27.000	14.000	41.000	196.000	18.000	214.000

Ainsi, de 1875 à 1905, le tonnage ramené au parcours d'un kilomètre a plus que quintuplé pour l'ensemble des voies navigables. Le Rhin fournit à lui seul 43 p. 100 du total, l'Elbe 24 p. 100, l'Oder 10 p. 100.

Le développement des transports a été remarquable sur les rivières canalisées et canaux à grande section, comme sur les grands fleuves.

Au contraire, la plupart des voies secondaires, naturelles ou artificielles, n'ont marqué aucun progrès et parfois même ont accusé un recul. Elles ne répondent plus aux exigences modernes.

Il convient de rapprocher des chiffres relatifs à la navigation ceux que donne la statistique des chemins de fer à l'origine et au terme de la période trentenaire considérée. Tel est l'objet du tableau suivant :

ANNÉES	LONGUEURS	TONNAGE EFFECTIF		TONNAGE RAMENÉ AU PARCOURS		DISTANCE moyenne de transport
		Arrivages	Expéditions	d'un kilomètre	total	
	kilomètres	tonnes	tonnes	tonnes kilométriq. (millions)	tonnes	kilomètres
1875	26.500	83.500.000	83.500.000	10.900	411.000	125
1905	54.400	291.000.000	297.700.000	44.600	820.000	151

Les parts respectives du réseau navigable et du réseau ferré dans l'ensemble du tonnage kilométrique de ces deux réseaux étaient, en 1875, de 21 p. 100 et de 79 p. 100. En 1905, elles ont été de 25 p. 100 et de 75 p. 100. Le contingent des voies fluviales s'est donc accru ; cependant leur longueur n'a pas augmenté, alors que celle des voies de fer était plus que doublée.

C'est à peine si le tonnage moyen des chemins de fer a atteint en 1905 le double de la valeur qu'il avait en 1875 ; pendant le même délai, le tonnage moyen des voies navigables s'élevait dans la proportion de 1 à 5. Le fait s'explique par la modicité de la circulation sur beaucoup de voies ferrées récentes.

Une opinion fort répandue est que la concurrence entre les chemins de fer et les voies navigables ne se pratique pas au delà des Vosges, qu'une parfaite harmonie règne, au contraire, entre les administrations préposées à la gestion des voies ferrées et les entreprises de batellerie, que ces administrations et entreprises se viennent mutuellement en aide, font converger leurs efforts, se partagent le trafic suivant leurs aptitudes et leurs facultés propres, restent les unes et les autres dans le cadre naturellement assigné à leur action et servent ainsi pour le mieux leurs intérêts comme ceux du public. Des hommes jouissant d'une légitime autorité opposent volontiers l'exemple de l'Allemagne aux Compagnies françaises de chemins de fer, qui s'ingénient à lutter contre la navigation, à retenir ou à reprendre les transports par d'habiles combinaisons de tarifs et par une résistance opiniâtre aux raccordements avec les rivières ou les canaux.

Cette alliance des voies ferrées et des voies d'eau aurait pour cause principale l'exploitation directe des chemins de fer par l'État. Dégagé des vues parfois étroites auxquelles obéissent presque inévitablement les sociétés financières, le Gouvernement n'envisagerait que les intérêts supérieurs du pays, s'attacherait exclusivement à tirer de chacun des instruments placés entre ses mains le rendement maximum, écarterait tout antagonisme, maintiendrait un accord constant et fécond.

Parmi les témoignages invoqués, l'un de ceux qui peuvent paraître le plus probants est l'importance des transports mixtes. Voici, en effet, d'après le rapport de MM. Colson et Marlio au Congrès international des chemins de fer (session de Berne, 1910), une statistique, d'ailleurs incomplète, des transbordements effectués, en 1905, sur les grands fleuves et le canal de Dortmund à l'Ems :

VOIES NAVIGABLES	NOMBRE DE TONNES TRANSBORDÉES		
	de wagon à bateau	de bateau à wagon	TOTAL
Rhin	11.423.000	10.596.000	22.019.000
Weser	173.000	112.000	285.000
Elbe	1.355.000	2.092.000	3.447.000
Oder	2.127.000	357.000	2.484.000
Danube	53.000	243.000	296.000
Canal de Dortmund à l'Ems	93.000	281.000	374.000
TOTAUX	15.224.000	13.681.000	28.905.000

Une supputation approximative des chiffres non compris dans ce tableau porte le total des transbordements à 30 millions de tonnes, dont 9 environ pour des marchandises qui ont usé deux fois du chemin de fer et 21 pour des marchandises qui n'en ont usé qu'une fois.

La part prépondérante appartient au Rhin, et spécialement au groupe des ports de Ruhrort-Duisbourg-Hochfeld (14 millions de tonnes). Ce groupe est alimenté, à l'arrivée, par les minerais ainsi que par les céréales, et, à l'expédition, par les charbons de la Ruhr.

Certes, l'activité des échanges entre les voies fluviales et les voies ferrées est bien de nature à frapper l'esprit. Pourtant, un examen attentif lui enlève beaucoup de sa valeur et ne tarde pas à éveiller les doutes les plus sérieux sur la réalité de la belle entente si souvent admise comme un dogme.

La création et l'essor progressif des ports de raccordement s'expliquent dans une large mesure, au point de vue historique, par la division territoriale de l'Allemagne et par la structure des réseaux de chemins de fer appartenant aux divers États. Chacun de ces États devait chercher à attirer sur ses lignes les courants de circulation susceptibles d'emprunter également les lignes de ses rivaux et, pour atteindre son but, développer, le cas échéant, les transports mixtes de préférence aux transports directs par rails, qui lui eussent enlevé du trafic. La constitution et les transformations de l'Empire allemand ne pouvaient détruire l'œuvre du passé. Du reste, bien que circonscrites, les vieilles rivalités n'étaient pas complètement éteintes ; le grand-duché de Bade, la Bavière, la Prusse, la Saxe gardaient leurs intérêts propres, et la divergence de ces intérêts avait pour conséquence inévitable de maintenir, en nombre de cas, les anciennes tendances, d'aider puissamment à la prospérité de certains ports fluviaux, tels que celui de Mannheim, tête du réseau badois.

D'autres raisons concouraient à restreindre la lutte des chemins de fer contre les voies fluviales.

Tout d'abord, cette lutte était singulièrement difficile pour les transports parallèles à des fleuves sur lesquels la faiblesse des pentes, l'absence d'écluses, le peu de sinuosité du cours des eaux, le tonnage des bateaux, la facilité de circulation des grands trains remorqués abaissaient le fret à des chiffres exceptionnellement réduits.

Aux difficultés matérielles s'ajoutaient des difficultés d'ordre moral tenant à la résistance que rencontraient fréquemment dans l'opinion publique les abaissements de taxes en faveur de l'importation, c'est-à-dire en faveur de transports qui constituent une très forte part du trafic fluvial. Le peuple allemand ne manifeste pas moins de répugnance que le peuple français pour les tarifs de pénétration, quand ces tarifs portent sur des marchandises susceptibles d'être fournies par la production nationale. Ne pouvant introduire elles-mêmes les marchandises venues du dehors, les Administrations de chemins de fer devaient s'organiser pour les recevoir dans les ports fluviaux et pour les distribuer ensuite à l'intérieur du pays.

Faut-il en conclure que la concurrence n'existe pas? Assurément non. Si elle apparaît moins, cela résulte de causes supérieures à la volonté des Administrations de chemins de fer. Mais celles-ci, bien qu'administrations d'État, n'hésitent pas à lutter, dès que les circonstances le leur permettent. Elles le font, par exemple, en créant des tarifs d'exportation extrêmement bas vers les grands ports maritimes et en se gardant d'accorder des avantages analogues aux envois vers les ports fluviaux. Elles le font encore, en retenant les transports qui pourraient emprunter des itinéraires mixtes, lorsque la proportion pour laquelle la voie fluviale entre dans ces itinéraires ne prédomine pas au point d'exiger une diminution excessive du tarif de concurrence.

Au surplus, pour être convaincu, il suffit d'écouter les doléances de la batellerie. Rien n'est plus significatif. Les Administrations allemandes de chemins de fer ont nécessairement, comme les Compagnies ou les Administrations des autres pays, le souci très légitime, le devoir de défendre leur trafic, d'étendre leurs opérations, d'accroître leurs recettes. Elles s'y emploient et leurs efforts, dans la limite où ils sont contenus par la situation locale, tournent sans aucun doute au profit du public.

En France, l'opportunité des travaux de navigation, et plus spécialement de la construction des canaux, a donné lieu, depuis l'origine des chemins de fer, à des discussions souvent très ardentes. Les divergences de doctrine, à cet égard, ne sont pas éteintes ; elles subsistent tout entières.

La question ne s'est posée que tardivement en Allemagne, où les voies naturelles forment l'élément essentiel du réseau navigable et où aucun doute ne pouvait surgir relativement à l'amélioration de fleuves comme le Rhin ou l'Elbe. Elle a pris naissance à l'occasion des programmes récents, notamment de la création du canal de Dortmund à l'Ems. Mais ni les ingénieurs ni les économistes ne paraissent s'en être préoccupés avec beaucoup de passion. D'ailleurs, les données du problème différaient profondément de celles que nous avons rencontrées de ce côté des Vosges. Nos canaux à écluses multiples, à biefs courts, à petite section, fréquentés par des bateaux d'un tonnage maximum de 300 tonnes et de formes défectueuses, presque inaccessibles à la traction mécanique, ne permettant que de faibles vitesses, sont difficilement assimilables à des canaux qui comportent des biefs de grande longueur, dont la section est largement ouverte, sur lesquels circulent des bateaux d'un fort tonnage et de formes satisfaisantes, où se pratique le remorquage et où, par suite, la vitesse de propulsion peut être plus que doublée. Il y a là des instruments tout à fait dissemblables.

M. l'ingénieur des ponts et chaussées Aron, auteur d'un savant mémoire sur la navigation intérieure en Allemagne (*Annales des ponts et chaussées*, 1904), a déduit de ses observations et de l'étude des publications allemandes les conclusions suivantes :

« 1° Dans le cas où le chemin de fer préexistant a son plein rendement, c'est-à-dire lorsqu'une voie nouvelle est indispensable, le canal à 425 tonnes est avantageux, quel que soit le mode de traction adopté. La conclusion ne sera pas changée si l'on passe au canal à 300 tonnes.

« 2° Si le chemin de fer n'a pas son plein rendement, ou s'il suffit de travaux complémentaires pour l'augmenter, le canal ne l'emporte, et pas de beaucoup, que si le remorquage à vapeur y est organisé. Et ici la différence devient si faible que, pour le canal à 300 tonnes,

« quel que soit le mode de traction adopté, la balance paraît définiti-« vement pencher du côté du chemin de fer... »

Pas plus en Allemagne qu'en France, les considérations didactiques sur les mérites relatifs des chemins de fer et des canaux, si intéressantes fussent-elles, ne pouvaient dicter seules les déterminations des Pouvoirs publics. Le législateur allemand s'est certainement inspiré aussi de raisons d'un autre ordre ; il a obéi au désir d'accroître l'utilité générale du réseau de navigation et surtout de ramener sur le territoire germanique des communications internationales jusqu'alors tributaires de ports étrangers.

20. Les chemins de fer et les voies navigables en Angleterre. — Quelques travaux de navigation avaient été exécutés antérieurement au XVIIe siècle. Mais, à vrai dire, la constitution du réseau navigable ne fut sérieusement engagée qu'après 1660. En Angleterre, l'œuvre s'accomplit sans participation financière de l'État ; des compagnies, des *public trusts*, parfois des villes, exceptionnellement des particuliers, assumèrent toute la charge de l'amélioration des rivières et de la construction des canaux. Au contraire, en Écosse et en Irlande, l'Échiquier consentit des sacrifices importants, soit sous forme de subsides, soit sous forme d'exécution directe des travaux : le Caledonian Canal, par exemple, est une propriété nationale. Souvent aussi, les Comtés d'Irlande contribuèrent largement aux dépenses, à l'aide du produit d'impôts spéciaux (*tillage duties*).

La situation du réseau resta assez prospère jusqu'en 1830. Plus tard, les succès des premières voies ferrées jetèrent l'alarme parmi les propriétaires des voies navigables, qui, pour un certain nombre d'entre elles, conclurent avec diverses Compagnies de chemins de fer des traités de fusion, de cession, de location ou de garantie. Au cours d'une seule année (1846), 1 246 kilomètres, appartenant à dix-sept entreprises différentes, passèrent dans les mains de ces Compagnies ou sous leur dépendance.

Plusieurs canaux ayant fait ainsi l'objet d'une cession furent ensuite abandonnés. Les terrains occupés par certains d'entre eux servirent même d'assiette à la plate-forme de voies ferrées.

La plupart des canalisations et des canaux demeurèrent dans l'état où ils se trouvaient vers le milieu du XIXe siècle. Seules, quelques lignes reçurent des améliorations.

Comme l'a indiqué M. le comte Ch. de Franqueville dans son magistral ouvrage sur le *Régime des travaux publics en Angleterre*, les grandes lignes formant l'ossature du réseau anglais de navigation intérieure sont les suivantes :

1° Ligne de la mer du Nord à la mer d'Irlande, entre l'embouchure de l'Humber et celle de la Mersey, par l'Aire and Calder Canal et le Leeds and Liverpool Canal ;

2° Autre ligne parallèle, par la River Dun Navigation, le Calder and Hebble Canal, les deux canaux voisins de Rochdale et d'Huddersfield à Manchester, qui aboutissent au canal du duc de Bridgewater ;

3° Ligne du Pas-de-Calais au canal de Bristol, par la Tamise et la Kennet and Avon Navigation ;

4° Ligne perpendiculaire aux deux précédentes, les réunissant l'une à l'autre et se dirigeant vers la mer du Nord par le Grand Junction Canal, le Grand Union Canal le Leicester and Northampton Canal, les rivières Soar et Trent ;

5° Autre ligne analogue, allant à la mer d'Irlande par la Tamise et par les canaux d'Oxford, de Coventry, de Trent and Mersey, que doublent ceux de Birmingham and Warwick et du Shropshire Union ;

6° Ligne du canal de Bristol à la mer d'Irlande, par le canal de Gloucester and Salop, la Severn et le Shropshire Union Canal ;

7° Ligne de la Manche à la mer du Nord par les rivières Arun et Wey, le Grand Junction Canal et la Nene River.

En dehors de ces grandes lignes et de leurs affluents, différentes artères établissent des communications directes de certaines parties du territoire avec la mer.

Au premier rang se place le canal de Birmingham, dont la longueur est de 256 kilomètres et qui traverse les bassins miniers du South Staffordshire, connus sous la dénomination de « pays noir ». D'innombrables établissements industriels ont été installés le long de ses rives et forment une ligne ininterrompue, de Birmingham à Wolverhampton. Vingt-six gares d'eau permettent le transbordement facile des bateaux dans les wagons ; les Compagnies de chemins de fer ont créé des magasins, des hangars, un outillage de manutention. Le tonnage absolu du canal atteint 8 millions de tonnes environ : plus de 1 200 000 tonnes sont échangées annuellement entre la voie d'eau et la voie de fer.

Une autre voie très importante est le canal de Manchester, reliant cette grande ville à Eastham, sur la côte du Cheshire. Ce canal a 57 kilomètres de longueur, $8^m,50$ de profondeur, $36^m,60$ de largeur minimum au plafond. Mais je me borne à le mentionner, car il présente un caractère exclusivement maritime.

D'après le rapport publié en 1909 par la *Royal Commission on Canals and Waterways* (volume VII, page 53), les voies navigables actuellement exploitées dans le Royaume-Uni mesurent ensemble 8 183 kilomètres.

Le même rapport (page 14) assigne aux canaux et rivières canalisés en service une longueur de 7 513 kilomètres, dont 5 856 pour l'Angleterre et le Pays de Galles, 294 pour l'Ecosse, 1 365 pour l'Irlande (1).

Cette longueur se décomposerait ainsi, au point de vue des rapports avec les Compagnies de chemins de fer : voies navigables indépendantes, 5 327 kilomètres; voies possédées ou contrôlées par des Compagnies de chemins de fer, 2 188 kilomètres.

Parmi les Compagnies de chemins de fer qui ont mis la main sur une partie du réseau de navigation, M. Jebb cite les suivantes dans son rapport au Congrès international des chemins de fer (session de Berne, 1910) : London and North-Western, Great Western, Midland, Great Central, Great Northern, Lancashire and Yorkshire, North Eastern, North Staffordshire, Caledonian, North British; Midland Great Western, d'Irlande.

Un tableau inséré au rapport de la *Royal Commission on Canals and Waterways* (volume VII, page 20) subdivise comme il suit les voies navigables de l'Angleterre et du Pays de Galles : canaux, 3 102 kilomètres; rivières canalisées dites *Navigations*, 2 113 kilomètres; rivières à courant libre, y compris les estuaires, 1 308 kilomètres. Le total est de 6 523 kilomètres.

A la fin de 1908, le Royaume-Uni avait 37 344 kilomètres de voies ferrées en exploitation.

Il est impossible de calculer avec quelque précision les dépenses d'établissement des voies navigables du Royaume-Uni. Une raison, entre beaucoup d'autres, suffirait à l'expliquer : depuis longtemps, les voies appartenant à des Compagnies de chemins de fer ont cessé d'avoir un capital distinct.

Le rapport de la *Royal Commission on Canals and Waterways* indique, pour les voies indépendantes, un capital autorisé de 962 millions de francs et un capital réalisé de 932 millions en 1905. Mais ces chiffres comprennent les frais de construction du canal maritime de Manchester et doivent, dès lors, être ramenés respectivement à 496 et à 491 millions. Suivant les supputations du « Statesman Yearbook » de 1910, le capital réalisé des voies appartenant aux Compagnies de chemins de fer et celui des voies contrôlées par ces Compagnies

(1) Un tableau spécial à l'Irlande (volume VIII) donne, pour cette partie du Royaume-Uni, le chiffre de 1 347 kilomètres.

auraient été, en 1905 également, de 144 et de 122 millions. Ainsi le capital réalisé pour l'ensemble du réseau pourrait être estimé à 757 millions, soit près de 800 millions.

Pendant la même année, les dépenses d'exploitation ont été de 41 millions et demi, abstraction faite du canal de Manchester.

Les « Railways returns » de 1911 fixent le capital réalisé pour les chemins de fer à 33 milliards et les dépenses d'exploitation à 1 183 millions.

En ce qui concerne particulièrement les voies navigables d'Irlande, un état inséré au dernier volume du rapport de la *Royal Commission* évalue les dépenses de construction et d'amélioration à 123 millions de francs environ, dont moitié provenant des fonds publics ou de la participation des localités et moitié provenant d'autres sources.

Une extrême variété dans les profils rend la navigation difficile sur les voies fluviales du Royaume-Uni. Le gabarit des canaux et canalisations ne concorde, d'ailleurs, pas toujours avec celui des écluses. Souvent ces ouvrages présentent des dimensions différentes sur une même voie ; dans la plupart des cas, on ne saurait discerner la raison d'une telle diversité ; parfois, il semble que les constructeurs aient voulu allonger les écluses extrêmes et celle des sections pouvant comporter une circulation plus active.

Dans un mémoire publié par les *Annales des ponts et chaussées* (1907), M. Quinette de Rochemont a reproduit un tableau du Board of trade indiquant les dimensions maxima des bateaux au passage desquels se prête chacune des voies navigables du Royaume-Uni. Ces dimensions sont comprises entre les limites suivantes : longueur, 6^{m},10 et 48^{m},80; largeur, 1^{m},37 et 11^{m},58 ; tirant d'eau, 0^{m},61 et 4^{m},27 ; tirant d'eau, 0^{m},84 et 7^{m},55.

La *Royal Commission on Canals and Waterways* divise les canaux et canalisations de l'Angleterre et du Pays de Galles en deux catégories : 1° voies larges (*barge Canals*), ayant des écluses d'une ouverture de 4^{m},27 ou davantage (ordinairement 4^{m},27 à 4^{m},575) ; 2° voies étroites ayant des écluses d'une ouverture moindre (ordinairement 2^{m},135 à 2^{m},44). En général, dans le centre et le sud de l'Angleterre, les sas ont, pour les deux catégories de voies, 22^{m},875 environ de longueur ; la profondeur d'eau sur le seuil est, le plus fréquemment, de 1^{m},22 à 1^{m},52.

Voici comment se répartissent, au point de vue de la largeur des écluses, les canaux et rivières canalisées de l'Angleterre et du Pays de Galles :

Canaux larges..........................	1.227	kilomètres
— étroits........................	1.875	—
Rivières canalisées larges..............	1.343	—
— canalisées étroites.............	770	—
TOTAL............	5.215	kilomètres

Aux deux catégories de canaux et canalisations correspondent deux classes de bateaux : bateaux larges (longueur usuelle, $18^{m},29$ à $21^{m},95$; largeur, $4^{m},27$) ; bateaux étroits (longueur usuelle, $21^{m},34$ à $21^{m},95$; largeur, $2^{m},134$). Pour un tirant d'eau de $0^{m},99$, les bateaux larges portent 60 tonnes environ et les bateaux étroits 30 tonnes. Les uns et les autres seraient capables de recevoir un plus fort chargement, si le mouillage était convenablement augmenté. Sur quelques canaux et embranchements, l'insuffisance de profondeur limite à 20 ou 25 tonnes la charge des bateaux étroits. Les écluses larges peuvent livrer passage à deux bateaux étroits accouplés.

Exceptionnellement, certaines voies anglaises sont appropriées à la circulation de bateaux dont le chargement dépasse 60 tonnes. On trouve, par exemple, en usage sur l'Aire and Calder Navigation des barques de 100 tonnes.

La largeur minimum des sas en Écosse est de $3^{m},81$.

En Irlande, il n'y a pas de canaux étroits proprement dits. Mais certaines voies ont des écluses de dimensions inégales ; le tonnage des bateaux y est nécessairement limité par les sas les plus petits.

Suivant M. Jebb (Rapport au Congrès international des chemins de fer, 1910), le chargement maximum des bateaux sur les voies navigables du Royaume-Uni serait de 250 tonnes ; le chargement minimum de 18 tonnes ; pour la plupart des canaux, la charge n'excéderait pas 25 tonnes.

Le halage se fait le plus habituellement au moyen de chevaux. Quelquefois les chevaux sont remplacés par des ânes. La traction à bras n'est que très rarement employée. Diverses rivières ont une navigation à voile. Enfin, le remorquage à vapeur a été installé sur les principaux cours d'eau et sur certains canaux à grande fréquentation (Aire and Calder, Leeds and Liverpool, sections du Shropshire Union System, ligne directe de Londres à Birmingham).

Un matériel spécial de batellerie sert au transport des charbons sur l'Aire and Calder Navigation. La marchandise est chargée dans des « compartiments », caisses flottantes en acier pouvant contenir 40 tonnes. Trente de ces caisses sont attelées bout à bout et forment un convoi de 1.200 tonnes, que tire un remorqueur.

Ce système a réussi, grâce au peu de sinuosités et au petit nombre des écluses de l'Aire and Calder Navigation. Expérimenté sur le canal de Birmingham, il y avait donné des résultats moins satisfaisants, à cause des encombrements qui se produisaient soit dans les courbes, soit au passage des écluses et des ponts.

La navigation est assujettie à des péages, généralement assez élevés.

Avant la construction des chemins de fer, ces péages assuraient aux capitaux engagés une large rémunération. Bien que diminuée dans une notable proportion par la concurrence des voies ferrées, la recette reste importante.

Les actes de concession avaient fixé le maximum des droits dont la perception était autorisée. Une loi du 10 août 1888 (*Act for the better regulation of railway and canal traffic*) a prescrit la revision de la classification des marchandises et celle du tableau des tarifs maxima : les Compagnies devaient soumettre, dans ce but, des propositions au Board of trade, qui délivrait, le cas échéant, une homologation provisoire ; la décision définitive appartenait au Parlement. Des approbations provisoires sont intervenues, à la suite d'une longue enquête, pour 149 canaux et ont été confirmées par 15 lois de 1893-1894. La classification est uniforme; les limites supérieures sont déterminées par des barèmes à base décroissante.

Comme l'indique M. Colson (*Transports et Tarifs*), la base initiale oscille, dans la plupart des cas, entre 3 et 6 centimes par tonne et par kilomètre ; au delà de 50 kilomètres, le prix unitaire varie de 1 à 3 centimes.

Généralement, les canaux sont entre les mains de Compagnies ou de particuliers. Toutefois, en Écosse, le canal Calcdonian appartient à l'État, qui le fait administrer, ainsi que le canal Crinan, par ses agents. En Irlande, où certains districts étaient dépourvus d'autres moyens de communication et où les transports par eau offraient, dès lors, un haut intérêt, des autorités locales ou des *trusts* ont reçu, à diverses reprises, la mission d'acquérir, de maintenir et de développer les canaux ; cette partie du Royaume-Uni a eu successivement des commissaires de la navigation intérieure (1751-1787), des directeurs de la navigation intérieure (1800-1831), puis un Bureau des travaux.

Le rôle des Administrations de voies navigables ne se borne ordinairement pas à livrer ces voies aux mariniers. Elles ont établi des quais, des appareils de manutention, des hangars, des magasins, des services de halage ou de remorquage ; elles possèdent et louent des emplacements de dépôt. Parfois, elles tiennent à la disposition du commerce des bateaux, des allèges, du matériel accessoire (sacs, bâches, etc.). Quelques-unes se chargent des transports ; M. Jebb en énumère onze qui se trouvent dans ce cas (Rapport au Congrès international des chemins de fer, 1910 . et M. Colson évalue à 2 millions de tonnes environ le tonnage annuel des marchandises ainsi transportées par les concessionnaires.

Des lois organiques relatives aux voies navigables du Royaume-Uni se sont greffées successivement les unes sur les autres. Il suffira de citer ici celles qui présentent le plus d'importance.

C'est d'abord une loi du 30 juin 1845, autorisant les Compagnies de canaux et les commissaires ou les *trustees* de voies navigables à modifier leurs tarifs, à les réduire ou à les relever, dans la limite du maximum fixé par l'acte de concession. Toute inégalité de taxation était interdite pour les transports effectués suivant les mêmes parcours et dans les mêmes circonstances. Les droits conférés à des tiers par acte du Parlement restaient intégralement maintenus.

Peu après, le 21 juillet 1845, une autre loi habilitait les Compagnies de canaux à transporter les marchandises, à les camionner aux lieux de départ ou d'arrivée, à les emmagasiner, à louer des bateaux, à assurer le halage ou le remorquage, et à percevoir, pour ces opérations, des prix raisonnables en sus des droits de péage. Ici encore, à égalité de service rendu, le législateur imposait l'égalité de taxation. Les Compagnies recevaient la faculté de conclure librement entre elles des traités ou arrangements.

Ensuite vint le *Railways and Canals traffic Act*, du 10 juillet 1854, exigeant des Compagnies qu'elles donnassent toutes les facilités raisonnables pour l'expédition et la réception des marchandises, interdisant les préférences ou avantages indus en faveur d'un usager ou d'une espèce particulière de marchandises, prohibant de même les désavantages injustifiés.

Plus tard fut voté le *Regulation of railways Act*, du 21 juillet 1873, qui s'appliquait non seulement aux chemins de fer, mais encore aux canaux. Cet acte instituait une Commission des chemins de fer, formée de trois commissaires, dont un versé dans la connaissance des lois et un autre ayant l'expérience des affaires de chemins de fer, et l'investissait d'attributions juridictionnelles en même temps que d'attributions administratives. Les commissaires étaient appelés à juger, sur la plainte des personnes se prétendant lésées ou des personnes dûment déléguées par le Board of trade, les infractions à la loi de 1854, à celle de 1873 et aux lois complémentaires. Ils pouvaient, dans des cas déterminés, être désignés comme arbitres pour statuer sur les différends entre des Compagnies de canaux ou entre une Compagnie de chemins de fer et une Compagnie de canal. La loi leur donnait également compétence pour prononcer, à la demande des parties et s'ils y consentaient, sur les contestations dans lesquelles l'une des parties était une Compagnie de canal.

Interprétant et amendant l'*act* de 1854, le législateur de 1873 décidait que l'obligation imposée aux Compagnies d'assurer des facilités raisonnables à l'expédition et à la réception des marchandises s'appliquait au trafic commun avec d'autres Compagnies de canaux ou de chemins de fer. Chacune des Compagnies intéressées avait le droit de demander la création de tarifs *to'aux*. A défaut d'entente, les commissaires devaient décider, sans pouvoir toutefois imposer à une Compagnie un tarif kilométrique descendant au-dessous de celui qui était légalement en vigueur pour des marchandises du même genre « traversant son réseau par une autre ligne, mais avec les mêmes points d'entrée et de sortie ».

L'*act* de 1873 prescrivait aux Compagnies de canaux, sous peine d'amende, de tenir à la disposition du public des registres indiquant les différents tarifs applicables aux marchandises.

Il chargeait les commissaires d'examiner et de trancher les questions ou difficultés relatives aux frais accessoires, dont le montant n'aurait pas été fixé par un acte du Parlement.

Aux termes de la loi du 21 juillet 1873, aucune Compagnie de chemin de fer ou de canal ne pouvait, à moins d'y être expressément autorisée par une loi antérieure, conclure, sans approbation des commissaires, un arrangement susceptible de conférer soit à une Compagnie de chemins de fer, soit à des personnes administrant cette Compagnie ou faisant partie de son administration, des droits de contrôle ou d'immixtion dans les transports, les prix ou les péages d'une partie quelconque du canal. Les commissaires devaient refuser leur sanction aux arrangements qu'ils jugeraient préjudiciables à l'intérêt public. Ils ne statuaient, d'ailleurs, qu'à la suite d'une enquête dont la loi réglait la procédure.

Mentionnons enfin une disposition de l'*act* du 21 juillet 1873, d'après laquelle toute Compagnie de chemins de fer possédant ou administrant un canal ou une partie de canal devait maintenir constamment en bon état la voie et ses dépendances.

Une loi du 10 août 1888 (*Act for the better regulation of railway and canal traffic, and for other purposes*) apporta des modifications assez profondes au régime légal des canaux.

Elle substituait à la Commission des chemins de fer une nouvelle commission dite « Commission des chemins de fer et des canaux » et ainsi constituée : deux commissaires, dont un ayant l'expérience des affaires de chemins de fer, nommés par le Roi sur la proposition du Président du Board of trade : trois magistrats, juges d'une cour supérieure, désignés, pour une période de cinq ans au moins, l'un en Angleterre par le Lord Chancelier, le second en Écosse par le Lord Président de la Court of Session, le troisième en Irlande par le Lord Chancelier d'Irlande, et exclusivement appelés chacun à servir dans la partie du Royaume-Uni pour laquelle avait été faite leur nomination. Les commissaires devaient tenir des sessions aux lieux les plus convenables pour l'accomplissement de leur mission et avoir leur siège central à Londres. Dans tous les cas, la présidence était dévolue au magistrat, dont l'opinion prévalait nécessairement, quand il s'agissait d'une question de législation.

Diverses autorités locales énumérées par la loi, les associations de commerçants ou d'entrepreneurs de transports, les chambres de commerce, ou d'agriculture étaient admises à porter plainte devant la Commission sur des objets relevant de sa juridiction ou à intervenir dans l'instruction des plaintes soumises à son jugement.

L'*act* de 1888 définissait minutieusement les pouvoirs juridictionnels de la Commission des chemins de fer et canaux : pouvoirs antérieurement attribués à la Commission des chemins de fer ; jugement des contestations relatives à la légalité des taxes ; droit d'exiger pour le trafic des facilités raisonnables, sans avoir égard aux arrangements que n'auraient approuvés ni le Board of trade ni les commissaires : allocation aux plaignants de dommages-intérêts, s'ajoutant ou se substituant à d'autres réparations (le cas de dommages causés par des tarifs régulièrement publiés étant excepté sous certaines conditions) ; répartition entre deux ou plusieurs Compagnies des dépenses nécessaires pour l'exécution d'ordres de la Commission ; fixation des parts respectives à supporter par les Compagnies et par les tiers dans les frais de construction d'ouvrages tels que pont, passage inférieur, etc.

En principe, et sauf sur les questions de fait, un droit de recours devant les cours supérieurs d'appel était ouvert contre les décisions juridictionnelles des commissaires.

Indépendamment des prescriptions déjà signalées et concernant la revision de la classification des marchandises ainsi que du tableau des tarifs maxima, la loi de 1888 contenait de nombreuses dispositions au sujet du trafic. L'objet de ces dispositions extrêmement détaillées était le suivant : trafic commun à deux Compagnies de canaux ou à une Compagnie de chemin de fer et à une Compagnie de canal (facilités raisonnables à accorder ; intervention du Board of trade dans l'examen des plaintes : règles pour la présentation des demandes relatives à ces transports, pour leur instruction et pour la décision des commissaires ; indues préférences dans la taxation ou le service (dispositions diverses ; égalité de traitement des marchandises indigènes et des marchandises étrangères : droit des tribunaux et des commissaires de décider que les prix pour une distance déterminée ne seraient pas supérieurs aux prix pour une distance plus grande ; groupement de localités et application de prix uniformes aux transports en provenance ou à destination de ces localités, malgré les différences de distances (faculté reconnue aux Compagnies : droits des commissaires) : plaintes au Board of trade pour charges déraisonnables (instruction ; rapports périodiques au Parlement) ; classification des marchandises et tableau des prix maxima (communication au public et vente) ; etc.

A la suite de ces dispositions, qui régissaient en même temps les canaux et les chemins de fer, venait un titre spécial aux canaux.

Diverses règles étaient édictées pour l'application et l'extension des lois de 1854 et de 1873, notamment en ce qui concernait les prix des transports communs empruntant à la fois un canal et une rivière, même non sujette à péage autorisé par le Parlement, quand ces deux voies formaient une ligne continue.

Justement soucieux de couper court aux abus dans la tarification des canaux possédés ou contrôlés soit par une Compagnie de chemins de fer, soit par ses agents, le législateur donnait aux commissaires le droit d'exiger, sur la demande d'un tiers intéressé et dûment accrédité par le Board of trade, que cette tarification fût raisonnable comparativement aux taxes de la voie ferrée.

Les Compagnies de canaux avaient l'obligation d'adresser au Board of trade des rapports périodiques, spécialement des comptes-rendus indiquant la puissance de transport des canaux, le capital, les recettes, les dépenses et le revenu net. Elles devaient aussi prévenir le Board of trade, dans le cas de mise en chômage pour plus de deux jours, puis l'aviser de la réouverture à la navigation. Des amendes sanctionnaient ces prescriptions.

Suivaient des dispositions concernant l'envoi au Board of trade des règlements faits par les Compagnies de canaux, le délai avant l'expiration duquel les règlements ne pouvaient être mis en vigueur, le droit permanent d'interdiction réservé au Board of trade, la publication des règlements.

Le Board of trade recevait les pouvoirs nécessaires pour faire inspecter les canaux dont les travaux étaient signalés comme dangereux pour le public ou comme présentant des inconvénients pour le trafic.

Sauf autorisation expresse des statuts, il était défendu aux Compagnies de chemins de fer d'employer leurs capitaux, directement ou par l'intermédiaire d'un de leurs agents, à acquérir des actions de canaux ou un intérêt quelconque dans l'exploitation de ces voies navigables. Les infractions à la défense ainsi édictée entraînaient la confiscation, au profit de la Couronne, des intérêts irrégulièrement acquis et le remboursement par la Compagnie des sommes indûment employées. Tout actionnaire était recevable à poursuivre ce remboursement.

La loi de 1888 reconnaissait aux Compagnies de canaux la faculté de conclure entre elles des arrangements relatifs au trafic commun, d'établir pour ce trafic des prix ayant une base inférieure à celle des tarifs intérieurs, d'organiser un *Canal Clearing System*, dont les règlements seraient approuvés par le Board of trade.

Elle contenait des dispositions importantes concernant les canaux reconnus inutiles pour le service public de la navigation, les canaux non utilisés depuis trois ans, les canaux devenus par la faute de la Compagnie impropres à la circulation, enfin les canaux abandonnés dont les eaux préjudiciaient aux propriétés voisines et que les concessionnaires refusaient ou étaient incapables de réparer pour prévenir de nouveaux dommages. Le Board of trade, statuant sur la demande soit de la Compagnie, soit d'une autorité locale, soit de propriétaires riverains ou voisins, pouvait, en observant des règles déterminées, autoriser l'abandon du canal et relever la Compagnie de ses obligations relatives à l'entretien. Si le canal n'était pas reconnu inutile, le Board of trade avait le pouvoir de subordonner sa décision au transfert de la voie navigable à un autre exploitant (particulier ou autorité locale) et de fixer le régime d'exploitation par un ordre provisoire, ne devant avoir effet qu'avec la sanction du Parlement.

En vertu des dispositions précédentes, le Board of trade autorisa l'abandon définitif de deux rivières canalisées reconnues inutiles, l'Arun (Sussex) et la Larke (Suffolk). Un canal abandonné, celui de la Tamise à la Severn, fut repris en 1895 par un trust groupant diverses compagnies de navigation voisines, intéressées à sa conservation, et d'autorités locales; mais ce trust eut bientôt épuisé ses ressources sans pouvoir remettre la voie navigable dans l'état voulu; par une décision provisoire de 1900, le Board of trade transféra le canal au Conseil du comté de Gloucester, qui entreprit les réparations; l'année suivante, intervint la décision confirmative du Parlement.

Les prix de fret présentent une extrême diversité. Pour les transports qu'effectuent les Compagnies propriétaires des voies navigables, cette diversité est dans une certaine mesure atténuée par les dispositions des *Railway and Canal traffic Acts*, notamment par celles qui prohibent les préférences indues. Mais les autres transporteurs, à qui va de beaucoup la plus grosse part du trafic, sont absolument libres : s'ils tiennent compte de la classification uniforme des marchandises établie comme je l'ai précédemment indiqué, leur indépendance n'en reste pas moins entière et se traduit nécessairement par une infinie variété des contrats avec les expéditeurs.

D'ailleurs, les services à rémunérer diffèrent notablement selon les cas. Tantôt le maître de la marchandise assume les risques du transport ; tantôt le transporteur prend ces risques à son compte et prélève une prime d'assurance. Le chargement et le déchargement, le magasinage aux points terminus, l'utilisation temporaire des quais, etc., peuvent, suivant les circonstances, être compris dans les tarifs ou, au contraire, en être exclus.

En général, les prix sont très peu inférieurs à ceux des transports par voie ferrée, même sur les canaux qui n'appartiennent pas aux Compagnies de chemins de fer ou ne se trouvent pas sous la dépendance de ces Compagnies. L'écart diminue ordinairement au fur et à mesure qu'augmente la distance ; l'une des causes principales de la diminution est la multiplicité des concessionnaires qui se partagent le réseau de navigation intérieure. Actuellement, les voies navigables ne peuvent lutter, aux longues distances, contre la voie de fer, fût-ce pour les matières pondéreuses.

Dans les conditions les plus favorables, le prix par tonne et par kilomètre, en ce qui concerne les marchandises de faible valeur comme les charbons et les minerais, descend à 1 centime 7 environ, abstraction faite des péages.

Telles sont les seules indications générales qu'il soit possible de donner sur les prix du fret.

Les renseignements précis font également défaut en ce qui concerne les prix des transports par voie ferrée. Cependant, la situation est un peu moins confuse que pour les voies navigables.

Comme nous l'avons vu précédemment, la loi du 10 août 1888 (*Act for the better regulation of railway and canal traffic*), applicable à la fois aux chemins de fer et aux canaux, avait prescrit la revision de la classification des marchandises ainsi que du tableau des tarifs maxima et des charges terminales. L'accord ne put s'établir entre le Board of trade et les Compagnies ; en conséquence, le Parlement dut arrêter lui-même la nouvelle tarification légale.

D'après la classification uniforme adoptée par le Parlement, les marchandises étaient réparties en 8 classes, dont trois (classes A, B, C) pour les marchandises pondéreuses expédiées sous condition d'un tonnage minimum de quatre ou de deux tonnes, et les cinq autres (classes 1, 2, 3, 4 et 5) pour les marchandises d'une plus grande valeur expédiées sans condition de tonnage. Les expéditions de détail des matières pondéreuses subissaient un relèvement d'une ou de deux classes.

Les tarifs maxima variaient suivant les réseaux ; souvent même, un certain nombre de lignes d'un réseau déterminé avaient des barèmes particuliers. D'une manière générale, le système de tarification comportait des barèmes à base décroissante. M. Colson (*Transports et Tarifs*) indique, à titre de moyennes pour de nombreuses lignes, une base initiale de 6 ou 7 centimes (classe A) à 27 centimes (classe 5), applicable jusqu'à 32 kilomètres, et une base finale de 2 centimes 6 à 16 centimes, applicable par kilomètre en-sus au delà de 100 kilomètres.

Aux prix de transport s'ajoutaient : 1° les frais de gare, soit une somme allant de 63 centimes (classe A) à 3 fr. 78 (classe 5) ; 2° quand le chargement et le déchargement n'étaient pas faits par l'expéditeur et le destinataire, le coût de ces opérations, compris, pour chacune d'elles, entre un minimum de 0 fr. 315 et un maximum de 2 fr. 10.

Voici, dès lors, quelles étaient les taxes totales, à 200 kilomètres, pour une tonne de diverses marchandises :

Houille (expédition de 4 tonnes), chargée par l'expéditeur et déchargée par le destinataire...........	9	francs.
Fers en barres (expédition de 2 tonnes), chargés par l'expéditeur et déchargés par le destinataire......	13	—
Grains (expédition de 2 tonnes), chargés et déchargés par la Compagnie............................	20	—
Marchandises de la 5e classe (sans condition de tonnage), chargées et déchargées par la Compagnie.........	50	—

Bien que les tarifs arrêtés par le Parlement constituassent seulement des maxima, les Compagnies crurent devoir les substituer, le 1er janvier 1893, aux tarifs qui étaient effectivement en vigueur à cette époque. De là, des relèvements plus ou moins accusés pour l'immense majorité des taxes et un déluge de réclamations. A la suite d'une enquête parlementaire, intervint un bill du 25 août 1894 (*Act to amend the railway and canal traffic act*, 1888), attribuant aux commissaires des chemins de fer et des canaux le pouvoir d'interdire, sur la plainte d'un intéressé, les relèvements opérés depuis le 31 décembre 1892 et jugés par eux déraisonnables ; les plaintes devaient être préalablement soumises au Board of trade. Finalement, les Compagnies s'engagèrent à ne pas maintenir les relèvements qui dépassaient 5 p. 100 : elles purent exécuter cet engagement sans réduire les recettes antérieures à la réforme.

Les Compagnies ont une extrême liberté, que tempère à peine l'action restreinte et exceptionnelle de la puissance publique. Dans la fixation des tarifs, elles s'inspirent exclusivement de considérations commerciales, abaissant les taxes quand la concurrence les y oblige, notamment quand elles ont à lutter contre le cabotage ou contre le détournement du trafic international par des ports étrangers à leur réseau, et appliquant au contraire des prix élevés lorsqu'elles sont maîtresses des transports. Leur tarification se compose à peu près uniquement de prix fermes : elles accordent des remises aux gros expéditeurs, en vertu de tarifs dûment publiés ou parfois d'ententes secrètes.

Notre distinction entre la grande et la petite vitesse n'existe pas dans le Royaume-Uni, où le service, sans être soumis à des délais réglementaires, s'effectue dans des conditions de rapidité analogues à celles de nos messageries. Les trains de marchandises ne marchent guère moins vite que les trains omnibus de voyageurs.

Sauf pour les matières premières et pondéreuses, le camionnage à l'arrivée est assuré par les Compagnies, qui en comprennent la rémunération dans les prix fermes et y apportent une extrême célérité.

Les transports de minéraux forment les trois quarts du tonnage total ; ils se font, pour une large part, dans des wagons appartenant aux particuliers.

Aucun renseignement n'est fourni par les statistiques anglaises au sujet de la longueur des parcours. On ne saurait dès lors supputer, même approximativement, la taxe kilométrique moyenne.

Le rapport précité de la *Royal Commission on canals and waterways* résume en quelques tableaux fort intéressants les données essentielles relatives au trafic des voies navigables du Royaume-Uni.

De ces tableaux, le premier, emprunté au volume VII (page 49), donne, pour chacune des trois parties constitutives du royaume, le tonnage, le revenu brut, la dépense d'exploitation et le revenu net, en 1888, 1898 et 1905, des voies navigables dont la Commission avait la statistique comparative. Il comprend à peu près toutes les voies de quelque importance commerciale et les trois cinquièmes environ du réseau :

PARTIES du ROYAUME	LONGUEUR des voies navigables	ANNÉES	TONNAGE TOTAL transporté	REVENU BRUT	DÉPENSE d'exploitation	REVENU NET
	kilom.		tonnes	francs	francs	francs
Angleterre et Pays de Galles	3.887	1888	33.653.645	46.016.235	29.461.626	16.554.609
		1898	34.568.853	46.785.773	34.530.972	12.254.801
		1905	32.857.708	48.188.157	36.508.346	11.679.811
Écosse......	246	1888	1.648.676	1.744.947	1.076.516	668.431
		1898	1.357.824	1.689.967	1.062.922	627.045
		1905	1.190.157	1.479.103	931.400	547.703
Irlande.....	932	1888	564.366	2.145.011	1.686.461	458.550
		1898	662.744	2.802.119	2.187.003	615.116
		1905	635.090	2.829.482	2.187.431	642.051
Ensemble du Royaume-Uni	5.065	1898	35.866.687	49.906.193	32.224.603	17.681.590
		1898	36.587.421	51.277.859	37.780.897	13.496.962
		1905	34.682.955	52.496.742	39.627.177	12.869.565

Un second tableau, extrait du même volume (page 49) et spécial à l'année 1905, dont la statistique était beaucoup plus complète que celles de 1888 et de 1898, indique également, pour chacune des trois parties constitutives du royaume, le tonnage, le revenu brut, la dépense d'exploitation et le revenu net de l'ensemble des voies navigables (abstraction faite du trafic maritime sur le canal de Manchester) :

PARTIES DU ROYAUME	TONNAGE TOTAL transporté	REVENU BRUT	DÉPENSE d'exploitation	REVENU NET
	tonnes	francs	francs	francs
Angleterre et Pays de Galles............	38.115.445	51.647.786	38.115.894	13.531.892
Écosse..............	1.200.621	1.517.210	959.949	557.261
Irlande	814.873	3.045.492	2.397.590	647.902
Ensemble du Royaume-Uni..............	40.130.909	56.210.488	41.473.433	14.737.055

Le volume VIII, particulièrement consacré à l'Irlande, contient, pour cette partie du Royaume-Uni et pour l'Angleterre, des chiffres quelque peu différents de ceux qui précèdent :

PARTIES du ROYAUME	LONGUEUR des voies navigables	ANNÉES	TONNAGE TOTAL transporté	REVENU BRUT	DÉPENSES d'exploitation	REVENU NET
	kilom.		tonnes	francs	francs	francs
Angleterre et Pays de Galles	5.858	1888	34.740.361	47.269.216	30.089.478	17.179.738
		1898	36.391.117	49.663.098	36.127.272	13.535.826
		1905	36.544.573	51.647.786	38.115.894	13.531.892
Irlande	1.009	1888	879.925	2.246.270	1.754.253	492.017
		1898	1.068.893	3.087.331	2.359.306	728.025
		1905	1.087.048	3.041.028	2.356.254	684.774

En ce qui concerne les tonnages portés aux tableaux précédents, il y a lieu de remarquer que les comptages sont faits séparément pour chaque voie navigable et que, dès lors, toute unité de trafic est multipliée par le nombre des voies empruntées soit en totalité, soit en partie, au cours du transport. Un bateau chargé de 25 tonnes, par exemple, et allant de Londres à Birmingham en suivant la voie la plus directe (Grand Junction, Oxford, Warwick and Napton, Warwick and Birmingham) figure à la statistique pour 100 tonnes ; les 5 milles du canal Oxford y prennent une valeur égale aux 93 milles du Grand Junction Canal. L'écart entre le trafic apparent et le trafic réel est accru par le morcellement du réseau de navigation : il serait extrêmement élevé, si les transports à courte distance n'avaient pas une prédominance très marquée.

M. Colson (*Transports et Tarifs*) évalue le trafic réel à 24 millions de tonnes environ.

Le quatrième tableau (volume VII, page 51) permet de suivre les variations du trafic d'un certain nombre de voies navigables depuis 1848, époque à laquelle le réseau ferré se développait rapidement.

VOIES NAVIGABLES	LONGUEUR	TONNAGE 1848	1858	1868	1888	1898	1905
	kilom.	tonnes	tonnes	tonnes	tonnes	tonnes	tonnes
Birmingham	256	4.771.331	6.261.589	7.094.497	7.836.456	8.765.107	7.667.196
Coventry	51	528.320	504.570	434.653	458.745	372.711	432.586
Grand Junction	304	1.047.785	1.160.729	1.436.636	1.191.222	1.646.481	1.822.941
Kennet and Avon, rivers Kennet and Avon	138	366.380	266.011	213.936	137.975	114.519	65.003
Leeds and Liverpool	233	2.643.202	2.194.820	2.175.409	2.049.248	2.362.467	2.507.312
Trent and Mersey	191	1.363.088	1.385.198	1.518.436	1.457.324	1.234.989	1.155.866
Oxford	132	426.720	406.400	489.712	457.200	428.251	384.757
Staffordshire and Worcestershire	84	857.037	909.375	811.560	656.375	779.858	734.202
Trent Navigation	109	418.435	265.139	263.691	202.717	424.715	355.103
Warwick and Birmingham	37	229.701	211.400	247.267	358.768	359.686	331.146
Warwick and Napton	23	223.157	205.018	216.355	240.135	199.991	182.751
Aire and Calder	137	1.357.156	1.115.719	1.775.207	2.246.063	2.450.655	285.964
Totaux	1.695	14.232.312	14.885.968	16.677.359	16.992.228	19.139.130	18.494.827

Aux variations de tonnage qu'indique ce tableau ont correspondu les variations suivantes de la recette brute totale :

Année 1848...........	Recette brute de	18.829.176 francs
— 1858...........	— —	16.293.658 —
— 1868...........	— —	16.598.139 —
— 1888...........	— —	21.638.810 —
— 1898...........	— —	22.523.225 —
— 1905...........	— —	23.138.266 —

Plus de la moitié du trafic est fournie, comme le montrent les chiffres ci-après relatifs à l'année 1905, par un petit nombre de voies, mesurant ensemble 1 500 kilomètres de longueur environ :

VOIES NAVIGABLES	LONGUEUR	TONNAGE
	kilomètres	tonnes
Birmingham Canal........................	256	7.667.196
Aire and Calder Navigation..................	137	2.855.964
Leeds and Liverpool Canal..................	233	2.507.312
Grand Junction Canal.....................	304	1.822.941
Thames River en amont du pont de Londres, jusqu'à Inglesham.....................	232	1.417.972
Trent and Mersey Navigation...............	191	1.155.866
Weaver Navigation.......................	32	1.093.797
Regent's Canal..........................	18	1.061.907
Forth and Clyde and Monkland Canals........	84	946.409
Sheffield and South Yorkshire navigation......	97	849.358
TOTAUX............	1.584	21.378.722

D'après M. Colson (*Transports et Tarifs*), les péages ne sont entrés que pour 23 millions dans le revenu brut de l'ensemble des voies navigables constaté en 1905 ; les transports effectués par les concessionnaires ont donné 19 millions [1] ; le surplus a été fourni par des opérations accessoires, telles que manutentions, magasinage, location de terrains, etc.

Les statistiques, notamment celles des canaux possédés ou contrôlés par les Compagnies de chemins de fer, sont loin de contenir tous les renseignements nécessaires pour le calcul de la longueur moyenne des transports. Voici quelques chiffres extraits du rapport de la *Royal Commission of canals and waterways* :

(1) La dépense de ces transports a été de 16 millions.

VOIES NAVIGABLES	LONGUEUR	TONNAGE ABSOLU	TONNAGE KILOMÉTRIQUE	DISTANCE moyenne de transport
	kilomètres	tonnes	tonnes kilométr.	kilomètres
Aire and Calder	137	2.855.964	97.416.407	34,1
Leeds and Liverpool	233	2.507.312	79.114.500	31,6
Grand Junction	304	1.822 941	68.053.523	37,3
Thames	232	1.417.972	38.089.535	26,9
Weaver	32	1.093.797	23.819.086	21,8
Rochdale	56	563.471	8.337.131	14,8
Calder and Hebble	43	470.698	8.132.918	17,3
Coventry	51	432.586	5.776.437	13,4
Warwick and Birmingham	37	331.146	5.660.344	17,1
Warwick and Napton	23	182.751	3.392.094	18,6
Macclesfield	42	125 517	2.248.080	17,9
Peak Forest	24	138.326	1.377.716	10 »
Ashton	27	245.035	1.345.672	5,5
Chesterfield	72	45.900	848.236	18,5
TOTAUX ET MOYENNE	1.313	12.233.416	343.611.682	28,1

M. Jebb évalue à 13 kilomètres seulement la distance moyenne de transport des houilles sur le canal de Birmingham. La modicité de ce chiffre s'explique par la proximité des houillères et des usines consommatrices.

Aujourd'hui les longs transports par la batellerie ne présentent plus qu'une faible importance. Ils n'ont résisté, ni à la concurrence du cabotage et des voies ferrées, ni surtout aux agissements des Compagnies de chemins de fer, qui, en mettant la main sur une partie du réseau fluvial, s'étaient ménagé la possibilité de couper les grandes lignes de navigation. Le trafic a son activité principale près des estuaires où s'effectuent des transbordements entre les navires de mer et les bateaux de navigation intérieure.

Les marchandises que transportent les rivières et canaux sont, pour la plus large part, des marchandises pondéreuses: houille; minerai de fer; fonte; matériaux de construction (pierres, briques, tuiles, ardoises, bois, ciment); matériaux pour les routes; sable; gravier; argile; gadoues des villes; grains; engrais chimiques, etc. Quelques régions ont un trafic spécial fourni par certaines exploitations minières ou par certains établissements industriels; la *Royal Commission on canals and waterways* cite, à titre d'exemples, le sel, les produits chimiques, l'argile de Cornouailles, les poteries, la laine, le coton. Sur un petit nombre de canaux, particulièrement sur ceux d'entre eux qui appartiennent à des compagnies de transport, les marchandises générales (sucre, épiceries, etc.) donnent un contingent notable. L'élément prédominant est le charbon ; des relevés exacts, concernant quinze voies navigables dont le tonnage total a été de 21 839 408 tonnes en 1905, indiquent, pour la part proportionnelle de la houille, des chiffres allant de 13 à 87 p. 100 et une moyenne de 45 p. 100.

Si, au lieu de dresser les statistiques du tonnage, des recettes et des dépenses sans faire de distinction entre les voies indépendantes et les voies possédées ou contrôlées par les Compagnies de chemins de fer, on établit cette distinction, les résultats sont les suivants, en ce qui concerne les rivières et canaux au sujet desquels la *Royal Commission* a pu réunir des données comparatives pour 1888, 1898 et 1905 :

Tonnage.

ANNÉES	VOIES INDÉPENDANTES		VOIES POSSÉDÉES OU CONTROLÉES PAR DES COMPAGNIES DE CHEMINS DE FER		ENSEMBLE	
	longueur	tonnage	longueur	tonnage	longueur	tonnage
	kilomètres	tonnes	kilomètres	tonnes	kilomètres	tonnes
1888		20.106.303		15.760.384		35.866.687
1898	3.094	20.391.901	4.971	16.195.520	5.065	36.587.421
1905		20.761.361		13.921.594		34.682.955

Revenu brut.

ANNÉES	VOIES INDÉPENDANTES				VOIES POSSÉDÉES OU CONTROLÉES PAR DES COMPAGNIES DE CHEMINS DE FER				ENSEMBLE
	péages	fret	produits divers	total	péages	fret	produits divers	total	
1	2	3	4	5	6	7	8	9	10
	francs	francs	francs	francs	francs	francs	francs	francs	francs
1888 (1) ..	11.820.891	6.034.112	5.350.423	32.971.367	10.121.770	4.896.766	1.752.487	16.934.826	49.906.193
1898	12.332.000	15.483.365	7.596.062	35.411.427	9.686.094	4.230.378	1.949.960	15.866.432	51.277.859
1905	12.693.554	15.985.193	8.167.169	36.845.916	8.758.124	4.849.428	2.043.274	15.650.826	52.496.742

(1) La subdivision du revenu brut en 1888 est inconnue pour quelques voies navigables. Par suite, les totaux des colonnes 5 et 9 diffèrent des chiffres obtenus en additionnant les colonnes 2, 3, 4 et 6, 7, 8.

Dépenses d'exploitation.

ANNÉES	VOIES INDÉPENDANTES			VOIES POSSÉDÉES OU CONTROLÉES PAR DES COMPAGNIES DE CHEMINS DE FER			ENSEMBLE
	Administration, entretien et autres dépenses	Dépenses de transport	Total	Administration, entretien et autres dépenses	Dépenses de transport	Total	
	francs	francs	francs	francs	francs	francs	francs
1888.......	11.432.554	9.755.575	21.188.129	8.851.892	2.184.582	11.036.474	32.224.603
1898.......	14.040.655	12.351.697	26.392.352	7.879.712	3.508.833	11.388.545	37.780.897
1905.......	15.005.446	12.702.356	27.707.802	8.174.331	3.745.044	11.919.375	39.627.177

Décomposition des dépenses d'administration, d'entretien et autres en 1905.

PARTIES DU ROYAUME	LONGUEUR	VOIES INDÉPENDANTES			VOIES POSSÉDÉES OU CONTROLÉES PAR DES COMPAGNIES DE CHEMINS DE FER			ENSEMBLE
		Administration	Entretien	Autres dépenses	Administration	Entretien	Autres dépenses	
	kilom.	francs	francs	francs	francs	francs	francs	francs
Angleterre et Pays de Galles.	3.887	3.037.598	5.667.968	5.222.658	1.011.826	4.511.707	1.899.873	21.351.630
Écosse..................	246	148.773	160.147	28.398	204.635	366.673	22.774	931.400
Irlande..................	932	151.421	380.645	207.838	36.065	120.778	»	896.747
TOTAUX.......	5.065	3.337.792	6.208.760	5.458.894	1.252.526	4.999.158	1.922.647	23.179.777

Revenu net.

ANNÉES	VOIES INDÉPENDANTES	VOIES possédées ou contrôlées par des Compagnies de chemins de fer	ENSEMBLE
	francs	francs	francs
1888........	11.783.238	5.898.352	17.681.590
1898........	9.019.075	4.477.887	13.496.962
1905........	9.138.114	3.731.451	12.869.565

A lui seul, le canal de Birmingham a fourni, en 1905, 62 p. 100 du revenu net des voies possédées ou contrôlées par les Compagnies de chemins de fer.

L'examen des tableaux précédents fait ressortir : 1° en ce qui concerne le tonnage, une légère augmentation pour les voies indépendantes, une diminution pour les voies possédées ou contrôlées par des Compagnies de chemins de fer, une petite réduction dans l'ensemble : 2° en ce qui concerne la recette brute, un accroissement pour les voies indépendantes, une réduction pour les voies possédées ou contrôlées par des Compagnies de chemins de fer, une augmentation dans l'ensemble ; 3° en ce qui concerne la dépense d'exploitation, une hausse générale, exception faite des frais d'administration et d'entretien pour les voies possédées ou contrôlées par des Compagnies de chemins de fer ; 4° en ce qui concerne le produit net, une diminution pour les deux catégories de voies.

Pendant que le trafic des voies navigables restait stationnaire, celui des voies ferrées prenait un rapide essor. Les résultats de l'exploitation des chemins de fer ont été les suivants, en 1907 et 1911, par exemple :

		1907	1911
Tonnage	Minéraux	414.100.000 t.	416.389.000 t.
	Marchandises générales	110.000.000	115.591.000
	Total	524.100.000 t.	531.980.000 t.
Recette brute.	Voyageurs	1.285.598.000 fr.	1.360.745.000 fr.
	Marchandises	1.543.535.000	1.596.049.000
	Divers	236.330.000	251.179.000
	Total	3.065.463.000 fr.	3.207.973.000 fr.
Dépense d'exploitation		1.932.084.000 fr.	1.982.742.000 fr.
Recette nette		1.133.379.000	1.225.231.000
Proportion de la recette nette au capital		3.47 p. 100	3.67 p. 100

Sur les voies ferrées, comme sur les voies navigables, toute unité de trafic est multipliée par le nombre des Compagnies dont le transport emprunte les rails. Mais les chemins de fer sont moins morcelés que les voies de navigation intérieure, et, dès lors, le tonnage enregistré par les statistiques se rapproche davantage de la réalité.

Un exemple, relatif à l'approvisionnement de Londres en combustibles minéraux, montre bien le rôle effacé des canaux comparativement aux autres voies de transport. Les arrivages de 1905 ont été de 15 800 000 tonnes environ, et la part des canaux n'a pas dépassé 18 980 tonnes, soit 0,12 p. 100, alors que les parts proportionnelles des voies ferrées et de la mer étaient respectivement de 50,1 et de 49,8 p. 100.

Il existe en Irlande, au point de vue de l'importance relative des transports par eau et des transports par chemin de fer, une situation particulière qui mérite d'être signalée.

Le rapport entre le tonnage des voies navigables et celui des voies ferrées y est beaucoup plus élevé que dans la Grande-Bretagne (1/6, au lieu de 1/13, en 1905). Cela n'empêche pas, d'ailleurs, le trafic de la navigation intérieure d'être extrêmement faible. Diverses circonstances concourent à sa modicité : densité minime de la population ; prépondérance du travail agricole et des industries rurales connexes sur la grande industrie, représentée par la construction des navires, le tissage, la fabrication des boissons alcooliques ; insignifiance du mouvement des charbons, des minerais, des matériaux de construction ; emplacement des agglomérations sur le littoral ou les estuaires.

Reprenons maintenant la question de la concurrence entre les chemins de fer et les voies navigables, pour la serrer de plus près, en groupant les faits principaux qui s'y rattachent.

Avant la construction du réseau ferré, les voies navigables ne subissaient aucune concurrence effective de la part des routes, que grevaient des droits de barrières très élevés et qui repoussaient absolument certains transports, comme celui des houilles. Elles avaient pu, malgré l'élévation de leurs tarifs, absorber le trafic des régions desservies et arriver à un état d'extrême prospérité. Mais les concessionnaires, forts de leur monopole, négligeaient l'entretien, se refusaient aux améliorations réclamées par l'industrie et laissaient des lignes importantes de navigation, telles que celle de Liverpool à Manchester, dans une situation véritablement déplorable.

L'établissement des chemins de fer provoqua presque aussitôt l'abaissement des tarifs sur les canaux et l'exécution, au moins partielle, des travaux trop longtemps ajournés.

Bientôt la lutte devint assez vive pour que la navigation intérieure parût menacée de ruine et pour que l'opinion publique s'émût d'une pareille éventualité. Des incidents caractéristiques, comme la transformation en voie ferrée du canal de Croydon, qui avait coûté 80 000 livres sterling, devaient accroître encore les préoccupations légitimes des intéressés.

Le législateur reconnut la nécessité de venir en aide à la navigation. Son intervention se manifesta d'abord par les deux lois de 1845, que j'ai précédemment rappelées, et qui autorisaient les Compagnies de canaux à modifier leurs tarifs dans la limite du maximum légal, à se charger du transport et du camionnage des marchandises, à les emmagasiner, à louer des bateaux, à assurer le halage ou le remorquage, à percevoir pour ces opérations des prix raisonnables en sus du péage, à conclure des traités ou arrangements et même des contrats d'affermage avec d'autres Compagnies de voies navigables.

Cependant, la lutte continua à produire des effets généralement désastreux pour les canaux. Un grand nombre d'entre eux furent vendus aux Compagnies de chemins de fer, avec l'approbation du Parlement. En 1872, sur 6 670 kilomètres de canaux, 2 769 étaient ouvertement possédés par ces Compagnies.

Le Parlement cherchait, lorsqu'il autorisait les fusions, à prendre les précautions voulues pour sauvegarder l'intérêt public. Dans la plupart des cas, il interdisait d'élever les droits de navigation au-dessus de leur taux réel lors de la conclusion des traités et prohibait, en outre, toute mesure tendant à concéder aux transports sur rails des avantages ou préférences dont ne bénéficieraient pas les transports par eau. Souvent les bills d'amalgamation réservaient au Board of trade le pouvoir d'exercer un certain contrôle sur les taxes ou d'exiger le maintien des canaux en bon état d'entretien. Ces précautions restèrent inopérantes. Le Board of trade fut impuissant à accomplir sa tâche; dans deux circonstances graves, il tenta d'agir, et ses décisions furent annulées par la Cour du Banc de la Reine.

Parmi les Compagnies de canaux qui conservaient une indépendance apparente, beaucoup avaient aliéné leur liberté par des traités avec les Compagnies de chemins de fer, pour la fixation de leurs taxes, moyennant garantie d'un revenu déterminé.

A défaut d'accord sous cette forme, les Compagnies de chemins de fer étaient arrivées, dans bien des cas, à atteindre leur but, soit en abaissant les tarifs de la voie ferrée, soit en coupant les grandes lignes de navigation par l'élévation des taxes sur les tronçons de canaux dont elles avaient la propriété ou par le manque d'entretien de ces tronçons.

M. Ch. de Franqueville (*Du régime des travaux publics en Angleterre*, 1874) cite des exemples typiques, dépeignant la situation de la manière la plus nette.

C'est ainsi que la Compagnie du London and North-Western Railway, à laquelle appartenait le canal d'Huddersfield, avait pu stériliser cette voie navigable, malgré la modicité des taxes fixées par l'acte de concession, en n'y maintenant pas un mouillage suffisant.

Les Compagnies du London and North-Western Railway, du Lancashire and Yorkshire Railway et du North-Eastern Railway, maîtresses du canal de Rochdale, y appliquaient un tarif absolument prohibitif (pour le parcours d'Halifax à Manchester, taxe supérieure à celle que donnait le tarif du chemin de fer pour le parcours total d'Hull à Manchester).

Une entente était intervenue entre la Compagnie du canal de Leeds à Liverpool, d'une part, les Compagnies de chemins de fer du London and North-Western et du Lancashire and Yorkshire, d'autre part, pour percevoir le maximum légal des péages de la voie navigable, moyennant le paiement d'une annuité de près d'un million. Par suite de cette entente, le seul droit de transit sur le canal atteignait 20 francs, alors que le prix du chemin de fer ne dépassait pas 18 fr. 75, transport compris.

Les atteintes ainsi portées à la navigation des canaux d'Huddersfield, de Rochdale et de Leeds à Liverpool avaient fait perdre à l'Aire and Calder Navigation les trois quarts de son trafic et les quatre cinquièmes de ses recettes. M. Wilson, directeur de cette belle voie navigable, s'en plaignit dans les termes les plus vifs lors de l'enquête de 1872.

Bien que le canal du Duc de Bridgewater donnât d'excellents résultats financiers, son propriétaire, Lord Ellesmere, s'était résolu à traiter avec les Compagnies de chemins de fer, afin de s'assurer un minimum de recettes.

Sur la grande ligne reliant l'embouchur de la Tamise à celle de la Severn, la Compagnie du Great Western Railway avait acquis le Kennet and Avon Canal.

Pour les lignes perpendiculaires, la situation était peu différente : on ne pouvait aller de la Severn à la Mersey ou de Londres à Liverpool sans rencontrer des canaux dépendant des chemins de fer.

Les canaux du Nord vers l'Humber se trouvaient entre les mains de la Compagnie du North-Eastern Railway, sauf la rivière Hull. Entre autres procédés mis en œuvre par cette Compagnie, il en est un qui mérite d'être rappelé. Ne pouvant dépenser légalement la somme d'un million de francs nécessaire pour l'acquisition de la Derwent River, elle avait fait réaliser l'achat par trois de ses agents supérieurs, traitant en leur nom personnel, et les désintéressait de toutes leurs charges annuelles.

Une tentative de coalition des Compagnies de canaux restées indépendantes avait eu lieu, mais sans succès, en 1866 ; il était trop tard pour résister au torrent.

L'ancienne et puissante Compagnie du Birmingham Canal Navigation, qui pourtant desservait, entre Birmingham et Wolwerhampton, un district d'une prospérité inouïe et dont les actions primitives de 2 525 francs avaient été divisées en 32 parts, cotées chacune à 2 572 francs et rapportant en moyenne 4 p. 100 par an, n'en était pas moins venue à déposer les armes et à conclure un traité de cession au profit de la Compagnie du London and North-Western Railway. Celle-ci, abusant de sa victoire, taxait à 1 fr. 90 le transport du fer sur le canal de Birmingham, pour un parcours de 16 kilomètres, tandis que la taxe sur les canaux indépendants, pour le surplus de la distance séparant le sud du Staffordshire de Londres, soit pour 232 kilomètres, n'était pas supérieure à 3 fr. 75.

Enserrée entre deux canaux appartenant à des Compagnies de chemins de fer, la Compagnie du canal de Worcester avait dû également capituler devant le Midland Railway.

Occultes ou légales, les fusions eurent les effets les plus funestes pour la batellerie. En 1867 et 1872 furent ouvertes deux enquêtes, au cours desquelles des réclamations violentes se firent entendre contre l'impuissance du Board of trade, contre le relèvement des péages, contre le préjudice porté à l'industrie des transports par eau.

Voici les conclusions formulées, en 1872, par le Comité d'enquête :
« En fait, on voit combien il serait difficile de maintenir la concur-
« rence là où elle existe aujourd'hui et de la rétablir là où elle a cessé

« d'exister. Les Compagnies de chemins de fer ont des capitaux con- « sidérables, elles possèdent les canaux les plus importants, et les « Compagnies de canaux en sont réduites, pour sauvegarder leurs in- « térêts, à traiter avec les chemins de fer. Les avocats de la concur- « rence disent que le Parlement doit empêcher ces fusions ou, du « moins, imposer des clauses, pour protéger le public. Le Parle- « ment pourrait, assurément, refuser sa sanction ; mais les Compa- « gnies de chemins de fer n'en continueraient pas moins à acheter les « canaux d'une façon occulte, et, d'ailleurs, lorsqu'une Compagnie de « canal affirme au Parlement qu'elle ne peut éviter la ruine qu'en cé- « dant sa propriété à un chemin de fer, il est bien difficile de repousser « sa demande... Le rachat des canaux par l'État est le seul moyen « d'empêcher l'achèvement de la constitution de ces monopoles ; mais « il est possible que l'établissement de ces monopoles soit plus avan- « tageux que le système absurde qui existe aujourd'hui. — Le rachat « des canaux par l'État présenterait, d'ailleurs, de graves difficultés. « — Pour les canaux productifs, il faudrait payer une somme consi- « dérable et, à quelque prix que l'on achète les mauvaises lignes, « on ferait toujours une mauvaise affaire. Les Compagnies de chemins « de fer feraient tout leur possible pour empêcher de passer de leurs « mains entre celles du Gouvernement, à un prix raisonnable, les canaux « qui ont pour elles une double valeur, en raison du profit direct qu'ils « leur rapportent et du bénéfice indirect résultant de la suppression « de la concurrence. En supposant même que l'État soit en possession « de tous les canaux, il serait encore très douteux que la concurrence « puisse subsister entre les voies navigables et les chemins de fer, au- « trement que pour les faibles distances et pour un trafic spécial. Si « la concurrence ne réussissait pas, si les produits ne suffisaient pas « au Gouvernement pour assurer l'entretien des voies navigables, on « aurait la plus grande difficulté à obtenir du Parlement qu'il vote, « ainsi que cela se fait en France, une somme d'argent, non pas pour « développer un trafic qui donne des produits, mais pour maintenir, à « perte, une concurrence contre les chemins de fer. »

Peu après, fut édictée la loi du 21 juillet 1873, dont j'ai déjà analysé les dispositions essentielles relatives aux voies navigables. Cette loi subordonnait à l'approbation de la Commission des chemins de fer, sauf autorisation expresse par un acte législatif antérieur, les arrangements susceptibles de conférer soit à une Compagnie de chemins de fer, soit à des personnes administrant cette Compagnie ou faisant partie de son administration, des droits de contrôle ou d'immixtion dans les transports, les prix ou les péages d'une partie quelconque de canal. Elle imposait, en outre, aux Compagnies de chemins de fer possédant ou administrant des canaux l'obligation de maintenir constamment en bon état la voie et ses dépendances.

Ces mesures tardives ne pouvaient guère conjurer le mal. En 1881 et 1882, la Chambre des Communes procéda à une nouvelle enquête, d'où sortit la preuve que les choses étaient toujours au même point. Parmi les plaintes recueillies pendant cette enquête, l'une de celles auxquelles s'attachait la plus grande autorité émanait de l'Association des chambres de commerce du Royaume. Après avoir rappelé le rôle considérable qu'eussent dû et pu jouer les voies navigables pour le transport des marchandises, l'Association signalait l'état de subordination regrettable d'une partie des canaux vis-à-vis des Compagnies de chemins de fer, qui les avaient achetés ou avaient tout au moins acquis un droit de contrôle sur leurs taxes, afin d'en éviter la concurrence ou de se soustraire aux oppositions qu'auraient pu provoquer leurs demandes en concession. Elle appelait l'attention des Pouvoirs publics sur les manœuvres des concessionnaires de voies ferrées, consistant soit à négliger l'entretien des canaux placés entre leurs mains et à les laisser s'envaser, soit à y établir des taxes prohibitives et fatales au trafic de transit, soit à abaisser leurs propres tarifs pour tuer la batellerie et à les relever une fois la guerre terminée. A l'appui de ses doléances, elle invoquait notamment le traité par lequel la Compagnie du canal de Birmingham s'était placée sous la dépendance de la Compagnie du London and North-Western Railway en échange de la garantie d'un dividende de 5 p. 100, le droit d'intervention du London and North-Western devant subsister jusqu'au complet remboursement de ses avances, c'est-à-dire jusqu'à une époque qui serait indéfiniment reculée [1]. L'Association citait encore le cas d'entreprises de transports par eau devant emprunter le Shropshire Canal et le Birmingham Canal, que la Compagnie du chemin de fer avait ruinées en relevant la taxe par tonne et par kilomètre, sur ce dernier canal, de 3 centimes 3 à 9 centimes 9. Elle demandait, en conséquence, que des précautions fussent prises pour empêcher l'absorption des canaux par les concessionnaires de voies ferrées, pour émanciper ceux dont l'indépendance avait été aliénée et pour y rendre la circulation libre comme sur les routes de terre.

M. Lester, entrepreneur de navigation fluviale, formula des plaintes analogues et insista, en outre, pour que les Compagnies de canaux ne fussent pas transporteurs et se bornassent à percevoir un péage. Il s'at-

(1) La Compagnie du Canal de Birmingham protesta contre les allégations des chambres de commerce : elle soutint que les versements de la Compagnie du chemin de fer au titre de la garantie n'avaient pas le caractère d'avances remboursables et que, dès lors, l'action de cette dernière Compagnie était limitée aux années d'insuffisance : de plus, elle déclara apporter tous ses soins à l'entretien du canal.

tacha aussi à faire ressortir les avantages des canaux, au point de vue des facilités de chargement et de déchargement en un point quelconque du parcours.

Le Comité de la Chambre des communes enregistra les réclamations, constata qu'elles n'étaient pas dénuées de fondement, témoigna des profits que la navigation intérieure pourrait procurer au public pour le transport des matières pondéreuses, émit l'avis qu'il était impolitique de laisser les canaux sous la dépendance des chemins de fer et que le Parlement ferait œuvre sage en s'efforçant de rendre, autant que possible, aux voies navigables leur indépendance. Toutefois, il repoussa deux amendements tendant, l'un à racheter les canaux fusionnés avec les chemins de fer, l'autre à indemniser les porteurs d'actions de canaux auxquels l'émancipation enlèverait le bénéfice de traités conclus avec les concessionnaires de voies ferrées. Sa conclusion principale fut que le Parlement n'autorisât plus désormais la mainmise directe ou indirecte des Compagnies de chemins de fer sur la navigation intérieure. En ce qui concernait spécialement l'Irlande, où la question des voies navigables se posait dans des conditions particulières et où certaines régions n'avaient pas d'autres moyens de communication, il conseilla d'habiliter les autorités locales ou des *public trusts* à acquérir, à entretenir, à développer les canaux quand l'intérêt public paraîtrait devoir en bénéficier.

Un autre Comité de la Chambre des communes entreprit encore, en 1883, une enquête sur la navigation intérieure et reçut d'intéressantes dépositions. Mais, ses pouvoirs n'ayant pas été renouvelés pour la saison suivante, il ne put formuler l'avis auquel ses travaux devaient aboutir.

Cinq ans plus tard, la loi du 10 août 1888, dont j'ai donné une analyse assez complète pour ne pas avoir à y revenir dans le détail, renforça les droits et prérogatives de la puissance publique, et mit en vigueur des dispositions complémentaires, destinées à mieux protéger les transports fluviaux : obligation pour les Compagnies de chemins de fer possédant ou contrôlant des canaux d'assurer une juste proportion entre les tarifs de la voie ferrée et de la voie navigable ; inspection des canaux par des délégués du Board of trade ; interdiction aux concessionnaires des chemins de fer, sauf autorisation expresse des statuts, d'employer leurs capitaux, directement ou par l'intermédiaire d'un de leurs agents, à acquérir des actions de canaux ou un intérêt quelconque dans l'exploitation de ces voies navigables ; etc.

La loi du 25 août 1894 ajouta une garantie de plus, en permettant aux commissaires des chemins de fer et des canaux d'empêcher le relèvement des tarifs que les concessionnaires des voies ferrées auraient temporairement abaissés afin de vaincre la concurrence de la navigation.

Cependant, la batellerie continuait à languir. Un warrant royal du 5 mars 1906 institua une commission d'études, dite *Royal Commission of canals and waterways*. Cette Commission, au rapport de laquelle j'ai fait de si nombreux emprunts, se composait de 19 membres et avait pour président le baron Shutleworth. Y étaient représentés la Chambre des Lords, la Chambre des Communes, le Board of trade, les Chambres de commerce, les Compagnies de chemins de fer, les Compagnies de voies navigables, etc. Les investigations devaient porter sur les questions suivantes :

1° État actuel et situation financière des voies navigables ;

2° Causes ayant empêché leur amélioration par l'initiative privée ; possibilité d'y porter remède au moyen d'une nouvelle législation ;

3° Facilités, améliorations et extensions désirables pour réaliser un système de communications directes par eau, reliant les divers centres commerciaux, industriels ou agricoles entre eux et avec la mer ;

4° Perspectives de bénéfices pour le commerce national et comparaison avec les dépenses probables ;

5° Opportunité de faire construire ou racheter des canaux par des administrations publiques ou trusts ; moyens d'obtenir ou de mettre en réserve les fonds nécessaires à cet effet ; modes de contrôle et d'administration des organismes spéciaux ainsi créés.

Le compte rendu des opérations auxquelles la Commission s'est livrée ne comprend pas moins de huit volumes, dont un spécial à l'Irlande. Des dépositions abondantes qui y sont consignées, se dégage le vœu de voir aménager quatre grandes lignes de navigation rayonnant autour de Birmingham et se dirigeant vers les embouchures des rivières Mersey, Severn, Tamise, Humber. Les auteurs de ce vœu paraissent avoir été d'accord pour reconnaître que les ressources indispensables ne pourraient être réunies sans une garantie, soit de l'État, soit des Conseils de Comté ou municipaux. Il semble, d'ailleurs, que le but poursuivi par la plupart des intéressés était de se servir des voies navigables améliorées pour imposer aux Compagnies de chemins de fer une réduction de leurs tarifs.

Dans le volume VII de son compte rendu, la Commission enregistre et discute avec une extrême impartialité les griefs articulés contre les Compagnies de chemins de fer possédant des voies navigables (défaut d'entretien, réclame pour la voie ferrée, combinaisons de tarifs, agissements divers consistant, par exemple, à ne pas briser les glaces, à négliger l'alimentation, à ajourner les réparations urgentes, etc.) Elle reconnaît que, souvent, la situation eût été plus mauvaise si ces voies ne s'étaient trouvées entre les mains de riches et puissantes Compagnies de chemins de fer, intéressées d'ailleurs, en nombre de cas, à utiliser leurs canaux comme instruments de lutte vis-à-vis de Compagnies rivales; elle ajoute que, parfois, la diminution du trafic doit être attribuée non au fait de la Compagnie propriétaire, mais au détournement des transports par des voies ferrées nouvelles. Néanmoins, les Compagnies de chemins de fer considèrent généralement comme une charge les canaux qui leur appartiennent, et peuvent difficilement être contraintes à se concurrencer elles-mêmes. Suivant la juste observation du *Joint Select Committee* de 1872, il est plus aisé pour le propriétaire d'une voie navigable de se soustraire à ses obligations légales que pour le commerce d'obtenir l'exécution de ces obligations. Les enquêtes et les rapports des *Select Committees*, les dispositions votées par le Parlement, l'étendue des pouvoirs successivement conférés au Board of Trade et aux commissaires ont surabondamment prouvé la nécessité qui s'imposait de remédier à l'état de choses existant.

Un témoignage intéressant, reproduit par la Commission, émane de M. Bulmer Howell, qui avait longtemps siégé au tribunal des commissaires avant et après la loi de 1888. L'auteur de ce témoignage, après avoir montré combien les frais et les lenteurs de la procédure devant les commissaires décourageaient les personnes lésées par les Compagnies de chemins de fer, conseillait des mesures propres à faciliter les actions. Mais sa conclusion essentielle était que les Pouvoirs publics n'arriveraient pas à réprimer les agissements des Compagnies de chemins de fer par de simples dispositions législatives, qu'il fallait affranchir les voies navigables et en construire de nouvelles.

La Commission consacre une partie du volume VII à l'examen des mérites et des défauts respectifs que présentent les voies ferrées et les voies navigables.

Parmi les avantages des chemins de fer, se placent au premier rang la rapidité et l'exactitude, si précieuses pour le commerce moderne, dont les habitudes et les besoins ont été bouleversés par le télégraphe et le téléphone : aujourd'hui, les négociants tiennent à ce que leurs ordres aux producteurs soient exécutés promptement, dans les vingt-quatre heures, afin d'éviter les gros approvisionnements, de diminuer l'étendue des magasins et l'importance des manutentions, de réduire le capital immobilisé. La ponctualité est particulièrement utile à l'exportation, car les bâtiments à vapeur doivent pouvoir être chargés sans aucune perte de temps.

A ces avantages s'ajoutent l'uniformité du gabarit des chemins de fer, le développement du réseau, la multiplicité des stations, l'adaptation du type de wagon aux expéditions de détail, le magasinage temporaire des marchandises à titre gratuit, la possibilité de chargement au centre des établissements industriels et notamment sur le carreau des mines, le rapprochement entre le point de livraison et le point de consommation, la diminution des frais de transbordement et de camionnage quand ces opérations sont nécessaires, la réduction des avaries presque inévitables lors des manutentions. Enfin, les voies ferrées échappent aux embarras que subissent les canaux par suite des gelées, de la sécheresse, des difficultés d'alimentation en eau.

De leur côté, les voies navigables n'exigent que des dépenses moindres d'administration et d'entretien. A capacité égale, leur matériel de transport coûte moins cher; ce matériel dure plus longtemps. Pour une même puissance, le poids déplacé par la batellerie est supérieur au poids remorqué sur rails, pourvu qu'une proportion convenable soit observée entre la section du bateau et celle du chenal.

Toutefois, à ce dernier point de vue, la faible capacité des bateaux diminue singulièrement l'avantage de la voie fluviale. Beaucoup plus puissantes que leurs devancières, les locomotives actuelles peuvent traîner un chargement de 600 tonnes sur des lignes à faible rampe, et le personnel du train ne dépasse pas 3 ou 4 hommes. Le même chargement, transporté dans des bateaux de 60 tonnes, nécessite 20 personnes au moins. D'une manière générale, la voie navigable demande un personnel quintuple de celui du chemin de fer; elle l'occupe, d'ailleurs, plus longtemps à égalité de distance, et la différence s'augmente encore par ce fait que la distance à parcourir sur les rivières ou canaux, entre un lieu de provenance et un lieu de destination donnés, est presque toujours sensiblement supérieure à la distance correspondante sur les chemins de fer. La comparaison qui précède suppose, d'ailleurs, des bateaux de 60 tonnes; or, pour beaucoup de canaux, le tonnage descend à 20 ou 30 tonnes.

Ainsi s'explique, dans une large mesure, le faible écart séparant les prix de fret et les taxes des chemins de fer. La Commission a constaté que le prix de transport du charbon, des mines de Measham (origine du canal Ashby dans le Leicestershire) à Brentford, au moyen de bateaux étroits accouplés, recevant chacun 28 tonnes et halés par un seul cheval, ne pouvait, même dans les circonstances les plus favorables, descendre au-dessous de 8 francs 40, y compris 3 francs 15 de péages, pour un parcours de 233 kilomètres, et qu'à la même époque le tarif de la voie ferrée entre les houillères de Measham et Londres était de 8 fr. 71. D'après la Commission, si la voie navigable était améliorée et livrait passage à des bateaux de 220 tonnes remorqués mécaniquement, le fret s'abaisserait à 4 fr. 83, y compris 2 fr. 94 de péages. Comme je l'ai déjà indiqué, les prix de la navigation sont généralement de très peu inférieurs à ceux des chemins de fer; plus augmentent la distance et le nombre des Compagnies de canaux, plus tend à disparaître l'économie de la voie fluviale.

L'une des causes principales de faiblesse du réseau navigable britannique est l'insuffisance du tonnage des bateaux. A la suite de nombreuses auditions, la Commission royale a estimé qu'il serait pratiquement impossible d'atteindre le chiffre de 600 tonnes, adopté par l'Allemagne pour ses nouvelles voies artificielles, et que, du moins en ce qui concerne les canaux, il fallait choisir entre le chiffre de 300 tonnes, adopté en France comme dans la partie accidentée de la Belgique, et celui de 100 tonnes, préconisé par la plupart des déposants. Les rivières comprises dans les lignes maîtresses peuvent, sans dépenses excessives, être appropriées au passage de bateaux portant 500 ou 600 tonnes et davantage.

Conformément au vœu qui se dégageait de l'enquête, la Commission a signalé l'importance extrême de quatre grandes lignes, dont l'aménagement offrait par suite un intérêt capital : 1° ligne de Birmingham et de Leicester à Londres (281 kilomètres) ; 2° ligne de Birmingham et de Leicester à Nottingham et à l'Humber (222 kilomètres, déduction faite d'une partie commune avec la troisième ligne) ; 3° ligne de Birmingham et de Wolverhampton à la Mersey (182 kilomètres) ; 4° ligne de Birmingham et de Wolverhampton à Sharpness sur la Mersey (174 kilomètres). La première ligne livrerait passage, dans toute son étendue, à des bateaux de 100 tonnes. Ailleurs, le tonnage varierait selon les sections parcourues : 300 et 750 tonnes pour la deuxième ligne ; 100 et 400 tonnes pour la troisième ligne ; 100, 600, 750 et 1 200 tonnes pour la quatrième ligne.

L'opération ne pourrait être utilement engagée sans un large concours de l'État. Celui-ci devrait pourvoir aux dépenses d'acquisition des voies concédées, soit en donnant les sommes nécessaires, soit en les fournissant sous forme de prêt remboursable à longue échéance, soit en combinant les deux systèmes. Il aurait aussi à garantir les emprunts contractés en vue des travaux d'amélioration. La Commission a, d'ailleurs, envisagé l'éventualité de contributions locales.

Voici comment se résument les conclusions essentielles de la Commission, en ce qui touche l'Angleterre, le Pays de Galles et l'Écosse.

Avant tout, un Office central de la navigation (*Waterway Board*) serait créé pour la Grande-Bretagne.

Cet Office recevrait, soit par la loi qui l'instituera, soit par une loi spéciale votée sur son initiative, l'administration des quatre lignes principales ci-dessus définies. La remise devrait avoir lieu sans délai, alors même que des raisons financières ou autres entraîneraient l'ajournement des grands travaux d'amélioration dont l'exécution immédiate et simultanée est désirable : en effet, elle constituerait déjà un très réel progrès, surtout si elle était accompagnée des améliorations secondaires jugées utiles par l'Office et d'une réduction des péages consécutive à l'unification.

L'Office reprendrait l'étude complète de la situation, en s'inspirant de principes indiqués par la Commission, en ayant égard aux considérations financières, aux intérêts commerciaux et publics, à l'étendue des concours locaux, aux perspectives de trafic, à la concurrence avec les chemins de fer. Il présenterait, après s'être assuré l'approbation du Gouvernement, des projets de lois relatifs à l'amélioration des quatre lignes principales, puis, le cas échéant, à l'acquisition et à l'unification d'autres voies navigables.

Serait comprise dans de prochains projets l'acquisition des voies de quelque importance actuellement au pouvoir des Compagnies de chemins de fer.

Les canaux Caledonian et Crinan passeraient sous la direction de l'Office.

Il pourrait être opportun de confier à l'Office la centralisation des renseignements sur le débit des fleuves ou rivières et sur les ressources en eau dans les régions de la Grande-Bretagne où existent des voies navigables.

Éventuellement, il conviendrait d'étudier la création de comités consultatifs locaux assistant l'Office et siégeant dans les centres les plus importants d'origine ou d'aboutissement des transports.

La législation et les règles de procédure subiraient certaines modifications préconisées dans le rapport de la Commission.

Des conclusions spéciales ont été présentées pour l'Irlande par la *Royal Commission of canals and waterways.*

La seule voie navigable irlandaise appartenant à une Compagnie de chemins de fer est le Royal Canal, qui relie le port de Dublin au Shannon et mesure 134 kilomètres de longueur. Ce canal, commencé par une société, achevé par les Directeurs de la navigation, puis transféré à une société nouvelle, avait coûté près de 36 millions de francs. Une loi de 1845 autorisa la Compagnie du Midland Great Western railway à le racheter au prix de 7 millions et demi environ, sous condition d'y maintenir la navigation et de ne pas modifier les péages sans le consentement du Lord Lieutenant. La Compagnie ainsi investie dépensa 942 000 francs. Après avoir approché de 33 000 tonnes en 1898, le trafic est descendu, en 1905, au-dessous de 26 000 tonnes ; les recettes nettes, qui paraissent s'être élevées à 404 000 francs vers 1845, ont peu à peu décru, et finalement l'année 1905 accusait une perte de 36 800 francs. La population des régions traversées s'est amoindrie, et presque tous les transports sont passés à la voie ferrée longeant le canal de Dublin à Mullingar. Bien que le Royal Canal soit soumis au contrôle d'un bureau créé à cet effet en 1818, son entretien est incontestablement négligé ; il n'y a, du reste, guère lieu d'en attendre de grands services.

Abstraction faite du Royal Canal, l'Irlande n'a pas eu à souffrir de la mainmise des Compagnies de chemins de fer sur les voies navigables.

D'une manière générale, les sources de trafic sont très restreintes. Cependant, des indices favorables permettent d'envisager un avenir meilleur.

Les dépenses à engager pour l'amélioration des voies actuelles paraissent devoir être modérées. Elles trouveraient, d'ailleurs, une ample justification dans l'intérêt spécial des communications par eau en Irlande et dans l'accroissement qu'ont déjà pris les transports fluviaux. Comme le réseau est, dès aujourd'hui, pour la plus large part, sous la direction du Gouvernement, d'établissements publics ou d'autorités locales, l'opération se réaliserait sans trop de difficultés.

Si l'État rachetait et exploitait les voies ferrées d'Irlande, ainsi que l'a proposé la majorité de la Commission vice-royale des chemins de fer, il conviendrait d'harmoniser leur exploitation avec celle des voies navigables et de constituer, dans ce but, un corps d'ingénieurs analogue à celui des ponts et chaussées de France ou de Belgique. Même au cas où le rachat des voies ferrées serait écarté, la bonne administration des voies navigables appellerait leur contrôle par l'État. Dans l'une et l'autre éventualité, des subventions s'imposeraient et il faudrait recourir à des contributions locales.

En Irlande, les problèmes de navigation ne peuvent être séparés des problèmes relatifs au libre écoulement des eaux et à la défense contre les inondations ; l'emploi de barrages mobiles avec écluses modernes fournirait souvent la meilleure solution. L'écoulement des eaux a été l'objet principal d'une partie importante des sacrifices précédemment consentis pour les travaux des voies navigables irlandaises. Il semble même que, depuis la création des chemins de fer, les préoccupations concernant cet écoulement soient devenues prépondérantes et qu'elles aient relégué au second plan le soin d'améliorer les transports.

La *Royal Commission on canals and waterways* propose de confier le soin des intérêts en présence, y compris ceux des pêcheurs, à une autorité unique, à un Office ou Bureau des eaux, qui aurait la direction des voies navigables déjà passées aux mains de l'État, d'autorités locales ou d'établissements publics, et procéderait aux rachats jugés utiles soit pour l'irrigation, soit pour l'abaissement des prix de fret. Cet Office ne se chargerait pas des transports ; ses fonctions comprendraient l'administration et l'amélioration du réseau. Il se composerait de trois ou quatre commissaires, dont un rétribué et donnant tout son temps à l'œuvre. Les premiers commissaires seraient nommés par la loi constitutive et choisis parmi des personnes étrangères à toute politique de parti. Chaque année, l'Office présenterait un rapport au Parlement. De même que l'Office conseillé pour la Grande-Bretagne, il pourrait être chargé de recueillir et de coordonner des renseignements statistiques sur les niveaux et les débits des fleuves ou rivières. L'opportunité de lui adjoindre des comités consultatifs locaux serait à envisager. Un concours actif devrait être prêté à l'Office par le personnel technique du ministère de l'Agriculture; il disposerait, en outre, d'un corps pour la constitution duquel l'excellente organisation des ponts et chaussées de France ou de Belgique servirait de modèle.

21. Les chemins de fer et les voies navigables en Belgique. — Le réseau des voies navigables de Belgique est, relativement à la superficie du territoire, l'un des plus développés du monde. Il comprend, d'ailleurs, des fleuves ou rivières à capacité de transport élevée, des canaux à grande section. Peu de régions en Europe sont aussi bien desservies.

Dans son ensemble, le réseau se compose d'une ligne de ceinture, de quatre transversales et de quelques autres voies d'embranchement.

Les éléments constitutifs de la ceinture sont les suivants :

— le long de la frontière Sud, de Furnes à Ypres, Courtrai, Tournay, Mons, Charleroi, Namur et Liège : le canal de Loo, l'Yser, le canal d'Ypres à l'Yser, le canal de la Lys à l'Yperlée, la Lys, le canal de Bossuyt à Courtrai, l'Escaut, le canal de Pommerœul à Antoing, le canal de Mons à Condé, le canal du Centre, le canal de Charleroi à Bruxelles, la Sambre et la Meuse [1];

— le long de la frontière Est, entre Liège, Maëstricht et la Hollande : le canal de Liège à Maëstricht et celui de Maëstricht à Bois-le-Duc ;

— le long de la frontière Nord, entre la Hollande, Anvers, Gand, Bruges et Ostende : le canal de jonction de la Meuse à l'Escaut, le bas Escaut et le canal de Gand à Ostende ;

— le long de la frontière Ouest, entre Ostende, Nieuport et Furnes : les canaux de Plasschendaele à Nieuport et de Nieuport à Dunkerque.

Quant aux transversales, elles sont dirigées sensiblement du Sud au Nord et constituées ;

— entre la frontière française, Deynze et Eecloo, près de la frontière hollandaise, par la Lys et le canal de dérivation de la Lys ;

— entre les mêmes frontières, en passant à Gand, par le haut Escaut et le canal de Gand à Terneuzen ;

(1) Plusieurs de ces voies ne sont empruntées par la ceinture que sur une partie de leur cours.

— entre la frontière française, Ath et Termonde, sur le bas Escaut, par le canal de Blaton à Ath et la Dendre;

— entre la frontière française, Charleroi, Bruxelles, le Rupel et le bas Escaut, par la Sambre, le canal de Charleroi à Bruxelles, le canal de Willebroek et le Rupel.

Trois bassins se partagent le réseau : celui de la Meuse, à l'est; ceux de l'Escaut et de l'Yser, à l'ouest. Le bassin de la Meuse est relié à celui de l'Escaut par trois lignes de jonction : 1° la première empruntant la Sambre de Namur à Charleroi, puis les canaux de Charleroi à Mons, de Mons à Condé et de Pommerœul à Antoing; 2° la seconde formée, entre la Sambre et le Rupel, par les canaux de Charleroi à Bruxelles et de Willebroek; 3° la troisième s'étendant de Liège à Anvers.

Eu égard à l'intensité exceptionnelle de son trafic, l'Escaut maritime se classe parmi les voies les plus importantes qui existent.

Aujourd'hui, la Belgique consacre surtout ses efforts et ses ressources à la construction ou à l'amélioration des ports et des canaux maritimes. En même temps qu'Anvers continuait à se développer, Bruxelles, Gand et Bruges sont devenus ou redevenus des ports maritimes, grâce à la création ou à la transformation de canaux, appropriés au passage des bâtiments de fort tonnage.

Lors de la récente exposition universelle organisée à Bruxelles (1910), l'Administration belge avait réuni, sous la rubrique « Rivières et Canaux », des plans et modèles relatifs soit à des travaux achevés depuis peu de temps, soit à des opérations en cours, soit à des améliorations projetées. Plusieurs de ces entreprises intéressaient exclusivement ou principalement la défense contre les inondations. D'autres, au contraire, avaient pour but unique ou pour objet dominant la navigation. On remarquait, en particulier, les suivantes :

Achèvement du canal du Centre, qui doit établir, au sud du pays, une seconde jonction entre les bassins de la Meuse et de l'Escaut. Ce canal, d'une longueur de 21 kilomètres, comporte 6 écluses et 4 ascenseurs hydrauliques.

Mise à grande section du canal de Charleroi à Bruxelles.

Amélioration du canal de Gand à Bruges, pour le rendre accessible aux bateaux rhénans d'une longueur de 100 mètres, d'une largeur de 12 mètres et d'un enfoncement de 2m,50, et pour permettre : 1° sur tous les points du parcours, le croisement de ces bateaux à grandes dimensions avec les bateaux wallons du plus fort tonnage, c'est-à-dire avec des bateaux ayant 40 mètres de longueur, 5 mètres de largeur et 2m,10 d'enfoncement; 2° dans des garages échelonnés, le croisement des bateaux rhénans eux-mêmes. (La largeur au plafond est de 18 mètres en profil normal, de 26 mètres dans les garages; le mouillage minimum, de 3 mètres.)

Nouvelle amélioration du canal de Gand à Terneuzen, en conformité d'accords internationaux intervenus entre la Belgique et la Hollande. (La largeur au plafond doit être de 50 mètres en alignement droit et le mouillage de $8^{m},75$.)

D'après l'Annuaire statistique de Belgique, la longueur des voies navigables, au 31 décembre 1910, était de 2171 kilomètres, dont 1226 kilomètres de rivières et 945 kilomètres de canaux. Les rivières canalisées mesuraient environ 550 kilomètres, et les fleuves ou rivières à courant libre, 676 kilomètres; ce dernier chiffre comprenait 200 kilomètres de cours d'eau simplement flottables.

A la fin de 1910 également, les chemins de fer d'intérêt général livrés à l'exploitation avaient un développement de 4 679 kilomètres. Il convient, toutefois, de remarquer que les statistiques donnant ce total portent certains troncs communs au compte de chacune des administrations exploitantes et qu'il en résulte quelques doubles emplois. Presque tout le réseau était exploité par l'État, dont l'administration englobait 4 330 kilomètres (1 753 kilomètres construits par l'État ou pour son compte ; 2 319 kilomètres rachetés ; 246 kilomètres exploités soit moyennant un loyer ou l'abandon d'une part des recettes, soit exceptionnellement sans redevance ; 12 kilomètres appartenant à des Compagnies et exploités par elles . Le contingent des Compagnies ne dépassait pas 349 kilomètres.

Outre les chemins de fer d'intérêt général, la Belgique avait 3 923 kilomètres de chemins de fer vicinaux ouverts à la circulation (longueur au 31 décembre 1911).

Les dépenses extraordinaires imputées sur le budget des rivières et canaux, depuis 1831 jusqu'à 1900, ainsi que pendant les années 1909 et 1910, sont indiquées au tableau ci-après :

Période décennale	1831-1840........	9.398.000	francs
—	1841-1850........	17.680.000	—
—	1851-1860........	37.139.000	—
—	1861-1870........	62.252.000	—
—	1871-1880........	90.234.000	—
—	1881-1890........	70.338.000	—
—	1891-1900........	46.232.000	—
Année.........	1909..........	16.542.000	—
—	1910..........	11.864.000	—

Voici quelles ont été les dépenses annuelles d'entretien et d'amélioration des voies navigables, pour les mêmes périodes ou années :

Moyenne de la période	1831-1840.....	454.000	francs
—	1841-1850.....	1.258.000	—
—	1851-1860.....	1.475.000	—
—	1861-1870.....	1.435.000	—
—	1871-1880.....	2.295.000	—
—	1881-1890.....	2.308.000	—
—	1891-1900.....	2.081.000	—
Année.............	1909.......	2.025.000	—
—	1910.......	2.396.000	—

Le compte rendu présenté aux Chambres par le Ministre des chemins de fer, relativement aux opérations de l'année 1910, fixe : à 2 731 millions de francs le capital engagé par l'État à la fin de cette année pour le premier établissement de son réseau ferré ; à 2 612 millions le coût des lignes exploitées et de leur armement, à la même époque ; à 204 792 000 francs les dépenses d'exploitation de ces lignes en 1909, y compris les pensions ; à 13 183 000 francs les dépenses d'exploitation des lignes administrées par les Compagnies pendant la même année.

D'autre part, le dernier rapport du Conseil d'administration de la Société nationale des chemins de fer vicinaux fournit les indications suivantes :

Capital souscrit pour les lignes concédées au 31 décembre 1911 (4 671 kilomètres)..	332.930.000 fr.
Part proportionnelle de l'État dans ce capital	43,4 p. 100
Part des provinces....................	27,9 p. 100
Part des communes....................	27,3 p. 100
Part des particuliers....................	1,4 p. 100
Capital souscrit pour les lignes en exploitation complète ou partielle (4 041 km).	279 253.000 fr.
Dépenses d'établissement des lignes en exploitation.........................	259.798.000 —
Dépenses d'exploitation en 1911.........	17.804.000 —

Le gabarit des voies navigables varie dans des limites fort étendues. C'est ainsi que, d'après l'Annuaire statistique de 1911, le mouillage oscille entre 0 m. 25 et 11 m. 20, maximum atteint sur l'Escaut maritime. Autrefois, les Pouvoirs publics ne se préoccupaient guère que du trafic local ; plus tard, de lourds sacrifices ont été consentis pour corriger, dans la mesure où cela était nécessaire, un défaut d'uniformité manifestement nuisible aux transports à longue distance, pour augmenter les gabarits dont l'expérience avait démontré l'insuffisance.

Actuellement, la plupart des canaux de l'intérieur livrent passage à des péniches de 300 tonnes. Les voies ayant un mouillage de 2 mètres à 2 m. 50 mesurent plus de 850 kilomètres. Dans le type normal définitivement admis pour les écluses, le sas a 40 m. 80 de longueur utile et 5 m. 20 de largeur.

Bruxelles, Gand, Bruges sont reliés à la mer par des canaux à grande section.

Le canal de Bruxelles au Rupel, par lequel la capitale communique avec l'Escaut et Anvers, avait un mouillage de 3 m. 20 et une largeur de 22 à 55 mètres au niveau de la flottaison. Des travaux importants ont été engagés en vue de l'adapter au cabotage maritime. Le mouillage est porté à 6 m. 50; la largeur minimum au plafond sera de 20 mètres, et la largeur au niveau de la flottaison de 40 à 60 mètres en section normale, de 70 à 100 mètres dans les garages.

Comme je l'ai précédemment rappelé, la branche principale du canal de Gand à Terneuzen subit une transformation qui en portera le mouillage de 6 m. 50 à 8 m. 75.

Enfin, le canal maritime de Bruges a 8 mètres de mouillage, 22 mètres de largeur au plafond, 70 mètres de largeur à la flottaison.

Des péages sont perçus au profit de l'État sur les deux tiers environ du réseau de navigation.

A ce point de vue, les voies navigables se répartissent ainsi :

766 kilomètres exempts de péage ;
603 km. soumis à un péage de 5 millimes par tonne et par kilomètre ;
464 km. soumis à un péage de 1 millime 6 par tonne et par kilomètre ;
82 km. soumis à un péage de 2 millimes 5 par tonne et par kilomètre ;
74 km. soumis à un péage de 2 millimes par tonne et par kilomètre ;
182 km. soumis à des péages divers.

Parmi les voies exemptes, il y a lieu de citer l'Escaut maritime, la Meuse non canalisée (belge ou mitoyenne), la Dyle, la Nèthe inférieure, le canal provincial de Bruges à l'Ecluse ; les autres voies non assujetties n'ont qu'une importance secondaire.

Les taxes de 5 millimes, 2 millimes 5 et 2 millimes s'appliquent presque exclusivement à des canaux. Celle de 1 millime 6 est applicable à des rivières.

Depuis 1831, le montant annuel des droits de navigation a été le suivant, y compris des produits divers (produits des bacs, bateaux et passages d'eau; produits des bateaux à vapeur d'Anvers à la Tête de Flandre; part de l'État dans le produit net de l'avant-port de Gand et dans celui des quais de l'Escaut à Anvers; droits dans l'avant-port d'Ostende et le bassin à flot de Nieuport; redevances de sociétés nautiques, etc.) :

PÉRIODES OU ANNÉES	PÉAGES	PRODUITS DIVERS	TOTAUX
	francs	francs	francs
Période 1831-1840 moyenne).	1.280.000	100.000	1.380.000
— 1841-1850 —	2.789.000	96.000	2.885.000
— 1851-1860 —	2.881.000	94.000	2.975.000
— 1861-1870 —	2.069.000	85.000	2.154.000
— 1871-1880 —	1 599.000	78.000	1.677.000
— 1881-1890 —	1.386.000	94.000	1.480.000
— 1891-1900 —	1.448.000	634.000	2.002.000
Année 1909	2 197.000	960.000	3.157.000
— 1910 [1]..........	2.327.000	1.270.000	3.597.000

Les perceptions ont donc sensiblement dépassé les frais annuels d'entretien.

En général, l'État administre directement les voies navigables. Cependant, il existe plusieurs voies provinciales ou communales; quelques autres sont concédées.

Une forme particulière d'intervention de l'État, intéressante à signaler, est celle qui a prévalu pour la transformation du canal de Bruxelles au Rupel et du port de Bruxelles. La reprise du canal ancien, son aménagement en voie maritime, la construction de l'outillage du port maritime, l'exploitation du canal et du port, ainsi que des bassins antérieurement créés par la ville de Bruxelles, ont été confiés à une Société anonyme, qui s'est constituée pour 90 ans et dont les actionnaires sont l'État, la ville de Bruxelles, diverses communes suburbaines, la ville de Vilvorde.

Parfois, l'action communale est associée à celle de l'État. A Anvers, par exemple, l'administration communale exploite les quais de l'Escaut; la recette nette se partage au prorata des dépenses d'établissement, entre l'État, qui a construit les murs, et la ville, qui a organisé l'outillage.

A l'origine des chemins de fer, la Belgique se détermina, après de

(1) Les chiffres relatifs à l'année 1910 sont ceux qui ont été arrêtés au 31 décembre, avant la clôture de l'exercice.

longues controverses, pour la construction et l'exploitation par l'État : jalouse de sa jeune indépendance, elle voulait éviter l'ingérence des banquiers hollandais; elle tenait surtout à rester maîtresse des tarifs de transit, afin de lutter plus efficacement contre la France, les Pays-Bas et les villes hanséatiques. Une réaction ne tarda pas à se produire, par suite des insuffisances de rendement du réseau d'État; les préoccupations politiques et économiques de la première heure s'étaient d'ailleurs atténuées : aussi les Pouvoirs publics entrèrent-ils largement dans la voie des concessions, qui furent trop souvent accordées sans ordre, sans méthode et sans vues d'ensemble. Plus tard, les embarras au milieu desquels se débattaient les concessionnaires, un incident diplomatique fort grave, enfin la concurrence faite par les lignes concédées au réseau d'État marquèrent l'ouverture d'une ère nouvelle, celle des rachats. Aujourd'hui, l'État belge est maître de presque tout le réseau d'intérêt général.

Les chemins de fer vicinaux se développent rapidement. Ils desservent les localités secondaires, les relient aux chemins de fer d'intérêt général et les rattachent, s'il y a lieu, aux voies navigables. Un organisme spécial a été institué par la loi du 28 mai 1884 (ultérieurement modifiée et complétée), pour assurer l'exécution des lignes vicinales. Cet organisme, dénommé « Société nationale des chemins de fer vicinaux », consiste en une association de l'État, des provinces et communes, auxquels peuvent se joindre les particuliers, propriétaires ou industriels intéressés. Très souvent, l'État fournit 50 p. 100 du capital. La Société construit elle-même les lignes, mais en afferme l'exploitation sous son contrôle, de manière à ménager l'intervention de l'industrie privée dans l'œuvre des chemins de fer vicinaux et à se prémunir contre l'action des influences politiques. C'est seulement dans le cas d'un refus de la Société, cas exceptionnel, que les provinces et les communes peuvent poursuivre autrement la réalisation des entreprises de lignes vicinales. Quelques-uns des chemins de fer vicinaux procurent aux voies de navigation un trafic appréciable, notamment des transports de charbon.

Suivant MM. Colson et Marlio (*Rapport au Congrès international des chemins de fer*, 1910), le prix du fret sur les voies navigables belges varie de 5 millimes à 4 centimes par tonne et par kilomètre. Il dépend du gabarit des voies, de la saison, de la longueur des parcours.

La tarification des chemins de fer de l'État, pour les marchandises en petite vitesse, comprend un tarif général n° 3 et de nombreux tarifs spéciaux.

Un tableau détaillé des marchandises les répartit en quatre classes, auxquelles correspondent quatre subdivisions du tarif général n° 3 et quatre barèmes ainsi constitués :

Première classe. — Palier de 1 fr. 60 jusqu'à 5 kilomètres;
10 centimes par kilomètre en sus jusqu'à 75 kilomètres;
8 centimes par kilomètre en sus jusqu'à 150 kilomètres;
6 centimes par kilomètre en sus jusqu'à 200 kilomètres;
4 centimes par kilomètre en sus.

Deuxième classe. — Palier de 1 fr. 40 jusqu'à 5 kilomètres;
8 centimes par kilomètre en sus jusqu'à 75 kilomètres;
4 centimes par kilomètre en sus jusqu'à 125 kilomètres;
2 centimes par kilomètre en sus.

Troisième classe. — Palier de 1 fr. 30 jusqu'à 5 kilomètres;
6 centimes par kilomètre en sus jusqu'à 75 kilomètres;
3 centimes par kilomètre en sus jusqu'à 100 kilomètres;
2 centimes par kilomètre en sus jusqu'à 125 kilomètres;
1 centime par kilomètre en sus.

Quatrième classe. — Somme fixe de 0 fr. 50, à augmenter de :
6 centimes par kilomètre jusqu'à 25 kilomètres;
4 centimes par kilomètre en sus jusqu'à 75 kilomètres;
2 centimes par kilomètre en sus jusqu'à 100 kilomètres;
1 centime par kilomètre en sus jusqu'à 300 kilomètres;
2 centimes par kilomètre en sus.

Le poids minimum des expéditions est : pour la première classe, de 400 kilogrammes, quand les marchandises expédiées peuvent être chargées avec d'autres marchandises, et de 5 000 kilogrammes dans le cas contraire; pour la deuxième et la troisième classes, de 5 000 kilogrammes; pour la quatrième classe, de 10 000 kilogrammes.

En principe, certaines marchandises de la troisième classe et toutes celles de la quatrième sont transportées sur wagon découvert et non bâché; elles subissent un relèvement d'une classe, lorsque l'expéditeur réclame un wagon couvert ou bâché; toutefois, l'expéditeur peut éviter la surtaxe résultant du bâchage, s'il fournit et place les bâches nécessaires.

La plupart des marchandises susceptibles d'être transportées par bateau appartiennent à la quatrième classe.

Parmi les tarifs spéciaux, les uns réduisent d'une somme fixe la taxe du tarif général; d'autres comportent des barèmes, dont beaucoup avec paliers; d'autres encore consistent dans des collections de prix fermes. Quelquefois, ils fixent un minimum de perception par tonne. Un grand nombre d'entre eux sont des tarifs d'exportation et imposent l'embarquement immédiat, tantôt indifféremment sur des navires de mer ou sur des bateaux de navigation fluviale, tantôt uniquement sur des navires de mer. Il en est qui excluent l'importation maritime. Plusieurs sont, au contraire, des tarifs d'importation par la frontière maritime seulement ou sans distinction de frontière. Exceptionnellement, le bénéfice des diminutions de taxes est réservé aux marchandises réexpédiées par les voies navigables. Le tonnage exigé est tantôt de 10 tonnes, tantôt de 50 tonnes, tantôt de 100 tonnes.

Les barèmes spéciaux applicables aux marchandises dont se compose le trafic fluvial donnent les bases globales suivantes à diverses distances :

Pour un parcours de	25 km. :	Base variant de	3 c. 3 à 8 c.
—	50 —	—	2 c. 5 à 6 c.
—	75 —	—	2 c. 33 à 5 c.
—	100 —	—	2 c. » à 4 c.
—	150 —	—	1 c. 67 à 3 c.
—	200 —	—	1 c. 5 à 2 c. 5
—	250 —	—	1 c. 4 à 2 c. 2
—	300 —	—	1 c. 33 à 2 c. »
—	350 —	—	1 c. 29 à 2 c. »

Aux taxes de transport s'ajoutent des frais accessoires, notamment les frais de chargement et de déchargement, fixés à 1 franc par tonne, quand ces opérations sont faites par les agents du chemin de fer.

Dans l'ensemble, les tarifs belges paraissent différer assez peu des tarifs de la Compagnie française du Nord.

En 1909, la taxe moyenne par tonne et par kilomètre a été de 3 c. 80 pour les grosses marchandises, c'est-à-dire pour les marchandises transportées par charges complètes aux conditions du tarif n° 3.

Les recettes du réseau d'État se sont élevées, en 1910, à 309 315 000 francs, dont 103 446 000 francs pour les voyageurs. A elles seules, les grosses marchandises ont donné 177 349 000 francs. Le chiffre total qui vient d'être indiqué pour les recettes brutes correspond à une recette kilométrique de 71 450 francs. D'autre part, les dépenses d'exploitation ont atteint 204 792 000 francs (47 300 francs par kilomètre) ; le coefficient d'exploitation a donc été de 66,21 p. 100 [1]. Il est resté un produit net de 104 523 000 francs, représentant 3,80 p. 100 du capital utile engagé et laissant un boni de 4 265 000 francs par rapport aux charges financières (100 259 000 fr.). Le compte rendu présenté par le Ministre arrête à 94 581 000 francs le solde passif accumulé jusqu'au 31 décembre 1909, dans l'hypothèse de l'existence d'un compte-courant d'intérêts avec le Trésor, considéré comme banquier du réseau.

Pour les chemins de fer exploités par les Compagnies, y compris quelques prolongements en territoire étranger, les recettes totales de 1910 ont été de 31 918 000 francs, les dépenses de 13 183 000 francs, le coefficient d'exploitation de 41 p. 100 et le produit net de 18 735 000 fr.

Enfin, le dernier rapport du conseil d'administration de la Société nationale des chemins de fer vicinaux enregistre, en 1911, une recette totale de 24 572 000 francs, une dépense de 17 804 000 francs, un coefficient d'exploitation de 72,5 p. 100, un dividende moyen de 0,0276 pour les lignes exploitées depuis un an au moins.

Les indications de l'Annuaire statistique sur les transports effectués en 1910 par la batellerie fluviale se résument ainsi pour les 1 646 kilomètres de voies dont le trafic a quelque importance :

Tonnage effectif	61.845.000 t.
Tonnage ramené au parcours d'un kilomètre :	
Combustibles minéraux	395.210.000 t. k.
Industrie métallurgique ; minerais et métaux	154.432.000 —
Matériaux de construction et minéraux	261.999.000 —
Industrie céramique, verrerie (matières premières et produits)	102.011.000 —
Bois	31.678.000 —
Produits agricoles (naturels et industriels)	184.736.000 —
Produits industriels	55.388.000 —
Marchandises diverses	141.747.000 —
Total	1.327.201.000 t. k.
Parcours moyen	21 kilomètres

[1] Des statistiques remontant à 1835 accusent, pour ce coefficient, un maximum de 89.36 p. 100. en 1838, et un minimum de 43.74 p. 100. en 1861.

Voies ayant le tonnage kilométrique le plus élevé :

Escaut maritime	(108 k.)	310.912.000 t. k.
Meuse canalisée	(112,9)	155.005.000 —
Haut-Escaut	(93 »)	134.662.000 —
Canal de Maëstricht à Bois-le-Duc	(44,6)	113.507.000 —
Canal de jonction de la Meuse à l'Escaut	(86,4)	108.596.000 —
Sambre	(94 »)	85.497.000 —
Canal de Gand à Ostende	(70,1)	47.019.000 —
Canal de Bruxelles au Rupel	(27,9)	45.970.000 —
Canal de Liège à Maëstricht	(20,5)	44.497.000 —
Lys	(113,3)	37.370.000 —
Dendre canalisée	(65,5)	37.148.000 —
Canal de Charleroi à Bruxelles	(73,3)	30.158.000 —
Rupel	(12 »)	28.172.000 —
Canal de Gand à Terneuzen (bras principal)	(17,5)	19.825.000 —
Canal de Ternhout à Anvers	(37,3)	15.710.000 —
Canal de Louvain à la Dyle	(30,0)	15.324.000 —
Canal de Blaton à Ath	(21,6)	11.400.000 —

Voies ayant le plus fort tonnage moyen :

Escaut maritime	2.878.800 t.
Canal de Maëstricht à Bois-le-Duc	2.545.000 —
Rupel	2.347.600 —
Canal de Liège à Maëstricht	2.170.600 —
Canal de Bruxelles au Rupel	1.648.000 —
Dérivation du Strop, à Gand	1.546.000 —
Canal de raccordement et Dock, à Gand	1.466.800 —
Haut-Escaut	1.448.000 —
Meuse canalisée	1.372.900 —
Canal de jonction de la Meuse à l'Escaut	1.256.900 —
Canal de Gand à Terneuzen (bras principal)	1.132.800 —
Sambre	909.500 —
Escaut (bief intermédiaire)	746.300 —
Canal de Gand à Ostende	670.700 —
Dendre canalisée	567.000 —
Canal de Blaton à Ath	527.800 —
Canal de Louvain à la Dyle	510.800 —

De plus en plus actif, le mouvement de la navigation à vapeur (bateaux à vapeur et bateaux remorqués) a dépassé, en 1909 par exemple, 47,5 p. 100 du tonnage total ramené au parcours d'un kilomètre. Il est particulièrement intense sur l'Escaut maritime, la Meuse canalisée, le Haut-Escaut, le canal de Bruxelles au Rupel, le canal de Maëstricht à Bois-le-Duc, le Rupel, le canal de Gand à Ostende, le canal de Gand à Terneuzen, la Dendre, le canal de Liège à Maëstricht.

La statistique de la fréquentation des voies navigables en 1910 fait connaître, outre le mouvement des transports par bateaux ordinaires, celui de la navigation par navires de mer sur les canaux de Bruxelles au Rupel, de Bruges à Zeebruge, de Gand à Ostende (section de Bruges à Ostende) et de Louvain à la Dyle, qui mesurent ensemble 108 km. 8 : tonnage kilométrique, 35 186 000 tonnes kilométriques; tonnage en tonnes Moorsom [1], 3 183 000 tonnes.

Pour les chemins de fer exploités par l'État, les principales caractéristiques du mouvement des marchandises, en 1910, sont les suivantes :

Tonnage total des grosses marchandises........	58.087.000 t.
Parcours moyen des grosses marchandises......	80 km., 2
Tonnage kilométrique des grosses marchandises par charges complètes......................	4.436.867.000 t. k.
Tonnage des combustibles minéraux (service intérieur, services mixtes et services internationaux).	18.622.000 t.
Tonnage des minerais (mêmes services).........	3.885.000 —

Sur les chemins de fer exploités par des Compagnies, le mouvement des grosses marchandises a été de 18 089 000 tonnes.

Toutes les voies navigables belges sont doublées d'une ou de plusieurs voies ferrées. L'État administre directement la presque totalité des chemins de fer de grande communication, comme la plupart des rivières et des canaux. En même temps qu'était maintenue la perception de péages, à la vérité peu élevés, sur les deux tiers du réseau fluvial, les tarifs applicables aux transports sur rails ont subi des réductions successives, abaissant les taxes à des prix très modiques. Il y avait là, au point de vue de la concurrence, une situation intéressante, sur laquelle s'est, depuis longtemps, fixée l'attention des ingénieurs et des économistes.

Dans son ouvrage sur le concours des canaux et des chemins de fer, M. Ch. Collignon a longuement examiné cette situation dès 1845. Il constatait qu'à cette époque le développement des voies ferrées était de 560 kilomètres et celui des voies navigables de 1 587 kilomètres, et que la concurrence entre les deux modes de transport pouvait être tenue pour effective sur 440 kilomètres au moins; puis il discutait et

[1] La tonne Moorsom représente 2 mc. 830; le tonnage en tonnes Moorsom indique la capacité totale des bateaux vides ou chargés qui ont emprunté les canaux ci-dessus désignés.

cherchait à mettre en relief les effets de la lutte ainsi que la pensée du Gouvernement belge à ce sujet. Sa conclusion était la suivante : « Malgré le progrès considérable du trafic de ses chemins de fer, la « Belgique n'a cessé de voir le mouvement de sa navigation intérieure « s'accroître dans toutes les directions parallèles ou non, concurrentes « ou non, avec le railway; et, loin qu'elle redoute cette rivalité, elle « tend à la développer par des améliorations continuelles et simul- « tanées aux deux voies. Enfin, pour elle, loin que l'existence d'un « chemin de fer soit une raison invincible pour ne pas faire un canal, « ce serait plutôt, les faits le prouvent, une raison de plus pour l'exé- « cuter. Et, on le répète, le Gouvernement belge a en mains les do- « cuments d'une vaste expérience. Il exploite directement et les che- « mins de fer et la plus grande partie des voies navigables du « royaume. Aucun résultat n'est perdu; tout est au contraire scruté, « discuté, rigoureusement apprécié... »

Un an plus tard, en 1846, M. Lambrecht publiait dans les *Annales des ponts et chaussées* une note très remarquable « pour servir à l'exa- « men de la question de la concurrence des chemins de fer et des « voies navigables ». Dans cette note, entièrement consacrée à la Belgique, l'auteur examinait quelle avait été l'influence de l'ouverture des chemins de fer sur le tonnage des rivières ou canaux, et comparait les prix de transport par rails aux prix de transport par eau pour les principales directions. Il ne sera pas sans intérêt de relever les appréciations et les faits les plus importants consignés au mémoire de M. Lambrecht.

Dès cette époque, les principaux centres de population et d'industrie communiquaient entre eux par une voie ferrée et par une voie navigable. Cependant, en 1844, le trafic des chemins de fer parallèles aux rivières ou canaux ne dépassait pas 20 millions de tonnes kilométriques, tandis que le mouvement de la navigation fluviale était supérieur à 200 millions de tonnes kilométriques [1]. Loin d'être atteinte par la proximité du chemin de fer, l'activité des transports sur la voie d'eau avait bénéficié, sauf pour certaines sections, d'un très notable accroissement. Des chiffres empruntés à une étude de M. Belpaire, célèbre ingénieur belge, le prouvaient surabondamment :

[1] M. Collignon avait indiqué le chiffre de 275 millions comme un minimum pour l'ensemble du réseau de navigation.

Tonnage absolu des voies navigables en 1834 et en 1844 (1).

DÉSIGNATION DES VOIES NAVIGABLES	ANNÉE 1834		ANNÉE 1844		OBSERVATIONS
	Charbon	Marchandises diverses	Charbon	Marchandises diverses	
	tonnes	tonnes	tonnes	tonnes	
1. — Voies navigables parallèles aux chemins de fer					
Rupel entre Rumpst et Boom........	100.000	140.000	130.000	160.000	Augmentation
— — Boom et l'Escaut........	60.000	340.000	200.000	450.000	—
Canal de Louvain au Rupel.........	60.000	80 000	70.000	80.000	—
— de Bruxelles au Rupel.........	100.000	200.000	250.000	300.000	—
Canal de Charleroi à Bruxelles, entre Charleroi et Seneffe	60.000	20.000	130.000	50.000	—
Canal de Charleroi à Bruxelles, en aval de Seneffe.....	220.000	40 800	180 000	80.000	—
Canal de Charleroi à Bruxelles, à l'entrée de Bruxelles..	200.000	50.000	380.000	120.000	—
Sambre à Namur....................	80.000	50.000	90.000	60.000	—
— à Charleroi....................	100.000	60.000	120.000	70.000	—
Canal de Pommerœul à Antoing......	420.000	10.000	510.000	50.000	—
— de Mons à Condé entre Mons et le canal d'Antoing..............	1.040.000	»	1.220.000	30.000	—
Escaut entre le canal d'Antoing et Tournai....	310.000	30.000	420.000	60.000	—
Escaut entre Tournai et Autrive......	380.000	60.000	450.000	130.000	—
— devant Audenarde..........	330.000	110.000	390.000	120.000	—
— à l'entrée de Gand..........	240.000	120 000	310.000	160.000	—
— à la sortie de Gand..........	80.000	220.000	120.000	300.000	—
— devant Termonde..........	60.000	230.000	80.000	300.000	—
— avant l'embouchure du Rupel.	30.000	230.000	60.000	300.000	—
— au-delà de cette embouchure..	30.000	320.000	160.000	640.000	—
— devant Anvers..............	30.000	320.000	160.000	640.000	—
Lys devant Courtrai................	30.000	50.000	40.000	30.000	Diminution
— devant Deynze.................	40.000	50.000	50.000	30.000	—
— à l'entrée de Gand..............	40.000	50.000	50.900	30.000	—
Canal de Gand à Ostende, de Gand à la Liève.........	120.000	120.000	100.000	100.000	—
Canal de Gand à Ostende, de la Liève à Bruges.........	120.000	100.000	100.000	90.000	—
Canal de Gand à Ostende, de Bruges à Plasschendaele.	100.000	90.000	90.000	80.000	—
Canal de Gand à Ostende, de Plasschendaele à Ostende	20.000	60.000	20.000	60.000	Pas de changement
2. — Voies navigables indépendantes des chemins de fer					
Meuse entre Givet et Dinant..........	60.000	20.000	70.000	30 000	Augmentation
— entre Dinant et Namur........	80.000	70.000	90.060	80.000	—
— à Namur.....................	80.000	70.000	90.000	70.000	—
— à Liége......................	90.000	120.000	100.000	150.000	—
— entre Liége et Maëstricht......	10.000	20.000	8.000	40.000	—
— entre Maëstricht et la frontière	10.000	20.000	50.000	30.000	—
Dendre entre Termonde et Alost......	20.000	130.000	20.000	110.000	Diminution
— entre Alost et Lessines.......	»	70.000	»	50.000	—
Canal de Terneuzen, de Gand à l'embouchure du Moervaert.	10.000	110.000	20.000	130.000	Augmentation
Canal de Terneuzen, de cette embouchure à la frontière.........	10.000	90.000	10.000	110.000	—
Sambre à Charleroi.....	160.000	70.000	230.000	110.000	—
— à la frontière...............	180.000	20.000	260.000	30.000	—
Canal de Mons à Condé (entre le canal d'Antoing et la frontière	640.000	»	720.000	10.000	—

(1) Année spécialement défavorable à la navigation.

On le voit, dans leur ensemble, les voies navigables avaient beaucoup gagné, malgré leur contact avec les chemins de fer : l'augmentation de leur trafic était due, pour une part, à l'ouverture de mailles nouvelles du réseau ainsi qu'aux mesures prises en faveur de l'exportation des houilles vers la Hollande, et, pour le surplus, au développement général de l'industrie et du commerce.

Un autre tableau, dressé par M. Belpaire et donnant le produit des péages sur les principales voies navigables de la Belgique pendant chacune des douze années de la période 1834-1845, conduisait aux mêmes constatations.

Les prix de transport par eau étaient les suivants :

DÉSIGNATION DES PARCOURS	DISTANCE	PRIX PAR TONNE KILOMÉTRIQUE Y COMPRIS LE RETOUR A VIDE		
		Péage	Frais	Total
	kilomètres	centimes	centimes	centimes
Charleroi à Bruxelles	74	4,15	1,85	6,00
— à Anvers	121	2,80	2,30	5,10
— à Namur	53	3,80	1,90	5,70
Anvers à Bruxelles	47	1,30	3,40	4,70
Mons à Anvers	241	0,47	1,90	2,37
— à Louvain	271	0,48	1,79	2,27
— à Ostende	215	0,70	1,20	1,90
Gand à Courtrai	65	0,40	3,50	3,90

Sur les chemins de fer, la tarification des matières encombrantes, telles que houilles, minerais, fontes, bois de construction, engrais, pavés, briques, ardoises, etc., comportait une taxe de 10 centimes par tonne et par kilomètre. Une remise de 20 p. 100 était accordée pour les marchandises à l'exportation ou en transit. La taxe des houilles et des fontes en gueuse à l'exportation descendait même à 7 centimes, chiffre peu différent du prix de revient des transports, sans prélèvement ni pour les charges des capitaux ni pour l'entretien de la voie et des stations.

La comparaison entre les prix totaux de transport par eau et les prix par chemin de fer au tarif de 10 centimes, en comptant les frais de chargement et de déchargement à raison de 65 centimes pour les voies navigables et de 90 centimes pour les voies ferrées, faisait ressortir les résultats ci-après :

DÉSIGNATION DES PARCOURS	PRIX PAR TONNE		ÉCONOMIE de la voie d'eau
	voie d'eau	voie ferrée	
	francs	francs	francs
Charleroi à Bruxelles........	5,09	8,10	3,01
— à Anvers..........	6,85	12,50	5,65
— à Namur..........	3,67	4,60	0,93
Anvers à Bruxelles..........	2,88	5,30	2,42
Mons à Anvers..............	6,35	11,40	5,05
— à Louvain..............	6,81	11,40	4,39
— à Ostende..............	4,90	21,30	16,40
Gand à Courtrai	3,19	5,30	2,11

En 1850, dans un mémoire sur l'économie politique appliquée aux travaux publics, M. Minard, inspecteur général des ponts et chaussées, enregistrait également ce fait que, de 1834 à 1844, le nombre de tonnes kilométriques transportées par les voies navigables de la Belgique s'était élevé de 208 millions à 275 millions et que l'accroissement avait été considérable sur plusieurs canaux ou rivières parallèles aux chemins de fer.

Vers l'époque à laquelle parut le « Traité des Chemins de fer » (1887), le réseau des voies navigables mesurait 2 023 kilomètres, dont 949 kilomètres de rivières et 1 074 kilomètres de canaux (non compris 183 kilomètres de lignes flottables ; il n'avait donc reçu qu'un faible accroissement. Les statistiques de la navigation, sur les 1 634 kilomètres de rivières ou de canaux ayant un trafic quelque peu actif, enregistraient, pour l'année 1883, 726 millions de tonnes kilométriques, ce qui correspondait à un tonnage moyen de 444 000 tonnes, la part des combustibles minéraux étant de 20 p. 100.

Quant au réseau des chemins de fer, il présentait un développement de 4 050 kilomètres environ, en 1880, et de 4 600 kilomètres, en 1884; l'État en exploitait les deux tiers. Sur le réseau d'État, le tarif général actuel de petite vitesse était déjà en vigueur: la taxe moyenne par tonne et par kilomètre ressortait à un peu moins de 5 centimes pour l'ensemble des marchandises, et la moyenne spéciale aux marchandises pondéreuses ne dépassait vraisemblablement pas de beaucoup les frais d'exploitation, évalués à 2 centimes 8 ou 2 centimes 9 : après être partie de 20 000 francs et s'être même abaissée à près de 15 000 francs en 1836, la recette brute kilométrique avait plusieurs fois dépassé 50 000 francs et atteignait encore 40 000 francs, somme suffisante pour assurer au capital engagé un revenu net de 3,90 p. 100. La recette brute des chemins de fer exploités par les Compagnies était de 26400 francs en 1884. D'après les publications du Ministère, le tonnage du réseau d'État, du Grand-Central et du Nord-Belge, ramené au parcours d'un kilomètre, avait approché de 600 millions de tonnes kilométriques en 1880, et la progression continuait; les relevés de l'administration ne donnaient pas la décomposition du tonnage kilométrique entre les diverses catégories de marchandises, mais indiquaient un chiffre de 41,7 p. 100 pour la part proportionnelle des combustibles minéraux dans le tonnage absolu; en ajoutant à la houille et au coke les autres matières pondéreuses, on arrivait à 70 ou 75 p. 100.

Ainsi le rôle des chemins de fer dans le mouvement des marchandises, et spécialement des combustibles minéraux, s'était considérablement accru. Néanmoins, à côté d'eux, malgré les abaissements successifs de leurs tarifs, malgré la modicité des taxes appliquées à leurs transports en petite vitesse, le réseau des voies navigables avait continué à vivre et à prospérer. Ce fait pouvait être attribué à des causes multiples, au premier rang desquelles se plaçait la puissance sans cesse croissante de la production industrielle, les progrès du port d'Anvers et ses relations étroites avec le réseau fluvial, les facilités offertes à la navigation par la topographie de la Belgique, la construction même des chemins de fer, dont l'exploitation avait été surtout dirigée en vue de l'essor à donner aux affaires commerciales.

La situation relative des voies navigables et des voies ferrées s'est-elle modifiée au cours des trente dernières années?

Comme nous l'avons vu, si le réseau de navigation intérieure n'a pour ainsi dire pas reçu d'extension, des sommes importantes ont été cependant consacrées à son amélioration. Les statistiques de 1910 accusent, pour les transports par bateaux ordinaires, sur 1646 kilomètres de rivières ou de canaux, 1327 millions de tonnes kilométriques, ce qui représente un tonnage moyen de 806000 tonnes, la quote-part des combustibles minéraux dans ces chiffres étant de 30 p. 100. Pendant la même année, nos 11445 kilomètres de rivières et de canaux ont eu 5197400000 tonnes kilométriques et 454000 tonnes de trafic moyen; la part proportionnelle des combustibles minéraux a été de 47 p. 100.

L'étendue des chemins de fer belges de grande communication n'a pas sensiblement augmenté; mais aujourd'hui leur exploitation est presque complètement entre les mains de l'État. Voici comment se caractérisent les résultats de l'exploitation du réseau d'État en 1910 : longueur moyenne, 4329 kilomètres; recette brute kilométrique, 71450 francs, dont 57 p. 100 fournis par les grosses marchandises;

tonnage absolu des grosses marchandises, 58 087 000 tonnes; tonnage des combustibles minéraux, 18 622 000 tonnes, ou 32 p. 100 du tonnage total des grosses marchandises; tonnage kilométrique approximatif des grosses marchandises, 4 659 millions de tonnes kilométriques: tonnage moyen des grosses marchandises, 1 076 000 tonnes. Les données analogues de la statistique des chemins de fer français d'intérêt général, pour l'année 1910, sont les suivantes : longueur moyenne exploitée, 40 484 kilomètres : recette brute kilométrique, 45 133 francs, dont 54 p. 100 fournis par les transports en petite vitesse; tonnage absolu des marchandises transportées en petite vitesse, 173 241 000 tonnes; tonnage des combustibles minéraux, 48 453 000 t., ou 28 p. 100 du tonnage total des marchandises en petite vitesse; tonnage kilométrique des marchandises transportées en petite vitesse, 21 983 989 000 tonnes kilométriques ; tonnage moyen, 543 000 tonnes; tonnage kilométrique des combustibles minéraux, 5 019 224 000 tonnes kilométriques, ou 23 p. 100 du tonnage kilométrique total.

Quelques conclusions essentielles se dégagent des indications précédentes :

De 1883 à 1910, le tonnage kilométrique total des voies navigables belges s'est accru de 82 p. 100. L'augmentation du tonnage kilométrique des chemins de fer, durant la même période, a dépassé 160 p. 100.

Actuellement, le tonnage kilométrique des transports effectués soit par les voies navigables, soit par les voies ferrées de Belgique, se partage dans la proportion de 0,20 pour les premières et de 0,80 pour les secondes. En France, la répartition est sensiblement la même.

La part proportionnelle des combustibles minéraux dans le tonnage kilométrique des chemins de fer belges ne ressort pas des statistiques officielles. Si on la suppose égale à la quote-part du tonnage absolu, il y a à peu près parité entre les voies navigables et les voies ferrées; pour les unes comme pour les autres, le contingent des combustibles minéraux approche du tiers. Les coefficients en France sont respectivement de 47 p. 100 sur les rivières ou canaux et de 23 p. 100 sur les voies ferrées.

On ne doit pas s'écarter beaucoup de la réalité en évaluant à 20 p. 100 la quote-part des voies navigables belges et à 80 p. 100 celle des chemins de fer dans le tonnage kilométrique total des combustibles minéraux transportés par les voies des deux catégories. Les chiffres français sont : 34 p. 100 et 66 p. 100, pour l'ensemble du territoire; 40 p. 100 et 60 p. 100, pour la région du Nord, qui est plus particulièrement comparable à la Belgique.

Dans l'ensemble, les voies ferrées ont bénéficié bien plus largement que les voies fluviales de l'essor général des transports en Belgique. Leur concurrence n'a pas empêché néanmoins ces dernières de réaliser des progrès fort appréciables.

22 Les chemins de fer et les voies navigables aux Etats-Unis d'Amérique et au Canada. — Les États-Unis d'Amérique et le Canada possèdent un réseau de navigation intérieure, dont le développement est relativement considérable, mais qui se compose surtout de voies naturelles.

Sur le versant du Pacifique, deux fleuves, la Columbia et le Sacramento, méritent d'être signalés. Ils débouchent l'un vers Portland, l'autre dans la grande baie de San-Francisco.

Sur le versant de l'Atlantique, les voies navigables se rattachent à deux groupes principaux. Le premier de ces groupes, situé au Nord, est formé : 1° par la ligne des grands lacs (lac Supérieur, lac Michigan, lac Huron, lac Érié, lac Ontario ; 2° par le Saint-Laurent, qui relie les lacs à Montréal et à Québec ; 3° par le canal Érié, la rivière Richelieu, le lac Champlain, le canal Champlain et l'Hudson, qui rattachent les grands lacs et le Saint-Laurent à New-York. Des ports très importants, tels que ceux de Duluth sur le lac Supérieur, de Milwaukee et de Chicago sur le lac Michigan, de Détroit entre les deux lacs Érié et Huron, de Toledo, de Cleveland et de Buffalo sur le lac Ontario, d'Ogdensburg et de Montréal sur le Saint-Laurent, font par bateaux à vapeur ou par voiliers un trafic fort actif de grains, de minerais, de charbons, etc.

Le second groupe comprend le Mississipi et ses affluents, au premier rang desquels se placent le Missouri et l'Ohio. A peu près orienté du Nord au Sud, le Mississipi est navigable sur plus de 3000 kilomètres, entre Saint-Paul, point situé non loin du lac Supérieur, et son embouchure dans le golfe du Mexique, à 170 kilomètres en aval de la Nouvelle-Orléans ; son mouvement se chiffre par un tonnage assez élevé, au-dessous de Cairo. Le Missouri, qui se jette dans le Mississipi près de Saint-Louis, est peu fréquenté, par suite des irrégularités de son régime. Au contraire, l'Ohio a une circulation de quelque intensité dans toute sa longueur, c'est-à-dire de Pittsburg (ville bâtie au sud du lac Érié) jusqu'à Cairo, confluent avec le Mississipi.

Divers canaux mettent en communication les deux groupes du versant de l'Atlantique : 1° canal Illinois et Michigan, réunissant l'Illinois, affluent du Mississipi, au lac Michigan et aboutissant sur ce lac à Chicago : 2° canal Miami-Érié et canal Ohio, réunissant l'Ohio au lac Érié, à Toledo et à Cleveland.

On peut encore mentionner, dans les districts houillers de la Pensylvanie, le canal de la Delaware à l'Hudson, le canal Morris, le canal de la Delaware à la baie du Raritan, la Delaware et le Lehigh canalisé.

Les rives des grands lacs mesurent, aux États-Unis, près de 4 510 kilomètres. Cette longueur dépasserait même 6920 kilomètres, si on tenait compte des anfractuosités.

Dans l'ensemble, les rivières navigables des États-Unis dont le nombre approche de 300, ont un développement de 42 485 kilomètres : cours d'eau tributaires de l'Océan Atlantique, 8 530 kilomètres : cours d'eau coulant vers le golfe du Mexique, 31 030 kilomètres : cours d'eau débouchant dans l'Océan Pacifique, 2 575 kilomètres : Red River du Nord, entrant dans le Canada, 290 kilomètres. A eux seuls, le Missisipi et ses affluents représentent 22 370 kilomètres.

Les concessions de canaux s'étaient rapidement multipliées aux États-Unis, de 1820 à 1835. Elles avaient même donné lieu à des spéculations abusives. Arrêtés par une crise financière, les travaux ne purent jamais reprendre leur activité première ; l'essor des chemins de fer contribuait d'ailleurs à les enrayer. Beaucoup d'entreprises furent abandonnées : d'autres passèrent entre les mains des États ou des Compagnies de chemins de fer. La longueur des voies construites fut de 7 242 kilomètres. Mais 3 525 kilomètres seulement restent en exploitation. Ce dernier chiffre se répartit entre 45 canaux : 17 canaux appartenant à la Confédération, 320 kilomètres ; 12 appartenant aux États, 2 188 kilomètres ; 16 appartenant à des Compagnies, 1 017 kilomètres.

En 1911, l'étendue des réseaux de chemins de fer livrés à la circulation sur le territoire des divers États approchait de 397 000 kilomètres.

D'après le *Statesman's yearbook* de 1911, le Canada avait 4 345 kilomètres de voies navigables (lacs, rivières et canaux). Au mois de juin 1911, ses voies ferrées mesuraient 40 876 kilomètres environ, dont 4 677 kilomètres pour la ligne magistrale du Canadian Pacific, allant de Montréal à Vancouver.

2

M. René Tavernier, ingénieur en chef des ponts et chaussées, qui a été chargé récemment d'une mission aux États-Unis, évalue à 523 millions de dollars le montant total des crédits annuels imputés, jusqu'à l'année 1907, sur le budget fédéral et affectés aux travaux de navigation, y compris les ports de mer. La dépense globale de 523 millions de dollars, ou 2 milliards 720 millions de francs, se décomposerait ainsi : ports maritimes, 979 millions de francs; ports des lacs, 517 millions; Mississipi, Missouri, Ohio, 734 millions; autres rivières, 490 millions. Au sacrifice en argent, il y aurait lieu d'ajouter l'abandon de terres publiques, ayant une superficie totale de 20 000 kilomètres carrés.

De leur côté, les différents États auraient consacré aux canaux 287 millions de dollars, ou 1 487 millions de francs, dont 1 109 millions de francs pour les canaux encore en service et 378 millions pour les canaux aujourd'hui abandonnés.

Lors de la dernière session du Congrès international des chemins de fer (session de Berne, 1910), M. William E. Hoyt, membre de la Société américaine des ingénieurs civils, auteur d'un rapport concernant l'influence des voies navigables sur le trafic des voies ferrées, estimait à 250 millions de dollars les dépenses fédérales d'amélioration des rivières; son estimation était en parfaite concordance avec celle de M. l'ingénieur en chef Tavernier. Il indiquait, d'autre part, une somme de 57 600 000 dollars, soit 300 millions de francs environ, comme prix de l'ancien canal Érié (État de New-York).

Pour les canaux canadiens, le *Statesman's yearbook* de 1911 chiffre à 490 575 000 francs le coût des travaux de construction et d'élargissement exécutés jusqu'en 1908.

Ces renseignements, si incomplets soient-ils, donnent néanmoins une notion approximative des dépenses faites dans l'Amérique du Nord pour le réseau de navigation intérieure et en montrent la modicité par rapport à celles du réseau ferré, qui ne doivent pas s'éloigner beaucoup de 80 milliards, Canada compris.

Les conditions de navigabilité des voies naturelles ou artificielles sont très diverses aux États-Unis.

Sur les grands lacs, où la navigation est plus maritime que fluviale, les bâtiments peuvent caler 6 mètres et même davantage.

L'Hudson offre une profondeur minimum de 2 m. 80 entre Troy et Albany, de 3 m. 25 entre Albany et New-Baltimore, de 4 m. 25 entre New-Baltimore et New-York.

A l'amont de l'embouchure du Missouri, c'est-à-dire jusqu'aux abords de Saint-Louis, le Mississipi n'a qu'un mouillage insuffisant. Ce mouillage descend exceptionnellement à 1 mètre sur certains bas. Quelques passages sont particulièrement mauvais : tels les rapides de Rock Island et des Moines. Les ingénieurs ont amélioré les rapides de Rock Island par des dérochements, ainsi que par la construction de digues et d'épis; un canal de dérivation a été établi pour tourner les rapides des Moines. Des opérations importantes, partiellement réalisées aménagement de réservoirs sur le haut Mississipi, protection des berges contre les corrosions, régularisation du chenal et du lit, dragages, etc.) tendent à assurer une profondeur de 1 m. 80.

En aval de Saint-Louis, le régime du fleuve se caractérise par la mobilité du fond et par les grandes variations du débit qui, à 500 kilomètres du delta, oscillerait entre 7 400 et 81 500 mètres cubes par seconde. Le lit, très sinueux, se développe au travers d'une vaste plaine d'alluvions récentes et subit d'amples divagations. Dans cette partie de son cours, le fleuve livre passage à des bateaux d'un tirant d'eau de 2 m. 50 à 3 mètres, plus ou moins complètement chargés selon l'état des eaux.

Souvent les glaces interrompent la circulation sur le Mississipi. D'après des relevés statistiques embrassant une période de 17 années, la durée moyenne annuelle des interruptions serait de 30 jours à Saint-Louis.

On évalue à 2 m. 15 le mouillage minimum de l'Illinois, affluent du Mississipi. Le canal Illinois et Michigan, qui relie ce fleuve à Chicago, a une profondeur de 1 m. 80.

Le Missouri est le cours d'eau le plus considérable de l'immense bassin du Mississipi. Bien que les bateaux puissent le remonter jusqu'à Fort Bent, au pied des Montagnes Rocheuses, la navigation y est entravée, dans la région supérieure, par des rapides et, dans la région inférieure, par des courants, par de nombreux bancs, par l'instabilité du lit, formé d'alluvions inconsistantes que bouleversent les crues et les débâcles, au point de provoquer parfois des déplacements de plusieurs kilomètres en quelques semaines.

Constitué à Pittsburg par la réunion des rivières Alleghany et Monongahela, l'Ohio se classe parmi les voies de premier ordre et traverse une contrée fort riche par son agriculture ainsi que par son industrie. Il reçoit à Pittsburg et sur la partie supérieure de son cours les charbons de Pensylvanie et de West Virginia, pour les porter à Cincinnati, Louisville, Saint-Louis et New-Orleans. Le régime de la navigation y laisse beaucoup à désirer. Des alternatives soudaines de hautes et de basses eaux arrêtent fréquemment la marche des bateaux. Cependant les ingénieurs ont effectué d'assez nombreuses améliorations, ouvert un canal contournant les dangereux rapides de Louisville, canalisé certains tronçons au moyen de barrages mobiles éclusés du système Chanoine-Pasqueau. Le mouillage reste inférieur à 1 m. 80 pendant une partie de l'année et s'abaisse à 0 m. 90.

Une extrême diversité existe pour le profil transversal des canaux. Sur le territoire de l'État de New-York, par exemple, le canal Érié a un mouillage de 2 m. 13 et une largeur au plafond de 16 mètres; le mouillage des autres canaux du même État varie de 1 m. 40 à 2 m. 56

et leur largeur au plafond de 7 m. 60 à 17 mètres. La navigation de ces voies artificielles est durement éprouvée par les glaces.

La belle ligne des grands lacs au golfe Saint-Laurent comporte quelques voies artificielles : canal américain et canal canadien du Sault Sainte-Marie, entre le lac Supérieur et le lac Huron (6 m. 40 et 6 m. 17 sur le seuil des écluses) ; canal Welland, entre le lac Érié et le lac Ontario, au droit des chutes du Niagara (4 m. 27) ; canaux tournant les rapides du Saint-Laurent en amont de Montréal (généralement 4 m. 27). Un chenal de 8 m. 38 est entretenu dans le Saint-Laurent entre Montréal et Québec. Au nombre des voies navigables du Dominion, il y a lieu de citer encore : la rivière Richelieu et le canal Chambly (2 m. 13 de mouillage), qui relient le Saint-Laurent au lac Champlain et de là à New-York ; la ligne de Montréal à Kingston, sur le lac Ontario, par l'Ottawa et le Rideau (1 m. 50). Les glaces interrompent la navigation pendant 5 mois sur les canaux du Canada.

Dans son rapport de juillet 1909, le commissaire des sociétés américaines de transport par eau a insisté avec beaucoup de force sur les sujétions qu'impose à la batellerie la variété des conditions de navigabilité et sur l'impossibilité d'y porter remède moyennant une dépense raisonnable. Des transbordements sont inévitables, non seulement au passage d'une voie à l'autre, mais souvent encore dans l'étendue d'une même voie, si celle-ci est longue. Aux transbordements de bateau à bateau s'ajoutent, en bien des cas, les transbordements de wagon à bateau ou réciproquement. Les crues, les sécheresses, les glaces, l'engorgement du lit des rivières par les apports de vase, tout concourt à rendre la navigation précaire et incertaine.

En 1882, le Gouvernement fédéral a aboli les péages qui étaient antérieurement perçus sur les fleuves et les rivières navigables.

Des réductions très notables ont été apportées aux péages sur les canaux. Toute perception est supprimée depuis 1882 pour le canal Érié.

Un partage d'attributions s'est établi progressivement entre l'autorité centrale et les autorités locales. Les voies naturelles sont administrées, entretenues, améliorées par le pouvoir fédéral ; celui-ci a repris les ouvrages dont certains États avaient assuré l'exécution, dans le but de corriger ou de tourner des passages difficiles. Ce sont les États qui construisent et gèrent les voies artificielles ou qui les concèdent. Les ports des lacs relèvent de la Confédération, au moins dans leurs parties essentielles ; ceux des fleuves et rivières appartiennent soit aux villes, soit à des Compagnies particulières, et leur exploitation est dirigée commercialement.

Les ingénieurs de l'armée sont les agents de l'autorité centrale. Comme l'indique M. l'ingénieur en chef Tavernier dans son rapport de mission, leur œuvre, d'ailleurs admirable, donne l'impression d'un gigantesque travail de Pénélope. Ne disposant que de crédits limités, ils doivent se borner chaque année aux opérations les plus urgentes, restreindre leur activité à l'amélioration partielle du chenal navigable dans les sections les plus défectueuses des fleuves et rivières.

Au cours des dernières années, les dimensions des bâtiments qui fréquentent les grands lacs ont beaucoup augmenté. M. Hoyt, rapporteur au Congrès international des chemins de fer (session de Berne, 1910), cite, comme étant en service régulier, des bateaux pour marchandises et passagers, longs de 120 mètres et larges de 30 mètres environ; l'un des plus puissants, construit en 1907 et affecté au transport des marchandises en vrac, aurait une longueur de 184 mètres, une largeur de 17 m. 70, une hauteur de 9 m. 75, un tonnage officiel de 6 600 tonnes métriques, et porterait effectivement 10 900 tonnes de minerai de fer. Suivant une statistique de M. Tavernier, le tonnage du canal de Sault-Sainte-Marie, en 1907, se décomposerait ainsi : trafic par bateaux ayant un tirant d'eau inférieur à 4 m. 27, un et demi p. 100; trafic par bateaux ayant un tirant d'eau de 4 m. 27 à 5 m. 80, 18 p. 100; trafic par bateaux ayant un tirant d'eau de 5 m. 80 à 6 m. 40, 24 p. 100; trafic par bateaux ayant un tirant d'eau supérieur à 6 m. 40, près de 57 p. 100. Les bâtiments à voiles ont presque disparu, éliminés par les bâtiments à vapeur.

La faible profondeur de la plupart des rivières et canaux impose l'emploi de bateaux d'un tirant d'eau réduit.

Sur les rivières de l'Ouest, il n'y a plus guère de grands paquebots à vapeur. Par contre, le nombre des petits bateaux à gazoline et celui des chalands remorqués se sont accrus.

La batellerie des canaux éprouve une diminution rapide. Tandis que les rapports officiels de 1889 accusaient 5 544 bateaux, d'une jauge totale de 733 000 tonnes métriques, ceux de 1907 ne dénombrent plus que 731 bateaux, d'une jauge de 89 000 tonnes. D'après le *Bureau of corporations*, le canal Érié n'aurait pas 450 bateaux utilisables ; ces bateaux paraissent être d'une capacité modique (100 à 150 tonnes) et appartenir aux types les plus primitifs.

Pour les longs transports de matières pondéreuses sur les lacs, le fret, par tonne kilométrique, descend à 2 ou 3 millimes et même au-dessous. Des prix analogues sont pratiqués en ce qui concerne les charbons expédiés de Pittsburg, par l'Ohio et le Mississipi, jusqu'à la Nouvelle-Orléans. Mais ces chiffres exceptionnellement bas se trouvent en général dépassés dans une très large proportion sur les fleuves et les canaux.

L'assurance constitue un facteur important des frais de transport par eau. D'après M. Hoyt, elle représente à peu près le tiers du fret pour les cotons empruntant le Mississipi de Vicksburg à la Nouvelle-Orléans, 0,9 p. 100 de la valeur des marchandises circulant sur la Red River, 3,1 p. 100 des recettes que réalisaient les Compagnies de transport du Maryland et de la Virginie occidentale.

Toute comparaison quelque peu serrée entre les prix du fret et les taxes des voies ferrées est impossible. Essentiellement variables avec la nature des marchandises et avec les parcours, les tarifs de chemins de fer ne forment aux États-Unis qu'une collection de prix fermes. Dans l'ensemble, la taxe kilométrique moyenne de 1909-1910 a été de 2 centimes 39 environ par tonne. Cette taxe s'abaisse à 1 centime, et même moins, pour les transports en grande masse et à long parcours, tels que ceux des blés de l'Ouest expédiés vers les côtes; quelques prix relatifs aux minerais se chiffrent par millimes.

En 1889, le tonnage des marchandises transportées par chemin de fer aux États-Unis était de 389 607 000 tonnes métriques et celui des marchandises transportées par eau de 118 000 000 tonnes, non compris les transports par radeaux, mais y compris le cabotage sous pavillon américain. Pour l'année 1906, les chiffres correspondants ont été de 1 460 659 000 et 161 043 000 tonnes.

Dans ce dernier chiffre, la part des grands lacs dépasse 42 p. 100; celle des côtes et des rivières aboutissant à l'Atlantique ou au golfe du Mexique approche de 37 p. 100.

Les éléments du trafic par eau, rangés d'après leur importance au point de vue du tonnage, sont : 1° pour plus de moitié, la houille, le minerai de fer et les autres « matières d'extraction » brutes; 2° le bois et les approvisionnements destinés à la marine; 3° les rails en acier, la fonte brute, le pétrole, le ciment, les briques, la chaux, etc. ; 4° les produits agricoles, grains, farines, fruits, légumes, coton, tabacs; 5° enfin, pour un cinquième, des marchandises diverses, qui constituent une part très notable du trafic de cabotage sur l'Atlantique et le golfe du Mexique.

On constate à peu près la même proportionnalité entre les différentes sortes de marchandises sur les chemins de fer.

Le trafic des grands lacs a largement participé au prodigieux essor de la circulation. Il est passé de 23 000 000 de tonnes métriques environ, en 1889, à plus de 72 500 000 tonnes, en 1907. Au Sault-Sainte-Marie, le transit, qui ne dépassait pas 1 422 000 tonnes métriques, en 1881, a atteint, pendant l'année 1907, 52 803 000 tonnes. A Détroit, le transit enregistré en 1906 était de 56 millions de tonnes. La progression a été beaucoup moindre à l'aval de Buffalo, vers le lac Ontario et Montréal, dont l'accès n'est ouvert qu'à des bateaux d'un tirant d'eau de 4 mètres.

Une analyse des statistiques montre que le trafic des lacs est constitué pour la plus grande partie par le minerai de fer et la houille : 40 800 000 tonnes de minerai et 19 000 000 tonnes de houille en 1907. Au cours de la même année, les grains n'ont fourni que 45 372 000 hectolitres et les farines 1 179 000 tonnes ; ces chiffres accusent, par rapport à ceux des années antérieures, une forte baisse, due à la crise du commerce d'exportation. Les transports se font, pour la plupart, dans le sens du nord vers le sud et de l'ouest vers l'est ; cependant la houille prend la direction de l'ouest.

Si la navigation des lacs a bénéficié d'un si admirable développement malgré l'extension du réseau des chemins de fer, il faut l'attribuer au caractère quasi-maritime de cette navigation, à la modicité de ses prix, à la puissance des sources de trafic qui l'alimentent, aux débouchés dont elle dispose, notamment Chicago d'un côté et le Saint-Laurent de l'autre.

Plus de cent ports garnissent les rives des grands lacs. Quelques-uns sont très remarquablement outillés. A Duluth, par exemple, où les minerais arrivent par trains complets des gisements voisins, un bâtiment de forme spéciale et de fort tonnage, dénommé « bateau-baleine », peut être chargé en moins de trois heures. A Cleveland, de robustes appareils transbordeurs font passer rapidement le minerai des bateaux dans les wagons qui doivent le porter vers les lieux d'emploi ; les quais reçoivent, d'ailleurs, des stocks grâce auxquels la continuité de l'alimentation des hauts fourneaux sera assurée pendant les périodes d'interruption du service sur les lacs par suite des gelées : le port a aussi d'énormes approvisionnements de charbon amené par les voies ferrées de l'Ohio et de la Pensylvanie, pour être ensuite réexpédié en bateau. Ces exemples pourraient être facilement multipliés. Loin d'engager contre la navigation une lutte insoutenable, les Compagnies de chemins de fer ont conclu des ententes, créé elles-mêmes des flottes, organisé des lignes de bateaux pour voyageurs ou pour marchandises.

Sur les fleuves ou rivières et sur les canaux, la situation est moins brillante. Elle accuse une grave dégression des transports fluviaux. A Saint-Louis, le tonnage du Mississipi aurait été, d'après M. Tavernier, de 1 209 000 tonnes métriques en 1886, de 1 128 000 en 1896 et de 378 000 seulement en 1906. MM. Colson et Hoyt indiquent, pour les expéditions du même port : 1 037 000 tonnes en 1880, 546 000 tonnes en 1891, 245 000 tonnes en 1900, 81 000 tonnes en 1906. Tandis que la voie d'eau subissait ce véritable désastre, les expéditions de Saint-Louis par rails passaient de 4 536 000 tonnes en 1890 à 15 422 000 tonnes en 1906. La visite des quais de la ville, où régnait jadis tant d'activité, éveille maintenant l'impression de la ruine et de la mort.

L'Ohio et ses affluents ont heureusement échappé à la déchéance dont souffrent les autres cours d'eau des États-Unis. De 7 072 000 tonnes métriques en 1894, leur trafic est passé à 12 750 000 tonnes en 1900; les chiffres de 1904, 1905 et 1906 sont respectivement de 9 201 000 tonnes, de 11 942 000 et de 10 367 000. Comme je l'ai déjà rappelé, la navigation de l'Ohio est abondamment alimentée par les houilles de Pittsburg et de la Virginie occidentale, qui descendent jusqu'à la Nouvelle-Orléans moyennant un fret très réduit : le chargement s'effectue souvent dans des bateaux rudimentaires que les entrepreneurs de transport font démolir à l'arrivée pour en vendre le bois.

Il semble que l'année 1850 ait marqué le terme du développement de la navigation sur les canaux artificiels d'un mouillage de 1 m. 80. Le trafic total des canaux d'États et des canaux privés aux États-Unis, évalué à 14 515 000 tonnes métriques en 1880, était tombé aux environs de 5 987 000 tonnes en 1906.

Jusqu'en 1855, le tonnage des marchandises transportées par les canaux dans l'État de New-York dépassait le double du tonnage correspondant pour les chemins de fer desservant cet État. Dès 1872, a proportion n'était plus que du tiers. Aujourd'hui, M. Hoyt l'estime à moins de 3 p. 100.

Autrefois, le canal Érié joua un rôle capital dans le transport des blés de l'ouest vers l'est. Il a été presque complètement dépouillé de ce rôle par les voies ferrées. A Buffalo, son point d'origine, les blés du Wisconsin et du Minnesota, qu'amènent les bateaux des lacs, sont le plus souvent transbordés, au moyen de puissants appareils, dans d'immenses magasins, puis chargés sur wagon pour constituer des trains de 2 000 à 3 000 tonnes, au lieu de prendre le canal. Le canal de Sault-Sainte-Marie, livrant passage aux blés et aux bois du Manitoba et de l'Ontario, aurait pu procurer au canal Érié une importante augmentation de trafic ; il a contribué surtout à la prospérité de Chicago. Actuellement la part du canal Érié dans le mouvement des marchandises à destination ou en provenance de New-York est minime relativement à celle des chemins de fer convergeant vers la grande cité.

M. Colson cite aussi l'exemple du canal Illinois et Michigan, dont le trafic se serait abaissé de 1 million de tonnes en 1882 à 48 000 en 1904.

Ainsi, à l'inverse de la navigation des lacs, celle des fleuves ou rivières et des canaux a été frappée de décadence. Le mal résulte de causes nombreuses : insuffisance du mouillage pour beaucoup de voies navigables ; défectuosité des conditions de navigabilité ; manque d'organisation des transports par eau ; variété des profils et obligation corrélative de transborder les marchandises ; absence de routes mettant les sources de trafic en relation avec les voies fluviales ; discordance entre l'orientation des plus grands fleuves et la direction des courants principaux de trafic ; etc.

Le transit à travers les canaux du Canada a été, en 1908, de 281 000 voyageurs et 17 503 000 tonnes de marchandises (principalement des grains, des bois, du minerai de fer et du charbon). Pendant la même année, les chemins de fer canadiens ont transporté 34 045 000 voyageurs et 63 071 000 tonnes de marchandises.

Des hommes pratiques comme les Américains ne pouvaient assister impassibles à la dépréciation continue d'une partie importante de l'outillage national. Vers la fin du siècle dernier, un revirement de l'opinion en faveur des voies fluviales se manifesta par l'organisation de nombreuses associations, dont l'objet était de provoquer l'amélioration des cours d'eau les plus fréquentés, l'exécution des travaux les plus utiles. M. l'ingénieur en chef Tavernier énumère les associations suivantes et définit ainsi leur but : 1° association des voies d'eau de l'Ouest (groupement des efforts pour l'amélioration des cours d'eau compris dans le bassin du Mississipi) ; 2° association des transporteurs des lacs (œuvre de vigilance sur tout ce qui concerne la navigation des lacs) ; 3° association des digues du Mississipi (digues du fleuve entre Corvo et le golfe) ; 4° association de l'Ohio (approfondissement de l'Ohio à 2 m. 75) ; 5° association du Haut-Mississipi (amélioration du fleuve entre Saint-Paul et Saint-Louis) ; 6° association des voies d'eau profondes reliant les lacs au golfe (jonction du lac Michigan et du golfe par un chenal de 4 m. 27) ; 7° association du Missouri (approfondissement à 2 m. 50 ou même à 3 m. 60 entre Omaha et l'embouchure) ; 8° associations des voies d'eau intérieures entre États (ouverture d'un canal de 2 m. 70 pour relier le Mississipi à diverses voies d'eau le long des côtes de la Louisiane et du Texas) ; 9° association de la Columbia (correction du fleuve par l'établissement d'un canal éclusé aux Dalles et par des dérochements à l'aval) ; 10° association pour l'approfondissement des voies d'eau de l'Atlantique (création, entre Boston et Jacksonville, port de la Floride, d'une voie intérieure continue susceptible d'utilisation par la marine militaire ou marchande et pouvant être prolongée plus tard à travers la Floride ainsi que le long de la côte du golfe jusqu'à la Nouvelle-Orléans). A cette liste, il y aurait lieu d'ajouter des associations spéciales à diverses rivières et les groupements des ports maritimes.

Entre temps, l'État de New-York décrétait par referendum, en 1900, l'amélioration du canal Érié ou plutôt la construction, sur une grande partie de la longueur, d'un canal nouveau, ayant une profondeur de 3 m. 66. Il se préoccupait, d'ailleurs, de moderniser l'outillage du canal et d'aménager à son profit des forces hydrauliques. Les travaux s'exécutent ; ils étaient évalués à 525 millions de francs, mais coûteront sans doute davantage. Déjà des critiques ont surgi contre l'insuffisance des dimensions admises.

De son côté, la ville de Chicago, qui désirait voir creuser un canal profond entre le lac Michigan et le Mississipi, avait amorcé l'entreprise en établissant, de Chicago à Lockport, un émissaire pour l'évacuation vers l'Illinois des eaux usées, antérieurement déversées dans le lac. Cet émissaire détourne du lac Michigan, au détriment du Niagara, 280 mètres cubes par seconde, et présente une longueur de 54 kilomètres environ, une largeur au plafond de 48 m. 80 à 61 m. 60, un mouillage de 6 m. 70. Il a coûté 260 millions de francs. Sa destination principale est de prévenir la pollution du lac et de sauvegarder ainsi la salubrité publique ; mais il constitue aussi une magnifique voie navigable et fournit, en outre, de puissantes forces motrices (1). Le District sanitaire de Chicago l'a offert gratuitement à la Confédération, qui en étudie le prolongement.

Au début, les associations travaillèrent isolément. Bientôt, elles reconnurent l'utilité d'unir leurs efforts et organisèrent, à la fin de 1901, un Congrès national des rivières et des ports, dont l'objectif était le relèvement, de 119 millions à 260 millions de francs, des allocations fédérales annuelles pour les travaux de navigation. Le Congrès tint plusieurs sessions en 1901, 1906, 1907, 1908. Entre autres réformes ou mesures d'ordre général, il sollicita la réalisation plus rapide et plus continue des entreprises, l'institution d'un Comité national des voies d'eau, devant renseigner le Congrès des États-Unis, la création d'un Ministère des transports, ayant dans ses attributions les routes, les chemins de fer et les voies d'eau.

Cette campagne ne resta pas infructueuse. En 1907, les crédits fédéraux de navigation furent portés à 177 millions de francs. De plus, le Congrès donna sa sanction définitive à six entreprises, devant entraîner ensemble une dépense de 225 millions de francs et intéressant le port de Boston, celui de Baltimore, les embouchures du Mississipi et de la Columbia, la nouvelle écluse de Sault-Sainte-Marie, le nouveau chenal de la rivière Détroit.

Des projets nombreux agitaient alors l'opinion et suscitaient de vives controverses. La question des améliorations de l'Ohio, notam-

(1) Une usine de 40 000 chevaux est installée à Lockport.

ment, se posait de plus en plus pressante, par suite de l'admirable développement des exploitations houillères et des usines métallurgiques que dessert cette rivière. Fallait-il généraliser les applications du système des barrages mobiles éclusés ou recourir à l'aménagement de grands réservoirs et à l'extension des forêts? La première solution était préconisée par les ingénieurs de l'armée; mais la seconde avait de chauds partisans, car elle devait satisfaire aux intérêts de la défense contre les inondations et de l'utilisation agricole ou industrielle des eaux en même temps qu'à ceux de la navigation. D'ailleurs, les ingénieurs de l'armée avaient obtenu les résultats les plus heureux sur le Haut-Mississipi par l'établissement de cinq réservoirs et accru sensiblement le mouillage minimum ainsi que le débit d'étiage.

Un problème non moins passionnant était celui du Moyen-Mississipi. Comment rendre au fleuve son ancienne activité disparue?

En 1907, M. le Président Roosevelt instituait une commission d'étude, dite Commission de navigation intérieure et comprenant deux membres de la Chambre des représentants, deux sénateurs, cinq membres des administrations fédérales. Après avoir insisté sur le rôle et l'importance des voies navigables, le Président Roosevelt constatait que, jusqu'alors, les travaux avaient été généralement entrepris dans un but unique : amélioration de la navigation, aménagement des forces hydrauliques, irrigation, défense contre les inondations, approvisionnement d'eau pour les besoins domestiques ou industriels. L'heure lui paraissait venue d'arriver à une coordination, à un programme d'ensemble dressé au point de vue des intérêts généraux du pays tout entier. Telle était la tâche de la Commission.

M. le Président Roosevelt montrait les chemins de fer congestionnés et impuissants à transporter dans des délais normaux les produits de l'agriculture et de l'industrie. Des hommes autorisés jugeaient impossible de leur donner, avant un assez lointain avenir, un développement qui répondît à l'essor de la production. Ce fâcheux état de choses pesait en particulier très lourdement sur les populations de la vallée du Mississipi. Un seul remède semblait exister : la mise en valeur et l'augmentation des moyens de transport par eau.

D'autre part, pour mettre bien en lumière la puissance destructive des fleuves, le Président de l'Union rappelait que, suivant les supputations des généraux Humphreys et Abbott, remontant à un demi-siècle, le Mississipi seul entraînait, chaque année, au golfe du Mexique, outre une grande quantité de matières dissoutes, 400 millions de tonnes d'alluvions, c'est-à-dire un volume double de celui des déblais nécessaires à l'ouverture du canal de Panama.

Il recommandait à la Commission de tenir compte des moyens

d'exécution existant déjà, soit dans les départements fédéraux, soit dans les États et leurs subdivisions.

Bien qu'inévitablement élevée, la dépense serait néanmoins minime relativement au capital immobilisé dans les chemins de fer.

La Commission présenta en février 1908 un rapport préliminaire, nécessairement limité à des vues générales.

Elle faisait d'abord une sorte d'inventaire du vaste réseau des voies navigables ou susceptibles de le devenir.

A la suite de M. le Président Roosevelt, elle déclarait le moment venu de restaurer et de développer les transports par eau, afin de pourvoir aux besoins économiques du pays. En effet, les chemins de fer, après avoir paralysé ou ruiné la navigation par une concurrence tantôt légitime, tantôt quelque peu abusive, se montraient impuissants à suivre l'essor de la production. Le mal paraissait pouvoir être conjuré par une transformation du réseau fluvial, moyennant un sacrifice bien inférieur à celui qu'exigerait le réseau ferré. Judicieusement conduite, l'œuvre devait procurer des bénéfices directs supérieurs aux dépenses et donner, en outre, des bénéfices accessoires importants : accroissement de la valeur des terrains irrigués ou assainis; aménagement de forces motrices; défense contre les inondations; purification et clarification des eaux.

Soucieuse d'établir une étroite coopération des voies navigables et des voies ferrées, la Commission formulait, à cet effet, divers conseils relatifs aux facilités de transbordement, aux partages de trafic, aux combinaisons appropriées de tarifs, etc.

Comme le Président de la Confédération, elle montrait avec insistance la solidarité des intérêts de la navigation et des autres intérêts liés à l'aménagement ainsi qu'à l'utilisation des eaux, la nécessité impérieuse d'avoir égard à ces intérêts divers et de les concilier dans les futures études.

Pour réaliser aux moindres frais une somme d'avantages aussi grands que possible, pour répartir équitablement les charges entre les collectivités et les particuliers intéressés, la Commission jugeait opportun de confier l'élaboration des projets à un organe administratif tenant de la loi des pouvoirs assez étendus.

D'après elle, les projets existants pouvaient se rattacher à quatre groupes : 1° groupe de l'Atlantique (bassin de l'Atlantique, vallée du Mississipi, côtes du golfe, grands lacs et leurs tributaires) ; 2° groupe de la Colombie (territoire à l'ouest des Montagnes Rocheuses et région au nord du quarante-deuxième degré de latitude) ; 3° groupe de la Californie; 4° groupe du Colorado.

Il y avait, dans le premier groupe, des projets pour les entreprises suivantes : canal profond des grands lacs au golfe du Mexique ; passage profond et continu le long de l'Atlantique jusqu'à la Floride ; amélioration et canalisation du Mississipi, du Missouri, de l'Ohio et de leurs principaux affluents ; jonction du Mississipi avec le Rio Grande et les fleuves de la Floride par des passages intérieurs ; canaux reliant les grands lacs au littoral de l'Atlantique.

Pour le second groupe, la Commission citait les projets ci-après : amélioration de la basse Columbia, de la Willamette et du Snake, au point de vue de la navigation et des forces motrices ; ouverture à la navigation du chenal et des lacs de la Columbia supérieure, ainsi que de plusieurs affluents ; rigoles d'alimentation et canaux de jonction ; irrigation ; drainage ; atténuation des crues.

Dans le groupe de la Californie, se rangeaient différents projets concernant l'amélioration et la canalisation du Sacramento, du San Joaquin, du Feather et des baies qui bordent la côte, de manière à ouvrir la vallée californienne au commerce fédéral et au commerce intérieur, à clarifier les fleuves, à empêcher les inondations, à développer les forces motrices.

Enfin, pour le Colorado, les projets avaient principalement trait à l'irrigation, mais envisageaient éventuellement les forces motrices et la navigation.

Le pays se trouvait donc en présence d'un ensemble singulièrement étendu de propositions, parmi lesquelles il faudrait effectuer une sélection, avant de solliciter du Congrès les crédits indispensables. Tout devrait, d'ailleurs, être combiné dans le but d'exécuter les travaux avec rapidité et esprit de suite.

Afin d'imprimer à la préparation et à la mise en œuvre du programme une direction méthodique, la Commission recommandait de nombreuses mesures classées sous les titres suivants : 1° Coordination (tenir compte, dans les projets intéressant la navigation, de la lutte contre les corrosions et les inondations, de l'aménagement des forces hydrauliques, de l'irrigation, etc.) ; 2° répartition (ménager entre les administrations fédérales, les États, les municipalités, les collectivités diverses, les corporations et les particuliers une collaboration qui permette de répartir équitablement les dépenses et les bénéfices) ; 3° données commerciales (organiser la statistique du trafic des voies navigables et en publier les résultats) ; 4° données physiques (recueillir les renseignements utiles sur le régime des cours d'eau et les données physiques relatives aux différents modes d'utilisation des eaux) ; 5° conservation (regarder les cours d'eau comme le patrimoine de la nation, les protéger contre le monopole et les administrer dans l'intérêt de tous) ; 6° législation (créer par acte législatif une Commission nationale des voies d'eau, groupant et coordonnant les efforts de toutes les administrations publiques ayant à s'occuper des eaux[1]).

Par une loi du 3 mars 1909, le Congrès donna suite à quelques-uns des vœux qu'avait émis la Commission de navigation intérieure. Il créa une Commission des voies d'eau, comprenant cinq membres du Sénat et sept membres de la Chambre des députés, ouvrit à cette Commission un crédit de 50 000 dollars, assigna le 4 mars 1911 comme terme à ses travaux, affecta 600 000 dollars aux études à entreprendre par les ingénieurs de l'armée pour l'amélioration d'un certain nombre de ports maritimes et de cours d'eau. Ces ingénieurs devaient, en même temps, réunir des données pratiques, en ce qui concernait : 1° l'établissement de ports terminus et de transbordement ; 2° l'aménagement et l'utilisation de forces hydrauliques pour des emplois industriels et commerciaux ; 3° tous autres objets pouvant se lier à l'exécution des travaux.

Au cours d'un voyage dans la vallée du Mississipi, M. le Président Taft a hautement affirmé son adhésion à la politique d'amélioration des voies navigables.

Que sortira-t-il de l'orientation nouvelle des esprits aux États-Unis, du mouvement d'opinion si nettement dessiné en faveur de la navigation intérieure? Les espérances actuelles se réaliseront-elles? Où trouver les ressources voulues? Il n'est guère permis d'escompter, pour la libération relative de l'industrie des transports, le concours des capitaux privés, qu'une longue tradition porte au contraire vers les monopoles. De leur côté, le gouvernement fédéral, les États, les villes ne sont pas mûrs pour engager de grosses dépenses, dont la seule contre-partie serait l'augmentation de la richesse publique, et cependant il est impossible de rétablir les péages jadis supprimés : les représentants de l'initiative privée ne manqueront point, d'ailleurs, de combattre l'action directe des Pouvoirs publics. A la vérité, certains États ou certaines villes prospères ont donné des exemples encourageants ; mais il n'y a là que des faits isolés.

On est donc en plein inconnu. Néanmoins, quelques symptômes favorables méritent d'être retenus. Les Compagnies de chemins de fer, débordées par le trafic et incapables d'attirer les énormes capitaux dont elles auraient besoin pour satisfaire aux nécessités des transports, ne manifestent plus leur hostilité d'autrefois; peut-être verraient-elles sans regrets des travaux, exécutés aux frais du budget général ou des budgets locaux, les tirer de l'embarras dans lequel elles se débattent. D'autre part, la valeur industrielle qu'ont acquise les forces hydrauliques semble de nature à faciliter la correction des rivières au moyen de réservoirs ou de barrages éclusés, en apportant une rémunération indirecte des dépenses profitables à la navigation.

Quoi qu'il en soit, l'évolution économique survenue depuis quelques années aux États-Unis, en matière de transports, ne saurait être suivie trop attentivement.

Le Canada a également des projets grandioses. Menacé par la transformation du canal Érié, il se propose d'établir, par la rivière Ottawa convenablement aménagée, une voie directe de 6 m. 40 de profondeur entre le lac Huron, la baie Géorgienne et le Saint-Laurent. Son rêve serait de détourner le trafic des grands lacs vers l'Angleterre, en conquérant un sérieux avantage de distance par rapport à New-York. Ce rêve est loin de déplaire aux capitalistes de Chicago et de la région ouest des États-Unis, qui supportent difficilement la tutelle de New-York et se féliciteraient d'en être affranchis.

Plusieurs fois déjà, j'ai abordé la question de concurrence des voies navigables et des voies ferrées. Il importe d'y revenir et d'entrer davantage dans le détail.

Après avoir joué un rôle important jusqu'au milieu du XIXe siècle, la navigation intérieure, abstraction faite des grands lacs, a décliné au fur et à mesure que se développaient les chemins de fer. Des causes multiples, inhérentes au réseau fluvial, expliquent, du moins dans une certaine mesure, cette déchéance : faible étendue des rivières et des canaux, comparativement au réseau ferré dont les mailles serrées couvrent tout le territoire ; manque de voies terrestres reliant les sources de trafic aux voies navigables ; régime défavorable et défaut d'aménagement des cours d'eau ; insuffisance de la section des canaux ; diversité des gabarits et obligation corrélative de transbordements onéreux ; caractère suranné de l'outillage ; mauvaise exploitation commerciale ; difficulté de créer des gares d'eau convenables, sur beaucoup de fleuves, par suite de l'amplitude des oscillations que subit le niveau des eaux lors des crues ou des sécheresses, etc. ; M. Hoyt, rapporteur au Congrès international des chemins de fer (session de Berne, 1910), cite aussi la rigueur du contrôle auquel le gouvernement a soumis la construction et l'entretien des bateaux. Mais l'action des chemins de fer a été prépondérante.

L'apparition de la locomotive a été suivie aux États-Unis, comme ailleurs, d'une longue période d'engouement pour les voies ferrées et de délaissement relatif des voies navigables. Celles-ci, presque dédaignées par l'opinion, n'avaient que des dotations budgétaires insuffisantes, dont les Compagnies de chemins de fer et leurs alliés, les trusts, cherchaient à empêcher le relèvement, en y employant toutes les ressources d'une influence sans cesse grandissante. Les concessionnaires du réseau ferré ne négligeaient aucun moyen de détourner et de retenir les transports. Ils diminuaient les taxes dans les directions concurrencées, sauf à les augmenter suivant les autres directions; ils recouraient aux abaissements temporaires de tarifs pendant les périodes de navigation, aux traités particuliers, aux remises secrètes; ils se rendaient, au besoin, maîtres des canaux et des entreprises de batellerie, s'ingéniaient à porter obstacle aux transports mixtes, accaparaient le long des rivières les terrains propices aux embarquements ou aux débarquements, etc.; une liberté complète de tarification et une véritable omnipotence facilitaient de leur part les manœuvres les plus agressives.

Comment les voies navigables eussent-elles pu résister? Si la navigation des grands lacs a survécu et même prospéré, elle le doit, nous l'avons vu, à son caractère quasi-maritime, à des conditions techniques et commerciales exceptionnellement favorables, à la modicité de ses prix, à l'impossibilité absolue pour les chemins de fer d'engager une lutte efficace, fût-ce au prix des plus lourds sacrifices.

Parfois, on s'est étonné de la défaite du Mississipi, dont la situation naturelle équivaut largement à celle du Rhin. Une simple observation suffit à l'expliquer : le Mississipi coule du nord au sud, et son orientation ne concorde point, dès lors, avec la direction des principaux courants de trafic, qui vont de l'ouest à l'est vers les ports de l'Atlantique. Le percement de l'isthme de Panama changera certainement l'état de choses actuel.

Quelle peut être aujourd'hui l'influence des voies navigables sur les tarifs des chemins de fer? M. Hoyt l'examine dans son rapport de 1910, auquel j'ai déjà fait si souvent allusion. A ses yeux, l'influence des canaux, même du canal Érié, est entièrement éteinte. Celle des rivières, toujours vivace, varierait avec la longueur navigable, avec la profondeur du chenal, avec le matériel de la batellerie; toutefois, elle serait généralement limitée au trafic local, sauf pour les transports de houille et de bois. Enfin, celle des lacs serait plus sensible encore; les grandes Compagnies de chemins de fer auraient cherché à restreindre la concurrence en prenant la haute main sur les lignes de bateaux, et atteint leur but, pour les marchandises autres que le minerai, la houille et, jusqu'à un certain point, les bois. Le rôle des grands lacs est, d'ailleurs, attesté par des décisions de l'Interstate Commerce Commission et de la Cour Suprême des États-Unis, autorisant les Administrations de chemins de fer à appliquer aux parcours qui subissent la concurrence de la navigation des taxes moindres qu'aux parcours de plus faible longueur qui échappent à cette concurrence.

Un revirement profond s'est produit récemment, nous l'avons vu, en faveur de la navigation intérieure. Souvent, et à des intervalles de plus en plus rapprochés, les Compagnies de chemins de fer avaient été dans l'impuissance de satisfaire aux besoins industriels et commerciaux. La crise des transports, dont l'Europe a souffert en 1906 et 1907, ne pouvait que sévir plus durement encore aux États-Unis, où presque toutes les lignes sont à voie unique. Il eût fallu, pour accroître suffisamment la capacité des chemins de fer, non seulement beaucoup de temps, mais d'énormes dépenses, et le marché financier, frappé lui-même par une crise violente, était hors d'état de fournir les capitaux nécessaires. A ce point de vue, la progression incessante du coût des travaux, surtout pour la création ou l'extension des gares dans les grands centres, faisait apparaître des difficultés redoutables. D'autre part, l'Interstate Commerce Commission ne parvenait pas, malgré le renforcement de ses pouvoirs, à assurer l'égalité des citoyens devant les tarifs, à corriger entièrement les abus des arrangements particuliers, et le public perdait patience, tournait les regards vers la navigation où il espérait trouver le salut.

Des hommes occupant une situation éminente dans l'industrie des chemins de fer accomplissaient eux-mêmes une évolution caractéristique. Au lieu d'afficher, comme naguère, un vrai mépris à l'égard des voies fluviales, ils en préconisaient l'amélioration et le développement, sollicitaient leur collaboration, prononçaient de nombreuses diatribes contre les excès de la concurrence entre les voies ferrées. Du reste, les chemins de fer poussaient chaque jour davantage leurs ramifications dans des parties du territoire fermées à la navigation, et les lignes nouvelles étaient appelées à bénéficier éventuellement de l'essor qu'un réseau navigable fortement constitué imprimerait à la circulation des hommes ou des choses.

Le mouvement de l'opinion publique devait se traduire dans les avis de la Commission des voies navigables créée en 1908 par M. le Président Roosevelt. Cette Commission demanda que le programme d'amélioration du réseau fluvial réglât les rapports de la navigation avec les chemins de fer, qu'une coopération harmonieuse des deux modes de transport se substituât aux luttes funestes du passé, qu'ils se complétassent l'un l'autre, que les voies améliorées fussent mises en situation de soutenir la concurrence des voies ferrées, ou plutôt que de sages mesures ménageassent partout les facilités de transbordement et assurassent une répartition équitable du trafic pour le bien de la nation.

23. Les chemins de fer et les voies navigables en Russie. — La plupart des provinces de l'immense empire russe sont à d'énormes distances de la mer. Aussi leur prospérité est-elle intimement liée au développement des communications intérieures. Ces communications ont un rôle d'autant plus essentiel que le climat et la production offrent une grande variété ; de nombreux échanges sont, par suite, indispensables : c'est ainsi que, dans la Russie d'Europe, la région septentrionale, dont les forêts couvrent plus de 180 millions d'hectares, expédie vers le sud des quantités considérables de bois et demande, en retour, des céréales à la région méridionale, où l'aire de leur culture dépasse 100 millions d'hectares.

Jadis, les voies navigables naturelles constituaient à peu près les seules voies de transport. Aujourd'hui encore, malgré l'établissement des chemins de fer, elles tiennent une très large place dans les relations entre les diverses parties du territoire.

Au début du XXe siècle, le réseau navigable ou flottable comprenait : pour la Russie d'Europe, 862 fleuves et rivières, 39 lacs et 38 canaux ; pour la Russie d'Asie, 188 fleuves et rivières, 4 lacs et 1 canal.

Les principaux cours d'eau de la Russie d'Europe prennent leur source dans le massif central, dont l'altitude ne dépasse pas 300 mètres environ ; de là, ils divergent vers la périphérie, vers la mer Blanche et l'Océan Glacial arctique, la mer Baltique, la mer Noire et la mer d'Azof, enfin la mer Caspienne. En Asie, au contraire, presque tous les cours d'eau ont une orientation commune sud-nord et coulent vers l'Océan Glacial, peu accessible au commerce maritime ; seul l'Amour, fleuve de la Sibérie orientale, se dirige dans le sens de l'ouest à l'est, vers la mer ouverte d'Okhotsk (Océan Pacifique).

Grâce au faible relief et au peu de largeur des coteaux qui séparent leurs sources, les fleuves de la Russie d'Europe peuvent, sans trop de difficultés, être reliés les uns aux autres par des jonctions artificielles, fournir ainsi des voies continues réunissant les mers dont ils sont tributaires et permettre les échanges directs entre les bassins maritimes. La situation de la Russie d'Asie est différente : cependant les fleuves sibériens qui ont leur embouchure dans l'Océan Glacial se rapprochent assez par leurs affluents pour qu'ils soit possible de les faire communiquer.

La plus puissante artère naturelle de la Russie d'Europe est le Volga, navigable sur plus de 3 000 kilomètres. Ce fleuve naît à 205 mètres d'altitude et à 200 kilomètres environ de distance de Saint-Pétersbourg. Des affluents, dont quelques-uns ont un très vaste bassin, viennent successivement le grossir : tels l'Oka et la Kama, respectivement navigables sur 1 300 et 1 200 kilomètres. Après un parcours de 3 580 kilomètres, il se jette dans la mer Caspienne, près d'Astrakhan. Ses eaux sont retenues, à une centaine de kilomètres au-dessous de la source, par une digue qui a été construite en 1843 et qui donne une réserve abondante pour soutenir le régime du haut fleuve; néanmoins, il ne devient réellement navigable qu'à Tver; la navigation active commence à Rybinsk, confluent de la Cheksna, et s'étend sur 2 880 kilomètres. Les extrêmes variations du climat, exceptionnellement chaud en été et froid en hiver, impriment au Volga une allure fort irrégulière. De Tver à Astrakhan, la largeur moyenne du lit mineur passe progressivement de 300 à 2 000 mètres et le débit d'étiage de 100 à 3 000 mètres cubes; en même temps, la pente kilométrique descend de 0 m. 11 à 0 m. 02. Un delta, ayant son sommet à 100 kilomètres de la mer et à 50 kilomètres en amont d'Astrakhan, rend la circulation particulièrement difficile dans la partie inférieure du fleuve. Certaines sections livrent annuellement passage à 5 millions de tonnes. Le Volga se classe donc parmi les fleuves européens de premier ordre, comme le Rhin; l'intensité de son trafic est d'autant plus remarquable qu'elle se réalise sur une étendue dont n'approche aucun autre cours d'eau et que la période de navigation ne se prolonge guère au delà de sept mois.

Une caractéristique spéciale des cours d'eau russes est leur longueur. On compte, dans la Russie d'Europe, 11 fleuves ou rivières mesurant plus de 1 000 kilomètres; on en dénombre 14 dans la Russie d'Asie.

Les voies navigables artificielles sont peu nombreuses. Elles ont été créées pour établir les jonctions entre les grands fleuves. Ces liaisons, désignées sous le nom de « systèmes », peuvent comprendre, outre les canaux, des lacs et des cours d'eau secondaires. Leur origine remonte à Pierre le Grand, qui construisit, de 1703 à 1708, le système Vychnevolotzky entre la Néva et le Volga, et qui en fit étudier d'autres, exécutés par ses successeurs. Catherine II poursuivit l'œuvre de Pierre le Grand.

Il existe, dans la Russie d'Europe, huit systèmes reliant la mer Caspienne à la Baltique et à la mer Blanche, ainsi que la mer Noire à la Baltique. Trois de ces systèmes réunissent les bassins de la Néva et du Volga : système Vychnevolotzky (partie artificielle de 144 kilomètres); système Tikhvinsky (partie artificielle de 195 kilomètres); système de Marie (partie artificielle de 705 kilomètres). Un quatrième, celui du duc Alexandre de Wurtemberg (partie artificielle de 59 kilomètres), réunit les bassins du Volga et de la Dwina du Nord. Trois autres systèmes rattachent le Dnéper à des cours d'eau tributaires de la Baltique : système de la Bérézina, entre le Dnéper et la Dwina de l'Ouest (partie artificielle de 110 kilomètres) ; système Oghinsky, entre le Dnéper et le Némen (partie artificielle de 162 kilomètres) : système du Dnéper-Boug, entre le Dnéper et la Vistule (partie artificielle de 213 kilomètres). Enfin, le système d'Auguste (partie artificielle de 101 kilomètres) rattache le Némen à la Vistule. La modicité du développement des parties artificielles s'explique, nous l'avons vu, par la très petite largeur des faîtes de partage.

Les systèmes précédemment énumérés groupent les principaux bassins fluviaux en deux vastes ensembles : celui du Nord-Est (Volga, Néva et Dwina du Nord); celui de l'Ouest (Dnéper, Dwina de l'Ouest, Némen et Vistule). On peut considérer Nijni-Novgorod (Volga) comme le centre du premier groupe, et Kiew (Dnéper) comme le centre du second.

Dans la Russie d'Asie, le Gouvernement n'a entrepris qu'un seul système de jonction, destiné à relier les bassins de l'Obi et de l'Iénisséi. La longueur de la voie navigable artificielle Ob-Iénisséienne est de 158 kilomètres.

A la faveur des liaisons, les bateaux peuvent accomplir sans interruption des parcours colossaux : 4 000 kilomètres, d'Astrakhan (embouchure du Volga) à Saint-Pétersbourg (embouchure de la Néva), par le système de Marie; 4 657 kilomètres, d'Astrakhan à Arkhangel (embouchure de la Dwina du Nord), par le système du duc de Wurtemberg; 2 112 kilomètres, d'Ecathérinoslav (sur le Dnéper, en amont des rapides) à Danzig (bouches de la Vistule), par le système Dnéper-Boug; 2059 kilomètres, d'Ecathérinoslav à Kœnigsberg (embouchure du Némen), par le système d'Oghinsky; 1 969 kilomètres, d'Ecathérinoslaw à Riga (embouchure de la Dwina de l'Ouest), par le système de la Bérézina; 6 082 kilomètres, d'Irbit, ville sibérienne voisine de la Russie d'Europe (sur la Nitza), à Kiakhta, ville située à la frontière de la Chine (sur la Selenga) par la voie de l'Ob-Iénisséi.

Des divers systèmes de navigation, les plus intéressants sont ceux qui unissent le Volga à la Néva, fleuve grandiose, mesurant 1 200 mètres de largeur à son entrée dans la ville de Saint-Pétersbourg, et présentant un niveau presque constant, par suite de l'action régulatrice du lac Ladoga. Le système Vychnevolotzky, dû à Pierre le Grand, emprunte successivement, à partir de Saint-Pétersbourg, la Néva, le lac Ladoga, le Volkhov, le lac Ilmen, la Msta et la Tverza, affluent du Volga. Le système Tikhvinsky, exécuté de 1802 à 1811, utilise les rivières Sias, Tikvinka et Mologa ; il fournit la voie la plus courte. Le système de Marie (1798-1810) constitue, au contraire, la voie la plus longue, mais a, au point de vue de la navigabilité, des avantages qui lui ont fait définitivement attribuer la préférence ; quelques indications de détail lui seront utilement consacrées.

En partant de Saint-Pétersbourg, la Néva mène au lac Ladoga, véritable mer intérieure, où les vents soulèvent des vagues redoutables; deux canaux de ceinture, construits à des époques différentes, permettent de contourner ce lac. Les bateaux passent ensuite dans la rivière Svir, à courant rapide et seuils rocheux, améliorée au moyen de dragages ainsi que par l'établissement de digues et d'épis. Puis viennent le lac Onéga, autre mer intérieure, contournée par un canal, et la rivière Vytegra, d'allure torrentielle, canalisée sur une longueur de 47 kilomètres. Du bief de partage, situé à 119 mètres au-dessus du niveau de la mer Baltique, la batellerie descend à la Kovja, rivière profonde et tranquille, qui la conduit à un canal contournant le lac Biélo; enfin, elle suit la Cheksna, maintenant canalisée, et arrive à Rybinsk sur la Volga.

Des améliorations notables ont été apportées au système de Marie, de 1858 à 1866, de 1878 à 1886, de 1890 à 1896. Il est accessible, dans toutes ses parties, à des bateaux pouvant recevoir un chargement de 680 tonnes, alors que la limite était de 160 tonnes en 1810 et de 300 tonnes en 1866. La haute Chekna, canalisée à l'aide de barrages Poirée, comporte des écluses d'une longueur de 340 mètres et d'une largeur de 12 mètres, capables de livrer passage à un train de bateaux, avec son remorqueur à vapeur. En l'état actuel, le système de Marie, long de 1150 kilomètres, suffit aux besoins d'une grande navigation fluviale. De 1810 à la fin du XIXe siècle, la durée du trajet entre Rybinsk et Saint-Pétersbourg a été réduite de 110 à 30 jours; le fret moyen par tonne kilométrique est descendu de 5 centimes 8 à 1 centime 8.

Le Gouvernement russe s'est également attaché à améliorer les voies d'eau naturelles, à en rectifier le lit, à les régulariser, à les approfondir. Il recourt largement aux dragages; de puissantes dragues, les unes à godets, les autres à succion, avec ou sans désagrégateurs, opèrent sur les principaux fleuves de l'Empire. Les ouvrages de fixation du chenal consistent ordinairement en digues et en épis noyés, de fascines et de moellons. Des travaux très importants ont été ainsi exécutés sur le Volga, la Vistule, le Dnéper.

Autrefois négligés, les ports de rivière commencent à se développer. Les criques de refuge hivernal sont l'objet de soins particuliers. Beaucoup reste à faire pour l'outillage.

La Finlande, laissée en dehors des renseignements qui précèdent, a plusieurs canaux. L'une de ces voies artificielles, le canal de Saïma, réunit la baie de Viborg au lac Saïma, ainsi qu'à un réseau de lacs secondaires et de rivières: sa longueur est de 60 kilomètres, le nombre des écluses de 28, la dénivellation franchie de 76 mètres. Le mouillage varie, suivant les canaux, de 1 m. 50 à 2 m. 44.

D'après une publication officielle de 1900, la longueur des voies navigables ou flottables de l'Empire russe était alors de 171 000 kilomètres environ :

Russie d'Europe (non compris la Finlande).

		km.	km.
Bassin de la mer Caspienne	Bassin du Volga	31.768	33.100
	Bassins des autres cours d'eau	1.332	
Bassin de la mer Noire	Bassin du Don	4.181	17.257
	— du Dnéper	10.501	
	— du Boug du sud	153	
	— du Dnéster	890	
	Bassins des autres cours d'eau	1.532	
Bassin de la mer Baltique	Bassin de la Vistule	3.362	22.175
	— du Némen	3.355	
	— de la Dwina de l'Ouest	4.500	
	— de la Narova, y compris les lacs	1.902	
	— de la Néva, y compris les lacs	7.333	
	Bassins des autres cours d'eau	1.723	
Bassin de l'Océan du Nord et de la mer Blanche	Bassin de l'Oméga	1.343	10.293
	— de la Dwina du Nord	6.589	
	Bassins des autres cours d'eau	2.361	
	Total pour la Russie d'Europe		82.825

Russie d'Asie

		km.	km.
Bassin de l'Océan Glacial	Bassin de l'Obi	28.117	66.550
	— de l'Iénissei (lac Baïkal compris)	19.681	
	— de la Léna	11.443	
	Bassins des autres cours d'eau	7.309	
Bassins des mers de Béring, du Kamtchatka et du Japon			1.755
Bassins de la mer d'Okhotsk et du détroit de Tartarie	Bassin de l'Amour	14.235	16.647
	Bassins des autres cours d'eau	2.412	
Bassin de la mer d'Aral (Bassin de l'Amou-Daria)			1.547
Voies navigables diverses			1.793
	Total pour la Russie d'Asie		88.292
Total général pour l'empire russe (non compris la Finlande)			171.117

Les voies navigables appartenant au bassin du Volga représentent 38 p. 100 du total de la Russie d'Europe : celles de l'Obi et de l'Iénisséi forment respectivement 32 et 22 p. 100 du total de la Russie d'Asie.

Dans le total général de 171.000 kilomètres, les voies artificielles n'entraient en 1900 que pour 2 119 kilomètres : Russie d'Europe, 1 961 kilomètres ; Russie d'Asie, 158 kilomètres. Le contingent de la Russie d'Europe comprenait 1 689 kilomètres de canaux et rivières canalisées dépendant des systèmes de jonction (canaux de jonction, 334 kilomètres ; rivières à écluses, 890 kilomètres ; canaux d'évitement, 465 kilomètres) et 272 kilomètres de voies indépendantes (canaux, 17 kilomètres ; rivières à écluses, 255 kilomètres). Quant au contingent de la Russie d'Asie, il consistait dans la jonction de l'Obi et de l'Iénisséi.

Au point de vue du genre de navigation, les voies fluviales de l'Empire se décomposaient ainsi [1] :

	RUSSIE D'EUROPE	RUSSIE D'ASIE
	kilomètres	kilomètres
1. — Voies ne permettant que le flottage des bois en pièces isolées ou en petits trains, au printemps (y compris le système de la Bérézina)	26.376	38.246
2. — Voies portant, au printemps, des bateaux dans le sens de la descente (y compris la partie artificielle du système Vychnevolotzky)	15.843	2.137
3. — Voies portant, pendant toute la période de navigation, des bateaux non mus à la vapeur, dans le sens de la montée comme dans le sens de la descente (y compris les parties artificielles de la plupart des systèmes de jonction)	13.532	14.544
4. — Voies accessibles aux bateaux à vapeur (y compris le système de Marie) ..	27.074	33.329

Le *Journal de la Division de statistique et de cartographie du Ministère des voies de communication* assigne aux chemins de fer exploités

(1) Pour la Russie d'Asie, le total de ce tableau diffère de celui du tableau précédent ; mais l'écart est négligeable.

en 1910 une longueur de 66 693 kilomètres : Russie d'Europe, y compris le Transcaucasien, mais non compris les lignes finlandaises, 55 866 kilomètres (réseau de l'État, 34 592 kilomètres ; réseaux des Compagnies, 18 998 kilomètres ; lignes d'intérêt local, 2 276 kilomètres); Russie d'Asie, 10 827 kilomètres, appartenant à l'État.

Au 31 décembre 1908, les chemins de fer finlandais mesuraient 3 447 kilomètres (réseau d'État, 3 140 kilomètres) ; lignes concédées et exploitées par des Compagnies, y compris les chemins de fer à voie étroite, 307 kilomètres.

Bien que les voies navigables de l'Empire russe soient administrées par l'État, il est impossible d'évaluer avec quelque approximation les sommes consacrées à l'amélioration des voies naturelles et à la création des voies artificielles.

Les crédits annuels mis à la disposition du Ministère des voies de communication par les budgets de 1909 et de 1910, pour études, projets, travaux neufs, entretien et réparations, se sont élevés respectivement, abstraction faite des frais d'administration centrale et d'administration locale, à 41 690 000 et 43 770 000 francs, dont un quart environ affecté aux travaux neufs. Il y a lieu d'y ajouter un crédit de 1 300 000 à 1 400 000 francs ouvert sous le titre « Mesures pour favoriser la navigation ». On peut estimer à 4 millions et demi ou 5 millions de francs les frais d'administration centrale et locale.

En ce qui concerne les dépenses d'établissement des chemins de fer (sans la Finlande), une publication du Département de la comptabilité du contrôle impérial donne les chiffres suivants, jusqu'à 1908 inclusivement : réseau de l'État, 12 619 154 000 francs ; lignes concédées, 4 827 766 000 francs. D'autre part, la statistique officielle finlandaise de 1908 accuse, pour le réseau d'État, un capital d'établissement de 365 608 000 francs.

Les budgets de l'Empire comprennent les crédits ci-après pour 1909 et pour 1910 :

	1909	1910
1° DÉPENSES ORDINAIRES	francs	francs
Ministère des finances. — Administration centrale et locale ; avances au titre de la garantie, subventions et autres paiements à des Compagnies de chemins de fer....	109.654.000	69.618.000
Ministère des voies de communication. — Administration centrale et locale; pensions à la charge du trésor; dépenses du réseau d'État (dépenses d'exploitation; dépenses motivées par l'accroissement du trafic; travaux neufs; augmentation du matériel moteur et roulant; etc.	1.392.673.000	1.386.110.000
2° DÉPENSES EXTRAORDINAIRES		
Ministère des finances. — Versement à une Compagnie de chemins de fer..........	6.934.000	3.734.000
Ministère des voies de communication. — Études de nouvelles lignes du réseau d'État; construction de voies ferrées d'intérêt général ou local..............	158.614.000	165.987.000

Un défaut essentiel, commun à tous les cours d'eau russes de l'Europe comme de l'Asie, est leur congélation pendant un long délai, chaque année. Dans la Russie d'Europe, la navigation ne dure en moyenne que de cinq à six mois (mai à octobre) sur les fleuves et rivières du nord, de six à huit mois (avril à novembre) sur ceux du centre, de huit à neuf mois (mars à novembre) sur ceux du sud. En Sibérie, les fleuves et rivières ne sont accessibles que deux ou trois mois (juin à août) dans la région septentrionale, quatre ou cinq mois (mai à septembre) dans la région médiane, cinq ou six mois (mai à octobre) dans la région méridionale. Parfois, le delta de la Léna ne dégèle pas. Les débâcles sont souvent redoutables.

Tandis que la rigueur du climat de la Sibérie y amoindrit l'évaporation, les fleuves et rivières de la Russie d'Europe, coulant avec lenteur à travers des plaines sans bornes, exposées aux rayons solaires, s'assèchent en été et présentent alors des hauts-fonds sablonneux, des rapides ou des encombrements rocheux fort gênants pour la batellerie. La profondeur du chenal de nombreux cours d'eau descend ainsi jusqu'à 70, 60, 50 centimètres, et les inconvénients d'un si faible mouillage s'aggravent encore du fait des sinuosités de la passe ; il a fallu construire des bateaux à vapeur n'ayant que 40 centimètres d'enfoncement. Au printemps, les eaux s'enflent et le niveau s'élève, notamment sous l'action de la fonte des neiges : c'est l'époque vraiment propice à la navigation, qui prend une activité particulière en avril, mai et juin. L'automne constitue une seconde époque assez favorable. Mais la période intermédiaire apporte de multiples obstacles à la circulation.

Les voies navigables russes, restant le plus souvent dans leur état naturel, offrent des conditions de navigabilité très différentes, non seulement selon les cours d'eau, mais aussi sur les diverses parties d'une voie déterminée. Nous avons vu précédemment comment elles se répartissent au point de vue du genre de navigation.

Parfois, la diversité des conditions de navigabilité, fût-ce dans l'étendue d'un même cours d'eau, rend un transbordement indispensable. Malgré sa belle organisation, le système de Marie en donne un exemple frappant : les gros bateaux du Volga ne peuvent le franchir et leurs marchandises doivent être transbordées sur des bateaux de moindres dimensions.

Seules, les pleines eaux du printemps procurent une certaine uniformité de régime. De véritables flottes en profitent et naviguent alors à faible intervalle ; on voit passer, avec une cargaison complète, d'énormes bateaux inutilisables durant le reste de l'année.

Fréquemment, c'est l'incertitude du mouillage dont disposeront les bateliers, plutôt que l'insuffisance de ce mouillage, qui met obstacle au développement du trafic.

De grands progrès ont été toutefois réalisés grâce aux travaux de régularisation et de dragage des principaux fleuves.

Si la navigation est entravée par les gelées et les sécheresses, en revanche elle trouve des facilités dans la modicité des pentes et des vitesses, qui réduit le travail des remorqueurs et, par suite, le coût de la traction à la remonte. Sur le Volga, cet avantage a d'autant plus de valeur que les transports se font en majeure partie de l'aval vers l'amont.

Les péages qui existaient autrefois sur les fleuves ou rivières de la Russie et qui produisaient annuellement 2 ou 3 millions de francs ont été supprimés.

Dans leur rapport au Congrès international des chemins de fer (session de Berne, 1910) concernant les voies ferrées et les voies navigables, MM. Colson et Marlio indiquent comme maintenue une perception frappant le parcours par les nouveaux canaux de Ladoga, qui appartiennent au système de Marie. Cette perception, fixée à 1/2 p. 100 de la valeur déclarée du chargement, ne fournit qu'une très faible somme.

La Finlande a des péages, dont le produit s'est élevé, en 1909, à 929 000 francs.

Toutes les voies navigables russes sont entre les mains de l'État, qui exécute les travaux de construction ou d'amélioration et assure l'entretien.

Après quelques hésitations du début sur le choix entre l'action directe de l'État et l'appel à l'industrie privée pour l'établissement et l'exploitation des chemins de fer, le Gouvernement russe ne tarda pas à adopter le système des concessions et à traiter avec des sociétés, dont l'une des plus connues fut la « Société générale des chemins de fer russes ». Il concourut à l'œuvre des Compagnies, soit en garantissant un intérêt normal au capital-actions et au capital-obligations, soit en faisant des avances sans intérêts, soit en allouant des subsides non renouvelables, soit, le plus souvent, en donnant une garantie limitée aux obligations, qui étaient alors, dans nombre de cas, souscrites totalement ou partiellement par le Trésor. Peu de lignes ne furent dotées ni d'une garantie, ni de subventions d'aucune sorte.

L'État revint à la construction directe après 1875, notamment pour le Transsibérien. Puis il entra dans la voie des rachats : les déficits à sa charge dépassaient, en effet, 200 millions de francs par an et les Compagnies, désintéressées des résultats de leur gestion, avaient perdu toute notion d'économie. En même temps, s'opéraient des fusions de petites Compagnies et se constituaient des sociétés plus puissantes, comparables aux Compagnies françaises.

Deux sociétés par actions furent, d'ailleurs, formées pour la création de lignes d'intérêt local à voie étroite. Très désireux d'encourager le développement rapide des embranchements à bon marché, l'État y consacra des crédits assez élevés ; il accepta, pour les exploiter, la remise d'embranchements établis aux frais des intéressés, ceux-ci devant être remboursés sur les recettes futures ou, quelquefois, sur la partie des produits du réseau d'État due au trafic supplémentaire que fournissaient les nouveaux affluents.

Actuellement, on constate un retour de l'État vers l'initiative privée. En effet, comme le rappelait M. Kokovtzow, ministre des finances, dans le mémoire justificatif accompagnant le projet de budget pour 1911, les ressources que le Trésor peut affecter à la construction des voies ferrées seront pendant longtemps absorbées par le chemin de fer de l'Amour, par la seconde voie du Transsibérien et par diverses lignes antérieurement autorisées. Il faut, de plus, escompter l'obligation d'établir d'autres lignes ayant le même caractère que les chemins de fer précités et peu susceptibles d'attirer des capitaux.

Trois autorités se partagent la haute direction et la surveillance des chemins de fer : le Ministère des finances, le Ministère des voies de communication, le Contrôle de l'Empire. Le Ministère des finances élabore les programmes d'accroissement du réseau, étudie les projets au point de vue économique et financier, a dans ses attributions les tarifs des chemins de fer de l'État et des chemins de fer privés, ainsi que toutes les questions de rachat, d'emprunts, etc. Au Ministère des voies de communication est dévolu le rôle technique et administratif. Enfin, le Contrôle de l'Empire impute et vérifie la comptabilité des recettes et des dépenses pour les lignes du réseau d'État et pour les lignes concédées.

Le tableau suivant, extrait du *Statesman's Yearbook*, donne, pour la Russie d'Europe, les résultats globaux des recensements dont le matériel de la navigation intérieure a été l'objet à diverses époques :

		1890	1895	1900	1906 (chiffres provisoires)
Bateaux à vapeur (Remorqueurs et porteurs)	Nombre......	1.824	2.539	3.295	3.696
	Equipage	25.814 h.	32.669 h.	40.603 h.	
	Force motrice	103.206 ch. v.	129.759 ch. v.	165.004 ch. v.	
Autres bateaux	Nombre......	20.125	20.580	22.859	22.980
	Equipage	90 356 h.	95.608 h.	98.269 h.	
	Tonnage approximatif.	6.570.000 t.	8.630.600 t.	11.010.000 t.	13.210.600 t.

Deux faits se dégagent de ce tableau : le développement de la traction et de la propulsion mécaniques; l'augmentation notable du tonnage total et du tonnage unitaire moyen des bateaux autres que les bateaux à vapeur. Ce dernier tonnage approche de 600 tonnes.

Plus de moitié des bateaux à vapeur et le tiers environ des autres bateaux naviguent sur le Volga.

Il existe des types très nombreux de bateaux, appropriés aux diverses voies fluviales, depuis la petite embarcation à voiles ou à rames et la chaloupe à vapeur non pontée jusqu'aux barges ayant les dimensions des navires de haute mer ou aux énormes bateaux à vapeur du modèle américain avec plusieurs entreponts.

Presque tous les bateaux autres que les bateaux à vapeur sont en bois.

Quelques indications sur le matériel flottant qui fréquente le Volga et sur celui qui fréquente le système de Marie ou les systèmes voisins ne seront pas sans intérêt.

Les bateaux du Volga ont subi des modifications successives, au fur et à mesure que se perfectionnaient les moyens de traction. Avant le remorquage à vapeur, beaucoup de barques n'effectuaient qu'un voyage de descente : elles étaient démembrées au terme de ce voyage à raison des difficultés contre lesquelles se heurtait le halage à la remonte par suite de la distance entre le chenal et les berges. Sans avoir disparu, la pratique du démembrement est bien moins usuelle.

D'après l'ouvrage *La Russie à la fin du* XIXe *siècle*, publié en 1900, sous la direction de M. de Kovalevsky, adjoint du Ministre des finances, les barges du Volga, employées au transport des grains, du naphte en vrac, etc., avaient alors une capacité moyenne de 1 150 tonnes et une capacité maximum de 5 000 tonnes. Pour les béliannes, qui recevaient surtout des bois de construction et qui étaient établies en vue d'un seul voyage de descente, le tonnage moyen atteignait 3 000 tonnes et le tonnage maximum 8 000 tonnes.

Suivant un mémoire de MM. Suquet et Fontaine, datant aussi de 1900 et inséré aux *Annales des ponts et chaussées*, un type courant de bateaux remorqués sur le Volga comprenait des bateaux à formes très fines, presque toujours pontés, présentant une longueur de 90 mètres, une largeur de 10 mètres et une capacité de 1.500 tonnes. Les béliannes, principalement affectées au transport des bois à la descente et construites pour un voyage unique, mesuraient jusqu'à 110 mètres de longueur, 32 mètres de largeur et 4 mètres d'enfoncement, ce qui leur permettait de prendre une cargaison de 4 000 tonnes. MM. Suquet et Fontaine signalaient de grands bateaux, assez rares, mais fort curieux, servant au transport des bœufs, qui y occupaient plusieurs étages.

M. l'ingénieur en chef Bourgougnon, auteur d'une intéressante note sur la navigation intérieure en Russie, rédigée à la suite du XIe Congrès international de navigation (Saint-Pétersbourg, 1908), indique, pour les chalands remorqués du Volga, un tonnage moyen de 1 246 tonnes en 1901 et de 1 427 tonnes en 1905.

La navigation à vapeur apparut sur le Volga en 1818 ; toutefois, elle ne fut point sérieusement organisée avant 1843 ; ses progrès s'accentuèrent ensuite rapidement. Elle revêtit deux formes : le remorquage ; la propulsion de porteurs pour voyageurs et marchandises. La plupart des remorqueurs et des porteurs sont à roues ; mais l'emploi de l'hélice tend à se développer. Par suite du prix élevé des ouvrages métalliques, les bateaux à vapeur se font le plus souvent en bois, comme les chalands. Un accroissement marqué s'est produit dans les transports mixtes de voyageurs et de marchandises, sous l'action des exigences chaque jour croissantes du commerce en ce qui concerne l'abréviation des délais de livraison.

D'immenses trains de bois descendent le Volga et se groupent, à l'aval de Nijni, en radeaux de 150 à 200 mètres de longueur.

MM. Suquet et Fontaine donnent, dans leur mémoire précité, des renseignements très complets sur le matériel de transport qui emprunte le système de Marie. Les bateaux servent principalement à porter vers Saint-Pétersbourg, soit les marchandises du centre, de l'est et du sud de la Russie arrivant à Rybinsk par le Volga, soit les bois de la région des lacs ; ceux qui sont d'un grand modèle ont généralement 64 mètres de longueur, 9m,45 de largeur et 1m,70 d'enfoncement. Quand ils doivent effectuer des séries de voyages entre le Volga et Saint-Pétersbourg, on les construit solidement en sapin, rarement en fer, avec des formes assez fines ; ces bateaux, pontés et pourvus de hauts bords, reçoivent facilement une cargaison de 650 tonnes. Les barques destinées à ne faire qu'un seul trajet et à être ensuite démembrées ont des dimensions un peu moindres et une structure plus légère, mais des formes également effilées ; elles transportent surtout des bois de feu ou de charpente.

D'autres bateaux assez semblables arrivent sur la Cheksna par le système du prince de Wurtemberg, amenant d'Arkhangel les pelleteries, l'huile de baleine ou de foie de morue, etc.

Parmi les bateaux qui passent sur le système de Marie, il faut mentionner encore des cargo-boats de 80 et 100 mètres, allant de Saint-Pétersbourg à la mer Caspienne, pour y transporter le pétrole. Ces navires, qui ne pourraient franchir les écluses, sont coupés en deux tronçons ; chacun des tronçons est fermé par une cloison provisoire et voyage isolément ; des théories de femmes et des files de chevaux les halent péniblement, avec l'aide de remorqueurs dans certaines sections difficiles.

Notons enfin des trains de bois très nombreux pour la construction des isbas.

Sur les systèmes Vychnevolotzky et Tikhvinsky, voisins du système de Marie, se rencontrent des barques de faible tonnage, n'ayant que 25 mètres de longueur, chargées ordinairement de bois et parfois de céréales. Souvent, celles qui seront démembrées à l'arrivée voyagent accouplées par deux, l'une devant l'autre, sauf à être séparées aux écluses.

Autrefois, comme j'ai déjà eu l'occasion de le rappeler, le halage sur le Volga présentait de grosses difficultés. Beaucoup de barques étaient, en conséquence, démembrées à l'arrivée, après une descente à la rame ou au moyen d'ancres traînant sur le fond. La remonte des embarcations de petites dimensions se faisait à la voile ; celle des autres bateaux, à l'aide d'ancres que mouillaient des nacelles et auxquelles on attelait de forts cabestans, manœuvrés par des équipes de 20 à 200 hommes. Vers 1820, la substitution de chevaux aux hommes pour cette manœuvre permit de réduire beaucoup le personnel et constitua un notable progrès; la navigation avait lieu en caravanes formées d'un bateau, qui recevait, outre sa cargaison, le cabestan, les écuries, les fourrages, et de deux ou trois barques remorquées, dont le chargement, ajouté à celui du bateau remorqueur, donnait aisément un total de 1 600 à 2 100 tonnes; cependant, la vitesse ne dépassait pas 10, 12 ou exceptionnellement 16 kilomètres en 24 heures. Maintenant, toute la navigation importante s'effectue par bateaux remorqués à la vapeur ou par bateaux porteurs également à vapeur; quelques barques d'une centaine de tonnes, affectées aux relations entre villages, naviguent encore à la voile. Les remorqueurs ont une vitesse moyenne horaire de 3 à 6 kilomètres dans le sens de la remonte, et de 10 à 12 kilomètres dans le sens de la descente. Bien que généralisé, le remorquage ne s'applique pas aux béliannes, établies pour un seul voyage de descente; les mariniers laissent aller ces grandes barques au courant, l'avant tourné vers l'amont, et les dirigent au moyen de deux grosses ancres ou plutôt d'une masse de fonte formant corps mort et traînant sur le fond. Quant aux trains de bois, ils descendent le fleuve à la dérive, ou, le cas échéant, sont halés par des cabestans sur des ancres ou des amarres.

Dans l'étendue du système de Marie, la traction par chevaux, le remorquage et le touage sont employés concurremment ou isolément suivant les sections ou l'état des eaux. Exceptionnellement, la batellerie utilise le halage à bras d'hommes pour renfort. La voile tend à disparaître. Chaque année, les paysans amènent, pour le halage pendant la saison d'été, sur les canaux contournant les lacs Ladoga, Onéga et Biélo, une cavalerie considérable recrutée jusqu'au centre de la Russie ; ils s'organisent en corporations temporaires. Au total, les frais de traction d'une barque de 600 tonnes, allant de Rybinsk à Saint-Pétersbourg, peuvent être estimés en moyenne à un peu plus de 5 millimes par tonne kilométrique.

En Russie d'Asie, le matériel ne comprend qu'un nombre relativement faible de bateaux. La navigation à vapeur se pratique principalement sur l'Obi et l'Amour.

Les prix du fret varient dans de très larges limites suivant les voies fluviales, leurs conditions de navigabilité, le sens du transport, la nature des marchandises, la saison, le rapport entre l'offre et la demande, etc. Ces variations expliquent la diversité des évaluations données par différents auteurs.

On trouve, dans l'ouvrage officiel *La Russie à la fin du* XIXe *siècle*, le tableau suivant où sont consignées des moyennes par tonne kilométrique relatives aux années 1895, 1896, 1897 :

	CÉRÉALES	FER ET FONTE non travaillés	SEL	NAPHTE
	centimes	centimes	centimes	centimes
Kama et Volga, en aval de Rybinsk	0,70	0,64	0,59	0,53
Système de Marie	1,44	1,50	1,50	»
Dnéper, en aval des rapides.	1,90	»	»	»
Don	2,19	»	»	»
Boug méridional	2,22	»	»	»

L'auteur ajoute que parfois, pour certaines marchandises, le fret descend au-dessous de 0 c. 13 ou s'élève au-dessus de 2 c. 67.

M. de Darlein (Rapport sur l'Exposition universelle de 1900) indiquait, pour le Volga et la Kama, les prix ci-après : grains, 0 c. 87 ; fer et fonte, 0 c. 65 ; sel, 0 c. 56 ; naphte et ses produits, 0 c. 53 ; poisson, 1 c. 59.

De leur côté, MM. Suquet et Fontaine citaient, vers la même époque, d'après un contrat type de la Société Nobel pour le transport des résidus de naphte sur le Volga, des chiffres de 0 c. 34 à 0 c. 42.

Un relevé, fourni par M. Maximoff dans son rapport au Congrès de navigation (1905) sur les transports mixtes, énumère de très nombreux prix afférents aux six années de 1897 à 1902 et oscillant entre les limites ci-après :

Volga.	Céréales	Descente	0 c. 30 à 1 c. 32
		Montée	0 57 à 1 31
	Sel	Descente	0 52 à 0 78
		Montée	0 44 à 3 23
	Naphte et ses produits	Montée	0 91 à 1 20
	Poisson	Montée	0 34 à 0 52
Ensemble de voies comprenant le Volga, la Kama, l'Oka, le système de Marie, le Dnéper, le Don (Marchandises diverses ; descente ou montée)			0 33 à 4 51

M. Bourgougnon (*Note sur la navigation intérieure en Russie*, 1909), envisageant la période 1901-1903, donnait les moyennes suivantes : Volga, céréales, 0 c. 5 ; Volga, naphte, 0 c. 3 à 0 c. 4 ; Dwina, céréales, 1 c. 7; Dnéper, céréales, 1 c. 7; Don, céréales, 2 c. 6; Système de Marie, marchandises diverses, 1 c. 1.

Plus récemment, MM. Colson et Marlio (Rapport au Congrès international des chemins de fer de 1910) estimaient le fret moyen de la période de 1901-1905 sur le Volga à 0 c. 5 pour les céréales, 0 c. 7 pour le fer, 0 c. 4 pour le naphte. Comparant plusieurs voies navigables au point de vue du coût des transports, ils évaluaient ainsi les prix moyens de 1905 pour les céréales : Volga, 0 c. 5; Dwina, 0 c. 9; Système de Marie, 1 c. 2; Dnéper, 1 c. 8; Don, 2 c. 7.

La longueur des parcours contribue puissamment à abaisser le taux du fret. Mais son action est, au moins partiellement, contrebalancée par la durée des chômages annuels et la mauvaise utilisation qui en résulte pour le matériel, par les variations du régime des eaux, par le danger des débâcles.

Autrefois, les tarifs de chemins de fer présentaient peu de fixité et beaucoup de complications, par suite de la grande liberté laissée aux Compagnies. Depuis, ils ont été soumis à un contrôle sévère et à une revision attentive, non seulement pour le réseau d'État, mais aussi pour les réseaux concédés. Grâce à des simplifications successives, la tarification a pu être refondue dans le système de barèmes à base décroissante, avec certains prix exceptionnels. La taxe moyenne par tonne kilométrique est très basse : 3 c. 10 à 3 c. 20 (3 c. 15 en 1899, d'après *La Russie à la fin du* XIXe *siècle*; 3 c. 18 en 1901, d'après M. Maximoff; 3 c. 10 en 1905, d'après MM. Colson et Marlio). Cette modicité de taxation s'explique par la proportion des transports en grandes masses et surtout par l'immensité des distances. M. Maximoff signale l'application de tarifs réduits, pendant les périodes de navigation, sur les lignes concurrencées par les voies fluviales : le but principal des réductions ainsi consenties est d'assurer un partage rationnel des transports entre les voies ferrées et les voies fluviales.

L'ouvrage officiel *La Russie à la fin du* XIXe *siècle* contient quelques tableaux très précis, relatifs au trafic des voies navigables et flottables de la Russie d'Europe (sauf la Finlande, le Caucase, le royaume de Pologne, le bassin de la Mézen et celui de la Petchora, pour lesquels il n'existait pas de statistique) :

Tonnage effectif annuel des marchandises (bateaux et radeaux).

PÉRIODES OU ANNÉES	BATEAUX	RADEAUX	TOTAL
	tonnes	tonnes	tonnes
1882 à 1886 (Moyenne)	8.131.000	5.754.000	13.885.000
1887 à 1891 —	9.590.000	7.575.000	17.165.000
1892 à 1896 —	12.885.000	8.950.000	21.835.000
1897	16.810.000	11.070.000	27.880.000

Tonnage effectif annuel des principales catégories de marchandises.

PÉRIODES OU ANNÉES	PRINCIPALES CÉRÉALES	SEL	NAPHTE ET RÉSIDUS DE NAPHTE	PÉTROLES ET AUTRES PRODUITS DU NAPHTE	BOIS DE CONSTRUCTION	BOIS DE CHAUFFAGE	AUTRES MARCHANDISES	TOTAL
(moyennes)	tonnes	tonnes	tonnes	tonnes	tonnes	tonnes	tonnes	tonnes
1882 à 1886..	2.195.000	393.000	255.000	193.000	5.768.000	2.889.000	1.192.000	13.885.000
1887 à 1891..	2.393.000	361.000	637.000	283.000	7.233.000	3.595.000	2 663.000	17.165.000
1892 à 1896..	2.974.000	543.000	1.770.000	401.000	8.823.000	3.689.000	3.635.000	21.835.000
1897 ..	3.815.000	698.000	3.017.000	546.000	10.641.000	3.920.000	5.243.000	27.880.000

Répartition du tonnage effectif de 1897 entre les principaux bassins (bateaux et radeaux).

BASSINS	BATEAUX	RADEAUX	TOTAL
	tonnes	tonnes	tonnes
Volga	10.545.000	3.970.000	14.515.000
Neva, y compris les lacs	2.936.000	1.410.000	4.346.000
Dwina du Nord	213.000	689.000	902.000
Dnéper { en aval des rapides...	1.000.000	»	1.000.000
Dnéper { en amont des rapides.	689.000	1.640.000	2.329.000
Dwina de l'Ouest.............	115.000	1.525.000	1.640.000
Némen......................	115.000	1.164.000	1.279.000
Don.........................	607.000	229.000	836.000
Boug méridional	426.000	»	426.000
Narova, y compris les lacs.....	82.000	213.000	295.000
Autres cours d'eau...........	82 000	230.000	312.000
TOTAUX....................	16.810.000	11.070.000	27.880.000

Répartition du tonnage effectif de 1897 entre les principaux bassins (Catégories diverses de marchandises).

BASSINS	PRINCIPALES CÉRÉALES	SEL	NAPHTE ET RÉSIDUS DE NAPHTE	PÉTROLE ET AUTRES PRODUITS DE NAPHTE	BOIS DE CONSTRUCTION	BOIS DE CHAUFFAGE	AUTRES MARCHANDISES	TOTAL
	tonnes	tonnes	tonnes	tonnes	tonnes	tonnes	tonnes	tonnes
Volga	2.291.000	604.000	3.011.000	527.000	3.615.000	1.540.000	2.927.000	14.515.000
Néva, y compris les lacs	36.000	6.000	»	»	1.418.000	1.583.000	1.303.000	4.346.000
Dwina du Nord	64.000	3.000	»	1.000	716.000	49.000	69.000	902.000
Dnéper	659.000	62.000	3.000	3.000	1.718.000	387.000	497.000	3.329.000
Dwina de l'Ouest	20.000	3.000	»	»	1.472.000	85.000	60.000	1.640.000
Némen	8.000	»	»	»	1.052.000	167.000	52.000	1.279.000
Don	430.000	3.000	3.000	4.000	249.000	13.000	134.000	836.000
Boug méridional	277.000	13.000	»	11.000	»	3.000	122.000	426.000
Narova, y compris les lacs	»	3.000	»	»	211.000	72.000	9.000	295.000
Autres cours d'eau	30.000	1.000	»	»	190.000	21.000	70.000	312.000
Totaux	3.815.000	698.000	3.017.000	546.000	10.641.000	3.920.000	5.243.000	27.880.000

Mouvement des principaux ports fluviaux en 1897

PORTS	EXPÉDITIONS	ARRIVAGES	TOTAL
	tonnes	tonnes	tonnes
Astrakhan (Volga)	3.734.000	938.000	4.672.000
Saint-Pétersbourg (Néva)	84.000	4.092.000	4.176.000
Nijni-Novgorod (Volga)	462.000	1.152.000	1.614.000
Tsaritzine (Volga)	40.000	1.241.000	1.281.000
Riga (Dwina de l'Ouest)	»	1.067.000	1.067.000
Saratoff (Volga)	128.000	923.000	1.051.000
Rybinsk (Volga)	172.000	590.000	762.000
Rostoff (Don)	52.000	638 000	690.000
Arkhangel (Dwina du Nord)	2.000	652.000	654.000

Distances moyennes de transport en 1897

MARCHANDISES	DISTANCES
	kilomètres
Naphte et résidus de naphte	1.581
Fontes, fers et aciers non travaillés	1.540
Sel	1.128
Pétrole et autres produits du naphte	1.068
Graines de lin	1.041
Poisson	913
Bois de construction	817
Principales céréales	805
Charbon de terre	313
Bois de chauffage	312
Ensemble des marchandises	828

Il y a lieu de mentionner encore les deux chiffres suivants :

Tonnage ramené au parcours d'un kilomètre : 23085 millions de tonnes kilométriques ;

Tonnage ramené à la distance entière : 309064 tonnes.

Les renseignements qui précèdent ne vont pas au delà du siècle dernier. Quelques indications plus récentes sont fournies par d'autres publications ; telles les données ci-après du *Statesman's Yearbook* sur le tonnage effectif (bateaux et radeaux) jusqu'en 1906 :

PÉRIODES OU ANNÉES	BATEAUX	RADEAUX	TOTAL
	tonnes	tonnes	tonnes
1894-1903 moyenne ..	18.335 000	11.382.000	29.717.000
1904	24.912.000	14.120.000	39.032.000
1905	24.288 000	10.693 000	34.981.000
1906	21.451.000	12.726.000	34.177.000

D'après MM. Colson et Marlio (Rapport au Congrès international des chemins de fer, session de 1910), le tonnage ramené au parcours de 1 kilomètre a varié comme il suit, de 1885 à 1905, pour les principales catégories de marchandises :

MARCHANDISES	1885	1905	AUGMENTATION p. 100
	millions de t. k.	millions de t. k.	
Céréales	1.920	6 300	228
Sel	440	530	20
Naphte, pétrole	530	8.750	1.551
Bois	4.290	10.150	137
Houille	90	170	89
Autres marchandises ..	2.270	6.480	185
TOTAUX ..	9.540	32.380	239

Les mêmes auteurs estiment la distance moyenne de transport à 930 kilomètres. Cette distance, envisagée non plus pour l'ensemble du trafic des voies navigables, mais pour les diverses catégories de marchandises, oscillerait entre un minimum de 200 kilomètres (orge) et un maximum de 1 800 kilomètres (naphte).

MM. Colson et Marlio évaluent ainsi le mouvement des principaux ports en 1905 : Astrakhan (Volga), 6 300 000 tonnes ; Saint-Pétersbourg (Néva), 5 600 000 tonnes ; Nijni-Novgorod (Volga), 2 700 000 ; Rybinsk (Volga), 1 700 000 ; Tzaritzine (Volga), 1 500 000 ; Saratoff (Volga), 1 500 000 ; Samara (Volga), 1 500 000.

Plusieurs observations intéressantes se dégagent des statistiques que je viens de résumer et d'autres documents dont l'analyse eût été trop longue :

1° A travers des fluctuations annuelles dues aux conditions climatériques, le mouvement des transports fluviaux a bénéficié d'une augmentation continue et rapide. En 1871, le tonnage effectif ne dépassait pas 10 200 000 tonnes ; en 1904, il s'est élevé à près de 40 millions de tonnes;

2° Ce tonnage se répartit approximativement dans la proportion de 60 et de 40 p. 100 entre les bateaux et les radeaux;

3° La progression du trafic est particulièrement remarquable pour le naphte et ses dérivés. Elle atteste le magnifique essor d'une des plus riches industries de l'Empire;

4° Parmi les différents fleuves, le Volga se place au premier rang, bien loin en avant des autres. La part du bassin de ce superbe cours d'eau dans le tonnage effectif total est supérieure à 50 p. 100. Il a pour principaux éléments de trafic les bois, le naphte et les céréales ;

5° En général, le sens dominant de la navigation est celui de la descente. Cependant, sur le Volga, les transports se font, pour plus des trois quarts, de l'aval vers l'amont ;

6° A l'exception de Saint-Pétersbourg, les plus grands ports fluviaux sont sur le Volga. Celui d'Astrakhan tient la tête et a une importance tout à fait prédominante au point de vue des expéditions; le second, celui de Saint-Pétersbourg, est, au contraire, le port le plus actif au point de vue des débarquements;

7° L'une des caractéristiques essentielles de la navigation intérieure en Russie consiste dans l'énormité des distances de transport.

En regard des relevés statistiques concernant le trafic fluvial, il convient de placer les données analogues relatives au trafic des voies ferrées.

On trouve, dans le chapitre des voies navigables et flottables de *La Russie à la fin du* XIXe *siècle*, les chiffres que voici, pour la Russie d'Europe (¹) et l'année 1897 :

Développement des chemins de fer.........	36.512	kilomètres
Tonnage ramené au parcours d'un kilomètre.	27.580	millions de t. kilom.
Distance moyenne de transport............	246	kilomètres
Tonnage ramené à la distance entière.......	755.000	tonnes

Le même ouvrage contient un chapitre qui est spécialement consacré aux chemins de fer et qui fournit les indications suivantes, également applicables à l'année 1897 :

Développement des chemins de fer de l'Empire, à la fin de l'exercice.....................	40.172	kilomètres
Tonnage effectif..........................	111.701.000	tonnes
Tonnage ramené au parcours d'un kilomètre..	27.542.051.000	t. kilom.
Distance moyenne de transport.............	246	kilomètres
Tonnage ramené à la distance entière........	754.494	tonnes

(¹) Finlande exceptée.

Dans l'un et l'autre des deux chapitres, chaque tonne de marchandises est comptée pour autant d'unités qu'elle a emprunté de réseaux, ce qui entraîne un forcement du tonnage effectif et une diminution du parcours moyen.

Le rapport de MM. Colson et Marlio au Congrès international des chemins de fer 1910) donne, pour la Russie d'Europe, le tableau ci-dessous des variations, de 1885 à 1905, du tonnage ramené au parcours d'un kilomètre :

MARCHANDISES	1885	1905	PROPORTION p. 100
	millions de t. kilom.	millions de t. kilom.	
Céréales	2.970	7.880	165
Sel	700	700	»
Naphte, pétrole	610	2.100	244
Bois	700	2.620	274
Houille	1.140	4.720	314
Autres marchandises	4.030	16.100	300
Totaux	10.150	34.120	236

Un second tableau attribue au tonnage effectif, calculé sans doubles emplois, des valeurs de 24 764 000 tonnes en 1885, de 42 771 000 tonnes en 1895 et de 67 272 000 tonnes en 1905.

D'autre part, les auteurs du rapport admettent, pour la distance de transport, une moyenne de 475 kilomètres.

Les chiffres du *Journal de la Division de statistique et de cartographie* au Ministère des voies de communication, en ce qui concerne le tonnage effectif de 1909 et 1910, sont :

		1909		1910	
		tonnes	tonnes	tonnes	tonnes
Russie d'Europe (non compris la Finlande)	Réseau de l'État	118.153.000	172.463.000	122.206.000	178.933.000
	Réseaux concédés	51.839.000		53.956 000	
	Lignes d'intérêt local	2.471.000		2.771.000	
Russie d'Asie	Transsibérien	2.592.000	6.929.000	3.171.000	8.311.000
	Transbaïkal	613.000		716.000	
	Central asiatique	1.157.000		1.422.060	
	Taschkent	1.654.000		1.884.000	
	Oussourien	613.000		1.118.000	
Totaux			179.392 000		187.244.000

Ces chiffres laissent subsister les doubles emplois.

Le rapprochement entre les statistiques relatives aux voies navigables et les statistiques relatives aux chemins de fer amène aux constatations suivantes : 1° depuis longtemps, il n'y a que peu de différence entre les tonnages des deux catégories de voie, ramenés au parcours d'un kilomètre ; 2° ces tonnages ont progressé à peu près parallèlement ; 3° le tonnage effectif des voies ferrées est sensiblement double de celui des voies navigables, tandis que les distances moyennes de transport sont dans le rapport inverse.

D'après le *Statesman's yearbook* de 1911, le tonnage effectif du réseau finlandais de l'État a été de 3 605 000 tonnes, en 1908.

Comme je l'ai précédemment indiqué, les transports fluviaux de Russie (Finlande exceptée) sont exempts de péages. Le trafic des canaux finlandais a donné lieu, en 1909, à une perception de 929 000 francs.

Les statistiques dressées à la fin du siècle dernier, pour les chemins de fer de la Russie d'Europe, accusaient une recette brute totale de 1 200 millions, une recette brute kilométrique de 31 000 à 32 000 francs, un coefficient d'exploitation de 58 à 59 p. 100, un produit net représentant au moins 0, 045 du capital d'établissement.

Pour l'ensemble de l'Empire (sauf la Finlande), le Département de la Comptabilité du Contrôle impérial évalue ainsi les recettes brutes, les dépenses d'exploitation et le produit net, en 1907 et 1908 :

	1907			1908		
	Réseau d'État	Lignes concédées	Total	Réseau d'État	Lignes concédées	Total
	francs	francs	francs	francs	francs	francs
Recettes brutes	1.582.918.000	625.867.000	2.208.785.000	1.564.751.000	644.007.000	2.208.758.000
Dépenses	1.311.202.000	472.136.000	1.783.338.000	1.303.342.000	463.379.000	1.766.721.000
Produit net	271.716.000	153.731.000	425.447.000	261.409.000	180.628.000	442.037.000

M. Dupeyrat, attaché commercial français en Russie, estime les recettes brutes de 1909 à 2 322 millions et celles de 1910 à 2 466 millions (Rapport sur l'année économique 1910).

La quote-part des voies ferrées de la Russie d'Asie dans ces chiffres globaux est à peine d'un dixième ; leur exploitation reste très onéreuse.

Sur le réseau d'État finlandais, la recette brute kilométrique a été de 13 039 francs en 1908, la dépense de 11 381 francs et le produit net de 1 648 francs.

A raison de l'immensité du territoire à desservir, le Gouvernement impérial devait naturellement, dans l'œuvre d'établissement des voies ferrées, concentrer ses efforts sur les relations qui n'étaient pas déjà assurées par des voies fluviales, écarter ou tout au moins ajourner les lignes doublant des fleuves ou des rivières navigables. Cette règle de conduite ne pouvait, bien entendu, être absolue et comportait des exceptions, dont témoignent les tarifs de saison appliqués, ainsi que nous l'avons vu, sur certains itinéraires concurrents; elle n'en a pas moins présidé à la constitution du réseau. Dès lors et d'une manière générale, la navigation et l'industrie des chemins de fer n'ont pas eu à se livrer, en Russie, les luttes parfois opiniâtres constatées dans d'autres pays; elles se sont, au contraire, prêté un mutuel concours pour l'exécution des transports, l'accroissement des échanges et la distribution des marchandises dans les diverses parties du grand Empire russe.

Maintes fois cependant, les ingénieurs et les économistes de Russie ont scruté et discuté les mérites respectifs des deux modes de transport. Dans une étude intéressante concernant le rôle de la navigation et celui des chemins de fer pour le bassin du Volga (*Revue économique russe* de 1901), M. Kroll inscrivait à l'actif de la voie fluviale la liberté d'utilisation de cette voie par quiconque possédait l'outillage nécessaire, les facilités offertes au flottage et à la navigation de l'amont vers l'aval, l'infériorité très marquée du coût des véhicules à égalité de capacité, l'extrême modicité du fret, notamment sur le Volga et d'autres grands fleuves.

La valeur de ces avantages est malheureusement réduite par la variabilité du régime des cours d'eau, par l'incertitude des conditions où se trouvera la batellerie au cours de trajets souvent fort longs, par les interruptions prolongées du service, par la durée des voyages, par l'impossibilité de prévoir avec quelque précision la date de l'arrivée à destination, par l'inaptitude au transport de certaines marchandises plus ou moins périssables, telles que les farines, qui se tassent et se coagulent, ou le thé, qui perd sa saveur. Toutefois, au point de vue particulier des délais, on ne doit pas oublier que les transports sur rails ne sont ordinairement pas très rapides en Russie et souffrent, pendant les mois d'automne, d'encombrements dus à l'abondance des expéditions de céréales.

Quoi qu'il en soit, personne ne conteste aux voies navigables importantes la supériorité de l'économie. Sans doute, la différence apparente des tarifs de chemins de fer et des prix du fret s'atténuerait un peu, si l'on tenait compte des charges afférentes à l'établissement, à l'amélioration et à l'entretien du réseau navigable; mais la diminution serait faible, puisque ce réseau est presque exclusivement composé de voies naturelles.

Étant donnés les principes suivant lesquels avait été établi le réseau des voies ferrées, un rôle important devait être réservé aux transports mixtes par la navigation et les chemins de fer.

Le rapport de M. Maximoff au Congrès de navigation (1905), sur l'utilité et l'organisation des transports mixtes, contient un tableau d'après lequel, pour 12 catégories de marchandises (froment, farine de froment, seigle, farine de seigle, avoine, orge, sel gemme et sel de cuisine, naphte et asphalte, pétrole et produits du naphte, houille, bois de chauffage, bois de construction), le poids transbordé en 1902 aurait été de 8,4 p. 100 du poids total des mêmes marchandises transportées par les chemins de fer et les voies navigables. A cette époque, les principaux ports de transbordement étaient Nijni-Novgorod (624 000 tonnes), Tzaritzine (609 000), Saratoff (541 000), Iaroslavl (513 000), Rybinsk (478 000), Wladimirovka (323 000), Kineschma (219 000), Samara (188 000), etc.

D'autres tableaux relatifs aux éléments de trafic déjà envisagés par M. Maximoff figurent dans le rapport de MM. Colson et Marlio sur sur les chemins de fer et les voies navigables (Congrès international des chemins de fer, 1910). Ils montrent que, pendant la période 1885-1905, les transbordements se sont élevés de 2 500 000 tonnes à près de 6 000 000 de tonnes :

TRANSBORDEMENTS	1885	1905
De wagon à bateau	500.000 tonnes	1.580.000 tonnes
De bateau à wagon	2 000.000 —	4 379.000 —
TOTAUX.......	2.500.000 tonnes	5.959.000 tonnes

Les chiffres globaux de 1905 se répartissent comme l'indique le relevé ci-après :

Milliers de tonnes.

PORTS	TRANSBORDEMENT DE WAGON À BATEAU								TRANSBORDEMENT DE BATEAU À WAGON								TOTAUX GÉNÉRAUX
	Céréales	Sel	Naphte	Pétrole	Houille	Bois de chauffage	Bois de construction	Totaux	Céréales	Sel	Naphte	Pétrole	Houille	Bois de chauffage	Bois de construction	Totaux	
Rybinsk (Volga)	1	»	»	»	»	»	»	1	349	24	300	34	»	»	11	718	719
Iaroslavl (Volga)	1	»	»	»	»	1	»	2	83	21	314	37	»	»	54	709	711
Tzaritzine (Volga)	21	»	»	»	19	»	1	41	3	14	114	178	»	4	295	608	649
Nijni-Novgorod (Volga)	11	»	»	»	»	1	9	21	85	19	375	45	»	»	18	542	563
Saratoff (Volga)	13	»	»	»	4	»	3	30	8	42	159	129	»	»	44	382	402
Wladimirovka (Volga)	»	367	»	»	»	»	»	367	1	»	»	»	»	»	1	2	369
Kineschma (Volga)	»	»	»	»	»	»	»	»	47	11	214	3	»	4	32	311	311
Samara (Volga)	211	»	»	»	»	1	»	212	14	3	34	14	»	»	13	78	290
Alexandrovsk (Dnéper)	155	»	»	»	13	»	1	169	3	»	»	»	»	»	»	3	172
Kalatsch (Don)	37	3	»	9	»	»	113	162	8	»	»	»	»	»	»	8	170
Riazan (Oka)	1	»	»	»	»	»	»	1	1	1	101	»	»	16	32	151	152
Pokrovskaïa (Volga)	134	»	»	»	»	»	»	134	3	»	»	»	»	6	13	22	156
Nijnedneprovsk (Dnéper)	»	55	»	»	18	»	1	74	»	»	»	»	»	4	65	69	143
Autres ports	277	8	»	»	18	16	57	376	135	24	55	48	3	38	473	776	1.152
TOTAUX	862	433	»	9	72	19	185	1.580	740	159	1.866	488	3	72	1.051	4.379	5.959

Bien qu'applicable seulement à une partie des marchandises, le total de 5 959 000 tonnes représente 9 p. 100 environ du tonnage effectif des chemins de fer.

Comme l'indiquent les tableaux précédents, la transmission de la voie ferrée à la voie d'eau est beaucoup plus rare que la transmission inverse. Elle n'a d'importance que pour les céréales et pour le sel arrivant de la Russie d'Asie au port de Wladimirovka (Volga).

Les transbordements de bateau à wagon portent principalement sur le naphte (près de 2 millions de tonnes) et sur les bois de construction (1 million de tonnes).

Généralement, les opérations ne présentent que peu de difficultés, quand il s'agit de produits liquides : ces produits se transbordent au moyen de canalisations et de pompes : les installations offrent une extrême souplesse et peuvent subir aisément les modifications qu'exigent les variations souvent sensibles du niveau de l'eau. La situation est différente pour les produits secs, qui nécessitent des estacades s'avançant plus ou moins vers le large selon l'état du fleuve.

Les moyens mécaniques de transbordement n'ont pas encore pris tout le développement désirable.

CHAPITRE VI

CONCURRENCE ENTRE LES CHEMINS DE FER ET LA NAVIGATION MARITIME

§ 1. — CABOTAGE FRANÇAIS

1. Importance du cabotage. — D'après le tableau général du commerce et de la navigation publié par le Ministère des finances, les mouvements du cabotage en 1911 se résument ainsi :

Petit cabotage	Océan et Manche	2.230.787	tonnes
	Méditerranée	796.926	—
	Total	3.027.713	—
Grand cabotage		303.450	—
Petit et grand cabotage réunis		3.331.163	—

Au cours de la période de neuf années, 1902-1910, les moyennes avaient été : petit cabotage sur l'Océan et la Manche, 2 258 186 tonnes ; petit cabotage sur la Méditerranée, 767 956 tonnes ; ensemble du petit cabotage, 3026 142 tonnes; grand cabotage, 272862 tonnes : petit et grand cabotage réunis, 3299004 tonnes.

Il y a un quart de siècle environ, en 1884, les chiffres étaient : petit cabotage sur l'Océan et la Manche, 1 394 062 tonnes; petit cabotage sur la Méditerranée, 568587 tonnes; ensemble du petit cabotage, 1 962 649 tonnes ; grand cabotage, 89 742 tonnes ; petit et grand cabotage réunis, 2 052391 tonnes. Ainsi, pendant les vingt-sept années séparant 1911 de 1884, le tonnage effectif total du cabotage s'est accru de 62 p. 100. L'augmentation a été particulièrement marquée pour le grand cabotage (près de 240 p. 100) ; toutefois, les relations maritimes des ports de l'Océan avec ceux de la Méditerranée restent beaucoup moins actives que les relations des ports d'une même mer entre eux ; elles sont, en effet, entravées par le long détour du passage à Gibraltar.

Les publications annuelles de l'Administration des douanes ne fournissent que le tonnage effectif des marchandises reçues ou expédiées par les divers ports. Or, il y a grand intérêt à connaître, pour le petit cabotage dans chacune des deux mers et pour le grand cabotage : 1° le tonnage ramené à l'unité de distance ; 2° le tonnage ramené à la distance entière. Ces deux tonnages peuvent être déduits des statistiques douanières au prix de calculs très laborieux, qui étaient faits autrefois par le Département des travaux publics, mais qui ne le sont plus aujourd'hui. La série des opérations nécessaires, par exemple, en ce qui concerne le petit cabotage, est la suivante :

1° Pour chaque port, multiplier le tonnage effectif des marchandises reçues de chacun des autres ports de la même mer par la distance correspondante ;

2° Additionner les tonnages kilométriques élémentaires qui ont été ainsi calculés pour tous les ports de la même mer et dont le total représente le tonnage ramené à l'unité de distance ;

3° Diviser le tonnage ramené à l'unité de distance par la longueur du parcours entre les points extrêmes et obtenir, de la sorte, le tonnage ramené à la distance entière.

Rien, d'ailleurs, n'empêche d'envisager les expéditions au lieu des arrivages : le résultat final est nécessairement le même.

Le quotient du tonnage kilométrique d'un port par le tonnage effectif donne le rayon d'attraction ou le rayon d'expansion de ce port, selon que l'on a pris pour base les entrées ou les sorties; celui du tonnage kilométrique de l'ensemble des ports d'une même mer par le tonnage effectif d'ensemble de ces ports donne le rayon moyen d'attraction ou d'expansion pour le petit cabotage sur la mer à laquelle s'appliquent les calculs.

Du tonnage kilométrique et du rayon moyen d'attraction ou d'expansion afférents à chaque mer on passe aisément au tonnage kilométrique et au rayon moyen afférents à l'ensemble du petit cabotage.

Les opérations sont analogues pour le grand cabotage.

Vers 1882, c'est-à-dire vers l'époque à laquelle ont pris fin les calculs du Département des travaux publics, les rayons moyens d'attraction ou d'expansion étaient de 340 kilomètres pour le petit cabotage de l'Océan et de la Manche, de 166 kilomètres pour le petit cabotage de la Méditerranée, et de 3 570 kilomètres pour le grand cabotage. La détermination des valeurs actuelles de ces rayons exigerait un travail hors de proportion avec son utilité pratique. On peut, en vue de simples supputations approximatives, appliquer à l'année 1909 les chiffres qui viennent d'être indiqués ; un tel mode de procéder conduit vraisemblablement à des minima dans l'évaluation des tonnages kilométriques et des tonnages ramenés à la distance entière, car le développement de la navigation à vapeur a dû étendre la zone d'action des ports. Les résultats des calculs sont alors les suivants :

	TONNAGE ramené au parcours d'un kilomètre	RAYON moyen	TONNAGE ramené à la distance entière (1)
	tonnes kilométriques	kilomètres	tonnes
Petit cabotage – Océan et Manche...	758.467.580	349	606.774
Petit cabotage – Méditerranée......	132.289.716	166	322.658
Ensemble.....	890.757.296	294	»
Grand cabotage...............	1.083.316.500	3.570	255.348
Petit et grand cabotage réunis.	1.974.073.796	593	»

(1) Distance de Dunkerque à Bayonne, 1.250 kilomètres : distance de Port-Vendres à Nice, 410 kilomètres : distance de Dunkerque à Nice, 4.360 kilomètres.

Ainsi le petit et le grand cabotage forment une sorte de courant littoral dont le débit annuel serait de 862 000 tonnes le long des côtes de l'Océan, et de 578 000 tonnes le long des côtes de la Méditerranée.

Sur les chemins de fer d'intérêt général, le tonnage de petite vitesse ramené au parcours d'un kilomètre a été, en 1910, de 21 983 989 000 tonnes kilométriques environ et le tonnage ramené à la distance entière de 543 000 tonnes.

Depuis 1884, en même temps que le tonnage des chemins de fer d'intérêt général ramené au parcours d'un kilomètre augmentait à peu près de 100 p. 100, celui du cabotage a bénéficié d'un accroissement de 120 p. 100 au moins (petit cabotage de l'Océan et de la Manche, 60 p. 100 ; petit cabotage de la Méditerranée, 40 p. 100 ; ensemble du petit cabotage, 57 p. 100 ; grand cabotage, 238 p. 100).

2. Indications de détail sur les mouvements du cabotage. — Ces renseignements généraux sur l'importance du cabotage seront utilement complétés par quelques indications de détail au sujet du trafic des principaux ports en 1911.

a. — *Tonnage total à l'entrée et à la sortie pour les principaux ports.*

RANG d'importance	DÉSIGNATION DES PORTS	TONNAGE EFFECTIF		
		entrées	sorties	totaux
		tonnes	tonnes	tonnes
1	Marseille	389.401	406.603	796.004
2	Le Havre	224.143	425.702	649.845
3	•Dunkerque	122 414	457.815	580.229
4	Bordeaux	266.280	182.707	448.987
5	Rouen	247.438	119.313	366.751
6	Nantes	206.343	106.773	313.116
7	Brest	224.248	42.710	266.958
8	Saint-Nazaire	47 716	142.826	190.542
9	Saint-Louis-du-Rhône	124.357	52.985	177.342
10	Boulogne	24.517	130.951	155.468
11	Giraud	80.273	58.218	138.491
12	Cherbourg	87.360	25.626	112.986
13	Cassis	868	97.131	97.999
14	Mortagne	15.341	77.302	92.643
15	Bayonne	49.311	37.373	86.684
16	Saint-Tropez	9.725	75.423	85.148
17	Toulon	84.195	856	85.051
18	La Rochelle	44.783	35.702	80.485
19	Saint-Malo	55.932	24.140	80.072
20	Dieppedalle	66.003	11.375	77.378
21	Pauillac	30.170	40.591	70.761
22	Nice	49.763	20.873	70.636
23	Lorient	40.718	17.424	58.142
24	Libourne (Plagne)	20.200	33.746	53.946
25	Port-de-Bouc	22.660	27.017	49.677
26	Caen	39 002	8.168	47.170
27	Bastia	32.331	12.771	45.102
28	Saint-Servan	30.852	11.773	42.625
29	Cannes	35.683	5.939	41.622
30	Cette	14.829	26.197	41.026
31	Blaye	18.184	22.695	40.879
32	Tonnay-Charente	24.648	13.782	38.430
33	Le Legué	19.706	18.400	38.106
34	Rochefort	11.688	26.330	38.018
35	Trouville	13.361	23.495	36.856
36	Port-Pothuau	2.504	33.495	35.999
37	Honfleur	14.439	18.624	33.063
38	Port-Vendres	24.917	5.413	30.330
39	Fécamp	21.004	8.968	29.972
40	Ajaccio	22.345	7.343	29.688
41	Erquy	1.910	25.763	27.673
42	Saint-Raphaël	4.330	22.834	27.164
43	Furt	4.222	22.742	26 964
	Autres ports	461.049	365.249	826.298
	TOTAUX	3.331.163	3.331.163	6.662.326

b. — *Principales marchandises constituant le trafic du cabotage.*

RANG d'importance	DÉSIGNATION DES MARCHANDISES	TONNAGE
		tonnes
1	Matériaux	547.398
2	Houille et Coke	517.717
3	Grains et farines	325.837
4	Pierres et terres servant aux arts et métiers	159.040
5	Vins	146.679
6	Fontes, fers et aciers	140.353
7	Bois communs	128.533
8	Sel marin	127.890
9	Bitumes et huiles minérales	119.814
10	Sucre brut	71.110
11	Potasse, soude, carbonates de potasse et de soude	59.436
12	Futailles vides	48.375
13	Pommes de terre et légumes secs	45.818
14	Cuivre, plomb, étain et zinc	45.400
15	Ouvrages en métaux	45.278
16	Savons	45.161
17	Riz	36.045
18	Poissons	34.690
19	Eaux-de-vie, esprits et liqueurs	34.054
20	Bois exotiques	33.487
21	Tissus	30.809
22	Fourrages (paille, foin, herbe, son, etc.)	28.712
23	Superphosphates et engrais chimiques	26.449
24	Huiles de graines grasses	26.209
25	Papier et ses applications	25.252
	Autres marchandises	481.617
	TOTAL...	3.331.163

c. — *Décomposition du tonnage effectif des principaux ports suivant la provenance ou la destination.*

DÉSIGNATION des ports	ENTRÉES		SORTIES	
	Ports de provenance	Tonnage	Ports de destination	Tonnage
		tonnes		tonnes
Marseille...	Dunkerque........	61.388	St-Louis-du-Rhône..	124.306
— ...	Giraud...........	58.178	Nice.............	30.407
— ...	Saint-Tropez......	54.339	Bastia............	24.295
— ...	St-Louis-du-Rhône..	38.855	Port-Vendres......	21.848
— ...	Saint-Raphaël......	19.584	Cannes...........	20.388
— ...	Le Havre..........	19.063	Ajaccio...........	14.172
— ...	Bordeaux.........	17.574	Rouen............	14.025
— ...	Cette.............	16.821	Agde.............	13.717
— ...	Port-de-Bouc......	11.320	Le Havre..........	11.508
— ...	Cassis............	11.090	Bordeaux.........	11.365
— ...	Les Salins-d'Hyères..	9.621	Dunkerque........	11.179
— ...	Calais............	9.503	Cette.............	10.877
— ...	Sanary...........	8.787	Port-de-Bouc......	10.527
— ...	Bastia............	8.562	La Nouvelle.......	10.296
— ...	Ajaccio...........	6.279	Menton...........	7.697
— ...	Autres ports.......	38.437	Nantes...........	7.526
— ...			Propriano.........	6.117
— ...			Giraud...........	5.873
— ...			Saint-Tropez.......	5.293
— ...			Autres ports.......	45.187
	Total.....	389.401	Total.....	406.603
Le Havre...	Rouen............	72.927	Rouen............	199.956
— ...	Trouville..........	20.303	Dieppedalle.......	46.831
— ...	Caudebec.........	16.070	Marseille..........	19.063
— ...	Cherbourg........	11.757	Caen.............	19.054
— ...	Marseille..........	11.508	Bordeaux.........	15.220
— ...	Bordeaux.........	11.202	Cherbourg........	15.121
— ...	Boulogne.........	10.858	Dives.............	10.268
— ...	Honfleur..........	10.265	Morlaix...........	9.876
— ...	Le Légué.........	9.673	Nantes...........	9.604
— ...	Brest.............	8.388	Pont-Audemer.....	8.722
— ...	Dunkerque........	7.892	Le Légué.........	7.047
— ...	Caen.............	6.294	Honfleur..........	6.841
— ...	Fécamp...........	5.305	Trouville.........	6.323
— ...	Autres ports.......	21.701	Carentan..........	6.272
— ...			Brest.............	5.655
	Report........	224.143	*Report*........	385.853

DÉSIGNATION des ports	ENTRÉES Ports de provenance	Tonnage	SORTIES Ports de destination	Tonnage
		tonnes		tonnes
	A reporter.....	224.143	*A reporter*.....	385.853
Le Havre...			Saint-Malo	5.642
— ...			Dunkerque........	5.032
— ...			Autres ports.......	29.175
	Total.....	224.143	Total.....	425.702
Dunkerque..	Nantes	30.847	Brest.............	154.869
— ..	Bordeaux	20.119	Toulon	66.943
— ..	Bayonne..........	16.345	Marseille..........	61.388
— ..	Marseille.........	11.179	Cherbourg	42.700
— ..	Saint-Nazaire......	9.127	Bordeaux	34.233
— ..	Le Havre.........	5.032	Nantes	18.987
— ..	Autres ports.......	29.765	Lorient...........	18.063
— ..			Bayonne..........	17.147
— ..			Le Havre.........	7.892
— ..			Ajaccio...........	5.820
— ..			Autres ports.......	29.773
	Total.....	122.414	Total.....	457.815
Bordeaux...	Mortagne	65.922	Dunkerque........	20.119
— ...	Dunkerque........	34.233	Marseille..........	17.574
— ...	Plagne	22.566	Plagne	17.528
— ...	Furt..............	22.537	Rouen............	17.129
— ...	Rouen............	21.395	Brest.............	16.743
— ...	Le Havre.........	15.220	Blaye	12.693
— ...	Marseille..........	11.365	Pauillac	11.612
— ...	Pauillac	11.164	Le Havre	11.202
— ...	Blaye	10.803	Mortagne	9.124
— ...	Brest.............	9.719	Nantes	8.438
— ...	Nantes	9.008	Bayonne..........	6.657
— ...	Boulogne..........	6.426	Autres ports.......	33.888
— ...	Autres ports.......	25.922		
	Total.....	266.280	Total.....	182.707
Rouen	Le Havre.........	199.956	Le Havre.........	72.927
—	Bordeaux	17.129	Bordeaux	21.395
—	Marseille..........	14.025	Dieppedalle	15.082
—	Dieppedalle	10.671	Autres ports.......	9.909
—	Autres ports.......	5.657		
	Total.....	247.438	Total.....	119.313

DÉSIGNATION des ports	ENTRÉES		SORTIES	
	Ports de provenance	Tonnage	Ports de destination	Tonnage
		tonnes		tonnes
Nantes.....	Saint-Nazaire......	103.709	Dunkerque........	30.847
—	Dunkerque........	18 987	Brest.............	14.392
—	Bayonne..........	11.345	Couëron..........	11.456
—	Le Tréport........	9.785	Bordeaux.........	9.008
—	Le Havre..........	9.604	Saint-Nazaire......	6.402
—	Boulogne.........	9.201	Ile d'Yeu.........	5.195
—	Bordeaux.........	8.438	Autres ports.......	29.073
—	Marseille..........	7.526		
—	Noirmoutier.......	6.671		
—	Couëron..........	6 474		
—	Autres ports.......	14.603		
	Total.....	206.343	Total.....	106.373
Brest......	Dunkerque........	154.869	Bordeaux.........	9.719
—	Bordeaux.........	16.743	Audierne.........	5.978
—	Nantes...........	14.392	Douarnenez.......	5.266
—	Boulogne.........	13.180	Autres ports.......	21.747
—	La Rochelle.......	5.715		
—	Le Havre..........	5.655		
—	Autres ports.......	13.694		
	Total.....	224.248	Total.....	42.710
St-Nazaire..	Pauillac..........	14.514	Nantes...........	103.709
— ..	Boulogne.........	6.530	Dunkerque........	9.127
— ..	Nantes...........	6.402	Autres ports.......	29.990
— ..	Autres ports.......	20.270		
	Total.....	47.716	Total.....	142.826
Saint-Louis-du-Rhône.	Marseille..........	124.306	Marseille..........	38.855
	Autres ports.......	51	Port-de-Bouc......	6.907
— ...			Autres ports.......	7.223
	Total.....	124 357	Total.....	52.985
Boulogne...	Erquy............	10.139	Cherbourg........	18.122
— ...	Autres ports.......	14.378	Caen.............	14.761
— ...			Brest.............	13.180
— ...			Le Havre..........	10.858
— ...			Saint-Malo........	10.218
— ...			Nantes...........	9.201
— ...			Bayonne..........	7.998
— ...			Saint-Nazaire......	6.530
— ...			Bordeaux.........	6.426
— ...			Autres ports.......	33 657
	Total.....	24.517	Total.....	130.951

DÉSIGNATION des ports	ENTRÉES Ports de provenance	Tonnage	SORTIES Ports de destination	Tonnage
		tonnes		tonnes
Giraud.....	Cassis............	74.400	Marseille........	58.178
—	Marseille..........	5.873	Cassis............	40
	Total.....	80.273	Total.....	58.218
Cherbourg..	Dunkerque........	42.700	Le Havre.........	11.757
— ..	Boulogne.........	18.122	Autres ports.......	13.869
— ..	Le Havre..........	15.121		
— ..	Autres ports.......	11.417		
	Total.....	87.360	Total.....	25.626
Cassis......	Ports divers.......	868	Giraud...........	74.400
—			Marseille..........	11.090
—			Autres ports.......	11.641
	Total.....	868	Total.....	97.131
Mortagne...	Bordeaux.........	9.124	Bordeaux.........	65.922
— ...	Plagne...........	5.010	Pauillac..........	6.881
— ...	Autres ports.......	1.207	Autres ports.......	4.499
	Total.....	15.341	Total.....	77.302
Bayonne...	Dunkerque........	17.147	Dunkerque........	16.345
— ...	Boulogne.........	6.657	Nantes...........	11.345
— ...	Bordeaux.........	7.998	Autres ports.......	9.683
— ...	Autres ports.......	17.509		
	Total.....	49.311	Total.....	37.373
St-Tropez...	Marseille..........	5.293	Marseille..........	54.339
— ...	Autres ports.......	4.432	Toulon...........	12.060
— ...			Autres ports.......	9.024
	Total.....	9.725	Total.....	75.423
Toulon.....	Dunkerque........	66.943	Ports divers.......	856
—	Saint-Tropez.......	12.060		
—	Autres ports.......	5.192		
	Total.....	84.195	Total.....	856
La Rochelle.	Ars-en-Ré.........	5.531	Brest.............	5.715
— .	Autres ports.......	39.252	Saint-Martin-de-Ré.	5.351
— .			Autres ports.......	24.636
	Total.....	44.783	Total.....	35.702

DÉSIGNATION des ports	ENTRÉES Ports de provenance	tonnage	SORTIES Ports de destination	tonnage
		tonnes		tonnes
Saint-Malo. .	Les Salins d'Hyères.	11.678	Saint-Servan.......	10.404
— . .	Boulogne	10.218	Autres ports.......	13.736
— . .	Erquy............	9.204		
— . .	Port-de-Bouc	6.577		
— . .	Le Havre..........	5.642		
— . .	Autres ports.......	12.613		
	Total.....	55.932	Total.....	24.140
Dieppedalle.	Le Havre.........	45.831	Rouen............	10.671
— .	Rouen............	15.082	Dieppe	704
— .	Autres ports.......	4.090		
	Total.....	66 003	Total.....	11.375
Pauillac....	Bordeaux	11.612	Saint-Nazaire......	14.514
—	Blaye.............	8.721	Bordeaux	11.164
—	Mortagne	6.881	Autres ports.......	14.913
—	Autres ports.......	2.956		
	Total.....	30.170	Total.....	40.591
Nice.......	Marseille..........	30.407	Cannes...........	8.204
—	Autres ports.......	19.356	Autres ports.......	12.669
	Total.....	49.763	Total.....	20.873
Lorient	Dunkerque........	18.063	Ports divers.......	17.424
—	Autres ports.......	22.655		
	Total.....	40.718	Total.....	17.424
Libourne ...	Bordeaux	17.528	Bordeaux	22.566
(Plagne)....	Autres ports.......	2 672	Mortagne	5.010
— .			Autres ports.......	6.170
	Total.....	20.200	Total.....	33.746
Port-de-Bouc	Marseille..........	10.527	Marseille..........	11.320
—	St-Louis-du-Rhône..	6.907	Saint-Malo	6.577
—	Autres ports.......	5.226	Fécamp...........	5.630
—			Autres ports.......	3.490
	Total.....	22.660	Total.....	27.017
Caen.......	Le Havre..........	19.054	Le Havre..........	6.294
—	Boulogne	14.761	Autres ports.......	1.874
—	Autres ports.......	5.187		
	Total.....	39.002	Total.....	8.168

DÉSIGNATION des ports	ENTRÉES		SORTIES	
	Ports de provenance	tonnage	Ports de destination	tonnage
		tonnes		tonnes
Bastia......	Marseille..........	24.295	Marseille..........	8.562
—	Autres ports.......	8.036	Autres ports.......	4.209
	Total.....	32.331	Total.....	12.771
St-Servan...	Saint-Malo........	10.404	Ports divers.......	11.773
— ...	Les Salins d'Hyères.	8.550		
— ...	Autres ports.......	11.898		
	Total.....	30.852	Total.....	11.773
Cannes.....	Marseille..........	20.388	Ports divers.......	5.939
—	Nice...............	8.204		
—	Autres ports.......	7 091		
	Total.....	35.683	Total.....	5.939
Cette......	Marseille..........	10.877	Marseille..........	16.821
—	Autres ports.......	3.952	Autres ports.......	9.376
	Total.....	14.829	Total.....	26.197
Blaye......	Bordeaux..........	12.693	Bordeaux..........	10.803
—	Autres ports.......	5.491	Pauillac..........	8.721
—			Autres ports.......	3.171
	Total.....	18.184	Total.....	22.695
Tonnay-Charente....	Rochefort.........	20.473	Ports divers.......	13.782
	Autres ports.......	4.175		
	Total.....	24.648	Total.....	13.782
Le Légué...	Le Havre..........	7.047	Le Havre..........	9.673
— ...	Autres ports.......	12.659	Autres ports.......	8.727
	Total.....	19.706	Total.....	18.400
Rochefort...	Ports divers.......	11.688	Tonnay-Charente...	20.473
— ...			Autres ports.......	5 857
	Total.....	11.688	Total.....	26.330
Trouville...	Le Havre..........	6.323	Le Havre..........	20.303
— ...	Honfleur..........	5.083	Autres ports.......	3.192
— ...	Autres ports.......	1.955		
	Total.....	13.361	Total.....	23.495

DÉSIGNATION des ports	ENTRÉES		SORTIES	
	Ports de provenance	Tonnage	Ports de destination	Tonnage
		tonnes		tonnes
Port-Pothuau (Salins d'Hyères ...	Ports divers.......	2.504	Saint-Malo	11.678
			Marseille..........	9.621
—			Autres ports.......	12.196
	Total.....	2.504	Total.....	33.495
Honfleur....	Le Havre	6.841	Le Havre..........	10.265
— ...	Autres ports.......	7.598	Trouville..........	5.083
— ...			Autres ports.......	3.276
	Total.....	14.439	Total.....	18.624
Port-Vendres	Marseille..........	21.848	Ports divers.......	5.413
—	Autres ports.......	3.069		
	Total.....	24.917	Total.....	5.413
Fécamp	Port-de-Bouc......	5.630	Le Havre	5.305
—	Autres ports.......	15.374	Autres ports.......	3.663
	Total.....	21.004	Total.....	8.968
Ajaccio.....	Marseille..........	14.172	Marseille..........	6.279
—	Dunkerque........	5.820	Autres ports.......	1.064
—	Autres ports.......	2.353		
	Total.....	22.345	Total.....	7.343
Erquy......	Ports divers	1.910	Boulogne	10.139
—			Saint-Malo	9.204
—			Autres ports.......	6.420
	Total.....	1.910	Total.....	25.763
St-Raphaël..	Ports divers.......	4.330	Marseille..........	19.584
— ..			Autres ports.......	3.248
	Total.....	4.330	Total.....	22.832
Furt.......	Ports divers	4.222	Bordeaux	22.537
—			Autres ports.......	205
	Total.....	4.222	Total.....	22.742

d. — *Décomposition du tonnage effectif des principaux ports suivant la nature des marchandises.*

DÉSIGNATION des ports	ENTRÉES		SORTIES	
	Marchandises	Tonnage	Marchandises	Tonnage
		tonnes		tonnes
Marseille ...	Matériaux à bâtir...	93.264	Grains et farines de	
— ...	Soude et carbonate		froment.........	85.084
— ...	de soude........	58.393	Houille et coke	55.526
— ...	Sucre brut........	33.329	Savons...........	30.432
— ...	Vins.............	26.331	Matériaux à bâtir...	21.794
— ...	Bois communs.....	23.173	Cuivre, plomb, étain	
— ...	Fontes, fers et aciers	19.692	et zinc..........	13.807
— ...	Sel marin et sel	-	Soufre...........	13.628
— ...	gemme.........	12.346	Pommes de terre et	
— ...	Tissus............	8.969	légumes secs.....	12.467
— ...	Poissons..........	8.738	Bois exotiques.....	11.081
— ...	Ouvrages divers en		Huiles d'arachides et	
	métaux.........	8.406	de graines grasses.	11.054
— ...	Eaux-de-vie, esprits,		Grains et farines de	
	liqueurs	6.947	seigle,orge,avoine,	
— ...	Produits chimiques		maïs, etc........	10.945
— ...	divers..........	6.039	Son et fourrages ...	9.832
— ...	Futailles vides.....	5.906	Farineux alimentai-	
— ...	Grains et farines de		res divers.......	9.139
— ...	froment et méteil.	5.583	Huiles minérales...	8.467
— ...	Tartrates	5.074	Produits chimiques	
— ...	Autres marchandises	67.211	divers..........	7.217
— ...			Vins.............	6.473
— ...			Fontes, fers et aciers	5.665
— ...			Futailles vides.....	5.628
— ...			Autres marchandises	88.664
	Total.....	389.401	Total.....	406.603
Le Havre ...	Matériaux à bâtir...	65.850	Huiles minérales ...	59.466
— ...	Bois communs.....	13.687	Grains et farines de	
— ...	Fontes, fers et aciers	10.072	froment et méteil.	36.765
— ...	Pommes de terre et		Grains et farines de	
	légumes secs....	8.778	seigle,orge,avoine,	
— ...	Vins.............	7.551	maïs, etc........	36.615
— ...	Futailles vides.....	6.949	Houille et coke	34.144
— ...	Savons...........	6.815	Riz..............	25.271
	A reporter.....	119.702	*A reporter*.....	192.261

DÉSIGNATION des ports	ENTRÉES		SORTIES	
	Marchandises	Tonnage	Marchandises	Tonnage
		tonnes		tonnes
	Report........	119.702	*Report*........	192.261
Le Havre...	Grains et farines de froment et méteil.	6.617	Bois exotiques.....	19.934
— ...	Légumes verts, salés ou confits........	6.560	Cuivre, plomb, zinc, étain...........	16.974
— ...	Fruits de table.....	6.240	Coton............	14.244
— ...	Peaux et pelleteries brutes..........	5.860	Pommes de terre et légumes secs.....	13.612
— ...	Tissus............	5.617	Savons...........	10.402
— ...	Pierres et terres servant aux arts et métiers.........	5.477	Vins.............	9.740
— ...	Autres marchandises	69.069	Bois communs.....	8.219
— ...			Produits chimiques divers..........	8.018
— ...			Farineux alimentaires divers.......	7.789
— ...			Machines et mécaniques..........	7.452
— ...			Huiles d'arachides et d'autres graines grasses.........	6.938
— ...			Peaux et pelleteries brutes..........	6.379
— ...			Fontes, fers et aciers	5.855
— ...			Compositions diverses.............	5.503
— ...			Grains et fruits oléagineux..........	5.419
— ...			Ouvrages en métaux.	5.251
— ...			Eaux-de-vie, esprits, liqueurs........	5.218
— ...			Sucre brut........	5.157
— ...			Autres marchandises	71.337
	Total.....	225.142	Total.....	425.702
Dunkerque..	Pierres et terres servant aux arts et métiers.........	25.362	Houille et coke.....	274.949
— ..	Fontes, fers et aciers	23.453	Fontes, fers et aciers	38.636
— ..	Graines et farines de seigle, orge, avoine, maïs, etc........	14.841	Sucre brut........	37.818
— ..			Eaux-de-vie, esprits, liqueurs........	15.633
— ..			Tissus............	10.035
— ..			Nitrates..........	9.138
	A reporter.....	63.656	*A reporter*.....	386.209

DÉSIGNATION des ports	ENTRÉES Marchandises	ENTRÉES Tonnage	SORTIES Marchandises	SORTIES Tonnage
		tonnes		tonnes
	Report	63.656	*Report*	386.209
Dunkerque..	Vins	10.710	Ouvrages en métaux	8.258
— ..	Autres marchandises	48.048	Superphosphates et engrais chimiques	6.386
— ..			Autres marchandises	56.962
	Total	122.414	Total	457.815
Bordeaux...	Matériaux à bâtir...	82.436	Vins	49.523
— ...	Huiles minérales...	27.387	Matériaux à bâtir...	21.621
— ...	Vins	22.159	Poissons	10.626
— ...	Sucre brut	19.945	Bois communs	9.960
— ...	Grains et farines de seigle, orge, avoine, maïs, etc	10.250	Grains et farines de froment et méteil.	8.601
— ...	Fontes, fers et aciers	10.229	Pierres et terres servant aux arts et métiers	6.828
— ...	Futailles vides	8.524	Fontes, fers et aciers.	5.795
— ...	Ouvrages divers en métaux	7.255	Autres marchandises	69.753
— ...	Soufre	6.039		
— ...	Papier et ses applications	5.423		
— ...	Produits chimiques divers	5.383		
— ...	Autres marchandises	61.250		
	Total	266.280	Total	182.707
Rouen.....	Houille et coke	32.395	Matériaux à bâtir...	15.275
—	Riz	21.116	Fontes, fers et aciers	9.663
—	Grains et farines de froment et méteil.	20.469	Futailles vides	8.286
—	Grains et farines de seigle, orge, avoine, maïs, etc	17.976	Houille et coke	7.207
—	Bois communs	17.327	Tissus	7.107
—	Vins	12.513	Sucres raffinés	5.447
—	Pommes de terre et légumes secs	11.758	Peaux et pelleteries brutes	5.375
—	Cuivre, plomb, étain, zinc	11.432	Autres marchandises	60.953
—	Bois exotiques	11.279		
	A reporter	156.265	*A reporter*	149.313

DÉSIGNATION des ports	ENTRÉES		SORTIES	
	Marchandises	Tonnage	Marchandises	Tonnage
		tonnes		tonnes
	Report........	156.265	*Report*........	119.313
Rouen.....	Cotons...........	9.837		
—	Huiles minérales...	9.191		
—	Farineux alimentaires divers.......	6.979		
—	Savons...........	5.391		
—	Autres marchandises	39.773		
	Total.....	247.438	Total.....	119.313
Nantes.....	Houille et coke.....	66.607	Pierres et terres servant aux arts et métiers.........	22.356
—	Fontes, fers et aciers	20.465	Grains et farines de froment et méteil.	8.664
—	Bois communs.....	14.929	Minerais..........	7.497
—	Matériaux à bâtir...	14.121	Matériaux à bâtir...	6.712
—	Cuivre, plomb, étain, zinc...........	12.255	Ouvrages divers en métaux.........	5.440
—	Nitrates..........	10.181	Autres marchandises	36.104
—	Sucre brut........	9.856		
—	Sel marin.........	9.433		
—	Vins.............	7.662		
—	Grains et farines de froment et méteil.	5.558		
—	Autres marchandises	35.276		
	Total.....	206.343	Total.....	106.773
Brest......	Houille et coke....	144.954	Grains et farines de seigle, orge, avoine, maïs, etc.........	6.973
—	Matériaux à bâtir...	21.384	Houille et coke....	6.379
—	Vins.............	9.835	Autres marchandises	29.358
—	Grains et farines de froment et méteil.	5.495		
—	Eaux-de-vie, esprits, liqueurs........	5.026		
—	Autres marchandises	37.554		
	Total.....	224.248	Total.....	42.710
St-Nazaire..	Fontes, fers et aciers	22.440	Houille et coke.....	79.302
— ..	Pierres et terres servant aux arts et métiers.........	10.344	Fontes, fers et aciers	16.336
— ..	Autres marchandises	14.732	Grains et farines de froment et méteil.	11.903
— ..			Bois communs.....	11.612
— ..			Nitrates..........	10.141
— ..			Autres marchandises	13.532
	Total.....	47 716	Total.....	142 826

DÉSIGNATION des ports	ENTRÉES		SORTIES	
	Marchandises	Tonnage	Marchandises	Tonnage
		tonnes		tonnes
Saint-Louis-du-Rhône..	Houille et coke	23.551	Grains et farines de froment et méteil.	9.072
— ..	Grains et farines de froment et méteil.	22.854	Ouvrages divers en métaux	5.977
— ..	Bois exotiques.....	11.067	Autres marchandises	37.936
— ..	Pommes de terre et légumes secs.....	6.655		
— ..	Farineux alimentaires divers.......	5.930		
— ..	Autres marchandises	54.300		
	Total.....	124.357	Total.....	52.985
Boulogne...	Matériaux à bâtir...	15.850	Matériaux à bâtir...	120.425
— ...	Autres marchandises	8.667	Autres marchandises	10.526
	Total.....	24.517	Total.....	130.951
Giraud.....	Pierres et terres servant aux arts et métiers.........	74.400	Soude et carbonate de soude........	55.635
—			Autres marchandises	2.583
—	Houille et coke	5.440		
—	Autres marchandises	433		
	Total.....	80.273	Total.....	58.218
Cherbourg..	Houille et coke....	45.324	Matériaux à bâtir...	15.512
— ..	Matériaux à bâtir...	17.217	Autres marchandises	10.114
— ..	Grains et farines de froment et méteil.	6.011		
— ..	Autres marchandises	18.808		
	Total.....	87.360	Total.....	25.626
Cassis......	Marchandises diverses.............	868	Pierres et terres servant aux arts et métiers.........	74.400
—			Matériaux à bâtir...	22.620
—			Autres marchandises	111
	Total.....	868	Total.....	97.131
Mortagne...	Froment et méteil..	7.820	Matériaux à bâtir...	59.558
— ...	Matériaux à bâtir...	5.767	Grains et farines de froment et méteil.	5.424
— ...	Autres marchandises	1.754	Sons et fourrages...	5.155
— ...			Autres marchandises	7.165
	Total.....	15.341	Total.....	77.302

DÉSIGNATION des ports	ENTRÉES Marchandises	Tonnage	SORTIES Marchandises	Tonnage
		tonnes		tonnes
Bayonne ...	Matériaux à bâtir...	9.179	Fontes, fers et aciers	15.495
— ...	Grains et farines de froment et méteil.	5.170	Sel marin et sel gemme	6.218
— ...	Grains et farines de seigle, orge, avoine, maïs, etc	5.007	Bois communs.....	5.726
— ...	Autres marchandises	20.955	Autres marchandises	9.934
	Total.....	40.311	Total.....	37.373
Saint-Tropez	Marchandises diverses............	9.725	Matériaux à bâtir...	56.368
— ...			Bois communs.....	11.268
— ...			Vins	6.233
— ...			Autres marchandises	1.554
	Total.....	9.725	Total.....	75.423
Toulon.....	Houille et coke....	67.761	Marchandises diverses	856
—	Matériaux à bâtir...	13.179		
—	Autres marchandises	3.255		
	Total.....	84.195	Total.....	856
La Rochelle.	Sel marin.........	15.089	Houille et coke	9.992
— .	Matériaux à bâtir...	11.335	Matériaux à bâtir...	9.692
— .	Autres marchandises	18.359	Autres marchandises	16.018
	Total.....	44.783	Total.....	35.702
Saint-Malo..	Pierres et terres servant aux arts et métiers.........	19.956	Houille et coke.....	6.398
— ..	Sel marin.........	18.325	Autres marchandises	17.742
— ..	Autres marchandises	17.651		
	Total.....	55.932	Total.....	24.140
Dieppedalle.	Huiles minérales...	38.251	Bois communs.....	10.628
— .	Houille et coke.....	7.180	Autres marchandises	747
— .	Bois communs.....	7.019		
— .	Bois exotiques.....	5.424		
— .	Autres marchandises	8.129		
	Total.....	66.003	Total.....	11.375
Pauillac....	Matériaux à bâtir...	10.621	Fontes, fers et aciers	26.470
—	Autres marchandises	19.549	Vins	8.860
—			Autres marchandises	5.261
	Total.....	30.170	Total.....	40.591

DÉSIGNATION des ports	ENTRÉES		SORTIES	
	Marchandises	Tonnage	Marchandises	Tonnage
		tonnes		tonnes
Nice.......	Grains et farines de froment et méteil.	8.942	Matériaux à bâtir...	11.512
			Autres marchandises	9.361
—	Matériaux à bâtir...	6.988		
—	Vins..............	6.467		
—	Autres marchandises	27.366		
	Total.....	49.763	Total.....	20 873
Lorient	Houille et coke.....	15.876	Marchandises diverses.............	17.424
—	Matériaux à bâtir...	6.004		
—	Autres marchandises	18.838		
	Total.....	40.718	Total.....	17.424
Libourne...	Matériaux à bâtir...	13.895	Matériaux à bâtir ...	23.783
Plagne	Autres marchandises	6.305	Vins.............	6.234
— .			Autres marchandises	3.729
	Total.....	20.200	Total.....	33.746
Port-de-Bouc	Houille et coke....	6.285	Sel marin.........	24 363
— .	Ouvrages divers en métaux..........	5.088	Autres marchandises	2.654
— .	Autres marchandises	11.293		
	Total.....	22.666	Total.....	27.017
Caen	Matériaux à bâtir...	13.392	Marchandises diverses............	8.168
—	Autres marchandises	25.610		
	Total.....	39.002	Total.....	8.168
Bastia......	Grains et farines de froment et méteil.	14 004	Bois communs.....	5.095
			Autres marchandises	7.676
—	Matériaux à bâtir...	5.120		
—	Autres marchandises	13 207		
	Total....	32 331	Total.....	12.771
Saint-Servan	Sel marin.........	10.531	Marchandises diverses.............	11.773
— ...	Autres marchandises	20.321		
	Total.....	30.852	Total.....	11.773
Cannes.....	Matériaux à bâtir...	16.655	Marchandises diverses.............	5.939
—	Autres marchandises	19.028		
	Total.....	35.683	Total.....	5.939

DÉSIGNATION des ports	ENTRÉES Marchandises	Tonnage	SORTIES Marchandises	Tonnage
		tonnes		tonnes
Cette	Marchandises diverses.............	14.829	Vins.............	18.037
—			Autres marchandises	8.160
	Total.....	14.829	Total.....	26.197
Blaye......	Pierres et terres servant aux arts et métiers.........	6.351	Matériaux à bâtir...	7.721
—			Vins............	5.443
—			Autres marchandises	9.531
—	Autres marchandises	11 833		
	Total.....	18.184	Total.....	22.695
Tonnay-Charente	Houille et coke....	12.416	Matériaux à bâtir...	7.156
	Autres marchandises	12 232	Autres marchandises	6.626
	Total.....	24.648	Total.....	13.782
Le Légué...	Matériaux à bâtir...	5.301	Pommes de terre et légumes secs....	6.982
— ...	Autres marchandises	14.405	Autres marchandises	11.422
	Total.....	19.706	Total.....	18.400
Rochefort ..	Marchandises diverses.............	11.688	Houille et coke	13.229
— ..			Grains et farines de froment et méteil.	7.342
— ..			Autres marchandises	5.759
	Total.....	11.688	Total.....	26.330
Trouville...	Matériaux à bâtir...	5.778	Matériaux à bâtir...	18.224
— ...	Autres marchandises	7.583	Autres marchandises	5.271
	Total.....	13.361	Total.....	23 495
Port-Pothuau	Marchandises diverses.............	2.504	Sel marin.........	20.228
— .			Matériaux à bâtir...	6.922
— .			Autres marchandises	6.345
	Total.....	2.504	Total.....	33.495
Honfleur ...	Marchandises diverses.............	14.439	Matériaux à bâtir...	5.072
— ...			Autres marchandises	13.552
	Total.....	14.439	Total.....	18.624
Port-Vendres	Grains et farines de froment et méteil.	9.076	Marchandises diverses.............	5.413
— .	Autres marchandises	15.841		
	Total.....	24.917	Total....	5.413

DÉSIGNATION des ports	ENTRÉES		SORTIES	
	Marchandises	Tonnage	Marchandises	Tonnage
		tonnes		tonnes
Fécamp	Sel marin.........	18.211	Pierres et terres servant aux arts et métiers.........	5.291
—	Autres marchandises	2.793	Autres marchandises	3.677
	Total.....	21.004	Total.....	8.968
Ajaccio	Houille et coke....	6.297	Marchandises diverses.............	7.343
—	Grains et farines de froment et méteil.	5.333		
—	Autres marchandises	10.715		
	Total.....	22.345	Total.....	7.343
Erquy	Marchandises diverses.............	1.910	Matériaux à bâtir...	23.973
—			Autres marchandises	1.790
	Total.....	1.910	Total.....	25.763
Saint-Raphaël	Marchandises diverses.............	4.330	Matériaux à bâtir...	22.826
— ..			Autres marchandises	8
	Total.....	4.330	Total.....	22.834
Furt.......	Marchandises diverses.............	4.222	Huiles minérales...	21.096
—			Autres marchandises	1.646
	Total.....	4.222	Total.....	22.742

3. Prix des transports par le cabotage et par les chemins de fer. — *a.* Cabotage. — Il est fort difficile de donner des renseignements précis sur les prix des transports maritimes. Ces prix éprouvent des variations d'une grande amplitude, sont particulièrement sensibles à la loi de l'offre et de la demande, dépendent de circonstances multiples, telles que les disponibilités du matériel naval au port d'embarquement, le degré de régularité des expéditions, leur importance, les chances pour l'armateur de recueillir une nouvelle cargaison au port de débarquement, la concurrence d'autres moyens de transport, les ententes des armateurs entre eux.

Les transports coûtent évidemment moins si le matériel naval disponible est abondant que dans le cas contraire, si les expéditions sont fréquentes et régulières que si elles se font rarement et irrégulièrement, si elles portent sur de grandes masses que si elles comprennent seulement des quantités restreintes de marchandises, si l'utilisation du navire après le débarquement est certaine, ou du moins probable, que si elle paraît incertaine ou douteuse, si d'autres voies peuvent lutter efficacement contre la voie maritime que si celle-ci a un monopole de fait, s'il n'existe pas d'entente entre les armateurs que s'il en a été conclu.

Toutes les causes de ces variations qui viennent d'être énumérées sont communes au cabotage et à la navigation internationale. Cependant le cabotage, réservé par la législation au pavillon national, ne provoque pas, de la part des armateurs, une concurrence dont l'âpreté égale celle des luttes auxquelles participent les pavillons étrangers pour le long cours et ne donne point lieu, dès lors, à des réductions de fret si accentuées.

A la variété des prix de transport proprement dits s'ajoute celle des frais accessoires. Ces frais sont loin d'être uniformes pour les différents ports et même pour un port déterminé. Leur répartition entre l'armement et la marchandise n'obéit pas à des règles immuables. Quelques explications ne seront pas inutiles à cet égard.

Parmi les « charges terminales » au départ et à l'arrivée, que rémunère le fret et qui incombent, dès lors, à l'armement, les principales sont les suivantes :

1° Droits de quai perçus à l'entrée, au profit de l'État (Loi du 23 décembre 1897). — Le cabotage est exonéré de ces droits ;

2° Droits sanitaires également perçus à l'entrée, au profit de l'État (Décret du 4 janvier 1896). — Pour le cabotage, ces droits sont réduits à 0 fr. 05 par tonneau de jauge ;

3° Péages locaux temporaires institués en vertu de la loi du 7 avril 1902 sur la marine marchande et destinés : 1° à assurer le service des emprunts contractés ou le paiement des allocations offertes par les départements, les communes, les chambres de commerce ou tous autres établissements publics pour les travaux ou l'outillage des ports ; 2° à pourvoir au paiement des services organisés ou subventionnés par les chambres de commerce pour le sauvetage des navires ou cargaisons, ainsi que pour la sécurité, la propreté, la police et la surveillance des quais et dépendances. — Ces péages sont établis en raison : 1° du tonnage de jauge nette légale ou du tonnage de jauge brute des navires ; 2° des quantités de marchandises embarquées et débarquées ; 3° du nombre des voyageurs embarqués et débarqués. Ils frappent le navire ; toutefois, le décret institutif d'un péage, ayant pour base les quantités de marchandises ou le nombre de voyageurs, peut stipuler que ce péage sera payable par les destinataires et expéditeurs ou par les voyageurs. Le cabotage jouit tantôt d'une exonération générale, tantôt d'une exonération limitée, soit au petit cabotage (avec ou sans maximum de tonnage des navires), soit à la seule navigation au bornage, tantôt encore de réductions sur les taxes;

4° Coût du pilotage, du remorquage et du courtage. — Le pilotage est obligatoire, sauf dans certains cas où la législation sur la marine marchande en accorde la franchise; il fait l'objet de tarifs différents suivant les stations. Organisé par l'industrie privée ou par les chambres de commerce, le remorquage a un caractère facultatif. Enfin le courtage, réservé pour les navires étrangers à des officiers ministériels dits courtiers maritimes, reste libre pour les navires français et, par conséquent, pour les caboteurs; l'armement peut donc agir lui-même, ou ne recourir aux courtiers maritimes que moyennant un prix débattu et généralement modique;

5° Part des frais de chargement et de déchargement fixée par les contrats d'affrètement [1]. — Souvent les chartes-parties stipulent que le capitaine prendra ou livrera la marchandise sous palan, c'est-à-dire accrochée à la grue ou au palan du navire, vers le niveau du pont; fréquemment aussi la marchandise doit être prise ou livrée sur quai. Dans beaucoup de cas, quand la fixation du prix de fret comporte la prise ou la livraison sous palan, les manutentions complémentaires d'embarquement ou de débarquement sont effectuées par les soins du capitaine, moyennant une prime variable selon les usages de la place; cette prime peut être la même ou différer pour le chargement et le déchargement, pour le grand et le petit cabotage, pour les relations avec des ports très rapprochés et les transports à plus longue distance, pour les diverses marchandises, etc.; les Compagnies faisant un service régulier ne la perçoivent pas toujours. Parfois, les armateurs de lignes régulières assument la charge du bâchage de la marchandise et de son gardiennage pendant un certain délai après le déchargement.

Au nombre des charges qui ne sont pas incorporées dans le fret et grèvent directement la marchandise, il y a lieu de citer notamment les taxes ou frais ci-après:

1° Péages institués, comme nous l'avons vu précédemment, au profit des départements, des villes, des chambres de commerce, et frappant la cargaison. — Le cabotage peut être entièrement exonéré de ces péages, ou jouir soit d'une exonération partielle, soit de réductions.

2° Part des frais de chargement et de déchargement exclue du prix de fret. — Cette part dépend du contrat d'affrètement et varie avec la nature des marchandises. Aux frais de chargement se joignent sou-

[1] Le montant total des frais de chargement ou de déchargement varie de 1 fr. 50 à 3 fr. 50 par tonne suivant les ports et la nature des marchandises.

vent des frais de rapprochement, quand le navire ne peut accoster au quai où la marchandise se trouve déposée ; la charge correspondante est assez lourde ; si la distance à parcourir exige un camionnage, il y a là une circonstance rendant difficile le trafic de sortie des navires irréguliers qui n'ont pas à quai une place attitrée.

3° Frais de bâchage à quai, soit à l'arrivée, soit au départ, pour les marchandises qui doivent être protégées contre les intempéries ou contre les vols ; frais de gardiennage. — Ces frais dépendent naturellement de la durée des dépôts.

4° Frais de déchargement ou de chargement des wagons, lorsque les marchandises arrivent au port d'embarquement ou partent du port de débarquement par la voie ferrée, et lorsque les tarifs du chemin de fer ne comprennent pas ces frais. — En général, les opérations sont confiées à des entrepreneurs; quelquefois, il existe des sociétés spéciales, dont toutes les actions appartiennent aux commerçants et aux transitaires locaux. Le prix par tonne est uniforme ou, plus fréquemment, variable suivant les marchandises. Dans le cas où les marchandises ne nécessitent aucune opération à quai et peuvent être transbordées directement, soit du wagon au navire, soit du navire au wagon, la simplification qui en résulte procure une économie sensible. A l'arrivée, la pénurie, malheureusement trop fréquente, de matériel roulant impose souvent des dépenses supplémentaires de bâchage, de gardiennage et même de camionnage.

5° Frais de transport sur les voies ferrées des quais. — Ce transport est gratuit dans certains ports ; ailleurs, les Administrations ou Compagnies de chemins de fer perçoivent des taxes plus ou moins élevées.

6° Commission de transit, quand l'intervention d'un intermédiaire est nécessaire entre l'armateur et le propriétaire de la marchandise.

Le prix du fret et les charges qui frappent directement la cargaison s'augmentent de l'assurance maritime, proportionnelle à la valeur des marchandises transportées. Ordinairement, le coût de l'assurance est de 1 à 1,5 p. 100 pour les bâtiments à voiles, et de 0,25 à 0,50 p. 100 pour les bâtiments à vapeur, suivant la distance. Mais les entreprises de cabotage à vapeur, faisant un service régulier et desservant un trafic de quelque importance, obtiennent des taux bien moindres : ces taux s'abaissent jusqu'au dixième aux petites distances et à un tiers aux grandes distances.

Tels sont les principaux éléments des prix de transport par la voie maritime.

Pour se rendre un compte exact de la valeur des chiffres cités dans la comparaison des services de cabotage entre eux ou avec les autres moyens de transport, il est indispensable de rechercher toujours les opérations que ces chiffres comprennent. Je me borne à citer l'exemple de la décomposition d'un prix de 8 fr. 20, applicable au transport d'une tonne de fer prise sur wagon à Dunkerque, en un point quelconque des quais, et livrée sur les quais du Havre.

Déchargement des wagons à Dunkerque	0,45
Mise sous palan à Dunkerque	1,75
Fret proprement dit (prise et livraison sous palan)	4,25
Prime de déchargement au Havre	1,25
Assurance maritime (0,25 p. 100 sur une valeur de 200 fr. .	0,50
TOTAL...	8,20

Certains transitaires et certaines Compagnies de navigation font des marchés à forfait et indiquent des prix englobant le fret, l'assurance maritime, les frais accessoires de toute sorte ainsi que le transport sur rails.

Sous le bénéfice des indications précédentes, voici quelques prix s'écartant peu de ceux qui sont couramment pratiqués pour les transports de marchandises par la navigation côtière.

Prix par tonne au départ de Dunkerque [1].

MARCHANDISES	PORTS DE DESTINATION				
	Le Havre	Saint-Nazaire	Rochefort	Bordeaux	Marseille
	francs	francs	francs	francs	francs
Alcool	9.90	16.50	13.00	15.40	20,00
Céruse	8.80	15.40	15.40	13,20	14,20
Extraits tanniques ...	8.80	7.50	9,50	7.10	20,00
Farines	10.55	14.95	14.95	14.95	14,75
Fers	7.70	9.50	9.75	9,50	13,50
Huile	8.80	13.20	15.40	8,50	23,00
Machines	14.95	23.75	23,75	25,25	36,75
Scories	7.70	8.00	9,90	8,40	12,50
Tissus	14.95	25.25	23.75	25,25	36,75

(1) Marchandises prises sur wagon à quai et livrées à quai (prix ne comprenant pas l'assurance maritime).

Prix par tonne au départ du Havre [1].

MARCHANDISES	PORTS DE DESTINATION					
	Brest	Saint-Nazaire	Nantes	La Pallice	Bordeaux	Marseille
	francs	francs	francs	francs	francs	francs
Alcools en fûts...	14,30	16,50	14,30	19,00	19,00	25,00
Café...........	17,60	16,50	17,00	16,50	18,00	23,00
Farines.........	12,10	13,20	12,10	10,00	10,00	15,00
Machines.......	23,30	13,20	23,30	20,00	20,00	25,00
Tissus..........	23,30	16,50	23,30	25,00	25,00	25,00

Prix par tonne au départ de Rouen [2].

MARCHANDISES	PORTS DE DESTINATION		
	Dunkerque	Bordeaux	Marseille
	francs	francs	francs
1re série (tissus; articles de Paris et produits de valeur).	20,00	30,00	40,00
2e série (produits fabriqués)..	15,00	20,00	30,00
3e série (produits ébauchés ou fabriqués communs)......	12,00	15,00	20,00
4e série (matières premières; métaux bruts)...........	10,00	10,00 à 12,00	12,00 à 15,00

(1) Marchandises prises et livrées sous palan.
(2) Marchandises prises et livrées à quai.

Prix par tonne au départ de Nantes (1).

MARCHANDISES	PORTS DE DESTINATION				
	Brest	Bordeaux	Bayonne	Marseille	Alger-Oran
	francs	francs	francs	francs	francs
Biscuits	15.00	15,00	17,00	25,00	»
Boites vides	20.00	20,00	22,00	30,00	»
Chiffons	12.00	8.00	10.00	20,00	»
Conserves	13.00	14.50	16.00	25,00	»
Cueillette	»	»	»	»	20,00 à 25,00
Engrais	8.00	8,00	9,00	18,00	»
Epicerie	20,00	12,00	15,00	30,00	»
Extraits tanniques	9.00	8,00	9,00	13,00	»
Farines	8,00	9,00	10,00	12,00	»
Fer-blanc en caisse	8.00	11.00	12,00	15.00	»
Fers	8.00	8,00	8.00	18,00	»
Feuillards	17.50	10.00	15.00	28.00	»
Grains	8,00	8,00	9,00	18,50	»
Papier d'emballage	13.00	12.00	12,00	22,50	»
Pavés	»	7,50	8,00	»	»
Plomb	9,00	8,50	9,50	18.00	»
Riz	9.00	8.00	10,00	19,50	»
Savons communs	11.00	10,00	12.00	18,75	»
Savons parfumés	»	15.00	15,00	»	»
Vins	»	»	»	»	15.00

(1) Marchandises prises et livrées sous palan.

Prix par tonne au départ de Bordeaux (1).

MARCHANDISES	PORTS DE DESTINATION				
	Le Havre	Brest	Nantes	La Pallice	Marseille
	francs	francs	francs	francs	francs
Apéritifs en caisse	»	18 à 19	»	»	»
Bois en planches et madriers	»	12,00	»	»	»
Bois pour caisses, planches	12,00 à 14,00	»	»	»	»
Brais en fût (quai à quai)	»	»	»	»	12,00 + 15 0/0 (2)
Brais en fût (10.000 kg. — quai à quai)	»	»	»	»	10,00 + 5 0/0 (2)
Brais en fût ; légumes secs	»	14,00	»	»	»
Cafés et poivres	»	»	16,00	»	»
Confiserie, gomme, chaussures, soies de porc	»	»	20,00	»	»
Conserves alimentaires	»	»	14,50	»	»
Conserves alimentaires, droguerie, huile alimentaire, graisse en fût, morues	»	17,00	»	»	»
Conserves en caisse (quai à quai)	»	»	»	»	14,00
Conserves de prunes	18,00	»	»	»	»
Cuirs salés	»	»	12,00	»	»
Droguerie	»	»	15,00	»	»
Essence de térébenthine	20,00	»	12,00	»	»
Essence de térébenthine, épicerie, fruits secs, prunes sèches	»	22,00	»	»	»
Fruits frais	»	44,00	»	»	»
Glaces, mobiliers	»	»	25,00	»	»
Graines alimentaires	13,00	»	»	»	»
Laines en suint	»	»	»	»	15,00 + 15 0/0 (2)
Légumes secs	»	»	8,00 à 10,00	»	»
Marchandises diverses	16,00	»	»	»	»
Papier d'emballage	12,00	»	»	»	»
Prunes sèches	»	»	»	»	15,00 + 10 0/0 (2)
Résineux secs	»	»	9,00	»	»
Sacs vides	»	»	»	»	15,00 + 15 0/0
Spiritueux en caisse, épicerie	»	»	17,20	12,00	»
Spiritueux en caisse ou en fût	»	»	»	»	15,00 + 15 0/0 (2)
Tourteaux	»	13,00	»	»	»
Vins en bouteilles, spiritueux en fût	»	»	15,00		»
Vins en caisse	»	»	»		15,00 + 15 0/0 (2)
Vins en fût	16,00	»	»		»
Vins et spiritueux en caisse	16,00	»	»		»

(1) Marchandises prises et livrées sous palan, sauf celles dont la désignation est suivie de la mention « quai à quai ».

(2) Prime ristournée pour les expéditeurs qui remettent à la Compagnie de navigation un tonnage annuel déterminé.

Prix par tonne au départ de Marseille.

MARCHANDISES	PORTS DE DESTINATION							
	Dunkerque (2)	Le Havre (3)	Rouen (2)	Brest (4)	Saint-Nazaire Nantes (3)	La Pallice (4)	Bordeaux (4)	Bayonne (4)
	francs	francs	francs	francs	francs	francs	francs	francs
Droguerie	22.50	20.00	25.00	35.20	27.25	22.00	22,00	38.50
Graines oléagineuses	15.00	15.00	18.00	»	16.75	»	»	»
Huiles en caisses	»	20.00	»	36.30	22,00	22.00	22.00	»
Huiles en fût	18,00	16,00	21,00	36.30	20.00	22.00	22.00	33.00
Légumes secs	14.00	15.00	18,00	29.70	16.75	»	17.60	»
Marchandises encombrantes [1]	»	10.00	»	»	10.00	»	»	»
Plomb	7.00	6.00	8,00	»	7.50	»	»	»
Sacs vides	18.00	18.00	18.00	33.00	20.00	22.00	22,00	33.00
Savons communs	15,00	13.00	18.00	33.00	23.00	22.00	17.60	33.00
— parfumés	25.00	20.00	25.00	»	27.25	»	»	»
Vermouth	20.00	18.00	22.00	33.00	26.20	»	22.00	»

(1) Prix par mètre cube. — (2) Marchandises prises et livrées à quai. — (3) Marchandises prises et livrées sous palan. — (4) Marchandises prises à quai et livrées sous palan.

b. Chemins de fer. — Le tableau suivant indique un certain nombre de prix applicables aux transports par chemin de fer entre divers ports de mer :

GARES D'EXPÉDITION	GARES DE DESTINATION	MARCHANDISES	DISTANCE	CONDITION de tonnage	PRIX
			kilomètres	kilogrammes	francs
Dunkerque	Le Havre	Harengs, morues	353	1.000	23,50
				10.000	13,85
				100.000	11,85
—	—	Noir animal	353	5.000	15,00
		Noir pour engrais		10.000	10,90
—	—	Sucre brut	353	10.000	15,75
—	Honfleur	Harengs, morues	377	10.000	14,45
				100.000	12,35
—	Caen	— —	443	10.000	16,10
				100.000	13,75
—	Cherbourg	— —	574	10.000	19,35
				100.000	16,50
—	Saint-Malo	— —	636	10.000	20,90
				100.000	17,85
—	Brest	Cordages, fils de jute, etc.	901	5.000	44,40
—	—	Huiles végétales	901	8.000	35,95
—	Bordeaux	Cuivre, zinc	893	10.000	24,85
—	—	Sucres non dénommés en vrac	893	5.000	55,00
—	Cette	Cordages, fils de chanvre, etc.	1.092	5.000	50,00
—	Marseille	— — —	1.123	5.000	50,00
Dunkerque, Calais, Boulogne	Dieppe, Fécamp, Le Havre, Honfleur, Caen, Saint-Lô, Cherbourg, Saint-Malo, Brest	Alcools	155 à 901	5.000	13,25 à 35,90

GARES D'EXPÉDITION	GARES DE DESTINATION	MARCHANDISES	DISTANCE	CONDITION de tonnage	PRIX
			kilomètres	kilogrammes	francs
Dunkerque, Calais, Boulogne..	Dieppe, Fécamp, Le Havre, Honfleur, Trouville, Caen, Cherbourg, Saint-Malo, Brest.....	Produits métallurgiques.......	155 à 901	4.000	9,05 à 48,45
— — — ..	Caen, Cherbourg, Saint-Malo, Brest..................	Chanvre, lin................	372 à 901	5.000	19,20 à 26,40
Dunkerque, Calais, Boulogne, Le Tréport...............	St-Nazaire, Nantes, La Rochelle, Rochefort, Bordeaux........	Câbles, cordages, fils de jute...	distances diverses	5.000	32,00
Dunkerque, Calais, Boulogne, Le Tréport...............	St-Nazaire, Nantes, La Rochelle, Rochefort, Bordeaux........	Tresses de jute ou de phormium.	distances diverses	5.000	27,00
Dunkerque, Calais, Boulogne, Le Tréport, Dieppe, Fécamp, Le Havre, Rouen, Honfleur, Trouville, Cherbourg.......	La Rochelle, Rochefort, Bordeaux..................	Huiles.....................	610 à 898	8.000	27,00
Calais.....................	Le Havre..................	Noir animal................	312	5.000	15,00
		Noir pour engrais............		10.000	9,95
—	—	Sucre brut..................	312	10.000	14,30
—	Bordeaux..................	Sucres non dénommés en vrac .	383	5.000	55,00
—	Cette..................	Alcools, eaux-de-vie, rhums...	1.082	5.000	45,40
		Vinaigres..................			39,90
—	Marseille..................	Alcools, eaux-de-vie, rhums....	1.434	5.000	45,80
		Vinaigres..................			40,30
Boulogne..................	Le Havre..................	Carreaux en faïence..........	271	20.000	16,20
—	—	Ciment..................	271	10.000	8,65

GARES D'EXPÉDITION	GARES DE DESTINATION	MARCHANDISES	DISTANCE	CONDITION de tonnage	PRIX
			kilomètres	kilogrammes	francs
Boulogne	Le Havre	Harengs, morues	271	1.000	23.00
				10.000	11.80
				100.000	10,10
—	—	Sucre brut	271	10.000	12.90
—	Honfleur	Harengs, morues	306	10.000	12.65
				100.000	10,80
—	Trouville	— —	319	10.000	13,00
				100.000	11,10
—	Caen	— —	372	10.000	14,30
				100.000	12,20
—	Cherbourg	— —	503	10.000	17,60
				100.000	15.00
—	Saint-Nazaire	Coprolithes, etc	657	10.000	12,55
—	Nantes	—	625	10.000	12,25
—	Bordeaux	Sucres non dénommés en vrac	841	5.000	35,00
—	Cette	Alcools, eaux-de-vie, rhums	1.040	5.000	44,80
		Vinaigres			39,30
—	Marseille	Alcools, eaux-de-vie, rhums	1.092	5.000	45.40
		Vinaigres			39,90
Dieppe	Dunkerque	Tourteaux	237	10.000	7,65
—	Calais	—	196	10.000	6,80
—	Boulogne	—	155	10.000	5,80
—	Cette	Bois en frises ou en lames	956	7.000	23,45
—	Marseille	— — —	1.008	7.000	24,00
Dieppe, Fécamp, Le Havre	La Rochelle, Rochefort	Café vert	622 à 634 (1)	500	28.00

(1) Distance maxima.

GARES D'EXPÉDITION	GARES DE DESTINATION	MARCHANDISES	DISTANCE	CONDITION de tonnage	PRIX
			kilomètres	kilogrammes	francs
Dieppe, Fecamp, Le Havre, Honfleur, Trouville, Cherbourg..	La Rochelle, Rochefort........	Cacao, conserves, fruits secs, miel, etc..................	679 à 682 (1)	5.000	28,00
— — ..	— —	Céruse........................	679 à 682 (1)	5.000	25,00
— — ..	— —	Chapeaux de panama, cigares..	679 à 682 (1)	5.000	36.00
— — ..	— —	Cire........................	679 à 682 (1)	5.000	28,00
— — ..	— —	Cochenille, orseille...........	679 à 682 (1)	5.000	36.00
— — ..	— —	Coton, laine................	679 à 682 (1)	5.000	28,00
— — ..	— —	Ecorces tinctoriales, extraits tinctoriaux végétaux........	679 à 682 (1)	5.000	28,00
— — ..	— —	Guano........................	679 à 682 (1)	5.000	25,00
— — ..	— —	Jalap........................	679 à 682 (1)	5.000	36,00
— — ..	— —	Nitrates de potasse, de soude...	679 à 682 (1)	5.000	28,00
— — ..	— —	Ocres	679 à 682 (1)	5.000	25,00
— — ..	— —	Paille, tabac en feuilles........	679 à 682 (1)	5.000	28,00
— — ..	— —	Papiers	679 à 682 (1)	5.000	28,00
— — ..	— —	Pipes à fumer en terre........	679 à 682 (1)	5.000	28,00
— — ..	— —	Poivre........................	679 à 682 (1)	5.000	36,00
— — ..	— —	Savons........................	679 à 682 (1)	5.000	25,00
— — ..	— —	Sucre brut....................	679 à 682 (1)	5.000	28,00
— — ..	— —	Suif........................	679 à 682 (1)	5.000	36,00
— — ..	Bordeaux....................	Cacao, conserves, fruits secs, miel........................	643 à 786 (1)	5.000	30,00
— — ..	—	Céruse........................	643 à 786	5.000	30,00

(1) Distances maxima.

GARES D'EXPÉDITION	GARES DE DESTINATION	MARCHANDISES	DISTANCE	CONDITION de tonnage	PRIX
			kilomètres	kilogrammes	francs
Dieppe, Fécamp, Le Havre, Honfleur, Trouville, Cherbourg..	Bordeaux	Cire	643 à 786	5.000	27,00
— — ..	—	Cochenille, orseille	643 à 786	5.000	42,00
— — ..	—	Ecorces tinctoriales, extraits tinctoriaux végétaux	643 à 786	5.000	30,00
— — ..	—	Nitrates de potasse, de soude	643 à 786	5.000	30,00
— — ..	—	Ocres	643 à 786	5.000	27,00
— — ..	—	Savons	643 à 786	5.000	27,00
— — ..	—	Suif	643 à 786	5.000	42.00
— — ..	La Rochelle, Rochefort, Bordeaux	Huiles	491 à 754	8.000	27.00
Saint-Valery-en-Caux, Fécamp	Marseille	Appâts pour la pêche	1.071	10.000	33,00
Fécamp	Bordeaux	Morue	756	500	36.00
—	Cette	Bois en frises ou en lames, madriers, planches, poutres	1.027	7.000	24,15
—	Arles	— — —	966	7.000	23,55
—	Marseille	— — —	1.052	7.000	24,40
Le Havre	Dunkerque	Jute	353	5.000	18,75
—	Boulogne	—	271	5.000	16,30
—	La Rochelle, Rochefort	Acide stéarique	603 à 615	1.000	39,00
—	— —	Cotonnades	603 à 615	500	42,00
—	La Rochelle, Rochefort, Bordeaux	Produits chimiques	603 à 751	50	42,00
—	Bordeaux	Cotonnades	751	50	46,00
—	—	Suif	751	10.000	28.65
—	Cette	Bois en frises ou en lames	991	7.000	23,80
—	Marseille	— — —	1.059	7.000	24,50
—	—	Pièces en fonte	1.059	5.000	45,70

GARES D'EXPÉDITION	GARES DE DESTINATION	MARCHANDISES	DISTANCE	CONDITION de tonnage	PRIX
			kilomètres	kilogrammes	francs
Le Havre	Marseille	Suif	1.059	20.000	30,00
Rouen	Lorient	Alcools	521	5.000	25,00
—	La Rochelle, Rochefort	Acide stéarique	510 à 522	1.000	37,00
—	— —	Cotonnades	510 à 522	500	40,00
—	La Rochelle, Rochefort, Bordeaux	Produits chimiques	510 à 659	50	38,00
—	Bordeaux	Cotonnades	659	500	44,00
—	—	Suif	659	10.000	26,40
—	Marseille	Cotonnades, tissus de coton	967	5.000	60,00
—	—	Suif	967	20.000	28,00
Honfleur, Caen	Dunkerque, Calais, Boulogne	Tourteaux	306 à 443	10.000	9,00 à 11,45
Honfleur	Arles	Madriers, planches, poutres	908	7.000	23,00
Trouville	Marseille	— — —	1.007	7.000	23,95
Caen	Cette	— — —	950	7.000	23,40
Cherbourg	Dunkerque	Varechs	574	5.000	33,30
Granville	Marseille	Appâts pour la pêche	1.077	10.000	33,00
Saint-Malo	La Rochelle	Huiles	386	8.000	22,35
—	Rochefort	—	422	8.000	23,50
—	Bordeaux	—	585	8.000	27,90
—	Marseille	Appâts pour la pêche	1.085	10.000	33,00
—	—	Morue	1.085	5.000	50,00
Brest	Bordeaux	Céréales	737	20.000	15,75
Saint-Nazaire	—	Tôles d'acier ou de fer	444	10.000	14,00
Nantes	La Rochelle	Bois	180	4.000	6,90
—	—	Conserves alimentaires	180	4.000	10,50
—	—	Sucres	180	4.000	7,90
—	Rochefort	Bois	209	4.000	7,65

GARES D'EXPÉDITION	GARES DE DESTINATION	MARCHANDISES	DISTANCE	CONDITION de tonnage	PRIX
			kilomètres	kilogrammes	francs
Nantes	Rochefort	Conserves alimentaires	209	4.000	11,85
—	—	Sucres	209	4.000	8,70
—	Bordeaux	Bois	379	4.000	11,75
—	—	Brai, résine	379	4.000	11,75
—	—	Céréales, grains	379	4.000	10,60
—	—	Chanvre, cordages	379	4.000	15,55
—	—	Conserves alimentaires	379	4.000	19,35
—	—	Engrais	379	8.000	7,20
—	—	Sucres	379	4 000	12,10
—	Bayonne	Céréales	579	20.000	14,60
—	Cette	—	830	20.000	16,70
—	—	Conserves alimentaires	830	50	42,00
—	—	Cordages	830	50	42,00
—	—	Sucre brut	830	5.000	23,00
—	—	— en pains	830	5.000	23,00
—	Marseille	Conserves alimentaires	949	50	54,00
—	Nice	Sucre en pains	1.155	5.000	13,80
La Rochelle	Dunkerque	Vins	778	5 000	28,30
—	Dunkerque, Calais	Alcools, vins	778 et 768	5.000	42,20
—	— —	Vinaigres	778 et 768	50	36,70
—	Gravelines	Vins	777	5.000	28,25
—	Calais	—	768	5.000	28,20
—	Boulogne	Alcools, vins	727	5.000	41,80
—	—	Vinaigres	727	50	36,30
—	Marseille	Appâts pour la pêche	837	10.000	24,00
La Rochelle, Rochefort	Dunkerque, Gravelines, Calais	Eaux-de-vie	768 à 783	5.000	42,20

GARES D'EXPÉDITION	GARES DE DESTINATION	MARCHANDISES	DISTANCE	CONDITION de tonnage	PRIX
			kilomètres	kilogrammes	francs
La Rochelle, Rochefort	Dunkerque, Calais, Boulogne	Huiles	727 à 783	8.000	27.00
— —	— — —	Matières résineuses	727 à 783	8.000	20,15 à 21,25
— —	— — —	Spiritueux	727 à 783	50	48.00
— —	Dieppe, Fécamp, Le Havre, Honfleur, Trouville, Cherbourg	Coquillages secs, nacre	539 à 682	5.000	25.00
— —	— — —	Crin animal	539 à 682	5.000	36,00
— —	— — —	Peaux brutes	539 à 682	5.000	28.00
— —	Dieppe, Fécamp, Le Havre, Rouen, Honfleur, Trouville, Caen, Cherbourg, Saint-Malo	Alcools, vins, vinaigres	386 à 615	5.000	25.00
— —	Nantes	Produits chimiques	180 et 209	50	15,00
Rochefort	Dunkerque	Alcools, vins	783	5.000	42.40
—	—	Vinaigres	783	50	36.90
—	—	Vins	783	5,000	28.35
—	Gravelines	—	782	5.000	28,30
—	Calais	Alcools, vins	773	5.000	42.20
—	—	Vinaigres	773	50	36,70
—	—	Vins	773	5.000	28,25
—	Boulogne	Alcools, vins	731	5.000	41,80
—	—	Vinaigres	731	50	36,30
Bordeaux	Dunkerque	Bois	893	7.000	22,85
—	—	Fils	893	5.000	66,30
—	—	Matières résineuses	893	8.000	19,85
—	—	Tourteaux	893	5.000	21,90
—	—	Vinaigres	893	50	37,90
—	—	Vins	893	5.000	29,45

GARES D'EXPÉDITION	GARES DE DESTINATION	MARCHANDISES	DISTANCE	CONDITION de tonnage	PRIX
			kilomètres	kilogrammes	francs
Bordeaux	Dunkerque, Gravelines, Calais	Eaux-de-vie	883 à 893	5.000	43,40
—	Dunkerque, Calais	Huiles	883 à 893	8.000	27,00
—	— —	Spiritueux	883 à 893	50	48,00
—	— —	Vins	883 à 893	5.000	43,40
—	Gravelines	Tourteaux	892	5.000	21,90
—	—	Vins	892	5.000	29,40
—	Calais	Bois	883	7.000	22,75
—	Calais	Fils	883	5.000	65,90
—	—	Matières résineuses	883	8.000	19,65
—	—	Tourteaux	883	5.000	21,75
—	—	Vinaigres,	883	50	37,90
—	—	Vins	883	5.000	29.35
—	Boulogne	Bois	841	7.000	22,30
—	—	Fils	841	5.000	64,25
—	—	Huiles	841	8.000	27,00
—	—	Matières résineuses	841	8.000	18,80
—	—	Spiritueux	841	50	48,00
—	—	Tourteaux	841	5.000	21,10
—	—	Vinaigres	841	50	37,50
—	—	Vins	841	5.000	43,00
—	Saint-Valery	Tourteaux	781	5.000	20.20
—	Dieppe, Fécamp, Le Havre, Honfleur, Trouville	Café vert	643 à 768	500	30,00
—	Dieppe, Fécamp, Le Havre, Honfleur, Trouville, Cherbourg	Caoutchouc, résines	643 à 786	5.000	30,00
—	— —	Chapeaux de panama, cigares	643 à 786	5.000	42,00

GARES D'EXPÉDITION	GARES DE DESTINATION	MARCHANDISES	DISTANCE	CONDITION de tonnage	PRIX
			kilomètres	kilogrammes	francs
Bordeaux	Dieppe, Fécamp, Le Havre, Honfleur, Trouville, Cherbourg	Coton brut, laine brute	643 à 786	5.000	30,00
—	— — —	Coquillages secs, nacre	643 à 786	5.000	27,00
—	— — —	Cuir animal	643 à 786	5.000	42,00
—	— — —	Gomme, gutta-percha	643 à 786	5.000	42,00
—	— — —	Guano	643 à 786	5.000	27,00
—	— — —	Jalap	643 à 786	5.000	42,00
—	— — —	Paille, tabac en feuilles, peaux brutes	643 à 786	5.000	30,00
—	— — —	Pipes à fumer, tabac	643 à 786	5.000	30,00
—	— — —	Sucre brut	643 à 786	5.000	30,00
—	Dieppe, Fécamp, Le Havre, Rouen, Caen, Cherbourg, Saint-Malo, Brest	Alcools, vinaigres, vins	638 à 857	5.000	27,00
—	Fécamp	Bois de teck	780	5.000	27,00
—	Caen	Brai, goudron, résine	610	8.000	25,50
—	Cherbourg	— — —	725	50	26,50
—	—	Papier	725	5.000	30,00
—	Granville, Saint-Malo	Morue	636 et 597	500	31,00
—	Saint-Malo	Brai, goudron, résine	585	50	22,00
—	Brest	Produits metallurgiques	737	10.000	17,45
—	Nantes	Bois	379	4.000	11,75
—	—	Prunes sèches	379	50	29,85
—	Marseille	Appâts pour la pêche	630	10.000	20,00
—	—	Biscuits	630	4.000	40,00
—	—	Bois	630	5.000	17,00

GARES D'EXPÉDITION	GARES DE DESTINATION	MARCHANDISES	DISTANCE	CONDITION de tonnage	PRIX
			kilomètres	kilogrammes	francs
Bordeaux	Marseille	Bois de teinture	630	5.000	26,80
—	—	Cacao, café	630	5.000	27,00
—	—	Conserves	630	500	20,00
—	—	Eaux-de-vie, rhums, vins	630	5.000	39,60
—	—	Engrais divers	630	5.000	12,30 à 17,9[illegible]
—	—	Faïence	630	5.000	30,00
—	—	Fer	630	10.000	15,85
—	—	Goudron, résine	630	8.000	15,00
—	—	Huile de naphte	630	5.000	21,00
—	—	Laines brutes	630	5.000	30,00
—	—	Mélasses, sucres bruts	630	5.000	20,00
—	—	Noir animal	630	5.000	20,00
—	—	Paille tressée	630	5.000	35,00
—	—	Papier	630	10.000	20,00
—	—	Peaux brutes	630	5.000	27,00
—	—	Riz	630	20.000	14,70
—	—	Saindoux, suif	630	5.000	20,00
—	—	Vinaigres	630	50	34,10
Bayonne	Rochefort	Pierres de taille	369	5.000	13,00
—	Marseille	Engrais divers	701	5.000	12,80 à 19,00
Argelès-sur-Mer	—	Roseaux	319	5.000	17,50
Cette	Dunkerque	Peaux de mouton	1.136	5.000	37,00
—	Dunkerque, Calais	Vins	1.092 et 1.082	7.000	31,50
—	Dunkerque, Calais, Boulogne	Spiritueux, vinaigres, vins	1.040 à 1.092	50	69,00
—	Boulogne	Vins	1.040	7.000	30,90
—	Dieppe	Alcools, eaux-de-vie, vins	956	5.000	44,00

GARES D'EXPÉDITION	GARES DE DESTINATION	MARCHANDISES	DISTANCE	CONDITION de tonnage	PRIX
			kilomètres	kilogrammes	francs
Cette	Dieppe	Laines	956	5.000	60,65
—	—	Vinaigres	956	50	38,50
—	Fécamp	Alcools, eaux-de-vie, vins	1.027	5.000	44.80
—	—	Vinaigres	1.027	50	39,30
—	Le Havre	Alcools, eaux-de-vie, vins	991	5.000	44,40
—	—	Laines	991	5.000	63,70
—	—	Vinaigres	991	50	38,90
—	Rouen	Alcools, eaux-de-vie, vins	899	5.000	43.40
—	—	Laines	899	5.000	59,20
—	—	Vinaigres	899	50	37.90
—	Honfleur, Trouville	Alcools, eaux-de-vie, vins	926 et 939	5.000	43,80
—	—	Vinaigres	926 et 939	50	38,30
—	Saint-Nazaire	Alcools	895	5.000	43.40
—	—	Vendanges (raisins)	917	5.000	45,00
—	—	Vinaigres	895	50	37.90
—	—	Vins	895	5.000	38,25
—	Nantes	Alcools	830	5.000	42.80
—	—	Céréales	830	20.000	16,70
—	—	Vinaigres	830	50	37.30
—	—	Vins	830	5.000	30.05
—	La Rochelle	Alcools	673	5.000	40.80
—	—	Vinaigres	673	50	35,30
—	—	Vins	673	5.000	22,10
—	Rochefort	Alcools	644	5.000	40,20
—	—	Vinaigres	644	50	34,70
—	—	Vins	644	5.000	20,75

GARES D'EXPÉDITION	GARES DE DESTINATION	MARCHANDISES	DISTANCE	CONDITION de tonnage	PRIX
			kilomètres	kilogrammes	francs
Cette, Marseille	Calais, Boulogne	Peaux de mouton	1.109 à 1.149	5.000	37,00
— —	Dieppe, Fécamp, Le Havre	Saindoux	dist. div.	5.000	40,00
Marseille	Dunkerque	Chanvre, coton, laine, lin	1.023	5.000	37.00
—	—	Peaux de mouton	1.023	5.000	37.00
—	—	Tourteaux	1.023	5.000	24,25
—	Calais	—	1.134	5.000	24,35
—	Calais, Boulogne	Chanvre, coton, lin	1.092 et 1.134	5.000	37,00
—	Boulogne	Tourteaux	1.092	5.000	23.90
—	Dieppe	Cotons bruts	1.008	20.000	39,05
—	—	Laines	1.008	5.000	60,65
—	—	Soufre	1.008	10.000	31,55
—	Dieppe, Fécamp, Le Havre, Rouen	Savons	967 à 1.059	5.000	39.40
—	Le Havre	Cotons bruts	1 059	20.000	40,10
—	—	Laines	1.059	5.000	63,70
—	—	Soufre	1.059	10.000	32,60
—	Rouen	Cotons bruts	967	20.000	38,25
—	—	Laines	967	5.000	59,20
—	—	Soufre	967	10.000	30,75
—	Honfleur, Trouville, Caen	Savons	994 à 1.018	5.000	50,40
—	Caen	Soufre	1.018	10.000	31,75
—	Cherbourg	Savons	1.149	5.000	57,40
—	Saint-Malo, Brest	—	1.085 et 1.253	5.000	52,40
—	Brest	Céréales	1.253	20.000	20,95
—	Lorient	Bougies, savons	1.111	5.000	37,50
—	—	Huiles	1.111	8.000	37,85
—	Saint-Nazaire	Alcools, vins	1.013	5.000	44,60

GARES D'EXPÉDITION	GARES DE DESTINATION	MARCHANDISES	DISTANCE	CONDITION de tonnage	PRIX
			kilomètres	kilogrammes	francs
Marseille	Saint-Nazaire	Céréales	1 013	20.000	18,55
—	—	Mélasses, sucres bruts	1.013	5.000	32,06
—	—	Plantes vivantes	1.013	4.000	60,00
—	—	Vendanges	1.013	5.000	45,00
—	—	Vinaigres	1.013	50	39,10
—	Saint-Nazaire, Nantes	Bougies, huiles, savons	949 et 1.013	5.000	29,40
—	Nantes	Céréales	949	20.000	17,90
—	—	Couffes	949	5.000	40,00
—	—	Mélasses, sucres bruts	949	5.000	30,00
—	La Rochelle	Alcools	830	5.000	42,80
—	—	Céréales	830	20.000	16,70
—	—	Huiles	830	8.000	34,50
—	—	Vinaigres	830	50	37,30
—	—	Vins	830	5.000	29,80
—	La Rochelle, Rochefort	Bougies	801 et 830	50	50,00
—	— —	Huiles	801 et 830	5.000	35,00
—	— —	Savons	801 et 830	50	44,40
—	Rochefort	Alcools	801	5.000	42,60
—	—	Huiles	801	8.000	33,75
—	—	Vinaigres	801	50	37,10
—	—	Vins	801	5.000	28,45
—	Bordeaux	Bitumes	630	10.000	19,75
—	—	Bougies	630	5.000	20,00
—	—	Bouteilles vides	630	5.000	29,50
—	—	Couffes	630	5.000	25,00
—	—	Huiles	630	5.000	20,00

GARES D'EXPÉDITION	GARES DE DESTINATION	MARCHANDISES	DISTANCE	CONDITION de tonnage	PRIX
			kilomètres	kilogrammes	francs
Marseille	Bordeaux	Savons	630	5.000	18,10
—	—	Soufre	630	10.000	15,00
—	Bayonne	Jutes	701	5.000	40,50
—	—	Soufre	701	10.000	20,00
—	Agde	Savons	188	50	11,40
Marseille. Nice	Dieppe, Fécamp, Le Havre	Huiles	1.008 à 1.248	8.000	36,95 à 39,10
Toulon	Saint-Nazaire	Alcools et vins	1.078	5.000	45,20
—	—	Vinaigres	1.078	50	3,970
—	La Rochelle	Alcools	895	5.000	43,40
—	—	Vinaigres	895	50	37,90
—	—	Vins	895	5.000	39,30
—	La Rochelle, Rochefort	—	866 et 895	500	55,00
—	Rochefort	Alcools	866	5.000	43,20
—	—	Vinaigres	866	50	37,70
—	—	Vins	866	5.000	37,95
Nice	Lorient	Bougies	1.336	5.000	56,15
—	—	Huiles	1.336	8.000	39,75
—	—	Savons	1.336	10.000	52,75
—	Nantes	Bougies	1.174	5.000	48,45
—	—	Huiles	1.174	8.000	38,45
—	—	Savons	1.174	10.000	44,65
—	La Rochelle	Huiles	1.055	8.000	37,35
—	La Rochelle, Rochefort	Bougies	1.026 et 1.055	5.000	69,05
—	— —	Savons	1.026 et 1.055	10.000	60,05
—	Rochefort	Huiles	1.026	8.000	37,05

La plupart des prix consignés au tableau précédent comprennent, outre les frais de transport proprement dits, les frais de gare au départ et à l'arrivée, ainsi que les frais de transmission quand il y a lieu, mais laissent de côté les frais de chargement et de déchargement. Quelques-uns englobent le coût de ces deux opérations ou parfois celui de l'une d'elles seulement.

Un simple rapprochement entre les taxes des voies ferrées et les chiffres relatifs au fret maritime montre qu'en général, malgré l'application de tarifs à base modique et malgré l'avantage d'une moindre distance de parcours, les Administrations de chemins de fer n'arrivent pas à abaisser leurs prix au niveau de ceux des transports par mer.

4. Eléments divers susceptibles d'influer sur la concurrence entre les chemins de fer et le cabotage. — La comparaison des prix constitue, sans aucun doute, pour les expéditeurs, l'élément principal du choix entre la voie d'eau et la voie de fer. Il n'est cependant pas le seul. D'autres considérations interviennent, notamment celle de la durée des transports et celle des manutentions, dont la nature et le nombre prennent une réelle importance en ce qui concerne les marchandises fragiles ou sujettes à détérioration.

Dans la plupart des cas, la voie ferrée assure une rapidité beaucoup plus grande. Elle le doit à diverses causes : abréviation des distances, supériorité de la vitesse des trains sur celle des navires, fréquence et régularité des départs, échelonnement des expéditions par petites masses, etc.

L'abréviation des distances est suffisamment mise en lumière par les exemples suivants :

DÉSIGNATION DES PARCOURS	DISTANCES	
	par mer	par chemin de fer
	kilomètres	kilomètres
Dunkerque au Havre	265	353
Dunkerque à Nantes	950	696
Dunkerque à Bordeaux	1.200	893
Dunkerque à Marseille	3.800	1.123
Le Havre à Nantes	830	497
Le Havre à Marseille	3.575	1.059
Rouen à Bordeaux	1.150	659
Rouen à Marseille	3.700	967
Nantes à Bordeaux	1.080	379
Nantes à Marseille	3.250	949
Bordeaux à Marseille	3.250	630

Cette abréviation s'accentue, en particulier, pour les relations des ports de l'Océan avec ceux de la Méditerranée, c'est-à-dire pour les relations desservies par le grand cabotage et imposant à la navigation le passage au sud de l'Espagne.

Il est inutile d'insister sur l'infériorité de la vitesse des navires, surtout des bâtiments à voiles ou même des bâtiments à vapeur qui pratiquent la navigation côtière.

Les services réguliers de cabotage, à départs fréquents, sont peu nombreux, et les marchandises expédiées par la voie maritime subissent souvent, dans les ports, des stationnements prolongés avant leur embarquement.

A la vérité, les tarifs spéciaux, qui seuls permettent la lutte de la voie ferrée contre la voie de mer, comportent des allongements de délais. Mais, en se réservant des délais supplémentaires, les Administrations de chemins de fer ont pour préoccupation dominante d'éviter les réclamations et les indemnités dans le cas de retard; elles effectuent ordinairement les livraisons avant le terme réglementaire.

Or, aujourd'hui, le public, pressé par les nécessités commerciales, par les transformations survenues dans l'allure des échanges, et incité d'ailleurs par l'accélération continue des transports sur rails, s'accommode moins facilement qu'autrefois des lenteurs de la navigation.

Ainsi s'expliquent, en dépit de l'économie procurée par la voie maritime, certaines pertes qu'a éprouvées le cabotage, comme celle d'alcools du Nord expédiés vers Rochefort et fournissant jadis un trafic appréciable à une ligne régulière du port de Dunkerque.

Le chargement et le déchargement des navires impliquent fréquemment des opérations multiples, compliquées, difficiles, capables de compromettre la conservation des marchandises fragiles, ou tout au moins des emballages. Il ne semble pas que la situation s'améliore à cet égard : le personnel employé à la manutention paraît plutôt perdre de son aptitude aux travaux délicats, qui exigent des précautions minutieuses. Aussi a-t-on vu passer de la voie maritime à la voie ferrée, plus coûteuse, mais plus sûre, des expéditions de verres à vitres, de céruse en baril, de fils en vrac, envoyés de la région du Nord vers la région de l'Ouest.

5. Concurrence directe entre les chemins de fer et le cabotage. — Pour les échanges entre localités sises sur le littoral, les chemins de fer ne peuvent guère lutter efficacement contre le cabotage que dans des cas exceptionnels, notamment quand la distance à franchir est très courte, ou lorsque la longueur du parcours maritime est de beaucoup supérieure à celle du parcours sur rails, ou encore quand les marchandises à transporter sont, soit fragiles, soit périssables.

Les courts trajets maritimes ont le double inconvénient d'être grevés très lourdement par les charges terminales et retardés outre mesure par le stationnement dans les ports. Des résultats heureux ont été récemment obtenus, grâce à l'emploi de chalands remorqués : ce mode de transport, appliqué avec succès aux envois de cuivre du Havre vers les ateliers de la Dive, marque une tendance à se développer.

Quand la voie maritime est très longue comparativement à la voie ferrée, celle-ci prend un avantage manifeste. La faible proportion du trafic de grand cabotage au trafic de petit cabotage (10 p. 100) tient, en partie, à l'énorme détour qu'impose le passage par Gibraltar. Ce détour affecte d'autant plus les relations maritimes que les ports d'expédition et de destination sont moins éloignés à vol d'oiseau ; les échanges entre Bordeaux et Marseille, dont la distance par mer est quintuple de la distance par rails, en souffrent davantage que les échanges entre Dunkerque et Marseille, dont les distances par voie maritime et par voie ferrée sont dans le rapport de 3,4.

Le chemin de fer convient particulièrement aux marchandises fragiles. *A fortiori* en est-il de même pour les marchandises périssables, telles que les poissons et les crustacés, qui doivent être livrées rapidement à la consommation.

En dehors de ces cas spéciaux, la modicité des prix de fret donne au cabotage une prépondérance incontestable. Aussi les voies ferrées suivant le littoral n'ont-elles qu'un faible trafic. Généralement, il est vrai, ces lignes ne sont pas les plus courtes pour les communications entre nos grands ports ; mais, en analysant les éléments constitutifs du trafic des chemins plus directs rattachant ces ports les uns aux autres, on constate que les transports de bout en bout offrent peu d'importance. Si la cause peut en être attribuée, pour une large part, à la direction dominante des échanges, du littoral vers l'intérieur ou réciproquement, il est impossible de méconnaître l'action des facilités et des avantages exceptionnels que les relations entre les divers points des côtes trouvent dans la navigation.

Une forme intéressante de la concurrence est celle à laquelle donnent lieu, entre un port côtier et un port intérieur reliés par un fleuve ou par un canal maritime, les transports en provenance ou à destination, soit du littoral français, soit de ports étrangers. Bien que cette concurrence porte principalement sur les échanges internationaux, le trafic de cabotage peut n'y point rester étranger. D'ailleurs, il s'agit d'une navigation assimilable sous différents rapports à la navigation côtière.

Le prix de fret supplémentaire à payer pour le parcours du port côtier au port intérieur ou inversement est, en général, très faible. Parfois même, le prix total ne subit pas d'augmentation. Dès lors, le port intérieur, plus rapproché des centres de consommation ou de production, tend à attirer la majeure partie du trafic, ne laissant au port côtier que la fonction d'un port de vitesse, ne lui abandonnant que les voyageurs et les marchandises qui doivent être transportées dans le moindre délai. La voie ferrée longeant le fleuve ou le canal est impuissante à soutenir la lutte et à combattre la puissance d'attraction du port intérieur, car ses tarifs ne sauraient être indéfiniment abaissés ; son rôle se restreint, comme celui du port côtier, à desservir le trafic des voyageurs et des messageries. Pauillac, sur la Gironde, et Bordeaux, sur la Garonne, fournissent un exemple de répartition du trafic conforme aux indications précédentes. Citons aussi, à l'étranger, Terneuzen et Gand, sur le canal de Gand à Terneuzen (Belgique), Hoek van Holland et Rotterdam sur le waterweg artificiel faisant communiquer la Meuse avec la mer (Pays-Bas), Bremerhafen et Brême sur la Weser (Allemagne), Cuxhaven et Hambourg sur l'Elbe (Allemagne).

Des circonstances locales, spécialement l'existence de marchés ou d'industries ayant pour siège le port côtier ou la région avoisinante peuvent accroître la fonction de ce port, modifier le régime du partage et augmenter, par suite, le trafic du chemin de fer. Le Havre, à l'embouchure de la Seine, garde le marché des cotons et des cafés ; Liverpool, à l'extrémité aval du canal de Manchester, celui des cotons. Saint-Nazaire, au débouché de la Loire, est largement alimenté par l'importation et l'exportation de son industrie.

Mais la création ou le développement des ports intérieurs constituent toujours une menace pour la prospérité des ports côtiers, qui sont exposés à une déchéance ou à un ralentissement de leur essor. Les voies ferrées longeant les fleuves ou canaux subissent inévitablement le contre-coup de cette atteinte au trafic des ports côtiers. En 1896, le tonnage effectif du port de Rouen ne dépassait guère les deux tiers de celui du Havre (Rouen, 2 021 000 tonnes ; le Havre, 2 914 000 tonnes) ; en 1910, il y a eu presque parité (Rouen, 3 908 000 tonnes ; le Havre, 3 926 000 tonnes). Les améliorations que le Département des travaux publics étudie pour la Seine en amont de Rouen ne seront pas sans porter quelque préjudice à ce port et sans réduire l'intensité du trafic sur la voie ferrée de Paris au Havre. Dès aujourd'hui, des navires de mer remontent la Seine jusqu'à Paris ; la « Compagnie maritime de la Seine » a transporté, en 1909, plus de 32000 tonnes entre Paris et Londres ; une « Compagnie de transports maritimes fluviaux » s'est constituée récemment dans le but d'organiser un service direct reliant à la capitale les ports britanniques, néerlandais ou allemands, et a même entrepris le transport de charbons anglais destinés à la Compagnie du gaz de Paris. Quand le mouillage de la Seine aura été élevé de 3m,30 à 4m,20 ou 4m,50, les chalands remorqués, dont l'usage commence à se répandre sur la mer du Nord et qui parfois fréquentent déjà le port de Rouen, notamment pour y apporter les pétroles de Hambourg, arriveront certainement dans la région parisienne.

Sur le Rhin, la navigation maritime est active. Les ports de Duisbourg-Ruhrort sont mis en relation avec ceux de la mer du Nord et de la Baltique par des navires à vapeur et par des chalands remorqués.

Des obstacles divers entravent les Administrations de chemins de fer dans leur concurrence au cabotage.

Le Département des travaux publics proscrit autant que possible les prix fermes et s'attache à ne laisser instituer que des barêmes applicables sur l'ensemble du réseau. Tout abaissement des tarifs a, par suite, une répercussion générale et peut déterminer des pertes de recettes.

Quand l'Administration consent exceptionnellement à la création de prix fermes, elle ne manque pas de ménager entre ces prix et ceux de la navigation un écart corrélatif aux avantages de sécurité, de régularité et de rapidité qu'offre le chemin de fer. Les prix fermes réagissent, d'ailleurs, sur les transports étrangers au trafic concurrencé, par le jeu de la soudure et de la clause des stations non dénommées.

D'autre part, tandis que les armateurs ont une entière liberté de taxation, les Compagnies de chemins de fer sont placées sous le régime de la fixité des tarifs, ne possèdent en droit la faculté de relèvement qu'après de longs délais et se voient pratiquement dans l'impossibilité d'obtenir l'autorisation qui leur est nécessaire pour ces relèvements.

La concurrence des chemins de fer résulte moins de tarifs spécialement établis dans un but de lutte que de tarifs créés pour un autre objet. Elle se manifeste surtout en ce qui concerne les longues distances, se prêtant à l'adoption de bases kilométriques très réduites.

6. Concurrence entre les chemins de fer et le cabotage combiné avec d'autres moyens de transport. — Ce n'est pas seulement pour les relations entre les ports que s'exerce la concurrence du cabotage et des chemins de fer. Elle étend son action dans une zone plus ou moins vaste du territoire. On comprend, en effet, que le bénéfice réalisé sur le transport par mer suffise à couvrir les frais d'un simple ou même d'un double transbordement et d'un transport complémentaire, soit sur rails, soit par la navigation fluviale. Les efforts des Administrations de chemins de fer doivent tendre et tendent effectivement à restreindre la zone qui subit ainsi l'influence du cabotage.

De même que pour le trafic de port à port, les règles auxquelles est soumise la tarification des voies ferrées placent ces voies dans une situation certaine d'infériorité. Néanmoins, les conditions de la lutte sont moins défavorables et les chances de succès plus grandes. Je me contenterai de citer quelques exemples relatifs à des transports dont la longueur permet une diminution notable de la taxe kilométrique moyenne.

Les expéditeurs ayant à envoyer des marchandises de Lille à Bordeaux disposent de deux itinéraires : l'un n'empruntant que le chemin de fer; l'autre unissant la voie ferrée entre Lille et Dunkerque à la voie maritime entre Dunkerque et Bordeaux. Suivant le premier itinéraire, ils bénéficieront de tarifs spéciaux à base modique; suivant le second, ils auront à acquitter, pour le transport de Lille à Dunkerque, une taxe relativement élevée qui, avec le fret, pourra former un total atteignant ou dépassant le prix par rails de Lille à Bordeaux.

Il existe, pour les céréales, un tarif commun à tous les réseaux de chemins de fer, dont la base descend à 1 centime au delà de 600 ou de 500 kilomètres, selon que le tonnage de l'expédition est de 10 ou de 20 tonnes au moins. Grâce à ce tarif, la voie de fer retient le transport des blés et des orges de Vendée ou de Bretagne destinés aux minoteries et aux malteries du Nord, à moins que les points extrêmes du parcours ne soient très proches de la mer.

En 1893, les Compagnies d'Orléans, de Paris-Lyon-Méditerranée et du Midi, voulant rouvrir aux vins du Midi de la France l'accès du marché parisien qu'avaient conquis les vins espagnols pendant la période des ravages du phylloxera, se concertèrent pour l'institution d'un tarif très bas; ce tarif donnait, de Cette à Paris, un prix de 28 fr. 30 par tonne, frais accessoires compris ; il assura au chemin de fer la totalité du trafic. Plus tard, la Compagnie d'Orléans créa, en faveur des vins expédiés de Bordeaux sur Paris, des prix de 18 francs par tonne pour les envois de 20 tonnes, de 8 fr. 50 par bordelaise ou pièce de 250 litres et de 4 fr. 35 par sixain ou feuillette de 125 litres; elle réduisit, d'ailleurs, dans une forte proportion le coût du camionnage des fûts isolés bénéficiant de ces derniers prix; sans déposséder entièrement la navigation maritime, qui conserva un trafic important de vins entre Bordeaux et Rouen (près de 30000 tonnes en 1909), les abaissements consentis par la Compagnie lui procurèrent des transports actifs et rémunérateurs pour les provenances autres que les abords immédiats de Bordeaux.

Le tarif commun 114 facilite les envois directs des établissements métallurgiques du Nord et de l'Est sur Bordeaux ou Marseille, au détriment du transit par les ports du Nord.

Deux tarifs 120 et 127, comportant un prix de 37 francs par tonne, frais accessoires compris, pour le chanvre ou le lin cardé ou peigné, pour le coton brut, pour la laine brute, pour les peaux brutes de mouton en laine, de Marseille à Lille, Roubaix, Tourcoing, donnent à ces marchandises, notamment aux chanvres d'Italie et aux cotons d'Égypte, le moyen de pénétrer dans la zone d'action du port de Dunkerque par les réseaux de Paris-Lyon-Méditerranée et du Nord, quand il n'y a pas d'occasion de transport maritime direct entre le pays d'origine et Dunkerque.

Il serait facile de multiplier les exemples. Mais ceux qui précèdent sont suffisamment caractéristiques.

Dans l'ensemble, l'extension et l'abaissement progressif des tarifs spéciaux, joints à l'accroissement des charges grevant la marchandise dans les ports, et en particulier à l'élévation du coût de la main-d'œuvre, paraissent restreindre en France la zone d'action du cabotage. Cependant la clientèle de la navigation côtière conserve une certaine stabilité, soit que les prix du fret suivent une dégression parallèle à celle des tarifs de chemins de fer, soit que la fidélité à des habitudes anciennes ait assez de force pour retenir le trafic sur la voie maritime.

7. Concurrence entre les voies ferrées desservant les divers ports. — Indépendamment de l'influence plus ou moins directe qui vient d'être examinée, la navigation maritime exerce sur les chemins de fer une autre action dont il ne sera pas inutile de dire immédiatement quelques mots, bien qu'elle se fasse sentir surtout pour la navigation internationale.

Quand les marchandises transportées par mer sont à destination ou en provenance d'une ville de l'intérieur, il arrive souvent que cette ville soit reliée par rails avec deux ou plusieurs ports et que les longueurs de ces jonctions ne présentent pas de très grandes différences. Les allongements de parcours sur mer n'amènent pas de variation notable dans le prix du fret ; le navire est, toutes choses égales d'ailleurs, dirigé vers le port pour lequel le prix de transport par rails sera le plus faible. Ainsi s'établit, entre les diverses lignes susceptibles de livrer passage aux marchandises et dépendant d'Administrations différentes, une lutte qui tend à provoquer des abaissements de taxes et dont il serait facile de citer plus d'un exemple. Sans doute, ce n'est pas la seule considération qui dicte le choix du port de débarquement ou d'embarquement; il en est d'autres, telles que la provenance ou la destination du surplus de la cargaison, les facilités d'accès du port, celles de la manutention, les ressources locales pour l'affrètement, etc. Néanmoins, elle pèse d'un grand poids sur la détermination de l'itinéraire. Son importance serait encore plus accusée, si les Administrations de chemins de fer n'étaient pas liées par des règles étroites de tarification. La concurrence des différentes voies ferrées peut, du reste, conduire à des accords pour le partage des recettes entre les Administrations intéressées.

Un phénomène du même ordre se produit lorsque plusieurs ports communiquent avec le lieu de destination ou de provenance, les uns par des voies ferrées, les autres par des voies de navigation intérieure. Mais ici la lutte devient souvent très difficile pour les Administrations de chemins de fer, qui ne peuvent attirer une forte part du trafic qu'au prix de grosses réductions sur leurs taxes.

8. Renseignements sur la concurrence dans le Royaume-Uni. — Il est des pays, comme le Royaume-Uni, où le développement des côtes rend la rivalité du cabotage encore beaucoup plus dangereuse pour les chemins de fer et où la navigation côtière est même le seul concurrent sérieux des Compagnies. Dans le premier tome du «Traité des chemins de fer» (1), j'ai cité des appréciations et des faits caractéristiques, empruntés au bel ouvrage de M. Charles de Franqueville sur le « Régime des travaux publics en Angleterre ». Le savant auteur signalait des tarifs exceptionnellement abaissés, partout où la lutte était ouverte, et montrait l'action de la concurrence s'étendant bien loin en dehors des ports de départ et d'arrivée des navires. « Les transports entre l'Angleterre et l'Irlande se font « (écrivait-il) entre les divers ports des deux pays par plusieurs lignes « de steamers, dont quelques-unes appartiennent à des Compagnies « de chemins de fer, les autres à des entrepreneurs indépendants, et « l'effet de la concurrence se fait ressentir, non seulement sur le « chiffre du fret, mais aussi sur le prix des transports par les voies « ferrées qui amènent les marchandises dans les ports. Les prix de « Manchester à Fleetwood, par exemple, dépassent à peine ceux de « Manchester à Preston, bien que la distance soit plus considérable « de 32 kilomètres. Mais il faut remarquer aussi que toute réduction « dans les prix de transport des marchandises à destination d'un certain point amène une baisse dans les tarifs des mêmes marchan- « dises expédiées vers ce même point des autres parties du pays, de telle

(1) Publié en 1887.

« sorte que, si la navigation maritime réduit le prix des houilles entre « Newcastle et Londres, la même réduction se produit sur les tarifs « de transport entre les autres centres de production et Londres.

« Un des témoins entendus dans l'enquête de 1872 sur les chemins « de fer et dont le Comité parlementaire semble partager l'avis es- « time que la concurrence maritime exerce une influence plus ou « moins directe sur les tarifs des chemins de fer pour les trois cin- « quièmes des localités du Royaume-Uni. »

Depuis longtemps, les Compagnies de chemins de fer, profitant de ce que le Gouvernement intervenait rarement dans la construction des ports maritimes, sont parvenues à se rendre maîtresses d'un grand nombre d'entre eux. M. de Franqueville constatait, dès 1874, qu'elles en possédaient 43. Cette mainmise leur donnait une force redoutable dans la lutte contre le cabotage. Elle avait paru assez préjudiciable à l'intérêt public pour déterminer le Comité parlementaire de 1872 à demander que de nouveaux monopoles du même genre ne fussent plus autorisés à l'avenir sans un sérieux examen. Parmi les ports dépendant, soit dans leur intégralité, soit pour la plus large part, des Compagnies de chemins de fer, figurent ceux de Newcastle, Sunderland, Hartlepool, Grimsby, Folkestone, Hull, Southampton.

La liberté dont jouissent les Compagnies de chemins de fer pour réduire les taxes applicables au trafic concurrencé, et spécialement pour attirer les grosses expéditions, donnent à la lutte contre le cabotage un caractère franchement commercial.

Nos voisins admettent généralement que des prix égaux doivent être appliqués entre un même point de l'intérieur et tous les ports qui n'en sont pas à des distances trop inégales. Ce principe a soulevé de nombreuses protestations dans les ports qu'il ne favorise pas. Son application pour les transports du centre de l'Angleterre vers Londres et Southampton, par exemple, attribue incontestablement au port de Southampton, qui est à 125 kilomètres de Londres, un avantage très marqué, avantage qu'accuse encore la supériorité des jonctions du chemin de fer avec les quais. Il a, du moins, le mérite de susciter une vive émulation entre les ports.

En France, pareil régime serait incompatible avec la prédilection pour les barèmes régissant toutes les relations de chaque réseau, respectant les situations géographiques et limitant, par suite, la zone d'influence de chacun des ports.

§ 2. — Navigation internationale.[1]

1. Concurrence entre les chemins de fer et la navigation internationale. — Les considérations développées à propos de la concurrence entre les chemins de fer et le cabotage français, seul ou combiné avec d'autres moyens de transport, s'appliquent à la navigation internationale, dont une partie, d'ailleurs, comme la navigation mettant en rapport les côtes de l'Espagne et celles de la France, constitue une véritable navigation côtière. A la vérité, les charges terminales grevant les navires et leur cargaison dans nos ports sont plus lourdes pour les transports internationaux que pour le cabotage; mais les parcours ont aussi une longueur moyenne plus grande. Or, le prix du fret est loin de croître proportionnellement à la distance : souvent même, de longs trajets supplémentaires se font sans que le prix subisse aucune augmentation.

Dès qu'il s'agit de parcours étendus, le chemin de fer est incapable de disputer utilement à la voie maritime les échanges de port à port ; il reste impuissant pour les transports en provenance ou à destination de points situés à l'intérieur des terres, quand ces points sont peu éloignés du littoral ; la possibilité d'une concurrence efficace ne s'ouvre que dans le cas de transports mixtes pour lesquels la navigation n'a pas une prépondérance trop marquée.

Plus d'une fois, nos Compagnies de chemins de fer ont fait l'expérience des difficultés de la lutte contre la navigation internationale. Quelques exemples de tentatives infructueuses méritent d'être rappelés.

Il y a longtemps déjà, les Compagnies espagnoles de chemins de fer, la Compagnie du Midi et celle de Paris-Lyon-Méditerranée, voulant participer au transport des vins d'Espagne vers Port-Vendres, la Nouvelle, Agde, Cette et Marseille, instituèrent des tarifs communs comportant, par exemple, les prix suivants :

Tarragone à Cette.....	(453 kilom.).	Prix de 15 fr. 50.	— Base de 3 c. 10
Tarragone à Marseille .	(635 —).	Prix de 20 fr.	— Base de 2 c. 91
Tarragone à Bordeaux .	(782 —).	Prix de 36 fr. 50.	— Base de 4 c. 48

Le fret de Tarragone à Cette coûtait de 12 à 14 francs. Malgré la modicité de l'écart entre le prix de la navigation et celui du chemin

(1) Y compris la navigation entre la France et les colonies ou pays de protectorat.

de fer, la voie maritime garda la majeure partie du trafic ; de mars 1879 à 1880, en effet, la navigation importa dans les ports ci-dessus désignés 190 000 tonnes de vins d'Espagne, alors que le chemin de fer du Midi n'en faisait pas entrer par Cerbère plus de 35 000 tonnes, dont 25 000, à destination de Perpignan et de Rivesaltes, ne pouvaient lui échapper.

De leur côté, les Compagnies d'Orléans et du Midi créèrent un tarif commun, qui permettait aux vins espagnols de venir d'Hendaye à Paris (811 kilomètres) au prix de 42 francs, frais accessoires compris. Ce tarif ne produisit pas les résultats espérés. En effet, les vins espagnols pouvaient être embarqués au port de Pasajes et arriver à Paris moyennant un fret moyen de 30 francs. Pendant l'année 1885, le chemin de fer ne recueillit à Hendaye que 28 800 tonnes, tandis que la voie maritime en prenait 52 000. Pour engager la lutte dans des conditions moins défavorables, les Compagnies d'Orléans et du Midi durent concerter avec la Compagnie du Nord de l'Espagne un tarif commun ne leur attribuant qu'une part de 36 francs.

A fortiori, la voie ferrée fut-elle dans l'impuissance de concurrencer la navigation pour les vins d'Italie, dont le transport par eau jusqu'à Paris ne coûtait pas plus de 40 francs et se payait fréquemment beaucoup moins. Les entrées par Modane ne dépassaient pas 10 000 à 12 000 tonnes, alors que Le Havre recevait 80 000 tonnes, dont 30 000 étaient réexpédiées sur Paris par eau ou par rails.

Si la question de prix exerce une influence décisive sur le choix du mode de transport pour la plupart des marchandises, il en est autrement pour les marchandises périssables, qui ne valent que par leur état de conservation, et qui doivent suivre la voie la plus rapide. La marée de Boulogne et les crustacés de Bretagne sont transportés par le chemin de fer à Ostende. Souvent la marée d'Arcachon à destination de Londres est conduite sur rails jusqu'à Boulogne.

2. Concurrence entre les voies ferrées desservant les divers ports. — Les ports français peuvent, pour un transport déterminé, être en concurrence, soit entre eux, soit avec des ports étrangers. Cette concurrence se lie directement à celle des voies ferrées desservant les divers ports.

Des facteurs multiples interviennent dans le choix du port de débarquement ou d'embarquement : prix de fret, coût de l'assurance maritime, frais à terre (péages, frais de transit, de courtage, de commission, de manutention, de magasinage, etc.), provenance ou destination du surplus de la cargaison, ressources locales d'affrètement, existence et activité de marchés spéciaux comme celui des cotons et des cafés au Havre, habitudes commerciales, régularité et fréquence des services maritimes, rapidité de ces services, prix des transports intérieurs du point de provenance au port de départ et du port d'arrivée au port de destination, etc.

Pour les longs transports transatlantiques, l'influence du prix de fret s'élimine presque complètement. Des centaines, parfois des milliers, de kilomètres peuvent s'ajouter au trajet sans modifier ce prix. Souvent les connaissements à ordre fixent un prix unique applicable à tous les ports entre deux limites très éloignées l'une de l'autre (Hambourg et Bordeaux, Hambourg et Gênes, etc.), sauf addition d'un « extrafret », en ce qui concerne les ports où l'armement aurait à supporter des dépenses particulièrement élevées.

En dehors du prix des transports intérieurs, quelques-uns des autres éléments de décision acquièrent de l'importance dans des cas donnés.

Au point de vue des marchés dont les ports sont le siège, j'ai déjà indiqué le rôle du marché havrais des cotons et des cafés.

Un exemple intéressant de l'obstacle apporté par les habitudes commerciales aux dérivations de trafic est celui des importations de nitrates du Chili à Dunkerque ; ces importations représentaient, en 1908, 70 p. 100 du total des entrées.

L'avantage qui s'attache à la régularité des services, à leur fréquence et, par suite, à la rapidité des transports, notamment pour l'exportation, permet à des armateurs anglais de venir drainer sur les côtes françaises le trafic à destination de l'Amérique pour l'amener aux lignes de Southampton et de Liverpool : c'est ainsi que la Compagnie Cunard effectue toutes les semaines, au Havre, de nombreux chargements, et les dirige vers Liverpool, où les reprennent des courriers reliant l'Angleterre à l'Amérique du Sud ; le service de la Compagnie du London and South Western Railway entre le Havre et Southampton alimente de même les navires de la Royal Mail qui desservent l'Amérique. D'autres marchandises, dont le port normal d'exportation vers l'Amérique du Nord serait le Havre, passent par Calais, Douvres et Southampton. On conçoit, dès lors, combien il importe que nos Administrations de chemins de fer soutiennent et développent les services réguliers nationaux dans les ports de leurs réseaux, les subventionnent au besoin, se lient à eux par des arrangements appropriés : la Compagnie du Nord dépense annuellement 400 000 francs environ au seul port de Dunkerque sous forme de subventions ou de primes. La légitimité des accords de cette nature a été reconnue par l'Administration des travaux publics, sous certaines réserves ayant pour objet principal d'empêcher les abus et les privilèges injustifiés.

D'une manière générale, le rôle prédominant appartient au prix des transports intérieurs.

La faveur dont la tarification par barêmes jouit auprès des Pouvoirs publics ne paraît pas, au premier abord, laisser à l'action des Compagnies de chemins de fer toute la souplesse et toute l'élasticité désirables. Mais, en fait, l'Administration se départit des règles ordinaires chaque fois que l'intérêt national le commande. A cet égard, Il y a lieu de distinguer entre l'importation, l'exportation et le transit.

En ce qui touche l'importation, nos ports sont défendus contre les ports étrangers: 1° par la surtaxe d'entrepôt, fixée dans la plupart des cas à 36 francs la tonne et parfois très supérieure à ce chiffre, dont la législation douanière frappe, sauf quelques exceptions, les produits extra-européens nous venant d'un pays d'Europe; 2° par la surtaxe d'origine, applicable à certains produits européens quand ils ne nous arrivent pas directement du pays d'origine. Des dérogations aux principes suivant lesquels sont habituellement réglés les tarifs se justifieraient d'autant moins que les Administrations de chemins de fer ont le devoir de respecter les lois douanières, de ne porter aucune atteinte à la protection dont ces lois ont doté l'agriculture et l'industrie nationales. Elles ne seraient admissibles que dans des circonstances exceptionnelles, spécialement dans le cas où elles tendraient à assurer au chemin de fer une part légitime des transports susceptibles d'emprunter d'autres voies plus économiques.

Jamais le Département des travaux publics n'a hésité à encourager l'exportation par les ports français au moyen de barêmes spéciaux ou de prix fermes. En vertu d'un décret du 26 avril 1862, les Administrations de chemins de fer sont dispensées de l'affichage préalable pour les tarifs d'exportation ; elles peuvent, sauf interdiction et sous réserve de l'homologation ultérieure, mettre ces tarifs en vigueur cinq jours après les avoir soumis au Ministre; le minimum de durée d'application est ramené d'un an à trois mois; seul, le relèvement des taxes reste subordonné à l'accomplissement intégral des formalités ordinaires.

Le Département des travaux publics ne s'attache pas moins à favoriser le transit.

D'ailleurs, la concurrence des ports étrangers est particulièrement à redouter pour ce genre de transports, eu égard aux réductions de taxes que consentent les Administrations de chemins de fer des pays voisins, à la liberté d'allures de ces Administrations, aux avantages offerts par certains établissements maritimes contre lesquels nous ne nous défendons que péniblement. Aux termes des décrets du 26 avril 1862 et du 1er août 1864, les Compagnies sont dispensées, non seulement de l'affichage préalable, mais aussi de l'homologation, à laquelle ont été substitués une simple communication au Ministre, la veille de la mise en vigueur, et un droit permanent de veto de l'Administration ; aucun minimum de durée d'application ne leur est imposé ; les tarifs doivent être établis sous forme de prix fermes dont bénéficient tous les ports de mer desservis directement par les voies ferrées d'un même réseau et compris dans le même groupe, d'après un tableau de répartition inséré au décret de 1864. Malgré de sérieux efforts, le transit international au travers du territoire français est peu développé : les statistiques de 1910 accusent 809 200 tonnes, dont le quart environ en céréales importées principalement par Marseille.

Ordinairement, les tarifs de transit ne sont abaissés que dans la mesure nécessaire pour lutter contre les itinéraires n'empruntant pas le territoire français. Cependant, la rivalité entre les différentes voies peut finalement amener des diminutions de prix notables au profit des produits étrangers et mettre nos produits nationaux en état d'infériorité sur les marchés extérieurs. Afin d'y pourvoir, les six grandes Compagnies ont contracté, en 1883, l'engagement d'appliquer les prix de transit aux marchandises exportées, soit des stations intermédiaires situées sur l'itinéraire correspondant à ces prix, soit des stations dont la distance par rails à cet itinéraire n'excède pas 50 kilomètres, pourvu que le parcours jusqu'au point de sortie soit inférieur à la distance séparant les points d'entrée et de sortie du transit.

Il ne sera pas inutile de citer quelques faits d'expérience qui mettent bien en lumière le rôle et la limite d'action des abaissements de tarifs dans la concurrence des ports français entre eux ou avec les ports étrangers.

Vers 1879 et 1880, la Compagnie de Paris-Lyon-Méditerranée, désireuse d'alimenter sa grande artère de Marseille à Paris et de compenser, au moins partiellement, le préjudice résultant pour elle du phylloxera et de la substitution des blés américains aux blés de la région du Danube sur le marché français, conclut avec divers armateurs de nos ports méditerranéens des traités pour le transport à Paris, *viâ* Marseille, des vins à prendre dans les ports d'Alicante, de Valence, de Malaga, de Cadix, de Naples et dans ceux de l'Adriatique, de la mer Ionienne, de la mer Noire, etc. Elle consentit de fortes réductions sur ses tarifs spéciaux entre Marseille et Paris. Néanmoins, elle ne put arriver aux prix de la voie du Havre et de Rouen, comme le montre le tableau suivant :

PORTS DE DÉPART	PRIX MOYEN PAR LE HAVRE (1)		PRIX MOYEN PAR ROUEN (2)		PRIX des traités P.-L.-M.
	En 1879	Fin 1880	En 1879	Fin 1880	
	francs	francs	francs	francs	francs
Espagne	43,50	40,50	45,50	40,50	50 et 53
Sicile	46,50	43,50	45,50	40,50	53
Adriatique...	48,50	45,50	50,50	45,50	58
Mer Noire....	»	»	60,50	50,50	68

(1) Dont 11 fr. 50 pour la remonte de la Seine. — (2) Dont 8 francs pour la remonte de la Seine.

Aussi les traités produisirent-ils fort peu d'effet. Du commencement de juillet 1879 à la fin de septembre 1880, soit pendant quinze mois, ils n'amenèrent à Marseille que 13 400 tonnes de vins, alors que les documents de la douane accusaient, pour le premier semestre de 1880, des entrées de vins d'Espagne et d'Italie par le Havre et Rouen atteignant jusqu'à 91 000 tonnes (32 000 au Havre et 29 000 à Rouen), dont 55 000 environ dirigées sur Paris. Il faut, à la vérité, un certain temps pour déplacer les courants commerciaux; cependant, l'expérience était déjà assez prolongée à la fin de 1880 pour démontrer l'insuccès de la tentative. Au surplus, les avantages de délais offerts par la voie de Marseille ne suffisaient pas à compenser les différences de prix qu'avait encore laissé subsister la Compagnie de Paris-Lyon-Méditerranée.

Cette Compagnie concerta également avec la Compagnie hispano-française de navigation un tarif commun de 52 francs, pour le transport, *via* Cette, des vins de Valence et d'Alicante à destination de Paris-Bercy. Sa part était de 35 fr. 50, inférieure de 4 francs à la taxe intérieure de Cette à Paris. Elle ne put attirer sur ses rails plus de 12 000 tonnes par an, alors que les arrivages par mer à Rouen s'élevaient en 1885 à 160 000 tonnes, dont 12 000 tonnes au plus de vins français, le surplus se composant à peu près exclusivement de vins espagnols. Le prix du fret de l'Espagne à Rouen descendait à 20 francs, même moins, et le transport par la Seine de Rouen à Paris ne coûtait que 7 fr. 50 environ.

Les vins d'Algérie et de Tunisie envoyés à Paris et vers le réseau de l'Est représentent un tonnage important. On estime à 30 fr. 75 par tonne le prix du transport des fûts pleins à l'aller et des fûts vides au retour pour les vins expédiés d'Alger *via* Rouen et à 36 francs le prix analogue pour les vins expédiés de Tunis. La Compagnie de Paris-Lyon-Méditerranée a introduit dans son tarif 206, commun aux diverses Compagnies de navigation, un prix de 39 francs applicable aux expéditions de 10 tonnes et un prix de 38 francs applicable aux expéditions de 50 tonnes, pour le transport des fûts pleins et des fûts vides entre les ports algériens ou tunisiens et Paris-Bercy. Ces prix comprennent les frais d'embarquement et de débarquement à quai ou sous palan suivant les cas, les droits de tonnage en Algérie ou en Tunisie, le péage dans les ports de Marseille, Cette ou Saint-Louis-du-Rhône, l'assurance maritime jusqu'à concurrence de 350 francs par tonne pour le plein et de 60 francs par fût vide, les frais de formalités en douane dans les ports français, les frais de chargement sur wagon et de déchargement, ainsi que les frais de gare, ceux du passage sur les voies des quais de Marseille ou de Saint-Louis-du-Rhône; sont seuls exclus les frais de connaissement, de timbre, de régie, d'octroi et les droits de douane. Les taxes ainsi établies se rapprochent sensiblement des prix du fret; l'écart a pour compensation la régularité et la rapidité des transports. En 1898, année qui précéda leur mise en vigueur, la navigation avait transporté, par le Havre et Rouen, 145 000 tonnes environ de vins d'Algérie et de Tunisie à destination de Paris ou du réseau de l'Est, et la Compagnie de Paris-Lyon-Méditerranée 10 000 tonnes. Cette situation ne s'est pas modifiée malgré les avantages offerts aux importateurs par le nouveau tarif. La Compagnie de Paris-Lyon-Méditerranée n'a vu augmenter son tonnage de vins ni à Marseille ni à Cette; les Compagnies de navigation, libres de modifier à leur gré les prix de fret, ont conservé le trafic sur Le Havre et Rouen. Actuellement, d'après des renseignements fournis par l'Administration des chemins de fer de l'État, les transports des vins d'Algérie, de Tunisie et d'Espagne alimentent cinq lignes de navigation desservant le port de Rouen; ce port a reçu, en 1910, 420 000 tonnes de vins amenés par la grande navigation côtière.

En dépit de la moindre longueur du trajet maritime, le port de Brest n'a jamais pu, pour les transports de marchandises entre l'Amérique et Paris, concurrencer le port du Havre, qui se trouve beaucoup plus près de la capitale et lui est, d'ailleurs, relié par la Seine.

Nous venons de voir l'impossibilité ou le peu d'efficacité de la lutte entre ports français quand les distances de ces ports aux centres à desservir sont très différentes, et surtout quand le transport intérieur le plus court peut être effectué par une voie fluviale.

Mais les circonstances ne sont pas toujours si défavorables. Parfois, les communications à l'intérieur du territoire présentent moins de dissemblance et la concurrence devient possible. Tel est le cas pour nos ports du Nord et du Nord-Ouest. Les différences des taxes du chemin de fer suivant les divers itinéraires peuvent n'être alors que de l'ordre des variations du fret. Il existe même de nombreux prix égaux : pour l'importation de Dunkerque, de Calais, de Boulogne, de Rouen vers une gare quelconque du réseau du Nord ; pour le transit des laines de Dunkerque, de Calais, de Boulogne, du Havre, de Rouen à Petit-Croix et à Delle : pour le transit des cotons de Dieppe, le Havre, Rouen et Caen à Batilly et Pagny-sur-Moselle ; pour le transport des cotons de Dunkerque, Calais, Boulogne, Le Havre à Mulhouse, etc. L'identité des taxes de transit est poussée au delà de ce qu'exige le décret de 1864. Quand les ports d'aboutissement des itinéraires soumis à une taxation unique dépendent de deux Administrations, rien ne s'oppose à ce que des arrangements règlent le partage du trafic ou des recettes.

Tous les faits qui viennent d'être cités sont relatifs à la concurrence des ports français entre eux et des voies qui les desservent. La concurrence entre ports français et ports étrangers est plus vive et surtout présente beaucoup plus d'importance au point de vue des intérêts nationaux.

Dunkerque et le Havre sont en lutte avec les ports étrangers du Nord, avec Anvers, Rotterdam, Amsterdam, Brême, Hambourg, pour les transports en provenance ou à destination de l'Allemagne, de l'Alsace-Lorraine, de la Suisse, et même pour les exportations au départ d'une certaine zone de territoire français. Plusieurs de ces grands établissements maritimes des pays septentrionaux offrent au commerce des avantages que nos Administrations de chemins de fer doivent chercher à compenser par leur tarification. Anvers est particulièrement redoutable, eu égard à sa position très avancée dans l'intérieur des terres, à sa proximité relative des marchés de l'Europe centrale, à ses belles et puissantes installations, à son outillage perfectionné, au magnifique réseau de voies navigables ou ferrées qui y convergent, à la modicité des tarifs de transit appliqués sur les chemins de fer de l'État belge, à l'importance même de son tonnage et à la puissance corrélative d'attraction qu'il exerce : les marchandises manutentionnées annuellement dans ce port représentent 15 millions de tonnes, alors que le chiffre correspondant pour Dunkerque ne dépasse pas 3 millions de tonnes.

Marseille est concurrencé par Gênes. Cependant, sans méconnaître cette compétition, il convient de ne pas se l'exagérer. Les champs d'action des deux ports sont délimités par la nature et la zone de concurrence ne s'étend guère au delà de quelques parties de la Suisse. Dans son ouvrage *Transports et Tarifs*, M. Colson indique que, d'après les évaluations d'une Commission italienne d'enquête, le trafic susceptible d'être disputé, de 1895 à 1902, a constitué moins de 5 p. 100 du mouvement total pour Gênes et de 4 p. 100 pour

Marseille. Sans doute, l'ouverture du Simplon a causé un certain déplacement au profit de Gênes; mais le développement de ce port a sa source principale dans l'essor économique de la Lombardie. Les vrais rivaux de Marseille, comme de Gênes, sont Anvers, Rotterdam et Hambourg, qui arrêtent le rayonnement de leurs relations vers le Nord, qui leur enlèvent partiellement les échanges entre la Suisse et l'Extrême-Orient.

Les ports de l'Europe septentrionale concurrencent également Bordeaux.

Parmi les tarifs de défense à l'exportation, il suffit de signaler le tarif spécial n° 30, dit des Ports de mer, de la Compagnie du Nord (2e annexe, chapitre II), qui comprend un assez grand nombre de prix fermes pour les marchandises arrivant par mer et expédiées sur une station quelconque du réseau. Ce tarif défend les ports desservis par le chemin de fer du Nord, soit contre les autres ports français, soit contre les ports étrangers.

Les tarifs d'exportation sont extrêmement nombreux. Beaucoup ont été établis d'accord avec des Compagnies françaises de navigation.

Des divers tarifs exclusivement applicables aux transports sur rails, un seul mérite d'être particulièrement signalé : le tarif n° 30 du Nord. Pour nombre de marchandises, il prévoit des taxations différentes, selon que le pays destinataire est un pays d'Europe ou un pays hors d'Europe, et favorise les courants de trafic le plus fortement attirés par les ports étrangers voisins.

En ce qui concerne les tarifs combinés avec des Compagnies de navigation, il y a lieu de mentionner les suivants : 1° Tarif 400, chapitre VI, État, Orléans, Compagnie générale transatlantique (Transports en provenance des réseaux d'Orléans ou de l'État et à destination de Londres, *viâ* Saint-Nazaire. — Réduction de 20 p. 100 sur les tarifs intérieurs du réseau d'Orléans; application des taxes intérieures du réseau d'État; prix de fret variant avec la série de la classification générale des marchandises); 2° Tarif 400, annexe, Orléans et Compagnie générale transatlantique (Transports en provenance du réseau d'Orléans et à destination de Liverpool, *viâ* Bordeaux. — Réduction de 20 p. 100 sur les tarifs intérieurs du réseau d'Orléans; prix de fret variant avec la série de la classification générale des marchandises); 3° Tarif 400 *bis*, chapitre Ier, Orléans et Compagnie des Messageries maritimes (Transports à destination du Sénégal et de l'Amérique du Sud, *viâ* Bordeaux. — Prix totaux au départ des gares situées à 200 kilomètres au plus de Bordeaux; taxes à base décroissante jusqu'à 1 centime 5 par kilomètre pour les parcours supplémentaires sur rails); 4° Tarif 400 *bis*, chapitre II, Ouest et Compagnie générale transatlantique (Transports à destination de New-York, *viâ* le Havre.

— Prix totaux pour les gares situées à 250 kilomètres au maximum du Havre et pour les gares plus éloignées ; 5° Tarif 400 *bis*, chapitre III. Paris-Lyon-Méditerranée et Société générale des transports maritimes à vapeur (Transports à destination de l'Amérique du Sud, *via* Marseille. — Taxation analogue à celle du chapitre Ier, la base kilométrique des transports supplémentaires descendant à 5 millimes); 6° Tarif 400 *bis*, chapitre IV, Paris-Lyon-Méditerranée et Compagnie des Messageries maritimes (Transports à destination de Suez et des au delà, *via* Marseille. — Taxation analogue à celle du chapitre Ier, la base kilométrique des parcours supplémentaires descendant à 1 centime) ; 7° Tarif 400 *bis*, chapitre IV, Paris-Lyon-Méditerranée. Compagnie des Messageries maritimes et autres Compagnies de navigation (Transports à destination du Levant, *via* Marseille. — Taxation analogue à celle du chapitre IV).

Dans l'établissement des tarifs combinés, les Compagnies de navigation, devant se préoccuper de la concurrence des armateurs restés indépendants vis-à-vis du chemin de fer, fixent nécessairement des prix assez bas pour ne pas écarter le trafic et cependant assez élevés pour ne pas subir de pertes excessives, notamment lors des mouvements de hausse du fret. Ces prix ne doivent être considérés que comme des maxima avantageux pour les expéditions de détail ; quand les expéditions portent sur de gros tonnages et sont faites à longue distance, les expéditeurs ou les intermédiaires ont intérêt à traiter directement avec les Compagnies de navigation, sauf à se priver des avantages que le tarif commun leur assurerait sur le chemin de fer; ils peuvent, en effet, obtenir une réduction du prix de fret supérieure à la diminution de taxe dont la renonciation au tarif commun les prive pour le trajet par voie ferrée.

A diverses reprises, le Comité consultatif des chemins de fer a demandé, après un examen approfondi de la question, que le Ministre des travaux publics homologuât seulement la part du prix total correspondant au transport sur le chemin de fer. Les arrangements deviennent ainsi des traités de correspondance avec réduction du tarif de la voie ferrée. Sous cette forme, ils accusent bien la liberté que les Compagnies d'armement entendent garder pour les abaissements éventuels des prix de fret.

Un exemple classique des tarifs de transit institués dans un but de défense contre les ports étrangers est celui du tarif des cotons entre Le Havre et Bâle. Généralement, l'écart de 145 kilomètres que présente le trajet sur rails d'Anvers à Bâle (609 kilomètres) par rapport au trajet du Havre à Bâle (754 kilomètres) assurait l'avantage au port d'Anvers pour les relations entre l'Amérique et la Suisse, malgré le supplément de 400 kilomètres du parcours sur mer. Mais, grâce à son marché, où les filatures suisses venaient souvent s'approvisionner, le Havre a pu amener un transit important de coton, moyennant l'application, par les Compagnies de l'Ouest et de l'Est, de taxes ne dépassant le tarif belge que d'une somme inférieure au fret du Havre à Anvers (6 à 8 francs). Le prix fut d'abord fixé à 30 fr. 05 du Havre à Petit-Croix ; depuis, la concurrence de Brême, où s'est constitué un marché de coton et où, du reste, les Allemands s'étaient efforcés d'attirer le trafic des cotons achetés directement au lieu de production, a exigé un nouvel abaissement : aujourd'hui la taxe du Havre à Mulhouse ou à Bâle, n'est plus que de 25 fr. 25, frais accessoires et frais de formalités en douane compris.

Les filateurs des Vosges, dont les manufactures sont plus rapprochées du Havre, se sont souvent plaints de ne pas bénéficier d'un tarif comparable. Mais les Compagnies de chemins de fer se verraient dans l'impossibilité de consentir des taxes très réduites pour le transit si ces taxes devaient servir de régulateur dans la tarification intérieure. En la circonstance, d'ailleurs, le Havre était protégé contre la concurrence d'Anvers par la surtaxe d'entrepôt qui frappe les cotons autres que ceux des Indes. Néanmoins, la concurrence de la voie d'eau, facilitée par l'ouverture du canal de Tancarville, a conduit les Compagnies à diminuer leur tarif; le prix du Havre à Épinal est actuellement de 32 francs ou de 26 francs par tonne, selon que les expéditions sont de 10 000 ou de 20 000 kilogrammes.

§ 3. — Conclusions

Il me paraît inutile de donner plus d'ampleur à cette étude. La question est, en effet, moins complexe et surtout moins controversée que celle de la navigation intérieure; elle ne saurait comporter les mêmes développements. Personne n'a jamais contesté ni la nécessité de tirer le meilleur parti de la voie maritime, ni celle de faire dans les ports tous les travaux voulus pour en augmenter la sécurité, pour en faciliter l'accès, pour y rendre les opérations plus rapides et moins coûteuses. Si un débat s'est ouvert, ce n'a été que sur le meilleur emploi des deniers publics, sur l'opportunité de concentrer les ressources budgétaires au lieu de les éparpiller outre mesure. Une telle discussion ne porte nullement atteinte au principe même, pour lequel les Pouvoirs publics ont toujours témoigné tant de sollicitude.

Les résultats qui se dégagent de l'expérience sont en résumé les suivants :

1° Pour les échanges entre ports français, les chemins de fer ne peuvent guère lutter efficacement contre le cabotage que dans des cas exceptionnels, notamment quand la distance à franchir est très courte, ou lorsque la longueur du parcours maritime est de beaucoup supérieure à celle du parcours sur rails, ou encore quand les marchandises à transporter sont, soit fragiles, soit périssables. Aussi le trafic des voies ferrées suivant le littoral est-il restreint. Si le cabotage national n'a pas bénéficié d'un accroissement plus rapide, il faut l'attribuer à ce que la direction dominante des échanges est exécutée des côtes vers l'intérieur ou inversement.

Une forme intéressante de la concurrence est celle qui naît le long d'un fleuve ou d'un canal maritime reliant un port intérieur à un port côtier. La modicité de l'augmentation du fret pour le parcours sur le fleuve ou sur le canal met généralement le chemin de fer dans un état d'infériorité manifeste.

La concurrence du cabotage français contre les chemins de fer ne s'exerce pas seulement pour les relations d'un port à l'autre ; elle fait sentir son action dans une zone plus ou moins étendue du territoire. Cette zone paraît s'être restreinte plutôt qu'élargie, par suite de l'extension et de l'abaissement progressif des tarifs spéciaux créés par les Administrations de chemins de fer, joints à l'accroissement des charges grevant la marchandise dans les ports.

2° Comme le cabotage national, la navigation internationale peut, quand elle a le caractère côtier, concurrencer directement les chemins de fer, pour les échanges entre les ports ou entre les localités qui ne sont pas trop éloignées des côtes. La lutte est encore moins facile pour les voies ferrées, bien que les charges terminales pesant sur la navigation internationale soient ordinairement supérieures à celles qui pesent sur le cabotage national : en effet, les parcours maritimes ont une longueur moyenne plus grande, et le prix du fret est loin d'augmenter proportionnellement à la distance.

3° Souvent les ports français sont en concurrence, soit entre eux, soit avec des ports étrangers, pour l'expédition ou la réception des marchandises. Le choix dépend, dans la plus large mesure, du prix des transports intérieurs sur les voies desservant les divers établissements maritimes. Nos ports ont à soutenir une lutte très vive contre les ports belges, hollandais et allemands ; la tarification des chemins de fer a une influence prépondérante sur l'issue de cette lutte et, ne peut contribuer efficacement au succès que par des réductions notables pour l'exportation et pour le transit.

4° D'une manière générale, la concurrence de la navigation maritime a provoqué la création de nombreux tarifs spéciaux, et, pour une certaine part, l'abaissement des tarifs applicables sur l'ensemble des réseaux.

On a pu remarquer que le trafic de petite vitesse était à peu près le seul envisagé dans ce bref aperçu de la concurrence entre les chemins de fer et la navigation maritime. La raison en apparaît sans peine.

D'une part, l'itinéraire des voyageurs est ordinairement déterminé par des motifs de convenance devant lesquels les considérations de prix sont secondaires.

D'autre part, les marchandises destinées à être transportées comme articles de messageries avant leur embarquement ou après leur débarquement ne constituent qu'une fraction minime du trafic, et la vitesse est le principal élément de décision dans le choix de la voie qu'elles suivront.

TOURS. — IMPRIMERIE DESLIS FRÈRES ET Cie.

www.ingramcontent.com/pod-product-compliance
Ingram Content Group UK Ltd.
Pitfield, Milton Keynes, MK11 3LW, UK
UKHW021617260726
13965UKWH00007B/18